LEXICOGRAPHICA Series Maior

LEXICOGRAPHICA

Series Maior

Supplementary Volumes to the International Annual for Lexicography
Suppléments à la Revue Internationale de Lexicographie
Supplementbände zum Internationalen Jahrbuch für Lexikographie

Edited by
Sture Allén, Pierre Corbin, Reinhard R. K. Hartmann,
Franz Josef Hausmann, Hans-Peder Kromann, Oskar Reichmann,
Ladislav Zgusta

22

Published in cooperation with the Dictionary Society of North America (DSNA) and the European Association for Lexicography (EURALEX)

Werner Hupka

Wort und Bild

Die Illustrationen in Wörterbüchern und Enzyklopädien

With an English Summary
Avec un résumé français

Max Niemeyer Verlag
Tübingen 1989

CIP-Titelaufnahme der Deutschen Bibliothek

Hupka, Werner : Wort und Bild : die Illustrationen in Wörterbüchern und Enzyklopädien ; with an English summary ; avec un resume français / Werner Hupka. – Tübingen : Niemeyer, 1989

(Lexicographica : Series maior ; 22)

Zugl.: Augsburg, Univ., Habil.-Schr., 1987

NE: Lexicographica / Series maior

ISBN 3-484-30922-9 ISSN 0175-9264

Printed in Germany.
Druck: Gulde-Druck, Tübingen
Einband: Heinr. Koch, Tübingen

WORT UND BILD. DIE ILLUSTRATIONEN IN WÖRTERBÜCHERN UND ENZYKLOPÄDIEN

INHALT

VORWORT

Der unmittelbare Anstoß zur Entstehung dieser Arbeit war das 1983 anläßlich des 60. Geburtstags von Herrn Professor Dr. Günther Haensch in Augsburg veranstaltete Kolloquium zur Lexikographie. Hierzu bereitete ich in Erinnerung an bestimmte Bilder von René Magritte, die das Verhältnis von Sprache und Bild thematisieren, ein Referat über die Illustrationspraxis in fünf neueren französischen Wörterbüchern vor. Dem Max Hueber Verlag ist zu danken, daß er die Erlaubnis zum Wiederabdruck dieses Beitrags gegeben hat (Kap. 17).

Das angenehme Arbeitsklima am Lehrstuhl von Herrn Professor Dr. Lothar Wolf und die gewährte ideelle und technische Unterstützung förderten den Fortgang der Arbeit. Herrn Professor Wolf sei ebenso gedankt wie den zahlreichen Kollegen, die bibliographische Hinweise und inhaltliche Anregungen beigesteuert haben - sie werden an den betreffenden Stellen jeweils erwähnt. Gerade eine über *eine* Philologie und *eine* Disziplin hinausgreifende Arbeit ist in besonderem Maße auf die Unterstützung aus benachbarten Gebieten angewiesen. Dies gilt auch für die bibliographische Erfassung und Beschaffung der relevanten Publikationen. Herr Dr. Paul Berthold Rupp, zuständiger Fachreferent der Universitätsbibliothek Augsburg, hat meinem Thema jahrelang seine besondere Aufmerksamkeit geschenkt. Die ausgezeichnet funktionierende Photostelle leistete bei der Erfassung des Bildmaterials notwendige Hilfe.

Herr Ulrich Porak, Geschäftsführer von Brockhaus (Mannheim), Herr Henri Seres-Cousiné, künstlerischer Direktor von Larousse (Paris), Herr Professor Lorenzo Enriques, Vizepräsident des Hauses Zanichelli (Bologna) und Frau Roberta Balboni, Chefredakteurin des dort erscheinenden 'Zingarelli' gaben dankenswerterweise über die Illustrationspraxis ihrer Verlage bereitwillig Auskünfte und gestatteten ihre Verwendung in dieser Publikation.

Zu danken ist weiterhin der Deutschen Forschungsgemeinschaft (DFG) und ihren Gutachtern für ein fünfmonatiges Habilitandenstipendium, das in der Schlußphase eine Zeit ungestörten Arbeitens ermöglichte. Eine besonders starke Motivation für den zügigen Abschluß der Arbeit stellte die Einladung von Herrn Professor Franz Josef Hausmann zu einem Vortrag nach Erlangen dar. Die intensive Diskussion verhalf mir, manche Standpunkte zu klären; seine Bereitschaft, die Arbeit in die Reihe 'Lexicographica. Series Maior' aufzunehmen, enthob mich aller diesbezüglichen Sorgen. Für weitere Empfehlung an den Verlag danke ich Herrn Professor Dr. Hans-Peder Kromann (Kopenhagen), für die Betreuung durch den Max Niemeyer Verlag Frau Hannelore Schreiner und Herrn Manfred Korn.

Die Gutachter im Habilitationsverfahren (Herr Prof. Dr. Dr. h.c. mult. Kurt Baldinger, Herr Prof. Dr. Thomas Finkenstaedt, Herr Prof. Dr. Günther Haensch, Herr Prof. Dr. Lothar Wolf) bewältigten das Lesepensum in entgegenkommend kurzer Frist und steuerten wichtige Anregungen für die Druckfassung bei. Herr Professor Dr. Manfred Höfler (Düsseldorf) erlaubte mir die Benutzung der reichhaltigen Bibliothek seines Lehrstuhls und sichtete mit kritischem Blick das Kapitel zur französischen Lexikographie des 19. Jahrhunderts.

Allen, auch den nicht Genannten, die zum Gelingen der Arbeit beigetragen haben haben, sei hiermit herzlichst gedankt!

Werner Hupka, Augsburg

1. EIN NOCH KAUM ERFORSCHTES GEBIET

"Ours is a visual age."
(E.H. Gombrich 1972, 82)

Die Lexikographie zählt zu jenen Teildisziplinen der Linguistik, bei denen der Strom der Sekundärliteratur erst in der zweiten Hälfte dieses Jahrhunderts deutlich angeschwollen ist[1]. Als Indiz hierfür sei die Registrierung lexikographischer Arbeiten in drei linguistischen Bibliographien gewertet.

Die 'Bibliographie linguistique' richtet erst in dem Band der Publikationen des Jahres 1962 in dem allgemeinen Kapitel "Linguistique générale et disciplines connexes" eine Rubrik "Vocabulaire" ein, die allerdings "Lexicographie, étymologie, sémantique" umfaßt. Für 1962 werden 88 Titel verzeichnet, für 1965 sind es 138[2]; die weiteren Zahlen im Abstand von jeweils fünf Jahren sind (Jahr: Zahl der Veröffentlichungen): 1970: 86, 1975: 115, 1980: 108, 1985: 95.

In der 'MLA International Bibliography of Books and Articles on the Modern Languages and Literatures' erscheint die Lexikographie zuerst in dem Band für 1958 unter "General Language and Linguistics", allerdings in folgender Verbindung: "Semantics and Lexicography"; von den 29 registrierten Arbeiten betreffen jedoch nur etwa vier lexikographische Fragen. Im Jahr darauf wurden "Vocabulary and Lexicography" miteinander gekoppelt, eine Praxis, die bis 1965 beibehalten wurde; im folgenden Jahr erscheinen "Etymology and Lexicography" zusammen, 1967 sucht man Lexikographie vergebens, 1968 wird eine neue Gliederung erstellt: Unter "Theoretical and Descriptive Linguistics" wird ein Kapitel "Lexis" eingerichtet, in dem die lexikographischen Arbeiten unter "Lexicography" versammelt werden. Dieses Verfahren wird in dem Band für 1981 durch ein bis heute gültiges Gliederungsschema abgelöst, in welchem "Lexicology" denselben Rang wie etwa "Diachronic Linguistics", "Grammar" oder "Phonology" einnimmt. "Lexicography" stellt neben "Etymology", "Terminology" u.a. einen Unterpunkt von "Lexicology" dar. Somit wurde die Lexikographie seit 1968, noch deutlicher 1981, als eigenständige Disziplin anerkannt. Ähnlich aufschlußreich wie die Etappen der allmählichen Identifizierung eines Gegenstandsbereiches der Forschung sind die Zahlen der verzeichneten Publikationen (Jahr: Zahl der Veröffentlichungen): 1958: etwa 4, 1959: 5, 1960: 5, 1965: 15, 1970: 31, 1975: 17, 1980: 30, 1985: 23.

Schließlich sei noch die 'Romanische Bibliographie' zum Vergleich herangezogen, die seit 1878 erscheint. Bereits in dem Band, der die Jahre 1940 - 1950 erfaßt, ist unter "Allgemeine und indogermanische Sprachwissenschaft" ein eigenes Kapitel "Das Wörterbuch" enthalten, das in dem Band 1961 - 1962 in "Lexikologie" mit "Lexikographie" als Unterpunkt umbenannt wurde. Die in dem Band für 1965 - 1966 vorgestellte Gliederung faßt überraschenderweise Lexikologie und Etymologie unter einer Kennziffer zusammen (0300

---

[1] Dies wird auch von B. Quemada (1972, 97) bemerkt, der von einer "vogue sans précédent" und einem "fait récent" spricht. Vgl. G. Haensch (1984a, 119): "In der Tat hat sich erst nach dem zweiten Weltkrieg eine wissenschaftliche Theorie zur Lexikographie entwickelt, vor allem in den Staaten des Warschauer Paktes, in Frankreich und relativ spät, dann aber auf breiter Grundlage, in der Bundesrepublik." Zur Entwicklung der Lexikographie in der Sowjetunion vgl. W. Wolski (Hg.) (1982).

[2] Es ist zu beachten, daß in den genannten Zahlen auch Neuauflagen, Übersetzungen und Rezensionen zu früher erschienenen Arbeiten enthalten sind.

bis 0303). Die Angabe der Anzahl der Veröffentlichungen erfolgt nach demselben Verfahren wie oben: 1940 - 1950: 20, 1951 - 1955: 16, 1956 - 1960: 41, 1965 - 1966: 22, 1969 - 1970: 40, 1975 - 1976: 19, 1979 - 1980: 12, 1985: 17. Rechnet man die angegebenen Zahlen auf die durchschnittliche Jahresproduktion um, werden erstmals 1965 mehr als zehn Arbeiten in einem Jahr verzeichnet.

Vergleicht man die Angaben der drei Bibliographien miteinander, läßt sich trotz der unterschiedlichen Gesichtspunkte feststellen, daß in den Jahren nach 1960[3] Lexikographie allmählich als eigenständiger Gliederungsgesichtspunkt etabliert wird, da offensichtlich in derselben Zeit die Zahl der diesbezüglichen Arbeiten entsprechend zugenommen hat. Sowohl in den ausgewerteten Bänden der 'MLA International Bibliography' als auch in denen der 'Romanischen Bibliographie' sind 1965 erstmals mehr als zehn in einem Jahr erschienene Publikationen zur Lexikographie enthalten.

Wiewohl es reizvoll wäre, nach den Gründen für diese erst späte Hinwendung der Sprachwissenschaft zu den Fragen der Lexikographie der Gegenwartssprache zu fragen[4] - ein wesentlicher Grund dürfte in dem anwendungsorientierten Charakter der lexikographischen Praxis liegen, der die Weihe der wissenschaftlichen Aufmerksamkeit daher lange versagt blieb -, sei stattdessen nochmals die Intensität lexikographischer Forschungen in den letzten Jahrzehnten hervorgehoben. Sie äußert sich in der französischen Philologie auch durch eine stattliche Anzahl von Einführungswerken wie R.-L. Wagner (1967) und (1970), G. Matoré (1968), J. Dubois/ C. Dubois (1971), F.J. Hausmann (1977), Jacqueline Picoche (1977), A. Rey (1977), L. Collignon/ M. Glatigny (1978), Michèle Gosselin/ C. Simard (1981).

Die italienische Sprachwissenschaft kann dagegen nur auf zwei Einführungen in die Lexikographie zurückgreifen, nämlich auf B. Migliorini (1946, 1961[3]) und auf Giovanna Massariello Merzagora (1983)[5]. Besser ist das Spanische gestellt, das in G. Haensch et al. (1982) über ein Kompendium von 563 Seiten verfügt, welches J. Fernández-Sevilla (1974) und J. Casares (1950, 1969[2]) weitgehend ersetzen dürfte. Als weitere Einführung ist das erste Kapitel von J.A. Porto Dapena (1980) zu betrachten.

Vor diesem Hintergrund erscheint es um so erstaunlicher, daß der Aspekt der Illustrierung lexikographischer Werke[6] noch relativ wenig Aufmerksamkeit gefunden hat. Dies wird offenbar nur von A.M. Al-Kasimi ausdrücklich bemerkt, der in seinem Buch 'Linguistics and Bilingual Dictionaries' (1977, 97) schreibt: "The use of pictorial illustrations is rarely dealt with in the literature on lexicography, and the few references to it suffer from serious misconceptions." Sein Beitrag gehört mit knapp sieben Seiten zu den bisher aus-

---

3 Am 11. und 12. November 1960 fand an der Indiana University die die weitere Forschung anregende 'Conference on Lexicography' statt, vgl. F.W. Householder/ S. Saporta (eds.) 1962. Für die theoretischen Überlegungen zur zweisprachigen Lexikographie war nach H.-P. Kromann et al. (1984a, 171) der 8. Linguistenkongreß in Oslo 1957 ein wichtiger Anstoß.

4 In den Einleitungen zu Wörterbüchern wurden natürlich auch in der Vergangenheit lexikographische Fragen erörtert.

5 G. Devotos 1946 erschienenes Bändchen 'Dizionari di ieri et di domani' vereinigt vier zwischen 1935 und 1943 erschienene Aufsätze vornehmlich zu in jenen Jahren erschienenen italienischen Wörterbüchern.

6 'Lexikographische Werke' wird hier und im folgenden als Oberbegriff für Wörterbücher (der verschiedensten Art) und Enzyklopädien gebraucht. Unter 'Lexikon' soll, in Übereinstimmung mit dem vorherrschenden Gebrauch und mit dem Sprachbrockhaus von 1984 ein "alphabetisch geordnetes Nachschlagewerk zur Vermittlung von Sachwissen" verstanden werden, der Begriff ist demnach mit 'alphabetisch geordnete Enzyklopädie' synonym. Die andere Bedeutung von *Lexikon*, nämlich 'Wörterbuch', wird hier nicht verwendet.

führlichsten Erörterungen dieses Themas. Um diesen Eindruck von der bisherigen Behandlung der Illustrationen in lexikographischen Werken zu untermauern, seien in der folgenden Tabelle von einigen Einführungen in die Lexikographie, von Handbüchern und Sammelbänden die der Illustration gewidmeten Seiten aufgeführt:

Autor	Seiten zur Illustration
B. Migliorini 1946, 1961[3]	-
De Witt T. Starnes/Gertrude E. Noyes 1946	passim, z.B. 94, 111, 183, 273 A.20 (jeweils einige Zeilen)
R.W. Chapman 1948	21 - 24
U. Weinreich 1962 (zit. nach 1970)	74 (13 Zeilen)
R. Collison 1966[2]	passim, jeweils einige Zeilen
G. Matoré 1968	142, 148f., 151f. (jeweils einige Zeilen)
B. Quemada 1968	-
Josette Rey-Debove 1970	32- 34
Josette Rey-Debove 1971	34 - 36
J. Dubois/C. Dubois 1971	26f. (18 Zeilen)
L. Zgusta 1971	256f. (14 Zeilen)
H.J. Diesner /G. Gurst 1976	passim, z.B. 153, 155, 159, 160 (jeweils einige Zeilen)
A.M. Al-Kasimi 1977	96 - 102
F.J. Hausmann 1977	-
Jacqueline Picoche 1977	136 (3 Zeilen)
A. Rey 1977	110 (2 Zeilen)
L. Collignon /M. Glatigny 1978	-
H. Riedel/Margit Wille 1979	93 - 98
Michèle Gosselin/ C. Simard 1981	152f., 181 - 184
F.A. Kafker (ed.) 1981	118 (14 Zeilen), 127 (halbe Seite), 182f. (17 Zeilen), 198f.(25 Zeilen)
R.L. Collison 1982	20f. (15 Zeilen)
S. Ju. Remizova 1982	6 Seiten
A. Rey 1982	44 - 48
R. Werner in G. Haensch et al. 1982	281f. (15 Zeilen)
Giovanna Massariello Merzagora 1983	-

Tabelle 1: Die Behandlung der Illustration in der lexikographischen Sekundärliteratur

Ein Teil der hier verzeichneten Stellen zur Illustration resultiert aus der Beschäftigung mit der Geschichte der Lexikographie (Starnes/Noyes 1946, Matoré 1968, Diesner/Gurst 1976, Collison 1982) und enthält folglich kurze Hinweise auf illustrierte lexikographische Werke verschiedener Zeiten und Sprachen. Gelegentlich erfolgt der Hinweis auf die Illustration im Zusammenhang mit der Erörterung der ostensiven Definition, wie bei Weinreich (1962), Zgusta (1971), Werner (1982), so daß dadurch die Zahl der grundsätzlichen Erörterungen über die Illustration in lexikographischen Werken zahlenmäßig noch geringer ausfällt.

Einen Anstoß zur weiteren Erforschung dieses Fragenkomplexes gab ein von mir Ende April 1983 auf einem Kolloquium über lexikographische Fragen gehaltenes Referat, das in D. Götz/T. Herbst (Hg.) (1984, 166-207) vorliegt und hier als Kapitel 17 wiederabgedruckt ist. Es war der unmittelbare Auslöser für zwei Aufsätze zur Illustration in spanischen Wörterbüchern von R. Werner (1982) [1983] und (1983), die beide Ende 1983 erschienen[7]. Schließlich wird die hier vorliegende Arbeit unternommen, da in dem Referat die weitaus überwiegende Mehrzahl der interessierenden Aspekte nicht zur Sprache kommen konnte[8].

Eine gründliche Reflexion über die Bebilderung lexikographischer Werke erscheint um so mehr angebracht, als in der Praxis der Lexikographie seit langem von Illustrationen Gebrauch gemacht wird: Abgesehen von vereinzelten Vorläufern erscheinen die ersten illustrierten lexikographischen Werke ab der Mitte des 17. Jahrhunderts, die ersten reinen Sprachwörterbücher mit Bebilderung genau von der Mitte des 19. Jahrhunderts an. Die Herausgeber äußern sich im Vorwort meist nur sehr knapp, zum Teil nur in einem Satz oder auch gar nicht zur Illustration ihres Werkes, wobei meist die im übrigen richtige Feststellung getroffen wird, man illustriere vor allem diejenigen Lemmata, die durch eine nur verbale Beschreibung nicht so klar definiert werden könnten. Davon hebt sich die von C. Wetzel/G. Wiese (1982) als Einleitung zu H. Küppers 'Illustriertes Lexikon der deutschen Umgangssprache' abgegebene Stellungnahme "Zur Illustrierung von Sprachlexika" mit zwölf Seiten bereits umfangmäßig deutlich ab; auf ihre inhaltlich völlig anders geartete Konzeption ist an gegebener Stelle einzugehen (5.5.3). Schließlich waren für das geplante, aber nicht realisierte große Wörterbuch der deutschen Sprache des 20. Jahrhunderts nach Punkt sieben der 20 Homburger Thesen auch "ikonische Erklärungen" vorgesehen (H. Henne et al. (Hg.) 1978, 281).

Nach den hier getroffenen Feststellungen liegt offenbar bisher keine größere Untersuchung zur Illustration lexikographischer Werke vor, und zwar weder für die geschichtliche Entwicklung, noch für die lexikographische Praxis in diesem Jahrhundert. Andererseits kann es der schon Jahrhunderte lange Brauch der Bebilderung lexikographischer Werke und die immerhin seit 1850 bestehende Tradition der illustrierten Sprachwörterbücher durchaus von legitimem Interesse erscheinen lassen, möglichst viele Fragen, die sich in diesem Zusammenhang stellen, unter verschiedenen Blickwinkeln, seien sie nun historisch, linguistisch, psychologisch, semiotisch oder kunsttheoretisch, zu erörtern, um daraus schließlich eine Theorie der Illustration im Sprachwörterbuch zu entwickeln.

---

7 Vgl. die Vorbemerkung in R. Werner (1982).

8 Zur Illustration in Wörterbüchern vgl. inzwischen noch S.I. Landau (1984, 111 - 115, 258 - 261), E. Standop (1985), G. Bornäs (1986, 137 - 142), R. Werner (1986, 139 f., 147 - 154).

2. ANLAGE DER FOLGENDEN UNTERSUCHUNG

"Every other authour may aspire to praise;
the lexicographer can only hope to escape reproach"
(S. Johnson 1755)[1]

Gleichsam als erste Annäherung an den Gegenstand werden in einem ersten Hauptteil einige Elemente zur Geschichte der Illustration in lexikographischen Werken zusammengetragen. Der zweite Teil wird den Fragen nach der Funktion, der Leistung von Illustrationen neben den anderen Bestandteilen eines Wörterbuchs wie der Definition und den Beispielen gewidmet sein.

Da die Geschichte der Illustration lexikographischer Werke eng mit bestimmten geistesgeschichtlichen Entwicklungen verknüpft ist und sich in Abhängigkeit von den Fortschritten der Technik befindet, seien zunächst diese beiden Aspekte weiter ausgeführt: An einen Streifzug durch die Jahrhunderte, der die Verbindung von Wort und Bild in den verschiedensten Bereichen der Kultur zum Gegenstand hat (3.1), schließt sich eine Darstellung der technischen Voraussetzungen an, die die Illustrierung lexikographischer Werke ermöglichen. Wenn man an größere Auflagen denkt, als bei der Kopie und Illuminierung von Handschriften möglich waren, ist die Entwicklung und Verbreitung des Buchdrucks und der Buchillustration, die ihrerseits an die Entwicklung der künstlerischen Techniken etwa des Holzschnittes, Kupferdrucks, Stahlstichs, Holzstichs und anderer gebunden ist, das entscheidende Moment. Die Verbindung der künstlerischen Verfahren mit der Entwicklung der Drucktechnik eröffnet seit dem 19. Jahrhundert immer wieder neue Möglichkeiten für die Illustrierung von Büchern wie durch die Lithographie, den Rakeltiefdruck, den Offsetdruck usw. (3.2).

Ein weiteres, vorab zu klärendes Thema ist das Problem der Klassifikation lexikographischer Werke. Hierzu werden zunächst die drei fundamentalen Typen, nämlich Enzyklopädie[2], Sprachwörterbuch und enzyklopädisches Wörterbuch charakterisiert (4.1), und die Schwierigkeiten einer durchgängigen Typologisierung erörtert (4.2). Daran schließt sich die Vorstellung ausschließlich der Arten von Sprachwörterbüchern an, die auch Illustrationen enthalten können (5.). Zu denken ist hierbei an illustrierte zweisprachige, fachsprachliche, idiomatische Wörterbücher, an Bildwörterbücher, Lernwörterbücher, Wörterbücher für Kinder und noch einige andere mehr.

Vor diesem Hintergrund kann in Kapitel 6 die historische Entwicklung illustrierter lexikographischer Werke nachgezeichnet werden, wobei zwei Entwicklungsstränge zu unterscheiden sind: Zum einen die Entstehung von Sprachwörterbüchern, die aus den Scho-

---

1 S. Johnson, A Dictionary of the English Language, London 1755, Preface S.1.

2 Einzig G. Haensch (1984, 32 f.) plädiert für die Einbeziehung von Enzyklopädien bei lexikographischen Forschungen: "Wenn auch die meisten Sprachwissenschaftler die Ausarbeitung von Enzyklopädien nicht zur Lexikographie zählen wollen, so hat diese Arbeit doch viele Berührungspunkte mit der rein sprachlichen Lexikographie, ... ". Und weiter: "Beide Zweige lexikographischer Tätigkeit, die oft ineinandergreifen, müssen daher als eine Einheit gesehen werden, ... "; ähnlich S.33. Ferner erwähnt G. Haensch mit Recht den "starken Einfluß auf die Sprachwörterbücher", den "Werke der enzyklopädischen Lexikographie" ausgeübt haben, und bedauert die Trennung beider Teile auch in Bibliographien (1984, 51, Anm.2).

lien, Glossaren und Wörterbüchern[3] der Antike und des Mittelalters kommend, im 16. Jahrhundert innerhalb weniger Jahrzehnte zu lateinisch-volkssprachlichen, volkssprachlich-lateinischen und schließlich zu einsprachig volkssprachlichen Wörterbüchern geführt hat. Parallel dazu erfolgt ebenfalls seit der Antike die Zusammenfassung des Wissens der Zeit in großen Kompendien, manchmal 'Summa', 'Speculum' oder 'De naturis (oder: 'natura') rerum' genannt, die als Vorstufen der heutigen Enzyklopädien und Konversationslexika angesehen werden können. Da sich hierbei etwa in der Mitte des 17. Jahrhunderts die alphabetische Ordnung des Stoffes gegenüber der systematischen weitgehend durchsetzt - in derselben Zeit wird in den Enzyklopädien das Lateinische zugunsten der Volkssprachen aufgegeben -, entsteht eine nur äußerliche Ähnlichkeit zum einsprachigen Wörterbuch. Doch bereits die Wörterbücher des Mittelalters und der Renaissance verbinden meist sprachliche und sachbezogene Informationen - eine Erklärung versucht Kapitel 6.2.1 -, so daß vornehmlich von ihnen die Filiation zu den heutigen enzyklopädischen Wörterbüchern verläuft.

Bei der historischen Darstellung ist auf die Quellen und Gegenstände der Illustration, ihre künstlerische Technik und Qualität, ferner auf die sich nur langsam verändernde Konstanz bestimmter, beinahe kanonischer Illustrationsbereiche, auch auf die Abhängigkeit von den jeweiligen Vorgängern, die bis zum Plagiat gehen kann, zu achten. Während für die Anfänge die Illustrierung der drei genannten Haupttypen lexikographischer Werke in fünf Ländern (Großbritannien, Frankreich, Spanien, Italien, Deutschland) behandelt werden kann - es zeigt sich hierbei die Internationalität des 18. Jahrhunderts -, wird sich der Blick auf enzyklopädische und Sprachwörterbücher konzentrieren, nachdem die Bebilderung von Enzyklopädien wohl unter dem Einfluß der 'Planches' der 'Encyclopédie' (1762-72, 1777) zu einer häufig geübten Praxis geworden war. Die Enzyklopädien des 19. Jahrhunderts werden daher nicht mehr chronologisch vorgestellt, sondern nach der von ihnen verwendeten Reproduktionstechnik, um die Übernahme der zahlreichen technischen Neuerungen zu dokumentieren, und um vergleichen zu können, mit welcher Verzögerung sie in die Wörterbücher Eingang fanden. Die Geschichte der Illustration in Wörterbüchern wird in den genannten fünf Ländern bis zu dem Zeitpunkt nachgezeichnet - er liegt meist an der Wende zum 20. Jahrhundert -, an dem sich die Bebilderung Bahn gebrochen hat.

Bereits bei der Darstellung der historischen Entwicklung wird auf den Zusammenhang zwischen Illustration und lexikographischem Text zu achten sein, um das Verhältnis von Wort und Bild in den verschiedenen lexikographischen Werken auch in seiner historischen Dimension zu bestimmen.

Diese Perspektive führt zu dem zweiten und zentralen Hauptteil der vorliegenden Untersuchung, in dem die Funktion und Leistung des Bildes neben den verbalen Teilen des Artikels eines lexikographischen Werkes, mit anderen Worten das Zusammenwirken der ikonisch und der verbal dargebotenen Information, untersucht wird. Da diese noch zu bestimmende Funktion von der Art des illustrierten Werkes abhängig sein könnte - Sprachwörterbücher werden später und seltener bebildert als enzyklopädische Wörterbücher und Enzyklopädien -, wird aus den bisher vorgeschlagenen Typologien die Unterscheidung in die drei grundlegenden Typen lexikographischer Werke einer kritischen Prüfung unterzogen und neu bestimmt werden (7.).

---

[3] Es sei stellvertretend für die anderen nur das berühmteste und mit das einflußreichste mittelalterliche Wörterbuch genannt: Jo(h)annes Balbus Januensis, Catholicon. Summa quae vocatur catholicon, 1286; es ist das erste gedruckte Wörterbuch: Mainz (Gutenberg) 1460, (Verfasser auch: Giovanni Balbi, Jean de Gênes).

Nach dieser inhaltlichen und terminologischen Klärung wird sich die Untersuchung auf die Analyse der heutigen einsprachigen illustrierten Wörterbücher konzentrieren (8.). Anhand von Werken aus den fünf genannten Sprachräumen wird die Praxis der Illustrierung, vor allem die Plazierung und Dichte der Bebilderung, beschrieben, wozu auch Gespräche mit einem deutschen, französischen und italienischen Verlag geführt wurden (8.2). Es wird eine Typologie der Illustrationen erstellt (8.3) und auf Tendenzen bei der Wahl der Darstellungsmittel (Photographie vs. Zeichnung, schwarzweiß vs. mehrfarbig) hingewiesen (8.4). Zur Beurteilung der Leistung der Illustration im Zusammenspiel mit den verbalen Teilen des Wörterbuchartikels werden Antworten aus der Semiotik, der Sprachwissenschaft, der Informationstheorie, der Kunstwissenschaft, insofern sie die Bildwahrnehmung betrifft, und der Kognitionspsychologie verarbeitet (8.5). Diese vorläufigen Erkenntnisse (8.6) werden in einer Fallstudie getestet (8.7), woraus der Entwurf einer Theorie über die Funktion der Illustration im Sprachwörterbuch entwickelt wird (9.).

3. VORAUSSETZUNGEN FÜR DIE ILLUSTRIERUNG LEXIKOGRAPHISCHER WERKE

"Le poids des mots, le choc des photos"
(Werbeslogan für Paris Match[1])

Gleichsam als erste Annäherung an den Gegenstand sei ein kurzer Streifzug durch die Geschichte unternommen, in dem der Verbindung von Wort und Bild in den verschiedensten Bereichen der Kultur nachgegangen wird (3.1). In dem auf diese Weise gesteckten Rahmen nimmt die Illustration von Büchern einen zentralen Platz ein, weshalb in 3.2 die Entwicklung des Buchdrucks, der künstlerischen Verfahren und der Drucktechnik nachgezeichnet werden soll. Vor diesem Hintergrund kann in späteren Kapiteln die Geschichte der illustrierten lexikographischen Werke, d.h. von Enzyklopädien, Sprachwörterbüchern und enzyklopädischen Wörterbüchern dargestellt werden.

3.1 Wort und Bild in der Kulturgeschichte

Denkt man an die Verbindung von Wort und Bild in der Kulturgeschichte, ist an erster Stelle ihre engste Verbindung, ja Verschmelzung in den Bilderschriften zu nennen, wie sie etwa in der altägyptischen, präminoisch-kretischen und der chinesischen Kultur vollzogen wurde[2]. Im Prinzip fungiert hierbei ein einfaches Bild eines Gegenstandes als sprachliches Zeichen. Mit derartigen Piktogrammen lassen sich jedoch nur sehr elementare Aussagen machen, weshalb Bilderschriften im allgemeinen mindestens noch einen weiteren Typ von Zeichen kennen, durch den zeichnerisch nur schwer oder nicht darstellbare Dinge, wie Eigenschaften, abstrakte Bedeutungen, der Inhalt von Verben, die Negation etc. ausgedrückt werden. Diese Zeichen, meist Ideogramme oder auch Logogramme genannt, sind wohl größtenteils aus den ikonischen Piktogrammen abgeleitet und stellen dadurch eine zweite Abstraktionsstufe dar. Mit anderen Worten, sie sind nur noch indirekt motiviert und nicht mehr Wort und Bild in einem.

Als älteste illustrierte Bücher der Menschheit dürften die altägyptischen Totenbücher etwa aus den Jahren um 2.000 v.Chr. gelten; es handelt sich um religiöse "Papyri mit Textsammlungen und Bildern (Federzeichnungen), die von unterschiedlicher Qualität und häufig farbig waren" (H. Kunze 1975, 45). Aus der Antike ist ferner an Münzen, Vasen, Grabsteine, kurzum Denkmale jeder Art zu denken, wo Inschriften mit (unter Ausklammerung der Vasen) reliefartigen Darstellungen verbunden werden.

Aus der ausgehenden Antike, als auch die Buchrolle vom Kodex, der Papyrus von Pergament und Leder abgelöst wurden, datieren die ältesten illuminierten Handschriften[3], die im Mittelalter vor allem christliche, aber auch astronomische[4], mythologische, allegorische,

---

1 Seit einigen Jahren in der Rundfunkwerbung verwendet, z.B. in Europe 1.

2 Vgl. F. Bodmer (1964^3, 44-57).

3 Vgl. K. Weitzmann (1947), D. Bland (1969^2), H. Kunze (1975).

4 Vgl. F. Saxl (1925-26) und (1927).

botanische (vgl. 3.2), medizinische und literarische[5] Gegenstände veranschaulichen. Die Darstellung christlicher Themen wurde durch den Bilderstreit im 8./9. Jahrhundert gebremst, bei dem es um die zwischen Byzanz und Rom kontroverse Frage ging, ob den Bildern von Heiligen Verehrung zukommen dürfe oder nicht[6]. Aus dem Mittelalter[7] wäre noch an den Teppich von Bayeux, an die Anleitung zur Falkenjagd von Friedrich II. (1194-1250), an die Miniaturen zum Decretum Gratiani, an illuminierte Evangeliare, Gebet- und Stundenbücher und an Landkarten zu erinnern, die bildliche und textliche Zusätze enthalten, so daß "erst im Dialog mit der Karte die Dimensionen und die Vielschichtigkeit des Bildes sichtbar werden" (J.-G. Arentzen 1984, 324). Der wohl Anfang oder Mitte des 13. Jahrhunderts im süddeutschen Raum entstandenen 'Biblia pauperum' liegt das Prinzip der "Gegenüberstellung von Szenen oder Figuren des Alten und des Neuen Testamentes zugrunde" (H. Kunze 1975, 120), um den typologischen Zusammenhang der beiden Teile der Bibel zu veranschaulichen[8]. Hierbei ergab sich eine natürliche Verbindung von Text und Bild auf einer Seite, wobei "das Bild eine äußerst wirksame Rolle sowohl in theologisch-propagandistischer als auch in kunstgeschichtlicher Hinsicht gespielt" hat (Kunze 1975, 123). Die weite Verbreitung und Wirkung der Armenbibel zeigt sich an 79 erhaltenen Handschriften und einigen Blockbüchern (Schmidt/ Weckwerth 1968, 298) - sie wird auch vom Buchdruck rasch aufgegriffen werden (vgl. 3.2). Mit Beginn des 15. Jahrhunderts finden Einblattholzschnitte und kurz darauf Blockbücher weite Verbreitung, bevor sie durch den Buchdruck abgelöst werden (vgl. 3.2). Leonardo da Vinci (1452-1519) hinterließ eine Fülle von Aufzeichnungen, z.B. zur Anatomie und zur Technik, in denen die bildliche Darstellung und seine Notizen aufeinander bezogen sind.

Im Jahre 1531 löste Andrea Alciatus (oder: Alciato) mit seinem in Augsburg erschienenen 'Emblematum liber' eine über zwei Jahrhunderte dauernde Welle von Emblembüchern aus[9], in denen eine kunstvolle, manchmal rätselhafte, manchmal belehrende oder mystische oder groteske oder sonstige Relation zwischen dem Titel (Inscriptio, Motto), dem Bild (Pictura, Imago) und dem Epigramm (Subscriptio) besteht, die zusammen das Emblem konstituieren. "Auf solche Art aus pictura und scriptura zusammengesetzt, tritt das Emblem als neue Spielart in den großen Bereich älterer Verbindungen von Bild und Schrift, - für die hier etwa die mittelalterlichen Illuminationen, Tituli, Heilsspiegel, Armenbibeln, Totentänze, aber auch bildlich-rhetorische Zeugnisse der Heraldik und Devisenkunst zu nennen wären" (A. Schöne 1964, 24). Das Bild "repräsentiert ganz unmittelbar, nämlich auf anschaubare Weise ein Stück Wirklichkeit, das ... durch die subscriptio dann ausgelegt wird, indem diese die in der pictura beschlossene, über die res picta hinausweisende significatio offenbar macht" (A. Schöne 1964, 25). Das Bild hat für A. Schöne

---

[5] Vgl. P. Bertemes (1984), Verena Schäfer (1984), R.M. Schmidt (1985).

[6] Vgl. G. Krause/G. Müller (Hg.) (1980).

[7] Christel Meier/U. Ruberg (1980) beginnen den von ihnen herausgegebenen Sammelband mit den Worten: "Der Zeugnisbestand der mittelalterlichen Überlieferung weist Kombinationen von Text und Bild in relativ hoher Zahl auf". Vgl. auch W. Stammler (1962), M. Schapiro (1973), Hella Frühmorgen-Voss (Hg.) (1975), A. Melnikas (1975). J. Grimm (1899[4], Bd. I, S. 279-284) erläutert die Illustrationen des Sachsenspiegels.

[8] Hierzu genauer G. Schmidt/A. Weckwerth (1968).
Den Nutzen einer illuminierten 'Bible moralisée' für die Präzisierung der Bedeutung altfranzösischer Wörter zeigt K. Baldinger (1974) auf.

[9] Zur Vorgeschichte und späteren Entwicklung im 17. Jahrhundert siehe M. Praz (1934).

demnach die Priorität vor der Subscriptio [10], denn es ist auch "lebensfähig" (S. 32) ohne seinen Sinnbezug, da es ja "wirklich Geschehenes, Seiendes oder Mögliches", d.h. "Dinge ..., die in Büchern und Bildwerken jederzeit vor Augen treten können" (S. 28), präsentiert, was Schöne als "potentielle Faktizität" des Bildes (S. 27) bezeichnet. Nach Anneliese Senger (1978, 186) ist für D.W. Jöns (1966) "das Primäre nicht das Bild, sondern die Deutung". "Der Gehalt ist das Vorhandene, zu dem ein Bild gesucht wird" (Jöns 1966, 27), das im Rahmen der christlich-mittelalterlichen Tradition gefunden werden kann, denn "Gott hat den Werken seiner Schöpfung Verweisungskraft" auf Geistiges gegeben (A. Senger 1978, 186). Für die Auffassung von D.W. Jöns spräche, daß Alciato von den Epigrammen der 'Antologia Palatina' ausging, und es nicht erwiesen ist, daß er die Illustrierung seines Werkes geplant hatte. Doch für den Leser wird das Bild über den von ihm dargestellten Sachverhalt hinaus gedeutet und nicht umgekehrt, was die Frage nach der Priorität von Text oder Bild gegenstandslos macht: Beide bedingen sich im Emblem wechselseitig. Ihre Verbindung scheint vielmehr darauf hinzudeuten, "that emblem writing might be seen as a means of projecting the world as a 'readable' text, thereby making it intellegible" (B. Scholz 1982, 86). Diese Auffassung trifft sich mit der von M. Foucault (1966/1971, 66), nach der im 16. Jahrhundert sich die Sprache "mit den Figuren der Welt mischt und sich mit ihnen verflicht, und zwar so sehr und so gut, daß sie alle zusammen ein Zeichennetz bilden". Daher ist "die Beziehung zu den Texten ... von gleicher Natur wie die Beziehung zu den Dingen; hier wie da nimmt man Zeichen auf" (S. 65).

Zur gleichen Zeit, als in den Emblembüchern das intellektuelle Spiel mit Bild und Text begann, brachen die Bilderstürme der Reformationszeit aus, obwohl M. Luther 1522 Bilder als wertfrei und religiös neutral bezeichnete: "Die Bilder sind weder das eine noch das andere, sie sind weder gut noch böse, man kann sie haben oder nicht haben" (Zitat aus W. Hofmann 1983, 46)[11]. Die Kunde von den Bilderstürmen und den religiösen Auseinandersetzungen wird vor allem durch illustrierte Flugblätter verbreitet[12].

Den Hauptanteil der Verbindung zwischen Wort und Bild macht nach der Verbreitung des Buchdrucks Ende des 15. Jahrhunderts (vgl. 3.2) die Illustrierung von Büchern aller Art aus[13]. Es sollen nur einige Beispiele genannt werden. Die 'Délie' von M. Scève war ursprünglich mit Wappen und Devisen geschmückt (G. Blanchard 1983). Zu A. Ramellis 'Le diverse et artificiose machine', 1588 in Paris erschienen, bemerken die beiden Herausgeber und Übersetzer: "The text is an adjunct to the plates, written to explain and complement the drawings" (Martha Teach Gnudi/E.S. Ferguson 1976, 13). Ramelli wurde hier aufgeführt, denn er ist "one of the earliest of a long line of pictorial technical books" (ebenda). Bekannt sind die unterschiedlichen Illustrationen zu La Fontaines Fabeln (z.B. G. Gréverand 1983), die Federzeichnungen in späteren Auflagen zu Goethes 'Werther' und die Auseinandersetzung von C. Dickens mit seinem ersten Illustrator, bei der es um die Frage ging, ob die monatlich erscheinenden Fortsetzungen der 'Pickwick Papers' zu den Holzstichen verfaßt werden sollten oder umgekehrt (vgl. z.B. J.R. Harvey 1970)[14]. F. Nies (1985) vergleicht die Art der Illustrierung von A.F. Prévosts 'Manon Lescaut' (1731)

---

10 Ebenso L.M. Eichinger (1982, 95): "man hat auf jeden Fall von der direkten Zeichenhaftigkeit des Bildes und somit von seiner Priorität bei diesem Prozess der Semiose auszugehen".

11 Vgl. Margarete Stirm (1977).

12 Vgl. W. Harms (Hg.) (1980) und (1985).

13 Überblicke bieten aus der Germanistik G. Bebermeyer (1965^2) und aus der Kunstwissenschaft D. Bland (1969^2).

14 Zum 19. Jahrhundert in England vgl. noch die Zeitschrift 'Romantisme' (49, 1985).

mit der Wirkungsgeschichte des Werkes, d.h. seiner unterschiedlichen Interpretation durch die Herausgeber, Illustratoren und Leser. G. Gauthier (1984) untersucht die Illustrierung der Romane von J. Verne. B. Urbe (1985) geht dem Versuch von R.D. Brinkmann nach, in seiner Lyrik "an die fotografischen Medien anzuknüpfen" (S. 51), und G. Bechtold (1983) analysiert die multimedialen Montage-Texte Alexander Kluges, d.h. der Schriftsteller verbindet Text und Bild in künstlerischer Absicht[15]. A. Breton verwendet in seinem Roman 'Nadja' (1928/1964) photographische Illustrationen, um Beschreibungen zu ersetzen (1964, 6). Die Beziehungen zwischen Literatur und bildender Kunst werden in diesem Jahrhundert mindestens seit O. Walzel (1917) intensiv erforscht, wofür nur zwei Namen stehen sollen: J.H. Hagstrum (1958) und M. Praz (1970).

Nicht die Verbindung der beiden Medien, sondern die Überwindung ihrer jeweiligen Grenzen und damit ihre Mischung führt Anfang des 20. Jahrhunderts zu multimedialen Texten, von Christina Weiss (1984, 297) als "Seh-Texte" bezeichnet, "die ihre Textualität aus sprachlichen und bildlichen Bestandteilen beziehen". Als Vorstufen hierzu gelten die Figurengedichte (aus hellenistischer Zeit), bei denen eine Umrißform mit Text gefüllt wird, und die sich auch im Barock großer Beliebtheit erfreuten. Die ersten Gittergedichte erscheinen im 4. Jahrhundert n. Chr. - Hrabanus Maurus greift die Form im 9. Jahrhundert wieder auf (B. Reudenbach 1984). Während L. Sternes 'Tristram Shandy' von 1760-67 durch die eingefügten marmorierten Blätter, großen schwarzen Rechtecke und leeren Kapitel eine erste "Reflexion über das Medium Sprache und dessen Leistungsfähigkeit" darstellt (Christina Weiss 1984, 20), löst S. Mallarmé mit dem 1897 erstmals, 1914 in endgültiger Fassung erschienenen Gedicht 'Un coup de dés' "die Wörter aus dem linearen Satzzusammenhang heraus" (S. 21) und bereitet damit eine poetische Konzeption vor, "die das Wort, die Anordnung des Wortes zum Text, die Textfläche und die Typographie als integrierende Gestaltungsmomente des sprachlichen Kunstwerks begreift" (S. 20). Die italienischen Futuristen, G. Apollinaire[16], K. Schwitters und andere werden auf diesem Weg zur Konkreten Poesie weitergehen.

Auf der anderen Seite sind in der Malerei seit Jahrhunderten Bildtitel üblich, weshalb M. Butor (1960, 34) zu Recht bemerkt:" ... l'oeuvre picturale se présente toujours pour nous comme l'association d'une image, sur toile, planche, mur ou papier, et d'un nom, celui-ci fût-il vide, en attente, pure énigme, réduit à un simple point d'interrogation". Doch die Verbindung mit der Sprache geht noch weiter: "Notre expérience de la peinture comporte en fait une considérable partie verbale. Nous ne voyons jamais les tableaux seuls, notre vision n'est jamais pure vision. Nous entendons parler des oeuvres, nous lisons de la critique d'art, notre regard est tout entouré, tout préparé par un halo de commentaires, même pour la production la plus récente" (S. 31).

Die Präraffaeliten in Englands viktorianischem Zeitalter bringen darüber hinaus ganze Sonette oder Bibelzitate auf dem Rahmen und im Bild unter[17]. Mit Beginn des 20. Jahrhunderts dringen sprachliche Zeichen als eigenständige Bestandteile ins Bild, sei es bei Collagen mit Zeitungsausschnitten, Eintrittskarten etc., sei es, wenn P. Picasso 1911/12 die Worte *Ma jolie* in ein kubistisches Bild malt[18]. "1913 entstand in Gemeinschaftsarbeit des Dichters Blaise Cendrars und der Künstlerin Sonia Delaunay das erste Gemälde-Gedicht"

---

[15] G. Bechtold (1983, 14-23) verfolgt den Gebrauch der beiden Medien durch Autoren bis ins 19. Jahrhundert zurück.

[16] Vgl. G.H.F. Longree (1984).

[17] Vgl. L. Hönnighausen (1971), W. Rasch (Hg.) (1970).

[18] Vgl. M. Butor (1969).

(Christina Weiss 1984, 26). P. Klee malte Text-Bilder: "Farb- und Buchstabenfelder ergeben ein lesbares und zugleich betrachtbares Bild-Gedicht" (ebenda), und so geht die Entwicklung weiter bis zur Concept Art unserer Tage.

R. Magritte[19] thematisiert von 1928 an vor allem in seinen Sprachbildern (das wohl bekannteste zeigt eine überdimensionale Pfeife und die Aufschrift "Ceci n'est pas une pipe") das Verhältnis von sprachlichem Zeichen, Bild und Realität[20]. In Bildern von R. Lichtenstein aus den sechziger Jahren, die von Comics beeinflußt sind, erscheinen in Sprechblasen Wörter und Sätze, und der Kreis schließt sich, wenn R. Indiana 1968 das englische Wort *love* zum Bild macht[21].

Außerhalb der Schönen Künste ist eine weitere, originelle Verbindung von Bild und Sprache zu nennen, die bis in die Antike zurückreicht: Ein Rebus besteht aus einer Sequenz von Bildern, Buchstaben und Hilfszeichen, die z.B. einen Laut streichen. Von den Bildern interessiert nur die orthographische Seite ihrer sprachlichen Bezeichnungen, die gegebenenfalls durch die Hilfszeichen verändert werden. Diese oft nur einen Teil eines Wortes repräsentierenden Buchstabenfolgen müssen in der üblichen Leserichtung zusammengefügt werden und ergeben schließlich Wörter und Sätze, deren Sinn mit der Bedeutung der Bilder in keinerlei Zusammenhang steht. Die Bilder fungieren hierbei ausschließlich als Träger bestimmter Laut- bzw. Buchstabenfolgen, ihr Inhalt dient nur der Auffindung der richtigen Lautsequenz.

Wort und Bild werden ferner seit Jahrhunderten auf Votivbildern, seit 1842 in Zeitschriften[22], etwa seit 1930 in Comics[23] - ein Vorläufer sind etwa die Bild-Text-Sequenzen von Wilhelm Busch - und seit 1947 im Photoroman[24] miteinander verbunden. Darüber hinaus ist an Kataloge von Versandfirmen, Reklamen in Illustrierten, Werbeplakate an Litfaßsäulen, Exlibris, Kochrezepte, Betriebsanleitungen, Umhüllungen von Konservendosen und an Bildunterschriften in Zeitungen, Illustrierten, Reiseprospekten und Photoalben zu denken. Auch Verkehrszeichen erfahren oft eine verbale Ergänzung; so kann die Geltung eines Verkehrsschildes mit der Festlegung einer Höchstgeschwindigkeit durch den Zusatz *Bei Nässe* oder *Von 22-6 Uhr* eingeschränkt werden, während der Hinweis *Lärmschutz* eine Erklärung liefert.

Während die meisten Zeitungen seit der zweiten Hälfte des 19. Jahrhunderts Illustrationen enthalten und die Times immerhin seit 1914 Photos zeigt, macht Le Monde bis heute noch einen sehr selektiven Gebrauch von Bildern. Dank der freundlicherweise erteilten Auskünfte von Herrn J.-M. Dupont, Mitglied der Direktion von Le Monde können die verschiedenen Etappen hier aufgeführt werden. Seit den fünfziger Jahren erschienen anläßlich der Ernennung neuer Mitglieder der Académie Française und der halbjährlich stattfindenden Modesalons im Supplement 'Monde des Livres' Zeichnungen. Nach 1980

---

[19] Vgl. U.M. Schneede (1973), G. Scholz (1981).

[20] Zu 77 Gemälden von Magritte verfaßte A. Robbe-Grillet 1975 einen Roman - ein seltenes Beispiel für die Priorität des Bildes gegenüber dem literarischen Text.

[21] 657 Gedichte über Bilder in 19 Sprachen präsentiert G. Kranz (1986).

[22] In England erscheint in diesem Jahr in wöchentlichem Rhythmus 'Illustrated London News', "the first weekly periodical in Britain to make news pictures its main feature" (W.T.Berry/H.E. Poole 1966, 231).

[23] Vgl. Communications 24, 1976. Vorausgingen z.B. 'Bécassine' von J.P. Pinchon (1905) oder 'Les aventures des Pieds Nickelés' von L. Foron (1908) - Hinweis von G. Haensch.

[24] S. Saint-Michel (1979) läßt die Vorgeschichte des Photoromans 1855 beginnen.

sind Zeichnungen zu verschiedenen Themen in den Hauptteil der Zeitung vorgedrungen, in Form von Karikaturen sogar auf Seite eins. Photographien dagegen wurden erst seit Mitte der sechziger Jahre zu den Automobilsalons von Paris und Genf sowie gelegentlich mit Architekturmodellen oder städtebaulichen Themen veröffentlicht[25]. Immerhin erst seit 1985 erscheinen Photographien von Künstlern und Schauspielern im Kulturteil, aber es gibt immer noch keine "photos d'actualité dans les pages politiques ou économiques du quotidien, ni en page une". Eine Umfrage bei den Lesern hat Anfang 1986 ergeben, daß sie Photos in Le Monde nicht ablehnend gegenüberstehen - die jüngsten Leser beurteilen sie sogar sehr positiv -, jedoch informative gegenüber nur ästhetischen Photographien vorziehen. Daher wird Le Monde in Zukunft mehr Photos bringen und hat dazu 1986 eine Spezialistin für ikonographische Fragen angestellt, die den Journalisten bei der Wahl der Illustrationen für ihre Artikel behilflich sein soll.

Dieses etwas ausführlicher dargestellte Beispiel zeigt, daß die Herausgeber zwar sehr zurückhaltend mit dem Einsatz von Bildern sind, das Vordringen des ikonischen Mediums aber nicht aufhalten werden.

Noch zu keiner Zeit der Menschheitsgeschichte stand eine derartige Fülle visueller Informationen zur Verfügung, die sich größtenteils in Verbindung mit Sprache präsentiert. Hierbei sind noch nicht einmal die bewegten Bilder von Film, Fernsehen und Video berücksichtigt, die seit der zweiten Hälfte dieses Jahrhunderts massiv auf die Sehgewohnheiten vor allem der Jugend einwirken[26].

Diese subjektive und zufällige Auswahl hatte den Zweck, darauf hinzudeuten, wie häufig die Verbindung von Wort und Bild in den verschiedensten Bereichen der Kultur vorkommt, so daß sich illustrierte lexikographische Werke ganz selbstverständlich in den Strom der Entwicklung werden einreihen lassen.

Obwohl, wie gezeigt wurde, die Kombination von Bild und Text eine geläufige Erscheinung ist, bemerkt R. Barthes (1964a, 43): "cette liaison semble avoir été peu étudiée d'un point de vue structural". Ebenso äußert sich E.H. Gombrich zehn Jahre später (1974, 242): "In comparison with the importance of the question the amount of attention devoted to it is disappointingly small". Neun Jahre darauf stellt H.D. Zimmer (1983, 5) fest: Man sollte erwarten, "daß die Interaktion von Sprache, deren Bedeutsamkeit für unser Leben und Verhalten unbestritten ist, und der visuellen Informationsverarbeitung eigentlich im Zentrum des psychologischen Forschens steht. Ein Blick in die noch kurze Geschichte der Psychologie zeigt aber, daß diese Annahme falsch ist"[27]. Da hier ein kleiner Ausschnitt dieser Frage untersucht werden soll, seien im folgenden (3.2) einige technische Aspekte der Buchillustration vorab geklärt.

---

25 Nach 1980 werden die Wochenbeilagen Monde-Loisirs und Monde-Dimanche durch "photos d'illustration", also nicht rein dokumentarische Bilder aufgelockert.

26 Vgl. G. Bentele/E.W.B. Hess-Lüttich (Hg.) (1985), H. Burger (1984), H. Davis/P. Walton (eds.) (1983), Ursula Oomen (1983), N. Postman (1982/83) und (1984/85), A. Raasch/ W.Kühlwein (Hg.) (1984).

27 Kurz vor Abschluß des Manuskripts erschien von M. Muckenhaupt (1986) eine Untersuchung zum Zusammenwirken von Text und Bild vor allem bei der Fernsehberichterstattung. Auch er stellt fest, daß "Text-Bild-Kommunikationen bisher nur am Rande untersucht" wurden (S. XV).

3.2 Entwicklung des Buchdrucks, der Buchillustration, der künstlerischen Techniken und der Drucktechnik

Unmittelbare Voraussetzung für eine weitere Verbreitung lexikographischer Werke war die Erfindung des Buchdrucks. Nicht nur, daß Bücher in größerer Auflage erscheinen konnten, was im 15. Jahrhundert eine Anzahl von meist nur 200,[28] selten 1.000 Exemplaren beinhaltet (S.H. Steinberg 1961², H. Klein 1975, 24), sondern sie können durch Einbeziehung zunächst des Holzschnitts auch visuelle Information vermitteln.

Vor der Erfindung des Buchdrucks waren bildliche Darstellungen nur einem kleinen Kreis von Klerikern, Gelehrten, Fürsten und der oberen Schicht des Bürgertums der Städte in Form von illuminierten Handschriften zugänglich. Der Kreis erweitert sich erst seit etwa 1400 durch die Entwicklung des Holzschnitts; fast gleichzeitig wird der bisherige seltene und teuere Beschreibstoff Pergament durch das in größerer Menge verfügbare und billigere Papier ersetzt: Die Papierfabrikation wurde in Europa von den Arabern übernommen und breitete sich seit 1144 von Spanien (Valencia, Játiva, Toledo) aus nach Südfrankreich und Italien (Fabriano bei Ancona seit 1276, Venedig, Mailand). Aus Italien holte Ulman Stromer die Papiermacher zum Bau seiner mit Wasserkraft angetriebenen Papiermühle nach Nürnberg (W. Wattenbach 1958⁴, 145). So hatte "die erste Papiermühle auf deutschem Boden ... 1389/90 bei Nürnberg mit ihrer Produktion begonnen" (W. Koschatzky 1975, 69). Aus der Zeit von 1400 bis 1550 sind noch annähernd 3.400 Einblattholzschnitte erhalten, was für ihre ehemals weite Verbreitung und ursprünglich bedeutend höhere Zahl spricht[29]. Sie bilden vor allem Heilige und Themen der Leidensgeschichte Christi ab, geben "Mitteilungen über Ablässe, über die Pest und seltene Begebenheiten". W. Koschatzky (1975, 52) bemerkt in Bezug auf die Wirkung des Bildes ferner: "auch muß eine (in unserer Zeit der uferlosen Bilderüberflutung kaum mehr begreifbare) Faszination von diesen ersten Begegnungen mit Bildern überhaupt ausgegangen sein." Die Verbindung von Bild und Text erfolgt seit 1420 in den sogenannten Blockbüchern, wobei Text und Bild zugleich in den Holzstock geschnitten wurden. Die Themen sind "fast ausschließlich religiöser Natur" (W. Koschatzky 1975, 56); so erscheinen etwa 1430/40 Versionen der in 3.1 angesprochenen Biblia pauperum, die bislang nur in Handschriften verbreitet wurden, zum ersten Mal als Blockbuch (H. Kunze 1975, 123).

Doch Gutenbergs Erfindung des Buchdrucks mit einzelnen Lettern (wohl um 1440) - die 42-zeilige Bibel wurde zwischen 1452 und 1455 in Mainz gedruckt[30] - verdrängte rasch die nur auf umständliche Weise herstellbaren Blockbücher[31]. Mit erstaunlicher Geschwin-

---

[28] So gaben die deutschen Drucker Conrad Sweinheim und Arnold Pannartz in den Jahren 1467 bis 1473 etwa 50 Werke meist lateinischer Klassiker heraus "con tirature quasi sempre di soli 275 esemplari" (D. Fava 1939, 60). K. Haebler (1925, 142) erwähnt Auflagen von 100 Exemplaren aufwärts.

[29] Allein für den deutschen Sprachraum schätzt man die Zahl der Einblattholzschnitte vor 1500 auf über 25.000 (H. Presser, 1966²,34).

[30] Sie erschien in einer Auflage von etwa 200 Stück, von denen etwa 47 Exemplare zum Teil nur als einzelne Blätter erhalten sind, und umfaßte 1280 Seiten.

[31] Auf die technischen Aspekte kann hier noch verzichtet werden, da noch keine lexikographischen Werke involviert sind. Sie werden klar abgehandelt z. B. in H. Klein (1975), W. Koschatzky (1975), H. Kunze (1975) und Elisabeth Geck (1982).

digkeit verbreitete sich das neue Verfahren durch wandernde Drucker entlang den Handelswegen über die ganze damals bekannte Welt[32]:

1460 nach Straßburg
1461 nach Bamberg
1465 nach Subiaco, Kloster bei Rom
1466 nach Köln
1467 nach Rom
1468 nach Augsburg und Basel
1469 nach Venedig
1470 nach Paris, Utrecht, Nürnberg
1471 nach Mailand, Neapel, Florenz, Bologna, Speyer
1473 nach Lyon, Valencia
1475 nach Saragossa
1477 nach Westminster

"Bis 1500 wird in mindestens 247 Städten gedruckt" (E. Geck 1982,15)[33]. Allein in Venedig gab es bis Ende des 15. Jahrhunderts 151 Druckereien (H. Presser, 1966², 37).

Mit der Verbreitung des Buchdrucks[34] setzte eine neue Ära für den Holzschnitt ein. Zwar mußte man anfangs Text und Illustration nacheinander drucken, "da es noch zu schwierig war, die Druckstöcke der Bilder in eine Ebene mit dem Satz zu bringen" (K. Faßmann (Hg.) 1971, 172), doch in wenigen Jahrzehnten wurde dieses Problem gelöst und die Illustrationen "konnten zusammen mit der Schrift in einem einzigen Arbeitsgang gedruckt werden" (H. Klein 1975, 14). Dieser Vorzug des Holzschnitts gegenüber anderen künstlerischen Verfahren wird für Jahrhunderte die Illustrierung auch von lexikographischen Werken beeinflussen.

Das erste gedruckte Buch mit Illustrationen ist eine Fabelsammlung von Ulrich Boner mit dem Titel 'Edelstein', die 1461 von Albrecht Pfister in Bamberg gedruckt wurde und die 203 Holzschnitte enthält (W.M. Ivins 1953, 27; E. Geck 1982, 12 und 14)[35]. Bereits im darauffolgenden Jahr bringt Albrecht Pfister die erste gedruckte Ausgabe einer Biblia pauperum mit 136 Holzschnitten heraus; dieser deutschen Ausgabe folgt eine lateinische und 1463 eine textlich abweichende deutsche Ausgabe mit noch mehr Holzschnitten (H. Kunze 1975,123; E. Geck 1982, 14).

Die Bebilderung mit Holzschnitten ging in der folgenden Zeit über religiöse und allegorische Themen hinaus und erfaßte Bereiche, die später auch in lexikographischen Werken illustriert werden. In den 'Meditationes vitae Christi' des Kardinals Johannes de Torquemada (oder: Turrecremata), die Silvester 1467 in Rom bei Ulrich Ha(h)n erscheinen,

---

32 Die folgenden Angaben beruhen auf D. Fava (1939, 143-145), S.H. Steinberg (1961, 42-118), E.D. Stiebner (Hg.) (1976, 13), H. Presser (1966², 67-72), H. Presser (1967, 162 f.). Bei Abweichungen in der Datierung wurde die häufiger genannte Jahreszahl oder die Angabe in den neueren Werken übernommen.

33 Die Druckorte im französischen Sprachgebiet bis 1600 sind in L. Wolf (1979, 8 f.) verzeichnet.

34 Dazu nur eine Zahl: In Wittenberg werden im 16. Jahrhundert über 100.000 Lutherbibeln gedruckt (H. Presser, 1966², 38).

35 Mit illustrierten gedruckten Büchern folgen 1467 Italien (siehe unten), 1478 Frankreich (Lyon), 1480 Spanien (Sevilla) und 1481 England (Westminster).
Vor allem die Frühgeschichte der deutschen Buchillustration behandelt W.H. Lange (1948); sehr informativ ist ferner der Katalog der Ausstellung der Bibliotheca Palatina von E. Mittler (Hg.) (1986).

werden in den 31 Holzschnitten zum ersten Mal identifizierbare und lokalisierbare Objekte abgebildet, nämlich die Fresken, mit denen der Kardinal seine Titularkirche Santa Maria sopra Minerva di Roma ausschmücken ließ, wobei den Holzschnitten Zeichnungen der (heute nicht mehr existierenden) Fresken als Vorbild dienten (D. Fava 1939, 193). Da es sich jedoch um ein Erbauungsbuch handelt, ist dieser Aspekt für den Leser irrelevant, "but doubtless the Cardinal took great pride in it" (W.M. Ivins 1953, 31).

Als fünf Jahre später in Verona 'De re militari'[36] von Roberto Valturio erschien, dienten die 99 Holzschnitte etwa der Waffen weder der Erbauung noch der Dekoration, sondern der Information. Die Buchillustration hat hiermit eine neue und für die Zukunft wesentliche Aufgabe gewonnen, nämlich Träger visueller Information zu sein.

Im gleichen Jahr 1472 erscheint zum ersten Mal eine Landkarte in einem gedruckten Buch (C. Singer et al. 1957, 405), 1479 das erste Porträt.

Das erste Buch zur Botanik[37] - ausführlich hierzu C. Nissen (1966^2) -, das unter dem Titel 'Pseudo-Apuleius' nach 1480 in Rom erschien, gibt den Text einer Handschrift des 9. Jahrhunderts wieder und enthält "careless copies of the illustrations in that manuscript" (W.M. Ivins 1953, 33)[38]. Auch ein darauffolgendes Herbarium aus Mainz, 'Herbarius Moguntinus' (1484), enthält nur Kopien, jedoch der im nächsten Jahr bei demselben Drucker erschienene 'Gart der Gesundheit' bringt nach der Natur gezeichnete, nach Ivins gut geglückte Illustrationen, die C. Nissen (1966^2, 29) als "ganz entscheidenden Wendepunkt" in der Geschichte der botanischen Buchillustration bezeichnet. Der 1491 in Konkurrenz dazu herausgebrachte 'Hortus sanitatis' bedeutet mit seinen 1.073 Holzschnitten dagegen "keinen wichtigen Wendepunkt in der Geschichte der botanischen Buchillustration" (E. Mittler Hg., 1986, 347).[39] In späteren Herbarien werden die Holzschnitte der vorausgegangenen Werke teils direkt kopiert, teils sogar aus zweiter oder dritter Hand übernommen, wobei die Darstellungen an Größe und Genauigkeit verlieren, bis sie wie im 'Grete Herbal', London 1526 "little more than decorative motifs" sind (W.M. Ivins 1953, 40). Nachdem die Holzschneider sich nicht am Original der Natur, sondern an ihren Vorlagen orientierten,

---

36 Nach Graf von Klinckowstroem (1959, 86) lautete der Titel 'Elenchus et Index rerum militarium'.

37 Ohne stichhaltige Begründung schließt F. Claes (1977, XVII) illustrierte Pflanzenbücher von seiner Bibliographie aus: "Mehrere Werke aber, die Pflanzennamen in verschiedenen Sprachen enthalten, sind Bilderbücher oder enzyklopädische Werke; sie werden in unser Verzeichnis nicht aufgenommen".
Eine Bestandsaufnahme der Kräuterbücher des 15. und 16. Jahrhunderts gibt W.L. Schreiber (1924).

38 Schon Plinius der Ältere erwähnt in seiner 'Naturalis historia' (25.4) griechische Pflanzenbücher mit Illustrationen: "Pinxere namque effigies herbarum". Jedoch durch die Kopisten werden die Darstellungen entstellt: "multumque degenerat transcribentium fors varia". Abgesehen von der Schwierigkeit der exakten Tradierung bemängelt Plinius, daß die farbliche Übereinstimmung mit der Natur nicht zu erreichen ist und e i n e Abbildung für das sich jährlich in vier Jahreszeiten ändernde Aussehen einer Pflanze nicht ausreicht. Dies ist eine erstaunlich bildfeindliche Haltung, denn eine verbale Beschreibung vermag die von Plinius angemahnten Informationen noch viel weniger zu leisten.

39 In der B u c h m a l e r e i tauchen nach 1450 "die ersten nach der Natur gezeichneten Pflanzenbilder auf ... Mit dem 1479 datierten Herbar des Vitus Auslasser, dessen Bilder zum großen Teil nach der Natur gezeichnet sind, beginnt die lange Reihe der Pflanzenbücher mit botanisch richtiger Illustration" (S.O. Schmitt (Hg.), Bd. 2, 1948, 1.502).
A.C. Crombie (1964) unterscheidet in der Buchmalerei der Herbarien eine 'naturalistische' und eine 'romanische' Tradition - in letzterer wurden die Zeichnungen "mehr und mehr zu stilisierten Kopien" (S. 141). Er weist auf naturalistisch illustrierte Kräuterbücher bereits des 12. und 13. Jahrhunderts hin und bemerkt, daß sich beide Traditonen "bis in die frühen gedruckten Kräuterbücher hinein" (S. 142) erhalten haben. Vgl. W.L. Schreiber (1924).

beobachtet Ivins eine Art Ver-rationalisierung des Bildinhalts, die sich in einem Streben nach Symmetrie und einer ausgewogenen Verteilung der verschiedenen Teile einer Pflanze im Raum des Bildes äußert, wobei die Ähnlichkeit mit der Realität immer geringer wurde. Demgegenüber lieferte Hans Weiditz, ein Schüler Albrecht Dürers, in den 1530 und 1532 in zwei Bänden in Augsburg erschienenen 'Herbarum vivae eicones' (132 Holzschnitte) "sharply observed and sensitively drawn woodcuts" (W.M. Ivins 1953, 43), denen sogar vorgehalten wurde, sie stellten nur einzelne Pflanzen mit ihren individuellen Besonderheiten dar und seien zu wenig typisierend. C. Nissen (1966², 40f.) bemerkt, das Gesamtbild der Pflanzen sei mit einer geradezu "genialen Treffsicherheit" entworfen, zudem stellten die "zarten, schmiegsamen Linien" ein "Meisterwerk der Holzschneidekunst" dar. Der Schritt von der individuellen zur verallgemeinernden Darstellungsweise wird in den von Leonhart Fuchs 1542 in Basel edierten 'De historia stirpium commentarii insignes' vollzogen (511 Holzschnitte von Pflanzen), wobei sich vielleicht ausgewirkt hat, daß Zeichner und Holzschneider hier nicht die gleiche Person waren. Für W.M. Ivins (1953, 44f.) ist dies "one of the most important steps ever consciously taken in the long search for a scientific classification of natural forms" und ebenso "of the greatest importance in view of the subsequent history of visual information and the thought based on it." Nicht nur naturgetreue Abbildungen, - sie wurden zum Teil aus L. Fuchs (1542) kopiert -, sondern "mitunter weit entfernte Konstrukte" enthält dagegen das 'Kreutterbuch' von Hieronymus Bock (unbebilderte Erstausgabe 1539, mit Holzschnitten von 1546 an) - dazu E. Mittler (Hg.) (1986, 328-330). So zeigt der hier exemplarisch abgehandelte Fall der Herbarien, daß die (Holzschnitt-)Illustration nur langsam in ihre heute vorherrschende Rolle wächst, die sie auch in lexikographischen Werken ausübt, nämlich visuelle Information über die Dinge der Welt zu vermitteln.[40]

Weitere Bereiche, die Ende des 15. Jahrhunderts zum ersten Mal illustriert werden, sind die Astronomie (Johannes de Sacrobosco (John of Holywood), gestorben etwa 1236), De sphaera mundi, Ferrara 1472, Venedig 1485), wobei zur Darstellung einer Sonnenfinsternis zum ersten Mal ein dreifarbiger Holzschnitt erscheint. K. Haebler (1925, 110) erwähnt aus der Frühdruckzeit (1481) einen einzigen Fall der Verwendung von vier Farben. Ein erstes Reisebuch (Bernhard von Breydenbach, Peregrinationes in terram sanctam, Mainz 1486) zeigt die aus eigener Anschauung gewonnenen Ansichten von Städten und berühmten Bauwerken. Erhard Reuwich, der Breydenbach auf seiner Pilgerreise begleitete, fertigte hierbei Zeichnungen an, die er selbst in den Holzschnitt übertrug (S.H. Steinberg 1961², 179). Dagegen enthält Hartmann Schedels 'Liber chronicarum' oder 'Neue Weltchronik' (Nürnberg bei Anton Koberger 1493 in deutscher und lateinischer Fassung) unter ihren etwa 1.800 Holzschnitten zahlreiche Exemplare, die mehr als eine Persönlichkeit oder Stadt illustrieren sollen: Eine Stadtansicht wird sogar für elf verschiedene Städte verwendet. 596 Bilder von Kaisern, Päpsten und anderen Persönlichkeiten werden von 72 Modeln wiedergegeben (S.O. Schmitt (Hg.), Bd. 2, 1948, 1.389). Auch hier zeigt sich noch "the ancient and mediaeval careless attitude towards verisimilitude" (W.M.

40 Der Sammelband 'The Natural Sciences and the Arts' (1985) hat u.a. auch die Entwicklung zur realistischen Darstellung, z.B. in Botanik, Zoologie, Ethnologie zum Thema.

Ivins 1953, 38), während andere Ansichten einen gewissen Grad von Ähnlichkeit beanspruchen können[41].

Die ersten perspektivischen Darstellungen in einem illustrierten Buch liegen mit 'De perspectiva' von Pelerin (Toul 1504) vor - ein weiterer Schritt zu einer möglichst adäquaten Erfassung der Realität.

Den Titel, die erste illustrierte Beschreibung eines Handwerks bzw. einer Technik zu sein, kann wohl das 'Bergbüchlein' von Ulrich Rülein von Calw beanspruchen, das etwa 1500 erschienen ist - erhalten sind Drucke aus Leipzig (1503) und Augsburg (1505) - und in deutscher Sprache das Aufsuchen und die Gewinnung von Erzvorkommen beschreibt[42]. Man muß bis 1540 warten, bis das "erste planmäßig mit Abbildungen ausgerüstete t e c h n o l o g i s c h e (Sperrung von W.H.) Werk" (W. Pieper 1955, 272) erscheint: Vanoccio Biringuccio, Pirotechnia, Venedig 1540. Es behandelt vor allem die Verarbeitung von Metallen (Gießen, Legieren) und die Feuerwerkerei. Schon dichter schließt sich Georg Agricola mit seinem 1556 lateinisch erschienenen Buch 'De re metallica' an, dem 1557 die deutsche Übersetzung folgt. Es enthält 292 Holzschnitte. Das anatomische Werk 'De humani corporis fabrica libri septem' von Andreas Vesalius (1543) löste durch seine anschaulichen Holzschnitte "die Humananatomie von der Autorität Galens" (E. Mittler, Hg., 1986, 342).

Das mit Holzschnitten illustrierte Buch hat sich somit nur langsam im Lauf von etwa 80 Jahren immer weitere Gegenstandsbereiche erobert, wobei die Detailliertheit der Darstellung allmählich größer wurde. Dies hatte zur Folge, daß die aus der Druckplatte hervorstehenden Linien, die ja bei diesem Hochdruckverfahren die Belastung in der Druckerpresse zu tragen haben, feiner und schlanker werden mußten, was jedoch ihre Lebensdauer verminderte. Nach W.M. Ivins (1953, 47) erreicht der Holzschnitt in der ersten Hälfte des 16. Jahrhunderts durch diesen zunehmenden "informational pressure ... that is, the cramming of more and more lines and detailed information into the given areas" die Grenze seiner Leistungsfähigkeit.

Obwohl der Kupferstich nur einige Jahrzehnte später als der Holzschnitt, etwa 1420, erfunden wurde, dient er erst seit der Mitte des 16. Jahrhunderts in allmählich zunehmendem Maße der Illustrierung von Büchern[43]. Nach C. Singer et al. (1957, 409) erscheint er

---

41 Diese "Leichtfertigkeit" im Umgang mit dem Bild (S.H. Steinberg 1961², 180) hängt wohl mit der aus dem Mittelalter übernommenen Auffassung zusammen, die Autorität der großen Autoren höher zu bewerten als die eigene Erfahrung. Daher sollte man weniger von 'Leichtfertigkeit' sprechen, sondern von den in einer bestimmten Epoche überhaupt möglichen Arten des Sehens - Hinweis von T. Finkenstaedt.

42 W. Pieper (1955, 266) bemerkt ferner: "Es ist bereits p l a n m ä ß i g b e b i l d e r t (Sperrung von W.P.), mit "Figuren", die im Text erwähnt und erläutert sind und diesen ihrerseits ergänzen. Eine solche innige Beziehung zwischen Text und Bildern ist damals noch eine sehr große Seltenheit."
W.M. Ivins (1953, 39) nennt als erste illustrierte Beschreibung "of a craft or art" ein 1514 in Venedig erschienenes Buch über die Kunst des Schreibens von Fanti. Aus dem Bereich des Buchdrucks ist G. Tory, Champ fleury ou l'art et science de la proportion des lettres, Paris 1529 zu nennen (Titel nach dem Nachdruck Genf 1973).

43 Aus dem 15. Jahrhundert stammen die Kupferstiche einer Boccaccio-Ausgabe (Brügge 1476) und die Karten zweier Ptolemaeus-Ausgaben (Florenz 1477, Rom 1478, von Conrad Sweinheim vorbereitet und Arnold Bucking ediert); K. Faßmann (Hg.) (1971, 172); D. Fava (1939, 61). "Aber dieses Verfahren (= der Kupferstich) setzte sich erst nach der Mitte des 16. Jahrhunderts durch, als das 'Speculum Romanae Magnificentiae' (Antonio Lafreri, Rom 1548-1568) auf mehr als 130 Platten einen Überblick über die erhaltenen Monumente des antiken Rom gab und damit zum frühesten topographischen Werk von bleibendem Wert wurde." (S.H. Steinberg 1961², 181).

zunächst bei "simple line subjects", wie in Karten, geometrischen Figuren, Zeichnungen zur Mechanik oder Architektur, "where fine lines were needed". Der Grund dieser Verzögerung liegt zuallererst darin, daß der Kupferstich ein Tiefdruckverfahren ist - die in die Kupferplatte geschnittenen Linien werden mit Druckerschwärze gefüllt, welche beim Druckvorgang vom Papier aufgesaugt wird - und daher nicht mit dem Hochdruck der Schrift in einem Arbeitsgang verbunden werden kann. Aus diesen technischen Gründen erscheinen Kupferdrucke in illustrierten Büchern oft auf gesonderten Blättern, die zwischen die Textseiten gebunden sind, oder einen Anhang zum Text bilden. Kupferdrucke kommen ferner teurer, die Platte ist nicht leicht zu bearbeiten, der Druckvorgang erfordert mehr Zeit[44] und die Zahl der Abzüge ist mit durchschnittlich drei- bis vierhundert etwas geringer als beim Holzschnitt[45]. "Als freilich die Umrißzeichnungen des Holzschnitts dem gewandelten Geschmack nicht mehr genügen, nimmt man die Nachteile in Kauf, um zu einer aufwendigeren und illusionistischen Illustration zu gelangen." (K. Faßmann (Hg.) 1971, 172). Die von Anfang an "zart modellierende, malerische Wirkungen erstrebende Kupferstichtechnik" erweist sich als "ein verfeinertes Instrument der Wirklichkeitsschilderung" (W. Koschatzky 1975, 110)[46].

Die Alternative zwischen Holzschnitt und Kupferstich bestimmte für Jahrhunderte auch die Illustrierung lexikographischer Werke. Von den zahlreichen weiteren graphischen Techniken seien in chronologischer Reihenfolge nur diejenigen vorgestellt, die in größerem Umfang auch zur Bebilderung der hier interessierenden Werke dienten.

In den Jahren nach 1770 verwendete der englische Kupferstecher Thomas Bewick quer zur Faser geschnittenes Hartholz (z.B. Buchsbaum), das wegen seiner Härte nicht mit dem Messer, sondern mit dem Stichel wie beim Kupferstich bearbeitet wird, wobei wie beim Holzschnitt eine Hochdruckform entsteht. Das als Holzstich bezeichnete Verfahren gestattet eine bisher nur vom Kupferstich ereichte Feinheit der Linien und flächige weiche Tonwirkungen[47]. Da das Buchsbaumholz als Druckstock härter als Kupfer ist, stellt der Holzstich ein dem Kupferstich "wirtschaftlich überlegenes Hochdruckverfahren" dar, das abgesehen von der "Billigkeit von Material und Herstellung" (W. Koschatzky 1975, 64) zudem den Druck von Schrift und Bild in einem Arbeitsgang ermöglichte. Der Holzstich diente vor allem zur Herstellung von Reproduktionen und zur Illustration von Büchern und Zeitschriften[48]; er ist bis in die erste Hälfte des 20. Jahrhunderts das vorherrschende Mittel zur Illustration von Enzyklopädien und Wörterbüchern. Etwa 1860, also zwei Jahrzehnte nach der Erfindung der Photographie, gelang es Bolton, einem englischen Holzstecher, den Druckstock mit einer lichtempfindlichen Schicht zu versehen und so z.B. eine Skulptur direkt nach der von ihr angefertigten Photographie zu stechen.

---

44 So wurden aufgrund dieser Schwierigkeiten von den 96 geplanten Kupferstichen für die Dante-Ausgabe von Nicolò di Lorenzo (1481) nur 13 ausgeführt (D. Fava 1939, 199).

45 Nach W.M. Ivins (1953, 49), W.T. Berry/H.E. Poole (1966), K.Faßmann (Hg.) (1971, 172), H. Klein (1975, 104-110), W. Koschatzky (1975, 96-110), wo auch die handwerklich-technischen Aspekte ausführlich behandelt werden.

46 Die künstlerischen Konsequenzen für die Entwicklung des Kupferstichs, die sich aus der Trennung von der Typographie und aus der Arbeitsteilung zwischen Entwerfer und Stecher ergeben, seien hiermit nur angedeutet; vgl. W.M. Ivins (1953, 50), K. Faßmann (Hg.) (1971, 172 f.).

47 Berühmt ist sein Werk 'A General History of Quadrupeds' von 1790.

48 Ob er damit in "höchst unkünstlerische Bereiche" abgleitet (W. Koschatzky 1975, 64), hängt von der Definition von 'künstlerisch' ab. Die durch den Holzstich ermöglichten feinen Linien und Schattierungen kamen in der Tat auf billigerem Zeitungspapier nicht zur Geltung.

Der Steindruck ist demgegenüber ein Flachdruckverfahren, das auf der gegenseitigen Abstoßung von Wasser und Fett beruht. Nach der von Aloys Senefelder 1797/98 entwikkelten Methode wird mit fetthaltigen Mitteln (Stifte, Kreide, Tuschen) direkt auf eine präparierte Kalkschieferplatte seitenverkehrt[49] gezeichnet, die vereinfacht gesagt das Bild auf das aufgepreßte Papier abgibt. Wesentlicher Vorteil der Lithographie "sind die für die Zeichnung bestehende Freiheit und die sich daraus ergebenden praktisch unbegrenzten Möglichkeiten für den Künstler" (W. Koschatzky 1975, 172). Als Flachdruckverfahren teilt der Steindruck die Nachteile der Tiefdrucktechniken, die es nicht erlauben, im selben Arbeitsgang Text und Illustration zu drucken. Daher erscheinen Lithographien im 19. Jahrhundert in gesonderten Bildbänden zu einigen Enzyklopädien, wobei zudem die Erläuterungen den Tafeln in toto vorangestellt werden.

"Um 1818 verwendete der Amerikaner J. Perkins Stahlplatten zum Druck von Wertpapieren" (H. Klein 1975, 177), nach Berry/Pole (1966, 201) schon seit 1806; in Europa gravierte Charles Heath 1820 als erster Stahlplatten. Der Stahlstich ist wiederum ein Tiefdruckverfahren, das hohe Auflagen erlaubt und auch für kleinste Darstellungen geeignet ist, da in "den weitaus härteren Stahl ... viel zartere und engere Linien als in Kupfer zu ziehen" sind (W. Koschatzky 1975, 102). Seine Hauptaufgabe ist weniger der direkte künstlerische Ausdruck, sondern die Buchillustration (u.a. mit Veduten, wie im 'Großen Conversationslexikon für die gebildeten Stände' von 1840 aus dem J. Meyer Verlag) und die Reproduktionsgraphik. Daher wird er seit dem zweiten Viertel des 19. Jahrhunderts auch zur Illustration von lexikographischen Werken verwendet.

Seit der Mitte des 19. Jahrhunderts können dank der Versuche von Firmin Gillot Strichzeichnungen und andere Vorlagen ohne Halbtöne auf Zinkplatten übertragen werden, die durch Ätzung ein Hochdruckklischee ergeben, das zusammen mit dem Schriftsatz in den Druck gehen kann. Der Vorteil dieses Verfahrens liegt darin, daß der Zeichner wie bei der Lithographie von den technischen Beschränkungen z.B. des Holzschnitts frei ist. Daher wohl ersetzten diese Strichätzungen auch in lexikographischen Werken allmählich die Holzstiche, ohne daß der Unterschied immer augenfällig wäre.

Die Erfindung der Photographie, die sich in verschiedenen Etappen vollzog (1822: J.N. Niepce, 1837: L.J.M. Daguerre, 1839: F. Talbot [50]), konnte nicht gleich die bisherigen zur Reproduktion verwendeten graphischen Techniken ersetzen, da der Weg von der Photographie zu einem druckfähigen Klischee noch nicht gefunden war. Ein erster Schritt in dieser Richtung war die Weiterentwicklung der Strichätzung durch Charles Gillot. den Sohn von Firmin Gillot. Denn er schuf 1872 "the first completely satisfactory method of reproducing a drawing by photography" (Berry / Poole 1966, 249), indem ein Negativ auf die Zinkplatte übertragen wird (photographic line block).

Hinzu kommen zwei aufwendige und empfindliche phototechnische Verfahren, nämlich der 1868 von Joseph Albert erfundene Lichtdruck und die zehn Jahre später von Karl Klietsch in Wien vorgestellte Heliogravüre, die für die Buchillustration bis etwa 1914 Verbreitung fanden.

Bei der Autotypie wird eine Halbtonphotographie auf mechanischem Weg durch einen Raster in verschieden große Punkte zerlegt, die auf eine als Druckstock dienende Zink-

---

[49] Beim Umdruckverfahren kann der Künstler seitenrichtig auf Zeichenpapier zeichnen; statt der unhandlichen Steinplatten können auch Zinkplatten benutzt werden (W. Koschatzky 1975, 181-185).

[50] Nähere Einzelheiten in H. Klein 1975, 78 f.. Die Technik und Geschichte der Photographie behandelt W. Koschatzky (1984), den "Weg zum photographisch illustrierten Buch" zeichnet F. Heidtmann (1984) nach.

platte geätzt werden. Dieses 1882 von dem Münchner Georg Meisenbach entwickelte Verfahren wird heute allgemein zur Herstellung von Halbtonklischees beim Buchhochdruck verwendet[51].

Durch die Photographie war es zum ersten Mal möglich geworden, visuelle Information zu erhalten, die nicht durch einen Zeichner (und gegebenenfalls auch einen Stecher) bereits verarbeitet und vielleicht auch entstellt war, Information, die nicht durch die technischen Notwendigkeiten des graphischen Mediums und den jeweiligen Stil (der Zeit und des Künstlers) geprägt war[52]. "Man had at last achieved a way of making visual reports that had no interfering symbolic linear syntax of their own" (W.M. Ivins 1953, 177)[53]. Und dieser 'unmittelbare' Charakter des photographischen Bildes wird durch seine Verwendung im Buch-, Zeitschriften- und Zeitungsdruck noch tausendfach verbreitet. Ferner kann jede Zeichnung, jedes Bild photographiert und auf die eben beschriebene Weise ohne weitere Veränderung beliebig oft reproduziert werden.

Hiermit sind die wichtigsten zur Buchillustration verwendeten Techniken[54] und die Möglichkeiten des Einsatzes der Photographie kurz vorgestellt, die nur noch durch einige Hinweise zur Drucktechnik ergänzt werden sollen, da ebenso durch letztere die Ikonographie lexikographischer Werke bestimmt wird[55].

Bis Anfang des 19. Jahrhunderts wurde auf Handpressen gedruckt, die eine Druckgeschwindigkeit von 300 Bogen pro Stunde erlaubten. Die Erfindung der Zylinderpresse durch Friedrich König 1812, die eine Steigerung auf 1.100 Bogen gestattete (E.D. Stiebner (Hg.) 1976, 16), war zusammen mit der Herstellung gebogener Druckplatten und Matern (Stereotypie) wesentliche Voraussetzung für den bedeutend leistungsfähigeren[56] bis heute gebräuchlichen Rotationsdruck (seit 1848 London, 1863 New York, 1872 Deutschland)[57].

"Gesteigerten Anforderungen an die Qualität des Halbtonbildes kam der ... Rakeltiefdruck (entgegen), der ... die bei der Autotypie störenden Rasterpunkte auszuschalten" vermag (H. Klein 1975, 32) und der natürlich auch auf Rotationsmaschinen gedruckt wird. Seine Verbreitung fand er nach dem Ersten Weltkrieg, er dient vorwiegend

---

51 Auch die Informationen hierzu stammen aus den hier schon öfter genannten Werken; vgl. Anm. 45.

52 Nach W.M. Ivins (1953, 176), wo bereits der Gedanke von R. Barthes (1961, 128) anklingt, Photographie sei ein "message sans code". Eine Erörterung dieser Frage erfolgt in 8.4.1.

53 W.M. Ivins fährt fort: "In the whole history of human communication it is doubtful if any more extraordinary step had ever been taken than this." Selbst wenn man dem intendierten Absolutheitsanspruch dieses Satzes nicht beipflichtet, besteht kein Zweifel an der Bedeutung dieser technischen Neuerung.

54 Es fällt auf, daß bekannte graphische Verfahren wie die Radierung keine Erwähnung fanden. Der Grund dafür liegt darin, daß sie weniger zur Sachillustration verwendet wurden, was gelegentlich erwähnt wird, so bezüglich der Schabkunst und Crayonmanier (E. Geck 1982, 45 f.): "Als Buchillustrationen erscheinen solche Arbeiten in geringem Umfang" (S. 46).

55 Die 'Geschichte der Druckpressen' behandelt ausführlich H.-J. Wolf (1974, 336 S., 1981, 459 S.), der auch auf die graphischen Techniken, die Druckverfahren, die Entwicklung des Berufsbildes (nur 1981) und den gewerbespezifischen Wortschatz eingeht. Die drucktechnischen Aspekte der deutschen Enzyklopädien (Stereotypie, Schnellpresse, Kostenrechnungen) behandelt G. Meyer (1965, 49-55).

56 Bis 40.000 Zylinderumdrehungen pro Stunde.

57 Die Weiterentwicklung der Handpresse, die Tiegeldruckpresse, schafft etwa 5.000 Bogen pro Stunde (H. Klein 1975, 184).

zur Herstellung von Illustrierten und Werbekatalogen (H. Klein 1975, 147) und setzt als Tiefdruck die graphischen Verfahren des Kupferstichs und der Radierung fort.

Seit 1945 hat sich der 1904 von dem Zinkdrucker W. Rubel in den USA erfundene Offsetdruck durchgesetzt und "überflügelt ... inzwischen die anderen Techniken" (H. Klein 1975, 131). Es handelt sich um ein indirektes Druckverfahren, denn die für den Rotationsdruck gebogene Druckplatte überträgt ihr Bild nicht direkt auf das Papier, sondern setzt es auf einen Gummizylinder ab (engl. *to set off*). Daher kann die Druckplatte leichter sein und ist einfacher und preiswerter herzustellen, auch die Maschinen sind weniger schwer als beim Rakeltiefdruck. Als Flachdruckverfahren arbeitet der Offsetdruck wie die Lithographie nach dem Prinzip der wechselseitigen Abstoßung von Fett und Wasser.

In jeder der drei Drucktechniken, dem Hoch-, Tief- und Flachdruck ist auch ein Mehrfarbendruck möglich, wobei für jede Farbe eine eigene Druckplatte benötigt wird und die Mischfarben durch das Übereinanderdrucken von im allgemeinen bis zu vier Grundfarben entstehen (H. Klein 1975, 72).

"Chromolithographien erkennt man an ihrem glänzenden, fetten Druck, der häufig wegen mehrfachen Übereinanderdrucks in den dunklen Bildstellen klebt oder verharzt ist" (H. Klein 1975, 62). Obwohl 1816 erfunden, wird dieses Verfahren erst gegen Ende des Jahrhunderts in einigen Enzyklopädien verwendet, da es sehr aufwendig ist. Mehrfarbige Autotypien weisen wie die schwarzweißen die charakteristischen Rasterpunkte auf. Sie erscheinen erst zu Beginn des 20. Jahrhunderts in Enzyklopädien.

Vor diesem Hintergrund der druckgraphischen und drucktechnischen Entwicklung kann im folgenden die Geschichte der Illustration lexikographischer Werke nachgezeichnet werden, und es kann geprüft werden, inwieweit und wie rasch die verschiedenen Neuerungen übernommen wurden.

4. DIE DREI HAUPTTYPEN LEXIKOGRAPHISCHER WERKE UND DIE PROBLEMATIK JEDER KLASSIFIKATION

"Quod legentibus scriptura,
hoc idiotis praestat pictura cernentibus,
quia in ipsa ignorantes vident, quod sequi debeant,
in ipsa legunt, qui litteras nesciunt;
unde praecipue gentibus pro lectione pictura est."
(Papst Gregor I. 600)[1]

In Anbetracht des relativ guten Forschungsstandes - siehe die die Geschichte betreffenden Titel in der Bibliographie unter Punkt 2 - kann darauf verzichtet werden, die Entwicklung der Lexikographie hier zu rekapitulieren. Jedoch erscheint es im Hinblick auf die in Kapitel 6 erfolgende Darstellung der Entwicklung der Illustrierung von lexikographischen Werken angebracht, zunächst die wesentlichen Eigenschaften der drei Haupttypen, nämlich Enzyklopädie, Sprachwörterbuch und enzyklopädisches Wörterbuch, einander gegenüberzustellen. Dadurch werden Wiederholungen bei der historischen Darstellung vermieden. Ferner können in diesem Zusammenhang einige Fragen der Typologie und der Anordnung des Stoffes in allen Arten lexikographischer Werke vorab geklärt werden.

4.1 Enzyklopädie - Sprachwörterbuch - enzyklopädisches Wörterbuch

4.1.1 Enzyklopädien

Da Enzyklopädien die am frühesten illustrierten lexikographischen Werke darstellen, seien zunächst ihre Charakteristika genannt. Hervorstechende Eigenschaft jeder Enzyklopädie ist ihre Beschäftigung nicht mit der Sprache, sondern mit den Dingen der Welt; das Lemma einer Enzyklopädie gibt also Anlaß, über den damit bezeichneten Ausschnitt der Realität[2] zu sprechen. Bezogen auf das semantische Dreieck von C.K. Ogden/I.A. Richards (1923) oder auf das Trapez von K. Heger (1976^2) steht der Referent bzw. die Klasse der Referenten im Zentrum des Interesses, wobei 'Referent' Konkreta wie Abstrakta umfaßt. So wird z.B. unter dem Stichwort *Eiche* nicht nur die botanische Klassifikation gegeben und das Aussehen des Baumes, seiner Blätter, Blüten und Früchte beschrieben, was oft durch Abbildungen unterstützt wird, sondern es werden darüber hinaus die verschiedenen Arten von Eichen aufgezählt, charakterisiert und ihr Verbreitungsgebiet aufgezeigt. Es folgen im allgemeinen Ausführungen (auch mit historischen Bezügen) zur Verwendung des Holzes, der Rinde und der Früchte, woran sich kulturgeschichtliche Be-

---

1 In einem Brief vom Oktober 600 an Bischof Serenus von Marseille, der Heiligenbilder hatte zerstören lassen. Zitiert aus: Monumenta Germaniae Historica, Ep.II, Berolini 1899, 270.

2 Daher führen deutschsprachige Enzyklopädien auch Begriffe wie 'Realenzyklopädie', 'Realwörterbuch' im Titel, z.B. 'Allgemeine Realenzyklopädie oder Conversations-Lexikon für das katholische Deutschland', 12 + 2 Bde., Regensburg 1846-1850 u.ö. (Manz'sche Realenzyklopädie) . Zum Begriff des Konversationslexikons siehe 6.6.1.

merkungen zur Bewertung des Baumes in verschiedenen Kulturen und Religionen anschließen. Bei Stichwörtern, die im umgangssprachlichen Sinn mehr oder weniger komplexe Sachverhalte verbalisieren, kann die Darstellung des Funktionierens oder der Anwendung, die Erläuterung der enthaltenen Teile und Behandlung der Geschichte recht umfangreich geraten; man denke an Lemmata, wie *Bergbau, Hafen, Aktiengesellschaft, Motor, Metallurgie, Raumfahrt, Rotationspresse*, etc.

Aus der Hinwendung der Enzyklopädien zur Realität bzw. den auch abstrakten Referenten resultieren alle folgenden Charakteristika: Als Lemmata dienen vorzugsweise Nomina - gemeint sind hierbei Gattungsnamen -, was aus der Beschreibung der zumeist dinglich gesehenen Realität erklärlich ist (vgl. Josette Rey-Debove 1971, 29). In geringerem Umfang erscheinen auch Verben und Adjektive, wobei in allen Fällen auf jede grammatikalische Angabe wie Artikel, Genus, Flexionsklasse etc. verzichtet wird: also nur *Globus* und nicht *Globus, der*, Gen., *Globus* oder *Globusses*, Plur. *Globen* oder *Globusse*[3]. Zweitens werden nur Wörter verzeichnet, die interessante Sachinformationen versprechen: In französischen Enzyklopädien fehlt zumeist *aller*, enthalten ist *allure*, in italienischen fehlt zumeist *andare*, enthalten ist *andante* und in deutschen ist *Gehen* (mit Majuskel) allenfalls als Terminus der Leichtathletik zu finden. Schließlich überrascht es in diesem Zusammenhang nicht mehr, daß Enzyklopädien folglich auch keine Konjunktionen, Präpositionen, Adverbien, Artikel und Pronomina als Einträge enthalten, da diese Wortarten, die unter Ausklammerung der Adverbien als grammatische Morpheme bezeichnet werden können, nicht unmittelbar auf einen Referenten verweisen, wie ein Nomen, Adjektiv oder Verb.

Enzyklopädien haben aus dem genannten Grund des weiteren die Tendenz, mehr Terminologie und Fachwortschatz zu registrieren als ein in Größe und Umfang vergleichbares Sprachwörterbuch. Dies korrespondiert mit der oben gemachten Beobachtung, daß Wörter der Gemeinsprache oft nur aufgenommen werden, wenn sie mindestens eine fachsprachliche Bedeutung aufweisen, die dann meist als einzige verzeichnet wird.

Bei Eigennamen ist der Bezug auf den in der Regel nur einen Referenten besonders deutlich ausgeprägt: Sie dienen primär dazu, eine Person, eine Stadt, einen Fluß, eine antike Gottheit usw. eindeutig zu identifizieren. Ob Eigennamen folglich eine Bedeutung haben und wodurch sie sich gegebenenfalls von der der Gattungsnamen unterscheidet, ist umstritten[4]. Auf jeden Fall ist verständlich, daß Enzyklopädien in großem Umfang Eigennamen enthalten und Sachinformationen über berühmte Persönlichkeiten, Städte und Länder vermitteln. Daneben gibt es enzyklopädische Werke, die beinahe ausschließlich Eigennamen erläutern, und von G.A. Zischka (1959, XXXII) "historisch-geographische(r) Realwörterbücher" genannt werden; fünf Seiten danach bezeichnet er eines als "historisch-biographisches Lexikon". Enthält ein Werk nur Personennamen, spricht man von einem biographischen Lexikon und gegebenenfalls von einer Nationalbiographie. Diese beiden Sonderformen von Enzyklopädie - sie werden in der Sekundärliteratur weder terminologisch noch inhaltlich deutlich von den Enzyklopädien abgegrenzt - haben kaum Bezug zum Sprachwörterbuch und werden daher in die folgende historische Darstellung nicht einbezogen werden.

---

[3] Die grammatikalischen Angaben sind dem 'Sprachbrockhaus' von 1984 entnommen.

[4] Zu den in den linguistischen Wörterbüchern von T. Lewandowski (1976) und H. Bußmann (1983) genannten Titeln sei noch D. Nerius (1985) angefügt, der auf der Basis von 18 Arbeiten eine Synthese der sprachwissenschaftlichen Einschätzung der Eigennamen vorlegt. Nachzutragen wäre noch G. Kleiber, der in der Frage der Bedeutung von Eigennamen vorschlägt, sie "comme l'abréviaton du prédicat de dénomination *être appelé* /N/(x)" zu analysieren, "sans tomber dans les deux excès contraires de la thèse des noms propres vides de sens et celle du sens individuel" (1981, 423).

4.1.1.1 Überblick über die Eigennamenlexika

Daher seien zumindest die wichtigsten historisch-geographisch-biographischen Realwörterbücher, kürzer Eigennamenlexika, genannt - die rein biographischen Werke können hier außer Betracht bleiben, auch weil sie einen zu speziellen Interessentenkreis ansprechen -, denn sie sind ein "Spiegelbild der Interessen und Bedürfnisse der damaligen Zeit" und erlangten "weite Verbreitung" (G.A. Zischka 1959, XXXVII). In chronologischer Reihenfolge handelt es sich um:

Carolus Stephanus (Charles Estienne), Dictionarium propriorum nominum, Paris 1544 (nicht eingesehen)
Carolus Stephanus (Charles Estienne), Dictionarium historicum, geographicum et poeticum, Paris 1553 u.ö.
D. de Ivigné Broissinière, Dictionnaire théologique, historique, poétique, cosmographique et chronologique, Paris 1643 u.ö.[5] (Verfassername nach der Ausgabe 1668^7, Bearbeitung von Stephanus 1553)
N. Lloyd, Dictionarium historicum, geographicum, poeticum, London 1670 (nicht eingesehen)
L. Moréri, Le grand dictionnaire historique ou le mélange curieux de l'histoire sainte (spätere Auflagen: sacrée) et profane, Lyon 1674 u.ö., (gesehen: Basel 1732). Englische Ausgabe 1694, spanische Ausgabe 1753 (R. Collison 1966^2, 89)
J.J. Hofmann, Lexicon universale; historiam, chronologiam, geographiam, genealogiam, mythologiam, omnemque antiquitatem ... explanans, 2 Bde., Basel 1677 u.ö. (gesehen: 4 Bde., Lugduni Batavorum 1698)
P. Bayle, Dictionnaire historique et critique, 2 Bde., Rotterdam 1695-1697 u.ö. (gesehen: 4 Bde., 1720). Deutsche Übersetzung von J.C. Gottsched 1741-1744 (R. Collison 1966^2, 97)
(J.C. Iselin (Hg.)), Neu vermehrtes historisch- und geographisches allgemeines Lexicon, 4 Bde., Basel 1726-1727 u.ö. (gesehen: 1729^2)
(J.F Buddeus (Hg.)), Allgemeines historisches Lexikon, 3 Bde., Leipzig 1709 u.ö.
A.-A. Bruzen de la Martinière;, Le grand dictionnaire géographique, historique et critique, 10 Bde., Den Haag 1725-1730 u.ö. (gesehen: Venedig 1737)
J.G. Chauffepié, Nouveau dictionnaire historique et critique, 4 Bde., Amsterdam 1750-1756 u.ö.[6]

Wohl nicht ganz ohne Zufall ist damit ein Jahr vor dem Erscheinen des ersten Bandes der 'Encyclopédie' von D. Diderot/J. d'Alembert (1751) die Serie der historisch-biographischen Realwörterbücher vorläufig beendet, wenngleich weitere Auflagen von Moréri (zuletzt 1759^{20} in 10 Bänden) und dem sehr viel kritischeren, der Aufklärung verpflichteten Bayle (letzte vollständige Edition: 1820^{11} in 16 Bänden) erscheinen. Von daher wird verständlich, daß die 'Encyclopédie' selbst keine Personennamen (jedoch geographische Namen) enthält, denn die genannten Eigennamenlexika enthalten alle mit Ausnahme des äl-

[5] Daher ist entgegen W. Lenz (1972, 22) nicht Moréri das "erste(n) europäische(n) Lexikon(s) in einer lebenden Sprache".

[6] In diesem Zusammenhang ist auch J.H. Zedler, Großes und vollständiges Universal-Lexikon aller Wissenschaften und Künste ..., Halle/Leipzig 1731-1754 zu nennen, da in den insgesamt 68 Bänden dieser alphabetisch geordneten Enzyklopädie erstmals Biographien lebender Personen enthalten waren.

testen das Adjektiv 'historisch' im Titel, während sich die 'Encyclopédie als "dictionnaire raisonné des sciences, des arts et des métiers" (so der Untertitel) versteht[7]. Spätere Bearbeitungen, erstmals die von F.B. de Felice 1770 ff., und andere folgende französische Enzyklopädien verzeichnen jedoch beide Arten von Eigennamen, wie bereits 'Le grand vocabulaire français', ein auf der Basis der 'Encyclopédie' entstandenes enzyklopädisches Wörterbuch von 1767; vgl.6.4.

Da der Anstoß zu diesen Realwörterbüchern zweimal von Frankreich ausgeht (Stephanus und Moréri), erfolgen in England, Italien, Spanien und Deutschland nur Adaptationen oder Übersetzungen, bzw. die ersten Enzyklopädien müssen auch das diesbezügliche Informationsbedürfnis stillen - vor allem Moréri wird in Vorworten oft als Quelle erwähnt.

Wenn auch späterhin derartige Enzyklopädien erscheinen, so erlangen sie doch nie mehr eine Verbreitung und einen kulturhistorischen Stellenwert wie in der zweiten Hälfte des 17. und im 18. Jahrhundert.

Aus dem Vergleich der Titel und Angaben zum Erscheinungsjahr wird ersichtlich, daß das Lateinische um die Mitte des 17. Jahrhunderts von den Nationalsprachen verdrängt wurde; dieser Befund gilt nicht nur für diesen speziellen Typ von Enzyklopädie, sondern wird durch die Geschichte der übrigen Enzyklopädien bestätigt werden. Ferner werden an den Titeln die Filiationen zwischen verschiedenen Werken sichtbar, so die Verbindung zwischen Stephanus, Lloyd und Hofmann (zudem alle in Latein) oder die zwischen Moréri, Bayle und Chauffepié; auch Buddeus und Iselin beruhen beide auf Moréri[8].

Alle genannten Werke sind nicht illustriert[9], was etwas überrascht, da Personen, Städte und berühmte Bauwerke im 17. und 18. Jahrhundert häufig abgebildet wurden. Man denke an die Mode der Porträt-Bücher, die durch die 1584 erschienene, erste illustrierte Ausgabe von J. Amyots Plutarchübersetzung ('Les vies des hommes illustres grecs et romains', 1559) eingeleitet wurde. Im gleichen Jahr ersetzt A. Thévet in seinen 'Vrais pourtraits et vies des hommes illustres grecz, latins et payens' den bisher und noch bei Amyot gebrauchten Holzschnitt durch den feineren Kupferstich; hierbei beansprucht das Porträt mehr Raum gegenüber dem Text, was Erica Harth (1983, 77) wie folgt kommentiert: "The half-page portraits have an imposing intensity that gives them an importance equal to that of the text". Städte und einzelne Bauwerke sind zum Beispiel in den 1642 - 1672 erschienenen 29 Bänden der 'Topographia' von M. Merian abgebildet (2.142 Ansichten), um nur das wohl berühmteste Werk dieser Gattung zu nennen (S.H. Steinberg 1961[2], 216). Eine Übertragung dieser Illustrationspraxis auf die Eigennamenlexika ist nicht erfolgt. Auch

---

7 Im 'Discours préliminaire' wird ausdrücklich darauf hingewiesen: "Au reste, on observera que les articles d'Histoire de notre Encyclopédie ne s'étendent pas aux noms de Rois, de Savans, et de Peuples, qui sont l'objet particulier du Dictionnaire de Moréri, et qui auroient presque doublé le nôtre" (S. XLI). Nur mythologische Personen, wie *Ares*, *Artemis* finden Aufnahme.

8 Wo nicht die Erstausgabe eingesehen werden konnte, ist die konsultierte Auflage angegeben, weitere Auflagen, oft mit höherer Bandzahl, verzeichnet die Bibliographie.

9 Neuere Eigennamenlexika sind auch illustriert, wie z.B. 'Le Petit Robert 2. Dictionnaire universel des noms propres', Paris 1977[3], der zahlreiche farbige Porträts, Abbildungen von Bauwerken, Kunstwerken etc. enthält; jedoch handelt es sich um neu konzipierte Werke, die nicht in der im übrigen unterbrochenen Tradition des 18. Jahrhunderts stehen. Ebenfalls reich bebildert sind: 'Le Robert. Dictionnaire universel des noms propres', 4 Bde., Paris 1975 und der zweite Teil des 'Petit Larousse' aller Jahrgänge, von dem 1972 in einem eigenen Band eine luxuriös ausgestattete Ausgabe erschienen ist: 'Dictionnaire des noms propres. En couleurs'. Da Eigennamenlexika hier nicht im Zentrum des Interesses stehen, wurden nur die wichtigsten französischen Werke genannt.

Enzyklopädien und enzyklopädische Wörterbücher werden fast ausnahmslos[10] erst im 19. Jahrhundert mit Porträts und Stadtansichten bebildert.

4.1.1.2 Möglichkeiten der Anordnung des Stoffes

Aus dem Aufgabengebiet der Enzyklopädie, nämlich der Beschreibung der außersprachlichen Wirklichkeit, ergeben sich schließlich mehrere Möglichkeiten der Anordnung des Stoffes:

Bestimmt die äußere Realität, die jedoch erst von den Autoren entsprechend ihren Vorstellungen strukturiert werden muß, zum Teil die Gliederung der Enzyklopädie - "zum Teil" deshalb, weil weite Bereiche abstrakter Natur sind wie die Philosophie, Logik, Mathematik etc. -, folgt daraus eine systematische Einteilung. Sie war in der Antike und dem Mittelalter die bei weitem vorherrschende Gliederungsform, was angesichts des relativ festen und geschlossenen Weltbildes jener Zeiten und wegen des Kanons der Septem artes liberales nicht verwundert[11]. Sie bietet den Vorteil "of bringing into juxtaposition closely related topics" (R. Collison 1966², 3), ermöglicht jedoch nicht eine rasche Information über einen einzelnen Punkt. Dieser Schwierigkeit versucht man im allgemeinen durch einen ausführlichen alphabetischen Index zu begegnen, z.B. im 'Grand mémento encyclopédique Larousse' von 1936-1937.

Systematisch gliedernde Enzyklopädien erscheinen bis heute, wenn auch in geringerer Zahl als alphabetisch geordnete, sie sind zum Teil auch illustriert. Wichtige Werke dieses Typs werden in Frankreich von den Verlagen Larousse und Quillet produziert - hiervon eine Auswahl:

Encyclopédie générale Larousse, 3 Bde., Paris 1968
Nouvelle encyclopédie autodidactique Quillet, 6 Bde., Paris 1970
Petite encyclopédie Larousse, Paris 1976

Die genannten Publikationen sind zum Teil auch farbig illustriert, weitere Titel verzeichnet die Bibliographie.

An dieser Stelle sei bereits angemerkt, daß die 'Encyclopédie' von D. Diderot und J. d'Alembert (1751 ff.) von dem Verleger C.-J. Panckoucke in 166 Bänden nach Sachgebieten neu geordnet zwischen 1782 und 1832 herausgegeben wurde (inklusive der Tafelbände): 'Encyclopédie méthodique'. Innerhalb jedes Bandes herrscht alphabetische Ordnung, jedoch hat der Herausgeber nicht nur die Artikel der 'Encyclopédie' verwendet, die er zum Teil auch etwas verändert hat, und gleich die 'Description des planches' angefügt, sondern Abschnitte aus anderen Werken übernommen, zusätzlich für die Neuausgabe verfaßte Artikel, und sogar diverse 'Vocabulaire(s) des arts et métiers' eingefügt. Nur ein Teil

---

10 Offenbar enthält im 18. Jahrhundert nur die Enzyklopädie von G. Pivati (1746-51) Stadtansichten, aber weder Biographien noch Porträts; vgl 6.3.

11 Zu den Enzyklopädien der Antike und des Mittelalters siehe neben den in der Bibliographie (Kap. 2) verzeichneten Werken M. de Boüard (1930), W. Götz (1942), A. Goldschmidt (1926), O. Mazal (1975), F. Saxl (1927) und (1957), wo vor allem der ikonographische Aspekt behandelt wird. H. Jantzen (1951) handelt über einen besonderen Bildtyp in der mittelalterlichen Buchmalerei.

dieser Veränderungen wird in der benutzten Sekundärliteratur erwähnt, sie würden weitere Untersuchungen lohnen[12].

Nach Sachgebieten geordnete Enzyklopädien sollen jedoch trotzdem im folgenden außer Betracht bleiben, da sie eine größere Verwandtschaft mit Fach- und Handbüchern aufweisen[13] als mit alphabetisch geordneten Enzyklopädien oder Wörterbüchern[14]. Als Kriterien zur Abgrenzung von Fachbüchern können für derartige Enzyklopädien das Streben nach systematischem Aufbau, Exhaustivität und Knappheit des Ausdrucks gelten. Ihre Artikel könnten auch getrennt in verschiedenen Lieferungen und Bänden erscheinen, was bei mehrbändigen Werken wie den 21 Bänden der 'Encyclopédie française', Paris 1935-1939, 1955-1962 die Regel ist. Daher trägt wohl auch die Serie der seit 1941 erscheinenden, mittlerweile über 2.000 que sais-je?-Bändchen mit einem gewissen Recht den Untertitel 'Collection encyclopédique'[15]. Denn die bis vor kurzem unter der Leitung R. Queneaus publizierte 'Encyclopédie de la Pléiade' (seit 1955) ist nichts anderes als eine Reihe von im Abstand einiger Jahre erscheinender Handbücher zu verschiedenen Themen: z.B. 'Logique et connaissance scientifique', 'Astronomie', 'Botanique', 'Histoire des techniques' usw.

Bei der alphabetischen Anordnung unterscheidet R. Collison (1966², 3) zwei Möglichkeiten: "by broad subjects" oder "by specific subjects". Der Nachteil des erstgenannten Verfahrens kann wie bei den systematisch gliedernden Enzyklopädien durch einen detaillierten alphabetischen Index in etwa aufgewogen werden: So erhält als erste Enzyklopädie die 'Encyclopaedia Britannica', die umfangreiche Artikel zu Wissenschaft und Technik enthält, das erste Mal bei ihrer siebten Auflage von 1827-1842 zu ihren 21 Bänden einen Indexband von 187 Seiten (R. Collison 1966², 143) - ein Verfahren, das seitdem weltweit nachgeahmt wird.

Die Aufsplitterung des Stoffes bei einer Anordnung nach detaillierten Stichwörtern mit folglich kürzeren Artikeln kann dagegen durch ein System von Querverweisen etwas abgeschwächt werden, die erstmals D. Bandini etwa 1410 in seiner allerdings systematisch geordneten Enzyklopädie 'Fons memorabilium universi' verwendet hat (R. Collison 1966², 70-72). In einer alphabetisch ordnenden Enzyklopädie tauchen sie erstmals 1728 in E. Chambers', 'Cyclopaedia' auf.

Im Laufe der Jahrhunderte hat von den drei hier vorgestellten Klassifizierungsverfahren das drittgenannte, die Aufgliederung in zum Teil recht spezifische Stichwörter, allmählich etwa seit der Mitte des 17. Jahrhunderts die größte Verbreitung gefunden, ohne jedoch die beiden anderen ganz zu verdrängen.

In den letzten Jahrzehnten versuchen verschiedene Herausgeber, die Vorzüge der detaillierten alphabetischen Ordnung mit jenen der systematischen Gliederung oder großer in alphabetischer Reihenfolge erscheinender Artikel in einem Werk zu vereinigen. Diese Neuerung führte wohl die in Paris erscheinende 'Encyclopaedia Universalis' (1968-1975)

---

12 Selbst R. Darnton (1979), der die Publikationsgeschichte der Encyclopédie abhandelt, geht nicht en détail auf die Neugestaltung einzelner Bände ein und bemerkt nur: "The *Encyclopédie méthodique*, which has hardly been studied at all ..." (S. 437).

13 Es wäre sicher reizvoll, die Gliederung der Wissensgebiete und ihre Darstellung syn- und diachronisch zu vergleichen.

14 Zwischen Enzyklopädien mit systematischer Anordnung des Stoffes und begrifflich angeordneten Sprachwörterbüchern (vgl. hierzu weiter unten) besteht hinsichtlich ihrer Gliederungsgesichtspunkte eine gewisse Übereinstimmung. Während erstere ein Stichwort wie 'Metalle' zum Anlaß einer kleinen Monographie über Lagerstätten, Gewinnung und Verarbeitung usw. nehmen, verzeichnen letztere die Bezeichnungen der verschiedenen Metalle und eventuell das spezifische Vokabular, das die Gewinnung und Verarbeitung zu beschreiben erlaubt.

15 Umso mehr verwundert das Fehlen von Sach- und Personenindices bei den einzelnen Bänden.

ein: Die 16 Bände 'Corpus' mit nur 19.000 alphabetisch geordneten Stichwörtern werden durch drei Bände 'Thesaurus' (= Index) erschlossen, und ein Band 'Organum' gibt eine Systematik der Wissensgebiete[16]. Somit werden alle drei Ordnungsprinzipien miteinander kombiniert. An zweiter Stelle ist die im Bertelsmann Verlag zwischen 1972 und 1974 erschienene 'Lexikothek' zu nennen, denn auf zehn Bände detaillierter alphabetischer Ordnung folgten 16 Themenbände (Länder, Mensch, Technik, Kunst usw.)[17]. Eine Verbindung zwischen beiden Teilen erfolgt jedoch nicht. In ähnlicher Weise wie bei der 'Lexikothek' enthält die 'Encyclopaedia Britannica' seit 1974[15] ein zehnbändiges Lexikon in detaillierter alphabetischer Gliederung, 'Micropaedia' genannt, mit 'Ready Reference and Index' als Untertitel, von wo aus auf die 19 Bände der ebenfalls alphabetisch geordneten großen Artikel der 'Makropaedia: Knowledge in Depth' zur Vertiefung verwiesen wird. Der 30. Band 'Propaedia: Outline of Knowledge' gibt Synthesen, Gliederungen und Verweise auf die anderen Bände. Die seit 1977 erschienene 'Enciclopedia Einaudi' enthält in Bd. 1 - 14 große Themenartikel (von A bis Am nur 20), die in einem Band 'Indici' erschlossen werden und in einem Band 'Sistematica' eine Synthese erfahren.

Dieser Vergleich von nur vier Werken läßt die unterschiedlichen Konzepte deutlich werden, mit denen versucht wird, die rasche Auffindbarkeit der gesuchten Information mit ihrer Darstellung im organischen Zusammenhang zu vereinigen[18]. Die vorgenommene Zwei- oder meist Dreigliederung setzt verschiedene "types d'utilisation distincts" voraus (A. Rey 1982, 117) und entspricht somit wohl am ehesten den Bedürfnissen der Benutzer[19].

---

16 Kritik an der Koordination dieser drei Teile übt A. Rey 1982, 121. Die auf 22 Bände angelegte Neubearbeitung, die seit 1984 erscheint, ist genauso strukturiert: 'Corpus': Band 1 - 18, 'Thesaurus': drei Bände, 'Symposium': ein Band.

17 Die von 1984 an erscheinende Neubearbeitung 'Die große Bertelsmann Lexikothek' wird ein 15-bändiges alphabetisches Lexikon, abgeschlossen 1985, ferner Thema-Bände und "erstmals im deutschen Sprachraum" (S. 8) vier Phonobände enthalten.

18 Die neuesten Entwicklungen der Computertechnik lassen diese Bemühungen als überholt erscheinen, denn nach Manon Baukhage (1986) sind seit kurzem die 20 Bände der 'Academic American Encyclopedia' des Verlages Grolier auf einer einzigen Compact Disc gespeichert, die übrigens Platz für neun weitere Werke desselben Umfangs bietet. Binnen drei Sekunden nach Anfrage meldet der Computer z.B. 42 Fundstellen in 34 Artikeln, in denen das Wort *duel* vorkommt. Ob auch die Illustrationen der Enzyklopädie gespeichert sind, wird aus dem Artikel nicht klar. Dadurch wird nicht nur die Wissensspeicherung und ihre Abrufbarkeit revolutioniert, sondern auch die Arbeit mit Sprachwörterbüchern: "Zu erwarten ist in nächster Zeit auf CD-ROM ein dreisprachiges Wörterbuch (Englisch/Deutsch/Japanisch) vom BrandstetterVerlag" (Manon Baukhage 1986, 78).

19 Es ist erwägenswert, auch für Sprachwörterbücher eine analoge Verbindung von alphabetischer und begrifflicher Ordnung vorzunehmen. Bisher sind im alphabetischen Wörterbuch meist Synonyme, Antonyme und vielleicht noch einige Wörter aus dem Wortfeld verzeichnet, umgekehrt ist dem begrifflichen Wörterbuch ein alphabetischer Index beigegeben. Man könnte sich jedoch vorstellen, daß in einem alphabetischen Teil zur raschen Information Aussprache, grammatikalische Angaben, die Markierungen und eine elementare Bedeutungsbeschreibung gegeben würden, daß in dem begrifflichen Teil durch den Vergleich mit den Synonymen, Antonymen und den sonstigen Mitgliedern des Wortfeldes das genaue Bedeutungsprofil herausgearbeitet wird und die Konstruktionsmöglichkeiten sowie die Kollokationen aufgeschlüsselt werden.
Eine Dreiteilung, überdies in ganz anderer Weise, enthält der 'Diccionario ideológico de la lengua española' von J. Casares, der in der 2. Auflage von 1959 einen 'synoptischen' (= systematischen) Teil (75 S.), einen 'analogischen' (482 S.) und einen 'alphabetischen' (887 S.) enthält. Immerhin zeigt dieses Beispiel, daß eine Anordnung nach mehreren Prinzipien sinnvoll sein kann.
Die hier erwogene Zweiteilung geht über den 'Vorschlag zur onomasiologischen Aufbereitung semasiologischer Wörterbücher' von R.A. Anderson et al. (1983) hinaus, die onomasiologische Indices für semasiologische Wörterbücher vorsehen.

Auf dem Weg zur alphabetischen Ordnung gab es verschiedene Zwischenstufen, etwa wenn die Stichwörter nur dem Anfangsbuchstaben nach alphabetisch erscheinen, innerhalb jedes Buchstabens die Reihung beliebig ist[20], in der englischen Lexikographie 'first-letter order' genannt, oder wenn in einer systematisch gliedernden Enzyklopädie innerhalb zumindest eines Teils der Sachgebiete die alphabetische Anordnung gewählt wird: So greift Vincent de Beauvais in seinem in 3.749 Kapitel unterteilten 'Speculum maius' von 1244 zur alphabetischen Ordnung, "lorsqu'il s'agit d'expliquer des mots (glossaire grammatical) ou des termes (dictionnaires de botanique et de zoologie inclus dans la description)" (A. Rey 1982, 65)[21]. Bei Thomas de C(h)antimpré sind innerhalb der einzelnen Sachgebiete seiner naturkundlich orientierten Enzyklopädie 'De naturis rerum' mit "Ausnahme des Buches vom Menschen ... die Gegenstände alphabetisch geordnet" (G.A. Zischka 1959, XXVII)[22].

Enzyklopädien mit weit aufgeschlüsselter alphabetischer Makrostruktur gleichen insofern Sprachwörterbüchern, als sie auch Wörter der Sprache, allerdings mit den oben beobachteten Einschränkungen, zum Ausgangspunkt ihrer Darlegungen machen, die sich jedoch nicht auf die Sprache, sondern auf die Welt beziehen. Pointiert ausgedrückt geht die Enzyklopädie vom Wort aus, "um in größerer oder geringerer Ausführlichkeit über die S a c h e zu belehren, die das Wort bezeichnet", während "umgekehrt das nach Begriffen geordnete Sprachwörterbuch, von der S a c h e ausgehend, die Kenntnis des W o r t e s vermitteln" will (H. Titkin 1910, 252; Sperrungen von H.T.)[23]

4.1.2 Sprachwörterbücher

Sprachwörterbücher oder kurz Wörterbücher haben als Gegenstandsbereich nicht die Dinge der Welt oder linguistisch ausgedrückt die Referenten, sondern Sprache. Dies ist bei zweisprachigen Wörterbüchern augenfällig, die für jedes Lemma, d.h. Wort der Ausgangssprache "ein zielsprachliches Äquivalent liefern" (F.J. Hausmann 1977, 7), das dieselbe Bedeutung haben soll; oder mit den Worten K. Baldingers (1971, 385): "Das zweisprachige Wörterbuch gibt grundsätzlich Synonyma in einer anderen Sprache". Nicht nur Äquivalenzwörterbücher, sondern ebenfalls einsprachige Wörterbücher, auch 'Definitionswörterbücher' genannt, erläutern die Lemmata, jedoch mit den Mitteln der gleichen Sprache, indem etwa (Teil-)Synonyme angegeben werden oder die Bedeutung des Lemmas durch eine Periphrase umschrieben wird. Hierbei entsprechen die

---

[20] Der Auszug, den Paulus Diaconus im 8. Jahrhundert aus 'De verborum significatu' - "perhaps the prototype of the encyclopedic dictionary" (R. Collison 1966², 26) - des Grammatikers Sextus Pompeius Festus (2. Jahrhundert n. Chr.) angefertigt hat, ist in dieser Weise geordnet (G.A. Zischka 1959, XXIII). Dies trifft auch auf die ältesten englischen Glossare aus dem 7. und 8. Jahrhundert zu, die auch zu "second-letter order" fortschreiten (R.A. Wells 1973, 13).

[21] Das Werk ist in knapp 80 Manuskripten überliefert und wurde sechsmal gedruckt, "obwohl es jedesmal ein gigantisches Unternehmen war" (G.A. Zischka 1959, XXIX): 1473¹ in Straßburg (7 Foliobände) bis 1624⁶ in Douai.

[22] Das Werk ist zwischen 1228 und 1244 entstanden, wurde von Konrad von Megenberg vor 1374 frei ins Deutsche übertragen ('Buch der Natur') und in Deutsch 1475 in Augsburg zum ersten Mal gedruckt; noch im 15. Jahrhundert folgten sechs weitere Auflagen der deutschen Ausgabe (R. Collison 1966², 59 f.).

[23] Da hier als Vorbereitung auf die historische Darstellung die wichtigsten Typen lexikographischer Werke charakterisiert werden sollen, kann auf eine Kritik der hier referierten communis opinio noch verzichtet werden - sie erfolgt in Kapitel 7.

(Teil)Synonyme den zielsprachlichen Äquivalenten des zweisprachigen Wörterbuchs[24], in dem für Periphrasen im allgemeinen weniger oft Anlaß besteht[25].

Genauer gesagt, Wörterbücher informieren sowohl über die Ausdrucksseite ihrer Lemmata, indem sie die Orthographie und Aussprache verzeichnen und grammatische Angaben zu Wortart und Flexion machen (wobei der Signifié auch hereinspielt), als auch über die Inhaltsseite, indem sie die Bedeutung der Lemmata zu erfassen suchen. Schließlich informieren sie auch über das Stichwort als ganzes, wenn sie die Konstruktionsmöglichkeiten, die Antonyme, gegebenenfalls die Verwendungsbreite des Wortes angeben; letzteres erfolgt durch Markierungen (engl. *labels*), die die diastratischen, diatopischen, chronologischen, fachsprachlichen und weiteren Charakteristika des Lemmas bezeichnen[26].

Aus dem eben etwas aufgefächerten Aufgabenbereich der Wörterbücher lassen sich ihre weiteren Merkmale erklären: Sie enthalten im Prinzip Wörter aller Wortarten mit Ausnahme der Eigennamen. Die Zahl der aufgenommenen Lemmata ist natürlich primär durch den Umfang des jeweiligen Werks begrenzt, aber zuweilen auch durch normierende Absichten, durch Tabus oder chronologische Beschränkungen und ähnliches mehr. Bei einem extensiven Wörterbuch ist der Umfang des registrierten Fachwortschatzes und von Terminologien so hoch wie in großen Enzyklopädien, bei selektiven Wörterbüchern verringert dieser Anteil sich stark, da ja auf jeden Fall der Grundwortschatz, also die in Enzyklopädien nicht enthaltenen 'einfachen' Wörter, aufgenommen werden müssen.

Eigennamen fehlen im Prinzip in einsprachigen Wörterbüchern, was sich wohl aus der umstrittenen Frage nach ihrer Bedeutung (vgl. Kap.4, Anm.4) und aus der traditonellen Unterscheidung zwischen Sprachwörterbuch und Enzyklopädie erklären läßt. Doch dieses Prinzip wird in verschiedener Weise von manchen Wörterbüchern durchbrochen, wie F.J. Hausmann (1977, 13 f.) anhand französischer und T. Finkenstaedt (1984) ausführlicher an englischen Wörterbüchern gezeigt haben. Obwohl Eigennamen eigentlich nicht übersetzbar sind (G. Kleiber 1981, 423), erscheinen sie aus praktischen Überlegungen oft in zweisprachigen Wörterbüchern, um etwa die unterschiedliche Bezeichnung derselben Stadt zu registrieren (z.B. *Venedig* - fr. *Venise*)

---

24 Zu dem "theoretisch sehr viel komplexeren Status" des zweisprachigen Wörterbuchs vgl. K. Baldinger (1971, 395) und H.-P. Kromann et al. (1984a, 187 - 195).

25 Wenn jedoch Ausgangs- und Zielsprache so unterschiedlichen Kulturkreisen angehören, daß sich für bestimmte Wörter keine äquivalente Einheit finden läßt, muß das Lemma der Ausgangssprache durch eine zielsprachliche Periphrase zusätzlich erklärt werden. Ilse Karl (1982, 46) bezeichnet diesen Teil des Wortschatzes als "Kulturwortschatz im engeren Sinne" (bei I.K. gesperrt), der "Lebensweise und Umweltgestaltung, Sozialstruktur und Formen individuellen Zusammenlebens, Weltanschauung, Religion, Kunst und Wissenschaft" umfaßt. Die Bedeutung von chinesisch *shàngtóu* ist mit 'die Haare aufstecken' nur unvollständig wiedergegeben, wenn der Hinweis fehlt, daß dies bedeutet, "daß das Mädchen kurz vor der Heirat steht und als Zeichen dessen die Haare nicht mehr zu Zöpfen geflochten, sondern zu einem Knoten aufgesteckt werden" (Ilse Karl 1982, 51).
Auch bei räumlich und kulturell benachbarten Sprachen bereitet in gewissem Umfang derartiger Kulturwortschatz Schwierigkeiten: So ist fr. *bilboquet* mit 'Kugelfangspiel' nur unzureichend übersetzbar und muß daher noch erläutert werden: "Geschicklichkeitsspiel, bei dem eine durchbohrte Kugel mit einem spitzen Stock aufgefangen werden muß". Das 'Langenscheidts Großwörterbuch' von 1979 gibt nur diese Periphrase und verzichtet auf die Nennung des Äquivalents - ein Bild wäre hier wohl hilfreich, weshalb auf dieses Beispiel noch zurückzukommen sein wird.

26 Hierzu besonders eingehend F.J. Hausmann (1977, Kap. 8); S. Ettinger (1982) und G. Haensch (1982, 103-187). Nach Inge Popelar (1967) kommen Markierungen wie 'veraltet' oder 'populär' in der französischen Lexikographie etwa Mitte des 17. Jahrhunderts in Gebrauch; in Spanien verwendet bereits Nebrija (1495) Markierungen. Hinweis von G. Haensch.

Ein- wie zweisprachigen Wörterbüchern ist gemeinsam, daß sie Ableitungen von Eigennamen, also dt. *Wagnerianer*, fr. *néo-zélandais*, it. *pirandellismo* verzeichnen, da es sich hierbei wieder um Gattungsnamen handelt[27]. So ergibt sich die paradoxe Situation, daß die abgeleitete Form registriert wird, nicht aber das Basislexem. S.I. Landau (1984) schlägt vor, nur solche Ableitungen aufzunehmen, die sich von ihrem Zusammenhang mit den Eigennamen semantisch wegentwickelt haben; so habe englisch *Kafkaesque* "an additional meaning, (roughly) 'nightmarish'" (S. 169). Gleiches gilt für italienisch *kafkiano*, bei dem N. Zingarelli (1971[10]) als zweite Bedeutung 'allucinante, angoscioso, assurdo' verzeichnet, (noch) nicht jedoch für *pirandelliano*.

Da Eigennamen sich im Lauf der Zeit gelegentlich zu Gattungsnamen entwickeln können (z.B. fr. *frigidaire*), entsteht hier eine Grauzone, wobei es sich in dem angegebenen Beispiel um den häufigeren Fall eines Markennamens handelt; die Hersteller sind keineswegs erfreut über eine derartige Entwicklung, wird doch ihr Produkt dadurch praktisch namenlos[28].

4.1.2.1 Möglichkeiten der Anordnung der Wörter

Sprachwörterbücher sind in der überwiegenden Mehrzahl alphabetisch geordnet, die in verschiedener Hinsicht systematisch gliedernden spielen dabei eine vergleichsweise geringe Rolle. Bei der alphabetischen Reihenfolge - zu der historischen Übergangsphase des 'first-letter order' siehe Kap. 4, Anm. 20 - besteht die Wahl zwischen einer strikten Ordnung und einer Gruppierung nach Wortfamilien[29]. Der Vorteil des ersten Verfahrens, das bedeutend häufiger praktiziert wird, liegt wie bei den Enzyklopädien in der raschen Auffindbarkeit des gesuchten Lemmas, indessen wird der morphologische Zusammenhang der Wortfamilie nicht sichtbar. Dies ist gerade der Vorzug des zweiten Ordnungsprinzips, das somit einen guten Lerneffekt bietet, den Blick für die Wortbildungsverfahren der Sprache schärft und nebenbei eine gewisse Platzersparnis bringt. Jedoch wird die Suche nach dem interessierenden Wort erschwert, sie kann nicht spontan erfolgen, sondern setzt eine metasprachliche Reflexion über das mögliche Basiswort voraus. So findet sich im 'Nouveau dictionnaire du français contemporain' von 1980 *affaiblir* unter *faible*, worauf auch unter *affaiblir* verwiesen wird, in der Auflage von 1966 mit dem Titel 'Dictionnaire du français contemporain' war es jedoch ein eigener Eintrag unter A, und wer nach kluger Überlegung unter *faible* nachgeschlagen hatte, mußte annehmen, das Wort fehle ganz, da von hier aus nicht auf die Ableitung verwiesen wurde[30]. So viel zu den Schwierigkeiten der Anordnung nach Wortfamilien, auf die bereits vor knapp drei Jahrhunderten der 'Dictionnaire de l'Académie française' von 1694 gestoßen war. Unter dem Eindruck der Kritiken wurde das

---

27 "Die Ableitungen von Städte-, Länder- und Personennamen erscheinen vielfach ... vornehmlich in Form von Anhangslisten ..." (F.J. Hausmann 1977, 13).

28 W. Voigt (1984, 338) und das ausführliche Kapitel 'Trademarks' in S.I. Landau (1984, 298-302). Zum Übergang von anderen Eigennamen (Orts- und Personennamen) zu Gattungsnamen vgl. M. Höfler (1967, 116 ff.), H. Meier (1972, 32-40) und S.I. Landau (1984, 167-170).

29 Ausführlich hierzu B. Quemada (1968, 321-360), der noch weitere Variationen der alphabetischen Anordnung untersucht; ferner L. Zgusta (1971, 282-290), G. Haensch (1982, 452-456) und G. Bornäs (1986).

30 Die Problematik dieses Gliederungstyps wurde nach dem Erscheinen des DFC nur von F.J. Hausmann (1974) gründlich erörtert, in Rezensionen allenfalls gestreift, z.B. von G. Schweig, der "für den Anfänger mitunter Schwierigkeiten" sah.

Wörterbuch bereits für die zweite Auflage von 1718 in eine strikt alphabetische Ordnung gebracht (B. Quemada 1968, 352-354).

Eine Verbindung beider Prinzipien versucht z.B. der von N. Zingarelli begründete 'Vocabolario della lingua italiana', der mit dem Grundsatz der Priorität einer strikt alphabetischen Ordnung Wörter e i n e r Wortfamilie immerhin insoweit unter einem Haupteintrag vereinigen kann, als sie auch alphabetisch aufeinanderfolgen. Der Zusammenhang einer Wortfamilie wird zerrissen, wenn ein nicht dazugehöriges Wort im Alphabet vor weiteren Ableitungen zu stehen kommt: Der Eintrag *Fava* (<lat. *faba(m)*) mit seinen Ableitungen *Favagello, Favaggine, Favaio* ... wird durch *Favella, Favellare* (<vlt. **fabellare*) ... und *Favente* (< lat. *favente(m)*) unterbrochen und kann erst danach mit *Faverella, Faveto* und *Favetta* zu Ende geführt werden[31]. Eine präfigierte Form kann demnach nie beim Simplex erscheinen, ferner bildet den Haupteintrag immer das alphabetisch erste Wort, das keineswegs das Grundwort sein muß. Immerhin bringt dieses Verfahren bei der hohen Zahl suffigierender Ableitungen[32] und der reibungslosen Integration von Latinismen ins Italienische durchaus einen gewissen Nutzen.

Einen Schritt weiter geht der 1982 erschienene 'Le Robert méthodique', der wie Zingarelli die Priorität der strikten alphabetischen Ordnung befolgt und Wortfamilien soweit demnach möglich zusammenfaßt, aber auch auf an anderer Stelle verzeichnete weitere Ableitungen verweist: Von *périr, périssable, périssoire,* auf *dépérir* und *impérissable.* Ferner enthält dieses Wörterbuch 1.730 'éléments', d.h. Wurzeln und Affixe wie *célér-* (*célérité* mit Hinweis auf *accélérer* und *décélération*), *pré-* (z.B. *prévoir*) und *-iste* (z.B. *machiniste*), wodurch die Wortbildungsmuster des Französischen für den Benutzer durchsichtig gemacht werden, was einen nicht zu unterschätzenden Lerneffekt bildet.

4.1.2.2 Typen systematisch gliedernder Wörterbücher

Die modernen systematisch gliedernden Wörterbücher hat F.J. Hausmann 1977 in zwei Kapiteln ausführlich beschrieben, wobei er "Begriffswörterbücher (dictionnaires idéologiques)" (Kap. 7.6)[33] und "Wörterbücher in Sachgruppen" (Kap. 7.7) trennt - letztere sind "meist weniger stringent systematisiert, dafür aber stärker didaktisiert und überwiegend zweisprachig" (S. 107)[34].

Eine Variante seines zweiten Typs könnten die in Italien vor allem im 19. Jahrhundert verbreiteten 'Vocabolari domestici' darstellen, die das Ziel verfolgten, die Kenntnis des Italienischen in weiten Teilen der Bevölkerung zu verbreiten, ein notwendiges Unternehmen, denn in den Jahren der Gründung des italienischen Nationalstaates machte die Zahl der Italophonen gerade 2,5% der Gesamtbevölkerung aus (T. de Mauro 1963, 43). Daher

---

31 Der Benutzer wird nicht auf diese Unterbrechung hingewiesen.

32 C. Tagliavini (1973, 337) nennt als eines seiner sieben Charakteristika des Italienischen den "fast unerschöpfliche(n) Reichtum der suffixalen Wortbildung".

33 Um besser verständlich zu machen, was darunter zu verstehen ist seien drei Titel genannt: T.M. Roget, Thesaurus of English Words and Phrases, London 1852 u.ö.
T. Robertson, Dictionnaire idéologique, Paris 1859
F. Dornseiff, Der deutsche Wortschatz nach Sachgruppen, Berlin 1933 u.ö.

34 Die konsultierten Arbeiten zur Typologie der Wörterbücher von Y. Malkiel (1958-1960) und (1962), T.A. Sebeok (1962), L. Guilbert (1968) und A. Rey (1970) gelangen nicht zu einer so differenzierten Gliederung. Zu B. Quemada 1968 siehe Kap.4, Anm. 41. Nur G. Haensch (1982, 164-175) übernimmt Hausmanns Gliederung.

sind diese Wörterbücher zum Teil zweisprachig angelegt, nämlich z.B. genuesisch-italienisch[35], und auch in einigen Fällen illustriert. Die Qualifikation *domestico* beinhaltet ursprünglich ihre Orientierung auf Bezeichnungen der alltäglichen Dinge im Haus und bei der Arbeit (Einrichtungsgegenstände, Geschirr, Kleidung, Werkzeuge etc.). So werden z.B. in A. Paganini (1857) die Tafeln mit Abbildungen von Schüsseln, Körben, Treppen, Fensterläden erläutert, indem vom genuesischen Lemma ausgehend das italienische Äquivalent und oft eine weitere Erklärung gegeben wird[36].

Die Bezeichnung *domestico* wird auch erweitert auf "lessici non d'autore, non letterari, o almeno non corredati da esempi letterari" (Carla Marello 1979, 83 f.), die aber das gleiche Ziel der Verbreitung des Italienischen verfolgen[37]. Mit den Vocabolari domestici nicht zu verwechseln sind die Enzyklopädien, die das erforderliche Sachwissen für Haushalt und Garten bereitstellen.

Gemeinsam ist diesen drei Arten von systematisch gliedernden Wörterbüchern das Grundprinzip ihres Aufbaus, denn sie setzen eine vorherige Strukturierung der Begriffe voraus, unter die die Lemmata nach onomasiologischen Gesichtspunkten eingereiht werden[38]. Orientiert sich die Gliederung vor allem an Illustrationen, die Ausschnitte der Realität zeigen und etwa den Blick in eine Küche werfen, oder Arbeiter beim Bau eines Hauses darstellen[39], entsteht eine Überschneidung mit dem Typ des Bildwörterbuchs, das eine weitere Untergruppe der systematisch gliedernden Wörterbücher darstellt. Wegen der Nähe zum illustrierten Wörterbuch sei erst in 5.2 auf die Besonderheiten der verschiedenen Arten von Bildwörterbüchern eingegangen.

Schließlich ist die Gliederung der Sachgruppenwörterbücher in didaktische und terminologische Werke aus G. Haensch (1982, 168-172) zu übernehmen; während erstere den Sachgruppenwörterbüchern bei F.J. Hausmann (1977, 10f.) entsprechen, stellen letztere einen vorher noch nicht identifizierten Wörterbuchtyp dar, der den Benutzer in die Lage versetzen soll, sich rasch das Vokabular eines bestimmten (Teil-)Gebietes anzueignen. Daher sind derartige Fachterminologien oft zwei- oder mehrsprachig. Aus dem französischen Bereich können hierzu genannt werden:

Initiation au vocabulaire du bâtiment et des travaux publics, Paris 1979 (21 Kapitel, illustriert, einsprachig, 138 + XXVIII S.)

Ferner ist an die vom Gouvernement du Québec veranlaßte Serie der 'Cahiers de l'office de la langue française' zu erinnern, in denen in normierender Absicht der französische Wortschatz der unterschiedlichsten Fachgebiete verzeichnet wird; als Beispiel ein Titel:

---

35 Es sei auf Quemadas (1968, 38) Unterscheidung in 'dictionnaires hétéroglosses' (z.B. italienisch-französisch) und 'dictionnaires homoglosses' (z.B. genuesisch-italienisch oder altfranzösisch-neufranzösisch) verwiesen, die er beide zu den 'dictionnaires plurilingues' rechnet.

36 Doch enthält A. Paganini (1857) auch Wortschatz ohne zugehörige Illustrationen.

37 Zu den Vocabolari domestici vgl. Convegno nazionale ... (1979) und Carla Marello (1980). Archäologisches Interesse des 'Musée national des arts et traditions populaires; Centre d'ethnologie française' bestimmte die Herausgabe eines 'Système descriptif des objets domestiques français' (sous la direction de M. de Virville, Paris 1977).

38 Die theoretischen Grundlagen dieses Verfahrens hat K. Heger (1964) erstmals entworfen; vgl. K. Heger (1976^2) und K. Baldinger (1970, 1980). Kurze Zusammenfassung durch L. Wolf (1982, 329-332).

39 So z.B. A. Fecia (1839, Tav. XIX), abgebildet in Carla Marello (1980, 129).

Vocabulaire de l'automobile, 4 Bde., Cahiers de l'Office de la langue française, nos. 21, 27, 31, 32, Québec 1977-1980 (illustriert).

Weitere Titel verzeichnet die Bibliographie, so daß hier nur noch an das Vorbild dieser und ähnlicher terminologischer Werke erinnert zu werden braucht, nämlich an[40]:

K. Deinhardt/A. Schlomann, Illustrierte technische Wörterbücher in sechs Sprachen: Deutsch, Englisch, Französisch, Russisch, Italienisch, Spanisch, 10 Bde., München-Berlin 1908 ff.

Die oben wiedergegebene Klassifikation von F.J. Hausmann (1977)[41] könnte durch Einbeziehung der Ergänzungen von G. Haensch (1982, 168-172) und der Vocabolari domestici wie folgt ergänzt und leicht modifiziert werden:

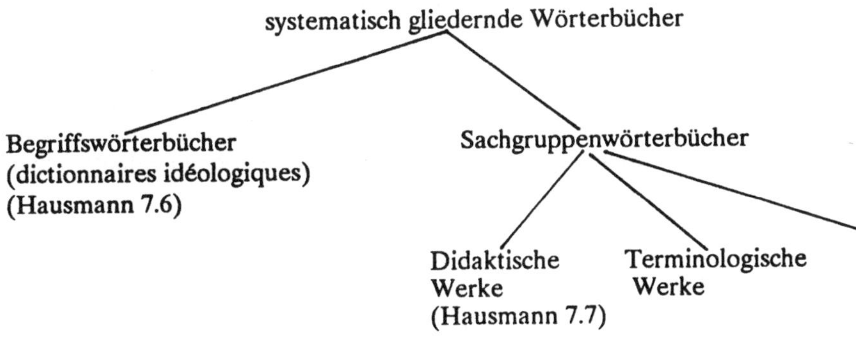

Schema Nr. 2: Klassifikation der systematisch gliedernden Wörterbücher

Die systematisch gliedernden Wörterbücher können im folgenden außer Betracht bleiben, da sie gegenüber den alphabetisch ordnenden nur eine marginale Rolle spielen[42]. Es erscheinen zwar immer wieder zweisprachige Sachgruppenwörterbücher, die der Wortschatzerweiterung in der Fremdsprache dienen, aber die Untersuchung der Illustration im Wörterbuch wird sich auf einsprachige alphabetische Wörterbücher konzentrieren; daraus wird eine Theorie der Illustration entwickelt werden, die erst dann auf andere Typen von

40 Erster Hinweis von W. Voigt.

41 Sie entspricht in etwa der von B. Quemada (1968, 361-368 und 377-389) vorgenommenen Unterscheidung in "classements idéologiques" und "classements méthodiques ... par centres d'intérêt" (S. 361), obgleich B. Quemada offenbar eine historische Abfolge vom 'classement méthodique' zum 'classement idéologique' (erst seit 1797 entstanden) anzunehmen scheint. Die diachrone Betrachtungsweise führt ihn wohl zu dieser Einteilung, wobei man die älteren Werke wie den 'Nomenclator omnium rerum' von Hadrianus Junius (1567) eher als noch unvollkommene Vorstufe zu den Begriffswörterbüchern ansehen sollte.

42 Zum germanistischen Bereich bemerkt H. Wellmann (1984, 352): "Zu einer wissenschaftlichen Blüte ist es also nicht gekommen bei der von der Sprachtheorie her so hoffnungsvollen Gattung der paradigmatisch angelegten Wörterbücher onomasiologischen Zuschnitts".

Wörterbüchern übertragen werden kann. Das neueste bei F.J. Hausmann (1977) verzeichnete Begriffswörterbuch stammt von 1909, wenn man vom 'Begriffssystem' von R. Hallig/W. von Wartburg (1963^2) absieht[43], das ja "übereinzelsprachliche Gültigkeit" beansprucht (F.J. Hausmann 1977, 107). Entsprechend sporadisch erscheint hin und wieder ein weiteres Werk[44], was den Ausschluß dieses Wörterbuchtyps aus der weiteren Untersuchung noch zusätzlich rechtfertigt[45]. Daher wird nicht geprüft, ob alle derartigen Werke tatsächlich Sprachwörterbücher sind, oder nicht eher zu der im folgenden behandelten Gruppe gehören.

4.1.3 Enzyklopädische Wörterbücher

Eine Charakterisierung enzyklopädischer Wörterbücher erscheint nach den bisherigen Ausführungen als recht einfach[46]. Sie vereinigen in sich die Merkmale der Sprachwörterbücher und der Enzyklopädien, sie informieren also über die Sprache und die Welt; in ihnen finden sich Eigennamen und Gattungsnamen sowie Wörter aller Wortarten, zu denen sowohl grammatikalische und semantische Informationen gegeben werden als auch über das Aussehen, Funktionieren und die Verwendung der damit bezeichneten Sache berichtet wird; sie sind daher des öfteren illustriert. Als 'enzyklopädisches Wörterbuch' werden in der Regel nur alphabetisch geordnete und einsprachige Werke bezeichnet, obwohl auch systematisch gliedernde[47] und zweisprachige Wörterbücher[48] oder gar systematisch gliedernde zweisprachige Wörterbücher[49] auch enzyklopädische Informationen enthalten können.

Die Wörterbücher des Mittelalters und der Renaissance enthalten wohl aufgrund einer Auffassung von Sprache, die die Bedeutung als enger mit der Realität verbunden sieht als es der Strukturalismus tut (vgl. Kap 6.2.1 und 7), sowohl sprachliche als auch sachbezogene Angaben und stellen somit einen frühen Typ enzyklopädischer Wörterbücher dar.

Als Beginn des modernen enzyklopädischen Wörterbuchs wird der 1690 in Den Haag und Rotterdam erschienene 'Dictionnaire universel' von A. Furetière angesehen. Er enthielt keine Illustrationen und fast keine Eigennamen, gibt aber sowohl sprachliche als auch fachsprachliche und enzyklopädische Informationen. So sind denn Frankreich und

---

43 Zur historischen Situierung und Problematik dieses Wörterbuchtyps vgl. K. Baldinger (1952) und (1960).

44 T. McArthur, Longman Lexicon of Contemporary English, Harlow 1981 (910 S.) scheint der einzige neuere Titel zu sein. Das Wörterbuch enthält etwa 15.000 Einträge, eine ausführliche Mikrostruktur und recht ansprechende Illustrationen in Schwarzweiß von verschiedenen Künstlern; der größere Teil des Wortschatzes ist nicht illustriert.

45 In der Geschichte der Lexikographie war die systematische Anordnung der Lemmata vom 15. bis zum 19. Jahrhundert eine Alternative, "qui a connu un succès suffisant pour soutenir une querelle permanente" (B. Quemada 1968, 360). Zur historischen Entwicklung siehe B. Quemada (1968, 360-389), für den germanistischen Bereich F. Claes (1977, IX-XIX).

46 Vgl. B. Quemada (1968, 75-90).

47 Hiermit sind vor allem Fachwörterbücher angesprochen, wie z.B.: Initiation au vocabulaire du bâtiment et des travaux publics, Paris 1979.

48 Z.B. F. Gaffiot, Dictionnaire illustré latin-français, Paris 1934. Dieses Wörterbuch enthält auch Eigennamen wie *Achaia* oder *Aegeum mare* und Erläuterungen zu Begriffen aus dem antiken Kulturkreis (z.B. zu *acies*, *sarcina*).

49 Vgl. A. Paganini (1857), der bei der Beschreibung der Teile einer Olivenpresse das Funktionieren des Gerätes miterklärt (S. 104 f.).

davon beeinflußt Spanien sowie aus anderen Gründen, die noch erörtert werden sollen, Großbritannien und die USA die Länder mit der reichhaltigsten Produktion enzyklopädischer Wörterbücher[50].

4.2 Methodische Probleme jeder Klassifikation lexikographischer Werke

Es ist G. Haensch (1982, 95 f.) zuzustimmen, wenn er feststellt: "Resulta, en realidad, muy difícil realizar una clasificación de tipos de obras lexicográficas". Als hauptsächliche Faktoren führt er an, daß nicht nur sprachwissenschaftliche, sondern auch kulturhistorische Gründe auf die Gestaltung von Wörterbüchern eingewirkt haben und weiter wirksam sind, und daß die möglichen Kriterien der Klassifikation völlig verschiedenen Kategorien zugehörig sind[51]. Dem ist nur noch hinzuzufügen, daß die existierenden Wörterbücher folglich keine hierarchische, in einem gerichteten Baumgraphen[52] darstellbare, Untergliederung erlauben, woran die Heterogenität der Kriterien nicht ganz unschuldig ist, da sie sich nicht linear ordnen lassen. Vielmehr erscheint eine mehrdimensionale Systematisierung, genannt Kreuzklassifikation, nach mehreren gleichrangigen Gesichtspunkten erforderlich, die entweder in einen wohl unvollständigen, verbundenen Graphen, der auch Zyklen enthalten wird, übersetzt werden kann[53]; oder man wählt die aus der phonologischen und semantischen Merkmalanalyse bekannte Art der Matrixdarstellung.

Schema 2 aus Kapitel 4.1.1.2 stellt einen Baumgraphen dar, der sechs Typen systematisch gliedernder Wörterbücher hierarchisch ordnet, wobei als vorrangiges Kriterium die Zahl der lexikographischen Einträge - selektiv sind die Sachgruppenwörterbücher, exhaustiv die Begriffswörterbücher - fungiert. Würde man jedoch den Gesichtspunkt der Illustration oder der Zahl der verwendeten Sprachen in die graphische Darstellung einbeziehen wollen, wäre nicht auszumachen, welcher der drei Gesichtspunkte (Anzahl der Lemmata, Illustration, Zahl der Sprachen) Priorität von einem anderen beanspruchen könnte; vgl. die zwei Darstellungsweisen im folgenden Schema Nr. 3.

---

50 Im deutschsprachigen Raum ist der Begriff 'enzyklopädisches Wörterbuch' noch nicht recht heimisch geworden: Beispielsweise spricht G. Drosdowski (1977, 126) in diesem Zusammenhang von "integrierte(n) Wörterbücher(n)". Sogar H. Weinrich (1978, 14) bezeichnet umgekehrt die französische 'Encyclopédie' von 1751-1780 und den 'Dictionnaire historique et critique' von P. Bayle (1695) - vgl. hierzu 4.1.1.1. - als "enzyklopädisches Wörterbuch"; ebenso bereits (1976, 351).

51 Die wichtigsten Arbeiten stammen von Y. Malkiel (1958/59, 1959/60) und (1962), T.A. Sebeok (1962), L. Guilbert (1968) und A. Rey (1970). Ferner enthalten praktisch alle Einführungen und Handbücher der Lexikographie entsprechende Kapitel.

52 Derartige graphentheoretische Überlegungen kamen vor allem durch die generative Transformationsgrammatik in die Linguistik; vgl. N. Chomsky (1965, deutsch 1969, 107-113).

53 Vgl. Ju. D. Apresjan (1971, 116 f.) vor allem zur Abgrenzung vom Baumgraphen und H.J. Heringer (1972, 41-45).

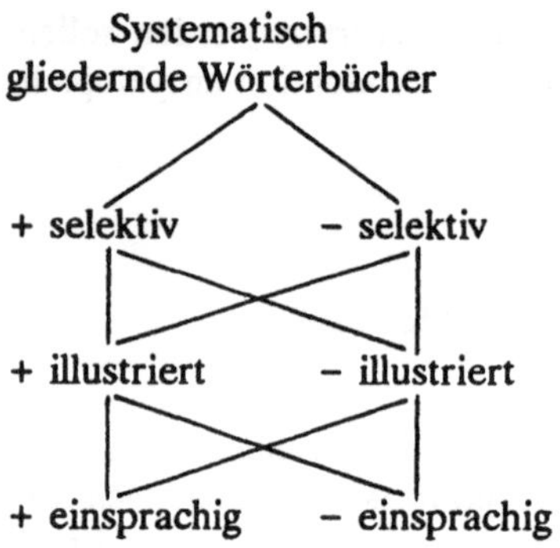

Merkmale	Mögliche Typen von Wörterbüchern							
± selektiv	+	+	+	–	–	–	+	–
± illustriert	+	+	–	–	–	+	–	+
± einsprachig	+	–	–	–	+	+	+	–

Schema Nr. 3: Graphentheoretische Darstellung der systematisch gliedernden Wörterbücher nach drei Kriterien vs. Matrixdarstellung

Da obiger Graph nicht gerichtet ist, sind beide Darstellungen äquivalent, jedoch erweist sich die Matrix als notationstechnisch einfacher und klarer[54], da die verschiedenen Typen von Wörterbüchern in den einzelnen Spalten abzulesen sind. Deshalb werden Graphen eigentlich nur zur Veranschaulichung von Teilsystemen eingesetzt. B. Quemada (1968) bedient sich zwar öfter der Baumdarstellung (mit bis zu 30 Knoten!), jedoch nur zur Klassifikation bestimmter Teilbereiche nach homogenen Kriterien: Zu einem Stemma (1968, 90) erwähnt er selbst, daß es "selon ces deux critères" (Sprachinformation vs. Sachinformation) organisiert ist; oder das Stemma auf S. 38 ist nach Anzahl und Art der Sprachen (lebende, Dialekte etc.) gegliedert, vgl. auch S. 158, 190 und 196. Dagegen verzichtet G. Haensch (1982) auf eine graphische Darstellung, klassifiziert aber ebenso stringent die Wörterbücher nach sieben primären Gesichtspunkten - die ersten beiden sind "Formato y extensión" und "Carácter lingüístico o enciclopédico" (S. 558) -, die ihrerseits in zahlreiche Unterkapitel auf zwei hierarchisch unterschiedenen Ebenen aufgegliedert werden.

Dies deutet darauf hin, daß es zumindest tendenziell bestimmte Abhängigkeiten zwischen verschiedenen Charakteristika von Wörterbüchern gibt. So bemerkt Y. Malkiel (1962, 20 und 23f.), daß ein historisches Wörterbuch eher alphabetisch als nach Sachgruppen geordnet sein dürfte, daß sich Illustrationen primär im synchronen Wörterbuch finden werden, und daß zwei und mehrsprachige Wörterbücher selten diachronisch, jedoch zumeist alphabetisch aufgebaut sind und kaum Illustrationen aufweisen werden. Aber auch Y. Malkiel spricht hierbei von "tendencial rather than obligatory character of all conjunctures" (1962, 20)[55].

---

[54] Überdies wurden nur als binär aufgefaßte Merkmale verwendet, bei skalaren (z. B. ein-, zwei-, dreisprachig) würde der Graph mehrfach verzweigen und damit unübersichtlich.

[55] Daher gibt es zu einigen der von Y. Malkiel beobachteten Implikationen auch Ausnahmen: In Kap. 4, Anm. 48 war bereits auf ein zweisprachiges illustriertes Wörterbuch hingewiesen worden, und F.J. Hausmann (1977, 107) verzeichnet zweisprachige Sachgruppenwörterbücher.

5. WEITERE TYPEN VON ILLUSTRIERTEN WÖRTERBÜCHERN

"Graphics improves communication".
(Plotter Hewlett Packard 7475, Selftestplot)

Vor dem Hintergrund der bereits existierenden Klassifikationsvorschläge, deren grundsätzliche Problematik verdeutlicht werden sollte, können jetzt die verschiedenen Arten illustrierter Wörterbücher vorgestellt werden, wobei allein durch ihre Anordnung und Gruppierung ein bestimmtes Gliederungsprinzip sichtbar werden wird, ohne daß damit eine vollständige Typologie erstellt werden soll. Dabei kann die Vielfalt der lexikographischen Produktion gezeigt werden - sie ist so groß, daß vornehmlich nur französische Werke besprochen werden können -, die den unterschiedlichsten Bedürfnissen der Benutzer entgegenkommt und die entsprechend mannigfaltige Möglichkeiten des Einsatzes der Illustration bietet; daher werden nur Typen von Wörterbüchern präsentiert werden, die auch bebildert vorkommen - ein Synonymenwörterbuch oder rückläufiges Wörterbuch wird also nicht erscheinen. Zum anderen verfolgt diese Übersicht den Zweck, alle in der folgenden Untersuchung nicht berücksichtigten Sorten von Wörterbüchern zumindest kurz zu charakterisieren und hierbei die Unterschiede zu den einsprachigen Wörterbüchern deutlich hervortreten zu lassen, so daß die möglicherweise unterschiedliche Funktion der Illustration sichtbar wird. Dadurch soll gleichzeitig verständlich werden, daß sich die folgende Untersuchung auf die einsprachigen Wörterbücher konzentrieren wird, da die Illustration in anderen Werken demgegenüber zusätzliche bzw. anders geartete Funktionen wahrnehmen kann.

5.1 Zweisprachige Wörterbücher

An erster Stelle seien alphabetisch geordnete, zweisprachige Wörterbücher genannt, die nur selten einmal illustriert werden, da sie primär eine Äquivalenz zwischen den Zeichensystemen zweier Sprachen herstellen sollen, wobei das Fehlen einer Isomorphie zwischen den Sprachen zu den bekannten Schwierigkeiten bei der Übersetzung führt[1]. Nachdem der Benutzer in der Regel über eine der beiden Sprachen als Muttersprache verfügt[2] und die damit bezeichneten Denotate im allgemeinen kennt, ist eine Illustration nur im Bereich des "Kulturwortschatz(es) im engeren Sinne" (Ilse Karl 1982, 46) angebracht[3]. Zu dem oben in Anm. 25 von Kap. 4 in anderem Zusammenhang behandelten Beispiel fr. *bilboquet* gibt es im Deutschen kein Äquivalent, die dort zitierte verbale Periphrase erlaubt es nicht, sich den bezeichneten Gegenstand vorzustellen, so daß eine Abbildung für das Verständnis des Wortes hilfreich wäre; vgl. Abb. 1 aus dem 'Nouveau dictionnaire du fran-

---

[1] *Isomorphie* wird hier gebraucht als Antonym von L. Zgustas (1971, 294) Begriff "anisomorphism of languages, i.e.... the differences in the organization of designate in the individual languages".

[2] Auf die seltenere Benutzersituation, daß ein Sprecher der Sprache A aus Sprache B in Sprache C oder aus C in B übersetzt, ist die Konzeption zweisprachiger Wörterbücher im allgemeinen nicht eingestellt.

[3] Bei L. Zgusta (1971, z.B. 295) "culture-bound words" genannt.

çais contemporain illustré' (NDFC) 1980. Genauer gesagt, das Wort dürfte nur in einem französisch-deutschen Wörterbuch begegnen und einem französischen Benutzer das Fehlen eines deutschen Äquivalents anzeigen - etwa im Hinblick auf die Texterzeugung in der Zielsprache -, während dem deutschen Benutzer im Hinblick auf das Textverständnis der Ausgangssprache eine Idee von dem bezeichneten Gegenstand vermittelt wird[4]. Ein Bild wäre also primär für den deutschsprachigen Benutzer von Interesse[5], d.h. Illustrationen sind in erster Linie für Lemmata der Ausgangssprache und zweitens vor allem für Benutzer mit der Zielsprache oder einer dritten Sprache als Muttersprache erforderlich.

Entsprechen die wenigen[6] illustrierten zweisprachigen Wörterbücher diesen theoretischen Anforderungen? Der in Kap. 4 Anm. 48 bereits erwähnte 'Dictionnaire illustré latin-français' von F. Gaffiot (1934) enthält zahlreiche Zeichnungen zur Veranschaulichung bestimmter Lemmata aus dem lateinischen Kulturkreis wie *abacus*, *acanthus*, *aedicula* und könnte somit für die Benutzer hilfreich sein. Jedoch sind die kleinen Strichzeichnungen schlecht reproduziert (vgl. Abb. 2), und die Auswahl der illustrierten Lemmata kann kritisiert werden: *adoratio* und *adulatio* sind kaum illustrierbar (vgl. Abb. 3). Dies scheint das einzige Wörterbuch zu sein, dessen Illustrationspraxis mit den oben formulierten Anforderungen zumindest im Prinzip übereinstimmt. Daneben lassen sich noch einige andere Illustrationsweisen beobachten:

Am häufigsten dürfte das Verfahren sein, einige Tafeln mit technischen Zeichnungen und dem dazugehörigen Vokabular als Anhang beizufügen. So enthält R. Boch in seinem 'Dizionario francese italiano, italiano francese' von 1978 nach dem französischen Teil "28 tavole illustrate di nomenclatura tecnologica francese" (Vorwort), nämlich *Aéronautique*, *Agriculture*, *Automobile et véhicules*, *Bâtiment* etc. Die z.B. 19 zu 'Electronique' gehörigen schwarzweißen Strichzeichnungen[7] werden nur durch französische Bezeichnungen erläutert, von den Lemmata im Wörterbuch wird nicht auf die Illustrationen verwiesen. Das für den italienischen Markt produzierte Wörterbuch ermöglicht dem Benutzer von der Vorstellung einer Sache her das für ihn fremdsprachliche französische Wort zu finden, auch wenn ihm das Wort in seiner Muttersprache etwa gerade nicht einfällt. Somit beanspruchen diese Tafeln dieselbe Funktion, wie sie die noch zu besprechenden Bildwörterbücher erfüllen, müssen aber damit scheitern, denn was sind 28 Tafeln in Anbetracht der Komplexität der Welt und im Vergleich mit den etwa 350 Seiten der Bildwörterbücher.

Bei J. Denis et al., Grand dictionnaire allemand-français, français-allemand avec un supplément technique illustré, Paris 1962 werden auf 22 Seiten mit farbigen Zeichnungen nur elf Gegenstandsbereiche ausschließlich in französischer Sprache, also in der Muttersprache der anvisierten Benutzer, dargestellt. Es erfolgt ebenfalls kein Verweis vom Lemma auf die Illustration, ja eine ganze Reihe von Bezeichnungen bei den Abbildungen fehlt im alphabetischen Teil des Wörterbuchs (z.B. *antivol*, *dégivreur*, *déflecteur*). Derartige

---

[4] Vgl. hierzu L. Zgusta (1971, 298-307).

[5] Das Beispiel ist damit wohl überstrapaziert, da auch manchen Franzosen dieser Gegenstand nicht bekannt sein könnte. Insofern sind Illustrationen von nicht allgemein bekannten Dingen, z.B. aus dem handwerklichen oder technischen Bereich auch für den muttersprachlichen Sprecher hilfreich.

[6] Im Laufe der bisherigen Vorarbeiten wurde nur ein gutes Dutzend Titel gesammelt. Allerdings wurden Werke wie der illustrierte 'Dictionnaire général indonésien-français', Paris 1984 nicht berücksichtigt.

[7] Wenn künftig von (Strich-)Zeichnungen die Rede ist, so beinhaltet dies, daß sie schwarzweiß sind; nur die Verwendung einer oder mehrerer Farben wird eigens erwähnt: *farbig* bzw. *mehrfarbig*.

illustrierte Supplemente können also vor allem wegen ihres schmalen Umfanges, aber auch wegen des Fehlens einer Integrierung von Text- und Bildteil nur von geringem Nutzen sein[8].

Einen anderen Weg beschreiten zwei Wörterbücher des Verlages Larousse[9], die die insgesamt 24 bzw. 32 Zeichnungen auf dem französisch-fremdsprachlichen und fremdsprachlich-französischen Teil bei den Lemmata unterbringen. So betreffen die ersten fünf Illustrationen des französisch-deutschen Teils 'Architecture, Automobile, Bateau, Château fort, Croix', die ersten fünf des deutsch-französischen Teils veranschaulichen 'Fahrrad, Flugzeug, Fußball, Hubschrauber, Kernreaktor'. An einem Motorrad und unter dem deutschen Stichwort werden 14 Teile in Deutsch und Französisch erklärt[10], allerdings wird von den Lemmata des Wörterbuches nicht auf die Illustration verwiesen. Wie bereits die Titel der Abbildungen vermuten lassen, handelt es sich um relativ komplexe Darstellungen, die 1984 (S. 185 f.) als "ostensiv definitorische Illustration" bezeichnet wurden. Ein gewisser Nutzen kann ihnen vor allem wegen der Zweisprachigkeit der Erläuterungen nicht abgesprochen werden, jedoch ist ihre Anzahl so verschwindend klein, daß ein Benutzer nur durch Zufall mit ihrer Hilfe ein ihm fehlendes Wort finden wird.

Dagegen bietet die Reihe der Brockhaus-Bildwörterbücher[11] eine große Zahl von Illustrationen: Im Vorwort der englisch-portugiesischen Ausgabe ist die Rede von "numerous plates (etwa 250, W.H.) with a total of about 4.000 depicted objects" (S. VII), was auch für die übrigen Ausgaben zutreffen dürfte, da die gleichen Bilder für verschiedene Sprachenpaare verwendet werden. Die Illustrationen dienen wie bei den schon besprochenen Wörterbüchern nicht nur der Identifizierung eines Objekts, sondern vor allem der Benennung von Teilen des abgebildeten Gegenstandes und der Vorstellung seiner verschiedenen Typen. So finden sich unter 'Baum' im deutsch-französischen Teil sieben Schwarzweißzeichnungen mit 14 Bezeichnungen nur in Deutsch. Dasselbe Bild mit 14 französischen Benennungen erscheint im französisch-deutschen Teil unter *arbre* im englisch-portugiesischen Wörterbuch mit einigen graphischen Verbesserungen und 17 Bezeichnungen unter *tree* usw.; vgl. Abb. 4 und 5. Dadurch, daß die Illustrationen nur einsprachig beschriftet sind, ist es erforderlich, sie unter den Lemmata beider Sprachen zu bringen. Für den Benutzer wären jedoch Bezeichnungen in beiden Sprachen zu e i n e m Bild

---

8 Weitere Werke dieser Art sind A. Chevalley et al. (1934) mit sieben Seiten Strichzeichnungen und J. Mergault (1971), wo 32 grüne Seiten mit schwarzweißen Zeichnungen zu wissenschaftlichen und technischen Themen enthalten sind.

9 Marguerite-Marie Dubois et al., Dictionnaire moderne français-anglais, anglais-français, Paris 1960 (32 Abbildungen) und P. Grappin, Dictionnaire moderne français-allemand, allemand-français, Paris 1963 (24 Abbildungen).

10 In dem französisch-englischen Wörterbuch von Marguerite-Marie Dubois (1960) findet sich dieselbe Zeichnung eines Motorrades allerdings jetzt unter dem französischen Lemma *motocyclette* mit nur 13 Erläuterungen seiner Teile: Durch die Verkleinerung der Abbildung auf die Breite einer Spalte ist die Bezeichnung des Rücklichtes weggefallen.

Ansonsten ist sogar die Verteilung der Abbildungen auf die beiden Teile der Wörterbücher weitgehend identisch, jedoch hat das Wörterbuch mit Englisch einige Illustrationen mehr, z.B. 'Baseball' im englisch-französischen Teil.

11 Novo Michaelis. Dicionário ilustrado, Vol. I: Inglês-português, Vol. II: Português-inglês, São Paulo/Wiesbaden, Bd. I, 1958, Bd. II, 1961[2];
E. Pfohl, Brockhaus-Bildwörterbuch. Französisch-Deutsch, Deutsch-Französisch, Wiesbaden 1961[31], 720+610 S., Illustrationen seit der 30. Auflage 1955;
W. Héraucourt et al., Brockhaus-Bildwörterbuch. Englisch-Deutsch, Deutsch-Englisch, Wiesbaden 1953 bzw. 1960, zusammen 1.512 S.;
Brockhaus-Bildwörterbuch. Deutsch-Italienisch, Wiesbaden/Milano 1964, 827 S.

vorzuziehen, vor allem im Hinblick auf die zahlreichen technischen oder sonstigen speziellen Begriffe, von denen man auch in der Muttersprache oft nur eine ungenaue oder keine Vorstellung hat. Dadurch würde sich die Zahl der Abbildungen halbieren, andererseits müßten viele Illustrationen etwas größer werden, um, ohne unübersichtlich zu werden, die zusätzlichen Bezeichnungen aufzunehmen; ferner müßte von jedem illustrierten Lemma auf die Existenz eines Bildes gegebenenfalls auch in der anderen Sprache hingewiesen werden, z.B. von *panneton* auf *Schlüssel* oder *clef*. Die Verteilung der Bilder auf die beiden Sprachen des Wörterbuchs wäre ja im Prinzip beliebig. Die Nähe der Illustration zum Lemma ist auch beim jetzigen Zustand nur für das Titelwort gegeben, so daß sich diesbezüglich nicht viel ändern würde: Zu *Bart* muß man jetzt bereits die Abbildung unter *Schlüssel* suchen, zu *panneton* unter *clef*.

Die Verbindung zum verbalen Teil des Wörterbuchs ist besser als in der zuvor besprochenen Gruppe von Wörterbüchern, da von zahlreichen, nicht jedoch allen, Lemmata auch auf das Bild verwiesen wird. Dies erweist sich immer dann als nützlich, wenn eine Wortgleichung zum Verständnis nicht ausreicht, unabhängig in welcher Richtung bezüglich Ausgangs- und Zielsprache sie erfolgt. Wenn dem Wörterbuchbenutzer z.B. die Aussage "binette f. Gartenhaue" als Information nicht genügt, kann ihm ein Blick auf die Abbildung eine Vorstellung von dem Gartengerät vermitteln und dadurch ein ihm geläufigeres Äquivalent finden lassen. Allerdings wird in diesem Fall nicht auf die Zeichnung unter "Houes et Pics" verwiesen[12].

Die gegenüber den anderen zweisprachigen Wörterbüchern vorgebrachten Einwände gelten also bei den Brockhaus-Bildwörterbüchern nicht, denn die Zahl der dargestellten Objekte ist um ein Vielfaches höher und die Verbindung mit dem lexikographischen Text im Prinzip vorhanden. Die zu Sachgruppen zusammengefaßten Abbildungen erfüllen neben dem Ende des letzten Absatzes genannten Zweck eine didaktische Aufgabe "insomuch as they help, in their synoptical arrangement, to fix and amplify the vocabulary". Das Vorwort der englisch-portugiesischen Ausgabe nennt (ebenfalls auf S. VII) eine weitere Funktion dieser Abbildungen, die einer anderen, zu Beginn dieses Kapitels nicht berücksichtigten Benutzungssituation[13] entspricht: Der Benutzer wird in die Lage versetzt, "to find the proper translation into Portuguese even if he ignores or has doubts about the English title which he is going to consult. An approximate conception of the object in question is sufficient to make him find the required information by means of the plates and respective lists".

Somit vereinigen die Brockhaus-Bildwörterbücher in sich das Programm der reinen Bildwörterbücher und der zweisprachigen Wörterbücher. Aufgrund des zur Verfügung stehenden Raumes müssen sie wohl bei beiden Funktionen Abstriche machen: Sie können weder Anzahl, Umfang und Detailliertheit der Bildwörterbücher erreichen noch alle

---

[12] Im deutsch-französischen Teil fehlt ein Eintrag 'Gartenhaue', und unter 'Haue' findet man nicht *binette*. In der Bildgruppe H2 'Hacke' wird das im französisch-deutschen Teil mit *binette* bezeichnete Gerät 'Breithacke' genannt, das Lemma dazu fehlt wiederum.

[13] Die Erforschung der Benutzungssituation von Wörterbüchern steckt noch in den Anfängen: vgl. H.E. Wiegand (1977a und b), J. Tomaszczyk (1979), H. Béjoint (1981), B. Schaeder (1981, v.a. 92-96), H.-P. Kromann et al. (1984a und b), W. Mentrup (1984), H. Bergenholtz/J. Mugdan (1985), H.E. Wiegand (1985), R.R.K. Hartmann (1985). Auf die Funktion von Illustrationen wird in den genannten Titeln nicht eingegangen.

grammatikalischen und semantischen Informationen vergleichbarer zweisprachiger Wörterbücher bieten[14], werden aber dafür unterschiedlichen Benutzungssituationen gerecht[15].

5.2 Bildwörterbücher

Da einige zweisprachige Wörterbücher in ihrer Illustrationspraxis zum Teil dem Konzept der Bildwörterbücher verpflichtet scheinen, ist dieses jetzt zu erörtern. Ein Bildwörterbuch, wie es etwa im 'Duden. Bildwörterbuch der deutschen Sprache', erstmals 1935, prototypisch vorliegt[16], setzt wie eine systematisch gliedernde Enzyklopädie oder ein ebensolches, d.h. onomasiologisches Wörterbuch eine vorherige Gliederung der Welt, jedoch nur der sichtbaren Bereiche, voraus. Die einzelnen gegenständlichen Sektoren (z.B. 'Jagd und Fischerei', 'Handwerk und Gewerbe', 'Industrie') werden in Teilaspekte aufgefächert, die in Form von szenischen Darstellungen (z.B. 'Bäckerei') und durch systematische Präsentation der Teile oder Elemente (z.B. 'Autoreparaturwerkzeug') in klaren, vornehmlich schwarzweißen Zeichnungen abgebildet werden, vgl. die Abb. 6 und 7 aus dem genannten Duden Bildwörterbuch (1958^2)[17]. Durch ein Verweissystem mit Ziffern werden die sprachlichen Bezeichnungen eingeführt, die somit durch das Bild ostensiv definiert werden. Durch ein alphabetisches Register kann der Benutzer auch vom Wort zum Bild gelangen und damit ein Verständnis von einem ihm unbekannten Wort erhalten. Somit sind derartige Bildwörterbücher in mindestens zwei verschiedenen Benutzungssituationen - man könnte sie als onomasiologisch (vom Bild zum Wort) bzw. semasiologisch bezeichnen - zu verwenden.

Wegen ihrer Orientierung an der Illustration enthalten Bildwörterbücher nur konkreten Wortschatz in substantivischer Form[18] - selbst Adjektiva wie *kurz* oder *dünn* fehlen - und Fachterminologien, wobei nur die referentielle, rein denotative Bedeutung der Lemmata erscheint; außer dem Genus und gelegentlich einem Synonym, unregelmäßigem Plural oder einer geographischen Variante werden keine sprachlichen Informationen vermittelt. Von daher könnte gefragt werden, ob Bildwörterbücher überhaupt zu den Sprachwörterbüchern zu rechnen sind oder vielmehr eine engere Beziehung zu den Enzyklopädien aufweisen. Da jedoch außer dem Bild keine weiteren Informationen zu den 'Sachen' gegeben werden, besteht doch eine größere Übereinstimmung mit den oben (4.1.2.2) vorgestell-

---

14 Da es hier nur um eine grundsätzliche Auseinandersetzung mit der Illustrationspraxis in zweisprachigen Wörterbüchern geht, wird keine Kritik etwa an der Auswahl und Aktualität der Zeichnungen oder an der Behandlung der Lemmata geübt.

15 Den zweisprachigen Wörterbüchern könnten entsprechend dem Kriterium 'Zahl der Sprachen' die mehrsprachigen Wörterbücher folgen, die aus der Tradition von A. Calepino oder der des 'Solennissimo Vochabuolista' entstanden sind oder auch Neuschöpfungen darstellen, wie z.B. G.A. Orefice, The 5 Language European Dictionary, London 1973. Sie sind jedoch alle nicht illustriert und bleiben von daher unberücksichtigt. Mehrsprachige Lernwörterbücher für Kinder sind jedoch meist bebildert.

16 Die Einteilung von P. Kühn (1978, 70) in "Bildwörterbücher im strengsten Sinne" und solche im "weiteren Sinne" verwischt den grundlegenden Unterschied zwischen Bildwörterbuch und (zumeist einsprachigem) alphabetischem Sprachwörterbuch mit Illustrationen.

17 Diese Auflage enthält immerhin acht vierfarbige Tafeln. In 8.4.2 wird der mögliche Nutzen von farbigen Abbildungen erörtert.

18 Die wenigen Verben werden offenbar nur substantiviert eingeführt: vgl. *das Radschlagen, das Radizieren, beim Rasieren*; dies sind die einzigen Verben von R - Ra.

ten systematisch gliedernden Wörterbüchern, insbesondere den Sachgruppenwörterbüchern.

Auf der ikonographischen Grundlage des deutschen Duden Bildwörterbuchs entstanden eine französische (1936), italienische (1939) und spanische (1940), nach dem zweiten Weltkrieg überarbeitete[19], Ausgabe. Von hier war der Weg nicht weit zu zweisprachigen Bildwörterbüchern[20], wobei die praktisch inexistente Mikrostruktur die Verbindung der zwei Sprachen relativ einfach gestaltete. Ja es gibt sogar fünfsprachige Ausgaben des Duden Bildwörterbuchs[21]. Aus neuerer Zeit ist der 24. Band der Brockhaus Enzyklopädie zu verzeichnen, der ein deutsch-englisch-französisches 'Bildwörterbuch der deutschen Sprache' (Wiesbaden 1976) enthält, das nach denselben Prinzipien aufgebaut ist. Gegenüber diesen vor allem mit Strichzeichnungen ausgestatteten Bildwörterbüchern ist das 1983 in einer französisch-englischen Ausgabe erschienene Bildwörterbuch 'What's What. Qu'est-ce que c'est'[22] von einer attraktiveren Ikonographie, was auch durch das große Format von 28 x 22 cm unterstützt wird. Einfache Strichzeichnungen wechseln sich mit schattierten sowie punktierten Zeichnungen und ausgeschnittenen Photos ab - allerdings bleibt alles in Schwarzweiß -, kräftige Striche stellen eine unmittelbarere Verbindung mit den Bezeichnungen in beiden Sprachen her, als dies durch Verweise mit Ziffern möglich wäre; vgl. Abb. 8. Der französische Index enhält erstaunlich wenig Lemmata, nämlich 9.000[23] - die anderen Bildwörterbücher sind somit effektiver -, was hier auf eine Überbetonung des ikonographischen Aspekts hindeutet. In der Tat beansprucht z.B. eine Wäscheklammer zwei Drittel einer Seite (S. 276), und an ihr werden sechs Teile unterschieden, was als zu detailliert erscheint. Auf einen weiterführenden Vergleich mit den anderen Bildwörterbüchern, etwa was die Auswahl der Gegenstandsbereiche und ihre Gliederung betrifft, muß aus Raumgründen hier verzichtet werden.

Ein grundsätzliches Problem der Adaption in andere Sprachen oder mehrsprachiger Ausgaben ist das unterschiedliche Aussehen verschiedener Gegenstandsbereiche[24]: Aus

---

19 Für die bibliographischen Angaben wird auf das Literaturverzeichnis verwiesen. Der 'Duden français' von 1966² enthält auch einen Index der deutschen Bezeichnungen, die Beschriftung der Illustrationen erfolgt nur in Französisch.

20 Z.B. The English Duden, Leipzig 1937. Während der Duden Verlag nach 1945 nach Mannheim übergesiedelt ist, erschienen in Leipzig zwischen 1955 und 1957 fünf zweisprachige Bildwörterbücher - siehe Bibliographie. Das vorliegende 'Duden Bildwörterbuch. Deutsch und Russisch' (Leipzig 1953, 700 S.) enthält neben 183 neu gezeichneten "Tafeln in Strichätzung und 8 Farbtafeln" in einem ersten Teil "einführendes Wortgut zur Erweiterung des politisch-gesellschaftlichen Gesichtskreises" und bei den einzelnen Tafeln zusätzlich "nicht abgebildetes oder nicht abbildbares Wortgut" (Vorwort).
Seit 1980 ist eine Serie von zweisprachigen 'Oxford-Duden' im Erscheinen.

21 The Duden Pictorial Encyclopedia (sic) in five Languages. English, French, German, Italian, Spanish, New York 1943, Leipzig 1958².

22 Untertitel: 'La première encyclopédie visuelle franco-anglaise', erschienen "sous les auspices du Haut Comité de la langue française" (Titelseite) und unter der Mitwirkung von FRANTERM, der französischen Organisation für Terminologiefragen.

23 Der englische Index verzeichnet etwa 19.000 Wörter, da er das in den kurzen Begleittexten zu den einzelnen Tafeln benutzte Vokabular mit enthält.

24 Darauf wird im 'Avis au lecteur' der französischen Ausgabe des Bilderdudens von 1962² ausdrücklich hingewiesen. Auch die Herausgeber des 'What's What' erwähnen (S. IX) derartige sachbedingte Unterschiede und stellen darüber hinaus fest, daß "certains concepts (nous démembrons quatre phases de la lune et l'américain huit) ... nous sont étrangers. On s'apercevra ainsi que notre appréhension du monde, comme cela apparaît dans la conception des planches et des textes qui les présentent, est souvent très différente, tant il est vrai, que nous pensons un monde que notre langue a d'abord modelé" S.IX). Es wäre interessant, diese Feststellungen nachzuprüfen.

dem Bereich der Post ist die Form des Briefkastens, des Bahnpoststempels und aller Formulare mit Ausnahme des internationalen Antwortscheins unterschiedlich gestaltet.[25] Die Brauchbarkeit derartiger zwei- und mehrsprachier Bildwörterbücher ist unbestritten vor allem in den Bereichen des handwerklich-technischen Fachwortschatzes[26], so daß die oben genannten zwei Benutzungssituationen durch die Dimension der zweiten Sprache hinsichtlich der Sprachproduktion und des Sprachverstehens erweitert werden.

Das Bibliographische Institut kann mit Recht im Vorwort (1958^2, 5) feststellen, daß das Duden Bildwörterbuch "das erste Werk dieser Art war". Jedoch schon Jahrhunderte vorher wurden vor allem zum Erlernen von Fremdsprachen systematisch geordnete Bildwörterbücher verwendet. Bevor auf den konzeptuellen Unterschied zu diesen didaktisch ausgerichteten Werken eingegangen werden kann, seien noch zwei nicht primär zum Spracherwerb konzipierte Bildwörterbücher vorgestellt.

Wie die bisher behandelten Bildwörterbücher nach Sachgruppen gegliedert ist der hier nur in einer spanischen Bearbeitung[27] von 1960 vorliegende 'Diccionario ideográfico polígloto'. Zu den 410 Zeichnungen, die meist nur einen Teil der ohnehin nicht großen Seiten (16 x 11 cm, Höhe vor Breite) beanspruchen, werden auf Spanisch, Englisch, Französisch und Deutsch sowohl die Bezeichnungen der dargestellten Gegenstände gegeben als auch in Syntagmen und ganzen Sätzen die dargestellte Situation beschrieben; vgl. Abb. 9, wo gleich unter A1 der aus der Abbildung kaum ersichtliche Vorgang des Ausschlagens der Bäume verbalisiert wird: *El árbol echa nuevos retoños y despliega sus hojas*. Somit beansprucht das ikonographische Element des Wörterbuchs einen geringeren Rang als das verbale. Zudem stehen bei den einzelnen Sachgruppen auch ohne direkten Bezug zur Abbildung weiteres Vokabular, Redewendungen und Sätze, so daß auch dadurch der Rahmen des strikt nomenklatorischen Bildwörterbuchs verlassen wird. Eine bemerkenswerte Neuerung stellt der zweiseitige "Bilder-Index" (S.XI) dar, durch den man, auch ohne das gesuchte Sachgebiet verbal benennen zu müssen, es über eines der 70 Bilder auffinden kann, vgl. Abb. 10 und 11.

'Das deutsche Bildwörterbuch' von 1941[28] diente einer spezifischen Kommunikationssituation, es sollte nämlich den deutschen "Soldaten im fremden Land ein Helfer zur Verständigung mit der bodenständigen Bevölkerung sein, soll aber auch den Verkehr mit unseren Kriegsgefangenen, die im Landdienst eingesetzt wurden, erleichtern" (Geleitwort). Es enthält in alphabetischer Ordnung etwa 1.500 durch einfache Schwarzweißzeichnungen veranschaulichte Wörter (Abb. 12). Dadurch, daß man dem Angesprochenen bestimmte Bilder zeigt und durch eigene Gesten ergänzt, kann er "erraten, was man von ihm will" (Geleitwort). Dieses Wörterbuch diente nur sehr elementaren Mitteilungsbedürfnissen

---

[25] Daß 1958 im Duden Bildwörterbuch noch eine Rohrpostmarke mit der Landesbezeichnung "Regno d'Italia" erscheint, spricht nicht für die Aktualität der Illustration. Die fragliche Marke war nach dem 'Michel Europakatalog' bereits seit dem 21.6.1927 nicht mehr gültig.

[26] "Aber warum erfährt man z.B. auch mit Bild, daß der Schneemann *bonhomme de neige* und der Schneehaufen *le tas de neige* genannt wird? Deshalb will uns scheinen, daß das Bildwörterbuch in seiner Konzeption sich bislang nicht hat entscheiden können, ob es ein Bilderbuch für Anfänger oder ein nomenklatorisches Werk für den fachsprachlich interessierten Laien bzw. den Übersetzer sein will, weshalb in dem einen wie in dem anderen Sinne viel Platz vertan wird." Diesen Feststellungen F.J. Hausmanns (1985d, 710) ist voll zuzustimmen.

[27] Das dänische Orginal erschien 1947 in Kopenhagen: Nelly Backhausen et al. (eds.), Hvad hedder det?.

[28] H. von Marouschek, Das deutsche Bildwörterbuch. Für jedes Wort ein Bild, Wien/ Leipzig 1941, 160 S. (16,5 x 12 cm). Zeichnungen von E. Kaltenhuber.

und ausschließlich der unidirektionalen Kommunikation, denn daß der Angesprochene seinerseits eventuell etwas sagen wollte, war nicht vorgesehen. Die Bilder fungieren hier als zielsprachliche Elemente, die, da sie ikonisch kodiert sind, unabhängig von einer Einzelsprache verstanden werden. Als Benutzer eines derartigen Wörterbuchs könnte man sich heutzutage einen Touristen weit abseits der großen Fremdenverkehrszentren vorstellen. Allerdings muß die Fähigkeit, ein Bild richtig zu verstehen, erst gelernt werden, so daß auch aus diesem Grund die Leistung eines solchen Bildwörterbuchs sehr eingeschränkt wäre[29].

5.3 Didaktische Bildwörterbücher

Mit den Bildwörterbüchern verwandt ist ein Typ von Lernwörterbüchern[30], die gleichfalls nach Sachgruppen organisiert sind und ebenso Illustrationen zur Erläuterung der Lemmata einsetzen. Nach der Identifizierung und Abgrenzung dieses Wörterbuchtyps sind weitere Arten von Lernwörterbüchern, die auf andere Weise Gebrauch von Illustrationen machen, zu bestimmen. Doch wodurch unterscheiden sich die eben angesprochenen Lernwörterbücher von den Bildwörterbüchern?

Um das wesentliche Differenzierungskriterium herauszufiltern, seien zunächst zwei wohl sekundäre Aspekte ausgeklammert, nämlich der Gesichtspunkt des Umfangs des Wörterbuchs und ein eventueller Adressatenbezug auf eine bestimmte Altersstufe.

Hinter folgendem irreführenden Titel verbirgt sich ein nach Sachgruppen aufgebautes, illustriertes Lernwörterbuch des hier in Frage stehenden Typs:

A. Pinloche, Etymologisches Wörterbuch der deutschen Sprache. Dictionnaire étymologique illustré de la langue allemande, Paris 1922 (23, 5 x 17 cm).

Es enthält bis S. 805 ein einsprachiges nach Basiswörtern geordnetes deutsches Wörterbuch und von S. 807-1161 ein "systematisches Bilder-Wörterbuch mit erklärenden Legenden" (Vorwort) ebenfalls nur in deutscher Sprache[31]. Dem deutschen Wörterbuch stellte der Autor im folgenden Jahr ein ebenso aufgebautes[32] französisches Pendant mit einem passenderen Titel an die Seite: 'Vocabulaire par l'image de la langue française ... et un vocabulaire idéologique'[33]. Der Unterschied zu den Bildwörterbüchern liegt darin, daß bei diesen die bildliche Darstellung der den Menschen umgebenden Realität primär ist, wozu die entsprechenden Bezeichnungen gestellt werden, das heißt, die Abbildung der

---

29 Auf den ersten Blick erscheint das Gestenwörterbuch von G. Meo-Zilio/Silvia Mejía (1980) und (1983) als in den Bereich der Bildwörterbücher gehörig, doch ist der Gegenstand eines derartigen Wörterbuchs nicht die Sprache in ihrer lautlichen und verschrifteten Form, sondern ein anderes semiotisches System. Gesten gehören jedoch zur sprachlichen Kommunikation, da sie sprachliche Äußerungen oft begleiten und zum Teil auch ersetzen. Hinweis auf das Gestenwörterbuch von G. Haensch und R. Werner.

30 Bei L. Zgusta (1971, 214) "pedagogical dictionaries", bei G. Haensch (1982, 156) "diccionario(s) de aprendizaje".

31 Die zweite Auflage, Wien 1931, enthält das Bild-Wörterbuch nicht mehr.

32 Genau besehen sind die Bilder identisch, jedoch weicht die Anordnung der Hauptgliederungspunkte von A. Pinloche (1922) geringfügig ab.

33 Im Vorwort skizziert A. Pinloche den Nutzen seines Bildteils für zweisprachige Ausgaben; es scheint jedoch nicht dazu gekommen zu sein.

Dinge der Welt stellt die Basis dar und ist das Strukturierungsprinzip des Aufbaus des Bildwörterbuchs; beim 'didaktischen Bildwörterbuch', wie der noch nicht identifizierte Typ genannt werden könnte, bestimmt großenteils[34] die Sprache die Gliederung des Werkes, und die Illustrationen haben nicht die Funktion, die Realität möglichst umfassend abzubilden, sondern die sprachlichen Phänomene zu vergegenständlichen. Der in Abb. 13 gezeigte Blick in einen Studierraum, in ein Klassenzimmer oder auf Kinder beim Verlassen der Schule und die Abbildung eines Papageis sowie einer Straßenbahn haben schon inhaltlich nur zum Teil etwas miteinander zu tun; auch die drei die Schule betreffenden Bilder dienen nicht der Darstellung der schulischen Verhältnisse, sondern wie Abb. 14 zeigt, der Veranschaulichung bestimmter Verben, Präpositionen und Adverbien, die durch Sätze eingeführt werden[35].

Neuere didaktische Bildwörterbücher[36] systematischen Aufbaus wenden sich deutlicher als A. Pinloche meist an bestimmte Gruppen von Adressaten, seien es Kinder im Vorschul- und Grundschulalter, für die das Wörterbuch in ihrer Muttersprache gedacht ist[37], seien es Schüler an Gymnasien, die es zum Erlernen einer Fremdsprache benutzen sollen[38]. Die zwei Aspekte, Alter der vorgesehenen Benutzer und muttersprachliches oder fremdsprachliches Wörterbuch, determinieren den Umfang des aufgenommenen lexikalischen Materials und den Stil der Illustration. Dieser Gesichtspunkt soll jedoch hiermit nur angedeutet werden.

Die Tradition der systematisch gliedernden, didaktischen Bildwörterbücher läßt sich wohl bis zum 1658 erstmals erschienenen 'Orbis sensualium pictus' von J.A. Comenius zurückverfolgen, worauf in 6.2 einzugehen sein wird.

Neben den didaktischen Bildwörterbüchern nach Sachgruppen existieren auch alphabetisch geordnete, die sich im Prinzip an dieselben Benutzerkreise wenden. Ein 'Dictionnaire actif Nathan' von 1976 enthält "1.000 mots illustrés en couleurs" (Titel) und ist für französische Kinder der Grundschule gedacht; ein 'Premier dictionnaire en images' von P. Fourré (1962) verzeichnet "Les 1.500 mots du français fondamental. 1er degré" (Titel) für Französisch Lernende; der 'Diccionari fondamental occitan illustrat. Lengadocian' von J.

---

34 "Großenteils" deshalb weil bei der Bezeichnung von Pflanzen, Tieren, Werkzeugen, Fahrzeugen etc., d.h. überall dort, wo es um reine Aufzählungen oder die nomenklatorische Benennung eines Gegenstandes und seiner Teile geht, der sprachliche und der sachbezogene Aspekt zusammenfallen.

35 Bei Substantiven bringt auch A. Pinloche meist nur Einzelwörter mit der Genusangabe.

36 Französische seit 1945 erschienene Werke stellt Nancy Senior (1984) vor allem unter kulturbezogenen Aspekten vor, gibt jedoch keine Klassifikation.

37 Z.B. Mon premier dictionnaire en 2.000 mots et 2.000 images, s.l. 1977, 1980^2. Hier sind die Sachgruppen einfach alphabetisch aufgereiht (also: "famille - ferme - fête foraine et foire - feu" usw.), während sie in den übrigen Bildwörterbüchern nach nicht näher bestimmten sachbezogenen Gesichtspunkten angeordnet sind. Die Beantwortung dieser Frage würde in der historischen Dimension und unter Einbezug der systematisch gliedernden Enzyklopädien Aufschlüsse über das sich wandelnde Weltbild geben.

38 Z.B. R.-H. Durand/S. Greco, Vocabulaire italien par l'image, Paris 1969 ("près de 4.000 mots", Avertissement).
A. Kropman et al., Vocabulaire fondamental illustré, 2 Bde., Culemborg, Bd.1, 1971 u.ö., Bd 2, 1974.
Eva und M. Garling, Lernwortschatz Französisch der Lehrbuchreihe 'Bonjour les amis', Berlin (Ost) 1974, 1976^2 (120 S.). Nur bezüglich der 19 "Komplexbilder" (Vorwort) handelt es sich um ein Bildwörterbuch, die überwiegende Mehrheit des Wortschatzes ist ohne Illustration in Sachgruppen gegliedert.
Diese Aufzählung erhebt keinen Anspruch auf Vollständigkeit.

de Cantalausa (1979) bietet Illustrationen zu 3.700 Wörtern und registriert weitere 10.000 wohl für Lerner aller Altersgruppen.[39]

Die didaktischen Bildwörterbücher enthalten, wie schon bezüglich A. Pinloche beobachtet, in der Regel mehr als nur die Bezeichnung des abgebildeten Gegenstandes: Das Lemma erscheint meist in einem vollständigen Satz. Darüber hinaus haben die alphabetischen Bildwörterbücher eher als die systematischen die Tendenz, zusätzliche Informationen in den einzelnen Artikeln unterzubringen: Es wird mehr als ein Beispielsatz gegeben[40], es wird auf Hyperonyme, Synonyma, Antonyme etc. verwiesen[41], von unregelmäßigen Verben werden die wichtigsten Formen des Paradigmas verzeichnet[42]. Andererseits erhalten einige Lemmata im 'Dictionnaire actif Nathan' keine Illustrationen, z.B. *mou*. Durch diese Merkmale kommen derartige Bildwörterbücher in die Nähe von einsprachigen, illustrierten Wörterbüchern, auch 'Bedeutungswörterbücher' oder 'semasiologische Wörterbücher' genannt. Der wesentliche Grund, sie bei den didaktischen Bildwörterbüchern einzureihen, liegt jedoch darin, daß die Beispielsätze nicht die Funktion einer Definition haben, sondern die Verwendung des Lemmas in einem typischen Kontext zeigen, so daß das Bild wie bei den anderen Bildwörterbüchern auch eine definitorische Aufgabe hat. Daraus ergibt sich als weitere, sebstverständliche Voraussetzung, daß ein Bildwörterbuch möglichst jedes[43] Lemma illustriert. So gibt der 'Dictionnaire actif Nathan' zum Lemma *pendule* eine Farbzeichnung, zwei Beispielsätze, ein Übungsbeispiel und den Hinweis auf drei weitere Bezeichnungen von Uhren; vgl. Abb. 15.

Auf die Art der Illustration und die Leistung der didaktischen Bildwörterbücher bei der Darstellung nicht nur konkreter Dinge sondern auch von Abstrakta (z.B. *effort*), Präpositionen (z.B. *entre* in lokaler und temporaler Bedeutung), Adjektiven (z.B. *dur*) und Verben (z.B. *mordre*) sei erst im Kap. 8 eingegangen, wenn die Leistung des Bildes im Vergleich zu den verbalen Teilen des Wörterbuchartikels untersucht wird.

---

39 Für die französischsprachige Landbevölkerung der Entwicklungsländer ist der 'Dictionnaire du français fondamental en images pour les ruraux' von G.-J. Bretonès (1982) konzipiert, der 1.500 Lemmata durch klare Strichzeichnungen, die Dinge der Umwelt der präsumtiven Benutzer darstellen, und durch je einen Beispielsatz erläutert. Die Qualität der Illustrationen ist dem 'Dictionnaire du français fondamental pour l'Afrique' von J. David (1974), der 4.727 Einträge zählt, überlegen; vgl. noch W. Hupka (1984, Anm.19).

40 Dictionnaire actif Nathan (1976), aber ebenso A. Kropman et al. (1971), die systematisch gliedern.

41 Dictionnaire actif Nathan (1976), z.T. auch P. Fourré (1962).

42 Alle drei oben genannten Wörterbücher.

43 Mit der Formulierung wird dem 'Dictionnaire actif Nathan' Rechnung getragen, wo einige Lemmata nicht illustriert sind.

5.4 Lernwörterbücher

Die Grenze zwischen dem alphabetisch geordneten, didaktischen Bildwörterbuch und dem ebenso gliedernden, illustrierten Lernwörterbuch[44] wird überschritten, wenn das Lemma durch eine Definition[45] erläutert wird und, was damit meist Hand in Hand geht, nurmehr ein Teil der Lemmata illustriert wird. Lernwörterbücher erscheinen in Frankreich in großer Zahl und Vielfalt und sind offenbar zumeist illustriert[46]. Versucht man auf der Grundlage von mehr als 40 bebilderten Werken, die alle nach 1945 erschienen sind, eine Klassifikation zu erstellen, könnte man folgende Parameter anlegen:

Die vorliegenden Lernwörterbücher[47] lassen sich zunächst dahingehend unterscheiden, ob sie für eine bestimmte Altersstufe (gegebenenfalls für welche) konzipiert sind oder nicht. Eine Gruppe der Lernwörterbücher wendet sich an Kinder im Grundschulalter[48], eine andere an Jugendliche mit ausdrücklichem Hinweis auf den Cycle im Enseignement secondaire oder an Jugendliche ohne nähere Spezifikation; schließlich kann jeder Hinweis auf eine bestimmte Altersstufe fehlen

Ein zweites Gliederungskriterium stellt der Umfang der Makrostruktur, d.h. der aufgenommenen Lemmata dar. F.J. Hausmann (1977, 5) bezeichnet Wörterbücher mit weniger als 10.000 Lemmata als "doppelt selektive(n) Grundwortschatzwörterbücher". Die hier zur Verfügung stehenden Lernwörterbücher lassen eine erste Unterteilung bei 3.000 Lemmata angebracht erscheinen, um Wörterbücher, die nur einen Kernwortschatz von 200 bis 3.000 Einheiten enthalten, identifizieren zu können. Derartige 'Kernwortschatzwörterbücher'[49] werden meist[50] für Kinder der ersten Schuljahre verfaßt. Für den Bereich zwischen 3.000 und 10.000 Einträgen[51] kann F.J. Hausmanns Charakteristik als 'Grundwortschatzwörterbücher' übernommen werden, wobei muttersprachliche und fremdsprachliche Adressaten

---

44 Der Terminus schließt sich an den englischen Begriff des *learner's dictionary* an, der durch das 'Oxford Advanced Learner's Dictionary of Current English' (1948 u.ö.) verbreitet worden ist. 'Schulwörterbücher' wäre eine weitere mögliche Bezeichnung, assoziiert jedoch eventuell einen zu engen Bezug auf ein bestimmtes Lehrwerk; der Ausdruck 'didaktische Wörterbücher' wird nicht gewählt, da jedes Wörterbuch in bestimmter Weise didaktisch ausgerichtet ist; dagegen wurde oben der Terminus 'didaktische Bildwörterbücher' gebraucht, denn ein Kompositum aus *Lernen* und *Bildwörterbuch* erscheint sprachlich als nicht möglich.

45 Es wird vorläufig weiterhin von Definition gesprochen, da erst im Kap. 7 der genaue Charakter der Bedeutungsbeschreibung oder Bedeutungsexplikation bestimmt wird.

46 Eine der Ausnahmen von der Regel ist der 'Larousse de base. Dictionnaire d'apprentissage du français', Paris 1977 (1.023 S.), 10.281 Lemmata, "Direction de J. Dubois avec la collaboration de Françoise Dubois-Charlier" (Titel).

47 Für das Italienische ist die Zahl der Lernwörterbücher offenbar bedeutend geringer; die wenigen illustrierten Werke lassen sich in die im folgenden entwickelte Typologie einordnen; vgl. S.C. Sgroi (1981).

48 Bei Wörterbüchern für Kinder im Grundschulalter ist die Grenze zwischen alphabetischen Bildwörterbüchern und illustrierten Lernwörterbüchern fließend, da entweder nur ein Teil der Lemmata definiert wird und/oder altersgerechte Erläuterungen in Form von Beispielsätzen gegeben werden. Hier gibt dann das zweite Kriterium - sind praktisch alle Lemmata illustriert? - den Ausschlag.

49 Die hier eingeführten Begriffe werden recht verschieden gebraucht; vgl. K. Schröder/T. Finkenstaedt (1977, 295).

50 J. Verdol, Dictionnaire du français facile. 300 mots, Paris 1974 (186 S.) richtet sich an "jeunes étudiants étrangers" (Préface).

51 Neben dem Format und der typographischen Gestaltung hat auch die Zahl der Lemmata eine Auswirkung auf die Seitenzahl der Wörterbücher.

zu unterscheiden sind. Dies ist bereits der dritte von den anderen unabhängige Gesichtspunkt, denn bestimmte Lernwörterbücher werden im Hinblick auf den Erwerb des Französischen als Fremdsprache hin konzipiert[52].

Zwischen 10.000 und den 25.000 Lemmata des 'Dictionnaire du français contemporain '(DFC)' (1966) fehlt offenbar eine Bezeichnung; man könnte bei Bedarf von 'Lernwörterbüchern mit erweitertem Grundwortschatz' oder von 'Aufbauwortschatzwörterbüchern'[53] sprechen. Doch dabei handelt es sich nicht mehr um Lernwörterbücher[54] im eigentlichen Sinn, deren Lemmata man sich alle aneignen könnte oder sollte, sondern für eine bestimmte Altersgruppe konzipierte Werke, was sowohl durch die Auswahl der Lemmata als auch durch die Art der Definitionen, Beispielsätze, Illustrationen usw. zum Ausdruck kommt[55]. Nur dieses adressatenbezogene Kriterium und der geringe Umfang unterscheidet derartige Wörterbücher von 'normalen' einsprachigen Wörterbüchern wie 'DFC' (1966) oder 'Lexis' (1975), die mit ihren 25.000 bis 70.000 Lemmata als 'selektive Wörterbücher'[56] bezeichnet werden können - darüber beginnen die 'extensiven Wörterbücher'. Nun gibt es eine weitere Gruppe von Lernwörterbüchern mit Titeln wie 'Nouveau Larousse élémentaire'[57], 'Larousse classique. Dictionnaire encyclopédique'[58] (*classique* als Ableitung von *classe* verstanden[59]), deren Stichwortreichtum sich im Rahmen der selektiven Wörterbücher bewegt. Sie sollen daher als 'adressatenbezogen' und 'selektiv' qualifiziert werden[60]; folglich fehlt der Bezug auf bestimmte Adressaten bereits im Titel des 'Larousse pour tous' von 1957.

---

52 Welche Veränderungen im Wörterbuch etwa bei der Definition, den Beispielen oder der Illustration die Orientierung auf fremdsprachliche Benutzer mit sich bringt, bzw. bringen sollte, kann im Rahmen dieser Arbeit nicht untersucht werden.

53 Das 'Oxford Advanced Learner's Dictionary of Current English' von A.S. Hornby et al. (1948 u.ö.) enthält etwa 30.000 Lemmata; Hinweis von T. Finkenstaedt.

54 Die deutsche Ausgabe von G. Matorés 'Dictionnaire du vocabulaire essentiel' (Paris 1963) trägt den Titel '5.000 *Lernwörter* Französisch' (München 1984).

55 Die beiden neuesten Wörterbücher dieses Typs wenden sich an Schüler der "Cours Moyens de l'Ecole Elémentaire et des classes de 6e et 5e des Collèges" (Préface des 'Dictionnaire Hachette juniors', Paris 1980). Im Vorwort wird in beiden Werken auf die sich aus diesem Adressatenbezug ergebenden Charakteristika hingewiesen, so wird der Beispielsatz vor der Bedeutungserklärung gegeben. Das zweite hier angesprochene Wörterbuch ist der 'Nouveau Larousse des débutants' (Paris 1977), von dem es auch eine nur geringfügig abweichende 'Edition canadienne' gibt.

56 F.J. Hausmann (1977, 5) trennt ab 30.000 Einträgen selektive von extensiven Wörterbüchern, auf S. 26 verschiebt sich die Grenze auf 35.000 Lemmata. Er muß daher etwa den 'Petit Larousse illustré' mit seinen 45.000 Einträgen bereits als extensiv bezeichnen. Demgegenüber versucht obiger Klassifizierungsvorschlag homogenere Klassen zu schaffen, deren Umfang sich in etwa proportional entspricht: 3.000 - 10.000 Lemmata (= das 3,3 fache), 10.000 - 25.000 (= 2,5), 25.000 - 70.000 (= 2,8).

57 Paris 1956[1], 1967, 1973 (990 S., Sprachteil 774 S.); "44.100 articles, 2.637 illustrations en noir, 28 planches et cartes en couleurs" (Titel); wendet sich an Schüler von 10 - 14 Jahren; löst den 'Larousse élémentaire illustré', 1. Auflage von 1914 ab. Es gibt eine Bearbeitung "à l'usage des Allemands" mit sehr viel weniger Illustrationen: Berlin (Langenscheidt) 1960 u.ö.

58 Larousse classique illustré, Paris 1947 (1.195 S.), obiger Titel: 1957 (1.288 S.), 1965. "Plus de 56.000 mots, 43 cartes en noir, 25 tableaux historiques, 153 planches in texte, 48 hors-texte en couleurs et en noir ..." (Préface) und zahlreiche Zeichnungen und Photos bei den Lemmata.

59 Dieses Epitheton führte wohl L.N. Bescherelle als erster in seinem 'Dictionnaire national ou grand dictionnaire classique de la langue française' (1845-46) - Hinweis von M. Höfler. Der älteste 'Larousse classique illustré' datiert von 1911.

60 Ob und gegebenenfalls inwiefern sich der Adressatenbezug auf die Gestaltung der Wörterbücher ausgewirkt hat, würde eine Untersuchung lohnen.

Ein viertes Unterscheidungskriterium spielt bei den illustrierten Lernwörterbüchern nur eine marginale Rolle, nämlich die Frage der Ein- bzw. Zweisprachigkeit; da fast alle einsprachig sind, wird es in die folgende Matrix nicht aufgenommen[61]. Schließlich soll bei einer Klassifikation illustrierter Wörterbücher auch die Dichte und Art der Bebilderung von Relevanz sein. Da noch nicht erörtert wurde, welche Anzahl von Illustrationen bei welchem Typ von Wörterbuch optimal wäre, seien vorläufig nur die Wörterbücher als zu wenig bebildert bezeichnet, bei denen die Illustration offensichtlich nicht ins Gewicht fällt, etwa wenn "26 planches" 780 Seiten Text gegenüberstehen[62] oder sich nur etwa jede zehnte Seite oder noch seltener eine Zeichnung findet[63]. In der folgenden Tabelle soll die durchschnittliche Anzahl der Illustrationen pro 50 Seiten Text der Wörterbücher angegeben werden und das Vorhandensein von Farbtafeln vermerkt werden[64].

Die hier entwickelten Kriterien lassen sich in eine Matrix übertragen, wodurch es möglich wird, das Profil jedes illustrierten Lernwörterbuchs durch eine eigene Sequenz von Merkmalen sichtbar zu machen. Es dürfte im Rahmen eines Kapitels über die Klassifikation illustrierter Wörterbücher genügen, einige typische Werke vorzustellen.

---

[61] Ein spezieller Typ von Lernwörterbüchern sind Reisewörterbücher - sie sind in der Regel zweisprachig; vgl. R. Werner (1984a).

[62] So im 'Dictionnaire Hatier de la langue française' von 1963.

[63] Nur sechs bis acht kleine Zeichnungen auf 50 Seiten bietet der 'Larousse élémentaire à l'usage des Allemands', der bei Langenscheidt seit 1960 erschienen ist (Berlin 1960 bis 1974[12]).

[64] Ein weiteres wichtiges Kriterium 'Umfang und Art der Mikrostruktur', das in viele Punkte aufzugliedern ist, sei hiermit nur angedeutet, da es für die Bewertung der Illustrationen nicht unmittelbar relevant ist.

Merkmale / Wörterbücher	a)	b)	c)	d)	e)	f)	g)	h)	i)	j)	k)
1. Alter der Adressaten:											
Grundschule	+			+		+		+			
Gymnasium	+		(+)			+	+	+	+	+	+
Jugendliche i.a.					+						
kein Hinweis		+	+								
2. Sprache der Adressaten:											
Muttersprache	+	+	+	+		+		+	+		+
Fremdsprache		+	+		+		+		+	+	
3. Zahl der Lemmata:											
bis 3.000		+			+		+				
bis 10.000			+	+			+			+	+
bis 25.000						+		+			
bis 70.000	+								+		
4. Illustrationen											
Anzahl im Text pro 50 S.	130	86	48	200	73		120	17	42	87	53
Farbtafeln insgesamt	28					96		58			32
5. Mikrostruktur (Wird nicht ausgeführt)											

Schema Nr. 4: Merkmalmatrix der illustrierten Lernwörterbücher

In der Tabelle sind folgende, chronologisch geordnete Wörterbücher erfaßt, die nun genauer beschrieben werden:

a) Siehe Kap. 5 Anm. 57 und Abb. 16. Bei den Abkürzungen für die Wörterbücher wurde Übereinstimmung mit F.J. Hausmann (1977, VII) angestrebt; gegebenenfalls wurde sein Siglensystem weiterentwickelt.

b) G. Gougenheim, Dictionnaire fondamental de la langue française, Paris 1958, 1961[2] (nouv. éd. rev. et augm.) (255 S.), 1966[3], 1971 (284 S.); "environ 3.000 mots" (Avant-propos), zahlreiche kleine Strichzeichnungen (etwa 1,5 x 2 cm); siehe Abb. 17.

c) G. Matoré, Dictionnaire du vocabulaire essentiel. Les 5.000 mots fondamentaux, Paris 1963 (359 S.); zahlreiche kleine Strichzeichnungen; vgl. Abb. 18. Die unter dem Titel '5.000 Lernwörter Französisch' in München 1984 erschienene Ausgabe ist inhaltlich identisch und "wendet sich an Benutzer mit mittleren bis fortgeschrittenen Französischkenntnissen", während die Originalausgabe auch für französische Gymnasiasten gedacht war.

d) Gisèle Coté-Préfontaine et al., Je doute, je cherche, je trouve. Premier dictionnaire pour les moins de 9 ans, Paris 1974 (274 S.); etwa 5.000 Stichwörter, hat als einziges der hier besprochenen Werke hübsche zweifarbige Zeichnungen (etwa 4,5 x 4 cm) im Text (etwa 1.000), siehe Abb. 19.

e) Siehe Kap. 5 Anm. 50. J. Verdol illustriert jedes Lemma mit einer Strichzeichnung; siehe Abb 20; insofern ähnelt er den alphabetischen Bildwörterbüchern, jedoch gibt er auch Definitionen.

f) Nouveau Larousse des débutants, Paris 1977 (844 S.); 16.000 Wörter plus weiterer über einen Index erschlossener Wortschatz in den 96 Farbtafeln[65]; vgl. Abb. 21. Gleiches gilt für die 'Edition canadienne', die sich nur in wenigen Details der Zeichnungen und des Lexikonteils unterscheidet.

g) Dictionnaire du français langue étrangère (DFLE), 2 Bde., Niveau 1, Niveau 2, Paris 1978 bzw. 1979; mit deutschem Vorwort von F.J. Hausmann, Niveau 1, Frankfurt 1983 (811 bzw. 1.088 S.); Band 1 enthält 2.581 Lemmata, Bd. 2 weitere 2.500 als Haupteinträge, wozu noch 2.800 Ableitungen und 2.000 Antonyme, Synonyma etc. kommen. In Band 1 ist praktisch jedes Lemma illustriert (von Morez), vgl. Abb. 22, aber auch Band 2 ist mit ein bis drei Bildern eines anderen Künstlers, namens Avoine, pro Seite ausgestattet, vgl. Abb. 23: Format in beiden Bänden etwa 6 x 5 cm. Ein wesentliches Charakteristikum des DFLE, das hier nicht eigens gewürdigt zu werden braucht, ist seine überaus reiche Mikrostruktur, jedoch ist seine originelle Verwendung der Illustrationen hervorzuheben. "L'illustration ne décrit pas un objet artificiellement isolé, mais une situation qui suggère, comme dans la vie réelle, une ou plusieurs phrases (on trouvera des légendes aux dessins en fin de volume). Aussi a-t-on voulu que l'illustration soit motivante. Les *dessins humoristiques*, qui jouent un rôle original dans les journaux et les revues, répondent le mieux à cette condition" (1978, VII; Hervorhebung DFLE). Oder mit den Worten F.J. Hausmanns in der Einleitung der Ausgabe 1983: "Damit die Bedeutung des Artikelwortes (z.B. *méchant*) auch bei sehr geringen Ausgangskenntnissen erschlossen werden kann, tritt in den meisten Artikeln zu den Beispielsätzen ein Bild hinzu. Die Autoren des DFLE 1 hegen nicht die Illusion, diese Bilder seien alleine schon ausreichende Verdeutlichungen des Wortsinns. Das sind sie in keiner Weise. Ohne den Kontext des jeweiligen Wörterbuchartikels könnte man fast bei keinem Bild erraten, zur Illustration welchen Wortes es dienen soll. Als *zusätzliche* Erklärungshilfe sind sie jedoch höchst wertvoll (Hervorhebung F.J.H.).
Nehmen wir als Beispiel wiederum den Eintrag *méchant*. Das Bild zeigt einen Mann, der in panischer Angst vor einem zähnefletschenden Hund davonläuft. Isoliert kann dieses Bild auch als Illustration der Wörter *peur*, *fuite*, *s'enfuir* u.v.a. interpretiert werden. Mit einem auch noch so geringen Vorwissen aus dem Zusammenhang des ganzen Artikels werden aber die meisten dieser Interpretationen automatisch ausgeschieden.
Über ihre Aufgabe als Erklärungshilfe hinaus haben die Bilder eine zweite wichtige Rolle zu spielen. Sie sollen zur Lektüre des Wörterbuchartikels (und im weiteren des ganzen Wörterbuchs) auch dann anreizen, wenn der Benutzer nicht mit einer konkreten Frage an das Wörterbuch herangeht. Im Zusammenwirken mit den Beispielsätzen ist jedes Bild als eine Art Rätsel zu verstehen, das erst durch das Verständnis dieser Beispielsätze aufgelöst wird. Dieser wichtigen Funktion als Lese- und Lernanlaß wegen sind die Bilder humoristisch gezeichnet".
Diesen Ausführungen soll nur noch hinzugefügt werden, daß die Verwendung derartiger humoristischer Bilder für ein Lernwörterbuch als sehr gelungen erscheint, denn sie

[65] Durch das in den Tafeln enthaltene Vokabular wird die strikt alphabetische Ordnung durchbrochen, denn die Tafeln stellen, auch wenn sie selbst in alphabetischer Reihenfolge auftreten, Wortschatz nach Sachgruppen bereit.

verhelfen zum Verständnis des Lemmas[66], regen zum Sprechen an und gleichzeitig amüsieren sie[67].

h) Dictionnaire Hachette juniors, Paris 1980 (1.088 S.), 17.000 Wörter, 58 Farbtafeln (ähnlich wie im 'Nouveau Larousse des débutants') und große (4,5 x 5,5 cm) Zeichnungen, im Durchschnitt 17 auf 50 Seiten; siehe Abb. 24.

i) 1980 erschien der wegen seiner nach linguistischen Prinzipien gegliederten Mikrostruktur und wegen seines Gruppierungsprinzips angesehene DFC (Paris 1966 u.ö.) in einer Neubearbeitung als 'Nouveau dictionnaire du français contemporain' (NDFC), der überraschenderweise illustriert war: 1.263 S., "33.000 mots, 1.062 illustrations" (Titelseite); Zeichnungen und Photos recht verschiedenen Formats (2 x 2 cm bis 5 x 4 cm); vgl. W. Hupka (1984, 168) und Abb. 25. Durch die Illustrationen wird auch technischer und wissenschaftlicher Wortschatz ostensiv definiert, der nicht mehr im "corps du dictionnaire" (S. VII) erscheint.

j) D. Lübke, Dictionnaire scolaire du français, München 1981 (316 S.), 7.500 Stichwörter, 551 gute Umriß- und punktierte Zeichnungen größeren Formats, d.h. etwa 3 x 4 cm; Siehe Abb. 26.

k) Dictionnaire actif de l'école, Paris (Nathan) 1984 (480 S.); 3.000 bis 4.000 Lemmata mit etwa der doppelten Zahl von Untereinträgen, relativ reiche Mikrostruktur; "de nombreux dessins (etwa 500, W.H.), 32 planches" (Vorwort); die Zeichnungen sind groß (bis 6 x 9 cm), die Tafeln mehrfarbig; siehe Abb. 27.

Dieser Entwurf einer Typologie von illustrierten Lernwörterbüchern - er müßte auch auf die nicht bebilderten Werke übertragbar sein - hatte zunächst zum Ziel, die Vielfalt der Illustrationen in den diversen Wörterbüchern zu veranschaulichen. Daraus lassen sich Charakteristika der Bebilderung von Lernwörterbüchern ableiten, etwa was die Größe, die Farbigkeit, den Stil, die Detailliertheit, die abgebildeten Gegenstände und die Darstellungen auf Farbtafeln betrifft. Es sei jedoch bei dieser pauschalen Aufzählung belassen, da im Hinblick auf das Erkenntnisziel dieser Arbeit ein anderer Aspekt mehr interessiert:

Sieht man von den durch das Alter des Adressaten bedingten Einflüssen auf die Illustration einmal ab[68], kann man durchaus Grundsätze der Bebilderung auf das einsprachige Wörterbuch übertragen, denn jede Wörterbuchbenutzung ist im Prinzip ein Lernvorgang. Lernwörterbücher, vor allem die für Kinder konzipierten, illustrieren nämlich wie die didaktischen Bildwörterbücher nicht allein Substantive und hiervon nur Konkreta, sondern auch Abstrakta und Lemmata anderer Wortarten. Ob die hierbei zur Anwendung kommenden Illustrierungstechniken auch zur Bebilderung 'normaler' einsprachiger Wörterbücher eingesetzt werden können, ist im Zusammenhang mit der Besprechung der Praxis der Illustration abzuklären (Kap. 8.7). Ferner werden Lernwörterbücher, die sich nicht ausdrücklich an Kinder wenden und über ein Vokabular von deutlich mehr als 3.000 Haupteinträgen verfügen, bei den einsprachigen Wörterbüchern nochmals erscheinen, da

66 Auch im DFLE folgt die Definition auf die Beispielsätze.

67 Humoristische Zeichnungen finden sich sonst nur noch in Idiomatik- oder Argotwörterbüchern.

68 Abbildungen für Kinder im Grundschulalter sind im allgemeinen größer, zeigen öfter die Verwendung von Farbe und wirken weniger streng sachlich.

der Adressatenbezug etwa des NDFC[69] nicht so ausgeprägt ist, daß er die Art der Illustration beeinflussen würde[70]. Damit wird auch dem fließenden Übergang zwischen den Kategorien, hier zwischen dem 'adressatenbezogenen, selektiven Lernwörterbuch' und dem 'selektiven Wörterbuch' Rechnung getragen.

5.5 Sektorale Wörterbücher

Gehörte die oben behandelte Gruppe von illustrierten Wörterbüchern durch ihren besonderen Adressatenbezug[71] unter die Rubrik 'Lernwörterbücher', seien im folgenden Werke zusammengefaßt, die nur einen Teil des Diasystems einer Sprache zum Gegenstand haben. *Dialekt*wörterbücher registrieren den Wortschatz von primär geographisch bestimmten Teilen der Sprachgemeinschaft, *Argot*wörterbücher den Wortschatz ursprünglich der soziologisch niedrigsten Schichten und der Unterwelt; der Argot fungiert jedoch inzwischen als besonderes Register in verschiedenen sozial und beruflich bestimmten Gruppensprachen. Gegenüber diesen diatopischen und diastratischen Varietäten werden Fachsprachen erst auf der Basis der Gemeinsprache meist im Zusammenhang mit der beruflichen Ausbildung erlernt. *Fachsprachliche* Wörterbücher verzeichnen meist detaillierter als die meisten ein- oder zweisprachigen selektiven Wörterbücher und manche mehrbändige extensive Wörterbücher den Wortschatz einer Disziplin. Diese drei und gegebenenfalls einige weitere Arten von Wörterbüchern werden als "restrictifs spécifiques" (B. Quemada 1968, 190), "spéciaux" (Josette Rey-Debove 1971, 32), "restricted (or special)" (L. Zgusta 1971, 204), "parciales" (G. Haensch 1982, 137) als "specialfield dictionaries" (S.I. Landau 1984, 20) bezeichnet, wobei die beiden letzten Begriffe noch am klarsten sind, da sie jede Konnotation mit dem Umfang des Wortschatzes vermeiden. Als

---

69 Beide Kriterien erfüllen außerdem nur noch G. Matoré (1963) und D. Lübke (1981), wobei letzterer "speziell für den Französischunterricht in den deutschsprachigen Ländern entwickelt wurde" (Vorwort). Es wird zu prüfen sein, ob diese Orientierung irgendwie auf die Illustration eingewirkt hat.

70 Sonst hätte der NDFC nicht mindestens 36% seiner Abbildungen aus dem 'Petit Larousse' übernehmen können (W. Hupka 1984, 171). Hier wiederabgedruckt als Kap. 17.

71 Zu den adressatenbezogenen Wörterbüchern können alle Werke gerechnet werden, die sich an einen bestimmten Benutzerkreis wenden, seien es die verschiedenen Arten von Lernwörterbüchern oder Werke für Adressaten aus einem anderen Kulturkreis, wenn man es nicht vorzieht, letztere als eigenen Typ der Wörterbücher der 'transplanted varieties' zu betrachten - Hinweis von R. Werner; vgl etwa:
J. David, Dictionnaire du français fondamental pour l'Afrique, Paris 1974, 421 S., 4.727 Lemmata, etwa 500 Zeichnungen; vgl Kap. 5 Anm. 39.
L.-A. Bélisle, Dictionnaire nord-américain de la langue française, Ottawa, 1979, (éd. entièrement refondue), 1.196 S., etwa 1.500 Zeichnungen.
Americanismos. Diccionario ilustrado Sopena, Barcelona 1982, 670 S., Photos und Zeichnungen im Text.
Hierzu zählen ferner die Adaptionen der französischen Ausgabe des 'Petit Larousse' für Kanada und Belgien und im weiteren Sinne auch die Ausgaben in verschiedenen Sprachen: Spanisch seit 1912, Portugiesisch seit 1927, Griechisch seit 1961, Englisch seit 1968, Amerikanisch seit 1972.

deutscher Terminus sei 'sektorale Wörterbücher' vorgeschlagen, da sie quasi einen Sektor des Diasystems der Sprache erfassen[72].

5.5.1 Fachwörterbücher

Die Bedeutung der Fachsprachen für die Sprachentwicklung im 20. Jahrhundert kann kaum überschätzt werden in Anbetracht ihrer hohen Zahl[73], des enormen Umfangs jeder einzelnen von ihnen[74] und "der rapid wachsenden Distanz zur *langue commune*" (B. Müller 1975, 148). Dieser Umstand hat auch H. Weinrich zu seinem 'Plädoyer für ein interdisziplinäres Wörterbuch der deutschen Sprache' (in: H. Henne et al. (Hg.) 1978, 11-30) veranlaßt[75]. Die Zahl der Fachwörterbücher ist Legion: So enthält bereits ein 1791 erschienenes 'Verzeichniß der in deutscher Sprache verfaßten Real-Wörterbücher über Wissenschaften und Künste' 220 Titel. Der 'Répertoire des dictionnaires scientifiques et techniques. 1950-1975' von B. Quemada (1978) registriert 6.215 Werke, usw.[76].

Selbst die Zahl illustrierter Fachwörterbücher einer Sprache, hier des Französischen, ist unüberschaubar groß, so daß nur exemplarisch fünf recht verschiedene alphabetisch ordnende Werke - einige mit systematischer Gliederung wurden in 4.1.2.2 vorgestellt -, die einen sinnvollen Gebrauch von der Illustration machen, charakterisiert werden können[77].

M. Barbier et al., Dictionnaire technique du bâtiment et des travaux publics, Paris 1976[6]; 151 S., etwa 3.000 Lemmata, 3-5 kleine Zeichnungen pro Seite, vgl. Abb. 28; enthält nur Lemma - Definition - gegebenenfalls Illustration mit Legende; Adressaten: "tous les techniciens" (Préface).

Ministère de l'équipement, Nomenclature des parties d'ouvrages d'art en béton armé et précontraint, et en maçonnerie, Paris 1976; 103 S., "360 mots ou expressions y figurent" (S. 3); fast alle Lemmata sind zumeist durch eine große Zeichnung, selten durch ein Photo illustriert, vgl. Abb. 29; enthält nur Lemma - Definition - Illustration. Adressaten: Fachleute, normative Tendenz.

---

72 Der Terminus ist nicht unbeeinflußt von G.L. Beccaria, I linguaggi settorali in Italia, Milano 1973. Er wird jedoch bei Beccaria enger definiert. Die Klassifikation etwa von Y. Malkiel (1962) stellt, da zu allgemein, keinen Begriff bereit. P. Kühn (1978, VIII) faßt die drei genannten Typen nicht unter einem Oberbegriff zusammen und spricht von Mundart-, Sondersprachen- und Fachwörterbüchern.

73 Bereits B. Migliorini (1961[3]) nennt für das Italienische Fachwörterbücher zu 55 Disziplinen.
Daher kann bei der Darstellung der historischen Entwicklung nicht auf Fachwörterbücher bzw. Fachenzyklopädien eingegangen werden. Ihre Geschichte bleibt noch zu schreiben.
'Was eigentlich ist Fachlexikographie?' erörtert H. Wiegand (1988).

74 B. Müller (1975, 149) nennt etwa für die Medizin 150.000 Fachwörter.

75 Ähnlich bereits in H. Weinrich (1976, 365-368).

76 G.A. Zischka, Index lexicorum, Wien 1959 (262 S. Bibliographie) verzeichnet z.B. allein zu 'Technik und Mathematik' 22 Seiten Fachwörterbücher verschiedener Sprachen.
P. Kühns Bibliographie (1978) enthält für das Deutsche 1.223 Titel aus 62 Fachgebieten.
P. Houyoux/Suzanne Hélie, Terminologie: 555 dictionnaires spécialisés, Université du Québec à Trois Rivières 1975.
Dictionnaires techniques et généraux du monde entier, Paris s.d. (4.500 Titel).

77 Hinweise zu einer möglichen Typologie von Fachwörterbüchern gibt G. Haensch (1982, 145-149), die um einen adressatenbezogenen Aspekt ergänzt werden sollen : Ein Teil der Fachwörterbücher richtet sich an Fachleute, ein Teil an Laien, wieder andere äußern sich nicht hierzu.

G. Petiot, Le Robert des sports, Paris 1982; 553 S., etwa 2.780 Einträge, etwa 6 Umrißzeichnungen und Wiedergabe historischer Illustrationen auf 50 S., vgl. Abb. 30; enthält Lemma mit Wortart, Genus etc. - Etymologie (nur bei Terminis technicis) - Definition - zahlreiche Zitate aus Wörterbüchern früherer Jahrhunderte, Sportzeitschriften und der Literatur - Verweis auf verwandte Begriffe auch vergangener Jahrhunderte - gegebenenfalls ausführlicher historischer Exkurs. Kein Hinweis auf einen bestimmten Adressatenkreis.

L. Rama, Dictionnaire technique de la maroquinerie, Lyon s.d. [1975]; 532 S., 2.300 Einträge, etwa 15 kleine, einfache Umrißzeichnungen und Schemata, oft mehrere zu einem Bild gruppiert, auf 50 S., vgl. Abb. 31; enthält Lemma - "domaine d'acceptation" (S.XXI), d.h. Teilgebiet wie 'cuir', 'gainerie', dem das Lemma angehört - Definition - gelegentlich ein sprachliches Beispiel - zusätzliche technische Hinweise - Verweis auf benachbarte Begriffe; "à la fois un répertoire de l'usage et un essai normatif" (S. XVI); kein Hinweis auf Adressaten, aber wohl vor allem Fachleute angesprochen. In der Préface wird die Hoffnung auf eine "édition multilingue" ausgedrückt.

Larousse agricole, publié sous la direction de J.-M. Clément, Paris 1981; 1.208 S., 4.650 Einträge, fast 2.000 Zeichnungen und Photos großen Formats (z.B. 11 x 13 cm) zusätzlich 104 Farbtafeln, vgl. Abb. 32. Enthält Lemma - Definition - ausführliche Beschreibungen, Erklärungen zu Aufbau, Arbeitsvorgängen, Verwendung etc.; Zielgruppe: "agriculteur de la fin du XXe siècle" (Avant-propos).

Die hier exemplarisch präsentierten fünf Fachwörterbücher unterscheiden sich nicht nur bezüglich Sachgebiet, Umfang, Stil und Dichte der Illustrationen, sondern auch hinsichtlich der in ihnen enthaltenen Informationen:

Die genannte 'Nomenclature' des Ministère de l'équipement entspricht durch ihre fast durchgängige Illustrierung, die außerdem mehr als ein Drittel der Seite beansprucht, und durch das Vorhandensein von Definitionen in etwa einem einsprachigen Bedeutungswörterbuch ohne weitere Mikrostruktur[78]. Analoges gilt für M. Barbier et al. (1976^{6}), wo der ikonische Aspekt einen geringeren Rang beansprucht[79].

Die sprachlichen Beispiele und Verweise auf die Teildisziplin und auf benachbarte Wörter in L. Rama (1975) sind Teile einer etwas entwickelteren Mikrostruktur, durch die technischen Hinweise auf Herstellungsverfahren u.ä. nähert sich L. Rama (1975) den enzyklopädischen Wörterbüchern an. Im Vorwort werden unter der Überschrift "Un essai d'équilibre" (S. XVI) die zwei alternativen Formen zur Diskussion gestellt, die ein derartiges Werk annehmen könnte, nämlich Vokabular (mit Definitionen) oder "manuel de technologie" zu sein, der entstandene "dictionnaire technique" stellt einen "compromis entre ces deux formules" (S. XIV) dar.

Ebenfalls in den Umkreis der enzyklopädischen Wörterbücher ist G. Petiot (1982) zu rechnen, dessen hohe Anzahl sprachlicher Beispiele, die etymologischen Angaben und Verweise auf benachbarte Begriffe eher auf ein Bedeutungswörterbuch schließen lassen

---

[78] Es besteht auch eine gewisse Affinität zum illustrierten Lernwörterbuch, die durch den geringen Umfang und den normierenden Charakter verstärkt wird.

[79] Da hier nur illustrierte Werke herangezogen werden, kommt eine Gruppe von Fachwörterbüchern nicht in den Blick, nämlich zwei und oft mehrsprachige Fachglossare oder Fachterminologien, die zwischen den Fachbegriffen einer Disziplin nur die Äquivalenz herstellen; vgl. etwa I.D. Morton/Chloe Morton, Elsevier's Dictionary of Food Science and Technology, Amsterdam 1977 (207 S., englisch-französisch-spanisch-deutsche Äquivalenzen, lateinischer Index).

könnten. Jedoch enhält der 'Robert des sports' zu bestimmten Lemmata (z.B. *escrime*) gesonderte historische Exkurse oder (z.B. bei *équitation*) ausführliche sachkundliche Darstellungen einer Sportart und ihrer Teildisziplinen, Informationen, die im allgemeinen als 'enzyklopädisch' qualifiziert werden.

Auf den ersten Blick erweckt der 'Larousse agricole' (1981) den Eindruck eines Fachwörterbuchs, denn er ist ebenfalls alphabetisch geordnet. Er enthält nach dem Lemma eine kurze Definition und daran anschließend ausführliche Erläuterungen, z.B. "floraison - épanouissement des fleurs d'une plante" - 45 Zeilen über die Bedingungen unter denen eine Pflanze zur Blüte kommen kann. Durch diesen Schwerpunkt auf sachbezogenen Informationen überschreitet der 'Larousse agricole' die Grenze zur Enzyklopädie, genauer gesagt zur Fachenzyklopädie; auch die anvisierten Benutzer werden das Werk nur konsultieren, um sich über sachbezogene Aspekte wie über die Symptome von Tierkrankheiten, den Anbau von Feigen, die Verbreitung von Gartencentern oder die Verwendung von Plastikfolien zum Abdecken der Felder zu informieren[80].

Diese wenigen Beispiele sollten den zwischen Glossar, Sprachwörterbuch und Enzyklopädie oszillierenden Begriff des Fachwörterbuchs etwas veranschaulichen, womit kaum der Ansatz zu einer Typologie gemacht worden sein dürfte. Bezüglich der Illustration bieten die hier vorgestellten und sonstigen durchgesehenen Fachwörterbücher anders als die Lernwörterbücher keine Anregungen für einsprachige Bedeutungswörterbücher, mit anderen Worten, die Illustrationspraxis (Art der Bilder, Bezug zum Wörterbuchartikel) ist in beiden Typen von Wörterbüchern im Prinzip gleich.

5.5.2 Dialektwörterbücher

Da Dialektwörterbücher den Wortschatz eines geographisch enger umrissenen Raumes als bei einer Sprache und zugleich eines zumeist agrarischen Kulturkreises registrieren, womit oft die Intention verbunden ist, das Wortgut vor seinem drohenden Untergang der Nachwelt zu überliefern, würde man bei den Bezeichnungen für bestimmte Gerätschaften, Dinge des Alltags und Arbeitsvorgänge, die mit dem Fortschritt der Technik außer Gebrauch kommen werden oder die ein regional unterschiedliches Aussehen haben, eigentlich Illustrationen erwarten. Zwar sind Dialektwörterbücher im Prinzip zweisprachig angelegt (im allgemeinen: Dialekt-Hochsprache), und zweisprachige Wörterbücher haben sich oben (5.1) als nur selten bebilderte Gattung erwiesen; trotzdem könnte die Methode 'Wörter und Sachen', die Existenz von illustrierten sprachgeographischen Monographien[81]

---

80 Eine Kurzfassung erschien 1984 unter dem Titel 'Dictionnaire de l'agriculture' (17,5 x 12 cm, 480 S., etwa 3.650 Lemmata), die aber ebenfalls eine Enzyklopädie darstellt, obgleich auf dem rückwärtigen Deckblatt angekündigt wird: "destiné à aider les non-spécialistes à s'initier au l a n g a g e du monde rural ou à se familiariser avec lui" (Sperrung W. H.).

81 Zu denken ist z.B. an W. Gerig, Die Terminologie der Hanf- und Flachskultur in den frankoprovenzalischen Mundarten, Heidelberg 1913 (Beiheft 1, Alte Folge der Zeitschrift 'Wörter und Sachen'), 104 S., 53 Abb..

oder die Verwendung von Zeichnungen[82] in Sprachatlanten auch die Illustrierung von Dialektwörterbüchern[83] zur Folge gehabt haben.

Dem ist aber keineswegs so: Die illustrierten Dialektwörterbücher stellen eher die Ausnahme als den Normalfall dar. Auf der Basis von immerhin mehr als 30 vorliegenden Werken aus dem französischen Sprachgebiet[84] kann festgestellt werden, daß sowohl alphabetische als auch nach Sachgruppen ordnende Dialektwörterbücher, kleine Glossare ohne Mikrostruktur wie auch mehrbändige philologische Werke illustriert werden, von denen nur je ein typischer Vertreter[85] kurz vorgestellt werden soll.

Edmond Edmont, Lexique Saint-Polois, Saint-Pol-Mâcon 1897, ND Genève 1980.

Wohl eines der ältesten illustrierten Dialektwörterbücher, 634 S., etwa acht Zeichnungen (z.B. 4 x 4 cm) pro 50 Seiten, vgl. Abb 33. Enthält (dialektales) Lemma - (französische) Definition - Sacherklärung - Beispielsatz.

E. Edmont stehe hier als Repräsentant des alphabetisch geordneten, nach den sprachwissenschaftlichen Kriterien der jeweiligen Zeit erarbeiteten Dialektwörterbuchs, das ferner noch als 'enzyklopädisch' zu qualifizieren ist. Eine Reihe weiterer Werke ist diesem Typ zuzurechnen, darunter so bekannte wie J. Haust, Le dialecte wallon de Liège, 2ème partie, Dictionnaire liégeois, Liège 1933 (736 S., 735 Zeichnungen, vgl. Abb. 34) sowie der dritte Band, Dictionnaire français-liégeois, Liège 1948 (512 S., 107 Zeichnungen)[86]. Auch große, auf viele Bände angelegte Unternehmungen wie der 'Glossaire des patois de la Suisse romande' (Neuchâtel 1924 ff.), deren Mikrostruktur an Informationsreichtum weit über E. Edmont und J. Haust hinausgeht, setzen beim Wörterbuchartikel Zeichnungen und Photos zur Erläuterung ein, wenngleich wie im Falle des 'Glossaire' nur etwa acht pro 50 Seiten.

Auf einer Konferenz im Jahre 1979 über die schweizerischen Wörterbücher stellte R. Trüb die Frage 'Sollen die nationalen Wörterbücher auch Sachlexika sein?' (in: O. Lurati/H. Stricker (Hg.) 1982, 131-159), indem er den Aufbau der vier maßgeblichen

---

82 Das Paradebeispiel hierfür ist der AIS, der 'Sprach- und Sachatlas Italiens und der Südschweiz', in 8 Bdn. von K. Jaberg und J. Jud (1928-1940), der Vorbild für spätere Werke, etwa die Serie der französischen Regionalatlanten wurde.

83 H. Schuchardt schrieb bereits 1903: "Da ich nun für die romanischen M u n d a r t e n (Sperrung W. H.) Bildwörterbücher (wie sie bereits Gröber im Grdrss. I, 216 für die romanischen Sprachen verlangte) empfohlen habe,...." (S. 609). Von G. Gröbers 'Grundriß der Romanischen Philologie' erschien 1888 der erste Band, wo er an der angegebenen Stelle allerdings nur konstatierte: "Das eine von beiden, zur Angabe der Sachbezeichnungen anwendbare Verfahren, die b i l d l i c h e V o r f ü h r u n g bei den Benennungen sehbarer Dinge - die einzige darstellbare Art der Belehrung über den Wortsinn durch Anschauung - ist bis jetzt noch nicht, das andere, die D e f i n i t i o n in den Wörterbüchern romanischer Sprachen schon länger in Gebrauch genommen" (Sperrungen von G. Gröber).

84 Die Durchsicht der italienischen Dialektwörterbücher führte zu keinen anderen Erkenntnissen. H. H. Christmann (1984, 790) weist in einem Nachruf auf die Germanistin Luise Berthold darauf hin, daß sie einer Anregung H. Titkins (1910) folgend, die Illustration "in der deutschen Mundartlexikologie" durchgesetzt habe: Luise Berthold, Hessen-Nassauisches Volkswörterbuch, Marburg (Lahn), zuerst Bd. 2, 1943, Bd. 3, 1967; einige "schlichte Skizzen oder Photographien" (1943, V). Hinweis von Harri Meier.

85 Eine vollständige Erfassung aller Titel wird hier wie bei den anderen in diesem Kapitel vorgestellten Werken nicht angestrebt.

86 Als Beispiel eines illustrierten Glossars mag stehen: P. Lefèvre/M. Brasdu, Glossaire berrichon, s.l., s.d. (nouv. éd.), 112 S., 11 Zeichnungen bei den Lemmata.

Werke, darunter auch des 'Glossaire', die Verbindung von Wort- und Sacherklärungen und das Verhältnis von Abbildungen zum Text darstellte. Die aufgeworfene Frage wurde im Korreferat A. Decurtins und den Diskussionsbeiträgen ausnahmslos bejaht, wobei H. Stimm überlegte, "ob die Bezeichnungen wie 'Dicziunari', 'Glossaire', 'Vocabulario' nicht zu eng sind, um auch dem Nicht-Linguisten gleich erkennen zu lassen, was er tatsächlich darin finden kann" (S. 158). Zum Problem der Illustrationen bemerkte R. Trüb aus eigener lexikographischer Praxis: "So habe ich auch bei einem der letzten Artikel ... auf Abbildungen verzichten müssen, wirklich ungern, weil ein paar Skizzen dem Leser raschere und bessere Information vermittelt hätten als jeder noch so genaue Text" (S. 134).

Einige neuere alphabetische Dialektwörterbücher reproduzieren alte Ansichtskarten mit Darstellung der bäuerlichen Arbeiten (z.B. 'Le battage des grains à la vanneuse') mit Handwerkern bei der Ausübung ihres Berufes (z.B. 'Le vannier'), der Einrichtung eines Bauernhauses, typischen Gerätschaften und ähnlichem[87]. Die Verwendung alten Bildmaterials situiert die Dialektwörter optisch in ihr ursprüngliches Milieu und vermag eindringlicher als eine neutral wirkende Zeichnung oder Photographie eines isolierten Gegenstandes[88] die Vorstellung vom Leben der Landbevölkerung in den ersten Jahrzehnten dieses Jahrhunderts zu evozieren. Nur einen stimmungsmäßigen Eindruck vermitteln daneben Ansichten von Märkten, Umzügen und Festen. Doch selbst bei den mehr sachbezogenen Abbildungen, die etwa in R. Mineau/L. Racinoux[89] mit erläuternden, die Dialektwörter einführenden Legenden versehen werden, wird kein Bezug zwischen Lemma und Bild plus Legende hergestellt; somit wird ein Teil der möglichen Leistung des Bildes nicht aktiviert[90].

Die Einteilung nach Sachgruppen bestimmt wohl erst später, nämlich mit der Verbreitung der Methode 'Wörter und Sachen' und der Onomasiologie[91] auch den Aufbau von Dialektwörterbüchern. Als älteste derartige Beschreibung eines Dialektes kann wohl der folgende Titel gelten, denn in dem knapp siebenseitigen Verzeichnis I. Iordans (1962, 279-285) von onomasiologischen Arbeiten ist er der erste, der eine vollständige Erfassung des

---

87 Die Beispiele sind B. Desgrippes, Le patois du domfrontais, Les Pays Bas-Normand, 75e année, n° 165, 1982 entnommen; insgesamt 112 S., Wörterbuch 53 S., 74 Abbildungen; die Ansichtskarten stammen aus der Zeit vor 1914.

88 Es ist auch in Betracht zu ziehen, daß sich ein Teil der Gerätschaften eher in Volkskundemuseen als auf den Bauernhöfen befinden dürfte.

89 Glossaire des vieux parlers du département de la Vienne, Poitiers 1975, 425 S., "73 photographies hors texte" (Titel).

90 Witzig gezeichnete Szenen und Figuren mit Sprechblasen sind im Dialektwörterbuch zumindest ungewöhnlich: R. Pichavant, Le douarneniste comme on cause ..., Saint Hermin 1978, 206 S., 133 meist alte Photos, etwa 100 Zeichnungen von C. Kérivel.

91 Beide Gesichtspunkte haben etwa seit der Wende zum 20. Jahrhundert Verbreitung gefunden. Aus diesem Zeitabschnitt registriert I. Iordan (1962, 84-90) die frühesten Arbeiten der beiden Protagonisten der Methode 'Wörter und Sachen' R. Meringer und H. Schuchardt, etwa von letzterem 'Sichel und Säge. Sichel und Dolch', in Globus 80, 1901, 181-187 und 205-209, 31 Abbildungen.
H. Schuchardt, Zur Methodik der Wortgeschichte, in: Zeitschrift für romanische Philologie, ZRPh 24, 1900, 569-571, also noch ein Jahr früher, enthält in Zusammenhang mit der Klärung der Etymologie eines französischen Fachwortes aus der Seilerei eine kleine Zeichnung.
R. Meringer, Die Stellung des bosnischen Hauses und Etymologien zum Hausrath, Wien 1902, enthält 62 "Textfiguren" (Titel).
C. Nigra, Nomi romanzi del collare degli animali da pascolo, in ZRPh 27, 1903, 129-136 bietet eine doppelseitige Tafel mit 20 Abbildungen.

Vokabulars anstrebt[92], worauf der Verfasser, was die wallonischen Dialekte betrifft, selbst hinweist (S. 77): "personne ne l'a encore appliquée à l'ensemble des activités humaines, à la vie (l' = la méthode ... de la description systématique)". Es handelt sich um:

L. Remacle, Le parler de la Gleize, Bruxelles 1937

Umfang 355 S.; davon 124 S. systematisch geordneter Wortschatz nach 74 S. 'Introduction grammaticale' (= Livre I); Livre II: Personennamen, Livre III: Toponyme. Der dialektale Wortschatz ist in eine Beschreibung des bäuerlichen Lebens eingebettet und durch 69 klare Zeichnungen (vgl. Abb. 35) illustriert. Durch die Verbindung mit der Sachbeschreibung kann auf derselben Seitenzahl weniger Wortschatz als bei der alphabetischen Anordnung untergebracht werden, ferner kommt das abstrakte Vokabular dabei nicht in den Blick. So benötigt L. Remacle einen allerdings eng gedruckten Index von nur knapp sechs Seiten, um das registrierte Vokabular alphabetisch anzuordnen.

Auch die späteren derartigen Werke enthalten oft wie bereits L. Remacle einen grammatischen Teil und erfassen darüber hinaus in Kapiteln wie 'L'esprit' oder 'Sentiments, passions' auch abstrakten Wortschatz; vgl. die beiden folgenden Titel:

J. Garneret, Un village comtois, Lantenne. Ses coutumes, son patois, Paris 1959. 390 S., davon 40 S. Index, ausschließlich Sachbeschreibungen mit Dialektvokabular, auch Abstrakta, vgl. obige Beispiele, 106 große Zeichnungen im Text; umfassende Darstellung.

R. Lepelley, Le parler normand du Val de Saire (Manche), Caen 1974. XXXIX, 442 S., davon etwa 290 S. (abzüglich 70 S. Indices) Sachbeschreibungen mit Dialektvokabular, keine Abstrakta; 140 S. Grammatik; gesonderter Teil mit 48 Zeichnungen und Photographien.

Von V. Ratel liegt die Beschreibung des Dialektes von Saint-Martin-La-Porte (Savoie) in einer einfachen Ausgabe von 1956[93] und einer erweiterten und verbesserten Fassung von 1976 vor[94]. Die 14 Seiten mit Zeichnungen der ersten Edition wurden durch 34 Seiten mit Photographien ersetzt, wobei in den meisten Fällen die abgebildeten Gegenstände wie Sägen, Lampen, Pressen, Fuhrwerke und andere aus dem ursprünglichen Photo ausgeschnitten wurden und so auf dem weißen Grund der Seite quasi im leeren Raum schweben; vgl. Abb. 36. Es wurde (W. Hupka, 1984, 191) darauf hingewiesen, daß dieses Verfahren gelegentlich in Wörterbüchern verwendet wird, um die relevante Information der Photographie hervorzuheben und dadurch einen Nachteil gegenüber der Zeichnung auszugleichen, während die Authentizität der Photographie bewahrt bleibt. Derartige Bilder wirken als besonders künstlich, und es ist gerade hinsichtlich eines Dialektwörterbuchs zu fragen, ob nicht die Plazierung etwa eines Spinnrockens in seiner ursprünglichen Umgebung doch informativer wäre.

Die beiden Editionen von V. Ratel und andere Dialektwörterbücher systematischer Ordnung enthalten darüber hinaus kleine Sammlungen von Erzählungen und Liedern und

---

92 Die onomasiologischen Arbeiten untersuchen im allgemeinen die Bezeichnungen für einen bestimmten Begriff bzw. eine bestimmte Sache, etwa 'Die Benennungen der Omlette auf französischem Sprachgebiet' von Bertha Bosshart, Zürich 1932.

93 V. Ratel, Le patois de Saint-Martin-La-Porte, Lyon 1956 (163 S.).

94 Ders., Dictionnaire, grammaire, phonétique du patois de Saint-Martin-La-Porte, Chambéry 1976 (361 S.).

versuchen somit im Verbund mit dem grammatischen Teil ein möglichst umfassendes Bild des Dialektes und des Lebens der Sprecher zu geben. Diesem Zweck dienen auch die Photographien von Landschaften, Ansichten des Dorfes, Trachtengruppen, Arbeitern bei der Brotzeit, und selbst wo etwa bei einer Abbildung einer 'guten Stube' oder eines Arbeitsvorganges verschiedene Dinge zu benennen wären, wird dies nicht getan und es erfolgt auch keine Verbindung zum lexikographischen Teil. Der dokumentarische Wert der Photographien ist demnach hier wohl geringer als der stimmungsmäßige, und derartige Werke gehören nur durch ihren lexikographischen Teil zu den Dialektwörterbüchern.

5.5.3 Argotwörterbücher und ein Wörterbuch der Umgangssprache

Als dritte Gruppe der sektoralen Wörterbücher seien einige Argotwörterbücher vorgestellt[95]. In ihnen wird für Benutzer, die diese Sprachform nicht oder nur teilweise beherrschen, der Wortschatz und die Idiomatik des Argots erläutert; sie sind daher im Prinzip zweisprachig angelegt, in der Terminologie B. Quemadas (1968, 38) sind sie "dictionnaires homoglosses". Da der Argot zumindest für den Außenstehenden als eine schicke und witzige Sache gilt, verwundert es nicht, daß die in einigen Wörterbüchern verwendeten Illustrationen ebenfalls diesen Aspekt akzentuieren.

A. le Breton , L'argot chez les vrais de vrais (auf dem Umschlag: ... de vrai), Paris 1975; 512 S., etwa 2.250 Lemmata, etwa 23 witzige Zeichnungen von PIEM, "Dessinateur humoristique réputé du *Figaro*" (S. 37), auf 50 Seiten; vgl. Abb. 37. Enthält Lemma - Defnition (in der Standardsprache) - Beispielsatz ohne Quellenangabe.

R. Giraud, Dictionnaire illustré d'argot moderne. L'argot tel qu'on le parle. Dictionnaire français-argot, Bordeaux 1981; 312 S., etwa 10 größere (z.B. 8 x 9 cm) Zeichnungen von Josette Mimran auf 50 Seiten; vgl. Abb. 38. Enthält einen allgemeinen Begriff als französisches Lemma, z.B. *Prison* mit einer Fülle von Äquivalenten im Argot (in diesem Fall 17), woran sich weitere Lemmata aus dem gleichen Wortfeld mit ihren zahlreichen Entsprechungen im Argot anschließen, hier etwa *Cellule* (Zahl der Äquivalente: 2), *Surveillant* (3), *Emprisonner* (21) usw. Danach folgt in einigen Fällen ein Beispielsatz mit Quellenangabe: bei fast zwei Seiten *Prison* mit 13 Sublemmata stehen sechs Beispiele von drei bis zehn Zeilen.

Die Beschränkung auf zwei Titel ist durch den marginalen Stellenwert derartiger Wörterbücher im Vergleich zur Gesamtheit der lexikographischen Produktion gerechtfertigt. Hinzu kommt, daß andere Argotwörterbücher[96] einen noch aleatorischeren Gebrauch von Illustrationen machen.

Betrachtet man die beiden Abbildungen im Zusammenhang mit dem jeweiligen Lexikonartikel, läßt sich beobachten, daß sie entsprechend dem weithin metaphorischen Charakter des Argot-Wortschatzes[97] gleichzeitig die ursprüngliche und die übertragene Bedeutung darzustellen versuchen, also 'Luftballon' und 'Gefängnis' in einem Bild oder ebenso

---

[95] Vgl. F.J. Hausmann (1977, 125-128).

[96] Weitere illustrierte Argotwörterbücher verzeichnet die Bibliographie.

[97] B. Müller (1975, 179) nennt als semantische Verfahren zur Veränderung des Gemeinwortschatzes im Argot nur die "massive metaphorische Übertragung" und die "Metonymie".

'Rabe' und 'Priester'. Dadurch erhalten derartige Illustrationen ihren besonderen Witz, beschränken damit jedoch ihre Verwendbarkeit auf Sprachformen, die häufigen Gebrauch von übertragenen Bedeutungen machen. Folglich sind derartige Illustrationen auch bei den noch vorzustellenden Idiomatikwörterbüchern zu erwarten. Jedoch kann dieses Prinzip in den Argotwörterbüchern nicht streng durchgehalten werden, denn nicht alle Bedeutungen sind metaphorisch oder metonymisch, so daß ein Teil der Illustrationen wie in anderen Wörterbüchern auch die bezeichnete Sache bzw. den Sachverhalt abbildet: So illustriert A. le Breton das Verb *calotter*, d.h. 'saisir, dérober', indem ein Mann gezeigt wird, wie er einem anderen mit drohender Geste die Brieftasche aus dem Sakko zieht. In einigen anderen Fällen, vor allem in R. Giraud (1981) dient das Bild nicht der Explikation, sondern der Dekoration, etwa wenn auf S. 65 zum Lemma *bouteille* drei Flaschen im Wasser schwimmen, was wohl mit dem weniger ernsten Charakter der Argotwörter zusammenhängt.

Im Vorwort zu H. Küpper, Illustriertes Lexikon der deutschen Umgangssprache, 8 Bde., Stuttgart 1982-84 stellen C. Wetzel und G. Wiese fest (1982, 12): "Die Umgangssprache ist weithin metaphorisch ... " und entwickeln eine Typologie von neun verschiedenen Darstellungsweisen, die wegen ihrer ausführlichen Begründung in diesem Zusamenhang kritisch gewürdigt werden soll. Obgleich R. Werner (1982, 63-65) in einem Aufsatz zu den "Funktionen der Illustration in spanischen Wörterbüchern" die neun Bildtypen - er spricht nur von acht, zählt aber neun auf - vorgestellt und etwas pauschal als ungeeignet beurteilt hat, sei hier darauf eingegangen, zumindest um die Intention der beiden Autoren deutlicher hervortreten zu lassen. Werner (1982, 63) spricht nur von der "illustrierten Ausgabe eines bekannten deutschen Wörterbuches" ohne zu erwähnen, daß es sich um ein Wörterbuch der Umgangssprache, also eines bestimmten Sprachregisters handelt. Wetzel/Wiese (1982, 12) kennen aus dem 'Sprach-Brockhaus' die normale Illustrationspraxis, die sie wegen der hohen umgangssprachlichen Metaphorik, durch die "unterschiedliche Gegenstands- und Vorstellungsbereiche vergleichend miteinander verknüpft" werden, als für ihr Wörterbuch nicht geeignet betrachten. In dem 'Lexikon der sprichwörtlichen Redensarten' von L. Röhrich (1973) finden sie das "Grundmuster solcher Illustrationen", nämlich "die wortwörtliche Nachbildung der metaphorischen Ausdrucksweise", wie in den hier gleich zu besprechenden Idiomatikwörterbüchern[98]. Doch dadurch werde in zahlreichen Fällen "das Medium des Bildes vergewaltigt. Das Sprachbild degeneriert durch seine unmittelbare Verbildlichung zur erzwungenen, verquälten Karikatur" (S. 13)[99]. Daher sei durch eine neuartige, "methodisch fundierte Einbeziehung des Bildes", durch die "die Leistungen des Bildes ... in ihrer ganzen Vielfalt in Anspruch genommen" werden, "das bildhafte Sprechen in seinen Voraussetzungen, Eigenschaften und Wirkungen auszuloten" (S. 13). Es geht den beiden Autoren offenbar nicht in erster Linie darum, mittels Illustrationen die Bedeutung der Lemmata zu veranschaulichen[100], sondern die vielfältigen Relationen zwischen Standard- und Umgangssprache auch in ihrer historischen Dimension durch das Medium des Bildes bewußter zu machen. Insofern bewegt sich die Ikonographie dieses Werkes zwischen den Polen der Sachillustration, wie in lexikographischen Werken üblich, und der interpretierenden Bebilderung literarischer Werke. Da die Illustrationen im all-

---

98 Dagegen versuchen die Argotwörterbücher beide Bedeutungen, die konkrete und die metaphorische, in einem Bild zu vereinigen.

99 An dieser Behauptung ist zu kritisieren, daß sie nicht belegt wird und somit unbewiesen bleibt.

100 R. Werner (1982, 63) referiert zwar die Intention von Wetzel/Wiese, "über die semantische, großenteils metaphorische, Motivierung lexikalischer Einheiten Auskunft zu geben", bewertet jedoch die Illustrationsweise dieses Werkes nur unter dem Aspekt, inwieweit ein Bild den "Wortinhalt erklärt" (S. 64); insofern wird seine Kritik dem Werk nicht gerecht.

gemeinen von ausführlichen, erklärenden Legenden begleitet sind (meist etwa 10-20 Zeilen; Satz zweispaltig; vgl. Abb. 39), sind sie in erster Linie eine Veranschaulichung des in der Legende beschriebenen Sachverhalts und nur mittelbar der Lemmata, auf die von der Legende aus verwiesen wird.

Die neun Bildtypen werden von Wetzel/Wiese in einer nicht einsichtigen Reihenfolge mit einer nicht immer klaren Terminologie und gelegentlich mit schlechten Beispielen präsentiert. Versteht man unter Metapher eine Bedeutungsübertragung von dem Lemma X auf Y (X -> Y) aufgrund einer bestimmten Ähnlichkeitsbeziehung der beiden mit X und Y bezeichneten Gegenstände, dienen die Typen 1, 2, 5 und 6 der "Remotivierung" (S. 17), indem die mit dem Element X bezeichnete Sache abgebildet wird: Für die heutige Bedeutung von *anbandeln* (= Y) wird aus der Manessischen Liederhandschrift eine Frau abgebildet, die einem Mann die Hände zusammenbindet. Waren bei Typ 1 und 2 (hier mit rekonstruiertem Bildmaterial[101]) "historische Verhältnisse" (S. 17) zu veranschaulichen, sind es bei 5 und 6 Ausdrücke "berufsspezifischer Prägung" (z.B. *ein abgebrühter Mensch* - ein Schwein wird beim Schlachten abgebrüht) und aus dem Bereich der Natur (z.B. *Stielaugen* - Augen einer Schnecke vergrößert abgebildet). Von der Formel X -> Y wird der mit dem Element Y bezeichnete Gegenstand in Typ 7 abgebildet: "Zur Abbildung gelangt das Bezeichnete" (S. 20); das klarste der vier Beispiele ist die Photographie einer Überwachungskamera (vor einem Polizeirevier), die umgangssprachlich als 'drittes Auge' bezeichnet wird. Ferner werden X und Y in e i n e m Bild bei der "bildhaften Realisierung eines Sprachbildes" (S. 20, Typ 8) zusammengefaßt, etwa wenn für *Autoschlächter* ein sein Beil schärfender Metzger/Fleischer vor einer Halde schrottreifer Autos gezeigt wird; ebenso bei Abb. 39[102]. Genau dies war der in den Argotwörterbüchern vorherrschende Illustrationstyp.

Bleiben noch drei Bildtypen, die in einem loseren Zusammenhang mit dem Lemma stehen; zwei von ihnen werden als "Bilddokument" (S. 17) bezeichnet (Typ 3 als historisches, Typ 4 als zeitgeschichtliches), was bedeutet, daß sie für eine Bedeutung, z.B. *auftakeln* einen Beleg beibringen, seit wann das Wort als metaphorisch verstanden wird, oder die Situation dokumentieren, in der eine neue Bedeutung entstanden ist (z.B. sich *entrüsten* mit der Bedeutung 'abrüsten', Bild der Friedensdemonstration in Bonn 1981). Der letzte Bildtypus schließlich (Nr. 9) wird von den beiden Autoren als "bildliche Ausdeutung" (S. 20) bezeichnet, was eine noch größere Freiheit der Darstellung erlaubt und den Möglichkeiten der Illustration literarischer Werke entspricht.

Demnach scheinen die sich auf das Schema X -> Y beziehenden Abbildungen durchaus geeignet zu sein, Bedeutungsübertragungen verschiedenster Art auf informative und zum Teil witzige Weise darzustellen. Ob dies in vorliegendem Werk gelungen ist, braucht an dieser Stelle nicht überprüft zu werden; es sei nur noch angemerkt, daß die Illustrationen verhältnismäßig viel Raum beanspruchen: Von den 50 Seiten 1.222-1.272 (*Haut - hier*) entfallen 17 (darunter zehn ganzseitige) auf die Illustrationen, wozu noch etwa acht mit den Legenden kommen. Es ist mehr als zweifelhaft, daß der Informationsgehalt derart großer Abbildungen ihrem Format entspricht.

---

101 Insofern eher eine Untergruppe von Typ 1.

102 Die als weitere Beispiele für diesen Typ angeführten Illustrationen müssen als mißglückt angesehen werden; sie betreffen *anöden* und *Arsch der Welt*. Es wurde nicht geprüft, ob die verwendeten Abbildungen im Wörterbuch erstens den neun Typen zuzuordnen sind, und zweitens ihre intendierte Funktion auch erfüllen.

5.6 Idiomatikwörterbücher

Als letzte Gruppe von Werken, die auch in bebilderter Form vorkommen, seien die oben angesprochenen Idiomatikwörterbücher vorgestellt. Sie erfassen einen bestimmten Teil der Gemeinsprache insofern, als nicht das Einzelwort, sondern eine größere syntaktische Einheit den Ausgangspunkt bildet. Auch Sprichwortwörterbücher, Gallizismenwörterbücher, d.h. Werke, die Locutions und Expressions figées verzeichnen, und Satzwörterbücher stellen nach demselben Prinzip ihre Lemmata zusammen und bilden mit den Idiomatikwörterbüchern eine Klasse von Werken, die in Anlehnung an G. Haensch (1982, 182) als 'phraseologische Wörterbücher' bezeichnet werden sollen[103].

Idiomatische Wörterbücher sind oft zweisprachig angelegt und didaktisch ausgerichtet, d.h. sie dienen dem Erlernen und/oder dem Verständnis von festen Redewendungen. Da diese auch eine wortwörtliche Interpretation erlauben, beziehen die in einigen Werken enthaltenen Illustrationen ihren Reiz aus der Darstellung dieser zumeist leicht absurd wirkenden Situationen und lassen zugleich die im allgemeinen weniger konkrete Bedeutung der idiomatischen Wendung aufscheinen; vgl. Abb. 40, in der die wortwörtliche Bedeutung von *poser un lapin à qn.* veranschaulicht wird und sowohl durch die Unterschrift als auch durch den Blick des Mannes auf seine Armbanduhr die übertragene Bedeutung 'jemanden vergeblich warten lassen' aufgezeigt wird. Da eine idiomatische Wendung in der Regel ein Syntagma umfaßt, wird dadurch die Illustration stärker determiniert als von einem Einzelwort etwa in einem Argotwörterbuch; man denke z.B. an *couper l'herbe sous les pieds de qn.*, 'jemanden verdrängen (wollen)', wozu man sich eine wortwörtliche Bebilderung sofort vorstellen kann; vgl. Abb. 41.

Die Beispiele sind in dieser Reihenfolge entnommen aus:

H.W. Klein , 1.000 französische Redensarten, Berlin (Langenscheidt) 1980[3]; 239 S., 45 große Zeichnungen von E. Holz erst seit der 3. Auflage, alphabetisch, 2 sprachig, vollständige Sätze mit deutscher Übersetzung.

Reine Gardaillac Kelly, Expressions idiomatiques en français vivant, New York 1974; 189 S., 14 große Zeichnungen von Michèle Maldeau, nach Sachgruppen geordnet, französisch-englisch, mit Übungen.

Die anderen in der Bibliographie verzeichneten Idiomatikwörterbücher machen im Prinzip denselben Gebrauch von Illustrationen, jedoch nicht durchgängig in der hier beschriebenen Weise, was wohl dem nicht so ernsten Genre vieler Idiomatikwörterbücher - dieselben Feststellungen wurden bezüglich der Argotwörterbücher getroffen - zuzuschreiben ist.

Damit ist der Überblick über die wichtigsten Arten illustrierter Wörterbücher am Ende angelangt, wobei Werke, die nur ausnahmsweise einmal bebildert vorkommen, wie z.B. korrektive oder etymologische Wörterbücher, ausgeklammert wurden. Es hat sich gezeigt,

---

103 Allerdings zählen bei G. Haensch (1982) die Sprichwortwörterbücher nicht dazu. P. Kühn (1978, 8) faßt unter seinen "phraseologischen Lexika" Stilwörterbücher und "Idiomlexika" zusammen. Erstere stellen aber eher eine Sondergruppe der Bedeutungswörterbücher dar, so daß die hier vorgeschlagene Gruppierung durch ein relevantes Gliederungskriterium zu homogeneren Klassen führt. Andere Klassifizierungsvorschläge sind entweder nicht detailliert genug oder führen für die oben genannten Wörterbücher keinen Oberbegriff ein.

daß eine große Vielfalt von Wörterbüchern das ikonische Medium zur Informationsvermittlung einsetzt und die Illustrationen je nach Art, Gegenstand und Zielsetzung des Wörterbuchs unterschiedlich ausfallen und in ihrer Funktion leicht divergieren. Aus dem Zwang zur systematischen Anordnung der vorgestellten Wörterbücher resultiert eine Art Typologie, die im folgenden synoptisch präsentiert werden soll.

Nachdem in Kapitel 4 Wörterbücher (enzyklopädische und rein sprachliche) von Enzyklopädien unterschieden und die zwei Anordnungsprinzipien (alphabetisch oder nach Sachgruppen) erörtert worden waren, konnten die folgenden Typen von illustrierten Wörterbüchern identifiziert werden.

1. Zweisprachige Wörterbücher
2. Bildwörterbücher
3. Didaktische Bildwörterbücher
4. Lernwörterbücher
5. Sektorale Wörterbücher
5.1 Fachwörterbücher
5.2 Dialektwörterbücher
5.3 Argotwörterbücher
6. Phraseologische Wörterbücher
6.1 Idiomatikwörterbücher

6. HISTORISCHE ENTWICKLUNG ILLUSTRIERTER LEXIKOGRAPHISCHER WERKE

"... un dictionnaire sans citations est un squelette".
(F.-M. Voltaire 1760)[1]

Obzwar die Geschichte lexikographischer Werke in manchen Sprachräumen weitgehend, in anderen in weniger intensiver und umfassender Weise erforscht ist - siehe die betreffenden Titel in der Bibliographie unter 2. -, findet die Existenz von Illustrationen nur in sehr wenigen Werken systematisch Erwähnung[2]. Daher erscheint es als geboten, einen Entwurf zu einer Geschichte der Illustration in lexikographischen Werken vorzulegen. Ferner sind die heutigen illustrierten Wörterbücher zum größten Teil aus ihren historischen Vorgängern erwachsen[3] - man denke nur an die über hundertjährige Tradition des 'Petit Larousse', der diesen Titel allerdings erst seit 1905 trägt. Der Blick auf die Geschichte wird außerdem verschiedene Problemlösungen für auch die heutige lexikographische Praxis interessierende Aspekte aufzeigen, etwa was die Gegenstände und Detailliertheit der Illustration und ihre Verbindung mit dem lexikographischen Text betrifft.

6.1 Illustrierte lexikographische Werke des Mittelalters und des 16. Jahrhunderts

Während aus der Antike keine illustrierten lexikographischen Werke überliefert sind, hat das Mittelalter einige bebilderte Enzyklopädien[4] und offenbar nur ein einziges illustriertes Sprachwörterbuch hervorgebracht[5].

---

[1] Dieses berühmte Zitat wird nicht wegen seines Inhalts hier wiedergegeben, zu dem nicht Stellung genommen werden soll, sondern weil es meist entstellt wird: Im 'Petit Larousse' ist von 1905 bis heute auf dem Umschlag, Titelblatt oder im Vorwort von *exemples* statt von *citations* die Rede, der 'Dictionnaire Hachette' von 1980 reduziert in der Préface *exemples* auf den Singular. Auch B. Quemada (1968, 539) 'zitiert' wie der 'Petit Larousse'.
Voltaire schrieb am 11.8.1760 an C.P. Duclos, den langjährigen Sekretär der Académie française, der ihn zur Mitarbeit an der vierten Auflage des Akademie-Wörterbuchs eingeladen hatte, nach einigen höflichen Bemerkungen: "Votre plan me paraît aussi bon que je trouve l'ancien plan sur lequel on a travaillé mauvais. On réduisait le dictionnaire aux termes de la conversation et la plupart des arts étaient négligés. Il me semble aussi qu'on s'était fait une loi de ne point citer, mais un dictionnaire sans citations est un squelette."
Natürlich enthielt das Akademie-Wörterbuch von der ersten Auflage an Beispiele (*exemples*), Zitate dagegen werden bis heute nicht aufgenommen.

[2] Rühmenswerte Ausnahmen sind De Witt T. Starnes/Gertrude E. Noyes (1946), R. Collison (1966^2) und (1982), F.A. Kafker (ed.) (1981).

[3] Was S.I. Landau (1984, 35) zur englischen Lexikographie anmerkt, gilt im Prinzip auch für die anderen Sprachen: "The history of English lexicography usually consists of a recital of successive and often successful acts of piracy".

[4] Trotz gewisser Probleme der Abgrenzung von Enzyklopädien und Fach- oder Handbüchern (vgl. 4.1.1.2) wurden die in der Sekundärliteratur eingebürgerten Bezeichnungen übernommen.

[5] Die folgenden Ausführungen stützen sich vor allem auf A. Goldschmidt (1926), De Witt T. Starnes/Gertude E. Noyes (1946), F. Saxl (1957), G.A. Zischka (1959), R. Collison (1966^2) und (1982), H. Kunze (1975), H.-J. Diesner (1976) und W. Zöllner (1976).

Bei letzterem handelt es sich nach De Witt T. Starnes/Gertude E. Noyes (1946, 200) um eine Handschrift aus dem Ende des 15. Jahrhunderts, die ein nach Sachgruppen geordnetes lateinisch-englisches Wörterbuch enthält; am Rand der Seiten, nahe den betreffenden Wörtern befinden sich etwa 70 "crude pictures" (eodem). Das Wörterbuch hat offenbar keine Nachwirkungen ausgeübt, ist nur in einem Manuskript überliefert und wurde erst 1857 von T. Wright[6] herausgegeben[7].

Die wenigen illustrierten Enzyklopädien des Mittelalters[8] haben Gründen ebenfalls keinen Einfluß zumindest auf die Ikonographie entsprechender Werke der Neuzeit nehmen können. Ein Teil von ihnen ist nur durch wenige Manuskripte überliefert und hat durch den Buchdruck im 15. und 16. Jahrhundert keine Verbreitung gefunden[9]. Dies gilt für folgende Werke:

Lambert von St. Omer, Liber Floridus, etwa 1120 entstanden, etwa 40 Abbildungen, 10 Manuskripte bekannt.

Herrad von Landsberg, Äbtissin des Klosters Hohenburg im Elsaß, Hortus deliciarum, etwa 1170 entstanden; 650 S. mit 636 Miniaturen (ausgemalte Strichzeichnungen), auf denen 9.000 Figuren abgebildet waren; nur ein Manuskript, das 1870 bei der Belagerung von Straßburg durch preußische Truppen verbrannt ist; "the finest illuminated manuscript encyclopaedia ever produced" (R. Collison 1966[2], 55).

---

6 Die Wiedergabe der Zeichnungen in T. Wright ist so unbeholfen, daß sich eine Abbildung nicht lohnt.

7 Die anderen Sprachwörterbücher des Mittelalters und des 16. Jahrhunderts, die auch gedruckt wurden, enthielten keine Bilder; so das in Kap. 2, Anm. 3 genannte 'Catholicon' oder "the prototype of the Conversationslexikon" (R. Collison 1966[2], 76), nämlich: Domenico Nani Mirabelli, Polyanthea, hoc est opus suavissimis floribus celebriorum sententiarum ... exornatum, Savona 1503 u.ö. Vorgelegen hat die Ausgabe 'Coloniae (apud Maternum Cholinum) 1567', die zwei Verfasser nennt: Dominicus Nanus Mirabellius atque Bartholomaeus Amantius. Die Art der Lemmata zeigt bereits den primär enzyklopädischen Charakter des Werkes an, vgl. *A (ab), abactor, abacus, abdicatio, abyssus, abiuratio, abominatio, abominor, abortivus, abrogatio, absolutio, absonus, abstemius* (= bis S. 2), *abstinentia* (S. 3-14), *abusio* usw.

8 Einige der bekannteren Werke sind nicht eigentlich illustriert wie die 'Originum seu etymologiarum libri XX' von Isidor von Sevilla (560-626), die nur einige "Kreisschemata mit Einteilungen zur Verdeutlichung der Jahreszeiten, der astronomischen und geographischen Verhältnisse, zuweilen auch Tafeln mit Händen und Menschen verschiedener Gestalt" enthalten (A. Goldschmidt 1926, 219).
Ferner das in fast 80 Handschriften und einigen gedruckten Ausgaben vorliegende, 95 Bücher mit 10.987 Kapiteln umfassende 'Speculum maius' von Vincent von Beauvais (1190-1264) oder 'Li livres dou tresor' von Brunetto Latini (etwa 1230-1294).
Bis ins 18. Jahrhundert wirkt die Enzyklopädie von Theodor Zwinger ('Theatrum humanae vitae', 1565) in der Bearbeitung von Laurentius Beyerlinck: 'Magnum Theatrum vitae humanae' - den vollständigen Titel verzeichnet die Bibliographie -, von der Ausgaben von 1631, Lugduni 1678 (eingesehen) und Venedig 1707 bekannt sind. Es handelt sich um eine alphabetische Enzyklopädie 'by broad subjects', vgl. die aufeinanderfolgenden Lemmata: *Barbae definitio et etymologia, barbari, basilica, beatitudo* usw.

9 "Die traditionell geschwungene, überall gerundete Linie" der Buchmalerei anderer illuminierter Werke mußte bei der Drucklegung durch "die gradlinige Zeichnung mit eckigen Abschlüssen" des Holzschnitts ersetzt werden; auch "die Schattierung mußte sich verändern" und "durch Schraffur erreicht werden" (H. Kunze 1975, 69), so daß auch von hier aus eine Nachwirkung der Buchmalerei auszuschließen ist. Auch der Geschmack des Publikums mußte sich den durch die neue Reproduktionstechnik erzwungenen Veränderungen erst anpassen; so erwähnt J. Burckhardt in seiner 'Kultur der Renaissance in Italien' (1860 u.ö.) allerdings ohne ausdrücklichen Bezug auf illustrierte Werke, "daß die plötzlich auftauchenden gedruckten Bücher anfangs auf Widerstand stießen" und zwar aus ästhetischen Gründen (3. Abschnitt, Die alten Autoren, Der Bücherdruck).

Hrabanus Maurus (780-856), De universo = De rerum naturis, offenbar in zahlreichen Handschriften überliefert, darunter eine, die erst etwa 1023 im Kloster von Monte Cassino entstanden ist, 265 Blatt umfaßt und als erste[10] mit Illustrationen (361 Stück) geschmückt ist[11]. Wenn der Buchdruck von dieser Enzyklopädie Ausgaben veranstaltet hat - 1467 (oder 1474) in Straßburg, 1473 in Venedig, 1627 in Köln -, dann sicher nicht auf der Basis des Manuskripts von Monte Cassino. Andere Werke von Hrabanus Maurus sind nach A. Goldschmidt (1926, 217) bereits in ihrem Dedikationsexemplar illustriert. Er setzte auch die antike Kunstform der Figurengedichte fort; vgl. B. Reudenbach (1984).

Offenbar nur drei illustrierte Enzyklopädien wurden nach der Erfindung des Buchdrucks auch durch das neue Medium verbreitet; diese geringe Zahl allein macht einen Einfluß auf spätere Werke unwahrscheinlich. Etwa 1190 entstand der 'Lucidarius', "eine in Form von Gesprächen zwischen Lehrer und Schüler abgefaßte Enzyklopädie" (G.A. Zischka 1959, XXVIII), von der schon bzw. noch 1479 eine erste illustrierte Ausgabe gedruckt wurde[12].

Ebenfalls in Dialogform[13] abgefaßt ist: Gregor Reisch, Margarita philosophica, als Handschrift Heidelberg 1496, gedruckt in Straßburg 1503 oder 1504 und öfter [14] bis 1583, "geschmückt mit zahlreichen Holzschnitten, von denen die Weltkarte Berühmtheit erlangte" (G.A. Zischka 1959, XXXII)[15]. Die Dialogform setzt sich jedoch nicht zur Vermittlung von Sachwissen durch, sondern wird vornehmlich zum Erwerb von Fremdsprachenkenntnissen[16] verwendet, so daß auch aus diesem Grund die beiden Werke ohne Nachwirkung blieben[17].

An dritter Stelle ist W. Caxtons Übersetzung einer Prosafassung der altfranzösischen Enzyklopädie 'Image du monde' zu nennen, die unter dem Titel 'Mirrour of the World' 1480/81 erschien und sowohl das erste in England gedruckte Buch mit Illustrationen als

---

10 Die Bibliotheca Palatina enthält noch eine zweite illuminierte Handschrift von 1425, dazu E. Mittler (Hg.) (1986, 132 f.).

11 Nach F. Saxl (1957, 236), der auch zahlreiche Reproduktionen bietet. F. Saxl versucht nachdrücklicher als A. Goldschmidt (1926, 217) vor ihm aus stilistischen Gründen die Quelle der Illustrationen in karolingischer und noch früherer Zeit zu situieren. Da Hrabanus Maurus inhaltlich sehr viel aus Isidor von Sevilla übernommen hat, vermutet F. Saxl eine illustrierte Isidor-Handschrift als Quelle, was in Anbetracht von gut 950 erhaltenen Manuskripten der 'Origines' Isidors, die alle nicht bebildert sind - genauer A. Goldschmidt (1926, 219) - nicht gerade wahrscheinlich, aber dennoch nicht auszuschließen ist.

12 Die ursprünglich lateinische Version wurde bald ins Deutsche und Italienische übertragen, so daß W. Zöllner (1976, 69) sie als "erste deutschsprachige Enzyklopädie" bezeichnen kann.

13 In der Dialogform als Weg der Wissensvermittlung liegt der Duktus der Mündlichkeit aus einer an Büchern noch armen Zeit vor.

14 Eine italienische Übersetzung erschien 1600 in Venedig. Die eingesehene Auflage (Argentine (Straßburg) 1512, 21 x 15 cm) ist in zwölf Sachgebiete gegliedert.

15 Weder R. Collison (1966^2, 75) noch W. Zöllner (1976, 91) erwähnen die Illustrationen; die Holzschnitte an den Kapitelanfängen haben dasselbe Format wie die Druckseiten.

16 Vgl. etwa die 'Formulae puerilium colloquiorum' von Sebald Heyden (Nürnberg 1528 u.ö., z.B. Augsburg 1556, lateinisch und griechisch, 25 S.) oder die vor Comenius entstandene 'Janua linguarum sive modus maxime accomodatus, quo patefit aditus ad omnes linguas intelligendas' (Salmanticae 1611, 1.200 lateinisch-spanische Sätze, zum Teil moralisierender Art). Beide Werke sind nicht illustriert.

17 In der Bibliographie der 'Lehrwerke für den Englischunterricht im deutschsprachigen Raum. 1165-1900' von K. Schröder sind zahlreiche in Dialogform gehaltene Werke verzeichnet.

auch eine der ältesten englischen Enzyklopädien darstellt. Bis 1527 erschienen drei weitere Ausgaben, während die französischen Ausgaben im Buchdruck (1501, 1517, 1520) keine größere Verbreitung erlangten (O.H. Prior (ed.) 1913, I-IX).

Hinzukommt ein weiteres Moment, das einen Einfluß auf die illustrierten Enzyklopädien der Neuzeit praktisch ausschließt, nämlich der chronologische Faktor. Denn als man in der ersten Hälfte des 18. Jahrhunderts wieder daran ging, Enzyklopädien mit Illustrationen zu versehen, wurden die konzeptuell aus dem Mittelalter stammenden Titel längst nicht mehr neu aufgelegt, da sich die Informationsbedürfnisse geändert hatten[18] - dies gilt für bebilderte wie auch nicht-bebilderte Werke. Die Enzyklopädien der Neuzeit sind also ikonographisch und zumindest weitgehend auch inhaltlich Neuschöpfungen.

Daher sei nur kurz eine erst 1982 (von Ewa Chojecka) edierte Bildenzyklopädie erwähnt, die zwischen 1512 und 1523 in Bayern entstanden sein dürfte. In willkürlich wirkender Reihenfolge erscheint auf den knapp 200 Seiten[19] je ein Bild, z.B. 'Rechentisch mit Rechenpfennigen', 'Schraubstock und Pfeil', dem sowohl als informatorisches wie auch als schmückendes Element eine kurze Legende zugeordnet wird, "wobei dem Bild die vorrangige Rolle zufiel. ... Das Bild wurde nicht als dekorative Ausstattung des Buches verstanden, vielmehr als Instrument zur thematischen Aufzeichnung, visueller Anordnung und Explikation" (S. 110). Eine derart innige Beziehung zwischen Illustration und Text konnte bei späteren Bildenzyklopädien und Bildwörterbüchern nicht mehr beobachtet werden.

Abschließend eine Zusammenstellung der frühesten Druckdaten[20] lexikographischer Werke, aus der in Verbindung mit Kap. 3.2 sichtbar wird, wie rasch das neue Medium für diese Textsorte Verwendung fand.

1460	Mainz, Catholicon, von Gutenberg mit einer eigenen Schrifttype gedruckt
1467	Straßburg, Hrabanus Maurus, De universo
	Eltville, Vocabularius ex quo [21].
1469	Venedig, Plinius d.Ä., Naturalis historia
1470	Köln, Alexander de Villa Dei, Doctrinale puerorum (plus weitere neun Auflagen)
1473	Straßburg, Vincent de Beauvais, Speculum maius (bis 1624[6])
1475	Augsburg, Konrad von Megenberg, Buch der Natur[22]
1475	s.l., Gherhard von der Schueren, Teuthonista (oder: Köln 1477)
1477	Venedig, Introito e porta[23]
1478	Speyer, Vocabularius incipens teuthonicum ante latinum
1479	s.l., Lucidarius

18 Immerhin wurde ein Handbuch der Chirurgie von 1498 bis ins 17. Jahrhundert neu verlegt: Guy de Chauliac, Chirurgia Magna, ND der Ausgabe Lugduni 1585, Darmstadt 1976. Der 34seitige Anhang ist eine alphabetische Fachenzyklopädie mit Holzschnitten chirurgischer Instrumente. Hinweis von N. Weinhold.

19 Ewa Chojecka bildet 163 Tafeln ab.

20 Dies ist nur eine Auswahl der wichtigeren Werke; F. Claes (1977) verzeichnet aus dem germanistischen Bereich noch zahlreiche weitere.

21 ND Tübingen 1987.

22 Dieses Wissenskompendium erlebte im 15. Jahrhundert sechs weitere Auflagen; vgl. E. Mittler (Hg.)(1986, 348 f.).

23 V.R. Giustiniani (Hg.) (1986).

1479 Venedig, Solennissimo Vochabuolista
1481 Nürnberg, Vocabularius teutonicus (oder 1482)
1483 Basel, Wenzeslaus Brack, Vocabularius rerum (plus 15 weitere Auflagen)[24]
1485 Mainz, Hortus sanitatis
1490 Sevilla, Alfonso Fernández de Palencia, Universal vocabulario[25]
1495 Sevilla, E.A. de Nebrija, Vocabulario de romance en latín (Datierung unsicher)
1499 London, Promptuorium parvulorum
1500 London (?), (H)ortus vocabulorum
1502 Perpignan, Vocabolari molt profitos
1502 Reggio (Emilia), Ambrogio Calepino, Dictionarium (einsprachig, lateinisch)
1503 Straßburg, Gregor Reisch, Margarita philosophica (oft gedruckt bis 1583)
1503 Savona, Domenico Nani Mirabelli, Polyanthea

Das Jahr 1503 bildet insofern einen möglichen Schlußpunkt[26], als bis dahin die meisten der je gedruckten wichtigen lexikographischen Werke des Mittelalters erschienen waren, andererseits die zu den modernen Wörterbüchern hinführenden Neuschöpfungen erst in den folgenden Jahrzehnten entstehen.

6.2 Das 17. Jahrhundert

Untersucht man die Entwicklung der Lexikographie in den hier berücksichtigten Ländern Westeuropas auf gemeinsame Entwicklungszüge, kann man leicht schematisierend feststellen, daß im 16. Jahrhundert die Grundlagen für die lexikographische Erfassung der verschiedenen Volkssprachen gelegt werden, daß vornehmlich im 17., in England, Spanien und Deutschland im 18. Jahrhundert in Form von Akademiewörterbüchern oder ähnlich normativ wirkenden Werken eine erste Kodifizierung auf einem hohen wissenschaftlichen Stand erreicht wird; das 18. Jahrhundert schließlich gilt als das Zeitalter der Enzyklopädien, die zuvor keineswegs eine so dominierende Rolle gespielt haben.

Diese pauschalen Behauptungen sind in aller Kürze durch die wichtigsten Daten und Werke zu untermauern und zu präzisieren, wobei zunächst nur die jeweils ersten volkssprachlich-lateinischen Wörterbücher[27] angeführt werden, da sich an ihnen der Beginn der Lexikographie der modernen Sprachen ablesen läßt:

1495 Sevilla, E.A. de Nebrija, Vocabulario de romance en latín (Datierung unsicher)

---

24 Nach Sachgruppen gegliedertes, lateinisch-deutsches Wörterbuch, nicht illustriert. Die konsultierte Ausgabe von 1501 umfaßt 96 Seiten.

25 Zur Charakteristik vgl. H.-J. Niederehe (1986).

26 Laurentius Valla, Elegantiarum libri sex, Venedig 1479 u.ö. (eingesehen: Moguntiae/Mainz 1529) ist in erster Linie eine lateinische Stilistik.

27 Also bleiben kurze Glossare ohne jede Mikrostruktur, Verzeichnisse des Wortschatzes bestimmter Autoren (z.B. von Dante, Petrarca, Boccaccio) und Sprachlehrbücher (z.B. 'Introito e porta', 1477) außer Betracht.

1536 Straßburg, Petrus Dasypodius, Dictionarium germanico-latinum[28]
1539 Paris, R. Estienne, Dictionnaire françois-latin[29]
1552 London, R. Huloet, Abecedarium anglico-latinum
1553 San Luca, L. Minerbi, Il dittionario di Ambrogio Calepino dalla lingua latina nella volgare brevemente ridotto[30]

Ebenso soll die erste Blütezeit der einsprachigen volkssprachlichen Lexikographie durch die Daten der ersten Akademiewörterbücher oder vergleichbarer Werke, von H. Weinrich (1976, 350) 'autoritative Wörterbücher' genannt, dokumentiert werden:

1611 Madrid, S. de Covarrubias, Tesoro de la lengua castellana o española
1612 Venedig, Vocabolario degli accademici della Crusca
1691 Nürnberg, C. Stieler, Der Teutschen Sprache Stammbaum und Fortwachs
1694 Paris, Dictionnaire de l'Académie françoise, 2 Bde.[31]
1702 London, J.K. [John Kersey], A New English Dictionary (Überwindung der 'hard word'-Tradition)
1726 Madrid, Diccionario de autoridades, 6 Bde., bis 1739
1755 London, S. Johnson, A Dictionary of the English Language
1774 Leipzig, J.C. Adelung, Versuch eines vollständigen grammatisch-kritischen Wörterbuchs der Hochdeutschen Mundart, 5 Bde., bis 1786

Vor dem Hintergrund der hier aufgezeigten Fortschritte der Lexikographie und der hohen Anzahl erschienener Werke - B. Quemadas Bibliographie (1968, 571-578) umfaßt für das 17. Jahrhundert sieben Seiten allein französischer Titel - überrascht es einigermaßen, daß kaum illustrierte Enzyklopädien oder Wörterbücher erschienen sind. Bevor für diesen Umstand eine Erklärung versucht wird, seien die wenigen Werke in chronologischer Reihenfolge vorgestellt:

Die ersten Illustrationen in einem gedruckten Wörterbuch finden sich wohl in:

Thomas Blount, Glossographia, London 1656 (unpaginiert, etwa 360 S.)[32]

---

[28] "Mit dem Erscheinen des ... (oben genannten Wörterbuchs) ... kam es zum Durchbruch humanistisch-wissenschaftlicher Prinzipien in der deutschen Lexikographie," E. Agricola et al. (Hg.), (1969, 239). H. Henne (1977, 15) nennt als erstes ausführliches deutsch-lateinisches Wörterbuch ein Werk von 1561.

[29] Dies ist auch der Zeitpunkt, an dem B. Quemadas (1968) Darstellung einsetzt.

[30] "Die Geschichte der ein- bzw. zweisprachigen Wörterbücher in Italien verläuft dabei im 16. Jahrhundert ganz anders als beispielsweise die gleichzeitige Entwicklung der Lexikographie in Frankreich. ... In Italien ... entstehen die ersten einsprachigen italienischen Wörterbücher als eigenständige Werke ..." (G. Tancke 1984, 25 f.) ... und auch nicht erst Jahrzehnte nach den ersten zweisprachigen Wörterbüchern, sondern in etwa zur gleichen Zeit. Ferner gingen dem oben genannten L. Minerbi einige "volkssprachlich-lateinische" z.B. sizilianisch, piemontesisch etc. - lateinische Werke voraus, über deren Umfang G. Tancke (1984, 46-48) nichts mitteilt.

[31] "Quelques années privilégiées - de 1680 à 1694 - ont suffi, car elles ont vu paraître trois ouvrages fondamentaux, véritables "modèles" à partir desquels se sont développés, jusqu'à nous, par filiation directe, les dictonnaires du même ordre. Ce sont le 'Dictonnaire français' de P. Richelet (1680), le 'Dictionnaire de l'Académie française' (1694) et le 'Dictionnaire universel' de Furetière (1690), voies ouvertes simultanément aux dictionnaires d'usage, aux ouvrages de type normatif ou de type encyclopédique" (B. Quemada 1972, 98).

[32] Die englischen Titel werden vollständig zitiert in T. Hayashi (1978, 145 ff.).

Es handelt sich um ein einsprachiges, enzyklopädisches, in der 'hard word dictionary'-Tradition stehendes Wörterbuch, das allerdings nur zwei einfache Holzschnitte[33] zur Veranschaulichung heraldischer Begriffe (*canton, gyron*) enthält, vgl. Abb. 42. Ganz entgegen der manchmal üblichen lexikographischen Praxis nennt T. Blount die Quellen seiner Angaben, so daß die eine Illustration (*gyron*) bis E. Bolton, The Elements of Armories, London 1610 zurückverfolgt werden kann, vgl. Abb. 43[34]. Auch in englischen Wörterbüchern aus dem Beginn des 18. Jahrhunderts ist die Heraldik ein vorzugsweise illustriertes Sujet; vgl. 6.3.

Im Jahre 1658[35] erscheint in Nürnberg das den Unterricht in den Fremdsprachen revolutionierende Werk von Johannes Amos Comenius/Jan Amos Komensky (1592-1670), nämlich sein 'Orbis sensualium pictus'[36]. Es handelt sich weder um eine Enzyklopädie noch um ein Wörterbuch im engeren Sinne des Wortes, sondern um ein in 151 Sachgruppen gegliedertes Lehrbuch des Lateinischen für Kinder. Zu jedem Kapitel ließ Comenius einen Holzschnitt anfertigen, auf dem möglichst viele Aspekte des jeweiligen Sachgebietes (z.B. "XLV. Agricultura. Der Feldbau, L. Piscatio. Die Fischerey, LV. Vindemia. Die Weinlese, LXII. Sutor. Der Schuster" usw.) dargestellt waren[37]. Ziffern im Bild stellen die Verbindung mit dem unmittelbar anschließenden Text her, der in lateinischer und deutscher Sprache[38] die auf dem Bild gezeigten Gegenstände, Tätigkeiten und Vorgänge beschreibt und somit sprachliche wie auch sachbezogene Informationen liefert; vgl. Abb. 44[39]. Der Text ist in so kurze Zeilen von ein bis drei Wörtern gegliedert[40], daß die Entsprechungen zwischen den Sprachen klar hervortreten und die Ähnlichkeit mit dem Wörterbuch augenfällig ist. Dadurch nähert sich das Werk den didaktischen Bildwörterbüchern mit systematischer Gliederung an und enthält zudem durch den fortlaufenden Text ein starkes enzyklopädisches Element; der Charakter als Wörterbuch wird durch die 1662 in der dritten Auflage angefügten Indices der lateinischen und deutschen Lemmata noch betont.

---

33 T. Blount äußert sich nicht zur Existenz der beiden Illustrationen, so daß unklar bleibt, warum gerade diese zwei Holzschnitte erscheinen.

34 In dem zweiten Fall verweist T. Blount zwar auf H. Peacham (1622), worin ein Kapitel über Heraldik, aber keine als Vorbild geeignete Illustration enthalten ist.

35 L.G. Kelly (1969, 17) nennt ein falsches Erscheinungsdatum: 1654. Allerdings hat Comenius in diesem Jahr das Manuskript fertiggestellt, die Anfertigung der Holzschnitte zog sich drei Jahre hin, so daß der 'Orbis' 1658 erscheinen konnte. H. Rosenfeld (1964) erwähnt noch einen 16seitigen Probedruck mit anderem Titel aus dem Jahr 1657.

36 Zur kulturgeschichtlichen Situierung und zur Funktion der Abbildungen siehe R. Alt (1970).

37 Dadurch wirken manche dieser Abbildungen in gewisser Weise 'panchronisch', da z.B. unter 'Agricultura' das Pflügen, Säen und Ernten erscheinen. Man hat analoge Beobachtungen an den 'Planches' der 'Encyclopédie' von 1762 ff. gemacht - die Erscheinung ist also älter und wohl ein typisches Wesensmerkmal derartiger Illustrationen, ist aber offensichtlich nicht auf lexikographische Werke beschränkt; denn D. Bland (1958, 146) zeigt einen Kupferstich von 1593, auf dem der Verlauf eines Gleichnisses aus dem Evangelium simultan präsentiert wird und zehn Buchstaben im Bild die Verbindung zur Legende herstellen.

38 Die deutsche Version wurde vom Nürnberger Verleger "vielleicht ohne vorherige Verständigung mit dem fernen Comenius" hinzugefügt (H. Rosenfeld 1964).

39 J. Caravolas (1984, 178 f.) bildet Kapitel "XCVII. Schola. Die Schul" ab.

40 In den weiter unten aufgeführten Neubearbeitungen und Nachahmungen wird dieses Charakteristikum aufgegeben.

Fragt man sich nach den Quellen und Vorläufern für ein derartiges Werk sowie nach den Motiven und Überzeugungen von J.A. Comenius, die den 'Orbis' zu einer singulären Erscheinung in der Geschichte der pädagogischen Literatur und der Lexikographie gemacht haben, steht wohl seine eigene pädagogische Erfahrung an erster Stelle. Nach J. Caravolas (1984, 169-181) reift in Comenius seit der (tschechischen) 'Didaktika' von 1628 immer deutlicher die Überzeugung, daß Bilder das Lernen erleichtern und die Memorierung des Wissens verbessern. Daraus entwickelt er das Konzept, daß die Dinge der sichtbaren Welt[41] zusammen mit ihren Bezeichnungen aufgenommen werden müssen, wobei den Dingen die Priorität zukommt, was er mit einem von Francis Bacon (1561-1626) inspirierten Satz knapp resümiert: "In Intellectu autem nihil est, nisi prius fuerit in Sensu"[42]. Der diesem in der Praefatio (S. 1) vorausgehende Satz, ebenfalls durch Kursivdruck hervorgehoben, nennt das eigentliche, hohe Ziel der pädagogischen Bemühungen von Comenius, das über den reinen Spracherwerb weit hinausgeht, nämlich *Agere ... sapienter*: "nec Agere nec Loqui sapienter possumus, nisi prius omnia, quae agenda sunt et de quibus loquendum est, recte intelligamus"[43].

Als unmittelbare Quelle[44] für den Inhalt des 'Orbis' nennt Comenius in der Praefatio (S. 2) seine 1631 in Leszna erschienene 'Janua linguarum reserata', die, auf 100 sachlich geordnete Kapitel verteilt, 8.000 lateinische Wörter[45] in 1.000 Beispielsätzen enthält. Der Gedanke, daß sich die Wörter besser in Sätzen als isoliert merken lassen, ist schon älter und wurde bereits 1611 in Salamanca von Jesuiten[46] in einer ersten 'Janua linguarum' erprobt; vgl. Kap. 6, Anm. 16. Gegenüber diesem Werk, seinen Adaptionen für andere Sprachen[47] oder ähnlichen Werken wie der 'Nomenclatura rerum domesticarum' (Nürnberg 1530 u.ö., 47 S.) von S. Heyden ist die 'Janua' von Comenius eine zum Teil konzeptuelle und eine inhaltlich vollständige Neuschöpfung[48]. Einige spätere Ausgaben (Patak 1652, London 1656, Schaffhausen 1656) wurden mit Illustrationen versehen (R. Alt 1970, 27; mit Abbildungen), doch kann die 'Janua' nicht als Wörterbuch bezeichnet werden.

Die Wirkung und Verbreitung des 'Orbis sensualium pictus' läßt sich einmal an der Zahl der Auflagen (1659[2], 1662[3]) und Adaptionen in weiteren Sprachen ermessen. So er-

---

41 J.A. Comenius (1658, Praefatio, S.2): "... rerum omnium visibilium (ad quas et invisibiles suo modo reducuntur) ...". In der Tat veranschaulicht er auch 'Temperantia', 'Patientia', 'Liberalitas' und weitere Abstrakta.

42 Bei F. Bacon lautet die Stelle: "Nihil est in intellectu, quod non prius fuit in sensu" (H. Rosenfeld 1964).

43 Neben diesen grundsätzlichen Erwägungen enthält die Praefatio die Beobachtung, daß sich die Kinder, Comenius schrieb *pueros*, "picturis delectari" und den Wunsch, daß sie "per lusum et jocum instruantur" (S. 3), damit sie die Schule nicht als "crucem" sondern als "delicias" empfinden.

44 Auf weitere, eher indirekte Quellen und die reichhaltige Sekundärliteratur weisen H. Rosenfeld (1964) und J. Caravolas (1984) hin.

45 Demgegenüber enthält der 'Orbis' 3.500 - 4.000 Wörter.

46 Nach S.P. Ó Mathúna (1981/1986) ist William Bathe, S.J. (1564-1614) Autor bereits dieser Ausgabe.

47 Z.B. William Bathe, Janua linguarum, London 1615 (lat.-engl.) u.ö.. Eine lateinisch- englisch- spanisch- französische Ausgabe erschien 1617, eine portugiesische 1623.

48 Daher hat K. Leder (1973, 95) nicht recht, wenn er schreibt, Comenius "hat Heydens Verlage bebildert, neu redigiert und als 'Orbis pictus' publiziert!" Hinweis auf K. Leder von F. Brusniak.

schien nach H. Göbels (1979, 1.047) bereits 1659 eine englisch-lateinische Version[49], 1666 eine viersprachige Ausgabe mit Latein - Deutsch - Italienisch und Französisch, im folgenden Jahr eine, in der das Italienische durch Polnisch ersetzt wurde, usw.[50]. 'The London Vocabulary' (englisch-lateinisch) von James Greenwood, etwa 1700 erschienen und bis 1816 in England 26 mal aufgelegt - hinzukommen mindestens vier in den USA zwischen 1787 und 1816 veranstaltete Ausgaben -, ist nur eine der zahlreichen Nachahmungen. De Witt T. Starnes/Gertrude E. Noyes (1946, 211) behaupten: "Greenwood imitated the method of the 'Orbis', and in a few cases seems to have copied some of the pictures". Die von der Bibliothek der University of Exeter zur Verfügung gestellte Kopie von 27 Seiten der Ausgabe von 1791 (14,5 x 8,5 cm, 123 S.) kann diese Feststellungen nicht bestätigen. Vielmehr erweist sich 'The London Vocabulary' als ikonographisch und inhaltlich weitgehend unabhängige Neuschöpfung. Nicht nur ist ein Teil der Gegenstandsbereiche neu (z.B. 'Of the Elements'), sondern die abzubildenden Dinge - einfache Holzschnitte - sind nicht mehr in kleine szenische Darstellungen eingebettet, sondern stehen isoliert nebeneinander wie die Bäume in 'Of Trees and Shrubs' oder wie Schmetterling, Schnecke, Spinne etc. in 'Of Insects'. Die Lemmata sind nur mehr recht simpel und nur auf Englisch zu einem Text verbunden, also z.B.:

"A Mineral is

Juice	Succus, i, m.
A Metal	Metallum, i, n.
A Stone	Lapis, idis, m."

Somit repräsentiert dieses Werk nicht mehr in allen Aspekten die ursprüngliche Konzeption von Comenius. Es diene als Beispiel, wie sich auch die übrigen Nachahmungen dem jeweiligen Zeitgeschmack und den sich wandelnden Informationsbedürfnissen anpassen - sie reichen bis Ende des 19. Jahrhunderts und weisen berühmt gewordene Werke auf; stellvertretend für andere seien nur die Namen J.B. Basedow[51], F.J. Bertuch[52] und J.E. Gailer[53] genannt. Derartige Enzyklopädien und Wörterbücher für Kinder standen als Anregung für die 'erwachsene' Lexikographie wohl von Comenius an immer latent zur Verfügung. H. Göbels (1979, 1.053) berichtet, daß man von Comenius' 'Orbis' 244 Ausgaben,

---

49 Übersetzt und herausgegeben von Charles Hoole. Die Holzschnitte wurden getreulich aus der Nürnberger Ausgabe kopiert. D. Blands (1969², 155) Urteil, die neuen Holzschnitte stellten "a great advance" gegenüber dem Original dar, kann kaum beigepflichtet werden - allerdings steht nur eine Mikrofiche-Ausgabe zur Verfügung.

50 Nach H. Rosenfeld (1964) erhält eine zweisprachige Ausgabe von 1720 neue Illustrationen.

51 J.B. Basedow, Elementarwerk. Mit den Kupfertafeln Chodowieckis u.a., 3 Bde. Dessau 1700 ff. u.ö., ND Hildesheim 1972.

52 F.J. Bertuch, Bilderbuch für Kinder, 2 Bde., Weimar 1790 ff. u.ö., ND Leipzig 1977. Bertuch ordnet absichtlich die Bilder (prachtvoll kolorierte Kupferstiche) links im Buch an, damit die Kinder mit der rechten Hand beim Lesen den Zeilen folgen können.

53 J.E. Gailer, Neuer Orbis pictus für die Jugend, Stuttgart 1832 u.ö., ND Dortmund 1979 ("in 316 lithographirten Abbildungen", Titel).

Bearbeitungen und Nachahmungen ermittelt hat[54], so daß L.G. Kellys Feststellung "two centuries of almost total neglect of pictures followed Comenius" (1969, 18) so nicht zutrifft. "Finally, it is worth remarking that certain features, such as the illustrations of the Comenius and the Greenwood, carry over to modern dictionaries; and there is some wonder that a tradition of so long standing did not exercise a greater influence on English lexicography" (De Witt T. Starnes/Gertrude E. Noyes 1946, 211). Demgegenüber ist jedoch zu bemerken, daß die Bilder bei Comenius für den Zweck des Unterrichts hin konzipiert wurden und jeweils etwa fünf bis 36 Wörter veranschaulichen sollen, so daß sie allein schon aus diesem Grund nicht ohne weiteres in ein alphabetisches Wörterbuch übernommen werden konnten. Gerade aber ihr 'synthetischer' Charakter, der Bezug der Teile auf das ganze Bild erweist sich pädagogisch als sehr geglückt.

Nach diesem kurzen Blick auf die Nachwirkung von Comenius wende sich die Untersuchung wieder dem 17. Jahrhundert zu, das nur noch ein drittes illustriertes lexikographisches Werk hervorgebracht hat.

Stephanus (Etienne) Chauvin, Lexicon rationale sive Thesaurus philosophicus. In der Titelvignette: Lexicon philosophicum, Rotterodami 1692, Leuwardden 1713^2. Titel wie in der Vignette der ersten Auflage mit dem Zusatz: secundis curis.

Es handelt sich um eine philosophisch-technische Enzyklopädie mit ausführlichen in Latein abgefaßten Artikeln etwa zu folgenden alphabetisch geordneten Stichwörtern: Luna, ... Natatus piscium, ... Sphaera astronomica, ... Tuba locutoria, ... Volatilitas, Volatus, Volitio, Voluntarium, Voluntas humana[55]. Am Ende finden sich 30 Kupferstichtafeln[56] - das erste Mal findet diese graphische Technik in einem lexikographischen Werk Verwendung - mit einer bunten Vielfalt astronomischer, naturkundlicher, geometrischer, technischer Dinge, mathematischer Zeichnungen und physikalischer Versuchsanordnungen, von der die Wiedergabe einer Tafel einen Eindruck vermitteln soll: Abb. 45. Meist, nicht immer, wird vom Text auf die entsprechende Illustration verwiesen. Das Werk diente vor allem englischen Lexikographen der ersten Hälfte des 18. Jahrhunderts als Quelle (vgl. 6.3).

6.2.1 Das Fehlen illustrierter lexikographischer Werke im 17. Jahrhundert

Bevor in der Chronologie fortgefahren werden soll, sei kurz auf das oben konstatierte Phänomen zurückgekommen, daß das 17. Jahrhundert kaum illustrierte lexikographische Werke hervorgebracht hat. Dieses Faktum bedarf umso mehr einer Erklärung als nach Ausweis der einschlägigen Sekundärliteratur illustrierte Bücher in großer Zahl erscheinen.

---

[54] Die Geschichte der illustrierten Lernwörterbücher für Kinder, die auch von Comenius nicht beeinflußte Werke erfassen müßte, wäre angesichts des zu erwartenden Umfangs Thema für eine eigene Untersuchung. Daher konnten im folgenden illustrierte Lernwörterbücher nicht systematisch erfaßt werden, und es werden nur von Fall zu Fall einige Werke vorgestellt, wenn ihr Verhältnis zur sonstigen Lexikographie etwa aus Gründen der Chronologie von Interesse ist.
Zahlreiche bibliographische Angaben enthalten Margarete Dierks (1965), K. Doderer/H. Müller (1973), K. Doderer (Hg.) (1975-82), H. Müller (1980), H.A. Halbey (Hg.) (1986).

[55] R. Collisons (1966^2, 95) Bemerkung "being in the main restricted to the field of philosophy" setzt wohl einen älteren, weiteren Bedeutungsumfang von *philosophy* voraus.

[56] Sie werden auf der Titelseite angekündigt: "In fine operis exhibentur figurae, quae variis machinis, variisque etiam naturae phoenomenis explicandis inserviunt".

Zu Frankreich bemerkt P. Hofer (1970^2, 13): "French seventeenth century books ... were numerous and magnificent". Und auf der folgenden Seite nennt er die hauptsächlichen Gegenstände der Illustration[57]: "But in the the fields of architecture, natural history, horticulture, mechanics, military science, and in the fête books, emblems, mythology, and ornament, illustration flourished[58]." Die quantitativen und qualitativen Relationen zu den anderen Ländern Europas veranschaulicht er auf deutliche Weise: "... it is remarkable to find that nearly three good French books can still be found for every English one - and more fine French books than Netherlandish, or than German and Italian put together!" (S. 13). Immerhin sind aus Italien "festival books", "music, art, architecture, ornament", ferner "medical books", "astronomies" und andere Gebiete "worthy of attention" (S. 15). Zu erinnern ist ferner an in verschiedenen Ländern erschienene botanische und zoologische Werke, an Stadtansichten und Landkarten (Elisabeth Geck 1982, 50-52), an die Mode der Porträtbücher in Frankreich etwa zwischen 1620 und 1650 (Erica Harth 1983, 72) oder in der zweiten Hälfte des Jahrhunderts an Reiseberichte mit Bildern aus fernen Ländern[59].

"The fine illustrations in the seventeenth century frequently were large, sometimes very large plates and may be found, not only in literary and religious publications, but in *de luxe* books reflecting courtly, aristocratic interest in fencing and horsemanship, pageants and other ceremonial occasions, the theatre and architecture" (T.M. MacRobert 1969, 7). Komplementär dazu äußert sich P. Hofer (1970^2, 15): "Like other autocratically ruled areas of Europe, Italy produced little of any illustration for the poor man". Damit sind zwei Aspekte der Illustration im 17. Jahrhundert angesprochen: Sie wendet sich an ein primär aristokratisches Publikum und sie wird vor allem in Frankreich vom Staat zu repräsentativen Zwecken gefördert und eingesetzt. Dieser Zielsetzung dient die Gründung der 'Imprimerie royale' durch Richelieu (1640), in der nach 1660 unter anderem die großen Foliobände des 'Cabinet du roy' erscheinen, Sammlungen von Kupferstichen mit "views of royal dwellings, paintings and sculptures decorating the interiors of these buildings, paintings and antiquities in the Cabinet du Roy, and figures of all species of plants and animals" (Erica Harth 1983, 258 f.). Als Geschenk, etwa ausländischen Botschaftern überreicht, künden diese Bände vom Glanz der Herrschaft Ludwig XIV[60].

Eine zweite Maßnahme diente der wirtschaftlichen Stärkung Frankreichs, nämlich die Gründung der 'Académie des sciences' durch Colbert im Jahre 1666[61]. Neue technische Entwicklungen und Produktionsverfahren sollten möglichst rasch genutzt werden können. Colbert verfügte 1670, daß alle Abbildungen der geplanten Publikationen dasselbe Format haben sollten, und gab weitere detaillierte Anweisungen, etwa daß zu kleine Tiere in eine Landschaft postiert werden sollten (Erica Harth 1983, 261 und 264). Schließlich gab er 1675 den Anstoß zu den erst ab 1761 erschienenen Bänden der 'Descriptions des arts et

---

57 Die Illustration entwickelt sich auch im Zusammenhang mit den Anfängen beobachtender und bald darauf experimentierender Wissenschaft - Hinweis von T. Finkenstaedt.

58 P. Hofer (1970^2, 14) bemerkt, daß die großen französischen Autoren des 17. Jahrhunderts wie Corneille, Racine, Molière, Scarron, La Fontaine erst in den folgenden Jahrhunderten gut illustriert werden.

59 "From 1665 to 1745 about 150 *relations de voyages* appeared". Erica Harth (1983, 224) bezieht sich damit nur auf Frankreich und bemerkt S. 238 richtig, daß die Illustrationen in Reiseberichten "aim not to imitate but to reproduce".

60 Ludwig XIV. begründete auch das heutige 'Cabinet des estampes' in der Bibliothèque Nationale und wertete die Tätigkeit des Kupferstechers auf: "from the status of an 'industrial art' to that of a 'liberal art'" (D. Bland 1969^2, 180).

61 "En 1667, l'abbé de Marolles possédait déjà une collection de 123.000 estampes sur les arts, que Colbert fit acheter au nom du roi" (R. Mauzi 1964, 20).

métiers', indem er von der Akademie einen 'Traité de mécanique' anforderte (R. Collison 1966², 114). Erica Harth (1983) sieht in den Bemühungen Colberts einen inhärenten Widerspruch, da er einerseits die absolute Monarchie stärken wollte, andererseits sowohl eine Demokratisierung des Wissens durch seine Verbreitung als auch eine Spezialisierung[62] förderte, "marking a radical departure from the older encyclopedic tradition in which all branches of knowledge were organically linked in the arts. ... By encouraging such specialization Colbert unwittingly undermined his own goals, because he was encouraging the concentration of knowledge in the hands of bourgeois intellectual elites, giving them the means to further acquisition of such knowledge, and therefore control of it, enabling them to diffuse it as democratically as they needed for their own purposes. He was, ultimately, encouraging consolidation of power in a forming class" (S. 269 f.). Diese neue Schicht ist wohl in der zweiten Hälfte des 17. Jahrhunderts im Entstehen[63], während noch das Ideal des honnête homme tonangebend ist, der, von den Belastungen einer Berufstätigkeit frei, am Hof und in den Salons seine Gedanken in elegante Form zu kleiden vermag[64]. Sein Interesse dürfte sich weniger auf die äußere Erscheinung der Realität[65] als auf die möglichen Gegenstände der Konversation[66] gerichtet haben. Mit dem Wesen der höfischen Gesellschaft kann wohl auch die große Beliebtheit der in 4.1.1.1 vorgestellten Eigennamenlexika erklärt werden, während nach Ausweis von R. Collison (1966²) das 17. Jahrhundert ganz im Unterschied zu den Wörterbüchern kaum bedeutende Enzyklopädien hervorgebracht hat.

Zu den bisher ins Feld geführten Faktoren für das Fehlen illustrierter lexikalischer Werke kommt noch ein tieferer Grund, der das Verhältnis von Sprache und Wissen betrifft. Während seit dem 19. Jahrhundert beide Gebiete als getrennt und in gewissem Sinne

---

62 [D.] Dodart, Mémoires pour servir à l'histoire des plantes, Paris (Imprimerie royale) 1676 begründet (S. 26 f. der Ausgabe von 1679) die Notwendigkeit "de trouver des termes propres, sur tout dans les Descriptions" damit, daß "peu de gens ont écrit des Plantes en nostre langue". Der Zweck "d'introduire quelques nouvelles manieres de parler ou de rétablir quelques vieux mots" liege darin, "de pouvoir nous faire entendre en moins de paroles et plus nettement, quoy que peut-êstre avec un peu moins de politesse". So bezeichne das in der Tat erst seitdem bezeugte Adjektiv *radié* als Epitheton zu *fleur* eine spezifische Anordnung der Blütenblätter, die ansonsten nur durch "un grand nombre de paroles" umschrieben werden könne: "Il est vray que c'est un mot nouveau, tiré du langage de la Medaille antique; mais il est court et significatif, et il n'est pas désagréable".

63 Immerhin sah sich die Académie française veranlaßt, als Konkurrenz zu A. Furetières 'Dictionnaire universel des arts et sciences' (Amsterdam 1690) T. Corneille mit der Schaffung eines 'Dictionnaire des arts et sciences' zu beauftragen, das 1694 in Paris erschien. Es bestand durchaus Bedarf an derartigen auch Fachtermini und Sachinformationen enthaltenden Wörterbüchern.

64 Nach E. Auerbach (1951, 38) handelt es sich bei der *honnêteté* um "ein reines Persönlichkeitsideal" ...., das "nicht nur von allem Ständischen, sondern überhaupt von allen jeweils gegebenen lebensmäßigen Bindungen absieht. Jeder konnte sie erwerben, der auf seine innere und äußere Pflege im Geiste der Zeit Sorgfalt zu verwenden willens und fähig war, und das Resultat war eben dieses: daß der Betreffende von jeder besonderen Qualität gereinigt wurde, nicht mehr Zugehöriger eines Standes, eines Berufes, eines Bekenntnisses war, sondern eben honnête homme". Ergänzend hierzu M. Wandruszka (1959, 94 f.) und H. Krauß (Hg.), (1983, 94 f.) mit weiteren Angaben. Bibliographische Unterstützung durch H. Plocher.

65 Es muß aus Platzgründen darauf verzichtet werden, zu prüfen, in welchem Umfang die bildende Kunst und die Literatur Themen aufgegriffen haben, die in obigem Sinne als 'realitätsbezogen' zu bezeichnen wären.

66 Dieser Gesichtspunkt durchzieht das zwischen 1630 und 1681 in elf Auflagen erschienene Höflingsbrevier von N. Faret: 'L'honeste homme ou l'art de plaire à la court'. So fordert er vom honnête homme: "Je l'ayme mieux passablement imbu de plusieurs Sciences, que solidement profond en une seule", denn "qui ne peut parler que d'une chose, est obligé de se taire trop souvent (S. 26). Zu den "Sciences" zählt Faret nur "Philosophie, Mathematiques, Oeconomie, Politique, Morale, Histoire" (S. 26 f.).

als relativ unabhängig voneinander erscheinen, gelten unter dem Einfluß der 'grammaire générale'[67] des 17. Jahrhunderts "Erkenntnis und Sprache" als "streng miteinander verkreuzt[68]. ... In ihrer allgemeinen Form bestehen Erkennen und Sprechen zunächst in der Analyse des Gleichzeitigen der Repräsentation, in der Unterscheidung ihrer Elemente, in der Feststellung der Beziehungen, die die Elemente kombinieren, und in der Feststellung der möglichen Abfolge, nach der man sie abrollen lassen kann: der Geist s p r i c h t und e r k e n n t in der gleichen Bewegung, ..." (Sperrungen W.H.)[69]. Diese von M. Foucault (1971, 124 und 127) beobachtete "reziproke(n) Zugehörigkeit des Wissens und der Sprache" führte unter anderem zu "alphabetische(n) Enzyklopädien, die die größtmögliche Menge von Erkenntnissen völlig in der Ordnung der Buchstaben anordnen" (S. 123)[70], und zu Spekulationen über "die Möglichkeit einer *universalen Sprache* oder eines *universalen Diskurses*" (S. 121, Hervorhebungen von M.F.), die, wie hinzuzufügen ist, in der 'Ars characteristica' von G.W. Leibniz[71] ihren deutlichsten Ausdruck finden werden. Die "Zugehörigkeit der Sprache zum Wissen" (S. 125) könnte folglich den Schlüssel für die Antwort auf die hier aufgeworfene Frage enthalten, insofern als die sprachliche Beschreibung der Dinge der Welt gleichzeitig als ausreichend auch für ihr Verständnis und das Wissen über sie angesehen wurde; mit dieser Konzeption vom Verhältnis von Sprache und Wissen konnte man sich etwa in Enzyklopädien oder enzyklopädischen Wörterbüchern konsequenterweise auf eine rein sprachliche Erfassung der Welt beschränken, für Illustrationen, d.h. zusätzliche visuelle Informationen bestand wohl keine unmittelbare Notwendigkeit.

6.3 Das 18. Jahrhundert bis 1760[72]

6.3.1 Großbritannien

Mit Beginn des 18. Jahrhunderts ändert sich das Bild: Vor allem in England erscheint eine ganze Anzahl illustrierter lexikographischer Werke. Bevor eine Erklärung für dieses Phänomen versucht wird, seien sie zunächst vorgestellt.

---

67 Ausgangspunkt in Frankreich war: C. Lancelot/A. Arnauld, Grammaire générale et raisonnée ou La grammaire de Port-Royal, Paris 1660 u.ö. Wesentliche Gedanken wurden in Italien vorweggenommen von: B. Buommattei, Della lingua toscana, Firenze 1643 u.ö.

68 Für das 16. Jahrhundert sieht M. Foucault (1971) die Sprache als "mit den Dingen vermischt" (S. 115), was sich in der "Nichtunterscheidung zwischen dem Gesehenen und dem Gelesenen, zwischen dem Beobachteten und dem Berichteten" äußert, wobei es sich "um die Konstitution einer einzigen und glatten Schicht, auf der der Blick und die Sprache sich unendlich oft kreuzten" handelt (S. 71). Von daher ist wohl zu erklären, weshalb lexikographische Werke des Mittelalters und der Renaissance nicht zwischen sprachlichen und sachbezogenen Angaben trennen (vgl. 4.1.3).

69 Damit ist die Wirkung der Grammatik von Port-Royal eher angedeutet als erschöpfend behandelt; auch die Möglichkeit eines Einflusses von R. Descartes sei hiermit nur in Betracht gezogen.

70 In 4.1.1.2 wurde festgestellt, daß sich Mitte des 17. Jahrhunderts die alphabetische Ordnung gegenüber der systematischen durchzusetzen beginnt.

71 Hierzu H. Schnelle (1962), H. Poser (1979) und M. Dascal (1984).

72 Da ab 1761 die 'Descriptions des arts et métiers' und vom folgenden Jahr an die 'Planches' der 'Encyclopédie' erscheinen, seien zunächst die Werke zusammen betrachtet, die vor dem Auftreten einer derartigen Fülle visueller Informationen entstanden sind.

John Harris, Lexicon Technicum. Or: An Universal English Dictionary of the Arts and Sciences, Explaining not only the Terms of Arts, but the Arts Themselves, London, Bd. 1, 1704, 1708², Bd. 2, 1710, 2 Bde. 1736⁵. Foliobände von 40 x 26 cm, die Zahl der alphabetisch geordneten Einträge steigt von 8.200 bis über 12.000[73].

Der Titel ist gleichzeitig Programm des Unternehmens, so daß es zu Recht als erste englische Enzyklopädie bezeichnet wird. So wird zu den Lemmata keinerlei sprachliche Information gegeben und nur die damit bezeichnete Sache beschrieben, z.B. "PULLEY, is a Compounded Mechanick Power, consisting of...". Da die von J. Harris behandelten Gebiete in L.E. Bradshaw (1981) gut erfaßt werden, kann hier eine kurze Charakteristik aus R. Collison (1966², 99) genügen: "Harris ... gave emphasis to practical and scientific subjects at the expense of the humanities". Die wesentliche Neuerung von J. Harris besteht in dem häufigen Einsatz von Illustrationen, denn seine Absicht war es, wie er auf der ersten Seite der Preface zu Bd. 1 schreibt, "to make it a Dictionary, not only of bare *Words* but *Things*" (Hervorhebungen J.H.). Daher setzt er sich kritisch mit seinen Vorgängern auseinander: An Chauvins 'Lexicon rationale' lobt er zwar: "the Figures are finely Graved", hält es aber für veraltet. Zum 'Dictionnaire des arts et sciences' von T. Corneille (1694) bemerkt er, (it) "hath no Cuts nor Figures at all, and is only a bare Explication of Terms of Art; and it seems rather to have been design'd to improve and propagate the *French Language*, than to inform and instruct the Humane Mind in general". Er wundert sich, daß es so viele einfache Wörter wie "a Dog, a Cat, a Horse and a Sheep" enthält und diese als "*Terms of Art*" gelten. Gleiches treffe für A. Furetières Wörterbuch von 1690 zu, weshalb er abschließend feststellt: "yet I did not find much assistance from them, with regard to my Design" (alles Preface, S. 1). Auf den folgenden sieben Seiten kommentiert und bewertet er seine zahlreichen übrigen Quellen, in der Mehrzahl wissenschaftliche, zum Teil auch bebilderte Werke[74], die er in Band 2 von 1710 in einem zweiseitigen "Catalogue of Books" zusammenfaßt. Hierbei bemerkt er öfter "I have consulted the best Books and Drawings" (S. 4), so daß seine Illustrationen von den verschiedensten Vorlagen beeinflußt sein dürften[75].

Im fortlaufenden Text enhält das 'Lexicon technicum' zahlreiche einfache Holzschnitte vor allem zur Heraldik und ab der zweiten Auflage von Bd. 1 (1708), in Band 2 von 1710 und in späteren Auflagen zunehmend auch zu anderen Themen, wie der Geometrie, Mathematik, Technik und Physik; vgl. Abb. 46 und 47. Zusätzlich enthält Band 1 von 1708 sieben, Band 2 von 1710 sechs Kupferstichtafeln[76] mit "Air pumps, Savery's Engine for raising water by Fire, John Marshall's microscope, Five Orders of Architecture" (= Typen von Säulen), der Anlage einer Festung, den chemischen Elementen und einer "Anatomic Plate" (alles Band 1)[77]; vgl. Abb. 48. Die Abbildungen sind insgesamt informativ und werden bei

---

[73] Nach L.E. Bradshaw (1981, 109). Zu den englischen Werken informieren besonders ausführlich De Witt T. Starnes/Gertrude E. Noyes (1946), T. Hayashi (1978) und F.A. Kafker (ed.) (1981).

[74] Es besteht vermutlich ein Zusammenhang mit dem Verschwinden von allegorischen Abbildungen in chemisch-physikalischen Werken und dem Aufkommen echter Experimente, zu denen die Anleitung zur Wiederholung gehört - Hinweis von T. Finkenstaedt.

[75] Die mathematischen und physikalischen Werke von J. Ozanam (1696 f.), die Harris im 'Catalogue' selbst nennt ("Illustrated with very many Cuts"), mögen als Beispiel für andere stehen; insgesamt führt Harris sieben illustrierte Werke auf.

[76] R. Collison (1966², 99) bemerkt mit Recht: "excellent plates".

[77] Band 2 enhält "Wilson's microscope", 2 Tafeln "Veins" und "Arterias", 2 Tafeln "Sections of a Ship" und "Rowley's Sextant".

Bedarf durch Buchstaben mit den Erläuterungen des Textes verbunden, wie aus Abb. 47 ersichtlich ist.

Im selben Jahr erschien in London ein weiteres illustriertes lexikographisches Werk:

[Nathan Bailey], Dictionarium Rusticum et Urbanicum, London 1704.

Die dritte eingesehene Auflage[78] trägt den Titel:

[Nathan Bailey], Dictionarium Rusticum, Urbanicum et Botanicum: or, A Dictionary of Husbandry, Gardening, Trade, Commerce, and all Sorts of Country-Affairs, Illustrated with a great Number of Cutts, 2 Bde., London 1726^3. 20 x 11 cm, Bd. 1: 430 S.

Das Werk ist anonym erschienen, doch vermutet man Nathan Bailey, den Verfasser noch einiger hier vorzustellender Werke, als Autor. Wie der Titel es ankündigt, handelt es sich um eine Enzyklopädie für Garten, Handel und Landwirtschaft, also gewissermaßen um ein Gegenstück zu J. Harris. Nach neun Seiten 'Preface to the Reader', in der für die dritte Auflage "two Copper-plates" und 24 "new Wooden Cuts" (S. 7 f.) angekündigt werden, und fünf Seiten Quellenangaben werden die mit den Lemmata bezeichneten Dinge erläutert, z.B. "CINQUEPORT is a Fishing-Net, so called from the 5 Entrances into it, ... ", und wo erforderlich meist von einem Holzschnitt[79] begleitet; vgl. Abb. 49. Auch hier wird mit Buchstaben auf den Text verwiesen, so daß die Anleitung zum Aufbau eines solchen Netzes besser verständlich wird.

Das dritte Werk dieser Art befaßt sich in seinen drei Teilen mit "I. The Art of Riding the Great Horse. II. The Military Art. III. The Art of Navigation"; es handelt sich um:

[G. Guillet de St. Georges], The Gentleman's Dictionary, London 1705. 17,5 x 10,5 cm.

Als Vorlage für die anonyme[80] Übersetzung und Bearbeitung in bezug auf die Verhältnisse in England diente die 16. Auflage des 1670 erstmals erschienenen französischen Originals, das nicht bebildert war: G. Guillet, Les arts de l'homme d'épée. Die englischen Bearbeiter haben in Teil II zahlreiche Holzschnitte eingefügt, "to render this Part yet more Instructive" (S. 3) - vgl. Abb. 50 -, und zu Teil III nur ein ausfaltbares Bild eines Schiffes beigegeben. In jedem der drei Teile sind die Stichwörter alphabetisch geordnet und beschreiben wie die beiden vorgenannten Werke die Realität. Nach De Witt Starnes/Gertrude E. Noyes (1946, 111) wurden zahlreiche Einträge zum Teil verbatim in verschiedene Wörterbücher übernommen, was sie durch einige Gegenüberstellungen von Einträgen beweisen. Das gleiche gilt für die Holzschnitte, die sich in den Wörterbüchern

[78] Das Werk war nur in dieser Auflage im Leihverkehr als Film zugänglich. Einzig De Witt T. Starnes/Gertrude E. Noyes (1946, 99) nennen überhaupt diesen Titel, allerdings ohne die Existenz von Illustrationen zu erwähnen.

[79] Die in Band 1 enthaltenen zwei Kupferstichtafeln zeigen Zaumzeug, Steigbügel und Sporen.

[80] In 'The Publisher's Preface' ist von "Persons thoroughly vers'd in the respective Arts" als Bearbeitern die Rede (S. 1).

N. Baileys wiederfinden werden. Auch J. Harris (1710, 'Catalogue') kannte dieses Werk und qualifizierte die "above 40 ... Cuts" als "curious"[81].

Zwei Jahre später erscheint "the first English dictionary to make any considerable use of woodcuts" (Starnes/Noyes 1946, 94):

Glossographia Anglicana Nova, London 1707. 19,5 x 12 cm, 576 S., etwa 14.500 Lemmata.

Der unbekannte Verfasser dieses Wörterbuchs stützt sich wie üblich auf die vorausgegangenen Werke, darunter auf T. Blount (1656, 1681[5]), an den er sich auch im Titel anlehnt, und vor allem auf J. Harris (1704). Das Ergebnis ist ein einsprachiges englisches Wörterbuch, das, ohne ein 'hard-word-dictionary' zu sein, zahlreiche, dem unkundigen Leser unbekannte Wörter, darunter auch viel Fachwortschatz aus verschiedenen Disziplinen, erklärt. Nachdem, wie Starnes/ Noyes (1946, 93) anhand von Beispielen zeigen, in der 'Glossographia' ein Teil der Definitionen von Harris leicht gekürzt wird, erhebt sich die Frage, ob allein dadurch aus einer Enzyklopädie ein Wörterbuch wird. Es wurden jedoch die sachbezogenen Ausführungen bei Harris (etwa über die Berechnung der Leistung eines Flaschenzuges) jetzt weggelassen, so daß die 'Glossographia' in der Tat als Wörterbuch bezeichnet werden kann, das nur gelegentlich enzyklopädische Züge aufweist[82]. Nur bei der Erläuterung heraldischer Termini werden wohl in Anlehnung an T. Blount (1656) Holzschnitte eingesetzt und zwar etwa elf pro 50 Seiten, ohne daß diese einseitige Bevorzugung der Heraldik erwähnt oder begründet würde; vgl. Abb. 51, die exakt mit Harris 1708[2] übereinstimmt.

Obwohl bis zum Erscheinen des nächsten englischen Wörterbuchs mit Illustrationen einige entsprechende Werke in Deutschland publiziert wurden, sei zunächst die weitere Entwicklung in England betrachtet.

Nathan Bailey, The Universal Etymological English Dictionary, Volume II, London 1727 bis 1776[6]. Die Ausgabe 1756[4] mißt 20,5 x 12 cm und ist 3,7 cm stark; sie zeigt etwa 20 Illustrationen pro 50 Seiten; keine Eigennamen. Die älteste der konsultierten Ausgaben[83], 1731[2], enthält als erste im Titelblatt einen Hinweis auf die Illustrationen, obwohl auch die erste Auflage bebildert war: "Illustrated with above Five Hundred CUTS, giving a clearer Idea of those Figures, not so well apprehended by verbal Description." Diese Begründung wird in ähnlicher Form in zahlreichen Wörterbüchern wiederkehren.

Auf den Zusammenhang mit einem weiteren Wörterbuch Baileys mit fast identischem Titel[84] und auf seine Quellen gehen Starnes/Noyes (1946, 108-111) ein, so daß hier nur die

81 Dieser Wechsel von Sprach- und Bildmaterial von einer Fachenzyklopädie des Gentlemans in enzyklopädische Wörterbücher ist eine Bestätigung für die in Kapitel 2 getroffene Entscheidung, beide Arten lexikographischer Werke zusammen zu betrachten; vgl. auch Kap. 2, Anm. 2.

82 Etwa beim Lemma *Acephali*, wo die historische Einordnung und die Lehre dieser Sekte in acht Zeilen abgehandelt werden..

83 Die erste Auflage enthielt nach S.I. Landau (1984, 47) "a miscellany of encyclopedic information: names, places, theological and mythological terms", seit der zweiten Auflage werden die enzyklopädischen Elemente reduziert.

84 Er lautet: An(!) Universal Etymological English Dictionary, London 1721 bis 1802[30] (ohne Illustrationen).

Verwendung der Illustrationen zur Sprache kommen soll. Die Holzschnitte befinden sich bei dem zu erläuternden Lemma und betreffen die Geometrie (z.B. *Axis, Tangent*), natürlich weiterhin in großem Umfang die Heraldik, ferner die Architektur (z.B. *Console*) - vgl. Abb 52 mit dem Artikel -, die Mythologie (z.B. *Sun*), das Militärwesen (z.B. *Bombs*), die Landwirtschaft (z.B. *Hurdles*) und weitere Gebiete. Somit hat N. Bailey das erste sinnvoll illustrierte einsprachige Wörterbuch geschaffen[85]!

Ein Teil der Holzschnitte wurde wohl wie die sprachlichen Angaben aus früheren Werken übernommen - so sind Darstellungen militärischer Art wie *Bombs* oder die *Hurdles* ziemlich getreue Kopien der Holzschnitte aus dem 'Gentleman's Dictionary' von 1705; vgl. Abb. 53 und 54. Für heraldische Abbildungen habe sich Bailey bei J. Guillim, A Display of Heraldrie, London 1724^6 (mit einem Wörterbuch) inspirieren lassen (Starnes/Noyes 1946, 111); in jedem Falle mußten neue Holzschnitte angefertigt werden, die gegenüber dem eingesehenen Nachdruck der ersten Auflage von 1611 kleiner und einfacher sind. Bei der notwendigen Beschränkung in Format und Detailliertheit der Abbildungen in Wörterbüchern ist eine Übernahme aus Fachbüchern weniger wahrscheinlich als bei Enzyklopädien, die ihre Ikonographie freier gestalten können.

Die Summe seiner lexikographischen Erfahrungen legte N. Bailey in folgendem Werk nieder, das Starnes/Noyes (1946, 117) als "milestone on the road that leads to Johnson and on to scholarly modern lexicography" preisen.

Nathan Bailey, Dictionarium Britannicum: Or a more Compleat Universal Etymological English Dictionary than any Extant, London 1730, 1736^2. Folio, ND "slightly reduced" (19 x 18 cm) 1969; nicht paginiert, ND 5 cm ohne Einband; 1730 etwa 48.000 Lemmata, 1736 etwa 60.000. "Illustrated with near five Hundred CUTS, for Giving a clearer Idea ..." usw. wie 1727, d.h. etwa 20 Abb. auf 50 S. Im Anhang Orts- und Personennamen.

Da für die Charakterisierung und lexikographiegeschichtliche Bewertung im allgemeinen auf das häufig genannte Standardwerk von Starnes/Noyes (1946) Verlaß ist, kann gleich zu den Abbildungen festgestellt werden, daß die Heraldik nicht mehr bevorzugt wird, und sich die Illustrationen gleichmäßiger über die verschiedenen Wissensgebiete verteilen; von den 42 Holzschnitten unter A[86] betreffen etwa 13 die Mathematik und Geometrie (*Angle*), zwölf die Chemie (*Aqua Communis*), sechs die Physik (*Visual Angle*, in Opticks), ebensoviele die Heraldik (*Azure*, in Heraldry), vier die Astronomie (*Armillary Sphere*), drei die Technik (*Angle of* or *at the Center*, in Fortification), der Rest verteilt sich auf verschiedene Gebiete.

N. Bailey hat die Holzschnitte zum Teil aus seinem vorausgehenden Werk übernommen, und einige von ihnen lassen sich somit bis auf das 'Gentleman's Dictionary' von 1705 zurückverfolgen, wie z.B. an *Fraises* die Abbildungen 55 und 56 zeigen. Doch enhält das 'Dictionarium Britannicum' eine Neuerung, die durch die zwei Jahre vorher erschienene Enzyklopädie von E. Chambers angeregt worden sein dürfte, nämlich eine (einzige) Kupferstichtafel mit Modellen der Planetenbewegungen (Abb. 57). Eine solche Darstellung geht weit über das Informationsbedürfnis desjenigen hinaus, der in einem Wörterbuch unter *orrery* nachschlägt, und ist daher in einer Enzyklopädie angebracht. Es scheint, daß N. Bailey damit der Konkurrenz durch das Werk von E. Chambers begegnen wollte.

---

[85] Die 1984, 193, Anm. 2 genannten Daten spiegeln einen früheren Forschungsstand wider.

[86] Unter N und O erscheinen nur je acht Holzschnitte.

Noch einmal wurde eine Neubearbeitung der Wörterbücher von N. Bailey in den Wettbewerb mit einem neu erschienenen Werk geschickt, und zwar 13 Jahre nach dem Tod ihres Verfassers:

Joseph Nicol Scott/Nathan Bailey, A New Universal Etymological English Dictionary, London 1755.

Das konkurrierende Werk stammte von:

Samuel Johnson, A Dictionary of the English Language, 2 Bde., London 1755 u.ö. Nicht illustriert[87].

N. Baileys Wörterbuch trägt zwar auf der Titelseite die Ankündigung "Illustrated with Copper-Plates", aber es waren (aus Kostengründen?) nur zwölf ganzseitige Tafeln[88], zudem "unwisely planned and placed, poorly explained, and inadequately connected with the definitions they were designed to elucidate" (Starnes/Noyes 1946, 183). Daher hat der ikonische Aspekt in der bis 1772 andauernden Auseinandersetzung zwischen beiden Wörterbüchern keine Rolle gespielt[89].

Zwei Jahre vor Baileys 'Dictionarium Britannicum' erscheint das Vorbild aller modernen Enzyklopädien, ohne welches "Diderot's 'Encyclopédie' would undoubtedly have taken a very different shape" (R. Collison 1966^2, 104):

Ephraim Chambers, Cyclopaedia, or an Universal Dictionary of Arts and Sciences, 2 Bde., London 1728, 1738^2 bis $1751\text{-}1752^7$, nach anderer Zählweise 10. Auflage (plus 2 Bde. Supplement 1753 u.ö.), 39,5 x 24 cm, je Bd. 7 cm dick, ohne Einband.

Unter den alphabetisch aufgereihten Lemmata fallen größere quasi synthetische Artikel zu den Bezeichnungen der Wissenschaften (*Geography*, *Meteorology*) auf sowie die zahlreichen Querverweise (von *Acoustics* zu *Ear*, *Hearing*, *Phonics*), die bislang nicht üblich waren, vgl. 4.1.1.2, und die der Zerstückelung des Wissens entgegenwirken sollen. E. Chambers zeigt sich, wie auch aus der 'Preface' hervorgeht, von der Klassifikation der Wissenschaften in 47 Gebiete durch Francis Bacons 'Instauratio magna' (1620) beeinflußt, der auf dieselbe Zahl von Disziplinen kam (vgl. R. Collison 1966^2, 82 f., der sie auflistet).
Im Text[90] finden sich vor allem die schon bekannten Holzschnitte[91] zur Heraldik zum Teil in identischer Form - dieses Thema bietet keinen Gestaltungsfreiraum - und einige

87 S. Johnson äußert sich zwar in der 'Preface' zu den Schwierigkeiten der Definition ("To interpret a language by itself is very difficult", S.5), scheint jedoch Bilder nicht in Betracht gezogen zu haben.

88 Wahrscheinlich entsprachen die zum Teil inzwischen 50 Jahre alten Holzschnitte nicht mehr dem Zeitgeschmack.

89 Ein weiteres Werk N. Baileys, das 'Dictionarium Domesticum, Being a New and Compleat Household Dictionary', London 1736 (614 S.) ist nach Auskunft der Library of Congress nicht illustriert.

90 Die Enzyklopädie enthält keine Eigennamen; vgl 4.1.1.1.

91 E. Chambers äußert sich in der 30seitigen 'Preface' nicht zur Frage der Illlustration. Er weist nur darauf hin, daß vom Text auf die Tafeln verwiesen wird und umgekehrt von den Unterschriften der einzelnen Abbildungen aus die betreffenden Artikel aufzufinden sind.

geometrische Figuren; zusätzlich enthält die erste Auflage[92] 19 zum Teil ausfaltbare Kupfertafeln zu 'Astronomy, Architecture, Geometry, Mechanics, Music, Natural History, Opticks, Perspective', das seit dem 'Gentleman's Dictionary' von 1705 bis in die jüngste Zeit übliche Schiff[93], 'Surveying, Trigonometry' usw. Diese Kupferstiche vermitteln eine breit gefächerte Palette von Informationen über die verschiedensten Gebiete. Ein Teil erinnert an E. Chauvin (1692) wie die physikalischen Geräte der Tafel 'Pneumaticks' (Abb. 58) oder die gegenüber E. Chauvin genauere Wiedergabe der teleskopischen Ansicht des Mondes; vgl. die erstmals von J. Hevelius 1647 publizierte Ansicht (Abb. 59) mit der von E. Chauvin (Abb. 60) und E. Chambers (Abb. 61)[94]. Einige andere Darstellungen stammen aus J. Harris (1708²) wie 'John Marshall's microscope' (vgl. Abb. 48), jedoch befindet sich das Mikroskop jetzt in Gesellschaft anderer optischer Instrumente. Dies deutet bereits darauf hin, daß bei Chambers die Illustrationen besonders dicht sind (vgl. Abb. 62), was durch Gegenüberstellung mit einer thematisch verwandten Darstellung aus J. Harris (1708, Abb. 63) veranschaulicht werden soll. Die Beschreibung von handwerklichen Berufen und Produktionsprozessen wie "brewing, wine-making, carpentry, engraving" usw. (L.E. Bradshaw 1981, 131) wird von Diderot aufgegriffen werden und ein wesentliches Charakteristikum der 'Encyclopédie' ausmachen, wenngleich Chambers hierzu keine Illustrationen gibt und bei weitem nicht so ausführlich ist.

"The encyclopaedia's worth was immediately recognized by Chamber's being elected a member of the Royal Society in 1729" (R. Collison 1966², 103). A.F. Le Breton, einer der späteren Verleger der 'Encyclopédie' von Diderot kündigte 1745 eine französische Ausgabe der 'Cyclopaedia' an, die jedoch nie erschien. Ob die bei L.E. Bradshaw (1981, 139) aufgeführten vier italienischen Übersetzungen illustriert waren, ist fraglich; das in der Bibliotheca universitaria in Genua lokalisierte Exemplar enthält keine Bilder[95].

Als letztes englisches Wörterbuch des 18. Jahrhunderts muß noch ein Werk kurz erwähnt werden, das nur sechs Tafeln mit "Copperplate Figures" (Titelseite) enthält, die ausschließlich mathematische Begriffe veranschaulichen.

Benjamin Martin, Lingua Britannica Reformata: Or, A New Universal English Dictionary, London 1749, 1754². 1749 mit etwa 24.500 Lemmata (Starnes/Noyes 1946, 154), 20 x 12 cm.

Es handelt sich um ein Wörterbuch mit einigen, verstärkt in der zweiten Auflage auftretenden enzyklopädischen Elementen, vor allem geographischen Bezeichnungen. Wegen

---

92 Es wäre von Interesse, eventuelle Veränderungen der Bebilderung in den späteren Auflagen systematisch zu erfassen. Ein Vergleich der ersten Auflage von 1728 mit der fünften von 1741-43 zeigt bezüglich der Kupfertafeln keine Änderungen, abgesehen davon, daß sie jetzt vor die einzelnen synthetisierenden Artikel zu stehen kommen. Allerdings sind die Holzschnitte im Text inzwischen weggefallen.

93 Aber das 'Longman Active Study Dictionary of English' von 1983 illustriert zwar *Airport* aber nicht *Ship* oder *Port*. Die Interpretation liegt auf der Hand.

94 Die Darstellung des Mondes in der 'Encyclopédie' (1762 ff., Bd. 5, 'Astronomie, Pl. II') ist unabhängig von dieser Tradition und bedeutend ungenauer.

95 Es handelt sich um: [E. Chambers], Dizionario universale delle arti e delle scienze, 9 Bde., Venezia 1748-49; Bearbeitung nach der fünften englischen Ausgabe von 1746.

der Einseitigkeit der Illustrationspraxis, die nicht zukunftsweisend ist, und des geringen optischen Reizes der geometrischen Figuren wird auf eine Abbildung verzichtet[96].

Neben E. Chambers (1728) zählt auch das folgende Werk - es fehlt in den Bibliographien von Annie M. Brewer (1979²), R. Collison (1966²), S.P. Walsh (1968) und G.A. Zischka (1959) - zu den unmittelbaren Vorgängern der französischen 'Encyclopédie'.

[John Barrow][97], A New and Universal Dictionary of Arts and Sciences, London (J. Hinton) 1751, Supplement 1754. Folio, XXXV, 1.039 S., 62 plates (incl. maps), Supplement XIV, 708 S., 44 Plates; "Illustrated with a great Number of Copper-Plates, Engraven by the best Hands", Titel.

Da dieses Werk nur auszugsweise in einem Mikrofilm aus Großbritannien (Bibliothek des British Museum) vorliegt, können zur Zahl der Kupferstichtafeln obige Angaben aus dem 'National Union Catalogue' und S. 32 der Preface angeführt werden: "and the reader will find more than double the number in this dictionary, though a single volume, than in any other work of this nature in the English language". Da von *A - Bridge* zwölf Tafeln zwischen die Textseiten eingefügt sind, dürfte die oben angegebene Ziffer stimmen[98]. Auf den einzelnen Seiten sind oft diverse nur alphabetisch zusammengehörende Gegenstände abgebildet, die von den Artikeln der betreffenden Stichwörter erklärt werden. Die Themen sind, soweit ersichtlich, konventionell (geometrische Figuren, physikalische Geräte, Waagen, Astronomisches, Säulenordnung, Skelett und Adern, Air pumps etc.), die Darstellungsweise ist klar und wirkt gelegentlich recht ausdrucksvoll, etwa wenn wie in Abbildung 64 Details vergrößert hervorgehoben werden. Diese Tafel ist von T.H. Croker et al. (1764-66) unter Weglassung von Figur 8 und 9 kopiert worden und erscheint daher bei ihm seitenverkehrt. Dagegen haben die Zeichner und Stecher der französischen 'Encyclopédie', deren Planches immerhin elf Jahre später erschienen, offensichtlich nicht aus Barrow geschöpft.

Doch besteht eine Verbindung zur 'Encyclopédie' bezüglich einiger Äußerungen in der Preface von Barrow, die die Illustrierung betreffen, von denen nur eine zitiert werden soll: "It might be shewn by a thousand instances, that a dictionary, merely consisting of the most accurate definitions of Arts, would still require plates, to prevent vague and obscure descriptions: How much more necessary then must their assistance be in an universal dictionary of Arts and Sciences? The bare view of an object, or its figure, often conveys more information than whole pages of words" (S. 32). Im Oktober 1750 erschien der 'Prospectus' zur 'Encyclopédie' von D. Diderot, der die gleiche Passage auf französisch enthielt (sie wird hier am Ende von Kap 6.4.4 wiedergegeben), so daß J. Barrow wohl einige Abschnitte des 'Prospectus' noch in seine Preface eingearbeitet hat.

---

96 Dennis de Coetlogon, An Universal History of Arts and Sciences: Or, A Comprehensive Illustration, Definition and Description of All Sciences, Divine and Human; ... 2 Bde., London 1745; ist eine alphabetisch geordnete Enzyklopädie, allerdings ohne Illustrationen.

97 Barrow nennt sich nur am Ende der Widmung. Er ist offenbar noch Verfasser eines Dictionarium polygraphicum: or, The whole body of arts regularly digested ... adorned with proper sculptures, curiously engraven on more than fifty copper plates, 2 Bde., London (C. Hitch, C. Davis u.a.) 1735, 1758². Ferner dürfte von ihm auch ein 1749 erschienenes medizinisches Wörterbuch stammen: siehe Bibliographie 6.3.

98 D. Diderot spricht in 'Prospectus' (1751, XL) von einer Ausgabe der Enzyklopädie von E. Chambers mit 30 Kupferstichen, die wohl auch J. Barrow gemeint hat.

Ebenso unbekannt geblieben ist ein kurz darauf erschienenes Werk mit ähnlichem Titel:

A New and Complete Dictionary of Arts and Sciences, 4 Bde., London (W. Owen) 1754-55, 1763[2]. 21 x 15 cm, "Illustrated with above three hundred (wohl 302, W.H.) copper-plates, curiously engraved by Mr. Jefferys, geographer and engraver to his Royal Highness the Prince of Wales", Titel der Erstausgabe.

Die Verfasser dieser Enzyklopädie geben eine recht genaue Einschätzung der Leistung von Wort und Bild, wenn sie feststellen (Introduction IV): "without them (= copper-plates), the most accurate descriptions seldom convey such distinct ideas of things as could be wished. On the other hand, the descriptions serve to explane the copper-plates: for though the engraver has, indeed, with much ingenuity, delineated the many mathematical schemes, figures, machines, instruments, animals, plants, and other curious productions of nature ...; yet their properties, construction, and various uses must be learned from the description given of them under their respective articles". Eine derart klare Konzeption war in keinem sonstigen lexikographischen Werk bis hin zur Gegenwart anzutreffen.

Die ästhetisch gelungenen Kupferstiche sind zum Teil (seitenverkehrte) Kopien aus E. Chambers (1728), z.B. 'Air-Pump', und J. Barrow (1751), z.B. 'Air-Gun', gruppieren jedoch die Gegenstände der Tafeln anders; sie werden auch von späteren Enzyklopädien wieder übernommen und kopiert werden. Gegenüber den vorausgehenden Werken fallen die ausdrucksstarken Darstellungen von Tieren auf (vgl. Abb. 65), deren Stil sich in der 'Encyclopaedia Britannica' (1768-71) wiederfinden wird (vgl. Abb. 92). Die Wiedergabe von Arbeitsvorgängen hat ebenfalls weitergewirkt: Die drei Tafeln zur Glasherstellung (Abb. 66) wurden von T.H. Croker (1766) und der 'Encyclopaedia Britannica' kopiert (Abb. 89 und 91); mehrere Arbeitsvorgänge auf einem Bild (Abb. 67) kehren in den 'Descriptions des arts et métiers' (1761 ff.) und in den 'Planches' in der 'Encyclopédie' (1762 ff.) wieder (Abb. 80); ebenso wird von beiden Werken die Idee aufgegriffen werden, die Benutzung von Werkzeugen durch die Hinzufügung von Händen (ohne sonstigen Körper) zu veranschaulichen (Abb. 68).

Da die Vorbereitung der 'Descriptions des arts et métiers' mehrere Jahrzehnte in Anspruch genommen hat, kann der Austausch künstlerischer Ideen jedoch in beiden Richtungen erfolgt sein.

6.3.2 Italien

Schon bevor die erste italienische Übersetzung von E. Chambers erschienen war, begann die Publikation von:

Gianfrancesco Pivati, Nuovo dizionario, scientifico e curioso, sacro e profano, 10 Bde., Venezia 1746-51. 38 x 25 cm.

"The *Nuovo dizionario* represents the highest encyclopedic achievement in Italian up to its time" (S. Garofalo 1981, 198)[99] und war auch umfangmäßig eines der größten damals existierenden Werke[100]. Zur Charakterisierung dieser alphabetisch ordnenden Enzyklopädie kann auf den eben genannten Beitrag verwiesen werden, und es seien als Beispiele die Lemmata mit *Abb-* aufgeführt: *Abbaco, Abbadessa, Abbandono* (das Verb hierzu fehlt), *Abbasside, Abbevilla, Abbissinia, Abboccare, Abbortare, Abbreviatura* und *Abbrivare*[101]. Ein Vergleich mit jedem beliebigen italienischen Wörterbuch zeigt, daß nur enzyklopädisch interessierende Stichwörter aufgenommen wurden, bei den übrigen wird die allgemeinsprachliche Bedeutung durch Wendungen wie "Oltre il significato commune di questa voce per esprimere l'arte di fare i conti, ..." (zu *Abbaco*) immerhin angesprochen, aber damit auch ausgeklammert.

Die einzelnen Bände enthalten zwischen 45 und 98 Tafeln mit Kupferstichen (S. Garofalo 1981, 198) - Band I, z.B. 49 -, die zwischen den Seiten des Textes eingebunden sind und somit in der Nähe der betreffenden Lemmata zu stehen kommen. Diese bislang höchste Zahl von Kupferstichtafeln wird nur von der 'Encyclopédie' Diderots (allerdings um etwa das vier- bis fünffache) übertroffen werden. Erst die Erfindung des Holz- und des Stahlstichs sowie der Photographie (vgl. 3.2) wird, da billiger, eine dichtere Illustration erlauben. Die Ikonographie umfaßt zahlreiche Bereiche des Wissens mit Schwerpunkt auf der Naturgeschichte, Technik, Geometrie und Anthropologie[102]. Zur Anfertigung seiner technischen Illustrationen schöpft Pivati aus den namhaftesten Quellen wie den 'Philosophical Transactions' der Royal Society in London; die Abbildung eines jüngst von P. Buache erfundenen Kompasses zur gleichzeitigen Angabe der Inklination und Deklination der Magnetnadel entnahm er der 'Histoire de l'Académie royale des sciences' von Paris (S.

---

99 Silvia Scotti Morgana (1983) stellt eine 1733 in Venedig erschienene, medizinisch-naturgeschichtliche Fachenzyklopädie mit 567 Stichwörtern vor, die wohl mindestens 37 Kupferstichtafeln enthielt.

100 Von den geplanten 45 Bänden der 'Bibliotheca universale sacro-profana' von Vincenzo Coronelli sind zwischen 1701 und 1706 oder 1709 nur sieben Bände (A -Caque) in Venedig erschienen, da ein so gigantisches Unternehmen die Schaffenskraft eines Einzelnen übersteigt. "Umfaßt doch der Buchstabe A allein vier Bände mit 26.778 Stichworten". Da das Werk "heute selten" ist (G.A. Zischka 1959, XXXVIII f.) und in den Handbüchern nicht richtig klassifiziert wird, ist kurz darauf einzugehen, obwohl es nicht illustriert ist.
Es handelt sich um ein frühes enzyklopädisches Wörterbuch in einer Volkssprache, hier Italienisch, und nicht um eine Enzyklopädie (so R. Collison 1966², 98, S. Garofalo 1981, 198) und es ist nicht mit Moréri (1674) zu vergleichen (so G.A. Zischka 1959, a.a.O.). So wird z.B. zu *abbandonare* das lateinische, hebräische, griechische, französische, spanische, deutsche und englische Äquivalent angegeben, die Etymologie erörtert, und es werden sechs Bedeutungen unterschieden, die in Italienisch und Lateinisch notiert werden. Nach diesen die Sprache betreffenden Informationen erläutert Coronelli die Verwendung des Begriffs 'verlassen' in der Hl. Schrift, was er folglich durch lateinische Zitate belegt, und nennt historische Persönlichkeiten, die es über sich gebracht haben "abbandonare il mondo" (Bd. I, 239).
Zu den in der Sekundärliteratur zum Teil ungenau beschriebenen Charakteristika - zweispaltige Druckanordnung, Numerierung der Artikel, wobei jedoch z.B. *abbandonare* die Nummern 1072 bis 1076 ausfüllt, Kursivdruck für die Titel zitierter Werke, aber auch für alles Objektsprachliche - kommt noch die Durchnumerierung der Zeilen und pro Band ein Index nicht nur der Lemmata, sondern auch anderer interessanter Wörter, die im Text des Wörterbuchs vorkommen; er umfaßt bei Band I (A -AE) 44 dreispaltig gedruckte Seiten.

101 Anders als Coronelli (1701 ff.) enthält G.Pivati (1746 ff.) keine Personennamen.

102 Bei so vielen Informationen über die sichtbare Welt fällt es auf, daß in Band I zwei Tafeln die Konstruktion der Arche Noah darzustellen versuchen.

Garofalo 1981, 199) ; vgl. Abb. 69[103]. Zur Anthropologie fallen in Band I fünf Tafeln zu den "Bracman o Bramani" auf. Obwohl alle Illustrationen sorgfältig gestaltet sind, was sich an ihrem klaren Aufbau - vgl. etwa die vier Waagen von Abb. 70 - und der Darstellungsweise oder an der zum Teil in einer Vignette untergebrachten Beschriftung zeigt, so werden sie noch von den Pflanzendarstellungen übertroffen, die oft kleine künstlerische Kompositionen sind und über das in einer Enzyklopädie Notwendige hinausgehen, wie Abb. 71 zeigen soll, wo sich die Ananasstaude in einem kunstvollen Übertopf und in einem künstlichen Raum befindet.

Der 'Nuovo dizionario' Pivatis erschien nur in einer Anzahl von 500 Exemplaren, erlebte vielleicht wegen der Übersetzungen der Enzyklopädie von E. Chambers keine zweite Auflage und hat somit auf spätere italienische Enzyklopädien, zumindest was die Ikonographie betrifft, keinen Einfluß ausgeübt. Daher kann sich die Untersuchung jetzt einem dritten Land zuwenden, das vor dem Erscheinen der französischen 'Encyclopédie' einige illustrierte lexikographische Werke hervorgebracht hat.

6.3.3 Deutschland

In Deutschland erschien Anfang des 18. Jahrhunderts ein in mehrfacher Hinsicht auffälliges Werk:

[Nürnberger Wörterbuch], Teutsch-lateinisches Wörter-Büchlein mit 6.000 dazu dienlichen Bildern gezieret, Norimbergae etwa 1713, 1733².

Nach W. Zaunmüller (1958, 62) ist der Wortschatz dieses für den Schulunterricht bestimmten Werkes nach Sachgruppen angeordnet und wird durch ein alphabetisches Register erschlossen[104]. Da R. Collison (1982) eine Ablichtung einer Seite enthält, die das Nebeneinander von kleinem Holzschnitt, deutschem und lateinischem Lemma (letzteres mit Genusbezeichnung und Angabe der Deklination) zeigt, kann hier auf eine Abbildung verzichtet werden, zumal das Werk keine große Nachwirkung gehabt hat. Der Verleger Gabriel Nicolaus Raspe gab das Buch 1770 in Nürnberg neu heraus: 'Versuch eines Elementarbuches für Kinder durch Abbildung der merkwürdigsten Dinge und derselben deutschen, lateinischen, französischen und italiänischen Benennungen (Margarete Dierks 1965, 37). Immerhin ist es das erste illustrierte deutsche Wörterbuch.

Etwa in derselben Zeit erscheinen einige Enzyklopädien, die als Vorläufer der für Deutschland charakteristischen Form des Konversationslexikons angesehen werden[105]:

Philipp Balthasar Sinold von Schütz /Johann Hübner, Reales Staats- und Zeitungs-Lexicon, Leipzig 1704. 8°, 1.284 Spalten.

---

103 Einige weitere Tafeln aus diesem Bereich stellen Winden, Kräne, Barometer, Wurfmaschinen, Waagen, Pumpen, optische Geräte usw. dar. Aber auch die Heraldik, eine Befestigungsanlage, Abbildungen zur Bienenzucht und Architektur sind alle in Band I vertreten und zeugen von der Breite der dargebotenen Informationen.

104 Weitere Einzelheiten nennt Margarete Dierks (1965, 36-38).

105 Vgl. B. Kossmann (1969), der jedoch die Illustrationen nicht erwähnt.

Die bereits 1709 erschienene vierte Auflage mit mindestens 21.000 Artikeln enthält zum ersten Mal in einem lexikographischen Werk im Titel (nach "Zeitungs-") den Begriff des "Conversations-Lexicon(s)". Das Werk entsprach offensichtlich einem Bedürfnis der Zeit[106] und erlebte bis 1824-28[31] zahlreiche weitere Auflagen mit Aktualisierungen und Erweiterungen bis auf schließlich vier Bände. In diesem Zusammenhang wird es wohl erst in der Ausgabe von 1752[107] mit acht "zur Erläuterung dienenden Kupfern" (Titel) ausgestattet, die im folgenden Jahr um zwei vermehrt werden[108]. Die zehn Illustrationen von 1753, die in der 'Neuen Vorrede' aufgezählt werden, betreffen das Kriegswesen (Festungsbau, Artillerie, 4 Tafeln), die Heraldik, Schiffahrt, Ritterorden und stellen geographische und astronomische Figuren, einen Meilenanzeiger und Taucher "mit ihren Glocken" dar; vgl. Abb. 72. Dies ist eine recht spärliche Bebilderung, die aber durch die Konzeption des Werkes bedingt sein dürfte, das sich an breitere Benutzerschichten wandte[109] und deshalb durch das kleinere Format und einen mäßigen Preis hohe Auflagen erzielen konnte: Von den ersten vier Auflagen konnten insgesamt 8.000 Exemplare abgesetzt werden (G. Meyer 1965, 33).

Ein weiterer "Vorläufer der Konversationslexika" (W. Zaunmüller 1958, 5) war bereits früher als das eben besprochene Werk mit Bildern ausgestattet:

Johann Theodor Jablonski, Allgemeines Lexicon der Künste und Wissenschaften, Königsberg und Leipzig 1721, 4°, 24 x 20 cm, 918 S., 1748^2 (2 Bde.), 1767^3 (Hg. J.J. Schwabe).

In den zweispaltigen Satz dieser Enzyklopädie - es lag die Ausgabe von 1721 vor - sind einfache Holzschnitte und erstmals in der Geschichte der Lexikographie sogar einige Kupferstiche eingefügt, was ein besonders aufwendiges technisches Verfahren darstellt, da die Druckbögen sowohl zum Hochdruck (Text und Holzschnitt) als auch zum Tiefdruck (Kupferstiche) in die Druckerpresse eingelegt werden mußten (vgl. 3.2). Die Zahl der Illustrationen ist nicht hoch; so finden sich unter dem Buchstaben A (S. 1-63a) nur zwei Holzschnitte zur Geometrie, unter B (S. 63b-118b) vier zur Heraldik und einer zu *Bastion*, unter C (S. 118b-156a) zwei zur Geometrie (z.B. 'Concentrische Linien'), ein Kupferstich im Text zu *Compaß* mit der Darstellung einer Windrose (vgl. Abb. 73) und eine Kupferstichtafel hors texte zu *Creutz* mit 28 Wappenkreuzen. Weitere Abbildungen zeigen die Teile einer Säule (vier Holzschnitte), das Kopernikanische System, einen Flaschenzug (Abb. 74) und veranschaulichen weitere heraldische, geometrische und zum Festungsbau gehörige Begriffe.

Jablonski hat für seine Enzyklopädie vor allem die Wörter aufgenommen, wo "die Sache selbst eine Beschreib- (sic!) oder Erläuterung erfordert, diejenigen aber, da es bloß auf die Bedeutung des Worts ankömmt, und die offt ohne Noth aus fremden Sprachen übernommen werden, den gemeinen Wörter-Büchern überlassen" (Vorwort). Trotz dieser Ausrichtung auf die Sachbeschreibung gibt er bei den Lemmata gelegentlich ein deutsches

---

106 Die Gründe werden erörtert in E.H. Lehmann (1934) und G. Meyer (1965), so daß auf die kulturgeschichtlich-gesellschaftlichen Aspekte hier nicht eingegangen werden muß.

107 Allerdings wurden die Ausgaben zwischen der noch nicht illustrierten von 1709 und der von 1752 nicht eingesehen.

108 Die letzte Auflage (1824-28[31]) wies nach G. Meyer (1965, 56) "schon 150 Bildnisse auf".

109 "Es ist kein academisches Systema, sondern nur ein Conversations-Lexicon", "so schreibt Hübner in der Vorrede (von 1704) und drückt in diesen Worten deutlich den Willen zur Volkstümlichkeit aus" (E.H. Lehmann 1934, 32).

Synonym und oft ein lateinisches, englisches und französisches Äquivalent (z.B. *Bastion*, *Bollwerk*, *Propugnaculum*, *Bastion*), aber sonst keinerlei sprachliche Angaben[110].

"Das größte bisher gedruckte Universallexikon des Abendlandes" (E.H. Lehmann 1934, 21) und "one of the best" (R. Collison 1966², 104) widmete dem ikonischen Aspekt keine besondere Beachtung:

Johann Heinrich Zedler, Großes vollständiges Universal-Lexicon aller Wissenschaften und Künste, 64 Bde. + 4 Supplement Bde., Halle und Leipzig 1731-50, Supplement Bde. 1751-54 (Folio).

Das Werk ist praktisch nicht illustriert, so daß nur P.E. Carels/D. Flory (1981, 182) zu Wort kommen sollen, die als einzige die Existenz einiger Abbildungen überhaupt erwähnen: "Representational engravings of objects (as opposed to geometrical figures, diagrams, tables, charts and 'family trees') are a rarity in the *Universal Lexicon*. Many volumes contain none at all. It is always a surprise to encounter one, usually of a machine, and it is a matter of curiosity why a particular gadget is illustrated when many other machines, described in detail, have no plates to accompany them. In addition to the air compressor mentioned above, there is, for example, a print of M.G.A. Hellwing's simple, boxlike mole trap. More sophisticated machines, however, such as the chronometer and windmill, are left to the imagination." Da eine derartige Illustrationspraxis nicht richtungsweisend wurde, kann auf eine Abbildung hier verzichtet werden.

6.3.4 Gründe für die Vorreiterrolle Großbritanniens

Damit sind alle illustrierten lexikographischen Werke erfaßt, die vor den 'Descriptions des arts et métiers' (1761 ff.) und den 'Planches' der 'Encyclopédie' (1762 ff.) erschienen sind. Es ergab sich in den betrachteten Ländern Europas ein uneinheitliches Bild insofern, als in England (enzyklopädische) Wörterbücher und Enzyklopädien illustriert werden, in Italien und Deutschland (mit einer isolierten Ausnahme) dagegen nur Enzyklopädien, wobei die deutschen Werke eine geringe Dichte an Bildern aufweisen; aus Frankreich schließlich war kein entsprechendes Werk zu registrieren. Ohne die Unterschiede alle erklären zu können - zu Deutschland vgl. Kap. 6 Anm. 106 -, sei wenigstens die Situation der englischen Lexikographie in der ersten Hälfte des 18. Jahrhunderts kurz beleuchtet.

Es sind wohl drei Faktoren, die unabhängig voneinander die englische Lexikographie jener Zeit prägen. Anders als in Italien oder Frankreich ist die Registrierung und Kodifizierung des Wortschatzes nicht von einer Akademie an sich gezogen worden, die gar wie im Falle der Académie française über ein Monopol für die Publikation von Wörterbüchern verfügt und nicht mit der eigenen Sprachpolitik übereinstimmende Werke zur Veröffentlichung ins Ausland abdrängen kann, wie mit A. Furetière (1690) geschehen. Insofern konnten sich die englischen Lexikographen freier entwickeln und versuchen, den von ihnen erkannten Bedürfnissen des Publikums zu entsprechen. Dies führt zu dem zweiten Faktor, nämlich der spezifischen Adressatenbezogenheit eines Großteils der englischen lexikogra-

---

110 Erwähnenswert sind noch das dreieinhalbseitige Verzeichnis der benutzten Literatur und die Quellenangaben bei den einzelnen Artikeln.

phischen Werke. In zahlreichen Titeln, bequem zugänglich in T. Hayashi (1978, 145-157), wird die Erläuterung von 'difficult' oder 'hard words' versprochen. So erklärt beispielsweise der anonyme Verfasser der 'Glossographia Anglicana Nova' von 1707 in der Preface (S. 2), er habe sein Werk mit der Absicht begonnen "of instructing the Ignorant ... for the use of such as are not able to read a good Historian, or any Polite English Writer without an Interpreter". Um sich von seinen Vorgängern abzuheben, versichert der Autor, das Werk "shou'd be useful even to the lowest sort of illiterate", doch habe er "chiefly consulted the advantage of such as are gently advancing to Science" (S. 3)[111]. Auch Starnes /Noyes (1946, 100) stellen im Zusammenhang mit einem Wörterbuch von 1721 fest, "lexicographers still commonly assumed that their works would be used mainly by the little educated". Aus dieser pädagogischen Intention heraus erscheint es als konsequent, wenn auch Bilder eingesetzt werden, um die angestrebte Vermittlung von Wissen zu erreichen: "making Knowledge as easie as may be" (Glossographia ... 1707, Preface S. 3).

Auf Grund dieser Tradition dürfte erklärbar sein, warum England (und in der Folge seit dem 19. Jahrhundert auch die USA) neben Frankreich und Spanien die reichhaltigste Produktion e n z y k l o p ä d i s c h e r Wörterbücher aufweist, womit die Ende von Kap. 4.1.3 aufgeworfene Frage zumindest vorläufig beantwortet ist. K. Roe (1978), der 'A Survey of the Encyclopaedic Tradition in English Dictionaries' gibt, führt neben dem hier als zweiter Faktor bezeichneten Grund, die als Quelle für die einsprachige Lexikographie dienenden lateinisch-englischen Wörterbücher an, die "rich in encyclopedic entries" waren (S. 16); er nennt diese Wörterbücher und die ebenfalls von den englischen Lexikographen ausgewerteten Herbarien sogar an erster Stelle, übersieht dabei aber, daß in den anderen Ländern dieselbe Ausgangssituation bestand, ohne daß dieser Trend zu enzyklopädischen Informationen sich so ausgeprägt hätte[112]. Daher ist der oben angeführte erste Faktor mit in Betracht zu ziehen und für das 18. Jahrhundert auch an die Möglichkeit eines anders gearteten Einflusses zu denken.

Vielleicht ist es mehr als bloße chronologische Koinzidenz, wenn im ersten Jahrzehnt des 18. Jahrhunderts sowohl einige englische illustrierte lexikographische Werke erscheinen als auch 'An Essay Concerning Human Understanding' von John Locke die sechste Auflage erlebt[113]. In seiner Begründung des modernen Empirismus erörtert Locke in Buch III die Leistung der Sprache im Erkenntnisprozeß, nimmt hierbei seine in Buch II entwikkelte Unterscheidung in 'simple' und 'complex ideas' wieder auf[114] und legt in einer Art Sprachkritik im dritten Buch (Kap. 9 und 10) die Gründe für die "Imperfection of Words" sowie den "Abuse of Words" dar. Das folgende, das dritte Buch abschließende Kapitel behandelt die dagegen anzuwendenden "Remedies", die unter anderem darin bestehen, die Bedeutung der verwendeten Wörter festzulegen: "it is sometimes necessary for the ascertaining the signification of Words, to *declare their Meaning* (Kap. 11, § 12; diese und die

---

111 Bereits vom Titel her zielt 'The Gentleman's Dictionary' von 1705 auf andere Benutzerkreise, will aber auch "gratify the Curiosity of others" (Preface, S.2).

112 In Frankreich entsteht das erste moderne enzyklopädische Wörterbuch (A. Furetière 1690) als Reaktion gegen das puristische Sprachwörterbuch der 'Académie française'.

113 London 1690^1 bis 1710^6. Herangezogen wird die maßgebliche Ausgabe von P.H. Nidditch, Oxford 1975. Nachtrag 1988: G.W. Leibniz regte 1707 die Illustrierung eines geplanten chinesisch-tatarischen Wörterbuchs an, nachdem er erfahren hatte, "daß es chinesische Lexika gebe, die mit Abbildungen vesehen seien". Auch für Europa hielt er ein solches 'Dictionnaire universel figuré' für wünschenswert (China und Europa 1973, 177).

114 "Locke legt, wie auch die frühen Entwürfe des Essay zeigen, auf die Unterscheidung der Ideen in einfache und zusammengesetzte das denkbar größte Gewicht" (A. Klemmt 1952, 58).

künftigen Hervorhebungen von J.L.). Dies ist vor allem erforderlich für die Bezeichnungen der 'simple ideas', aus denen sich die komplexen Ideen ja zusammensetzen[115]: "In Light and Colours, and all other simple *Ideas*, it is the same thing: ... And no definition of *Light*, or *Redness*, is more fitted, or able to produce either of thouse *Ideas* in us, than the sound *Light*, or *Red* by it self." (III, Kap. 4, § 11). Der Gedanke, die einfachen Ideen ostensiv zu definieren, kehrt in III, Kap. 11, § 14 in allgemeiner Weise wieder, wird aber als "only sure way" noch akzentuiert: "But the only sure way of making known the signification of the name of any simple *Idea*, is *by presenting to his Senses that Subject, which may produce it in his Mind*, and make him actually have the *Idea*, that Word stands for." Ohne daß man auf die Klassifikation der komplexen Ideen in Modi, Substanzen und Relationen eingehen müßte - die in den beiden vorausgehenden Anmerkungen genannten Arbeiten referieren kritisch Lockes Vorstellungen -, kann man beobachten, daß mit 'Substanzen' in etwa die Vorstellungen (Ideas) gemeint sind, die die Sprecher von Konkreta wie *Pferd*, *Emu*, *Gold* (Lockes Beispiele) haben. Zu ihrer Identifizierung isoliert man aus der Gesamtvorstellung "some leading Qualities" heraus, "(a) characteristical Mark" bzw. "leading or characteristical *Ideas*" (III, 11, § 19), die das Aussehen (*Figure*) und/oder die Farbe (*Colour*) betreffen:

"*Now these leading Qualities are best made known by shewing*, and can hardly made known otherwise. For the shape of an *Horse*, or *Cassuary*, will be but rudely and imperfectly imprinted on the Mind by words, the sight of the Animals doth it a thousand times better: And the *Idea* of the particular Colour of *Gold*, is not to be got by any description of it, but only by the frequent exercise of the Eyes about it; as is evident in those who are used to this Metal, who will frequently distinguish true from counterfeit, pure from adulterate, by the sight, where others, (who have as good Eyes, but yet, by use, have not got the precise nice *Idea* of that peculiar Yellow) shall not perceive any difference" (III, 11, § 21).

Von den bisher involvierten *Ideen* unterscheidet Locke die Dinge (*Things*), zu deren Analyse "we ... must go a little farther, and enquire into the Nature and Properties of the Things themselves", wobei "*natural History is to be enquired into*" (III, 11, § 24). Nachdem Locke den Gedanken an eine Art Realenzyklopädie, in der die Struktur der Dinge der Welt auf ihre Grundprinzipien ("simple ideas") zurückgeführt würde[116], als illusionär "for this Age" verworfen hat, schlägt er zur Klärung der Bedeutung der Konkreta bezeichnender Wörter Abbildungen vor, was wegen der bis heute gültigen Argumentation im vollen Wortlaut wiedergegeben werden soll (III, 11, § 25):

"But though such a Dictionary, as I have above mentioned, will require too much time, cost, and pains, to be hoped for in this Age; yet, methinks, it is not unreasonable to propose, that Words standing for Things, which are known and distinguished by their outward shapes, should be expressed by little Draughts and Prints made of them. A Vocabulary made after this fashion, would, perhaps with more ease, and in less time, teach the true si-

---

115 Dieser Gedanke hat viel Kritik erfahren, vgl. R.S. Woolhouse (1971, 50-56).

116 § 25: "It were therefore to be wished, That Men, versed in physical Enquiries, and acquainted with the several sorts of natural Bodies, would set down those simple *Ideas*, wherein they observe the Individuals of each sort constantly to agree. This would remedy a great deal of that confusion, which comes from several Persons, applying the same Name to a Collection of smaller, or greater number of sensible Qualities, proportionably as they have been more or less acquainted with, or accurate in examining the Qualities of any sort of Things, which come under one denomination. But a Dictionary of this sort, containing, as it were, a Natural History, requires too many hands, as well as too much time, cost, pains, and sagacity, ever to be hoped for; and till that be done, we must content our selves with such Definitions of the Names of Substances, as explain the sense Men use them in."

gnification of many Terms, especially in Languages of remote Countries or Ages, and settle truer *Ideas* in Men's Minds of several Things, whereof we read the Names in ancient Authors, than all the large and laborious Comments of learned Criticks. Naturalists, that treat of Plants and Animals, have found the benefit of this way: And he that has had occasion to consult them, will have reason to confess, that he has a clearer *Idea* of *Apium*, or *Ibex* from a little Print of that Herb, or Beast, than he could have from a long Definition of the Names of either of them. And so, no doubt, he would have of *Strigil* and *Sistrum*, if instead of a *Curry-comb*, and *Cymbal*, which are the English Names Dictionaries render them by, he could see stamp'd in the Margin, small Pictures of these Instruments, as they were in use amongst the Ancients. *Toga, Tunica, Pallium*, are Words easily translated by *Gown, Coat*, and *Cloak*: but we have thereby no more true *Ideas* of the Fashion of those Habits amongst the *Romans*, than we have of the Faces of the Taylors who made them. Such things as these, which the Eye distinguishes by their shapes, would be best let into the Mind by Draughts made of them, and more determine the signification of such Words, than any other Words set for them, or made use of to define them. But this only by the bye."

Es ist wohl nicht auszuschließen, daß ein derart beredtes Plädoyer für die Verwendung kleiner Illustrationen zur Bedeutungsexplikation gewisse Auswirkungen auf die lexikographische Praxis im England des beginnenden 18. Jahrhunderts hatte, obgleich keines der illustrierten Werke Locke namentlich erwähnt[117]. Doch einer seiner Grundgedanken, die Möglichkeit der Reduktion komplexer Ideen auf einfache, klingt in mindestens zwei Vorworten deutlich an: "But to make a scientifical Definition, we must go still lower; and bring down the Words, if not to their simple Ideas, yet to general or common ones" (E. Chambers 1728, Preface). S. Johnson (1755) erörtert in der Preface (S. 5) die Schwierigkeiten der Definition: "many words cannot be explained by synonimes, because the idea signified by them has not more than one appellation; nor by paraphrase, because simple ideas cannot be described." Ähnlich äußerte sich Locke in den oben zitierten Stellen und in III, 11, § 14, wo er feststellt, daß für eine einfache Idee auch kein Synonym existieren kann und die Bedeutungsbeschreibung nicht durch eine Definition erfolgen kann[118].

Auf Grund dieser Übereinstimmungen erscheint ein Einfluß von J. Locke auch auf die Illustrierung lexikographischer Werke durchaus möglich, was zusammen mit den anderen Faktoren die Vorreiterrolle Englands erklären könnte[119].

6.4 Die 'Descriptions des arts et métiers' und die 'Encyclopédie'

In den Jahren nach 1760 wird in Europa durch zwei Publikationen eine in Enzyklopädien bisher nicht gekannte Fülle von verbaler und visueller Sachinformation verbreitet.

---

117 Dies braucht nicht Wunder zu nehmen, da lexikographische Werke selten - am ehesten noch Enzyklopädien - Einflüsse nennen, die auf ihre Konzeption eingewirkt haben.

118 R. Schreyer (1971, 178-185) weist einen Einfluß J. Lockes auf S. Johnson in diesem und zwei weiteren Punkten nach. Offenbar ohne an die illustrierten Wörterbücher vor 1755 zu denken, bemerkt Schreyer (S. 178), allerdings in nicht zutreffender Weise: "Genau diese Möglichkeit (der ostensiven Definition, W.H.) aber fällt für die Lexikographie aus." Hinweis auf R. Schreyer von T. Finkenstaedt.

119 In 'Discours préliminaire' der 'Encyclopédie' (XXVII f.) wird Locke neben F. Bacon, R. Descartes, J. Newton und anderen gewürdigt.

6.4.1 Die 'Descriptions des arts et métiers'

Nachdem 1750 im 'Prospectus' zur 'Encyclopédie' mindestens 600 Kupferstichtafeln zu den "Sciences", den "Arts libéraux" und den "Arts méchaniques" angekündigt worden waren - sie sollten zwei Bände beanspruchen - und diese Passage auch in den 'Discours préliminaire' übernommen worden war, wurde das bereits 1675 von Colbert initiierte Projekt der Académie des sciences (vgl. 6.2.1) so weit beschleunigt, daß immerhin ein Jahr vor dem ersten Tafelband der 'Encyclopédie' mit dem Erscheinen des so lange geplanten Werkes begonnen werden konnte.

Descriptions des arts et métiers par M.M. de l'Académie royale des sciences, Paris 1761-1788. 43,5 x 29,5 cm.

Jeder der etwa 88 Bände - die Zahl schwankt je nachdem wie die einzeln erschienenen Titel gebunden wurden - ist einer Disziplin, einer Technik, einem Handwerk gewidmet[120] und enthält auf den etwa 100 bis 200 Seiten in einem ersten Teil eine ausführliche Darstellung des fraglichen Sachgebietes, anschließend eine Beschreibung der im dritten Teil folgenden Tafeln, wobei das seit langem übliche Verweissystem mit Ziffern und Buchstaben Beschreibung und bildliche Darstellung verbindet; vgl. Abb. 75, 76 und 77.

Nach der Katalogisierung der Universitätsbibilothek Erlangen tragen Band 1 - 4 in dieser Reihung die folgenden Titel:

L'Art du plombier et fontanier (1773 erschienen)
L'Art de l'indigotier (1770)
Nouvelle Méthode pour diviser les instruments de mathématique et d'astronomie (1768)
Art des forges et fourneaux à fer (1762)

Bei einzelnen Bänden wird außerdem der fachspezifische Wortschatz registriert, so folgt etwa auf S. 189-202 der 'Art du plombier...' eine "Explication des termes propres à l'art du plombier" - eine Mine von lexikographischen Fakten, die selbst vom FEW nicht ausgewertet wurde. Die 'Descriptions' stellen daher eher eine Sammlung von Fachenzyklopädien zu einzelnen Sachgebieten dar - die einzelnen Bände haben auch verschiedene Autoren - als eine systematisch geordnete Enzyklopädie, da ein übergeordneter Gesichtspunkt etwa in Form eines Systems der Wissenschaften und Künste fehlt.

Eine "nouvelle édition" der 'Descriptions des arts et métiers', die von J.E. Bertrand besorgt wurde, erschien zwischen 1771 und 1781 in Neuchâtel[121]; der konsultierte erste Band enthält Kupferstiche zu 'Art du meunier, ~ du boulanger, ~ du vermicellier' (= Fadennudelfabrikant). Die 'Art du charbonnier' aus Band zwei zeigt die seitenverkehrte Kopie aus der Erstausgabe.

---

120 Der zuerst erschienene Band enthielt 'L'art du charbonnier', "a work which had been in preparation for over eighty-five years, while the plate which illustrated it had been engraved in 1717" (R.Collison 1966², 128). Die verschiedenen Stadien dieses Kupferstiches hat J.-P. Seguin (1964) bis zu seinem Erscheinen in der 'Encyclopédie' (1762) abgebildet; er wird noch in T.H. Croker (1766) auftauchen.

121 Sie hat ein bedeutend kleineres Format: 24 x 19 cm.

Die im folgenden anzuzeigende deutsche Übersetzung enthält sogar französisch-deutsche Verzeichnisse mit Fachvokabular, die wohl ebensowenig für die Geschichte des Wortschatzes ausgewertet wurden:

Schauplatz der Künste und Handwerke ... in das Teutsche übersetzt und mit Anmerkungen versehen von Johann Heinrich Gottlob von Justi, Berlin, Stettin und Leipzig (J.H. Rüdigern) 1762 ff. 24 x 19 cm.

Neben Band 1, der unter anderem eine 44seitige Beschreibung der Arbeit des Köhlers nebst dreieinhalb Seiten dazugehörigen Vokabulars enthält, wurde noch Band 13 eingesehen: Bearbeiter Daniel Gottfried Schreber, Königsberg-Leipzig 1775. Die Illustrationen sind aus den 'Descriptions' kopiert.

Die Existenz einer zweiten Auflage sowie der deutschen Übersetzung sprechen für eine weitere Verbreitung der 'Descriptions', die in merkwürdigem Gegensatz zu ihrer Behandlung in der Sekundärliteratur steht, in der diese beiden Ausgaben nicht erwähnt werden. Die 'Descriptions' erscheinen nur als Quelle für die Tafeln der 'Encyclopédie', denn der berühmte Zoologe und Physiker R.A.F. de Réaumur , der einige Jahrzehnte lang erstere vorbereitete, beschuldigte 1756 Diderot (mit Recht), daß er etwa 150 der für die 'Descriptions' vorbereiteten Stiche kopiert habe. Der gleiche Vorwurf wird drei Jahre später von dem Architekten und Graveur P. Patte erhoben, der an beiden Werken mitgearbeitet hatte. "Cette affaire appelée 'des plagiats' est sans doute le point le plus étudié de toute l'histoire des volumes de planches" (Madeleine Pinault 1984a, 18)[122]. Da die beiden konkurrierenden Werke offensichtlich zum Teil die gleichen Illustrationen verwenden konnten, seien erst nach der Vorstellung der 'Encyclopédie' die ikonographischen Aspekte besprochen.

6.4.2 Die 'Encyclopédie'

D. Diderot/J. d'Alembert , Encyclopédie, ou dictionnaire raisonné des sciences, des arts et des métiers, 17 Bde., Paris 1751-1765, Supplément 4 Bde., 1776-77, Table analytique, 2 Bde., Paris-Amsterdam 1780. ND Stuttgart-Bad-Cannstatt 1966-67[123].

Recueil des planches, sur les sciences, les arts libéraux, et les arts méchaniques, avec leur explication, 11 Bde., Paris 1762-1772, Supplément: Suite de recueil de planches, 1 Bd., 1777. ND Stuttgart-Bad-Cannstatt 1966-67. 40 x 25,5 cm.

Obwohl die Textbände der 'Encyclopédie' trotz der bereits von J. Proust (1962) verzeichneten 910 Titel "nur wenig erforscht sind" (F. Möhren 1986, 345), muß es genügen,

---

122 Vgl. hierzu die 'Courte histoire des planches de l'Encyclopédie' von J.-P. Seguin (1964, 24-34) mit zahlreichen Abbildungen aus beiden Werken, die die Vorwürfe als gut begründet erscheinen lassen, und die vierbändige Thèse von Madeleine Pinault (1984): 'Aux sources de l'Encyclopédie: la Description des arts et métiers', deren Ergebnisse sie in (1984a) resümiert hat. Die Thèse selbst soll 1986 erscheinen.

123 Obwohl d'Alembert bei Band 7 ausschied, wird er gewöhnlich neben Diderot genannt. Diderot zeichnet zwar für die Planches verantwortlich, nicht jedoch für das Supplément, das Supplément der Planches und die Table analytique. Zu Erscheinungsweise, Nachdrucken, Überarbeitungen der 'Encyclopédie' vgl. F. Möhren (1986).

statt einer Charakteristik nur die unmittelbar folgenden Neuauflagen, deren erste noch mit dem Erscheinen der 'Encyclopédie' überlappt, aufzulisten, um ihre große Verbreitung zu dokumentieren:

Lucca, 1758-76, 28 Bde. (wohl 17 Bde. Text, 11 Bde. Planches), Hg. Octavien Diodati ("Seconde édition enrichie de notes", Titel)

Livorno, 1770-79, 33 Bde. (wohl 17 + 4 Bde. Text, 11 + 1 Bde. Planches), Hg. Giuseppe Aubert[124] ("Troisième édition enrichie de plusieurs notes", Titel)[125]

Yverdon (Schweiz), 1770-80, 58 Bde. (42 Bde. Text, 6 Bde. Suppl., 10 Bde. Planches (25,5 x 19 cm)[126], Hg. Fortunato Bartolomeo de Felice[127] ("protestantische Umarbeitung", F. Möhren 1986, 369, Anm. 12)

Genf, 1771-76 (Raubdruck, vgl. F. Möhren 1986, 376)

Genf-Neuchâtel, 1777-79 (45 Bde., 4°, + 6 Bde. Indices, letztere Lyon 1780-81)

Lausanne-Bern, 1778-82 (36 Bde., 8°, + 3 Bde. mit Auswahl aus den Planches, 4°)

Der Verleger C.-J. Panckoucke, der das Supplement und die sonstigen Ergänzungen der 'Encyclopédie' seit 1776 herausgab, verwendete ihre Materialien zu zwei weiteren Publikationen:

Le grand vocabulaire français, par une société de gens de lettres, 30 Bde., Paris 1767-74. Enzyklopädisches Wörterbuch, ausführliche sprachliche Angaben, sogar Hinweise zur Aussprache, Orts- und Personennamen, nicht illustriert, 4° [128].

Encyclopédie méthodique, ou par ordre de matières: par une société de gens de lettres, de savans et d'artistes, 166 Bde., Paris-Liège 1782-1832 (4°, 25 x 18,5 cm), Padua 1786-1800, nach dem Katalog der Biblioteca Marciana (Venedig): 1780 -1817. Ob eine 'Traducción española de la Encyclopédie méthodique' tatsächlich erschienen ist (Paris 1782, Hg./Verleger: Justo de Sancha) scheint zweifelhaft.

Nachdem der Aufbau der einzelnen Bände und die inhaltlichen Veränderungen gegenüber dem Ausgangswerk bereits im Zusammenhang mit den zwei Gliederungsprinzipien (vgl. 4.1.1.2) dargestellt wurden, sei nur noch angemerkt, daß auch durch dieses Werk visuelle Information im Stil der Planches der 'Encyclopédie' in großem Umfang verbreitet wurde.

---

124 Dieses Interesse für die 'Encyclopédie' in Italien zeigt sich auch darin, daß der 'Discours préliminaire' 1753 in Florenz auf italienisch erschien (Hannelore Gärtner 1976, 133).

125 Die vier Supplementbände tragen den Titel: Nouveau dictionnaire pour servir de supplément aux dictionnaires des sciences, des arts et des métiers ... Seconde édition d'après celle de Paris, avec quelques notes, A Livourne 1778.

126 Im Unterschied zum Original enthält diese Ausgabe als erste auch Personennamen; vgl. 4.1.1.1.

127 Die bei G.A. Zischka (1959) aufgeführte Ausgabe in italienischer Sprache (Hg. de Felice) existiert offenbar nicht.

128 Nur B. Quemada (1968) behandelt auch dieses Werk.

Für die Zeit vor 1789 schätzt R. Darnton (1981, 65), daß "annähernd 25.000 Exemplare der 'Encyclopédie' Diderots in Europa im Umlauf" waren, davon etwa 11.500 in Frankreich. Demgegenüber hatte die Enzyklopädie von G. Pivati (1746 ff.), die die bis dahin dichteste Ikonographie aufwies, eine Auflage von 500 Exemplaren[129]. Ganz abgesehen vom Inhalt war allein durch ihre weite Verbreitung wie auch durch die hohe Zahl von 2.885 Kupferstichtafeln - etwa das vier- bis fünffache von G. Pivati - die Wirkung der 'Encyclopédie' bedeutend größer als aller ihrer Vorgänger[130].

6.4.3 Die Verbindung zwischen den 'Planches' und den Textteilen

Während die Lemmata der 'Encyclopédie' alphabetisch 'by specific subjects' angeordnet sind, folgen die Tafeln zwar im Prinzip auch in alphabetischer Reihung, aber 'by broad subjects', aufeinander; so in Band 1: "Agriculture et économie rustique (83 Planches), Aiguillier (2), Aiguillier-Bonnetier (1), Amidonier (1), Anatomie (33), Antiquités (12), Architecture ... (81)" usw. Dabei können Themen einen derartigen Umfang haben, daß sie fast einen ganzen Band füllen; z.B. beanspruchen "Histoire naturelle" und eher inhaltlich als alphabetisch dazu gehörig "Metallurgie" den ganzen Band sechs. Innerhalb eines Gebietes folgen die Tafeln zum Teil in einer sachlich bedingten Reihenfolge aufeinander, etwa wenn unter 'Agriculture et économie rustique' die ersten Gruppen von Tafeln mit "Labourage et outils (5 Planches)[131] - Semoirs (3) - Façon des foins et moisson (1) - Batteur en grange (1) - Conservation des grains (2) - Moulins à vent et à eau, etc. (9)" usw. überschrieben werden. Oder, unter 'Architecture' werden zunächst auf 12 Tafeln die Elemente von Bauwerken, also Säulen, Kapitelle, Fenster, Türen, Balustraden gezeigt, bevor Grundrisse und Ansichten einzelner Bauten folgen. Doch dieses Prinzip der sachbedingten Gliederung führt nicht zwingend zu einer bestimmten Anordnung der Tafeln, da nicht zwischen allen Dingen der Realität derart klare Relationen bestehen wie zwischen Säen und Ernten oder zwischen den Teilen eines Bauwerkes und seiner Gesamtheit. So lag es im Ermessen der Herausgeber, den Hanf (Anbau und Verarbeitung) vor der Baumwolle und diese vor dem Weinanbau anzuordnen, oder auf zwei Brunnen die Kolonnaden des Louvre und die Fassaden einer Kirche folgen zu lassen. F.B. de Felice, der ab 1770 eine Bearbeitung der 'Encyclopédie' herausgab[132], hatte ursprünglich den Plan, die Abbildungen auch in strikt alphabetischer Reihenfolge zu bringen, kam aber davon ab, da ihm klar wurde, "que cette méthode produiroit dans les figures une confusion embarrassante, résultant du mélange de toutes sortes de sujets dans la même 'planche'" (Préface XIV). Hier wirkt sich das technische Problem aus, daß die Kupferstiche nicht im selben Arbeitsgang mit der Schrift ge-

129 Im 'Discours préliminaire' wird G. Pivati nicht erwähnt.

130 Die 'Cyclopaedia' von E. Chambers erlebte nach L.E. Bradshaw (1981, 138 f. und 124) zwischen 1728 und 1752 immerhin zehn Auflagen, was auf ihre weite Verbreitung schließen läßt. Die Erstauflage hatte 375 Subskribenten, die beiden ersten Bände der 'Encyclopédie' 1.400, der siebte Band bereits fast 4.200 (A. Rey 1982, 98 f.).

131 Bereits die erste Tafel enthält den für alle Darstellungen von Tätigkeiten typischen 'panchronischen' Charakter, indem sie die Bauern beim Pflügen, Säen und Eggen (immerhin ohne die Ernte) zeigt; vgl. Abb. 78.

132 Es ist eine starke Untertreibung, wenn er in der Préface (XII) erklärt:"... L'Encyclopédie de Paris, qui fait en quelque sorte la base de notre ouvrage."

druckt werden konnten und auf eigenen Blättern erscheinen mußten, die meist im Anhang oder in eigenen Bänden zusammengefaßt wurden.

Die Verbindung der Tafeln mit dem Text der Enzyklopädie erfolgt durch die seit langem üblichen Buchstaben und Ziffern, die in die Darstellungen eingefügt sind oder einzelne Objekte bezeichnen; vgl; Abb. 78. Aber hierdurch gelangt der interessierte Leser noch nicht zu der vor dem jeweiligen Sachgebiet befindlichen 'Explication', in der der Arbeitsvorgang oder ein bestimmtes Objekt beschrieben werden; er benötigt zunächst die Legende der Tafel und, falls sie nicht einen eindeutig präzisierenden Untertitel aufweist (z.B. 'Minéralogie. Travail du Zinc'), ihre Nummer, um den entsprechenden Abschnitt der 'Explications' zu finden; erst anschließend helfen die genannten Verweisungen weiter. So werden an einer Zuckermühle, die eine halbe Seite füllt ('Sucrerie, Pl. II', Abb. 79), zwölf Teile unterschieden und in der zweispaltig gesetzten 'Explication' durch 23 Zeilen erläutert, ohne daß auf einen Artikel in den Textbänden verwiesen würde, wie im 'Discours préliminaire' (S. XL) anhand gerade dieses Beispiels angekündigt wird. Allerdings kann man selbst unter den in der Beschreibung benutzten Termini nachschlagen und findet weitere Informationen, wenn auch nicht immer auf die konkret vorliegende Abbildung bezogen. Geht man umgekehrt von den Artikeln aus, entdeckt man zahlreiche Hinweise auf bestimmte Illustrationen, die ebenfalls über die Legende vermittelt werden. Schließlich können bereits ausgehend von der Legende und gegebenenfalls ihrem Untertitel die entsprechenden Lemmata in den Textbänden konsultiert werden. Die Relationen von Bild und Text sollen demnach wie folgt veranschaulicht werden (Schema 5):

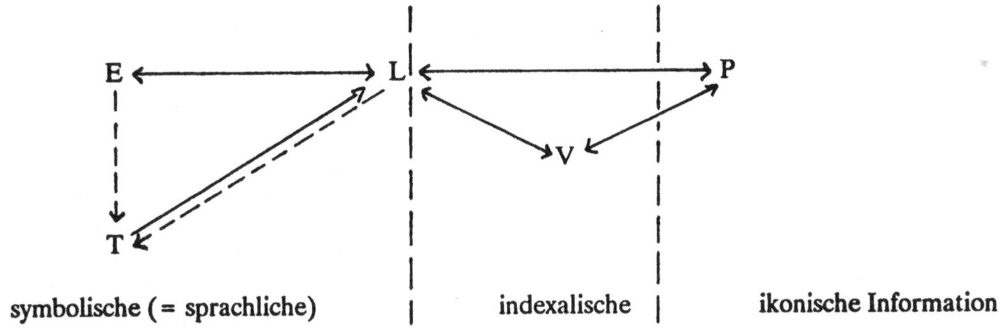

Schema Nr. 5: Die Relation von Text (T) der 'Encyclopédie', Explication (E), Legende (L), den Verweisungen (V) und der Planche (P).

Der Pfeil drückt die Verweisrichtung aus, d.h. er zeigt an, von welchem Element aus man Informationen über ein anderes erhalten kann. Die Anordnung von E, L, P in der gleichen Zeile und von V in der direkt folgenden, wobei L, V, P relativ eng nebeneinander stehen, bedeutet, daß sie alle im selben Band enthalten sind und E vor (also links von) L, V, P steht, die ihrerseits auf der gleichen Seite erscheinen. Dagegen befindet sich T in einem anderen Band, weit entfernt von E, L, V, P. Schließlich verweist L an sich und der Gebrauch von Fachwortschatz in E nur indirekt auf T (- - >), von dem nur ein Pfeil ausgeht[133], welcher die in den Artikeln enthaltenen Hinweise auf bestimmte Abbildungen symbolisiert.

133 Dadurch kommt auch die relativ große Unabhängigkeit der Tafelbände von den Textbänden zum Ausdruck.

Eine derartige Angabe (z.B. "Voyez la figure 26. Planc. XIII. de l'Horlogerie") bezieht sich unmittelbar auf die Legende einer Planche ('Horlogerie, Planc. XIII') und innerhalb des dadurch identifizierten Raumes auf eine Verweisung ('Figure 26'). Somit wird erst über diese beiden Stationen die Verbindung zwischen Text und Bild hergestellt, wobei die Zwischenstation der Verweisung fehlen kann, wenn das ganze Bild gemeint ist. Obiges Schema zeigt die zentrale Rolle der Legende, die als eine Art Scharnier zwischen dem ikonischen und sprachlichen Kommunikationssystem vermittelt, denn in L treffen vier Pfeile aufeinander. Da die Legende mit dem Bild in engster räumlicher Verbindung steht und unmittelbar mit ihm wahrgenommen wird - Analoges gilt für die Verweisungen -, ermöglicht sie am besten den Wechsel vom ikonischen zum symbolischen (hier sprachlichen) Kode. Die Verweisungen hingegen, die sich bei den einzelnen Gegenständen einer Tafel oder in den szenischen Darstellungen befinden, enthalten zwar sprachliche Ausdrücke ('Figure 26') oder Elemente ('A, B, a, b, c'), doch ihre Funktion ist nicht sprachlicher Natur[134]; so ist der Gebrauch des Wortes *figure* vollständig redundant, denn alle in den Tafelbänden benannten Abbildungen von Gegenständen sind *figures* - auf einigen Planches fehlt denn auch der Vermerk "fig.". Ferner ist das Zahlensystem an sich nicht-sprachlicher Natur und die verwendeten Majuskeln und Minuskeln vertreten nur Zahlen. Daher können die Verweisungen in Anlehnung an C.S. Peirce als Indices angesehen werden, da ihre einzige Funktion darin besteht, "that they direct attention to their objects by blind compulsion", mit denen sie in enger räumlicher Beziehung stehen: "Psychologically, the action of indices depends upon association by contiguity, and not upon association by ressemblance or upon intellectual operations"[135].

Die Verweisungen haben aber nicht nur die Funktion, über die Legende die Verbindung zwischen dem Text und einem Detail der Abbildungen herzustellen, sondern bei den szenischen Darstellungen, genannt *vignettes*, steuern sie gewissermaßen die Lektüre der Planches[136]; vgl. auch Abb. 80. Durch die festgelegte Abfolge der Ziffern oder der Buchstaben des Alphabets wird der Betrachter veranlaßt, seinen Blick entsprechend über das Bild, das meist einen Arbeitsprozess zeigt, wandern zu lassen. Bezüglich dieser szenischen Darstellungen war schon zweimal angemerkt worden, daß sie, da sie verschiedene Etappen eines Vorgangs zeigen, einen 'panchronischen' Charakter haben; berücksichtigt man die Wirkung der in den Bildern enthaltenen Anweisungen auf den Betrachter, bekommen sie dadurch für ihn eine diachronische Dimension, da er z.B. an der sich in der Zeit vollziehenden Herstellung eines Produkts teilnehmen kann. Das statische Bild überwindet da-

---

134 Dagegen enthält die Legende sprachlich kodierte Informationen, z.B. "Minéralogie, Salines". Quasi als Abkürzung für weitere sprachlich zu leistende Präzisierungen der Legenden (Art von Salinen, Aufbau, Werkzeuge, etc.) erhalten die Tafeln auch Nummern. Die sieben Tafeln zu den Salinen weisen sowohl weitere Untertitel auf (z.B. "Plan, Profil et Élévation des Poësles de la Saline...) als auch die Numerierung, sind also redundant markiert. Da die Zahlen hier nur sekundär sind, wurden die Legenden gänzlich zum Bereich der symbolischen Information gerechnet.

135 Mit den beiden letztgenannten Assoziationen spielt Peirce auf die ikonischen und symbolischen Zeichen an. In dem zitierten Paragraphen der von C. Hartshorne/P. Weiss edierten 'Collected Papers of C.S. Peirce' (1965[3], 2.306) grenzt Peirce die Indices durch zwei weitere Merkmale von den beiden anderen Typen von Zeichen ab. Im vorausgehenden Abschnitt bezeichnet er "the letters A, B, C, etc., attached to a geometrical figure" ebenfalls als Indices, ein den obigen Verweisungen vergleichbarer Fall.
Auf weitere Einzelheiten der Zeichentypologie von Peirce braucht wohl in diesem Kontext nicht eingegangen zu werden.

136 Die Untersuchungen der Augenbewegungen von Versuchspersonen bei der Bildbetrachtung zeigen, daß die Abfolge der Bewegungen im Prinzip frei ist, wenngleich sie sich primär auf die verschiedenen Zentren des Bildes richten und zwischen ihnen öfter hin und her wandern; vgl. H.D. Zimmer (1983, 30 f.).

durch die ihm originär zugehörige Darstellungsfunktion von Dingen und greift in die Domäne der Sprache über, die Handlungen und Vorgänge beschreiben kann.

6.4.3.1 G.E. Lessing und D. Diderot zu Wort und Bild

Etwa gleichzeitig mit der Entstehung der Planches hat G.E. Lessing 'über die Grenzen der Malerei und Poesie' (so der Untertitel) nachgedacht und seinen 'Laokoon' 1766 veröffentlicht. Von seiner Argumentation sollen nur einige Ergebnisse kurz referiert werden. Lessing gelangt zu der Ansicht, daß "Körper mit ihren sichtbaren Eigenschaften, die eigentlichen Gegenstände der Malerei" sind und "Handlungen der eigentliche Gegenstand der Poesie. Doch alle Körper existieren nicht allein in dem Raume, sondern auch in der Zeit. Sie dauern fort, und können in jedem Augenblicke ihrer Dauer anders erscheinen, und in anderer Verbindung stehen. Jede dieser augenblicklichen Erscheinungen und Verbindungen ist die Wirkung einer vorhergehenden und kann die Ursache einer folgenden sein. Folglich kann die Malerei auch Handlungen nachahmen, aber nur andeutungsweise durch Körper" (zitierte Ausgabe 1974, 103).

Während Lessing "auf den äußersten Grenzen (zwischen Malerei und Poesie, W.H.) eine wechselseitige Nachsicht herrschen lassen" will (S. 116), tadelt er deutliche Grenzüberschreitungen z.B. der Malerei:

"Es bleibt dabei: die Zeitfolge ist das Gebiete des Dichters, so wie der Raum das Gebiete des Malers.

Zwei notwendig entfernte Zeitpunkte in ein und eben dasselbe Gemälde bringen so wie Fr. Mazzuoli den Raub der Sabinischen Jungfrauen, und derselben Aussöhnung ihrer Ehemänner mit ihren Anverwandten; oder wie Titian die ganze Geschichte des verlorenen Sohnes, sein lüderliches Leben und sein Elend und seine Reue: heißt ein Eingriff des Malers in das Gebiete des Dichters, den der gute Geschmack nie billigen wird" (S. 116).

Was in der Malerei nach Lessing zu tadeln ist, zumindest ein auffälliger Zug an einem Gemälde ist - die biblischen Gleichnisse, vgl. Kap. 6, Anm. 37, und der Raub der Sabinerinnen wurden offensichtlich als Ganzheit betrachtet -, ist ein Charakteristikum der Sachillustrationen der 'Encyclopédie'[137].

Auch Diderot hat sich zu dem Verhältnis von bildlicher und sprachlicher Darstellung geäußert. In dem von ihm verfaßten Artikel 'Encyclopédie' (Bd. 5, Fol. 638c) stellt er in einer kurzen Passage zunächst fest, daß man mit dem Bild anders als mit der Sprache keine Aussage ("proposition") machen kann, die mit anderen zu einem "raisonnement" verknüpft, schließlich ein Stück Rede ("discours") ergibt[138]:

"La peinture n'atteint point aux opérations de l'esprit; l'on ne distingueroit point entre des objets sensibles distribués sur une toile, comme ils seroient énoncés dans un discours,

---

[137] Wohl als erster bringt der fünfte Band der Planches ein temporales Moment in die Illustration, indem er das Funktionieren einer Schleuse in zwei Etappen, d.h. in zwei Bildern zeigt ("Hydraulique, Canal et Ecluse"); die Darstellung wurde von der 'Encyclopaedia Britannica' (1768-71) kopiert, wobei die Vignette seitenverkehrt erscheint.

[138] Dieser Gedanke gilt auch in der heutigen Diskussion des Verhältnisses von Sprache und Bild als zentral.

les liaisons qui forment le jugement & le syllogisme; ce qui constitue un de ces êtres sujet d'une proposition; ce qui constitue une qualité de ces êtres, attribut; ce qui enchaîne la proposition à une autre pour en faire un raisonnement, & ce raisonnement à un autre pour en composer un discours; en un mot il y a une infinité de choses de cette nature que la peinture ne peut figurer; mais elle montre du moins toutes celles qu'elle figure: & si au contraire le discours écrit les désigne toutes, il n'en montre aucune."

Eine zweite Einschränkung der Funktion von Bildern "de transmettre les idées par la peinture des objets" liegt darin, daß mit ihnen Bewegung nicht dargestellt werden kann, was auch Lessing[139] feststellt:

" D'un autre côté, la peinture étant permanente, elle n'est que d'un état instantanée. Se propose-t'elle d'exprimer le mouvement le plus simple, elle devient obscure. Que dans un trophée on voye une Renommée les ailes déployées, tenant sa trompette d'une main, & de l'autre une couronne élevée au-dessus de la tête d'un héros, on ne sait si elle la donne ou si elle l'enleve: c'est à l'Histoire à lever l'équivoque."

Diderot zieht sogar in Betracht, eine Handlung durch eine Folge von Figuren ("suite ... de figures") darstellen zu lassen - es wird bei den Vignetten praktiziert -, jedoch "il y aura de l'interruption: l'action est continue, et les figures n'en donneront que des instans séparés, laissant à la sagacité du spectateur à en remplir les vuides" (Fol. 638d)[140].

Das Bild bietet jedoch den Vorzug der leichteren Verständlichkeit: "La clé des tableaux est dans la nature, et s'offre à tout le monde: celle de caracteres alphabétiques et de leur combinaison est un pacte dont il faut que le mystere soit revélé" (Fol. 638c). Obwohl die Abbildungen von Dingen immer unvollständig sind, haben sie nach Diderot doch "rien d'équivoque" an sich, "parce que ce sont les portraits mêmes d'objets que nous avons sous les yeux" (Fol. 638c). Dagegen betont die heutige Kunsttheorie und Semiotik gerade die jedem Bild inhärente Polysemie, die durch die Verbindung mit der Sprache, etwa durch eine Legende, aufgehoben werden kann; vgl. 8.5.2 und 8.6. Aber auch Diderot hat ja die Planches auf mehrfache Weise an sprachliche Informationen gekoppelt.

6.4.4 Analyse der 'Planches'

A.-M. Bassy (1980), der zwar S. 218 f. auf die Funktion der Verweisungen für die gelenkte Bildbetrachtung hinweist, aber ihren eine Chronologie und somit Diachronie stif-

---

139 Versucht umgekehrt die Rede "ein körperliches Ganze nach seinen Teilen zu schildern", so ist dies nach Lessing (S. 112 f.) kein Mittel der Poesie, "weil dergleichen wörtlichen Schilderungen der Körper das Täuschende gebricht, worauf die Poesie vornehmlich gehet", ... denn dabei kommt "das Koexistierende des Körpers mit dem Konsekutiven der Rede ... in Kollision". Aber Lessing selbst erkennt in anderen Gattungen, "wo man nur mit dem Verstande seiner Leser zu tun hat", den Nutzen solcher verbalen Schilderungen an.

140 Diderot hofft, diese Leerstellen oder "instants intermédiaires que la peinture ne peut représenter" (Fol. 638d) durch die sprachliche Beschreibung überbrücken zu können, wozu aber die sprachlichen Grundelemente ("les radicaux"), d.h. die elementaren sprachlichen Zeichen eindeutig definiert werden müssen; diese Festlegungen sollen durch Rückgriff auf die beiden toten Sprachen Latein und Griechisch erfolgen; genauer Fol. 638d - 639c. Vgl. F.J. Hausmann 1985a.
P. Swiggers (1984) bringt trotz des vielversprechenden Titels nichts zu den hier angeschnittenen grundsätzlichen Fragen.

tenden Charakter nicht erkennt[141], führt jedoch hierfür einige andere Charakteristika der Planches an (S. 221-25). In den szenischen Darstellungen, den Vignetten ("de véritables scénarios écrits", S. 221) verdeckt keine Person die andere. "Tous se trouvent disposés sur un même plan linéaire qui permet une lecture de gauche à droite ou de droite à gauche" (S. 221)[142]. Jeder Arbeiter übt eine andere Tätigkeit aus, die nach A.-M. Bassy in der Realität von der gleichen Person nacheinander getan würde[143]. Durch diese stilistischen Mittel wird der Eindruck einer chronologischen Abfolge hervorgerufen, die entsprechend der Richtung der Schrift räumlich meist von links nach rechts verläuft; vgl. Abb. 80. Auch das Licht und seine Ausbreitung steuern oft in diesem Sinne die Betrachtung des Bildes; von links einfallend, auch wenn sich dort gelegentlich kein Fenster befindet[144], Schatten nach rechts werfend, lädt es das Auge ein, ihm zu folgen. Ist aber die Abfolge eines Arbeitsprozesses von rechts nach links arrangiert, unterstützt das oft von rechts kommende Licht die Richtung der Lektüre des Bildes, da es als "cheminement temporel" (S. 223) eingesetzt wird.

Die Verweisungen haben darüber hinaus zwei weitere Funktionen: Zum einen bannen sie die jedem Bild inhärente Polysemie, indem sie den einzelnen Teilen in der 'Explication' eine eindeutige Lesart zuweisen; so auch A.-M. Bassy (1980, 220 f.). Schließlich bestimmen sie damit die Analysetiefe des Bildes, die demnach letztlich von der Struktur der französischen Sprache abhängig ist. A.-M. Bassy (1980) bemerkt in diesem Zusammenhang: "les encyclopédistes, si avides de décomposer, de démonter pièce à pièce le réel, s'arrêtent parfois en chemin. Pourquoi? Simplement parce qu'il n'existe plus de mots pour désigner la partie de telle pièce de machine ou de tel organe, que pourtant la représentation aurait pu isoler" (S. 220). Daß deshalb aber im Bild nicht die "structure de l'objet réel" (ebenda), sondern die der Sprache erscheint, ist wohl eine zu weitgehende Interpretation, da diese die Wahrnehmung beeinflussende Funktion der Sprachstruktur ständig vorhanden ist und nicht nur bei der Vorbereitung der Planches gewirkt hat[145]. Dagegen betont R. Barthes gleich zu Beginn seines Artikels (1964, 11): "l'Encyclopédie s'engageait dans une iconographie a u t o n o m e de l'objet" (Sperrung W.H.), das folglich keine besonders akzentuierte Abhängigkeit von der Sprache oder den 'Explications' aufweist, wie man hinzufügen könnte[146].

---

141 Er glaubt, daß ein erster Effekt dieser Verweisungen darin besteht, "de dénoncer chaque fois l'irréalité de l'objet scientifique ou technique" (S. 218); diese Unwirklichkeit ist jedoch bereits dem Wesen jeder bildlichen Darstellung inhärent. In gewisser Weise Ausnahme hierzu sind Stilrichtungen, die eine illusionistische Wiedergabe der Realität anstreben, etwa die Hyper- oder Photorealisten der siebziger Jahre dieses Jahrhunderts.

142 Dies ist eine idealisierende Vereinfachung von Bassy, denn die Mehrzahl der Vignetten zeigt Figuren im Vorder- und Hintergrund, deren Numerierung oft nicht durchgehend in einer Richtung erfolgt.

143 Diese Annahme müßte durch die Untersuchung von Herstellungsprozessen erst erhärtet werden. Spezialisierte Handwerke können durchaus mehrere Personen erforderlich machen - Hinweis von T. Finkenstaedt.

144 Z.B. bei Planche 1 von 'L'Imprimerie en lettres'; abgebildet bei A.-M. Bassy (1980, 222).

145 Aus diesem Grund kann auch Bassys weiterer Analyse in dieser überspitzten Formulierung nicht beigepflichtet werden: "Elle (= l'illustration) fait entrer la réalité des choses dans la réalité des mots, et non la réalité des mots dans celle des choses. ... L'image est image de discours, non image de la réalité" (S. 225).

146 Mit anderen Worten, die Planches (ausgenommen die Vignetten) würden die Objekte auf dieselbe Weise darstellen, auch wenn diese nicht noch sprachlich beschrieben würden.

Ein Teil der Planches ist zweigeteilt: Während in der oberen Hälfte, der sogenannten Vignette, meist die Darstellung eines Produktionsprozesses gegeben wird, zeigt die untere Hälfte die verwendeten Geräte und Werkzeuge oder die erzeugten Produkte[147]; vgl. Abb. 80 und bereits Abb. 75 und 77. In anderen Fällen sind die beiden Sujets auf verschiedene Tafeln verteilt. R. Barthes hat (1964) erkannt, daß dadurch die zwei Dimensionen der Sprache auf die Welt der Dinge übertragen werden, nämlich in den Vignetten die syntagmatische, in den anderen Teilen die paradigmatische; "dans la partie inférieure, l'outil ou le geste (objet de la démonstration) isolé de tout contexte réel, est montré dans son essence; il constitue l'unité informative et cette unité est la plupart du temps *variée*: on en détaille les aspects, les éléments, les espèces; cette partie de la planche a pour rôle de *décliner* en quelque sorte l'objet, d'en manifester le paradigme; au contraire, dans la partie supérieure, ou vignette, ce même objet (et ses variétés) est saisi dans une scène vivante (généralement une scène de vente ou de confection, boutique ou atelier), enchaîné à d'autres objets à l'intérieur d'une situation réelle: on retrouve ici la dimension syntagmatique du message" (S. 13, Hervorhebungen R.B.).

Die somit angewandten wissenschaftlichen Verfahren der Analyse und Synthese lassen die Vignetten nicht als Abbildung der Realität erscheinen, sondern als ihre bewußte Rekonstruktion (A.-M. Bassy 1980, 216). Darauf deutet bereits hin, daß jede dargestellte Person einen anderen Arbeitsgang durchführt; die Personen bewegen sich im Prinzip immer in demselben Raum mit demselben Fenster, egal ob sie in einer Schneiderei, Gravuranstalt oder einer anderen Werkstatt tätig sind[148]. Damit der Betrachter seinen Blick über alle Arbeitsprozesse wandern lassen kann, sind Mauern teilweise nur angedeutet (z.B. bei 'Oeconomie Rustique, Affinerie des Sucres, Pl.V.'), Dächer halb geöffnet ('Oeconomie Rustique, Sucrerie, Pl. II', vgl. Abb. 79 und bereits Abb. 77 aus den 'Descriptions') bzw. fehlen ganz ('Métallurgie, Fer Blanc, Pl. II', vgl. Abb. 82), oder Balken, die ein Dach stützen sollen, sind weggelassen bzw. einfach unterbrochen ('Minéralogie, Fourneaux pour le Cobalt et l'Arsenic')[149]. Durch diese und weitere Darstellungstechniken erhalten die Vignetten ihren strengen, rationalen Charakter: "l'image a *aussi* une fonction logique (Hervorhebung R.B.). Diderot le dit expressément à propos de la machine à faire des bas, dont l'image va reproduire la structure" (R. Barthes 1964, 14): "Le métier à faire des bas est une des machines les plus compliquées et les plus conséquentes que nous ayons: on peut la regarder comme un seul et unique raisonnement, dont la fabrication de l'ouvrage est la conclusion; aussi règne-t-il entre ses parties une si grande dépendance qu'en retrancher

---

[147] Bei den Darstellungen der 'Arts et métiers' sind im Schnitt 20 von 50 Tafeln auf diese Weise gegliedert, bei manchen anderen Bereichen wie der 'Histoire naturelle' fehlen sie ganz. Obwohl sie also in der Minderheit sind, gelten sie für die 'Encyclopédie' (und die 'Descriptions') als die typischen Tafeln schlechthin.

[148] Einige Vignetten, von Defehrt gezeichnet und gestochen, zeigen etwas mehr 'Lokalkolorit', z.B. 'Gravure en Taille-douce, Planche I' (Bd. 5); vgl. Abb. 81. Es würde zu weit vom Thema wegführen, ginge man auf den Beitrag der einzelnen Künstler ein.

[149] Für A.-M. Bassy (1980), der sich auf R. Barthes (1964) beruft, sind diese darstellungstechnischen Verfahren Ausdruck dafür, daß "la démarche scientifique elle-même s'ouvre à l'imaginaire" (S. 230). Nach der oben vorgeschlagenen Deutung kommt durch sie nur der bewußt künstliche, quasi labormäßige Charakter der Vignetten zum Ausdruck.

une seule, ou altérer la forme de celles qu'on juge les moins importantes, c'est nuire à tout le mécanisme" (Artikel *Bas*, Bd. 2, 98a)[150].

Ein derart hoher Anspruch wurde vorher noch nicht und später äußerst selten an die Illustrationen einer Enzyklopädie gestellt, was allein Rechtfertigung genug ist, sich mit ihnen auseinanderzusetzen. Sie weisen zwar, wie in Schema 5 gezeigt werden sollte, eine derart komplexe Relation zu drei verbalen Informationssystemen auf (Legende, Explications und Textbände), daß dieses Konzept nicht in spätere Werke übernommen wurde[151], und sie gehen weit über das Informationsbedürfnis des durchschnittlichen Benutzers einer Enzyklopädie hinaus, so daß sich eine Übertragung auf ein (enzyklopädisches) Wörterbuch von selbst ausschließt[152], aber sie teilen viele ihrer Charakteristika mit den Illustrationen anderer Werke; auch aus diesem Grund war es angebracht, anhand der Planches der 'Encyclopédie' verschiedene Aspekte exemplarisch abzuhandeln.

Es soll nicht vergessen werden, daß mindestens 150 Tafeln, die für die 'Descriptions des arts et métiers' vorgesehen waren, für die 'Encyclopédie' nachgestochen wurden; wenn J.-P. Seguin (1964, 32) schreibt, Diderot habe diejenigen übernommen, die nicht besser zu machen waren, so bedeutet dies, daß etwa das Konzept der Zweiteilung der Tafeln in Vignette und Abbildung, z.B. der Werkzeuge, in der 'Encyclopédie' nur übernommen und konsequent durchgeführt wurde, wie ein Blick auf die Abbildung 75 zeigt. Daher sind die Planches einheitlicher, aber vielleicht auch weniger abwechslungsreich als die Tafeln der 'Descriptions'[153]. Madeleine Pinault hat (1984) das Verhältnis dieser beiden Werke untersucht und in einem Aufsatz (1984a) auf die sonstigen Quellen für die Illustrationen hingewiesen und kommt zu dem Schluß: " C'est donc à partir de documents déjà existants que vont travailler les illustrateurs de l'Encyclopédie'" (1984a, 18). So hat die 'Cyclopaedia' von E. Chambers (1728 u.ö.) für verschiedene technische Planches in Band 5 Pate gestanden, worauf auch Madeleine Pinault hinweist; vgl. Abb. 58 und 83[154].

Der von A.-M. Bassy (1980) vermutete imaginäre Charakter zahlreicher Planches, den er durch die Abbildung der Arche Noahs bestätigt sieht - sie ist sein einziges Beispiel für ein wirklich imaginäres Objekt -, wurde bereits weiter oben anders gedeutet; hinzukommt, daß die Arche aus G. Pivati (1746) kopiert wurde, worauf noch niemand hingewiesen hat, und in einem vierseitigen Artikel zu diesem Stichwort nicht erwähnt wird, was auf ihre spä-

---

150 Daß sich Diderot gerade anläßlich dieses Artikels so grundsätzlich äußert, ist verständlich, denn er hatte aus dem Cabinet des Estampes 1748 den Band 'Métier à faire des Bas' zwei Jahre lang entliehen, was auf Probleme bei der Redigierung hinweist. Er hat es dann auch vorgezogen, seinen darauf basierenden Artikel zu veröffentlichen - er weist selbst darauf hin -, der ein überholtes Herstellungsverfahren beschreibt, als die inzwischen eingetretenen technischen Neuerungen zu berücksichtigen (Madeleine Pinault 1984a, 18 und Anm. 20). Elf Tafeln zeigen den Webstuhl und die Arbeitsvorgänge.

151 Die 'Encyclopédie méthodique' von 1882 ff. bringt die Explications in den Textbänden nach den jeweiligen Artikeln, hat beide Bestandteile also nicht zu einem Text zusammengefaßt.

152 Daher wurden auch die Illustrationen in den späteren Auflagen, den Neubearbeitungen und in der 'Encyclopédie méthodique' nicht untersucht - das wäre im übrigen eine Arbeit für sich.

153 Es erübrigt sich fast, auf den hohen ästhetischen Reiz der Planches und der 'Descriptions' hinzuweisen; nur in der Darstellung von Pflanzen und Tieren sind G. Pivati (1746 ff.) und die 'Encyclopaedia Britannica' in der Ausgabe von 1768-71 überlegen.

154 Ferner wurden aus Chambers' Tafel "Opticks" in die entsprechende der 'Encyclopédie' die Camera obscura und die "Lanterne magique" übernommen, aber nicht einfach unverändert kopiert. Das Gleiche gilt für die Tafel "Surveying", aus der unter anderem "Levelling" und "Quadrant" als "l'art de lever les plans" und "Quart de cercle" unter "Arpentage" leicht modifiziert erscheinen.

tere Einfügung in einen Tafelband hindeutet - in der Tat erschien sie erst 1777 im 'Supplément', an dem Diderot nicht mehr mitgarbeitet hat.

Während die Zweiteilung einer Seite in Vignette und aufzählende Darstellung vorher offenbar nur ein Charakteristikum der 'Descriptions des arts et métiers' war, finden sich andere Merkmale der Planches auch in anderen vorausgehenden Werken. Überall wo gesonderte Kupferstichtafeln vorgesehen werden, benötigen die einzelnen Darstellungen sei es eine Legende (Chambers 1728, Bailey 1730, Pivati 1746, Sinold von Schütz/Hübner 1753), seien es indexalische Vermerke des Typs 'Plate 12' (Chauvin 1692, Chambers 1728). Werden einzelne Teile eines Gegenstandes unterschieden, sind Verweisungen seit Comenius (1658) und Chauvin (1692) in der Lexikographie üblich. Wird das Bild jedoch in den Artikel eines lexikographischen Werkes eingefügt, verzichtet man im Gegensatz zur heute vorherrschenden Praxis noch auf die Legende; offensichtlich fungiert das Lemma gleichzeitig als Legende, was jedoch dann nicht mehr möglich wäre, wenn das Bild eine besondere Spezies des durch das Lemma bezeichneten Referenten darstellen würde. Da jedoch die den Text begleitenden Illustrationen bisher fast ausschließlich Holzschnitte meist einfacherer Art waren, stellte sich diese Frage noch nicht - detailliertere Abbildungen müssen noch auf gesonderten Kupferstichtafeln untergebracht werden, wo sie bei Bedarf mit einer Legende bezeichnet werden.

Bei dem unvergleichlich hohen Stellenwert, den die Illustrationen in der 'Encyclopédie' besitzen - er kommt auch rein quantitativ zum Ausdruck: 17 Textbände vs. 11 Tafelbände (bis 1772) -, verwundert es nicht, daß Diderot bereits im 'Prospectus' (1750) in einer Passage auf den Zweck der Illustration hinweist, die in d'Alemberts 'Discours préliminaire' (1751, XXXIX f.) übernommen wurde:

"Mais le peu d'habitude qu'on a & d'écrire & de lire des écrits sur les Arts, rend les choses difficiles à expliquer d'une maniere intelligible. De-là naît le besoin de figures. On pourroit démontrer par mille exemples, qu'un Dictionnaire pur & simple de définitions, quelque bien qu'il soit fait, ne peut se passer de figures, sans tomber dans des descriptions obscures ou vagues; combien donc à plus forte raison ce secours ne nous étoit-il pas nécessaire? Un coup d'oeil sur l'objet ou sur sa représentation en dit plus qu'une page de discours."

Zur Auswahl der Darstellungen bemerken Diderot und d'Alembert (S. XL): "Il y a aussi des objets si familiers, qu'il seroit ridicule d'en faire des figures. Les Arts en offrent d'autres si composés, qu'on les representeroit inutilement. ... Quant aux figures, nous les avons restraintes aux mouvemens importans de l'ouvrier et aux seuls momens de l'opération, qu'il est très-facile de peindre et très-difficile d'expliquer".

Im Artikel 'Dictionnaire' führt d'Alembert aus, daß auch ein "dictionnaire de langues" (!) Fachwortschatz enthalten soll "que le commun des lecteurs est sujet à entendre prononcer, ou à trouver dans les livres ordinaires", und er fährt fort:

"On pourroit conclure de-là que souvent les figures seront nécessaires dans un *dictionnaire* de langues: car il est dans les Sciences & dans les Arts une grande quantité d'objets, même très-familiers, dont il est très-difficile & souvent presque impossible de donner une définition exacte, sans présenter ces objets aux yeux; du moins est-il bon de joindre souvent la figure avec la définition, sans quoi la définition sera vague ou difficile à saisir. C'est le cas d'appliquer ici ce passage d'Horace: *segnius irritant animos demissa per aurem, quam quae sunt oculis subjecta fidelibus*[155]. Rien n'est si puéril que de faire de grands efforts pour expliquer longuement sans figures, ce qui avec une figure très-simple n'auroit besoin que d'une courte explication. Il y a assez de difficultés réelles dans les objets dont nous nous occupons, sans que nous cherchions à multiplier gratuitement ces difficultés. Reservons nos efforts pour les occasions où ils sont absolument nécessaires: nous n'en aurons besoin que trop souvent. (Bd. IV, 961b)[156].

Diesen Ausführungen[157] ist inhaltlich nichts hinzuzufügen, man muß aber mit Erstaunen feststellen, daß ein so überzeugendes Plädoyer für Illustrationen in Sprachwörterbüchern keinerlei Wirkung gezeigt hat.

Die Wirkung der 'Encyclopédie' war ungeheuer, was sich bereits an ihrer in Anbetracht des Preises hohen Auflage, aber auch an den zahlreichen Neubearbeitungen und ihrer Umgestaltung zu den 166 Bänden der 'Encyclopédie méthodique' zeigt, zu der A. Rey (1982, 101) bemerkt: "Il s'agissait en effet d'une vaste collection de dictionnaires et de traités, sans grande cohérence. L'Encyclopédie méthodique marquait les limites extrêmes de l'esprit encyclopédique du XVIIIe siècle: les contraintes de l'édition et les nécessités d'un didactisme socialement transformé allaient favoriser d'autres types de projets".

6.5 Das verbleibende 18. Jahrhundert

Für die Qualität der Planches der 'Encyclopédie' spricht, daß einige von ihnen bereits zwei Jahre nach dem Erscheinen des ersten Bandes für eine englische Enzyklopädie nachgestochen wurden.

Temple Henry Croker et al., The Complete Dictionary of Arts and Sciences, Coventry, 1764-66[158], London, Bd. 1 (A - D), 1766. 36,5 x 24 cm.

R. Collison (1966^{2}, 108) bemerkt zum Text dieser Enzyklopädie, er sei "mostly a plagiarization of Ephraim Chambers's" und fügt hinzu: "Perhaps the best feature of this book is its 150[159] copper-plate illustrations". Dies liegt primär daran - was ihm entgangen ist -, daß

---

155 Das Horaz-Zitat entstammt der Ars poetica (180 ff.) und beschreibt die unterschiedliche Wirkung von Handlungen, die sich auf der Bühne im Theater abspielen, und Vorgängen, die nur (z.B. von Boten) berichtet werden. Daher sei zum beseren Verständnis noch der vorausgehende Vers zitiert und eine Übersetzung beigegeben: 179: aut agitur res in scaenis aut acta refertur. Die Übersetzung von W. Schöne (1967) lautet:
"Eine Handlung kommt als Ereignis auf die Bühne oder durch Bericht von ihrem Hergang. Schwächer ist der Eindruck, der der Seele durch das Ohr zugeht, minder wirksam, als was das zuverlässige Auge unmittelbar aufnimmt und was der Zuschauer sich selbst zuträgt."

156 Bei R. Werner (1982, 62) ist die Textstelle durch fälschlich gesetzte Anführungszeichen nach dem Zitat aus Horaz entstellt.

157 Weitergehende Äußerungen, etwa den Aufbau der Planches betreffend, waren nicht zu entdecken; so geben auch die Stichworte *Dessein, Figure, Illustration, Image, Planche, Taille-douce* keine näheren Hinweise.

158 R. Collison (1966^{2}, 108) verzeichnet nur "one large folio volume", es lag jedoch eine mehrbändige Londoner Ausgabe vor.

159 Bei der eingesehenen Ausgabe enthält Band 1 bereits 55 Tafeln, so daß ihre Gesamtzahl höher liegen könnte. Es gibt wie in der 'Encyclopédie' keine Holzschnitte im Text.

ein Gutteil aus der 'Encyclopédie' stammt: So erscheint zur Köhlerei ein Kupferstich, der sich als Kopie von 'Oeconomie Rustique, Charbon de Bois, Pl. I' der 'Encyclopédie'[160] zu erkennen gibt und ein wesentliches Element (den schwelenden Meiler) aus Planche II hinzufügt; vgl. die Abbildungen der beiden Planches der 'Encyclopédie' (84 und 85) mit der aus Croker (86), die ihrer Vorlage gegenüber seitenverkehrt erscheint. Zahlreiche andere aus der 'Encyclopédie' kopierte Tafeln weisen folglich die typische Zweiteilung in Vignette und aufzählende Abbildung auf (Abb. 87)[161]. Dieses Darstellungsprinzip wird von Croker bei eigenen Tafeln auch variiert: Zum Teil ist die Darstellung eines Arbeitsvorganges nicht zweigeteilt, jedoch befinden sich im Vordergrund die verwendeten Geräte (Abb. 88). Es bedeutet eine Abwendung von dem in den 'Descriptions des arts et métiers' inaugurierten Darstellungsmodus, wenn der Ablauf eines Produktionsprozesses auf eine Folge von z.B. halbseitigen Tafeln verteilt wird (Abb. 89), oder wenn ganzseitige Darstellungen oft im Querformat etwa einen Blick in eine Brauerei werfen (Abb. 90). Anders als die 'Encyclopédie', aber in der Tradition von E. Chauvin (1692) stehend, vereinigt Croker auf einigen Tafeln Gegenstände, die nur in alphabetischer Beziehung zueinander stehen wie "Balance", "Barometer", "Bee", und "Butterfly". Dabei taucht auf der aus J. Barrow (1751) abkopierten Tafel die bereits aus Chauvin (1692) bekannte 'Air Pump' zur Erzeugung eines Vakuums auf, wobei die schon bei Chauvin vorhandene Maus sich nunmehr bei Barrow und Croker in dem neueren tragbaren Modell befindet. Als weitere Quelle stand natürlich E. Chambers (1728 ff.) zur Verfügung, aus dem aber wohl[162] keine Abbildungen entnommen sind. Die Themen der Tafeln Crokers sind größtenteils konventionell wie 'Armillary Sphere' (seit Chauvin 1692), Adern des menschlichen Körpers (seit Harris 1710), 'Base of a Column', 'Bastion' (seit Harris 1708), 'Bee' (Harris 1710, Pivati 1746 ff.), 'Balance' und 'Barometer' (seit Chauvin 1692) usw. Über die Herkunft eines Großteils der Tafeln, die Arbeitsvorgänge darstellen, ist das Nötige gesagt worden, so daß nur einige vorher noch nicht illustrierte Gegenstandsbereiche genannt werden sollen: Dem Bleichen von Wäsche werden drei Tafeln gewidmet, der Konstruktion von Brücken und der Camera obscura je eine[163].

Im Advertisement behaupten die Herausgeber wie Diderot vor ihnen, wegen der Schwierigkeit der Beschreibung der "Mechanic Arts" sich bei den "Workmen themselves" informiert zu haben[164]. "This has rendered it necessary to augment the Number of Plates, as the bare View of an Object often conveys more Information than whole Pages of Words. ... How imperfect then must a Work of this Nature be which has only Thirty!" - Eine Anspielung auf eine spätere Auflage von E. Chambers (1728 ff.). Selbst diese Vorrede erinnert bis in die Formulierungen hinein stark an die oben wiedergegebenen Argumente aus dem 'Discours préliminaire'.

---

160 Es wurde nicht die entsprechende Tafel der 'Descriptions des arts et métiers' kopiert, die anders aufgebaut ist.

161 Die abgebildete Tafel 'Diamond Cutting' ist in ihrer Vignette eine exakte, nicht seitenverkehrte Kopie von 'Diamanterie, Pl. I' der 'Encyclopédie', Bd. 3; sie ist demnach von links nach rechts zu lesen; die im unteren Teil abgebildeten Geräte sind eine Auswahl aus Planche I und I bis. In derselben Weise ist die Tafel 'Brazier' von der Planche 'Chaudronnier' sozusagen abgekupfert.

162 Die Einschränkung ist erforderlich, da nur zwei Ausgaben von E. Chambers zum Vergleich herangezogen wurden. Auf die Beziehungen zu dem 'New and Complete Dictionary of Arts and Sciences' von 1754-55 wurde in 6.3.1 hingewiesen.

163 Dies sind die einzigen Tafeln mit neuen Sujets unter A - C.

164 Bei Diderot wird nicht bestritten, daß er und seine Mitarbeiter sich a u c h vor Ort über Arbeitsvorgänge kundig gemacht haben.

Zwei Jahre nach T.H. Croker et al. (1766) - es waren immer noch nicht alle Tafelbände der 'Encyclopédie' erschienen - beginnt die Publikation eines Werkes, das eine neue Epoche der englischen Enzyklopädien einleitet.

Encyclopaedia Britannica, 3 Bde., Edinburgh 1768-71 u.ö. 2.459 S., 4°, 25,5 x 20 cm.

Da die Charakteristik[165] und die bis heute andauernde Entwicklung und Veränderung dieses Werkes bequem R. Collison (1966², 138-155) entnommen werden können, sei nur auf den ikonographischen Aspekt eingegangen. Die 160 Kupferstichtafeln der ersten Auflage, gestochen von Andrew Bell, einem der drei Herausgeber, sind inhaltlich und stilistisch weitgehend unabhängig von den Planches der 'Encyclopédie'. Einige wenige, z.B. 'Glass Makers at Work' (Abb. 91), ähneln Abbildungen bei T.H. Croker et al. (Abb. 89) und scheinen aus einer gemeinsamen Quelle zu stammen, wahrscheinlich aus dem 'New and Complete Dictionary of Arts and Sciences' von 1754-55, vgl. Abb. 66. Denn der Stil der Darstellung bei Croker ist sachlicher und klarer, so daß er nicht als Vorlage für die 'Encyclopaedia Britannica' gedient haben wird - außerdem ist dieser Stich im Unterschied zu den anderen nicht signiert. Die Themen der übrigen Illustrationen entsprechen weitgehend dem fast obligatorischen Kanon, wenn etwa für "Anatomy, Astronomy, Architecture, Arithmetick, Fortification, Geometry, Navigation, Optics, Pneumatics" Tafeln vorgesehen werden. Ferner findet sich noch eine Arche Noahs[166], aber auch "Botany, Chemistry, Electrical Apparatus" (u.a. Battery), "Midwifery" (drei Tafeln mit Flöten) "Surgery" (Instrumente) und das Funktionieren einer Schleuse, aus der 'Encyclopédie' übernommen, (vgl. Kap. 6, Anm. 137) werden illustriert. Darstellungen von Arbeitsvorgängen stellen die Ausnahme dar, - es kann nur noch eine 'Printing Press', an der zwei Mann stehen, angeführt werden -, in Vignette und aufzählende Abbildung zweigeteilte Tafeln fehlen ganz. Die Qualität der Stiche ist mindestens so hoch wie in den anderen Werken, jedoch sind neben den Abbildungen astronomischer Geräte vor allem die Pflanzen- und Tierdarstellungen hervorzuheben (vgl. Abb. 92), in denen die künstlerischen Möglichkeiten des Kupferstichs der feinen Modellierung des Gegenstandes voll ausgeschöpft werden. Wenn andererseits ein Adonisröschen und eine Lerche die ganze Tafel III beanspruchen, ist in einem enzyklopädischen Werk die Relation zwischen Informationsgehalt und Raumbedarf nicht ausgewogen[167]. Waren auf der eben genannten Tafel zwei alphabetisch aufeinanderfolgende Dinge illustriert (*Adonis appenina, Alauda or Lark*), sind auf anderen, wie schon die obigen Titel der Tafeln vermuten lassen, zum Teil sachlich zusammengehörige Abbildungen vereinigt; vgl. Abb. 93.

---

165 Bereits die erste Auflage enthält in der alphabetischen Ordnung wie schon E. Chambers (1728) etwa 44 ausführliche Artikel zu den Wissenschaften und Künsten. Sie registriert ferner Ortsnamen, die ab der zweiten Auflage um Personennamen und Biographien lebender Persönlichkeiten ergänzt werden.

166 Die halbseitige Abbildung zeigt den gleichen Typ von Arche wie bereits Pivati (1746), dürfte also von ihm oder einer gemeinsamen Quelle inspiriert worden sein, ist aber keine Kopie. Die Arche der 'Encyclopédie' erschien erst 1777 im 'Supplément'.

167 Da nicht alle Auflagen eingesehen wurden, kann nur festgestellt werden, daß spätestens die achte Auflage von 1853-61 völlig neu illustriert ist. Die über die Fernleihe zugänglich gemachten Bände der dritten Auflage von 1797 enthielten an den angegebenen Stellen nicht die erwarteten Tafeln; vielleicht sind sie in einem anderen der 18 Bände zusammengefaßt.

In den folgenden Auflagen der 'Encyclopaedia Britannica' wird ihr Umfang und die Zahl der Kupferstichtafeln deutlich erhöht[168]:

1778-84^2, 10 Bde., über 200 Tafeln
1788-97^3, 18 Bde., 542 Tafeln
1801-10^4, 20 Bde., 581 Tafeln
1810-14^5, 20 Bde., 582 Tafeln
1820-23^6, 20 Bde., wohl 582 Tafeln
1827-42^7, 21 Bde., 506 Tafeln

Wie von den Kupferstichtafeln der 'Encyclopédie' geht auch von T.H. Croker et al. (1766) und den verschiedenen Auflagen der 'Encyclopaedia Britannica' keine Wirkung auf ein Sprachwörterbuch aus, da die Illustrationen entsprechend ihrer enzyklopädischen Ausrichtung in der Mehrzahl zu detailliert sind; hinzukommt, daß sie aus technischen Gründen nicht direkt beim Lemma stehen können und ein teures Reproduktionsverfahren darstellen. Deshalb sei im nächsten Kapitel (6.6.2.2) nur die achte Auflage von 1853-61 kurz vorgestellt, die als erste[169] die durch die Erfindung des Holzstiches (vgl. 3.2) ermöglichte Verbindung von Text und Bild auf derselben Seite realisiert.

Es fällt auf, daß in den drei Enzyklopädien anders als bei E. Chambers (1728) keine Holzschnitte, die ja in den Text integriert werden können, Verwendung finden; offensichtlich galten sie als zu roh und einfach und entsprachen nicht mehr dem verfeinerten Geschmack. Dies bestätigen, ohne Bezug auf enzyklopädische Werke zu nehmen, die Handbücher zur Buchillustration. So stellt D. Bland (1969^2, 178) für das Frankreich der ersten Hälfte des 17. Jahrhunderts fest: "woodcuts were gradually losing favour" und W. Koschatzky (1975, 75) beobachtet: "Der Holzschnitt in den deutschen Ländern nimmt mit dem 17. Jahrhundert stark ab, bald auch in den anderen europäischen Schulen". Ergänzend hierzu noch eine Äußerung von Elisabeth Geck (1982, 66): "In Frankreich spielte der Holzschnitt im 18. Jahrhundert keinerlei Rolle". Offenbar war er etwa zur Mitte dieses Jahrhunderts selbst für lexikographische Werke, die keine besonders hohen ästhetischen Ansprüche stellen müssen, als nicht mehr tragbar empfunden worden. Daran zeigt sich, daß die Illustrierung auch von Sachbüchern, zu denen man die Enzyklopädien rechnen kann, nicht nur von den technischen Möglichkeiten sondern auch vom Zeitgeschmack abhängig ist.

Nur der Vollständigkeit halber seien noch einige weitere Titel angefügt, deren Illustrationspraxis weder auf spätere Enzyklopädien noch auf Wörterbücher von Einfluß war.

Johann Georg Krünitz, Ökonomische Enzyklopädie oder allgemeines System der Staats-, Stadt-, Haus- und Landwirthschaft in alphabetischer Ordnung, 242 (!) Bde., Berlin 1773-1858, 1782 ff.^{2}. 20 x 12 cm; nur Kupfertafeln, am Ende jeden Bandes: Bd. 1/10 (Tafeln), Bd. 2/3, Bd. 3/17, Bd. 4/30, Bd. 5/11 usw. Die Darstellungen betreffen entsprechend der Zielsetzung des Werkes vor allem die praktischen Aspekte, vgl. Abb. 94.

168 Angaben nach R. Collison (1966^2, 138-155); die Supplemente wurden nicht aufgelistet.

169 Bereits die siebte Auflage enthielt nach R. Collison (1966^2, 143) mathematische Figuren "printed in the text from line blocks" (= Strichätzung, vgl. 3.2). Französische und italienische Enzyklopädien verwendeten den Holzstich bereits seit 1836 bzw. 1841; vgl. 6.6.1.

Deutsche Enzyklopädie; oder, Allgemeines Realwörterbuch aller Künste und Wissenschaften, von einer Gesellschaft von Gelehrten, 23 Bde. (bis K) plus ein Band Kupfertafeln, Hg. H.M.G. Köster/J.F. Roos, Frankfurt a.M. 1778-1807, sogenannte 'Frankfurter Enzyklopädie'. Folio, die 75 Tafeln beziehen sich auf die "Bürgerliche Baukunst" (44 S.), die "Kriegsbaukunst" (5 S.), die "Artillerie" (5 S.), dazu kommen "militärische" (3 S.) und "physikalische Kupfer" (18 S.); vgl. Abb. 95[170].

François Pagés, Atlas du cours d'études encyclopédiques, 7 Bde., davon 1 Bd. (28 x 23 cm) mit 62 meist doppelseitigen Kupferstichen, Paris, an VII de la République. Die Tafeln betreffen vor allem die Naturgeschichte (Tiere, Pflanzen), die Physik (Mechanik, Optik) und die Geometrie. Sie sind von unterschiedlichem Niveau: Während einige Darstellungen von Tieren (z.B. Fledermäuse, Raubkatzen) unbeholfen und naiv anmuten, zeigen die Vögel ihre charakteristischen Merkmale und sind hübsch anzusehen. Die Illustrationen sind unabhängig von den Planches der 'Encyclopédie', nur die Hände ohne dazugehörigen Körper, die ein Gerät bedienen, erinnern an eine häufig vorkommende Darstellungsweise der 'Encyclopédie'; vgl. Abb. 96.

Encyclopaedia Perthensis; or Universal Dictionary of Knowledge. Illustrated with Plates and Maps, 23 Bde., Perth 1796-1806, 1807-16^2. Untertitel: 'Universal Dictionary of the Arts, Sciences, Literature, etc'. Die vorliegende zweite Auflage mißt 24 x 14,5 cm, jeder Band hat durchschnittlich 720 Seiten. "It contains 350 plates, accurately engraved" (Preface S. 7), vgl. Abb. 97 mit Kupferstichen nur alphabetisch zusammengehöriger Dinge. "The whole of Johnson's Dictionary ... is incorporated *verbatim*" (Preface S. 3), was eine Neuerung ist und die 'Encyclopaedia Perthensis' zu einem enzyklopädischen Wörterbuch macht. Auf die aus Johnson wörtlich entnommenen Artikel (z.B. *Abacus*) - sie werden durch ein Sternchen eingeleitet und meist durch *Dict.* abgegrenzt - folgen eingehende sachbezogene Ausführungen, von denen aus gegebenenfalls auf eine Tafel verwiesen wird. Da die Illustration nur den enzyklopädischen Teil betrifft, kann das vorliegende Werk nicht als illustriertes enzyklopädisches Wörterbuch bezeichnet werden, zu dem es aber eine frühe Vorstufe darstellt. Es ist also sowohl eine illustrierte Enzyklopädie als auch ein enzyklopädisches Wörterbuch, aber kein illustriertes enzyklopädisches Wörterbuch[171].

[Renatus Gotthelf Löbel], Conversationslexikon mit vorzüglicher Rücksicht auf die gegenwärtigen Zeiten, 6 Bde., Leipzig (F.A. Leupold) 1796-1808. 17,5 x 10 cm; vorgelegen haben 5 Bde. (- Q) aus der Forschungsbibliothek Gotha (DDR); Teil 1: 400 S., Teil 2 in 2 Bdn.: 460 S., Teil 3 in 2 Bdn.: 513 S.; neben einem Notenschlüssel (zu *Alt*) ist nur der in Abb. 98 wiedergegebene Holzschnitt enthalten.

Friedrich Arnold Brockhaus setzt in den folgenden Jahren das Werk Löbels mit den Brockhaus Konversationslexika fort, ohne aber die Ikonographie zu erweitern: Erst die 13. Auflage von 1882-87 wird illustriert sein. Doch weist dieser Punkt schon weit ins 19. Jahrhundert hinaus.

---

170 Vgl. G. Meyer (1965, 26-30). Eine Beeinflussung ihrer Illustrationspraxis etwa durch die 'Encyclopédie' ist nicht zu beobachten.

171 Nur angezeigt werden kann: George Selby Howard, The New Royal Cyclopaedia, and Encyclopaedia, 3 Bde., London 1788; "upwards of 150 very large superb copper-plates", Titelseite. Nach R. Collison (1966^2,112) ein Plagiat von E. Chambers. Ein Vergleich einiger mikroverfilmter Tafeln erlaubt den Schluß, daß dieses Urteil kaum für die Kupferstiche gelten dürfte.

Damit sind wohl alle oder zumindest die wichtigsten bis Ende des 18. Jahrhunderts erschienenen illustrierten lexikographischen Werke erfaßt. Es hat sich gezeigt, daß in den ersten Jahrzehnten dieses Jahrhunderts in England einige enzyklopädische Wörterbücher mit Bebilderung erscheinen, diese Tradition aber durch S. Johnson (1755) unterbrochen wird. In den anderen Ländern Europas dagegen sind noch keine Ansätze zur Illustration von Wörterbüchern zu erkennen. Spätestens seit 1762, dem Erscheinungsdatum der beiden ersten Tafelbände der 'Encyclopédie' haben sich Kupferstichtafeln als Medium zur Informationsvermittlung in Enzyklopädien durchgesetzt und werden seitdem in zahlreichen Werken verwendet. Daher brauchen im folgenden die Enzyklopädien des 19. und 20. Jahrhunderts nicht in derselben Ausführlichkeit behandelt zu werden, was überdies Gegenstand mehrerer gesonderter Arbeiten sein könnte. Hinzukommt, daß ein Teil von ihnen - dies gilt beispielsweise für das deutsche Konversationslexikon - recht gut erforscht ist[172]. Da Enzyklopädien jedoch bis Mitte des 19. Jahrhunderts die einzigen illustrierten lexikographischen Werke waren, sind an ihnen die durch die Neuerungen in den graphischen Verfahren und der Drucktechnik eingetretenen Änderungen in der Illustrationspraxis zusammenfassend darzustellen[173]. Denn die ersten bebilderten Wörterbücher standen vor den gleichen technischen Problemen der Verbindung von Text und Bild wie die Enzyklopädien. Von den hier berücksichtigten Ländern werden die ersten illustrierten Wörterbücher[174], enzyklopädische und reine Sprachwörterbücher, vorgestellt und ihre Entwicklung so lange verfolgt, bis sich die Herausbildung einer Tradition erkennen läßt, die zu den illustrierten Wörterbüchern des 20. Jahrhunderts führt. Hierbei muß ohnehin bis in dieses Jahrhundert vorgegriffen werden.

6.6 Das 19. Jahrhundert und die Anfänge des 20. Jahrhunderts

6.6.1 Die Entwicklung der Illustrationspraxis in den Enzyklopädien

Bei der Analyse der Tafeln in der 'Encyclopédie' ist mehrmals angeklungen, daß die Darstellung vor allem von Arbeitsabläufen in Handwerk und Technik sowie von Geräten, Werkzeug und Maschinen weit über das durchschnittliche Informationsbedürfnis der Benutzer hinausging. Ihrer Illustrationspraxis folgten zwar die verschiedenen Neubearbeitungen sowie die 'Encyclopédie méthodique', deren letzter Band erst 1823 erschien, aber nur ein weiteres sonstiges Werk (T.H. Croker et al., 1766), das einen Teil der Planches kopierte. In Ländern wie England und den deutschen Staaten, in denen die 'Encyclopédie' weniger verbreitet[175] war, setzte sich die bisherige Illustrationspraxis, was Inhalt, Stil und Umfang der Darstellungen betrifft, ohne Unterbrechung fort. In England erlebt die 'Cy-

---

172 Zum Konversationslexikon liegen Arbeiten vor von E.H. Lehmann (1934), G. Meyer (1965), G. Gurst (1976), H. Sarkowski (1976).

173 Es wurden alle erreichbaren französischen, italienischen, die meisten deutschen, spanischen und einige englische Enzyklopädien des 19. Jahrhunderts konsultiert.

174 Bezüglich Englands muß *modernen* hinzugefügt werden, da bereits Anfang des 18. Jahrhunderts einige entsprechende Werke erschienen; vgl. 6.3.1.

175 "In Frankreichs unmittelbarem Nachbarn Deutschland stieß die Encyclopédie auf weniger Interesse" (Hannelore Gärtner 1976, 134). Dagegen wurden, wie oben gezeigt, die 'Descriptions' rasch übersetzt und adaptiert.

clopaedia' von E. Chambers eine Neubearbeitung durch A. Rees (1802-20), es erscheinen weitere Auflagen der 'Encyclopaedia Britannica', der weitere Enzyklopädien an die Seite treten; vgl. die Bibliographie. Im deutschen Sprachgebiet entwickeln vor allem die Verlage Brockhaus und Meyer den Typ des Konversationslexikons. Im französischen und italienischen Sprachgebiet entsteht nach dem Auslaufen der Wirkung der 'Encyclopédie' gleichsam eine Atempause, in der die Kräfte gesammelt werden für 'L'encyclopédie nouvelle' (1836 ff.) bzw. die 'Nuova enciclopedia italiana' (1841 ff.)[176]. Beides sind Neuschöpfungen, die weder inhaltlich noch bezüglich der Illustrationen die 'Encyclopédie' fortsetzen, sondern den Stand des Wissens und die Interessen der Benutzer der ersten Jahrzehnte des 19. Jahrhunderts widerspiegeln. Beide Enzyklopädien illustrieren vor allem Themen aus der Naturgeschichte (Tiere und Pflanzen), das italienische Werk zudem geometrische Figuren und physikalische Geräte, wobei der behandelte Gegenstand meist vor weißem Hintergrund dargestellt wird. Die Abbildungen 99 aus der 'Encyclopédie nouvelle' und 100 aus der 'Nuova enciclopedia italiana' sollen ihre Unabhängigkeit von der Ikonographie der 'Encyclopédie' zeigen[177]. Sie ist selbst bei der Darstellung eines Arbeitsvorganges, nämlich der Verarbeitung von Alaun in Abbildung 100 gegeben, die für die italienische Enzyklopädie untypisch ist - sie enthält fast ausschließlich Illustrationen der Art von Abbildung 99. In beiden Werken sind die Illustrationen in den Text eingefügt und gleichwohl mit einer Legende versehen. Die direkte Verbindung von Text und Bild wurde ermöglicht durch die Verwendung des Holzstiches (etwa 1770 erfunden, vgl. 3.2), der hier zum ersten Mal in lexikographischen Werken auftritt. Er ermöglicht zudem den Druck höherer Auflagen als der Kupferstich, gestattet aber auch eine ebenso feine Linienführung und durch Schraffur die Erzeugung von Halbtönen. Jedoch schwankt die Qualität der Druckwiedergabe, da die Holzstiche, notwendigerweise auf billigeres Papier gedruckt, unterschiedliche Grade der Sättigung mit Druckfarbe, die bis zu einem Grau in Grau gehen kann, aufweisen. Da die Herstellung von derartigen Druckstöcken nicht teuer kam, werden auch die ersten Wörterbücher mit Holzstichen, die in großem Umfang in der Reproduktionsgraphik Verwendung finden, versehen werden.

Aber neben dieser neuen graphischen Technik kommt auch noch etwa bis Mitte des 19. Jahrhunderts der bisher vorherrschende Kupferstich zum Einsatz. Als Beispiele mögen dienen:

A. Rees, The New Cyclopaedia, 44 Bde., London 1802-20. R. Collison 1966², 109: "four volumes of plates (arranged by subject, alphabetically)".

---

176 Berücksichtigt man auch Werke ohne Illustrationen, verschieben sich die Daten etwas auf den Beginn des Jahrhunderts hin: Von 1833 an erschienen die 22 Bände der 'Encyclopédie des gens du monde' und die 52 Bände von A.F. Didots 'Dictionnaire de la conversation et de la lecture'. Aus Italien ist zu vermelden: A. Bazzarini, Dizionario enciclopedico delle scienze, lettere ed arti, 14 + 2 Supplementbände, Venezia 1824-37. Aus der Biblioteca Marciana konnte die achtbändige Ausgabe von 1830-36 eingesehen werden: Es handelt sich entgegen dem Titel nicht um ein enzyklopädisches Wörterbuch, sondern um eine Enzyklopädie.

177 Die 'Encyclopédie nouvelle' hat kein Vorwort, die 'Nuova enciclopedia italiana' äußert sich im Vorspann nicht zur Illustrierung; Band 1, A - Amyraut enthält auf 1.160 Seiten 310 Abbildungen, die gelegentlich signiert sind. Über die Fernleihe stand nur die sechste Auflage von 1875-99 zur Verfügung.

Encyclopaedia Britannica, 20 Bde., Edinburgh 1801-10[4] (581 Tafeln) bis 1827-47[7] (22 Bde., 506 Tafeln). Von der achten Auflage an (1853-61, 402 Tafeln) wird wohl[178] der erst 1818-20 erfundene Stahlstich verwendet.

J.J. Prechtl (Hg.), Technologische Encyclopädie , 20 Bde. + 4 Bde. mit 534 Kupferstichtafeln, Stuttgart 1830-55, Supplement 1857-69 mit 138 Tafeln. Tafelbände 25 x 39,5 cm.

J.S. Ersch/J.G. Gruber , Allgemeine Encyclopädie der Wissenschaften und Künste, 167 Bde., Leipzig 1818-89. In etwa jedem dritten Band finden sich zwei bis fünf Kupferstichtafeln, allerdings regelmäßig nur bis 1846; in den von 1847 an erschienenen 77 Bänden enthält nur Band 59 der 1. Sektion noch Illustrationen: zwei Kupfertafeln zur Geometrie und eine zur Geodäsie.

Encyclopédie moderne (sous la direction de L. Renier), 27 Bde. + 3 Tafelbände (= Atlas), 12 Supplementbände, Paris 1846-1852. Complément de l'Encyclopédie moderne, 12 Bde. + 2 Tafelbände, Paris 1853-56. Band 1 der Tafelbände des Compléments enhält 120 Tafeln, wohl von verstählten Kupferplatten gedruckt, wobei einige zusätzlich in Aquatinta bearbeitet sind, um beispielsweise bei 'Anatomie humaine' (Blick in das Innere des menschlichen Körpers) getönte Flächen zu erhalten.

Es ist wohl kein Zufall, daß sich Kupferstiche als teures Reproduktionsverfahren kaum in den deutschen Konversationslexika finden, die sich ja an ein breites Publikum wandten. Doch auch die übrigen drei französischen und drei italienischen illustrierten Enzyklopädien des 19. Jahrhunderts - siehe die Bibliographie - verwenden keine Kupferstiche.

Als ein weiteres ererbtes Illustrationsverfahren wurde der Holzschnitt einige Male herangezogen, allerdings nur in den deutschen Ländern und ohne großen Erfolg. Elisabeth Geck (1982, 81) bemerkt, ohne an lexikographische Werke zu denken: "Berlin war im 19. Jahrhundert führend im Holzschnitt", den Adolph Menzel auf künstlerischem Gebiet "auf einen absoluten Höhepunkt brachte".

O. Marbach/A. Kaiser (Hg.), Bilder-Conversations-Lexikon für das deutsche Volk, 4 Bde., Leipzig (Brockhaus) 1837; 27 x 22 cm; beispielsweise enthält der 2. Band 368 in den Text integrierte Holzschnitte und 11 Landkarten im Kupferstich. Darunter sind zahlreiche Abbildungen von Personen und Ansichten von Städten, aber wenig technische Gegenstände (immerhin 5 Brücken); vgl. Abb. 101, die einen der etwas gröber wirkenden Holzschnitte mit einem Eichhörnchen zeigt. Daneben gibt es auch Umrißzeichnungen in Holzschnitt, z.B. eine Webmaschine (genannt *Bobbinet*, die erste technische Illustration nach dem Alphabet) und an die Feinheit von Holzstichen heranreichende Abbildungen, z.B. zur "Buchdruckerkunst". Das Werk war jedoch kein Erfolg und erlebte keine weitere Auflage.

Illustrirtes Haus- und Familien-Lexikon. Ein Handbuch für das praktische Leben, 7 Bde., Leipzig (Brockhaus) 1860-65. Bd. 1 enthält auf der Titelseite den Hinweis: "Mit 370

---

[178] Diese Einschränkung ist erforderlich, da die siebte Auflage nicht eingesehen wurde.

in den Text gedruckten Abbildungen in Holzschnitt"[179], aber auch dieses Werk wurde kein Erfolg: "there was no demand for a second edition" (R. Collison 1966², 167), wobei offen bleibt, ob dies an der von G.A. Zischka (1959, 3) beobachteten "erzieherische(n) Tendenz", an den Illustrationen, oder an beidem lag. R. Collison (1966², 167) stellt nur resigniert fest: "The public taste is nearly always unpredictable". Da ein nur vier Jahre später, ab 1869, ebenfalls bei Brockhaus erschienener 'Bilder-Atlas' recht erfolgreich war und drei weitere Auflagen erlebte, bevor die Brockhaus-Enzyklopädie selbst illustriert wurde (ab 1882), könnte dies auch der geglückten Mischung von Stahlstichen, Lithographien und Holzschnitten zuzuschreiben sein, während die beiden vorausgehenden Werke nur Holzschnitte enthielten.

Damit sind zwei weitere graphische Techniken angesprochen, die im 19. Jahrhundert die Illustrierung nicht nur lexikographischer Werke bestimmen werden, nämlich Stahlstich und Lithographie. Ersterer ist wie der Kupferstich ein Tiefdruckverfahren, eignet sich also nicht zur Integrierung von Text und Bild auf derselben Seite, erlaubt andererseits eine unbegrenzte Auflagenhöhe. Zwischen 1818 und 1820 erfunden, fand der Stahlstich bereits von 1834 an[180] in Enzyklopädien Verwendung. Bekannt sind die auf gesonderten Blättern[181] erschienen circa 1.800 Stahlstiche (G. Gurst 1976, 155) der ersten Enzyklopädie des Verlages von Josef Meyer in Hildburghausen: 'Das große Conversations-Lexicon für die gebildeten Stände', dessen in 1.000 Lieferungen erschienene 52 Bände von 1840 an (bis 1855) veröffentlicht wurden[182]. Sie zeigen vor allem Städtensichten, Darstellungen von Gebäuden, technischen Geräten und Porträts berühmter Personen[183]. Kurz darauf, von 1844 an, bringt der Brockhaus-Verlag in Konkurrenz hierzu den 'Bilder-Atlas' zum Konversationslexikon mit "500 in Stahl gestochenen Tafeln in Quart mit Text von über 100 Bogen in Octav" (Titel) heraus[184]. Wie oben erwähnt, wurden in späteren Bearbeitungen verschiedene graphische Techniken benutzt, wodurch die Strenge und Einheitlichkeit des Stahlstichs aufgelokkert wird. Schließlich ist noch die 'Encyclopaedia Britannica' hier zu nennen, deren Tafeln der achten Auflage von 1853-61 (und wohl auch weiterer Auflagen)

179 Nur selten wird in einem lexikographischen Werk des 19. oder 20. Jahrhunderts in so eindeutiger Weise auf die Art der Illustrierung hingewiesen. Daher müssen zahlreiche, die Illustrationstechnik betreffende Feststellungen nur auf Grund des optischen Eindrucks und stilistischer Charakteristika (manchmal nur auf der Basis von Photokopien oder Diapositiven) getroffen werden, was eine gewisse Fehlerquote nicht ausschließt, zumal manche graphische Techniken im Ergebnis nicht voneinander unterscheidbar sind. So bemerken die Herausgeber des Nachdrucks der 'Systematische(n) Bilder-Gallerie zur allgemeinen deutschen Real-Encyclopädie' von 1825-27, auf S. V: "die Abdrucke waren zudem von solcher Qualität, daß zeitgenössische Fachleute diese Lithographien für Kupferstiche ansahen."

180 Oscar L. B. Wolff, Pfennig-Enzyklopädie, oder Neues elegantestes Conversations-Lexicon, 4 Bde., Leipzig 1834-37. Bd. 1 von 1843² (28 x 19,5 cm) enthält 16 Stahlstiche auf gesonderten Blättern vor allem mit Porträts und Landschaften, ansonsten keine Illustrationen. In ähnlichem Umfang sind auch die übrigen Bände bebildert.

181 Sie konnten in die Textbände eingebunden werden oder zu eigenen Bildbänden zusammengefaßt werden.

182 Die Geschichte des Bibliographischen Instituts wird von H. Sarkowski (1976) dargestellt.

183 Zusätzlich enthält bereits die erste Auflage pro Band einige, d.h. weniger als zehn Schemata bzw. einfache Umrißzeichnungen im Text und dies erst von Band 2 an. Außergewöhnlich ist ein Aquatinta-Blatt in Band 2 'Inneres einer Sennhütte'. Die Zahl der Strichzeichnungen steigt in der dritten Auflage von 1874 auf ein bis vier pro 50 Seiten; sie enthält ferner nicht mehr die für die erste Auflage typischen Stahlstichtafeln, sondern neue von Klischees gedruckte Tafeln.

184 Der 'Bilder-Atlas' wurde von einer amerikanischen (Collison 1966², 187) und einer spanischen Enzyklopädie (F. Gillman 1881-86) übernommen.

in dem gleichen eine "gewisse Kühle" (W. Koschatzky 1975, 102) ausstrahlenden Stichverfahren ausgeführt sind, wie Abb. 102 zeigen soll.

Die in den letzten Jahren des 18. Jahrhunderts erfundene Lithographie, erforderte ebenfalls einen gesonderten Druckvorgang und wurde daher nur in mindestens einem 'Orbis pictus' (J.E. Gailer 1832) und in einigen enzyklopädischen Bildwerken verwendet, z.B. in:

Systematische Bilder-Gallerie zur allgemeinen deutschen Real-Encyclopädie (Conversations-Lexicon) in lithographirten Blättern, Freiburg (Herder) 1825-27, Carlsruhe, Freiburg 1828[3] (ND 1977), bis 1840[6]. 28 x 21 cm, enthält 226 Tafeln mit Legenden, die zu Beginn des Werkes zusammengefaßt sind.

Unter dem Titel 'Galerie systématique' erschien von der vierten Auflage 1832 in Paris 1835-36 eine französische Ausgabe, was zusammen mit der hohen Zahl der deutschen Auflagen für den Erfolg des Werkes spricht. Denn B. Herder gelang "eine wichtige Verbesserung des technischen Verfahrens. Indem es möglich wurde, durch chemische Bearbeitung Kupferstiche auf Stein zu übertragen, schuf er so die Voraussetzung, die technisch mögliche Auflagenhöhe heraufzusetzen; die Abdrucke waren zudem von solcher Qualität, daß zeitgenössische Fachleute diese Lithographien für Kupferstiche ansahen. In der Praxis war es so, daß von einem einzigen Kupferstich jeweils 600-1.000 neue Steinabdrucke und von diesen wiederum insgesamt mehrere 100.000 Abdrucke gemacht werden konnten. Dadurch wurde eine erhebliche Preissenkung möglich, die ihrerseits eine große Käuferschicht erschloß, ..." (Vorwort des Verlages zum ND 1977, 5).

Auch der 1848 erschienene 'Atlas der Abbildungen' (27 x 33,5 cm) zu 'Pierer's Lexicon' in der "Zweite(n) völlig umgearbeitete(n) Auflage. (Dritte Ausgabe)" von 1840 ff. ist in Steindruck hergestellt: 68 Tafeln mit 6.304 "Figuren", d.h. Gegenständen; nach Sachgebieten geordnet: die ersten Themen sind "Alphabete, Mathematik, Astronomie, Aufnehmen und Planzeichnen, Statik und Mechanik, Physik" usw. Auch hier stehen die Beschreibungen vor dem Korpus der Tafeln.

Da gesonderte Bildbände nur eine Übergangsphase bei der Illustrierung lexikographischer Werke darstellen, kann auf eine Abbildung verzichtet werden.

Nachdem die Photographie erst durch die Erfindung der Autotypie 1882 in ein preisgünstiges druckfähiges Klischee überführt werden kann, überrascht es, wenn bereits die 'Enciclopedia popolare illustrata' von 1887-1890 neben zum Teil einfachen und unbeholfen wirkenden Holzschnitten und Holzstichen gelegentlich eine photographische Reproduktion als Autotypie bietet[185] - lange bevor die ersten photographischen Wiedergaben in Wörterbüchern erscheinen. Während unter A noch kein Photo verwendet wurde - das erste erscheint wohl unter E, vgl. Abb. 103 -, überwiegen photographische Wiedergaben schließlich im 'Supplemento' von 1899. Von den eingesehenen Enzyklopädien enthält

---

185 Z.B. in Bd. 14 die Abbildung Nr. 1545 mit einer Ansicht der Piazza S. Pietro in Rom. Das Werk umfaßt inklusive der drei Supplementbände '23 tomi in 12 volumini' (Format 26,5 x 18 cm) und enthält beim Buchstaben A etwa 20 Illustrationen auf 50 Seiten, eine Zahl, die in späteren Bänden auf durchschnittlich sechs sinkt.

'Herders Konversations-Lexikon' in seiner ersten illustrierten Ausgabe[186] von 1902-07³ als erste Photographien auf eigenen Tafeln (Abb. 104), aber noch nicht Reproduktionen von Photos als Autotypien, sondern gelegentlich die Wiedergabe eines Gemäldes in diesem an seinen Rasterpunkten erkennbaren Verfahren (Abb. 105). Der 'Brockhaus' bietet erst in der 1908 erschienenen Revision der revidierten Jubiläumsausgabe von 1898, die wiederum eine Überarbeitung der 14. Auflage von 1892-95 darstellt[187], einige Photographien auf gesonderten Seiten; so erstmals in Band 2 zwischen den Seiten 790 und 791 zu den 'Berliner Stadtbahnen'[188]. Im Jahr darauf fügt auch das Meyer'sche 'Conversations-Lexikon' die ersten Photographien zwischen die Textseiten ein (Band 2 zum Thema 'Bergbau')[189]. Nach dem 'Herder' von 1902-07³ sind erst wieder im 'Meyer' von 1909⁶ Klischees nach Photographien zu finden, z.B. zum Stichwort *Bergformen*, während Brockhaus noch bei zeichnerischen Vorlagen blieb. Die Photographie findet somit erst am Anfang des 20. Jahrhunderts Eingang in die Enzyklopädien.

Schließlich erscheinen in Enzyklopädien des 19. Jahrhunderts verschiedentlich bereits mehrfarbige Abbildungen, wobei vorzugsweise Landkarten und natürlich das Farbspektrum in diesem aufwendigeren Druckverfahren hergestellt werden. In Meyers 'Conversations-Lexikon' sind seit 1840 die Karten im Mehrfarbendruck (es sind wohl Lithographien, genauer gesagt Steingravuren). O. Spamer bietet in seinem 'Illustrierte(n) Konversationslexikon für das deutsche Volk und zugleich ein Orbis pictus für die Jugend' - es wurde nur Band 1, Leipzig 1870 eingesehen - einige zwei- und dreifarbig kolorierte Holzschnitte[190]. Landkarten und Farbspektrum sind mehrfarbig im 'Brockhaus-Bilderatlas. Ikonographische Enzyklopädie der Wissenschaften und Künste. Ein Ergänzungswerk zu jedem Conversations-Lexikon', Leipzig 1875² (27 x 36 cm)[191]. Die gleichen Feststellungen gelten für das von M. Berthelot herausgegebene Werk 'La grande encyclopédie', 31 Bände, Paris 1885-1902. Über diese Bereiche hinaus geht die erste illustrierte Auflage des 'Brockhaus', immerhin erst die "13. vollständig umgearbeitete Auflage" (Titel) von 1882-87, die neben mehrfarbigen Karten erstmals im zweiten Band wohl eine Chromolithographie 'Das Auge des Menschen' enthält, im folgenden Band eine dreifarbige Tafel mit den Blutgefäßen des Menschen usw. Weitere Themen für die mehrfarbige Illustration - es handelt sich wohl um Chromolithographien - werden von 'Pierers Konversationslexikon' (1888-93⁷) erschlossen, in welchem auch Pflanzen und Früchte (vgl. Abb. 106 mit Pilzen) erscheinen. Der 'Brockhaus' bietet erstmals in der 14. Auflage von 1892-95 neben einigen zweifarbigen

186 Nach G. Meyer (1965, 57) waren die ersten beiden Auflagen (1853-57¹) aus Preisgründen nicht illustriert. Die vom selben Verlag vertriebene 'Systematische Bilder-Gallerie' hatte aber 1840 ihre sechste und letzte Auflage erreicht, so daß durchaus ein Bedarf an neuerem Bildmaterial vorhanden gewesen sein dürfte.

187 Angaben nach R. Collison (1966², 169).

188 Die 14. Auflage von 1892-95 zeigte an derselben Stelle keine Photos, sondern Zeichnungen.

189 Es handelt sich um die sechste Auflage 1902-12. Auf dem von 1902 stammenden Titelblatt werden die Photos nicht erwähnt; sie finden sich erst in der Gesamtausgabe ("Neuer Abdruck") von 1909. Bei der ständigen Revision dieses und anderer lexikographischer Werke ist eine exakte Datierung oft schwer möglich. Zudem machen manche Verlage keine (genauen) Angaben, wohl um dadurch die Aktualität ihres Werkes zu verlängern.

190 Die neunte Auflage der 'Encyclopaedia Britannica' von 1875-89 enthält nach R. Collison (1966², 145) als erste "some coloured plates", was eine etwas vage Angabe ist.

191 Die erste Auflage von 1844 'Bilder-Atlas zum Conversationslexicon' enthält noch keine farbigen Abbildungen.

Strichätzungen[192] pro Band einige[193] Chromolithographien mit Pflanzen und Völkertypen. Meyer, der 1874³ nur Karten im Mehrfarbendruck hatte, zog in der fünften Auflage von 1897 mit Brockhaus bezüglich der Chromolithographien gleich. Herders 'Konversations-Lexikon', das ja erst seit 1902-03³ illustriert ist, enthält auch Farbtafeln im Vierfarbendruck, die das typische Raster der Autotypie zeigen. Nachdem somit die Schwelle zum 20. Jahrhundert überschritten ist, soll nur noch im Vorgriff auf die Illustrierung der Wörterbücher festgestellt werden, daß auch bei der Verwendung mehrfarbiger Illustrationen die Enzyklopädien einen Vorsprung von einigen Jahrzehnten haben.

Damit sind die wesentlichen Illustrationsverfahren erfaßt, die das ikonographische Erscheinungsbild der Enzyklopädien des 19. Jahrhunderts bestimmen. Bezüglich der Verbindung von Text und Bild ist zu beobachten, daß ihre Vereinigung auf derselben Seite noch keineswegs die Regel ist. Vielmehr erscheinen als Ergänzung zu beliebigen nicht illustrierten Enzyklopädien bzw. Konversationslexika gesonderte Bildbände allgemeiner Art. Dies war der Weg, den der Brockhaus Verlag einschlug, der zwischen 1837 und 1886 fünf Ausgaben eines 'Bildatlas' edierte. Das Konversationslexikon desselben Verlages wird erst in der 13. Auflage von 1882-87 illustriert, wohl weil sich diese Trennung in Text- und Bildbände als unpraktisch erwies und das konkurrierende Konversationslexikon des Meyer Verlages von der ersten Auflage von 1840 an bebildert war. Enger läßt sich der Bezug zwischen Bild und Text durch Tafelbände zu einer bestimmten Enzyklopädie gestalten (z.B. A. Rees 1802-20) oder durch gesonderte Bildtafeln am Ende jeden Bandes, die bei Lieferungswerken auch zwischen die Textseiten gebunden werden können. Diese Trennung von Bild- und Textteil ist drucktechnisch bedingt, denn erst nach der Erfindung und der Verbreitung von Strichätzungen (1850)[194], der photographischen Strichätzung (1872) und Autotypie (1882) konnten beliebige Vorlagen in ein Klischee umgesetzt werden, das zusammen mit der Schrift gedruckt werden konnte. Vorher war dies nur mit Holzschnitten und Holzstichen möglich, von denen letztere in großer Zahl die Textseiten der verschiedensten Enzyklopädien bevölkern und auch die Illustration der Wörterbücher bestimmen werden. Im Zusammenhang mit dem "Aufstieg neuer Leserschichten" (G. Gurst 1976, 147) und der Verbreitung einer hohen Zahl illustrierter Bücher[195] und Zeitschriften wird verschiedentlich von einem Absinken der künstlerischen Qualität gesprochen - "a general lowering of quality" bemerkt D. Bland (1969², 254) vor allem im Hinblick auf Illustrationen in Zeitschriften -, von dem auch manche Holzstiche in Enzyklopädien Zeugnis ablegen. Doch wird sich erweisen, daß die ästhetischen Anforderungen bei der Illustrierung der Wörterbücher anfangs eine weitaus geringere Rolle spielen, so daß dieser Aspekt hier nicht vertieft zu werden braucht.

---

192 Z.B. die 'Aphrodite von Melos', die in einer der folgenden Neubearbeitungen ihre zwei Farben ändert - ein früher Beleg für die gedankenlose Verwendung von Farbe, denn die bekannte Venus von Milo im Louvre, die abgebildet wurde, ist in weißem Marmor.

193 Band 1, Titel: "Mit 71 Tafeln, darunter 8 Chromotafeln, 25 Karten und Pläne, und 97 Textabbildungen". Die analogen Zahlen für Band 2 lauten: 58 - 4 - 14 - 222, für Band 15: 79 - 10 - 24 - 212. Jeder Band hat etwa 1.000 Seiten Umfang.

194 Mittels der Strichätzung konnten nur lineare Zeichnungen ohne Schattierungen klischiert werden; engl. *line block*.

195 In der ihm eigenen Art und Weise äußert sich Oscar Wilde (1854-1900) zum Illustrationsbedürfnis seiner Zeit: "Since ... the fatal development of the habit of reading amongst the middle and lower classes of this country there has been a tendency in literature to appeal more and more to the eye" (zitiert aus L. Hönnighausen 1971, 394, Anm. 7). Hinweis auf Hönnighausen von T. Kuhnle.

6.6.2 Die illustrierten Wörterbücher

6.6.2.1 Deutschland (19. Jahrhundert)

Auf den ersten Blick kann man den Eindruck haben, das erste moderne illustrierte Wörterbuch sei der folgende Titel, zu dem G.A. Zischka (1959, 3) bemerkt: "Mit eingearbeitetem Sprachlexikon deutsch und fremdsprachlich. Der erste Versuch einer Vereinigung von Wörterbuch und Lexikon."

H.A. Pierer, Universal-Lexikon der Gegenwart und Vergangenheit ..., 34 Bde. (23 x 15 cm), Altenburg, 1840-46, + 1 Atlas der Abbildungen (27 x 33,5 cm), 1848 (= "Zweite, völlig umgearbeitete Auflage. (Dritte Ausgabe)")[196].

Dieses wegen seiner Lithographien schon weiter oben genannte Werk enthält in einem Alphabet Lemmata, die teils sprachliche, teils zusätzlich enzyklopädische Informationen erwarten lassen, vgl. *Adoption* - *Adoptionslogen* - *Adoptionsmünzen* - *Adoptionsvertrag* - *Adoptiren* - ... *Adorf* (Stadt) - *Adoriren* - *Adorno* (genuesisches Geschlecht) - usw. In der Tat werden drei Spalten lang die verschiedenen Aspekte der Adoption abgehandelt und auf 13 Zeilen die Adoptionslogen der Freimaurer erläutert sowie die sieben Dogen aus dem Geschlecht der Adorno aufgezählt. Der Eintrag für *Adoptiren* - Analoges gilt für *Adoriren* - lautet: "(v. lat.), 1) an Kindes Statt annehmen, s. Adoption; 2) eine Meinung annehmen, den Vorzug geben." Hin und wieder wird die Etymologie durch Nennung z.B. eines lateinischen Wortes präzisiert, ansonsten erfolgen keine weiteren sprachlichen Angaben - so wird bei Substantiven in der Regel das Genus nicht vermerkt -, so daß diese Artikel eher an ein Glossar denn an ein Wörterbuch erinnern. In späteren Auflagen[197] werden in zahlreichen Fällen die deutschen Äquivalente oder Bedeutungsangaben durch fremdsprachliche Äquivalente in zwölf verschiedenen Sprachen ersetzt - so bei *Adoptieren*, nicht bei *Adorieren* -, die auch bei manchen Lemmata mit enzyklopädischem Artikel zusätzlich erscheinen (z.B. bei *Adoption*). Dabei werden jedoch zur Ausgangssprache außer den schon genannten vagen Hinweisen zur Etymologie keine weiteren sprachlichen Angaben gemacht, bei den zielsprachlichen Äquivalenten wird immerhin das Genus Verbi und das der Substantive angegeben. Diese Teile von Pierers 'Universal-Lexikon' erinnern somit an die in den mehrsprachigen Calepino-Ausgaben des 16.-18. Jahrhunderts geübte Praxis. Ferner erscheint auf den Randleisten ein mehrsprachig-deutsches Wörterbuch mit minimaler Mikrostruktur, in welchem etwa *Adhaesitatio* (lat.) - *Adhere* (engl.) - *Adherence* (engl.) - *Adhérence* (fr.) - *Adherencia* (sp.) aufeinanderfolgen. Aus diesen Darlegungen ergibt sich, daß der 'Pierer' primär eine Enzyklopädie ist, in die je nach Auflage ein oder zwei Glossare bzw. elementare Wörterbücher praktisch ohne Mikrostruktur eingearbeitet worden sind. Doch in welchem Zusammenhang stehen die Illustrationen zu den übrigen Teilen des Werkes?

Sie sind in der 2. Auflage in einem eigenen Band untergebracht und mit Legenden versehen, die den Abbildungen in toto vorangestellt sind. Obschon von den einzelnen Ar-

---

[196] Zu den 26 Bänden der ersten Auflage (1822-36) mit dem Titel 'Encyclopädisches Wörterbuch der Wissenschaften, Künste und Gewerbe' war kein Tafelband erschienen.

[197] Die folgenden Bemerkungen gelten für die siebte Auflage von 1888 (Titel: 'Pierers Konversations-Lexikon'), jedoch nicht für die dritte Auflage (4. Ausgabe) von 1849-52, die noch in der Tradition der eben beschriebenen steht.

tikeln auf die Illustrationen verwiesen wird - z.B. im Falle von *Arcade*, *Astrolabium* usw. -, ist der Atlasband, der erst zwei Jahre nach der Vollendung der Textbände erschien, durch seine eigenen Legenden auch unabhängig benutzbar, gleich den sonstigen Bilder-Atlanten oder Bilder-Galerien des 19. Jahrhunderts, die nicht zur Ergänzung eines bestimmten Konversationslexikons bestimmt waren. Auch wenn in der siebten Auflage der Atlasband durch Bildtafeln am Ende jeden Bandes ersetzt wird und sogar etwa fünf einfache Holzschnitte pro Band im Text bei den zugehörigen Artikeln erscheinen, wird dadurch das 'Universal-Lexikon' noch nicht zu einem illustrierten Wörterbuch, da eine wesentliche Voraussetzung hierfür fehlt, nämlich ein Sprachwörterbuch als Ausgangsbasis. Hinzu kommt, daß die Illustrationen ausschließlich zu Lemmata erscheinen, die Anlaß zu enzyklopädischen Artikeln geben, und nicht zu jenen mit den sprachlichen Äquivalenten.

Somit ist Pierers 'Universal-Lexikon' zwar noch kein illustriertes (enzyklopädisches) Wörterbuch, stellt aber durch die Hereinnahme elementarer sprachlicher Angaben eine Vorstufe hierfür dar. Da in Deutschland das erste bebilderte Wörterbuch erst 1931 entstanden ist, wendet sich die Untersuchung jetzt nach England, wo nicht nur das älteste illustrierte, sondern auch das erste moderne illustrierte Wörterbuch geschaffen wurde.

6.6.2.2 Großbritannien und die USA

Dabei handelt es sich um:

J. Ogilvie (ed.), The Imperial Dictionary, 2 Bde., Glasgow 1850[198].

Auf dem Titelblatt finden sich noch folgende Hinweise: "On the basis of Webster's English dictionary" - gemeint ist N. Webster, An American Dictionary of the Englisch Language, 2 Bde., New York 1828, 1841[2] - und "Illustrated by about two thousand engravings on wood" (= Holzstiche). In der 'Preface' (S. IV) folgt noch eine relativ ausführliche Beschreibung der Funktion der Illustrationen, die an ihrem Beginn Anklänge an N. Baileys Vorwort von 1727 zeigt: "... this Dictionary has for its object: - ...

9. By the assistance of DIAGRAMS and ENGRAVINGS ON WOOD to furnish clearer ideas of various subjects and objects, and of the signification of various terms, than could be conveyed by mere verbal description. For this reason numerous terms in Architecture, Antiquities, Botany, Zoology, Heraldry, Mechanics, &c., frequently only to be understood by the aid of a figure, have been elucidated and rendered clear by engravings. Besides illustrations of terms, there have been introduced representations of the principal plants used in the arts, manufactures, and in medicine, of animals interesting from their habits or from their value to man, copies of many Mythological figures from celebrated sculptures and paintings, and a variety of other illustrations tending to please, while they also instruct."

Die ein bis drei Holzstiche sind in den dreispaltig gedruckten Text beim Lemma eingefügt und gleichwohl mit einem kurzen Titel versehen. Sie ergänzen in geglückter Weise die Definition, wie aus Abb. 107 ersichtlich ist, die Artikel und Bild zeigt. Das 'Imperial Dictionary' enthält die Angabe der Aussprache (teils im Lemma, z.B. *Änswer*) und Etymologie, detaillierte Bedeutungsbeschreibungen - so werden allein bei intransitivem *answer* acht Bedeutungen unterschieden - und zahlreiche grammatische Angaben, etwa die Kon-

---

198 Da nur ein Mikrofilm einiger Seiten zur Verfügung steht, können keine Größen- und Umfangsangaben gemacht werden. Auch der 'National Union Cataloge' (NUC) schweigt dazu.

struktionsmöglichkeiten von *answer* bei den verschiedenen Bedeutungen. Es handelt sich folglich in der Tat um ein Sprachwörterbuch - es verzeichnet auch keine Eigennamen -, das wie im Titel mit den Epitheta "technological" und "scientific" angekündigt, die wichtigsten ("the principal and most important", Preface, S. IV) Fachtermini enhält. Nur einige Exkurse bei bestimmten Lemmata, z.B. bei *Baron, Barometer* bringen gemeinhin als enzyklopädisch qualifizierte Informationen.

Das von Ogilvie als 'Basis' benutzte Werk betrachtete diesen Vorgang verständlicherweise mit anderen Augen: "This was a reprint (almost verbatim) from an earlier edition of the 'American Dictionary', with a few omissions and insertions; but containing, of course, none of the improvements of the Revised Edition" (von 1847[3]) - so die Publishers (S.LXXXI) von:

N. Webster, An American Dictionary of the English Language, New York 1859. C.A. Goodrich, ed., 26 x 19 cm.[199]

Gleich zu Beginn der 'Publisher's Preface' der neuen Ausgabe wird auf die "some fifteen hundred ... pictorial illustrations" hingewiesen, denen ein zweites Vorwort auf S. LXXXI sq. gewidmet ist. Hier wird nach dem eben zitierten Vorwurf des Plagiats noch auf derselben Seite eingestanden: "For the designs, we are indebted, to a very great degree, to the 'Imperial Dictionary' before referred to". Doch einige Illustrationen wie die zur Heraldik seien für das amerikanische Publikum weggelassen worden, stattdessen andere wie "Coats of Arms, the Deaf and Dumb Alphabet, Musical Terms, Geometry, Races of Men" (S. LXXXII) hinzugekommen. Die Illustrationen sind, was als "distinguishing peculiarity (and, it is believed, excellence)" (ebenda) ausgegeben wird, indes zumeist nach 22 Sachgruppen geordnet, auf S. LXXXII - CLXIII zusammengefaßt. Da vom Lemma und sogar gegebenenfalls von einer seiner Bedeutungen auf das Bild und umgekehrt verwiesen wird, entsteht für den Benutzer nur "little if any inconvenience", ja sogar der Vorteil, daß er alle Illustrationen zu einem Sachgebiet beisammen habe. Dies sei, so wird weiter auf derselben Seite behauptet, "the usual arrangement in Encyclopedias, and works executed in the highest style of art". Ein weiterer Grund, der nur am Rande erwähnt wird: "besides admitting of better mechanical execution" (ebenda), kann nicht ausschlaggebend gewesen sein, da die Illustrationen nicht nur betitelt sind, sondern zum Teil auch von ausführlicheren sprachlichen Erläuterungen begleitet werden, wie Abb. 108 zeigt[200]. Das Hauptmotiv

---

199 Bereits vier Jahre früher erschien: L.C. Ragonot, Vocabulaire symbolique anglo-français. A Symbolic French and English Vocabulary, London 1855, 1862[8] (27 x 20 cm, knapp 100 Seiten). "For Students of every Age, in all Classes: in which the most useful and common words are taught by illustrations ... With upwards of 850 woodcuts, and nine whole-page copper-plates" (Titel, 1862[8]). Es ist ein nach Sachgruppen gegliedertes, zweisprachiges, didaktisches Bildwörterbuch, das jedoch einen Großteil des Wortschatzes ohne Illustration auf herkömmliche Weise verzeichnet, aber zum Teil durch in kurze Segmente unterteilte Sätze einführt. Durch diese Charakteristika und die in der Preface zum Ausdruck kommende pädagogische Intention steht dieses Werk (vielleicht unbewußt) in der Tradition von Comenius' 'Orbis pictus':
"Le principal caractère du "Vocabulaire Symbolique" est donc de représenter par ses illustrations, des séries d'objets usuels, classés d'après leur nature, leur affectation avec leur congénère, ce qui permet à l'intelligence de les comparer, d'en saisir d'un coup d'oeil les différences qui les distinguent, et d'en garder le souvenir." Vom selben Verfasser stammt auch ein 'Symbolisches englisch-deutsches Wörterbuch'.

200 Es handelt sich ebenfalls um Holzstiche, von J. Andrew aus Boston gestochen, von denen auf galvanischem Wege ("electrotyping", S. LXXXII), erst 1839 entdeckt, Klischees hergestellt wurden, die zu "superior workmanship and beauty" der Abbildungen geführt hätten.

für einen gesonderten Bildteil lag wohl darin, daß auf diese Weise der Text des Wörterbuchs nicht neu gesetzt zu werden brauchte - so enthält diese Auflage auch einen Anhang mit mehr als 9.000 frisch aufgenommenen Wörtern.

Daß sich auch in Wörterbüchern getrennte Bildteile als unpraktisch erweisen, gestehen die Herausgeber bereits in der nächsten Auflage von 1864 von Websters Wörterbuch ein, indem sie auf der Titelseite ankündigen: "and upwards of three thousand engravings, inserted in the text, under the words which they illustrate". In der Vorrede (S. VII) wird dieses Vorgehen als "improvement" betrachtet, da es die Notwendigkeit "of any further reference" beseitige[201]. Diese vierte Ausgabe (28 x 21,5 cm, 1.538 S.) ist wie ihre Vorgängerin dreispaltig gedruckt und mit größtenteils neuen Holzstichen desselben Künstlers (etwa 110 pro 50 Seiten) ausgestattet, die aber oft nicht die Qualität der vorausgehenden Auflage erreichen; vgl. die Abbildungen eines Go-cart aus Webster 1859 (Nr. 109) und 1864 (Nr.110), von denen letztere etwas gröber wirkt. Oder man vergleiche obige Darstellung des Kürbisses und Ahornblattes (Abb. 111 und 112) mit der neueren eines Feigenblattes und zweier Früchte (Abb. 113), die bedeutend weniger Binnenstruktur und Schattierungen aufweist[202].

Noch bevor die Herausgeber des 'Webster' ihre Illustrationstechnik umgestellt hatten, erschien in England und in den USA ein zweites illustriertes Wörterbuch:

J.E. Worcester, A Dictionary of the English Language, London, Boston, 1860, 1861. 32 x 24 cm, rund 1.800 Seiten, S. V: "and many terms, which cannot be well explained without a pictorial representation, are illustrated by wood-cuts" (= Holzschnitte), etwa 1.000.

Die Illustrationen wirken, da Holzschnitte, etwas gröber, aber in einigen Fällen auch ausdrucksstärker als vergleichbare Holz- oder Stahlstiche, wie die eine schmucklose Art der Darstellung beinhaltende Abbildung 114[203] und die expressivere Darstellungsweise von Abb. 115 zeigen sollen.

Das Wörterbuch gilt als Worcesters 'masterpiece" (J.H. Friend 1967, 95) bzw. "magnum opus" und "culmination of his life's work" (S.I. Landau 1984, 63) und markiert die vorletzte Etappe in dem seit 1830[204] andauernden 'war of the dictionaries' zwischen Worcester und Webster[205]. Die Neubearbeitung von Webster (1864) beendete diese Auseinandersetzung

---

201 Im Jahre 1868 erschien in New York eine als 'Academic Edition' bezeichnete reduzierte Ausgabe des 'Webster' (560 S. 19,5 x 15 cm), die nicht nur über 350 Holzstiche ("Engravings on Wood") im Text, sondern in einem Anhang noch zwölf Seiten nach Sachgebieten angeordnete Illustrationen aufweist. Ihre Lemmata sind an der alphabetischen Stelle nicht nochmals illustriert, zum Teil auch nicht vorhanden.
Margaret Cop (persönliche Mitteilung) weist auf eine Ausgabe von 1907 hin, wo die Abbildungen des Anhangs auch im alphabetischen Teil des Wörterbuchs erscheinen. Nach R.K. Leavitt (1947, 58), auf den ebenfalls M. Cop aufmerksam gemacht hat, wurde der Bildanhang bis 1934 beibehalten, denn "public demand would not tolerate its omission when illustrations were run in with the text".

202 Die Größe der Abbildungen ist in etwa gleich geblieben; sie liegt zwischen 1,5 - 4 mal 1,5 - 4 cm. Dieses 'Briefmarkenformat' herrscht bis heute bei der Illustrierung von Wörterbüchern vor. Größenangaben zu den Darstellungen brauchen daher nur noch dann gemacht zu werden, wenn sie von diesem Rahmen abweichen.

203 Sie findet sich fast identisch in Webster (1864) wieder.

204 Die Auseinandersetzung begann mit dem Erscheinen von Worcesters 'Comprehensive Pronouncing and Explanatory Dictionary', das Webster vom (amerikanischen) Markt fernhalten wollte.

205 Hierzu ausführlich Eva Mae Burkett (1936/1979). Die Illustrationen haben hierbei offensichtlich keine Rolle gespielt - sie waren sich auch zu ähnlich.

"ironically by abandoning everything characteristic of Webster and adopting Worcester's virtues" (S.I. Landau 1984, 64) - es ging hierbei um die Behandlung der Aussprache, der etymologischen Angaben, der Synonyme etc., worauf hier nicht eingegangen zu werden braucht.

Somit waren in 14 Jahren, zwischen 1850 und 1864, vier illustrierte Wörterbücher im englischsprachigen Raum auf den Markt gekommen, womit die Idee des bebilderten Wörterbuchs sich endgültig Bahn gebrochen hat. Denn die Werke der drei Verlage erscheinen in weiteren Auflagen bzw. Neubearbeitungen und führen zum Teil weiter zu den illustrierten Wörterbüchern unserer Zeit. Daher soll die weitere Entwicklung nur in großen Zügen umrissen werden, bevor sich die Untersuchung dem Land zuwendet, in welchem sich als zweitem die Illustration der Wörterbücher durchgesetzt hat.

Die noch zur ersten Auflage gerechnete Ausgabe des 'Imperial Dictionary' von 1874 erhöht die Anzahl der Holzstiche von 2.000 auf nunmehr 2.500[206], in der auf vier Bände (28 x 20 cm) erweiterten zweiten Auflage, London 1883 wächst die Zahl der Abbildungen weiter auf etwa 3.000[207]. Zusätzlich finden sich am Ende jeden Bandes vier doppelseitige in Stahl gestochene Tafeln[208], die Gegenstände zu folgenden Themen abbilden: "Anatomy, Archeology, Birds, Language" (Sprachfamilien der Welt) - soweit Band 1; im folgenden Band finden sich zwei Tafeln zu "Ethnology" und je eine zu "Fishes" und "Geology". Die Tafeln stellen eine für ein Wörterbuch, auch wenn es als enzyklopädisch zu qualifizieren ist, überflüssige und unpraktische Ergänzung dar.

Das 'Imperial Dictionary' stellte die Basis für das von W. D. Whitney in sechs Bänden zwischen 1889 und 1891 in New York herausgegebene 'Century Dictionary' dar, dessen Illustrationen gelegentlich in Darstellungen der englischen Lexikographie erwähnt werden. So bemerkt J.R. Hulbert (1968^2, 85), "its use of pictures and the pictures themselves have been praised." In der Tat betont der Herausgeber in der Preface (S. XVI) : "Cuts of a distinctly explanatory kind have been freely given as a valuable aids to the definitions, often of large groups of words, and have been made available for this use by cross references". Zu dieser die Definition unterstützenden Verwendung der Illustrationen kommt noch ihre "technical accuracy" und die Tatsache, daß sie "largely original" sind, "cuts having been obtained by purchase[209] only when no better ones could be made at first hand" (alles S. XVI). Das Wörterbuch ist relativ dicht illustriert mit ein bis drei Holzschnitten pro Seite, die oft sieben auf fünf Zentimeter messen, ein Format, das in Relation zu den 33 x 25 cm der einzelen Seiten nicht überproportional groß wirkt, aber doch den hohen Stellenwert der Illustration zum Ausdruck bringt. Zudem sind die Darstellungen klar und informativ[210], bei Planzen und Tieren darüber hinaus ausnehmend schön (vgl. Abb. 116)[211], was damit zu er-

---

206 "Illustrated by above 2.500 engravings on wood" (Titelseite).

207 Als Herausgeber zeichnet C. Annandale. "... above three thousand engravings printed in the text" (Titel). Einige Abbildungen überschreiten leicht die in Kap. 6, Anm. 202 als 'Briefmarkenformat' bezeichnete Größe, was ein kleines Indiz für ihre zunehmende Bedeutung sein könnte.

208 Im Vorwort (S. 2) wird, was keineswegs selbstverständlich ist, darauf hingewiesen: "Besides the wood engravings the present issue is enriched by a series of engravings on steel, adding both to its beauty and its utility" (*it* = the 'Imperial Dictionary'). Es wurden nur Band 1 und 2 eingesehen.

209 Hier wirkt sich offenbar die 1886 vereinbarte "Berner Konvention für das internationale Urheberrecht auf Gegenseitigkeit" aus (E.D. Stiebner 1976, 18)

210 Bei kleinen Tieren wie Fliegen und Käfern wird in Form eines kleinen Balkens bestimmter Länge ein Hinweis auf ihre Größe gegeben.

211 Nur ein Teil der Abbildungen weist wie die oben wiedergegebene einen Rahmen auf, der die Geschlossenheit der Darstellung unterstreicht.

klären ist, daß der für die Illustrationen verantwortliche W.L. Fraser gleichzeitig "manager of the Art Department of the Century Co." (S. XVI) war, wo 'The Century Magazine' erschien, das für seine Illustrationen bekannt war (S.I. Landau 1984, 111)[212]. "No twentieth-century dictionary comes close to matching the elegance and sophistication of the *Century's* art." Diese Bemerkung Landaus (loc.cit.) ist sicher nicht ganz unberechtigt.

Ein anderer Verlag bringt zwischen 1879 und 1888 die sieben Bände von 'The Encyclopaedic Dictionary' auf den Markt ('Cassell's Dictionary'), dessen anschauliche Holzstiche ("nearly all of which have been engraved expressly for this work", S. IV) dem von den vorausgehenden Werken gesetzten Standard entsprechen.

Zur weiteren Wirkung und Verbreitung von Illustrationen in englischsprachigen Wörterbüchern sei nur an die bis in die Gegenwart reichende lange Reihe der verschiedenen 'Webster' erinnert. Das 'Century Dictionary' erlebte 1927 eine auf zwei Bände reduzierte Ausgabe mit 4.000 Abbildungen und einigen Farbtafeln, die mindestens bis 1942, dem Erscheinungsdatum des Exemplars der UB München, aufgelegt wurde, und stellt eine der wesentlichen Quellen des 'American College Dictionary' von 1947 dar. Epochemachend in mehrfacher Hinsicht war A.S. Hornby et al., A Learner's Dictionary of Current English, Tokio 1942, Oxford 1948 u.ö., unter leicht verändertem Titel bis heute; vgl. die Bibliographie.

Für die Jahre nach 1977 notiert F.J. Hausmann (1985, 25) "une impressionante série de nouveaux dictionnaires", die er mit 16 Titeln belegt, von denen etwa die Hälfte bebildert ist. Zur Beschreibung der heutigen Praxis der Illustration siehe Kap. 8.

6.6.2.3 Frankreich

Zwei Jahre nach dem ersten illustrierten Wörterbuch aus England erschien offensichtlich unabhängig davon in Frankreich[213] das erste entsprechende Werk[214]:

M. de La Châtre, Le dictionnaire universel. Panthéon littéraire et encyclopédie illustrée, 4 Bde., Paris 1852-56. 30,5 x 24 cm, etwa 50 Holzstiche - oft 8 x 6 cm - pro 50 Seiten, Gattungs- und Eigennamen.

In der Widmung bzw. in späteren Ausgaben im Vorwort bringt Maurice Lachâtre, wie er sich ab 1855 nennt, zum Ausdruck, daß er sein Werk als "le plus vaste répertoire des connaissances humaines" versteht. "A cette première idée est venue se joindre cette autre

---

212 Landau (loc.cit.) hebt besonders die Vogeldarstellungen von E.T. Seton hervor, der auch in S. Houfe (1978, 449) erwähnt wird.

213 Hinweis auf dieses Wörterbuch von F.J. Hausmann und M. Höfler.

214 Da Lernwörterbücher für Kinder nicht systematisch berücksichtigt wurden, sei nur kurz auf den bereits 1839 erschienenen 'Vocabulaire des enfants' hingewiesen: 580 S., 26 x 15,5 cm, 760 Holzstiche verschiedener Künstler.
In einem typischen Eintrag folgt auf das Lemma eine grammatische Angabe (z.B. "Abreuvoir, subst. masc."), eine kurze Definition ("lieu où l'on mène boire les animaux"), gegebenenfalls ein Beispiel (z.B. zu *s'abstenir*: "s'abstenir de jouer") und ein Bild, das bei *Abreuvoir* ein Pferd an der Tränke zeigt.
Im Avertissement weist der Herausgeber auf die Funktion des Wörterbuchs hin, nämlich "de forcer les enfants, par l'attrait des images, à lire un grand nombre de mots, et de leur apprendre, en les amusant, la signification, le genre, l'orthographe et l'emploi de ces mots". Da auch "un grand nombre de personnes raisonnables" an dem Werk Gefallen gefunden habe, wird für die zweite Auflage als weiterer Titel 'Le vocabulaire illustré' vorgeschlagen.

pensée qu'un Dictionnaire donnant l'explication des choses ou des mots, sans que le texte fût accompagné de la représentation par le dessin de ces mêmes choses, était dans une foule de cas insuffisant et incomplet. Ainsi, pour citer un exemple, quelque développement que l'on donne au mot *locomotive*, il est évident que, si on n'accompagne pas le texte d'un dessin représentant une locomotive, l'explication sera incomplète ou même inintelligible pour ceux qui n'auront jamais vu la chose. Dans la description des animaux, des plantes, des machines, des instruments, enfin des mille et mille objets dont la nomenclature remplit un Dictionnaire, il est absolument indispensable de joindre aux textes les dessins représentant ces animaux, ces plantes, ces machines, ces instruments, ces objets". Neben diesem bis heute gültigen Argument spielt bei Lachâtre sein sozialpolitisches Engagement mit, das sich in einem niedrigen Preis für die einzelnen Lieferungen auswirkt[215] und in seiner Absicht, "de travailler au bonheur des autres hommes, mes frères, en contribuant, dans la mesure de mes forces, à leur amélioration intellectuelle, morale et physique" (Widmung der Ausgabe 1855-57). Der 'Dictionnaire universel' ist nicht nur aufgrund dieser Ausführungen als enzyklopädisches Wörterbuch zu bezeichnen; vgl. Abb. 117 mit der von Lachâtre selbst als Beispiel benutzten Lokomotive, die in einem längeren sachkundlichen Artikel steht. An dem in Abbildung 118 wiedergegebenen Artikel zu *Paquebot* ist die Verbindung von sprachlicher Information (grammatische Angabe, Etymologie und in den vier letzten Zeilen Verwendung des Wortes in Beispielen) und als enzyklopädisch bezeichneten Angaben deutlich zu sehen. Beide Illustrationen entstammen der Ausgabe von 1880 des 'Nouveau dictionnaire universel'[216], sind jedoch unverändert aus der Erstauflage von 1852 übernommen - der Artikel zu *paquebot* war 1852 nicht halb so lang, aber im Prinzip gleich aufgebaut. Gegenüber diesen mittelmäßigen Darstellungen technischer Dinge heben sich die Pflanzendarstellungen positiv ab (vgl. Abb. 119) - zur Illustrierung wurden verschiedene Künstler herangezogen.

Wie bereits mehrfach angeklungen ist, veranstaltete M. Lachâtre von seinem Wörterbuch verschiedene Ausgaben: Nach den identischen Auflagen von 1852-56 und 1854-56 erschien 1855-57 eine leicht reduzierte Fassung: "1.600 pages de texte avec 2.000 gravures" (Titel), die verboten wurde und ihrem Verfasser eine fünfjährige Gefängnisstrafe eintrug, der er sich durch Flucht nach Barcelona entziehen konnte. Eine Neubearbeitung wieder etwa im ursprünglichen Umfang (Bd. 1 A-F umfaßt bereits 1.630 S.) erschien von 1865-70 unter dem Titel 'Nouveau dictionnaire universel'[217], wobei die sachkundlichen Erläuterungen noch ausführlicher geworden sind. Diese Ausgabe enthält etwa 35 zum Teil neu geschaffene Holzstiche auf 50 Seiten - die kleineren Abbildungen der vorausgehenden Auflagen wurden offensichtlich weggelassen (z.B. zu *Abaque*, *Abat-vent*, *Abat-voix*), aber ebenso eine größere (8 x 6 cm) karikierende Darstellung mit dösenden Akademie-Mitgliedern (zu *Académie*), vgl. Abb. 120.

Erneut überarbeitet erschien 1899 der 'Dictionnaire La Châtre' in einer wohl durch den Tod des Verfassers (1814-1900) unvollständig gebliebenen Ausgabe (A - S) von drei Bänden, "illustrés de plus de 2.000 sujets gravés sur bois, intercalés dans le texte" (Titel). Die Ikonographie des Werkes ist weitgehend aus der vorausgehenden Ausgabe übernom-

215 Über diese und weitere Aspekte des Wörterbuchs von Lachâtre, wie z.B. über seine politische Einstellung, wird in Kürze eine Arbeit von Margarete Lindemann informieren.
Es sei hier nur wiedergegeben, was Lachâtre (1852) unter *Académicienne* anmerkt: "Le jour approche où la femme émancipée réclamera des droits égaux à ceux que se sont arrogés les hommes".

216 Zur Anfertigung von Diapositiven stand nur diese Ausgabe zur Verfügung; die Abbildung120 mußte von einer Photokopie aus erfolgen.

217 Eine weitere Ausgabe (vgl. Bibliographie) war nicht zugänglich.

men; so finden sich weiterhin Abbildungen zu *Abaque*, *Abricotier*, *Acanthe*, *Ancolie*, *Ancre*, doch wurden etwas 'volkstümlichere' Illustrationen wie zu *Abreuvoir*, *Abattoir* und kleine Zeichnungen wie zu *Abat-vent*, *Abat-voix* weggelassen. Da nur ein Mikrofilm der Bibliothèque Nationale mit dem Teil A - C zur Verfügung steht, konnte nicht geprüft werden, ob die Darstellung der Lokomotive in der ersten Ausgabe der technischen Entwicklung angepaßt wurde.

Die Wörterbücher von M. Lachâtre begründeten zwar die Tradition der Illustration in französischen Wörterbüchern, gerieten aber trotz der Neubearbeitungen in Vergessenheit - in den Arbeiten zur französischen Lexikographie wird Lachâtre kaum einmal erwähnt[218], geschweige denn gewürdigt.

Ein kurz nach der Erstausgabe von M. Lachâtre erschienenes Werk verbindet ähnlich wie die schon genannte 'Encyclopaedia Perthensis (1786-1806) und H.A. Pierer (1840-46) eine illustrierte Enzyklopädie mit einem Wörterbuch, ohne daß daraus ein illustriertes Wörterbuch resultiert:

J.F.M.B. Dupiney de Vorepierre, Dictionnaire français illustré et encyclopédie universelle, 2 Bde., Paris 1856-64 [219] u.ö. 30 x 23,5 cm, 1.328 + 1.376 S., etwa 60 Holzschnitte pro 50 Seiten, 5 x 6 bis 8 x 7 cm groß, keine Eigennamen.

Das Werk hat in der vorliegenden Ausgabe von 1860 kein Vorwort und trägt auf der Titelseite folgenden Hinweis: "Ouvrage orné d'environ 20.000 figures gravées sur acier par les meilleurs artistes". Die ersten Illustrationen betreffen die folgenden Lemmata und sind in den Text integriert: *A*, *Abaque* (drei Darstellungen), *Abbaye* (zwei), *Abdominaux* (Fische), *Abeille* (sieben), *Aberration* (drei), *Able* (Fisch), *grappins d'Abordage* (Enterhaken), *Abraxas* (zwei, Typ von Gemmen), *Abscisse*, *Abside* (zwei), *Absorption* (zwei), *Acalèphes* (sieben, Quallen) usw. Diese Aufzählung zeigt, daß zahlreiche Lemmata illustriert werden, worunter sich relativ viele Klassenbezeichnungen wie *Acalèphes* befinden, und daß die einzelnen Stichwörter (vgl. *Abeille*) reich bebildert sind; vgl. Abb. 121 von Seite 165 mit neun Darstellungen von Bögen (*Arc*). Eine derartige Illustrationsweise deutet eher auf eine Enzyklopädie als auf ein Wörterbuch hin und findet sich immer in dem mit *Enc*. eingeleiteten, ausführlicheren zweiten Teil des Lexikonartikels; so wird zu *Héron* nur notiert "s.m. (H. asp.) T. Ornith.", bevor im enzyklopädischen Teil zweieindrittel Spalten lang und mit drei Abbildungen alle wünschenswerten Informationen über Reiher gegeben werden. Doch es sind auch primär sprachlich interessierende Lemmata enthalten wie Präpositionen (z.B. *avant*) oder das eingehend in seine Bedeutungen aufgeschlüsselte Verb *aller* (eineindrittel Seiten), die 28 Zeilen für *nager* etc.; ferner sind die im Académie-Wörterbuch fehlenden Lemmata mit einem Sternchen gekennzeichnet.

Natürlich tragen die Abbildungen auch in einer Enzyklopädie zum besseren Verständnis des Lemmas bei, doch ist der 'Dictionnaire' von Dupiney de Vorepierre wegen des Übergewichts der sachbezogenen Ausführungen, auf die sich die auch durch Buchstaben markierten Details der Illustrationen beziehen, in erster Linie eine illustrierte Enzyklopä-

---

218 B. Quemada (1968) wertet die Widmung von Lachâtre (1852-56) aus, G. Matoré (1968) nennt ihn nur einmal beiläufig.

219 B. Quemada (1968, 623) verzeichnet zwar als frühestes Erscheinungsdatum 1847, das sich jedoch als falsch erwiesen hat. Weder der 'National Union Catalogue' noch der der Bibliothèque Nationale kennen diese Ausgabe. Zudem ließ die Bibliothèque Nationale bei sieben weiteren Bibliotheken nach der fraglichen Angabe suchen - ohne Ergebnis.

die, in die in geschickterer Weise als bei Pierer (Vgl. 6.6.2.1) ein Wörterbuch integriert wurde.

Ein weiteres Werk, das als enzyklopädisches Wörterbuch zu bezeichnen ist, setzt seine wenigen Illustrationen (3-4 Holzstiche auf 50 Seiten) ebenfalls nur für die sachkundlichen Teile der Artikel ein:

P. Larousse, Grand dictionnaire universel du XIXe siècle, 15 Bde., Paris (Larousse et Boyer) 1866-1876, 2 Supplementbände 1878 und 1888. Unter dem Titel 'Grand dictionnaire universel' erschien das Werk unverändert mit der Verlagsbezeichnung 'Administration du Grand dictionnaire universel', s.d. [1866-76, 1878,1888]. 31 x 23 cm, Eigennamen und Gattungsnamen, Zitate aus der Literatur.

Die Art der Illustrierung - P. Larousse äußert sich im ausführlichen Vorwort nicht dazu - ist insofern auffällig, als sie vornehmlich aus geometrischen Figuren und einfachen Schemata besteht. So befinden sich auf den 1.115 Seiten des ersten Bandes (= Buchstabe A) - Analoges gilt für die übrigen Bände inklusive der beiden Supplemente - 76 Abbildungen, von denen 37 die Geometrie betreffen, 28 weitere stellen schematisch Holzverbindungen wie mit Nut und Feder dar (*assemblages*). Neben einigen (Funktions-)Schemata ((*puits*) *artésien*, *aimant*, *animal*), Veranschaulichungen optischer Erscheinungen (3 *anneaux*), zwei Notenbeispielen, einem Buchstabenbild (*abracadabra*) werden nur zwei konkrete Gegenstände dargestellt: ein Aräometer (=hydrostatische Senkwaage zur Bestimmung des spezifischen Gewichts von Flüssigkeiten) und unter (*machine d'*)*Atwood* ein Gerät zur Demonstration der Gesetze des freien Falls - zwei doch sehr spezielle Dinge. Diese Art der Illustrierung mag G. Matoré (1968, 128) zu der Feststellung bewogen haben: "l'iconographie est pratiquement inexistante"[220]. Die Holzstiche dienen immer nur zur Ergänzung des enzyklopädischen Teils der Artikel - vgl. Abb. 122 zu *machine d'Atwood* mit einem Teil des Artikels -, worauf sich die Buchstaben im Bild beziehen.

Da der 'Grand dictionnaire universel' auch alle wünschenswerten Angaben zur Sprache macht - Aussprache, Etymologie, Unterscheidung verschiedener Bedeutungen, Konstruktionen, Zitate -, ist er im Unterschied zu Dupiney de Vorepierre als enzyklopädisches Wörterbuch zu bezeichnen; aber wegen des eingeschränkten Gegenstandsbereiches der Illustrationen, die die Realität praktisch ausklammern, und zudem primär auf die weiterführenden Teile der Artikel verweisen, kann schlecht von einem illustrierten enzyklopädischen Wörterbuch gesprochen werden. Es braucht keine Bezeichnung für diesen wohl seltenen Typ von Wörterbuch gefunden zu werden, es genügt, die Art und Verwendung der Illustrationen beschrieben zu haben. Daraus dürfte deutlich geworden sein, daß dieses Werk sich dem Typ des illustrierten enzyklopädischen Wörterbuchs immerhin annähert.

Zwei Jahre nach der Vollendung des 'Grand dictionnaire universel' wird Pierre Larousse sein erstes Werk dieser Art herausbringen[221].

---

220 Auch G.A. Zischka (1959, 6) bemerkt: "Nicht illustriert". Hinweis auf die Illustrierung dieses Werkes von F.J. Hausmann.

221 Bereits zuvor erscheint ein dreisprachiges Glossar bzw. elementares Wörterbuch, das zum Spracherwerb von Kindern dient und mit seinen 3.350 Holzschnitten etwa 40% der Artikel illustriert: Armand Honoré Le Brun et al. Le vocabulaire illustré des mots usuels français, anglais, allemands, Paris 1873 (VI, 466 S.), ND unter dem Titel 'Das große illustrierte Wörterbuch', München (L. Borowsky) o.J. [ca. 1970].
Bei einem typischen Eintrag folgt auf ein Bild das französische Lemma (z.B. *Abîme*) und darunter das englische und deutsche Äquivalent (hier: "*Abyss*. - *Abgrund*, m.") ohne weitere Angaben. Die Einträge sind durchgängig substantivischer Art, weshalb etwa *allumer* fehlt, *allumage* und *allumettes* (letzteres mit Bild) jedoch verzeichnet sind.

P. Larousse, Dictionnaire complet de la langue française, Paris 1878. 1.223 S., 16 x 11 cm.

A. Rétif schreibt dazu in seinem Buch über Pierre Larousse (1975, 124): "sous l'impulsion de Georges Moreau, ingénieur des Arts et Manufactures et l'un des gérants de la maison Larousse, le dictionnaire paraît pour la première fois et le premier en France orné d'illustrations". Der letzte Teil ist nach obigen Ausführungen über die Wörterbücher von M. Lachâtre falsch - analoge Behauptungen in einem spanischen und einem italienischen Wörterbuch werden sich als ebenso unzutreffend erweisen.

P. Larousse hatte 1856 den 'Nouveau dictionnaire de la langue française' herausgegeben, der bereits die später durch den 'Petit Larousse' bekannt gewordenen 'Pages roses' enthielt, und sich vor allem an Schüler wandte[222]. Seit 1860 - P. Larousse hat die kontinuierliche Überarbeitung seiner Wörterbücher zur Perfektion gebracht - enthält es einen zweiten Teil mit einem "dictionnaire des mots historiques, géographiques et mythologiques" (A. Rétif 1975, 123). Eine Neubearbeitung mit 1.164 Seiten erscheint 1869 unter dem Titel 'Dictionnaire complet de la langue française', die 1878 zu dem oben angezeigten Werk führt.

Die vorliegende Ausgabe von 1879 trägt auf dem Titelblatt den Vermerk "11e édition", wobei die Préface den Eindruck erweckt, daß diese Angabe auf das Wörterbuch von 1856 zu beziehen ist. In dem Vorwort macht P. Larousse eine kurze Bemerkung zu der wesentlichen Neuerung in seinem Wörterbuch, die wegen des in ihr zum Ausdruck kommenden semiotischen Gesichtspunktes zitiert werden soll. Das Wörterbuch enthält:

"3° Environ 1.500 figures, complétant et précisant le sens des mots définis, en donnant une idée de la forme des objéts et des êtres qu'ils représentent.

Cette innovation est capitale et suffirait à elle seule à étendre le succès déjà si grand de notre Dictionnaire.

Elle en fait un répertoire éminemment utile, *écrit en deux langues* se prêtant un mutuel appui: la langue maternelle, restreint à notre nationalité; la langue du dessin, commune à tous les peuples, UNIVERSELLE, en un mot" (Hervorhebungen P.L.).

Der zweite Teil des Wörterbuchs mit den Eigennamen enthielt noch keine Illustrationen; spätestens die unter dem Titel 'Dictionnaire complet illustré' 1903 als "126e édition" (Titelseite) erschienene Ausgabe zeigte 750 Porträts berühmter Persönlichkeiten und 24 Karten. Die Zahl der Abbildungen im ersten, sprachlichen Teil war nach der Angabe in 'Au Lecteur' auf 2.000 gestiegen[223], hinzukamen ferner 35 'Tableaux encyclopédiques', darunter zwei Farbtafeln mit den Fahnen verschiedener Staaten. Der Umfang war auf 1.464 Seiten gewachsen, von denen 804 auf den Sprachteil entfielen.

Nicht etwa wegen seiner Gliederung in den Sprach- und in den Eigennamenteil ist der 'Dictionnaire complet' als enzyklopädisches Wörterbuch zu betrachten, sondern weil im Sprachteil zu den einzelnen Lemmata wie *Navigation*, *Nécromancie*, *Néfaste*, *Nègre*, *Neige* - dies sind alle Beispiele aus N -, durch einen Gedankenstrich abgetrennt, Sachinformatio-

---

[222] P. Larousse (1817-1875) hat neben seinen umfangreichen lexikographischen Arbeiten auch zahlreiche Unterrichtsmaterialien, Schulgrammatiken, Schriften zur Erziehung und einige Theaterstücke verfaßt, sowie zwei pädagogische Zeitschriften herausgegeben; vgl. die Liste der Titel bei A. Rétif (1975, 332-334).

[223] Auf dem Umschlag wird von "2.500 gravures" gesprochen.

nen (bei *Navigation* über die Geschichte der Schiffahrt) gegeben werden[224]. Ob die sonstigen Bedeutungsexplikationen über die sprachlich erforderlichen Angaben hinausgehen (z.B. bei *baleine*), braucht an dieser Stelle noch nicht erörtert zu werden, da diese Frage in Kapitel 7 thematisiert wird. Die meisten Artikel jedoch sind auf das Wesentliche beschränkt, was eine hohe Zahl an Lemmata ermöglicht. Die Bedeutungsbeschreibung wird in zahlreichen Fällen von kleinen und einfachen Holzschnitten im Text ergänzt, die mit ihrem Format von durchschnittlich 1 x 1 bis 1 x 2 cm zwar zu der Größe des Wörterbuchs und der Schrifttype passen, aber oft keine Vorstellung von dem dargestellten Objekt vermitteln können. Aus Abbildung 123 geht wohl kaum hervor, daß es sich um eine Ananas handelt oder bei Abb. 124 um eine Akelei (fr. *ancolie*). Dagegen ist der Anker von Abb. 125 trotz seines kleinen Formats gut zu erkennen. In den weiteren Auflagen gewinnen die Illustrationen an Klarheit und Größe, so daß in der Ausgabe von 1903 z.B. die Ananas besser identifiziert werden kann (Abb. 126). Zudem enthält spätestens die Ausgabe von 1903 im sprachlichen Teil ganzseitige "Tableaux encyclopédiques"[225] mit Themen wie "Locomotive, Machine à vapeur, Maison, Mammifères, Musique, Navire (2), Oiseaux, Ordres (d'architecture)" usw., auf die jedoch nicht vom Lemma aus verwiesen wird[226]. So kommt es vor, daß ein Wort (z.B. *Trompette*) sowohl beim Lemma als auch in einem Tableau (hier *Musique*) illustriert wird. Die Funktion dieser Tafeln besteht also darin, die einzelnen Teile eines Gegenstandsbereiches (hier: Musik) ostensiv zu definieren; bei jedoch nur 35 derartigen Darstellungen gilt der gegenüber der vergleichbaren Praxis der zweisprachigen Wörterbücher gemachte Einwand (siehe 5.1).

Die Herausgeber erkennen in einer Fußote bei dem Verzeichnis der "Tableaux encyclopédiques" an, von den hier bereits vorgestellten Wörterbüchern von Webster und Ragonot (6.6.2.2) die "idée première" zu zehn der Tafeln erhalten zu haben. Wie ein Vergleich der fraglichen Abbildungen ergibt, sind die Darstellungen bei Larousse ikonographisch unabhängig von ihren Vorbildern, so daß diese tatsächlich nur den Anstoß zu einer eigenständigen Bebilderung gegeben haben.

Die laufenden Verbesserungen des 'Dictionnaire complet' sind natürlich der unternehmerischen Leistung des Verlages zuzuschreiben, die aber ihrerseits durch die Konkurrenz mit vergleichbaren Wörterbüchern angespornt wurde. Denn das Konzept von P. Larousse, ein handliches für schulische Zwecke geeignetes Wörterbuch zu schaffen, das auch eine kleine Enzyklopädie mit einschloß, wurde von vier Verlagen nachgeahmt, die nach dem 'Dictionnaire complet' auch Illustrationen hinzufügten[227]. Es handelt sich in chronologischer Reihenfolge um:

T. Bénard, Dictionnaire classique[228] universel, Paris (E. Belin) 1860, 736 S., 16 x 10,5 cm.

---

[224] Dieses Charakteristikum wurde in sämtliche spätere Auflagen, die seit 1905 als 'Petit Larousse' erschienen, übernommen.

[225] Auch dies ist bis zum heutigen Tage ein Wesenszug des 'Petit Larousse'.

[226] So auch bis heute.

[227] P. Larousse und die späteren Herausgeber beklagen sich oft (z.B. im Vorwort) über die Nachahmungen, die aber zum Unterschied von den englischen Wörterbüchern nicht die Illustrationen kopieren. Auch vom Inhalt her kann man sie nicht als Plagiate bezeichnen.

[228] *Classique* ist als Ableitung von *classe* zu verstehen.

Bis 1882 dreizehn Réimpressions. In diesem Jahr erscheint die erste illustrierte Auflage mit 984 S.[229], die bis 1891[56] auf 1.008 S. anwachsen wird und bis 1911[78] wohl unverändert aufgelegt werden wird. Die vorliegenden Ausgaben von 1891 und 1899[65] enthalten im Vorspann die Ankündigung: "Edition illustrée de 2.232 gravures instructives, de 12 cartes géographiques et de 18 grandes figures synoptiques". Gattungsnamen und Eigennamen sind in einem Alphabet, die komplexen Darstellungen sind in einem Anhang von 13 Seiten untergebracht; vom Text aus wird nur selten auf sie verwiesen. Die Holzschnitte im Text sind in den konsultierten Ausgaben[230] größer - meist im Briefmarkenformat - und klarer als bei Larousse; vgl. Abb. 127 wiederum mit einer Ananas.

A. Gazier, Nouveau dictionnaire classique illustré, Paris (A. Colin) 1887. 17,5 x 10,5 cm.

Die Auflage von 1888[4] umfaßt 788 S., eine Zahl, die auch in den späteren bis 1923 erschienen Ausgaben beibehalten wird. Dagegen nehmen die Abbildungen von 1888 ("19 cartes, 700 gravures dont 70 figures d'ensemble", Titel) bis 1908 leicht auf "914 gravures, 28 cartes" (Titel) zu. Die Illustrationen der Ausgabe von 1903 sind größer - etwa ein Drittel ist in dem oben erwähnten Briefmarkenformat - und meist informativer als die des zeitgleichen Wörterbuchs von Larousse; vgl. die Abb. 128, ebenfalls zum Lemma *ananas*. In der Préface (S.III) erläutert Gazier sein Konzept für die Auswahl und Art der Darstellungen:

"Mais on s'est bien gardé de faire dessiner des chandeliers, des clefs ou des cuillers[231]; on a représenté seulement les objets qui ne se rencontrent pas tous les jours, et surtout on s'est attaché à donner des *figures d'ensemble*, les seules qui, dans certains cas, puissent vraiment instruire. S'il s'agit, par exemple, d'expliquer ce que sont les mâts de beaupré, de misaine ou d'artimon, les haubans, les huniers, etc., au lieu de placer en regard de chacun de ces mots un dessin nécessairement insuffisant, on a cru devoir renvoyer au mot *Navire*, où une figure d'ensemble fait bien connaître ce qu'on voulait expliquer. Pour se rendre compte du procédé, il suffit de chercher les mots *Château*, *Chemin de fer*, *Eglise*, *Fortification*, *Squelette*, etc".

Auf diese "figures d'ensemble" (vgl. Abb. 129)[232] wird, anders als bei Larousse, vom Lemma aus hingewiesen, und zwar z.B. von *piston* auf *locomotive*, wobei zusätzlich in dem enzyklopädischen Teil des Artikels *locomotive* der Kolben genannt wird. Auf diese Weise erfüllen derartige Funktionsschemata ihren Zweck zur Erläuterung der Lemmata. Gazier verzeichnet wie Bénard in einem Alphabet Gattungsnamen (mit Minuskeln, z.B. *napoléon* als Goldmünze) und Eigennamen und ist dadurch und die im Titel angekündigten "1.000 articles encyclopédiques" ebenfalls ein enzyklopädisches Wörterbuch.

P. Guérin/G. Boivier-Lapierre, Nouveau dictionnaire universel illustré, Tours (A. Mame et fils) 1894 bis 1913. 18,5 x 11,5 cm, 887 S.

---

229 Die für Belgien konzipierte Ausgabe von 1882[36] ist nicht illustriert.

230 In der auch später wiedergegebenen Préface zur 51. Auflage wird der Ersatz von 550 Holzschnitten vermeldet, "dont l'utilité paraissait contestable ou l'execution défectueuse".

231 Die beiden erstgenannten Gegenstände werden in der Tat im Larousse-Wörterbuch illustriert, alle drei in T. Bénard (1882).

232 Anders als in der wiedergegebenen Abbildung sind bei einigen Darstellungen (z.B. bei *Chemin de fer*) die Bezeichnungen in das Bild integriert, so daß sich Pfeile und Buchstaben erübrigen (Abb. 130).

Das von der Bibliothèque Nationale zur Verfügung gestellte Exemplar von 1912 ist wie die beiden vorausgehenden Titel aufgebaut und enthält bei vergleichbarem Umfang "866 figures, 11 cartes dans le texte, 24 cartes et planches en couleurs[233], 44 tableaux encyclopédiques"[234]. In der Préface bemerken die Autoren zwar, die Illustration sei gewissermaßen Mode geworden, anerkennen aber, "qu'une illustration bien faite est très utile, parfois nécessaire. La physique, la chimie, l'histoire naturelle, les mathématiques, l'archéologie, etc. ont besoin de gravures spéciales. Ce qui est plus instructif, ce sont les groupes de figures se rapportant au même sujet; ils permettent de mieux remarquer les diverses transformations et les rapports. ... Pas de clichés empruntés à d'autres ouvrages, aucune superfluité pour faire nombre." Die Illustrationen sind hier in der überwiegenden Mehrzahl in dem oben definierten Briefmarkenformat und können sowohl als ästhetisch als auch informativ angesehen werden. In Ermangelung einer Ananas sei zum Vergleich die Abbildung zu *bananier* wiedergegeben (Abb. 131). Bei der Darstellung von Pflanzen, z.B. eines Kaktus werden auch Blüte und Wurzelwerk gezeigt, der Anker (Abb. 132) liegt nicht im leeren Raum, sondern ist quasi in Aktion am Grunde eines Gewässers, eine vergrößerte Milbe wird von oben und unten gezeigt. Diese wenigen Beispiele lassen den Schluß zu, daß die Darstellungen bewußt für ihre Aufgabe in einem zur Wissensvermittlung dienenden Werk konzipiert wurden und einen recht hohen Informationsgehalt aufweisen. Hinzukommen die enzyklopädischen Tafeln, auf die von den Lemmata aus Bezug genommen wird.

Armand Colin, Dictionnaire encyclopédique illustré, Paris 1905. 24 x 19 cm, 1.030 S.

Dieses reich und gut illustrierte (vgl. Abb. 133) enzyklopädische Wörterbuch enthält "80.000 mots, 1.800 articles encyclopédiques, 4.500 gravures, 300 cartes, 4 planches couleur tirées hors texte" (Titel) - zu letzteren vgl. Abb. 134 mit der Darstellung verschiedener Vogelarten. Zudem finden sich fein ausgeführte Holzstiche mit Reproduktionen von Gemälden (z.B. von Filippo Lippi).

Das Wörterbuch steht von Format und Umfang her zwischen den bisher vorgestellten Handwörterbüchern und den noch zu besprechenden mehrbändigen Werken. Es hat offensichtlich nur noch 1920 eine weitere Auflage erlebt - Hinweis von F.J. Hausmann.

Somit streiten zu Beginn des 20. Jahrhunderts in Frankreich illustrierte enzyklopädische Handwörterbücher von fünf Verlagen[235] um die Gunst des Publikums, so daß sich damit die Idee der Bebilderung von Wörterbüchern rasch verbreitet und auch durchgesetzt hat. Wohl weil sich nur das Werk aus dem Haus Larousse in immer erneuten Bearbeitungen bis heute auf dem Markt gehalten hat und es sich 'nur' um Schul-, Gebrauchs- bzw. Handwörterbücher handelt, sind die vier anderen fast der Vergessenheit anheimgefallen[236], obwohl sie, wie gezeigt wurde, bezüglich der Ikonographie in mancher Hinsicht dem zeitgleichen Larousse Wörterbuch überlegen waren. Doch im gleichen Jahr 1905 erscheint ein weiteres Werk:

---

233 Neben den mehrfarbigen Karten - eine Neuerung für ein Wörterbuch - sind auch *Drapeaux* (bereits bei Larousse) und, ebenfalls neu, *Costumes de l'armée française* in Farbe.

234 Die gleichen Angaben finden sich bereits in der Ausgabe von 1900, was vermuten läßt, daß das Werk bereits 1894 in dieser Form vorlag.

235 Nicht herangezogen wurde: P. Commelin/E. Rittier, Nouveau dictionnaire encyclopédique illustré, Paris (Garnier) 1910, 1912 (12°, 1.371 S., auch Farbtafeln).

236 Sie werden weder von R. L. Wagner (1967, 1970) noch von G. Matoré (1968) erwähnt.

Petit Larousse illustré, Paris 1906 [1905][237], C. Augé (dir.), 19 x 13 cm, 1.664 S., davon 1.066 für den sprachlichen Teil.

"Le 'Petit Larousse' naît à la fois de l'amplification du 'Dictionnaire complet' et de la réduction du 'Nouveau Larousse illustré'" (A. Rétif 1969, 656), über dessen sieben Bände weiter unten zu sprechen sein wird. Er übertrifft die Mehrzahl seiner Konkurrenten etwas an Format und deutlich an Umfang, sowie durch die Zahl seiner Illustrationen: "5.800 gravures distribuées dans le texte; 130 tableaux encyclopédiques, dont 4 en couleurs[238]; 680 portraits ... d'apres les monnaies, les médailles, les tableaux, les photographies[239]; 120 cartes géographiques, dont 7 en couleurs" (Aux lecteurs). Die Abbildungen sind etwa zur Hälfte dem 'Dictionnaire complet' entnommen, wobei die Klischees etwas vergrößert wurden und an das Briefmarkenformat heranreichen; die neuen, im allgemeinen größeren Illustrationen sind im gleichen Stil gehalten; vgl. Abb. 135, die weder im 'Dictionnaire complet' von 1903 noch im 'Nouveau Larousse illustré' enthalten war. Als Beispiel für die nunmehr hohe Zahl synoptischer Tafeln - sie befinden sich fast alle im sprachlichen Teil - sei die Seite mit *Télégraphe - Téléphone* (Abb. 136) wiedergegeben, die zur Geschichte der Telegraphie, über das Aussehen der Geräte beider Systeme und ansatzweise auch über ihr Funktionieren informiert[240], wobei, wie bei Larousse üblich, z.B. nicht von *poteau télégraphique* aus auf die Abbildung in der Tafel verwiesen wird. Somit sind derartige Seiten im Grunde nicht Bestandteil des Wörterbuchs.

Der 'Petit Larousse' war ein großer Erfolg und wurde beispielsweise im ersten Jahr 200.000 mal verkauft (A. Rétif 1975, 308 mit weiteren Angaben). Bedenkt man, daß das Werk jährlich überarbeitet wurde, und 1924, 1935, 1948 und 1952 Daten markieren, an denen Ausgaben erschienen, die als "édition complètement refondue" (Aux Lecteurs) firmieren, überrascht es, daß die Textillustrationen bis 1958 im wesentlichen unverändert geblieben sind. Von den 56 Abbildungen der Erstausgabe 1905 (zwischen *Li* und dem Ende von *L*) sind bis 1958 nur zwei weggefallen (*Limousine, Loto*), drei wurden neu gezeichnet (*Locomotive, Lorgnon, Lunette*) und drei kamen hinzu (*Luge, Lycoperdons, Lycopode*) - die beiden letzten sind Termini der Biologie. So kommt es, daß die Benutzer des 'Petit Larousse' bis 1958 glauben mußten, ein französisches Bett hätte einen Baldachin (vgl. Abb. 137) oder es gäbe noch so etwas wie ein *locomobile* zum Antrieb von Dreschmaschinen usw. Erst 1959 erscheint eine Neuausgabe des 'Petit Larousse', in deren Vorrede (mit Recht) festgestellt wird, "aucun cliché de l'ancienne illustration subsiste"[241]

Dieser Ausblick auf die Entwicklung im 20. Jahrhundert sei in aller Kürze durch einige weitere Daten ergänzt: 1924 steigt die Zahl der Textillustrationen auf 6.200 und wird 1952 auf 4.130 reduziert[242], - eine Größe, die in etwa bis heute beibehalten wird. Analog verändert sich die Zahl der 'Planches et tableaux' von 220 (1924) zu 44 (1952). 1924 erscheinen erstmals 16 schwarzweiße Tafeln mit photographischen Reproduktionen von Gemälden in

---

237 "Dès son apparition il porte la date de l'année qui suit sa sortie (ici, 1906)" (A. Rétif 1975, 308). Es lag die "huitième édition" - korrekt wäre *tirage* - mit '1906' im Titelblatt vor.

238 Flaggen (2), Wappen und Pilze.

239 Bei der Herstellung der Holzschnitte für die Klischees wurde der Einfluß einer photographischen Vorlage wieder aufgehoben.

240 Sie ist aus Bestandteilen von zwei Tafeln des 'Nouveau Larousse illustré' zusammengesetzt.

241 Allerdings ist das Format mit 19,5 x 13,5 cm nicht "sensiblement supérieur", wie im Vorwort behauptet wird.

242 Die Ausgabe von 1948 stand nicht zur Verfügung.

Heliogravüre, die bis 1958[243] beibehalten werden. Von 1935 an finden (nur im enzyklopädischen Teil) nach Photographien im Autotypieverfahren hergestellte Klischees Verwendung (z.B. *Alger, L'Acropole*). Nach 1952 steigt die Zahl der Farbtafeln an (z.B. *Fleurs, Champignons* (neu gezeichnet), *Insectes, Oiseaux, Reptiles*, etc), und erst 1959 werden Photographien als Autotypien in den Wörterbuchteil integriert.

Diese knappe Übersicht der ikonographischen Geschichte des 'Petit Larousse' zeigt, daß im Vergleich zu den Enzyklopädien keineswegs die technischen Möglichkeiten der Illustrierung ausgeschöpft werden. Doch zurück ins 19. Jahrhundert, das in Frankreich auch einige mehrbändige illustrierte Wörterbücher hervorgebracht hat.

Es handelt sich um drei enzyklopädische Wörterbücher, die in einem Alphabet Eigennamen und Gattungsnamen mischen und zu letzteren nicht nur sprachliche Angaben (wie Etymologie, z.T. die Aussprache, Wortart, Genus, Bedeutung, fachsprachliche Verwendungsweisen) machen, sondern weitere, als enzyklopädisch bezeichnete Informationen geben.

J. Trousset, Nouveau dictionnaire encyclopédique, 5 Bde., Paris 1884-86, Supplément 1891 (30 x 23 cm). "Ouvrage illustré d'environ 3.000 magnifiques gravures" (Titel). Etwa 25 Strichätzungen (z.B. 7 x 6 cm) auf 50 Seiten, vor allem Tiere und Pflanzen darstellend; vgl. Abb. 138 zu Lemma *Aubergine* mit einem Teil des dazugehörigen Artikels; aber auch der Präposition *avec* sind 26 Zeilen gewidmet.

Larive (Pseud.)/J. Fleury (Pseud.), Dictionnaire français illustré des mots et des choses, ou dictionnaire encyclopédique des écoles, des métiers et de la vie pratique, 3 Bde., Paris 1884-90 (?); vorgelegen hat Bd. 1, A-H, Paris 1887 (30 x 21cm); M. Höfler kennt von der Erstauflage nur Exemplare der Daten: Bd. 1: 1887, Bd. 2: 1889, Bd. 3: 1889. "Orné de plus de 2.500 Gravures et 130 Cartes géographiques en deux teintes, dressées spécialement par un géographe" (Titel). In der Préface (S. 7) werden die Zeichner der Klischees für die verschiedenen Gegenstandsbereiche aufgeführt. Umfang und Art der Illustrationen ensprechen im Prinzip dem vorausgehenden Werk, jedoch ohne den Schwerpunkt auf naturgeschichtlichen Themen. Man hat öfter dem Eindruck, daß eher die Spezies als das Genus gezeigt wird, etwa wenn zu *Abside* die Apsis einer bestimmten Kirche abgebildet wird. Da nur eine Photokopie zur Verfügung steht, muß auf eine Abbildung verzichtet werden. Zur Behandlung der sprachlichen Fakten ist zu bemerken, daß nicht nur Präfixe, sondern sogar Suffixe (z.B. *-able*) als eigene Lemmata erscheinen. Die zwei einbändigen Kurzausgaben 'Petit Larive et Fleury' mit zweierlei Untertiteln und Auflagen von etwa 1901 bis 1927 wurden nicht eingesehen. Einige Angaben hierzu enthält die Bibliographie.

---

[243] Durch dieses Verfahren kommen die Tonwerte gut zum Ausdruck. Vgl. dazu H. Klein (1975, 92): "Für die Buchillustration fand in den Jahren 1890-1910 die Heliogravüre weite Verbreitung."

Nouveau Larousse illustré. Dictionnaire universel encyclopédique, 7 Bde., Paris s.d. [1897-1904][244], Supplément s.d. [1906-07], C. Augé dir., 31 x 24 cm. "4.400 gravures - 80 Tableaux - 60 Cartes" (Band 1). In der Préface hebt C. Augé den informatorischen Wert der Illustration hervor: "... elle (= la gravure) parle aux yeux et épargne au lecteur la fatigue des descriptions trop touffues, d'explications trop longues. ... De plus, des *Tableaux synthétiques* facilitent dans l'esprit la formation des vues d'ensemble et des idées générales." Die Zahl der Abbildungen liegt mit zwei bis acht pro Seite weit über dem Durchschnitt, ihr Format variiert zwischen 1 x 2 und 8 x 6 cm und ist damit dem jeweils dargestellten Gegenstand angepaßt[245], vgl. Abb. 139. Zudem enthält jeder Band etwa fünf Chromolithographien zu Themen wie "Algues, Mammifères (fünf Tafeln), Costumes religieux, Reptiles, Roches, Vitraux (zwei Tafeln)" usw. Während bei derartigen Abbildungen die Farbe informatorischen Wert hat, fehlt er z.B. bei einer blau-weiß gehaltenen Tafel zu "Télégraphie" und Téléphone" - aus Elementen beider besteht die in Abbildung 136 wiedergegebene Seite des 'Petit Larousse'. Es fällt auf, daß bei Lemmata, die zu größeren durch *Encycl.* markierten sachbezogenen Ausführungen Anlaß geben, in einigen Fällen, wie z.B. *Sapin*, die Illustration erst hierbei erscheint (Abb. 140). Die Bedeutungsexplikation ist in diesen Fällen recht kurz - bei *Sapin* nur "Genre de conifères abiétinées" - und wird eigentlich erst in dem enzyklopädischen Teil gegeben: "... des arbres toujours verts, ... de grande taille, ... " usw.[246]. Andererseits wird ein Teil desselben Klischees (ohne die Ziffern 1 und 2) in den 'Petit Larousse' von 1905 an zur Veranschaulichung der Bedeutung des Lemmas übernommen (Abb. 141). Ein auf diese Weise aufgebauter Artikel erinnert an die oben besprochenen Vorläufer der illustrierten enzyklopädischen Wörterbücher (z.B. H.A. Pierer 1840, J.F.M.B. Dupiney de Vorepierre 1856-64), die im Prinzip bebilderte Enzyklopädien mit einem integrierten Sprachteil waren. Doch beim 'Nouveau Larousse illustré' stellt eine derartige Anordnung eher die Ausnahme dar, weshalb eine Klassifizierung als illustriertes enzyklopädisches Wörterbuch nicht geändert zu werden braucht.

Nachdem dieses Werk bereits in das 2o. Jahrhundert reicht, kann hiermit die Vorstellung illustrierter Wörterbücher des Französischen abgebrochen werden, denn nicht nur Handwörterbücher, sondern auch mehrbändige enzyklopädische Wörterbücher werden nunmehr in großer Zahl[247] reich illustriert. Abschließend ist nur noch festzustellen, daß in Frankreich jeder Verlag sich seine eigenen Illustrationen geschaffen hat, die aber im Verhältnis zu den Enzyklopädien nur einen mittleren Standard der Reproduktionstechnik repräsentieren.

---

244 Anhand dieses Beispiels sei exemplarisch die Schwierigkeit der Datierung lexikographischer Werke dargestellt. Im 'Nouveau Larousse' selbst ist kein Erscheinungsdatum zu finden, der erste Faszikel - zahlreiche mehrbändige Werke erschienen in Lieferungen - kam 1897 heraus, der erste gebundene Band 1898 (A. Rétif 1975, 304). Oft werden zudem in der Sekundärliteratur unterschiedliche Daten angegeben, was M. Höfler/W. Rettig (1979, 36-40) bezüglich des 'Nouveau Larousse illustré' belegen. Die beiden Autoren erstellen eine exakte Chronologie des Erscheinens der einzelnen Druckbögen und Bände, berücksichtigen den durch die anwachsende Zahl von Subskribenten erforderlichen Nachdruck vorausgehender Bände und weisen auf dabei vorkommende Änderungen im Text und den Illustrationen hin. Das Exemplar der UB Augsburg hat die Nr. 79.707.

245 Bei Insekten, Käfern etc. werden auch Größenangaben gemacht: z.B. "grossi 2 fois".

246 Es wird in Kapitel 7 Gelegenheit sein, den Inhalt von sprachlicher und enzyklopädischer Information neu zu bestimmen.

247 In dem Zeitraum von 1830 bis 1900 erscheinen in Frankreich etwa zwölf größere einsprachige Wörterbücher ohne Bebilderung, deren bekanntestes wohl der 'Littré' von 1863-73 ist.

6.6.2.4 Spanien

Das Vorbild Englands hat die erste Illustrierung eines spanischen Wörterbuchs angeregt, während in der Folgezeit die französische Lexikographie auf die spanische einwirkte:

Ramón Campuzano , Novísimo diccionario de la lengua castellana, 2 Bde., Madrid (Campuzano) 1857, IV, 820 + IV, 788 S., 27 x 18 cm. "Ilustrado con infinidad de grabados para su mejor inteligencia", so die Titelseite[248].

Die Zahl der Holzschnitte ist mit durchschnittlich zehn pro 50 Seiten zwar etwas geringer als angekündigt, und sie sind zum Teil etwas einfach geraten (vgl. Abb. 142 mit Frucht und Ast eines Feigenbaumes), erfüllen aber mit durchschnittlich 3-5 x 4 cm durchaus ihre informatorische Funktion. Insofern fällt der in Abbildung 143 enthaltene Tunnel etwas aus dem Rahmen. Da der in London seit 1842 die Themse unterquerende Tunnel gezeigt wird, könnte eine Übernahme aus dem englischen Wörterbuch von J. Ogilvie (1850) erfolgt sein.
Bei vorliegendem Werk handelt es sich um ein Wörterbuch ohne Eigennamen jedoch mit viel Fachwortschatz, das nur die elementarsten grammatischen Angaben, aber relativ ausführliche Bedeutungs- bzw. Sachangaben enthält. Daher ist ihm zumindest eine enzyklopädische Tendenz zuzuerkennen[249].
Doch das Wörterbuch von R. Campuzano brachte für die Illustrierung von Wörterbüchern noch nicht den Durchbruch, so daß aus der reichhaltigen Produktion des 19. Jahrhunderts erst ein knapp 20 Jahre später erschienenes Werk vorgestellt werden kann, das ähnlich wie die 'Encyclopaedia Perthensis' von 1796 ff. oder H.A. Pierer (1840-46) oder J.F.M.B. Dupiney der Vorepierre (1856-64) zwar sprachliche Informationen (neben enzyklopädischen) bietet und Illustrationen enthält, sie aber nicht miteinander verbindet.

N. Serrano (dir.), Diccionario universal de la lengua castellana, ciencias y artes. Enciclopedia de los conocimientos humanos, 13 Bde., 2 Bde. Apendice, 1 Bd. Atlas, Madrid 1875-82. 32 x 21,5 cm, etwa 115 Tafeln in Holzschnitt, inklusive der Landkarten.

Zu den Lemmata (z.B. *Andar, Pala, Palabra, Polea*) werden, wenn erforderlich, ausführliche sprachliche Informationen und die Bedeutungsbeschreibung gegeben, an die sich sachkundliche Ausführungen anschließen, jedoch wird nirgends auf die Illustrationen Bezug genommen[250]. Der Atlasband ist damit vom übrigen Werk unabhängig, das folglich als nicht illustriertes enzyklopädisches Wörterbuch mit Schwergewicht auf dem enzyklopädischen Teil bezeichnet werden muß.
Die Integration von enzyklopädischen und sprachlichen Informationen ist besser geglückt in:

Diccionario enciclopédico hispano-americano de literatura, ciencias y artes, 11 Bde., Barcelona (Montaner y Simón) 1887-92. 30 x 20 cm, "Edición profusamente ilustrada con

---

248 Hinweis von G. Haensch; Bereitstellung von Photokopien durch Maria Teresa Echenique Elizondo (Madrid).

249 Im gleichen Jahr erschien ein Fachwörterbuch oder eine Fachenzyklopädie mit Illustrationen: Nicolás Casas, Diccionario manual de agricultura y ganadería españolas, 4 Bde. + 1 Atlasband mit 14 Tafeln, Madrid 1857.

250 Nicht einmal in der sonst sehr gründlich kommentierenden Bibliographie von Conde de la Viñaza (1893) wird der Tafelband erwähnt.

miles de pequeños grabados intercalados en el texto y tirados aparte[251] que reproducen las diferentes especies de los reinos animal, vegetal y mineral; los instrumentos y aparatos aplicados recientemente á las ciencias, agricultura, artes é industrias;"

Das Hauptgewicht dieses Werkes liegt zwar auf den enzyklopädischen Ausführungen, doch sind auch sprachliche Angaben gebührend vertreten; so wird zwar viereinhalb Seiten lang über Stahlerzeugung und -verarbeitung berichtet, was auf einer Seite durch Holzschnitte veranschaulicht wird, doch werden die Etymologie von *Acero*, das Genus, die (konkrete, übertragene, poetische, fachsprachliche) Bedeutung und idiomatische Wendungen aufgeführt und meist von Zitaten aus der Literatur begleitet. Letztere fehlen naturgemäß bei einem Wort wie *acodalar* ('abstützen'), das mit *Poner codales* paraphrasiert wird; die ausführlichere Beschreibung wird durch einen Holzschnitt (vgl. Abb. 144) erläutert.

Erst ein viertes, in Paris erschienenes Werk - dies erklärt wohl sein Fehlen in den meisten Bibliographien zur spanischen Lexikographie[252] -, weist durch seine späteren Auflagen in das 20. Jahrhundert und kündigt damit die zahlreichen illustrierten Wörterbücher des heutigen Spanisch an.

Manuel González de la Rosa, Campano ilustrado. Diccionario castellano basado en el de Campano y en el último de la R. Academia Española. Enteramente aumentado por Manuel González de la Rosa... Primera edición ilustrada, Paris (Garnier) 1891 (X, 1.082 S.), 1906^2 (XVI, 1.153 S.)[253], 1923^3 (XVI, 1.173 S. 18 x 11 cm).

Im Prólogo der Ausgaben von 1891 und 1906 bezeichnet der Verfasser sein enzyklopädisches Wörterbuch als "Enciclopedia portátil" und behauptet: "Es el primer Diccionario ilustrado y portátil que se publica en castellano" (S. VI der Ausgabe von 1923, S. IV der Ausgabe von 1906 mit dem Prólogo von 1891). Dieser Satz ist nach den obigen Ausführungen nur dann wahr, wenn der Skopus von *primer* bis *portátil* reicht. Die Konzeption des Wörterbuchs (Umfang, Inhalt) entspricht den zeitgleichen französischen Werken (vgl. 6.6.2.3) und dokumentiert den Einfluß der französischen Lexikographie, der auch in Italien fühlbar ist.

Die kleinen Holzschnitte oder Strichzeichnungen im üblichen Format kommen nicht immer neben dem Lemma zu stehen, wie in dem abgebildeten Beispiel (Nr. 145) von 1923, das von dem Artikel *Nacer* umgeben ist; *Nacela* selbst findet sich auf der vorausgehenden Seite. Für diese Auflage hat der Bearbeiter Miguel de Toro y Gisbert die Zahl der Abbildungen erhöht: "hemos agredado un número considerable de grabados nuevos, de retratos y de mapas" (Prólogo), so daß sich durchschnittlich 65 Abbildungen auf 50 Seiten befinden.

Abbildung 146 zeigt eine Baumwollblüte aus der zweiten Auflage, die jedoch in identischer Form bereits in der Ausgabe von 1891 vorgelegen haben dürfte - das Vorwort gibt

---

[251] Es handelt sich zum Teil um farbige Heliogravüren.

[252] Es fehlt in den Bibliographien von Conde de la Viñaza (1893), H. Serís (1964), F. González Ollé (1976) und Gisela Bialik Hubermann (1973); M. de Toro (1929), selbst sogar Bearbeiter der dritten Auflage von 1923, nennt einen falschen Verfassernamen und kein Erscheinungsdatum, M. Fabbri (1979) kennt nur eine Ausgabe von 1930. Hinweis von D. Benhacine. Maria Teresa Echenique Elizondo konnte immerhin Kopien der zweiten Auflage beschaffen - nicht einmal die Real Academia Española besitzt die Erstausgabe.

[253] Untertitel der zweiten Auflage: 'Diccionario castellano enciclopédico. Novísima edición'.

keinen Hinweis auf eine Änderung bezüglich der Illustrationen. Ferner enthält die zweite Auflage einige ganzseitige Tafeln, z.B. mit Pilzen, die in der dritten weggelassen wurden[254].

Auch ein weiteres, umfangreicheres enzyklopädisches Wörterbuch - beim selben Verlag in Paris erschienen - setzt noch im 19. Jahrhundert Ilustrationen zur Erklärung ein:

Elías Zerolo/ Miguel de Toro y Gómez/Emiliano Isaza, Diccionario enciclopédico de la lengua castellana, 2 Bde., Paris (Garnier) 1895 u.ö.. 31 x 22,5 cm, pro Band etwa 1.200 S. Bd. 1 (A - G) enthält "253 retratos, 35 mapas en negro é iluminados y 326 viñetas" (Titel) Zumindest bis zur Ausgabe 1900^3 wird sich an der Zahl der Illustrationen nichts ändern. Eigennamen und Gattungsnamen in einem Alphabet.

Zu den Gattungsnamen wird meist die Etymologie und immer eine Bedeutungsbeschreibung gegeben, wobei z.B. bei *tentar* zwölf Bedeutungen unterschieden werden, die zum Teil durch Zitate aus der Literatur veranschaulicht werden; zudem werden am Ende des Artikels, nicht nochmals im Alphabet erscheinende Ableitungen aufgeführt (z.B. von *Lustrar* ausgehend *lustrado, lustrable* usw.) und bei Bedarf Synonyma voneinander abgegrenzt (z.B. *Laberinto, Caos, Confusión*).

Die Illustrationen (4-6 x 5 cm) sind in der Regel nicht so ausdrucksvoll wie das hier wiedergegebene Beispiel (Abb. 147).

Bevor der 'Campano ilustrado' 1923 in dritter Auflage erschien, kamen mindestens vier andere illustrierte Wörterbücher auf den Markt, von denen drei, darunter der 'Pequeño Larousse ilustrado', wiederum in Paris verlegt wurden[255]. Dies zeigt einerseits den starken Einfluß, der von Frankreich auf die spanische Lexikographie ausging, andererseits, daß seit Beginn dieses Jahrhunderts Illustrationen sich als Mittel der Erklärung im Wörterbuch durchgesetzt haben[256]. Allein die gewiß nicht vollständige Bibliographie von M. Fabbri (1979) verzeichnet 43 seit 1923 erschienene illustrierte Wörterbücher, R. Werner (1983) stellt die Illustrationspraxis in knapp 50 neueren Werken vor.

Deshalb kann sich die Untersuchung dem Land zuwenden, in welchem sich als nächstem die Illustrierung von Wörterbüchern eingebürgert hat.

6.6.2.5 Italien

Die während und nach der politischen Einigung Italiens wieder akut gewordene Questione della lingua[257] führt zu einer größeren Anzahl einsprachiger Wörterbücher, die primär auf eine Harmonisierung der dialektalen Varianten oder die Durchsetzung des Toskanischen ausgerichtet sind und nicht illustriert wurden. Ferner entstanden in diesem kulturgeschichtlichen Kontext die in 4.1.2.2 vorgestellten Vocabolari domestici. So erschien das erste illustrierte Wörterbuch mit alphabetischer Ordnung wohl erst 1891. Nachdem

---

[254] Da nur Photokopien einiger Seiten vorliegen, kann die Dichte der Abbildungen nur unter Vorbehalt als ähnlich hoch wie in der Ausgabe von 1923 eingeschätzt werden.

[255] Genauere Angaben in der Bibliographie.

[256] In Spanien wurde sogar von einer Akademie ein illustriertes Wörterbuch herausgegeben: Real Academia Española, Diccionario manual e ilustrado de la lengua española, Madrid 1927, 1950^2.

[257] Vgl. S. Battaglia (1965) und M. Vitale (1978^2).

sein Verfasser 1880 ein einsprachiges italienisches Wörterbuch in Paris publiziert hatte[258], ist er sicher durch die französischen Werke zur Illustrierung seines zweiten Wörterbuchs angeregt worden.

(Gian-) Battista Melzi[259], Il vocabolario per tutti (illustrato), Milano (A. Vallardi) 1891 u.ö. bis etwa 1910. 752 S., 19 x 12 cm.

Auf dem Titelblatt werden "68 tavole per l'insegnamento oggettivo dietro disegni originali" (plus die acht Namen der Künstler) und "sei cromolitografie" angekündigt, die alle auf eigenen Seiten erscheinen und Themen wie "Ferro, Ferrovia, Filatura e Tessitura, Fisica (2), Fortificazione, Fossili, Fotografia antica, Fotografia moderna, Frenologia, Frutta, Fucile ed armi bianche, Funghi mangerecci, Funghi velenosi" veranschaulichen; vgl. Abb. 148 mit "Elettricità antica". Da nur ein Mikrofilm des Exemplars aus der Princeton University Library zur Verfügung steht, kann aufgrund stilistischer Kriterien vermutet werden, daß die beiden Tafeln mit Pilzen als Chromolithographien gedruckt wurden; "Araldica" und "Bandiere" (je zwei Tafeln) sind auch in anderen Werken weitere bevorzugte Sujets für die Verwendung von Farbe. Von den Lemmata aus wird der Benutzer nicht zu den Abbildungen verwiesen, nur der umgekehrte Weg von der Legende zum Lemma ist gangbar. Die Tafeln führen also eine vom Text des Wörterbuchs relativ unabhängige Existenz, weshalb man zögern muß, das vorliegende Werk als ein im strengen Sinne des Wortes illustriertes Wöterbuch zu bezeichnen; immerhin befinden sich die Tafeln nahe beim Lemma - im Fall von *Bue* auf der gegenüberliegenden Seite -, so daß zumindest zwischen dem Stichwort und dem Titel der Illustrationen eine natürliche Verbindung besteht.

Der Grund für die fehlende Verbindung Lemma - Titel der Tafel liegt nicht etwa darin, daß das Wörterbuch von 1891 nur eine Neuauflage des in Paris 1880 erschienenen darstellt; das letztgenannte enthält Eigen- und Gattungsnamen in demselben Alphabet, jenes ist ein reines Sprachwörterbuch (70.000 "voci" (Titel)), dessen sprachliche Artikel weitgehend neu sind.

Wohl noch 1891[260] erscheint vom selben Autor und beim selben Verlag 'Il Melzi scientifico. Dizionario illustrato' (gleiches Format, 700 S.), eine Enzyklopädie, die die Gebiete "Geografia, Storia, Mitologia, Biografia, Letteratura, Bibliografia, Belle Arti" (Titel) abdeckt. Hier befinden sich bereits zahlreiche Abbildungen im Text (etwa 35 auf 50 Seiten). Beide Werke werden von 1894 an zusammengefaßt: 'Il nuovissimo Melzi: dizionario completo (parte linguistica e parte scientifica)[261] -, das Vorbild des Verlages Larousse ist unverkennbar[262]-, der in immer erneuten Bearbeitungen[263], von etwa 1934 an mit der Schrei-

---

258 Nuovo vocabolario universale della lingua italiana, Paris (Garnier) 1880 u.ö. bis 1906[13] (nicht illustriert).

259 G.B. Melzi (1844-1911) hat ferner ein einsprachiges italienisches Wörterbuch, zwei zweisprachige Wörterbücher (mit Italienisch und Englisch sowie mit Italienisch und Französich) und in zahlreichen Ausgaben und Auflagen erschienene Handbücher für die Korrespondenz in Spanisch, Deutsch, Englisch und Italienisch verfaßt.

260 Es ist nur die Auflage 1893[3] nachgewiesen.

261 Umfang, Format und Inhalt entsprechen genau den beiden vorausgegangenen Wörterbüchern, so daß de facto die zwei Werke jetzt in einem Band erscheinen.

262 Die "parte linguistica" ist im Unterschied zum 'Petit Larousse' als Sprachwörterbuch zu klassifizieren.

263 Das noch vor 1911 erschienene Exemplar der Diözesan-Bibliothek Köln - es trägt die Unterschrift Melzis - kündigt auf der Titelseite "3.000 incisioni, 36 carte geografiche" an und enthält noch "78 tavole della nomenclatura figurata".

bung *novissimo* im Titel, bis in die Gegenwart erscheint: Die offenbar letzte lieferbare Ausgabe 1973[36] wird mindestens bis 1981 nachgedruckt, (19,5 x 13,5 cm) zählt 1.446 plus 1.524 Seiten und ist im sprachlichen Teil mit recht einfachen, oft nicht sehr informativen Zeichnungen (etwa ein bis zwei pro Seite) ausgestattet, die von 138 schwarzweißen und von 28 mehrfarbigen Tafeln ergänzt werden. Diese Zeichnungen, die meist im Briefmarkenformat gehalten sind, erscheinen wohl erst in einer Ausgabe mit einem Vorwort von 1914[264] auch, und zunächst in geringer Zahl, beim Sprachteil im Text, vgl. Abb. 149 mit dem umgebenden Wörterbuchartikel. Diese Ausgabe umfaßt "4.550 incisioni, 86 tavole di nomenclatura figurata, 50 carte geografiche, 1.120 ritratti, 1.075 figurine e tipi dei diversi paesi, 16 cromolitografie" (Titel) und wurde von A. Butti und A. Comandini bearbeitet. Die Gesamtauflage betrug bis dahin 270.000 Exemplare. Die Illustrationen weisen wie beim 'Petit Larousse' eine erstaunliche Konstanz auf: Von den ersten 16 Textabbildungen der Ausgabe von 1938 sind 1981 noch 13 unverändert, drei fielen weg, 16 Zeichnungen kamen im gleichen Stil hinzu, wobei für fünf von ihnen 1938 das Lemma noch nicht enthalten war. Ein ähnliches Beharrungsvermögen zeigen auch die Farbtafeln, so daß der 'Novissimo Melzi' inzwischen einen leicht antiquierten Eindruck macht.

Wie im Wörterbuch von G. Melzi von 1891 wird auch in dem zweiten illustrierten italienischen Wörterbuch nicht vom Lemma auf die Abbildungen der Tafeln verwiesen.

Palmiro Premoli, Vocabolario nomenclatore illustrato. Il tesoro della lingua italiana, 2 Bde., Milano-Roma (Edizioni Fratelli Treves, Treves-Treccani-Tumminelli), Bd. 1, 1909, Bd. 2, 1912. 1.032 + 1.628 S. + 35 S. Neologismen + 35 S. Aforismi, massime e pensieri, 26,5 x 18,5 cm.

Es handelt sich um ein enzyklopädisches Wörterbuch (ohne Eigennamen), das zu zahlreichen Stichwörtern weiterführende Erläuterungen bietet, deren Hauptzweck darin besteht - vgl. im Titel *nomenclatore* -, zusätzliches Vokabular einzuführen. So wird z.B. zu *Formaggio* über "Diverse qualità di formaggio; Parti, pezzi di formaggio; Difetti e malattie" und anderes mit den erforderlichen, graphisch hervorgehobenen Fachtermini berichtet. Wörter, die als Lemma in dem jeweiligen Zusammenhang besonders informativ sind, werden zusätzlich im Druck hervorgehoben[265]. Die zwei Bände enthalten insgesamt 60 nicht immer ganzseitige Tafeln, die jeweils zu den einzelnen Themen Strichzeichnungen (vgl. Abb. 150) oder im Autotypieverfahren gedruckte Photographien von schattierten Zeichnungen (Abb. 151) zeigen. Dieser wohl nur hier eingeschlagene umständliche Weg der Bildwiedergabe führt zu einer etwas verschwommenen Darstellung vor einem grauen Untergrund. Hinzukommen drei mehrfarbige Autotypien - eine frühe Verwendung dieses Druckverfahrens in einem Wörterbuch, vgl. 6.6.1 - mit Blumen (Abb. 152) und eine mit Pilzen. Die Tafeln werden entweder wie in den drei abgebildeten Beispielen in der Legende erläutert, oder es wird auf eine Erklärung im Text zu *Pesce* (z.B. bei "Tav. LI Pesci") verwiesen. Ein Bezug von einem anderen Lemma auf eine Tafel erfolgt nicht. Somit sind die Abbildungen kaum mit dem lexikographischen Text verbunden, so daß nicht verwun-

---

264 Die vage Datierung liegt daran, daß das Wörterbuch von Melzi in den Bibliotheken selten ist. So besitzt weder die Biblioteca Marciana in Venedig noch die Bibliothek der Accademia della Crusca ein Exemplar, die Biblioteca Nazionale (Florenz) hat nur neuere Auflagen.

265 P. Premoli stellt im Vorwort sein Werk in den Kontext der in 4.1.2.2 vorgestellten Vocabolari domestici, von denen es sich vor allem durch seinen Umfang und das Netz der sprachlichen Querverweise unterscheidet.

dert, wenn P. Premoli weder im zweieinhalbseitigen Vorwort noch im viereinhalbseitigen Nachwort die Illustrationen erwähnt.

Eine offensichtlich für die Verwendung in der Schule verkürzte Version stellt der folgende Titel desselben Verfassers dar:

Palmiro Premoli, Il nomenclatore italiano. Vocabolario che dà le parole per mezzo delle idee e le idee per mezzo delle parole, spiega e suggerisce vocaboli, sinonimi, frasi. 73 tavole illustrative del testo. Aggiunto un vocabolarietto italiano - arabo-tripolitano, 2 Bde., Milano (L. Mondaini) 1915. 2.311 S. + 51 S. des Vocabolarietto. 19,5 x 12 cm[266].

Abgesehen vom Umfang und damit der Behandlung der sprachlichen Fakten unterscheidet sich dieses Werk nur dadurch, daß es ausschließlich Autotypien von Zeichnungen enthält. Da die hier wiedergegebene Seite (Abb. 153) nur eine Photokopie (bzw. ein Diapositiv davon) aus dem in der Accademia della Crusca, Florenz eingesehenen Exemplar ist, werden die oben genannten Charakteristika nicht deutlich sichtbar. Im Unterschied zu dem vorausgehenden Werk befinden sich nicht nur Dinge zu einem bestimmten Thema auf einer Tafel, (z.B. Elettricità), sondern auch einfach alphabetisch zusammengehörige Gegenstände wie in dem reproduzierten Beispiel, wobei in beiden Fällen auf der Rückseite die abgebildeten Gegenstände sprachlich bezeichnet werden. Dies ist allerdings eine recht lose Verbindung mit dem Text, wenn der Benutzer etwa von *asparago* aus auf gut Glück auf der Tafel 12, *Asino - Azalea* suchen muß, ob er eine Abbildung findet - zudem befindet sich diese Tafel beim Buchstaben C.

Ein weiteres Werk, das bis heute immer wieder gründlich revidiert und neu bearbeitet erscheint, - zuletzt 1983[11] -, dürfte das dritte[267] illustrierte italienische Wörterbuch sein. Liest man die den neueren Ausgaben beigegebene "Riproduzione anastatica della prefazione alla prima edizione", muß man aus der Datierung des Vorwortes ("Primavera del 1922") auf ein Erscheinungsdatum von 1922 an schließen. Doch die konsultierte Auflage von 1922 trägt im Titelblatt den Vermerk: " 2ª edizione". Es handelt sich um:

Nicola Zingarelli, Vocabolario della lingua italiana, Greco Milanese (Bietti e Reggiani) 1922². 23 x 16 cm, 1.724 S.

Die erste Auflage erschien unter gleichem Titel und bei denselben Verlegern zwischen 1917 und 1921 in Mailand in 13 Faszikeln - die Harvard University besitzt deren vier, von denen einige Ablichtungen zu erhalten waren. Warum die erste Auflage verschwiegen wird[268], ist unklar - das Werk wurde in diesem kurzen Zeitraum offensichtlich kaum verändert[269]: Format, Umfang und Text der Artikel sind identisch, es befinden sich die gleichen kleinen Holzschnitte ("incisioni in legno" Prefazione 1922) im Text, vgl. Abb. 154.

266 Die umfangmäßig identische Ausgabe von 1913 mit dem Titel 'Il nomenclatore scolastico o vocabolario delle idee' war nicht illustriert.

267 Nach Sachgruppen gegliedert und mit etwa einer einfachen Strichzeichnung pro Seite illustriert ist das folgende, nirgends verzeichnete Werk: C. Perricone-Siracusa, Piccolo vocabolario metodico illustrato di lingua e di erudizione, Milano 1913 (390 S., 16,5 x 11 cm). Der Bereich der Schul- und Lernwörterbücher dürfte noch manche Überraschungen bergen.

268 B. Migliorini (1961³, 104) kommt der Wahrheit am nächsten, wenn er als bibliographische Angabe "Milano 1917-1922" schreibt. Der 'National Union Catalogue (NUC)' macht korrekte Angaben.

269 Die Ausgabe von 1917 hatte nur unsignierte Avvertenze zu Aussprache, Etymologie, Anordnung der Lemmata, kein eigentliches Vorwort wie die von 1922.

Neben diesen die Bedeutungsexplikation unterstützenden Abbildungen finden sich auch einige allegorische, etwa wenn zum Artikel *Notte* die Verkörperung der Nacht durch Michelangelo beigegeben wird; vgl. Abb. 155. Während 1917 "3.000 incisioni in nero" und "24 tavole a colori" (Titel) angekündigt werden, wird 1922 nur noch "illustrato" vermerkt, denn die Farbtafeln sind wohl weggefallen.

Die Untersuchung mußte in die ersten Jahrzehnte des 20. Jahrhunderts vordringen, um zwei Verlagshäuser zu finden, die durch eine kontinuierliche Edition illustrierter Wörterbücher für die heutigen Werke Vorbild wurden.

6.6.2.6 Deutschland (20. Jahrhundert)

In Deutschland schließlich erschien, von einer isolierten Ausnahme abgesehen (6.3.3), das erste illustrierte Wörterbuch erst im 2o. Jahrhundert, und bis heute stellt hier die Bebilderung eines Wörterbuchs die Ausnahme dar.

Der Volksbrockhaus. Deutsches Sach- und Sprachwörterbuch für Schule und Haus, Leipzig 1931 u.ö. bis 1943[10] mit gleicher Seitenzahl (21 x 13 cm, 793 S.), ferner Leipzig 1950[11], Wiesbaden 1955[12].

Wie der Titel schon andeutet und das Vorwort ausführt, sollte dieser Brockhaus "noch einfacher, noch volkstümlicher ... jedermann verständlich" sein. "Im Hinblick auf seinen Zweck konnte der Volks-Brockhaus seine Aufgabe nicht darin beschlossen sehen, ein Nachschlagewerk über S a c h e n zu sein, sondern er mußte auch r e i n s p r a c h l i c h e Schwierigkeiten berücksichtigen. So verbindet sich hier mit dem Sachwörterbuch erstmalig das Rechtschreibe- und Sprachbuch: Geschlecht und Zahl, Beugung, Steigerung und Abwandlung, der abhängige Fall nach Zeit- und Verhältniswörtern sind im Text oder in Übersichten behandelt " (Hervorhebungen der Herausgeber). Das Ergebnis war ein illustriertes enzyklopädisches Wörterbuch[270], das bei der Auswahl der sprachlich interessierenden Stichwörter die geläufigen weggelassen hat, also gewissermaßen ein Wörterbuch der schweren Wörter ist (vgl. die hard word dictionaries); so fehlen *ahnen, machen, mahnen*, enthalten sind *ahnden, makadamisieren, malträtieren*. Die 3.600 einfachen Strichzeichnungen im Text (vgl. Abb. 156 und 157) sind in der Mehrzahl im mittleren Briefmarkenformat gehalten. Hinzu kommen etwa 40 zum Teil mehrfarbige Tafeln zu Malerei, Möbelstilen usw. Die Zeichnungen und Tafeln wurden offensichtlich für den 'Volksbrockhaus' eigens angefertigt.

Kurz darauf erscheint im gleichen Verlag ein weiteres Wörterbuch, von dem R. Collison (1966[2], 171), berücksichtigt man das eben besprochene Werk, nicht ganz mit Recht behauptet: "the first illustrated dictionary of the German language".

Der Sprach-Brockhaus. Deutsches Bildwörterbuch für jedermann, Leipzig 1935 u.ö. 21,5 x 13 cm, VI, 762 S.; Auflagen dieser Seitenzahl erscheinen in Leipzig bis 1950; daneben erscheinen Neubearbeitungen in Leipzig 1949 (799 S.) und Wiesbaden 1949 bis 1984[9] (zuletzt 971 S., 22 x 18 cm).

---

[270] Es enthält auch Eigennamen und gibt zu machen Gattungsnamen weitere sachbezogene Informationen, z.B. zu *Mangan, Maniok, Manometer, Märchen, Margarine, Markt* usw.

Im Unterschied zu dem vorausgehenden Werk enthält der 'Sprach-Brockhaus' "das gesamte heutige Deutsch, Schrift- und Umgangssprache, Berufs- und Sondersprachen, die Neubildungen der letzten Jahrzehnte, eine umfassende Auswahl aus den Mundarten", aber ohne einfache Zusammensetzungen und Ableitungen. Da im gleichen Alphabet auch "Vornamen und eine Auswahl von Städte- und Ländernamen" (Vorwort, S. III) aufgeführt werden, kann das Werk als in gewisser Weise enzyklopädisch bezeichnet werden, wenn auch das entscheidende Kriterium fehlt, nämlich sachbezogene Ausführungen zu Gattungsnamen, die über das zum Verständnis des Lemmas erforderliche Maß hinausgehen.

Der 'Sprach-Brockhaus' führt eine neuartige Anordnung der (aus einfachen Strichzeichnungen bestehenden) Illustrationen ein, die bis heute beibehalten wird. Die einzelnen Bilder stehen nicht mehr neben ihrem Lemma, sondern sind in zumeist am oberen Rand der Seite angesiedelten Bildgruppen zusammengefaßt, die man als Bildleisten bezeichnen könnte[271]. So erscheinen unter H 6 *Hand, Handgranate, Handschuh, Handtasche* und *Hanf* nebeneinander (vgl. Abb. 158), wobei oft nicht nur ein typisches Exemplar abgebildet wird[272], sondern gleich mehrere verschiedene Arten (z.B. eine Handtasche, Damenhandtasche und Reisetasche)[273]. Zudem werden bei den einzelnen Abbildungen weitere Bezeichnungen für bestimmte Teile eingeführt (z.B. *Bügel, Schloß, Riegel, Handgriff*, bei *Reisetasche*), die zumindest in der veranschaulichten Funktion nicht mehr im Wortteil erscheinen müssen. Die komplexeren Illustrationen sind selten Funktionsschemata (z.B. zu *Spill*), sondern meist strukturell definitorische (1984, 182 f.) Illustrationen (z.B. zu *Treppe, Spinnrad*). Schließlich findet sich ein Typ von Abbildungen, die man als szenische Darstellungen bezeichnen könnte, wenn z.B. eine Werft, ein Hafen, eine Straße oder ein Strandabschnitt gezeigt werden, wobei vielerlei Vokabular eingeführt werden kann. Im Unterschied zu den strukturell und den ostensiv definitorischen Illustrationen fassen die szenischen Darstellungen ihr Thema weiter und veranschaulichen auch nicht unmittelbar zum Lemma gehörige Wörter: So werden *Rauchfahne, Treppe, Gasthof, Laternen* auf dem Bild eines Strandes bezeichnet. Bemerkenswert ist ferner, daß nicht nur Substantive, sondern auch Lemmata anderer Wortarten illustriert werden, z.B. *falten, sprengen, durch, eng - weit, spitz - stumpf* (unter *Eigenschaften*), vgl. Abb. 159 zu *tragen*.

Die Vereinigung des 'Sprach-Brockhaus' von 1935 mit zahlreichen Artikeln aus der Brockhaus-Enzyklopädie führte wiederum zu einem enzyklopädischen Wörterbuch:

Der neue Brockhaus. Allbuch in vier Bänden und einem Atlas, Leipzig 1937-38, 1941-42^2 (ohne Atlas), Neubearbeitungen Wiesbaden 1958 ff. u.ö. bis 1984-85^7. "Lexikon und Wörterbuch in einem." Werbeprospekt 1984.

Die Ikonographie des Werkes profitierte von seinen beiden Quellen, vor allem von dem 'Großen Brockhaus' von 1928-35, der von R. Collison (1966^2, 171) als "the finest of all the many editions of the encyclopedia" bezeichnet wird: "it represented the highest standard of encyclopedia-making ever attempted"[274].

---

271 Die Herausgeber sprechen (1984, 972) von Bildfriesen.

272 Dabei ergibt sich gelegentlich eine etymologische Motivierung, wenn z.B. unter *Block* sowohl ein Hack-, Fleisch-, Schreib- und Kalenderblock gezeigt werden.

273 Nach der Terminologie von 1984, 181 handelt es sich um 'aufzählend definitorische Illustrationen' (vgl. Kap. 17).

274 Sogar im Autopieverfahren hergestellte Farbdrucke wurden auf den Textseiten eingeklebt - ein extrem aufwendiges Verfahren, das nur bei teueren Kunstbänden Verwendung findet.

Auf der Titelseite des 'Neuen Brockhaus' wird angekündigt: "Mit über 10.000 Abbildungen und Karten im Text und auf etwa 1.000 einfarbigen und bunten Tafel- und Kartenseiten sowie einem zerlegbaren Modell". Im Text finden sich neben Strichzeichnungen (Abb. 160) auch Klischees nach Photographien vor allem für Porträts (vgl. jedoch Abb. 161). Die wiedergegebenen Beispiele stammen letztlich aus dem 'Großen Brockhaus', wobei das Bild der Canna indica (= Blumenrohr) um Einzelblüte, Frucht, Staubblatt, Samenlängsschnitt entlastet wurde. Die Photographie des "Schwimmdock(s) mit gedocktem Schiff" wurde durch zwei Zeichnungen ergänzt, die die "Wirkungsweise eines Schwimmdocks" verständlich machen. Dies ist ein kleines Indiz für die unterschiedliche Leistung der beiden Darstellungsmittel.

Trotz der dichten Bebilderung des 'Neuen Brockhaus', die informativ ist und in vielen Fällen künstlerisch gut gestaltet ist, und trotz der zahlreichen weiteren Auflagen dieses und der beiden anderen Wörterbücher aus dem Brockhaus-Verlag, führte dies im Unterschied zu allen hier betrachteten Ländern in den deutschsprachigen Staaten nicht zu einer größeren Zahl illustrierter Wörterbücher. So sind in der Folge offensichtlich nur 'Der große Duden. 10. Bedeutungswörterbuch' (Mannheim 1970)[275] und H. Küpper, Illustriertes Lexikon der deutschen Umgangssprache, 8 Bde., Stuttgart 1982-84 bebildert worden[276].

Es wäre Aufgabe für die noch zu schreibende Geschichte der deutschsprachigen Lexikographie, die Gründe dafür aufzuhellen.

6.6.3 Die Anfänge der Illustrierung moderner Wörterbücher

Nachdem für fünf Länder die Anfänge der Bebilderung moderner Wörterbücher dokumentiert werden konnten, aus denen sich (mit Ausnahme der deutschsprachigen Staaten) eine heute mehr denn je lebendige Tradition entwickelt hat, sei hiermit die Darstellung der Geschichte der Illustration in lexikographischen Werken abgebrochen. Die Vielzahl der nachfolgenden Werke bietet Stoff für mehrere Untersuchungen.

Es hat sich gezeigt, daß in England und Deutschland den illustrierten Wörterbüchern bebilderte Enzyklopädien mit integriertem Sprachteil vorausgingen - in Frankreich und Spanien erschienen sie etwa zeitgleich - und hierzu eine bisher nicht identifizierte Vorstufe darstellen. Auf das 1850 in London publizierte, erste moderne illustrierte Wörterbuch folgen in Großbritannien und deshalb auch in den USA zahlreiche weitere Werke. Obgleich das erste entsprechende spanische Wörterbuch, durch das englische Vorbild angeregt, 1857 erschien, etablierte sich als zweites Zentrum des illustrierten Wörterbuchs von 1852 an Paris, wo nicht nur das erste illustrierte französische Wörterbuch von M. Lachâtre und die Wörterbücher des Verlages Larousse, sondern auch einige konkurrierender Unternehmen publiziert wurden. Es war die pädagogische Intention von Lachâtre und Larousse, die sie veranlaßt hat, ihre Werke zu illustrieren, wobei letzterer dem klassischen Bildungsideal und der Tradition mehr verpflichtet war. Während Larousse republikanisch-so-

[275] Eine "zweite, völlig neu bearbeitete und erweiterte Auflage" (Titel), die 1985 erschien, stellt de facto ein neues Werk dar: Die sprachlichen Angaben sind um ein vielfaches vermehrt worden, die Zahl der Strichzeichnungen auf etwa 4 pro 50 Seiten reduziert.

[276] Zu der unorthodoxen Art der Illustrierung dieses Wörterbuchs vgl. 5.5.3.

zialistische Auffassungen vertrat (A. Rétif 1975, 222-226), ging Lachâtre nach Ausweis seiner Vorworte noch darüber hinaus[277].

In Paris erschienen auch von 1891 an (bei Garnier, Larousse, Colin) weitere spanische illustrierte Wörterbücher, und der Verfasser des ersten analogen italienischen Werkes, das ebenfalls 1891 erschien, hatte zuvor ebenfalls bei Garnier ein (unbebildertes) italienisches Wörterbuch publiziert, kannte somit die Entwicklungen auf dem französischen Markt; für den 'Nuovissimo Melzi' erkennt er auch das Vorbild des 'Dictionnaire complet' von Larousse an. Im Unterschied zu den englischsprachigen Ländern werden in den drei romanischen Ländern vornehmlich selektive Handwörterbücher kleineren Formats illustriert. Nach Deutschland gelangt aus hier nicht geklärten Gründen die Neuerung, ein Wörterbuch zu illustrieren, nicht; sie wird erst von 1931 an vom Verlag Brockhaus in verschiedenen Arten von Wörterbüchern realisiert, ohne daß dieses Beispiel viele Nachahmer gefunden hätte.

Wie die Vorarbeiten zur weiteren Entwicklung gezeigt haben, ergeben sich für die Folgezeit keine grundsätzlich neuen Aspekte: Mit der Vervollkommnung der Drucktechnik und der Reproduktionsverfahren wird die Einbeziehung von Klischees nach schwarzweißen und mehrfarbigen Photographien vor allem in Enzyklopädien usuell, während im Wörterbuch weiterhin die Zeichnung vorherrscht. Da das Beispielmaterial für die beiden folgenden Kapitel den heutigen illustrierten lexikographischen Werken entnommen wird, können daraus die derzeitigen Verfahren, Stile und Techniken der Bebilderung ersichtlich werden[278].

---

277 Es sei nur auf die angekündigte Arbeit von Margarete Lindemann zu M. Lachâtre verwiesen - vgl. Bibliograpie 2.

278 Trotzdem tut sich für die fünf behandelten Länder zwischen dem Anfang des 20. Jahrhunderts und den Jahren nach 1970 (vgl. 8.1) eine Lücke auf, in der die Entwicklung der Ikonographie noch en détail zu erforschen ist. Die bibliographischen Angaben zu 8.1 geben einige Hinweise.

7. DER UNTERSCHIED ZWISCHEN SPRACHWÖRTERBUCH UND ENZYKLOPÄDISCHEM WÖRTERBUCH

"In der Flut von Wort und Bild"[1]

In der bisherigen Darstellung der Typen illustrierter Wörterbücher (4.1 und 5.) und ihrer Geschichte (6.) ist von der traditionellen Dreiteilung in Sprachwörterbuch, enzyklopädisches Wörterbuch und Enzyklopädie ausgegangen worden. Diese Klassifizierung hat sich im großen und ganzen bewährt; jedoch bei der Identifizierung des enzyklopädischen Charakters eines Wörterbuchs mußte öfter zu Formulierungen gegriffen werden wie 'es handelt sich um gemeinhin als enzyklopädisch bezeichnete Informationen' und ähnlichen. Damit sollte zum Ausdruck gebracht werden, daß die Grenze zwischen Sprachwörterbuch und enzyklopädischem Wörterbuch keineswegs in allen Fällen so klar zu ziehen ist, wie es die in 4.1 gegebene Charakterisierung vermuten läßt. Daher wird im folgenden der Versuch unternommen, genauer zu bestimmen, welche Angaben einem lexikographischen Werk enzyklopädischen Charaker verleihen.

Hinzu kommt ein zweiter Grund: Bei der historischen Darstellung (6.) hat sich gezeigt, daß Enzyklopädien bedeutend früher illustriert werden als Wörterbücher und von letzteren enzyklopädische Wörterbücher früher und häufiger als Sprachwörterbücher. Hängt dies damit zusammen, daß Sprachwörterbücher über die Sprache, enzyklopädische Wörterbücher über Sprache und Welt und Enzyklopädien nur über die Welt informieren? Ist die jeweilige Orientierung von den Herausgebern zumindest so intendiert? Wird sie so von den Benutzern verstanden? Und ist sie so aus sprachwissenschaftlicher Sicht zu beurteilen?

7.1 Resümee der vorherrschenden Auffassung

Die Unterscheidung zwischen Sprachwörterbuch und enzyklopädischem Wörterbuch zieht sich wie ein roter Faden vor allem durch die romanistische metalexikographische Literatur, seien es Einführungen in die Lexikographie, Arbeiten zur Typologie, historische Darstellungen oder mehr methodologisch orientierte Handbücher[2]. Die wesentlichen in den verschiedenen Werken aufgeführten Charakteristika bildeten die Grundlage für Kapitel 4.1 und seien hier als Ausgangspunkt für weitere Überlegungen mit einigen Ergänzungen tabellarisch zusammengefaßt (Schema 6):

---

[1] C. Schütze, in: Süddeutsche Zeitung 120, 25.-27.5.1985, S. 4, Überschrift des Leitartikels.

[2] Es sei nur ein repräsentatives Zitat wiedergegeben: "Une répartition élémentaire des ouvrages, selon que les données attachées aux mots consignés sont plutôt linguistiques ou plutôt documentaires, permet de distinguer *les dictionnaires de langue, les dictionnaires encyclopédiques* et les *encyclopédies*" (B. Quemada 1968, 76); Im Prinzip ebenso äußern sich Y. Malkiel (1958, 396) und (1962, 15), L. Guilbert (1968, 14), A. Rey (1970, 63) und (1977, 73), Josette Rey-Debove (1971, 33), J. Fernández-Sevilla (1974, 66 f.), G. Haensch (1982, 103, 111 f., 128-130) u.a.

	Sprachwörterbuch	enzyklopädisches Wörterbuch
Gattungsnamen, inklusive Verben, Adjektive, Adverbien	+	+
Grammatische Morpheme (Pronomina, Artikel, etc.)	+	+[3]
Eigennamen	-[4]	+
Terminologie verschiedener Wissenschaften	weniger	mehr
Angaben zum Lemma als objektsprachlichem Element[5]	+	+
Angaben zu der mit dem Lemma bezeichneten Sache	-	+
Illustrationen[6]	seltener	häufiger

Schema 6: **Merkmale von Sprachwörterbüchern und enzyklopädischen Wörterbüchern.**

Bei dem historischen Überblick war einige Male darauf hinzuweisen, daß ein Werk nur dadurch als enzyklopädisches Wörterbuch qualifiziert werden konnte, weil die Eigennamen und Sachinformationen im gleichen Alphabet mit den sprachlichen Angaben erschienen. Dagegen beeinflußt ein Anhang mit Eigennamen natürlich nicht den Status eines Sprachwörterbuchs; bei der Zweiteilung in einen sprachlichen und einen enzyklopädischen Teil wie beim 'Petit Larousse' oder beim 'Novissimo Melzi' war deshalb innerhalb des *sprachlichen* Teiles zu prüfen, ob er enzyklopädische Informationen enthält, wobei im ersten Falle für, im zweiten gegen die Klassifizierung als enzyklopädisches Wörterbuch entschieden wurde.

Von den beiden Unterscheidungskriterien - zwei weitere spielen nur unter quantitativem Aspekt eine untergeordnete Rolle - berührt die Frage der Aufnahme von Eigennamen wohl nicht den Kern der vorgenommenen Klassifikation. Denn durch das Vorhandensein oder Fehlen ensprechender Einträge wird der Inhalt des restlichen Teils des Wörterbuchs nicht affiziert; Eigennamen könnten nachträglich zwischen die Lemmata eines jeden Sprachwörterbuchs eingefügt werden. So enthält der 'Dictionnaire universel' von A.

---

[3] Josette Rey-Debove (1971, 34) bezeichnet den 'Petit Larousse', der die fraglichen Wörter enthält, (in nicht ganz zutreffender Weise) als "dictionnaire de langue, au sens large", gibt aber keinen Titel für ein ihrer Ansicht nach enzyklopädisches Wörterbuch; auf Seite 277 und 279 gilt er ihr aber doch als Beispiel eines "dictionnaire encyclopédique" (S. 279).

[4] Nur Ableitungen von Eigennamen (*Racinien*) und Weiterentwicklungen zu Gattungsnamen (*Frigidaire*, *Beaujolais*) sind im allgemeinen enthalten; vor allem die erstgenannten fehlen in weniger umfangreichen Werken.

[5] Hiermit sind sowohl die Angaben zur Ausdrucks- wie zur Inhaltsseite gemeint, also z.B. Aussprache, Etymologie, grammatikalische Hinweise wie Genus, Rektion, Pluralbildung etc., Bedeutungsbeschreibung durch eine Definition, sprachliche Beispiele, Antonyme usw. Wie aus der bisherigen Untersuchung hervorgeht, müssen sie nicht alle in e i n e m Wörterbuch vorhanden sein; so fehlen in Wörterbüchern für Kinder oft die Definitionen, die Aussprache wird bis heute nicht in allen italienischen Wörterbüchern verzeichnet usw. Zur Abgrenzung von Index und Glossar ist jedoch ein Minimum derartiger Angaben erforderlich.

[6] Die Illustration kommt nach Josette Rey-Debove (1971, 277 f.), primär dem enzyklopädischen Wörterbuch zu. Am pointiertesten äußert sich Jacqueline Picoche (1977, 136): "Il y a des images dans une encyclopédie, ce qui n'est pas concevable dans un dictionnaire de langue".

Furetière (1690), der als erstes modernes enzyklopädisches Wörterbuch bezeichnet wird, kaum Eigennamen. Daher konnte auch der sprachliche Teil des 'Petit Larousse' trotz des Fehlens von Eigennamen als enzyklopädisch bezeichnet werden, denn er bietet zu interessierenden Gattungsnamen auch zusätzlich sachbezogene Informationen. Dies scheint in der Tat das wesentliche Differenzierungskriterium zu sein, denn mehr noch als durch Eigennamen können durch Gattungsnamen die "renseignements sur la réalité extra-linguistique" (Collignon/Glatigny 1978, 33) geliefert werden, kann die "description du monde" (Rey-Debove 1971, 33) erfolgen.

Doch gerade an diesem Punkt erweist sich die Klarheit eines mit binären Merkmalen operierenden Schemas als trügerisch: Wo hört die sprachliche Beschreibung der Bedeutung des Lemmas auf, und wo beginnt die Beschreibung der mit dem Lemma bezeichneten Realität? Mit anderen Worten, es geht um die Frage, ob und gegebenenfalls wo eine Grenze zwischen den die Sprache und die Sachen betreffenden Informationen gezogen werden kann. Obgleich diese Fragestellung in den innersten Kern der Semantik zielt, seien nur einige Stellungnahmen aus dem Umkreis der Lexikographie referiert[7], um zu sehen, ob dieses Problem erkannt wird und welche Lösungen hierfür vorgeschlagen werden.

In den heutigen enzyklopädischen Wörterbüchern selbst wird natürlich eine Unterscheidung in sprachliche und sachbezogene Angaben realisiert, wobei letztere meist durch ein graphisches Zeichen oder durch einen sprachlichen Hinweis abgetrennt werden[8]. Offenbar erscheint diese Trennung der beiden Bereiche den Herausgebern als so problemlos, daß nur einige von ihnen im Vorwort kurz darauf eingehen. So wird in den Avvertenze (S. VIII) zum 'Dizionario enciclopedico italiano' (Roma 1955) der Aufbau der Artikel wie folgt beschrieben: "La stessa natura di questo *Dizionario*, che è insieme vocabolario ed enciclopedia, ci ha permesso comunque di dare nella parte lessicale della voce, che sempre precede, una definizione generica della cosa o dell'idea o della nozione; nella seconda parte, enciclopedica, che presuppone la definizione stessa, anche se tipograficamente lontana, l'argomento è ripreso con maggior rigore e maggiore sviluppo." Ein weitergehender Hinweis auf den Unterschied der beiden Bereiche ist nicht zu entdecken. Die Prefazione von A. Ferrabino erwähnt nochmals die Verbindung von Sprache und Enzyklopädie und hebt das damit verfolgte Bildungsziel hervor: "Qui pertanto sono fusi, nell'ordine alfabetico, un vocabolario della lingua e un repertorio dello scibile: come chi dicesse l'universo delle parole italiane e l'universo delle nozioni moderne. ... Al concetto di una cultura integrale obbedisce anche, e specialmente, quell'innesto, che abbiamo fatto, del vocabolario sulla enciclopedia, come del vivo sul vivo. L'appropriato uso delle parole e la compiutezza delle nozioni s'alleano assieme, contribuendo a quella lucida evidenza che, nel colloquio e nel discorso, e indizio e presidio del vero. Quindi il vocabolario arricchisce l'enciclopedia, ma l'enciclopedia rafforza e allarga la funzione del vocabolario".

A. Ferrabino, Presidente des Instituto della enciclopedia italiana, ist weniger wegen der ausnehmend schönen Formulierungen so ausführlich zitiert worden, sondern weil er überzeugend und klar die wahre Raison d'être des enzyklopädischen Wörterbuchs zum Ausdruck gebracht hat. In anderen Vorworten wird ebensowenig auf den Unterschied zwischen sprachlicher und sachbezogener Information eingegangen und in ähnlicher Weise auf den Nutzen der gleichzeitigen Vermittlung von Kenntnissen in beiden Bereichen hingewiesen, so daß nur noch eine französische Stimme zu Wort kommen soll. Die Herausgeber des 'Larousse trois volumes' von 1965 f. schreiben in der Préface: "En continuant

---

[7] Es soll in anderem Zusammenhang auf diese grundsätzliche Frage eingegangen werden.

[8] In 7.5 wird die Praxis dieser Zweiteilung in einigen Werken vergleichend untersucht.

d'appliquer la formule, due à Pierre Larousse, du dictionnaire encyclopédique équilibré entre la masse des connaissances générales d'une part, et la langue d'autre part, nous sommes conscients de suivre une doctrine fondamentale et bien personnelle qui nous distingue des dictionnaires étrangers auxquels ce dualisme fécond est refusé[9]; nous sommes convaincus, aussi, qu'elle résout au mieux le problème de la recherche d'un renseignement particulier ou de l'aquisition de notions d'ensemble - bref, que Larousse permet de disposer de toutes les idées en même temps que des moyens d'expression les plus adéquats pour les formuler."

Diese zwei Beispiele sollen als Nachweis ausreichen, daß die Unterscheidung von sprachlicher und sachkundlicher Information für die Herausgeber enzyklopädischer Wörterbücher offensichtlich[10] kein strittiges Thema ist, womit sie sich in Übereinstimmung mit der überwiegenden Mehrheit der metalexikographischen Literatur befinden.

7.2 Modifikationen und Kritik aus der Metalexikographie

Während also z.B. G. Drosdowski (1977, 125 f.) die Ansicht vertritt, "daß die Trennung zwischen Sprach- und Sachinformationen ... für den Fachmann selbstverständlich ist" und dafür plädiert, in den Bedeutungserklärungen diese Grenze nicht zu verwischen, stellt H.E. Wiegand in demselben Sammelband (S. 101) jedoch fest: "... ohne ausgewählte sachbezügliche Information kann die Bedeutung vieler Wörter nicht angemessen erläutert werden." Bevor auf die Weiterentwicklung dieses Gedankens bei H.E. Wiegand eingegangen wird, sollen zunächst E. Dittmer et al. (1978, 265) zu Wort kommen, die sich der oben referierten Meinung Drosdowskis ausdrücklich anschließen, allerdings sieben Zeilen danach bemerken: "In Wirklichkeit wird es sicher so sein, daß bestimmte Wörter sowohl der Standardsprache als auch der Fachsprachen sich nicht anders erklären lassen als durch eine Beschreibung der Sache oder des Begriffs, die sie bezeichnen. Dies bedeutet aber nicht, daß diese Beschreibung oder Definition identisch zu sein braucht mit einer Sach- oder Begriffserklärung." Diese beiden Sätze muten in zweifacher Weise widersprüchlich an, denn erstens entfernen sich die Autoren doch von Drosdowskis Ansicht, indem sie Sachbeschreibungen für erforderlich halten, die, und hier liegt der zweite Widerspruch, nicht mit Sacherklärungen zusammenzufallen brauchen. Doch E. Dittmer et al. geben unmittelbar anschließend einen Hinweis, wie sie sich die Auflösung dieses Paradoxons vorstellen: "Es sollte Ziel des Wörterbuchs sein, so viel und nur so viel Information über ein Wort zu bringen, daß man es mit Hilfe dieser Information korrekt auf die entsprechende Sache oder den entsprechenden Begriff beziehen kann, wenn man diese im Prinzip kennt und die erklärenden Wörter versteht." In diesem Vorschlag, der durch kein Beispiel konkretisiert wird, stecken zwei nicht definierte Größen, denn was bedeutet es erstens, eine Sache 'im Prinzip' zu kennen? Konsultiert man nicht vor allem dann ein einsprachiges Wörterbuch seiner Muttersprache, wenn man nicht versteht, worauf ein Wort referiert? Man denke

[9] Dies stimmt einfach nicht: In Großbritannien, den USA, Spanien und Italien gab es auch 1965 bereits zahlreiche enzyklopädische Wörterbücher. Aber Vorreden gehören wohl in gewisser Weise zur Textsorte der Werbetexte, für die etwas laschere Wahrheitskriterien gelten, und die sich fiktionalen Texten annähern können.

[10] Es wurden praktisch alle nach 1945 erschienenen enzyklopädischen Wörterbücher Frankreichs und Italiens diesbezüglich durchgesehen.

etwa an dt. *Okarina, Oke, Okel, Ökelname, Okuli* usw.[11]. Die zweite vage Angabe betrifft die Menge der erforderlichen Sachinformation, denn was heißt 'korrekt auf eine Sache beziehen'? Erfährt der Benutzer mehr über den bezeichneten Gegenstand, kann er das Wort in einer größeren Anzahl sinnvoller Kontexte benutzen und eher falsche Verwendungen vermeiden.

Dem Benutzer des 'Sprachbrockhaus' (1984) wird zu *Olive, Olivenbaum* nur "immergrüner Baum mit ölhaltigen Früchten" mitgeteit, im 'Duden. Bedeutungswörterbuch' wird die Form der Früchte als oval bis rund beschrieben, die Qualifizierung als immergrün fehlt. Sie fehlt ebenso beim DFC (1966), der die Früchte ungenauer als klein beschreibt, sie aber als Steinfrüchte bezeichnet, grüne und schwarze Oliven sowie ihre Herkunft aus dem Mittelmeerraum erwähnt. Der 'Nuovo dizionario italiano Garzanti' (1984) beschreibt über alle bisher aufgezählten Angaben hinaus - er läßt nur die Form der Früchte außer acht - noch die Form und Farbe der Blätter und erwähnt, daß der Olivenbaum ein Symbol des Friedens ist. Je nach dem Umfang der Angaben in den verschiedenen Wörterbüchern, kann ein Benutzer über die Farbe von Oliven oder den Olivenzweig als Symbol des Friedens sprechen oder nicht; erfährt er mehr kann er das Wort öfter korrekt verwenden als wenn er weniger Informationen über die bezeichnete Sache erhält.

E. Dittmer et al. sehen also eine Notwendigkeit, sachkundliche Elemente zur Bedeutungsexplikation heranzuziehen, wollen aber, ohne es zu begründen, ihre Zahl möglichst gering gehalten wissen. Natürlich spielt das Kriterium des Umfangs eines Wörterbuchs immer eine dominierende Rolle, doch diese grundsätzliche Abneigung gegen den Einbezug von Sachbeschreibungen hat einen unausgesprochenen, tieferen Grund: Er liegt in der weithin vorherrschenden Konzeption von Semantik, als einer autonomen Disziplin, die in ihren Untersuchungen ohne Rückgriff auf die Realität der Welt auskommt oder auszukommen glaubt.

Ähnlich wie E. Dittmer et al. bezweifeln verschiedene andere Forscher, daß eine klare Trennlinie zwischen Sprachwörterbuch und enzyklopädischem Wörterbuch gezogen werden kann. In diesem Zusammenhang werden immer wieder die fachsprachlichen Termini angeführt, bei deren Erläuterung Sprach- und Sachbeschreibung zusammenfallen: "leur définition se fait presque nécessairement selon la taxinomie propre aux choses, quand il s'agit par exemple de couleurs, de roches, d'animaux, d'objets naturels"[12]. Oder, G. Haensch (1982, 130): " ... el lexicógrafo también necesita ... información sobre las cosas, sobre la materia, para poder redactar diccionarios de la lengua, sobre todo, cuando se trata de distinguir términos técnicos como *asesinato* y *homicidio, contrato* y *tratado, inculpado* y *acusado*, etc. ..."[13]. Dazu ist zu bemerken, daß Termini sich zwar insofern von Wörtern des Gemeinwortschatzes unterscheiden als ihre Bedeutung exakter festliegt und somit leichter beschreibbar ist als die der meisten, aber nicht aller, Wörter des Gemeinwortschatzes. Doch handelt es sich um einen Unterschied nicht prinzipieller, sondern nur gradueller Art, was erklärt, daß ständig Fachtermini in die Gemeinsprache übernommen werden können; daher ist auch eine Grenze zwischen beiden Bereichen praktisch nicht zu ziehen. Ob ein Rückgriff auf die Sachen (Referenten) nicht insgesamt erforderlich ist, soll im folgenden geklärt werden. Auf jeden Fall ist eine Sonderrolle von Terminologien nicht zu begründen.

---

11 Beispiele aus dem 'Sprachbrockhaus' (1984).

12 L. Guilbert, Article *Lexique*, Grand Larousse de la langue française (1971-78), zitiert aus L. Collignon/M. Glatigny (1978, 34).

13 Ähnlich äußern sich z.B. B. Schaeder (1981, 15), Giovanna Massariello Merzagora (1983, 80), die Herausgeber des 'Longman Dictionary of the English Language' (1984, Preface), G. Haensch (1984, 135) usw.

Doch auch außerhalb des terminologischen Wortschatzes wird immer wieder die Interferenz sachlicher und sprachlicher Beschreibungselemente beobachtet. Besonders ironisch über die Aufrechterhaltung dieser Unterscheidung äußert sich R. Quirk (1982, 74 f.): "Combining the dictionary and the encyclopedia is no new idea, and the distinction between the two types of information is by no means as clear as conventional wisdom would have it. Indeed, it is least satisfactorily upheld by the lexicographers who uphold it most primly. ... *Collins*[14] defines *motorcycle* as 'a two-wheeled vehicle, having a stronger frame than a bicycle, that is driven by a petrol engine'. Much of this is obviously 'encyclopedic' (indeed incidental), threatening the definition of other words with hair-raising implications which fortunately are not often realized. (We are not told, for instance, that a bus has a larger engine than a car.) The semanticists have long grappled with such problems. What is the *linguistic* meaning of *carrot* or *radio* as distinct form the encyclopedic meaning? We competently choose, use and refer to these things without necessarily knowing that the one is an 'umbelliferous plant' (*Concise*)[15] or that the other 'demodulates electromagnetic waves' (*Collins*). Nor do these 'meanings' help to explain why we can talk of carroty hair or a radio personality."[16]

Während R. Quirk die Trennung von sprachlicher und enzyklopädischer Bedeutungsangabe als nicht praktikabel oder als nicht existent betrachtet, gibt R. Werner (1982a, 282) ausgehend von der strukturellen Semanalyse zunächst eine theoretisch klare Unterscheidung zwischen "definición lingüística y definición enciclopédica" (S. 282), um jedoch auf der folgenden Seite in Kenntnis der lexikographischen Praxis festzustellen: "con frecuencia una sola definición contiene a la vez elementos semasiológicos y enciclopédicos". Obgleich seine zwei Beispiele, sp. *marta* und *cebú* Tiere bezeichnen, die auch in einem terminologischen Begriffsystem stehen, können seine Argumente an dieser Stelle gewürdigt werden, da er seine Konzeption später auf alle Bereiche des Wortschatzes ausgedehnt hat. Die von R. Werner (S. 283 und 285) aus einem Sprachwörterbuch zitierten Definitionen des Marders und Zebus sind seiner Ansicht nach "puramente enciclopédicas" (S. 283), erfüllen aber die Informationsbedürfnisse des Benutzers, da mit ihrer Hilfe "la identificación de la experiencia de la realidad" (S. 284) erfolgen kann. Werner erwähnt noch, daß eine Analyse des Semems von *marta* in distinktive Merkmale schwierig sein dürfte, daß wohl *de patas cortas* als Merkmal zur Abgrenzung von anderen Tieren verstanden werden kann, keinesfalls aber *Hállase en España*, da es Marder nicht nur in Spanien gibt. Beim Zebu sei der Hinweis auf die "buena calidad" des Fleisches und der Milch erstens enzyklopädisch und zweitens "para la instrucción lingüística" fast nutzlos, da er keinen Hinweis "sobre la interpretación y el uso del significante léxico *cebú*" gebe (alles S. 285).

Diese Feststellungen können nicht ganz überzeugen, denn es ist, um zunächst systemimmanent zu argumentieren, nicht einzusehen, warum zwar ein Element des äußeren Erscheinungsbildes als semantisch differenzierender Zug gewertet werden kann, nicht jedoch der Hinweis auf die Verwertbarkeit. Denn z.B. das Wissen um die Genießbarkeit des Zebu-Fleisches kann entgegen R. Werners eben zitierter Annahme doch die Verwendung und das Verständnis des Wortes beeinflussen, wie es bereits auf Deutsch in *das Wissen um die Genießbarkeit des Zebu-Fleisches* geschehen ist. Seine Ausführungen erscheinen als

---

[14] Collins Dictionary of the English Language, London 1979 (keine Illustrationen, aber Eigennamen).

[15] The Concise Oxford Dictionary of Current English, Oxford 1924 bis heute.

[16] Hinweis auf Quirk von T. Herbst.

Versuch, auch für den Bereich der Konkreta und wissenschaftlicher Taxinomien die Möglichkeit rein semantischer Definitionen offen zu halten, wenngleich er schreibt: "la definición enciclopédica es superior a la lingüística" (S. 284). R. Werner geht 1984 insofern einen Schritt weiter, als er für diesen Bereich nur eine "Begriffserklärung"[17] vorschlägt, eine Analyse mit semantischen Merkmalen aber nicht ausschließt (S. 398) - allerdings gibt er kein Beispiel.

R. Werners Position ist vor dem Hintergrund der strukturellen Semantik zu sehen, nach der Eigenschaften realer Dinge dadurch zu distinktiven Merkmalen (Semen) werden, aus denen sich die Bedeutung (Semem) konstituiert, daß sie zur Abgrenzung der Bedeutung eines anderen Wortes erforderlich sind. Somit geht immer ein Teil des Sachwissens, quasi gefiltert durch eine Minimalpaaranalyse, in die Beschreibung mittels Merkmalen ein. R. Werner nimmt an, daß die Merkmalanalyse die minimal erforderlichen Elemente für eine Bedeutungsbeschreibung bereitstellt. Zur Kritik an der semantischen Merkmalanalyse vgl. 7.4.2 und P.R. Lutzeier (1985, 129 f.)

In dem gleichen, 1984 erschienenen Vortrag sieht R. Werner nur eine Bedeutungserklärung vor, "wenn der Lexikograph annehmen darf, daß der Wörterbuchbenutzer aufgrund seiner Kenntnisse oder Vorstellungen über die außersprachliche Realität den Schritt von der Bedeutung zum Begriff[18] mühelos vollziehen kann. Für Wörter wie spanisch *traer*, deutsch *Feind*, englisch *hungry* oder französisch *doigt* ist mit der Bedeutungsbeschreibung immer genügend über den Begriff gesagt" (S. 397). Eine "Kombination von Bedeutungs- und Begriffsinformation" ist dann angebracht, wenn die Bedeutungsbeschreibung "wegen des Abstraktionsgrades der Formulierung unverständlich" bleiben könnte (beides S. 399) - so z.B. bei sp. *rueda*, dt. *Verein*.

Leider gibt R. Werner zu den ersten vier Wörtern keine Bedeutungsbeschreibung, so daß man nicht nachvollziehen kann, wodurch sich z.B. bei fr. *doigt* eine Begriffsbeschreibung unterscheidet, und auch nicht prüfen kann, ob erstere zum Verständnis ausreicht. Zu sp. *rueda* wird eine "in Termini der Semanalyse bestens geglückte(n) Definition" (S. 399) zitiert: "Máquina elemental, en forma circular y de poco grueso respecto a su radio, que puede girar sobre un eje". Wenn damit das Semem oder der signifié von *rueda* beschrieben wird, ist es nicht gleichzeitig die Beschreibung der damit bezeichneten Sache? Oder ist es nur dadurch eine klare Beschreibung des Semems, weil es eine auf das Wesentliche konzentrierte Sachbeschreibung ist?

Die Frage kann zunächst noch offen bleiben, denn es sollte der Nachweis erbracht werden, daß R. Werner sprachliche und sachbezogene Informationen unterscheiden will und ihre Verbindung für Teile des Wortschatzes vorschlägt, um dadurch die Verständlichkeit der Definition zu erhöhen.

R. Werner hebt seine Vorschläge von 1984 vor allem von den Ansichten von Josette Rey-Debove ab, die seiner Ansicht nach fordert, ein Wörterbuch "hätte dem Benutzer Auskunft über den außersprachlichen Begriff zu geben, auf den sich ein lexikalisches Zeichen beziehen kann, nicht über eine sprachliche Bedeutung, über die es sich nach der Lehre fast aller Anhänger einer strukturellen Semantik (...) auf diesen Begriff bezieht" (S.

---

17 Wie aus dem Literaturverzeichnis hervorgeht, ist R. Werner - er spricht (z.B. S. 396) von "außersprachlichen Begriffen" -, das Verständnis von Begriff betreffend, K. Heger (1976²) verpflichtet, für den Begriffe (in der Terminologie von 1976 Noeme) allerdings außereinzelsprachlich sind.

18 Unter "Schritt von der Bedeutung zum Begriff" ist die Information zu verstehen, die über die Angabe der distinktiven Merkmale hinausgeht und zusätzliche noematische Elemente angibt ; Hinweis von R. Werner.

394). Ob diese Charakterisierung den Intentionen von Josette Rey-Debove gerecht wird, soll nachgeprüft werden.

"Le lexicographe n'a pas les moyens d'affirmer que X signifie Y, ... il peut seulement dire que X = (est égal à) Y, ce qui implique identité de choses signifiées (et non de signes) ..." (1970, 22). Josette Rey-Debove, die 15 Jahre in leitender Postition an den Wörterbüchern des Verlages Robert mitgearbeitet hat, spricht in obigem Zitat dem Lexikographen die Fähigkeit ab, die Identität zweier Bedeutungen (signifiés) zu behaupten, denn die Kompetenz hierzu "est construite par les énoncés des contextes qui parlent du monde" (ebenda). Folglich wird für die Definition eines Lemmas diesem zunächst ein aus der Abgrenzung und Abstraktion der Sachen gewonnener Begriff[19] zugeordnet, der *chose, chose signifiée, signifié chose*[20], *concept* und *référent conceptualisé* (passim) genannt wird und sich "évidemment" vom "référent réel" (1971, 183) unterscheidet[21]. "Dieser Begriff (1966, 72: "concept") wird in weniger komplexe Begriffe zerlegt, die dann mittels mehrerer Zeichen (...) ausgedrückt werden" (1966/1985, 72 f.). "Die Zeichen der natürlichen Sprache gehören jedoch zu einem autonomen System, das andere Gesetze als das Begriffssystem (1966: "système des concepts") hat" (S. 75); die einzelnen Elemente beider Bereiche stehen nicht in einer 1:1 Beziehung zueinander, was in folgendem Schema durch die Klammern symbolisiert wird. Schließlich wird das definierte Lemma, bzw. sein Signifié, mit den als Definition dienenden Zeichen (dem Definiens) gleichgesetzt. Dieser Vorgang läßt sich in Anlehnung an das Diagramm von 1966/1985, 73 wie folgt veranschaulichen:

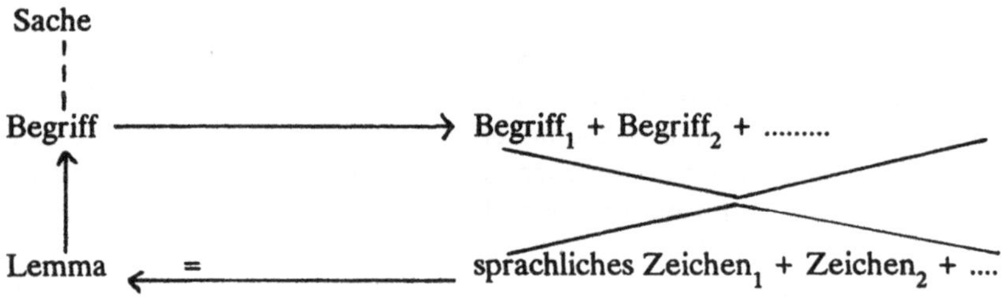

Schema 7: Die einzelnen Schritte bei der Definition nach Josette Rey-Debove

Daher kann J. Rey-Debove in einer Überschrift feststellen "La définition lexicographique définit des choses" (1970, 22), was sie aber im folgenden nuanciert und ergänzt: "Ainsi,

---

19 Josette Rey-Debove qualifiziert Begriffe nicht als 'außersprachlich' wie dies R. Werner bei der Wiedergabe ihrer Theorie tut. Sie trennt offensichtlich nicht so scharf zwischen Bedeutung und Begriff und sieht in ihnen, wie aus folgenden Ausführungen deutlicher werden wird, eher zwei gegensätzliche, aber sich ergänzende Aspekte der Bildung von Konzepten. Ihr 'Begriff' dürfte daher wohl sprachspezifisch sein. Die Zurückhaltung bei der Beurteilung ist auf fehlende klare Äußerungen von J. Rey-Debove zurückzuführen, was bereits R. Werner zu Recht (1984, 394) bemängelt hat. Einen ähnlichen Begriffsbegriff wie J. Rey-Debove benutzen die Autoren in D. Viehweger et al., (1977, 72 f.)

20 Drei wegen der Polysemie von *chose* nicht glücklich gewählte Termini.

21 Ähnlich äußert sich auch P. Imbs (1971), der Herausgeber des 'Trésor de la langue française', der von der gemeinhin akzeptierten Unterscheidung von sprachlicher und sachbezogener Information ausgeht: "... le dictionnaire de langue s'arrête au sens, alors que le dictionnaire encyclopédique va nécessairement plus loin en direction de la realité non linguistique - sans d'ailleurs jamais la rejoindre tout à fait puisqu'il ne peut en donner qu'une représentation elle-même langagière ou pour le moins figurative" (S. XII).

c'est en parlant des choses que la définition établit une synonymie qu'on peut rapporter à une analyse du signifié. Elle est le lieu commun au système du monde (*être*) et au système des signes (*signifier*)[22], ... ce qui fait son originalité par rapport à l'analyse sémantique fondamentalement métalinguistique des théoriciens" (S. 23). Doch das Verhältnis von Begriffsbeschreibung zur "analyse du signifié" wird mit dieser Andeutung nicht klar. Einerseits behauptet Rey-Debove an anderer Stelle: "En résumé si l'on envisage un mot qui réfère à une chose, aucun critère objectif ne peut faire distinguer une définition de mot au sens d'analyse sémantique d'un mot, d'une définition de chose" (1971, 182). Doch bemerkt sie (z.B. 1970, 24): "Ensuite, il n'est pas certain que les traits pertinents de la chose correspondent, dans le plan de la langue, aux traits pertinents du signifié référentiel lexical. Souvent la définition de chose excède l'analyse de contenu du signe". Dabei werden die jeweils differenzierenden Merkmale durch Opposition der Begriffe bzw. doch der Bedeutungen gewonnen (ebenda). Hierin liegt wohl kein methodischer Widerspruch zu dem eingangs wiedergegebenen Zitat, denn die Erforschung der Bedeutungen erfolgt in engem Zusammenhang mit und in Kontrast zu den Begriffen und den Referenten - genauer (1966, 73.; 1985, 75)[23] - und stellt demnach ein anderes Verfahren dar als die innersprachliche Analyse der autonomen Semantik[24]. Ohne Rekurs auf den Begriff (concept) und damit auf die Sache wäre offenbar eine lexikographische Definition der Substantive nicht möglich.

Die Nähe von 'définition de chose' und 'définition de mot'[25] erlaubt es, einen substantivischen Lexikoneintrag auf zweierlei Weisen zu verstehen, was noch durch das Weglassen eines Prädikats zwischen Lemma und Definition erleichtert wird. So kann der Eintrag *Poulain: Petit du cheval* gelesen werden als "(le) poulain est (le) petit du cheval"[26], was eine Aussage "sur la chose" (1969, 189), eine "définition de chose" (1971, 183) ist[27]. Dagegen wäre "poulain signifie petit du cheval" eine metasprachliche Aussage "sur le signe" (1969, 189). Doch die Hinweise auf das Genus, die Etymologie, die Aussprache, die das Wort be-

---

22 J. Rey-Debove beruft sich hierbei auf Aristoteles, Analytica Posteriora, II, 7, 92b, zitiert aber 1970, 23 Anm. 35 und 1971, 182 zwei unterschiedliche und zudem gegensätzliche französische Übersetzungen: "En définissant la chose, on donne le contenu du mot" (1970), und "Celui qui définit montre ce qu'est la chose ou ce que signifie le terme en question" (1971), von denen sie eine als "conception étonnamment juste du signe" (1971, 182) rühmt. - Beide Übersetzungen sind jedoch falsch und verkehren die Aussage von Aristoteles in ihr Gegenteil, denn er schrieb: " Εἰ ἄρα ὁ ὁριζόμενος δείκνυσιν ἢ τί ἐστιν ἢ τί σημαίνει τοὔνομα, εἰ μή ἐστι μηδαμῶς τοῦ τί ἐστιν, εἴη ἂν ὁ ὁρισμὸς λόγος ὀνόματι τὸ αὐτὸ σημαίνων. ἀλλ' ἄτοπον. "
In der Übersetzung von H. Seidl (1984, 155): "Wenn der Definierende entweder (nur) das aufgezeigt, was etwas ist, oder was sein Name bedeutet, und wenn die Definition in keiner Weise auf das geht, was etwas (wesensmäßig) ist, so dürfte sie (bloß) eine Rede sein, die dasselbe bedeutet wie der Name (von etwas). Aber dies ist abwegig." Das heißt, die Definition habe sich auf das " τί ἐστιν " (etwa: das Wesen) zu beziehen.

23 Die Ausführungen an den genannten Stellen sind zu vage, um sich ein Urteil über die Praktikabilität dieses Verfahrens bilden zu können.

24 Eher liegt ein Widerspruch zu obigem Zitat (1971, 182) vor, doch dort wird die Definition vom Ergebnis her betrachtet, hier als Verfahren. Aber vielleicht ist dies eine zu entgegenkommende Interpretation.

25 Damit wird diese Opposition auf eine neue Grundlage gestellt, denn letztlich gilt: "ces deux définitions sont des définitions de choses - plus ou moins "éclairantes" selon la compétence lexicale du décodeur" (1970, 24, Anm. 39). Demgegenüber herrscht bis heute die Ansicht vor, die Definition eines Wortes verweise auf andere Wörter ohne irgendwie auf die Realität Bezug nehmen zu müssen.

26 Das Fehlen der Artikel wird mit dem Telegrammstil der Lexikonartikel erklärt.

27 Zum Verständnis von *chose*, das oben mit 'Begriff' wiedergegeben wurde, vgl. noch: "..., est *chose* tout ce qui n'est pas *signe*, et dont parle le discours" (1970, 10, Anm. 13).

treffen, legen auch für die Definition eine Lektüre nahe, die ebenfalls über das Zeichen informiert (1971, 49 f. und 187 f.).

Sowohl die 'définition de chose' als auch die des Wortes kann enzyklopädischer Natur sein, was immer dann der Fall ist, wenn sie mehr Informationen enthält als zur Bestimmung der Stelle im jeweiligen System minimal erforderlich wären (1971, 188, 228 und 277)[28]. Derartige redundante Angaben erleichtern jedoch das Verständnis und kommen damit dem Leser entgegen, der zudem die mit dem Lemma bezeichnete Einheit in seiner "expérience de monde" (1969, 191) einordnen will[29].

Die Unterscheidung von 'définition de chose' und 'définition de mot' wird von J. Rey-Debove nur an substantivischen Lemmata (*baguette, poulain, librairie, épilation, carré* u.a.) exemplifiziert. 1970 überträgt sie die 'définition de chose' auf die anderen Lexemklassen Verb, Adjektiv und Adverb[30], so daß ein Eintrag wie *Flexible: Qui peut être plié, courbé*" zu lesen sei als "Les objets flexibles sont les objets qui peuvent être pliés et courbés" (1970, 22), was als plausibel anmutet. Doch in der im darauffolgenden Jahr erschienenen Monographie wird diese Lesart ohne Begründung nicht mehr vorgesehen[31] und die 'définition de chose' auf das Substantiv beschränkt (1971, 185-187)[32]. Soll das Adjektiv *flexible* sich auf keinen 'référent conceptualisé' beziehen, nur weil es eine Eigenschaft und nicht eine Sache, d.h. Substanz bezeichnet? Ein derart reduzierter Realitätsbezug von Sprache vermag nicht zu überzeugen.

Insgesamt gesehen besteht das Konzept von Josette Rey-Debove darin, zumindest die Substantive (eventuell auch die drei anderen lexematischen Wortarten) sowohl durch Bezug auf eine Art Begriff ('concept', 'référent conceptualisé') als auch durch Bezug auf die Sprachstruktur, die sich aus den Bedeutungen der anderen Lexeme ergibt, zu definieren. Wenn dieses zweifache Definitionsverfahren nicht recht verständlich geworden ist, und der Eindruck nicht ganz aus der Welt zu schaffen war, daß die 'definition de chose' mit der des Wortes doch zusammenfällt oder zusammenfallen kann, ist zu fragen, ob dieses Konzept vom Ansatz her, d.h. bezüglich der Unterscheidung von 'concept' und Bedeutung (signifié), stimmig ist.

Daß das Konzept der innersprachlichen Semantik für die Lexikographie zu eng ist, darauf hat H.E. Wiegand wiederholt hingewiesen. Ausgehend von Alltagsdialogen über ein von einem der beiden Gesprächspartner gebrauchtes Wort (z.B. *Botel; weben*, von Pferden gesagt), das dem anderen unbekannt ist, kommt er zu dem Schluß, "daß die Gesprächs-

---

28 Dies gilt unabhängig von der Unterscheidung der beiden Definitionstypen; z.B. U. Weinreich (1962/70, 76): "Les définitions spécifiques par excès peuvent être appelées encyclopédiques". Jaqueline Picoche (1977, 136): "Les définitions encyclopédiques, elles, vont toujours au-delà des traits différenciateurs".

29 Hierfür sind auch die Beispiele im weiteren Wörterbuchartikel hilfreich, wofür Rey-Debove (1969, 193 und 1971, 276-80) gute Belege gibt. Es muß also die informatorische Leistung nicht nur der Definitionen, sondern des ganzen Artikels in Betracht gezogen werden, worauf auch H.E. Wiegand oft (z.B. 1984, 17) hinweist.

30 H.E. Wiegand (z.B. 1984, 21) definiert Substantive, Adjektive und Verben nach dem gleichen, unten vorgestellten, Verfahren, begründet aber die Ausklammerung der Adverbien nicht.

31 Sie bemerkt zu Recht, daß z.B. in "Rapidement, c'est vite" (1971, 187) *ce* als Nominalisator für das Adverb *rapidement* fungiert - ebenso bei den Verben und Adjektiven -, zieht daraus aber den überraschenden Schluß, daß folglich die 'définition de chose' auf das Substantiv beschränkt sei. Aus dem Vorhandensein von *ce* könnte eher die entgegengesetzte Folgerung gezogen werden.

32 Auf die anderen Wortarten (Pronomina, Präpositionen, Konjunktionen, Artikel etc.) geht Rey-Debove wegen ihrer geringen Anzahl und der "problèmes particuliers" nicht systematisch ein (1971, 205).

partner weit davon entfernt sind, zwischen sprachlichen Ausdrücken, deren Bedeutung fraglich ist, und den infragekommenden Gegenständen eine strikte Trennungslinie zu ziehen. Nach meinen Beobachtungen werden in Gesprächen, in denen über die Bedeutung sprachlicher Ausdrücke gesprochen wird, Sprache und Welt nicht strikt getrennt" (1977a, 89 f.)[33]. Die Bedeutungsexplikationen im Wörterbuch sollten im Hinblick auf die Benutzer in analoger Weise verfahren und von einem Sprachbegriff ausgehen, der "zwischen Sprache und Welt nicht strikt trennt" (100), denn wenn "über etwas sprachlich kommuniziert wird, dann will der Wörterbuchbenutzer auch erfahren, worauf mit einem Lemma Bezug genommen werden kann" (90). "Damit zusammenhängend muß die Ansicht aufgegeben werden, Enzyklopädische Lexika oder auch sog. Sachwörterbücher seien etwas *grundsätzlich* Verschiedenes wie einsprachige Wörterbücher und es gäbe zwischen beiden eine scharfe Trennungslinie. Im Bereich verschiedener Wortklassen, besonders in dem der Substantive, gibt es hier vielmehr weitgehende Überschneidungsbereiche, und das hängt wiederum damit zusammen, daß man sich einerseits die Sachen, die Sachverhalte und damit die Welt nicht ohne Sprache aneignen kann, und daß andererseits die Wörter nicht ohne Sprach- und Weltkenntnis und deren sprachlicher Vermittlung lexikographisch erläutert werden können" (101)[34] (Hervorhebung H.E.W.).

H.E. Wiegand, der in seinen verschiedenen Arbeiten die Formulierung, nicht strikt zwischen Sprache und Welt zu trennen, unverändert beibehält[35], läßt sich nicht in eine Diskussion über Bedeutung und Begriff ein[36], sondern versucht auf empirischem Wege, das heißt über eine Befragung, die für die Identifizierung des Lemmas relevanten Charakteristika zu finden. Im Fall von *Apfelsine* erhält man die folgende lexikalische Paraphrase: "orangenfarbige, runde Frucht des Apfelsinenbaumes mit saftreichem süßsäuerlichen Fruchtfleisch" (1985b, 82). Zu diesen "Prädikatoren" (84), die gemeinhin als Bedeutungsbeschreibung oder sprachliche Definition mit rein distinktiven Merkmalen bezeichnet werden, stellt Wiegand ein sprachliches Beispiel, das nicht den Gebrauch des Lemmas dokumentieren soll, sondern weitere Charakteristika einführt, um dem unterschiedlichen Vorwissen der Benutzer gerecht zu werden, hier: "die Apfelsine ist eine Zitrusfrucht mit dicker Schale" (84). Die verwendeten Prädikatoren wurden von den Versuchspersonen zwar als "weniger gut brauchbar" (84) eingestuft und würden wohl eher dem enzyklopädischen Wissen zuzuordnen sein[37]. Dies von Wiegand selbstverständlich nur exemplarisch vorgeführte Testverfahren kann nicht auf die Praxis des Lexikographen übertragen wer-

---

33 Da H.E. Wiegand seine Konzeption in zahlreichen Aufsätzen weiterentwickelt hat, sei nur noch auf die entsprechenden Passagen in den letzten berücksichtigten Arbeiten hingewiesen: 1984c, 17 f., 1985 b, 33 und 51.

34 Vgl. 1984c, 17, 1985b, 86.

35 Es genügt nicht, wie H.E. Wiegand (1977, 90) meint, nur "zwischen dem Wort *Stuhl* und Stühlen" zu unterscheiden, sondern das Problem besteht darin, gegebenenfalls zwischen der Bedeutung des Wortes *Stuhl* und dem Begriff von Stuhl oder der Abstraktionsklasse der Stühle oder der sprachlichen Beschreibung des Typs von Stuhl zu trennen. Doch diese Kritik affiziert nicht die nachfolgend referierten Vorschläge Wiegands.

36 Dies entspricht seinem Verständnis von Lexikographie als "wissenschaftliche(r) Praxis" (1983, 52) und nicht als Wissenschaft: "Denn die lexikographischen Tätigkeiten sind und waren nie darauf ausgerichtet, Theorien zu erstellen" (1983, 37). Auch z.B. die englischsprachigen Lexikographen bezeichnen ihre Tätigkeit als *Art* und nicht als *Science*; vgl. auch den Untertitel von S.I. Landau (1984): 'The Art and Craft of Lexicography'.

37 Während hier die Bedeutungsbeschreibung vom Ergebnis eines Tests (und wohl auch der Testanordnung) abhängt, ist sie bei den strukturellen Verfahren durch die Zahl und Art der Gegensatzrelationen, in die das fragliche Lemma gestellt wird, bedingt.

den, liefert jedoch hierfür "eine ganze Reihe nützlicher Stützen" (1985b, 85 (bis 89 mit weiteren Ausführungen))[38].

D. Viehweger et al. (1977) haben sich ebenfalls mit dem Verhältnis zwischen "einem sogenannten sprachlichen Wissen und einem (außersprachlichen) Sachwissen" auseinandergesetzt und einige "Stimmen der Skepsis" zitiert, "die bezweifeln, daß eine Trennung ... überhaupt sinnvoll sei" (285 f.). Sie behalten aber diese Unterscheidung bei; es ist jedoch nicht die Art der Merkmale das entscheidende Kriterium, sondern ihre Funktion, nämlich "ob sie eine das Sememsystem eines gegebenen Sprachsystems tangierende Funktion haben oder nicht ... In dieser funktionellen Differenzierung hebt sich die Grenzziehung zwischen sprachlichem und außersprachlichem Wissen letztlich auf, das sprachliche Wissen erweist sich gleichsam als Sachwissen, als systemhaft relevant gewordenes Sachwissen" (286). So habe sich für *Tag* die "Sememkomponente 'Zeitraum, in dem sich die Erde um ihre eigene Achse dreht' ... ursprünglich durch das Vertrautwerden mit Sachwissen ergeben", sei jetzt in das Semem integriert, ... systemrelevant, weil sie das Semem von anderen Sememen hinreichend unterscheiden" helfe (286). Dieses wie auch das zweite, *Major* betreffende Beispiel ('unterster Rang der Stabsoffiziere') überzeugt nicht, denn D. Viehweger et al. unterlassen es, anderes Sachwissen zu diesen beiden Lemmata anzugeben, das sich nicht "im Sprachlichen niedergeschlagen" hat (286). Bei drei weiteren Beispielen (*Okapi, Birke, Drossel*) lassen sie offen, welche der Bestandteile der Wörterbuchdefinitionen nun sprachlich relevant sind.

An der Praxis der einsprachigen Bedeutungswörterbücher des Deutschen bemängelt D. Viehweger "aus der Sicht eines theoretisch orientierten Linguisten" (1982, 143), daß die Wörterbuchdefinition "nicht nur aus den semantischen Merkmalen der denotativen Bedeutung aufgebaut ist, sondern auch aus nicht im Bereich der denotativen Bedeutung liegenden Elementen, durch die die lexikographischen Definitionen zu redundanten Definitionen werden" - dazu hat H.E. Wiegand (1984b, 77 ff.) das Wichtigste gesagt[39] - und weiter, daß "Bedeutungsdefinitionen und Sachdefinitionen vielfach vermengt" werden (1982, 150). Als Beispiel für eine Wörterbuchdefinition gibt er für *Vogel*: "(Wirbel-)tier, das in der Regel fliegen, vielfach auch schwimmen und fliegen kann und einen mit Federn bedeckten Körper sowie einen Schnabel besitzt" (1982, 153). Diese Definition enthalte "jene relevanten Merkmale..., durch die sich die betreffende Art von anderen Arten der gleichen Gattung unterscheidet. ... basiert auf einer Alltagsdefinition, ...versucht, das durchschnittliche Abbild ... wiederzugeben, das Sprecher des Deutschen von *Vogel* haben, enzyklopädisches Wissen, wie z.B. 'warmblütiges Wirbeltier, dessen vordere Gliedmaßen als Flügel ausgebildet sind', 'Wirbeltier, das einen Schnabel aus Horn hat' ..., wird bewußt nicht in die Bedeutungsdefinition aufgenommen" (153). Enthält diese Definition wirklich nur das oben angesprochene 'systemhaft relevant gewordene Sachwissen'? Ist der Hinweis, daß Vögel warm-

---

38 Auf andere Aspekte der Konzeption Wiegands braucht in diesem Zusammenhang nicht ausführlich eingegangen zu werden. Wesentlich ist z.B. seine Auffassung von Wörterbuchartikeln als "Sprachinstruktionstexte" (1983, 53), weshalb die Bedeutungsbeschreibungen als pragmatische Gebrauchsregeln verstanden werden können und damit die auf L. Wittgensteins 'Philosophische Untersuchungen' (1958) zurückgehende Gebrauchstheorie der Bedeutung nutzbar gemacht werden soll.
Es ist noch nicht abzusehen, welche Konsequenzen (auch für andere Teile des Wörterbuchs) diese Ausrichtung mit sich bringt, aber die Gebrauchsbeschreibung bietet sich bei Partikeln, Präpositionen, Interjektionen, Konjunktionen direkt an.

39 Dem soll nur noch die das Verständnis erleichternde Funktion der Redundanz hinzugefügt werden.

blütig sind und ihr Schnabel aus Horn ist, nicht auch ein "Wissen, das man durch Sprache besitzt" (1977, 286 f.), ist es nicht auch "sprachlich relevant" (1977, 285)?

H.E. Wiegand bemerkt hierzu in Übereinstimmung mit seinem Sprachbegriff, der keine strikte Trennung von Sprache und Welt vorsieht: "Ganz allgemein gilt, daß jede Bedeutungserklärung eines Substantivs immer auch als Sachbeschreibung ... gelesen werden kann ... und die sprachlichen Zeichen, mit denen man die Bedeutungskomponenten von Sememen bezeichnet, sind in lexikographischen Definitionen häufig die gleichen, mit denen man in Sachdefinitionen die Eigenschaften von Sachen bezeichnet". Und weiter: "Ich muß gestehen, daß ich nicht ermitteln konnte, was in der Diskussion *genau* unter enzyklopädischem Wissen ... verstanden wird. Wenn es dabei um die Frage geht, wie linguistisch relevantes Sachwissen von Sprach- und Bedeutungswissen und linguistisch irrelevantem Sachwissen systematisch abzugrenzen ist, dann liegt hier ein Problem vor, zu dem Linguisten und Psycholinguisten bisher nur derart widersprüchliche Aussagen vorgelegt haben, daß Lexikographen sich in dieser Hinsicht wenigstens derzeit auf noch keine für ihre Zwecke brauchbaren Forschungsergebnisse stützen können. Hier kann man dem Lexikographen raten - insbesondere bei Lemmazeichen, die Substantive sind - in Übereinstimmung mit der Praxis der französischen Lexikographie eher etwas mehr Wissen über die Sache mitzuteilen, als allzu sparsam zu sein" (1984b, 78 f.).

Mit dieser skeptischen Stellungnahme eines Forschers, der sich bis 1985 in mindestens 17 Arbeiten mit Problemen der Lexikographie auseinandergesetzt hat, sei die Untersuchung der Möglichkeit einer Trennung von sprachlicher und sachbezogener, enzyklopädischer Information vorläufig abgebrochen[40]. Es hat sich gezeigt, daß verschiedentlich[41], ein gewisses Unbehagen mit der herkömmlichen Unterscheidung gefühlt wird. Ohne diese Unterscheidung infrage zu stellen, halten es einige der herangezogenen Wissenschaftler für erforderlich, Sachwissen in geringem Umfang in die Bedeutungsbeschreibung zu integrieren, etwa um eine korrekte Referenz zu ermöglichen (Dittmer), wenn der Abstraktionsgrad einer rein innersprachlichen Definition zu hoch wäre (Werner) oder insoweit die auch aus dem Sachwissen stammenden Charakteristika die Funktion haben, ein Lexem von den anderen zu unterscheiden (Viehweger). Da Rey-Debove wohl von keinem außereinzelsprachlichen oder gar außersprachlichen Begriffsbegriff ausgeht, besteht nach ihrer Auffassung kein oder kein großer Unterschied zwischen der Definition eines Wortes und eines Begriffes, aber trotzdem gilt in ihren Augen nur eine minimale Definition ohne jede Redundanz als sprachlich. Einzig Wiegand bekennt sich zu einer Auffassung von Sprache, die nicht strikt zwischen Sprache und Welt trennt[42] - wobei natürlich in *strikt* eine Einschränkung liegt-, sieht deshalb Gemeinsamkeiten mit den Sachwörterbüchern, sprich Enzyklopädien, und ist folglich skeptisch eingestellt gegenüber der gemeinhin angenommenen Unterscheidung in Bedeutungswissen und Sachwissen.

---

40 Es konnten nicht alle Äußerungen zu dieser Fragestellung referiert und gewürdigt werden; so fehlen etwa die Namen F.J. Hausmann (1977, 38 und 1985, 374), J. Dubois/C. Dubois (1971, 84-87), G. Lüdi (1985, 91-94), A.M. Al-Kasimi (1977, 29-31) u.a.

41 Ohne lexikographische Fragestellungen im Auge zu haben, erörtert P.R. Lutzeier (1985, 78-87) das hier aufgeworfene Problem, wobei er sieben Stimmen für und vier gegen eine Unterscheidung von sprachlicher und nichtsprachlicher Bedeutung zitiert und zum Teil kritisch bewertet. Sein Schluß lautet: "Es kann von keiner Trennung zwischen sprachlicher und nichtsprachlicher Bedeutung in sinnvoller Weise gesprochen werden" (S. 86).

42 Allerdings ist diese Auffassung durch sein Verständnis von der Funktion des Wörterbuchs bestimmt und vielleicht von daher nur auf lexikographische Fragestellungen beschränkt.

Es wird zu untersuchen sein, ob und gegebenenfalls wie die lexikographischen Werke in sprachliche und enzyklopädische Angaben differenzieren; doch zuvor noch einige Indizien und Argumente, die gegen die gemeinhin praktizierte Unterscheidung der beiden Bereiche sprechen.

7.3 Probleme der Wörterbuchbenutzer mit der bisherigen Unterscheidung

Als Hinweis darauf, daß die Unterscheidung in Bedeutung und Sachwissen zumindest nicht als solche empfunden wird, können die Probleme gewertet werden, die die Wörterbuchbenutzer mit der daraus resultierenden Differenzierung in Sprachwörterbücher einerseits und enzyklopädische Wörterbücher bzw. Enzyklopädien auf der anderen Seite haben. Obwohl die Erforschung der Benutzeraspekte lexikographischer Werke noch in den Anfängen steckt, hat G. Drosdowski (1977, 127 f.) anhand von Anfragen an die "Sprachberatungsstelle der Dudenredaktion" gezeigt, "daß Wörterbücher zu Rate gezogen werden, um Sachfragen zu klären, und andererseits Lexika und Enzyklopädien benutzt werden, um Sprachfragen zu klären. Viele Benutzer unterscheiden nicht zwischen Wörtern und Namen; Wörter sind für sie Namen, die unlöslich an den Sachen haften". Allerdings glaubt Drosdowski, daß der Fachmann "selbstverständlich" (S. 126 f.) zwischen Sprach- und Sachinformation unterscheiden könne und diese Trennung nur "von vielen Laien überhaupt nicht vollzogen wird" (S. 127). Sieben weitere Anfragen an die Dudenredaktion zitiert B. Schaeder (1981, 93 f.), die u.a. zeigen, daß in einem Sprachwörterbuch Eigennamen gesucht werden, und daß die Benutzer sprachliche und sachkundliche Aspekte nicht trennen. Da die genannten Arbeiten von G. Drosdowski und B. Schaeder gut zugänglich sind, wird auf eine Wiedergabe der Anfragen verzichtet. Ähnlich äußert sich F.J. Hausmann (1985d, 696) bei der Besprechung des zehnbändigen 'Grand dictionnaire encyclopédique Larousse' von 1982-85: "Bedenkt man, daß der Benutzer in vielen Fällen den Unterschied zwischen Wörterbuch und Enzyklopädie ohnehin nicht begreift, dann ist der GDEL durch seine umfassende Information gewiß das beste französische Nachschlagewerk,..."[43].

G. Kolde, der zwei Korpora von insgesamt etwa 790 Anfragen an den Sprachberatungsdienst der Gesellschaft für deutsche Sprache in Wiesbaden analysiert hat, hebt als erstes hervor, "daß zumindest manche Sprachbenutzer den Zuständigkeitsbereich eines Sprachberatungsdienstes und damit 'die Sprache' weiter fassen als der Linguist, etwa im Sinne einer Beschäftigung mit 'Wörtern und Sachen' oder (anders gesagt): diese beiden Bereiche nicht in der gleichen Weise trennen wie der Linguist" (1976, 26). So wollte jemand wissen, ob die Herkunft der Vorstellungen vom Osterhasen und den Ostereiern im christlichen oder germanisch-heidnischen Bereich zu suchen ist; jedoch würden Fragen dieser Art seltener veröffentlicht. Kolde unterscheidet davon einen zweiten Typ von Anfragen, die zunächst Sprachprobleme betreffen, "etwa die Zulässigkeit einer Wortneubildung. Dahinter aber verbirgt sich die Frage nach der 'Zulässigkeit' des mit diesem Wort Bezeichneten, eine Sachfrage wird als Sprachfrage verstanden oder fomuliert" (S. 26), z.B. daß durch die Bezeichnung *Ortsteil* (statt *Vorort*) für eine in eine Stadt oder einen größeren Ort eingemeindete Ortschaft von der Verwaltung zum Ausdruck gebracht wird, die bisherige Ortschaft solle ihre Eigenschaft als Gemeinde möglichst schnell verlieren. Mit weite-

---

43 W. Mentrup (1984, 160) beobachtet "ein starkes Übergewicht semantischer Probleme" bei den von ihm ausgewerteten Sprachanfragen, analysiert sie jedoch nicht genauer.

ren Beispielen begründet Kolde, "daß eine sprachliche Formulierung zumindest gelegentlich deswegen zum Widerspruch reizt, weil der jeweilige Gebrauchskontext konfliktträchtig ist, ein sozialer Konflikt sich also an einem Sprachproblem artikuliert" (S. 27). Diese Urteile treffen sich mit den Beobachtungen und Tests H.E. Wiegands, "daß Sprecher, wenn es um substantivische Prädikatoren geht, Sach- und Bedeutungswissen nicht trennen" (1985b, 51) oder "that when speakers talk about the meanings of expressions, they do not make a strict division between language and the extralinguistic world. ... It does, of course, mean that speakers do not differentiate strictly between purely semantic knowledge and encyclopedic knowledge" (1984c, 19; ähnlich bereits 1977a, 90)[44].

Von Überlegungen ausgehend, die den Inhalt der lexikographischen Definition betreffen, kommt Josette Rey-Debove (1969, 191) zu einem ähnlichen Schluß: "Le dictionnaire de langue, en tant qu'objet social, vit d'un malentendu. Ce qui intéresse la majorité des lecteurs n'est pas surtout le signe mais plutôt: (1) le contenu du mot qui est la définition de la chose[45]; (2) un repérage de la chose dans l'expérience du monde". Die Benutzer eines Wörterbuchs erwarten also eine Zuordnung der fraglichen Lemmata zur Realität, die nach Rey-Debove durch Definitionen und Beispiele enzyklopädischen Charakters hergestellt werden kann.

Wenn also die Benutzer in einem Wörterbuch Eigennamen und sachbezogene Informationen suchen, weist dies darauf hin, daß die so konzipierten Werke nicht völlig den Erwartungen ihrer Leser entsprechen. Man kann wie z.B. G. Drosdowski der Ansicht sein, das große Publikum verstehe die für den Fachmann klaren Distinktionen nicht[46], man kann aber auch zu dem Schluß kommen, die Unterscheidung in Sprach- und Sachwissen ist so nicht aufrechtzuerhalten, und folglich wären die Vorstellungen der Wörterbuchbenutzer keineswegs abwegig. Was die Eigennamen betrifft, ist die bisherige Praxis, nur die Ableitungen aufzunehmen (z.B. *ciceronianisch*), zumindest leicht widersprüchlich. Zudem hat die linguistisch-sprachphilosophische Diskussion um das Verhältnis von Gattungs- und Eigennamen bislang nicht zu einer zumindest weithin akzeptierten Entscheidung geführt, ob letztere nun Bedeutung haben oder nicht. Insofern deuten auch die Probleme der Wörterbuchbenutzer mit der herkömmlichen Unterscheidung darauf hin, daß sie so nicht zu rechtfertigen ist.

7.4. Zwei Stellungnahmen aus der theoretischen Linguistik

7.4.1 Die Argumente J. Haimans (1980) und (1982)

Die Frage der Unterscheidung von Enzyklopädie und Wörterbuch und damit der Annahme, "that knowledge of (semantics of) language - properly codified in a dictionary - is

---

[44] Dagegen wird in der Presentazione des 'Grande dizionario enciclopedico' von 1954 die Trennung in die vorliegende Enzyklopädie und ein geplantes Wörterbuch sowohl mit dem ansonsten größeren Umfang als auch damit motiviert, der Leser benutze beide Typen von Werken "per scopi diversi" (S. VII), ohne daß diese Annahme begründet würde.

[45] Es sei daran erinnert, daß unter *chose* hier "le signifié des mots ... substantifs" (1969, 188) zu verstehen ist.

[46] Aber auch dann kann sich, wenn auch 'nur' aus wirtschaftlichen Gründen, ein Handlungsbedarf ergeben, um ein Werk publikumsgerecht zu gestalten.

distinct from that knowledge of the real world which belongs in an encyclopedia alone", wurde von J. Haiman (1980, 330) auf die Ebene grundsätzlicher linguistischer Überlegungen gehoben. Zur Erörterung dieser "apparently uncontroversial distinction" (S. 330) geht er von dem auf den ersten Blick paradox anmutenden Vorschlag verschiedener Forscher (S. Kripke, G. Leech, Anna Wierzbicka) aus, in einem Wörterbuch Gattungsnamen wie z.B. *horse* nur als "animal called 'horse'" zu definieren (S. 300), denn "names of natural kinds are not defined, at least not in 'semantic' dictionaries" (J. Haiman 1982, 353); und Sprachwörterbücher sollen ja nur sprachliche Informationen enthalten.

Gegenüber der herkömmlichen Trennung der beiden Arten von Information, die zu der eben skizzierten, fast absurden Konsequenz führen kann, vertritt J. Haiman die These, "that the distinction between dictionaries and encyclopedias is not only one that is practically impossible to make, but one that is fundamentally misconceived. Dictionaries *are* encyclopedias" (1980, 331; Hervorhebung J.H.)[47]. Wenn auch hier nur die Unterscheidung von Wörterbuch und enzyklopädischem Wörterbuch thematisiert wird[48], sind Haimans Argumente darauf übertragbar[49], denn es geht im Grunde auch bei ihm um die Frage, ob die beiden Wissensbereiche voneinander getrennt werden können.

Haiman fächert seine These nach sechs verschiedenen Aspekten auf, von denen der letzte, nämlich die Frage, ob Eigennamen Bedeutung haben, hier nicht weiter erörtert werden soll, da in 7.1 festgestellt wurde, daß Eigennamen jedem Sprachwörterbuch hinzugefügt werden können, ohne die Struktur der übrigen Artikel zu affizieren.

Unter der irreführenden Überschrift "Linguistic and cultural knowledge" (S. 331) diskutiert Haiman als erstes die Möglichkeit einer rein innersprachlichen Semantik, wobei B. Russell, F. de Saussure, G. Leech, J. Lyons u.a. zu Wort kommen und die möglichen Auffindungsverfahren für semantische Merkmale einer kritischen Prüfung unterzogen werden[50]. Als Ergebnis verdient festgehalten zu werden: "Relations of sense in themselves are useless unless the words are at some point anchored in reality. Denotation is the basis of meaning" (1980, 336).

Gegen die prinzipielle Identifikation von Wörterbuch und Enzyklopädie schrieb W. Frawley im darauffolgenden Jahr eine "defense of the dictionary" (1981, 53), in der er manchmal etwas überspitzt und polemisch die sechs Argumente Haimans zerpflückte, worauf letzterer nur kurz antwortete (Haiman 1982). So kritisiert W. Frawley zu Recht die Gleichsetzung der "linguistic/cultural distinction" mit der "sense/reference ... distinction" (1981, 54) und greift dann unter Hintansetzung dieser Kritik darüber hinaus das Ergebnis dieses Kapitels an, nämlich "that meaning is ultimately referential" (S. 54). Frawley wirft Haiman vor, die alten seit einem halben Jahrhundert widerlegten Argumente des logischen Empirismus verwendet zu haben[51], und begründet seine Ablehnung mit folgendem Vergleich: "no amount of appeal to the origins of something will explain the present nature of something. I am not indistinct from my parents because I come from them, nor is mutton ultimately or 'really' sheep because sheep are its source" (S. 54). So eingängig die beiden

---

47 Gegen Ende von Kap. 7.2 wurde ein Zitat von H.E. Wiegand (1977a, 101) wiedergegeben, der einige Jahre vor J. Haiman aufgrund anderer Erwägungen keinen grundsätzlichen Unterschied zwischen Enzyklopädien und einsprachigen Wörterbüchern annahm.

48 Auf das Verhältnis zu Enzyklopädien wird erst in 7.5.2 kurz einzugehen sein.

49 Er bezeichnet enzyklopädische Wörterbücher als heterogen (1980, 333, Anm. 2).

50 Zur Merkmalanalyse ist in 7.4.2 in Zusammenhang mit U. Eco (1984) Stellung zu nehmen, wobei die Argumente Haimans einfließen werden.

51 Da weder Frawley (1981, 34) ins Detail geht - er begnügt sich mit drei Literaturangaben - noch Haiman (1982) darauf Bezug nimmt, kann hier auf eine Auseinandersetzung verzichtet werden.

Vergleiche auch sein mögen, die Argumentation Frawleys verfängt nicht, denn er läßt den kommunikativen Aspekt von Sprache völlig außer Betracht: In Sprechsituationen wird ständig mit Sprache auf die Dinge der Welt Bezug genommen. Daher ist auch Frawleys Hinweis auf Systeme rein intensionaler Semantik, wie sie z.B. bei der Künstlichen-Intelligenz-Forschung Verwendung finden, kein stichhaltiges Argument gegen die Fundierung von Bedeutung auf der Referenz, denn in Modellen muß immer von zahlreichen Faktoren abstrahiert werden.

Ein zweites, verschiedentlich vorgebrachtes Argument zur Trennung der beiden Typen lexikographischer Werke besagt: "Everyday phenomenological experience suggests one definition (which belongs in the dictionary), while scientific research suggests another (which belongs in the encyclopedia)" (1980, 337). Haiman gelangt nach Abwägung verschiedener linguistischer (L. Bloomfield, G. Leech, Anna Wierzbicka), philosophischer (J. Locke, S. Kripke) und wissenschaftstheoretischer (K. Popper) Positionen zu dem Schluß, daß der Unterschied zwischen Alltags- und wissenschaftlichem Wissen ein Unterschied "in degree of precision and generality" und nicht "a difference in kind" (1980, 339) ist[52].

Des weiteren wendet sich Haiman (1980, 339-42) zu Recht gegen die hier in 7.2 referierte Auffassung, eine redundante, überspezifische Definition sei enzyklopädisch, jedoch kann seine Argumentation nicht überzeugen. Er behauptet (S. 340), was essentiell an einer Bedeutung sei, schwanke von Individuum zu Individuum[53], ändere sich im Lauf der Zeit (S. 341) und sei kulturspezifisch bedingt (S. 341 f.). Hierzu bemerkt Frawley (S. 56) zutreffend, Haimans Beobachtungen setzten die Existenz der "distinction between essence and accidence" voraus. Doch ist die vermutete Unterscheidung als quantitative Abstufung der zur Bedeutungsbeschreibung herangezogenen Charakteristika zu interpretieren.

Die beiden letzten hier zu referierenden Argumente Haimans können nicht diskutiert werden, denn dies würde zu einer Erörterung der Grundlagen jeder sprachwissenschaftlichen Theorie bzw. zu einem Abriß der Philosophiegeschichte führen. Er bindet nämlich in seinem 4. Punkt die Unterscheidung von Wörterbuch und Enzyklopädie an "the separation of semantics and pragmatics as mutually independent domains" (1980, 343). Wie aus den bisherigen Ausführungen zu erwarten ist, sind für Haiman beide Bereiche faktisch nicht zu trennen[54] - ein weiteres Argument für seine These.

Schließlich stellt J. Haiman Kants Unterscheidung in analytische und synthetische Urteile in Frage, die bisher kaum zur Begründung der Differenzierung von Wörterbuch (analytische Urteile) und Enzyklopädie (synthetische Urteile) herangezogen worden waren. Da er selbst einschränkt "I may be attacking a straw man, and I do so only for the sake of completeness" (1980, 349), kann auf eine Erörterung verzichtet werden. Es sei nur auf H.E. Wiegand (1985b, 52-61) verwiesen, der dahingehend argumentiert, "daß die strenge Auffassung von analytischen Definitionen für nichtfachsprachliche Ausdrücke aufgegeben und durch eine weniger strenge ersetzt werden muß" (S. 58). Weiter geht U. Eco (1984, 73): "Undoubtedly, any encyclopedia-like semantics must blur the distinctions between analytic and synthetic properties".

---

52 W. Frawleys (1981, 56) Einwände sind nur sophistische Kunstgriffe, die sogar durch Weglassung einer Einschränkung in dem Zitat von S. 337 dieses in sein Gegenteil verkehren.

53 Bei einem zu großen Spielraum wäre Kommunikation nicht mehr möglich.

54 Der "nonlinguistic context is important not only for determining *appropriateness* (which is pragmatic), but also *meaningfulness* (which is semantic) and even grammaticality (which is syntactic)" (1980, 347).

Die von J. Haiman vorgebrachten Argumente sind voneinander unabhängig und kooperieren trotzdem zur Fundierung seiner These, zwischen Wörterbüchern und Enzyklopädien bestehe kein prinzipieller Unterschied. Ein Teil von Haimans Kritik an der Merkmaltheorie der Semantik floß in die grundsätzliche Auseinandersetzung U. Ecos (1984) ein, in der dieser die Unmöglichkeit der semantischen Merkmalanalyse und damit der lexikographischen, rein sprachlichen Definition im Wörterbuch zu erweisen suchte.

7.4.2 Die Unmöglichkeit der semantischen Merkmalanalyse: U. Eco (1984)

In einem Kapitel, das Autoren von Aristoteles über Thomas von Aquin bis H. Putnam und den Erforschern der Künstlichen Intelligenz zu Wort kommen läßt, versucht U. Eco "die Unhaltbarkeit jenes Modells der Definition zu beweisen, das von Genera, Spezies und Differentiae strukturiert wird, als Porphyrischer Baum bekannt ist ..." (1984/85, 77). Denn "so-called dictionaries are rather impoverished encyclopedias" (1984, 47) bzw. "the dictionary" is "in fact a *disguised encyclopedia*" (Hervorhebung U.E.).

Nachdem somit gleich zu Beginn die beiden interdependenten Ziele der Untersuchung fixiert sind, erörtert U. Eco ausgehend von L. Hjelmslevs bekannter Analyse der Wörter *ram, ewe, woman, man, stallion, mare* u.a. in Inhaltsfiguren oder Merkmale die Probleme eines derartigen Vorgehens. Zwei Gesichtspunkte bedürfen nach Ecos Ansicht noch der Klärung: "(a) how to determine the primitives and (b) how to guarantee that their number be an finite one (1984, 49). Zur Bestimmung der elementarsten semantischen Merkmale diskutiert er die von J. Haiman (1980, 334-36) erwogenen drei Möglichkeiten, denen er eine vierte an die Seite stellt (1984, 50 f.). Doch entweder fehlt ein Kriterium zur Bestimmung der einfachsten Merkmale (1984, 50, ad a) oder ihre Zahl kann nicht endlich sein (ad b und c) oder es ist nicht möglich, die Bedeutung der verwendeten Merkmale zu definieren (S. 51). Diese Urteile werden durch die Analyse einer Matrixdarstellung (S. 48) und zwei verschiedener Baumgraphen (S. 51 und 55) bestätigt, denn, sieht man von allen praktischen Problemen der semantischen Merkmalanalyse einmal ab, die verwendeten Merkmale können in einer Matrix und einem gerichteten Baumgraphen per definitionem nicht interpretiert werden (S. 57); sie sollen ja in der Regel als metasprachliche[55] Einheiten zur Bedeutungsbeschreibung objektsprachlicher Sememe dienen, eine Funktion, die sie im Prinzip nicht erfüllen können, da sie selbst nicht definiert sind[56]. Sollen die Merkmale jedoch definiert werden, "kann eine Theorie die Hierarchie der Merkmale normalerweise nicht aufrechterhalten und muß sie als ungeordnete Menge betrachten, d.h. sie muß ein kreuz-klassifikatorisches Kriterium anwenden ... . Und wenn der Baum nicht hierarchisch organisiert ist, hat man keine Gewähr mehr dafür, daß man es mit einer endlichen Anzahl von Merkmalen zu tun hat, wie wir demonstrierten" (1984/1985, 91 f.). Diesen grundsätzlichen Überlegungen und Ergebnissen, die hier nur als Resultat wiedergegeben werden konnten, kann beigepflichtet werden. Durch sie wird auch die manchmal ambivalente Haltung von Vertretern der semantischen Merkmalanalyse gegenüber der Frage nach dem Status der Merkmale (sprachlich vs. enzyklopädisch) verständlich. U. Eco hat somit den

---

[55] Versteht man die Merkmale als objektsprachliche Terme von Bedeutungspostulaten, wird auch dadurch nicht die Bedeutung der einzelnen Knoten bestimmbar (U. Eco 1984, 51f.).

[56] Eco sieht offensichtlich keine Möglichkeit, die benötigten Merkmale durch eine Analyse auf der nächsthöheren metasprachlichen Ebene zu gewinnen, da sich dieselben Probleme gleich wieder stellen. Sie ostensiv zu definieren, würde zum einen einen Rückgriff auf enzyklopädisches Wissen bedeuten, zum anderen würde ihre Zahl damit nicht finit bleiben (U.Eco 1984, 50, ad b).

Nachweis erbracht, daß die Idee eines rein semantischen Wörterbuchs prinzipiell zum Scheitern verurteilt ist. Die existierenden Wörterbücher können daher nur als "verarmte Enzyklopädien" (1984/1985, 78) angesehen werden.

Vor dem Hintergrund dieser prinzipiellen Klärung, führt U. Eco die Merkmalanalyse auf ihre Ursprünge zurück, die in der Kategorien- und Definitionslehre von Aristoteles und ihrer interpretierenden Weiterentwicklung durch Porphyrios (3. Jahrhundert n. Chr.) liegen. In einer gründlichen Analyse (1984, 57-68) der fünf von Porphyrios aufgelisteten Prädikabilien ("genus, species, differentia, property and accident", 1984, 59), mit denen die einzelnen Elemente der zehn Kategorien von Aristoteles (Substanz, Quantität, Qualität, Relation usw.) zu definieren sind, kommt Eco , der auch von Boethius angefangen weitere mittelalterliche Kommentare zu Porphyrios auswertet, zu dem Schluß, bereits im Mittelalter sei man davon abgekommen, bei den Prädikabilien eine hierarchische Ordnung vorzunehmen; sie wurden alle als gleichrangige Differentiae angesehen, die je nach Erkenntnisziel in unterschiedliche Rangordnungen gebracht werden können (Eco 1984, 67 mit einem Beispiel). Während bei Porphyrios die Idee eines Baumgraphen zur Klassifikation der Elemente der einzelnen Kategorien nur anklingt, wird er in der mittelalterlichen Tradition tatsächlich erstellt (Eco 1984, 61), wobei das Problem der Hierarchie noch deutlicher hervortritt. Wenn nun die zur Unterscheidung etwa verschiedener Substanzen (Milch, Perle, Tinte, Ebenholz, Mensch, Gott, Pferd etc.) herangezogenen Charakteristika alle gleichrangig sind, resultieren daraus die eben genannten unterschiedlichen Rangordnungen in Baumgraphen, die daher im Grunde weder hierarchisch noch gerichtet sind. Ferner bieten sie nicht die Gewähr, endlich zu sein, da auch nach Aristoteles die Zahl der Differentiae wohl "infinite, or at least indefinite, in number" ist (Eco 1984, 67). Folglich ist die Unmöglichkeit einer rein innersprachlichen Analyse der Bedeutung de facto systemimmanent bereits in den ältesten Theorieentwürfen vorgezeichnet, was sich allerdings erst im Lauf des Mittelalters herauskristallisiert hat und in der Folge wieder vergessen wurde, so daß U. Eco ganz zu Recht eingangs feststellt: "Porphyry is still alive in many semantic theories" (1984, 46). Der erste, theoretische Abschnitt und der zweite, historische konvergieren also in derselben Erkenntnis, die Eco wie folgt resümiert (1984, 68): "The tree of genera and species, the tree of substances, blows up in a dust of differentiae, in a turmoil of infinite accidents, in a nonhierarchical network of *qualia*. The dictionary is dissolved into a potentially unordered and unrestricted galaxy of pieces of world knowledge. The dictionary thus becomes an encyclopedia, because it was in fact *a disguised encyclopedia*" (Hervorhebungen U.E.).

Nachdem er also die fundamentale Identität von Wörterbuch und Enzyklopädie nachgewiesen hat, erörtert Eco (1984, 68-84) zur Ergänzung seines 1976 veröffentlichten Entwurfs eines "model of componential analysis in an encyclopedic format" (1984, 68 f.) einige neuere Ansätze (z.B. Scripts, Frames, Stereotypen), worauf, da es hier nur auf eine grundsätzliche Klärung ankommt, nicht eingegangen zu werden braucht. Abschließend bewertet Eco (1984, 84) die Enzyklopädie als "*regulative idea*; it is only on the basis of such a regulative idea that one is able actually to isolate a given portion of the social encyclopedia so far as it appears usefull in order to interpret certain portions of actual discourses (and texts)[57]. Such a notion of encyclopedia does not deny the existence of structured knowledge; it only suggests that such a knowledge cannot be recognized and organized as a global system; it

[57] Anhand eines konkreten Beispiels zeigt Eco, daß Sprecher ein auf die jeweilige Sprechsituation zugeschnittenes 'lokales' Wörterbuch herausfinden, "das sie benötigen, um ihre kommunikative Interaktion auf eine sichere Grundlage zu stellen. Der Erfolg der Interaktion wird schließlich beweisen, daß ihre Hypothese gut war" (1984/1985, 124).

provides only 'local' and transitory systems of knowledge, which can be contradicted by alternative and equally 'local' cultural organizations" (Hervorhebung U.E.). Wörterbücher sind nach den Ausführungen in diesem Kapitel zwar theoretisch nicht möglich, aber wörterbuchartige Darstellungen sind eine mögliche Realisierungsform derartiger 'lokaler' und 'temporärer' Systeme des Wissens, die als "suitable tools" (1984, 84) benutzt werden können.

Die von U. Eco vorgebrachten Argumente gegen die Möglichkeit einer prinzipiellen Unterscheidung von Wörterbuch und Enzyklopädie konvergieren mit den in 7.4.1 referierten Vorstellungen von J. Haiman (1980). Diese Übereinstimmung ist umso höher zu bewerten als jeder der beiden Forscher weitgehend unabhängig vom anderen[58] eine distinkte Zahl von Begründungen ins Feld führt. Ferner ist damit die Auffassung H.E. Wiegands vereinbar (vgl. 7.2), der keine strikte Trennung von Sprache und Welt annimmt. Demnach sind die in 7.3 angeführten Schwierigkeiten der Benutzer, die meist aus 'falschen' Erwartungen gegenüber dem Inhalt von Wörterbüchern resultieren, aus der künstlich vorgenommenen Trennung in die beiden Typen lexikographischer Werke zu erklären[59].

7.5 Der Unterschied zwischen Sprachwörterbuch und enzyklopädischem Wörterbuch

Nachdem die bisherige Erörterung der anstehenden Frage auf Grund von vielerlei theoretischen Überlegungen zu dem Ergebnis gelangt ist, daß sprachliche und enzyklopädische Information voneinander nicht abgegrenzt werden kann[60], soll noch von einer anderen Seite geprüft werden, ob der gemeinhin postulierten Unterscheidung in der Praxis eine ebenso klare Trennung in den Sprachwörterbüchern und enzyklopädischen Wörterbüchern entspricht. Wenn dies nicht der Fall ist, kann dieser Umstand als weiteres Indiz[61] dafür gewertet werden, daß die angenommene Differenzierung nicht existiert.

7.5.1 Vergleich von Artikeln in Sprachwörterbüchern und enzyklopädischen Wörterbüchern

Um ein Zufallsergebnis ausschließen zu können, werden Wörterbücher aus zwei Ländern ausgewertet; je zwei Sprachwörterbücher und zwei enzyklopädische Wörterbücher. Es müssen ganze Artikel herangezogen werden, damit der Umfang und die Verteilung der Information auf Definition, Beispiele, enzyklopädische Zusätze etc. bestimmt werden

---

58 Eco (1984, 49 f.) stützt sich zwar einmal auf eine Klassifikation von Haiman, setzt aber andere Akzente.

59 Ob und gegebenenfalls welche Auswirkungen diese Einschätzung der Typen lexikographischer Werke für die Bedeutungstheorie, für die strukturelle Semantik und für die Auffassung vom sprachlichen Zeichen hat, wird an anderer Stelle thematisiert werden.

60 Wenn bemerkt wurde, die Unterscheidung sei rein quantitativer Natur - ausführlichere Bedeutungsangaben könne man als enzyklopädisch bezeichnen -, so bedeutet dies, daß kein qualitativer Unterschied zwischen den beiden präsumtiven Typen besteht.

61 Es wurde bewußt nur von einem Indiz gesprochen und nicht etwa von einem Beweis, denn man könnte auch damit argumentieren, die vorhandenen Werke seien nicht fehlerfrei oder es existieren nur Werke, die Charakteristika beider Typen in unterschiedlicher Gewichtung aufweisen.

kann. Daher kann nur an einigen typischen Beispielen[62] geklärt werden, wodurch sich die angesprochenen Typen von Wörterbüchern letztendlich unterscheiden.

7.5.1.1 Französische Werke[63]

Die vier verglichenen französischen Wörterbücher bieten den Vorzug, in vier verschiedenen Verlagen erschienen zu sein und in etwa vergleichbaren Umfang[64] zu haben. Es handelt sich um:

Petit Robert. Dictionnaire alphabétique et analogique de la langue française, Paris (S.N.L.) 1967 u.ö. bis heute (1.970 S., 24 x 15 cm, 54.000 Einträge[65], nicht illustriertes Sprachwörterbuch, PR.)

Logos. Grand dictionnaire de la langue française, par J. Girodet, 3 Bde., Paris (Bordas) 1976 (24 x 17 cm, 3.113 S., "environ soixante mille mots, ... notre ouvrage est avant tout un dictionnaire général de la langue française actuelle. C'est pourquoi il ne contient ni noms propres ni études encyclopédiques systématiques" (Préface); nicht illustriert.)

Dictionnaire encyclopédique Larousse, Paris 1979 u.ö. (1.515 S., 28 x 23 cm, "72.117 articles, ... 450 dessins, 3.500 photos" (Titel), meist mehrfarbig, DEL.)

Dictionnaire Hachette. Langue. Encyclopédie. Noms propres, Paris 1980 (1.407 S., 28,5 x 21 cm, meist mehrfarbig mit Photos und Zeichnungen illustriert, DH.)

Vergleicht man die vier Werke anhand des Buchstabens *M* bis *maïs*, fällt zunächst die hohe Zahl von Eigennamen in den beiden enzyklopädischen Wörterbüchern auf[66] - in DH machen sie immerhin 175 von 344 Einträgen aus. Weiter ist zu bemerken, daß jedes der beiden enzyklopädischen Werke, durch ein graphisches Zeichen abgesetzt, wohl zufällig bei je sieben Lemmata weiterführende Sachinformationen bietet. Die entsprechenden Stichwörter sind im DEL *Machine-outil, Machine-transfert, Magnésium, Magnétisme, Main, Maire* und *Maïs*, im DH *macromolécule, maffia, magnésium, magnétisme, magnétohydrodynamique, main* und *maïs*, was zwei Listen mit bestimmten Gemeinsamkeiten ergibt[67]. Es ist in diesem Zusammenhang nicht der Ort, die Auswahl dieser Lemmata zu beurteilen, weshalb gleich untersucht werden kann, wie in den beiden enzyklopädischen Wörterbüchern die Information auf die zwei Abschnitte der Artikel verteilt wird. Von den in beiden Wer-

---

62 Es muß eingestanden werden, daß der Autor einen gewissen Spielraum hat zu entscheiden, was er als typisch ansieht. Durch die Auswertung mehrerer Beispiele wird jedoch ein objektives Ergebnis angestrebt.

63 Es wurden aus persönlicher Neigung französische und italienische Werke herangezogen; die Ergebnisse sind jedoch keinesfalls von der Wahl der Sprachen abhängig.

64 Umfangreichere mehrbändige Werke würden die Untersuchung nur komplizieren, aber nicht zu einem anderen Resultat führen.

65 Nach F.J. Hausmann (1977, 25).

66 Folglich registriert der PR *machiavel* nur unter der übertragenen Bedeutung 'homme d'Etat sans scrupule', kommt aber bei der etymologischen Angabe nicht darum herum, einige Worte über Machiavelli zu sagen.

67 Alle angeführten Lemmata sind sowohl im DH als auch im DEL enthalten.

ken enthaltenen Stichworten seien wegen ihrer Verständlichkeit und Kürze die Artikel zu *maïs* wiedergegeben:

MAÏS n. m. (mot esp.; d'une langue haïtienne). Céréale de la famille des graminacées, cultivée en Europe et en Amérique pour ses gros grains comestibles, riches en amidon.

maïs

F. Varin

■ Plante annuelle à haute tige, portant des fleurs femelles vers la base et des fleurs mâles vers le sommet, le maïs est soit coupé en vert pour ensilage ou consommation immédiate par le bétail, soit récolté en grains. Les grains des maïs cornés et dentés cultivés en France sont destinés à l'alimentation animale; les farines de maïs servent à la fabrication de galettes, de gâteaux, de pâtes ou de bouillies et également pour le bétail. Le maïs sucré est utilisé aux États-Unis pour l'alimentation humaine *(sweet corn)*.
La production mondiale de maïs est de l'ordre de 350 Mt. Les États-Unis demeurent, et de loin, le premier pays producteur avec un apport supérieur au tiers de ce chiffre, précédant la Chine (sans doute 35 Mt) et un groupe de producteurs moyens (Brésil, U.R.S.S., France, Afrique du Sud, Mexique, Argentine), qui en fournissent chacun entre 8 et 15 Mt.

DEL: *Maïs*

maïs [mais] n. m. Graminée *(Zea mays)* annuelle, à haute tige (2,50 m) et à grandes feuilles, cultivée pour son grain. – Esp. *maïs*, mot d'Haïti; 1519.
ENCYCL Les inflorescences mâles du maïs sont situées au sommet de la tige et les inflorescences femelles à l'aisselle des feuilles. Cette graminée, originaire d'Amérique du S., est maintenant cultivée dans tous les pays du monde grâce aux variétés hybrides adaptées aux divers climats. Son importance économique est considérable. Le maïs est utilisé comme plante alimentaire (épi, grains, farine, huile de table extraite des germes) et fourragère (épi ou coupé vert).

DH: *maïs*

Stellt man zunächst nur die in den Definitionen enthaltenen Angaben nebeneinander, lassen sich bestimmte Divergenzen beobachten:

DEL	DH
Botanische Klassifikation	
	annuelle
cultivée ... pour ses ... grains	cultivée pour son grain
comestibles	
gros grains	
riches en amidon	
en Europe et en Amérique	
+ Farbphoto mit sechs Maisstauden	à haute tige (2.50m)
	à grandes feuilles

Tabelle 8: Vergleich der Definition von *maïs* in zwei enzyklopädischen Wörterbüchern.

Die beiden Definitionen enthalten eine weitgehend identische botanische Klassifikation und darüber hinaus einen Hinweis auf den Verwendungszweck, wobei der Zusatz *comestible* nicht für alle Maisarten gilt, wie der DEL weiter unten selbst ausführt. Durch den Einsatz des ikonischen Mediums kann sich der DEL Angaben zum äußeren Aussehen ersparen, wobei das Photo präziser ist als *à grandes feuilles* und umgekehrt die genaue Größenangabe nicht aus dem Bild zu entnehmen wäre. Insgesamt aber enthält das Photo noch zahlreiche weitere Informationen, die ihm bei Bedarf entnommen werden können (z.B. Farbe der Maiskolben, ihre Relation zum Stengel, Form der Blätter, Dichte des Anbaus usw.). Ferner verweist die Definition des DH auf den einjährigen Wachstumsrhythmus, der DEL macht eine ungenaue Angabe zur Größe der Körner, eine unvollständige zu den Anbaugebieten (im enzyklopädischen Teil fügt der DEL selbst China hinzu) und eine richtige zum Gehalt an Stärke.

Von den drei nur in der Definition des DEL enthaltenen Angaben ist nur eine überhaupt im DH aufgeführt, nämlich der im enzykloädischen Teil enthaltene Hinweis auf die Verbreitung des Maisanbaus in der Welt. Umgekehrt taucht die nur in der Definition des DH genannte Einjährigkeit gleich zu Beginn des enzyklopädischen Teils des DEL auf.

Als Fazit dieses exemplarischen Vergleichs muß festgehalten werden, daß die Unterscheidung von Definition und enzyklopädischer Information in recht unterschiedlicher Weise gehandhabt wird, so daß nicht feststellbar ist, was die (sprachliche) Bedeutung von *maïs* ist[68]. Daher seien zum Vergleich die Artikel aus den beiden Sprachwörterbüchern hier wiedergegeben, damit festgestellt werden kann, welche Informationen sie zum Lemma *maïs* geben:

[68] In den enzyklopädischen Teilen wird über die Anordnung der weiblichen und männlichen Blüten (beide Werke), über die Herkunft (nur DH) und in unterschiedlicher Ausführlichkeit über die Verwendung von Mais zur Ernährung von Mensch und Tier informiert, ferner gibt der DEL einige Produktionszahlen.

maïs [mais] n. m. (espagnol *maís*, emprunté à une langue indigène d'Haïti, car cette plante est originaire d'Amérique centrale; on disait autrefois *blé de Turquie, d'Espagne, d'Italie*).

❶ Genre de plantes herbacées annuelles de la famille des graminacées (nom scientifique : *Zea mays*). Le *maïs* est une plante robuste, présentant deux sortes de fleurs, fleurs femelles en épi, à la base, et fleurs mâles en panicules, au sommet. Les grains servent à la nourriture des animaux. La farine (voir *polenta*) sert à confectionner des bouillies, des galettes. Les épis du maïs sucré (à grain ridé) sont mangés comme légume avant maturité. La plante entière sert de fourrage. La consommation exclusive de maïs produit une maladie par carence, la *pellagre*. — *(économie)* Originaire de l'Amérique centrale, le maïs fut introduit en Europe au XVIe siècle. Sa culture se répandit dans les pays méditerranéens, puis dans l'Asie des moussons. En raison de ses exigences en chaleur et en humidité, il est surtout cultivé dans les régions chaudes à pluies de printemps ou d'été, intermédiaires entre celles du riz et celles du blé. Les principaux États producteurs sont : les États-Unis (50 % de la production mondiale), l'U.R.S.S., le Brésil, le Mexique, l'Afrique du Sud, l'Argentine, l'Inde, la Roumanie, l'Italie. En France, on cultive le maïs surtout dans le Sud-Ouest (élevage de la volaille).

❷ Farine, bouillie faite avec les grains de cette plante (voir aussi *polenta* et *Maïzena*) : *le maïs joue un grand rôle dans la nourriture des Mexicains.* — Grains de maïs sucré servant à l'alimentation humaine (voir aussi *pop corn*) : *le « poulet Louisiane »* (plat américain) *se sert avec du maïs et une banane cuite.*

Logos: *maïs*

MAÏS [mais]. *n. m.* (*Maiz*, 1519; esp. *mais*, mot d'Haïti). Graminée à racines fibreuses, à tige droite, à larges feuilles lancéolées et dont les fruits sont des grains durs de la grosseur d'un pois, serrés sur un gros épi presque cylindrique. *Épi, « quenouille » de maïs. Plantation, champ de maïs. — Farine de maïs. Fleur de maïs.* V. **Maïzena**. *Utilisation du maïs dans l'alimentation humaine* (V. **Polenta**), *animale* (volailles, porcs), *comme matière première industrielle* (amidon, glucose, alcool). *Grains de maïs grillés, soufflés* (amér. « pop corn »). — Ellipt. *Bouillie, gâteau de maïs :* de farine de maïs.

PR: *maïs*

Das Ergebnis ist insofern überraschend, als der PR am genauesten von allen vier Wörterbüchern das Aussehen der Pflanze beschreibt, während Logos diesem Aspekt kaum Beachtung schenkt[69]. Der PR konkurriert mit seiner Sachbeschreibung praktisch mit dem Photo im DEL, erwähnt aber darüber hinaus die Wurzeln und gibt durch einen Vergleich die Größe der Körner an. Wie schon verschiedentlich in der metalexikographischen Literatur beobachtet, werden durch die Beispiele weitere Sachinformationen vermittelt: Mais wird auf Feldern angebaut, zu Mehl verarbeitet, wird für den menschlichen und tierischen Verzehr verwendet - DH, DEL und Logos sind in diesem Punkt genauer -, dient als Rohstoff zur Herstellung von Stärke etc., und die Körner können zu Popcorn verarbeitet werden.

Die beim PR in den Beispielen enthaltenen Angaben machen bei Logos den hauptsächlichen Teil des Artikels aus: Vgl. PR: "*Bouillie, Gâteau de maïs*: de farine de maïs" mit

[69] Jedoch beschreibt Logos die zwei Arten von Blüten am genauesten von den vier Wörterbüchern.

Logos: "La farine (...) sert a confectionner des boullies, des galettes". Da sowohl die als sprachliche Beispiele intendierten Syntagmen und Sätze als Äußerungen über Sachen verstanden werden können als auch die Sachbeschreibung aus Logos eine sprachliche Verwendungsweise von z.B. *farine (de maïs)* zeigt, besteht kein großer Unterschied zwischen den beiden Verfahren. Doch dürften bei der Auflistung sprachlicher Beispiele wie im PR mehr Gebrauchssituationen und typische Verwendungsweisen eines Wortes erfaßt werden. Logos enthält ferner in einem durch "-(*économie*)" abgetrennten zweiten Teil noch Angaben über Herkunft, Verbreitung und klimatische Bedingungen des Maisanbaus in der Welt, die man eher in den enzyklopädischen Wörterbüchern erwarten würde.

Da die beiden Sprachwörterbücher kein eindeutiges Bild vermitteln, was nun die Bedeutung von *maïs* ist, seien die Definitionen aus zwei weiteren Wörterbüchern hier angeführt. Der enzyklopädisch ausgerichtete 'Dictionnaire usuel illustré' von 1981 schreibt:

maïs [maïs], n. m. *(haïtien* mahis, *m. s.).* *Bot.* Plante monocotylédone *(Zea mays)* de la fam. des graminées, appelé aussi vulg. *blé de Turquie* ou *blé d'Espagne*, fournissant des graines alimentaires, des tiges fourragères, et susceptible de nombr.

épi de maïs

usages industriels, grâce à son amidon (textile, papeterie, chimie, colles, vernis, cuirs). *On le cultive sur une grande partie du globe mais partic. en Amérique du Nord qui domine largement le marché international (158 millions de t en 1976). En France, au S. de la Loire, en partic. dans le S.-O., le maïs est devenu depuis la Deuxième Guerre mondiale, un produit essentiel de la nouvelle agriculture. La production a atteint, en 1977, plus de 8 millions de t. 90% sont utilisés par les industries de l'alimentation animale (bétail, volaille), le reste allant aux usages industriels qui se sont diversifiés (féculerie, maïserie, huilerie, etc.).*

Der 'Dictionnaire du français vivant', ein Sprachwörterbuch von 1971 definiert dagegen wie folgt:

maïs [mais] *n. m.* (orig. caraïbe). Céréale originaire de l'Amérique du Sud et d'Amérique centrale, qui est consommée soit en grains, soit en farine dans l'alimentation humaine et animale.

Auch mit diesen Definitionen wird das Bild nicht klarer, so daß weiter offen bleibt, welche Angaben zur Beschreibung der Bedeutung von *maïs* erforderlich sind[70]. Nachdem bei den enzyklopädischen Wörterbüchern die Informationen in unterschiedlicher Weise zwischen Definition und Sachartikel verteilt waren und zudem ein Sprachwörterbuch (Logos) Angaben macht, die in den enzyklopädischen Wörterbüchern erst im zweiten, den Realien gewidmeten Teil erscheinen, erweist sich eine Trennung in Bedeutungs- und Sachbeschreibung als illusorisch.

Es stellt sich stattdessen die Frage welche Informationen jemand, der unter einem Lemma nachschlägt, erwartet. Bei allen sinnlich wahrnehmbaren Dingen ist folglich an erster Stelle ihre Identifizierung in der Welt zu ermöglichen, was durch eine relativ ausführliche Beschreibung (PR) oder ihre Abbildung (DEL) oder am besten durch eine Kombination beider Verfahren erfolgen kann. Damit der Benutzer das Wort in seinen Wissensbestand einbauen und sinnvoll verwenden kann, müssen im Fall von *maïs* Hinweise zur Verwendung und zur Verbreitung des Anbaus gegeben werden, deren Umfang und Detailliertheit je nach Intention der Herausgeber mehr oder weniger Raum einnehmen werden. Einer der Unterschiede zwischen enzyklopädischem und Sprachwörterbuch liegt darin, daß ersteres mehr und genauere derartige Informationen liefert, letzteres nur ein durchschnittliches Allgemeinwissen vermitteln will, worunter keineswegs etwas qualitativ Verschiedenes, etwa im Sinne einer sprachlichen Bedeutung verstanden werden kann.Da der Gebrauch eines Wortes sich nicht nur in außersprachlichen Situationen vollzieht, sondern gleichzeitig in syntaktischen Kontexten, benötigt der Benutzer ferner von der Aussprache angefangen das ganze Panorama grammatischer Angaben. Hierbei zeigt sich ein weiterer Unterschied zwischen den beiden Typen von Wörterbüchern: Sprachwörterbücher enthalten in der Regel[71] umfangreichere grammatische Angaben, Beispiele (auch in Form von Zitaten) und sonstige die Sprache betreffende Hinweise (z.B. Antonyme, Synonyme)[72] als enzyklopädische Wörterbücher, letztere dagegen mehr Sachinformationen. Aus Raumgründen müssen sich die Herausgeber im allgemeinen entscheiden, ob sie das Gewicht mehr auf Verständnis und Beherrschung der Sprache mit der Folge von weniger Sachwissen oder auf die Vermittlung von Sachwissen mit der Foge von weniger Angaben zur Sprache legen wollen, wobei wie gezeigt wurde, auch eine kurze Bedeutungsangabe sachbezogene Informationen enthält. Das Problem des verfügbaren Platzes wird noch durch die Aufnahme von Eigennamen in enzyklopädische Wörterbücher verschärft.

Dieser Befund soll noch an einem weiteren Beispiel überprüft werden, bei dem nur eines der beiden enzyklopädischen Wörterbücher zusätzliche Ausführungen macht. Die Artikel von *maire* lauten wie folgt, wobei nur die Bedeutung 'Bürgermeister' interessiert:

[70] Alle Werke mit Ausnahme des 'Dictionanaire du français vivant' geben eine botanische Klassifikation, mit der der Laie aber kaum etwas anfangen kann und die er wohl kaum sucht; doch der Übersetzter braucht den lateinischen Terminus.

[71] Daß dies vor allem bei mehrbändigen Werken nicht der Fall sein muß, hat F.J. Hausmann (1985d, 696) anhand des 'Grand dictionnaire encyclopédique Larousse' (1982-85) festgestellt.

[72] Die Frage nach der Funktion etymologischer Angaben soll hier nur erwähnt werden.

maire [mɛʀ] n. m. 1. Élu qui se trouve à la tête d'une commune. *Le maire de Paris. Madame le maire. Le maire est élu par les conseillers municipaux.* 2. *Maire du palais* : majordome qui, sous les derniers rois mérovingiens, détenait la réalité du pouvoir politique. – Lat. *maior*, V. majeur; adj., Xe. • **mairesse** [mɛʀɛs] n. f. Fam. Femme du maire. – XIIIe. • **mairie** [mɛʀi] n. f. 1. Fonction de maire. ▷ Temps pendant lequel on exerce cette fonction. 2. Administration municipale. ▷ Bureaux de cette administration; bâtiment qui les abrite. – XIIIe; var. *mairerie*, XIVe.

DH: *maire*

MAIRE n. m. (lat. *major*, plus grand). Premier officier municipal d'une commune. • *Maire du palais* (Hist.), dignitaire qui, vers la fin du VIe s., devient le chef de l'administration royale et qui, progressivement, et par le caractère héréditaire de sa charge, finit, au VIIIe s., par supplanter la royauté mérovingienne.

■ Les fonctions du maire sont doubles : il représente la commune et, à ce titre, prépare et exécute les délibérations du conseil municipal; il est agent du pouvoir central dans la commune et, à ce titre, est responsable de la publication et de l'exécution des lois et règlements, de l'état civil, du maintien de l'ordre, etc.

DEL: *Maire*

Die doppelte Funktion der französischen Bürgermeister wird nur im DEL und zwar im enzyklopädischen Teil erwähnt und erläutert. Dagegen beschreibt der DH im dritten Beispiel den Wahlmodus, der im DEL fehlt. Was macht also die Bedeutung von *maire* aus? Als kleinster gemeinsamer Nenner würde sich der jeweils erste Satz[73] der Definition anbieten. Wie verhalten sich dazu die beiden Sprachwörterbücher, deren Artikel folgen?

maire [mɛʀ] n. m. (latin *major* « plus grand »; cf. *maieur, majeur.* • N. B. : Ne pas confondre avec *mer*, ni avec *mère* 1 et *mère* 2).

❶ (histoire) *Maire du palais :* personnage qui, sous les derniers Mérovingiens (appelés « rois fainéants »), exerçait la direction des affaires du palais royal et, en fait, s'occupait de la majeure partie de l'administration civile et militaire : *d'abord lui-même maire du palais, Pépin le Bref abolit cette fonction en devenant roi (751).*

❷ *(aujourd'hui)* En France, le *maire* est le chef administratif, *élu* par le conseil municipal au scrutin secret, et dirigeant, avec son aide et sous son contrôle, les affaires de la commune (et, jusqu'en 1879, de chacun des *arrondissements* de Paris, dont le *maire* est aujourd'hui *nommé* par les autorités supérieures). Il est assisté, dans ses fonctions, par des *adjoints* en nombre variable. Il est en outre officier de l'état civil et possède des pouvoirs de police théoriquement assez étendus : *le maire de Nancy, de Toulouse.* — *Un député-maire, un sénateur-maire,* se dit d'un député, d'un sénateur qui est également maire de la principale ville de sa circonscription (ou de la grande ville qui comprend sa circonscription). • N. B. : *1)* On dit l'*adjoint au maire* et non l'*adjoint du maire.* — *2)* Le mot *maire* n'a pas de féminin (*mairesse* étant familier). On dit *Madame* (ou *Mademoiselle*) en s'adressant à une femme maire (tandis qu'on dit *Monsieur le Maire* en s'adressant à un maire). En parlant d'une femme maire, on dira *Madame le Maire de la commune de X...*, ou *Madame Une telle, maire* (de la commune) *de X...* — *(par analogie)* Désigne le principal magistrat administratif d'une commune, quand on parle d'un pays étranger (voir les termes spéciaux propres à certains pays : *bourgmestre, maieur; alcade; lord-maire...*). — (expression familière) *Passer devant le maire* ou *devant M. le Maire :* se marier.

Logos: *maire*

---

[73] Der DEL gibt durch *officier municipal* eine Präzision oder Restriktion.

MAIRE [mɛʀ]. *n. m.* (x^e, adj.; lat. *maior.* V. Majeur).
I. ♦ 1° (XIIe). Dans les « villes de commune » (ou communes jurées), Celui qui dirigeait le corps municipal. ♦ 2° (1789). Premier officier municipal élu par le conseil municipal, parmi ses membres, et qui est à la fois une autorité locale et l'agent du pouvoir central. *Le maire, premier magistrat de la commune. Monsieur le maire. L'écharpe du maire. Le maire de cette ville est une femme (Madame la mairesse* (vx), *madame le maire). Adjoint au maire.* — *Spécialt.* À Paris, Officier municipal nommé par décret et remplissant dans chaque arrondissement les fonctions municipales d'agent du pouvoir central. ◇ Loc. fam. *Être passé devant le maire, chez Monsieur le maire :* être légalement marié.
II. *Hist.* Sous les Mérovingiens, Intendant du palais (V. Majordome) qui détenait un important pouvoir politique. *Les maires du palais.*
◈ HOM. *Mer, mère* (1 et 2).

PR: *Maire*

Beide Werke erwähnen in der Definition die zweifache Funktion des Bürgermeisters und den Wahlmodus, wobei Logos durch *scrutin direct*, der PR durch *parmi ses membres* Präzisierungen geben, die im anderen Wörterbuch fehlen. Folglich sind bei diesem Beispiel nicht nur die Definitionen unterschiedlich genau, sondern Informationen, die in einem Werk als enzyklopädisch bezeichnet werden, bilden in den beiden Sprachwörterbüchern einen konstitutiven Teil der Definition. Daher kann auch hier nicht eine Differenzierung in Bedeutung und Sachwissen vorgenommen werden, sondern es handelt sich um mehr oder weniger Auskünfte zu der mit *maire* bezeichneten Sache bzw. Funktion im öffentlichen Leben. Sowohl einer der oben als kleinster gemeinsamer Nenner bezeichneten Sätze als auch der ganze Artikel im DEL sind mögliche Beschreibungen dieser Funktion, ohne daß man sagen könnte, eine bestimmte würde nur die sprachlich relevanten Merkmale von *maire* enthalten.

Den bisher analysierten Beispielen könnte entgegengehalten werden, sie beträfen zu sehr die Realien wie *maïs* oder die Terminologie wie *maire*. Obgleich in dieser Arbeit ein besonderer Status von Terminologien in Abrede gestellt worden war, seien doch noch die Artikel zu einem weiteren Lemma verglichen.

maintenir [mɛ̃t(ə)niʀ] v. tr. [39] 1. Tenir ferme et fixe. *Cette barre maintient la charpente.* 2. Conserver dans le même état; garder, défendre. *Maintenir la température constante. Maintenir l'ordre public.* ▷ V. pron. Demeurer dans le même état. *Sa santé se maintient.* 3. Affirmer, soutenir. *Je maintiens que cela est vrai.* – Lat. pop. **manutenire*, « tenir avec la main »; « protéger, défendre », v. 1132. ● **maintenance** [mɛ̃tnɑ̃s] n. f. TECH Ensemble des opérations qui permettent de

DH: *maintenir*

MAINTENIR v. t. (lat. *manutenere*) [conj. 16]. Tenir fixe, en état de stabilité : *poutre qui maintient la charpente.* ‖ Empêcher de remuer, d'avancer : *maintenir les gens à distance.* ‖ Conserver dans le même état, entretenir : *maintenir les lois existantes.* ‖ Affirmer avec force, soutenir : *je maintiens que cela est vrai.* ◆ **se maintenir** v. pr. Rester dans le même état, dans la même situation.

DEL: *Maintenir*

Bei dem Verb (gegenüber den beiden eben behandelten Substantiven) *maintenir*, das zu keinen sachkundlichen Ausführungen Anlaß gibt, verzeichnen die beiden enzyklopädischen Wörterbücher inklusive der reflexiven Verwendung drei (DH) bzw. vier (DEL) Bedeutungen, die sie in ähnlicher Weise paraphrasieren und durch je ein sprachliches Beispiel - nur der DH gibt zur zweiten Bedeutung zwei Beispiele - veranschaulichen. Demgegenüber sind die Artikel in den beiden Sprachwörterbüchern bedeutend länger:

MAINTENIR [mɛ̃tniʀ]. *v. tr.;* conjug. *tenir.* V. Venir (v. 1132, « protéger, défendre »; lat. pop. **manutenire* « tenir avec la main »). ♦ 1° (XIIe). Conserver dans le même état; faire ou laisser durer. V. **Entretenir, garder, tenir.** *Maintenir l'ordre, la paix. Maintenir un état de fait, le statu quo.* V. **Continuer.** *Maintenir sa candidature, ses prétentions. Maintenir un ordre.* V. **Confirmer.** « *Je dois maintenir la température au même degré de fraîcheur* » (BALZ.). *Maintenir une loi en vigueur, un malade en vie.* ♦ 2° (1306). *Spécialt.* Affirmer avec constance, fermeté. V. **Certifier, soutenir.** *Je l'ai dit et je le maintiens. Maintenez-vous vos accusations?* V. **Répéter.** ♦ 3° (1690). Tenir dans une même position. V. **Attacher, fixer, retenir, soutenir, tenir.** *La clef de voûte maintient l'édifice. Maintenir fixe, stable, en équilibre.* — *Maintenir qqn,* le tenir solidement. V. **Immobiliser.** *Maintenir son cheval.* V. **Contenir.** « *Cette femme dont la petite main gantée maintenait la bête essoufflée* » (CHARDONNE). ♦ 4° SE MAINTENIR. *v. pron.* Rester dans le même état. *Malade, vieillard qui se maintient.* V. **Défendre (se).** *Certaines institutions se maintiennent pendant des siècles.* — Impers. et pop. *Alors, ça va? ça se maintient?* — (Avec un complément de manière ou un attribut) V. **Durer, rester, subsister.** « *Tâchons de nous maintenir dans la voie moyenne* » (STE-BEUVE). ◇ ANT. *Changer, modifier, annuler; supprimer. Cesser.*

PR: *Maintenir*

maintenir [mɛ̃tniʀ] v. t. (bas latin *manutenire;* formé de *manu* « par la main, avec la main », et de *tenire,* forme tardive correspondant au classique *tenere* « tenir »). Se conjugue comme *tenir.*

❶ Conserver dans un état déterminé : *maintenir l'air d'un appartement à une température constante; traité de paix qui maintient les frontières antérieures au conflit.* — (spécialement) *Maintenir quelqu'un dans ses fonctions.*

❷ *(spécialement)* Soutenir dans une position donnée : *le coffrage maintient les parois d'une galerie de mine; oreiller qui maintient la tête assez haute.*

❸ Tenir solidement, maîtriser, avoir, tenir bien en main : *maintenir quelqu'un qui se débat; un bon cavalier doit maintenir sa monture.*

❹ *(figuré)* Affirmer avec force en s'opposant à un contradicteur : *Orgon maintient que Tartuffe est un saint homme; maintenez-vous cette accusation?*

❺ (allusion historique) *Je maintiendrai :* devise des Pays-Bas, empruntée à la formule finale de l'« Apologie » de Guillaume le Taciturne (1580), inspirée par lui, mais rédigée en français par le pasteur Loyseleur de Villiers.

◆ **se maintenir** v. pron. 1° Réussir à demeurer dans la même position ou dans le même état : *le funambule se maintient en équilibre grâce à son balancier; ce dictateur se maintient au pouvoir en s'appuyant sur l'armée.* — 2° *(par extension)* Continuer d'exister, de se produire : *la chaleur se maintient depuis plusieurs jours; l'intérêt de ce roman se maintient jusqu'à la dernière page.* — 3° (familier) *Se maintenir,* continuer d'être en bonne santé, en bonne condition : *Comment allez-vous? -Je me maintiens.*

Logos: *maintenir*

Dabei unterscheiden der PR und der DH in gleicher Weise drei Bedeutungen, die sie fast mit identischen Worten definieren: So entspricht beispielsweise die Bedeutungsangabe zu Nummer 1 beim PR ("Conserver dans le même état; faire ou laisser durer") weitgehend der Nummer 2 des DH ("Conserver dans le même état; garder, défendre"), wobei die sprachlichen Beispiele des DH eine Teilmenge der beim PR aufgeführten sind. Der

Unterschied der beiden Werke liegt demnach auf den ersten Blick nicht in der Abgrenzung und Definition der Bedeutungen bzw. der mit *maintenir* ausführbaren Handlungen, sondern in der Zahl der sprachlichen Beispiele und Verweise auf verwandte Wörter sowie in der ausführlicheren Analyse des reflexiven Verbs im PR. Wenn dagegen Logos in anderer Weise als der DEL (und ohne die historische Anspielung in Nr. 5) in vier Bedeutungen differenziert, entsprechen drei davon den eben beim PR und DH unterschiedenen; die vierte (= Nr. 3 in Logos) war beim PR als Untergruppe von Nr. 3 durch einen Gedankenstrich abgetrennt worden und wird in beiden Wörterbüchern mit den Worten *tenir solidement* (plus weiteren Periphrasen in Logos) umschrieben.

Folglich entsprechen sich die Bedeutungsangaben in beiden Typen von Werken weitgehend, wobei die Sprachwörterbücher aber oft feinere Differenzierungen (wie auch bei *se maintenir*) vornehmen. Es findet also auch bei diesem Wort ohne augenscheinliche enzyklopädische Implikationen im Prinzip die gleiche graduelle Abstufung bei der Beschreibung der Bedeutung statt, wie bei den zwei oben behandelten Fällen, die einen viel direkteren Bezug zur Realität haben. So ist es für den künftigen Gebrauch des Wortes durch den Wörterbuchbenutzer durchaus von Belang, ob er als eine Bedeutung von *maintenir* nur "Affirmer, soutenir" (DH) oder "Affirmer avec constance, fermeté" (PR) oder "Affirmer avec force en s'opposant à un contradicteur" (Logos) lernen kann. Eine Trennung in sprachliche und enzyklopädische Angaben erscheint hier als noch weniger angebracht als in den anderen zwei Beispielen.

Doch paradoxerweise evozieren die zahlreichen Beispiele der beiden Sprachwörterbücher so viele außersprachliche Situationen - z.B. maintenir la paix, ~ sa canditature, ~ un malade en vie, ~ quelqu'un dans ses fonctions -, daß man geneigt sein könnte anzunehmen, sie seien enzyklopädischer als die Werke, die dieses Attribut im Titel tragen. Doch handelt es sich natürlich nur um eine rein quantitativ unterschiedliche Gewichtung und nicht um einen qualitativen Unterschied.

Somit haben die drei analysierten Beispiele aus vier französischen Wörterbüchern ein starkes Indiz dafür geliefert, daß eine Trennung in sprachliche und enzyklopädische Bedeutungsangaben nicht durchführbar ist, und damit die Auffassung gestützt, nach der eine derartige Differenzierung nicht existiert.

7.5.1.2 Italienische Werke

Um zu prüfen, ob das an den französischen Wörterbüchern gewonnene Ergebnis eventuell nur für eine nationale Tradition typisch ist, seien von zwei der drei Lemmata die entsprechenden Artikel der italienischen Stichwörter in ebenfalls vier Wörterbüchern von ebensoviel verschiedenen Verlagen unter denselben Gesichtspunkten analysiert. Die Wahl der im Prinzip gleichbedeutenden Stichwörter bietet den Vorzug, daß die Untersuchung kürzer ausfallen kann - die wesentlichen Fakten zum Maisanbau sind schon bekannt -, und die Ergebnisse unmittelbar verglichen werden können. Im Unterschied zum Französischen gibt es kein modernes italienisches Wörterbuch, das die enzyklopädische Information vom restlichen Artikel abtrennen würde, jedoch liegt eine stärkere Betonung dieses Aspekts in verschiedenen Werken vor. Es werden herangezogen:

G. Devoto/G.C. Oli, Dizionario della lingua italiana, Firenze (Le Monnier) 1979 (2.712 S., 24 x 17 cm, mit Strichzeichnungen illustriert)

Il nuovo Zingarelli. Vocabolario della lingua italiana, Bologna (Zanichelli) 1983[11] (2.256 S., 24 x 17 cm, Strichzeichnungen)

E. de Felice/A. Duro, Dizionario della lingua e della civiltà italiana contemporanea, Palermo (Palumbo) [1975] (2.221 S., 23,5 x 17 cm, nicht illustriert)

Dizionario enciclopedico de Agostini, vol. I: Lingua, vol. II: Arti, scienze, storia, geografia, Novara 1981 (1.306, 1.305 S., 23 x 16 cm, illustriert)

Die beiden ersten Werke sind eher den Sprachwörterbüchern, die zwei anderen sind vom Titel her wohl den enzyklopädischen Wörterbüchern zuzurechnen. Schlägt sich diese Klassifikation auch in der Behandlung der drei fraglichen Lemmata nieder? Zunächst die Artikel zum Lemma *mais*:

MAIS (o *granturco*)
1) ramo con foglie e infiorescenza;
2) pannocchia

màis (arc. *màiz*) s. m. Pianta erbacea delle Graminacee (*Zea mays*), detta anche *granturco*, originaria del Messico; ha fusto con foglie lunghe e larghe a margini scabri, frutti (o chicchi) a cariosside lucida, dura, bianca, gialla o violetta secondo le varietà, inseriti in grosse spighe dette pannocchie. [dallo sp. *maiz*, di origine aruaca].

Devoto/Oli: *mais*

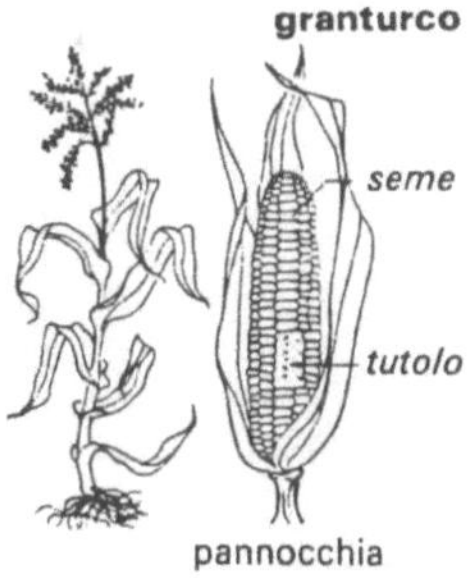

©Grantùrco /gran'turko/ o *gran turco*, *granoturco* /grano'turko/, *grano turco* [comp. di *gran(o)* e di *turco* nel senso di 'esotico, forestiero'] s. m. (pl. *-chi*) **1** Graminacea con fusto robusto, infiorescenze maschili in pannocchia terminale e femminili in spighe all'ascella delle foglie avviluppate da brattee, i cui frutti gialli sono commestibili e utili come foraggio (*Zea mays*). SIN. Frumentone, granone, mais. **2** La cariosside di tale pianta, dalla quale, per macinazione, si ottiene una farina usata nell'alimentazione: *farina di —*; *pane di —*.

Zingarelli: *Granturco*

Obgleich Devoto/Oli eine sehr klare Zeichnung beigeben, beschreiben sie relativ ausführlich (in sechs der neun Zeilen) das Aussehen der Blätter und Körner sowie die Anordnung letzterer; trotzdem fehlen z.B. noch Angaben zur Größe der Pflanze und der Körner. Neben der botanischen Klassifikation erwähnen sie noch die Herkunft des Mais.

Dagegen erwähnt Zingarelli[74] von den äußerlichen Aspekten nur den "fusto robusto", was angesichts der etwas wackeligen Zeichnung durchaus angebracht ist, beschreibt als einziges der vier französichen und italienischen Sprachwörterbücher die Verteilung der weiblichen und männlichen Blüten und bringt die Verwendung der Maiskörner zur Sprache.

Beiden Werken gemeinsam ist nur der Hinweis auf das jeweils andere Lexem, die botanische Einordnung als "Graminacea", ferner das Vorhandensein von "fusto, frutti gialli, pannocchie" und "infiorescenze" - was ohne die Illustration keinesfalls genügen würde, um damit Mais zu identifizieren.

Die beiden eher enzyklopädisch orientierten Wörterbücher verzeichnen zu diesem Stichwort:

màis m. – **1.** Pianta annua delle graminacee (lat. scient. *Zea mais*), importata dall'America centrale da C. Colombo e largamente coltivata nelle zone calde e temperate di tutto il mondo, per foraggi, per i granelli, usati nell'alimentazione umana e del bestiame e per la produzione di alcol, e per i germi, da cui si ricava per spremitura un olio vegetale di uso alimentare e industriale (*olio di mais*). Caratteristiche generali: fusto alto e robusto, con lunghe foglie; fiori femminili riuniti in infiorescenze a spiga chiamate *pannocchie*, avvolte da brattee, chiamate collettivamente *cartoccio*; frutti di colore bianco, giallo o arancione, rosso o bruno, disposti in file verticali lungo l'asse delle pannocchie. **2.** Il frutto della pianta di mais, costituito da cariossidi tondeggianti (chiamate com. *granelli* o *chicchi*): *farina di mais*, o *farina gialla*. [ ] Di fronte a *mais*, che è il termine specifico in botanica e in agraria, coesistono i sinon. *granturco*, *granóne* e *frumentóne*, che sono le sole forme comuni nell'uso non scient. o tecnico.

Felice/Duro: *mais*

---

74 Die unterschiedliche Wahl des Lemmas hängt davon ab, ob der mehr fach- oder der mehr umgangssprachliche Ausdruck gewählt wurde.

màis sm. fam. graminacee; pianta erbacea annua, originaria dell'America tropicale, coltivata anche in Italia e in genere nelle zone temperate; fusto eretto, a culmo; foglie parallelinervie, inguainanti; monoica, con fiori staminiferi riuniti a pannocchia o a grappolo in cima al fusto; fiori pistilliferi a spiga, all'ascella delle foglie, avvolti da grandi brattee dalle quali fuoriescono stimmi a pennacchio; frutti a cariossidi, attaccate al tutolo, grosse, lucide, gialle o bianche, secondo la varietà, usate per alimento, per distillare alcol etilico e per estrarre olio di impiego industriale; foglie adoperate come foraggio; tutoli per concime e combustibile; brattee per cellulosa. Granoturco.

Mais.

grantùrco (-chi) sm. fam. graminacee; pianta erbacea annua, di origine americana, importantissima per l'alimentazione, coltivata nelle regioni tropicali e subtropicali; culmo nodoso, robusto, solitario, con midollo bianco, dolciastro; foglie alterne, grandi, lineari-acuminate, parallelinervie, con margine finemente dentato, guainanti, usate per l'alimentazione del bestiame; fiori maschili in racemi composti, alla sommità del fusto; i femminili a spighette, raggruppati su un asse ingrossato, avvolti da brattee a cariosside, gialli, bianchi o violacei esternamente, bianchi e farinosi internamente; di forma arrotondata e acuminata, aderenti all'asse carnoso (detto *tutulo*); radici robuste e radici avventizie che partono dai nodi inferiori del caule; se ne coltivano diverse varietà: *g. primaverile, agostano, quarantino,* ecc. Granoturco. Frumentone. Mais. Meliga. Melgone. Sorgoturco.

Agostini: *mais* Agostini: *granturco*

Felice/Duro informieren in einem ersten Teil über die botanische Einordnung, Herkunft, Verbreitung und Verwendung zur menschlichen und tierischen Ernährung sowie der Herstellung von Alkohol und Öl. Diese Angaben sind präziser als die von Devoto/Oli und Zingarelli zusammengenommen. Darauf folgen sechs Zeilen mit einer Beschreibung der Maispflanze, wobei gegenüber den beiden eben erwähnten Werken teils Präzisierungen vorgenommen werden (z.B. "fusto alto", was aber auch noch vage ist, "frutti ... disposti in file verticali lungo l'asse delle pannocchie" - dies kann jedoch auch den beiden Zeichnungen entnommen werden), teils ein Informationsdefizit zu konstatieren ist: Die Blätter werden in Devoto/Oli nicht nur als "lunghe", sondern mit "margini scabri" charakterisiert, gegenüber Zingarelli fehlt die Erwähnung des männlichen Blütenstandes.

Wie bei den französischen Wörterbüchern zeigen sich hier die zwei Bereiche, über die auch die italienischen Werke in unterschiedlicher Gewichtung informieren, nämlich das Aussehen der mit *mais* bezeichneten Sache und Herkunft, Verbreitung, Verwendung, ohne daß man sagen könnte, der eine Bereich sei irgendwie sprachlicher als der andere[75].

De Agostini enthält wohl versehentlich zwei Artikel, wobei der zum Lemma *mais* von einer informativen Zeichnung begleitet ist. In beiden liegt das Schwergewicht auf der Beschreibung der Pflanze und ihrer Teile, wobei der Artikel *granturco* ausführlicher ist. So

[75] Natürlich muß man zunächst die mit dem Lemma bezeichnete Sache identifiziert haben, bevor man sich über ihre Herkunft und Verwendung sinnvollerweise informieren kann. Insofern ist der Aufbau des Artikels in Felice/Duro kontraintuitiv.

wird zu den Blättern unter *mais* "foglie parallelinervie, inguainanti" bemerkt, unter *granturco* jedoch "foglie alterne, grandi, lineari-acuminate, parallelinervie, con margine finemente dentato, guainanti". Ob eine solche Fülle botanischer Termini die Verständlichkeit erhöht, ist zu bezweifeln. Dieses Beispiel zeigt ferner, daß eine derartige Beschreibung potentiell unendlich ist, da immer neue Aspekte in den Blick kommen können. Folglich muß im Hinblick auf das durchschnittliche Informationsbedürfnis der Benutzer eine Auswahl getroffen werden.

Da bezüglich der sonstigen Angaben de Agostini nicht von den anderen Werken abweicht, ist abschließend festzuhalten, daß die von Devoto/Oli und Zingarelli, also den beiden Sprachwörterbüchern gemachten Angaben eine Teilmenge der in den zwei anderen Werken enthaltenen Informationen darstellen. Hierbei konnte nur beobachtet werden, daß die Sprachwörterbücher durch die Illustration und in einem Fall zusätzlich durch die Beschreibung dem äußeren Erscheinungsbild höhere Beachtung schenken als den anderen Aspekten, die in den enzyklopädischen Wörterbüchern (fast) gleichrangig zu Wort kommen[76]. Diese unterschiedliche Akzentuierung ist darauf zurückzuführen, daß die Artikel der letztgenannten Werke zwei- bis dreimal so lang wie die in den Sprachwörterbüchern sind, so daß neben der Beschreibung des Gegenstandes noch Raum ist für Angaben zu seiner Herkunft und Verwendung.

Da das erste analysierte Beispiel aus den italienischen Wörterbüchern zu denselben Schlußfolgerungen Anlaß bot, wie sie bei den französischen Fällen zu ziehen waren, sei gleich das Äquivalent zu fr. *maintenir* untersucht[77], um zu prüfen, wodurch sich die vier italienischen Werke unterscheiden.

Mantenére /mante'nere/ [lat. *mănu tenēre* 'tenere con la mano'] **A** v. tr. (coniug. come *tenere*) **1** Far continuare a essere, far durare: — *in piedi un edificio pericolante*; — *in vita un malato*; *non saper — la disciplina*; *il freddo mantiene intatti i cibi* | Conservare: — *il proprio posto, i collegamenti, l'amicizia.* **2** Fornire il necessario per vivere: — *la famiglia, la moglie* | — *una donna*, averla come amante | — *un giornale*, finanziarlo | — *buona tavola*, trattarsi bene. **3** Provvedere con mezzi adeguati al funzionamento, alla durata di q.c.: — *una scuola, un istituto, un ospedale* | Governare: — *il regno, la repubblica.* **4** Proteggere, difendere: — *le posizioni, il dominio, il campo* | Affermare, sostenere: — *le proprie ragioni.* **5** Mandare a effetto, tener fede a: — *la parola data, gli impegni assunti.* **B** v. rifl. **1** Alimentarsi, sostentarsi: *lavorare per mantenersi*; *non avere da mantenersi.* **2** Tenersi, serbarsi: *mantenersi in forze*; *si mantengono al governo con raggiri e pastette* | † *Mantenersi sopra sé*, governarsi da solo. **C** v. intr. pron. • Conservarsi, rimanere: *il cambio del dollaro si mantiene alto*; *la bella stagione non si manterrà a lungo.*

Zingarelli: *Mantenere*

---

[76] Nur 'Il novissimo Melzi' (1973[36]) läßt *granturco* sowohl in der 'Parte linguistica' als auch in der 'Parte scientifica' erscheinen: Im sprachlichen Teil werden fünf Synonyme, eine kurze Angabe zur Verbreitung in der "zona temperata" und der Verwendung des Mehles (3 Zeilen) von einer kleinen Zeichnung mit drei Bezeichnungen begleitet. In Teil 2 wird über Herkunft und Geschichte des Maisanbaus in Italien (6 Zeilen) und die Produktion von Mais in der Welt (5 Zeilen) berichtet. Dies ist eine durchaus sinnvolle Gliederung, wenngleich etwa die Verwendung des Mehles auch in Teil 2 oder die Herkunft auch in Teil 1 untergebracht werden könnten, wie es von französischen Werken auch praktiziert wird.

[77] Die Prüfung der Artikel zu *sindaco* führte zu den gleichen Ergebnissen wie bei *maire*.

mantenére v. tr. (coniugato come *tenére*). **1.** Verbo che alla nozione elementare di conservazione permette di affiancare l'idea di costanza, convenienza, vantaggio, coerenza: *che cosa è principato, di quale spezie sono, come e' si acquistono, come e' si mantengono, perché e' si perdono* (Machiavelli); *m. la nave al largo*; *m. la salute e la freschezza giovanile*; *m. caldo il tè*; *m. le proprie posizioni*; *m. una promessa, un proposito*; anche **medio intr.**: *mantenersi libero da ogni obbligo*; *mantenersi in salute*; *il tempo si mantiene al bello.* **2.** Quando tale idea non sia giustificata da propositi legittimi e funzionali (p. es. *il marito deve m. la moglie*; *m. il figlio agli studi*; *m. una scuola, un ospizio*), è suscettibile di accezioni moralmente sfavorevoli, in quanto si determina come comportamento vizioso o sfruttamento continuato (*m. una donna*; *è un marito che si fa m. dalla moglie*). [lat. *manu tenēre*].

Devoto/Oli: *mantenere*

Die beiden Sprachwörterbücher verhalten sich bei der Darstellung des Gebrauchs von *mantenere* konträr: Während Zingarelli fünf Bedeutungen (ohne *mantenersi*) unterscheidet und mit 23 Beispielen belegt, führen Devoto/Oli nur zwei allgemeinere Bedeutungen mit zwölf Beispielen an, von denen eines (*mantenere la nave al largo*) bei Zingarelli keine Entsprechung findet, obwohl er weitere Unterteilungen bei vier der Bedeutungen vornimmt. Umgekehrt sind nicht alle in Zingarelli aufgeführten Verwendungsmöglichkeiten in Devoto/Oli enthalten - so fehlt z.B. *mantenere il regno* -, obgleich der Ansatz weitgefaßter Bedeutungen vieles abdeckt.

mantenére [per le forme, v. *tenére*] tr. – **1. a.** Tenere a lungo, tenere in modo che non venga meno o si alteri o diventi meno efficiente (è meno com. di *conservare*, e si usa soprattutto con compl. con i quali si usa anche *tenére*): *m. l'ordine, la disciplina*; *m. rapporti, il contatto con qualcuno*. Tenere a lungo, continuare a tenere, non perdere: *m. le proprie posizioni, m. il proprio punto di vista*; *m. il prestigio*. **b.** Continuare a tenere nella condizione specificata dall'attributo, dal predicato o dal complemento; *m. in casa una temperatura costante*; *m. agile il corpo*; *m. vivo un ricordo*; *m. in vita un malato, un'istituzione*. Nel rifl., *mantenersi buono, in forze*; per lo più con valore intr.: *mantenersi giovane, sano*; *ha i suoi anni, ma si mantiene ancóra bene*; *il tempo si è mantenuto sereno per tutto il giorno* (anche assol.: *il tempo è buono: speriamo che si mantenga*); *i cibi si mantengono più a lungo se tenuti in frigorifero*. **2.** Tener fede a un obbligo assunto, adempiere traducendo in realtà quanto si è promesso a parole: *m. un impegno, i propri impegni*; *m. una promessa, un giuramento, la parola data*; *non prometto mai ciò che non sono sicuro di poter m.* **3.** Fornire i mezzi di vita, provvedere al sostentamento di una o più persone: *ha una famiglia numerosa da m.*; *non ha voglia di lavorare e si fa m. dalla moglie*; *m. una donna*, avere una relazione con lei, fornendole i mezzi per vivere o passandole abitualmente del denaro (analogamente: *si fa m. da un uomo sposato*; e di un uomo: *non si vergogna di farsi m. da una donna?*). ☛ Part. pass. MANTENUTO, usato anche come sost., spec. al femm., *essere una m.*, *fare la m.*, riferito a una donna che ha relazione con un uomo da cui si fa mantenere (meno com. il masch., riferito a un uomo che vive alle spalle della sua amante).

Felice/Duro: *mantenere*

mantenére v. tr. (composto di *tenére*) continuare a tenere, far durare una cosa nelle medesime condizioni o nelle condizioni specificate da apposito predicato o complemento; conservare: *m. la libertà, la disciplina, il buon umore, il calore; m. alti i prezzi, m. l'aereo ad alta quota* || fig. *m. contatti* continuare ad essere in relazione || continuare ad avere nelle proprie mani: *m. il potere, la supremazia, il titolo mondiale* || riferito a persone e istituzioni, provvedere al loro sostentamento e a tutte le spese necessarie: *m. la famiglia, m. i figli all'Università, m. un orfanotrofio* || per estensione, provvedere alle spese di esercizio e manutenzione di qualche cosa: *m. l'automobile, m. un parco* || tenere, sostenere con la mano: *m. fermo, saldo, diritto* || continuare a sostenere, non recedere da un'opinione o affermazione: *mantengo ciò che ho detto* || osservare, adempiere, far fede: *m. l'impegno, la promessa* || rifl. conservarsi inalterato o nel modo specificato: *il burro non si mantiene; mantenersi fresco* || *mantenersi bene* di persona, in buona salute || sostentarsi, provvedere a una cosa a proprie spese || reggersi, sostenersi, trattenersi || *manteniménto* sm., *mantenitóre* (*-trice*) agg. e s., *mantenibile* agg.

Agostini: *mantenere*

Die beiden Wörterbücher mit enzyklopädischer Tendenz behandeln *mantenere* mit vergleichbarer Gründlichkeit wie Zingarelli: Agostini hat acht Bedeutungen, 21 Beispiele.

Felice/Duro bieten vier Bedeutungen, 24 Beispiele. Es fällt auf, daß die Definitionen um einiges genauer als in den beiden Sprachwörterbüchern formuliert sind. Wo z.B. Zingarelli nur mit "Far continuare a essere, far durare" paraphrasiert, präzisiert Agostini: "continuare a tenere, far durare una cosa nelle medesime condizioni o nelle condizioni specificate da apposito predicato o complemento" (ähnlich Felice/Duro 1.b.).

Anders als bei dem französischen Beispiel enthalten die beiden italienischen enzyklopädischen Wörterbücher im Vergleich zu Zingarelli quantitativ und qualitativ gleichwertige Angaben zu Bedeutung und Verwendung von *mantenere*; gegenüber Devoto/Oli sind sie sogar als umfassender und präziser zu bewerten. Insofern zeigen sich auch hier unterschiedliche Grade der Erfassung von Gebrauchsmöglichkeiten, die zudem quer zur Klassifikation der Wörterbücher in enzyklopädische und sprachliche verlaufen, ohne daß diese Abstufung etwas mit einer Unterscheidung in sprachliche oder enzyklopädische Bedeutung zu tun hätte.

7.5.2 Wörterbuch versus Enzyklopädie

Nachdem anhand einiger Beispiele gezeigt wurde, daß in Kongruenz mit der in 7.2 und 7.4 geäußerten Kritik die Unterscheidung zwischen Sprachwörterbuch und enzyklopädischem Wörterbuch, abgesehen von der Behandlung der Eigennamen, nur in der unterschiedlichen Gewichtung bestimmter Informationen und nicht in einer prinzipiellen Andersartigkeit begründet ist, soll nur noch kurz geprüft werden, wodurch sich Enzyklopädien von den beiden Typen von Wörterbüchern unterscheiden. Wie in 4.1.1 ausgeführt wurde, enthalten sie im allgemeinen Eigennamen und von den Gattungsnamen vor allem Substantive und in geringerem Umfang Adjektive und Verben, die zu sachbezogenen Ausführungen Anlaß geben. Da sie keinerlei grammatische Angaben - in einigen Werken wird allerdings die Aussprache ausländischer Namen angegeben - über das Lemma machen, dürften sie im Prinzip nur die bezeichneten Sachen, sprich Referenten je nach Umfang eingehender beschreiben, was bei vielbändigen Enzyklopädien auch mehrere Seiten beanspruchen kann. Ob diese Erwartungen durch die lexikographische Praxis erfüllt werden, sei an zwei Beispielen getestet.

Zum einen wurde aus der 'Encyclopédie alphabétique Larousse. Omnis' (1977), die vergleichbaren Umfang hat wie die bisher ausgewerteten Wörterbücher, der Artikel *Maïs* herangezogen, der praktisch unverändert in den 'Dictionnaire encyclopédique Larousse' (DEL) (1979) übernommen wurde - nur einige Angaben zur Produktion von Mais wurden wohl auf den neuesten Stand gebracht - und dort den enzyklopädischen Teil des Artikels ausmacht.

Wie aus dem in 7.5.1.1 wiedergegebenen Artikel hervorgeht, wurde ihm eine grammatische, eine etymologische Angabe und eine allgemeine Definition vorangestellt und ein Photo beigegeben. Doch Angaben, die im DEL im sachbezogenen Teil erschienen, machten in anderen Wörterbüchern, wie gezeigt wurde, einen Teil der Definition aus, so daß letztendlich Elemente aus der Enzyklopädie 'Omnis' sich in den Definitionen von Wörterbüchern wiederfinden - in der Tat kein Indiz dafür, daß hier zwei Bereiche irgendwie trennbar wären.

Aus praktischen Gründen muß jedes lexikographische Werk aus der Fülle der verfügbaren Informationen eine Auswahl treffen. Von daher ist es plausibel, daß der Benutzer zunächst in die Lage versetzt wird, den mit dem Lemma bezeichneten Gegenstand zu identifizieren, bevor er, soweit noch Raum ist, über seine Verwendung, Herkunft, Verbreitung in groben Zügen informiert wird. Erst daran können sich sinnvollerweise genauere Angaben wie die Produktionszahlen verschiedener Länder oder Verfahren der Verarbeitung anschließen. Nimmt sich ein Wörterbuch vor, die sprachlichen Aspekte des Lemmas inklusive seiner Konstruktionsmöglichkeiten möglichst umfassend zu behandeln, wird in der Regel weniger Raum für sonstige Ausführungen bleiben, und die Herausgeber werden sich darauf beschränken, das durchschnittliche Alltagswissen in der Definition und den Beispielen zu vermitteln. Gerade für Sachinformationen bleibt umgekehrt mehr Platz in (enzyklopädischen) Wörterbüchern, die die sprachlichen Aspekte weniger berücksichtigen.

Das zweite Beispiel sei einer deutschen Enzyklopädie entnommen, denn von den 32 Bänden von 'Meyers enzyklopädisches Lexikon' (1971-81) enthalten drei 'Das große Wörterbuch der deutschen Sprache' (Bd. 30-32)[78], so daß an einem Werk beobachtet werden kann, wie die vorgeblich enzyklopädische von der sprachlichen Information unterschieden wird. Zu diesem Zweck sollen die ersten in beiden Teilen enthaltenen Stichwörter, wiederum unter M, miteinander verglichen werden:

Wörterbuch	Enzyklopädie
Mäander, ...[79] (bei Wasserläufen) eine der Windungen, Schleifen, die in dichter Aufeinanderfolge den Verlauf des Fluß-, Bachbettes bestimmen.	... mehr oder weniger regelmäßig ausschwingende Flußschlingen ..., überwiegend durch fließdynam. Vorgänge bedingt; (+ 23 Zeilen über Ursachen und Typen.)
Mäanderband, ...bandförmiges Ornament, das aus einer rechtwinklig gebrochenen Linie od. einer fortlaufenden Spirale besteht;	schon im Jungpaläolithikum vereinzelt auftretendes Ornamentband, ... (4 Zeilen), meist aus einer rechtwinklig gebrochenen Linie gebildet, aber auch als wellenförmige fortlaufende 'Schnecken' (sog. Spiral-M. ...).
Maar, ... meist mit Wasser gefüllte, kraterförmige Senke vulkanischen Ursprungs.	..., durch vulkan. Gasexplosion entstandene rundl., trichterförmige Vertiefung in der Erdoberfläche ... (2 1/2 Zeilen); meist mit Wasser erfüllt (sic!); Vorkommen... (1 Zeile)
Maat, ... 1. (Seemannsspr. früher) Gehilfe des Steuermanns od.des Bootsmanns auf Segelschiffen 2.a) Dienstgrad des Unteroffiziers bei der Bundesmarine b) Inhaber dieses Dienstgrades.	...ursprüngl. Gehilfe des Steuermanns oder des Bootsmanns auf Segelschiffen, dann Bez. für die Unteroffiziere der füheren dt. Kriegsmarinen ... (1 1/2 Z.); heute entspechend Unteroffiziersdienstgrad der Bundesmarine ... (1 Z.)
Macchia, Macchie, ... (für den Mittelmeerraum charakteristischer) im-	... Gebüschformation der feuchteren küstennahen Hügel- und niederen

[78] Band 29 enthält das in 5.2 erwähnte deutsch-englisch-französische Bildwörterbuch.

[79] Es wurden keine die Fragestellung betreffenden Informationen weggelassen.

mergrüner Buschwald.

Gebirgslagen des Mittelmeeres; gebildet aus ... (5 Z.). (+ 9 Zeilen)

Mach, ... Bez. für das Verhältnis der Geschwindigkeit eines Flugkörpers zur Schallgeschwindigkeit: bei der Geschwindigkeit von 1 M. durchbricht der Flugkörper die Schallmauer; Zeichen: Ma, M[80]

Mach-Zahl, ... Formelzeichen Ma oder M, das Verhältnis der lokalen Strömungsgeschwindigkeit v eines kompressiblen Mediums (bzw. der Geschwindigkeit eines Körpers in ihm) zur Schallgeschwindigkeit c an der gleichen Stelle: Ma = v/c. Bei Ma = 1 fliegt also ein [Flug]körper mit Schallgeschwindigkeit, bei Ma = 2 mit doppelter Schallgeschwindigkeit.
(+ 4 Zeilen).

Diese Liste könnte noch beliebig fortgeführt werden und doch immer nur demonstrieren, daß die sogenannten Bedeutungsangaben im Wörterbuch nichts anderes sind als (meist verkürzte) Sachbeschreibungen aus Enzyklopädien[81], sofern das Lemma dort vorhanden ist, so daß sich auch damit eine Unterscheidung von sprachlicher und enzyklopädischer Bedeutung als hinfällig erweist. Somit erscheinen Enzyklopädien als enger mit der sonstigen lexikographischen Praxis verbunden als oft angenommen wird[82].

Zusammenfassend läßt sich sagen, daß die Angaben in Sprachwörterbüchern den Zweck haben, die Identifizierung des mit dem Lemma bezeichneten Referenten zu ermöglichen und über ihn eine Art Grundwissen mitzuteilen, das der durchschnittliche Benutzer über vergleichbare Lemmata besitzt. In enzyklopädischen Wörterbüchern und Enzyklopädien wird der Leser darüber hinaus mit zahlreichen weiteren, den meisten Wörterbuchbenutzern bislang unbekannten Informationen versorgt. Dabei wird das Definitionsvokabular auch Fachwortschatz enthalten, während für Definitionen in Sprachwörterbüchern Einfachheit und Allgemeinverständlichkeit angestrebt wird. Welche Informationen über ein Lemma etwa in einem Sprachwörterbuch gegeben werden, hängt von der Einschätzung der Verfasser ab, welche Definition den leichtesten Zugang zum Verständnis des Wortes erlaubt und worin das Allgemeinwissen über den Referenten des Lemmas besteht. Theoretisch könnten diese Entscheidungen durch die von H.E. Wiegand (1985b, vgl. 7.2) vorgeschlagene Befragung abgesichert werden, in der Praxis müssen sie intuitiv vorgenommen werden.

---

80 Diese Definitionen wurden unverändert übernommen in 'Duden. Das große Wörterbuch der deutschen Sprache', 6 Bde., Mannheim 1976-81. Im 'Duden. Deutsches Universalwörterbuch' (1983) wurden die beiden letzten Definitionen verändert. Hinweis von F.J. Hausmann.

81 Bei der Definition der Mach-Zahl wird der Unterschied zwischen dem technischen Stil der Enzyklopädie ("... fliegt ... mit Schallgeschwindigkeit") und dem der Umgangssprache näheren Stil des Wörterbuchs ("durchbricht ... die Schallmauer)" deutlich.

82 Die von der vorherrschenden Meinung abweichenden und mit der hier vertretenen übereinstimmenden Ansichten von G. Haensch (1984, 32 f.) und H.E. Wiegand (1977a, 101) wurden bereits in Kap. 2, Anm. 2 und Kap. 7.2 zitiert. Ebenso F.J. Hausmann (1985b, 370).

8. DIE ILLUSTRATION IN HEUTIGEN WÖRTERBÜCHERN

"Ce que l'image peut montrer, la parole ne peut le dire,
ce que dit le langage, l'image ne peut le montrer".
(R. Magritte 1963[1])

Im folgenden soll ausgehend von einer Beschreibung der heute vorherrschenden Praxis der Bebilderung und einer Typologie der Illustrationen ihre Funktion und Leistung im Unterschied zu den verbalen Teilen der Wörterbuchartikel bestimmt werden. Um einer Antwort auf die zentrale Frage, ob es sich hierbei um zwei komplementäre Informationssysteme handelt, näher zu kommen, werden Stellungnahmen aus der Semiotik, Linguistik, Kunsttheorie, insoweit sie sich mit der Bildwahrnehmung in der Kunst beschäftigt, und vor allem aus der Kognitionspsychologie ausgewertet. Aus den großenteils konvergierenden Auffassungen der verschiedenen angesprochenen Disziplinen und den Ergebnissen einer größeren Fallstudie anhand illustrierter Wörterbücher wird der Entwurf einer Theorie der Illustration im Wörterbuch entwickelt.

8.1 Praxis der Illustration

Überblickt man die Illustrationspraxis von enzyklopädischen und Sprachwörterbüchern der bisher betrachteten fünf Sprachräume, lassen sich in der Zeit seit etwa 1970 verschiedene Tendenzen beobachten.

Ein Großteil der Wörterbücher - vgl. die Bibliographie - plaziert die Illustration in die unmittelbare Umgebung des betreffenden Lemmas, so daß bei der Lektüre des Artikels die Informationsaufnahme durch das ikonische Medium ergänzt werden kann. Hierfür seien als Beispiele aus dem englischsprachigen Bereich das 'Oxford Advanced Learner's Dictionary of Current English' (ALD, 1974^3/1983)[2] - vgl. Abb. 162 -, 'The World Book Dictionary' (1976), das "über 3.000 hervorragend ausgeführte Strichzeichnungen" enthält (E. Standop 1985, 50 mit Abbildung), und das 'Collins Concise Dictionary of the English Language' von 1978 (Abb. 163 mit der insgesamt seltenen Veranschaulichung eines Verbs) angeführt[3]. Aus Frankreich zeigen etwa der 'Petit Larousse' (Abb. 164 aus der Ausgabe 1980/85), der 'Nouveau dictionnaire du français contemporain' von 1980 (Abb. 165), der 'Dictionnaire usuel illustré Flammarion' von 1980 (Abb. 166), aber auch die beiden großformatigen (etwa 29 x 22 cm) enzyklopädischen Wörterbücher, der 'Dictionnaire encyclo-

---

[1] R. Magritte, Ecrits complets, A. Blavier éd., Paris 1979, 380, Anm. 3. Das Zitat ist nach R. Schiebler (1981, 127, Anm. 16) berichtigt. Die Bilder von R. Magritte waren eine entscheidende Anregung für die hier unternommene Arbeit.

[2] "Am Rande sei vermerkt, daß gerade ein Wörterbuch wie das ALD noch weit mehr Bilder haben dürfte, z.B. unter *bag* (vgl. dt. Tasche, Tüte), *cap* (Mütze, Haube, Kappe), *cloak*, *dart*, *davit*, *beaker*, *mug*, *stool* usw., und selbst von den Verbalhandlungen kann nicht nur "fencing" dargestellt werden, sondern wohl auch "rinsing", "slicing", "toasting", "jumping" usw." (E. Standop 1985, 22). Dieser Einschätzung kann voll zugestimmt werden.

[3] Selbstverständlich setzen die verschiedenen 'Webster' ihre bisherige Praxis (Bild neben Lemma) fort.

pédique Larousse' von 1979 (Abb. 167) und der 'Dictionnaire Hachette. Langue. Encyclopédie. Noms propres' von 1980 (Abb. 168) diese Anordnungsweise, wobei in letzteren, wie aus Abb. 167 ersichtlich ist, verschiedentlich über den Satzspiegel hinausgegangen wird. An italienischen Werken wären etwa der 'Dizionario Garzanti della lingua italiana' (1965 bis 1982[21]), das Wörterbuch von G. Devoto/G.C. Oli (1967 bis 1980[12]) und der 'Dizionario Sandron della lingua italiana' (1976 bis 1980[4]) zu nennen - Abbildungen 169-171. Im deutschsprachigen Raum verfolgt nur das 'Bedeutungswörterbuch' des Dudenverlages in der Auflage von 1970 (Abb. 172) und in der von 1985 (Abb. 173) diese Illustrationsweise. Spanische Wörterbücher dieses Typs bespricht R. Werner (1983, 174 f.), weshalb hier auf eine Aufzählung und Abbildung verzichtet werden kann.

Einige Wörterbücher bringen ihre Abbildungen zumeist oder ausschließlich außerhalb des Satzspiegels am Seitenrand unter, wie z.B. 'The American Heritage Dictionary of the English Language' von 1969 bis 1979 - vgl. die Abbildung (Nr. 174) einer Seite, die auch die verschiedenen Darstellungsmittel zeigt[4] - oder der 'Dizionario enciclopedico de Agostini' von 1981 (Abb. 175) und der 'biDizionario italiano. Linguistico e grammaticale' von 1981 (Abb. 176).

Bei dieser Anordnung der Illustrationen ist die Beziehung zwischen Lemma und Artikel einerseits und der Illustration andererseits meist weniger eng, da die Abbildungen nur in Ausnahmefällen direkt neben dem Stichwort zu stehen kommen. R. Werner (1983, 175) hat diesbezüglich beobachtet, daß zahlreiche spanische Wörterbücher die Illustrationen alphabetisch aneinanderreihen, ohne eine Nähe zum Lemma anzustreben[5].

Einige Wörterbücher fassen die eine Seite betreffenden Illustrationen zu Bildgruppen zusammen, die am oberen oder unteren Ende der Spalte, auch über zwei Spalten hinweg, plaziert werden. So sind in N. Zingarellis 'Vocabolario della lingua italiana' von 1970[10] auf S. 1.077 zwei Abbildungen an den Anfang der linken Spalte gesetzt, zwei weitere schließen die rechte Kolumne ab (Abb.177). Wie schon an diesem Beispiel sichtbar wird (an *mola*), kann man bei diesem Verfahren etwas freier über den für eine Illustration vorzusehenden Raum verfügen, so daß auch 'aufzählend definitorische' (Hupka 1984, 181, siehe Kap. 17) wie bei *mola* und weitere Typen komplexer Abbildungen, z.B. 'strukturell definitorische' (1984, 182 f.) verwendet werden können; vgl. Abb. 178 mit 16 Teilen einer Weiche. In der elften Auflage von 1983 wird durch das Symbol eines Auges vom Lemma auf die Illustration verwiesen, jedoch nicht von den Lemmata des zusätzlich in der Abbildung enthaltenen Vokabulars aus; somit wird die mögliche Leistung der Illustration nicht voll genutzt. In ähnlicher Weise verfährt 'Der Sprachbrockhaus' seit 1935 bis 1984[9], dessen Illustrationspraxis bereits in 6.6.2.6 beschrieben wurde[6]. Im Unterschied zu Zingarelli ist die Zahl komplexer Illustrationen bedeutend größer, weshalb Abbildung und Lemma nur selten auf der gleichen Seite zu finden sind; vgl. Abb. 179.

Der in Photosatz ("fotocomposizione") hergestellte Garzanti (Il nuovo dizionario italiano Garzanti, 1984) zeigt ebenfalls nur komplexere Abbildungen, die im Schnitt ein Vier-

---

4 Die als "Second College Edition" im Untertitel bezeichnete Ausgabe von 1982 wurde nicht eingesehen. S.I. Landau (1984, 336) bemerkt zu ihr: " The emphasis on pictorial illustration has not been changed".

5 Spanische Werke verzeichnet R. Werner (1983, 175-177), wozu drei Abbildungen beigegeben sind.

6 Auch R. Werner (1983, 175-77) nennt einige spanische Wörterbücher mit einer derartigen Gruppierung der Abbildungen.

tel bis drei Viertel einer Seite einnehmen (vgl. Abb. 180), wobei nur selten einmal von einem Lemma aus auf einen Teil einer Abbildung Bezug genommen wird. Daß es auch anders gehen kann, d.h., daß das Verweissystem bei komplexeren Illustrationen auch besser organisiert sein kann, beweist die 1974 erschienene "Edizione minore" des 'Zingarelli', auf deren 244 Abbildungen etwa 5.000 Gegenstände zeichnerisch dargestellt sind; 8.000 Verweise stellen die Verbindung zwischen Text und Bild her, wobei, um das Beispiel mit der Weiche aufzugreifen, von der vierten Bedeutung von *scambio* auf die Abbildung unter *ferrovia* verwiesen wird. Ebenso wird mit den 13 Bezeichnungen von Teilen der Weiche verfahren. Es wird also sowohl ein Bezug von jeder Bedeutung eines Lemmas auf die zugehörige Illustration hergestellt - z.B. von *peso* je nach Bedeutung auf *strumenti di misura, pesca* und *sport*[7] - als auch von einer Bedeutung auf mehrere Abbildungen: so von *ghiaccio* auf *alpinista, bar, borsa, fisica* und *sport*. Die "Edizione minore" des 'Zingarelli' ist wohl das einzige Wörterbuch, das auf diese Weise alle in den Illustrationen verwendeten Bezeichnungen mit dem lexikographischen Text verbindet und somit die erklärende Funktion des Bildes voll nutzt. Allerdings dauert es oft einige Zeit, bis man in einer komplexen Illustration ein bestimmtes Detail findet, so daß der Umfang einer derartigen Illustration eine natürliche Grenze findet.

Vor allem etwa seit 1978 in Großbritannien erschienene Wörterbücher plazieren ihre Illustrationen auf gesonderten Seiten oder, wenn das Format kleiner ist, auch in eine Textseite. Dabei kann es sich natürlich nicht mehr um die Darstellung einzelner mit dem Lemma bezeichneter Dinge handeln, sondern sie werden beispielsweise zu 'aufzählenden definitorischen' (Hupka 1984, 181, vgl. Kap. 17) Illustrationen zusammengefaßt, wie im 'Dictionary of Contemporary English' (DCE, 1978) 22 Fische, 16 Blumen (je eine ganze Seite) oder 15 Früchte (2/3 Seite), vgl. Abb. 181. Im 'Longman Active Study Dictionary of English' von 1983 (LASDE) werden auf einer Seite 30 Verben der Bewegung (*tiptoe, crawl, run* etc.) klar veranschaulicht (Abb. 182) - T. Herbst (1985, 681) macht einige (berechtigte) kritische Anmerkungen. Obgleich für jedes Verb nur *ein* Bild verwendet wird, ist die darin ausgedrückte Bewegung erkennbar, da man als Betrachter wohl von einer neutralen Stellung der Person ausgehend die Bewegung in das Bild hineininterpretiert, die zu der dargestellten Haltung der Person geführt hat. Die Deutung der Bilder wird auch durch zusätzliche Hinweise wie Pfeile, Bälle, Koffer und sonstige Gegenstände gesteuert und abgesichert.

Ein weiterer Typ von Abbildungen kann als 'szenische Darstellung' bezeichnet werden, wenn z.B. im DCE ein Blick auf einen Bauernhof geworfen wird (Abb.183) und dabei verschiedene Gebäude, Tiere und Gerätschaften bezeichnet werden. Zur Erhöhung des Informationsgehaltes wurden noch sieben Tiere und ein Pflug, also Elemente einer 'aufzählenden' Illustration hinzugefügt[8]. Szenische Darstellungen finden sich ferner im LASDE, etwa zu *pop concert, supermarket, railway station* (vgl. Abb. 184) und zur Veranschaulichung der Präpositionen (Straßenszene). T. Herbst (1985, 681) bewertet die Illustrationspraxis dieses Wörterbuchs als "sehr positiv" u.a. weil "bei den entsprechenden Einträgen auch auf die Bildseiten verwiesen wird". Bei jedoch nur 18 Illustrationen ist allerdings die Wahrscheinlichkeit gering, daß der Benutzer zu einem gesuchten Wort auch

---

[7] Es wird angestrebt, bei einer Neubearbeitung nicht erst am Ende des Artikels, sondern gleich bei jeder einzelnen Bedeutung auf die zugehörige Illustration zu verweisen; vgl. 8.2.

[8] Trotzdem sind diese Bilder "nicht allzu vollständig" - so fehlt hier z.B. eine Egge, ein Heuwender, eine Mähmaschine usw. -, was E. Standop (1985, 27) anhand mehrerer Beispiele aus dem DCE nachweist. Er kritisiert "die Bildauswahl in Wörterbüchern, bei der man den Verdacht nicht los wird, daß es dabei in erster Linie um Blickfangmaterial für den Käufer geht".

eine Abbildung vorfinden wird. Daher gilt dieselbe Kritik wie gegenüber den zweisprachigen illustrierten Wörterbüchern (5.1). Selbst zu den "over 100 full-paged illustrations" des 'Longman New Universal Dictionary' (LNUD, 1982) ist mit E. Standop (1985, 43) anzumerken: "Was allerdings nun einer Bildtafel für würdig erachtet wird, bleibt das Geheimnis der LNU-Macher. ... Der enzyklopädische Wb-Anteil, zu dem die Bilder und Tafeln zu zählen sind, unterliegt einem so willkürlichen Eklektizismus, daß man sich fragt, ob sie *ernstlich* mehr als Lockmittel für den Käufer sein können" (Hervorhebungen und Abkürzungen E.S.).

Ferner finden sich auf den gesonderten Seiten dieser Wörterbücher 'strukturell definitorische' (Hupka 1984, 182 f., vgl. Kap. 17) Illustrationen wie z.B. im LASDE zu *car*, im 'Longman Concise English Dictionary' (LCED, 1985) zu *anatomy* (4 S.) oder im LNUD (1982)[9] zu *Disc brake* oder *A transverse front-wheel drive engine* (Abb. 185), wobei durch in Grau markierte Aufschnitte der Übergang zu den Funktionsschemata (1984, 183 f.) angedeutet wird. Letztere enthält sowohl der LNUD (z.B. Car, *A radial tyre*) als auch der LCED (z.B. zu *Energy, Nuclear power* oder *Video, Video movie camera*, Abb. 186). S.I. Landau (1984, 344) unterscheidet anhand des LNUD zwei Kategorien von Illustrationen: "those that are essentially linguistic, like the anatomical drawings identifying parts of the body, and those that are essentially encyclopedic, describing, for example, how evolution works or how animals defend themselves against predators". Die beiden Seiten, die z.B. das letztgenannte Thema beansprucht, sind in einem auch enzyklopädischen Wörterbuch fehl am Platz, nicht nur, weil sie unproportional viel Platz verbrauchen, sondern, weil ein Benutzer unter *defence* nicht derart spezielle Informationen sucht[10]. Und weiter Landau (1984, 344): "Falling between these two types are the technologically *au courant* displays for 'computer', 'television', and 'telecommunications', in which, incidentally, Viewdata is illustrated twice. Longman evidently wants to establish itself as being first in technological know-how and use, and it therefore devotes lavish space to some very boring and static displays of gray boxes, familiar telephones, and spools of tape, in the hope that the idea of modernity will be sufficient in itself to charge such dead wood with vitality. Unfortunately, computers are better described than depicted. I don't see what is to be gained by showing us large gray file cabinets labeled 'processor'". Wie Abb. 187 zeigt, steht der Informationsgehalt der abgebildeten Möbel und Geräte in keinem vernünftigen Verhältnis zum verbrauchten Platz, so daß Landaus Kritik voll zuzustimmen ist. Auch der LCED von 1985 schießt mit einem zweiseitigen *Energy-saving house* im Prinzip weit über das Ziel hinaus, widmet aber einem aktuellen Thema wohl bewußt so viel Raum, um den Käufer aufmerksam zu machen. Insofern scheint in dem seit einigen Jahren entbrannten Konkurrenzkampf - F.J. Hausmann (1985c, 25) spricht von "sorte de guerre dictionnairique" - anders als etwa 120 Jahre früher (vgl. 6.6.2.2) das ikonographische Element eine größere Rolle zu spielen - Ausdruck des höheren Stellenwertes des Bildes in der zweiten Hälfte des 20. Jahrhunderts?

Schließlich enthält der LASDE (1983) einen bisher wohl noch nicht identifizierten Illustrationstyp, nämlich ein Flußdiagramm (Abb. 188), das in bestimmter Richtung gelesen werden soll, aber durch die einzelnen Abbildungen an jeder beliebigen Stelle auch einen direkten Zugriff ermöglicht. Im Unterschied zu einem Funktionsschema zeigt es nicht den Aufbau eines Gerätes oder den Ablauf eines Prozesses und stellt daher eine Variante der

---

[9] Das LCED ist eine Neubearbeitung des LNUD.

[10] Landau (1984, 345) bemerkt zu derartigen "nonlinguistic illustrations" etwas vorsichtiger: "their relevance in a dictionary may be questioned. They do, however, help to distinguish the 'New Universal' from other dictionaries and enhance its sales appeal".

'aufzählend definitorischen' Klassifikation (1984, 181) dar, Variante insofern, als durch die in den Pfeilen und Fragen enthaltenen Anweisungen eine Strukturierung des Gegenstandsbereiches erfolgt.

Bevor geprüft werden soll, ob die in Großbritannien offensichtlich vom Verlag Longman lancierte Illustrationspraxis auch in anderen Ländern anzutreffen ist, muß die im historischen Teil gegenüber den Kupferstichtafeln angebrachte Kritik wiederholt werden, daß dadurch die Verbindung mit dem zu erläuternden Lemma weniger eng ist, vor allem, wenn nicht systematisch auf die in den Bildern enthaltenen Zeichnungen verwiesen wird, und der Benutzer zu zweimaligem Blättern gezwungen ist. S.I. Landau (1984, 345) weist darauf hin, daß darüber hinaus eine Folge von mehreren Abbildungsseiten zwischen den Textseiten wie im LNUD das Auffinden der Stichwörter erschwert. Nachdem in der Geschichte der Lexikographie die Schwierigkeit, Tief- und Hochdruck zu verbinden, Jahrhunderte lang gesonderte Kupferstichtafeln bedingt hatte, würde es nicht verwundern, wenn technische Zwänge und damit verbunden ökonomische Überlegungen auch jetzt auf die Illustrationspraxis einwirken. Der Computer dient seit Jahren zur Herstellung des Schriftsatzes bei verschiedenen Systemen, worauf in Wörterbüchern gelegentlich hingewiesen wird[11]; vgl. Collins Concise Dictionary of the English Language (1978) "Computer typeset", ALD (1974^3/1983) "Computer typeset in Times and Univers", Longman Concise English Dictionary (1985) "Set in Videocomp Times and Univers", NDFC (1980) "photocomposition", Dictionnaire Hachette (1980) "photocomposé ... selon les techniques de composition programmée" usw.

Zur Integration von Bild und Text auf *einer* Seite ist ein Layouter erforderlich, der für den Umbruch bzw. die Montage die Entwürfe für den Satzspiegel jeder Seite anfertigt. Dagegen kann ein Computer vollautomatisch einen Text allein auf den einzelnen Seiten anordnen, so daß nur die Gestaltung der Bildseiten vom Layouter vorgenommen werden muß. Somit dürften die drucktechnischen Aspekte zumindest einen gewissen Einfluß auf die Anordnung der Illustrationen haben.

Außerhalb des englischsprachigen Raumes ist die Praxis, die Abbildungen auf gesonderten Seiten zusammenzufassen, nur selten anzutreffen[12]. Der 'Pluridictionnaire Larousse' (1975) enthält insgesamt nur wenige Tafeln mit schwarzweißen oder mehrfarbigen Zeichnungen, der 'Dictionnaire Quillet de la langue française' (1975) zeigt z.B. in Bd. 1 zehn schwarzweiße und 25 mehrfarbige Tafeln[13], die zudem recht antiquiert wirken (Abb. 189).

Mit dem letztgenannten Titel wurde ein erstes der mehr als zweibändigen Werke erwähnt, die im allgemeinen in Form von enzyklopädischen Wörterbüchern vorkommen. Sie machen aufgrund des größeren zur Verfügung stehenden Raumes und ihrer enzyklopädischen Ausrichtung einen variableren Gebrauch der verschiedenen Illustrationsweisen, wobei sie die Bilder im Satzspiegel und außerhalb anbringen (Abb. 190)[14], Zeichnungen und Photos mischen (Abb. 191)[15] und dabei extensiven Gebrauch von Farbe machen (Abb. 190,

[11] Der Computersatz erlaubt eine bisher nicht mögliche kontinuierliche Überarbeitung der Werke, ohne daß unveränderte Teile neu gesetzt werden müßten.

[12] R. Werner (1983, 167-169) nennt einige entsprechende spanische Werke.

[13] Auf den geringen Wert einer derartigen Illustrationspraxis braucht eigentlich nicht nochmals hingewiesen zu werden.

[14] Grand dictionnaire encyclopédique Larousse, 10 Bde., 1982-85.

[15] Der neue Brockhaus, 5 Bde., 1984-85.

191 und 192)[16], so daß Werke, bei denen schwarzweiße Abbildungen (Abb. 193)[17] und ebensolche Strichzeichnungen vorherrschen (Abb. 194)[18], demgegenüber abfallen.

Nur am Rande seien De-Luxe-Ausgaben von Wörterbüchern mit überreicher und/oder durchgehend mehrfarbiger Ikonographie erwähnt, wie z.B. der 'Petit Larousse en couleurs' verschiedener Jahrgänge oder 'The New Oxford Illustrated Dictionary' (2 Bde., 1978) mit zahlreichen, großen und mehrfarbigen Illustrationen[19]. Derartige Werke sind aber nicht für die übrige lexikographische Produktion repräsentativ und stellen isolierte Ausnahmen dar.

In der Praxis enthält ein Wörterbuch nur selten ausschließlich einen Typ von Illustration - dies gilt für die mehr- und die einbändigen Werke -, so daß etwa im 'Petit Larousse' zusätzlich Farbtafeln, im ALD auch komplexe Bilder, die bis zu einer halben Seite beanspruchen (z.B. *flowers*), erscheinen.

Das Panorama der aktuellen Praxis der Illustrierung von Wörterbüchern hat neben den unterschiedlichen Stilen der Darstellung u.a. gezeigt, daß die Plazierung und Größe einer Abbildung voneinander nicht unabhängig sind, denn über das Briefmarkenformat hinausgehende Illustrationen können nicht mehr zum Lemma gestellt werden. Mit der Größe nimmt die Möglichkeit zu, die Detailliertheit der Darstellung zu erhöhen - was nicht immer genutzt wird, vgl. Abb. 187 -, und zusätzliche Bezeichnungen für Teile des dargestellten Gegenstandes einzuführen. Allerdings wird auf den hierbei verwendeten, ostensiv definierten Wortschatz fast in keinem Werk von den Stichwörtern aus verwiesen - in einigen Fällen erscheint er nicht vollständig nochmals im Text des Wörterbuchs[20] -, so daß er nur von der Abbildung aus zugänglich ist.

Nicht nur hinsichtlich der Anordnung der Illustrationen unterscheiden sich die Wörterbücher, sondern sicher auch bezüglich der Dichte der Bebilderung. Nun ist die Zahl der Illustrationen allein ohne besondere Aussagekraft und muß daher mit einer anderen Größe in Korrelation gesetzt werden. R. Werner (1983, 170-72) erörtert die Möglichkeit, ihr Verhältnis zur Zahl der Artikel oder zu der der registrierten Einzelbedeutungen zu bestimmen, betrachtet dies jedoch als "ein sehr problematisches Unterfangen" u.a. deshalb, weil "bei wachsender Zahl verzeichneter Einzelbedeutungen" (S. 170) umgekehrt proportional die Zahl der sinnvollerweise illustrierbaren Einzelbedeutungen abnehme. Dies ist jedoch keineswegs erwiesen, da mit zunehmender Zahl der Einträge und Einzelbedeutungen in größerem Umfang Fachwortschatz erscheinen dürfte, der, soweit er technisch oder naturwissenschaftlich ist, gut zu illustrieren ist. Trotzdem basiert eine derartige Berechnung auf einer schwankenden Basis, denn kaum zwei Wörterbücher differenzieren exakt nach den gleichen Einzelbedeutungen. R. Werner weist mit Recht darauf hin, daß von Seiten der Verlage nur selten genaue und verläßliche Angaben zu der Anzahl der Lemmata,

---

16 Enciclopedia universale Unedi, bisher 9 Bde., 1974-78 (enthält auch sprachliche Angaben).

17 Dictionnaire encyclopédique Quillet, 10 Bde., 1977.

18 Lessico universale italiano, 24 Bde. + 1 Atlante, 1968-81. Zum Lemma *scambio* bietet dieses Werk noch zwei Seiten mit vier Photos.

19 Der Textteil des Wörterbuchs ist im großen und ganzen dem 'Oxford Illustrated Dictionary' von 1975^2 entnommen - dieses enthält etwa 36 Strichzeichnungen pro 50 Seiten - und wurde von Helen Mary Petter mit einer üppigen Illustration ausgestattet, die sie zuvor schon gesondert publiziert hatte.

20 Dies ist die erklärte Absicht z.B. des NDFC (1980), wie im Avant-propos (S. VII) ausgeführt wird: "ces termes qui appartiennent à des nomenclatures étendues sont suffisamment définis par l'image pour n'avoir pas besoin d'être repris dans le corps du dictionnaire".

Einzelbedeutungen und Illustrationen vorliegen[21]. Ferner könnten bei dieser Korrelation nur die bei den Lemmata erscheinenden 'rein definitorischen' Abbildungen erfaßt werden, komplexere Illustrationen mit Veranschaulichung von mehreren Bezeichnungen in einem Bild oder Bildtafeln müßten außer Betracht bleiben. Daher sollte eine solche Berechnung zumindest um die Angabe ergänzt werden, wieviel Raum des Wörterbuchs die Illustrationen beanspruchen[22]. Doch auch dadurch bekäme man die komplexeren Abbildungen mit mehreren ostensiv definierten Bezeichnungen nicht in den Blick, die folglich zusätzlich aufgezählt werden müßten. Eine solchermaßen detaillierte Analyse der Illustrationen müßte durch einen entsprechend exhaustiven Vergleich der in den einzelnen Wörterbüchern enthaltenen Lemmata und Einzelbedeutungen ergänzt werden, und erst auf Grund eines Vergleichs der beiden Datenmengen in jedem Wörterbuch könnte auf die Dichte der Illustration geschlossen werden.

Bei dem jetzigen aleatorischen Stand der Illustrierung lexikographischer Werke erscheint eine derartige, komplizierte Berechnung der Dichte der Illustrationen als nicht erforderlich, denn die Möglichkeiten der Bebilderung werden noch keineswegs auch nur annähernd ausgeschöpft: So konnte 1984, 170 beobachtet werden[23], daß fünf französische Wörterbücher beim Buchstaben A insgesamt 292 Stichwörter illustrieren, wovon die einzelnen Wörterbücher immer nur weniger als die Hälfte, nämlich einmal 140, zweimal 129, aber auch nur 87 und 86 Lemmata durch ein Bild veranschaulichen[24].

Daher sei auf die Bibliographie verwiesen, die die Angaben zur Zahl der Lemmata, Einzelbedeutungen und Illustrationen enthält, sofern sie aus der Titelseite oder dem Vorwort ersichtlich wurden; ansonsten wurde wie im historischen Teil (Kap. 6) die durchschnittliche Anzahl der Abbildungen auf 50 Seiten angegeben, die durchaus einen ungefähren Indikator für die Dichte der Illustrierung abgibt.

Da die Art der Illustrierung und ihre Dichte wie auch alle übrigen Charakteristika eines Wörterbuchs von Vorgaben der Herausgeber abhängen, wurden Gespräche mit den für die Illustration verantwortlichen Redakteuren dreier Verlage geführt, um zu erfahren, welche Überlegungen die Illustrationsweise bestimmen.

8.2 Politik der Illustration verschiedener Verlage

Die drei konsultierten Verlage Frankreichs, Italiens und der Bundesrepublik Deutschland wurden nach dem Prinzip der Ancienniität ausgewählt, d.h. es wurden mit den Verlagshäusern Gespräche geführt, die als erste in ihrem Land Wörterbücher mit Illustrationen ausgestattet hatten und diese Praxis bis heute beibehalten.

Für den deutschsprachigen Raum war folglich die Firma F.A. Brockhaus, Mannheim, der Ansprechpartner, deren Geschäftsführer, Herr U. Porak, für die im Prinzip seit 1935 beibehaltene Illustrationspraxis - sie wurde in 6.6.2.6 beschrieben - die folgenden Leitlinien formulierte: Durch die Abbildung von Gegenständen, auch solchen des täglichen Lebens,

21 R. Werner (1983, 171) bestimmt bei sechs spanischen Wörterbüchern das Verhältnis der Abbildungen zu den Einzelbedeutungen, das zwischen 1: 23,9 und 1: 142 variiert.

22 S.I. Landau (1984, 344) erweckt den Eindruck, die 10% des Raumes, die im LNUD (1982) von Illustrationen gefüllt werden, seien eine relativ hohe Zahl.

23 Die Zahlen liegen in 1984, 170 vor, ihre Auswertung für die Frage der Dichte der Illustrierung erfolgt erst hier.

24 Die Lemmata sind weitgehend in allen fünf Wörterbüchern enthalten.

in den sogenannten Bildfriesen kann die Definition auf ein Mindestmaß beschränkt werden, d.h. Bild und Wort tragen gemeinsam zur Identifizierung des Lemmas bei. Folglich wird eine Illustration nur dort eingesetzt, wo sie den Text des Artikels ergänzt oder mehr aussagt als der Text. "Gleichzeitig hat man vor allem in den sog. Sammelbildern dem Leser die Möglichkeit gegeben, einen Gegenstand, den er vom Sehen her kennt, jedoch nicht benennen kann, korrekt zu identifizieren. Als Beispiel sei hier die Olive am Fenstergriff genannt, die jeder kennt, aber kaum jemand zu benennen weiß[25]. Darüber hinaus war die Illustration des 'Sprachbrockhaus' auch für den Deutsch lernenden Ausländer gedacht, damit er sich in der neuen Sprache leichter zurechtfindet" (U. Porak, briefliche Mitteilung). Dieser in den Illustrationen eingeführte Wortschatz erscheint nicht immer auch im Text des Wörterbuchs[26] - so z.B. die Hebebühne, die bei der Tankstelle mit abgebildet ist[27]. Die Herausgeber sind ferner bestrebt, in den Sammelbildern, auch Erzählbilder genannt, Zusammengehöriges zusammenzufassen, um das Vokabular eines Gegenstandsbereiches möglichst vollständig an einer Stelle zu präsentieren.

Zur Plazierung der Bilder in Bildfriesen, die somit recht selten in die Nähe zu den entsprechenden Lemmata zu stehen kommen, bemerkte Herr U. Porak, vorrangig seien die Gesichtspunkte, in der Realität Zusammengehöriges nicht auf verschiedene Bilder zu verteilen, ähnliche Gegenstände kontrastiv nebeneinander zu stellen (z.B. Stühle und Sitzmöbel), und durch die Illustrierung auch die etymologische Motivierung von Wörtern zu veranschaulichen, z.B. wenn unter *Kopf* ein Kohlkopf, ein Nagelkopf, ein Zeitungskopf, ein Kopftuch, ein Notenkopf etc. gezeigt werden. Demgegenüber könne die geringe Unbequemlichkeit des zweimaligen Nachschlagens in Kauf genommen werden.

Im Vergleich mit anderen Wörterbüchern erscheinen die Strichzeichnungen des 'Sprachbrockhaus' als recht einfach (vgl. Abb. 179). Auf diesen Punkt angesprochen, führte Herr U. Porak zum einen an, für das Sprachwörterbuch wolle man bewußt die Dinge so elementar, so versachlicht als möglich darstellen, dagegen schöpfe man bei einem Sach-Nachschlagewerk wie bei 'Der neue Brockhaus. Lexikon und Wörterbuch in 5 Bänden und einem Atlas' (1984-85^7) die drucktechnischen Möglichkeiten der Bebilderung voll aus (vgl. Abb. 191)[28].

Ferner seien die Reproduktionskosten bereits schon für Halbtonklischees bedeutend höher, die zudem erst angefertigt werden müßten, so daß auch wirtschaftliche Gründe gegen eine Änderung der Illustrationspraxis des 'Sprachbrockhaus' sprechen.

Dagegen spielten die Kosten der Illustrationen beim Haus Larousse in den Jahren vor 1984 keine entscheidende Rolle, denn als Marktführer war der Verlag bestrebt, die konkurrierenden Enzyklopädien und Wörterbücher auch bezüglich der Ikonographie zu übertreffen. So beanspruchten in der 'Grande encyclopédie Larousse' (1971-76) die Illustrationen etwa 40% des verfügbaren Raumes, um auch in diesem Punkt die 'Encyclopaedia Uni-

---

25 Allerdings wird in der Ausgabe von 1984 die Olive nicht mehr bei der Abbildung zu *Fenster* (oder *Tür*) dargestellt, das Wort ist aber als Lemma vorhanden.

26 Sind die Wörter an alphabetischer Stelle vorhanden, erfolgt ein Verweis auf die Abbildung.

27 Es wird aber oft von Stichwörtern auf Abbildungen auch unter anderen Buchstaben verwiesen, so von *Rhombus* auf die 6. Abbildung unter V, nämlich *Viereck*, wo sich ein Rhombus, Trapez, Parallelogramm, Quadrat, Rechteck vereinigt finden. Dadurch ist fast immer ein zweimaliges Nachschlagen erforderlich.

28 'Der neue Brockhaus' enthält auch minimale sprachliche Angaben und kann daher als enzyklopädisches Wörterbuch mit einem deutlichen Schwergewicht auf den Sachinformationen und einer Bevorzugung der 'schweren' Wörter bezeichnet werden. So ist *Ankömmling*, *Ankunft* verzeichnet, nicht jedoch *ankommen*, *Anlehnung* ist enthalten, nicht jedoch *anlehnen*.

versalis' (1968-75) zu überbieten. Seit Ende 1984 wurde Larousse wie auch der Verlag Nathan von dem Presseimperium CEP aufgekauft, dem auch die Nachrichtenagentur Havas angehört, so daß in Kürze mit ersten Äußerungen im Verlagsprogramm - für den 'Petit Larousse' etwa von 1989 an - zu rechnen ist.

Diese und die folgenden Informationen gab freundlicherweise Herr H. Serres-Cousiné, Directeur artistique des Verlags Larousse, der auf eine entsprechende Frage von einem Versuch berichtete, die Wirkung der Illustrationen auf den Leser zu testen: In den letzten Nummern des 'Journal de l'année', wurde der Raum für die Illustrationen um 20% verringert, die einzelne Abbildung jedoch größer[29] und farbiger. Rückfragen bei Abonnenten und im Verlag ergaben, daß die Leser den Eindruck hatten, die Zeitschrift sei nun mehr illustriert. Das heißt, das Bild wurde nun intensiver und bewußter wahrgenommen, obwohl dafür weniger Platz zur Verfügung gestellt wurde. Auf die lexikographische Praxis übertragen, bedeutet dies, daß im Hinblick auf den Käufer zwar größere Illustrationen besser wirken, die aber, wie in 8.1 gezeigt wurde, sich oft nicht so gut zur Erklärung eignen wie ein neben dem Lemma angebrachtes kleines Bild.

Wieviel Raum für Illustrationen zur Verfügung gestellt wird, wird auf der Basis der bisherigen Erfahrungen bereits bei der Planung eines lexikographischen Werkes festgelegt, wobei auch die ungefähre Zahl der Zeichnungen respektive Photos bestimmt wird. Welches Lemma im einzelnen durch eine Illustration erläutert wird, entscheiden die Redakteure nachdem die Artikel vorliegen und gegebenenfalls die Autoren Vorschläge für Abbildungen geäußert haben. Man versucht sich hierbei an die Maxime 'Pro Seite mindestens eine Illustration' zu halten.

Auf die Entscheidung, ob ein Photo oder eine Zeichnung gewählt wird, nehmen wirtschaftliche Überlegungen keinen Einfluß, denn beide Darstellungsmittel verursachen gleich hohe Kosten, die proportional zur Größe der Abbildung variieren. Mit anderen Worten, das Copyright für die Benutzung einer Photographie und die Kosten der Anfertigung einer Zeichnung bewegen sich finanziell in etwa demselben Rahmen. Bei der photographischen Abbildung etwa von Kunstwerken, berühmten Persönlichkeiten u.ä. sind darüber hinaus Gebühren nach dem Urheberrecht zu zahlen. Doch bei diesen Gegenstandsbereichen ist ein Ausweichen auf Zeichnungen schlecht möglich[30], da das Publikum es erwartet, einen Politiker des 20. Jahrhunderts oder ein berühmtes Gemälde in dem realitätsgetreuesten Medium abgebildet zu sehen. In der Tat sind Ansichten von Gebäuden, Kunstwerken und Porträts die Gebiete, die in Enzyklopädien als erste den Einsatz der Photographie zeigen (vgl. 6.6.1).

Herr Serres-Cousiné machte dagegen auf einen Umstand aufmerksam, der die Wahl zwischen Zeichnung und Photo beeinflußt hat und weiterhin beeinflußt, nämlich auf das Fehlen von geeigneten Graphikern, in den zwei Jahrzehnten seit 1950, was zur Bevorzugung der Photographie geführt hat. In den Jahren von 1970 an sei eine neue Generation von Gebrauchsgraphikern herangewachsen, die, von der Werbung kommend, zunehmend Einfluß auf die ikonographische Gestaltung lexikographischer Werke nehme. So sei im 'Grand dictionnaire encyclopédique Larousse' von 1982-85 das graphische Element erst-

---

29 Allerdings ist zu berücksichtigen, daß folglich die Zahl der abgebildeten Gegenstände deutlich sinkt.

30 Die hier angestellte Überlegung kam bei dem Gespräch mit Herrn H. Serres-Cousiné noch nicht zur Sprache, so daß offen bleiben muß, ob nicht auch bei einer Zeichnung Urheberrechte fällig werden.

mals gebührend zur Geltung gekommen[31]. Andere Gesichtspunkte, die die Wahl eines der beiden Darstellungsmittel begünstigen könnten, kamen nicht zur Sprache (vgl. 8.4.1)

Bei einem Verlag, der seit über hundert Jahren eine Vielzahl bebilderter lexikographischer Werke herausgibt, kann man auf die grundsätzliche Frage nach den Gründen für die Illustrierung eine gut begründete Antwort erwarten. Herr Serres-Cousiné legte zunächst dar, daß Pierre Larousse aus "réflexions de pur bon sens et des raisons pédagogiques" sein Wörterbuch mit erklärenden Abbildungen versehen habe, wobei seine politische Einstellung als Sozialist für sein Bestreben nach einem möglichst allgemeinverständlichen Werk mit verantwortlich war[32]. Die heutige Praxis der Illustrierung wird, abgesehen von den in den Vorworten wiederholt genannten Gründen, durch folgende drei Leitgedanken bestimmt: Während durch eine Definition die Bedeutung eines Wortes möglichst genau umrissen wird ("renfermer le sens par la définition"), gestatte es das Bild, daß die Bedeutung sich voll entfalten kann ("ouvrir le sens par les possibilités de l'image"). Ferner schafft die Illustration zusammen mit den verbalen Teilen des Wörterbuchartikels ein gewisses Maß an informatorischer Redundanz, die zur Absicherung der Verständigung dienlich ist, so daß man sagen kann: " l'illustration habille la définition". Drittens beinhalten Illustrationen in unterschiedlichem Umfang immer eine "ouverture culturelle", insofern als sie eine unmittelbarere Verbindung mit der Welt herstellen, als dies verbal möglich wäre. Gerade Bilder, die durch ihre Detailliertheit oder den Umfang des dargestellten Realitätsausschnittes über das zur Erläuterung des Lemmas erforderliche Maß hinausgehen, haben zumindest noch diese Funktion der Information über eine bestimmte Zivilisation und Kultur.

Für die Zukunft ist geplant, daß vor allem in den enzyklopädischen Werken das Bild den Leser nicht nur informiert, sondern auch für die Problematik sensibilisiert. Dies könne z.B. beim Stichwort *faim* durch Gegenüberstellung des Bildes z.B. eines dänischen und eines afrikanischen Mädchens geschehen, wobei in den jeweiligen Legenden ihr durchschnittlicher Verbrauch von Kalorien angegeben wird; aus der rein objektiven Aussage der beiden Legenden kann bei ihrem Vergleich ein bestimmtes Problembewußtsein erwachsen: "Alors, la légende ne dénote seulement, mais connote ensuite".

Zu den derzeit in den verschiedenen Wörterbüchern enthaltenen komplexeren Illustrationen des Typs, der 1984, 186 als 'enzyklopädisch' bezeichnet wurde - das Lemma *acier* im 'Petit Larousse' beispielsweise wird von einer Karte der weltweiten Eisenerzreserven und zwei halbseitigen Illustrationen begleitet, die die Herstellung von Stahl zeigen - merkte Herr Serres-Cousiné an, die Redakteure seien bestrebt, auf dem zur Verfügung stehenden Raum die größtmögliche Zahl von Informationen zu geben. Ob derartige Informationen enzyklopädisch sind oder nicht, sei grundsätzlich nicht entscheidbar, da der Unterschied der beiden Typen von Wörterbüchern nur in der Organisation der vermittelten Information bestehe: Sprachwörterbücher listen die einzelnen Bedeutungen bzw. sachlichen Ausführungen zu einem Lemma in zahlreichen Unterpunkten auf. Dagegen findet man in ei-

---

[31] So enthält z.B. Bd. 9 "1.005 dessins, 1.465 photographies", dagegen sind in ebenfalls Bd. 9 des vorausgehenden 'Grand Larousse encyclopédique' von 1960-64 "3.187 illustrations en noir, 32 pages en couleurs", wobei von den ersten 100 Illustrationen 84 Photographien sind - der Verlag selbst macht keine genaueren Angaben.

[32] Die Anfänge der Illustrierung englischer Werke Anfang des 18. Jahrhunderts waren durch ähnliche Bestrebungen charakterisiert; vgl. 6.3.1.
Auch weitere Merkmale des 'Dictionnaire complet' von P. Larousse (1878) wie die 'Pages roses' mit fremdsprachlichen Zitaten, die Einfügung von Angaben zu berühmten Persönlichkeiten und Kunstwerken etc. finden dadurch eine zusätzliche Motivierung.

nem enzyklopädischen Wörterbuch die verschiedenen Bedeutungen bzw. sachlichen Ausführungen zu einem Lemma in einem zusammenhängenden Text (vgl. 7.5.1.1). An die Spitze des Artikels stellen die Herausgeber eine kurze zusammenfassende Beschreibung[33], um dem durchschnittlichen Leser entgegenzukommen, der in höchstens zwei Minuten rasche Aufklärung erwartet. Bei Bedarf kann er in dem restlichen Artikel detailliertere Ausführungen nachlesen. So seien die Artikel im 'Grand dictionnaire encyclopédique Larousse' (1982-85) insgesamt zu lang geraten, was seinem Absatz nicht förderlich sei.

Daher ist festzuhalten, daß die von der Metalexikographie postulierte fundamentale Unterscheidung in die beiden Typen von Wörterbüchern sich in der Praxis auflöst in eine unterschiedliche Anordnung der weitgehend gleichen Angaben, was mit den in Kapitel 7 gewonnenen Erkenntnissen in Einklang steht.

Schließlich verriet Herr Serres-Cousiné ein kleines Geheimnis, als er auf die Frage nach der Funktion von 20 Schnäbeln oder sieben Flügeln verschiedener Tiere[34] erklärte, es gebe auch Illustrationen, die vorläufig Platz für spätere Ergänzungen freihielten[35]. Auch dies zu wissen ist nützlich, wenn man die Illustrationspraxis eines Werkes so objektiv und gerecht wie möglich beurteilen will.

Gleich zu Beginn des Gesprächs wies Herr Professor Lorenzo Enriques, Vizepräsident des Verlages Zanichelli, in dem der 'Zingarelli' erscheint, darauf hin, daß in Italien die sprachliche Situation sich insofern von der in Frankreich unterscheidet, als Orthographie und Aussprache kaum Probleme bieten. Dafür seien keine Nachschlagewerke vonnöten, so daß sich italienische Wörterbücher voll auf die Inhaltsseite der Lemmata konzentrieren könnten.

Der 'Zingarelli' beherrscht mit pro Jahr etwa 100.000 verkauften Exemplaren, d.h. zwei Dritteln bis drei Vierteln aller verkauften Wörterbücher den Markt. Er wird hauptsächlich in der Scuola media, der Scuola superiore und in den Licei verwendet - überraschende Feststellungen, wenn man an den Stellenwert von Wörterbüchern insgesamt und zudem von Werken zur deutschen Sprache in der Bundesrepublik Deutschland denkt.

Herr L. Enriques erläuterte im folgenden einige Schwierigkeiten, die sich bei der Überarbeitung der zehnten Auflage des 'Zingarelli' von 1970 im Hinblick auf die elfte Ausgabe von 1983 ergaben.

Durch die Aufnahme zahlreicher neuer Wörter - die Zahl der Voci*Voce*[36] stieg von 118.000 auf 127.000 - verschob sich der Satzspiegel, so daß ab einem bestimmten Punkt alle folgenden Seiten hätten neu gesetzt werden müssen. Zudem wäre es erforderlich gewesen, die meist zu Zweiergruppen zusammengefaßten Illustrationen (vgl. Abb. 177) neu zusammenzustellen, wenn nicht mehr beide Lemmata auf derselben Seite erschienen. Da der Bleisatz der zehnten Auflage soweit als möglich wieder verwendet werden sollte, wurde zur Füllung der Seiten bei Bedarf eine größere Abbildung eingeschoben[37], so daß im folgenden der Inhalt der einzelnen Seiten in beiden Auflagen eine Zeitlang weitgehend übereinstimmt, bis sich wieder zu viele Ergänzungen akkumuliert haben. So ist die untere

---

33 Sie wird wohl von den Linguisten als sprachliche Definition mißverstanden.

34 Im 'Dictionnaire encyclopédique Larousse' von 1979.

35 Man könnte sie in Anlehnung an einen Terminus der generativen Transformationsgrammatik Platzhalterillustrationen nennen.

36 Unter *Voce* ist wohl das Lemma mit seinem Artikel zu verstehen, wobei jede abgeleitete Form, jedes Affix, jedoch nicht das *mente*-Adverb als eigene Voce gezählt wird.

37 Hier könnte man ebenfalls in Anlehnung an einen Terminus der generativen Transformationsgrammatik von einer Ausgleichsillustration sprechen.

Hälfte von Seite 1.080 der Ausgabe 1983 von einer 'aufzählenden' Illustration zu *magazzinaggio* ausgefüllt, der lexikographische Text, der jetzt nur den oberen Teil beansprucht, reichte 1970 bis ans Ende der Seite 989. Durch die Illustration wird von der folgenden Seite an die Parallelität mit der vorausgehenden Ausgabe wieder hergestellt; das Gleiche gilt für die Einfügung der 'Scala del mare' auf Seite 1.108 usw. Von daher verwundert es nicht, daß anders als in der Edizione minore von 1974[38], die ein unabhängig konzipiertes Werk darstellt - ihre Illustrationspraxis wurde in 8.1 beschrieben -, von den Lemmata nur auf den Titel der Abbildung nicht aber auf ihre sprachlich bezeichneten Teile verwiesen wird.

Im Hinblick auf Neuauflagen werden die Illustrationen einzelner Objekte, wie in Abbildung 177 gezeigt wurde, nicht direkt zum Artikel gestellt, sondern meist paarweise immerhin auf derselben (Doppel-)Seite untergebracht. Dabei kommt es vor, daß die beiden Zeichnungen in der Auflage von 1983 auf zwei Seiten erscheinen müssen, so daß jeweils eine Zeichnung neu hinzugefügt werden muß - so geschehen bei *mazzapicchio* und *mazzuolo* (1970, 1.031), wo zu ersterem ein Bild für *mazzetta* (1983, 1.125), zu letzterem *meda* (1983, 1.126) traten, wobei das entsprechende Lemma sich auf der gegenüberliegenden Seite befindet[39].

Nach diesen Ausführungen könnte man den Eindruck haben, die Illustrationen spielten im 'Zingarelli' nur die Rolle eines Füllsels oder optischen Anreizes für den Käufer. Der Verlag hat in einer Umfrage von Lehrern eine Bewertung der verschiedenen Teile des Wörterbuchs (Definitionen, Beispiele etc.) vornehmen lassen, wobei die Illustrationen am schlechtesten abschnitten: sie wurden vor allem als Zier empfunden. In der Tat sind sie sehr klar und hübsch. Die hier zutage getretene geringe Einschätzung kann jedoch nicht verallgemeinert werden: Wie Professor Enriques ausführte, werden die Illustrationen von vielen Wörterbuchbenutzern offensichtlich genau angeschaut, da der Verlag oft auf kleine Versehen aufmerksam gemacht wird[40]. So hat die italienische Imkervereinigung darauf hingewiesen, daß in der elften Auflage die Drohne mit der Königin verwechselt wurde, mehrere Benutzer monierten, daß heutzutage ein Fußball nicht mehr genäht wird usw.

Der Verlag seinerseits macht auch in den oben genannten Fällen einen überlegten Gebrauch von Illustrationen. Man verwendet bewußt die Strichzeichnung, da sie gegenüber der Photographie eine bessere Schematisierung erlaube, und damit die Klarheit der Darstellung höher sei[41] - so Frau Roberta Balboni , Chefredakteurin des 'Zingarelli', die zudem einen Katalog von neuen Bereichen bzw. Typen von Illustrationen erstellt hat, denen die Abbildungen zuzuordnen sind; hierauf wird in 8.3 zurückzukommen sein. Ferner hat die Zahl der Illustrationen von 3.200 (1970) auf 4.300 (1983) zugenommen - es werden bei aufzählenden Abbildungen die einzelnen dargestellten und bezeichneten Gegenstände als eigene Illustrationen gerechnet -, was keineswegs auf eine Geringschätzung dieses Informationsmediums durch die Herausgeber schließen läßt.

Wegen der Priorität des lexikographischen Textes erfolgt die Entscheidung über die Anfertigung einer Zeichnung nach der Abfassung des jeweiligen Artikels; die großen, komplexen Abbildungen, die zahlreiche Begriffe, zumeist terminologischer Art, einfüh-

---

38 Aus ihr stammen fast alle derartigen Illustrationen.

39 Für die Beurteilung des 'Zingarelli' wurde der Buchstabe M vollständig ausgewertet.

40 Auch Herr Serres-Cousiné erwähnte diese Art von Reaktionen, ohne ein konkretes Beispiel zu geben.

41 Vgl. Hupka 1984, 192, wo bei dem Vergleich der beiden Darstellungsmittel ebenfalls der Zeichnung der Vorzug gegeben wurde, und 8.4.1.

ren[42], wurden bei der kleinen Ausgabe von 1974 vor der Redigierung der Artikel festgelegt, bei der Ausgabe von 1983 wohl zum Teil je nach den Erfordernissen des Satzspiegels unabhängig von den Artikeln eingefügt. Dabei spielen die Kosten insofern keine Rolle, als sie nach Auskunft der beiden Gesprächspartner gleich hoch sind, egal ob man denselben Raum mit Text oder Zeichnungen füllt. Allerdings würde ein Vierfarbendruck aller Illustrationen etwa 35% teurer kommen, weshalb man bisher davon Abstand genommen hat[43].

Der Einfluß der Massenmedien (Zeitschriften, Film, Fernsehen, Video) auf die Erwartungshaltung der Käufer könne aber in Zukunft den Einsatz des Mehrfarbendrucks erforderlich werden lassen. Ferner seien aus demselben Grund neben statischen Bildern vermehrt solche zu verwenden, die etwa durch die Darstellung eines Zyklus den Eindruck einer Bewegung hervorrufen[44], wie es der Verlag Zanichelli bei rein sachkundlichen Werken bereits praktiziert.

Frau Balboni und Herr Enriques betonten auf die Frage nach dem Zweck der Illustrierung, ein Werk wie der 'Zingarelli' entstehe zwar als Wörterbuch im wortwörtlichen Sinne, gebe aber de facto auch Auskunft über die Welt. Da die Illustrationen ja aus den Enzyklopädien in die Wörterbücher kamen, seien sie e i n Mittel, um die Beziehung zur Welt herzustellen. Auch in den Definitionen, z.B. der von *Volt*, sei oft als enzyklopädisch qualifizierte Information enthalten, nämlich die Angabe, wie diese Maßeinheit definiert ist. Daher sei der 'Zingarelli' im Prinzip ein enzyklopädisches Wörterbuch, wozu auch noch der onomastische Anhang beitrage[45]. Ähnlich hatte sich Herr Serres-Cousiné vom Verlag Larousse geäußert, so daß die lexikographische Praxis die vorherrschende metalexikographische Theorie der Unterscheidung in enzyklopädisches und Sprachwörterbuch in einem anderen Licht erscheinen läßt[46].

8.3 Typen von Illustrationen

Jede Klassifikation von Erscheinungen wird immer in Hinblick auf ein Ziel erstellt, in Hinblick auf ein bestimmtes Erkenntnisinteresse. Die Illustrationen sind folglich in erster

---

42 Dies ist nach Aussage der beiden Gesprächspartner ihre Raison d'être.

43 Abgesehen davon eignen sich reine Umrißzeichnungen, die das Gros der Illustrationen ausmachen, nicht für eine mehrfarbige Wiedergabe. Außerdem ist nur bei einigen Gegenstandsbereichen (Lebewesen, Pflanzen, Minerale, Farben etc.) der Einsatz der Farbe sinnvoll.

44 Der 'Petit Larousse' enthält seit Jahren derartige Illustrationen, z.B. zu *Fabrication de l'acier* in der Ausgabe 1971.

45 Da die Namen nur im Anhang erscheinen, sind sie nach der hier vertretenen Auffassung für die Beurteilung des Wörterbuchs nicht von Belang.

46 Zugleich Sprachwissenschaftler, Metalexikograph und Lexikograph äußert sich K. Baldinger (1974, XXXI sq.) zu der hier aufgeworfenen Frage, denn er gibt dem Artikel *garnis(s)eur* 'artisan qui garnit (une épée, un couteau, une selle, etc.)' seines 'Dictionnaire étymologique de l'ancien français' zwei Belegstellen bei, die die Beschäftigung von Lehrlingen und die Steuerabgaben betreffen: "D'aucuns diront probablement qu'il s'agit là de renseignements *d'ordre encyclopédique* concernant les faits de civilisation plutôt que les faits linguistiques. Je n'en suis pas aussi convaincu. Ces informations sur l'entourage réel nous permettent de mieux saisir les significations et leur connotations. Ce complément d'informations me paraît d'autant plus important que le dictionnaire concerne une époque du passé pour laquelle notre conscience métalinguistique du frm. constitue un danger plutôt qu'une aide" (Hervorhebung K.B.).

Linie von ihrer primären[47] Funktion her zu beurteilen, die darin besteht, die Bedeutung des Lemmas zu erläutern und dadurch das Informationsangebot der Definition, der Beispiele und des restlichen Wörterbuchartikels zu ergänzen[48]. Daher wird die Art der Illustrierung, d.h. der Bildtyp von dem zu erklärenden Wort abhängen - eine Pleuelstange muß mit anderen Teilen des Motors abgebildet werden, eine Zündkerze nicht -, wobei je nach Darstellungsweise die gewünschten Informationen der Abbildung mehr oder weniger leicht und vollständig entnommen werden können. Dies hängt ab vom Format, der Komplexität, der technischen Qualität (Klarheit des Drucks, Kontrastreichtum), der Wahl einer Photographie oder Zeichnung und gegebenenfalls von der Verwendung des Mehrfarbendrucks (zum Teil nach A. Moles 1972, 61). Derartige mehr technische Aspekte sind unabhängig von dem erstgenannten Gesichtspunkt der verschiedenen Bildtypen und sollen in 8.4 aus der Perspektive der Semiotik und Kognitionspsychologie untersucht werden.

Ein dritter Parameter ist der Grad der Ähnlichkeit zwischen dem dargestellten Objekt und der Abbildung. C.S. Peirce, der 1867 die Dreiteilung der Zeichen in Ikon, Index und Symbol begründet hatte, sieht ikonische Zeichen durch ihre Ähnlichkeit mit dem dargestellten Objekt definiert: "An *Icon* is a sign which refers to the object that it denotes merely by virtue of characters of its own,... Anything whatever be it quality, existent individual, or law, is an Icon of anything, in so far as it is like that thing and used as a sign of it" (C. Hartshorne/ P. Weiss (eds.) 1965, § 2.247). "The Icon has no dynamical connection with the object it represents; it simply happens that its qualities resemble those of that object, and excite analogous sensations in the mind for which it is a likeness" (§ 2.299).

Die Bemühungen verschiedener Forscher, das Konzept der Ikonizität weiterzuentwikkeln, haben unter anderem zu der Erkenntnis geführt - dies wurde 1984, 180 f. referiert, vgl. Kap. 17 -, daß ihr Verständnis durch die in einer Kultur gebräuchlichen Darstellungsverfahren geprägt ist[49] und sie keineswegs eine einer Abbildung unabhängig davon inhärente Eigenschaft ist[50]. In Kenntnis dieser kulturspezifischen Bedingtheit von Ikonizität hat A. Moles (1972, identisch 1972a und 1981) eine zwölfstufige Skala vorgeschlagen, auf der die verschiedenen Medien der Nach- oder Abbildung eines Objekts (Modell, Photographie, Zeichnung, Schema etc.) nach dem Grad ihrer Ähnlichkeit mit dem Orginal oder dem umgekehrten Grad ihrer Abstraktion angeordnet sind. Obwohl diese Klassifikation nicht in Hinblick auf die Illustration von Wörterbüchern erstellt wurde, und nicht alle Typen dafür Verwendung finden können[51], sei sie wegen ihrer grundsätzlichen Bedeutung hier wiedergegeben (Schema 9 auf der nächsten Seite).

---

47 Die ästhetische Funktion des optischen Anreizes wird als sekundär angesehen.

48 Der lexikographische Text kann sich Null annähern, wenn z.B. im 'Duden Bedeutungswörterbuch' von 1970 zu *Specht* sich nur der Hinweis findet: "ein Vogel (siehe Bild)".

49 Es ist etwa an die in der Renaissance aufgekommene Zentralperspektive zu denken.

50 Vgl. ausführlicher hierzu W. Nöth (1985, 111-120), S.D. Sauerbier (1985, 35-39), M. Muckenhaupt (1986, 116-123).

51 Bei Bedarf könnte beispielweise die Nr. 6 bei Moles, *Vue 'éclatée'* der im folgenden entwickelten Klassifikation hinzugefügt werden. Er bildet in 1972a (38-40) und 1981 (104-107, 114 f.) verschiedene Beispiele für seine Typologie ab.

Nº	Définition	Critère	Exemples variés
0	L'objet lui-même.	Mise éventuelle entre parenthèses au sens de Husserl.	La vitrine de magasin, l'exposition. Le thème du langage naturel de Swif à Laputa.
1	Modèle bi- ou tridimensionnel à l'échelle.	Couleurs et matériaux arbitraires.	Étalages factices.
2	Schéma bi- ou tridimensionnel réduit ou augmenté. Représentation anamorphosée.	Couleurs ou matériaux choisis selon des critères logiques.	Carte à 3 dimensions : globe terrestre, carte géologique.
3	La photographie ou projection réaliste sur un plan.	Projection perspective rigoureuse, demi-teintes, ombres.	Catalogues illustrés, affiches.
4	Dessin ou photographie dits « détourés » (opération visuelle de l'universal aristolélicien). Profils en dessin.	Critères de *continuité* du contour et de *fermeture* de la forme.	Affiches, catalogues, prospectus.
5	Schéma anatomique ou de construction.	Ouverture du carter ou de l'enveloppe. Respect de la topographie. Arbitraire des valeurs, quantification des éléments et simplification.	Coupe anatomique, coupe d'un moteur à explosion. Plan de câblage d'un récepteur de radio. Carte géographique (fig. 3).
6	Vue « éclatée ».	Disposition perspective des pièces selon leurs relations de voisinage topologique.	
7	Schéma de principe) (électricité et électronique).	Remplacement des éléments par des *symboles* normalisés. Passage de la topographie a la topologie. Géométrisation.	Plan schématisé du métro de Londres. Plan de câblage d'un récepteur de TV ou une partie de radar. Schéma unifilaire en électrotechnique.
8	Organigramme ou Block schéma.	Les éléments sont des boîtes noires fonctionnelles, reliées par des connections logiques : analyse des fonctions logiques.	Organigramme d'une entreprise. Flow chart d'un programme d'ordinateur. Série d'opérations chimiques.
9	Schéma de formulation.	Relation logique et topologique dans un espace non géométrique entre éléments abstraits. Les liaisons sont symboliques, tous les éléments sont visibles.	Formules chimiques développées. Sociogrammes.
10	Schéma en espaces complexes. schématiques (flèche,	Combinaison dans un même espace de représentation d'éléments schématiques (flèche, droite, plan, objet) appartenant à des systèmes différents.	Forces et positions géométriques sur une structure métallique : schémas de statique graphique, polygone de Crémona.
11	Schéma en espace purement abstrait et schéma vectoriel.	Représentation graphique dans un espace métrique abstrait, de relations entre grandeurs vectorielles.	Graphique vectoriels en électro-technique. Triangle de Kapp. Polygone de Blondel pour un moteur asynchrone. Diagramme de Maxwell. Objets sonores, triangle des voyelles.
12	Description en mots normalisés ou en formules algébriques.	Signes purement abstraits sans connexion imaginable avec le signifié.	Équations et formules. Textes.

Schema 9: 'Echelle d'iconicité décroissante ou d'abstraction croissante' nach A. Moles (1972, 52 f.).

Wohl unabhängig von A. Moles hat M. Twyman (1979) eine 28stellige Matrix zur Klassifikation von "graphic language" (S. 117) entwickelt, die auf der einen Achse zwar sieben Typen der Anordnung z.B. der Bilder unterscheidet ("Pure linear, Linear interrupted, List, Linear branching, Matrix, Non-linear directed viewing, Non-linear most options open", S. 120), aber auf der anderen Achse nur in Sprache, Bild und Text, Bild allein und Schema trennt. Daher erscheint diese Typologie nicht nur für den hier vorliegenden Zweck als zu grob. M. Twyman (1979, 117) spricht selbst von "somewhat crude categories".

Die sieben Typen von P. Duchastel/R. Waller (1979) werden zwar nach funktionalen Kriterien bestimmt, stellen aber eine eher zufällige Auswahl möglicher Typen dar, da vielleicht zu wenig Bildmaterial zugrundegelegt wurde. Die beiden Autoren unterscheiden die folgenden Funktionen: "descriptive, expressive, constructional, functional, logico-mathematical, algorithmic" und "data-display" (S. 21-24). Gegen die Bestimmung der Funktionen und die Veranschaulichung mit Beispielen kann nur eingewandt werden, daß die expressive Funktion nach einem anderen Kriterium als die übrigen definiert wird. Im Hinblick auf die im folgenden erstellte Klassifikation der Illustrationen in Wörterbüchern erscheint die Unterscheidung in die Typen vier bis sieben als zu detailliert, während andere wichtige fehlen.

Wiederum ohne Bezug auf seine Vorgänger stellt J. Doblin (1980) eine vom Grad der Abstraktion bestimmte sechsstufige Skala ikonischer Informationsvermittlung auf, die mit der von A. Moles in wichtigen Teilen übereinstimmt. Doblin unterscheidet "models, photographs, drawings, drafting and maps, charts and graphs" und als abstrakte Einheiten "marks" (S. 93), etwa "geometricized symbols with ascribed meaning" (S. 95). Weiter differenziert er innerhalb der ersten fünf Typen auf nicht ganz nachvollziehbare Weise zusätzlich jeweils mehrere Abstraktionsgrade: So ist eine mehrfarbige Zeichnung natürlich realistischer als eine einfarbige, weitere Kriterien werden jedoch nicht recht klar. Durch dieses zusätzliche Kriterium (bzw. wohl durch mehrere) wird die Anordnung bei Doblin zweidimensional.

M. Krampen (1973) verbindet den Begriff der Ikonizität mit dem des Modells, um ersteren zu präzisieren, bringt jedoch nur zu den Ikonizitätsstufen 1 und 2 bei Moles, die für die Lexikographie ohnehin nicht von Belang sind, einige Klarstellungen. Doch auch eine Zeichnung ist in gewisser Weise ein Modell des dargestellten Gegenstandes, wobei die strukturellen Eigenschaften des Originals nach einem bestimmten Kanon in die Zweidimensionalität überführt werden. Wie M. Krampen (1985, 4) zu entnehmen ist, hat U. Volli (1972, 1975) "durch das Einbringen der Theorie der geometrischen Transformation in die Ähnlichkeitsdebatte eine gewisse Klarheit geschaffen". Das heißt, U. Vollis vier Typen sind exakt definiert und entsprechen den Nummern 1, 2, 3-4 und 7 der Klassifikation von A. Moles , die somit bestätigt wird; Moles differenziert aber darüber hinaus noch weiter.

Da die Illustrationen in einem Wörterbuch zwar ikonische Zeichen sind, sich jedoch auf bestimmte sprachliche Zeichen (Symbole), nämlich die Lemmata beziehen, hat eine Typologie diesen beiden Aspekten Rechnung zu tragen. Die 1984 aus den in fünf französischen Wörterbüchern beim Buchstaben A vorgefundenen Illustrationen abgeleitete Typologie - sie versucht die beiden Gesichtspunkte zu verbinden - wurde in der hier vorliegenden Arbeit bis jetzt beibehalten. Sie hat sich auch zur Erfassung der historischen Entwicklung bewährt und müßte nur etwas verfeinert und ergänzt werden; sie ist in Kap. 17 wiederabgedruckt[52]. Wenn im folgenden die unterschiedenen Typen kurz charakterisiert werden - ausführlicher und mit weiteren Beispielen 1984, 181-187 -, erfolgt ein Verweis sowohl auf ein heutiges Beispiel und soweit möglich auf eines aus einem früheren Jahrhundert.

1. Unikale Illustration [53] soll den 1984, 181 benutzen Terminus "rein definitorische Illustration" ersetzen, da die ersten der acht hier unterschiedenen Typen eigentlich alle rein definitorisch sind. Darstellung eines einzelnen Objekts; vgl. Abb. 47 und 1. Ist das Lemma ein Verb, wird meist - Abbildung 163 ist hier eine Ausnahme - eine umfangreichere Illustration erforderlich, da ein Verb z.B. eine Handlung eines Aktanten in einem Raum bezeichnet (Abb. 22). Dies gilt umso mehr bei transitiven Verben, da hier mindestens zwei Aktanten involviert sind (Abb. 23) und dementsprechend auch für idiomatische Wendungen, wie sie in Abb. 39-41 veranschaulicht werden. Alle diese Illustrationen können als unikal bezeichnet werden, da sie den Inhalt eines Lemmas unmittelbar zum Ausdruck bringen und nicht etwa auf benachbarte Konzepte (vgl. Nr. 4) oder funktionale Aspekte (vgl. Nr. 5) Bezug nehmen.

2. Aufzählende[54] Illustration[55] (1984, 181 f.). Sie ist in gewisser Hinsicht paradigmatisch (Josette Rey-Debove 1971, 36) und bringt Abbildungen verschiedener Typen des mit dem Lemma bezeichneten Objekts; vgl. Abb. 70, 121 und 27, 162. Erforderlich, wenn das Erscheinungsbild des Objekts schwankt, sei es aus Gründen der Mode, der technischen Entwicklung, sei es, weil es einen typischen Verreter nicht gibt, z.B. für *Hund.* Daher besonders bei Klassenbezeichnungen, z.B. *Zitrusfrüchte, Pilze, Vögel,* angebracht (vgl. Abb. 106 und 134), oder um die verschiedenen Bedeutungen eines Lexems zu veranschaulichen (Abb. 4, 168).

2.1 Eine Variante dieses Typs ist das in Abbildung 188 gezeigte Flußdiagramm, das durch die einzelnen Bilder eine aufzählende Illustration darstellt, die jedoch in bestimmter Richtung gelesen werden soll. Ohne die Bilder wäre das Flußdiagramm zu Typ 8 (Funktionsschema) zu rechnen.

3. Sequentielle Illustration. Abbildung des gleichen Gegenstandes in verschiedenen Phasen. Geeignet etwa zum Ausdruck einer Bewegung; vgl. Abb. 30, 172. Offensichtlich handelt es sich um einen neueren Illustrationstypus.

---

52 Die Funktion der Illustrationen sahen J. und C. Dubois (1971, 27) darin, daß sie 1. ein "élément de description" ist (= Typ 1 der folgenden Klassifikation), 2. ein "complément du texte" als "résumé visuel" ist (= Typ 8), 3. ein "regroupement d'éléments disséminés" leistet (= Typ 4-7), 4. ein "document en elle-même" ist, "elle se lit comme un texte" wie eine "carte économique" (=Typ 6-8?). Diese Klassifikation betont zwar mehr die funktionalen Aspekte, ist aber mit der hier vorgestellten kompatibel, wenn sie auch noch zu wenig differenziert.

53 Roberta Balboni vom Verlag Zanichelli unterschied bei dem Gespräch fünf Arten von Illustrationen, worunter sich ein Typ für "singoli oggetti" befindet, z.B. für *blister, personal computer* und *pluviometro*.

54 Das 1984 hier und im folgenden hizugefügte Adjektiv *definitorisch* wird der Kürze halber weggelassen; ferner versteht sich von selbst, daß diese Illustrationen die Definition unterstützen.

55 Roberta Balboni trennt hier in "tipologie" wie für *autoveicoli, fungo, veliero* und "tavole tematiche" wie für *strumenti musicali, dolci, mobili*. Beides sind zwar aufzählende Abbildungen, doch könnten erstere eher naturwissenschaftliche Klassifizierungen sein, letztere mehr freie Aufzählungen von Dingen eines Gegenstandsbereiches. Die von Roberta Balboni gebrachten Beispiele sind auf jeden Fall nicht gut gewählt.

4. Strukturelle Illustration (1984, 182 f.). Abbildung des interessierenden Objekts nur im Zusammenhang mit den angrenzenden Teilen sinnvoll, da es wesentlicher Teil einer Struktur ist; vgl. Abb. 107, 144, 145, 135 und 16. Dabei kann der fragliche Gegenstand durch verstärkte Umrißlinien, einen Pfeil oder durch Einrahmung hervorgehoben werden. Es ist Josette Rey-Debove (1971, 36) nicht zuzustimmen, daß erst dadurch die Lektüre des Bildes quasi in syntagmatischer Hinsicht gesteuert wird - sie ist vielmehr bereits in der Struktur der Darstellung begründet, wobei die Hervorhebungen wie Unterstreichungen in einem Text wirken.

5. Funktionale Illustration[56]. Bei bestimmten Objekten, vor allem technischen Geräten, ist zu ihrem Verständnis weniger die Kenntnis ihres äußeren Aussehenes als ihres inneren Aufbaus und der Prinzipien ihres Funktionierens erforderlich; vgl. Abb. 94, 164, 185, 186.

6. Nomenklatorische[57] Illustration[58]. Inhaltlich wid darunter eine umfangreiche Darstellung verstanden, die unter anderem auch das Stichwort erläutert, das jedoch primär Anlaß gibt, Nomenklaturen bestimmter Bereiche im Bild vorzuführen. In reinster Form wird dieser Typ in den Duden Bildwörterbüchern verwirklicht, die keinen sonstigen lexikographischen Text enthalten; begegnet seit dem 19. Jahrhundert vermehrt auch in Wörterbüchern[59]; vgl. Abb. 62, 129, 130 und 8, 180.

7. Szenische Illustration[60]. Im Unterschied zur nomenklatorischen Abbildung wird ein Ausschnitt des alltäglichen Lebens graphisch wiedergegeben (Bauernhof, Hafen, Straßenszene, Strand, Theater usw.), um das dabei in den Blick kommende Vokabular, das nur in geringem Umfang terminologischer Art ist, zu erfassen. Das Lemma liefert auch hier nur das Stichwort für die Illustration; vgl. Abb. 9, 44 und 183, 184. Dazu zählen auch die Darstellungen von Arbeitsvorgängen in den 'Descriptions des arts et métiers' (1761 ff.), der 'Encyclopédie' (1762 ff.) und einigen weiteren Enzyklopädien (siehe Abb. 75-82, 84-91), die oft von einer aufzählenden Illustration der Werkzeuge begleitet werden. Doch kann eine szenische Darstellung auch den Zweck verfolgen, eine bestimmte Gruppe von Wörtern - beliebt sind Präpositionen -, also die einzelnen Elemente eines Wortfeldes vergleichend zu veranschaulichen; vgl. Abb. 13 und 14.

8. Funktionsschemata[61]. Sie unterscheiden sich von den funktionalen Illustrationen[62] nicht nur dadurch, daß sie nicht den Aufbau eines einzelnen Objekts zeigen, sondern

---

56 = 1984, 183: Funktionsschema

57 = 1984, 185: ostensive Illustration

58 Roberta Balboni faßt unter "Nomenclatura" Illustrationen zu *bicicletta*, *automobile* und *motore* zusammen. Die Typen 3, 4 und 5 erwähnt sie nicht, wohl weil sie im 'Zingarelli' seltener vorkommen; doch zu *pompa* oder *sifone* finden sich drei funktionale Illustrationen.

59 Es wäre interessant, nunmehr die Geschichte der einzelnen Typen zu erforschen, um festzustellen, ab wann ein bestimmter Typ in einem Wörterbuch auftritt.

60 Bei Roberta Balboni "Grandi impianti" wie *aeroporto*, *miniera*, *supermercato*.

61 R. Werners Beispiel für diesen Typ ist *Clorofila* (1982, 80).

auch durch ihren höheren Abstraktionsgrad[63]: das ikonische Element spielt eine untergeordnete Rolle oder fehlt ganz; wesentlich sind die funktionalen Zusammenhänge, weshalb auch Flußdiagramme, chemische Formeln und Musiknoten hierzu gerechnet werden können[64]. Daher sind die bei R. Werner (1982, Abb. 19 f.) wiedergegebenen Darstellungen zu *relaciones de parentesco* und *períodos de tiempo* als Funktionsschemata zu bezeichnen, wenn sie auch gleichzeitig als enzyklopädische Illustrationen (siehe den nächsten Typ) einen relativ konkreten Aspekt der Abstrakta *parentesco* und *tiempo* veranschaulichen. So wird etwa in Abbildung 98 schematisch dargestellt, wie die Bestimmung der geographischen Breite erfolgt, in Abbildung 195 der Prozeß der Papierherstellung erläutert, in der folgenden der Kreislauf des Stickstoffs.

9. Enzyklopädische Illustration (1984, 185-87). Es wird ein oft willkürlich gewählter Teilaspekt des Lemmas veranschaulicht, das wohl immer ein Abstraktum ist und somit nur indirekt in Form eines 'Beispiels für X' illustrierbar ist. Wenn in Abbildung 189 zu *Chemin de fer* sechs Lokomotiven gezeigt werden, ist dies eine der vielfältigen Erscheinungsformen der unter dem Abstraktum *Chemin de fer* zusammengefaßten Elemente der Realität. Der Untertitel der Tafel "Matériel de traction" weist jedoch auf den hier ausgewählten Aspekt hin, so daß die Illustration unter diesem Aspekt als aufzählend zu bezeichnen ist. Trotzdem bleibt die Seite mit den Lokomotiven in Bezug auf *Chemin de fer* enzyklopädisch, denn die Wahl des "Matériel de traction" ist ein Beispiel zur Veranschaulichung des Abstraktums *Chemin de fer. Apartheid* kann nur durch ein Beispiel ihrer Auswirkungen auf die Menschen veranschaulicht werden: Der 'Dictionnaire Hachette' (1980) zeigt einen Kiosk mit getrennten Schaltern für Weiße und Farbige (1984, 186, Abb. 18, siehe Kap. 17). Folglich bezieht sich die Qualifizierung als enzyklopädisch nicht wie die vorausgehenden acht auf die Charakteristika des Bildes, sondern auf das hier notwendigerweise weniger enge Verhältnis zwischen Lemma und Illustration. Realisiert werden muß auch eine enzyklopädische Illustration immer in einem der acht Bildtypen; vgl. Abb. 100 zum Stichwort *allume*.

Zusammenfassend ist festzustellen, daß der erste der unterschiedenen Bildtypen als einfache Illustration bezeichnet werden kann, demgegenüber die anderen in unterschiedlicher Weise komplex sind, wobei die Entscheidung für einen der acht Darstellungstypen weitgehend von der Art der Lemmata abhängig zu sein scheint. Denn die hier vorgeschlagene Klassifikation berücksichtigt das Verhältnis zwischen bildlicher Darstellung und Bedeutung des Lemmas und versucht damit der Funktion der Illustration im Wörterbuch Rechnung zu tragen.

---

[62] Da A. Moles (1972) zwischen "Schéma ... de construction" (Nr. 5) auf der einen Seite und "Schéma de principe" (Nr. 7) und einigen weiteren (Nr. 8-11) unterscheidet, und R. Werner (1982, Anm. 9) "zwischen dem Typ von Abbildung, der über Aufbau und Zusammensetzung eines Objekts, und dem Typ, der über funktionale Zusammenhänge Aufschluß gibt," trennt, werden letztere als Funktionsschemata aus der obigen 5. Klasse ausgegliedert, mit der sie 1984, 183 noch zusammengefaßt waren.

[63] Zur Gestaltung und zum kommunikativen Effekt von Funktionsschemata und Graphen siehe L.V. Peterson/W. Schramm (1954), W.G. Holliday (1976) und vor allem J. Bertin (1967) und (1977).

[64] Sie nehmen bei Moles (1972, vgl. Schema 9) die Ikonizitätsstufen 8 bis 11 ein. In Übereinstimmung mit ihm erscheinen anders als 1984, Anm. 25 die mathematischen Formeln nicht hier, sondern werden wie die Sprache als Symbolsystem angesehen.

In Kenntnis der 1983 vorgeschlagenen Typologie (erschienen 1984) hat R. Werner (1982, erschienen 1983) eine "Klassifikation nach funktionalen Kriterien", "eine Idealtypologie nach möglichen Funktionen der Abbildungen" (Anm. 1 bei R. Werner) unternommen, die hier im Überblick wiedergegeben werden soll. Mögliche "Aufgaben der bildlichen Illustration" sind nach R. Werner (1982, 65):

a) "Ostensive Erklärung zur Vermeidung zirkulärer Bedeutungsexplikationen"
b) "Visuelle Identifikation von Begriffen als Ersatz für die Beschreibung analytisch nicht darstellbarer Bedeutungen"
c) "Informationsredundanz zur Informationsbeschleunigung und -absicherung"
d) "Vermittlung notwendiger enzyklopädischer Information"
e) "Veranschaulichung paradigmatischer und assoziativer Beziehungen zwischen lexikalischen Einheiten"
f) "allgemeine lernpsychologische Effekte"

In der Tat hat R. Werner hier sechs Funktionen von Illustrationen aufgefächert, die sich zwar weitgehend überschneiden, so daß eine Illustration in der Regel mehr als eine Funktion erfüllen wird. So bewirkt jede Abbildung in einem Wörterbuch eine "ostensive Erklärung" (a) und "visuelle Identifikation" (b)[65]. R. Werner hat durch die Wahl seiner Beispiele, spanisch *rojo* und *redondo*, zwei Fälle herangezogen, bei denen dieselbe Information durch die Sprache nur schwer oder kaum gegeben werden könnte. Dies deutet darauf hin, daß bestimmte Informationen über die Realität verbal nur schlecht zu kodieren sind. Ferner bewirkt jede Abbildung eine "Informationsredundanz" (c), außer sie befindet sich in einem reinen Bildwörterbuch, so daß auch dieses Kriterium zusammen mit den beiden anderen auftreten wird. Selbst bei *rojo* und *redondo* können auch sprachliche Angaben zur Bedeutung gemacht werden. Die Beispiele *greca* ('Mäander') und *esquí* (S. 70-76) zeigen im ersten Fall die Grenzen verbaler Beschreibungen und im zweiten, daß auch eine umfassende und klare Definition durch eine Abbildung aus den in c) genannten Gründen ergänzt werden sollte.

Was R. Werner unter "notwendiger enzyklopädischer Information" (d) versteht, soll nach der Auseinandersetzung in 7.2 nur noch an seinen Beispielen (S. 78-80) nachvollzogen werden: "Information über verschiedene Untertypen der Objektklasse" (S. 78), hier sieben Kanus. "Einbettung in größere Sachzusammenhänge oder Sachkomplexe" (S. 79), dargestellt am Rektum und umliegenden Teilen des menschlichen Körpers. "Information über ... Teile des Objekts ..." (S. 79) - zu *cráneo* werden neun Teile des Schädels benannt. Und schließlich: "Information über funktionelle Zusammenhänge" (S. 79); Beispiel *Clorofila*, das in der hier vorliegenden Arbeit als Funktionsschema bezeichnet wurde. Was an diesen Beispielen enzyklopädisch sein soll, bleibt nach der in Kapitel 7 geführten Diskussion unerfindlich. Die sieben Kanus und neun Teile des Schädels sind ebensowenig enzyklopädisch wie Werners Beispiel *greca* (S. 71); das Rektum ist nun einmal ein bestimmter Teil des Darmes, der ohne die angrenzenden Partien nicht lokalisiert werden kann. Beim Chlorophyll enthält das Funktionsschema zwar nur das Schulwissen über seine Funktion, derartige Angaben werden nach der in 7.2 kritisierten Position der Metalexikographie meist als enzyklopädisch bezeichnet. Eine Konsequenz aus R. Werners Verwendung des

---

65 Es ist fraglich, ob die beiden Dinge überhaupt trennbar sind, denn die ostensive Erklärung besteht ja in der visuellen Identifikation. R. Werner hat sich zur Unterscheidung von a) und b) veranlaßt gesehen, weil zweierlei rein methodologische Probleme der verbalen Definition durch eine Abbildung vermieden werden können. Doch sollte dies nicht zweierlei Funktionen der Illustration begründen.

Begriffes *enzyklopädisch* in Bezug auf seine Beispiele besteht darin, alle komplexen Abbildungen als enzyklopädisch zu betrachten.

Andererseits ist R. Werner zuzustimmen, daß komplexe Illustrationen der "Veranschaulichung paradigmatischer und assoziativer Beziehungen zwischen lexikalischen Einheiten" (e) dienen. Sie erfüllen zwar auch die mit (a) und (c) bezeichneten Aufgaben, aber darüber hinaus noch die Funktion (e). "Allgemeine lernpsychologische Effekte" (f) hat natürlich wiederum jede gut gelungene Illustration und kann somit zu den Funktionen (a), (c) und (e) hinzukommen, wenn auch Lernwörterbücher diesen Aspekt betonen müssen, worauf R. Werner selbst hinweist.

Somit erweist sich Werners Klassifikation von Illustrationen als eine Auffächerung ihrer wohl wichtigsten Funktionen, wobei bei a) und c) der Vergleich mit den Ausdrucksmöglichkeiten der Sprache im Vordergrund steht[66]. Während für Werners Typ b) und d) sich keine eigene Funktion hat bestimmen lassen, sind e) und f) unbestritten Leistungen von Bildern. Jedoch erfüllen alle Illustrationen im Prinzip[67] gleichzeitig jede der verbleibenden Funktionen, so daß aus diesem Grund eine Zuordnung bestimmter Typen von Abbildungen zu bestimmten Funktionen nicht möglich erscheint[68].

Auf dem Euralex Seminar der University of Leeds vom 1. - 3. April 1985, das unter dem Motto stand 'The Dictionary and the Language Learner' hat R.F. Ilson einen Vortrag zum Thema 'Illustrations in Dictionaries' gehalten[69], wobei er nicht nur Abbildungen, sondern auch Baumgraphen und Matrizen mit semantischen Merkmalen oder Selektionsrestriktionen sowie die tabellarische Anordnung sprachlicher Daten, etwa die Gegenüberstellung von *entre* und *parmi* im DFC, berücksichtigt. Zum Vergleich mit der in der hier vorliegenden Arbeit entwikkelten Typologie soll nur die Klassifizierung der ikonischen Zeichen herangezogen werden. R.F. Ilson geht im Prinzip von den Wörtern und Wortarten aus und ordnet ihnen bestimmte Illustrationen zu, wobei er versucht, eine von C.J. Fillmore (1978) erstellte Typologie von lexikalischen Strukturen in den Abbildungen wiederzufinden.

I. "Single Noun": *Cloverleaf* plus Bild, *spiral* plus drei gezeichnete Spiralen. Entspricht der unikalen Illustration, bzw. der aufzählenden, die aber beide nicht auf Nomina beschränkt sind.

II. "Groups of Nouns".

   a. "Taxonomy": *Nails* plus drei verschiedene Nägel, *quadrilaterals* plus sechs Vierecke (Trapez, Rhombus etc). Entspricht wiederum der aufzählenden Illustration und stellt verschiedene Realisierungen eines Oberbegriffs dar. Dagegen waren die drei Spiralen nur Varianten.

   b. "Partonomy": *Bicycle* plus Bild mit 23 seiner Teile, *rifle* plus vier Teile. Entspricht der nomenklatorischen Illustration und nicht der strukturellen, da nicht das Pedal oder die Speichen das die Abbildung auslösende Lemma sind, sondern *bicycle*. C.J. Fillmore (1978, 163) weist diesbezüglich auf die 'Teil-von-Relation' hin, die

---

66 Auf diesen Aspekt wird in 8.6 zurückzukommen sein.

67 Abgesehen von Funktion (e), wozu es einer komplexen Abbildung bedarf.

68 Dagegen vertritt R. Werner die Ansicht, es sei "sinnvoll", die beiden Bereiche "zueinander in Bezug zu setzen" (Anm. 1).

69 T. Herbst stellte das Handout des Vortrags zur Verfügung. Der Beitrag R.F. Ilsons ist erschienen in: A. Cowie (ed.) 1987.

durch strukturelle Illustrationen (obiger Typ 4) zum Ausdruck gebracht werden kann - ein Typ, der bei Ilson nicht vorkommt, obwohl er in Wörterbüchern häufig ist.

c.-e. "Paradigm", "Cycle" und "Chain" werden nach Ilson nicht durch Illustrationen realisiert, obwohl manche Funktionsschemata den beiden letzten entsprechen; vgl. Abb. 195 und 196.

f. "Network". Der 'family tree' entspricht dem Funktionsschema, wobei dieser Begriff weiter ist. Als Beispiel für diesen Typ hatte bereits C.J. Fillmore Verwandtschaftsbeziehungen im Auge (1978, 164).

g. "Frame, Situation". Die wiedergegebene Straßenszene (zu *Street*) entspricht dem Typ der szenischen Illustration; die drei Entwicklungsstufen einer Biene, die auf einer Abbildung des NDFC (zu *abeille*) vereinigt sind, können als eine Verbindung von aufzählender (die drei Bienen) und enzyklopädischer Illustration betrachtet werden, da der Begriff der szenischen Abbildung enger gefaßt wird.

III. "Groups of Prepositions". Das Aquarium zur Erläuterung der Präpositionen ist den szenischen Illustrationen zuzuordnen.

IV. "Groups of Verbs". Die aus C.K. Ogden, The ABC of Basic English (1940, 167)[70] entnommene Figur mit den zahlreichen Handbewegungen stellt eine sequentielle Illustration dar, die 'Verbs of mouvement' aus dem LASDE (1983), vgl. Abb. 182, die auch Ilson anführt, eine aufzählende.

V. "Sense Development: Polysemy". Hier werden zu englisch *arm* und spanisch *ala* aufzählende Illustrationen gezeigt, die die verschiedenen Bedeutungen der zwei Wörter veranschaulichen. Zwei weitere stellen Szenen dar[71] - sie sind wie *arm* wieder aus dem unter IV. erwähnten Werk von C.K. Odgen entnommen[72] -, die zusammen mit der Legende den Gebrauch des Modalverbs *may* erklären helfen. Ein solcher Gebrauch szenischer Darstellungen ist eher für Lernwörterbücher charakteristisch und wurde bei der eigenen Typologie noch nicht berücksichtigt.

VI. - X. Betreffen Matrizen und Baumgraphen.

XI. "Pedagogical Application". Mit einer unikalen Illustration zu französisch *demander* aus dem DFLE von 1978.

Überblickt man die von R.F. Ilson vorgenommene Klassifikation, fällt das Fehlen eines einheitlichen Kriteriums auf: Für I. bis IV. geht er in allerdings unsystematischer Weise von den Wortarten aus; so fehlen z.B. die Adjektive (vgl. Hupka 1984, 178 f.), ferner der Typ 'Single Preposition', 'Single Verb' etc. Ilson interessiert vor allem, wie die einzelnen Wortarten illustriert werden, was nicht zu einer Typologie der Illustrationen führt, da er dem ikonographischen Aspekt der verwendeten Abbildungen offensichtlich[73] keine Beachtung schenkt. Auf die eingangs von 6.3 aufgestellten drei Parameter bezogen, berücksichtigt Ilson nur den ersten (Bezug zum Lemma). Bei V. und XI. kommen zwei andere Gesichtspunkte, d.h. weitere Funktionen von Abbildungen in den Blick - ähnliches gilt auch für VI. - X. -, wodurch der Eindruck verstärkt wird, daß Ilson vor allem die verschiedenen

---

70 Es sei angemerkt, daß es sich hierbei nicht um ein Wörterbuch, sondern um ein metalexikographisches Werk handelt.

71 Darunter ist eine Sequenz von drei Szenen.

72 Es enthält noch eine komplexe Illustration zu den verschiedenen Bedeutungen zu *stamp* (S. 90) und eine dritte zu *may* (S. 27).

73 Die Einschränkung ist erforderlich, da nur das Handout des Vortrags zur Verfügung steht.

Möglichkeiten des Einsatzes von Illustrationen und anderer visueller Gliederungsverfahren vorstellen wollte, was gut gelungen ist.

Nach diesem Überblick über einige Versuche zur Klassifikation der Illustrationen im Wörterbuch sei kurz auf die oben als zweiter Parameter aufgeführten, mehr technischen Aspekte der Darstellungsweise eingegangen.

8.4 Technische Aspekte verschiedener Illustrationsverfahren

Die in 6.3 entwickelte Klassifikation der neun Bildtypen ist weitgehend[74] unabhängig von der konkreten Gestaltung einer Illustration: Beispielsweise kann eine aufzählende Darstellung als Photographie, als Umrißzeichnung, als schattierte Zeichnung jeweils entweder in Schwarzweiß, einfarbig getönt, zweifarbig oder im Mehrfarbendruck erscheinen, wobei zudem das Format, die Detailliertheit und die Komplexität der Illustration variieren werden. Ferner kann die Qualität der Druckwiedergabe, mit anderen Worten die Klarheit und der Kontrastreichtum, schwanken. Schließlich veralten Illustrationen im Lauf der Zeit, so daß die als fiktives Beispiel gewählte aufzählende Darstellung in einer fast unendlichen Vielfalt von Varianten vorkommen kann. Von diesen verschiedenen Variablen seien diejenigen herausgegriffen und unter semiotischen und kognitionspsychologischen Gesichtspunkten im Hinblick auf die erklärende Funktion der Illustrationen untersucht, durch die sich Wörterbücher am meisten unterscheiden.

8.4.1 Zeichnung vs. Photographie

Bei der Auswertung von fünf neueren französischen Wörterbüchern wurde 1984, 189 festgestellt, daß zwischen 1971 und 1981 im 'Petit Larousse' die Zahl der Photographien um mehr als die Hälfte abgenommen hat und nur noch ein knappes Viertel der Illustrationen ausmacht, andererseits aber der 'Dictionnaire Hachette' (1980) und der 'Dictionnaire usuel illustré Flammarion' (1981) die photographische Wiedergabe gegenüber der Zeichnung deutlich bevorzugen. Dasselbe gilt für den 'Dictionnaire encyclopédique Larousse' (1979), der nach seinen Angaben 450 Zeichnungen und 3.500 Photos enthält, während der NDFC (1980) z.B. beim Buchstaben M mit 64 Zeichnungen und nur vier Photos ausgestattet ist. Erweitert man den Blickwinkel auf die anderen hier berücksichtigten Länder, lassen sich ähnlich divergierende Tendenzen beobachten, die jedoch in eine bestimmte Richtung weisen.

Von den italienischen einbändigen Wörterbüchern seit etwa 1970 ist die überwiegende Mehrzahl - vgl. Bibliographie 8.1c - ausschließlich mit Zeichnungen versehen, nur drei Werke enthalten auch Photographien[75]. Dagegen verwenden der 'Dizionario enciclopedico

---

[74] Funktionsschemata müssen allerdings gezeichnet werden.

[75] Dizionario illustrato della lingua italiana (1978), G. Valle (1979, in erster Linie ein Lernwörterbuch), G. Pittàno (1981).

de Agostini' (1981) und die beiden vielbändigen enzyklopädischen Wörterbücher[76] etwa in gleichem Umfang beide Darstellungsmittel.

Die englischen illustrierten Wörterbücher desselben Zeitraums sind ebenfalls fast alle ausschließlich mit Zeichnungen ausgestattet, nur z.B. das konzeptuell ältere 'Oxford Advanced Learner's Dictionary of Current English' (1974[3]), das enzyklopädische, erstmals 1969 edierte 'The American Heritage Dictionary of the English Language' und die Luxusausgabe mit dem Titel 'The New Oxford Illustrated Dictionary' (2 Bde., 1978) setzen Zeichnungen und Photos ein.

Für das Spanische nennt R. Werner (1983, 173) 13 Werke, die ausschließlich Zeichnungen, sechs, die vorwiegend Zeichnungen und vier, die vorwiegend Photos verwenden. Von den wenigen deutschsprachigen Wörterbüchern bietet nur 'Der neue Brockhaus. Lexikon und Wörterbuch in 5 Bänden' (1984-85[7]) eine reichhaltige Ikonographie mit beiden Darstellungsmitteln.

Aus dieser Beobachtung ergibt sich, daß einbändige Werke tendenziell nur durch Zeichnungen, mehrbändige, in der Regel enzyklopädische Wörterbücher darüber hinaus auch durch Photos ausgestattet werden. Ob dabei wirtschaftliche Überlegungen hereinspielen, muß offen bleiben, denn von den drei Gesprächspartnern hat auf eine entsprechende Frage nur Herr U. Porak vom Verlag Brockhaus den Einfluß des Kostenfaktors Photographie bejaht (vgl. 8.2); so müßte selbst bei jeder neuen Auflage erneut ein Copyright für die Verwendung eines Photos gezahlt werden. Da die Herausgeber des 'Zingarelli' den Vorzug der Zeichnung in der Möglichkeit zur Schematisierung und der größeren Klarheit sehen (vgl. 8.2), sei kurz auf die semiotischen und kognitiven Aspekte der beiden Darstellungsmittel eingegangen.

Die Wesenszüge der Photographie hat R. Barthes (1961) wohl als erster klar erkannt, der in ihr "un message sans code", "un message continu" (S. 128) sieht[77]. Denn "il est nullement nécessaire de découper ce réel en unités et de constituer ces unités en signes différents substantiellement de l'objet qu'ils donnent à lire; entre cet objet et son image, il n'est nullement nécessaire de disposer un relai(s), c'est-à-dire un code" (S. 128)[78]. Zwischen die Realität und das photographische Bild tritt nicht wie bei der Zeichnung die Person des Künstlers bzw. Photographen[79]. "The mechanical basis of photography seems to deny any role of the photographer" (D. Sless 1981, 94). Daher erscheinen Photographien als "analogon parfait" (R. Barthes 1961, 128) der Realität, wodurch ihnen weitere Eigenschaften zugesprochen werden: Als "analogue mécanique du réel" (R. Barthes 1961, 129) gelten sie als objektive Wiedergaben, an deren Wahrheitsgehalt nicht gezweifelt werden kann[80]. "Eine Fotografie gilt als unwiderleglicher Beweis dafür, daß ein bestimmtes Ereignis sich

[76] Lessico universale italiano (24 Bde.), (1968-81), Enciclopedia universale Unedi (bisher 9 Bde.) 1974-78.

[77] Vgl. S.D. Sauerbier (1985, 140), der sich weitgehend auf seit 1976 erschienene Arbeiten von H. Brög bezieht, die hier nicht alle aufgeführt zu werden brauchen.

[78] Die Frage nach dem Vorhandensein eines Kodes ist unabhängig von dem generelleren Problem, ob Bilder d.h. auch Photographien, wie die Sprache eine zweifache Gliederung aufweisen; dazu kurz in 8.6.

[79] "The Photographer is discreetly invisible; he seems not to intrude between the information and the user" (D. Sless 1981, 95). T. Finkenstaedt gibt zu bedenken (persönliche Mitteilung), daß die Rolle der Photographie noch keineswegs sicher zu beurteilen ist, weil der Prozeß des 'photographischen Sehens' beim Produzenten und Rezipienten noch viel mehr in Fluß ist als z.B. bei der Zeichnung, deren Konventionen durch viel längere Einübung vertrauter sind.

[80] R. Barthes (1961, 131) spricht von "crédibilité particulière de la photographie".

tatsächlich so abgespielt hat" (Susan Sontag 1978, 11)[81]. Mit H.D. Baumann (1980, 132 f.) ist hinzuzufügen: "Das fotografische Bild ist dokumentarisch insofern, als es nur etwas zeigen kann, das zum Zeitpunkt des Entstehens so und nicht anders existiert hat". Hierbei isoliert es "aus einer Folge von Zeitpunkten einen einzigen" und friert damit gleichsam die Zeit ein[82], wodurch auch seine unmittelbare Wirkung verstärkt wird. "A photograph that doesn't correspond (in the accepted way) to reality is not a lie, because we tacitly 'know' that the medium has no conventionalized procedure for stating lies. The only way a photograph can be understood not to correspond to reality is when we change something in a *hidden* (secret), hence tricky, manner" (S. Worth 1975, 100)[83].

Durch die authentische Wiedergabe der Realität[84] sieht man in erster Linie diese und erst durch einen "acte second de savoir ou de réflexion" gelangt man zur Wahrnehmung des "signifiant photographique" (R. Barthes 1980, 16 f.). Etwas überspitzt ausgedrückt formuliert Barthes S. 18: "une photo est toujours invisible: ce n'est pas elle qu'on voit. Bref, le référent adhère." Daher wäre die Photographie das einzige Informationssystem, das nur denotiert. Doch "le message connoté ... se développe ici à partir d'un message sans code", das heißt, die "procédés de connotation ... ne font pas à proprement parler partie de la structure photographique" (R. Barthes 1961, 130 und 131). Hierzu zählen alle die Variablen, zwischen denen ein Photograph bei der Aufnahme bewußt, z.B. im Rahmen kulturspezifischer Traditionen, oder auch unbewußt wählen kann[85], also Blickwinkel, Aufbau und Inhalt des Bildes, Belichtung, Art der Reproduktion (z.B. verschwommen, grobkörnig), Retuschierung, Verbindung mehrerer Bilder miteinander etc.[86]. Da bei Illustrationen im Wörterbuch die denotative Funktion bei weitem vorherrscht[87], damit durch eine möglichst neutrale Darstellung die Aufmerksamkeit des Betrachters sich voll auf die vermittelten Informationen richten kann, sei dieser Punkt nicht weiter ausgeführt.

Dagegen sind in jeder Zeichnung über das rein denotative Moment der Wiedergabe eines Realitätsausschnittes hinaus durch ihren Stil zugleich Konnotationen enthalten[88], die die in einer Kultur üblichen Darstellungsverfahren und ihre Wirkung auf den Betrachter

---

81 S.D. Sauerbier (1985, 143) bemerkt: "Der eindeutigen objektsprachlichen Denotation der Fotografie steht die Mehrdeutigkeit oder Unbestimmtheit ihrer Designation gegenüber - die Fotografie ist durch mehrfache Interpretierbarkeit charakterisiert." Auf diesen Umstand, den die Photographie jedoch mit allen bildlichen Darstellungen teilt, wird in 8.6 zurückzukommen sein.

82 H.D. Baumann (1980, 133) spricht von einer "gefrorenen, erstarrten Zeit", Susan Sontag (1978, 105) vom "Einfrieren der Zeit", womit die Ästhetisierung des abgebildeten Objekts einhergeht.

83 Das Vertrauen der Öffentlichkeit in die Echtheit einer in Wirklichkeit verfälschten Photographie hat nach R. Barthes (1961, 131) im Jahr 1951 einem amerikanischen Senator wohl den Sitz gekostet.

84 "Die Stärke des Fotos liegt vor allem in der Eignung zur Vermittlung von Vorstellungen durch realistische Veranschaulichung" (R. Werner 1983, 173). Daß damit "eine unnützliche Einengung der Vorstellung" (loc. cit.) einhergehen kann, ist jedoch keine auf die Photographie beschränkte Gefahr, wie Werner annimmt, sondern bei jeder Darstellung möglich. Insofern trifft Werners Kritik an einem zu speziellen Photo nicht den Kern der Sache. Spanisch *entreniamento* ist als Abstraktum nur durch ein 'Beispiel für' illustrierbar (vgl. Bildtyp 9), hier durch ein Photo aus dem Training eines Astronauten; doch hat dies nichts mit der Wahl eines Photos statt einer Zeichnung zu tun.

85 Vgl. das Kapitel 'The Photographer's Choice' bei D. Sless (1981, 95-100).

86 R. Barthes (1961, 131-33) unterscheidet "Truquage, Pose, Objets, Photogénie, Esthétisme, Syntaxe"; vgl. H. Espe (1985).

87 Natürlich kann kein Photo ganz ohne Konnotationen sein.

88 R. Barthes (1964, 46): " ... il n'y a jamais de dessin sans style", weshalb gilt: "la dénotation du dessin est moins pure que la dénotation photographique".

betreffen. Ein berühmt gewordener Fall ist Albrecht Dürers Wiedergabe eines Rhinozeros mit Platten und dachziegelartigen Schuppen, die bis Ende des 18. Jahrhunderts die Darstellungen bestimmen, obwohl inzwischen hinlänglich bekannt war, daß das Tier keinen Panzer hat (E.H. Gombrich 1960/1969[3], 81 f.)

Im Gegensatz zur Photographie, die nur ein "enregistrement" der Realität bietet[89], erfolgt ihre Darstellung in der Zeichnung durch "un ensemble de transpositions réglées" (R. Barthes 1964, 46), deren Kodes wie z.B. der Ausdruck der Perspektive historisch bedingt sind[90]. Bei dieser Kodierung erfolgt "un certain partage entre le signifiant et l'insignifiant: le dessin ne reproduit pas tout" (loc. cit.). Durch die bewußtere Gestaltung der Zeichnung, bei der Irrelevantes weggelassen werden kann, ist es umso leichter möglich, die differenzierenden Charakteristika des Gegenstandes deutlich hervortreten zu lassen. Dadurch, daß jede Linie motiviert ist, erfolgt eine größere Verdichtung der Aussage, wohingegen auf den ersten Blick unklare Partien einer Photographie auch bei näherer Betrachtung verschwommen bleiben und anders als die Zeichnung keine zusätzlichen Details offenbaren. "What is abstracted as significant is dependent on the purpose for which the picture is made" (D. Sless 1981, 115). Dabei besteht in einem Wörterbuch die Aufgabe für den Illustrator oft darin, z.B. einen typisierten Käfer, Kohl, Koffer, Krug, eine typische Kommode, aber nicht eine bestimmte Art darzustellen, was ein Photo nicht leisten kann, da es immer nur einen spezifischen Gegenstand wiedergeben kann. "The easier it is to separate the code from the content, the more we can rely on the image to communicate a particular kind of information. A selective code that is understood to be a code enables the maker of the image to filter out certain kinds of information and to encode only those features that are of interest to the recipient. Hence a selective representation that indicates its own principles of selection will be more informative than the replica. Anatomical drawings are a case in point" (E.H. Gombrich 1974, 254). Photographien erscheinen zudem oft als irgendwie zufälliger[91], so bereits die ältesten in lexikographischen Werken reproduzierten: Das Kommen und Gehen, das parkende Auto, das Gebüsch vor dem Alten Museum in Berlin (Abb. 104) könnten genausogut nicht vorhanden sein und würden in einer Zeichnung wohl kaum erscheinen. Bei neueren Photographien ist zum Teil jedoch auch zu beobachten, daß sie die Vorzüge der Zeichnung anstreben, indem sie sich voll auf das darzustellende Objekt vor einem neutralen oder typischen Hintergrund konzentrieren und alle zufälligen Faktoren ausschalten. So wurden in Abbildung 36, 162, 166 und 193 die verschiedenen Gegenstände aus Photographien ausgeschnitten und erscheinen auf weißem Grund, oder es werden Nahaufnahmen gemacht wie bei Abbildung 167, 168 und 174.

Die meisten Gegenstände werden nach R. Arnheim (1974, 206) nur dadurch identifiziert, daß man ihre Gestalt, d.h. ihre äußeren Abgrenzungen erkennt, was nur möglich ist, wenn der Gegenstand möglichst ganz sichtbar ist und sich gegen einen Hintergrund abhebt. Da Umrißlinien in der Realität nicht vorkommen, ist ihre Verwendung bei der Zeichnung eine Erfindung, "designed to show clear distinctions between objects", denn "the contour lines ... resemble the border of the object structurally and thereby make identification possible" (loc. cit.). Photographien enthalten folglich ebensowenig Konturlinien wie

---

89 Schon H. Schuchardt (1912, 828, Anm. 3) bemerkt: "Dennoch (d.h. trotz des 'Nouveau Larousse illustré' von 1897-1904) bleibt das Jahrhundert der Enzyklopädie in der unkünstlerisch sorgfältigen Darstellung der Einzelheiten großenteils unerreicht; aus der Leichtigkeit, mit der die Photographie von allem Besitz zu ergreifen vermag, erwachsen nicht unbeträchtliche Nachteile".

90 J.M. Kennedy (1974) und (1974a) untersucht die sonstigen darstellungstechnischen Konventionen, die es erlauben, z.B. ein Hauseck zweidimensional abzubilden.

91 Daß ein Photograph einmal drei Stunden auf den idealen Augenblick gewartet hat, wie D. Sless (1981, 98) berichtet, dürfte die Ausnahme sein.

die abgebildeten Objekte[92], wodurch ihre Umrisse nur durch die sich vom Hintergrund abhebende Tönung oder Farbe sichtbar werden.

Vergleicht man an diesem Punkt die Vorzüge der beiden Medien, neigt sich die Waage zugunsten der Zeichnung, da sie eine weitergehende Typisierung der Darstellung erlaubt[93] und durch die überlegte Kodierung auch besser dekodiert werden kann[94]. "Leonardo teaches us that to draw something means to interpret it and that one can interpret it only if one understands it" (R. Arnheim 1974, 207)[95]. Demgegenüber ist der dokumentarische Charakter der Photographie in einem Wörterbuch von geringerem Belang.

Darüber hinaus macht die Zeichnung die Binnenstrukturen der Gegenstände, etwa einer Blüte, eines Möbels oder eines Insektes deutlicher sichtbar als das Photo (dies gilt sogar für die oben aufgeführten Nahaufnahmen), das eher einen ganzheitlichen Eindruck vermittelt. Daher ermöglicht es eine Zeichnung auch, einen Gegenstand sowohl von außen als auch im Aufriß zu zeigen (vgl. Abb. 184), den Aufbau und das Funktionieren z.B. von technischen Geräten vereinfacht und schematisch darzustellen und weitergehende Abstraktionen, wie bei Funktionsschemata erforderlich, vorzunehmen. "Wo aber *Beziehungen* innerhalb der Umgebung von Objekten und nicht deren 'äußere Erscheinungsformen statisch materialisierter Phänomene' Referenzgegenstände sind, ist die Fotografie kaum mehr das gemäße Medium"[96]. Für derartige Darstellungen könnten Photos überhaupt nicht verwendet werden, so daß die Zeichnung insgesamt als das überlegene Medium erscheint[97].

Doch wie steht es mit der Appellfunktion der beiden Darstellungsmittel, d.h. ihrer Wirkung auf den Betrachter? R. Werner (1983, 173) vermutet: "Die illusionistische Anschaulichkeit des Fotos könnte in dieser Hinsicht (= Anreiz zu intensiverer Beschäftigung mit dem Wörterbuch, W.H.) vielleicht mehr stimulieren als die Abstraktion der Zeichnung". Dagegen fällt auf, daß alle ausgewerteten französischen Lernwörterbücher - auch R. Werner denkt hierbei an diesen Typ - nur durch Zeichnungen illustriert sind, wie

---

92 Es wurde 1984 darauf hingewiesen, daß das Fehlen der Konturlinien gelegentlich durch eine graphische Bearbeitung des Photos ausgeglichen wird, wodurch ein interessierender Teil etwa durch zusätzliche Umrißlinien hervorgehoben wird. Auch H. Riedel/Margit Wille (1979, 96) weisen auf die Möglichkeit von "Retuschen und Ausblendungen" hin. S.I. Landau (1984, 113) ergänzt hierzu: "touching up photographs is expensive".

93 Nach A.O. Eger (1979, 524) wirkt eine "filled version" nicht eindringlicher als eine reine Umrißzeichnung. Ferner ist das Auge "attracted to striking details". Daher sind die getönt und weich erscheinenden Zeichnungen des 'Petit Larousse', bei denen man manchmal nicht entscheiden kann, ob es sich nicht um eine ausgeschnittene Photographie handelt (vgl. 1984, 189), informatorisch weniger effektiv.

94 Dies bestätigt auch S.I. Landau (1984, 112): "If the drawing is well done, it is usually more informative, with its details more readily apparent, than any photograph".

95 S.I. Landau (1984, 112 f.) bemerkt zu Recht: "a photograph must be much larger than a drawing to convey the same sense of distance and space of a skillful drawing".

96 S.D. Sauerbier (1985, 143) mit einem Zitat aus H. Brög (1979, 111); Hervorhebung S.D.S.

97 R. Werner (1983, 172 f.) erörtert unter praktischen Gesichtspunkten die jeweiligen Vorzüge der beiden Medien und kommt zu dem Schluß, "daß realistische Zeichnungen, was die reine Informationsfunktion betrifft, die Funktion von Photos übernehmen können, jedoch viele Zeichnungen wegen mangelnder Abstraktionsmöglichkeiten nicht durch Fotos zu ersetzten sind". Daher sind "mehr Wörterbücher ausschließlich oder vorwiegend mittels Zeichnungen ... als mittels Fotos illustriert" (S. 173). Gegenüber dem ersten Teil dieser Feststellungen (bis *können*) wurde in der hier vorliegenden Arbeit gewissermaßen die 'umgekehrte' Position vertreten, nämlich daß Photos nur schlecht, was die reine Informationsfunktion betrifft, realistische Zeichnungen ersetzen können.

aus Abbildung 15 bis 27 ersichtlich ist. Aus dem Bereich der Kognitionspsychologie liegen erstaunlich wenige Arbeiten zu dieser Frage vor. S. Spaulding kam 1956 zu folgendem Schluß: "Photographic realism is not advocated" (S. 45), damit der Inhalt einer Illustration richtig verstanden wird. Denn "such representation usually includes unnecessary detail" (S. 46)[98]. Bei einem "test of immediate recall of content" mit Kindern verschiedener Altersstufen beobachteten D.M. Moore und E.B. Sasse (1971, 449), daß bei einem Vergleich von "line drawings, ... paintings, and ... photographs" erstere "would be the most effective type of picture", während "photographs had the lowest mean score". F.M. Dwyer testete die "instructional effectiveness" (1976, 49) von acht Darstellungen des menschlichen Herzens - Strichzeichnungen, schattierte Zeichnungen, Photographien eines Modells und des Orginals, jeweils schwarzweiß oder mehrfarbig -, wobei die Versuchspersonen einen "Drawing-Test, Identification Test, Terminology Test" und einen "Comprehension Test" (1971, 412) zu absolvieren hatten. Im Ergebnis erwiesen sich einfache Strichzeichnungen den Photos als überlegen, "which contain the essence of the message to be transmitted", während "more realistic illustrations ... may require more coding by the central nervous system" (1971, 412). Daher "werden Strichzeichnungen schneller erkannt als Schwarzweiß-Fotografien der Objekte" (H.D. Zimmer 1983, 116). Dieses Ergebnis stimmt mit sechs vorausgehenden, hier nicht referierten Studien[99] überein[100] und ist ein weiteres Indiz für die Überlegenheit der Zeichnung[101].

8.4.2 Schwarzweiße vs. mehrfarbige Darstellung

Da die Welt als mehrfarbig wahrgenommen wird, scheint die Verwendung von Farbe nur eine wirtschaftliche Frage zu sein, denn mehrfarbige Illustrationen kommen teuerer (vgl. 8.2). Zudem erscheint ein mit bunten Bildern ausgestattetes Wörterbuch als schöner und von größerer Attraktivität für den Käufer. Ferner gibt es auch einige Gegenstandsbereiche, zu deren wesentlichen Charakteristika eine bestimmte Farbe gehört. An erster Stelle stehen hier per definitionem die Farbbezeichnungen selbst[102]. Hinzu kommt der Name des Bernsteins, von Metallen (z.B. Kupfer) und verschiedener Minerale. Bei zahlreichen Tieren, Pflanzen und Früchten erleichtert die Farbe dem Benutzer die Identifizierung und somit die Orientierung in der Welt. Schließlich können unterschiedliche Farben zur Verdeutlichung eines Funktionsschemas (Abb. 197) oder einer strukturellen Illustration (Abb. 190, *(nerf) sciatique*) beitragen, indem sie wichtige Zusammenhänge hervorheben. Dies sind im Prinzip die Bereiche, in denen in den Enzyklopädien des 19. Jahrhunderts zuerst mehrfarbige Abbildungen verwendet wurden. Man denke etwa an die in 6.6.1, 6.6.2.3 und 6.6.2.5 erwähnten Chromolithographien mit Pilzen und Vögeln (Abb. 106, 134), an die Darstellung der Blutgefäße und des Querschnitts durch das menschliche Auge. Dazu kamen noch Tafeln mit Landkarten, Völkertypen, Flaggen und Uniformen, von

---

98 Zeichnungen sind zudem durch ihre bewußte Kodierung einprägsamer als Photos, was ihren Memorierungseffekt erhöht.

99 Zitiert in Moore/Sasse (1971, 449) und Dwyer (1971, 412).

100 D.M. Moore und E.B. Sasse (1971) erwähnen auch die Existenz einer älteren Untersuchung, die zu einem anderen Ergebnis gekommen ist.

101 "From a purely lexicographic point of view, line drawings are more useful" (S.I. Landau 1984, 113).

102 U. Weinreich (1962/1970, 74) verwendet die Farbbezeichnungen als Beispiel für die Notwendigkeit von ostensiven Definitionen, um Zirkularität zu vermeiden und die Definition auf die "substance sémantique" zu beziehen. Das Beispiel wurde wiederholt aufgegriffen.

denen die drei erstgenannten Themen für Eigennamen stehen und damit nur in Enzyklopädien bzw. enzyklopädischen Teilen von Wörterbüchern vorkommen.

Doch die aufgeführten Gegenstandsbereiche erweisen sich nicht als so umfangreich, daß sie eine durchgängige Benutzung des Mehrfarbendrucks erfordern würden[103]. So bieten sich von den ersten 30 Abbildungen unter S (= bis *Schalter*) des Duden Bedeutungswörterbuches von 1970 wohl die folgenden zwölf für eine mehrfarbige Illustration an: Salamander, Salat, Salbei, Sau, Saxophon, Schachtelhalm, Schädel, Schaf, Schäferhund, Schafgarbe, Schakal, Schallplatte. Doch nur bei einem Teil ist die Farbe konstitutiver[104] Bestandteil des Gegenstandes, der folglich nur in der genannten Farbe vorkommt; dies gilt für den abgebildeten Kopfsalat, die grünen Teile (also ohne die Blüte) der genannten Pflanzen und wohl noch für *Sau, Saxophon* und *Schädel*. In den anderen Fällen könnte ein typisches Exemplar gezeigt werden: So ist der typische Salamander schwarz-gelb gefleckt, das Schaf weiß, die Schallplatte schwarz usw. Bei den übrigen Abbildungen (z.B. zu *Salto, Sandalette, Sanduhr, Sattel, Sänfte, Säge*) ist die Wahl der Farbe irrelevant, jedoch mag es oft schwierig sein, zwischen den hier aufgestellten drei Kategorien zu entscheiden: Ist der typische Sack braun, der typische Sarg schwarz und die typische Sandale wiederum braun[105]? Unabhängig von den vorgenommenen Zuordnungen müßte der Betrachter, der ja über das Lemma informiert werden will, entscheiden, wie er die Farbe verstehen will, als gegenstandskonstituierend, als typisch oder als irrelevant.

In der Praxis etwa des mehrfarbig illustrierenden 'Dictionnaire encyclopédique Larousse' (1979) wird nach einer Auswertung der ersten 30 Abbildungen unter dem Buchstaben S[106] nur in vier Fällen in dem Artikel auf die Farbe Bezug genommen: Von den acht Pflanzen[107] wurden nur zu *Saponaire* die "fleurs roses" genannt (Abb. 167), zu *Sauge* "plusieurs variétés" erwähnt und weiße und lila Blüten gezeigt. Von den 13 Tieren wird nur zu *Sauterelle* angemerkt: "ordinairement vert", der Salamander, das Wildschwein, der Blutegel, der Lachs, der Mistkäfer und andere bleiben ohne diesbezügliche Angabe, obgleich ein (hoffentlich typisches) Exemplar in Farbe erscheint. Schließlich erfolgt durch "en cuivre ou en laiton" eine indirekte Farbangabe zu *Saxophone*. Läßt man die zwei Funktionsschemata (zu *Sang* und *Savon*) und die funktionale Illustration zu *Satellite* außer Betracht, bleiben noch die Abbildungen zu *Sampan, Sapine, Sari* und *Scanner*, bei denen die Farbe irrelevant ist; der Sarkophag wurde gleich durch ein schwarzweißes Photo wiedergegeben. Von einem gezielten Einsatz farbiger Abbildungen kann also nicht die Rede sein, da sie weder nach einem bestimmten Prinzip ausgewählt werden, noch eine Abstimmung mit dem Artikel erfolgt, um dem Benutzer ihre Funktion zu verdeutlichen.

Bedenkt man, was in 8.4.1 zur Wahrnehmung von Gegenständen anhand ihrer Umrisse gesagt wurde, transportieren mehrfarbige Abbildungen oftmals Information geringerer Relevanz, bzw. Information, deren Bewertung dem Betrachter nicht möglich ist[108]. "A black-and-white photograph is seen to be an incomplete coding. A color photograph always

---

103 Die in einem Wörterbuch erforderliche Verkleinerung von Farbbildern verändert stark ihren Ausdruckswert. Hinweis von T. Finkenstaedt.

104 Das heißt nicht, daß die Farbe im strukturalistischen Sinn distinktiv sein müßte.

105 Der typische Säbel ist wohl aus blankem Metall, der Griff variiert jedoch, so daß die Farbe hier nur partiell konstituiv ist.

106 Es wurden nur die Illustrationen der Gattungsnamen berücksichtigt.

107 *Sapin* und *Saule* machen keine Farbangaben erforderlich; die restlichen vier sind *Sagittaire, Salsepareille, Salsifis, Sarrasin*.

108 Ist altes photographisches Bildmaterial in schwarzweiß in ein mehrfarbig illustriertes Wörterbuch zu integrieren, wird es wohl aus ästhetischen Gründen gelegentlich farbig, zumeist braun, getönt.

leaves us with some uncertainty about its information value" (R. Arnheim 1974, 254). Diese Ungewißheit könnte durch eine bessere Abstimmung mit dem Wörterbuchartikel verhindert werden[109].

Doch lohnt sich der höhere Aufwand für mehrfarbige Illustrationen aus der Sicht der Kognitionspsychologie? Können also Farbbilder die Informationsaufnahme optimieren, verstärken sie den Memorierungseffekt, wird durch ihre Verbindung mit dem Lemma seine Bedeutung besser gemerkt? Die Antworten aus den zahlreichen Untersuchungen zu diesem Fragenkomplex sind in gewisser Weise überraschend.

S. Spaulding (1955, 43) hatte zum "educational use of pictorial illustrations" vorsichtig formuliert: "Realistically colored illustrations are more effective than black-and-white, but the amount of added effectiveness may not always be significant". In dem in 8.4.1 geschilderten Test von F.M. Dwyer (1971) und (1976) dagegen war die Farbe beider Strichzeichnungen ohne Informationswert, da nur die schwarzweiße Wiedergabe durch eine blau-rosafarbene ersetzt wurde. Und doch erwies sich die zweifarbige Strichzeichnung insgesamt als leicht überlegen[110], was damit erklärt wird, "that color increased student interest in the content material" (1976, 60). Dagegen hatte S. Spaulding (1956, 46) ermittelt, daß eine derartige Verwendung von Farbe "may detract from the communication potential of the drawings"[111]. W. Winn (1976, 273) beobachtete hierbei keinen Unterschied in "multiple free associations" zu schwarzweißen Photos, doch wenn die Farbe realistisch eingesetzt wird, wirkt sich dieser Umstand aus. Wenn schon der nur dekorative Gebrauch von Farbe sich gegenüber der schwarzweißen Zeichnung nicht als klar überlegen erweist, könnte sich also ihre realistische Verwendung positiv auswirken. Doch bei einem Erinnerungstest mit Zeichnungen kommen M.L. Fleming und M. Sheikhian (1972, 439) zu dem Ergebnis: "The effect of color on accuracy of recognition was nonsignificant. This was the case wether the illustrations had one color or several"[112]. Trotz des zweifellos höheren Realitätsgrades von Farbphotographien erweist sich ihre affektive Bewertung, ihre Eindruckswirkung nach H. Espe (1984) keineswegs als günstiger als die von schwarzweißen Photographien. Diese Ergebnis, das H. Espe (S. 749) als "erstaunlich" qualifiziert, stimmt mit drei von ihm referierten vorausgehenden Tests überein und gilt "auch für andere Effekte (z.B. Lernen)" (S. 744). Zur Erklärung dieses Phänomens greift Espe auf das von der Wahrnehmungspsychologie endeckte Konstanzphänomen zurück, das besagt, daß Gegenstände bestimmte Eigenschaften auch dann behalten, "wenn wir sie aus verschiedenen Blickwinkeln (Dingkonstanz)[113], aus verschiedenen Entfernungen (Größenkonstanz) und

---

[109] Sieht man z.B. im 'Dictionnaire encyclopédique Larousse' (1979) eine Inderin in einem orangefarbigen Sari, weiß man nicht, ob die Farbe zufällig ist oder typisch oder zum Wesen dieses Kleidungsstückes gehört, wenn sich der Artikel nicht dazu äußert wie in dem genannten Werk.

[110] Beim 'Drawing Test' lag die schwarzweiße Strichzeichnung, beim 'Identification Test' die mehrfarbige schattierte Zeichnung an erster Stelle, "because the realistic detail in the visuals was accentuated by color" (1971, 413).

[111] F.M. Dwyer (1976), nicht bereits (1971), weist auf den Einfluß des Farbfernsehens hin, so daß nur farbige Informationen die volle Aufmerksamkeit der Probanden finden. Dieser Umstand könnte den Unterschied zu den Ergebnissen von S. Spaulding (1956) erklären, doch kann die Gewöhnung an Farbfernsehen gerade schwarzweiße Darstellungen als auffällig erscheinen lassen.

[112] Bei einer Auswertung z.T. hier referierter Arbeiten (z.B. von F.M. Dwyer) kommt A.G. Chute (1979) zu einer vorsichtigen, etwas positiveren Bewertung der Rolle von Farbe, die aber erst in verfeinerten Tests nachgewiesen werden soll.

[113] G.M. Murch/G.L. Woodworth (1978, 167) sprechen hierbei allerdings von "Formkonstanz".

bei verschiedenen Beleuchtungen (Fußkonstanz[114], sic!) betrachten". Er vermutet bezüglich der Farbe ein ähnliches Konstanzphänomen, was wohl nicht erforderlich ist, da er gleich darauf feststellt: "Nicht die Farbe ist der Hauptbedeutungsträger, sondern die Form, die ja in beiden Treatments konstant bleibt" (S. 750). Die Form wird also in erster Linie wahrgenommen - vgl. die gleiche Feststellung von R. Arnheim (1974, 206), die in 8.4.1 zitiert wird -, so daß die Farbe keinen entscheidenden Einfluß ausüben kann[115].

Wenn auch derartige Teilergebnisse nicht unbesehen übertragen werden können, so scheint unabhängig von der Verbindung von Bild und Wort die Rolle der Farbe für das Verstehen, Memorieren und Wiedererkennen von Bildern sowie für ihre affektive Bewertung keine dezisive Rolle zu spielen. Zumindest liefern diese Untersuchungen keine starke Stütze für den Einsatz von mehrfarbigen Illustrationen in Wörterbüchern.

8.4.3 Komplexität, Format und Alter der Illustrationen

Von den anderen in 8.4 aufgeführten Punkten sei zunächst der Aspekt der Detailliertheit und Komplexität der Abbildungen angesprochen, zu dem in zahlreichen Untersuchungen festgestellt wird, eine zu große Zahl von Einzelheiten beeinträchtige eher die Informationsaufnahme, als daß sie gefördert würde. So beobachtete S. Spaulding (1956, 45), "that respondents made generalizations on the basis of a limited number of specific details, with unnecessary details serving only to confuse". Ähnliche Feststellungen macht F.M. Dwyer (1971, 413) in seiner schon öfter angesprochenen Studie bezüglich des schlechten Abschneidens der Photographien: "The failure of the more realistic illustrations to facilitate achievement may be attributed to the amount of realistic detail they contained which may have had the net effect of distracting students from essential learning cues ... ". In seiner Untersuchung von 1976 nennt Dwyer neun weitere Studien, die alle darauf hinweisen, "that too much detail in an illustration tends to reduce student learning" (S. 50), fügt allerdings hinzu, "that extensive research should be conducted to determine which physical characteristics of pictorial illustrations lead to increased learning" (S. 50). Dem ist voll zuzustimmen, denn nirgends wird der eine optimale Informationsaufnahme ermöglichende Grad an Detailliertheit genau bestimmt.

Im Hinblick auf die Illustrationen im Wörterbuch ist zwischen den nahe beim Lemma zu plazierenden (z.B. Abb. 165) und den größere Zusammenhänge darstellenden Abbildungen zu unterscheiden (z.B. Abb. 183). Erstere sind weniger detailliert und kleiner, um durch die Nähe zum Lemma eine rasche und sowohl ikonische als auch verbale Informationsaufnahme zu erlauben (hierzu 8.6). Letztere sind komplexer und reicher an Einzelheiten, sie sind folglich größer (bis zum Format der Doppelseite) und weniger eng auf das Lemma bezogen. Je nach Interesse können ihnen verschiedene Informationen entnommen werden, während die einfacheren Illustrationen hauptsächlich der Identifizierung

---

114 Es muß "Farbkonstanz" heißen - nach Murch/Woodworth (1978, 102).

115 Die Möglichkeit der mehrfarbigen Darstellung wird auch bei der künstlerischen Photographie und beim Film eher negativ bewertet. "Arnheim veranschlagt daher auch die Bedeutung der Farbe für den Film nicht allzu hoch." (H. Espe 1984, 750).

Für die Photographie scheint diese Einschätzung vorherrschend zu sein, sonst könnte nicht C.H. Meyer bei einer Besprechung in der SZ vom 8./9. März 1986, 16 feststellen, daß von dem 'Umsteigen' auf Farbe "die Elite der Photographen qualitativ schwer betroffen wurde, wie sich allgemein beweisen läßt".

eines Objektes dienen, wobei es zwischen diesen beiden Typen eine gewisse Übergangszone gibt (vgl. Abb. 164 oder 178).

Zum Format der Illustrationen ist nur zu bemerken, daß es, abgesehen von dem von den Herausgebern zur Verfügung gestellten Raum, zur Größe der Seite und der Schrifttype passen soll. Darauf war im historischen Teil bezüglich des 'Dictionnaire complet' von P. Larousse (1878) hinzuweisen (Abb. 123-125), dessen kleine Holzschnitte folglich nur die Wiedergabe einfacher Gegenstände erlauben. Mit dem sich im 19. Jahrhundert verbreitenden Briefmarkenformat - es wurde in Kap. 6, Anmerkung 201 definiert - sind jedoch bei der Verwendung des Holzstichs und der Strichätzung alle Objekte in der erforderlichen Klarheit abbildbar. Dagegen wirkt eine Photographie desselben Formates nicht ebenso klar und detailreich (vgl. Abb. 162, 167 und 174), weshalb man eher größere Reproduktionen verwendet[116].

Schließlich sei noch darauf hingewiesen, daß Bilder im Lauf der Zeit veralten, worauf im Zusammenhang z.B. mit dem Wörterbuch von G.B. Melzi (Abb. 149) und dem 'Dictionnaire Quillet de langue fraçaise' von 1975 (Abb. 189) bereits aufmerksam gemacht wurde. Sprache veraltet natürlich auch, nur merkt es der Benutzer erst bei der Lektüre des Artikels, während das Bild gleich ins Auge springt. Bei diesem wohl nirgends erörterten Aspekt ist zunächst zu unterscheiden in Bilder, die etwa aufgrund der technischen Entwicklung der dargestellten Geräte altmodisch erscheinen, und solchen, die ohne diesen Grund unmodern wirken. Für erstere liegt die Lösung auf der Hand: Sie müssen der technischen Entwicklung etwa beim Automobilbau bzw. der sich ändernden Mode z.B. bei Kleidungsstücken angepaßt werden. Letztere veralten, ohne daß sich das dargestellte Objekt verändert[117], da der Geschmack der Betrachter in einem steten Wandel begriffen ist, das heißt eine bestimmte Belichtung oder Tönung einer Photographie, ein Blickwinkel, eine Art der Linienführung bei der Zeichnung, insgesamt ihr Stil wirken ab einem bestimmten Moment[118] als überholt.

Photos scheinen schneller zu veralten als Zeichnungen, was vielleicht durch ihre Unmittelbarkeit, d.h. den fehlenden transpositorischen Kode und vor allem durch die Fülle ihrer visuellen Information bedingt ist: An den zahlreichen Details lassen sich Veränderungen leichter ablesen als an den ausgewählten konstitutiven Elementen einer Zeichnung. Während besonders bedürfnislose Zeichnungen, die jedoch auch keinen optischen Anreiz bieten, fast zeitlos wirken[119] - die Illustrationen der Brockhaus Wörterbücher kommen diesem Typ nahe, vgl. Abb. 4, 5, 179 -, werden auch Zeichnungen, die einen bestimmten Stil erkennen lassen, im Laufe der Zeit unmodern. Doch werden derartige Zeichnungen auch später immerhin als gut gelten. So wird mit Recht 'Der große Brockhaus' in der 15. Auflage von 1928-35 wegen seiner Ikonographie als "the finest of all ... editions" mit dem "highest standard of encyclopaedia-making ever attempted" gepriesen (R. Collison 1966[2],

---

116 H. Riedel/Margit Wille (1979, 96) fordern als Mindestgröße für Photographien das Format einer Streichholzschachtel (vgl. 8.5.1).

117 Herr Serres-Cousiné bemerkte, daß selbst ein Photo des Eiffelturms veraltet.

118 Zum Vergleich ein kleines Indiz aus einem anderen Bereich: die Firma Mercedes führt alle acht Jahre einen Modellwechsel durch.

119 Das heißt, sie wurden nie als modern, als attraktiv empfunden.

171)[120]; vgl. Abbildung 160, die aus dem genannten Werk (mit Weglassungen) übernommen wurde.

Nach Erörterung dieser mehr technischen Probleme seien im folgenden Kapitel die Illustrationen primär unter dem Aspekt als Informationsträger betrachtet und untersucht, welches ihre informatorische Leistung ist.

8.5 Die Leistung des Bildes

Da bei der Illustrierung eines Wörterbuchs sowohl das Bild als auch der lexikographische Text zur Informationsvermittlung beitragen, sei zunächst geprüft, wie von verschiedenen Wissenschaften die informatorische Leistung der Illustration beurteilt wird, bevor in 8.6 die Funktion des Bildes und des Wortes vergleichend gegenübergestellt werden können.

8.5.1 Antworten aus der Linguistik

Außerhalb der Lexikographie hatte die Sprachwissenschaft wohl erstmals im Zusammenhang mit der Methode 'Wörter und Sachen' (vgl. 5.5.2) und der Sprachgeographie mit dem Medium des Bildes zu tun. Aus letzterer liegen zwei skeptische Stellungnahmen zur Verwendung von Abbildungen bei Sprachaufnahmen vor. So urteilen zwei Kenner der Materie: "Eine übertriebene Vorstellung darf man sich zwar von der Nützlichkeit von Abbildungen nicht machen; ältere Gewährsleute leiden öfter an unkorrigierter Kurzsichtigkeit, die sie die Bilder nicht deutlich sehen läßt; bei andern fehlt die Gewohnheit, solche zu betrachten und ihren Gegenstand richtig zu erkennen - was gar nicht eine Selbstverständlichkeit ist, gerade wenn es sich um Tiere oder Pflanzen handelt, wo man die Verwendung von Abbildungen für besonders vorteilhaft ansehen möchte. Wer die Erfahrung gemacht hat, daß es möglich ist, einen Hirschkäfer für einen Krebs zu nehmen, wird Bilder mit Vorsicht verwenden. Die Nachahmung ihres Schreies charakterisiert Eule und Uhu sicherer als ein Bild. Für den Mann aus dem Volke spielen die Lebensgewohnheiten der Tiere oft eine größere Rolle als ihre somatischen Eigentümlichkeiten, und manches kennt er vom Hörensagen, ohne es je gesehen zu haben" (K. Jaberg/J. Jud 1928, 183).

Knapp 50 Jahre später stößt F. Petroselli (1974, 43) noch immer auf dieselben Schwierigkeiten: "Ho escluso, dopo un breve esperimento negativo, la tecnica di sollecitare le FF (= fonti) con illustrazioni, in quanto la maggior parte degli anziani non usa occhiali pur essendo presbiti; e sopratutto, inoltre, come osserva Séguy (1953, 7-8), 'certains primitifs (Antras) ne sont pas en mesure de rétablir le relief et l'échelle'". Die Probleme liegen also nicht nur in der Kurzsichtigkeit der Informanten, sondern auch in der fehlenden Gewöhnung, Bilder richtig wahrzunehmen, was darauf verweist, daß dies erst gelernt werden muß - Psychologen erwähnen übereinstimmend diesen Umstand, vgl. z.B. F. Bresson (1981).

---

120 Zu Illustrationen in Wörterbüchern liegen mangels Sekundärliteratur (vgl. Kap. 1) noch keine Äußerungen vor. Besonders ästhetische Strichzeichnungen enthalten z.B. 'Zingarelli' (1970[10] und 1983[11]) und 'Garzanti' (1984).

Anfang des 20. Jahrhunderts hatte das Beispiel des 'Petit Larousse' H. Titkin (1910), Professor am Orientalischen Seminar in Berlin, angeregt für "Wörterbücher der Zukunft" (so der Titel) Abbildungen vorzusehen: Der Lexikograph "würde die Dinge, zu deren Benennung die Wörter dienen, aus eigenster Anschauung kennen lernen, er würde das, was er beobachtet, in Photographien und Zeichnungen fixieren können, die dann dem Verfasser (oder den Verfassern) des Wörterbuches das Beobachtete veranschaulichen oder, in den Text aufgenommen, das Verständnis des Benutzers in ganz außerordentlicher Weise fördern würden. Im kleinen Larousse steht neben der oben erwähnten Definition der Spinne 'animal à huit pattes et sans ailes' ein Bild, das eine Spinne inmitten ihres Netzes zeigt. Die Worte sagen nichts, das Bild alles. Es ist mit ein Beweis für die Rückständigkeit der Lexikographie, daß sie, bis auf wenige Ausnahmen, sich noch immer das unübertreffliche Veranschaulichungsmittel der Illustration entgehen läßt,..." (S. 248). Doch dies ist primär ein im deutschsprachigen Raum noch bis 1931 ohne Echo verhalltes Plädoyer für die Verwendung von Illustrationen, deren informatorischer Wert nur pauschal erwähnt wird.

R.W. Chapman (1948, 21) bedauert, daß sich die "higher lexicography in this country" die Infomation von Illustrationen z.B. für geometrische Figuren, Begriffe der Architektur u.a. nicht zunutze mache. Ebenso J.R. Hulbert (1955, 85), der noch erwähnt, daß ursprünglich geplant war, das 'Middle English Dictionary' zu bebildern[121].

Eine genauere Bewertung der Leistung der Illustration im Wörterbuch wird wohl erstmals durch Josette Rey-Debove vorgenommen. Sie vertritt zwar die Ansicht, das Bild "appartient en propre à *l'Encyclopédie*" (1970, 32)[122], anerkennt aber doch, daß es versucht, in einem anderen semiotischen System die Definition zu ersetzen. "Si la définition linguistique est suffisante, l'illustration aide à l'évocation du concept, c'est une information d'appoint ... Si la définition linguistique est insuffisante, notamment lorsque les traits definitionnels pertinents expriment des formes matérielles complexes (formes du marteau, par ex.), l'illustration apporte une information complémentaire. La définition totale se trouve repartie dans deux systèmes" (1971, 35)[123]. Da die beiden Systeme verschieden sind, wird eine Illustration gegenüber der sprachlichen Information nie völlig redundant sein (ebenda).

Doch das Hauptproblem liegt für Josette Rey-Debove darin, daß ein Lemma als Gattungsname immer auf eine Klasse von Objekten verweist, während ein Bild immer nur ein "exemple de la chose" darstellen kann und nicht "l'évocation de la chose générale" bewirkt (1970, 34). "La photo est toujours l'interprétant d'un objet singulier, par définition" (1970, 33). Daher sei es vor allem für Porträts geeignet.

Dagegen beinhalte die Zeichnung "une recherche de traits pertinents, c'est à dire spécifiques" (1971, 34), könne aber dennoch nicht verallgemeinern. Denn wie ist *der* Vogel, *das* Dreieck, *der* Einäugige - auf dem rechten oder auf dem linken Auge blind? - abzubilden? Demnach gehöre die Illustration eher zu den Beispielen als zur Definition: "l'illustration

---

121 Starnes/Noyes (1946, 211) wundern sich, daß die älteren englischen Wörterbücher keinen größeren Einfluß auf die Illustrierung späterer Werke ausgeübt haben. Das Fehlen von Illustrationen in vielen Wörterbüchern wird auch von R.L. Collison (1982, 20) als "very surprising aspect" empfunden.

122 Diese Auffassung wurde in Kap. 7 zurückgewiesen; vgl. auch Kap. 7, Anm. 6.

123 Daher werde bei illustrierten enzyklopädischen Wörterbüchern weniger auf die Genauigkeit der Definition geachtet. Die Analyse der Beispiele in 7.5.1 hat zwar keinen Hinweis darauf gebracht, doch sollte diese Frage noch systematisch untersucht werden.

exemplifie plutôt qu'elle ne définit" (1971, 36)[124]. "L'illustration est donc un appoint épisodique, et parmi les interprétants de dictionnaires, c'est le plus faible" (1970, 34)[125].

Bei dieser Beurteilung hat Josette Rey-Debove wohl nicht bedacht, daß das dem Menschen eigene Abstraktionsvermögen es ermöglicht, von einem Exemplar aus zu verallgemeinern, um ähnliche Exemplare zu Klassen zusammenzufassen, vgl. Hupka (1984, 191) mit weiteren Angaben. Ferner hat sie hier unberücksichtigt gelassen, daß die Illustration in einem Wörterbuch in der Regel zusammen mit der Definition und den Beispielen rezipiert wird und dabei erstere verdeutlicht[126].

J.Q. Knowlton (1966) präzisiert diesen Punkt dahingehend, daß Wörter die Bedeutung des Bildes verallgemeinern können ("to broaden the range of what is signified", S. 169), daß aber auch eine weitgehend abstrahierende, sich einem Piktogramm annähernde Zeichnung etwa eines Menschen, bereits 'Mensch' im allgemeinen bedeuten kann. J.Q. Knowlton stimmt der vorherrschenden Ansicht zu, "that it is not possible to signify a concept (equivalence category) iconically. However, it may be possible to *suggest* a concept with an iconic sign" (S. 167, Hervorhebung J.Q. K.). H. Burger (1984, 300), der mit den eben genannten Forschern darin übereinstimmt, daß Bilder immer nur Individuen darstellen, "Exemplare von Klassen, nie aber generische Verhältnisse", sieht folgende Möglichkeit, diese Beschränkung zu überwinden: Werden mehrere, gleich aussehende Exemplare z.B. einer Flasche gezeigt, versteht dies der Betrachter "als (metonymische) Visualisierung der Klasse *Flasche*". Es ist zu bezweifeln, ob dieses Verfahren den gewünschten Zweck erfüllt, denn in Wörterbüchern (H. Burger handelt über die 'Sprache der Massenmedien') werden bei Klassenbezeichnungen die verschiedenen Arten einer Klasse, z.B. von Zitrusfrüchten, gezeigt.

Dagegen ist Josette Rey-Debove zuzustimmen, wenn sie in der Sprache das einzige semiotische System sieht, das einen genügend hohen Abstraktionsgrad für Definitionen aufweist[127], und in der Lage ist, andere semiotische Systeme zu interpretieren, während die Umkehrung nicht gilt (vgl. 8.6). Daher ist eine Definition analytisch[128], die Illustration eher synthetisch, "qui se manifeste globalement, sans succession ni hiérarchie" (170, 35). Die letzten vier Worte bringen wieder die letztendlich negative Einschätzung der Illustration durch J. Rey-Debove zum Ausdruck, sind aber keineswegs berechtigt. Sie treffen weder zu auf ihr Beispiel *marteau*, noch auf *listel, nuque, pupille*, zu denen sie bemerkt, daß die Illustration "amorphe" sei (1971, 36). Denn eine Leiste ist immer eine Leiste von etwas, der Nacken und die Pupille sind Teile von etwas, so daß es nicht an der Illustration, sondern an

---

124 Ebenso A. Rey (1982, 46 f.), der immerhin drei Kategorien von Illustrationen davon ausnimmt: "Dans la représentation du général, seuls la figure géométrique, le schéma et le dessin technique, parce qu'ils sont produits par des règles, retiennent ce qui est pertinent pour une classe d'objets, et éliminent ce qui est propre à sa 'réplique' individuelle."

125 Hat vielleicht zu dieser überraschend negativen Bewertung Josette Rey-Deboves Tätigkeit beim Verlag Robert beigetragen, der nur nicht-illustrierte Wörterbücher ediert? Vgl. 7.1.

126 Daher kann der Benutzer oft auch den Maßstab der Abbildung in etwa rekonstruieren, wenngleich hier noch eine bessere Abstimmung zwischen Text und Bild, oder mehr Größenangaben beim Bild wünschenswert sind. Insofern weist Josette Rey-Debove (1971, 35) auf einen Schwachpunkt hin, wenn sie bemerkt, daß ein Fink, ein Perlhuhn und ein Pinguin in derselben Größe auf derselben Seite des 'Petit Larousse' erscheinen; vgl. Hupka (1984, 192), wo ebenfalls dieser Punkt moniert wurde.

127 Es ist jedoch auch an die Mathematik zu denken.

128 Sie denkt hierbei an die auf Aristoteles zurückgehende Form der Definition in genus proximum und differentia specifica.

dem betreffenden Wort liegt, wenn diese Dinge nur in einer strukturellen Illustration darstellbar sind.

Ferner liegen noch einige weitere Arbeiten vor (vgl. Tabelle 1), die, von der unbestrittenen informatorischen Leistung der Illustration ausgehend, eher praktische Hinweise zu ihrer Verwendung geben. "Eine Beschreibung, so umfangreich und ausführlich sie auch ausfallen mag, kann in der Regel selten eine wirkliche Vorstellung insbesondere von Gegenständen vermitteln". Diese prinzipielle Feststellung von Ilse Karl (1982, 47) wird von A.M. Al-Kasimi (1977, 100) gleichsam in verschiedene Teilaspekte aufgefächert, wenn er den Gebrauch von Illustrationen für folgende drei Fälle vorsieht: Im Vergleich zu einer verbalen Beschreibung allein muß das Bild mit ihr entweder exakter auf die Sache referieren, besser räumliche Beziehungen ausdrücken oder es erlauben, eine zu umständliche und zu lange Definition zu verkürzen[129]. Ferner führt er noch kurz und ohne Beispiele einige eigentlich selbstverständliche Kriterien für die Gestaltung von Illustrationen an, nämlich "Compactness" (= möglichst nur relevante Charakteristika), "Fidelity" (= Realismus der Abbildungen) und "Interpretability" (= Verständlichkeit), die weiter untergegliedert wird (S. 100-102).

Obwohl H. Riedel und Margit Wille (1979) 'Über die Erarbeitung von Lexika', d.h. enzyklopädischer Werke[130] handeln, lassen sich die von ihnen aufgestellten Grundsätze zur Aufnahme von Abbildungen durchaus auf Wörterbücher übertragen. Auch sie gehen von der hier schon öfter referierten Einsicht aus, daß Illustrationen die sprachlichen Angaben veranschaulichen, ergänzen und somit "zusätzliche Informationen vermitteln" (S. 94). Um die "Zugriffszeit" (S. 98) für den Benutzer des lexikographischen Werkes so gering wie möglich zu halten, sollten die Abbildungen nicht "lediglich ein sogenanntes 'Briefmarkenformat'" haben, "Schwarzweiß-Fotografien sollten ... die untere Grenze etwa des Formats einer Streichholzschachtel nicht unterschreiten" (S. 96) - allerdings denken die beiden Autoren etwa an die Reproduktionen von Gemälden. Um Platz zu sparen und das angestrebte größere Format zu ermöglichen, sollten "Bildausschnitte bis zur Außenkante verwandt werden" (S. 96), wobei jedoch die Übersichtlichkeit des Layouts gewahrt werden muß[131]. Ferner sollen die Abbildungen "im Text des Artikels, im Anschluß an diesen, oder, falls der Umbruch dazu zwingt, dem Artikel eng benachbart untergebracht werden"[132]. Sie würden sonst leicht übersehen und verlören damit ihre "unterstützende Wirkung" (S.96)[133]. Wichtiger dagegen erscheint die hierdurch erzielte Verkürzung der Zugriffszeit und das Mehr an Benutzerfreundlichkeit, denn es ist hinderlich, wegen eines Lemmas zweimal nachschlagen zu müssen[134].

---

129 A.M. Al-Kasimi gibt hierzu keine Beispiele.

130 Sie stellen fest, daß "zur Bedeutung des Bildes in universalen und Fachlexika Forschungsergebnisse und umfangreiche Arbeiten" nicht vorliegen (1979, 93).

131 Dies ist, wie in 8.1 gezeigt wurde, die Praxis verschiedener Verlage.

132 Diese Auffassung, auf Wörterbücher bezogen, vertritt auch Gili Gaya, Herausgeber des spanischen Wörterbuchs 'Vox' (1973[3]), die von M. Alvar Ezquerra (1983, 194) wie folgt resümiert wird: "Al penetrar en el mundo de las cosas, reconoce Gili Gaya, muchas veces no es posible la definición y hay que recurrir a la descripción. Y aún así 'es necesario apelar al dibujo ... como explicación gráfica de la palabra' (página XXXIII). En este sentido hay que poner los cuadros junto a las ilustraciones".

133 Die Auswahl der Abbildungen soll "in allen hierfür geeigneten Fällen parteilich" (S. 96) erfolgen, was auch für die Definition und die weiteren Erklärungen gilt. Kein Kommentar.

134 Es wäre interessant, zu erfahren, wie lange der durchschnittliche Wörterbuchbenutzer im Vergleich zu dem routinierten (Meta-)Lexikographen braucht, um ein Lemma zu finden.

S.I. Landau (1984), der aus seiner Erfahrung als Lexikograph die verschiedensten Aspekte der Illustration kurz berührt - nur die editorischen Probleme der Bebilderung werden relativ eingehend behandelt (S. 258-61) -, weist u.a. darauf hin, daß die Art der Bebilderung auch der Mode unterworfen ist[135]; ferner macht er auf eine grundsätzliche Grenze der Leistung jeder Illustration aufmerksam: "A picture is at best a representative example of the type of thing defined, yet it does not encompass anything approaching the full range of possibilities defined by the term it is supposed to illustrate" (S. 111). Da hierbei das Bild mit der Sprache verglichen wird, sei erst in 8.6 diese Frage etwas vertieft.

8.5.2 Antworten aus der Kunstwissenschaft und Semiotik

Wenn aus einer so weiten und alten Disziplin wie der Kunstwissenschaft Informationen über das Bild, also ihren ureigensten Gegenstand gesammelt werden sollen, muß dies ein fragmentarisches Unterfangen bleiben. Daher wurden nur in dem durch 8.5. 'Die Leistung des Bildes' gesteckten Rahmen einige Arbeiten ausgewertet, die sich zu den Charakteristika des Bildes und seinen kommunikativen Möglichkeiten äußern, wobei der Vergleich mit der Sprache implizit oder explizit immer hereinspielt. Andererseits können bei dieser grundsätzlichen Bestimmung wesentlicher Eigenschaften des Bildes die ästhetischen Aspekte außer Betracht bleiben. Ferner werden auch Stellungnahmen vor allem aus dem Bereich der Semiotik, aber auch anderer Disziplinen verarbeitet, um bestimmte Punkte zu vertiefen.

Ein Bild "von etwas ist niemals die Realität des Gegenstandes selbst, sondern immer weniger als er" (K. Kowalski 1975, 25). Geht man von dieser wohl unbestrittenen Prämisse aus, sind Bilder als A b s t r a k t i o n e n zu verstehen, da "sie wesentliche Wahrnehmungsqualtiäten der Dinge aufgreifen und wiedergeben. ... Bilder gibt es auf allen möglichen Abstraktionsstufen[136]. Eine Photographie oder eine holländische Landschaft des 17. Jahrhunderts kann naturgetreu sein, dabei ihren Gegenstand aber doch durch Auswahl, Anordnung usw. fast unmerkbar stilisieren und so auf das Wesen des Dargestellten hinzielen" (R. Arnheim 1969/1974 135 f.). R. Arnheim betont: "Abstraktheit ist aber nicht Unvollständigkeit. Ein Bild ist eine Aussage über visuelle Eigenschaften, und eine solche Aussage kann auf jeder Abstraktionsstufe vollständig sein (S. 136). Daher ergänzt der Betrachter keineswegs fehlende Einzelheiten, um "dadurch das Bild realistisch zu komplettieren" (S. 136). In ähnlicher Weise sieht G. Kauffmann (1978, 545) "die vermittelnde Kraft des Zeichens ... in Kunst wie in Sprache ... (in) einer durch Verkürzung erreichten äußersten Anspannung der Charakteristik. Wie radikal solche Verkürzungen sein können, lehren u.a. die Verkehrszeichen .... Infolgedessen liegt die Vermittlungskraft eines Zeichens nicht sowohl in dem, was es vom konkreten sinnlichen Einzelfall festhält, sondern vor allem auch in dem, was es an diesem unmittelbaren Bestand unterdrückt. Hier äußert sich - ... - der dem Zeichenhaften entgegenkommende Charakter der *Zeichnung*[137]" (Hervorhebung G.K.).

---

135 So waren die erstmals im 'American Heritage Dictionary' (1969) verwendeten Autotypien von Photos zwar teilweise von schlechter Qualität, kamen aber beim Publikum gut an, was sich in den Verkaufszahlen manifestierte (Landau 1984, 113).

136 Vgl. die in 8.3 vorgestellte Skala verschiedener Stufen von Ikonizität nach A. Moles (Schema 9).

137 Hierdurch erhält die Bevorzugung der Zeichnung vor der Photographie eine zusätzliche Bestätigung (vgl. 8.4.1).

Wenn abgesehen von reinen Duplikaten jedes Bild eine Abstraktion ist, wie verhält es sich mit der oft geäußerten Annahme (vgl. z.B. Josette Rey-Debove in 8.5.1), es stelle in erster Linie einen bestimmten Gegenstand dar, während mit Wörtern Klassen von Gegenständen bezeichnet werden? Die hierzu in 8.5.1 gemachten Andeutungen, wie der Betrachter eines Bildes zu einem verallgemeinernden Verständnis des Bildes gelangen kann, seien durch R. Arnheim ergänzt, der als Resümee des Kapitels "Das Denken in der Kunst" festhält: "Das Kunstwerk ist ein Wechselspiel von Anschauung und Gedanken. Die Individualität des Einzelwesens und die Allgemeinheit des Typus vereinigen sich im Bilde" (1969/1974, 257). Dieser Auffassung schließt sich R. Wedewer (1985, 181-183) an, der S. 59 nach dem "Unterschied zwischen der Wesensallgemeinheit des Wortes und der Wesensbesonderheit des Bildes" fragt: "Die Sprache bewegt sich vom Abstrakten zum Konkreten oder vom Allgemeinen zum Besonderen, wohingegen beim Bild vom Besonderen auf das Allgemeine geschlossen werden muß". M. Faust (1979, 268) erinnert daran, daß es bei allen Unterschieden zwischen Sprache und Bild die Möglichkeit einer Art "Umsetzung oder Übersetzung" etwa bei der Bildbeschreibung gibt, und vertritt unabhängig von Arnheim aus linguistisch-semiotischen Überlegungen heraus im Prinzip dieselbe Auffassung: "Mit dem sprachlichen Zeichen wird nicht das Einzelne, sondern das Allgemeine erfaßt. Durch die Vertextung kann allerdings der Geltungsbereich eingeschränkt werden, so daß ich in einem festgelegten Kontext z.B. mit dem Zeichen *Wohnung* eine bestimmte Wohnung meinen kann.

Das visuelle ikonische Zeichen dagegen stellt in erster Linie anschaulich das Einzelne dar, das je nach Situation auch verallgemeinert aufgefaßt werden kann. Eine solche Verallgemeinerung ist z.B. gegeben, wenn ein individueller Konsument eines Produkts in einer Werbeanzeige als Vertreter aller potentiellen Konsumenten dieses Produkts abgebildet ist"[138].

Der Hinweis auf die Werbung führt zur Bestimmung der semantischen Funktion des Bildes, die von E.H. Gombrich (1974, 242 f.) in der Terminologie von K. Bühler (1934, 28) primär in der Appellfunktion gesehen wird: "the visual image is supreme in its capacity for arousal". M. Faust (1979, 269) erklärt die "suggestive Kraft" der visuellen ikonischen Zeichen damit, "daß sie in erster Linie individuelle Objekte anschaulich darstellen". Die Dominanz der Appellfunktion beim Bild spielte wohl bei den Bilderstürmen der Vergangenheit eine Rolle wie auch heute bei seiner massiven Verwendung in der Werbung.

Die Wirkung des Bildes auf den Betrachter geht mit dem Verstehen einher, das übereinstimmend als aktiver Prozeß beschrieben wird: "However automatic our first response to an image may be, ... , its actual reading can never be a passive affair" (E.H. Gombrich 1974, 247). G. Kauffmann (1978, 543) beschreibt etwas ausführlicher den Vorgang, der sich abspielt, wenn eine Rembrandtzeichnung als Landschaft wahrgenommen und verstanden wird. "Wir müssen aus der oft flüchtigen Skizze auf dem kleinen Papier die Weite des Überblicks entwickeln, müssen in uns die Idee von Licht und Farbe hervorbringen sowie einzelne Gegenstände wie Häuser, Bäume und Hecken erst als solche entschlüsseln.

Es bedarf also der Eigenleistung des Betrachters, der den Erkennungsprozeß mit Hilfe seiner Erinnerung an Landschaft selber aufbauen muß. Ohne das eigene konstruktive Vermögen, das seine Art der Auffassung und Formung geltend macht, bleibt eine solche

---

[138] Abschließend sei mit E. Buyssens (1970, 31) hinzugefügt, daß, wie die Versuche mit Aphatikern gezeigt haben, das Abstraktionsvermögen auch für die sprachliche Kommunikation von fundamentaler Bedeutung ist.

Zeichnung für den Betrachter nichtssagend"[139]. G. Kauffmann fügt zu Recht an, daß auch das Verstehen von Sprache "Eigenleistung des Aufnehmenden verlangt" (S. 543).

Doch eine sprachliche Äußerung wird eher in eindeutiger Weise verstanden als ein Bild, das meist m e h r e r e I n t e r p r e t a t i o n e n zuläßt, worauf übereinstimmend von verschiedenen Seiten hingewiesen wird. L. Wittgenstein gibt im Zusammenhang mit der Erörterung seines Begriffs vom Sprachspiel in den 'Philosophischen Untersuchungen' (1967, 23) folgendes Beispiel: "Denken wir uns ein Bild, einen Boxer in bestimmter Kampfstellung darstellend. Dieses Bild kann nun dazu gebraucht werden, um jemand mitzuteilen, wie er stehen, sich halten soll; oder, wie er sich nicht halten soll; oder, wie ein bestimmter Mann dort und dort gestanden hat; oder etc. etc.. Man könnte dieses Bild (chemisch gesprochen) ein Satzradikal nennen". Obiges Bild eines Boxers kann nach Wittgenstein also eine Aufforderung, Warnung oder eine Tatsachenfeststellung enthalten oder für einen bestimmten Sportdress werben. Mit anderen Worten, kann man recht unterschiedlichen Gebrauch von einem Bild machen[140], was durch seine ihm inhärente O f f e n h e i t oder gar V i e l d e u t i g k e i t erklärt wird.

Ein analoges Beispiel benutzt der Kunstwissenschaftler E.H. Gombrich (1974, 244-247), indem er die möglichen Verstehensweisen eines Mosaiks aufzählt, das vor einem Hauseingang in den Fußboden eingelassen war und einen sitzenden schwarzen Hund darstellt. Könnte es auch ohne die Inschrift *Cave canem* dieselbe kommunikative Funktion erfüllen, einen potentiellen Eindringling zu warnen? "It would, if we came to it with a knowledge of social customs and conventions" (S. 244), was besagt, daß der Betrachter wissen muß, daß ein derartiges Mosaik an dieser Stelle des Hauses immer eine Warnung beinhaltet und nicht etwa nur der Dekoration dient. Da dies wohl nicht mit Sicherheit angenommen werden kann, bemerkt Gombrich (S. 245): "Without the inscription the message intended to be communicated by the mosaic is less certain". Und ohne dieses kulturelle Vorwissen könnte man auch annehmen, es handle sich um das Haus eines Tierarztes oder um ein Lokal des Namens "The Black Dog" (S. 245). Die Polysemie des Bildes[141], das normalerweise in einem bestimmten Kontext erscheint, wird also teils durch kulturspezifische Kenntnisse der Betrachter, entscheidend jedoch durch die Inschrift gebannt.

R. Barthes (1964, 44) spricht in einem ähnlichen Zusammenhang von einer "chaîne flottante de signifiés, dont le lecteur peut choisir certains et ignorer les autres", ja er

---

139 Bereits E. Panofsky hatte 1939 betont, daß die Bedeutung etwa einer alltäglichen Geste (des Hutziehens) oder eines Kunstwerkes nur durch das "alltägliche(n) Vertrautsein(s) mit Gegenständen und Ereignissen" verstanden werden kann, wozu die Kenntnis "der mehr als bloß praktischen Welt von Bräuchen und kulturellen Traditionen, die einer bestimmten Zivilisation eigentümlich sind", kommen muß (in: E. Pankofsky 1975, 37).

140 Der Hinweis auf L. Wittgenstein entstammt M. Muckenhaupt (1980, 195), der das Beispiel jedoch dazu benutzt, um zwischen "einem Bild und seinem Gebrauch" zu unterscheiden. Demgegenüber wird hier betont, daß ohne den Gebrauch kein Bild ein Bild wäre, mit anderen Worten, daß ein Bild wie jedes andere Zeichen nur durch seinen Gebrauch in der Kommunikation als Zeichen existiert. Vgl. M. Muckenhaupt (1986, 88-93, 158-162)

141 K. Kowalski (1975, 80) spricht von der "Vieldeutbarkeit des ikonischen Kodes", R. Wedewer (1985, 17) von "Vieldeutigkeit", W. Nöth (1985, 415) von interpretatorische(r) *Offenheit* oder sogar *Polysemie*" (Hervorhebungen W.N.) und nennt fünf weitere Arbeiten aus der Semiotik, die das Bild ebenso beurteilen. H.J. Heringer (1981, 135) sieht in der "Offenheit des Bildes", in seinem "Deutungsdefizit" eine Möglichkeit, die "Lernkommunikation" zu steuern.
H. Burger (1984, 300) gibt eine mögliche und wohl nur teilweise Begründung für diese Offenheit des Bildes: "Da Bilder Individuen darstellen, sind sie - nach dem philosophischen Satz *individuum est ineffabile* - potentiell u n e n d l i c h d e u t b a r " (Sperrung H.B.). Auch O. Bätschmann (1984, 46) hält das Bild für ungeeignet, "Botschaften auf eindeutige Art zu übermitteln".

spricht von "terreur des signes incertains", die es etwa durch Hinzufügung eines "message linguistique" zu bekämpfen ("combattre") gelte. Der Linguist und Semiotiker L. Porcher (1976, 193) nimmt diesen Gedanken auf und erkennt den Bildern ebenfalls "une certaine terreur" an, "qui tient à l'incertitude du sens".

Aus sprachwissenschaftlicher Sicht ist jedoch darauf hinzuweisen, daß auch eine sprachliche Äußerung wie *Dieser Hund ist bissig* zum Ausdruck verschiedener Sprechakte verwendet werden kann: z.B. als Warnung, Empfehlung, Behauptung. Zum eindeutigen Verständnis bedarf es der Situierung in Kontext und Situation. Der Unterschied zum Bild dürfte auch darin liegen, daß sprachliche Äußerungen praktisch immer in Kontext und Situation eingebettet sind, Bilder aber sich in einer kulturspezifischen räumlich-zeitlichen Konstellation befinden wie vor allem Altarbilder, Kreuzwegbilder, Illustrationen in Büchern, Verkehrszeichen, manche Piktogramme, die etwa auf der Tür einer Telephonkabine, eines Nichtraucherabteils, eines Duschraumes etc. angebracht sind. Entweder reicht auch eine derartige Situierung kaum aus, um ein Bild zu disambiguieren, und E.H. Gombrich hat Recht, wenn er feststellt: "Denn es liegt in der Natur der Dinge, daß Bilder, um unzweideutig zu sein, bedeutend mehr an Kontext brauchen als Aussagen"[142]. Oder aber werden Bilder meist isoliert betrachtet, ohne die Konstellation in der sie sich befinden, so daß von da ihre Offenheit herrührt. Ferner dürften nicht alle Bilder in derart spezifischen Konstellationen verankert sein. Liegt es im Wesen des ikonischen Mediums, weniger eindeutig zu sein als die Sprache?[143] Da die Illustrationen in Wörterbüchern eng an den lexikographischen Text gebunden sind, kann diese Frage hier vorläufig offen bleiben, sie führt jedoch zu einem weiteren Charakteristikum des Bildes.

Es wird darin gesehen, daß mit einem Bild k e i n e A u s s a g e oder Behauptung[144] (engl. *statement*, fr. *proposition*) im logischen oder sprachlichen Sinn gemacht werden kann[145]. So bemerkt R. Jakobson (1973, 101), die Sprache sei das einzige System "capable(s) de construire des propositions". Eine Abbildung mit einer auf einer Matte sitzenden Katze entspricht nach E.H. Gombrich (1974, 243) nicht der Aussage "The cats sits on the mat", da etwa der bestimmte Artikel nicht bildlich dargestellt wird, und umgekehrt das Bild einer großen Anzahl anderer Aussagen entsprechen kann, "There is a cat seen from behind, ... The cat sits rarely on the mat" usw. Gombrich stellt (1975, 122) fest: "Pictures cannot assert", was er damit veranschaulicht, daß die Darstellung eines Gebäudes "may just as easily refer to an existing building as to a memory, a plan or a fantasy"[146], während eine Legende zum Bild oder eine rein verbale Äußerung darüber keinen Zweifel ließe.

Folglich ist auf Bilder, da sie keine Aussagen sind, das Wahrheitskriterium nicht anwendbar. Bilder, vor allem Photographien (vgl. 8.4.1), die nicht mit der Realität übereinstimmen, werden daher anders als Sätze nicht als Lügen, sondern als Erfindung, Metapher, Scherz aufgefaßt. So S. Worth (1975, 99 f.), der diesen Gedanken weiter ausführt mit der Beobachtung, daß Bilder nicht negieren können, es nicht erlauben Fragen oder Bedingun-

---

[142] Zitiert aus O. Bätschmann (1984, 50), der hierzu bemerkt: "Möglich".

[143] Vgl. die folgenden Ausführungen und 8.6.

[144] Auch nach H.J. Heringer (1981, 129) enthalten Bilder keine Behauptungen und entsprechen auch nicht Behauptungen.

[145] Nach R. Wedewer (1985, 17) "haben Bilder im Gegensatz zur Sprache primär keine Mitteilungsfunktion. ... Folglich gelten sie für eine tiefer reichende Erkenntnis der Wirklichkeit als ungeeignet".

[146] Allerdings würde man bei einer Photographie eher die Existenz des Gebäudes annehmen; vgl. 8.4.1.

gen zu formulieren oder verschiedene Tempora auszudrücken[147]. Ferner haben Bilder nicht die Fähigkeit "to make meta statements about lower level statements of the picture system. A picture cannot comment on itself" (S. 103).

Allerdings enthält ein Piktogramm mit einem Pfeil und darüber einer Flamme oder laufenden Figur durchaus die Bedingung 'Wenn Feuer, dann ab in Richtung des Pfeiles'; man könnte aber nach S. Worth argumentieren, hier handle es sich eigentlich um zwei Bilder. Bezüglich der Negation berücksichtigt Worth selbst etwa Verkehrszeichen, die durch einen schrägen roten Balken durch den ein Auto durchgestrichen wird, eine Art Negation 'Keine Autos' beinhalten; er betrachtet diesen Gebrauch des Balkens aber als sekundär und nicht eigentlich "pictorial" (S.97): eine visuelle Form, der Balken, ist hier Zeichen in einem anderen Kode geworden.

S. Worth betont die Autonomie des Bildes gegenüber der Realität, wenn er mit Blick auf die darstellungstechnischen Konventionen abschließend feststellt: "Pictures *are* a way that we structure the world around us. They are not a picture of it" (S. 105, Hervorhebung S.W.). "What is communicated by pictures then is the way picture makers structure their dialogue with the world" (S. 106). Liegt vielleicht hierin der tiefere Unterschied zwischen Sprache und Bild, daß z.B. nach H.J. Heringer (1981, 133) auch die Sprache und die Welt "so miteinander verwoben sind, daß es schwerfällt, sie nachträglich zu trennen"[148]. Demnach wären das sprachliche und das ikonische Medium zwei vielleicht unabhängige Wege der Erkenntnis der Welt. Doch der Vergleich mit der Sprache soll erst in 8.6 weitergeführt werden.

Einige weitere Charakteristika des Bildes wurden zumeist schon im Lauf des historischen Teils angesprochen. Abgesehen davon, daß das Bild im Prinzip nur K o n k r e t a abbilden kann[149] (vgl. 8.3.9.: Enzyklopädische Illustration), liegt seine Stärke darin, das Aussehen von Gegenständen, das heißt die Konstellation ihrer Formen und Farben und ihre Position in ihrem Umfeld genau wiederzugeben. Es ist ferner weniger dazu geeignet, einen "zeitlich sich erstreckenden Vorgang" (O. Bätschmann 1984, 43) darzustellen oder die Relation zwischen zwei Bildern zu spezifizieren (S. 48 und H.J. Heringer 1981, 137). Das Bild erlaubt schließlich anders als die Sprache eine gewisse F r e i h e i t d e s B e t r a c h t e r s, der je nach Bedarf mehr oder weniger Information oder schwerpunktmäßig nur bestimmte Informationen aufnehmen kann[150]. Hier zeigt sich wieder die Offen-

---

147 Bilder sind "somewhat similar to the verb *to be* in its existential, not veridical sense" (S. 102).
M. Muckenhaupt (1986, 86) betont, nicht Sätze, sondern "Satzverwendungen" könnten "nach wahr und falsch beurteilt werden". Ebenso wie bestimmten Satzverwendungen könne daher "bestimmten Bildverwendungen" ein Wahrheitsgehalt zugesprochen werden, etwa wenn mit Bildern über ein Ereignis informiert wird.
Doch Muckenhaupt übersieht, daß derartige Bildverwendungen nur mit Hilfe der Sprache erfolgen können. In einer Behauptung des Typs 'Dies ist ein Bild von X' ist das Bild nur Substitut von X und wie X selbst nicht vom Wahrheitsgehalt der Aussage betroffen. Vgl. auch Kap. 8, Anm. 140 hier.

148 H.J. Heringer (1981, 133) bemerkt darüber hinaus: "Geht man davon aus, daß Bild und Text nur unterschiedliche Kodierungen der nämlichen Realität seien, so sitzt man einer grundlegenden Fehleinschätzung unserer Sprache auf." Es ist jedoch zu bedenken, daß nicht nur Sprache und Welt verwoben sind, wie Heringer annimmt, sondern auch Sprache und visuelle Wahrnehmung.

149 Dies schließt nicht aus, daß z.B. Fabelwesen oder die Melancholie bildlich dargestellt wurden, doch handelt es sich dabei nicht um ikonische sondern um symbolische Zeichen.

150 E.H. Gombrich (1974, 249) bemerkt: "The information extracted from an image can be quite independent of the intention of its maker". So könne ein Schnappschuß einer Gruppe Badender am Strand von einem Nachrichtenoffizier im Hinblick auf ein Landeunternehmen ausgewertet werden.

heit des Bildes, die durch die Verbindung mit der Sprache eingeschränkt werden kann, so daß es in die Lage versetzt wird, eine bestimmte kommunikative Funktion zu erfüllen. Die Koppelung von Bild und Sprache hat nach E.H. Gombrich noch einen weiteren Effekt: "this mutual support of language and image facilitates memorizing (1974, 247)[151]. Da dieser Gesichtspunkt gerade bei den Illustrationen eines Wörterbuchs von besonderem Interesse ist, sei ihm im folgenden Kapitel nachgegangen.

8.5.3 Antworten aus der Informationstheorie und Kognitionspsychologie

Unabhängig von lexikographischen Erwägungen wurde von Kommunikationswissenschaftlern und Psychologen die Informationsvermittlung durch gleichzeitig zwei Kanäle untersucht und mit der Informationsaufnahme durch nur einen Kanal verglichen, wobei hier die Analyse der Verbindung von Wort und Bild[152] im Vordergrund stehen soll.

W. Severin (1967a, 233) faßt die vorherrschende Ansicht wie folgt zusammen: "Until 1964, there seemed to be general agreement that more information was acquired when a presentation was made through more than one channel than one channel alone. It was generally held that almost all studies showed a combination of channels to be more effective than one channel alone." Er schränkt diese Feststellung dahingehend ein, daß die Informationen, die in zweierlei Kanälen dargeboten werden, einander sinnvoll ergänzen müssen, damit der Lerneffekt erhöht wird ("cue summation", S. 237). Dagegen wird die Informationsaufnahme gestört und behindert, when "the cues in the second channel are not relevant to those in the first channel" (S. 234). Eine gewisse Redundanz innerhalb eines Mediums "is supposed to increase the efficiency of retention and the transfer of information" (S. 242) - diese Erkenntnis ist nicht neu -, während es noch eine offene Frage sei, welchen Wert eine "between-channel redundancy" habe (S. 242). Gegenüber einkanaliger Informationsvermittlung und der Verbindung von gesprochenem und geschriebenem Wort erweist sich die Kombination von "words with the related or relevant illustrations" als überlegen, "because of the summation of cues between the channels" (S. 243)[153]. Diese aus der Auswertung vorausgehender Berichte über Tests gewonnene Einschätzung sah W. Severin in einer kurz darauf erschienenen Arbeit (1967b) durch eigene Untersuchungen bestätigt.

H.J. Hsia (1968) wies darauf hin, daß bildliche Darstellungen weitaus mehr Information enthalten, die zudem schneller aufgenommen wird als auf mündlichem Wege in der gleichen Zeit übermittelbar ist. Da pro Sekunde nur eine bestimmte Menge an Information verarbeitet werden kann, ("capacity limit theorem", S. 251)[154], kann ein Zuviel an Information eher weniger effektiv sein[155]. So hatten A. Chan et al. (1965, 164) beobachtet, daß "the increment in learning via the visual channel, due to the addition of colored em-

---

151 Gombrich erinnert hierbei an die schon in der Antike bekannte Gedächtniskunst (Ars memorativa).

152 Um der Situation des Wörterbuchbenutzers zu entsprechen, sollte die sprachliche Information möglichst schriftlich vorliegen, doch wird sie in den Tests oft nur mündlich erteilt, bzw. dieser Aspekt wird bei der Auswertung nicht berücksichtigt.

153 F.R. Hartman (1961, 255) mußte noch feststellen, daß noch zu wenige Studien "involving the pictorial channel" vorliegen.

154 Dieser Aspekt wird von H.J. Hsia (1971) durch Erkenntnisse aus der Neurologie vertieft.

155 Die Äußerungen zur Redundanz bleiben ähnlich vage wie bei W. Severin.

bellishment, does not result in an increase in the over-all amount learned since it occurs at the expense of the audio channel"[156].

Dieser Einschätzung widersprechen W. H. Levie/R. Lentz (1982), die 55 Experimente verschiedener Forscher auswerten, in denen "learning from illustrated text with learning from text alone" verglichen wird (S. 195): "When illustrations provide text-redundant information, learning information in the text that is also shown in pictures will be facilitated" (S. 225). Im Schnitt wurde auf diese Weise ein Drittel mehr an Information aufgenomen, wobei 45 Tests die Grundlage für diese Feststellungen bilden. Ferner beeinflussen Illustrationen nicht das Textverständnis nicht-illustrierter Passagen.

Gegenüber diesen und zahlreichen weiteren Untersuchungen, durch welchen Kanal mehr Information übermittelt wird, lenken A. Furnham et al. (1981, 53) die Aufmerksamkeit auf die wichtigere Frage, nämlich "what sort of information is restricted to what channels, and how it is integrated".

Bevor dieser Gesichtspunkt weiter verfolgt wird, kann im Hinblick auf die Informationsaufnahme durch den Wörterbuchbenutzer festgehalten werden, daß die Verbindung des verbalen und piktoralen Kanals als die effektivste beurteilt wird, wobei ein gewisses Maß an Redundanz auch zwischen beiden Medien zur Informationsabsicherung nützlich erscheint. Da der Zeitdruck beim Lesen eines Wörterbuchartikels und Betrachten der Illustration kein dominierender Faktor ist, spielt die beschränkte Aufnahmekapazität keine entscheidende Rolle.

Diese und eine Anzahl weiterer Untersuchungen zur informatorischen Leistung der verschiedenen der Kommunikation dienenden Kanäle wurden von einer bis Mitte der siebziger Jahre wohl vornehmlich in den USA betriebenen Richtung der Kognitionspsychologie in die von ihr entwickelten Theorien des Gedächtnisses und der Informationsverarbeitung integriert. Besonders elaboriert erscheint in diesem Zusammenhang die duale-Kode-Theorie von A. Paivio (1971), die zu einer fast unübersehbaren Fülle von Stellungnahmen geführt hat und immer wieder erneuten Tests unterzogen wird[157]. A. Paivio kann damit erklären, "warum Bezeichnungen für Objekte besser auf der Grundlage von Bildern als von Wörtern behalten werden und warum konkrete Substantive besser als abstrakte behalten werden" (J. Engelkamp 1981, 291). Er nimmt nämlich an "that language behavior is mediated by two independent but partly interconnected cognitive systems that are specialized for encoding, organizing, transforming, storing, and retrieving information. One of these (the *image system*) is specialized for dealing with information about nonverbal objects and events. The other (the *verbal system*) is specialized for dealing with linguistic information" (A. Paivio/I. Begg 1981, 67; Hervorhebungen P./B.).

Die bessere Verfügbarkeit und Behaltensleistung von Bildern wird dadurch erklärt, daß vom imaginalen Kodierungssystem aus in der Regel auch das verbale aktiviert wird, so daß bei der Enkodierung und Speicherung wie auch beim Abruf beide Gedächtnissysteme zur Verfügung stehen, wobei Defizite durch Vergessen leichter ausgeglichen werden[158]. Hinzu

---

156 Allerdings ist nur ein Test eine schwache Stütze, noch dazu wo er die Erinnerung an bedeutungslose Silben zum Gegenstand hatte, wo die Farbe wahrlich nicht zum Wesen der Sache gehört.

157 Die 'Zeitschrift für Semiotik' 3, 1981 hat eine Nummer praktisch der dualen-Kode-Theorie gewidmet.

158 So auch H.D. Zimmer (1983, 44) bei der Diskussion von A. Paivios Theorie: "Mit anderen Worten, ein Bild wird modalitätsspezifisch als Bild repräsentiert und daneben wird gleichzeitig dessen verbale Bezeichnung aktiviert".

kommt folgendes: "The information in the image is spatially organized[159], permitting a rapid read-out of the relevant components, whereas the information in verbal storage is sequentially organized as a string of 'mental words' that may take up more space in memory, or require longer search time with less efficient retrieval of the relevant response during recall, or both" (A. Paivio 1981, 391). Bezeichnungen von Konkreta werden zunächst im verbalen System gespeichert, können aber auch Vorstellungsbilder ('Imagene') entwickeln[160], die zwar die Behaltensleistung verbessern[161], aber doch weniger informationshaltig als direkt von Bildern gewonnene Imagene zu sein scheinen (A. Paivio 1971, 179 f.). Von daher ist verständlich, daß Abstrakta, denen ja nur das verbale System zur Verfügung steht, weniger gut gemerkt werden können: Denn bei einem Abrufversuch können "potentiell weniger Attribute des enkodierten Ereignisses zugänglich gemacht werden" (W. Wippich 1981, 298). "In derselben Weise unterscheiden sich auch die Behaltensleistungen bei konkreten und abstrakten Sätzen ... und Texten" (M. Bock 1981, 312)[162].

Für die Plausibilität der dualen-Kode-Theorie[163] sprechen "Befunde, wonach Aufgaben, die bildliche Informationen ansprechen (z.B. Größenrelationen schätzen) mit Bildern schneller zu lösen sind, wohingegen verbale Aufgaben (z.B. die Aussprechbarkeit schätzen) mit Wörtern schneller zu lösen sind als in der jeweiligen anderen Enkodierungsform" (H.D. Zimmer 1983, 42). So wird auch die Reihenfolge der Bilder verbal gespeichert, was darauf hindeutet, daß die Kodierung aufgabenabhängig erfolgt[164].

Modelle die dagegen nur ein Informationsverarbeitungssystem annehmen (z.B. D.L. Nelson/Dolores Castaño 1984, M. Bock 1981, Mary Vanderwart 1984 u.a.), bzw. die drei Systeme (zusätzlich ein abstrakteres propositionales) postulieren (z.B. H.D. Zimmer 1983; weitere Vertreter nennen Judith F. Kroll/Mary C. Potter 1984), erklären die bessere Memorierbarkeit von Bildern und Konkreta mit dem Konzept der Analysetiefe, das besagt, daß "Wörter oder Bilder ungeachtet der Kode-Frage umso besser behalten (werden), je intensiver sie analysiert werden" (J. Engelkamp 1981, 291 und 336)[165].

Unabhängig davon, ob sich die Theorie der zwei Gedächtnissysteme validieren läßt oder nicht, bleiben die empirischen Befunde, die die gute Behaltensleistung von Bildern zeigen. So wurden in einem immer wieder zitierten Experiment den Versuchspersonen 2.560 Dias je zehn Sekunden lang gezeigt, was mehrere Tage dauerte, von denen neunzig Prozent wiedererkannt wurden. "For the recognition test, subjects saw a mixture of old and new pictures and indicated which they had seen before" (M.L. Fleming 1977, 46)[166]. Zeigt

---

159 Mit anderen Worten: "Imaginale Repräsentationen sollen analoge Abbildungen perzeptueller Sachverhalte in einem räumlichen Format sein und in einem isomorphen Verhältnis zu direkt wahrgenommenen perzeptuellen Informationen stehen" (W. Wippich 1981, 296).

160 A. Paivio/I. Begg (1981, 189): "Subjects are more likely to name familiar pictures implicitly than they are to visualize words".

161 So auch W. Winn (1980, 125).

162 Dagegen werden nach H. Aust (1982, 229) beim Lesen und dem damit einhergehenden Verstehensprozeß wohl nicht nur konkreter Texte Bilder erzeugt, unter deren Einwirkung sich "ein bildhaftes Denken eigener Art entwickelt".

163 Es besteht eine auffallende Parallele zur Erkenntnis der Neuropsychologie, wonach die linke Hemisphäre des Gehirns für die Sprachverarbeitung, die rechte "vornehmlich mit der anschaulichen Wahrnehmung der Außenwelt beschäftigt" ist (V.V. Ivanov 1983, 28). [164] Vgl. W. Winn (1980,

164 Vgl. W. Winn (1980, 129 f.), H.D. Zimmer (1983, 42) mit weiteren Literaturangaben.

165 W. Wippich (1981) verbindet beide Theorien (ähnlich J.G. Snodgrass 1980), während J. Engelkamp (1981, 327-337) und entschiedener (1985) ein neues Modell entwickelt.

166 Kritische Würdigung dieses und vergleichbarer Tests durch Sabine Jörg (1978, 33-41).

man Bilder und Wörter so kurz, daß sie nicht umkodiert werden können, werden immer noch 16 Prozent der Bilder gegenüber neun Prozent der Wörter richtig erinnert (M.W. Eysenk 1984, 195). Die Wiederholung von Wörtern durch Wörter und von Bildern durch Bilder verbessert die Behaltensleistung, noch effektiver ist jedoch die Wiederholung von Bildern durch Wörter mit derselben Referenz und umgekehrt (A. Paivio 1974).

Doch wie steht es mit der gleichzeitigen Präsentation von Bildern und ihren verbalen Bezeichnungen? Wird ein Wort besser gemerkt, wenn es von einer Abbildung des damit bezeichneten Gegenstandes begleitet wird? Denn diese Anordnung entspräche im Wörterbuch der Verbindung von Lemma (oder Legende) und der zugehörigen Illustration. Nach den bisherigen Ausführungen ist zu erwarten, daß die parallele Enkodierung von verbaler und piktoraler Information zu einer besseren Verarbeitung und damit zu einer Erhöhung des Lerneffekts führt, so daß bei einem späteren Abruf des Wortes das verbale und das imaginale Gedächtnissystem aktiviert werden. In der Tat berichtet A. Paivio (1971, 344-347) von einem Experiment, bei dem einer ersten Gruppe von Versuchspersonen sowohl klar identifizierbare Bilder ("High imagery") mit der zugehörigen Legende vorgelegt wurden[167], als auch Bilder, die den Gegenstand weniger deutlich zeigten ("Low imagery", z.B. bei "Edifice, Crag"); zudem waren die Wörter zum Teil Abstrakta (z.B. "Appliance, Strength", S. 345). Die zweite Gruppe bekam dieselben Bilder jedoch mit falschen Legenden vorgelegt, die dritte Gruppe sollte sich die Wörter ohne Bilder merken. Das zu erwartende Resultat zeigte sich, denn bei einem Erinnerungstest der Wörter ohne Hinzuziehung der Bilder ergab sich: "Subjects in the relevant condition (d.h. die erste Gruppe, W.H.) recalled approximately twice as many responses as subjects shown irrelevant or no pictures. This was true for both low-imagery and high-imagery noun pairs, although recall was generally better for the latter" (A. Paivio 1971, 346).

Die Einbeziehung der informationstheoretischen und kognitionspsychologischen Arbeiten hat zu der Erkenntnis geführt, daß das Verständnis eines Textes durch ein begleitendes, sinnvoll zugordnetes Bild erleichtert und verbessert wird[168]. Die entsprechende Wörterbuchbenutzungssituation liegt dann vor, wenn in einem in der Regel einsprachigen, illustrierten Wörterbuch die Definition und Illustration zu einem unbekannten Lemma aufgenommen werden. Ferner hat sich ergeben, daß die simultane Präsentierung von Wort und Bild den Lerneffekt erhöht. Diese Wirkung müßte sich beim Wortschatzlernen etwa in einem illustrierten Lernwörterbuch mit geringer Mikrostruktur zeigen. Ohne auf die didaktischen Aspekte der Wortschatzarbeit eingehen zu können, sei nur aus drei neueren Synthesen die Bewertung der Rolle der Bilder referiert. In K. Schröder/T. Finkenstaedt (1977, 296) wird von G. Walter empfohlen, bei der "Bedeutungsvermittlung aus der "unmittelbaren Anschauung" etwa Bilder in eine Situation einzubetten, um den "Anfangsunterricht einsprachig zu gestalten ..., was sich günstig auf die Lernmotivation ... und Behaltensfähigkeit auswirkt".

"Nach Durchsicht der relevanten psychologischen und didaktischen Literatur (S.14) stellt L.J. Issing (1983, 15) fest: "Bilder als Zwischenglieder erleichtern das Assoziieren und Erinnern von Gedächtnisinhalten. ... In dieser Funktion werden Bilder vor allem beim Fremdsprachenlernen und beim allgemeinen Gedächtnistraining verwendet". Etwas zu-

---

167 Jedes Bild zeigte zwei Gegenstände und hatte folglich zwei Legenden z.B. "Horse, Tree" (S. 345).

168 Sabine Jörg (1978) untersucht den Einfluß sprachlicher Bezeichnungen auf das Wiedererkennen von Bildern (so der Titel), H.D. Zimmer (1983) den Einfluß der sprachlichen Bezeichnung auf die "Enkodierung und Repräsentation eines Bildes" (S. 55).

rückhaltender stellt dagegen P. Scherfer (1985, 428) fest: "Visuellen Hilfsmitteln wird ein ebenso großer behaltensfördernder Wert zugesprochen wie den Objekten selbst". Allerdings seien die "Annahmen über die Funktion von Bildern ... empirisch kaum abgesichert. Vielfach sind einander widersprechende Ergebnisse zu konstatieren" (S. 429). Immerhin kann P. Scherfer eine empirische Arbeit anführen, die zu dem Ergebnis kommt, "daß Bilder die Behaltensleistung steigern" (S. 429)[169].

Damit ist die Untersuchung wie bereits am Ende von 8.5.1 und im vorletzten Absatz von 8.5.2 erneut auf die Möglichkeit der Verbindung von Bild und Sprache gestoßen, die daher im folgenden thematisiert wird.

8.6 Die Information des Bildes und des Wortes: zwei komplementäre semiotische Systeme?

Um beurteilen zu können, welche Funktionen die Verbindung von Bild und Text erfüllen kann, seien zunächst Sprache und Bild als semiotische Systeme einander gegenübergestellt. Die in 8.5 gewonnenen Erkenntnisse über die Charakteristik und Leistung des Bildes werden in den hier unternommenen Vergleich einfließen. Zuerst sollen die wesentlichen Eigenschaften von Sprache zusammengefaßt werden.

Sprache als Langue wird als System von Zeichen verstanden, die in der überwiegenden Mehrzahl arbiträr sind, das heißt auf einer vom Sprachbenutzer zu erlernenden Konvention basieren, die die Zuordnung von Ausdruck und Inhalt regelt. Als Material für die abstrakten Zeichen fungieren auf der Ausdrucksseite vom Menschen artikulierte sinnleere Lautfolgen, die als "haltbare Etikette" (R. Arnheim 1974^2, 225) dabei mitwirken, beim Prozeß der Wahrnehmung bestimmte Einheiten aus dem Kontinuum der sichtbaren Welt herauszulösen und zu bewahren. Denn der Mensch gliedert mit Hilfe der Sprache "die Rohstruktur der Erfahrung" zu "klar umschriebene(n) Typen, ... versieht jeden Typus mit einem deutlichen, ausgeprägten Zeichen[170] und drängt damit das Vorstellungsmaterial zur Bildung entsprechend prägnanter Abbilder" (R. Arnheim 1974^2, 223). Bei diesem Vorgang wird "bis zu einem bestimmten Grade das Abstraktionsniveau" festgelegt, "auf dem das bezeichnete Ding wahrgenommen wird und werden soll. Man kann ein und dasselbe Einzelwesen meinen, wenn man von einem Tier, einem Säugetier, einer Katze, einer Hauskatze oder von dem Kater Joschi spricht" (R. Arnheim 1974^2, 225). Die auf diese Weise entstandenen bilateralen Zeichen, konstante Zuordnungen von Ausdrucks- und Inhaltsform, stellen Kategorienbezeichnungen dar, das heißt sie referieren als Gattungsnamen[171] auf die

---

169 Auch H.J. Heringer äußert sich zurückhaltend: "Diese Methode der Bildverwendung hat sicherlich ihren Wert für das Erlernen einer Sprache" (1981, 124). Er sieht Einschränkungen für dieses Verfahren darin, daß nicht alle Wörter so gelernt werden können, die Bilder einen weiteren Zusammenhang brauchen, um richtig verstanden zu werden, und von der Darstellung eines konkreten Gegenstandes auf die Gattung geschlossen werden muß. Für H.J. Heringer ist die Verbindung von Bild und Bezeichnung des Gegenstandes "für gewisse Fälle" ein "Ausweg aus dem Dilemma, daß man nicht alles mit Worten erklären kann" (S. 126), und er fordert ihre Einbettung in andere Sprechakte. Allerdings wird die Frage nicht angesprochen, ob durch die gleichzeitige Präsentation von Bild und Wort der Lerneffekt erhöht wird.

170 Arnheim verwendet hier *Zeichen* wohl im umgangssprachlichen Sinn, der dem Signifiant entspricht.

171 Einen Grenzfall stellen die Eigennamen dar, deren Extension oft nur ein Element ist, und die primär der Identifizierung und nicht der Klassifikation dienen; vgl. Kap. 4, Anm. 4 und 28.

gesamte Klasse von Referenten, die im einzelnen zahlreiche, jedoch nur in einem bestimmten Rahmen variierende Abschattierungen aufweisen.

Um ein Individuum aus einer Klasse zu bezeichnen, werden Deskriptoren wie Artikel, Pronomina, Zahlen, Adjektive, etc. einem Substantiv hinzugefügt, die jedoch ihrerseits ebenfalls als Klassenbezeichnungen angesehen werden können, so daß erst im Zusammenspiel von Situation und Kontext eine Identifizierung ermöglicht wird. Der Gebrauch von Klassennamen, die in unterschiedlichster Weise modifiziert werden können, ist ein Ausdruck der Ökonomie und zugleich der Flexibilität von Sprache, denn die Sprecher sind so der "unendliche(n) Aufgabe" enthoben, bei jeder Veränderung einer Sache "ein neues treffendes Wort zu finden"[172]. Nach G. Boehm (1978, 450), woraus auch die eben gebrauchten Zitate stammen, sind Sprecher dadurch in der Lage, mit Hilfe der Sprache "zwischen Subjekt-Sein und prädikativen Erscheinungsweisen zu trennen und zu verbinden".

Die Verknüpfung einzelner sprachlicher Zeichen erfolgt im Prinzip[173] in linearer Weise, wobei größere Sinneinheiten bis zur Äußerung bzw. zum Satz entstehen. Erweitert man das Konzept der "double articulation" der Sprache (A. Martinet 1960, 1.8.) nach 'oben', sind sowohl die Sätze durch rekurrente Verwendung von Monemen (Morphemen) und Wörtern, als auch Moneme durch rekurrentes Vorkommen von Phonemen charakterisiert. Man kann den Gedanken der zweifachen Gliederung auch nach 'unten' ausdehnen, wodurch man ein finites Inventar diskreter, miteinander in Opposition stehender Einheiten erhält. Dies gilt für die lautliche Seite der Sprache, deren elementarste Einheiten phonetische bzw. phonologische Merkmale sind. Dieses Prinzip wurde in der strukturellen Semantik auch auf die Inhaltsseite übertragen - ob mit Erfolg, mag dahingestellt bleiben.

Demnach wäre die Sprache ein digitales System, wobei die angenommene endliche Menge von Basiselementen einen weiteren Aspekt der Ökonomie des Sprachsystems darstellt. Diese also mehrfache Gliederung der Sprache hat abgesehen von der Ökonomie zumindest des Ausdruckssystems "l'avantage de rendre la forme du signifiant indépendante de la nature du signifié correspondant et d'assurer ainsi une plus grande stabilité à la forme linguistique" (A. Martinet 1960, 1.11). Die hierdurch zustande gekommene größere "distance" zwischen Ausdrucks- und Inhaltsseite (C. Metz 1961, 68) verstärkt den abstrakten Charakter der Sprache und ist die Voraussetzung für ihre hohe Flexibilität, immer wieder neuen Kommunikationssituationen und Ausdrucksbedürfnissen zu genügen. Sprache dient nicht nur dazu, über konkret vorliegende Gegenstände und Sachverhalte der den Menschen umgebenden Wirklichkeit zu sprechen, sondern auch dazu, über abstrakte Begriffe, Gefühle, Pläne und Absichten, über Vergangenes und Zukünftiges, Realität und Möglichkeit Mitteilung zu machen, die Einstellung des Sprechers kundzutun oder zu versuchen, den Hörer zu beeinflussen usw.

Trotz dieser unbestreitbaren Vorzüge findet die Sprache die Grenze ihrer Leistungsfähigkeit bei der Beschreibung der äußeren Form, der Anordnung verschiedener Teile eines Gegenstandes, kurzum des Aussehens realer Dinge. "Bestimmte komplexe räumliche Konfigurationen, wie sie etwa in der Technik oder Architektur vorkommen, können verbal überhaupt nicht beschrieben werden" (M. Krampen 1985, 5). Dies rührt weniger von der obligatorischen Verwendung verallgemeinernder Begriffe wie der Gattungsnamen her, als in einem Fehlen von Bezeichnungen für bestimmte Formen und ihre Struk-

---

172 Bereits A. Martinet (1960, 1.8.) erörtert im Zusammenhang mit der 'double articulation' die Möglichkeit eines "système de communication où, à une situation détérminée, à un fait d'expérience donné correspondrait un cri particulier". Müßte ein derartiges System die Leistungen der Sprache erbringen, würde es die Kapazität des menschlichen Gedächtnisses bei weitem überfordern.

173 Abgesehen etwa von Konkreter Poesie.

turierung; man denke etwa an das Aussehen einer Violine, Trompete, Breze oder eines Dosenöffners. Da das entsprechende Vokabular nicht zur Verfügung steht, läßt sich ein Gesicht nicht so beschreiben, daß der Hörer oder Leser für sich daraus eine exakte Vorstellung entwickeln kann. Dies ist nach E. Buyssens (1967, 55) der wesentliche Grund für den Einsatz sogenannter Phantombilder oder, wenn vorhanden, von Photos bei polizeilichen Fahndungen. Derselbe Grund veranlasse Architekten, Zeichnungen und exakte Pläne anzufertigen. W.M Ivins (1953, 52) hat den Gebrauch von Sprache zur Beschreibung der Realität mit einem Spiel verglichen, bei dem verschiedene Ringe über eine Stange geworfen werden: Die Ringe sind die sprachlichen Äußerungen, die sich der Realität (= der Stange) jeder in anderer Weise immer nur annähern, sie nicht vollständig und exakt umfassen können.

Dagegen liefert ein Bild eine gewissermaßen unmittelbare Information über die Realität, da das "visuelle Medium ... für alle Eigenschaften von Gegenständen, Ereignissen und Beziehungen Strukturäquivalente zu bieten hat". Der zweidimensionale Raum eignet sich nicht nur für die Darstellung "physischer Dinge und Geschehnisse, sondern liefert auch anschauliche Dimensionen für die symbolische Abbildung theoretischer Denkmodelle" (beides R. Arnheim 1974^2, 219). Wie bereits mehrfach angeklungen ist (vgl. 8.4.1), wird die Umsetzung des dreidimensionalen Objekts in eine zweidimensionale Zeichnung durch eine Reihe von "graphischen Konventionen" gesteuert (U. Eco 1972, 205), deren Dekodierung folglich erlernt werden muß. Da ein Bild trotzdem ein "selektives Analogon" (G. Otto 1978, 12) der Realität ist und nicht wie die Sprache die Information in einem Symbolsystem digital kodiert, ist es leichter als Sprache zu verstehen und wirkt unmittelbarer. "Während Wörter und Begriffe durch das Zusammenfassen vieler Erfahrungen und die Vereinheitlichung der vielfältigen Beobachtungen gewonnen werden und verabredungsgemäß etwas bezeichnen, entfernen sie sich von der Wirklichkeit und nehmen ein abstrakteres Niveau ein. Das ikonische Zeichen dagegen repräsentiert geradezu den Reichtum wirklicher Erfahrungsmöglichkeiten" (K. Kowalski 1975, 82). Ein Bild stellt eine große Informationsmenge bereit, die trotz der genannten Darstellungskonventionen in bedeutend freierer Weise als eine sprachliche Äußerung (es gibt kein Wörterbuch der Bilder oder irgendwelcher Bildelemente[174]) kodiert werden kann. Folglich gilt für die Rezeption des Bildes, daß sie "relativ ganzheitlich" erfolgt, während die Sprache "sequentiell und daher eher detailliert" ist (M. Krampen 1985, 7). Einzelne Elemente des Bildes können erst aus dem Ganzen, durch die Relationen innerhalb der ganzheitlichen Struktur isoliert werden (nach R. Wedewer 1985, 41).

Damit ist die Frage angesprochen, ob und gegebenenfalls wie Bilder gegliedert sind, und ob das linguistische Modell mit dem Konzept der double articulation auf die Analyse des Bildes und sonstiger ikonischer Zeichen übertragbar ist. Nach dem 'Handbuch der Semiotik' von W. Nöth (1985, 412) ist dieses Problem neben zwei weiteren intensiv erforscht worden: "Unabhängig vom Bildgenre stehen die Fragen nach den Segmentierungskriterien bzw. der Kodifiziertheit von Bildern, der Ikonizität[175], sowie der Text-Bild-Relation im Mittelpunkt der Bildsemiotik". Da W. Nöth (1985, 412-15) den Stand der Forschung referiert - der Einfluß des linguistischen Modells erscheint als dominant -, sei als erstes angemerkt, daß eine reine Übertragung der Strukturen der Sprache die Eigengesetzlichkeit des Bildes verwischt und es als sekundäre Erscheinungsform gegenüber der

174 Auf entsprechende Kodierungsversuche in der Kunstgeschichte weist O. Bätschmann (1984, 45-48) hin.

175 Vgl. den Anfang von 8.3; zur Text-Bild-Relation im folgenden.

kommunikativ mächtigeren Sprache abwertet. So hat die Suche nach etwaigen ikonischen Elementarzeichen offenbar zu keinen überzeugenden Ergebnissen geführt. Die einzelnen Striche einer einfachen Zeichnung wie der Tasse aus dem 'Duden Bedeutungswörterbuch' von 1970 (Abb. 198) tragen selbst keinerlei Teilbedeutung, nur sie alle zusammen bilden das ikonische Zeichen einer Tasse. Sie sind auch nicht wie Phoneme rein distinktiv, denn ließe man einige Striche weg, würde das Bild nur unkenntlich; auch das Entfernen des Henkels würde aus der Tasse noch keinen Becher oder Napf machen - die drei Gefäße unterscheiden sich durch weitere Formmerkmale -, abgesehen davon, daß der Henkel noch keine elementare ikonische Einheit wäre[176]. Da Bilder kein Symbolsystem bilden, ist die Unterscheidung in Langue und Parole wohl nicht auf sie anwendbar, außer man würde in übertragener Bedeutung mit Langue die piktoralen Darstellungsprinzipien und unter Parole die realisierten Bilder verstehen; doch brächte dieser Vergleich das Verständnis des Bildes nicht weiter[177]. Da Bilder analog kodiert sind, das heißt die Wahrnehmung nicht in einen anderen Kode umsetzen wie die Sprache[178], haben sie kaum einen Abstand zwischen Ausdrucks- und Inhaltsseite - beide Seiten sind weitgehend isomorph: Wenn man von einem Bild mit drei Hunden einen wegschneidet entfernt man "en même temps le signifiant et le signifié 'troisième chien'" (C. Metz 1961, 68).

Die hier aufgezeigten Unterschiede zum Sprachsystem weisen darauf hin, daß Sprache und Bild zwei in gewisser Weise komplementäre und sich ergänzende Systeme der Informationsvermittlung sind. Bedingt durch die analoge Kodierung kann das Bild auf visuellem Wege Informationen liefern, die sprachlich nicht oder nicht so präzise gegeben werden könnten[179]. "Die Grenzen des einen Mediums werden also durch die Leistungen des anderen aufgewogen (M. Krampen 1985, 7). Doch was heißt *komplementär*? In der bisherigen Diskussion wurde wohl vorwiegend angenommen, daß die g l e i c h e p s y c h o l o g i s c h e R e a l i t ä t z.B. in Form eines Vorstellungsbildes sowohl verbal als auch piktoral kodiert und verarbeitet werden kann, wobei sich etwa bei der Darstellung der äußeren Form die Stärke des ikonischen Mediums zeigt. Dagegen betonen P.A. Kolers/Susan J. Brison (1984, 110), daß ein Bild eines Gegenstandes, seine sprachliche Bezeichnung und deren Übersetzung in eine andere Sprache keineswegs "a common underlying concept" teilen; was ihnen gemeinsam ist, ist nur der Referent, der auf unterschiedliche Weise geistig verarbeitet, d.h. kodiert wird. Es gibt keine zwei Sprachen, die sich vollständig ineinander übersetzen lassen, und daher können sie auch nicht auf einem "common set of representations" basieren. Umso weniger dürfe zwischen verschiedenen Medien eine gemeinsame Repräsentationsbasis angenommen werden. Die im vorletzten Absatz von 8.5.2 referierten Ansichten von S. Worth (1975) und H.J. Heringer (1981) gehen noch weiter, da von ihnen auch die Identität der von den zwei Medien unterschiedlich

---

176 Nach U. Eco (1972), der zwischen Figuren, Zeichen und ikonischen Aussagen unterscheidet, wäre der Henkel als "Erkenntniseinheit" Zeichen (S. 247); aber es ist im Prinzip keine neue Erkenntnis, daß ein Henkel eine "Erkenntniseinheit" ist.

177 Bezüglich der Architektur berichtet W. Nöth (1985, 405) von einer weitgehenden Übernahme linguistischer Begriffe, darunter auch von Langue und Parole. Dagegen betrachtet C. Metz den Film nicht als eine Sprache im Sinne der Langue (nach W. Nöth 1985, 436).

178 Daher weisen Bilder wohl auch keine Redundanz auf. Die Frage bedarf noch einer genauen Prüfung.

179 "The real value of the image, however, is its capacity to convey information that cannot be coded in any other way" (E. Gombrich 1974, 249). M. Krampen (1985, 6) sieht in der "Unterstützung und Ergänzung der beiden Modalitäten" Sprache und Bild den "eigentliche(n) Sinn ihrer Unterschiedlichkeit".

kodierten Realität in Abrede gestellt wird[180]. Von Seiten der Kunsttheorie hat G. Boehm (1978) festgestellt, daß die "kunstgeschichtlichen Methodologien ... von der Idee einer restlosen Übersetzbarkeit des Bildes in Sprache ausgehen" (S. 447)[181], wodurch das Bild letztendlich "zu einer entlegenen und unbedeutenden Provinz im universalen Reich der Sprache herabgestuft werden soll" (S. 448). Das Bild bekommt so "den Rang eines Derivates, das sich aus sprachlichem und das heißt 'realem' Sinn ableiten läßt. Es bildet von sich aus keinen Sinn aus und ist zur Darbietung eigener Wahrheiten nicht fähig" (S. 453). Demgegenüber betont G. Boehm die Autonomie des Bildes, die in dem ihm eigenen Repräsentationsmodus liegt: Anders als die Sprache trennt die bildliche Darstellung nicht zwischen dem "Sein und seinen Erscheinungsweisen" (S. 449). Ein in einem Bild erscheinender Baum "ist vom Ort und Kontext seines Erscheinens nicht abzuheben" (S. 450), während man von einem belaubten, blühenden oder kahlen Baum sprechen kann und damit Sein (= Baum) und Erscheinung (= belaubt, kahl etc.) unterscheidet. Das Wesen der Bildlichkeit "besteht darin, nicht abzubilden, sondern sichtbar zu machen, was ohne das Bild und von ihm unablösbar, nicht sichtbar wäre" (S.457)[182]. Daher wendet sich G. Boehm gegen die Annahme eines planen Abbildungsverhältnisses zwischen den Medien (S. 467). Da man über Bilder sprechen kann, müssen die Sprache und das ikonische Medium jedoch über eine gemeinsame Basis verfügen, die in der "Ungetrenntheit des Menschen mit dem ganzen Umkreis des Erfahrbaren" zu sehen ist (S. 469). Demnach sind Bild und Sprache "verschiedenartige aber gleichrangige Repräsentationsleistungen des menschlichen Geistes" (G. Otto 1978, 12)[183]. Sind sie deswegen auch komplementär? Man kann es nicht wissen, darf es aber annehmen, da nur diese beiden Medien dem Menschen zur Erkenntnis der Welt zur Verfügung stehen.

Nach diesem Versuch einer Klärung des Verhältnisses von Bild und Sprache können die Möglichkeiten der Verbindung von Text und Bild erörtert werden, wobei in erster Linie an die Verhältnisse in lexikographischen Werken zu denken sein wird. Über die Notwendigkeit einer Verbindung ist in 8.5.2 unter dem Stichwort Polysemie des Bildes das Erforderliche gesagt worden, wobei als ein weiterer Grund die eben vermutete Komplementarität hinzukommt.

Gegenüber Reklamen und Comics, die bisher meist Gegenstand von Untersuchungen waren, ist die Verbindung der beiden Medien in einem illustrierten Wörterbuch möglichst 'denotativ' (W. Preisendanz 1971, 3), d.h. möglichst neutral, ohne mit Konnotationen befrachtet zu sein, und vermeidet alle stilistischen Effekte, die dem zwischen dem Lemma, der Definition und dem Bild herzustellenden Merkhilfezusammenhang abträglich sein

---

180 Die Betonung des Unterschieds der Sprache und Bild oder verschiedenen Sprachen zugrundeliegenden Realitäten würde die Tatsache verdunkeln, daß die verschiedenen Medien und Sprachen bis zu einem gewissen Grad ineinander übersetzbar sind.

181 Zahlreiche Forscher nehmen zwischen Sprache und Bild nur graduelle Unterschiede an; so K. Bühler (1934, 187-92), N. Goodman (1973), R. Arnheim (1974^2, 236-38), R. Wedewer (1985, z.B. 20, 38). Dagegen fordert O. Bätschmann (1985, 50) daß Bilder "nicht zu Aussagen reduziert werden dürfen", da dies eine Reduktion des Sehens wie des Bildes wäre.

182 G. Boehm spricht auch von der "Gegenwirklichkeit" der Bilder (S. 471, Anm. 13).

183 G. Otto zieht zur Begründung u.a. den Kunstwissenschaftler Konrad Fiedler (S. 14 f.) und den Philosophen Ernst Cassirer (S. 15) heran.

könnten[184]. R. Barthes (1964a, 44) bezeichnete die Relation etwa von Pressephotos und ihren Unterschriften bzw. Legenden als "ancrage", denn "le texte dirige le lecteur entre les signifiés de l'image"; er schaltet dadurch individuelle Assoziationen aus und verhilft dem Benutzer zu dem intendierten Verständnis des Bildes. Damit übt der Text eine Kontrollfunktion über die Interpretation des Bildes aus[185]. Dies ist auch das Verhältnis von Bildunterschrift und Illustration im Wörterbuch, denn auch hier gilt: "Il s'agit d'une description dénotée de l'image" (S. 44).

Die Relation von Bild und Text des Wörterbuchartikels muß jedoch anderer Art sein, denn die Funktion der Definition und der Beispiele kann doch nicht darin bestehen, ein zu umfangreiches und variierendes Bildverständnis einzugrenzen. Vielmehr ergänzt das durch die Legende disambiguierte Bild die Definition hinsichtlich d e r Aspekte, die nur schlecht oder nicht verbalisiert werden können. "Ici la parole ... et l'image sont dans un rapport complémentaire; les paroles sont alors des fragments d'un syntagme plus général, au même titre que les images, et l'unité du message se fait à un niveau supérieur." R. Barthes (1964a, 45), der mit *ici* allerdings an Comics und Witzzeichnungen denkt, schlägt zum Ausdruck dieses Verhältnisses den Begriff "relais" vor[186]. In Schema 10 werden die Relationen der Bestandteile eines Wörterbuchartikels veranschaulicht[187].

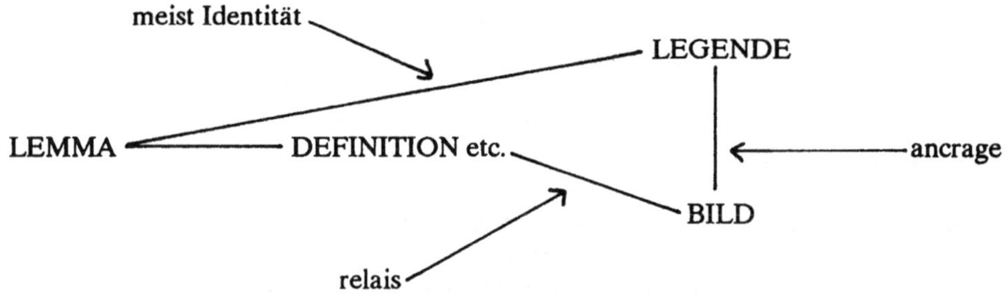

Schema 10: Die Relationen der Bestandteile eines Wörterbuchartikels

Der Artikel eines illustrierten Wörterbuchs kann wohl auf mindestens zwei verschiedene Weisen gelesen werden: Schlägt der Benutzer ein ihm unbekanntes Wort nach, kann er vom Lemma zur Definition und den Beispielen übergehen und aus dem Bild Ergänzungen und Präzisionen entnehmen. Oder, er blickt, was wahrscheinlicher ist, vom Lemma sofort auf das Bild und verifiziert seine dadurch vermittelte Vorstellung an der Legende, die

184 Nach W. Preisendanz (1971, 3) können mehrere denotative Bildtexte zum selben Photo "nur in puncto Genauigkeit und relativer Ausführlichkeit voneinander abweichen", während "signifikative Texte ... grundverschiedene Anschauungsinhalte" für dasselbe Bild vorschlagen können. Derartige konnotative Bildtexte werden im folgenden nicht berücksichtigt, da sie im Wörterbuch mit Ausnahme bestimmter Lern- und Argotwörterbücher (vgl. 5.4 und 5.5.3) keine Rolle spielen.

185 W. Benjamin (1931/1963, 93) stellte bereits fest, daß ohne Beschriftung "alle photographische Konstruktion im Ungefähren stecken bleiben muß", und fragt sich: "Wird die Beschriftung nicht zum wesentlichsten Bestandteil der Aufnahme werden?".

186 W. Nöth (1985, 416) nennt zwei weitere Arbeiten, die ebenfalls zwischen Komplementarität und einer Dependenzbeziehung des Bildes zum Text trennen.

187 Zur Kritik und Überwindung des Ansatzes von R. Barthes (1964a) vgl. A. Picquenot (1983); die beiden hier verwendeten Relationstypen bleiben davon unberührt.

meist[188] mit dem Lemma identisch ist, so daß die Definition und die Beispiele auch unberücksichtigt bleiben können. Alternativ dazu kann er nach Lemma und Bild (mit oder ohne Legende) sich der Definition und den Beispielen zuwenden.

Neben den beiden Relationstypen von Bild und Text, nämlich Ancrage und Relais, wo im ersten Fall der Text eine "valeur répressive" hat (S. 45), im zweiten Gleichrangigkeit der Bestandteile vorliegt, ist theoretisch eine dritte Möglichkeit denkbar, bei der das Bild gegenüber dem Text dominant ist. Doch dieser Fall scheint kaum jemals realisiert werden zu können, und R. Barthes (1964a) stellt sich nicht die diesbezügliche Frage. Offenbar kann bereits ein einzelnes Wort (umso mehr ein Satz) etwa als Legende zu einer Abbildung eine eindeutigere und präzisere Bedeutung haben als z.B. manche einfache Strichzeichnung, die wie jedes Bild polysem und somit deutungsbedürftig ist; allenfalls ist eine äquivalente Relation (= Relais) denkbar. Die Dominanz des Bildes wurde bei Emblemen vermutet, von C. Dickens bekämpft (vgl. 3.1) und ist vielleicht in dem ebenfalls in 3.1 erwähnten Roman anzunehmen, den A. Robbe-Grillet zu ihm vorliegenden Bildern von R. Magritte geschrieben hat. Doch für den Leser wird durch die diskursive Macht der Sprache diese Relation wieder umgekehrt werden.

Somit muß abschließend festgestellt werden, daß der Text das Verstehen des Bildes lenkt und es festlegt, das Bild seinerseits den abstrakteren Text veranschaulicht, so daß sich hierbei die zwei verfügbaren Möglichkeiten des Zugangs zur Welt ergänzen.

8.7 Die Funktion und Leistung der Illustration neben den anderen Bestandteilen des Wörterbuchartikels - eine Fallstudie

Nach den in den vorausgehenden Kapiteln angestellten theoretischen Überlegungen, in die Erkenntnisse aus verschiedenen Wissenschaften wie der Semotik, Informationstheorie, Kunstwissenschaft und Kognitionspsychologie eingeflossen sind, kann jetzt an konkreten Fällen geprüft werden, wie Bild und Text in Wörterbuchartikeln interagieren, das heißt, welche Informationen über ein Lemma durch jedes der beiden Medien übermittelt wird. Auch jetzt müssen wie schon in 7.5 einzelne Artikel exhaustiv ausgewertet werden, weshalb davon abgesehen wird, wie 1984 alle Illustrationen zu einem Buchstaben heranzuziehen. Um eine möglichst große Vielfalt von Beispielen zu erhalten, werden sowohl die verschiedenen Bildtypen[189] (vgl. 8.3) als auch neben Substantiven - sie werden am häufigsten illustriert (vgl. 1984, 177-79) - einige andere Wortarten berücksichtigt.

188 Legenden sind nicht nur wegen der Polysemie des Bildes erforderlich, sondern auch, weil oft nur eine bestimmte Art (z.B. "larve de hanneton"), ein bestimmter Typ (z.B. "grue de chantier", beides 'Petit Larousse' 1971) abgebildet wird und in bestimmten Fällen nur abgebildet werden kann.

189 Damit sind verschiedene semantische Klassen wie Kollektiva, Abstrakta, Bezeichnungen von Vorgängen, Ausdrücke für Teil-von-Beziehungen etc. verbunden.

1. An der 1980 als NDFC erschienenen Neubearbeitung und Illustrierung des DFC[190] von 1966 läßt sich recht klar die unterschiedliche informatorische Leistung der beiden Wörterbuchtypen erkennen, da die Definitionen praktisch gleich geblieben sind[191].

Der DFC umschreibt ein bestimmtes Lemma wie folgt: "Plante herbacée[192], dont le grain est utilisé surtout pour la nourriture des chevaux; ce grain lui-même." Hier wird an das praktische Wissen appelliert, denn nur wer weiß, was Pferde fressen, kann die Bedeutung des gesuchten Wortes erkennen, nämlich, daß es sich nicht um Weizen, Gerste oder Mais, sondern um Hafer (Lemma *avoine*) handelt. Die drei Beispiele, *Un champ d'avoine. Porter un seau d'avoine à un cheval. Donner de l'avoine aux chevaux* bringen kaum[193] neue Informationen oder syntaktische Angaben. Daher wird ihr Fehlen im NDFC kaum negativ bemerkt werden, jedoch ermöglicht die beigegebene Zeichnung (Abb. 199) - es handelt sich um eine unikale Illustration - die Identifizierung der Getreidesorte, mithin die Orientierung in der Welt und folglich eine der Situation entsprechende Verwendung des Wortes.

Die Definition des 'Petit Larousse' (1981) geht näher auf den äußeren Aspekt ein, wenn sie feststellt, daß sich die Körner in locker angeordneten Rispen befinden ("les grains portés par des grappes lâches")[194]. Somit entsteht eine gewisse Redundanz mit der Abbildung (Abb. 200), da verbal und piktoral auf das gleiche Merkmal verwiesen wird. Diese intermediale Redundanz ist als positiv zu bewerten, da hiermit ein wesentliches Charakteristikum hervorgehoben wird (vgl. R. Werner 1982, 70-76 und 8.3 hier). Wie aber tatsächlich der Halm des Hafers aussieht, vermag auch die ausführlichste Beschreibung nicht zu evozieren. Da hier die Grenze der Leistung des sprachlichen semiotischen Systems liegt, wird zur Erhöhung des Informationsgehaltes das ikonische Zeichensystem eingesetzt. Dagegen kann die botanische Einordnung des Hafers ("plante herbacée") ausschließlich und seine Verwendung als Pferdefutter besser sprachlich[195] mitgeteilt werden[196].

Die beiden semiotischen Systeme liefern also teils sich überschneidende, teils distinkte Informationen über die mit *avoine* bezeichnete Realität, wobei es nach der im Kapitel 7 geführten Diskussion müßig wäre, zwischen sprachlichen und enzyklopädischen Angaben trennen zu wollen.

2. Die Abbildungen 165, 166, 179, 190, 193 zum Lemma *Säge* bzw. *scie* enthalten zwei Lösungen, wie ein Wort, dessen Referenten recht verschieden aussehen, illustriert werden kann: Während Abbildung 166 einen bestimten Typ zeigt (scie à bûches), stellen die ande-

---

[190] Dictionnaire du français contemporain, Paris 1966 bzw. Nouveau dictionnaire du français contemporain illustré, Paris 1980.

[191] Beim Buchstaben A wurde eine Definition (*arlequin*) präzisiert, zwei (*ajonc, alfa*) wurden unwesentlich gekürzt; nur die umfängliche Kürzung bei *arbalète* steht wohl in Zusammenhang mit der Illustrierung.

[192] Das in der Definition verwendete Wort fehlt als Lemma!

[193] Daß Getreide auf Feldern angebaut wird und die Körner in einem Eimer transportiert werden können, ist wohl keine Neuigkeit.

[194] Der 'Petit Robert' (1967) benutzt hierzu zwei Fachtermini ("épillets en panicules"), die im 'Petit Larousse' nur in der Illustration erscheinen, wo sie ostensiv definiert werden; kein Zweifel, daß die Verwendung schwieriger Wörter in der Definition zu vermeiden ist.

[195] Dies gilt auch für die Bedeutungsunterscheidung in Pflanze und Korn.

[196] Der 'Petit Robert' (1967) erwähnt noch die Verwendung von Hafer als Hühnerfutter und gibt Beispiele wie "Farine, paille d'avoine", die als entbehrlich erscheinen, da Mehl und Stroh nicht nur für den Hafer spezifisch sind.

ren aufzählende Illustrationen dar[197]. Da es die typische Säge wohl nicht gibt, ist die Präsentation verschiedener Sägen das geeignetere Darstellungsverfahren. Doch fällt auf, daß in allen Abbildungen die einzelnen Sägen bezeichnet werden (z.B. *égoïne, scie à bois, scie circulaire, Bügelsäge, Metallsäge, Bandsäge* usw.), das heißt illustrierbar ist nur der einzelne Typ. Dagegen versuchen die Definitionen, die allen Sägen gemeinsamen Charakteristika zusammenzufassen: "Outil, machine composés d'une lame, d'un ruban ou d'un disque d'acier portant une série de dents tranchantes et servant à débiter le bois, la pierre, les métaux, etc." Vergleicht man diese Bedeutungsangabe aus dem NDFC (1980) mit der aus dem 'Dictionnaire usuel illustré Flammarion' (1981) - "Instrument servant à diviser les matières dures, dont la partie essentielle est une lame d'acier munie de dents aiguisées" -, fällt auf, daß die zweite Definition, abgesehen davon, daß sie kürzer ist, drei in der anderen aufgezählte Alternativen nicht enthält: Statt "outil, machine" steht "instrument", "ruban ou disque" fehlen, "le bois, la pierre, les métaux, etc." werden unter "matières dures" zusammengefaßt. Da in dem gleichen Wörterbuch *instrument* als Oberbegriff von *outil* und *machine* definiert wird, und natürlich *matières dures* allgemeiner als die einzelnen Bezeichnungen wie *bois, pierre* etc. ist, erscheint die Definition des 'Dictionnaire usuel illustré' als genereller und weiter abstrahierend. Die des NDFC bleibt dagegen näher den verschiedenen Typen der abgebildeten Realität. Beide Wörterbücher beschreiben im Artikel noch einzelne Arten von Sägen - jedoch nicht alle abgebildeten -, so daß dadurch z.B. das Fehlen von *ruban ou disque* in der Definition des 'Dictionnaire usuel illustré' kompensiert wird[198]. Einige der Illustrationen veranschaulichen folglich nicht primär das Lemma *scie*, sondern z.B. die im Artikel des NDFC beschriebene *scie circulaire*: "constituée par un disque d'acier à bord denté". Ob die dadurch entstandene Redundanz zwischen dem Bild, seiner Beschreibung und der Definition von *scie* erforderlich ist, mag bezweifelt werden. Der 'Petit Robert' (1967) fügt seiner im Prinzip ähnlichen Definition noch hinzu, daß das Sägeblatt hin und her bewegt, bzw. bei der Kreissäge in rasche Drehungen versetzt werden muß.

Gegenüber der Illustration, die das Aussehen der verschiedenen Arten des mit dem Oberbegriff bezeichneten Gegenstandes wiedergibt, faßt die Definition die Merkmale zusammen, die den verschiedenen Arten des fraglichen Gegenstandes gemeinsam sind, wobei, wie gezeigt wurde, unterschiedliche Grade der Detailliertheit bzw. umgekehrt der Abstraktion möglich sind. Wird das ikonische Medium eingesetzt, kann durchaus eine abstraktere Definition gewählt werden. Unabhängig davon ist jede sprachliche Beschreibung, da sie auf einem Symbolsystem basiert (vgl. 8.5.2), weniger direkt mit der Realität verbunden als ein Bild. Denn nicht nur *scie* ist eine Klassenbezeichnung, sondern ebenso *scie à bois* etc. wie auch die zu ihrer Beschreibung benutzten Wörter. Wie bereits wiederholt festgestellt wurde, kann zudem der äußere Aspekt eines Objektes nur zu einem geringen Grad sprachlich beschrieben werden - die beiden oben zitierten Definitionen nennen in der Tat neben dem genus proximum (z.B. "Instrument") die Funktion ("servant à ...") und beschreiben als einziges, da wichtigstes Element der Realität, das Sägeblatt, wobei auch die klarste sprachliche Formulierung nicht die Gewähr dafür bieten kann, daß sie beim Leser die intendierte Vorstellung wirklich hervorrufen wird. Wegen seiner analogen Kodierung ist beim Bild die Wahrscheinlichkeit hierfür bedeutend höher.

---

[197] Daß die Säge von Abbildung 151 ein recht spezieller Typ ist, und nicht immer die gleichen Sägen dargestellt werden, ist hier nicht zu erörtern.

[198] Eine Bemerkung zum Definitionswortschatz: *Débiter* (NDFC) ist ein selteneres Wort als *diviser* (Dictionnaire usuel illustré) oder *couper* (Petit Robert).

Dieses Beispiel weist auf das komplementäre Informationspotential der beiden Medien Sprache und Bild hin, wobei die im Bild enthaltene Information jedoch nicht restlos sprachlich wiedergegeben werden kann.

3. Die zur sequentiellen Illustration in 8.3 als Beispiel[199] angeführten Abbildungen 30 und 172 sollen *rondade* genauer *rondade faciale* (etwa: 'Radwende') und *Salto*[200] veranschaulichen, zwei Substantive, die eine Bewegung bezeichnen[201]. Sie könnten daher ebensogut für die verbalen Wendungen *faire une rondade* bzw. *einen Salto machen* stehen[202]. Daß nicht *rondade*, sondern nur ein bestimmter Typ gezeigt werden kann, ist nach den Ausführungen zu dem vorausgehenden Punkt 2 nicht mehr verwunderlich. Die Definition von *Salto* ("Sprung, bei dem sich der Springende in der Luft überschlägt") enthält das Wesentliche des Vorgangs, das Bild veranschaulicht wohl den Beispielsatz ("er sprang mit einem S. ins Wasser") und läßt das Schwungholen, das Anziehen der Beine, anschließend die gerade Haltung des Springers sehen. Nicht daß diese Teile des Bewegungsablaufs nicht wiedergegeben werden könnten - sie wurden ja eben verbalisiert[203] -, jedoch ist eine vollständige Beschreibung potentiell unendlich. Zudem übermitteln Sprache und Bild diese Information in qualitativ unterschiedlicher Weise.

Die gleichen Feststellungen gelten im Prinzip für das andere Beispiel, dessen Definition auf Grund des komplizierten Bewegungsablaufs zudem schwerer verständlich ist: "Mouvement de la roue, combiné avec un quart de tour autour de l'axe de longueur après l'appui renversé passager", (vgl. Abb. 30). Hier zeigt sich der Nutzen einer gewissen Redundanz zwischen Definition und Illustration, denn der Hinweis auf die kleine Drehung in der Längsachse steuert die Betrachtung des Bildes[204], so daß dieses Detail auch visuell wahrgenommen und in das Vorstellungsbild integriert wird. Obwohl Definition und Illustration nach R. Barthes (1964a) in der als "relais" bezeichneten Relation stehen und sich komplementär zueinander verhalten (vgl. 8.6), kann durchaus das sprachliche Medium die Informationsaufnahme in dem anderen lenken; das Bild stellt seinerseits zahlreiche Angaben bereit (z.B. die gerade Haltung, die gestreckten Beine usw.), die weder in der Definition noch den hier nicht wiedergegebenen sprachlichen Beispielen enthalten sind, so daß sich in der Tat beide Medien ergänzen.

4. Eine Bedeutung von *safran* wird wie folgt bestimmt: "Pièce verticale du gouvernail (corps du gouvernail)" (Petit Robert), bzw. "Surface du gouvernail sur laquelle agissent les filets d'eau" (Petit Larousse 1985), bzw. "Tige verticale du gouvernail, qui fend l'eau" (Dictionnaire usuel illustré 1981). Von den drei Definitionen, die keine Abbildung begleitet,

---

199 Es werden soweit als möglich Illustrationen herangezogen, die bereits aus anderen Gründen in dieser Arbeit abgebildet wurden. Dadurch kann dem möglichen Verdacht entgegengewirkt werden, das Zusammenwirken von Text und Bild würde gerade an besonders geeigneten Beispielen untersucht. Nur das *avoine*-Beispiel (Nr. 1) wurde aus einer früheren Fassung der Arbeit übernommen.

200 Bei Abbildung 172 vermißt man einige Pfeile, die die Richtung der Bewegung verdeutlichen würden.

201 Sequentielle Illustrationen stehen im 'Petit Larousse' (1985) z.B. für choreographische Figuren (z.B. *entrechat*), Gangarten des Pferdes (*pas du cheval*) und das Schlingern und Stampfen von Schiffen (*roulis*, *tangage*).

202 Weitere Darstellungsverfahren zu Verben werden in 8.3 zu Typ 1 der Illustrationen genannt.

203 Allerdings würde eine halbwegs vollständige Beschreibung eines Saltos einen gewissen Aufwand an Wörtern erfordern, so daß die Illustration ökonomischer und rascher rezipierbar ist.

204 Sie folgt im übrigen der Richtung der Schrift von links nach rechts und von oben nach unten.

läßt wohl die dritte am ehesten erkennen, um welchen Teil des Steuerruders es sich handelt. Doch erst eine Abbildung wie Nr. 168 zeigt, farbig abgehoben, die typische Form eines Ruderblattes, das zudem exakt von den umgebenden Teilen der Pinne abgegrenzt wird[205]. Es liegt eine strukturelle Illustration vor, die immer angebracht ist, wenn wie hier eine Teil-von-Beziehung vorliegt.

Von den verschiedenen eingesehenen Definitionen von *poulie* scheint die des 'Petit Robert' vollständig und gut verständlich zu sein[206]: "Petite roue qui porte sur sa jante une corde, une courroie et sert à soulever des fardeaux, à transmettre un mouvement". Abbildung 16 zeigt zwei verbundene Riemenscheiben, d.h. die von 'Robert' an zweiter Stelle genannte Verwendungsmöglichkeit[207], stellt somit eine strukturelle Illustration dar, da zum Verständnis von *poulie* ihre durch einen Treibriemen hergestellte Verbindung mit einer zweiten Rolle oder wie im 'Dictionnaire Hachette' mit einer zu hebenden Last erforderlich ist.

Was das Zusammenwirken von Sprache und Bild betrifft, ergeben sich bei den strukturellen Illustrationen keine grundsätzlich neuen Aspekte. Das interessierende Objekt wird durch die Nennung des Treibriemens sprachlich zumindest ansatzweise in den relevanten strukturellen Zusammenhang eingebunden, da zum Verständnis des Wortes auch eine Vorstellung von seiner Verwendung gehört. Im Bild wird durch die Verbindung der beiden, unterschiedlich großen Rollen der funktionelle Kontext vollständig dargestellt[208], was sprachlich zwar im Prinzip auch beschreibbar ist, aber einen hohen verbalen Aufwand erfordern würde: Selbst die acht Zeilen des 'Dictionnaire usuel illustré' reichen hierfür nicht aus.

5. Worin liegt der Unterschied der informatorischen Leistung der Sprache und des Bildes bei funktionalen Illustrationen? Der 'Petit Larousse' (1985) definiert *satellite artificiel* als "engin[209] placé par une fusée sur une orbite autour de la Terre on d'un astre quelconque" und bildet daneben den "Satellite météorologique géostationnaire européen 'Metéosat' " ab (Abb. 164). Der verallgemeinernden Definition steht also ein bestimmtes Exemplar gegenüber, an dem sechs Teile unterschieden werden.

Die Illustration betont weniger das Aussehen als die funktionalen Aspekte, da etwa die Sonnenzellen in der Zeichnung vom Körper des Satelliten losgelöst sind, um einen Blick in das Innere zu ermöglichen. Der abgebildete Satellit räumt als erstes mit der Vorstellung auf, es handle sich wie in der Zeit der Sputniks und Explorer um kugelförmige Gebilde mit Stabantennen[210]. Die funktionalen Details der Illustration wie z.B. der Strahlungsmesser weisen auf die wissenschaftlichen Aufgaben hin, die im 'Petit Robert' umfassender, aber

---

205 Die Andeutung des Hecks eines Segelschiffes würde die Abbildung noch informativer machen, ohne mehr Platz zu beanspruchen.

206 Die Definitionen des DFC, NDFC und des 'Petit Larousse' sind zu knapp, die des 'Dictionnaire usuel illustré' zu detailliert, während die des 'Dictionnaire Hachette' der Qualität der Definition des 'Robert' entspricht und zudem von zwei klaren Zeichnungen ergänzt wird. Aus Abbildung 16 ist auch die Bedeutungsangabe des 'Nouveau Larousse élémentaire' (1956) zu entnehmen, die die Funktion der Riemenscheiben auf die Bewegung von Lasten einschränkt.

207 Es sei angemerkt, daß in der Definition des 'Nouveau Larousse élémentaire' diese Verwendungsmöglichkeit nicht erwähnt wird.

208 Der 'Dictionnaire Hachette' definiert zugleich die Wörter *axe*, *gorge* und *chape* ostensiv.

209 *Engin* wird im selben Wörterbuch verstanden als "Appareil, instrument, machine destiné à un usage défini".

210 Vielleicht ist diese Vorstellung auf die Generationen beschränkt, die die Zeit unmittelbar nach 1957, d.h. den Start der ersten Satelliten, bewußt erlebt haben.

auch allgemeiner, beschrieben werden: "satellite artificiel ... porteur d'une sorte de laboratoire automatique en vue de l'exploration scientifique, et pouvant servir de station d'observation, de relais, etc." Ein derartiger Hinweis wird in fast allen[211] konsultierten Werken gegeben, z.B. erwähnt die kleine Ausgabe des 'Zingarelli' (1973) auch "ricerche scientifiche, indicazioni meteorologiche, collegamenti radiotelevisivi".

Anders als bei den bisher betrachteten Illustrationstypen versuchen Text und Bild nicht, denselben Aspekt des Erscheinungsbildes eines Objektes mit den ihnen eigenen Mitteln wiederzugeben. Vielmehr wird der Aufbau des Satelliten nur im Bild gezeigt, woraus auf seine Funktion geschlossen werden muß, die im Text des 'Petit Larousse' nicht erwähnt wird; und würde auf sie Bezug genommen, dann müßte dies in ähnlichen Wendungen wie in der eben zitierten geschehen. Das Bild stellt somit eine durch ein Beispiel ermöglichte Konkretisierung der generellen Aussage "per ricerche scientifiche" dar und gibt darüber hinaus Gestalt und Bezeichnung verschiedener Teile wieder.

Abbildung 186 zeigt den Aufbau einer, wie aus dem Begleittext hervorgeht, noch gar nicht existierenden[212] Video movie camera, an welcher (nur) fünf Teile sprachlich bezeichnet werden, deren funktionaler Zusammenhang dabei erkennbar werden soll. In der Legende wird die Kombination von Videokamera und Recorder sowie die Funktion des lichtempfindlichen Chips mit wenigen Worten beschrieben; der Artikel *Video* erwähnt die Video movie camera nicht. Hier wird im Bild primär die Integration der verschiedenen Teile in einem Gerät vorgeführt, was angesichts der Komplexität des Geräts und der Einfachheit der Zeichnung wohl nicht ganz gelungen ist[213], aber trotzdem besser als die Beschreibung eine ungefähre Vorstellung vom Aufbau einer derartigen Videokamera vermittelt.

6. Der Unterschied zwischen der aufzählenden und der nomenklatorischen Illustration liegt darin, daß in ersterer verschiedene Referenten, die mit demselben Lemma bezeichnet werden können, gezeigt werden[214], während das Stichwort bei letzterer zum Anlaß genommen wird, um Dinge und ihre Namen aus dem dadurch bestimmten Gegenstandsbereich bzw. Wortfeld zu versammeln. So finden sich auf der Abbildung 180 zu *cucito* 17 Gegenstände von der Stecknadel bis zur Nähmaschine (darunter vier Sticharten), wobei an einigen von ihnen noch mehrere Teile unterschieden werden. Die einzelnen Gegenstände sind durch Ziffern mit der Legende verbunden und stellen daher unikale Teilillustrationenen (= Typ 1) dar, was auch für die Nähmaschine und ihre acht Teile[215] gilt - für eine funktionale Illustration bleibt die Darstellung zu sehr am äußeren Erscheinungsbild haften. Von den Teilillustrationen sind folglich keine neuen Einsichten über die Relation von Bild, Legende und Definition zu erwarten (siehe oben Punkt 1); doch wie verhält sich die Gesamtillustration zum Lemma *cucito*? Hier liegt weder die Ancrage- noch die Relais-Relation vor, sondern es besteht eine losere Beziehung, denn man könnte zu diesem Lemma auch eine Näherin bei der Arbeit zeigen. Ferner sind weitgehend dieselben Gegenstände im kleinen 'Zingarelli' (1973) unter *lavorazione del tessuto* abgebildet. Von

---

211 Er fehlt z.B. im DFC (1966) und NDFC (1980).

212 Ein Wörterbuch, das aktuelle Realität sogar vorwegnimmt!

213 Bei der Abbildung zweier Videogeräte für Kassetten und Bildplatten wird nur das äußere Aussehen gezeigt.

214 Dies gilt auch, wenn das Lemma ein Oberbegriff ist, und die einzelnen Gegenstände auch ihre individuelle Bezeichnung tragen.

215 Vom Blickwinkel der Bezeichnung eines Teils ist die Illustration als strukturell zu bezeichnen, denn etwa der Fuß der Nähmaschine kann nicht isoliert präsentiert werden.

einem irgendwie gearteten Zusammenwirken zwischen Text und Bild kann also bei den nomenklatorischen Illustrationen nicht die Rede sein[216].

7. In szenischen Illustrationen werden ebenfalls Wörter eines bestimmten Gegenstandsbereichs (z.B. zu *farmyard*) unikal illustriert (Abb. 183). Der Bezug zu Lemma und Definition ("a yard surrounded by or connected with farm buildings") ist jedoch insofern enger, als hier tatsächlich die verschiedenen Baulichkeiten auf einem Bauernhof gezeigt werden. Zudem werden allerdings in einem nomenklatorischen Teil der Illustration sieben Tiere, Pflug, Traktor mit Anhänger vorgeführt, so daß der eigentliche Zweck der Abbildung verdunkelt wird. Abgesehen davon ist zu bezweifeln, daß die piktorale Präsentation von *pigsty, cowshed, stable* oder *henhouse* noch andere Informationen bietet, als daß der eine Stall größer ist als ein anderer. Andererseits zeigt die szenische Abbildung gegenüber der Definition eine mögliche Gruppierung der Gebäude, die in ihr zudem benannt werden - sie könnten jedoch ebensogut in der Definition aufgezählt werden.

Eine szenische Illustration zeigt also ein Beispiel des mit dem Lemma denotierten Realitätsausschnittes, wobei sie die in der Definition enthaltenen Angaben in das piktorale Medium überführt und darüber hinaus weitere Elemente zur realistischen Ausgestaltung in die Darstellung aufnimmt; sie ist demnach informationshaltiger als die Definition und die Beispiele. Zusätzlich erhöht jedes weitere Element der Darstellung stärker als nur linear die Zahl der dem Bild entnehmbaren Informationen, denn z.B. jede Figur der Abbildung 184 zu *railway station* steht in zahlreichen Relationen zu den übrigen und der sonstigen Darstellung[217]. Hierbei zeigt sich der synthetische Charakter des Bildes besonders deutlich. Betrachtet man einige weitere Lemmata mit szenischen Illustrationen wie *pop concert, restaurant, supermarket*[218], *aeroporto, miniera, industria petrolifera*[219], wird deutlich, daß die Bedeutung der Wörter nicht nach einer unikalen, strukturellen, nomenklatorischen oder sonstigen Illustration verlangt, sondern nach einer szenischen. Da z.B. in der Bedeutung 'Bahnhof' die vielfältigen Aspekte der Realität quasi verdichtet sind, ist eine szenische Illustration das geeignete Darstellungsmittel, wobei der Künstler mehr Freiraum für die Auswahl und Ausgestaltung des Realitätsausschnittes hat als bei den Typen 1 bis 5. Man kann die szenischen Darstellungen als im Prinzip unikale bezeichnen, nur erfordert der umfassendere Inhalt z.B. von *aeroporto* eine entsprechende Illustrierung. Bild und Wort stehen sich auch hier wie bei Typ 1 und 5 als gleichwertig und sich ergänzend gegenüber, doch leistet das Bild ähnlich wie bei den funktionalen Illustrationen eine Konkretisierung einer allgemeineren Aussage, indem es einen Ausschnitt aus der Realität konstruiert[220] und vor Augen führt.

8. Die Stärke des Funktionsschemas gegenüber der Sprache liegt wohl in seiner größeren Übersichtlichkeit und simultanen Präsenz aller seiner Teile, so daß wie in Abbildung 197 auch komplexe Zusammenhänge bzw. Abläufe besser nachvollziehbar sind. Der Betrachter kann leichter als aus einem Text die für ihn wichtigen Angaben, die zum

---

216 Daher wird auch im Unterschied zu den vorausgehenden Typen kein zweites Beispiel analysiert; vgl. Abb. 8, 62, 129, 130.

217 Daher müßte man im Fremdsprachenunterricht gut über szenische Illustrationen sprechen können. H.J. Heringer (1981, 129) sieht derartige Bilder als "Auslöser für sprachliches Handeln".

218 Longman Active Study Dictionary of English, 1983.

219 Il nuovo Zingarelli, 1983.

220 Szenische Darstellungen sind wohl kaum Photographien, da in einer Zeichnung alle als wichtig erachteten Dinge versammelt werden können.

Teil ja sprachlich bezeichnet sind, entnehmen und mit anderen vergleichen. Der 'Petit Larousse' (1985) überträgt die Aufgabe der Informationsvermittlung fast ausschließlich dem ikonischen Medium, denn er schreibt zur Verarbeitung von Rohöl nur: "Le pétrole brut doit être fractionné en produits plus ou moins volatils, et ce raffinage par distillation donne - outre des essences - du gas-oil, du mazout, de la paraffine, etc.". Andererseits kann nur sprachlich auf die Flüchtigkeit der Zwischenprodukte hingewiesen werden, so daß sich auch in diesem Falle die zwei Informationskanäle ergänzen.

Das in Abbildung 195 wiedergegebene Funktionsschema der Papierherstellung kommt ohne zusätzlichen lexikographischen Text aus, enthält aber zahlreiche sprachliche Bezeichnungen - darunter auch Zusammenfassungen mehrerer Arbeitsgänge unter fettgedruckte Oberbegriffe - und Pfeile, so daß es fast wie ein Text rezipiert werden kann. Andererseits hat der Betrachter auch die Freiheit, nur bestimmte Teile herauszugreifen.

Das dritte Funktionsschema (Abbildung 196) hat wohl einen höheren Grad an Ikonizität zumindest als das erste und ist von einer ausführlichen Beschreibung des Stickstoffkreislaufes begleitet, die hier wiedergegeben wird:

AZOTE n. m. (gr. *zôê,* vie). *Chim.* Corps simple gazeux (N), n° 7, de masse atomique 14,006, incolore, inodore et insipide.
■ L'azote entre pour les quatre cinquièmes environ dans la composition de l'air atmosphérique et ne peut entretenir ni la respiration ni la combustion. L'azote est un des principaux éléments dont les animaux et les plantes ont besoin pour se nourrir. Les animaux trouvent cet azote dans leur alimentation végétale ou animale. Les végétaux en empruntent à l'air atmosphérique une quantité assez importante; ils trouvent dans la terre une autre source d'alimentation azotée dans les résidus de la décomposition des animaux et végétaux. Mais la plus grande partie de l'azote dont les plantes cultivées ont besoin leur est fournie par les engrais azotés naturels (fumier, guano, nitrate de sodium) ou artificiels (nitrate de calcium, sulfate d'ammonium, etc.)..

Zum Teil stellt das Schema dar, was der Text beschreibt, z.B. daß Tiere den Stickstoff durch die pflanzliche und tierische Nahrung aufnehmen. Hierbei macht erst der Text die Bedeutung z.B. des Pfeiles unter der Kuh klar. Manche Informationen des Bildes wie die Wirkung der Mikroben und bestimmter Bakterien findet keine textliche Erwähnung, manche Angaben im Artikel wie der Anteil des Stickstoffs an der Luft oder die Wirkung bestimmter Düngemittel können im Bild nicht dargestellt werden. Somit ergänzen sich hier die beiden Medien weitgehend, wobei der Eindruck eines Kreislaufs des Stickstoffs allerdings nur durch das Funktionsschema vermittelt wird; das heißt ein Schema strukturiert besser als die Sprache.

9. Die im vorausgehenden Punkt besprochenen drei Funktionsschemata sind als e n z y k l o p ä d i s c h e I l l u s t r a t i o n e n zu bezeichnen, denn sie veranschaulichen nicht *pétrol, papier* oder *azote*, sondern die "transformation du pétrole brut", "fabrication du papier" und den "cycle de l'azote", greifen also einen Teilaspekt heraus - auch eine Karte mit den Lagerstätten von Erdöl, Illustrationen mit Bohrtürmen und Pipelines wären demnach enzyklopädisch. Illustrationen zu Abstrakta scheinen eine Spezialität des 'Dicti-

onnaire Hachette' (1980) zu sein, der z.B. *franc-maçonnerie* durch einige kultische Gegenstände wie den Winkel oder die Eisenzeit durch den Teil eines Gürtels (*ceinture*) illustriert. Jedes andere Objekt aus der Eisenzeit oder ein chronologisches Schema könnte dieselbe Funktion erfüllen. Der Zusammenhang zur Definition ("période, succédant à l'âge du bronze, où se répandit l'usage du fer (v. 1.000 av. J.-C.)") ist zu lose, als daß die Begriffe Ancrage und Relais von R. Barthes (1964a) greifen würden.

10. Da bei den neun Illustrationstypen die Beziehung von Bild und Text ausschließlich an Substantiven untersucht wurde - dies entspricht auch der vorherrschenden Illustrationspraxis -, seien noch Beispiele mit einigen a n d e r e n W o r t a r t e n besprochen.

Abbildung 19, 22, 23, 163 und 182 veranschaulichen V e r b e n [221] mittels unikaler Illustrationen[222], wobei vor allem aus Lern- und Schulwörterbüchern zahlreiche weitere Fälle beigebracht werden können, z.B. *paresser, (se) parfumer, parquer, partager, pêcher, (se) peigner*[223] usw. Um das Verhältnis von Text und Bild zu bestimmen, sei aus Abbildung 182 *pick up* herausgegriffen, das so definiert wird: "to take hold of and lift up: *Pick up the box by the handles*". Abgesehen davon, daß das Bild auch zeigt, wie sich der Junge bückt, geben beide Medien auf ihre Weise den gleichen Vorgang wieder: Die allgemeine Definition und die durch das Bild vermittelte konkrete Vorstellung ergänzen einander wie bei den unikalen Definitionen von Substantiven.

P r ä p o s i t i o n e n wurden (Abb. 13 und 14) und werden (z.B. im 'Longman Active Study Dictionary of English' von 1983) gelegentlich durch szenische Darstellungen veranschaulicht, in denen eine Fülle räumlicher Relationen erfaßt werden kann. Vergleicht man Abbildung 13 mit einigen Zeilen der Beschreibung, bei der hier die Präpositionen weggelassen wurden, wird Leistung und Grenze der Visualisierung deutlich: "Fritz (A) und Luise (B) arbeiten ___ dem Zimmer. Fritz arbeitet ___ Luise. Fritz sitzt ___ Luise ___ der Bank (C) ___ dem Tisch (D). ... Die Mutter (F) steht ___ dem Vater." usw. Einzusetzen sind (in dieser Reihenfolge) *in, mit, neben, auf, an, bei*. Rein lokale Präpositionen sind mit Ausnahme von *bei* recht eindeutig bildlich darzustellen; da *bei* eine etwas allgemeinere Bedeutung hat als etwa *neben*, wäre zusätzlich eine Definition wie 'in der Nähe von' hilfreich. Die Bedeutung der nicht-lokalen Präposition *mit* schließlich hängt von *arbeiten* ab und ist nur recht vage illustrierbar. In Abbildung 20, die aus einem Lernwörterbuch stammt, wird eine Bedeutung von *par* durch zwei Zeichnungen, von denen die rechte nicht erforderlich wäre, und einen Beispielsatz so verdeutlicht, daß gut auf die Definition verzichtet werden kann. Die Bedeutungsangabe des 'Petit Robert' mit "A travers" ist ungenau, der 'Petit Larousse' muß *par* in der Definition verwenden: "Indique: le lieu par où l'on passe", die vierzeilige Angabe des NDFC ist schwer verständlich, da zu synthetisch, so daß nur der hier relevante Teil wiedergegeben werden soll: "Suivi d'un nom de lieu ... indiquant ... le lieu où se fait un passage ....". Sowohl aus der eben zitierten Definition plus dem Beispielsatz aus Abbildung 20 als auch nur aus Bild und Beispiel wird die Bedeutung von *par* ersichtlich. Das Bild mit dem Beispielsatz stellt einen konkreten Fall dar, die Definition beschreibt in verallgemeinernder Weise die Gebrauchsbedingungen der

---

221 Aus dem historischen Teil sind noch Abbildung 144 und 159 zu nennen. Die Illustration der idiomatischen verbalen Ausdrücke (Abbildung 39-41) war in 5.5.3 und 5.6 erörtert worden.

222 In Abbildung 22 und 23 betrachtet ein Mann das vorliegende Ereignis; da er aber nicht Teil der dargestellten Bedeutung ist, sind auch diese Abbildungen unikale.

223 Beispiele aus Gisèle Coté-Préfontaine et al. (1974) von P bis vor *peler*.

Präposition. Entweder muß der Leser von einem Einzelfall aus auf andere schließen, oder vom Grundprinzip aus jeden konkreten Fall beurteilen. Die beiden Vorgehensweisen ergänzen sich.

Nur zwei Illustrationen von Adjektiven[224], eine davon im historischen Teil, sind ein Indiz dafür, daß diese Wortart ebenfalls selten illustriert wird[225]. Doch könnte man sich für zahlreiche weitere wie *pareil, pétillant, pointu, profond* (Beispiele aus G. Coté-Préfontaine et al. 1974), für *court, épais, mince* (Beispiele aus G. Gougenheim 1958) u.a. erklärende Illustrationen vorstellen. Bei Abbildung 107 handelt es sich um den 1984, 178 als 1. Typ identifizierten Fall, bei dem das Adjektiv praktisch nur in einer Verbindung mit dem Substantiv vorkommt. Dies wird durch die Definition zum Ausdruck gebracht: "In bot., nearly surrounding or embracing the stem, as the base of a leaf". Mit ihrer Hilfe wird das Charakteristische des Blattansatzes rascher erkannt, wobei sich die Redundanz zwischen Bild und Text als hilfreich erweist, denn das gezeigte Blatt weist noch weitere Eigenschaften (Form, Rand) auf.

Der "nerf sciatique" der Abbildung 190 gehört wohl zum 2. Typ nach 1984, 179, bei dem Adjektiv und Substantiv einen Terminus technicus bilden, das Adjektiv aber auch in anderen Verbindungen vorkommt wie *échancrure, épine, névralgie sciatique*. Die Definition des Ischiasnervs besagt wegen des hohen Aufwandes an weiteren Fachtermini für den Laien nur, daß damit die beiden Nerven des Beins gemeint sind[226]. Durch die beigegebene Zeichnung mit ihrer ausführlichen Legende erkennt man den Verlauf des Nervs, der in einem als enzyklopädisch bezeichneten Artikel zudem beschrieben wird: "Le nerf grand sciatique sort du bassin par la grande échancrure sciatique, descend dans la fesse, puis à la face posterieure de la cuisse, ..." (+ 14 Zeilen). Es folgen detaillierte Ausführungen über Entdeckung, Diagnostik und Behandlung des Ischias[227], wobei die Rolle der Ischiasnerven beschrieben wird[228]. Während das Bild mit Legende die Lokalisierung des Nervs und damit den Zusammenhang mit anderen Teilen des Körpers besser als nur ein Text darstellt, können die Funktion des Nervs, die von ihm verursachten Schmerzen, ihre Behandlung etc. nur verbal wiedergegeben werden.

Andere Wortarten werden praktisch nicht illustriert, wohl weil die Bedeutung von Adverbien und Konjunktionen im allgemeinen abstrakter Natur ist, bzw. weil Artikel und Pronomina keine dingliche Bedeutung, sondern bestimmte phorische bzw. referentielle Funktion haben. Daher kann im folgenden Kapitel aus den Beobachtungen an den Wörterbüchern und den Erkenntnissen der verschiedenen Wissenschaften (vgl. 8.5 und 8.6) der Entwurf einer Theorie im Wörterbuch versucht werden.

---

224 Es sind strukturelle Illustrationen.

225 In 1984, 178 wurde beobachtet, daß von 292 illustrierten Lemmata nur 15 Adjektive waren.

226 Sie lautet: "*Nerf sciatique*, chacun des deux nerfs du membre inférieur, le *nerf petit sciatique*, ou nerf fessier inférieur, branche collatérale du plexus sacré, et le *nerf grand sciatique* (ou, plus simplement, *nerf sciatique*), branche terminale du plexus sacré. (V. part. *encycl.)*"

227 Nach 'Sprachbrockhaus' (1984) korrekter: *die Ischias*.

228 Die Verteilung der Informationen in vorgeblich sprachliche und enzyklopädische ist ein weiteres Indiz dafür, daß diese Unterscheidung so nicht haltbar ist. Gerade die Schmerzen, die der Ischiasnerv verursachen kann, gehören zu seinen wesentlichen Merkmalen, vgl. 7.5.

9. ENTWURF EINER THEORIE DER ILLUSTRATION IM WÖRTERBUCH

"Wort und Bild sind Korrelate, die sich immerfort suchen, ..."
(J.W. von Goethe)[1]

Die Gleichung "salutieren" = "militärisch grüßen" bleibt für den Wörterbuchbenutzer[2] unverständlich, sofern er, seine Unkenntnis von *salutieren* vorausgesetzt, auch das Explanans *militärisch grüßen* nicht versteht, sei es, daß er eines der beiden Wörter nicht kennt, oder sich nicht vorstellen kann, wie man militärisch grüßt. Auch der Beispielsatz "die Soldaten salutierten in strammer Haltung vor dem General" hilft nicht recht weiter. Nur wer mit der Definition eine bestimmte, bereits vorher gespeicherte Vorstellung verbinden kann, hat sie verstanden. Diese Vorstellung muß zuvor aus der direkten oder vermittelten Anschauung der Realität gewonnen worden sein. Auch wenn der 'Sprachbrockhaus' (1984) "mit der Hand an der Mütze" hinzufügt, wird dadurch zwar die Referenz auf die Realität erleichtert, doch der naive Wörterbuchbenutzer[3] wüßte dadurch noch nicht, daß dabei die Hand, und zwar die rechte, in einer raschen Bewegung mit gestreckten und aneinander anliegenden Fingern[4] in einem bestimmten Winkel eine bestimmte Stelle des Mützenrandes berührt. Wollte man, wie eben nur ansatzweise versucht, den Vorgang des Salutierens beschreiben, müßte das zusätzliche Vokabular auch richtig verstanden werden, und doch könnte die Beschreibung nie, so umfangreich sie auch sein mag, eine wirkliche Vorstellung vermitteln. Das Bild eines salutierenden Soldaten vermeidet diese Umwege und würde zusammen mit der eingangs zitierten Periphrase *militärisch grüßen*[5] vom Leser und Betrachter rasch verstanden werden.

Um eine verbale Definition verstehen zu können, muß der Leser den bezeichneten Gegenstand oder einen ähnlichen im Prinzip bereits kennen, so daß er die aus der Bedeutung der einzelnen Wörter und ihrer syntaktischen Verbindung resultierende Gesamtbedeutung mit einer bereits enkodierten Vorstellung identifizieren oder in Beziehung setzen kann. Das Lernen eines bislang nicht bekannten Wortes - diesem Zweck dient ja das Nachschlagen im Wörterbuch - ist ein Akt der Wissenserweiterung, bei dem neue Informationen durch Anknüpfung an schon Bekanntes ins Gedächtnis integriert werden. Es wurde wiederholt festgestellt, daß Bilder leichter als Sprache wahrgenommen werden, was mit dem Unterschied zwischen der analogen und digitalen Kodierung erklärt wird. Dazu könnte kommen, daß ein Bild bedeutend mehr Anknüpfungspunkte mit bereits im Gedächtnis gespeicherter Information bietet - vgl. die duale-Kode-Theorie, 8.5.3 - als eine sprachliche Äußerung, aus der im Prozeß der Dekodierung erst eine im Vergleich zur Bildwahrnehmung weniger präzise Vorstellung etwa eines beschriebenen Objekts entwikkelt werden muß, die dann mit dem gespeicherten Wissen verglichen werden kann. Ein

---

1 J.W. von Goethe, Über Kunst und Altertum, 1823, zitiert aus: Werke, Bd. XII (Hamburger Ausgabe), München 1981[9], (Maximen und Reflexionen Nr. 907).

2 Das Beispiel ist dem 'Duden Bedeutungswörterbuch' (1970) entnommen.

3 Das Beispiel ist nicht sehr wahrscheinlich, da ein des Deutschen derart unkundiger Benutzer in einem zweisprachigen Wörterbuch nachschlagen würde. Trotzdem bleibt die Argumentation gültig - ein realistischeres Beispiel würde sprachlich nur komplizierter. *Salutieren* könnte aber in einem Lernwörterbuch für Kinder illustriert werden.

4 Es ist sprachlich schwierig und umständlich, die Haltung der Hand zu beschreiben.

5 Aus dem Bild allein ginge noch nicht hervor, daß die Hand an der Mütze ein Akt des Grüßens ist.

Bild erfordert auch weniger Vorkenntnisse, um verstanden zu werden, da es als selektives Analogon der Realität, das zwar nach bestimmten Prinzipien kodiert wird, wie diese wahrgenommen wird[6].

Ein Bild enthält eine große Menge an Information in kondensierter Form, was durch die simultane und zweidimensionale Präsenz aller seiner Teile bedingt ist. Dies gilt um so mehr bei komplexen Illustrationen wie strukturellen, funktionalen, nomenklatorischen oder szenischen Darstellungen und Funktionsschemata. Der Betrachter kann aus dem eher synthetischen Bild - die Definition wird dagegen als analytisch bezeichnet - je nach Interesse mehr oder weniger Information entnehmen, während eine Definition erst einmal ganz gelesen werden muß. Die Informationsaufnahme über das Bild erfolgt wegen der analogen und vielleicht räumlichen Speicherung im Gedächtnis im allgemeinen rascher und führt auf sichererem Wege zu dem intendierten Verständnis. Diese Feststellungen sprechen erstens natürlich für die Verwendung von Bildern in Wörterbüchern und zweitens für nicht zu dürftige Illustrationen, vielmehr für Darstellungen, die auch bei mehrfacher Betrachtung noch weitere Einzelheiten erkennen lassen, ohne deshalb überladen zu wirken. Die Frage des Platzbedarfs von Bildern stellt für die Herausgeber von Wörterbüchern immer ein Problem dar, denn es gilt zwischen Text und Illustration abzuwägen. Bei dieser Entscheidung ist zu berücksichtigen, daß ein Bild wie gesagt eine hohe Informationsdichte aufweist[7] und zusätzlich Informationen speichert, die nur piktoral kodiert werden können.

Die Leistung des Bildes besteht in erster Linie darin, Strukturäquivalente für räumliche Konfigurationen zu geben, d.h. Aussehen, nämlich Form und Farbe von Gegenständen[8] und ihrer Teile, sowie deren Organisation analog der Realität wiederzugeben - Bereiche, die die Grenze der Leistungsfähigkeit der Sprache markieren. Funktionsschemata veranschaulichen auf übersichtliche Weise Relationen und Prozesse, so daß ikonische Zeichen insgesamt besser strukturieren als dies sprachlich möglich ist - wohl weil sie analog und zweidimensional kodieren. Dagegen eignet sich die Sprache allein schon wegen der Verwendung von Gattungsnamen zur Klassifikation und Einordnung in Begriffshierarchien, wie es bei Definitionen durch die Nennung des genus proximum geschieht. Sprachlich werden ferner die den verschiedenen Erscheinungsformen eines Gegenstandes gemeinsamen Charakteristika in der Definition zusammengefaßt, wobei verschiedene Stufen der Abstraktion möglich sind. Bei Vorliegen einer Illustration kann durchaus eine generellere und damit meist kürzere Definition gewählt werden. Aus den in 8.7 analysierten Beispielen geht hervor, daß vor allem Verwendung und Funktion von Dingen nur verbal wiedergegeben werden können. Schließlich konkretisiert das Bild durch ein Beispiel die generelle Aussage der Definition etwa, wenn, wie in 8.7, Punkt 5 gezeigt wurde, der Hinweis auf naturwissenschaftliche Forschungen durch ein Strahlenmeßgerät veranschaulicht wird.

Von diesem Fall, wo Sprache und Bild über verschiedene Aspekte des gleichen Gegenstands informieren, sind zwei weitere zu unterscheiden: Beide Medien können auch denselben Teil der Realität mit den ihnen eigenen Mitteln wiedergeben wie in 8.7, Punkt 1 am Beispiel von *avoine* gezeigt wurde. Ferner können sie unterschiedliche Abstraktionsniveaus

---

[6] Dazu könnte kommen, daß mehr nur visuell wahrgenommen wird als zusammen mit der sprachlichen Bezeichnung oder Beschreibung. Dies wäre eine zusätzliche Erklärung, warum die Bildwahrnehmung leichter fällt.

[7] Beim Beispiel *poulie* wurde in 8.7, Punkt 4 gezeigt, daß ein Bild nicht mehr Platz beansprucht als ein Text, der bemüht ist, dieselben Informationen zu vermitteln.

[8] Analoges gilt für reale Vorgänge wie in 8.7, Punkt 10 dargelegt wurde.

einnehmen, wenn z.B. das Bild eine szenische Darstellung zeigt, der ein Lemma wie *Bahnhof* entspricht (8.7, Punkt 7), dessen Bedeutung von den konkreten, in der Illustration darstellbaren Einzelheiten absieht. In den drei genannten Fällen ergänzen sich Text und Bild entsprechend der von R. Barthes (1964a) definierten Relais-Relation, doch tun sie dies auf unterschiedliche Weise: Im erstgenannten Fall könnte man die Relais-Relation als komplementär, im zweiten als redundant, im dritten als rangverschieden bezeichnen.

Die Illustration in einem lexikographischen Werk ist immer von einem sprachlichen Kommentar begleitet, auch wenn er wie in Bildwörterbüchern nur aus einem Wort bestehen kann. Dadurch bereits wird die Offenheit bzw. Polysemie des Bildes gebannt, um so mehr durch eine Definition und Beispiele. Zudem haben die Forschungen der Kognitionspsychologie gezeigt, daß die Verbindung von Sprache und Bild die Informationsaufnahme durch den Text erhöht, somit das Textverständnis verbessert und den Lerneffekt steigert. Gerade bei dem erforderlichen Abstraktionsgrad jeder Definition ist die Unterstützung durch das Bild das geeignete Mittel zur Informationsabsicherung und Verbesserung der Memorierung. Hierbei erweist sich, daß Redundanz[9] zwischen den beiden Kanälen in beiden Richtungen informationssteigernd wirkt: Das Bild veranschaulicht den abstrakteren Text und dieser beeinflußt die Wahrnehmung des Bildes. Ferner wurde in Tests nachgewiesen, daß durch die Verbindung von Bild und Unterschrift das W o r t etwa doppelt so gut gemerkt wurde, als wenn es ohne Illustration zu lernen war. Folglich könnten sich auch beim Wortschatzlernen in einer Fremdsprache Illustration plus Lemma oder identischer Legende besser einprägen als Lemma plus Definition oder muttersprachlichem Äquialent. Diese Annahme muß wohl noch durch weitere empirische Untersuchungen erhärtet werden, denn P. Scherfer (1985, 431) stellt fest: "Was die Probleme des Wiedererkennens, Behaltens/Vergessens, Abrufens usw. f r e m d s p r a c h i g e r (Sperrung W.H.) Wörter durch den Lerner angeht, ist von der Fremdsprachendidaktik und Sprachlehr-/lernforschung bisher wenig geleistet worden".

Da Text und Bild sich bei der Wahrnehmung gegenseitig stützen und ihre Koppelung informationssteigernden Wert hat, müssen sie beide auf der Gemeinsamkeit der menschlichen Erfahrung gründen; das heißt, es ist anzunehmen, aber wohl prinzipiell nicht zu beweisen, daß die sprachspezifische Sicht der Welt und ihre sprachliche Kodierung, sowie die visuelle Wahrnehmung und ihre ikonische Kodierung zwei unterschiedliche Modelle d e r s e l b e n R e a l i t ä t hervorbringen. Wenn man davon ausgeht, daß Sprache und Denken bei der Aneignung der Welt mitwirken (vgl. 8.5.2, Ende und 8.6., Ende), dann gilt wohl auch, daß visuelle Wahrnehmung ebenfalls nicht unabhängig von Sprache und Denken erfolgen kann. Nur dadurch, daß der Mensch die ihn umgebende Welt sowohl visuell wahrnimmt als auch über sie spricht, nur durch diese aus zwei Medien gewonnene, gemeinsame Basis ist es zu erklären, daß man Bilder beschreiben und umgekehrt zu einem einen Gegenstand der Realität beschreibenden Text eine Illustration anfertigen kann. Abgesehen von den Grenzen der Leistungsfähigkeit beider Medien ist trotzdem auch in den Bereichen, wo sie in dem ihnen jeweils eigenen System denselben Realitätsausschnitt kodieren, eine vollständige Übersetzung oder Umsetzung nicht möglich, da ein analoges System nicht restlos in ein digitales umkodiert werden kann und umgekehrt. Sprache und Bild sind demnach zwei unterschiedlich operierende Instrumente zur Erkenntnis der Welt. Es wäre zu wünschen, daß sich die Lexikographie in systematischerer Weise als bisher der sich ergänzenden Mitwirkung von S p r a c h e u n d B i l d bei der Erfassung der Bedeutung versichert.

---

[9] Es sei daran erinnert, daß wegen der grundverschiedenen Kodierungssysteme von Sprache und Bild nur metaphorisch von einer Art Redundanz gesprochen werden kann.

Auf der Basis der hier vorgenommenen grundlegenden Bestimmung der Leistung des ikonischen und des verbalen Mediums kann bei der Planung eines Wörterbuchs Art und Umfang der Illustrierung bestimmt werden. Bei der Erarbeitung von Prinzipien für die Bebilderung eines bestimmten Werkes wirken verschiedene Variablen ein, von denen abgesehen vom verfügbaren Platz die Anzahl der Lemmata und der Adressatenbezug von besonderer Relevanz sind: Richtet sich das Wörterbuch an eine bestimmte Altersgruppe, an Muttersprachler, an Fremdsprachler, an Interessenten aus anderen Kulturkreisen - letztere müssen in viel höherem Maße zugleich Kultur erlernen -, an Benutzer mit bestimmten Sprachkenntnissen etc.? Die genannten Kategorien können zudem vielfältig kombiniert auftreten. Ferner spielt auch die Frage, ob ein Photoarchiv und/oder ein Illustrator zur Verfügung steht, sowie ob Mehrfarbendruck möglich ist, für die Wahl der Darstellungsmittel eine entscheidende Rolle. Die hier vorliegende Arbeit hat versucht, für eine derartige Planung des Illustrationsprofils eines Wörterbuchs einige Kriterien bereitzustellen.

10. ZUSAMMENFASSUNG DER ERGEBNISSE

"ὀφθαλμοὶ γὰρ τῶν ὤτων ἀκριβέστεροι μάρτυρες."
Heraklit (etwa 500 v. Chr.)[1]

Ausgangspunkt und Hauptziel der hier vorliegenden Arbeit war es, die bisher noch brachliegende Thematik der Illustrierung lexikographischer Werke zu erforschen und sowohl die Geschichte als auch die heutige Praxis und Vielfalt des Einsatzes des Bildes in der Lexikographie darzustellen. In diesem Zusammenhang kam die Untersuchung nicht umhin, die künstlerischen und technischen Aspekte der Buchillustration zu berücksichtigen, und zum Problem der Typologie lexikographischer Werke Stellung zu nehmen. Die herkömmliche Einteilung in die drei grundlegenden Klassen lexikographischer Werke, nämlich in Sprachwörterbuch, enzyklopädisches Wörterbuch und Enzyklopädie, erwies sich bei kritischer Prüfung als so nicht haltbar und stimmt zudem nicht mit der Praxis überein. Der offenkundige Unterschied zwischen Wörterbüchern und Enzyklopädien und der weniger augenfällige zwischen enzyklopädischen und Sprachwörterbüchern mußte daher neu begründet werden. Die Beschreibung der Illustrierung von lexikographischen Werken stößt natürlicherweise auf die zentrale Frage, welche Informationen das Bild im Vergleich zu den verbalen Bestandteilen eines Artikels wie der Definition und den Beispielen zum Verständnis eines unbekannten Lemmas einbringen kann. Um das Zusammenwirken von Text und Bild bestimmen zu können, wurden einschlägige Arbeiten aus der Kunstwissenschaft, Semiotik, Informationstheorie und Linguistik ausgewertet. Eine Richtung der Kognitionspsychologie untersucht, ob und inwieweit die Verbindung der beiden Medien die Informationsaufnahme optimiert und den Lerneffekt erhöht. Die großenteils konvergierenden Ergebnisse der verschiedenen Wissenschaften und die Schlußfolgerungen aus einer eigenen Fallstudie münden in den Entwurf einer Theorie der Illustration im Wörterbuch.

Im einzelnen wurde zunächst (Kapitel 1) durch die Auswertung von drei sprachwissenschaftlichen Bibliographien der Nachweis erbracht, daß erst seit etwa 1960 lexikographische Fragen vermehrt die Aufmerksamkeit der Sprachwissenschaft gefunden haben. Die Illustrierung lexikographischer Werke wurde jedoch weiterhin praktisch nie zum Thema erhoben: die 25 in Tabelle 1 aufgelisteten Einführungen, Handbücher und Sammelbände bieten in den meisten Fällen nur einige Zeilen und nur je einmal sechs, sieben bzw. acht Seiten zur Illustration. Die Situation ändert sich 1983 insofern, als der Vortrag über die Illustration in einsprachigen französischen Wörterbüchern (W. Hupka 1984) auf dem Augsburger Kolloquium über Lexikographie (April 1983) R. Werner zu zwei Aufsätzen über die Illustration in spanischen Wörterbüchern angeregt hat (R. Werner 1982 [1983] und 1983). Da, wie in Kap. 6 dokumentiert wurde, die Tradition der Illustration lexikographischer Werke bis Mitte des 17. Jahrhunderts zurückreicht und Wörterbücher vermehrt seit 1850 bebildert werden, verdient dieses Thema durchaus Beachtung.

Nachdem in Kapitel 2 ein knapper Überblick über den geplanten Gang der Untersuchung gegeben worden war, wurde im darauffolgenden Kapitel zuerst die Kombination von Wort und Bild in verschiedenen Bereichen der Kulturgeschichte kurz angesprochen, um auf die Häufigkeit und die verschiedenen Ausprägungen dieser Verbindung aufmerksam

[1] "Die Augen aber sind genauere Zeugen als die Ohren". Heraklit, Urworte der Philosophie. Griechisch und ins Deutsche übertragen von G. Burckhardt, Wiesbaden 1957, 8 f.

zu machen (3.1). Dabei wurde auf Bilderschriften als der Verschmelzung der beiden Bereiche, auf die altägyptischen Totenbücher als den ältesten illustrierten Büchern, die illuminierten Handschriften, Evangeliare und Stundenbücher des Mittelalters, auf die Tradition der Biblia pauperum, auf Einblattholzschnitte und manches andere hingewiesen.

Nach der Verbreitung des Buchdrucks Ende des 15. Jahrhunderts bildet die Illustration von Büchern aller Art für einige Jahrhunderte das Schwergewicht der Verbindung von Wort und Bild, das sich im Lauf der letzten Jahrzehnte zusehends auf die Massenmedien (Film, Fernsehen, Video) verlagert. Aus der unübersehbaren Fülle wurden nur einige Titel aus Vergangenheit und Gegenwart herausgegriffen. Ein Abschnitt ist der Relation von Titel, Bild und Epigramm in Emblemen gewidmet, die mit Andrea Alciatos in Augsburg 1531 erschienenem 'Emblematum liber' für mehr als zwei Jahrhunderte zur literarischen Mode wurden. Gegenüber der unterschiedlichen Beurteilung der Frage nach der Priorität von Text oder Bild durch die Forschung wurde argumentiert, daß sich für den Leser diese Frage wohl nicht stellt, da sich für ihn beide Seiten gleichzeitig präsentieren, bedingen und ergänzen - es liegt nach R. Barthes (1964a) wohl die Relais-Relation vor (vgl. 8.6). Ferner wurde dieses Problem vor dem Hintergrund des zeitgenössischen Verständnisses der Relation von Sprache und Welt beurteilt.

Seit Anfang des 20. Jahrhundets waren vermehrt Versuche zu beobachten, die Grenze der beiden Kommunikationsmittel Sprache und Bild zu überwinden. Hierbei wurde an Namen wie S. Mallarmé, G. Apollinaire, die italienischen Futuristen, an bestimmte kubistische Bilder mit Textelementen - bereits die Präraffaeliten des 19. Jahrhunderts brachten Zitate im Bild oder auf dem Rahmen an -, an Text-Bilder von Paul Klee und zahlreiche andere Künstler erinnert. Nach einer Kurzcharakteristik des Rebus, der eine recht eigenartige Verbindung von Bild- und Sprachelementen darstellt, wurde unter anderem die Illustrierung von Zeitungen erwähnt: 'Le Monde' stellt insofern einen Sonderfall dar, als bis 1986 noch keine Photos auf Seite eins und den übrigen die Politik und Wirtschaft betreffenden Teilen gebracht werden.

Trotz der seit sechs Jahrhunderten geläufigen Kombination von Bild und Text ist dieses Phänomen nach übereinstimmender Meinung eines Semiotikers, Kunstwissenschaftlers und Kognitionspsychologen noch wenig untersucht worden.

Die Darstellung der Entwicklung des Buchdrucks, der künstlerischen Techniken und der verschiedenen Druckverfahren in Kapitel 3.2 erfaßt die unmittelbaren Prämissen für die Illustrierung lexikographischer Werke. Durch die weite Verbreitung des Buchdrucks bereits Ende des 15. Jahrhunderts eröffnen sich für den Anfang des Jahrhunderts erfundenen Holzschnitt zahlreiche Verwendungsmöglichkeiten: 1461 wurde er erstmals zur Illustrierung eines Buches eingesetzt. Anhand der Kräuterbücher wurde gezeigt, daß sich das Bedürfnis nach einer realitätsgetreuen Abbildung durch Loslösung vom mittelalterlichen Autoritätsglauben erst einmal herausbilden mußte. Gegenüber dem Hochdruckverfahren des Holzschnitts, das einen gemeinsamen Druckvorgang von Bild und Text erlaubt und somit ihre Verbindung auf der gleichen Seite ermöglicht, führt der fast ebenso alte Kupferstich als Tiefdruckverfahren in der Regel zu besonderen Bildseiten. Dieser Antagonismus hat für drei Jahrhunderte die Illustrierung von Büchern aller Art bestimmt: Die beiden ältesten bebilderten lexikographischen Werke von 1656 und 1658 enthalten Text und Bild (Holzschnitte) auf derselben Seite, das dritte von 1692 Kupferstiche auf eigenen Seiten (vgl. 6.2). Erst durch die Erfindung des Holzstichs, etwa 1770, stand ein zweites Hochdruckverfahren zur Verfügung, das eine ebenso feine Zeichnung wie der Kupferstich gestattete. Da der Holzstich in einem Druckvorgang mit dem Text gedruckt werden konnte, dominierte er von der Mitte des 19. bis in die erste Hälfte des 20. Jahrhunderts die Illustration in Wörterbüchern und Enzyklopädien: Er wurde wohl erstmals 1836 in einer französischen Enzyklopädie (vgl. 6.6.1) und 1850 in einem englischen Wörterbuch - es war das erste moderne illustrierte Wörterbuch - verwendet (vgl. 6.6.2.2). Demgegenüber spielen die 1797/98 erfundene Lithographie - in lexikographischen Werken erstmals verwendet 1825 - und der von 1820 an entwickelte Stahlstich (erstmals 1834 in einem lexikographischen Werk) eine untergeordnete Rolle, da sie wiederum nicht mit dem Text gedruckt werden konnten. Der Einfluß der Photographie konnte sich erst auswirken, nachdem durch das 1882 entwickelte Verfahren der Autotypie Photographien in Klischees übergeführt werden konnten: Bereits 1887-90 findet diese Reproduktionstechnik in einer italienischen Enzyklopädie Verwendung, in Wörterbüchern erst Jahrzehnte später, so im 'Petit Larousse' von 1935 an im enzyklopädischen Teil und erst von 1959 an auch im Sprachteil. Ende des 19. Jahrhunderts erscheinen etwa zeitgleich in Wörterbüchern und Enzyklopädien auch die ersten mehrfarbigen Abbildungen als Autotypien und Chromolithographien.

Nach der Behandlung der verschiedenen drucktechnischen Aspekte, wobei hier in das Resümee einige Ergebnisse aus der erst folgenden Untersuchung eingeflossen sind, wurden die drei Haupttypen lexikographischer Werke, Sprachwörterbuch, enzyklopädisches Wörterbuch und Enzyklopädie, näher bestimmt (4.1) und die Problematik jeder Klassifikation angesprochen (4.2). Der Blickwinkel sollte, wie bisher schon angeklungen ist, auf alle Arten lexikographischer Werke, d.h. auch auf Enzyklopädien erweitert werden, da angenommen wurde, daß ihre Illustrationspraxis auch auf die Bebilderung von Wörterbüchern eingewirkt haben dürfte. Diese Vermutung wurde durch die in Kap. 6 nachgezeichnete historische Entwicklung bestätigt. Zudem schien es angebracht, zur genaueren Bestimmung des Unterschiedes zwischen Sprachwörterbuch und enzyklopädischem Wörterbuch auch die Enzyklopädien heranzuziehen, um die Mittelstellung des enzyklopädischen Wörterbuchs besser hervortreten zu lassen, das bisher nach recht unterschiedlichen Kriterien definiert wurde. Enzyklopädien informieren nach übereinstimmender Ansicht über die Realität, verzeichnen Eigennamen und viel Fachwortschatz, Sprachwörterbücher informieren demnach über die Sprache - daher verzeichnen sie im Unterschied zu den Enzyklopädien Lemmata aller Wortarten -, enthalten weniger Fachwortschatz und nach vorherrschender Meinung keine Eigennamen, sondern nur Ableitungen davon; in enzyklopädischen Wörterbüchern würden sich folglich die Angaben der beiden anderen Typen verbinden (4.1.3). Es war erforderlich, aus den Enzyklopädien eine Untergruppe auszugliedern, die vornehmlich Eigennamen enthält (4.1.1.1), wodurch die verbleibende Klasse der Enzyklopädien als einheitlicher erscheint. Zur Eingrenzung des Untersuchungsbereiches wurden bei Enzyklopädien und Wörterbüchern die nach Sachgruppen geordneten Werke ausgeklammert, wobei bei letzteren vier Typen systematisch gliedernder Werke unterschieden werden konnten (4.1.2.2). Ferner wurden einige Versuche alphabetischer Wörterbücher und Enzyklopädien analysiert, die beiden Ordnungsprinzipien miteinander zu verbinden (4.1.1.2 und 4.1.2.1).

Ebenfalls der Ausgliederung aus der eigentlichen Untersuchung dient die Vorstellung weiterer Typen illustrierter Wörterbücher (Kap. 5). Dabei wurde zunächst die Illustrationspraxis zweisprachiger Wörterbücher charakterisiert (5.1). Hier wie bei den anderen sieben Typen wurden vor allem zeitgenössische französische Werke ausgewertet. Obwohl nur ein gutes Dutzend zweisprachiger illustrierter Wörterbücher zugrundegelegt wurde, ergaben sich verschiedene Prinzipien der Illustration, von denen das der 'Brockhaus-Bildwörterbücher' vorzuziehen, aber auch noch zu verbessern ist. Von den reinen Bildwörterbüchern, wie sie prototypisch in der Serie der ein- und zweisprachigen Bilder-Duden vorliegen (5.2), wurde als neuer Typ das 'didaktische Bildwörterbuch' abgehoben (5.3), bei dem die Sprache und nicht die Realität die Gliederung bestimmt, so daß es auch alphabetisch geordnet sein kann; es dient zu Lernzwecken, enthält Beispielsätze und grammatische Angaben, aber keine Definition und unterscheidet sich durch den letztgenannten Punkt vom illustrierten 'Lernwörterbuch' (5.4), bei dem ferner nur ein Teil der Lemmata illustriert wird. Auf der Basis von 40 französischen Werken wurden einige Kriterien erprobt, die der Charakterisierung dieser heterogenen Werke dienen können - vgl. Schema Nr. 4 mit einer Merkmalmatrix zu elf illustrierten Lernwörterbüchern. Unter dem Begriff 'sektorale Wörterbücher' werden hier Fach-, Dialekt- und Argotwörterbücher subsumiert, da sie nur einen Ausschnitt des Wortschatzes des Diasystems einer Sprache selektiv oder exhaustiv erfassen (5.5). Aus der ungeheuer großen Zahl von Fachwörterbüchern wurden nur fünf vorgestellt (5.5.1), von denen zwei dem Typ des Sprachwörterbuchs, eines dem der Enzyklopädie und zwei dem des enzyklopädischen Wörterbuchs entsprechen. Da Dialektwörterbücher im Prinzip zweisprachige Werke sind (vgl. 5.1), stellen illustrierte Dialektwörterbücher (5.5.2) eher die Ausnahme dar. Durch den Einfluß der Onomasiologie und der Methode 'Wörter und Sachen' Anfang dieses Jahrhunderts entstanden nach Sachgruppen organisierte Werke. Aus diesen wie den alphabetischen wurden einige repräsentative Vertreter charakterisiert, wobei versucht wurde, die Anfänge gut zu dokumentieren. Argotwörterbücher (5.5.3) enthalten wegen des metaphorischen bzw. metonymischen Charakters eines Teils ihres Wortschatzes oft witzige Zeichnungen, weshalb hieran anschließend zu der völlig aus dem Rahmen fallenden Illustrationspraxis von H. Küpper, Illustriertes Lexikon der deutschen Umgangssprache (1982-84) Stellung genommen wurde. Die Zeichnungen in Idiomatikwörterbüchern (5.6) können durch die Wiedergabe der wortwörtlichen Bedeutung ebenfalls recht reizvoll sein.

Nach der Vorstellung dieser acht Typen illustrierter Wörterbücher, bei denen die Leistung des Bildes genauer, als in dieser Zusammenfassung möglich, bestimmt wurde, kann sich die folgende Untersuchung auf alphabetisch geordnete, einsprachige, illustrierte Wörterbücher konzentrieren, was nicht ausschließt, daß im historischen Teil (Kap. 6) auch Enzyklopädien und andere Typen von Wörterbüchern erwähnt werden. Es werden Werke aus Großbritannien, den USA, Frankreich, Italien, Spanien und Deutschland herangezogen, da von diesen Ländern wichtige Impulse für die Entwicklung der Lexikographie ausgegangen sind.

Die wenigen illustrierten lexikographischen Werke des Mittelalters und des 16. Jahrhunderts (6.1) sind aus verschiedenen Gründen ohne Einfluß auf die Lexikographie der Neuzeit geblieben. Das einzige bebilderte Wörterbuch (lateinisch-englisch, nach Sachgruppen, Ende 15. Jahrhundert) und eine Bildenzyklopädie sind nur in je e i n e r Handschrift erhalten, einige weitere Enzyklopädien waren zwar handschriftlich verbreitet, wurden aber nie gedruckt; die zwei durch das neue Medium verbreiteten sind in Dialogform gehalten, die sich zur Wissensvermittlung nicht durchsetzt. Als schließlich Anfang des 18. Jahrhunderts Enzyklopädien illustriert wurden, waren die aus dem Mittelalter stammenden Werke konzeptuell überholt. Ein Verzeichnis der ältesten Druckdaten lexikographischer Werke schließt diesen Punkt ab.

Erst in der zweiten Hälfte des 17. Jahrhunderts (6.2) erscheint das erste illustrierte (allerdings nur durch zwei Holzschnitte) Wörterbuch: T. Blount, Glossographia, London 1656 (Abb. 42). Kurz darauf der 'Orbis sensualium pictus' von J.A. Comenius (Nürnberg 1658), vgl. Abb. 44, ein Werk, das man als Lehrbuch des Lateinischen für Kinder und gleichzeitig als nach Sachgruppen gegliedertes, didaktisches Bildwörterbuch (vgl. 5.3) betrachten kann; es bettet nämlich die Wörter in Sätze ein und veranschaulicht sie in szenischen Darstellungen (Holzschnitte). Wegen der Bedeutung des 'Orbis' war auf die Motive und Quellen von Comenius sowie seine Nachwirkung einzugehen.

Das dritte illustrierte lexikographische Werk ist eine philosophisch-technische Enzyklopädie mit 30 Kupferstichtafeln von S. Chauvin (1692), die vor allem von englischen Lexikographen des folgenden Jahrhunderts ausgewertet wurde (Abb. 45).

Von der opulenten Produktion illustrierter Bücher des 17. Jahrhunderts sticht die Seltenheit illustrierter lexikographischer Werke ab, die nach einer Erklärung verlangt. In 6.2.1 wurde dafür die Struktur der damaligen Gesellschaft, die das Ideal des 'honnête homme' anstrebte, angeführt - dadurch erklärt sich auch die Beliebtheit der Eigennamenlexika (4.1.1.1). Der tiefere Grund wurde nach M. Foucault (1966/1971) in der Auffassung des 17. Jahrhunderts vom Verhältnis zwischen Sprache und Wissen gesehen.

Mit Beginn des 18. Jahrhunderts ändert sich das Bild (6.3): In England erscheinen in wenigen Jahrzehnten vier illustrierte Enzyklopädien und fünf bebilderte Wörterbücher mit mehr oder weniger starkem enzyklopädischen Einschlag, die zahlreiche Auflagen erleben. Die ältesten Titel sind für die Enzyklopädien J. Harris, Lexicon technicum (Abb. 46-48) und [N. Bailey], Dictionarium rusticum et urbanicum, beide 1704 (Abb. 49), für die Wörterbücher 'Glossographia anglicana nova' von 1707 (Abb. 51), der von 1727 an einige weitere Werke von N. Bailey folgen. Doch die Serie der illustrierten Wörterbücher bricht durch das Erscheinen von S. Johnsons Wörterbuch von 1755, das keine Bilder enthielt, ab, wohl weil es in der Bearbeitung sprachlicher Fakten überlegen war. Dagegen erscheint die Enzyklopädie von E. Chambers (1728) in zehn Auflagen und in vier italienischen Ausgaben und sollte auch in einer französischen Übersetzung verlegt werden. Aufgrund verschiedener Schwierigkeiten entschloß sich der Verleger Le Breton stattdessen zur Herausgabe der 'Encyclopédie'. Aus den anderen Ländern sind außer einem isolierten deutsch-lateinischen Wörterbuch nach Sachgruppen ('Nürnberger Wörterbuch', 1713) nur einige Enzyklopädien zu verzeichnen, von denen die von G. Pivati (Venedig 1746-51) durch die Qualität ihrer Kupferstiche beeindruckt.

Daher erscheint die Vorreiterrolle Englands bei der Illustrierung von Wörterbüchern als erklärungsbedürftig. Es wurden drei Faktoren angeführt: Die Freiheit der englischen Lexikographie von den (vielleicht puristischen) Reglementierungen durch eine Akademie, die folglich ermöglichte pädagogische Intention der Lexikographen und der Einfluß von J. Lockes 'Essay Concerning Human Understanding' - sechs Auflagen zwischen 1690 und 1710 -, der zur Erklärung von Wörtern die Verwendung von Zeichnungen vorschlägt. Einige Gedanken von J. Locke finden sich auch in den Vorworten der zeitgenössischen Wörterbücher wieder.

Durch das Erscheinen der 88 Bände der 'Descriptions des arts et métiers' (1761-88) und der zwölf Bände der zur 'Encyclopédie' von Diderot und d'Alembert gehörigen 'Planches' (1762-77) mit fast 3.000 Kupferstichen wurde eine bisher nicht gekannte Fülle visueller Information verbreitet (6.4). Daher wurde ein Überblick über Auflagen und Verbreitung der beiden Werke gegeben, sowie ihre zum Teil identische Ikonographie charakterisiert: Dabei standen die Beziehung der Tafeln zum Text der 'Encyclopédie' - sie wurde unter semiotischen Gesichtspunkten analysiert, siehe Schema Nr. 5 - und die Analyse ihres Aufbaus und Informationsgehaltes im Zentrum. Sowohl zeitgenössische Äußerungen zu den Charakteristika des Bildes von Diderot und Lessing ('Laokoon', 1766) als auch moderne Interpretationen der 'Planches' wurden für die erarbeitete Deutung berücksichtigt.

Kurz nach Erscheinen der ersten Bände der 'Planches' wurden einige für eine englische Enzyklopädie nachgestochen (T.H. Croker et al. 1764-66), doch bedeutsamer für die weitere Entwicklung war das Erscheinen der 'Encyclopaedia Britannica' (1768-71) und der 'Encyclopaedia Perthensis' (1796-1806). Von der 'Encyclopédie' ging trotz eines Appells von d'Alembert im Artikel 'Dictionnaire' kein Einfluß auf die Illustrierung von Wörterbüchern aus, ebensowenig wie von den beiden erstgenannten englischen Werken; doch in die 'Encyclopaedia Perthensis' ist S. Johnsons Wörterbuch von 1755 eingearbeitet, so daß sie ein enzyklopädisches Wörterbuch darstellt[2]. Da sich die Illustrationen primär auf die enzyklopädischen Artikel oder Teile von Artikeln beziehen, stellt dieses Werk eine bisher nicht identifizierte unmittelbare Vorstufe für ein illustriertes enzyklopädisches Wörterbuch dar (6.5).

Da im 19. Jahrhundert vielleicht unter dem Eindruck der Wirkung der 'Encyclopédie' zahlreiche illustrierte Enzyklopädien erschienen, wurden die künstlerischen Verfahren und drucktechnischen Aspekte ihrer Ikonographie zusammen dargestellt (6.6.1). Dabei wurde gezeigt, daß die ererbten Illustrationsverfahren Holzschnitt und Kupferstich etwa um die Mitte des Jahrhunderts gegenüber den Neuerungen wie dem Holzstich, der Herstellung von Klischees mittels der Strichätzung und später der Autotypie allmählich zurücktreten - im Zusammenhang mit Kapitel 3.2 wurden hierzu bereits einige Daten genannt. Da sich Stahlstich und Lithographie nicht zur Integration von Bild und Text eignen, spielen sie eine geringere Rolle.

Vor diesem Hintergrund konnten in 6.6.2 endlich die ersten modernen Wörterbücher mit Illustrationen vorgestellt werden, wobei in den einzelnen Ländern die geschichtliche Entwicklung so weit verfolgt wurde, bis sich die Illustrierung von Wörterbüchern endgültig durchgesetzt hatte - dies bedeutet in einzelnen Fällen eine Ausweitung der Untersuchung in die ersten Jahrzehnte des 20. Jahrhunderts.

Da H.A. Pierers 'Universallexikon' von 1848 u.ö. allerdings aus anderen Gründen als die 'Encyclopaedia Perthensis' ebenfalls nicht als illustriertes (enzyklopädisches) Wörterbuch qualifiziert werden kann (6.6.2.1), stellt J. Ogilvie (ed.), The Imperial Dictionary, 2 Bde., Glasgow 1850 das erste moderne illustrierte Wörterbuch dar - es enthielt etwa 2.000 Holzstiche (6.6.2.2). Somit haben englische Lexikographen sowohl die ältesten illustrierten Wörterbücher (1656 bzw. 1707) als auch nach einer Unterbrechung von fast 100 Jahren (1755-1850) das erste moderne Werk dieser Art geschaffen. Das konkurrierende Wörterbuch von N. Webster, An American Dictionary of the English Language, New York 1847[3] fügte seiner nächsten Auflage von 1859 einen Bildanhang hinzu, da dadurch der Text nicht neu gesetzt werden mußte, doch bereits 1864 werden die Illustrationen zu den Lemmata gestellt. 1860 erscheint J.E. Worcesters Wörterbuch mit etwa 1.000 Holzschnitten, so daß binnen 14 Jahren vier reich illustrierte Wörterbücher zur Verfügung standen - ein Indiz dafür, daß sich die Idee, Wörterbücher zu illustrieren, rasch durchgesetzt hatte. Daher brauchte die weitere Entwicklung (The Encyclopaedic Dictionary 1879-88, Century Dictionary 1889-91 usw.) nur summarisch abgehandelt zu werden[3].

Kurz nachdem in Großbritannien das erste moderne illustrierte Wörterbuch erschienen war, publizierte in Frankreich (6.6.2.3) M. Lachâtre einen 'Dictionnaire universel' (2 Bde., 1852-56), der mit zahlreichen Holzschnitten ausgestattet war und verschiedene Bearbeitungen und Neuauflagen erlebte. Trotzdem wurde dadurch noch nicht eine Tradition illustrierter Wörterbücher begründet, denn zwischen der Erstauflage von Lachâtre und dem nächsten illustrierten Wörterbuch entstanden zwei Werke, die wie die 'Encyclopaedia Perthensis' (1796-1806) und H.A. Pierer (1848 u.ö.) aus verschiedenen Gründen nur mit

---

2 Die Einbeziehung der Enzyklopädien förderte mehrere derartige Überraschungen zutage, da die Titel nicht immer korrekt den Inhalt bezeichnen.

3 Daher liegt zwischen dem Anfang des 20. Jahrhunderts und der heutigen in 8.1 beschriebenen Praxis eine Forschungslücke, die auf Grund der hohen Zahl illustrierter Wörterbücher in jeder Philologie durch eigene Arbeiten gefüllt werden sollte - die Bibliographie charakterisiert kurz die Ikonographie verschiedener Wörterbücher aus diesem Zeitraum.

Einschränkungen als illustrierte enzyklopädische Wörterbücher bezeichnet werden konnten. Daher ist erst der 1878 erschienene 'Dictionnaire complet de la langue française' von P. Larousse das zweite illustrierte französische Wörterbuch. Im Unterschied zu den bisher genannten englischen und französischen Werken ist es handlicher, weniger umfangreich und für die Verwendung in der Schule geeignet. In den folgenden Jahren wurde dieses Konzept von mindestens vier Verlagen nachgeahmt, die Konkurrenzsituation zwang zu einer laufenden Überarbeitung, aus der 1905 der erste 'Petit Larousse' hervorging. Aus den beiden letzten Jahrzehnten des 19. Jahrhunderts wurden zudem drei mehrbändige illustrierte Wörterbücher registriert und charakterisiert, so daß die Entwicklung im 20. Jahrhundert nur in groben Zügen umrissen zu werden brauchte.

Auch in Spanien (6.6.2.4) liegt ein frühes illustriertes Wörterbuch vor (R. Campuzano, Novísimo diccionario de la lengua castellana, 2 Bde., 1857), dem ebenfalls ein Werk folgt, das nicht als illustriertes enzyklopädisches Wörterbuch bezeichnet werden kann, da hier zwischen dem Text und dem Bildband keine Verbindung hergestellt wird. Daher sind die elf Bände des 'Diccionario enciclopédico hispano-americano' von 1887-92 das zweite illustrierte Wörterbuch, doch erst der 'Campano ilustrado' von M. González de la Rosa (1891) leitet durch seine weiteren Auflagen zu der großen Zahl einbändiger illustrierter Wörterbücher im folgenden Jahrhundert über. Der 'Campano ilustrado' ist wie einige spätere illustrierte Wörterbücher in Paris erschienen, was den starken Einfluß Frankreichs auf die spanische Lexikographie zeigt.

Dieser Einfluß wirkt auch auf Italien (6.6.2.5), denn der Verfasser des ersten illustrierten Wörterbuchs (B. Melzi, Il vocabolario per tutti, 1891) hatte zuvor in Paris ein nicht bebildertes Wörterbuch publiziert. Ferner entwickelt er sein Wörterbuch 1894 zum 'Novissimo Melzi: dizionario completo (parte linguistica e parte scientifica)' weiter, dessen Vorbild unverkennbar der 'Dictionnaire complet', d.h. der spätere 'Petit Larousse' ist. Von 1909 an erscheinen von P. Premoli verschiedene, zum Teil für den Schulbedarf konzipierte Wörterbücher, so daß der bis heute neu bearbeitete 'Vocabolario' von N. Zingarelli (1917-21) erst an dritter Stelle kommt.

Die Geschichte der Illustrierung von Wörterbüchern beginnt in Deutschland (6.6.2.6) erst 1931 mit einem 'Volksbrockhaus', der aber geläufige Wörter nicht enthält. Der gesamte Wortschatz ist in dem 1935 erschienenen und bis heute neu bearbeiteten 'Sprachbrockhaus' verzeichnet, dem sich 1937-38 mit enzyklopädischer Ausrichtung 'Der neue Brockhaus' anschließt. Die genannten Werke erscheinen zwar in zahlreichen Auflagen, es ist aber doch verwunderlich, daß die deutschsprachige Lexikographie darüber hinaus bis heute offensichtlich nur noch drei illustrierte Wörterbücher hervorgebracht hat.

Zusammenfassend ist zu beobachten, daß die Verwendung von Illustrationen wie bereits Anfang des 18. Jahrhunderts meist aus dem Grunde erfolgt, die Verständlichkeit zu erhöhen und damit den informativen und volksbildenden Charakter der Werke zu verstärken. Daher enthalten illustrierte Wörterbücher im allgemeinen in einzelnen Artikeln über das zum Verständnis erforderliche Minimum hinausgehende Angaben, die im allgemeinen als enzyklopädisch bezeichnet werden. Im folgenden Kapitel 7 wurde geprüft, worin der enzyklopädische Charakter dieser Angaben und somit eines ganzen Wörterbuchs besteht.

Als Einstieg in diese Problematik wurde in 7.1 zunächst die Auffassung resümiert (vgl. Schema Nr. 6), die vor allem von romanistischen Einführungswerken und Handbüchern vertreten wird, nämlich daß Sprachwörterbücher über die Sprache und enzyklopädische Wörterbücher über die Sprache und die Welt informieren. Ein zweites Unterscheidungskriterium, die Frage der Eigennamen berührt nicht den Kern der vorgenommenen Klassifikation, da ihr Vorhandensein selbst im gleichen Alphabet mit den Gattungsnamen die sonstigen Artikel nicht tangiert. Die Frage des Fachwortschatzes spielt nur unter quantitativem Aspekt eine Rolle und kann deshalb keine Typologie begründen. Somit bleibt als distinktives Kriterium nur das erstgenannte, nämlich daß ein Sprachwörterbuch über die Sprache und nicht über die Welt informiert.

Während die hier angenommene Unterscheidung auch für die Herausgeber von Wörterbüchern kein Problem zu sein scheint - es wurden Vorworte von Wörterbüchern ausgewertet -, gibt es in der metalexikographischen Literatur auch Stimmen (7.2), die zumindest bei fachsprachlichen Termini diese Differenzierung für nicht haltbar erachten, da Fachwortschatz mehr von den Sachen her festgelegt sei als der Gemeinwortschatz (L. Guilbert, G. Haensch u.a.). Das mag tendenziell zutreffend sein, ist aber kein Unterschied prinzipieller Natur. Andere Forscher betrachten nur eine minimale Definition als sprachlich, die es gerade noch erlaubt, die mit dem Lemma assoziierte Bedeutung und damit die Sache zu identifizieren; alle darüber hinausgehende Information sei enzyklopädisch (E. Dittmer, Josette Rey-Debove, U. Weinreich u.a.). Ähnlich R. Werner (1984), der nur dann eine Sachbeschreibung für angebracht hält, wenn der Abstraktionsgrad der Bedeutungsbeschreibung zu hoch wäre. Doch dies scheinen weder nachprüfbare noch operationalisierbare Kriterien zu sein, mit deren Hilfe irgendwie ein sprachlicher Bedeutungsbereich abgegrenzt werden soll. Es wurde einige Mühe aufgewandt, die Theorie von Josette Rey-Debove nachzuvollziehen, derzufolge die Definition zumindest eines nominalen Lemmas zugleich Beschreibung des Inhalts eines Wortes und eines nicht als außereinzelsprachliche Einheit aufgefaßten Begriffes sein kann, und doch ein Unterschied zwischen sprachlicher Definition und Sachbeschreibung bestehen bleiben soll. Für D. Viehweger (1982) sollten ebenfalls Bedeutungsdefinitionen und Sachbeschreibungen nicht vermengt werden. Dagegen steht offensichtlich nur die Auffassung von H.E. Wiegand, dessen Sprachbegriff keine strikte Trennung von Sprache und Welt vorsieht, denn beim Sprechen über die Bedeutung von Wörtern, d.h. auch bei der Lektüre eines Wörterbuchartikels will der Hörer bzw. Leser auch erfahren, worauf mit dem Lemma referiert werden kann. Er bezweifelt daher, daß zwischen Sprachwissen und enzyklopädischem Wissen unterschieden werden kann.

Darauf deuten auch die Probleme hin, die Wörterbuchbenutzer mit der Unterscheidung in Wörterbücher und Enzyklopädien haben (7.3). Sie resultieren primär daraus, daß der durchschnittliche Leser durch sprachliche Angaben auch sachbezogene Information erhalten will, was wohl keineswegs abwegige Erwartungen sind.

Durch J. Haiman (1980) wurde die hier diskutierte Frage auf die Ebene grundsätzlicher linguistischer und sprachphilosophischer Überlegungen gehoben (7.4.1). Er erörtert z.B. den Status semantischer Merkmale, das Verhältnis von Pragmatik und Semantik, analytischen und synthetischen Urteilen, die Frage nach dem Verhältnis von Fach- und Gemeinsprache. Seinem Fazit, zwischen Wörterbüchern und Enzyklopädien bestehe kein prinzipieller Unterschied, stimmt U. Eco (1984) zu, der den Nachweis erbringt, daß die semantische Merkmalanalyse prinzipiell zum Scheitern verurteilt ist, da entweder die Zahl der Merkmale nicht finit ist oder ihre Bedeutung nicht definiert werden kann (7.4.2). Von daher sieht U. Eco keine Möglichkeit eines rein semantischen Wörterbuchs - Wörterbücher sind für ihn "verarmte Enzyklopädien" (1984/1985, 78).

Die von verschiedenen Seiten vorgebrachten Argumente sprechen also dafür, daß rein sprachliche und enzyklopädische Informationen nicht voneinander abgegrenzt werden können, so daß der angenommene Unterschied zwischen den drei Typen lexikographischer Werke also primär[4] im Umfang und der Organisation der Bedeutungsangaben liegt und

[4] Natürlich enthält ein Sprachwörterbuch z.B. grammatische Angaben, die in Enzyklopädien fehlen - dies ist ein eher äußerliches Kriterium und trifft nicht denn Kern der Unterscheidung.

nicht in einem irgendwie gearteten qualitativen Unterschied. Ein Vergleich von drei Artikeln (*maïs, maire, maintenir*) in vier französischen Wörterbüchern (zwei enzyklopädischen, zwei sprachlich ausgerichteten) führte zu dem Ergebnis, daß eine Trennung in sprachliche und enzyklopädische Bedeutungsangaben nicht vorgenommen wird. Denn Beschreibungselemente, die in einem Werk im enzyklopädischen Teil untergebracht sind, erscheinen in einem Sprachwörterbuch in der Definition (7.5.1.1). Dieses Resultat wurde durch die Analyse zweier Artikel (*mais* bzw. *granturco* und *mantenere*) in vier italienischen Werken voll bestätigt (7.5.1.2). Schließlich konnte durch die Auswertung einer französischen und einer deutschen Enzyklopädie gezeigt werden, daß die Definitionen in Wörterbüchern eine Teilmenge der in Enzyklopädien enthaltenen Angaben sind (7.5.2). Dadurch erfährt die hier vertretene Auffassung vom nur graduellen Unterschied zwischen Sprachwörterbuch, enzyklopädischem Wörterbuch und Enzyklopädie eine empirische Bestätigung.

Nach dieser Klärung wurde in Kapitel 8 das Verhältnis von Illustration und lexikographischem Text bestimmt. Dafür wurde zunächst in 8.1 die heutige Praxis der Illustrierung anhand einer großen Zahl von Wörterbüchern der berücksichtigten fünf Sprachen beschrieben, wobei sich verschiedene Tendenzen der Anordnung der Ilustrationen, ihrer Größe, Komplexität, des verwendeten Reproduktionsverfahrens, der Verbindung mit dem Text, der Verwendung von Photos oder Zeichnungen, des Einsatzes mehrfarbiger Abbildungen etc. zeigten. Um die vorgefundene Illustrationspraxis besser beurteilen zu können, wurden mit den verantwortlichen Redakteuren des Verlages Brockhaus (Mannheim), Larousse (Paris) und Zanichelli (Bologna) Gespräche geführt, um die Motive, Kriterien und Überlegungen kennen zu lernen, die von Seiten der Verlage die Illustrierung bestimmen (8.2). Anschließend wurde in 8.3 eine Typologie der Illustrationen vorgeschlagen, die von konkurrierenden Vorschlägen auch von außerhalb der Lexikographie abgehoben wird, und vor allem die erklärungsstützende Funktion der Abbildungen in einem Wörterbuch berücksichtigt. Unabhängig von dieser Typologie sind die technischen Realisierungsmöglichkeiten der Illustrationen: So wurde in 8.4.1 unter informationstheoretischen, kognitionspsychologischen und semiotischen Gesichtspunkten die Leistung von Zeichnung und Photographie gegeneinander abgewogen. Hierbei kristallisierten sich Zeichnungen als die überlegeneren Informationsträger heraus. Die Erörterung der Rolle von mehrfarbigen gegenüber einfarbigen Abbildungen (8.4.2) hat zu dem Ergebnis geführt, daß die Farbe offensichtlich keine entscheidende Rolle für das Verstehen und Memorieren von Bildern spielt. Abgesehen von Bereichen, in denen die Farbe gegenstandskonstitutiv ist (z.B. bei Farbbezeichnungen, Mineralien, einem Teil der Pflanzen- und Tierwelt etc.), erscheinen mehrfarbige Abbildungen als entbehrlich. Als Abschluß dieser technischen Aspekte wurde in 8.4.3 die Frage der anzustrebenden Komplexität und des idealen Formats angesprochen, sowie das Problem erörtert, daß Abbildungen, ohne daß sich der dargestellte Gegenstand ändert, veralten, wobei dieser Prozeß bei Photos und Zeichnungen mit verschiedener Geschwindigkeit abzulaufen scheint.

Bevor das Zusammenwirken von Bild und Text in einem Wörterbuch untersucht werden konnte, wurde in 8.5 aufgrund der Erkenntnisse verschiedener Wissenschaften die informatorische Leistung des Bildes zu bestimmen versucht. Aus der Linguistik (8.5.1) waren hierzu wenig Beiträge zu verzeichnen, wobei der Kritikpunkt am Bild hier Erwähnung verdient, nämlich es könne nur ein Beispiel zeigen, ein Wort denotiere dagegen eine ganze Klasse (Josette Rey-Debove); daher gehöre die Illustration in einem Wörterbuch zu den Beispielen und nicht zur Definition. Demgegenüber wurden einige Faktoren angeführt, die diese Beschränkung des Bildes überwinden: Eine Zeichnung ist bereits generalisierender als ein Photo und kann noch weiter abstrahiert werden. Da sich von der Kunstwissenschaft und der Semiotik (8.5.2) erstere per definitionem, letztere häufig mit dem Bild beschäftigt, waren weitere Aufschlüsse über die Leistung des Bildes zu erhalten. So war zu konstatieren, daß Bilder Abstraktionen sind, ihre Appellfunktion stark ausgeprägt ist, ihr Verstehen einen aktiven Prozeß darstellt, dem Betrachter die Freiheit läßt, welche Informationen er dem Bild entnehmen will usw. Die Offenheit oder Polysemie des Bildes wurde mit Beispielen aus L. Wittgenstein und H.E. Gombrich erörtert; sie kann z.B. nach R. Barthes durch Hinzufügung eines sprachlichen Textes wirksam gebannt werden. Daß mit Bildern keine Aussagen oder Fragen geäußert werden können (S. Worth), weist auf einen tieferen Unterschied zur Sprache hin, worauf in 8.6 zurückzukommen war.

Da in einem Wörterbuch Wort und Bild gemeinsam die Informationsvermittlung übernehmen, wurden in 8.5.3 Arbeiten aus der Informationstheorie und Kognitionspsychologie ausgewertet, die das Zusammenwirken des visuellen und sprachlichen Kanals untersuchen. Zahlreiche Test haben ergeben, daß durch ein passendes Bild das Verständnis eines Sachtextes erleichtert und verbessert wird. Im Zusammenhang mit der Überprüfung der dualen-Kode-Theorie von A. Paivio - sie postuliert ein verbales und ein imaginales Gedächtnissystem - ergab sich, daß die gleichzeitige Präsentation einfacher Bilder und der entsprechenden Bezeichnungen (allerdings in der Muttersprache der Versuchspersonen) den Lerneffekt signifikant erhöht. Zu diesem Befund wurden einige Stellungnahmen aus der Fachdidaktik referiert, denen zufolge Bilder auch beim Erlernen fremdsprachlichen Wortschatzes eine behaltensfördernde Funktion haben dürften.

Die Erkenntnisse der herangezogenen Wissenschaften zur Funktion des Bildes lassen seine Verbindung mit Sprache zur wechselseitigen Absicherung und Steigerung der Information als nützlich erscheinen. Daher wurden in 8.6 Sprache und Bild einander vergleichend gegenübergestellt, so daß die spezifische Leistung des jeweiligen Mediums deutlich hervortritt. Sprache erscheint infolge der erforderlichen Kodierung in einem digitalen System als abstraktere Repräsentation der Realität als das Bild, das sie analog kodiert, indem es Strukturäquivalente zu den als relevant erachteten Eigenschaften bildet. Durch die zwei- bzw. mehrfache Gliederung ist die Ausdrucksseite der Sprache relativ unabhängig von der Inhaltsseite, was ihre Stabilität und zugleich ihre Flexibilität erhöht. Sie ist daher aber auch schwerer zu dekodieren als das Bild, das keinen Abstand zwischen Ausdrucks - und Inhaltsseite aufweist und daher der Realität näher steht. Die Sprache findet die Grenze ihrer Leistungsfähigkeit bei der Beschreibung z.B. von Formen und räumlichen Konfigurationen, dagegen kann das Bild nicht die Funktion eines Gegenstandes oder ein Abstraktum darstellen oder eine Klassifikation vornehmen. Handelt es sich hierbei also um komplementäre Systeme? Damit ist die Frage verbunden, ob Bilder mit den Begriffen der Linguistik analysierbar sind, die negativ beantwortet wurde, da Bild und Sprache als zwei unabhängige Instrumente zur Erkenntnis der Welt betrachtet wurden. Sie können entgegen weitverbreiteter Ansicht auch nicht restlos ineinander übersetzt werden, so daß ihre Verbindung auf jeden Fall zu einer Erhöhung des Informationsgehalts führt. Daher wurden im folgenden in Anlehnung an R. Barthes (1964a) die Möglichkeiten der Verbindung von Bild und Text systematisiert und auf die Situation im Wörterbuch übertragen (Schema 10). Durch die Verbindung von Lemma, Definition plus Beispiele, Bild und Legende können die von der Kognitionspsychologie beobachteten Wirkungen der Informationsabsicherung und der Erhöhung des Lerneffekts herbeigeführt werden.

Diese aus den theoretischen Überlegungen verschiedener Wissenschaften resultierenden Erkenntnisse wurden in 8.7 in einer Fallstudie überprüft und ergänzt, in der Beispiele mit den zehn Illustrationstypen (vgl. 8.3) und einige weitere hinsichtlich der Information des Bildes und der verbalen Teile der Wörterbuchartikel analysiert wurden. Die Ergebnisse dieser Fallstudie und die in 8.5 und 8.6 resümierten Erkenntnisse der verschiedenen

Disziplinen fanden in Kapitel 9 ihre Synthese in dem Entwurf einer Theorie der Illustration im Wörterbuch. Da dieser Entwurf bereits die Quintessenz aus allen in Kapitel 8 ausgewerteten Studien enthält, soll er nicht nochmals verkürzt wiedergegeben werden, sondern es sei nur die aus der gesamten Arbeit gewonnene Überzeugung wiederholt, daß erst S p r a c h e u n d B i l d zusammen das Maximum an Information über ein dem Wörterbuchbenutzer unbekanntes Lemma vermitteln.

11. BIBLIOGRAPHIE

Das nachstehende Literaturverzeichnis enthält die Titel der benutzten Werke nach Kapiteln gegliedert, deren Anordnung dem Gang der Untersuchung folgt, so daß im Prinzip jede Kapitelnummer des Textes ihre Entsprechung in der Bibliographie findet. Dabei spiegelt sich jedoch je nach Menge der aufgenommenen Titel bzw. entsprechend dem Erfordernis nach Übersichtlichkeit die Feingliederung des Textes nicht immer vollständig im Literaturverzeichnis wider, in dem umgekehrt mit a), b) etc. markierte Unterpunkte erscheinen können. Ferner werden Bibliographien (1.1), allgemeine sprachwissenschaftliche Werke (1.2) und lexikographische Arbeiten (2.), die alle meist für mehrere Kapitel heranzuziehen waren, den Punkten 1 und 2 zugeordnet, in denen über den Forschungsstand und den Aufbau der Arbeit berichtet wird. In den Kapiteln 4-6 und 8.1 werden vorwiegend lexikographische Werke verzeichnet, und nur zur Klärung spezieller Fragen (Einfluß von J. Locke, Anfänge der Onomasiologie und der Dialektwörterbücher, Ikonographie der 'Encyclopédie' etc.) werden die erforderlichen Titel zu dem entsprechenden Kapitel gestellt.

Mit dem Vorzug, den dieses Verfahren bietet, nämlich daß die Literatur zu einem Teilaspekt zusammen erscheint, verbindet sich eine gewisse Inkonvenienz, die darin liegt, daß zur Auffindung eines Titels, der sich nicht in dem entsprechenden oder einem der beiden einleitenden Kapitel befindet, zuerst im Namenverzeichnis nachzuschlagen ist.

Anonyme Werke erscheinen vor den Titeln mit Verfasserangaben. Abschluß der Bibliographie: im Prinzip 1985.

1. EIN NOCH KAUM ERFORSCHTES GEBIET

1.1 Bibliographien

Bibliographie linguistique (BL), Utrecht/Antwerpen, 1949 ff. (Band 1 und 2 umfassen die sprachwissenschaftliche Literatur von 1939-47, ab 1948 pro Jahr ein Band)

Catalogue général des livres imprimés de la Bibliothèque nationale, 231 Bde., Paris 1897-1981

Dictionnaires techniques et généraux du monde entier, Paris s.d. (4.500 Titel)

MLA International Bibliography of Books and Articles on the Modern Languages and Literatures, New York 1921 ff.

National Union Catalogue (NUC), 754 Bde., London-Chicago 1968-81

Romanische Bibliographie, Tübingen 1961 ff. (Von 1878 bis 1960 unter dem Titel 'Zeitschrift für Romanische Philologie, Supplementbände, Bibliographie')

Verzeichniß der in deutscher Sprache verfaßten Real-Wörterbücher über Wissenschaften und Künste, in: Journal von und für Deutschland 8, 1791, Bd. II, S. 1.049 ff.

World Dictionaries in Print 1983, Essex 1984

R.C. Alston, A Bibliography of the English Language from the Invention of Printing to the Year 1800, Ilkley, Yorkshire 1974[2]

M. Alvar Ezquerra, Lexicología y Lexicografía. Guía bibliográfica, Salamanca 1983

D. Bachand/C. Cossette, Paroles d'images, Québec 1976, 1977[2] (éd. rev., corr. et augm.) (= Cahiers de communication graphique no. 9)

\- , Paroles d'images, 6 Bde., Québec (Ecole des arts visuels, Université Laval) 1976

Maria C. Barblan, ab 1982 Barbarulli Barblan, Biblioteca dell'Accademia della Crusca. Dizionari (della lingua italiana), in: Studi di lessicografia italiana 1, 1979, 309-38 (1970-78); 2, 1980, 303-45 (sec. XVI-XIX); 3, 1981, 191-281 (sec. XIX-XX); 4, 1982, 387-92 (sec. XX) (Bibliographie mit 1.075 Titeln)

C.L. Barnhart, American Lexicography, 1945-1973, in: American Speech 53, 1978, 83-140

C. Battisti, Note bibliografiche alle traduzioni italiane di vocabolari enciclopedici e tecnici francesi nella seconda metà del Settecento, Firenze 1955

T. Besterman, On a Bibliography of Dictionaries, in: Proceedings of the British Society of International Bibliography 4, 1943, 63-74

B. Beugnot/J.-M. Moreaux, Manuel bibliographique des études littéraires, Paris 1982

Gisela Bialik Hubermann, Mil obras de lingüística española e hispanoamericana, Madrid 1973

Annie M. Brewer, Dictionaries, Encyclopedias, and other Word-Related Books, 2 Bde., Vol. 1: English and Polyglot Books, Vol. 2: Non-English Books, Detroit 1975, 1979[2], 1982[3], Supplement 1983

F. Claes, Bibliographisches Verzeichnis der deutschen Vokabulare und Wörterbücher bis 1600, Hildesheim 1977

R. (L.) Collison, Dictionaries of Foreign Languages. A Bibliographical Guide, London 1955

\- , Encyclopaedias: Their History throughout the Ages, New York 1964, 1966[2]

\- , Dictionaries of English and Foreign Languages, New York 1971

M. Fabbri, A Bibliography of Hispanic Dictionaries, Imola 1979

F. González Ollé, Manual bibliográfico de estudios españoles, Pamplona 1976
P. Houyoux/Suzanne Hélie, Terminologie: 555 dictionnaires spécialisés, Université du Québec à Trois Rivières 1975
R.M. Klaar, French Dictionaries. Specialised Bibliography, London 1976
P. Kühn, Deutsche Wörterbücher. Eine systematische Bibliographie, Tübingen 1978
B. Quemada, Répertoire des dictionnaires scientifiques et techniques. 1950-1975, Conseil international de la langue française 1978 (6.215 Titel)
- /P.-J. Wexler, Bibliographie des études lexicologiques (1959-1962), in: Cahiers de lexicologie 4, 1964, I, 73-124; II, 111-32
H. Serís, Bibliografía de la lingüística española, Bogotá 1964
M. de Toro, Un fragmento del diccionario general de la lengua española, Paris [etwa 1929]
Conde de la Viñaza, Biblioteca histórica de la filología castellana, 3 Bde., Madrid 1893, ND 1978
S.P. Walsh, Anglo-American General Encyclopedias. A Historical Bibliography 1703-1967, New York 1968
W. Zaunmüller, Bibliographisches Handbuch der Sprachwörterbücher, Stuttgart 1958
G.A. Zischka, Index Lexicorum. Bibliographie der lexikalischen Nachschlagewerke, Wien 1959
P. Zolli, Bibliografia dei dizionari specializzati italiani del XIX secolo, Firenze 1973

1.2 Sprachwissenschaftliche und allgemeine Titel

Langenscheidts Großwörterbuch Französisch, E. Weiss, Hg., Berlin 1979 (völlige Neubearbeitung)
Michel Europakatalog. Bd.1: Westeuropa, München (jährlich neu)
Monumenta Germaniae Historica, Ep. II, Berolini 1899
Ju.D. Apresjan, Ideen und Methoden der modernen strukturellen Linguistik, München 1971
K. Baldinger, Teoría semantica, Madrid 1970, 1977[2] (engl. 1980, fr. 1984)
S. Battaglia, Il problema della lingua dal Baretti a Manzoni, Napoli 1965
G.L. Beccaria, I linguaggi settorali in Italia, Milano 1973
K. Bühler, Sprachtheorie, Stuttgart 1934, ND Frankfurt 1978
J. Burckhardt, Die Kultur der Renaissance in Italien, Basel 1860 u.ö.
Hadumod Bußmann, Lexikon der Sprachwissenschaft, Stuttgart 1983
N. Chomsky, Aspects of the Theory of Syntax, Cambridge, Mass. 1965
- , Aspekte der Syntax-Theorie, Frankfurt/Main 1969
FEW, W. von Wartburg, Französisches etymologisches Wörterbuch, 25 Bde., Bonn 1928 ff.
C.J. Fillmore, On the Organization of Semantic Information in the Lexicon, in: D. Farkas et al. (eds.), Papers from the Parasession on the Lexicon, Chicago Linguistic Society 1978, 148-73
R. Hallig/W. von Wartburg, Begriffssystem als Grundlage für die Lexikographie, Berlin 1952, 1963
K. Heger, Die methodologischen Voraussetzungen von Onomasiologie und begrifflicher Gliederung, in: Zeitschrift für romanische Philologie 80, 1964, 486-516
- , Monem, Wort, Satz und Text, Tübingen 1976
Heraklit, Urworte der Philosophie. Griechisch und ins Deutsche übertragen von G. Burckhardt, Wiesbaden 1957

H.J. Heringer, Formale Logik und Grammatik, Tübingen 1972
M. Höfler, Untersuchungen zur Tuch- und Stoffbenennung in der französischen Urkundensprache, Tübingen 1967
G. Kleiber, Problèmes de référence. Descriptions définies et noms propres (Coll. Recherches linguistiques 6), Metz/Paris 1981
[C. Lancelot/A. Arnauld], Grammaire générale et raisonnée ou La grammaire de Port-Royal, Paris 1660, ND Stuttgart-Bad Cannstatt 1966, H.E. Brekle (éd.)
E. Leisi, Der Wortinhalt. Seine Struktur im Deutschen und Englischen, Heidelberg 1953, 1971
T. Lewandowski, Linguistisches Wörterbuch, 3 Bde., Heidelberg 1973, 1976
G. Lüdi, Zur Zerlegbarkeit von Wortbedeutungen, in: C. Schwarze/D. Wunderlich (Hg.), Handbuch der Lexikologie, Königstein/Ts. 1985, 64-102
P.R. Lutzeier, Linguistische Semantik, Stuttgart 1985
A. Martinet, Eléments de linguistique générale, Paris 1960 u.ö.
- , Grundzüge der Allgemeinen Sprachwissenschaft, Stuttgart 1963 u.ö.
T. de Mauro, Storia linguistica dell'Italia unita, Bari 1963, 19723, ND 1976 in 2 Bdn. (Laterza)
H. Meier, Die Onomasiologie der Dummheit, Heidelberg 1972
B. Müller, Das Französische der Gegenwart, Heidelberg 1975
D. Nerius, Zur Stellung der Eigennamen in Wörterbüchern der deutschen Sprache, in: K. Hyldgaard-Jensen/A. Zettersten (Hg.), 1985, 287-301 (s. 2. Lexikographie)
C.K. Ogden, The ABC of Basic English, London 1932, 1940[8], 1944
- /I.A. Richards, The Meaning of Meaning, London 1923 u.ö.
F. Paulsen, Geschichte des gelehrten Unterrichts an den deutschen Schulen und Universitäten vom Ausgang des Mittelalters bis zur Gegenwart, 2 Bde., Leipzig 1919[3], ND Berlin 1965
F. Petroselli, La vite. Il lessico del vignaiolo nelle parlate della Tuscia viterbese, 2 Bde., Göteborg 1974
K. Schröder, Lehrwerke für den Englischunterricht im deutschsprachigen Raum. 1665-1900, Darmstadt 1975
- , Linguarum Recentium Annales. Der Unterricht in den modernen europäischen Sprachen im deutschsprachigen Raum, Bd. 1: 1500-1700 bis Bd. 4: 1771-1800, Augsburg 1980-85
- /T. Finkenstaedt, Reallexikon der englischen Fachdidaktik, Darmstadt 1977
C. Tagliavini, Le origini delle lingue neolatine, Bologna 1949, 1972[6]
- , Einführung in die romanische Philologie, München 1973
D. Viehweger et al., Probleme der semantischen Analyse, Berlin (Ost) 1977
M. Vitale, La questione della lingua, Parlermo 1971, 1978[2] (nuova ed.)
W. Voigt, Der Wörterbuchverlag und das "optimale" Wörterbuch, in: D. Götz/T. Herbst (Hg.), Theoretische und praktische Probleme der Lexikographie, München 1984, 334-49
F.M. Voltaire, Correspondance, Bd. V (éd. T. Besterman), Paris 1980
L. Wittgenstein, Philosophische Untersuchungen, Oxford 1958, Frankfurt/Main 1967

Dictionnaire, sémantique et culture, Langue française 43, 1979
Dictionnaires et histoire du vocabulaire, Le français moderne 46, n° 3, 1978
Historiographia linguistica 9, Heft 3, 1982 (Zur Geschichte der italienischen Sprachwissenschaft und Lexikographie)
La lexicographie, Langages 19, 1970
Lexicologie et lexicographie françaises et romanes, Strasbourg 1957, Paris 1961
Le lexique, Langue française 2, 1969
Mélanges linguistiques. Publiés à l'occasion du VIIIe congrès international des linguistes à Oslo 1957, Bucarest 1957 (S. 201-56 Dictionnaires unilingues et bilingues)
Probleme der Lexikologie und Lexikographie. Jahrbuch 1975 des Instituts für deutsche Sprache, Düsseldorf 1976
Studii şi cercetàri lingvistice 37, H. 2, 1986, 85-152: Sens şi definiţie
Die 20 Bad Homburger Thesen, in: H. Henne et al. (Hg.) 1978, 281-84
E. Agricola et al., Deutschsprachige Bedeutungswörterbücher - theoretische Probleme und praktische Ergebnisse. Ein Literaturbericht, in: Sprachwissenschaftliche Informationen 6, Berlin (Ost) 1983, 49-110
- (Hg.), Kleine Enzyklopädie. Die deutsche Sprache, 2 Bde., Leipzig 1969
- (Hg.), Wortschatzforschung heute, Leipzig 1982
A.M. Al-Kasimi, Linguistics and Bilingual Dictionaries, Leiden 1977
R. Alt, Herkunft und Bedeutung des Orbis Pictus. Ein Beitrag zur Geschichte des Lehrbuchs, Berlin (Ost) 1970
M. Alvar Ezquerra, Lexicología y lexicografía. Guía bibliográfica, Salamanca 1983 (ausführlich kommentierte Bibliographie)
R.A. Anderson et al., Ein Vorschlag zur onomasiologischen Aufbereitung semasiologischer Wörterbücher, in: Zeitschrift für deutsche Philologie 102, 1983, 391-428
Aristoteles, siehe H. Seidl
K. Baldinger, Autour du "Französisches etymologisches Wörterbuch" (FEW), in: Revista Portuguesa de Filologia 4, 1951, 342-73
- , Die Gestaltung des wissenschaftlichen Wörterbuchs. Historische Betrachtungen zum neuen Begriffssystem als Grundlage für die Lexikographie von Hallig und Wartburg, in: Romanistisches Jahrbuch 5, 1952, 65-94
- , Alphabetisches oder begrifflich gegliedertes Wörterbuch? in: Zeitschrift für romanische Philologie 76, 1960, 521-536
- , Semasiologie und Onomasiologie im zweisprachigen Wörterbuch, in: Interlinguistica, Festschrift M. Wandruszka, Tübingen 1971, 384-96
- , Dictionnaire étymologique de l'ancien français (DEAF). G 1, Québec 1974 (Vorwort)
- , Rezension von: Bible moralisée. Faksimile-Ausgabe ... 130 illuminierte Seiten; Commentarium von R. Hausherr, Graz - Paris 1973, in: Zeitschrift für romanische Philologie 90, 1974, 548-552
A. Bart Rossebastiano, L'edizione dei vocabolari veneto-tedeschi del secolo XV, in: La ricerca dialettale 2, 1976, 91-96
- , Antichi vocabolari plurilingui d'uso popolare. Parte I: La tradizione del 'Solenissimo Vochabuolista', in: De Gulden Passer 55, 1977, 67-153
Manon Baukhage, Im Test: Das Lexikon auf der Glitzerscheibe, in: P.M. Computerheft 4, 1986, 76-78

H. Béjoint, The Foreign Student's Use of Monolingual English Dictionaires: A Study of Language Needs and Reference Skills, in: Applied Linguistics 2, 1981, 207-22

H. Bergenholtz/J. Mugdan, Vorwort, in: dies. (Hg.), Lexikographie und Grammatik 1985, 7-19

\- (Hg.), Lexikographie und Grammatik, Tübingen 1985

S. di Blasi, Principles of Definition in Contemporary Monolingual Italian Lexicography, Ph. D. University of Philadelphia 1964

G. Bornäs, Ordre alphabétique et classement méthodique du lexique. Etude de quelques dictionnaires d'apprentissage français, Lund 1986 (S. 137-142 zur Illustration)

L.E. Bradshaw, John Harris's *Lexicon technicum*, in: F.A. Kafker (ed.) 1981, 107-21

\- , Ephraim Chambers' *Cyclopaedia*, in: F.A. Kafker (ed.) 1981, 123-40

F. Brunot, Histoire de la langue française, 13 Bde., Paris 1905-52, 1966-68²

Eva Mae Burkett, American Dictionaries of the English Language before 1861, Metuchen, N.J./London 1979 (= Dissertation von 1936)

C. Buzon, Dictionnaire, langue, discours, idéologie, in: Langue Française 43, 1979, 27-44

N. Calzolari, An Empirical Approach to Circularity in Dictionary Definitions, in: Cahiers de lexicologie 9, 1977, 118-20

W.J. Cameron, The *Lexicon Technicum* of John Harris, in: Papers on Lexicography in Honor of W.N. Cordell, Terre Haute 1979, 93-108

J. Caravolas, Le Gutenberg de la didacographie ou Coménius et l'enseignement des langues, Montréal 1984

P.E. Carels/D. Flory, Johann Heinrich Zedler's *Universal Lexicon*, in: F.A. Kafker (ed.) 1981, 165-96

J. Casares, Introducción a la lexicografía moderna, Madrid 1950, 1969²

R.W. Chapman, Lexicography, London 1948 (34 S.)

L. Collignon/M. Glatigny, Les dictionnaires. Initiation à la lexicographie, Paris 1978

R.L. Collison, Encyclopedias, New York, 1964, 1966²

\- , A History of Foreign-Language Dictionaries, London 1982

A. Cowie (ed.), The Dictionary and the Language Learner, Tübingen 1987

G. Devoto, Dizionari di ieri e di domani, Firenze s.d. [1946] (125 S.)

De Witt T. Starnes/Gertrude E. Noyes (1946): siehe unter Starnes

Margarete Dierks, Vom Bilderbuch zum Arbeitsbuch, Reutlingen 1965

\- , Orbis pictus, in: K. Doderer et al. (Hg.), Lexikon der Kinder- und Jugendliteratur, 4 Bde., Weinheim 1975-82; Bd. 2, 1977, 613-616

H.-J. Diesner, Lexikographie und Enzykolopädie in der Antike, in: H.-J. Diesner/G. Gurst (Hg.) 1976, 11-60

\- /G. Gurst (Hg.), Lexika gestern und heute, Leipzig 1976

G. Dimier, Analyse descriptive et sémiologique du PLI, Nice (Centre du XXe siècle) 1977 (im Leihverkehr nicht erhältlich)

E. Dittmer et al., Ein interdisziplinäres Wörterbuch - wie und wozu?, in: H. Henne et al. (Hg.) 1978, 255-70

K. Doderer (Hg.), Lexikon der Kinder- und Jugendliteratur, 4 Bde., Weinheim 1975-82

K. Doderer/H. Müller, Das Bilderbuch, Weinheim 1973, 1975²

F. Dolezal, Forgotten (but important) Lexicographers. A Modern Approach to Lexicography before Johnson, Tübingen 1985

G. Drosdowski, Nachdenken über Wörterbücher: Theorie und Praxis, in: G. Drosdowski et al. (Hg.) 1977, 103-43

\- , et al. (Hg.), Nachdenken über Wörterbücher, Mannheim 1977

C. Dubois, Essais de classification lexicographique: Le nouveau *Grand Larousse encyclopédique*, in : Cahiers de lexicologie 2, 1960, 98-151
J. et C. Dubois, Introduction à la lexicographie: le dictionnaire, Paris 1971
U. Eco, Semiotics and the Philosophy of Language, London, Bloomington 1984
- , Semiotik und Philosophie der Sprache, München 1985
S. Ettinger, La variación lingüística en lexicografía, in: G. Haensch et al. 1982, 359-94
J. Fernández-Sevilla, Problemas de lexicografía actual, Bogotá 1974
T. Finkenstaedt, Bemerkungen zu Eigennamen in Lexika, in: D. Götz /T. Herbst (Hg.) 1984, 107-17
B. Fradin/J.-M. Marandin, Autour de la définition: De la lexicographie à la sémantique, in: Langue française 43, 1979, 60-83
W. Frawley, In Defense of the Dictionary: A Response to Haiman, in: Lingua 55, 1981, 53-61
J.H. Friend, The Development of American Lexicography, 1798-1864, The Hague 1967
S. Garofalo, Gianfrancesco Pivati's *Nuovo dizionario*, in: F.A. Kafker (ed.) 1981, 197-219
D.Y. Georgacas, The Present State of Lexicography and Zgusta's Manual of Lexicography, in: Orbis 25, 1976, 319-400
S. Gili y Gaya, Tesoro lexicográfico, Madrid 1947-48 (Einleitung zur Geschichte der spanischen Lexikographie)
D. Götz/T. Herbst (Hg.), Theoretische und praktische Probleme der Lexikographie, München 1984
Michèle Gosselin/Claude Simard, Introduction pratique aux dictionnaires, Montréal 1981
Lia Griselli, Il contenuto semantico di "definizione", in: dies. (a cura di), Prospettive nuove per la "Grammatica", Pisa 1980, 61-88
L. Guilbert, Dictionnaire et linguistique: essai de typologie des dictionnaires monolingues français contemporains, in: Langue française 2, 1968, 4-29
G. Gurst , Zur Geschichte des Konversationslexikons in Deutschland, in: H.-J. Diesner/G. Gurst (Hg.) 1976, 137-88
G. Haensch, Tipología de las obras lexicográficas. Aspectos prácticos de la elaboración de diccionarios, in: G. Haensch et al. 1982, 95-187 und 395-534
- , Lexikographie - gestern und heute, in: Bertelsmann Lexikothek Verlag, 30 Jahre Lexikon Arbeit, Gütersloh 1984, 31-51
- , Lexikographie zwischen Theorie und Praxis - heute, in: D. Götz/T. Herbst (Hg.), 1984, 118-38 (= 1984a)
- et al., La lexicografía, Madrid 1982
J. Haiman, Dictionaries and Encyclopedias, in: Lingua 50, 1980, 329-57
- , Dictionaries and Encyclopedias again, in: Lingua 56, 1982, 353-55
P. Hanks, To what Extent does a Dictionary Definition Define?, in: Review of the Institute of Applied Linguistics 45/46, 1979, 32-38
R.R.K. Hartmann, Das zweisprachige Wörterbuch im Fremdsprachenerwerb, in: H.E. Wiegand (Hg.), Studien zur Neuhochdeutschen Lexikographie II (= Germanistische Linguistik 3-6) 1980, 73-86
- , Dictionaries of English: The User's Perspective, Colloquium on English Lexicography - Ann Arbor, Mi., August 1985 (Preliminary Version, 15 S.)
- (ed.), Dictionaries and their Users. Papers from the 1978 B.A.A.L. Seminar on Lexicography (ITL 45-46), Löwen 1979
- , Lexicography: Principles and Practice, London 1983
- , LEXeter '83 Proceedings, Tübingen 1984
- , The History of Lexicography, Amsterdam 1986

F.J. Hausmann, Was ist und was soll ein Lernwörterbuch? *Dictionnaire du français contemporain* verglichen mit dem *Petit Robert*, in: Zeitschrift für französische Sprache und Literatur 84, 1974, 97-129

- , Einführung in die Benutzung der neufranzösischen Wörterbücher, Tübingen 1977
- , Splendeurs et misères du *Trésor de la langue française*, in: Zeitschrift für französische Sprache und Literatur 87, 1977, 212-31 (= 1977a)
- , Un dictionnaire des collocations est-il possible? in: Travaux de linguistique et de littérature 17, 1979, 187-95
- , Neue Wörterbücher für den Französischunterricht oder: Was ist ein Schulwörterbuch?, in: Die neueren Sprachen 78, 1979, 331-51 (= 1979a)
- , Kollokationswörterbücher des Lateinischen und Französischen im 16. und 17. Jahrhundert, in: Festschrift O. Deutschmann 1982, 183-99
- , Neue Wörterbücher für den Französischunterricht II, in: Die neueren Sprachen 81, 1982, 191-219 (= 1982a)
- , Das erste französisch-deutsche Wörterbuch. Levinus Hulsius' *Dictionnaire* von 1596-1607, in: Zeitschrift für romanische Philologie 100, 1984, 306-17
- , Der "Diccionario muy copioso" des Nicolas Mez (1670). Ein frühes Spanisch-deutsches Wörterbuch, in: Festschrift A. Tovar, Navicula Tubingensis, Tübingen 1984, 167-71 (= 1984a)
- , Diderot lexicographe, in: T. Heydenreich (Hg.), Denis Diderot 1713-1784. Zeit, Werk, Wirkung, Erlangen 1985, 53-61 (= 1985a)
- , Lexikographie, in: C. Schwarze/D. Wunderlich (Hg.) 1985, 367-411 (mit Bibliographie von etwa 250 Titeln) (= 1985b)
- , Trois paysages dictionnairiques: La Grande Bretange, la France et l'Allemagne, in: Lecographica 1, 1985, 24-50 (= 1985 c)
- , Neue französische Wörterbücher III, in: Die neueren Sprachen 84, 1985, 686-720 (= 1985d)
- /Margaret Cop, Short History of English-German Lexicography, in: K: Hyldgaard-Jensen/A. Zettersten (Hg.), 1985, 183-97

T. Hayashi, The Theory of English Lexicography 1530-1791, Amsterdam 1978

H. Henne, Semantik und Lexikographie. Untersuchungen zur lexikalischen Kodifikation der deutschen Sprache, Berlin 1972

- , Prinzipien einsprachiger Lexikographie, in: Probleme der Lexikologie und Lexikographie. Jahrbuch 1975 des Instituts für deutsche Sprache, Düsseldorf 1976, 95-117
- , Nachdenken über Wörterbücher: Historische Erfahrungen, in: G. Drosdowski et al. (Hg.), 1977, 7-49
- , Lexikographie, in: A.P. Althaus et al. (Hg.), Lexikon der Germanistischen Linguistik, Tübingen 1980^2, 778-87, zur Geschichte v.a. 783-85
- (Hg.), Deutsche Wörterbücher des 17. und 18. Jahrhunderts, Hildesheim 1975
- et al. (Hg.), Interdisziplinäres deutsches Wörterbuch in der Diskussion, Düssseldorf 1978

T. Herbst, Drei einsprachige englische Wörterbücher des Jahres 1983, in: Die neueren Sprachen 84, 1985, 669-86

W. Heydrich (Hg.), Lexikoneinträge: Grundelemente der semantischen Struktur von Texten , Hamburg 1980

M. Höfler, Zum Stand der französischen Datenforschung, in: Zeitschrift für romanische Philologie 85, 1969, 93-107

- , Probleme der Datierung aufgrund lexikographischer Quellen, in: Zeitschrift für romanische Philologie 90, 1974, 30-40

- , Dictionnaire des anglicismes, Paris 1982 (S. XIII-XIX: Verzeichnis französischer Wörterbücher)

- , Les dictionnaires français et la recherche de datations: Le 'Larousse du XXe siècle', in: Le français moderne 50, 1982, 292-300 (= 1982a)

- , La place de l'*Encyclopédie universelle du xxe siécle* dans l'histoire de la lexicographie française, erscheint in: Festschrift Arveiller

- (éd.), La lexicographie française du XVIe au XVIIIe siècle, Wolfenbüttel 1982

- /W. Rettig, Der *Nouveau Larousse illustré* als lexikographische Quelle, in: Zeitschrift für romanische Philologie 95, 1979, 36-56

K. Hölker, Über einen Typ von Lexikoneinträgen für gemeinsprachliche Lexika, in: J.S. Petöfi/J. Bredemeier (Hg.), Das Lexikon in der Grammatik - die Grammatik im Lexikon, 2 Bde., Hamburg 1977, 91-105

- , Lexikondefinitionen und analytische Definitionen, in: W. Heydrich (Hg.), 1980, 16-73

F.W. Householder/S. Saporta (eds.), Problems in Lexikography, Bloomington 1962

J.R. Hulbert, Dictionaries: British and American, London 1955, 1968^2 (revised ed.)

W. Hupka, Wort und Bild. Die Illustrationen in einsprachigen französischen Wörterbüchern, in: D. Götz/T. Herbst (Hg.), 1984, 166-207 (s. Kap. 17 hier)

K. Hyldgaard-Jensen /A. Zettersten (Hg.), Symposium zur Lexikographie, Hildesheim 1983 (Germanistische Linguistik 5-6/82)

- (eds.), Symposium on Lexicography, Tübingen 1985

R.F. Ilson, Illustrations in Dictionaries, Vortrag auf dem Euralex Seminar, The Dictionary and the Language Learner, University of Leeds, 1. - 3. April 1985 (erscheint in den Kongreßakten, siehe A. Cowie (ed.) 1987)

P. Imbs, Au seuil de la lexicographie, in: Cahiers de lexicologie 2, 1960, 3-17

F.A. Kafker, The *Encyclopédie* in Relation to the Nine Predecessors, in: ders. (ed.) 1981, 223-37

- (ed.), Notable Encyclopedias of the Seventeenth and Eighteenth Centuries: Nine Predecessors of the Encyclopédie, Oxford 1981

Ilse Karl, Linguistische Probleme der zweisprachigen Lexikographie, in: Linguistische Studien, Reihe A, Arbeitsberichte 96, 1982

L.G. Kelly, 25 Centuries of Language Teaching, Rowley, Mass. 1969

A. Kirkness, Geschichte des deutschen Wörterbuchs. 1838-1863, Stuttgart 1980

Ruth Klappenbach, Studien zur modernen deutschen Lexikographie, Amsterdam 1980

Susanne Kolb, Untersuchungen zur italienischen Lexikographie der Gegenwart, Unveröffentlichte Magisterarbeit, Augsburg 1985 (Zu den diatopischen Markierungen.)

G. Kolde, Sprachberatung: Motive und Interessen der Fragesteller, in: Muttersprache 86, 1976, 20-47

B. Kossmann, Deutsche Universallexika im 18. Jahrhundert, in: Archiv für Geschichte des Buchwesens 9, 1969, Sp. 1553-1596

H.-P. Kromann et al., 'Active' and 'Passive' Bilingual Dictionaries: the Sčerba Concept Reconsidered, in: R.R.K. Hartmann (ed.), 1984, 207-15

- , Überlegungen zu Grundfragen der zweisprachigen Lexikographie, in: H.E. Wiegand (Hg.), Studien zur neuhochdeutschen Lexikographie V (= Germanistische Linguistik 3-6/84) 1984, 159-238 (= 1984a)

P. Kühn, Deutsche Wörterbücher. Eine systematische Bibliographie, Tübingen 1978 (S. 4-16: Typologie der Wörterbücher)

S.I. Landau, Dictionaries: The Art and Craft of Lexicography, New York 1984

R.K. Leavitt, Noah's Ark, New England Yankees and The Endless Quest. A Short History of the Original Webster Dictionaries, Springfield, Mass. 1947

K. Leder, Kirche und Jugend in Nürnberg und seinem Landgebiet 1400 bis 1800, Neustadt a.d. Aisch 1973 (zu Sebald Heyden)

E.H. Lehmann, Geschichte des Konversationslexikons, Leipzig 1934 (63 S.)

M.A. Lehmann, Graphes et description des renvois dans le dictionnaire: Le traitement du vocabulaire de l'appareil génital dans le *Petit Larousse Illustré* de 1948 à 1980, in: Cahiers de lexicologie 45, 1984, II, 47-60

M. Lehnert, Das englische Wörterbuch in Vergangenheit und Gegenwart, in: Zeitschrift für Anglistik und Amerikanistik 4, 1956, 265-323

W. Lenz, Kleine Geschichte großer Lexika, Gütersloh 1972, 1980^3

Cornelia Lessenich-Drucklieb, Form und Funktion von Definitionen im Wörterbuch, in: Muttersprache 88, 1978, 19-42

Margarete Lindemann, Les dictionnaires de Maurice La Châtre, in: Travaux de linguistique et littérature, voraussichtlich 1988 (Vorträge des Kolloquiums 'La lexicographie francaise du XVIIIe au XXe siècle'.)

O. Lurati/H. Stricker (Hg.), Die schweizerischen Wörterbücher, Fribourg 1982

Y. Malkiel, Distinctive Features in Lexicography. A Typological Approach to Dictionaries Exemplified with Spanish, in: Romance Philology 12, 1958/59, 366-99, 13, 1959/60, 111-55

- , A Typological Classification of Dictionaries on the Basis of Distinctive Features, in: F.W. Householder/S. Saporta (eds.), 1962, 3-24

J.B. und Christiane Marcellesi, Les études de lexique: Points de vue et perspectives, in: Langue française 2, 1969, 104-20

S. Marcus, Définitions logiques et définitions lexicographiques, in: Languages 19, 1970, 87-91

R. Martin, Essai d'une typologie des définitions verbales dans le dictionnaire de langue, in: Travaux de linguistique et de littérature 15, 1; 1977, 361-78

- , La définition verbale, Metz 1978 (68 S.)

Giovanna Massariello Merzagora, La lessicografia, Bologna 1983

M.M. Mathews, A Survey of English Dictionaries, London 1933

G. Matoré, Histoire des dictionnaires français, Paris 1968

W. Mentrup (Hg.), Studien zur Bedeutungserklärung in einsprachigen Wörterbüchern, Tübingen 1982

- , Wörterbuchbenutzungssituationen - Sprachbenutzungssituationen. Anmerkungen zur Verwendung einiger Termini bei H.E. Wiegand, in: W. Besch et al. (Hg.), Festschrift für Siegfried Grosse , Göppingen 1984, 143-73

Georg Meyer, Das Konversationslexikon, eine Sonderform der Enzyklopädie. Ein Beitrag zur Geschichte der Bildungsverbreitung in Deutschland, Diss. Göttingen 1965

B. Migliorini, Che cos'è un vocabolario?, Roma 1946, Firenze 1961^3 (ed. riveduta)

M. Muckenhaupt, Text und Bild. Grundfragen der Beschreibung von Text-Bild-Kommunikationen aus sprachwissenschaftlicher Sicht, Tübingen 1986

Helmut Müller, Die Vorläufer des Kinderbilderbuches in Deutschland bis 1845, Diss. Frankfurt 1980

F. Neubauer, Die Struktur der Explikationen in deutschen einsprachigen Wörterbüchern. Eine vergleichende lexiko-semantische Analyse, Hamburg 1980

- , Wortbedeutung und Wörterbücher, in: K. Öhler (Hg.), Zeichen und Realität, 3 Bde., Tübingen 1984, Bd. 2, 597-604

H.-J. Niederehe, Das 'Universal Vocabulario' des Alfonso Fernández de Palencia (1490) und seine Quelle, in: A. Quilis/H.-J. Niederehe (eds.), The History of Linguistics in Spain, Amsterdam 1986, 39-54

Ornella Olivieri, I primi vocabolari italiani fino alla 1ª edizione della Crusca, in: Studi di filologia italiana 6, 1942, 64-192

S.P.Ó Mathúna, William Bathe, S.J., 1564-1614. A Pioneer in Linguistics, Amsterdam 1986 (irisch 1981)

Anne Marie Van Passen, Appunti sui dizionari italo-francesi apparsi prima della fine del settecento, in: Studi di lessicografia italiana 3, 1981, 29-65

Jacqueline Picoche, Précis de lexicologie française, Paris 1977

Inge Popelar, Probleme der französischen Lexikographie des 17. Jahrhunderts, in: Beiträge zur romanischen Philologie 6, 1967, 177-83

J.A. Porto Dapena, Elementos de lexicografía. El diccionario de construcción y régimen de R.J. Cuervo, Bogotá 1980

B. Pottier, La définition sémantique dans les dictionnaires, in: Travaux de linguistique et de littérature 3,1; 1965, 33-39

U. Püschel, Bedeutungserklärungen als Regel- und Sachbeschreibungen, in: Germanistische Linguistik 3-4/79, H.E. Wiegand (Hg.), Studien zur neuhochdeutschen Lexikographie I, 1981, 123-37

- , Im Wörterbuch ist alles pragmatisch, in: H.E. Wiegand (Hg.), Studien zur neuhochdeutschen Lexikographie IV. Germanistische Linguistik 1-3, 1983, 361-68

B. Quemada, Les dictionnaires du français moderne. 1539-1863, Paris 1967 (so das Copyright, auf Umschlag 1968)

- , Du glossaire au dictionnaire, in: Cahiers de lexicologie 20, 1972, 97-128

- , Lexicology and Lexicography, in: T.A. Sebeok (ed.), Current Trends in Linguistics, vol. 9, Linguistics in Western Europe, Paris 1972, 395-475 (= 1972a)

R. Quirk, Style and Communication in the English Language, London 1982

S. Ju. Remizova, Akcentirovanie detalej risunka kak prijom semantizacii leksiki v slovarjach, in: Slovari i lingvostranovedenie. Sbornik statej, Red. E.M. Bepezarnka, Moskau 1982, 16-21 (nicht herangezogen)

A. Rétif, Petite histoire du *Petit Larousse*, in: Vie et langage 1969, 655-60, 716-20, 1970, 478-80, 527-31, 592-94, 1971, 51-53

- , Pierre Larousse et son oeuvre, Paris 1975

W. Rettig, Les dictionnaires bilingues des langues française et allemande au 18ᵉ siècle: Questions de méthode, in: M. Höfler (éd.), 1982, 103-13

- , Notes sur la datation du 'Dictionaire général' de Hatzfeld, Darmesteter et Thomas, in: Cahiers de lexicologie 41, 1982, 26-30 (1982a)

- , Die zweisprachige Lexikographie Französisch-Deutsch, Deutsch-Französisch. Stand, Probleme, Aufgaben, in: Lexicographica 1, 1985, 83-124

A. Rey, A propos de la définition lexicographique, in: Cahiers de lexicologie 6, 1965, 67-80

- , Les dictionnaires: forme et contenu, in: Cahiers de lexicologie 7, 1965, 65-102 (= 1965a)

- , Les bases théoriques de la description lexicographique du français: tendances actuelles, in: Travaux de linguistique et de littérature 6,1; 1968, 55-72

- , Typologie génétique des dictionnaires, in: Langages 19, 1970, 48-68

- , Le lexique: images et modèles, Paris 1977

- , Encyclopédies et dictionnaires, Paris 1982 (128 S.)

- /Simone Delesalle, Problèmes et conflits lexicographiques, in: Langue française 43, 1979, 4-26

Josette Rey-Debove, , La définition lexicographique: recherches sur l'équation sémique, in: Cahiers de lexicologie 8, 1966, 71-94

- , Autonymie et métalangue, in: Cahiers de lexicologie 11, 1967, 15-27

- , La définition lexicographique: bases d'une typologie formelle, in: Travaux de linguistique et de littérature 5, 1; 1967, 141-59 (= 1967a)

- , Le dictionnaire comme discours sur la chose et discours sur le signe, in: Semiotica 1, 1969, 185-95

- , Les relations entre le signe et la chose dans le discours métalinguisique: être, s'appeler, désigner, signifier et se dire, in: Travaux de linguistique et de littérature 7, 1; 1969, 113-29 (= 1969a)

- , Le domaine du dictionnaire, in: Langages 19, 1970, 3-34

- , Etude linguistique et sémiotique des dictionnaires français contemporains, The Hague 1971

- , Limite des applications de la linguistique à la lexicographie, in: G.E. Perren/J.L.M. Trim (eds.), Applications of Linguistics, Cambridge 1971, 369-75 (= 1971a)

H. Riedel/Margit Wille, Über die Erarbeitung von Lexika. Grundsätze und Kriterien, Leipzig 1979

R. Robinson, Definition, Oxford 1954 u.ö.

K. Roe, A Survey of the Encyclopaedic Tradition in English Dictionaries, in: Papers of the Dictionary Society of North America 1977, Donald Hobar (ed.), Pennsylvania Sate UP 1978, 16-23

M. Roques, Recueil général des lexiques français du moyen âge (XII - XVe siècle), 1: Lexiques alphabétiques, 2 Bde., Paris 1936, 1938

H. Rosenfeld, Nachwort zum ND von J.A. Comenius, Orbis sensualium pictus, Osnabrück 1964 (unpaginiert, 20 S.)

H. Sarkowski, Das Bibliographische Institut. Verlagsgeschichte und Bibliographie. 1826-1976, Mannheim 1976

B. Schaeder, Lexikographie als Praxis und Theorie, Tübingen 1981

J. Schäfer, Glossar, Index, Wörterbuch und Enzyklopädie: der Beginn einsprachiger Lexikographie zur Zeit Shakespeares, in: D. Götz/T. Herbst (Hg.), 1984, 276-99

J. Schildt/D. Viehweger, Die Lexikographie von heute und das Wörterbuch von morgen. Analysen - Probleme - Vorschläge, Berlin (Ost) 1983

Brigitte Schlieben-Lange, Die Wörterbücher in der Französischen Revolution (1789-1804), in: Handbuch politisch-sozialer Grundbegriffe in Frankreich 1680-1820, H. 1/2, München 1985, 149-189

R. Schreyer, Untersuchungen zur Sprachauffassung Dr. Johnsons, Diss. Saarbrücken 1971

R. Schwartze, Die Wörterbücher der französischen Sprache vor dem Erscheinen des "Dictionnaire de l'Académie française", 1350-1694, Diss. Jena 1875 (40 S.)

C. Schwarze/D. Wunderlich (Hg.), Handbuch der Lexikologie, Königstein/Ts. 1985

G. Schweig, Über den 'Dictionnaire du français contemporain', in: Die neueren Sprachen 17, 1968, 42-44

Silvia Scotti-Morgana, Esordi della lessicografia scientifica italiana: il Saggio alfabetico d'Istoria medica e naturale di Antonio Vallisnieri, Firenze (La nuova Italia) 1983

T.A. Sebeok, Materials for a Typology of Dictionaries, in: Lingua 11, 1962, 363-74

H. Seidl, Aristoteles. Zweite Analytiken. Mit Einleitung, Übersetzung und Kommentar, Würzburg 1984

Nancy Senior, French Picture Dictionaries and Word Books for Small Children, in: French Review 57, 1984, 757-65

S.C. Sgroi, I lessici fondamentali e di frequenza della lingua italiana, in: Quaderni di semantica 2, 1981, 281-95

E. Standop, Neue englische Wörterbücher, in: Die neueren Sprachen 80, 1981, 240-59

- , Englische Wörterbücher unter der Lupe, Tübingen 1985

De Witt T. Starnes, Renaissance Dictionaries. English-Latin and Latin-English, Austin 1954

- /Gertrude E. Noyes, The English Dictionary from Cawdrey to Johnson. 1604-1755, Chapel Hill 1946

Gabriele Stein, The English Dictionary before Cawdrey , Tübingen 1985

- , English-German/German-English Lexicography. Its Early Beginnings, in: Lexicographica 1, 1985, 134-64 (= 1985a)

G. Tancke, Die italienischen Wörterbücher von den Anfängen bis zum Erscheinen des 'Vocabolario degli Accademici della Crusca' (1612), Tübingen 1984

H. Titkin, Wörterbücher der Zukunft, in: Germanisch-Romanische Monatsschrift 2, 1910, 243-53

J. Tomaszczyk, Dictionaries: Users and Uses, in: Glottodidactica 12, 1979, 103-19

R. Trüb, Sollen die nationalen Wörterbücher auch Sachlexika sein?, in: O. Lurati/H. Stricker (Hg.), 1982, 131-50, Korreferat A. Decurtins 151-55, Diskussion 155-59

D. Viehweger, Semantiktheorie und praktische Lexikographie, in: Zeitschrift für Germanistik 3, 1982, 143-55

D. Viehweger et al., Probleme der semantischen Analyse, Berlin (Ost) 1977

W. Voigt, Der Wörterbuchverlag und das "optimale" Wörterbuch, in: D. Götz/T. Herbst (Hg.), 1984, 334-49

R.-L. Wagner, Les vocabulaires français, I: Définitions. Les dictionnaires, Paris 1967

- , Les vocabulaires français, II: Les tâches de la lexicologie synchronique. Glossaires et dépouillements. Analyse lexicale, Paris 1970

G. Wahrig, Anleitung zur grammatisch-semantischen Beschreibung lexikalischer Einheiten, Tübingen 1973

U. Weinreich, Lexicographic Definition in Descriptive Semantics, in: F.W. Householder/S. Saporta (eds.), 1962, 25-43. Französische Übersetzung in: Langages 19, 1970, 69-86

- , Lexicology, in: Current Trends in Linguistics 1, 1963, 60-93

H. Weinrich, Die Wahrheit der Wörterbücher, in: Probleme der Lexikologie und Lexikographie. Jahrbuch 1975 des Instituts für deutsche Sprache, Düsseldorf 1976, 347-71

- , Plädoyer für ein interdisziplinäres Wörterbuch der deutschen Sprache, in: H. Henne et al. (Hg.), 1978, 11-30

H. Wellmann, Stand und Aufgaben der wissenschaftlichen Lexikographie des heutigen Deutsch - einsprachige Wörterbücher, in: D. Götz/T. Herbst (Hg.), 1984, 350-81

R.A. Wells, Dictionaries and the Authoritarian Tradition, The Hague 1973

R. Werner, Das Bild im Wörterbuch. Funktionen der Illustration in spanischen Wörterbüchern, in: Linguistik und Didaktik 49/50, 1982 [1983], 62-94

- , La definicíon lexicográfica, in: G. Haensch et al., 1982, 259-328 (= 1982a)

- , Einige Gedanken zur Illustration spanischer Bedeutungswörterbücher, in: Hispanorama 35, 1983, 162-80

- , Semasiologische und enzyklopädische Definition im Wörterbuch, in: D. Götz/T. Herbst (Hg.), 1984, 382-407

- , Ein nicht genügend ernstgenommener Wörterbuchtyp: Das Reisewörterbuch. Bemerkungen zu Reisewörterbüchern des Spanischen für Deutschsprachige, in: Hispanorama 38, 1984, 153-162 (= 1984a)

- , Rez. von: Studien zur neuhochdeutschen Lexikographie, Hg. H.E. Wiegand, Bd. I-IV (Germanistische Linguistik), Hildesheim 1979-83, in: Lexicographica 1, 1985, 268-77

- , Zum Stand der zweisprachigen Lexikographie Deutsch-Spanisch, Spanisch-Deutsch, in: Lexicographica 2, 1986, 127-161 (S. 139 f., 147-154 zum Bildwörterbuch)

C. Wetzel/G. Wiese, Zur Illustrierung von Sprachlexika, in: H. Küpper, Illustriertes Lexikon der deutschen Umgangssprache, Bd. 1, Stuttgart 1982, 12-23

H.E. Wiegand, Einige grundlegende semantisch-pragmatische Aspekte von Wörterbucheinträgen. Ein Beitrag zur praktischen Lexikologie, in: K. Hyldgaard-Jensen (Hg.), Kopenhagener Beiträge zur germanistischen Linguistik, 12. Kolloquium über Lexikographie, Kopenhagen 1976, Kopenhagen 1977, 59-149 (= 1977a)

- , Nachdenken über Wörterbücher: Theorie und Praxis, in: G. Drosdowski et al. (Hg.), 1977, 51-102 (= 1977b)

- , Pragmatische Informationen in neuhochdeutschen Wörterbüchern, in: ders. (Hg.), Studien zur neuhochdeutschen Lexikographie I. Germanistische Linguistik 3-4, 1979, 139-271

- , Überlegungen zu einer Theorie der lexikographischen Sprachbeschreibung, in: K. Hyldgaard-Jensen/Anne Zettersten (Hg.), 1983, 35-72

- , Germanistische Wörterbuchforschung nach 1945. Eine einführende Übersicht für Deutschlehrer, in: Der Deutschunterricht 36, H. 5, 1984, 10-26 (= 1984a)

- , Noch immer in der Diskussion: das einsprachige Bedeutungswörterbuch, in: Zeitschrift für Germanistik 5, 1984, 77-80 (= 1984b)

- , On the Structure and Contents of a General Theory of Lexicography, in: R.R.K. Hartmann (ed.), 1984, 13-30 (= 1984c)

- , German Dictionaries and Research on the Lexicography of German from 1945 to the Present. With a Select Bibliography, in: Lexicographica 1, 1985, 172-224 (= 1985a)

- , Eine neue Auffassung der sog. lexikographischen Definition, in: K. Hyldgaard-Jensen/Anne Zettersten (Hg.), 1985, 15-100 (= 1985b)

- , Fragen zur Grammatik in Wörterbuchbenutzungsprotokollen. Ein Beitrag zur empirischen Erforschung der Benutzer einsprachiger Wörterbücher, in: H. Bergenholtz/J. Mugdan (Hg.), 1985, 20-98 (= 1985c)

Anna Wierzbicka, Lexicography and Conceptual Analysis, Ann Arbor 1985 (nicht mehr berücksichtigt)

De Witt T. Starnes/Gertrude E. Noyes (1946): siehe unter Starnes

L. Wolf, Signo lingüístico y estructuras semánticas, in: G. Haensch et al., 1982, 329-58

W. Wolski (Hg.), Aspekte der sowjetrussischen Lexikographie. Übersetzungen, Abstracts, bibliographische Angaben, Tübingen 1982

T.R. Wooldridge, Les débuts de la lexicographie française. Estienne, Nicot et le *Thresor de la langue françoyse* (1606), Toronto 1978

E. Wüster/L. Bauer Einführung in die Allgemeine Terminologielehre und Terminologische Lexikographie, 2 Bde., Wien 1979

L. Zgusta, Manual of Lexicography, The Hague 1971

- (Hg.), Probleme des Wörterbuchs, Darmstadt 1985

G.A. Zischka, Index Lexicorum. Bibliographie der lexikalischen Nachschlagewerke, Wien 1959 (44 S. Einleitung zur historischen Entwicklung)

W. Zöllner, Mittelalterliche Enzyklopädien, in: H.-J. Diesner/G. Gurst (Hg.), 1976, 61-93
P. Zolli, Appunti sulla traduzione italiana della *Cyclopedia* di E. Chambers, in: Lingua Nostra 35, 1974, 100-03

3. VORAUSSETZUNGEN FÜR DIE ILLUSTRIERUNG LEXIKOGRAPHISCHER WERKE

3.1 Wort und Bild in der Kulturgeschichte

a) Antike und mittelalterliche Handschriften, 16. Jahrhundert

J.-G. Arentzen, Imago mundi carthographica. Studien zur Bildlichkeit mittelalterlicher Welt- und Ökumenekarten unter besonderer Berücksichtigung des Zusammenwirkens von Text und Bild, München 1984

P. Bertemes, Bild- und Textstruktur. Eine Analyse der Beziehungen von Illustrationszyklus und Text im Rolandslied des Pfaffen Konrad in der Handschrift P, Frankfurt/Main 1984

F. Bodmer, Die Sprachen der Welt, Köln 1964[3] (amerikanisch 1944)

M. de Boüard, Encyclopédies médiévales. Sur la 'connaissance de la nature et du monde' au moyen âge, in: Revue des questions historiques 112, 1930, 258-304

Hella Frühmorgen-Voss (Hg.), Text und Illustration im Mittelalter, München, 1975

W. Götz, Die Enzyklopädien des 13. Jahrhunderts, in: Italien im Mittelalter, Leipzig 1942, Bd. II, 62-107

A. Goldschmidt, Frühmittelalterliche illustrierte Enzyklopädien, in: Vorträge der Bibliothek Warburg, 1923-24, Leipzig 1926, 215-238

J. Grimm, Deutsche Rechtsaltertümer, 2 Bde., Leipzig 1899[4]

W. Harms (Hg.), Deutsche illustrierte Flugblätter des 16. und 17. Jahrhunderts, 5 Bde., Tübingen, Bd.2, 1980, Bd. 1, 1985

W. Hofmann, Die Geburt der Moderne aus dem Geist der Religion, in: ders. (Hg.), Luther und die Folgen für die Kunst. Hamburger Kunsthalle, München 1983, 23-71

H. Jantzen, Das Wort als Bild in der frühmittelalterlichen Buchmalerei, in: ders., Über den gotischen Kirchenraum Berlin 1951, 53-61

G. Krause/G. Müller (Hg.), Theologische Realenzyklopädie, Bd. VI, Berlin 1980

H. Kunze, Geschichte der Buchillustration in Deutschland: Das 15. Jahrhundert, 2 Bde., Leipzig 1975

O. Mazal, Buchkunst der Gotik, Graz 1975

Christel Meier/U. Ruberg (Hg.), Text und Bild. Aspekte des Zusammenwirkens zweier Künste im Mittelalter und früher Neuzeit, Wiesbaden 1980

A. Melnikas, The Corpus of the Miniatures in the Manuscripts of Decretum Gratiani, 3 Bde., Rom 1975

B. Reudenbach, Das Verhältnis von Text und Bild in 'De laudibus sanctae crucis' des Hrabanus Maurus, in: K. Grubmüller et al. (Hg.), Geistliche Denkformen in der Literatur des Mittelalters, München 1984, 282-320

F. Saxl, Lectures, 2 Bde., London (The Warburg Institute) 1957, Bd. I: Illustrated mediaeval encyclopedias, 228-54, Bd. II: Plates 155-74

F. Saxl, Verzeichnis astrologischer und mythologischer illustrierter Handschriften des lateinischen Mittelalters. II. Die Handschriften der National-Bibliothek in Wien,

Sitzungsbericht der Heidelberger Akademie der Wissenschaften, Phil.-hist. Klasse, 1925/26, 2. Abhandlung, Heidelberg 1927
Verena Schäfer, Flore und Blanchefleur. Epos und Volksbuch. Textversionen und die verschiedenen Illustrationen bis ins 19. Jahrhundert. Ein Beitrag zur Geschichte der Illustration, München 1984
M. Schapiro, Words and Pictures, The Hague 1973
G. Schmidt/A. Weckwerth, Biblia Pauperum, in: E. Kirschbaum (Hg.), Lexikon der christlichen Ikonographie, 1. Bd., Freiburg 1968, 294-98
Ronald Michael Schmidt, Die Handschriftenillustrationen des "Willehalm" Wolframs von Eschenbach, Wiesbaden 1985
W. Stammler, Wort und Bild. Studien zu den Wechselbeziehungen zwischen Schrifttum und Bildkunst im Mittelalter, Berlin 1962
L. Sterne, Tristram Shandy, London 1760-1767
Margarete Stirm, Die Bilderfrage in der Reformation, Gütersloh 1977
K. Weitzmann, Illustrations in Roll and Codex. A Study of the Origin and Method of Text Illustration, Princeton 1947, 1974²

b) Literatur und Illustration

La bande dessinée et son discours, Communications 24, 1976
Iconographie et littérature. D'un art à l'autre, Paris 1983
L'imaginaire du romantisme anglais, in: Romantisme. Revue du dix-neuvième siècle, 15ᵉ année, no. 49, 1985
G. Bebermeyer, Literatur und bildende Kunst, in: Reallexikon der deutschen Literaturgeschichte, Berlin 1965², Bd. II, 82-103
G. Bechtold, Sinnliche Wahrnehmung von sozialer Wirklichkeit. Die multimedialen Montage-Texte Alexander Kluges, Tübingen 1983
G. Blanchard, Blasons et devises dans la "Délie" de Scève, in: Communication et langages 56, 1983, 36-43
A. Breton, Nadja, Paris 1928, 1964²
G. Gauthier, Image et texte. Le récit sous le récit, in: Langages 75, 1984, 9-21
G. Gréverand, L'illustration des *Fables* de La Fontaine, 1688-1980, in: Iconographie et littérature, Paris 1983, 81-96
J.H. Hagstrum, The Sister Arts. The Tradition of Literary Pictorialism, Chicago 1958
J.R. Harvey, Victorian Novelists and their Illustrators, London 1970
G. Kranz, Meisterwerke in Bildgedichten. Rezeption von Kunst in der Poesie, Frankfurt/Main 1986
G.H.F. Longree, L'expérience Ideo-calligrammatique d'Apollinaire, Liège 1984
S. Mallarmé, Un coup de dés jamais n'abolira le hasard, in: Cosmopolis 6, 1897, Editions de la nouvelle revue française 1914²
F. Nies, Warnzeichen und Sinnenkitzel: Zur Illustrations- und Wirkungsgeschichte von 'Manon Lescaut', in: Romanistische Zeitschrift für Literaturgeschichte 9, 1985, 363-78
M. Praz, Mnemosyne. The Parallel between Literature and the Visual Arts, Princeton 1970, 1974²
A. Ramelli, Le diverse et artificiose machine, Paris 1588 (195 Tafeln), ND und englische Übersetzung von Martha Teach Gnudi und E.S. Ferguson, The John Hopkins University Press 1976
S. Saint-Michel, Le roman-photo, Paris 1979

Martha Teach Gnudi;/E.S. Ferguson, siehe unter A. Ramelli
Jane Ten Brink Goldsmith, From Prose to Pictures: Leonaert Bramer's Illustrations for the *Aeneid* and Vondel's Translation of Virgil, in: Art History 7, 1, 1984, 21-37
Burglind Urbe, Lyrik, Fotografie und Massenkultur bei Rolf Dieter Brinkmann, Frankfurt/Main 1985
O. Walzel, Wechselseitige Erhellung der Künste, Berlin 1917

c) Emblematik

A. Alciato, Emblematum Liber, Augsburg 1531
L.M. Eichinger, Zur textuellen Struktur des Emblems: Überlegungen zur Definition einer Textsorte, in: Komparatistische Hefte 5/6, 1982, 89-100
M. Foucault, Les mots et les choses, Paris 1966
- , Die Ordnung der Dinge, Frankfurt/Main 1971
D.W. Jöns, Das "Sinnen-Bild". Studien zur allegorischen Bildlichkeit bei Andreas Gryphius, Stuttgart 1966
C.F. Ménéstrier, L'art des emblèmes, Paris 1684
Sibylle Penkert (Hg.), Emblem und Emblematikrezeption, Darmstadt 1978
M. Praz, Studies in Seventeenth-Century Imagery, Milano 1934, Roma 1964², ND 1975
G. Savarese/A. Gareffi, La letteratura delle immagini nel cinquecento, Roma 1980
A. Schöne, Emlematik und Drama im Zeitalter des Barock, München 1964, 1968²
A. Schöne/A. Henkel, Emblemata. Handbuch zur Sinnbildkunst des XVI. und XVII. Jahrhunderts, Stuttgart 1976² (Erg. Neuausg.)
B. Scholz, Reading Emblematic Pictures, in: Komparatistische Hefte 5/6, 1982, 77-88
Anneliese Senger, Allegorie - Emblem - Symbol in: Bild und Text. Text und Bild. Kunst und Unterricht. Praxis Deutsch, Sonderheft 1978, 185-189

d) Bild und Wort in der Geschichte der Kunst

D. Bland, A History of Book Illustration, London 1958, 1969²
M. Butor, Répertoire IV, Paris 1960
- , Les mots dans la peinture, Genf 1969
L. Hönnighausen, Präraphaeliten und Fin de Siècle, München 1971
R. Magritte/A. Robbe-Grillet, La belle captive, Paris 1975
W. Rasch (Hg.), Bildende Kunst und Literatur. Beiträge zum Problem ihrer Wechselbeziehungen im 19. Jahrhundert, Frankfurt/Main 1970
U.M. Schneede, René Magritte. Leben und Werk, Köln 1973
G. Scholz, Kompositionsprinzipien ästhetischer Zeichen auf semiotischer Basis, Hannover 1981
Christina Weiss, Seh-Texte. Zur Erweiterung des Textbegriffes in konkreten und nachkonkreten visuellen Texten, Zirndorf 1984

e) Film, Fernsehen, Video

G. Bentele/E.W.B. Hess-Lüttich (Hg.), Zeichengebrauch in Massenmedien. Zum Verhältnis von sprachlicher und nicht-sprachlicher Information in Hörfunk, Film und Fernsehen, Tübingen 1985
H. Burger, Sprache der Massenmedien, Berlin 1984
H. Davis/P. Walton (eds.), Language, Image, Media, Oxford 1983
M. Muckenhaupt, Text und Bild. Grundfragen der Beschreibung von Text-Bild-Kommunikationen aus sprachwissenschaftlicher Sicht, Tübingen 1986
Ursula Oomen, Informieren: Funktionen von Sprache und Bild in amerikanischen und deutschen Fernsehnachrichten, Trier 1983 (L.A.U.T., Series B, Nr. 85)
N. Postman, Das Verschwinden der Kindheit, Frankfurt/Main 1983 (amerikanisch New York 1982)
- , Wir amüsieren uns zu Tode, Frankfurt/Main 1985 (amerikanisch 1984)
A. Raasch/W. Kühlwein (Hg.), Btx Bildschirmtext, Tübingen 1984

3.2 Entwicklung des Buchdrucks, der Buchillustration, der künstlerischen Techniken und der Drucktechnik

a) Buchdruck, künstlerische Techniken, Drucktechnik

Die Buchillustration im 18. Jahrhundert. Colloquium der Arbeitstelle 18. Jahrhundert, Gesamthochschule Wuppertal, Universität Münster, Düsseldorf vom 3. - 5. Oktober 1978, Heidelberg 1980
Le livre illustré en occident. Du moyen âge à nos jours, Bruxelles 1977
The Natural Sciences and the Arts. Aspects of Interaction from the Renaissance to the 20th Century, Uppsala 1985
W.T. Berry/H.E. Poole, Annals of Printing. A Chronological Encyclopaedia from the Earliest Times to 1950, London 1966
D. Bland, A History of Book Illustration, London 1958, 1969[2]
R. Brun, Le livre illustré en France au XVIe siècle, Paris 1930
A.C. Crombie, Von Augustinus bis Galilei. Die Emanzipation der Naturwissenschaft, Köln 1964 (englisch 1959)
K. Faßmann (Hg.), Sachwörterbuch der Weltmalerei (= Bd. 6 von Kindlers Malereilexikon), Zürich 1971
D. Fava, Manuale degli incunabili, Milano 1939
Elisabeth Geck, Grundzüge der Geschichte der Buchillustration, Darmstadt 1982
K. Haebler, Handbuch der Inkunabelkunde, Stuttgart 1925, 1966[2]
H.A. Halbey (Hg.), Museum der Bücher, Dortmund 1986
P. Hofer, Baroque Book Illustration, London 1951, 1970[2]
S. Houfe, The Dictionary of British Book Illustrators and Caricaturists. 1800-1914, Woodbridge 1978
W.M. Ivins, Jr., Prints and Visual Communication, New York 1953, ND 1969

H. Klein, DuMont's kleines Sachwörterbuch der Drucktechnik und graphischen Kunst, Köln 1975, 1981[5] (erweitert und aktualisiert)
C. Graf von Klinckowstroem, Knaurs Geschichte der Technik, München 1959
A. Kolb, Bibliographie des französischen Buches im 16. Jahrhundert, Wiesbaden 1966
W. Koschatzky, Die Kunst der Graphik , Salzburg 1972, München 1975, 1980[5]
W.H. Lange, Buchillustration, in: O. Schmitt (Hg.), Reallexikon zur deutschen Kunstgeschichte, II. Bd., Stuttgart 1948
T.M. MacRobert, Fine Illustrations in Western European Printed Books, London 1969
G. Meyer, Das Konversations-Lexikon, eine Sonderform der Enzyklopädie, Göttingen 1965
E. Mittler (Hg.), Bibliotheca Palatina, Katalog zur Ausstellung. Heiliggeistkirche Heidelberg, 2 Bde., Heidelberg 1986
C. Nissen, Die botanische Buchillustration, Stuttgart 1951, 1966[2]
L. Olschki, Geschichte der neusprachlichen wissenschaftlichen Literatur, 3 Bde., Bd. I: Die Literatur der Technik und der angewandten Wissenschaften vom Mittelalter bis zur Renaissance, Heidelberg 1919, Bd. II: Bildung und Wissenschaft im Zeitalter der Renaissance in Italien, Leipzig 1922, Bd. III: Galilei und seine Zeit, Halle 1927 Bd. I - III, ND Vaduz 1965
W. Pieper, Die kunstgeschichtliche Stellung und die illustrationstechnische Bedeutung der Holzschnitte in Agricolas "De re metallica", in: Georgius Agricola, Berlin (Ost) 1955, 266-91
C. Plinius Secundus (Plinius der Ältere), Naturalis historia, 36 Bücher, letztes Viertel des 1. Jahrhunderts nach Christus. Benutzte Ausgabe: Pline l'ancien, Histoire naturelle, livre XXV, Texte établi, traduit et commenté par J. André, Paris 1974. (Erstmals gedruckt: Venedig 1469)
A.W. Pollard, Early Illustrated Books, New York 1967, 1968[2], London 1983
H. Presser, Gutenberg-Museum der Stadt Mainz, München 1966[2]
- , Gutenberg, Reinbek bei Hamburg 1967
A. Rümann, Das illustrierte Buch des XIX. Jahrhunderts in England, Frankreich und Deutschland, Leipzig 1930, ND Osnabrück 1975
S.O. Schmitt (Hg.), Reallexikon zur deutschen Kunstgeschichte, 6 Bde., Stuttgart, Bd. 1-5, 1937-67, München, Bd. 6, 1973
A. Schramm (Hg.), Der Bilderschmuck der Frühdrucke, 23 Bde., Leipzig 1920-1943, ND Stuttgart 1981-1983
W.L. Schreiber, Die Kreuterbücher des XV. und XVI. Jahrhunderts, Heidelberg-Leutershausen 1924, ND Stuttgart 1982
C. Singer et al. (eds.), A History of Technology, Bd. 3, Oxford 1957
S.H. Steinberg, Five Hundred Years of Printing, Harmondsworth 1955
- , Die schwarze Kunst, München 1961[2]
E.D. Stiebner (Hg.), Bruckmann's Handbuch der Drucktechnik, München 1976
W. Treue, Wirtschaft, Gesellschaft und Technik in Deutschland vom 16. bis zum 18. Jahrhundert, in: B. Gebhardt, Handbuch der deutschen Geschichte, 9., neu bearbeitete Auflage von H. Grundmann, Bd. 2, Stuttgart 1970, 437-545
K. Wattenbach, Das Schriftwesen im Mittelalter, Leipzig 1871, 1896[3] (verm. Aufl.), ND Graz 1958
H.-J. Wolf, Geschichte der Druckpressen, Frankfurt 1974
- , Schwarze Kunst. Eine illustrierte Geschichte der Druckverfahren, Frankfurt 1981

L. Wolf, Terminologische Untersuchungen zur Einführung des Buchdrucks im französischen Sprachgebiet, Tübingen 1979
E. Zilsel, Die sozialen Ursprünge der neuzeitlichen Wissenschaft, Frankfurt/Main 1976

b) Frühe illustrierte Bücher (chronologisch geordnet)

Ulrich Boner, Edelstein, Bamberg (Albrecht Pfister) 1461
Biblia pauperum, Bamberg (Albrecht Pfister) 1462 (dt.), 1462 (lat.), 1463 (dt.)
Johannes de Torquemada [Turrecremata], Meditationes vitae Christi, Rom (Ulrich Ha(h)n) 1467
Johannes de Sacrobosco [John of Holywood], De sphaera mundi, Ferrara 1472, Venedig 1485
Roberto Valturio, De re militari, Verona 1472
Pseudo-Apuleius, Rom, nach 1480
Herbarius Moguntinus, Mainz 1484
Gart der Gesundheit, Mainz 1485
Bernhard von Breydenbach, Peregrinationes in terram sanctam, Mainz 1486
Hortus sanitatis, Mainz 1491 (1.073 Holzschnitte)
Hartmann Schedel, Liber chronicarum bzw. Neue Weltchronik, Nürnberg (Anton Koberger) 1493 (lat. Ausg.), 1493 (dt. Ausg.)
Ulrich Rülein von Calw, Bergbüchlein, Leipzig 1503, Augsburg 1505
Jean Pelerin, De artificiali perspectiva, Toulouse 1504
Grete Herbal, London 1526
G. Tory, Champ fleury ou l'art et science de la proportion des lettres, Paris 1529, ND Paris 1931, Genf 1973
Hans Weiditz, Herbarum vivae eicones, Augsburg 1530
Hieronymus Bock, Kreutterbuch, Straßburg (?) 1539, mit Holzschnitten Straßburg 1546 u.ö.
Vanoccio Biringuccio, Pirotechnia, Venedig 1540
Leonhart Fuchs, De historia stirpium commentarii insignes, Basel 1542 (511 Holzschnitte von Pflanzen)
Andreas Vesalius, De humani corporis fabrica libri septem, Basel 1543
Antonio Lafreri, Speculum romanae magnificentiae, Rom 1548-68
Georgius Agricola, De re metallica, Basel 1556 (ND Brüssel 1967), 1557 (dt. Ausg.)
J. Amyot, Les vies des hommes illustres grecs et romains, Paris 1559, 1584 (erste ill. Ausgabe)
A. Thévet, Vrais pourtraits et vies des hommes illustres grecz, Paris 1584
E. Bolton, The Elements of Armories, London 1610
J. Guillim, A Display of Heraldrie, London 1611, 1724^{6} (mit Wörterbuch), ND Amsterdam 1979
H. Peacham, The Compleat Gentleman, London 1622, ND Amsterdam 1968
J. Hevelius, Selenographia, Danzig 1642
Matthäus Merian, Topographia, 29 Bde., Franckfurt 1642-72
Georg Andreas Böckler, Theatrum machinarum novum. Exhibens opera molaria et aquatica constructum industria, Nürnberg 1662
J. Ozanam, Récreations mathématiques et physiques, 2 Bde., Amsterdam 1696
- , Cours de mathématique, 4 Bde., Paris 1697
J. Coat, New Dictionary of Heraldry, 1725

Thomas Bewick, A General History of Quadrupeds, London 1790

4. DIE DREI HAUPTTYPEN LEXIKOGRAPHISCHER WERKE UND DIE PROBLEMATIK JEDER KLASSIFIKATION

4.1 Enzyklopädie - Sprachwörterbuch - enzyklopädisches Wörterbuch

4.1.1 Enzyklopädien

4.1.1.1 Überblick über die Eigennamenlexika

Carolus Stephanus [= Charles Estienne], Dictionarium propriorum nominum, Paris 1544
- , Dictionarium historicum, geographicum et poeticum, Paris 1553 u.ö., bis Oxford 1670

D. de Ivigné Broissinière (D. de Juigné Broissinière), Dictionnaire théologique, historique, poétique, cosmographique et chronologique, Paris 1643, 1668[7] u.ö., (Übers. und Revision von Estienne 1553)

Nicholas Lloyd, Dictionarium historicum, geographicum, poeticum, London 1670

Louis Moréri, Le grand dictionnaire historique, ou le mélange curieux de l'histoire sainte (später: sacrée) et profane, 1 Bd., Lyon 1674 u.ö. bis 1759[20] (10 Bde.); gesehen: Basel 1732. Englische Ausgabe 1694, spanische Ausgabe 1753

Johann Jakob Hofmann, Lexicon universale; historiam, chronologiam, geographiam, genealogiam, mythologiam, omnemque antiquitatem ... explanans, 2 Bde., Basel 1677 u.ö.; 4 Bde., Lugundi Batavorum/Leyden 1698 (Untertitel: historiam sacram et profanam omnis aevi ... explanans)

Pierre Bayle, Dictionnaire historique et critique, 2 Bde., Rotterdam 1695-1697, 1702 (3 Bde.), 1720 (4 Bde.), bis Paris 1820-1824[11] (16 Bde.), 1830[12] (nur Bd. 1 und 2 ersch.), ND Genève 1969

[Johann Franz Buddeus (Hg.)], Allgemeines historisches Lexikon, 3 Bde., Leipzig 1709 (Leipziger Lexikon), Supplementband 1714; 1722[2] (4 Bde.), 1730-32[3], 2 Supplementbände 1740

Antoine-Augustin Bruzen de la Martinière, Le grand dictionnaire géographique, historique et critique, 5 Bde., Venise 1737, Paris 1739-41 u.ö.

[Jacob Christoph Iselin (Hg.)], Neu vermehrtes historisch- und geographisches allgemeines Lexikon, 4 Bde., Basel 1726-27 (Basler Lexikon), 1729[2], 1731-32[3], 1742-44[4] (6 Bde.)

Jacques Georges Chauffepié, Nouveau dictionnaire historique et critique, 4 Bde., Amsterdam 1750-56 u.ö.

Einige moderne französische Eigennamenlexika

Dictionnaire des noms propres. En couleurs, Paris (Larousse) 1972

Le petit Robert 2. Dictionnaire universel des noms propres. Alphabétique et analogique. Illustré en couleurs, Paris 1977[3]

Le Robert. Dictionnaire universel des noms propres, 4 Bde., Paris 1975

4.1.1.2 Möglichkeiten der Anordnung des Stoffes

a) Systematisch gliedernde Enzyklopädien (in chronologischer Anordnung)

Encyclopédie moderne, dictionnaire abrégé des lettres, des arts, de l'industrie et du commerce, 30 Bde., Paris 1846-52
Nouvelle encyclopédie autodidactique illustrée d'enseignement moderne, 3 Bde., Paris (Quillet) 1922
Encyclopédie autodidactique Quillet, Paris 1932
Grand mémento encyclopédique Larousse, P. Augé (dir.), 2 Bde., Paris 1936-37
Encyclopédie française, J. Cain (dir.), 21 Bde., Paris (Soc. nouv. de l'Encycl. fr.) 1938-66
Encyclopédie Larousse méthodique, 2 Bde., Paris s.d.
Encyclopédie de la Pléiade, R. Queneau (dir.), Paris 1955 ff.
Encyclopédie universelle, 8 Bde., Verviers (Marabout) 1961-63
Mémento Larousse. Suivi d'un vocabulaire orthographique défini, Paris 1963
Nouvelle encyclopédie autodidactique Quillet, 4 Bde., Paris 1965
Encyclopédie générale Larousse, 3 Bde., Paris 1968
Encyclopédie thématique Weber, F. le Lionnais et al. (dir.), 16 Bde., Paris 1968
Petite encyclopédie Larousse, Paris 1976
Nouvelle encyclopédie autodidactique Quillet, 6 Bde., Paris 1976-77

b) Versuche von Enzyklopädien, die systematische mit der alphabetischen Ordnung zu verbinden

Encyclopaedia Universalis, 20 Bde., Paris 1968-75, 2 Bde. Supplement 1980; 1984 ff^{2} (22 Bde.)
Lexikothek. Das Bertelsmann Lexikon, 10 Bde., Gütersloh 1972-74
Die große Bertelsmann Lexikothek. Bertelsmann Lexikon in 15 Bdn., Gütersloh 1984-85
Encyclopaedia Britannica, 30 Bde., London 1974-84^{15}
Enciclopedia Einaudi, R. Romano (dir.), 16 Bde., Torino 1977-84

4.1.2 Sprachwörterbücher

4.1.2.1 Möglichkeiten der Anordnung der Wörter

J. Casares, Diccionario ideológico de la lengua española, Barcelona 1942, 1959^{2} (2. edición), 1971 (5. tirada)
Dictionnaire du français contemporain (DFC), Paris 1966 u.ö.
Nouveau dictionnaire du français contemporain (NDFC), Paris 1980
N. Zingarelli, Vocabolario della lingua italiana, Bologna 1970^{10}, 1983^{11}
Le Robert méthodique, Josette Rey-Debove (dir.), Paris 1982

4.1.2.2 Typen systematisch gliedernder Wörterbücher

a) Begriffswörterbücher, dictionnaires idéologiques

F. Dornseiff, Der deutsche Wortschatz nach Sachgruppen, Berlin 1933, 1954^{4}, 1965^{6}, 1970^{7}
R. Hallig/W. von Wartburg, Begriffssystem als Grundlage für die Lexikographie, Berlin 1952, 1963
T. McArthur , Longman Lexicon of Contemporary English, Harlow 1981 (910 S.)
T. Robertson, Dictionnaire idéologique, Paris 1859 (480 S.)
P.M. Roget, Thesaurus of English Words and Phrases, London 1852, 1879, 1936, 1962
H. Wehrle/H. Eggers, Deutscher Wortschatz. Ein Wegweiser zum treffenden Ausdruck, Stuttgart 1961^{12} (völlig neu bearb.)

b) Vocabolari domestici

Convegno nazionale sui lessici tecnici delle arti e dei mestieri. Cortona 1979, Firenze 1979
Carla Marello, I vocabolari metodici dell'Ottocento: una fonte di idee per ordinamenti non alfabetici, in: Convegno nazionale ... 1979, 79-110
- , Lessico ed educazione popolare. Dizionari metodici italiani dell' "800, Roma 1980
D. Contursi, La nomenclatura italo-napoletana, Napoli 1872^{3}, 1889^{6}
A. Fecia, Metodo pratico e progressivo per l'insegnamento della lingua italiana applicabile ad altre lingue con proposta di una poliantea universale figurata, Biella 1839
P. Fornari, La casa o vocabolario metodico domestico. Il nuovo Carena, Torino 1878, 1888^{2}
E. Lorenzoni, Nomenclatura delle cose principali risguardanti la casa come edifizio, le masserizie, i veicoli, le vesti, le arti e i mestieri più comuni, Torino 1913 (320 S.)
A. Paganini, Vocabolario domestico genovese-italiano con un'appendice zoologica, Genova 1957, ND 1968
G.F. Rambelli, Vocabolario domestico, Bologna 1850 (988 S.)
Musée national des arts et traditions populaires. Centre d'ethnologie française, M. de Virville (dir.), Système descriptif des objets domestiques français, Paris 1977

c) Terminologische Sachgruppenwörterbücher

Illustrierte Werke

Initiation au vocabulaire du bâtiment et des travaux publics, Paris 1979 (138 + XXVIII S.)
Vocabulaire de l'automobile, 4 Bde., Cahiers de l'Office de la langue française, 21, 27, 31, 32, Québec 1977-80

Ministère des affaires culturelles, Inventaire général des monuments et des richesses artistiques de la France. Principes d'analyse scientifique. Tapisserie. Méthode et vocabulaire, Paris 1971, Architecture, 2 Bde., 1972, La sculpture 1978

K. Deinhardt/A. Schlomann, Illustrierte technische Wörterbücher in sechs Sprachen: Deutsch, Englisch, Französisch, Russisch, Italienisch, Spanisch. Bd. 1, Die Maschinenelemente und die gebräuchlichsten Werkzeuge, Bd. 2, Die Elektrotechnik, bis Bd. 13, Baukonstruktionen, München und Berlin, Bd. 1, 1906 bis Bd. 13, 1919 (17,5 x 10 cm, Bd. 1: 823 Abb., Bd.13: 2.600), Bd. 14 - 17 im Format 24,5 x 17 cm, bis 1932

d) <u>Nicht illustriert sind:</u>

B. de Bessé, Termes techniques nouveaux. Termes officiellement recommandés par le Gouvernement français, Paris 1982

P. Herbin, Vocabulaire de la publicité, Lagny 1977[2]

5. WEITERE TYPEN VON ILLUSTRIERTEN WÖRTERBÜCHERN

5.1 Zweisprachige Wörterbücher

Brockhaus-Bildwörterbuch. Deutsch-Italienisch, Italienisch-Deutsch, Wiesbaden, Milano 1964, 1974

Brockhaus-Bildwörterbuch. Englisch-Deutsch, Deutsch-Englisch, W. Héraucourt et al. (dir.), Wiesbaden 1953 (E-D), 1960 (D-E), 1976[7]

Brockhaus-Bildwörterbuch. Französisch-Deutsch, Deutsch-Französisch, E. Pfohl (dir.), Wiesbaden 1955[30] (= 1. illustrierte Ausg.), 1959/60[31] (v. P. Benoit neubearb. u. erw. Aufl.) bis 1978

Dictionnaire général indonésien-français, Paris (Larousse) 1984 (XXI, 934 S.)

R. Boch, Dizionario francese italiano, italiano francese, Bologna (Zanichelli) 1978

A. Ceccaroni, Dizionario illustrato latino-italiano e italiano-latino, 2 Bde., Roma 1950

A. Chevalley et al., The Concise Oxford French Dictionary, Oxford, Bd. 1, 1934 u.ö., Bd. 2, 1940 u.ö., in 1 Bd. 1952, 1966 (reprints)

J. Denis et al., Grand dictionnaire Garnier allemand-français, français-allemand avec un supplément technique illustré, Paris (Garnier) 1962, 1972 (Mise à jour)

Marguerite-Marie Dubois et al., Dictionnaire moderne français-anglais, anglais-français, Paris (Larousse) 1960, 1974

F. Gaffiot, Dictionnaire illustré latin-français, Paris (Hachette) 1934

P. Grappin, Dictionnaire moderne français-allemand, allemand-français, 2 Bde., Paris (Larousse) 1963

J. Mergault, Dictionnaire français-anglais. Englisch-French Dictionary, Paris (Larousse) 1971, 1973, (Collection Mars) 1974 (16 colour plates)

Novo Michaelis. Diccionário ilustrado. Vol. I.: Inglés-português, Vol. II: Português-inglés, São Paulo, Wiesbaden (Brockhaus), Bd. I, 1958, Bd. II, 1961[2]

G.A. Orefice, The 5 Language European Dictionary, London 1973

5.2 Bildwörterbücher

a) Duden (West)

Duden. Bildwörterbuch der deutschen Sprache, Leipzig 1935, O. Basler (Hg.), Mannheim, 1977[3], bearbeitet v. K.D. Solf u. J. Schmidt)

Duden español. Diccionario por la imagen, T. Scheppelmann (dir.), Leipzig 1940, Mannheim 1963[2]

Duden français. Dictionnaire illustré de la langue française, A. Snyckers (dir.), Leipzig 1936, 1938[2] (première réimpression corrigée)

Duden français. Dictionnaire en images, Mannheim 1962 (enthält auch ein dt. Glossar)

Duden italiano. Dizionario illustrato della lingua italiana a cura di O. Weith, Leipzig 1939

Duden italiano. Dizionario figurato, Mannheim-Novara 1964
The Duden Pictorial Encyclopedia in five Languages. English, French, German, Italian, Spanish, New York 1943, Leipzig 1958[2]
The English Duden. Picture vocabularies in English with English and German indices, Leipzig 1937
The English Duden. A Pictorial Dictionary with English and German Indexes, Mannheim 1960[2] (revised ed.)
Oxford Duden. Bildwörterbuch Deutsch und Englisch, Mannheim 1980
Oxford Duden. Bildwörterbuch Deutsch und Spanisch, Mannheim 1985
The Oxford-Duden. Pictorial French-English Dictionary, Oxford 1983

b) Duden (Ost)

Duden Bildwörterbuch. Deutsch und Russisch, Leipzig 1953 (700 S.)
Bildwörterbuch Deutsch und Englisch, Leipzig 1957
V. Macchi, Bildwörterbuch Deutsch und Italienisch, Leipzig 1955, 1969[2]
- , Bildwörterbuch Deutsch und Spanisch, Leipzig 1956
R. Pichler, Bildwörterbuch Deutsch und Französisch, Leipzig 1956

c) Verschiedene Bildwörterbücher

Bildwörterbuch der deutschen Sprache, 24. Band der Brockhaus Enzyklopädie, Wiesbaden 1976
Nelly Backhausen et al. (eds.), Hvad hedder det?, Copenhagen 1947, 1956[3]
Diccionario ideográfico polígloto. Adaptación al español de G. Medina Zapater, Madrid 1960 ("con 410 ilustraciones")
R. Bragonier Jr./D. Fisher, Le What's What. Le Qu'est-ce que c'est. La première encyclopédie visuelle franco-anglaise, Paris 1983 (amerikanisch 1981; 594 S., 28 x 22)
H. von Marouschek, Das deutsche Bildwörterbuch. Für jedes Wort ein Bild, Wien-Leipzig 1941 (160 S., 16,5 x 12, Zeichnungen von E. Kaltenhuber)

d) Ein Gestenwörterbuch

G. Meo Zilio/Silvia Mejía, Diccionario de gestos. España e Hispanoamerica, 2 Bde., Bogotá, Bd. 1: 1980, Bd. 2: 1983

5.3 Didaktische Bildwörterbücher

A. Pinloche, Etymologisches Wörterbuch der deutschen Sprache. Dictionnaire étymologique illustré de la langue allemande, Paris (Larousse) 1922 (1.161 S., "un atlas de 5.700 figures avec légendes explicatives")

- , Vocabulaire par l'image de la langue française ... et un vocabulaire idéologique, Paris 1923 (VI, 575 S., "193 planches avec 6.000 figures accompagnées de leurs légendes explicatives")

Mon premier dictionnaire en 2.000 mots et 2.000 images, Mots: Lucille Ogle et Tina Thoburn. Texte français: Douce Printemps. Illustrations: H. Knight, s.l. (ed. des Deux Coqs d'Or) 1977, 1980² (amerikanisch 1976)

G.-J. Bretonès, Dictionnaire du français fondamental en images pour les ruraux, Paris 1982

J. de Cantalausa, Diccionari fondamental occitan illustrat. Lengadocian, Tolosa 1979

J. David, Dictionnaire du français fondamental pour l'Afrique, Paris 1974

R.-H. Durand/S. Greco, Vocabulaire italien par l'image, Paris (Bordas) 1969 (128 S., Ill.: M. Mariotti)

P. Fourré, Premier dictionnaire en images, Paris (Didier) 1962, 1963² (Illustrations de R. Alliot)

Eva und M. Garling, Lernwortschatz Französisch der Lehrbuchreihe Bonjour les amis, Berlin (Ost) 1974, 1976² (120 S.)

A. Kropman et al., Vocabulaire fondamental illustré, 2 Bde., Culemborg, Bd. 1, 1971, 1972², 1973³, Bd. 2, 1974 (Bd. 1: Illustrations de R. Boon, Bd. 2: Illustrations de J. Hofmann)

F. Marchand/Michèle Barnoud-Maisdon, Dictionnaire actif Nathan. 1.000 mots illustrés en couleurs. Niveau 1, Paris 1976, 1981 (287 S., Illustrations de Denise Chabot, Nicole Lacroix, H. Mercier)

- , Premier dictionnaire Nathan. 200 mots illustrés en couleurs, Paris 1977 (95 S., Illustrations de Monique Gorde, Nicole Lacroix, H. Mercier)

<u>Werke für bestimmte Kulturkreise</u> (vgl. 5.5, Wörterbücher für Quebec)

Americanismos. Diccionario ilustrado Sopena, Barcelona 1982 (670 S., Photos und Zeichnungen im Text)

Dictionnaire moderne. Larousse/Afrique, Paris 1981 (nicht ill.)

G.-J. Bretonès, Dictionnaire du français fondamental en images pour les ruraux, Paris 1982

J. David, Dictionnaire du français fondamental pour l'Afrique, Paris 1974 (421 S., etwa 500 Zeichnungen)

5.4 Lernwörterbücher

a) Für Kinder im Grundschulalter und/oder unter etwa 3000 Lemmata

Le Larousse des enfants, Paris 1978 (320 S., 26 x 21, Texte de Simone Lamblin , illustration de Marianne Gaunt)

Gisèle Coté-Préfontaine et al., Je doute, je cherche, je trouve. Premier dictionnaire pour les moins de 9 ans, Paris (Hatier) 1974 (274 S., Ill. P. Dessons)

Germaine Finifter, Mon premier dictionnaire Hachette, Paris (Hachette) 1980 (238 S., 20 x 17, Ill. de M. Politzer)

Marthe Fonteneau/Hélène Poirié, Mon Larousse en images, Paris 1956, 1973 (98 S.)
Marthe Fonteneau/S. Theureau, Mon premier Larousse en couleurs, Paris 1953, 1974 (171 S.)
Marthe Fonteneau et al., Mon dictionnaire français-anglais, anglais-français en couleurs, Paris (Larousse) 1969, 1973
- , Mon premier dictionnaire français-anglais, Paris (Larousse) 1984
A. Gabillon, Dictionnaire des mots, des phrases, des images, Paris 1963, 1965, 1978, Hamlyn 1973 (126 S., 32 x 21 cm, Ill. Gilly)
R. Guillot, Images et mots, Paris (Larousse) 1970 (60 S., 29,5 cm hoch, Ill. Hélène Poirié)
J. Verdol, Dictionnaire du français facile. 300 mots, Paris (Hachette) 1974 (186 S.)

b) Für Jugendliche im Gymnasium und/oder bis etwa 10.000 Lemmata

Dictionnaire actif de l'école, Paris (Nathan) 1984 (480 S.)
Dictionnaire du français langue étrangère. Niveau 1, Niveau 2, 2 Bde., Paris 1978 bzw. 1979, mit dt. Vorwort von F.J. Hausmann, Frankfurt 1983 (811 bzw. 1.088 S.)
M. Didier, Mes 10.000 mots. Le dictionnaire pour l'école (élémentaire), Paris (Bordas) 1976 (722 S., Ill.: M. et Renée Ganne, Marguerite Leenhardt)
G. Gougenheim, Dictionnaire fondamental de la langue française, Paris 1958 (Didier) 1961² (nouv. éd. revue et augmentée) 1966³, 1971 (284 S.)
D. Lübke, Dictionnaire scolaire du français, München (Langenscheidt-Hachette) 1981 (316 S.)
G. Matoré, Dictionnaire du vocabulaire essentiel. Les 5.000 mots fondamentaux, Paris (Larousse) 1963 u.ö. (359 S.)
- , 5.000 Lernwörter Französisch, München-Paris 1984 (360 S.)

c) Etwa 10.000 bis 25.000 Lemmata

Dictionnaire Hachette juniors, Paris 1980 (1.088 S.)
Dictionnaire CEC jeunesse, Québec 1982 (1.115 S., = Kanad. Ed. des 'Dict. Hachette Juniors')
Larousse des débutants, Paris 1949, 1957² (616 S.)
Larousse des débutants. Avec le vocabulaire du français élémentaire, M. de Toro (dir.), Paris 1963 (éd. réfondue) bis 1979 (637 S.)
M. de Toro, Petit dictionnaire moderne, Paris 1970, 1973 (638 S., = 'Larousse des débutants', 1963)
Larousse encyclopédique des débutants. Avec le vocabulaire du français élémentaire, Paris 1976 (640 + 144 S., Sprachteil 625 S., Sprachteil identisch mit 'Larousse des débutants' 1963)
Nouveau Larousse des débutants, Paris 1977 (844 S.)
Nouveau Larousse des débutants. Edition canadienne, Paris 1981

d) Über 25.000 Lemmata

Verlag: Larousse

Larousse classique. Dictionnaire encyclopédique, Paris 1947 (1.195 S.), 1957 (1.288 S.), 1965 (Zahlreiche Zeichnungen und Photos bei den Lemmata, "153 planches in texte, 48 hors-texte en couleurs et en noir")
Larousse classique illustré, Paris 1947
Larousse pour tous, Paris 1957 (824 S., Sprachteil 674 S.)
Petit dictionnaire français. Larousse, Paris 1956 (768 S., Sprachteil 689 S.)
Nouveau Larousse élémentaire, Paris 1956, 1967, 1973 (990 S., Sprachteil 744 S.)
Larousse élémentaire a l'usage des Allemands, bearbeitet v. G. Kambach, Berlin (Langenscheidt) 1960, 1973[11], 1974[12] (672 S., Sprachteil des 'Nouveau Larousse élémentaire' von 1956 bearbeitet)
Nouveau dictionnaire du français contemporain illustré (NDFC), Paris 1980

Verlag: Hatier

Dictionnaire essentiel de la langue française, Paris (Hatier) 1948
AZED. Dictionnaire de la langue française. Aperçu grammatical. Lexique historique et géographique. Illustration nouvelle, Paris (Hatier) 1961 (928 S., Sprachteil 784 S.)
Français. Dictionnaire de la langue française, Paris (Hatier) 1961 (nouv. éd. ill., 928 S.)
Dictionnaire Hatier de la langue française, Paris 1963 (nouv. éd. ill., 928 S.)

5.5 Sektorale Wörterbücher

Wörterbücher für Quebec (chronologisch)

L.-A. Bélisle, Dictionnaire général de la langue française au Canada, Ottawa 1944, (ill.)
Dictionnaire Mame. Le dictionnaire d'aujourd'hui, s.l., [um 1949], (ill.)
D. Rogers, Dictionnaire de la langue québécoise rurale, Montréal 1977 (246 S., ill.)
L.-A. Bélisle, Dictionnaire nord-américain de la langue française, Ottawa 1979 (1.196 S., ill.)
P. Des Ruisseaux, Le livre des expressions québécoises, Ville LaSalle 1979 (291 S., ill.)
Nouveau Larousse des débutants/Ed. canadienne, Montréal (Librairie Larousse) 1981 (844 S., ill.)

5.5.1 Fachwörterbücher

Larousse agricole, J.M. Clément (dir.), Paris 1981 (1.207 S.)
Dictionnaire de l'agriculture Paris (Larousse) 1984 (17,5 x 12, 480 S.)
M. Barbier et al., Dictionnaire technique du bâtiment et des travaux publics, Paris (éd. Eyrolles) 1976[6] (151 S.)
Ministère de l'équipement, Nomenclature des parties d'ouvrages d'art en béton armé et précontraint, et en maçonnerie, Paris 1976
I.D. Morton/Chloe Morton, Elservier's Dictionary of Food Science and Technology, Amsterdam 1977 (207 S.)
G. Petiot, Le Robert des sports, Paris 1982
L. Rama, Dictionnaire technique de la maroquinerie, Lyon [1975]

5.5.2 Dialektwörterbücher

Glossaire des patois de la Suisse romande, Neuchâtel 1924 ff.
Luise Berthold, Hessen-Nassauisches Volkswörterbuch, Marburg (Lahn) Bd. 2, 1943 f., Bd. 3, 1967
B. Desgrippes, Le patois du domfrontais, in: Le Pays Bas-Normand, 75e année, no. 165, 1982 (112 S.)
E. Edmont , Lexique Saint-Polois, Saint-Pol-Mâcon 1897, ND Genève 1980 (634 S.)
J. Garneret, Un village comtois, Lantenne. Ses coutumes, son patois, Paris 1959 (390 S.)
J. Haust, Le dialecte wallon de Liège, 2me partie, Dictionnaire liégeois; 3me partie, Dictionnaire français-liégeois, Liège, Bd. 2, 1933; Bd. 3, 1948 (736 bzw. 512 S.)
P. Lefèvre/M. Brasdu, Glossaire berrichon, s.l., s.d. (nouv. éd., 112 S.)
R. Lepelley, Le parler normand du Val de Saire (Manche), Caen 1974 (XXXIX, 442 S.)
R. Mineau/L. Racinoux, Glossaire des vieux parlers du département de la Vienne, Poitiers 1975 (425 S.)
R. Pichavant, Le douarneniste comme on cause ..., Saint-Hermin 1978 (206 S., Ill. C. Kérivel)
V. Ratel, Le patois de Saint-Martin-La-Porte, Lyon 1956 (163 S.)
- , Dictionnaire, grammaire, phonétique du patois de Saint-Martin-La Porte, Chambéry 1976 (361 S.)
L. Remacle, Le parler de la Gleize, Bruxelles 1937 (355 S.)

Zu den Dialektwörterbüchern

Bertha Bosshart, Die Benennung der Omlette auf französischem Sprachgebiet, Zürich 1932
H.H. Christmann, Deutsche Wortgeographie und Romanistik. Luise Berthold zum Gedenken, in: Zeitschrift für romanische Philologie (ZRPh) 100, 1984, 788-91
W. Gerig, Die Terminologie der Hanf- und Flachskultur in den frankoprovenzalischen Mundarten, Heidelberg 1913 (Beiheft 1, Alte Folge der Zeitschrift 'Wörter und Sachen'), 104 S., 53 Abb.

G. Gröber (Hg.), Grundriß der Romanischen Philologie. Bd. 1: Geschichte und Aufgabe der romanischen Philologie und deren Behandlung. Romanische Sprachwissenschaft, Straßburg 1888 f., 1904-06² (stark erweiterte Auflage)

I. Iordan, Einführung in die Geschichte und Methoden der romanischen Sprachwissenschaft, Berlin 1962 (bearbeitet von W. Bahner, rum. 1932, engl. 1937)

K. Jaberg/J. Jud, Der Sprachatlas als Forschungsinstrument, Halle 1928, ND Nendeln/Liechtenstein 1973

\- , Sprach- und Sachatlas Italiens und der Südschweiz (AIS), 8 Bde., Zofingen 1928-40

R. Meringer, Die Stellung des bosnischen Hauses und Etymologien zum Hausrath, Wien 1902 (118 S., 62 Ill.)

C. Nigra, Nomi romanzi del collare degli animali da pascolo, in: ZRPh 27, 1903, 129-136 (+ 1 doppelseitige Tafel mit 20 Abb.)

H. Schuchardt, Zur Methodik der Wortgeschichte, in: ZRPh 24, 1900, 569-571

\- , Sichel und Säge. Sichel und Dolch, in: Globus 80, 1901, 181-187 und 205-209

\- , Zur Methodik der Wortgeschichte, in: ZRPh 27, 1903, 609-615

\- , Sachen und Wörter, in: Anthropos 7, 1912, 827-839

L. Spitzer (Hg.), Hugo Schuchardt-Brevier, Halle (Saale) 1928²

R. Trüb, Sollen die nationalen Wörterbücher auch Sachlexika sein?, in: O. Lurati/H. Stricker (Hg.), Die schweizerischen Wörterbücher, Fribourg 1982, 131-150, Korreferat A. Decurtins 151-155, Diskussion 155-159

5.5.3 Argotwörterbücher und ein Wörterbuch der Umgangssprache

R. Bacri, Le roro. Dictionnaire pataouète de langue pied-noir, étymologique, analogique, didactique, sémantique et tout, Paris (Denoël) 1969 (165 S., "Les illustrations elles sont de Charles Brouty")

A. Le Breton, Langue verte et noirs desseins, Paris 1960

\- , L'argot chez les vrais de vrais, Paris 1975 (512 S., Ill. Piem)

R. Giraud, Dictionnaire illustré d'argot moderne. L'argot tel qu'on le parle. Dictionnaire français-argot, Bordeaux 1981 (312 S., Ill. Josette Mimran)

J. Marcillac, Dictionnaire français-argot, Paris (Ed. de la pensée moderne) 1958 (254 S., Ill. Sennep)

Le petit Perret. Illustré par l'exemple, Paris (J.-C. Lattès) 1982 (349 S.)

A. Simonin, Le petit Simonin illustré, Paris (Les productions de Paris) 1958 (314 S.), 1968 (284 S.) (Ill. P. Grimault, Préface de J. Cocteau)

Ein Wörterbuch der Umgangssprache

H. Küpper, Illustriertes Lexikon der deutschen Umgangssprache, 8 Bde., Stuttgart 1982-84

5.6 Idiomatikwörterbücher

H. Frenzel/H. Willers, 1.000 italienische Redensarten, Berlin 1939[1], 1974[2], 1981[3] (Ill. E. Holz erst ab 1981[3])

H. Huber et al., De la tête aux pieds. Deutsch-französische Idiomatik, Wien 1978 (185 S., Ill. A. Agius)

Reine Gardaillac Kelly, Expressions idiomatiques en français vivant, New York 1974 (189 S., Ill. Michèle Maldeau)

H.-W. Klein, 1.000 idiomatische französische Redensarten, Berlin 1975[19] (220 S.), 1980[3] (1. ill. Ausg.)

C. Lapucci, Per modo di dire. Dizionario dei modi di dire della lingua italiana, Firenze 1969, Milano (Garzanti-Vallardi) 1979[2] unter dem Titel: Dizionario dei modi di dire della lingua italiana (421 S.)

P. Medina, Französisch wie es nicht im Wörterbuch steht, Frankfurt/Main 1966[6] (neu bearbeitet. v. Rose Medina, 211 S.), Bergisch Gladbach (Lübbe) 1981 (248 S.)

Marie-Thérèse Pignolo/H.-G. Heuber, Ne mâche pas tes mots. Nimm kein Blatt vor den Mund!, Reinbek bei Hamburg 1982 (119 S., Ill. Birgit Rieger)

D.K. Pryce, Les idiotismes du français fondamental. Premier degré. London 1974 (119 S. Lexikon + Übungen bis S. 191, Ill. R. Fishwick)

L. Röhrich, Lexikon der sprichwörtlichen Redensarten, 2 Bde., Freiburg 1973

Sylvie Weil/Louise Rameau, Trésors des expressions françaises, Paris (éd. Belin) 1981 (223 S., Ill. Blachon)

6. HISTORISCHE ENTWICKLUNG ILLUSTRIERTER LEXIKOGRAPHISCHER WERKE

6.1 Illustrierte lexikographische Werke des Mittelalters und des 16. Jahrhunderts

a) Enzyklopädische Werke in chronologischer Reihenfolge

Isidor von Sevilla (560-626), Originum seu etymologiarum libri XX, Hg. W.M. Lindsay, 2 Bde., Oxford 1911, ND 1966

Paulus Diaconus, De verborum significatu, 8. Jahrhundert, "Perhaps the prototype of the encyclopaedic dictionary", R. Collison (1966^2, 26)

Hrabanus Maurus (780-856), De universo = De rerum naturis, zahlreiche Mss., darunter ein illustriertes von 1023; 265 Blatt mit 361 Miniaturen. Gedruckt Straßburg 1467 oder 1474, Venedig 1473, Köln (Hg. J. Pamelius) 6 Bde., 1626

Lambert von St. Omer, Liber floridus, ~1120, ~40 Abb., 10 Mss.

Herrad von Landsberg, Hortus deliciarum, etwa 1170, 650 S. mit 636 Miniaturen, 1 Ms., Hg. Rosalie Green, 2 Bde., London 1979

Lucidarius, etwa 1190, gedruckt 1479

Thomas de C(h)antimpré, De naturis rerum, 1228-1244

Vincent de Beauvais (1190-1264), Speculum maius, 1244, gedruckt Straßburg 1473^1, Douai 1624^6, ND Graz 1964

Jo(h)annes Balbus Januensis/de Janua, Catholicon. Summa quae vocatur catholicon, 1286, gedruckt Mainz (Gutenberg) 1460

Brunetto Latini (1230-1294), Li livres dou tresor, Hg. F. J. Carmody, Berkeley 1948, ND Genf 1975

Konrad von Megenberg, Buch der Natur, vor 1374, gedruckt Augsburg 1475 u.ö., Hg. F. Pfeiffer, Stuttgart 1861, Hg. H. Schulz, Greifswald 1897

Domenico Bandini, Fons memorabilium universi, etwa 1410

Lucidarius, s.l. 1479

O.H. Prior (ed.), Caxton's Mirrour of the World, Westminster 1480/81, London 1913, 1966

Guy de Chauliac, Chirurgia Magna Guidonis de Gauliaco, 1498, Hg. G. Keil, ND der Ausgabe Lugduni 1585, Darmstadt 1976

Hortus sanitatis, Mainz 1485, (ND München 1966), Straßburg 1510

Gregor Reisch, Margarita philosophica, 12 Bücher in 1 Bd., Heidelberg (Handschrift) 1496, Straßburg (gedruckt) 1503, 1515^2, bis 1583 oft aufgelegt, Hg. U. Becker, Freiburg 1970

Domenico Nani Mirabelli, Polyanthea, hoc est opus suavissimis floribus celebriorum sententiarum ... exornatum, Savona 1503, Venezia 1575, 1592; von 1621 unter dem Titel 'Florilegium magnum', eingesehen: Argentorati 1624

Domenicus Nanus Mirabellius atque Bartholomaeus Amantius, Polyanthea, ..., Coloniae (apud Maternum Cholinum) 1567

Ewa Chojecka, Bayerische Bild-Enzyklopädie. Das Weltbild eines wissenschaftlich-magischen Hausbuches aus dem frühen 16. Jahrhundert, Baden-Baden 1982 (163 Tafeln)

Theodor Zwinger, Theatrum humanae vitae, Basileae 1565 u.ö. (29 Foliobände in der 3.Auflage)
Laurentius Beyerlinck, Magnum theatrum vitae humanae, hoc es rerum divinarum, humanarumque syntagma catholicum, philosophicum, historicum, et dogmaticum; ad normam Polyantheae universalis dispositum, 8 Bde., zwischen 1631 und 1707 verschiedene Auflagen; eingesehen Lugduni 1678 (in hac ed. novissima)

b) Sprachliche Werke in chronologischer Reihenfolge

Alexander de Villa Dei, Doctrinale puerorum, vor 1240 entstanden, gedruckt Köln 1470 bis 1588
A Pictorial Vocabulary (of the fifteenth Century), in: T. Wright/R.P. Wülcker 1884², 747-813
T. Wright, A Volume of Vocabularies, London 1857
R.P. Wülcker, Thomas Wright's Anglo Saxon and Old English Vocabularies, 2 Bde., London 1884²
Galfridus Grammaticus (oder: Anglicus), Promptuorium parvulorum, 1440, 1. Druck London 1499 (Engl.-Lat., das erste in England gedruckte Wörterbuch)
Vocabularius ex quo, Eltville 1467 (alphabetisch geordnetes lat.-dt. Vokabular), ND Tübingen 1987 ff.
Gherhard von der Schueren, Teuthonista, s.l. 1457, Köln 1477 (alphabetisch, niederrheinisch-lat. u. umgekehrt)
Introito e porta, Venedig 1477, ND V.R. Giustiniani (Hg.), Adam von Rottweils Deutsch-Italienischer Sprachführer, Introito e porta, Tübingen 1986
Vocabularius incipiens teuthonicum ante latinum, Speyer etwa 1478 (oder 1483), (alphabetisch geordnetes dt.-lat. Vokabular)
Solennissimo Vochabuolista, Venedig 1479 u.ö.
Laurentius Valla, Elegantiarum libri sex, Venedig 1479 u.ö. (gesehen: Moguntiae/Mainz (Johannes Schoeffer) 1529)
Vocabularius teutonicus, Nürnberg 1481 oder 1482, (dt.-lat. Glossar)
Wenzeslaus Brack, Vocabularius rerum, Basel 1483 und 15 weitere Auflagen, eingesehen: Speyer 1501 (96 S., lat.-dt. Wörterbuch nach Sachgruppen, nicht ill.)
Alfonso de Palencia, Universal vocabulario, Sevilla 1490 (lat.- span.)
E.A. de Nebrija, Vocabulario de romance en latín, Sevilla etwa 1495, 1516² (span.-lat.)
[H]ortus Vocabulorum, London (?) 1500, (lat.-engl.)
Vocabolari molt profitos per apendre [sic!] lo Catalan Alamany y lo Alamany Catalan, Perpignan 1502
Ambrogio Calepino, Dictionarium, Rhegii lingobardiae/Reggio (Emilia) 1502
Sebald Heyden, Formulae puerilium colloquiorum, Nürnberg 1528 u.ö.., eingesehen Augsburg 1556
- , Nomenclatura rerum domesticarum, Nürnberg 1530, 8°; Augsburg s.d. [ca. 1570] (e typographica Michaelis Mangeri) (47 S.)
Petrus Dasypodius, Dictionarium germanico-latinum, Sraßburg 1536
The Dictionary of syr Thomas Eliot knyght, s.l. 1538 (lat.-engl.)
Robert Estienne, Dictionnaire françois-latin, Paris 1539
-, Dictionariolum puerorum, Paris 1542 u.ö.
Richard Huloet, Abecedarium Anglico Latinum, London 1552

Lucio Minerbi, Il Dittionario di Ambrogio Calepino dalla lingua latina nella volgare brevemente ridotto, A San Luca al segno del diamante 1553

Hadrianus Junius, Nomenclator omnium rerum, Antwerpen 1567

Matthias Schenckius, Nomenclator Hadriani Junii Medici ad scholarum usum accomodatus, Augsburg 1571, ND Hildesheim 1982 (lat.-dt.)

Hadrianus Junius, Nomenclator, Augustae 1581 (Ex officina Michaelis Mangeri), 8°, (288 S.), lat.-(oft gr.)-dt., z.B. S. 155: "Vectigal, τέλος, Zol.")

6.2 Das 17. Jahrhundert

Ianua linguarum sive modus maxime accomodatus, quo patefit aditus ad omnes linguas intelligendas, Salmanticae 1611 (lat.-sp.)

Sebástian de Covarrubias, Tesoro de la lengua castellana o española, Madrid 1611

Vocabolario degli accademici della Crusca, Venezia 1612, ND Firenze 1976, 1623^{2}, 1691^{3}, $1729\text{-}38^{4}$, $1843\text{-}1923^{5}$ (11 Bde., A-O, 5. Aufl.)

William Bathe, Janua linguarum, London 1615 (lat.-engl.), 1617 (fr.-engl.-sp.-lat.) u.ö.

Johann Heinrich Alsted, Encyclopaedia, septem tomis distincta, 2 Bde., Herborn 1630

Jan Amos Comenius, Ianua linguarum reserata, Leszna/Leta 1631, Leipzig 1633 (lat.-dt.)

- , Porta linguarum trilinguis reserata et aperta, Hg. J. Anchoran, London 1631 (lat.-engl.-fr.)

Johann Heinrich Alsted, Scientiarum omnium encyclopaediae, Lyon 1649

Abraham Calovius d.Ä. (Abraham Calan, Kalan, Calov, Kalau), Encyclopaedias disciplinarum realium ideae, philosophiam universam, facultates superiores, ut et organon ὀργάνων logicam facie sua genuina repraesentantes, Lübeck 1652

Thomas Blount, Glossographia, London 1656 bis 1681^{5}, ND Menston 1969 (etwa 360 S.)

Jan Amos Comenius, Orbis sensualium pictus, Noribergae 1658, 1659^{2}, 1662^{3} u.ö., ND von 1658 Osnabrück 1964 (309 S. Text + Index)

- , Orbis sensualium pictus. Übersetzt von Charles Hoole, London 1659, ND Oxford 1968 (309 S., engl.-lat.)

Indiculus universalis, rerum fere omnium, ... L'univers en abrégé, Lyon 1684^{4} (nach Sachgruppen, fr.-lat., nicht illustriert)

Antoine Furetière, Essais d'un dictionnaire universel, s.l., 1684

- , Dictionnaire universel, contenant generalement tous les mots françois tant vieux que modernes, et les termes de toutes les sciences et des arts, sçavoir la Philosophie, ..., 3 Bde., La Haye/Rotterdam 1690, 1691^{2} (2 Bde.), 1707^{3} (4 Bde..), 1727^{4} (4 Bde.)

Caspar Stieler, Der Teutschen Sprache Stammbaum und Fortwachs, Nürnberg 1691

Stephanus Chauvin/Etienne Chauvin, Lexicon rationale sive Thesaurus philosophicus. In der Titelvignette: Lexicon philosophicum, Rotterodami 1692, Leuwardden 1713 (Titel: Lexicon philosophicum, secundis curis)

Dictionnaire de l'Académie françoise, 2 Bde., Paris 1694

Thomas Corneille, Dictionnaire des arts et des sciences, 2 Bde., Paris/Amsterdam 1694, 1696^{2}, 1720^{3}, 1731^{4} u.ö. (nicht illustriert, nur Titelvignette in jedem Band)

James Greenwood, The London Vocabulary, London, etwa 1700, 1713^{3} bis 1816^{26} (zwischen 1787 und 1816 mindestens vier Auflagen in Amerika)

Wirkung des 'Orbis pictus' von J.A. Comenius

J.B. Basedow, Elementarwerk. Mit den Kupfertafeln Chodowieckis u.a., 3 Bde., Dessau 1770, 1774, 1785-95, Leipzig 1909, ND Hildesheim 1972, T. Fritzsch (Hg.)

F.J. Bertuch, Bilderbuch für Kinder, 2 Bde., Weimar 1790, 1795, ND Leipzig 1977

J.E. Gailer, Neuer Orbis pictus für die Jugend, Stuttgart 1832, Reutlingen 1835[3], ND Dortmund 1979

Anon., Neuester Orbis Pictus oder die Welt in Bildern für fromme Kinder Neuhaldersleben 1838, ND Frankfurt/Main 1972 (48 S.)

O. Spamer, Illustriertes Konversations-Lexikon. Vergleichendes Nachschlagebuch für den täglichen Gebrauch. Hausschatz für das deutsche Volk und "Orbis pictus" für die studirende Jugend, 8 Bde., Leipzig 1870-82, 2 Suppl. Bde., Atlas 1885-91[2]

6.2.1 Das Fehlen illustrierter lexikographischer Werke im 17. Jahrhundert

E. Auerbach, La cour et la ville, in: Vier Untersuchungen zur Geschichte der französischen Bildung, Bern 1951, 12-50 (erstmals 1933)

Benedetto Buommattei, Della lingua Toscana: Coll'aggiunta d'un suo discorso non più stampato, d'alcune note, e della vita dell'autore, Firenze 1718[5], [1643[1]]

M. Dascal, Leibniz. Language, signs and thought. A collection of essays (Foundations of Semiotics 10), Amsterdam 1984

[D.] Dodart, Mémoires pour servir à l'histoire des plantes, Paris (Imprimerie royale) 1676, 1679[2]

N. Faret, L'honeste homme ou l'art de plaire à la court, Paris 1630 bis 1681[11], ND Genève 1970

M. Foucault, Les mots et les choses, Paris 1966

- , Die Ordnung der Dinge, Frankfurt/Main 1971

Erica Harth, Ideology and Culture in Seventeenth-Century France, Ithaca 1983

H. Krauß (Hg.), Erich Köhler. Klassik I, Stuttgart 1983

Claude Lancelot/Antoine Arnaud, La grammaire générale et raisonnée de Port-Royal, Paris 1660

H. Poser, Signum, notio und idea. Elemente der Leibnizschen Zeichentheorie, in: Semiotik 1, 1979, 304-324

H. Schnelle, Zeichensysteme zur wissenschaftlichen Darstellung, Stuttgart 1962

M. Wandruszka, Der Geist der französischen Sprache, Reinbek 1959 u.ö.

6.3 Das 18. Jahrhundert bis 1760

Vincenzo Coronelli, Biblioteca universale sacro-profana, diviso in volumi 45, 7 Bde. (A-Caque), Venezia 1701-06 (Bd. 1: A - AE, nicht illustriert, enzyklopädisches Wörterbuch)

J.K. [John Kersey], A New English Dictionary, London 1702

John Harris, Lexicon Technicum; or An universal English dictionary of the arts and sciences, explaining not only the terms of arts, but the arts themselves, London, 2 Bde., Bd. I: 1704, 1708[2], Bd. II: 1710

[Nathan Bailey], Dictionarium Rusticum, Urbanicum et Botanicum or a Dictionary of Husbandry, Gardening, Trade, Commerce and all Sorts of Country-Affairs, London 1704, 1726^{3} (2 Bde.)

Philipp Balthasar Sinold von Schütz, Reales Staats- und Zeitungs-Lexicon, Leipzig 1704 (Vorwort: Johann Hübner, nicht ill., vgl. 1752)

[G. Guillet de St. Georges], The Gentleman's Dictionary, In three parts, London 1705 (= Übersetzung und Bearbeitung der 16. franz. Auflage)

- , Les arts de l'homme d'épée, Paris 1670 und 15 weitere Auflagen

Glossographia Anglicana Nova, London 1707 (19,5 x 12, 576 S.)

[Nürnberger Wörterbuch], Teutsch-lateinisches Wörter-Büchlein, mit 6.000 darzu dienlichen Bildern gezieret, Norimbergae 1713, 1733

Nathan Bailey, An Universal Etymological English Dictionary, London 1721, 1724^{2}, 1726^{3}, 1728^{4}, 1731^{5}, 1733^{6} bis 1802^{30}

Johann Theodor Jablonski, Allgemeines Lexicon der Künste und Wissenschaften, Königsberg und Leipzig, 1 Bd., 1721 (918 S.), 2 Bde. 1748^{2}, 1767^{3} (Hg. J.J. Schwabe)

Diccionario de autoridades, 6 Bde., Madrid 1726-39

Nathan Bailey, The Universal Etymological English Dictionary, Volume II, London 1727, 1731^{2}, 1737^{3}, 1756^{4}, 1759^{4} (sic!), 1760^{5}, 1775, 1776

Ephraim Chambers, Cyclopaedia, or an Universal Dictionary of Arts and Sciences, 2 Bde., London 1728, 1738^{2}, 1739^{3}, 1741^{4}, 1741-43^{5} ("The fifth edition"), daneben Dublin 1742^{5}, London 1746^{5} (sic!), 1751-52^{7}; 2 Supplementbände: 1753, 1778^{2}, 1781-86^{3}, ND 1788-91; 1786 (5 Bde.)

Nathan Bailey, Dictionarium Britannicum: Or a more Compleat Universal Etymological English Dictionary than any Extant, London 1730, 1736^{2}, ND 1969

Johann Heinrich Zedler, Großes vollständiges Universal-Lexicon aller Wissenschaften und Künste welche bishero durch menschlichen Verstand und Witz erfunden und verbessert worden, 64 Bde., Halle und Leipzig 1731-50, 4 Supplementbände: 1751-54 (A-Caq)

John Barrow, Dictionarium polygraphicum: or, The whole body of arts regularly digestet ... adorned with proper sculptures, curiously engraven on more than fifty copper plates ..., 2 Bde, London (C. Hitch/C. Davis) 1735, 1758^{2}

Nathan Bailey, Dictionarium Domesticum, Being a New and Compleat Houshold Dictionary, London 1736

Dennis de Coetlogon, An Universal History of Arts and Sciences: Or, A Comprehensive Illustration, Definition, and Description of All Sciences, Divine and Human; ..., 2 Bde., London 1745

Gianfrancesco Pivati, Nuovo dizionario, scientifico e curioso, sacro e profano, 10 Bde., Venezia 1746-51

Dizionario universale delle arti e delle scienze, 9 Bde., Venezia 1748-49, 1762-65 (6 Bde.) (= it. Bearb. d. Werkes v. Chambers d. 5. Aufl. von 1726)

John Barrow, Dictionarium medicum universale; or, A new medicinal dictionary, London 1749

Benjamin Martin , Lingua Britannica Reformata: Or, A New Universal English Dictionary, London 1749, 1754^{2}

[John Barrow], A New and Universal Dictionary of Arts and Sciences, London (J. Hinton) 1751 (35 + 1.039 S., 62 plates (incl. maps)), Supplement 1754 (14 + 708 S., 44 plates)

Johann Hübner, Neu vermehrtes und verbessertes Reales Staats- Zeitungs- und Conversationslexicon, Leipzig 1752, Regenspurg und Wien 1753 (ab 1752 mit 8 Kupfern, 1753: 10 Kupfer, vgl. 1704) bis 1824-28^{31}

A New and Complete Dictionary of Arts and Sciences, 8 Teile in vier Bdn, London (W. Owen) 1754-55, 1763^2

Samuel Johnson, A Dictionary of the English Language, 2 Bde., London 1755, ND Hildesheim 1968

Joseph Nicol Scott/Nathan Bailey, A New Universal Etymological English Dictionary, London 1755, 1764^2, 1772^3

Der Einfluß von John Locke

China und Europa (Ausstellungskatalog), Berlin 1973

A. Klemmt, John Locke. Theoretische Philosophie, Meisenheim/Glan - Wien 1952

J. Locke, An Essay Concerning Human Understanding, London 1690, Oxford 1975 (ed. P.H. Nidditch)

R. Schreyer, Untersuchungen zur Sprachauffassung Dr. Johnsons, Diss. Saarbrücken 1971

R.S. Woolhouse, Locke's Philosophy of Science and Knowledge, Oxford 1971

6.4 Die 'Descriptions des arts et métiers' und die 'Encyclopédie'

a) Die 'Descriptions des arts et métiers'

Descriptions des arts et métiers par M.M. de l'Académie royale des sciences, etwa 88 Bde., Paris 1761-88 (43,5 x 29,5 cm)

Descriptions des arts et métiers, nouvelle édition ... par J.E. Bertrand, Neuchâtel 1771-81 (24 x 19 cm)

Schauplatz der Künste und Handwerke ... in das Teutsche übersetzt und mit Anmerkungen versehen von Johann Heinrich Gottlob von Justi, Berlin, Stettin und Leipzig (J.H. Rüdigern) 1762-75

b) Die 'Enzyklopädie'

Denis Diderot/Jean d'Alembert, Encyclopédie, ou dictionnaire raisonné des sciences, des arts et des métiers, 17 Bde., Paris 1751-65, Supplément 4 Bde., 1776-77, Table analytique 2 Bde., Paris - Amsterdam 1780. Weitere, z.T. bearbeitete, Auflagen: Genf 1771-76, Genf - Neuchâtel 1777-81, Lausanne - Bern 1778-82, ND Stuttgart-Bad Cannstadt 1966-67

- , Recueil de planches, sur les sciences, les arts libéraux, et les arts méchaniques, avec leur explication, 11 Bde., Paris 1762-72, Supplément: Suite de recueil de planches 1 Bd., 1777, ND Stuttgart-Bad Cannstadt 1966-67

Encyclopédie, ou dictionnaire raisonné des sciences, des arts et des métiers ... publié par M. Diderot, ... et ... par M. d'Alembert ..., 2e édition ... par M. Octavien Diodati, 28 Bde., Lucca 1758-76

Encyclopédie, ou dictionnaire raisonné des sciences. Troisième édition enrichie de plusieurs notes ... Hg. Giuseppe Aubert, 33 Bde., Livorno 1770-79

Nouveau dictionnaire pour servir de supplément aux dictionnaires des sciences, des arts et des métiers ... Seconde édition d'après celle de Paris, avec quelques notes, 4 Bde., Livorno 1778 (= Supplement)
Fortunato Bartolomeo de Felice, Encyclopédie, ou dictionnaire universel raisonné des connoissances humaines. Mis en ordre par M. de Felice, 42 Bde., Supplément 6 Bde., Planches 10 Bde., Yverdon 1770-80
- , Enciclopedia o dizionario universale delle cognizioni umane, 48 Bde., 10 Tafelbde., Yverdun 1770-80 (existiert nicht!)

Encyclopédie méthodique, ou par ordre de matières: par une société de gens de lettres, de savans et d'artistes; 166 Bde., Paris (Panckoucke), Liège (Plomteux) 1782-1832
Encyclopédie méthodique ou par ordre de matières, Scattaglia (dir.), Padova 1786-1800, Katalog der Biblioteca Marciana (Venedig): 1780-1817 (z.B. Agriculture, tome quatrième (Dac-Eym) 1798, 312 S.)
Traducción española de la Encyclopédie méthodique o Nouvelle Encyclopédie, Paris (Justo de Sancha) 1782 (Existenz nicht nachgewiesen)

Le grand vocabulaire français, par une société de gens de lettres, 30 Bde., Paris (Panckoucke) 1767-74

c) <u>Zur Geschichte und Ikonographie der 'Encyclopédie'</u>

L'univers de l'Encyclopédie, Paris (Les libraires associés) 1964
R. Barthes, Image, raison, déraison, in: L'univers de l'Encyclopédie 1964, 11-16
R. Darnton, The Business of Enlightment. A Publishing History of the *Encyclopédie* 1775-1800, Cambridge, Mass. 1979
- , Neue Aspekte zur Geschichte der *Encyclopédie*, in: H.U Gumbrecht et al. (Hg.), Sozialgeschichte der Aufklärung in Frankreich, Bd. 2, München 1981, 35-65
Hannelore Gärtner, Zur Geschichte und zur Lexikographie der Encyclopédie, in: H.-J. Diesner/G. Gurst (Hg.), Lexika gestern und heute, Leipzig 1976, 95-136
Q. Horatius Flaccus (Horaz), Sämtliche Werke, Übersetzer W. Schöne , München 1967
R. Mauzi, Une souveraineté éphémère, in: L'univers de l'Encyclopédie, 1964, 19-22
F. Möhren, Wort- und sachgeschichtliche Untersuchungen an französischen landwirtschaftlichen Texten, 13., 14. und 18. Jahrhundert. *Seneschaucie, Menagier, Encyclopédie*, Tübingen 1986
Madeleine Pinault, Diderot et les illustrateurs de l'Encyclopédie, in: Revue de l'art 66, 1984, 17-38 (1984a)
- , Aux sources de l'Encyclopédie: la Description des Arts et Métiers, 4 Bde., Paris (Thèse de l'Ecole pratique des Hautes Etudes, IXe section) 1984, erscheint voraussichtlich 1986
A. Pons, Les planches de l'Encyclopédie et les problèmes de la technique au XVIIIe siècle, Paris 1964
J. Proust, Diderot et l'Encyclopédie, Paris 1962
- , L'Encyclopédie, Paris 1965
J.-P. Seguin, Courte histoire des planches de l'*Encyclopédie*, in: L'univers de l'Encyclopédie 1964, 24-34
P. Swiggers, Les conceptions linguistiques des Encyclopédistes, Heidelberg 1984

6.5 Das verbleibende 18. Jahrhundert

Temple Henry Croker et al., The Complete Dictionary of Arts and Sciences, Coventry 1764-66, London 1766 (Bd. 1: A-D) (35,5 x 24 cm)

Encyclopaedia Britannica, 3 Bde., Edinburgh 1768-71 (ND ca. 1968), London 1773, 1778-84[2] (10 Bde.), 1788-97[3] (18 Bde.), 1801-10[4] (20 Bde.), 1811-14[5] (20 Bde.), 1820-23[6] (20 Bde.), 1827-42[7] (22 Bde.), 1875-89[9] (25 Bde.), 1902[10] (36 Bde.), New York 1910-1911[11] (29 Bde.) bis 1974-84[15]

Francesco Grisellini, Dizionario delle arti e de'mestieri, 18 Bde., Venezia (Modesto Fenzo) 1768-78 (Bd. 1: 14 Tavole usw. bis Bd. 18: 12 Tavole; ist eine Enzyklopädie)

Johann Georg Krünitz, Ökonomische Enzyklopädie oder allgemeines System der Staats- Stadt- Haus- und Landwirtschaft in alphabetischer Ordnung, 242 Bde., Berlin 1773-1858, 1782[2] ff. (20 x 12 cm)

Johann Christoph Adelung, Versuch eines vollständigen grammatisch-kritischen Wörterbuches der Hochdeutschen Mundart, 5 Bde., Leipzig 1774-86

Deutsche Enzyklopädie; oder, Allgemeines Realwörterbuch aller Künste und Wissenschaften von einer Gesellschaft von Gelehrten, 24 Bde., (incl. 1 Bd. Kupfertafeln), Frankfurt/Main 1778-1807 (bis K)

George Selby Howard, The New Royal Cyclopaedia, and Encyclopaedia; or, Complete, Modern and Universal Dictionary of Arts and Sciences, 3 Bde., London (Bd. 1) 1788 (Folio, "upwards of 150 very large superbe copper-plates", Titelseite)

Francois Pagés, Atlas du cours d'études encyclopédiques, 6 Bde. + 1 Bd. Kupfertafeln, Paris an VII de la République [1796] (28 x 23)

Encyclopaedia Perthensis; or Universal Dictionary of Knowledge, 23 Bde., Perth 1796-1806, 1807-16[2] (Untertitel der 2. Auflage: 'Universal Dictionary of Arts, Sciences, Literature, etc.')

[Renatus Gotthelf Löbel], Conversationslexikon mit vorzüglicher Rücksicht auf die gegenwärtigen Zeiten, 6 Bde., Leipzig (F.A. Leupold) 1796-1808

6.6 Das 19. Jahrhundert und die Anfänge des 20. Jahrhunderts

6.6.1 Entwicklung der Illustrationspraxis in den Enzyklopädien

a) Deutsche Enzyklopädien

[R.G. Löbel, Hg.], Conversationslexikon mit vorzüglicher Rücksicht auf die gegenwärtigen Zeiten, 6 Bde., Leipzig 1796-1808, 2 Nachtragsbände, Bd. 1 Amsterdam 1810, Bd. 2, Leipzig 1811 (ab 1808 im Besitz von F.A. Brockhaus)

F.A. Brockhaus, Conversations-Lexikon oder kurzgefaßtes Handwörterbuch ..., 8 Bde., Leipzig 1809-11 (= ND von R.G. Löbel, Hg. 1796-1811)

- , Conversations-Lexikon (+ variierende Untertitel) bzw. Allgemeine deutsche Real-Encyclopädie, Leipzig 1812-19[2] (10 Bde.) 1875-79[12] (15 Bde.) - ohne Illustrationen; siehe 1882-87[13]

Deutsche Taschen-Encyclopädie, 4 Bde., Leipzig-Altenburg (Brockhaus) 1816-20

J.S. Ersch/J.G. Gruber, Allgemeine Encyclopädie der Wissenschaften und Künste, 167 Bde., Leipzig (Brockhaus seit 1831) 1818-89

Systematische Bilder-Gallerie zur Allgemeinen deutschen Real-Encyclopädie (Conversations-Lexicon) in lithographirten Blättern, Freiburg 1825-27, Carlsruhe-Freiburg 1828^3, ND 1977, 1840^6 (28 x 21 cm)

J.J. Prechtl (Hg.), Technologische Encyclopädie, 20 Bde., + 4 Bde. Kupfertafeln, Stuttgart 1830-55

O.L.B. Wolff, Pfennig-Enzyklopädie; oder Neues elegantestes Conversations-Lexikon, 4 Bde., Leipzig 1834-37, Suppl.a 1839-41, 1843^2 (5 Bde.) (28 x 19,5 cm)

O. Marbach/A. Kaiser (Hg.), Bilder-Conversations-Lexikon für das deutsche Volk, 4 Bde. Leipzig (Brockhaus) 1837-41 (27 x 22 cm)

Das große Conversations-Lexikon für die gebildeten Stände, 46 Bde.,, Hildburghausen (J. Meyer) 1840, 1840-55 (6 Suppl.bde.), 1874-78^3 (16 Bde.), Leipzig 1902-12^6 (24 Bde.), 1924-30^7 (12 Bde.) bis 1971-81 (32 Bde.), 1981 ff. (15 Bde.)

H.A. Pierer, Enzyklopädisches Wörterbuch der Wissenschaften, Künste und Gewerbe, 26 Bde., Altenburg 1822-36, 1835^2 (unter dem Titel 'Universal-Lexikon, oder vollständiges enzyklopädisches Wörterbuch')

- , Universal-Lexikon der Gegenwart und Vergangenheit, 34 Bde. + 1 Atlas der Abbildungen, Altenburg 1840-46, Atlas 1848 (= "Zweite, völlig umgearbeitete Auflage. (Dritte Ausgabe)", Titel)

Bilder-Atlas der Wissenschaften und Künste. Ein Ergänzungswerk zu jedem Conversations-Lexikon, Leipzig (Brockhaus) 1844-49

Allgemeine Realenzyclopädie oder Conversations-Lexikon für das katholische Deutschland, Hg. W. Binder, 12 Bde. + 2 Bde. Supplement, Regensburg 1846-50, 2 Bde. Suppl. 1880-90^4 (Manz'sche Realenzyklopädie)

Illustrirtes Haus- und Familienlexikon. Ein Handbuch für das praktische Leben, 7 Bde., Leipzig (Brockhaus) 1860-65, 1867 (billigere Ausgabe)

Bilder-Atlas. Ikonographische Encyklopädie der Wissenschaften und Künste, ein Ergänzungswerk zu jedem Conversations-Lexikon, Leipzig (Brockhaus) 1869-74, 1878-79^2

O. Spamer, Illustriertes Konversations-Lexikon für das Volk zugleich ein Orbis pictus für die Jugend, Leipzig, Bd. 1, 1870

Brockhaus-Bilderatlas. Ikonographische Enzyklopädie der Wissenschaften und Künste. Ein Ergänzungswerk zu jedem Conversations-Lexikon, 8 Bde., Leipzig 1875^2 (2. völlig umgearbeitete Auflage)

Brockhaus-Conversations-Lexikon, 16 Bde., Leipzig 1882-87^{13} ("13. vollst. umgearbeitete Auflage.", erstmals ill.), Suppl. 1887 (siehe 1892-95^{14})

Luise Wilhelmi/W. Löbe, Illustrirtes Haushaltungs-Lexicon, Straßburg 1884

Bilder-Atlas der Wissenschaften, Künste und Gewerbe, Leipzig (Brockhaus) 1886 (= billigere Ausg. des 'Bilder-Atlas' von 1869-74)

Kleines Brockhaus'sches Conversations-Lexikon für den Hausgebrauch, 4 Bde., Leipzig 1854-56, 1861-64^2, 1879-80^3 (2 Bde.), 1888^4 (erstmals ill. auf gesonderten Tafeln), 1905^5 (Tafeln und Textill.)

J. Kürschner, Universal Konversations-Lexikon, Stuttgart 1888, Berlin 1895^2

- (Hg.), Pierers Konversationslexikon. Mit Universal-Sprachen-Lexikon, 12 Bde., Berlin 1888-93^7

Brockhaus-Konversationslexikon, 16 Bde., Leipzig 1892-95^{14} Suppl. 1897; 1898 (revid. Jubiläumsausg., in 17 Bdn.), 1901-04 (zusätzl. verb. Jubiläumsausg.), Supplement 1907; 1908 (wiederum verb. Jubiläumsausg.)

Herders Konversations-Lexikon, 5 Bde., Freiburg 1853-57, 1902-07[3] (9 Bde., = erste ill. Ausg.), Ergänzungsbände 1910 und 1921, 1931-35[4], 1953-56[5] (10 Bde.)
Der große Brockhaus, 21 Bde., Leipzig 1928-35[15]

b) Französische Enzyklopädien

E. Courtin, Encyclopédie moderne, 24 Bde. und 2 Bde. Planches, Paris (Bureau de l'encyclopédie) 1824-1832, Planches 1828 und 1832; 1837 (nouv. éd.) (Kupferstiche; weiterentwickelt zu 'Encyclopédie moderne' 1846 ff.)
A.F. Didot, Dictionnaire de la conversation et de la lecture: répértoire des connaissances usuelles, 52 Bde., Paris 1832-39, 1847-51[2], 16 Suppl.Bde. bis 1858, + 5 Suppl.Bde. 1864-82, (nicht ill.)
Dictionnaire pittoresque d'histoire naturelle et des phénomènes de la nature, F.-E. Guérin (dir.), 9 Bde., Paris (Au Bureau de souscription [Impr. de Cosson]) 1833-1839 (720 Tafeln (mehrfarbig?), 28,5 x 20 cm), 1834-40 (9 Bde., + 3 Bde. mit 720 Tafeln, 29 x 20 cm);
Encyclopédie des gens du monde, 22 Bde., Paris 1833-45, (nicht ill.)
Galerie systématique composée de 226 planches gravées sur pierre pour servir à tout dictionnaire encyclopédique à l'usage des gens du monde, Paris 1835-36 (= 'Systematische Bilder-Gallerie' 1825-27 in der 4. Aufl. von etwa 1832)
L'encyclopédie nouvelle, P. Leroux/J. Reynaud (dir.), Paris 1836 ff., (ill.)
Encyclopédie du dix-neuvième siècle. Répertoire universel des sciences, des lettres et des arts, avec la biographie de tous les hommes célèbres, 75 Bde., Paris 1838 ff, (ill.)
J.B. Gleyre/J.A. Walsh (éds.), L'encyclopédie catholique, 18 Bde., Paris 1838-49, 1840-59, (nicht ill.)
Encyclopédie moderne. Dictionnaire abrégé des sciences, des lettres, des arts, L. Renier (dir.), 27 Bde. + 3 Tafelbde., Paris (Firmin Didot) 1846-52 (nouv. éd. refondue et augmentée de près du double), (ill.)
Encyclopédie nationale des sciences, des lettres et des arts. Résumé complet des connaissances humaines, J.-P.Houzé/L. Barré (dir.), 4 Bde. Paris (J. Bry ainé) 1851-53 (Holzstiche, J.-P. Houzé ist Pseudonym für J. Pizzetta)
Complément de l'Encyclopédie moderne, 12 Bde. + 2 Tafelbde., Paris 1853-56
M.N. Bouillet, Dictionnaire universel des sciences, des lettres et des arts, Paris 1854, 1890[3], (nicht ill.)
Dictionnaire de conversation à l'usage de la jeunesse. Encyclopédie élémentaire, 10 Bde., Paris (Langlois et Leclercq, H. Plon) 1855 (pro Bd. 300-450 S., 17 x 11 cm. 1.200 Holzschnitte, z.B. 5,5 x 4 cm, ist eine Enzyklopädie)
G. Belèze, Dictionnaire universel de la vie pratique à la ville et à la campagne, 1 Bd., Paris (Hachette) 1860, 1890[7] (éd. revue, corrigée et augmentée d'un nouveau supplément), (nicht ill.)
[M. Berthelot, (éd.)], La grande encyclopédie. Inventaire raisonné des sciences, des lettres, et des arts, 31 Bde., Paris (Bd. 1: H. Lamirault et Cie) o.J., [1885-1902], (ill.)

c) Englische Enzyklopädien

A. Rees, The New Cyclopaedia; or, Universal Dictionary of Arts and Sciences ..., 44 Bde., London 1802-20 (4 Tafelbde.)
Encyclopaedia Americana: a Popular Dictionary, F. Lieber (dir.), 13 Bde., Philadelphia 1829-33, bis 1858, (nicht ill.)
The Penny Cyclopaedia of The Society for the Diffusion of Useful Knowledge, 27 Bde., London 1833-43, 2 Suppl. 1851-56, (ill.)
S.F. Baird, Iconographic Encyclopaedia of Science, Literature and Art, Systematically arranged, 4 Bde. + 2 Tafelbde., New York 1849-51 (= Übersetzung des Brockhaus'schen Bilderatlasses von 1844-49)
Chambers's Encyclopaedia, 10 Bde., Edinburgh 1860-68 u.ö. bis heute, (ill.)

d) Italienische Enzyklopädien

A. Bazzarini, Dizionario enciclopedico delle scienze, lettere ed arti, 14 Bde. + 2 Suppl. Bde., Venezia 1824-37, 1830-36 (8 Bde.), (nicht ill.)
G. Pomba, Nuova Enciclopedia popolare, Torino (UTET) 1841-49, Suppl.Bd. 1851 u.ö. (siehe 1863-66), (nicht ill.)
Nuova enciclopedia popolare italiana, 24 Bde. + 1 Atlas, Torino (UTET) 1863-66 (seconda tiratura della quinta edizione conforme alla quarta), 9 Suppl.Bde. 1870-75 (Holzschnitte)
Nuova enciclopedia italiana. Dizionario generale di scienze, lettere, industrie ..., G. Boccardo (dir.), 23 Bde., Torino 1875-99[6], 5 Suppl. Bde., S. Pagliani (dir.), 1889-99, (ill.)
Enciclopedia popolare illustrata, 10 Bde., Roma 1887-90, 2 Suppl.Bde., 1. Bd. 1896, 2. Bd. 1899, (ill.)
G. Garollo, Piccola enciclopedia Hoepli, Milano 1892-95 (2 Bde.), 1913-30[2] (3 Bde. + 1 Suppl. Bd.), (nicht ill.)

e) Spanische Enzyklopädien

Enciclopedia popular de las novedades: diccionario de la conversación y de la lectura, 2 Bde. (A-Gen), Madrid 1859-60 (mehr nicht erschienen; nicht eingesehen)
Federico Gillman, Enciclopedia popular ilustrada de ciencias y artes. Formada con arreglo á la Enciclopedia iconográfica y el Conversations lexicon (sic!) de Alemania, 4 Bde. Text, 1 Bd Index, 4 Bde. Tafeln, Madrid 1881-86. Bildbände 26 x 33 cm, sind Kopie aus dem 'Bilder-Atlas' (1844-49). Die Textbände sind 'by broad subjects' alphabetisch geordnet: Bd. 1 enthält "Agricultura, Arquitectura, Anatomía, Astronomía. Keine Illustration in den Textbänden.
Enciclopedia universal ilustrada europeo-americana, 70 Bde., Barcelona (Espasa) 1905-30, 10 Bde. Supplement 1931-33

6.6.2 Die illustrierten Wörterbücher

6.6.2.1 Deutschland (19. Jahrhundert)

H.A. Pierer, Universal-Lexicon der Gegenwart und Vergangenheit ..., 34 Bde. (23 x 15 cm) Altenburg 1840-46, Atlas der Abbildungen (27 x 33,5 cm), 1848 (= "Zweite, völlig umgearbeitete Auflage. (Dritte Ausgabe)", Titel)

6.6.2.2 Großbritannien und die USA (nebst zwei nichtillustrierten Werken)

N. Webster, An American Dictionary of the English Language, 2 Bde., New York 1828 (ND New York 1970), 1841[2] (G. and C. Merriam, eds.), 1847[3] (1 Bd., C.A. Goodrich, ed., revised ed.), nicht ill.

J.E. Worcester, A Comprehensive Pronouncing and Explanatory Dictionary of the English Language, Boston 1830, 1848 (revised and enlarged), (18,5 x 11 cm, nicht ill.)

J. Ogilvie, Imperial Dictionary, 2 Bde., Glasgow 1850 u.ö., (ill.)

L.C. Ragonot, Vocabulaire symbolique anglo-français. A Symbolic French and English Vocabulary, London 1855, 1862[8]

N. Webster, An American Dictionary of the English Language, C.A. Goodrich (ed.), New York 1859

J.E. Worcester, A Dictionary of the English Language, London-Boston 1860, 1861

New Illustrated Edition of Dr. Webster's Unabridged Dictionary of all the Words in the English Language, C.A. Goodrich/N. Porter (eds.), London 1864, Suppl. 1879

N. Webster, A Dictionary of the English Language. Academic Edition. ... Mainly abridged from the latest edition of the Quarto Dictionary, New York 1868

J. Ogilvie, The Imperial Dictionary, English, Technological, and Scientific, on the Basis of Webster's English Dictionary, with the addition of many thousand words and phrases, ..., London 1874

The Encyclopaedic Dictionary, 7 Bde., London (Cassell, Petter, Galpin + Co.) 1879-88, Suppl. 1902

C. Annandale (ed.), J. Ogilvie. The Imperial Dictionary, 4 Bde., London 1883

W.D. Whitney (ed.), The Century Dictionary. An Encyclopedic Lexicon of the English Language, 6 Bde., New York 1889-91, 1906 (10 Bde.), 2 Bde. Suppl. 1909

N. Webster, Webster's International Dictionary of the English Language, N. Porter, ed., Springfield 1890[5], Suppl. 1900

W.T. Harris (ed.), Webster's International Dictionary of the English Language, London, Springfield 1907

N. Webster, Webster's New International Dictionary of the English Language, Springfield 1909[6], 1934[7] ("second ed.", 2 Bde.), 1961[8] ("Webster's Third ... unabridged) u.ö.

6.6.2.3 Frankreich (Es folgen in einem zweiten Teil nicht illustrierte Werke)[1]

Vocabulaire des enfants, dictionnaire pittoresque, illustré par un grand nombre de petits dessins, Paris (Aubert) 1839, 1839² (?) (580 S., 26 x 15,5 cm. Im Avertissement der 2. Auflage und zu Beginn des Textes erscheint als Titel 'Le vocabulaire illustré')

The Pictorial French Dictionary. Illustrated with seven hundred and sixty characteristic engravings on wood, London 1841, 1849³ (580 S., nicht eingesehen)

M. de La Châtre, Le dictionnaire universel. Panthéon littéraire et encyclopédie illustrée, 4 Bde., Paris 1852-56 (30,5 x 24 cm)

M. La Châtre, Le dictionnaire universel. Panthéon historique, littéraire, et encyclopédie illustrée, 2 Bde., Paris 1854-56 (identisch mit der vorgenannten Ausgabe)

M. Lachâtre, Le dictionnaire français illustré, 2 Bde., Paris 1855-57 (31,5 x 23,5 cm,verkürzte Version der Ausabe von 1852-56)

J.F.M.B. Dupiney de Vorepierre, Dictionnaire français illustré et encyclopédie universelle, 2 Bde., Paris 1856-64, 1860, 1867-68, 1879-81

M. Lachâtre, Le dictionnaire des écoles, Paris 1858 oder 1865 (nicht eingesehen)

M. Lachâtre, Nouveau dictionnaire universel, in 2 oder 4 Bden., Paris 1865-70 (bzw. s.d.), 1880, 1894 (30 x 21 cm, Bd. 1 (A-F): 1.630 S., Bd. 2 (G-Z): 1.582 S.)

P. Larousse, Grand dictionnaire universel du XIXe siècle, 15 Bde., Paris (Larousse et Boyer) 1866-76, 1. Suppl. 1878, 2. Suppl. 1888. Unter dem Titel 'Grand dictionnaire universel', Paris (Administration du Grand dictionnaire universel) identische Ausgabe s.d., [1866-76, 1878, 1888]

A.H. Le Brun et al., Le vocabulaire illustré des mots usuels français, anglais, allemands, Paris 1873 (VI, 466 S.) ND München (L. Borowsky) o.J. [1970] unter dem Titel: Das große illustrierte Wörterbuch

P. Larousse, Dictionnaire complet de la langue française, Paris 1878 u.ö. (siehe 1887)

T. Bénard, Dictionnaire classique universel, Paris 1860, 1882 (Nouv. éd. illustrée, erstmals bebildert) u.ö., bis 1911^{78}

Larive [Pseud.]/J. Fleury [Pseud.], Dictionnaire français illustré des mots et des choses, ou dictionnaire encyclopédique des écoles, des métiers et de la vie pratique, 3 Bde., Paris 1884-90 u.ö. bis etwa 1902, nach M. Höfler sind nur folgende Exemplare der Erstauflage bekannt: Bd. I: 1887, Bd. II: 1889, Bd. III: 1889

Petit Larive et Fleury, Dictionnaire français encyclopédique à l'usage des adultes et des gens du monde, Paris (C. Delagrave) etwa 1901 u.ö. bis 1921 (VII, 1.456 S.)

Petit Larive et Fleury. Dictionnaire français encyclopédique à l'usage des écoliers, Paris (C. Delagrave) etwa 1902 u.ö. bis 1927 (20 x 12,5 cm, 1.150 S., "953 Figures dans le texte - 44 tableaux d'art et de vulgarisation - 110 cartes")

J. Trousset, Nouveau dictionnaire encyclopédique, 5 Bde., Paris 1884-86, Suppl. 1891

A. Gazier, Nouveau dictionnaire classique illustré, Paris (Colin) 1887, 1888⁴, 1908^{32} bis 1923

P. Larousse, Nouveau dictionnaire illustré ... quatre dictionnaires en un seul, Paris 1887 (67e éd.)

- , Dictionnaire complet illustré, Paris 1889 u.ö. bis 1905

---

[1] Es müssen nicht illustrierte Werke aufgeführt werden, um nachweisen zu können, welche Werke im Hinblick auf eine eventuelle Bebilderung durchgesehen wurden. Dabei wurden die Angaben aus Bibliographien oft unbesehen übernommen, die konsultierte Ausgabe wird nach Möglichkeit angegeben. Zahlreiche Verbesserungen durch M. Höfler sind eingearbeitet.

P. Guérin/G. Boivier-Lapierre, Nouveau dictionnaire universel illustré, Tours (A. Mame et fils) 1894 u.ö. bis 1913

P. Guérin, Supplément illustré (1895) zu P. Guérin (1886-90); vgl. nächster Abschnitt.

Nouveau Larousse illustré. Dictionnaire universel encyclopédique, C. Augé (dir.), 7 Bde., Paris s.d. [1897-1904], Suppl. s.d. [1906-07]

Dictionnaire La Châtre. Nouvelle encyclopédie universelle illustrée, 3 Bde., (A-S), Paris 1899 (éd. complètement revue, corrigée et refondue; 1.292 + 1.082 + 1.005 S.)

A. Colin, Dictionnaire encyclopédique illustré, Paris 1905

Petit Larousse illustré, Paris 1906 [1905] u.ö. bis heute

P. Commelin/E. Rittier Nouveau dictionnaire encyclopédique illustré, Paris (Garnier) 1910, 1912

Nicht illustrierte Wörterbücher

C. Boiste, Dictionnaire universel de la langue française avec le latin et les étymologies, Paris 1800, 1857^{14} (ab 1823: 'Pan-Lexique' als Untertitel; 30 x 24 cm, eingesehene Ausgabe 1829^{7} mit 727 S. Wörterbuch + 210 S. Supplemente: Reimwörterbuch, Synonymenwörterbuch, Vocabulaire de géographie universelle etc.)

F. Raymond, Dictionnaire général de la langue française et vocabulaire universel des sciences, des arts et des métiers, 2 Bde., Paris 1831 (?), eingesehen: 1840^{3} (enzyklopädisches Wörterbuch)

V.A. Vanier, Dictionnaire grammatical, critique et philosophique de la langue française, Paris 1836 (692 + XXX S., 8°)

L.N. Bescherelle, Dictionnaire national ou grand dictionnaire classique de la langue française, 2 Bde., Paris 1845-46, 1857^{5}, 1871^{14}

P. Poitevin, Nouveau dictionnaire universel de la langue française, 2 Bde., Paris 1854-60, 1869^{2} (Sprachwörterbuch)

P. Larousse, Nouveau dictionnaire de la langue française, Paris 1856, 1858^{6} (von 1860 an wird ein Wörterbuch mit Eigenamen hinzugefügt, siehe 1869)

L. Dochez, Nouveau dictionnaire de la langue française, Paris 1860, (1.351 S., 4°)

E. Littré, Dictionnaire de la langue française, 4 Bde., Paris 1863-73, Suppl. 1877

P. Larousse, Dictionnaire complet de la langue française, Paris 1869 (1.164 S., = Neuauflage von 1856; weiterentwickelt zum illustrierten Wörterbuch von 1878)

P. Guérin, Dictionnaire des dictionnaires. Encyclopédie universelle des lettres, des sciences et des arts, 6 Bde., Paris 1886-90, 1892^{2}, Supplément illustré 1895 (enzyklopädisches Wörterbuch; der Supplementband ist illustriert; siehe vorheriger Abschnitt)

A. Hatzfeld /A. Darmesteter/A. Thomas, Dictionnaire général de la langue française, Paris 1890-1900 (Datierung nach W. Rettig 1982a)

6.6.2.4 Spanien (Es folgen in einem zweiten Teil nicht illustrierte Werke)

Ramón Campuzano, Novísimo diccionario de la lengua castellana, 2 Bde., Madrid (Campuzano) 1857

Nicolás Casas, Diccionario manual de agricultura y ganadería españolas, 4 Bde. + 1 Atlasband (14 Tafeln), Madrid 1857

Diccionario universal de la lengua castellana, ciencias y artes. Enciclopedia de los conocimientos humanos, N.M. Serrano (dir.), 13 Bde., 2 Bde. Apendice, 1 Bd. Atlas, Madrid 1875-82

Diccionario enciclopédico hispano-americano de literatura, ciencias y artes, 11 Bde., Barcelona (Montaner y Simón) 1887-92

Manuel González de la Rosa, Campano ilustrado. Diccionario castellano enciclopédico basado en el de Campano y en el último de la R. Academia Española. Enteramente refundido, corregido y considerablemente aumentado por Manuel González de la Rosa ... Primera edición ilustrada, Paris (Garnier) 1891, 1906^{2}, 1923^{3}

Elías Zerolo/Miguel de Toro y Gómez/Emiliano Isaza, Diccionario enciclopédico de la lengua castellana, 2 Bde., Paris (Garnier) 1895, 1897, 1898^{2}, 1900^{3}, 1901^{4}, etwa ab 1913 in 3 Bdn. (Supplement von Claudio Santos González), etwa ab 1920 wieder in 2 Bdn.

M. de Toro y Gómez, Diccionario enciclopédico de la lengua castellana, Paris (Colin) 1900 u.ö. bis 1951^{14} (Nuevo diccionario ...), VIII, 868 S. Wörterbuch, bis S. 1.080 Eigennamen. 1. Aufl. Prefacio: "Mas de 1.000 grabados")

M. de Toro y Gisbert, Nuevo diccionario enciclopédico ilustrado de la lengua castellana, ..., Paris (Colin) 1901 u.ö. (VIII, 1.036 S., Folio)

Diccionario Salvat. Dictionario enciclopédico popular ilustrado, Barcelona s.d. [etwa 1907] u.ö.

M. de Toro y Gisbert, Pequeño Larousse ilustrado, Paris 1913 [1912]

José Alemany y Bolúfer, Diccionario enciclopédico ilustrado de la lengua española, Barcelona 1919 u.ö.

Real Academia Española, Diccionario manual e ilustrado de la lengua española, Madrid 1927, 1950^{2} u.ö. (1.572 S., 21 x 15 cm, einfache Strichzeichnungen im Text)

Nicht illustrierte Wörterbücher

Estéban de Terreros y Pando, Diccionario castellano con las voces de ciencias y artes y sus correspondientes en las tres lenguas francesa, latina e italiana, 4 Bde., Madrid 1786-93

Juan Peñalver/Santos López Pelegrín, Panléxico, diccionario universal de la lengua castellana, 3 Bde., Madrid 1842-45 u.ö.

Vicente Salvá, Nuevo diccionario de la lengua castellana, Paris 1846, 1847^{2}, 1865^{7} (43 + 1.140 S., Folio)

Diccionario general de la lengua castellana, José Caballero (dir.), Madrid 1849, 1857^{6} (1.245 + 247 S.)

Ramón Joaquín Domínguez, Diccionario nacional o gran diccionario clásico de la lengua española, 2 Bde. (incl. Suppl.), Madrid 1849, Madrid-Paris 1853^{5}, 1878^{14} (1.793 S. + 203 S. Suppl., 32,5 x 21,5 cm)

Augusto Ulloa et al., Diccionario enciclopédico de la lengua española, 2 Bde., Madrid 1853-59 (neu bearbeitet von F. Cuesta 1864)

J. Ramirez, Diccionario enciclopédico, Mexico City 1855 (nicht eingesehen)

Diccionario enciclopédico de la lengua española, Nemesio Fernández Cuesta (dir.), Madrid 1864, 1878 (Folio)

L. Campano, Diccionario general abreviado de la lengua castellana, el más completo de los publicados hasta el día, Paris (Garnier) 1876, 1880, 1887^{8}, 1893^{12} (1.013 S.)

Felipe Picatoste y Rodríguez, Diccionario popular de la lengua castellana, 4 Bde., Madrid 1882

6.6.2.5 Italien (Es folgen in einem zweiten Teil nicht illustrierte Werke)

B. Melzi, Il vocabolario per tutti (illustrato), Milano-Roma (A. Vallardi) 1891, 1899 (?), 1910 (?), (752 S.)
Il Melzi scientifico; dizionario illustrato, Roma-Milano (A. Vallardi) 1891(?), 1893[2] (700 S.)
G.B. Melzi, Il nuovissimo Melzi: dizionario completo. (Parte linguistica e parte scientifica), Milano (A. Vallardi) 1894[1] u.ö. bis etwa 1931, Torino (G.B. Paravia) s.d.
- , Il novissimo Melzi. Dizionario enciclopedico italiano in due parti: I. Linguistico, II. Scientifico, Milano 1934 bis 1973[36], 1981[36]
P. Premoli, Vocabolario nomenclatore illustrato. Il tesoro della lingua italiana, 2 Bde., Milano-Roma (Edizioni Fratelli Treves. Treves-Treccani-Tumminelli), Bd. 1: 1909, Bd. 2: 1912, (1.032 S. + 1.628 S. + 35 S. Neologismen + 35 S. Aforismi, massime e pensieri, 26,5 x 18,5 cm)
- , Il nomenclatore italiano. Vocabolario che dà le parole per mezzo delle idee el le idee per mezzo delle parole, spiega e suggerisce vocaboli, sinonimi, frasi. 73 tavole illustrative del testo. Aggiunto un vocabolarietto italiano - arabo - tripolino, 2 Bde., Milano (L. Mondaini) 1915 (2.311 S., 19,5 x 12 cm)
C. Perricone - Siracusa, Piccolo vocabolario metodico illustrato di lingua e di erudizione, Milano 1913 (390 S., 16°, illustriert)
N. Zingarelli, Vocabolario della lingua italiana, Milano (Bietti e Reggiani) 1917- 21 (in 13 Faszikeln), Greco Milanese (Bietti e Reggiani) 1922[2], 1925[3], 1928[4], 1935-36[5], Milano 1938-39[7], 1959[8], Bologna 1970[10], 1983[11]

Nicht illustrierte Wörterbücher

G. Manuzzi, Vocabolario della lingua italiana, 4 Bde., Firenze 1833-40, 1868[2]
G. Gherardini, Voci e maniere di dire additate ai futuri vocabolaristi, 2 Bde., Milano 1838-40
B. Bellini et al., Dizionario universale della lingua italiana, 8 Bde., Mantua 1845- 56
G. Gherardini, Supplimento ai vocabolarj italiani, Milano 1852-57, 1878 (6 Bde.)
P. Fanfani, Vocabolario della lingua italiana, Firenze 1855, 1865[2], 1890[3] (a cura di Bruschi), 1922[4]
N. Tommaseo/B. Bellini, Dizionario della lingua italiana, Torino (UTET) 1861-79 (8 Bde.), ND Milano (Rizzoli) 1977 (20 Bde.)
P. Fanfani, Vocabolario dell'uso toscano, 2 Bde., Firenze 1863
A. Cerquetti, Supplemento al Dizionario della lingua italiana, s.l. 1870
Novo Vocabolario della lingua italiana secondo l'uso di Firenze, a cura die G.B. Giorgini /E. Broglio, 4 Bde., Firenze 1870-97, ND 1979
G. Rigutini/P. Fanfani, Vocabolario italiano della lingua parlata, Firenze 1875, 1887[5], 1920
L. Scarabelli, Vocabolario universale della lingua italiana, 8 Bde., Milano 1878
G.B. Melzi, Nuovo vocabolario universale della lingua italiana, storico, geografico, scientifico, Paris (Garnier) 1880, 1882[5] (946 S.)
P. Petrocchi, Novo dizionario italiano, 2 Bde., Milano 1887-91
P. Premoli, Il nomenclatore scolastico o vocabolario delle idee, 2 Bde., Milano (L. Mondaini) 1913, (Fratelli Treves) etwa 1913, 1933 (2.311 S.)

6.6.2.6 Deutschland (20. Jahrhundert, nur illustrierte Werke)

Der Volks-Brockhaus. Deutsches Sach- und Sprachwörterbuch für Schule und Haus, Leipzig 1931 u.ö. bis 1950, Wiesbaden 1955[12]

Der Sprach-Brockhaus. Deutsches Bildwörterbuch für jedermann, Leipzig 1935 u.ö. bis 1949[5], Wiesbaden 1949[6], 1951[7] (im Titel: "6. verb. Aufl.")

Der neue Brockhaus. Allbuch in 4 Bänden und einem Atlas, Leipzig 1937-38, Copyright 1936, 1941-42[2] (ohne Atlas), Wiesbaden 1958 ff., 1968, 1971[4] (6 Bde.)

Der große Duden. 10. Bedeutungswörterbuch, Mannheim 1970

Der Sprachbrockhaus. Deutsches Bildwörterbuch von A-Z, Wiesbaden 1984[9] (völlig neu bearb. u. erw. Aufl.)

Der neue Brockhaus. Lexikon und Wörterbuch in 5 Bänden und einem Atlas, Wiesbaden 1984-85[7]

Duden. Das Bedeutungswörterbuch, Mannheim 1985[2] (2. völlig neu bearb u. erw. Aufl.)

7. DER UNTERSCHIED ZWISCHEN SPRACHWÖRTERBUCH UND ENZYKLOPÄDISCHEM WÖRTERBUCH

(Literaturangaben zu dem gesamten Kapitel unter 1.2 und 2)

8. DIE ILLUSTRATION IN HEUTIGEN WÖRTERBÜCHERN[1]

8.1 Praxis der Illustration

a) Großbritannien und die USA (Fortsetzung von 6.6.2.2)

a1) Einige illustrierte Wörterbücher

Funk & Wagnalls, New Standard Dictionary of the English Language, New York 1913 u.ö.
H.G. Emery/K.G. Brewster (eds.), The New Century Dictionary of the English Language, New York 1927 u.ö. ("4.000 pictorial illustrations", Zeichnungen und Farbtafeln)
The Oxford Universal Dictionary Illustrated. An illustrated edition of the Shorter Oxford English Dictionary, 2 Bde., Oxford 1933, 1961[3] (rev. with addenda)
A.S. Hornby et al., A Learner's Dictionary of Current English, Tokyo 1942
- , Oxford Advanced Learner's Dictionary of Current English (ALD), Oxford 1948, 1974[3], 1983[7]
N. Webster, Webster's Third New International Dictionary of the English Language, Springfield 1961[8] u.ö. bis heute
Oxford Illustrated Dictionary, Oxford 1962, 1975[2]
W. Morris (ed.), The American Heritage Dictionary of the English Language, Boston 1969 u.ö. ("with thousands more illustrations than any other dictionary, included both line drawings and halftones", S.I. Landau 1984, 113)
The Concise American Heritage Dictionary, Boston 1969 u.ö. ("nearly 300 illustrations")
O.C. Watson (ed.), Larousse Illustrated International Encyclopedia and Dictionary, New York 1972
The World Book Dictionary, C.L. and R.K. Barnhart, eds., 2 Bde., Chicago 1976 u.ö. (124 + 2.430 S., "über 3.000 hervorragend ausgeführte(r) Strichzeichnungen", E. Standop 1985, 50)
Collins Concise Dictionary of the English Language, London 1978 ("More than 600 illustrations")
The New Oxford Illustrated Dictionary, 2 Bde., Oxford 1978
Longman Dictionary of Contemporary Englisch (DCE), London 1978 u.ö.
Longman New Generation Dictionary, Harlow 1981
T. McArthur, Longman Lexicon of Contemporary English, Harlow 1981

---

2 Es wurden Sprachwörterbücher und enzyklopädische Wörterbücher zusammengefaßt.
Etwa 150 in dieser Arbeit nicht zitierte Werke der vier Sprachräume wurden darüberhinaus hinsichtlich einer eventuellen Illustrierung überprüft.

The American Heritage Dictionary: Second College Edition, Boston 1982 ("The emphasis on pictorial illustration has not been changed", S.I. Landau 1984, 336)
Longman New Universal Dictionary, Burnt Mill, Harlow 1982 ("including over one hundred pages of full-page illustrations and tables", S.I. Landau 1984, 343)
Longman Active Study Dictionary of English, Harlow 1983 (710 S., 38.000 words and phrases, 18 Bilder)
Longman Dictionary of American English, A. Gray, ed., New York 1983
Macmillan Student's Dictionary, London 1984 u.ö.
Webster's II. New Riverside University Dictionary, Boston 1984 (1.536 S., in eigenen Alphabeten biographische und geographische Namen)
Longman Concise English Dictionary, Burnt Mill, Harlow 1985 (1.651 S., "First published as the 'Longman New Universal Dictionary'... (1982)", Illustrationen gleich)

a2) Einige nicht illustrierte Wörterbücher

The Concise Oxford Dictionary of Current English, Oxford 1924 u.ö. bis heute
Collins Dictionary of the English Language, London 1979 (mit Eigennamen)
Longman Dictionary of the English Language, Burnt Mill, Harlow 1984 (1.876 S., Eigennamen in gesondertem Alphabet)

b) Frankreich (Fortsetzung von 6.6.2.3)

b1) Illustrierte Wörterbücher

Petit Larousse illustré, Paris 1906 [1905] (im folgenden werden nur die wichtigsten Neubearbeitungen verzeichnet; siehe 1924, 1935 usw.)
Le Larousse pour tous: Dictionnaire encyclopédique, 2 Bde., Paris 1907-09 (siehe 'Larousse universel' 1922-23)
Encyclopédie universelle du XXe siècle. Lettres, sciences, arts, sous la direction de A. Mézières, 12 Bde., Paris (Libriaries-imprimeries réunies) 1904, 1908-10, 1912 (enzyklopädisches Wörterbuch; reich illustriert; Datierung nach M. Höfler in Festschrift Arveiller)
Larousse classique (illustré), Paris 1911, 1947, 1957, 1965 ("s'adressant aux élèves de l'enseignement secondaire et aux étudiants" 1957, siehe 5.4)
Petit Larousse,
Spanische Ausgabe 1912
Portugiesische Ausgabe 1927
Griechische Ausgabe 1961
Englische Ausgabe 1968
Amerikanische Ausgabe 1972
Eine libanesisch-arabische Ausgabe von 1973 (Beirut) scheint ebenfalls eine Adaptation des 'Petit Larousse' zu sein. Ferner erschienen Ausgaben für Belgien und Kanada.
Larousse élémentaire illustré, Paris 1914
Larousse universel: Dictionnaire encyclopédique, 2 Bde., Paris 1922-23 (siehe 1948)

Nouveau Petit Larousse illustré, Paris 1925 [1924] ("addition de 83 reproductions de tableaux", A. Rétif 1975, 309. Die Ausgabe enthält "6.200 gravures, 220 planches et tableaux, 140 cartes")

Larousse du XXe siècle, sous la direction de P. Augé, 6 Bde., Paris 1927-33 ("L'illustration est encore plus abondante que dans le précédent, faisant de l'ouvrage 'un véritable musée iconographique'", A. Rétif 1975, 305. Datierung nach M. Höfler 1982a)

Dictionnaire encyclopédique Quillet, sous la direction de R. Mortier, 6 Bde., Paris 1934, 1949 (5 Bde.), 1953 (6 Bde.)

Nouveau Petit Larousse illustré, Paris 1935 (im enzyklopädischen Teils erstmals Autotypien nach Photographien)

Nouveau Larousse universel, 2 Bde., Paris 1948 f. (Bd. 1: "68.673 Articles, 13.168 gravures, 294 planches et tableaux synoptiques, 226 cartes, 54 planches en héliogravure, 265 chefs-d'oeuvre des musées"; siehe 1969)

Nouveau Petit Larousse, Paris 1948 (nicht eingesehen)

R. Mortier (éd.), Dictionnaire Quillet de la langue française. Dictionnaire méthodique et pratique. "L'art d'écrire et de bien rédiger", 3 Bde., Paris 1948 (siehe 1959 und 1975)

Larousse du XXe siècle, 6 Bde., Paris 1948-50^{2}, Supplément 1953, 1953 f., 1961 (siehe 1927-33)

Nouveau Petit Larousse, Paris 1952 (Textillustrationen in beiden Teilen von 6.200 auf 4.130 reduziert, vermehrt Farbtafeln)

Dictionnaire usuel Quillet Flammarion, par le texte et par l'image (QF), Paris 1956 (siehe 1963 und 1981)

Dictionnaire pratique Quillet, 3 Bde., Paris 1957, 1963 (XII, 2.413 S.)

Dictionnaire Quillet de la langue française, sous la direction de R. Mortier, 3 Bde., Paris 1959 (siehe 1948 und 1975, wenige Zeichnungen und Tafeln)

Petit Larousse, Paris 1959 (Jubiläumsausgabe, siehe 1869; Liste der seit 1948 weggelassenen Wörter; erstmals Autotypien nach Photographien im Wörterbuchteil; Illustrierung völlig erneuert, Offsetdruck; im enzyklopädischen Teil vermehrt "tableaux d'histoire et des sciences et techniques", A. Rétif 1975, 309)

Grand Larousse encyclopédique, 10 Bde., Paris 1960-64, Supplément 1968, 2ème Supplément 1975

Dictionnaire usuel Quillet Flammarion par le texte et par l'image, Paris 1963 (1.664 S., zahlreiche auch mehrfarbige Illustrationen plus "44 full-page heliogravures, 55 full-page colour plates as well as 27 pages coloured maps", Klaar 1976, 46)

Dictionnaire encyclopédique Quillet, sous la direction de R. Mortier, 6 Bde., Paris 1965 (nouv. éd.)

Larousse trois volumes. En couleurs, Paris 1965-66, 1970 (Kurzfassung des 'Grand Larousse encyclopédique' 1960-64)

Nouveau Petit Larousse 1968, Paris 1967 ("70.500 articles, 5.535 illustrations en noir ... 56 pages en couleurs dont 26 hors-texte cartographiques")

(Nouveau) Petit Larousse en couleurs, Paris 1968, 1972, 1974, 1976, 1980 u.ö. (1980: 4.430 illustrations")

Dictionnaire encyclopédique Quillet, 8 Bde., Paris 1968-70, Supplément 1971, 1972^{2}

Nouveau Larousse universel, 2 Bde., Paris 1969 (Bd. 1: "34.888 articles, 2.445 illustrations en noir, 116 cartes en noir, 98 pages en couleurs, dont 23 hors-texte cartographiques", siehe 1982)

M. Remy, Dictionnaire du français moderne, Paris (Hatier) 1969 (832 S., "illustré de planches encyclopédiques en noir et en couleur")

Petit Larousse illustré 1973, Paris 1972

Nouveau dictionnaire pratique Quillet, 4 Bde., Paris 1974 (enzyklopädisches Wörterbuch)
Pluridictionnaire Larousse. Dictionnaire encyclopédique de l'enseignement (Pluri), Paris 1974 (1.490 S., wenig illustriert)
Dictionnaire Quillet de la langue française, 4 Bde., Paris 1975 (nouv. éd.) (Sprachwörterbuch, nur Tafeln, z.B. Bd. 1: 10 schwarzweiße, 25 mehrfarbige)
Dictionnaire encyclopédique Quillet, 10 Bde., Paris 1977 (Zeichnungen und Photos, beide in schwarzweiß, im Text, z.B. Bd. 8: 24 Farbtafeln)
Dictionnaire encyclopédique Larousse (DEL), Paris 1979 u.ö. (29 x 33 cm, 1.515 S., 72.117 articles, 324 cartes, 450 dessins, 3.500 photos. Ausgabe 1985: 1.536 S.)
Lexis, Paris (Larousse) 1979 (Die Erstausgabe 1975 war nicht illustriert; 99 Tafeln zu 87 Themen; keine Illustrationen im Text)
Dictionnaire Hachette. Langue. Encyclopédie. Noms propres (DH), Paris 1980 (1.407 S., reich illustriert)
Nouveau dictionnaire du français contemporain (illustré) (NDFC), Paris (Larousse) 1980 ("33.000 mots, 1.062 illustrations")
Petit Larousse illustré, Paris 1980 ("75.700 articles, 4.180 illustrations, ... 54 pages en couleurs")
Dictionnaire usuel illustré Flammarion (DF), Paris 1981, Copyright 1980 (enzyklopädisches Wörterbuch, Gattungs- und Eigennamen in einem Alphabet, zahlreiche schwarzweiße Abbildungen, 57 Farbtafeln)
Larousse universel, C. Dubois (éd.), 2 Bde., Paris 1982 ("gegenüber der Auflage von 1969 nur minimal überarbeitet", F.J. Hausmann 1985d, 696)
Grand dictionnaire encyclopédique Larousse (GDEL), 10 Bde., Paris 1982-85 (z.B. Tome 9: "20.460 articles, 1.005 dessins, 1.465 photographies")
Dictionnaire encyclopédique Alpha, P. Kister, (dir.), 24 Bde., Lausanne 1983 (zusammen 3.000 S., mehr als 7.000 Illustrationen, alle in Farbe)
Dictionnaire usuel, Paris (Larousse) 1986 (964 S., "760 dessins regroupés en 140 planches, 288 photos et un atlas de 48 pages" (Titel); 33.000 Lemmata plus 9.500 Eigennamen in einem Alphabet, 140 enzyklopädische Themen mit komplexeren Abbildungen, die zusätzliches Vokabular enthalten.)

b2) Nicht illustrierte Wörterbücher

A. Rozoy/F. de Martini, Dictionnaire français illustré, Paris 1934, 1948 (712 S., 8°, trotz des Titels nicht illustriert, enthält nur Vignetten bei den einzelnen Buchstaben, "Ce dictionnaire est destiné aux classes de l'enseignement primaire et secondaire".)
P. Robert, Dictionnaire alphabétique et analogique de la langue française, 6 Bde., Paris 1953-64, Supplément 1970
Dictionnaire du français contemporain (DFC), Paris 1966 u.ö.
Petit Robert. Dictionnaire alphabétique et analogique de la langue française (PR), Paris 1967 u.ö.
Micro Robert. Dictionnaire du français primordial, Paris 1971 (XX, 1.211 S.)
M. Davau/M. Cohen/M. Lallemand, Dictionnaire du français vivant, 1 Bd., Paris (Bordas) 1971 (nouv. éd. entièrement rev. et augm., 1.338 S., 24 x 17 cm, "34.000 mots essentiels")
Grand Larousse de la langue française, 7 Bde., Paris 1971-78
Trésor de la langue française. Dictionnaire de la langue du XIXe et du XXe siècle (1789-1960), sous la direction de P. Imbs, (bisher 9 Bde. - incarner), Paris 1977 ff.

J. Dubois (éd.), Lexis. Dictionnaire de la langue française, Paris (Larousse) 1975 (1.950 S.)
Logos. Grand dictionnaire de la langue française, par J. Girodet, 3 Bde., Paris (Bordas) 1976 (3.113 S., 24 x 17 cm)
Dictionnaire Hachette de la langue française (DHLF), Paris 1980
Dictionnaire actuel de la langue française, Paris (Flammarion) 1985 (1.276 S., "51.200 mots", enzyklopädisches Wörterbuch)
Le Robert. Dictionnaire de la langue française, 9 Bde., Paris 1985 (entièrement revu et enrichi par A. Rey)

b3) Einige illustrierte Enzyklopädien (Fortsetzung von 6.6.1.b)

Encyclopaedia Universalis, 19 Bde., Paris 1968-75
La grande encyclopédie Larousse, 20 Bde., Paris (Larousse) 1971-76, Index 1978, Supplément 1981 (reich illustriert)
Encyclopédie alphabétique Larousse. Omnis, Paris 1977 ("32.330 articles, 1.200 illustrations, 200 cartes")

c) Italien[3] (Fortsetzung von 6.6.2.5)

c1) Illustrierte Wörterbücher

F. Palazzi, Novissimo dizionario della lingua italiana, Milano (Ceschina) 1939 (1.356 S., 57.183 voci, 20 schwarzweiße Tafeln), 1939^2 (ed. riveduta, aggiornata e corretta, 1.404 S., 63.890 voci, 8 Farbtafeln, 41 schwarzweiße Tafeln und Zeichnungen im Text), 1957^3 (ed. riveduta ed. aggiornata a cura di G. Folena), 1973^4 (1.624 S., 74.000 voci)
Dizionario enciclopedico moderno, G. Bellini/L. Bertana et al., edi., 4 Bde., Milano 1940-41^4, 1944-45^5, 1947^6, 1950^7, Aggiornamento 1967 (nicht eingesehen)
F. Cerruti/L.A. Rostagno, Vocabolario della lingua italiana, Torino (Società editrice internazionale) 1941 u.ö. bis 1959 (?) (1.681 S., 160 Tafeln in rostbraun mit "Nomenclatura figurata")
A. Albertoni/E. Allodoli, Vocabolario della lingua italiana, Firenze (F. Le Monnier) 1947, 1971^{11} (ed. ampliata, 1.126 S., nur Anhang mit 31 Farbtafeln zum Thema Mensch)
Dizionario enciclopedico Labor, G. Bellini et al., edi., 2 Bde., Milano 1950 (nicht eingesehen)
Dizionario enciclopedico Sansoni, M. Niccoli/G. Martellotti, red., 4 Bde., Firenze 1952-55 (enzyklopädisches Wörterbuch)
Dizionario enciclopedico italiano, diretto da U. Bosco, 12 Bde., + 1 Bd. Appendice, + 1 Bd. Supplemento, Roma (Istituto dell'Enciclopedia Italiana) 1955-61, 1963 (App.), 1974 (Suppl.)
P. Colombo, Vocabolario della lingua italiana, Bologna 1961, 1966^2 (893 S., 18 x 11 cm, "24 tavole illustrate a colori", sonst keine Illustrationen)

[3] Wegen R. Werner (1982) und (1983) kann auf die Aufnahme spanischer Werke verzichtet werden.

Modernissimo dizionario illustrato, 1. Lingua, 2. Arti, scienze, storia, geografia, 2 Bde., Novara (Istituto Geografico De Agostini) 1964 (zahlreiche Zeichnungen und Photos am Rand, z.T. in braun, plus Farbtafeln)

Dizionario Garzanti della lingua italiana, G. Cusatelli, dir., Milano 1965 u.ö., z.B. 1982^{21} (1.990 S., etwa 1.500 Strichzeichnungen)

B. Migliorini, Vocabolario della lingua italiana. Edizione rinnovata del Vocabolario della lingua italiana di Giulio Cappuccini e Bruno Migliorini, Torino (G.B. Paravia) 1965, 1972^{2} (1.637 S., 40 braun-weiße Tafeln)

Dizionario enciclopedico universale, Firenze (Sansoni) 1966 (2.389 S., 22 x 14 cm, 1 Zeichnung auf 50 Seiten)

G. Devoto/G.C. Oli, Vocabolario illustrato della lingua italiana. Selezione dal Reader's Digest, 2 Bde., Milano (Reader's Digest) 1967 (Zeichnungen und Farbtafeln)

Lessico universale italiano, diretto da U. Bosco, 24 Bde. + 1 Atlante, Roma (Istituto della Enciclopedia Italiana Treccani) 1968-81 (reich illustriert)

G. Passerini Tosi, Dizionario della lingua italiana, Milano (Principato) 1969 (22 Schwarzweiß- und 16 Farbtafeln)

N. Zingarelli, Vocabolario della lingua italiana, Bologna 1970^{10} (2.064 S., "118.000 voci, 3.200 illustrazioni")

G. Devoto/G.C. Oli, Dizionario della lingua italiana, Firenze (Le Monnier) 1971 ("rielaborato" gegenüber dem 'Vocabolario' von 1967) u.ö., z.B. 1980^{12} (2.712 S., 75.000 Einträge, nur Strichzeichnungen, etwa 15 auf 50 Seiten)

Dizionario illustrato della lingua italiana, Novara (Istituto Geografico de Agostini) 1972 (1.304 S., die Illustrationen stammen z.T. aus "Der kleine Brockhaus" von 1955)

Dizionario illustrato della lingua italiana Curcio, 2 Bde., Roma (A. Curcio) 1972 (1.278 S.)

N. Zingarelli, Vocabolario della lingua italiana. Edizione minore, Bologna (Zanichelli) 1973 u.ö. bis heute (1.236 S., 19 x 13 cm, "55.000 voci, 244 tavole illustrate" mit "circa 5.000 disegni", Prefazione)

Enciclopedia universale Unedi. Dizionario enciclopedico, bisher 9 Bde. (-naq), vorgesehen 14 Bde., Milano (Casa editrice Unedi) 1974 ff. (Wortschatz aus C. Passerini Tosi, Dizionario della lingua italiana, 1969; reich illustriert)

Dizionario Motta della lingua italiana, a cura di E. Bazzarelli, 2 Bde., Milano (F. Motta) Erstauflage (?), 1975^{3}, 1979^{4} (32,5 x 23 cm, etwa 30 große und meist komplexe Zeichnungen auf 50 Seiten)

Piccolo Rizzoli Larousse. Dizionario enciclopedico per tutti, Milano (Rizzoli) 1975 (Weder im deutschen, noch im französischen oder italienischen Leihverkehr erhältlich)

Dizzionario Sandron della lingua italiana, Firenze (Istituto Geografico De Agostini - Novara) 1976, Novara 1980^{4} (prima ed., IV. ristampa), (2.160 S., etwa 10 Strichzeichnungen auf 50 Seiten)

Dizionario illustrato della lingua italiana, Firenze (Sansoni) 1978 (1.216 S., 23,5 x 15 cm, "45.000 voci oltre 3.000 illustrazioni", Zeichnungen und Photos beim Lemma plus Tafeln wie 'Arte Indiana, Pugilato' etc.)

Dizionaro italiano illustrato. Per l'uso essenziale della lingua, Torino (Società editrice internazionale) 1978 (862 S., 23 x 15 cm. 2 Zeichnungen auf 50 Seiten)

G. Valle, Piccolo dizionario della lingua italiana, Brescia (Editrice La Scuola) 1979, 1982^{3} (544 S., 25 x 18 cm, Photos und Farbtafeln, wenige Zeichnungen; "destinato a giovani studenti ... ragazzi" (Presentazione), dazwischen Textstücke eingeschoben)

Dizionario enciclopedico de Agostini, 2 Bde., vol. I: Lingua, vol. II: Arti, scienze, storia, geografia, Novara (Istituto Geografico de Agostini - Novara) 1981 (Zeichnungen und Photos)

G. Pittàno, biDizionario italiano. Linguistico e grammaticale, Bologna 1981 (1.222 S., Zeichnungen und einige Photos, insgesamt etwa 40 auf 50 Seiten)

N. Zingarelli, Il nuovo Zingarelli. Vocabolario della lingua italiana, Bologna 1983^{11} ("127.000 voci, 65.000 etimologie, 4.300 illustrazioni")

Il nuovo dizionario italiano Garzanti, [Milano] (Garzanti) 1984 (1.087 S., 19 x 12 cm, etwa 5 halbseitige Zeichnungen auf 50 Seiten)

I. Rocchi/M.C. Mincotti, Computer per le parole. Dizionario interdisciplinare della lingua italiana, Milano s.d. [1985] (933 S., nur Zeichnungen)

c2) Nicht illustrierte Wörterbücher

A. Panzini, Dizionario moderno delle parole che non si trovano nei dizionari comuni, Milano 1905, 1908^{2}, 1918^{3}, 1923^{4}, 1927^{5}, 1931^{6}, 1935^{7}, 1842^{8} (S. XVI: "fu fermato per la stampa del 1942", siehe 1950)

P. Petrocchi, Novo dizionario universale della lingua italiana, 2 Bde., Milano 1908, 1921 u.ö.

G. Mari, Vocabolario Hoepli della lingua italiana, 2 Bde., Milano 1913

G. Cappuccini, Vocabolario della lingua italiana, Torino 1916, 1945^{2} (2^{e} ed., aggiornata da B. Migliorini, siehe Cappuccini/Migliorini 1945) u.ö.

E. Mestica, Dizionario della lingua italiana, Torino 1936, 1946, 1950, 1955

Vocabolario della lingua italiana, a cura di G. Bertoni, Milano (Reale Accademia d'Italia) 1941 (1 Bd. A-C)

G. Cappuccini /B. Migliorini, Vocabolario della lingua italiana, Torino (Paravia) 1945, 1947, 1950, 1952, 1954 (1950: 1.820 S., siehe Cappuccini 1916)

G. Volpi, Vocabolario della lingua italiana, Firenze 1941, 1945 ("è una revisione molto accurata (anche se non sempre modernamente aggiornata) del Rigutini- Fanfani", B. Migliorini 1961^{3}, 105)

A. Panzini, Dizionario moderno delle parole che non si trovano nei dizionari comuni, Milano (Hoepli) 1950^{9} ("ristampa dell 8^{a} ed. curata, dopo la morte dell'autore da A. Schiaffini e B. Migliorini ... con un'appendice di 8.000 voci nuovamente compilata da B. Migliorini), 1963^{10} ("ristampa dell'ottava ed. ... con un appendice di 12.000 voci")

S. Battaglia, Grande dizionario della lingua italiana, bisher 11 Bde. (-Orac), Torino (UTET) 1961 ff.

B. Migliorini, Parole nuove. Appendice di dodicimila voci al 'Dizionario moderno' di Alfredo Panzini, Milano (U. Hoepli) 1963 (327 S.)

Vocabolario della lingua parlata in Italia, a cura del Prof. C. Salinari, Milano (Ed. del calendario) 1967 (1.222 S.)

E. de Felice/A. Duro, Dizionario della lingua e della civiltà italiana contemporanea, Palermo (Palumbo) [1975] (2.221 S.)

A. Buononato, Dizionario blu della lingua italiana, Roma (Le Muse) 1984 (XVII, 895 S., 18 x 13 cm, "Con repertori di personaggi, toponimi e nomi propri di persona") c3) Einige illustrierte Enzyklopädien[4] (Fortsetzung von 6.6.1 d)

Dizionario enciclopedico illustrato, 2 Bde., Torino (F. Vallardi), s.d. [Anfang 20. Jahrhundert], (Bd. 1: 150 Tavole, Bd. 2: 137 Tavole; ist eine Enzyklopädie)
Grande enciclopedia popolare Sonzogno, P. Premoli, dir., 22 Bde., Milano 1913-28, 2 Supplementbände 1931 f.
Enciclopedia italiana di scienze, lettere ed arti, 35 Bde., Milano - Roma (Istituto Giovanni Treccani) 1929-37, Appendice I: 1938, II: 1948 (2 Bde.), III: 1961 f. (2 Bde.)
Grande dizionario enciclopedico, a cura di G. Trucco, fondato da P. Fedele, 10 Bde., Torino (UTET) 1933, 1 Bd. Supplement 1940 (ist eine Enzyklopädie, siehe 1954)
Enciclopedia cattolica, 12 Bde., Firenze e Roma, Città del Vaticano 1949-54 (Nihil obstat 1948)
Novissima enciclopedia illustrata, G.M. Boccabianca, dir., 5 Bde., Milano (Istituto editoriale ital.) 1950-53
Enciclopedia Motta, 5 Bde., Milano 1953-55
Nuova enciclopedia Sonzogno, 3 Bde., Milano 1954-57
Grande dizionario enciclopedico, 12 Bde., Torino 1954-61[2], Appendice 1964 (ist eine Enzyklopädie, siehe 1933 und 1967-73)
Enciclopedia Hoepli, 7 Bde., Milano 1955-68
Enciclopedia Garzanti universale, 2 Bde., Milano 1962, 1970[17] (ed. riveduta e ampliata)
Grande enciclopedia Vallardi, 16 Bde., Milano 1962, Atlas 1969, 1968-71[2], 2 Supplemente 1972 und 1973
Nuova enciclopedia universale, 12 Bde. (incl. 1 Supplement), Roma (Editrice Italiana di Cultura) 1963, 1978[2]
Grande dizionario enciclopedico UTET, 19 Bde. + 1 Bd. Indici analitici e atlanti, Torino (UTET) 1967-73[3] (ed. interamente riveduta e accresciuta), 1 Bd. Indici analitici e atlanti 1975, 1 Bd. Cronologia universale 1979, 1 Bd. Appendici di aggiornamento 1979 (ist eine Enzyklopädie, was auch im Vorwort S. VI f. ausdrücklich betont wird, siehe 1933 und 1954)
Enciclopedia del novecento, bis Bd. 6 (sottosviluppo), Roma (Istituto della Enciclopedia italiana, fondata da Giovanni Treccani) 1975 ff. (nur Artikel 'by broad subjekts')
Enciclopedia europea, 11 Bde., Milano (Garzanti) 1976-81

d) Deutschland

d1) Illustrierte Wörterbücher (Wiederholung von 6.6.2.6)

Der große Duden. 10. Bedeutungswörterbuch, Mannheim 1970 (815 S., 24.000 Wörter)
Der Sprachbrockhaus. Deutsches Bildwörterbuch von A-Z, Wiesbaden 1984[9] (völlig neu bearbeitet u. erw. Aufl.)

---

[4] Die Enzyklopädien mußten eingesehen werden, um zu prüfen, ob es sich nicht - wie tatsächlich in einigen Fällen - um enzyklopädische Wörterbücher handelt. Umgekehrt ist gleich das erste Werk trotz seines Titels eine Enzyklopädie.

Der neue Brockhaus. Lexikon und Wörterbuch in 5 Bänden und einem Atlas, Wiesbaden 1984-85^{7}

Duden. Das Bedeutungswörterbuch, Mannheim 1985^{2} (2. völlig neu bearb. u. erw. Aufl., 797 S.)

d2) Einige nicht illustrierte Wörterbücher

W. Pöschl, Der kleine Pöschl. Kleines Sprach- und Wissenslexikon in 2 Bdn., Kassel 1952-53 (enzyklopädisches Wörterbuch)

H. Küpper, Wörterbuch der deutschen Umgangssprache, 6 Bde., Hamburg (Claassen) 1963-70^{3}

G. Wahrig, Deutsches Wörterbuch, s.l. (Bertelsmann) 1966, 1980^{3}

Meyers enzyklopädisches Lexikon, 32 Bde., Mannheim 1971-81 (Bd. 29: Bildwörterbuch deutsch-englisch-französisch, Bd. 30-32: Das große Wörterbuch der deutschen Sprache, nicht illustriert)

Duden. Das große Wörterbuch der deutschen Sprache, 6 Bde., Mannheim 1976-81

Brockhaus Wahrig. Deutsches Wörterbuch, 6 Bde., Wiesbaden 1980-84

Duden. Deutsches Universalwörterbuch, 1 Bd., Mannheim 1983

d3) Einige illustrierte Enzyklopädien (Fortsetzung von 6.6.1.a)

Der kleine Brockhaus, 2 Bde., Wiesbaden 1949-50 (R. Collison 1966^{2}, 172: "less than 1.500 pages, nearly 6.000 illustrations at the top and bottom of the pages")

Herders neues Volkslexikon, 1 Bd., Freiburg 1950, 1982 (neu bearb.)

Der große Brockhaus, 12 Bde., Wiesbaden 1952-57^{16}, Supplement + 1 Atlas 1958 (R. Collison 1966^{2}, 172: "nearly 30.000 text illustrations (many of them excellent half-tones) and some 800 plates, 124 maps")

Der kleine Brockhaus, 2 Bde., Wiesbaden 1955

Der Volks-Brockhaus, Wiesbaden 1955, 1956^{12} (40.000 Einträge, 3.500 Illustrationen)

Das große Duden-Lexikon, 8 Bde., Mannheim 1964-69. Bd. 9 Bibliographie, 1969, 1969^{2}, 1 Bd. Nachträge 1969-73

Meyers enzyklopädisches Lexikon, 32 Bde., Mannheim 1971-81

Meyers neues Lexikon, in 18 Bdn., Leipzig 1972 ff., bisher bis Bd. 11 (Rüsse-) 1975 (2., völlig neu erarb. Aufl.)

Der große Brockhaus, 12 Bde., Wiesbaden 1977-81^{18}, Bd. 13: Karten, 1981, Bd. 14: Ergänzungen, 1982

Meyers neues Lexikon, 8 Bde., Mannheim 1978-81

Der große Knaur, 20 Bde., München 1981-83

Meyers großes Universallexikon, 15 Bde. und 1 Atlasband, Mannheim 1981 - 1986

Die große Bertelsmann Lexikothek, 15 Bde.,Gütersloh 1984-85

Vorauslexikon in 5 Bänden zur Brockhaus Enzyklopädie, 19. Auflage, Mannheim 1986 (= Der neue Brockhaus, 5 Bde., Wiesbaden 1984-85^{7}; siehe d1)

Brockhaus Enzyklopädie, 24 Bde., Mannheim 1986 ff. (19. völlig neubearb. Aufl.)

8.2 Politik der Illustrationen verschiedener Verlage (siehe 8.1)

8.3 Typen von Illustrationen (siehe 2.)

8.4 - 8.7, 9., 10. Die Arbeiten gliedern sich in:

a) Allgemeines zum Verhältnis von Wort und Bild

b) Semiotik

c) Photographie

d) Kunstwissenschaft

e) Kognitionspsychologie

a) Allgemeines zum Verhältnis von Wort und Bild

Bild und Text. Text und Bild, Kunst und Unterricht. Praxis Deutsch, Sonderheft 1978
Lettres et icônes, Langages 75, 1984
H. Burger, Sprache der Massenmedien, Berlin 1984 (Kap. 10: Text und Bild)
R. Escarpit, Théorie générale de l'information et de la communication, Paris 1976
R.L. Gregory, The Intelligent Eye, London 1970
D. Grünewald/H. Hinkel, Mit Bild und Text erzählen, in: Bild und Text. Text und Bild, Kunst und Unterricht. Praxis Deutsch, Sonderheft 1978, 62-74
K. Hartmann, Denken, Wort und Bild, in: H. Brunner et al. (Hg.), Wort und Bild, München 1979, 13-27
H.J. Heringer, Verschnittene Anschauung? Bilder im Sprachunterricht, in: Linguistik und Didaktik 47/48, 1981, 121-38
L.J. Issing, Bilder als didaktische Medien, in L.J. Issing/J. Hannemann (Hg.), Lernen mit Bildern, Grünwald 1983, 9-39

D. Jacobi, Figures et figurabilité de la science dans des revues de vulgarisation, in: Langages 75, 1984, 23-42

D.C. Kochan, Texte und Bilder verstehen, in: Bild und Text. Text und Bild, Kunst und Unterricht. Praxis Deutsch Sonderheft 1978, 146-56

H. Krings et al. (Hg.), Handbuch philosophischer Grundbegriffe, Bd. I, München 1973 (E. Biser zu *Bild*)

M. Martins-Baltar, De l'objet-texte au texte-objet, in: Etudes de linguistique appliquée 28, 1977, 8-23

Marie-Anne Mochet, L'articulation texte - graphique, in: Etudes de linguistique appliquée 28, 1977, 24-35

Sophie Moirand, Situations d'écrit, Paris 1979

A.A. Moles, Vers une théorie écologique de l'image?, in: Anne-Marie Thibault-Laulan (éd.), 1972, 49-73 (= 1972)

- , Teoria informazionale dello schema, in: Versus 2, 1972, 29-40 (= 1972a)

- , L'image communication fonctionnelle, Paris 1981

M. Muckenhaupt, Der Ärger mit Wörtern und Bildern. Probleme der Verständlichkeit und des Zusammenhangs von Text und Bild, in: Kodikas/Code 2, 1980, 187-209

- , Verstehen und Verständlichkeit. Vorschläge zu einer kommunikativen Analyse der Verständlichkeit und des Zusammenhangs von Text und Bild, in: Kodikas/Code 3, 1981, 39-81

- , Text und Bild. Grundfragen der Beschreibung von Text-Bild-Kommunikationen aus sprachwissenschaftlicher Sicht, Tübingen 1986 (nicht mehr berücksichtigt)

D.R. Olson (ed.), Media and Symbols, Chicago 1974

G. Otto, Text und Bild, in: Bild und Text. Text und Bild, Kunst und Unterricht. Praxis Deutsch, Sonderheft 1978, 4-16

J. Peytard, Lecture(s) d'une "aire scripturale": la page de journal, in: Langue Française 28, 1975, 39-59

K. Rahner, Zur Theologie des Bildes, in: Katholische Akademie in Bayern, Halbjahresheft Nr. 5 mit Galerieinformation 14, 1983, 1-7

J. Ritter (Hg.), Historisches Wörterbuch der Philosophie, Bd.1, Darmstadt 1971 (W. Hogrebe zu *Bild*)

P. Scherfer, Lexikalisches Lernen im Fremdsprachenunterricht, in: C. Schwarze/D. Wunderlich (Hg.), Handbuch der Lexikologie, Königstein/Ts. 1985, 412-40

D. Sless, Learning and Visual Communication, London 1981

A. Stock, Strukturale Bildanalyse, in: M. Wickelhaus/A. Stock, Bildtheologie und Bilddidaktik: Studien zur religiösen Bildwelt, Düsseldorf 1981, 36-43

Anne-Marie Thibault-Laulan, L'image dans la société contemporaine, Paris 1971

- , Le langage de l'image. Etude psycho-linguistique d'images visuelles en séquence, Paris 1971 (= 1971a)

- , (éd.), Image et communication, Paris 1972

- , Image et langage, in: Le langage, Paris 1973, 188- 215

R. Wiehl, die Symbol- und Wahrheitsfunktion von Wort und Bild, in: H. Brunner et al. (Hg.), Wort und Bild, München 1979, 29-47

b) Semiotik

Foto, Zeichnung, Diagramm: Leistung und Grenzen der Grafik, Zeitschrift für Semiotik 7, 1985, H. 1-2
R. Barthes, Eléments de sémiologie, in: Communications 4, 1964, 91-135
- , Rhétorique de l'image, in: Communications 4, 1964, 40-51 (= 1964a)
A.-M. Bassy, Du texte à l'illustration: Pour une sémiologie des étapes, in: Semiotica 11, 1974, 297-334
H.D. Baumann, Bedingungen der Darstellungsfunktion von Bildern, Diss. Kassel 1980
G. Bentele, Zeichen und Entwicklung: Vorüberlegungen zu einer genetischen Semiotik, Tübingen 1984
J. Bertin, La sémiologie graphique. Les diagrammes - les réseaux - les cartes, Paris 1967, 1973[2]
- , La graphique et le traitement graphique de l'information, Paris 1977
H. Binder, Zum Verhältnis von verbaler und visueller Kommunikation in Werbebildern, in: Linguistik und Didaktik 22, 1975, 85-102
T. Borbé (ed.), Semiotics Unfolding. Proceedings of the Second Congress of the International Association for Semiotic Studies, Vienna, July 1979, 3 Bde., Berlin 1983
E. Buyssens, La communication et l'articulation linguistique, Paris 1967
O. Calabrese, From the Semiotics of Painting to the Semiotics of Pictoral Text, in: Versus 25, 1980, 3-27
J.M. Clerc, L'image "humilie"-t-elle la parole?, in: Etudes de linguistique appliquée , nouv. série 45, 1982, 46-59
B. Cocula/C. Peyroutet, Sémantique de l'image, Paris 1986
G. Curonici, Unité du système des oppositions entre le système verbal et le système visuel, in: T. Borbé (éd.) 1983, Bd. 3, 1.427-33
U. Eco, La struttura assente. Introduzione alla ricerca semiologica, Milano 1968
- , Einführung in die Semiotik, München 1972
- , Segno, Milano 1973
- , A Theory of Semiotics, Bloomington 1976
- , Zeichen. Einführung in einen Begriff und seine Geschichte, Frankfurt 1977
- , Pour une reformulation du concept de signe iconique, in: Communications 29, 1978, 141-91 (= Synthese der Kap. 3.4.-3.6. aus U. Eco 1976)
- , Semiotics and the Philosophy of Language, London-Bloomington 1984
- , Semiotik und Philosophie der Sprache, München 1985
M. Faust, Sprachliches Zeichen und bildliche Darstellung, in: H. Brunner et al. (Hg.), Wort und Bild, München 1979, 263-76
C. Hartshorne/P. Weiss (eds.), siehe C.S. Peirce
Anne Hénault, Narratologie. Sémiotique générale, Paris 1983
W.G. Holliday, Teaching Verbal Chains Using Flow Diagrams and Texts, in: Audio Visual Communication Review 24, 1976, 63-72
R.Jakobson, Essais de linguistique générale,. 2. Rapports internes et externes du langage, Paris 1973 (Le langage en relation avec les autres systèmes de communication (S. 91-103) (1971). De la relation entre signes visuels et auditifs (S. 104-12) (= Fusion de deux articles de 1964))
S. Kjørup, Langages de l'image et d'autres langages, in: Degrés 8, no. 21, 1980, f1-f15

R. Kloepfer, Komplementarität von Sprache und Bild - Am Beispiel on Comic, Karikatur und Reklame, in: R. Posner/H.-P. Reinecke (Hg.), Zeichenprozesse, Wiesbaden 1977, 129-45
K. Kowalski, Die Wirkung visueller Zeichen. Analysen und Unterrichtsbeispiele für die Sekundarstufe I, Stuttgart 1975
M. Krampen, Iconic Signs, Supersigns and Models, in: Versus 4, 1973, 101-08
- , Leistung und Grenzen der Grafik, in: Zeitschrift für Semiotik 7, 1985, 3-8
- (Hg.), Visuelle Kommunikation und/oder verbale Kommunikation, Hildesheim 1983
- (Hg.), Foto, Zeichnung, Diagramm. Leistung ud Grenzen der Grafik, Zeitschrift für Semiotik 7, 1985, H. 1-2
- et al., Zur Mehrdimensionalität ikonischer Zeichen, in: Semiotik 2, 1980, 95-103
- , Die Welt als Zeichen. Klassiker der modernen Semiotik, Berlin 1981
H. Kubarth, L'image dans la publicité française moderne, Rheinfelden 1981
P.W. Langner, Strukturelle Analyse verbal-visueller Textkonstitution in der Anzeigenwerbung, Frankfurt/Main 1985
R. Lindekens, Eléments pour une analyse du code de l'image photographique, in: Josette Rey-Debove (éd.), Recherches sur les systèmes signifiants, The Hague 1973, 505-34
- , Essai de sémiotique visuelle, Paris 1976
A. Marcus, Visual Rhetoric in a Pictographic-Idoegraphic Narrative, in: T. Borbé (ed.), 1983, Bd. 3, 1.501-08
C. Metz, Essais sur la signification au cinéma, Paris 1961
- , Au-delà de l'analogie, l'image, in: Communications 15, 1970, 1-10
- , Essais sémiotiques, Paris 1977
W. Nöth, Semiotik. Eine Einführung mit Beispielen für Reklameanalysen, Tübingen 1975
- , Handbuch der Semiotik, Stuttgart 1985
K. Öhler (Hg.), Zeichen und Realität, 3 Bde., Tübingen 1984
C.S. Peirce, Collected Papers, ed. C. Hartshorne/P. Weiss, Bd. 2, Cambridge, Mass. 1932, 1960[2], 1965[3]
A. Picquenot, Lecture de "Rhétorique de l'image": le blocage, la rupture, in: Degrés 11, no. 34, 1983, c.1-c.14
L. Porcher, Introduction à une sémiotique des images, Paris 1976
W. Preisendanz, Verordnete Wahrnehmung. Zum Verhältnis von Photo und Begleittext, in: Sprache im technischen Zeitalter 37, 1971, 1-8
M. Rio, Le dit et le vu, in: Communications 29, 1978, 57-69
S.D. Sauerbier, Wörter bildlich / Bilder wörtlich. Schrift und Bild als Text - Probleme der Wort/Bild-Korrelation, in: Arbeitsgruppe Semiotik (Hg.), Die Einheit der semiotischen Dimensionen, Tübingen 1978, 27-93
- , Wörter, Bilder und Sachen. Grundlegung einer Bildersprachlehre, Heidelberg 1985
B.M. Scherer, Prolegomena zu einer einheitlichen Zeichentheorie. Ch. S. Peirces Einbettung der Semiotik in die Pragmatik, Tübingen 1984
T.A. Sebeok, Theorie und Geschichte der Semiotik, Reinbek 1979 (amerik. 1976)
B. Spillner, Stilanalyse semiotisch komplexer Texte. Zum Verhältnis von sprachlicher und bildlicher Information in Werbeanzeigen, in: Kodikas 4/5, 1982, 91-106
S. Vietta, Literatur- und Medienwissenschaft, in: D. Harth/P. Gebhardt (Hg.), Erkenntnis der Literatur, Stuttgart 1982, 298-320
U. Volli, Some Possible Developments of the Concept of Iconism, in: Versus 3, 1972, 14-30

- , Analisi semiotica della comunicazione semiotica, in: IKON 95, 1975, 9-72
M. Wallis, On Iconic signs, in: Josette Rey-Debove (éd.), Recherches sur les systèmes signifiants, The Hague 1973, 481-98
S. Worth, Pictures Can't Say Ain't, in: Versus 12, 1975, 85-108

c) Photographie

Schwerpunkt: Fotografie in Frankreich im 19. Jahrhundert, in: Lendemains 23, 1981, 3-102
Schwerpunkt: Photographie und Literatur II, in: Lendemains 34, 1984, 2-92
H. von Amelunxen, Photographische Buchillustration in Frankreich, in: Lendemains 34, 1984, 13-24
J. Arrouyé, Photographies/Photographie, in: Regards sur la sémiologie contemporaine, Université de St.-Etienne 1978, 111-24
R. Barthes, Le message photographique, in: Communications 1, 1961, 127-38
- , La chambre claire. Note sur la photographie, Paris 1980
W. Benjamin, Kleine Geschichte der Photographie, in: ders., Das Kunstwerk im Zeitalter seiner technischen Reproduzierbarkeit, Frankfurt/Main 1963 u.ö., 65-94 (erstmals erschien der Beitrag zur Photographie 1931)
H. Brög, Erweiterung der allgemeinen Semiotik und ihre Anwendung auf die Life-Photographie, Kastellaun 1979
V. Burgin, Seeing Sense, in: H. Davis /P. Walton (eds.), Language, Image, Media, Oxford 1983, 226-44
H. Espe, Konnotationen als Ergebnisse fotografischer Techniken, in: Zeitschrift für Semiotik 7, 1985, 63-71
F. Heidtmann, Wie das Photo ins Buch kam. Der Weg zum photographisch illustrierten Buch, Berlin 1984
Estelle Jussim, Visual Communication and the Graphic Arts. Photographic Technologies in the Nineteenth Century, New York 1974, 1983^2
W. Koschatzky, Die Kunst der Photographie, Salzburg 1984
E. Martino, Referenz und Invarianz in der Fotografie, in: Zeitschrift für Semiotik 7, 1985, 9-25
K. Pawek, Totale Photographie, Olten 1960
- , Das optische Zeitalter, Olten-Freiburg 1963
S.D. Sauerbier, Wörter, Bilder und Sachen, Heidelberg 1985 (Kap. 4 zur Photographie)
Susan Sontag, Über Photographie, München 1978 (= On Photography, New York 1977)
J. Wagner (ed.), Images of Information, Beverly Hills 1979

d) Kunstwissenschaft

Bildanalyse, Kunst und Unterricht 77, Februar 1983 und 78, April 1983
R. Arnheim, Anschauliches Denken, Köln 1972, 1974^2 (amerik. 1969)
- , Virtues and Vices of the Visual Media, in: D.R. Olson (ed.), Media and Symbols, Chicago 1974, 180-210
G. Arntz, Kritische Grafik und Bildstatistik, Den Haag 1976
O. Bätschmann, Einführung in die kunstgeschichtliche Hermeneutik, Darmstadt 1984

M. Black, Caveats and Critiques. Philosophical Essays in Language, Logic, and Art, Ithaca 1975 (VII. The Nature of Representation. VIII. The Structure of Symbols)

G. Boehm, Zu einer Hermeneutik des Bildes, in: H.-G. Gadamer /G. Boehm (Hg.), Seminar: Die Hermeneutik und die Wissenschaften, Frankfurt/Main 1978, 444-71

M. Camille, Seeing and Reading: Some Visual Implications of Medieval Literacy and Illiteracy, in: Art History 8, 1985, 26-49

T. Fawcett, Graphic versus photographic in the nineteenth-century reproduction, in: Art History 9, 1986, 185-212

G. Gebauer (Hg.), Das Laokoon-Projekt: Pläne einer semiotischen Ästhetik, Stuttgart 1984

E.H. Gombrich , Art and Illusion. A Study in the Psychology of Pictorial Representation, Princeton 1960, 1969[3]

- , Symbolic Images. Studies in the Art of the Renaissance, Oxford 1972

- , The Visual Image, in: Scientific American 227, 1972, no. 3, 82-96 und in: D. R. Olson (ed.), Media and Symbols, Chicago 1974; dt. in: K. Steinbuch (Hg.), Kommunikation, Frankfurt 1973 (= 1972 a)

- , Mirror and Map. Theories of Pictorial Representation (Review Lecture), in: Philosophical Transactions of the Royal Society of London, B. : Biological Sciences, Bd. 270, Nr. 903, 1975, 119-49

- , The Image and the Eye, Oxford 1982

- , Bild und Auge. Neue Studien zur Psychologie der bildlichen Darstellung, Stuttgart 1984

N. Goodman, Sprachen der Kunst. Ein Ansatz zu einer Symboltheorie, Frankfurt 1973 (amerik. 1968)

W. Hofmann, Die Geburt der Moderne aus dem Geist der Religion, in: ders. (Hg.), Luther und die Folgen für die Kunst. Hamburger Kunsthalle, München 1983, 23-71

- , Von der Freiheit des Betrachters vor dem Bild, in: Die Zeit, Nr. 44, 28. Oktober 1983, 57 und 59

M. Imdahl, Bildsyntax und Bildsemantik, in: Gießener Beiträge zur Kunstgeschichte 1, 1970, 1-10

E. Kaemmerling (Hg.), Bildende Kunst als Zeichensystem, Köln 1979

G. Kauffmann, Sprache und bildende Kunst, in: W. Busch et al. (Hg.), Kunst als Bedeutungsträger. Gedenkschrift für G. Bandmann, Berlin 1978, 541-49

G.E. Lessing, Laokoon: oder über die Grenzen der Mahlerey und Poesie, Berlin 1766 (= Werkausgabe, Bd. 6, Darmstadt 1974)

R. Magritte, Ecrits complets, A. Blavier, éd., Paris 1979

E. Panofsky, Ikonographie und Ikonologie. Eine Einführung in die Kunst der Renaissance, in: ders., Sinn und Deutung in der bildenden Kunst, Köln 1975 (Der Aufsatz zur Ikonographie erschien erstmals 1939)

R. Schiebler, Die Kunsttheorie René Magrittes, München 1981

U.M. Schneede, René Magritte. Leben und Werk, Köln 1973

R. Wedewer, Zur Sprachlichkeit von Bildern. Ein Beitrag zur Analogie von Sprache und Kunst, Köln 1985

e) Kognitionspsychologie

Häufig benutzte Abkürzungen:

AVCR = Audio Visual Communication Review
ECTJ = Educational Communication and Technology
JVLVB = Journal of Verbal Learning and Verbal Behavior

H. Aebli, Denken: Das Ordnen des Tuns. Bd. I: Kognitive Aspekte der Handlungstheorie. Bd. II: Denkprozesse, Stuttgart, Bd. I, 1980, Bd. II, 1981

J.A. Anderson, More on the Equivalence of Statements, in: AVCR 16, 1968, 25-32

H. Aust, Lesen. Überlegungen zum sprachlichen Verstehen, Tübingen 1983

I. Beg/R. Robertson, Imagery and Long-Term Retention, in: JVLVB 12, 1973, 689-700

M. Bock, Organisationsprozesse beim Behalten konkreter und abstrakter Wörter - ein Gedächtnis oder zwei?, in: Zeitschrift für Semiotik 3, 1981, 311-26

\- , The Influence of Pictures on the Processing of Texts: Reading Time, Intellegibility, Recall, Aestetic Effect, Need for Rereading, in: G. Rickheit/M. Bock (eds.), 1983, 218-36

W. Bourisseau et al., Sense-Impression Responses to Differing Pictorial and Verbal Stimuli, in: AVCR 13, 1965, 249-58

F. Bresson, Compétence iconique et compétence linguistique, in: Communications 33, 1981, 185-96

J.B. Carroll/R.O. Freedle (eds.), Language Comprehension and the Acquisition of Knowledge, Washington 1972

A. Chan et al., The Effect of Colored Embellishment of a Visual Array on a Simultaneously Presented Audio Array, in: AVCR 13, 1965, 159-64

A.G. Chute, Analysis of the Instructional Functions of Color and Monochrome Cuing in Media Presentations, in: ECTJ 27, 1979, 251-63

H.H. Clark/W.G. Chase, On the Process of Comparing Sentences against Pictures, in: Cognitive Psychology 3, 1972, 472-517

J. Doblin, A Structure for Nontextual Communications, in: P.A. Kolers et al. (eds.), 1980, 89-111

P. Duchastel, Illustrating Instructional Texts, in: Educational Technology, vol. 18, no. 11, 1978, 36-39

\- , Research on Illustrations in Text: Issues and Perspectives, in: ECTJ 28, 1980, 283-87

\- /R. Waller, Pictorial Illustration in Instructional Texts, in: Educational Technology, vol. 19, no. 11, 1979, 20-25

F.M. Dwyer, Color as an Instructional Variable, In: AVCR 19, 1971, 399-416

\- , The Effect of IQ Level on the Instructional Effectiveness of Black-and-White and Color Illustrations, in: AVCR 24, 1976, 49-62

A.O. Eger, Computer Aided Design of Graphic Symbols, in: P.A. Kolers et al. (eds.), 1979, 519-24

J. Engelkamp, Experimentelle Psychosemiotik: Wahrnehmung - Vorstellung - Begriff, in: Zeitschrift für Semiotik 3, 1981, 289-93

\- , Sensorische und motorische Aspekte von Bedeutung, in: Zeitschrift für Semiotik 3, 1981, 327-37

\- , Die Repräsentation der Wortbedeutung, in: C. Schwarze/D. Wunderlich (Hg.), Handbuch der Lexikologie, Königstein, Ts. 1985, 292-313

\- /H.D. Zimmer, Dynamic Aspects of Language Processing. Focus and Presupposition, Berlin 1983

H. Espe , Fotografie und Realität - Empirische Untersuchung über die Eindruckswirkung von schwarz-weißen und farbigen Fotografien, in: K. Öhler (Hg.), Zeichen und Realität, 3 Bde., Tübingen 1984, Bd.2, 743-51

M.W. Eysenck, A Handbook of Cognitive Psychology, London 1984

M. Fleming , Pictorial Communication: An Essay on its Plight, in: AVCR 10, 1962, 223-37

- , Classification and Analysis of Instructional Illustrations, in: AVCR 15, 1967, 246-58

M.L. Fleming, The Picture in Your Mind, in: AVCR 25, 1977, 43-64

- /M. Sheikhian, Influence of Pictorial Attributes on Recognition Memory, in: AVCR 20, 1972, 423-43

A. Furnham et al., The relative contribution of verbal, vocal, and visual channels to person perception: Experiment and critique, in Semiotica 37, 1981, 39-57

S.L. Greenspan/E.M. Segal, Reference and Comprehension: A Topic-Comment Analysis of Sentence-Picture Verification, in: Cognitive Psychology 16, 1984, 556-606

G.L. Gropper, Why is a Picture Worth a thousand Words?, in: AVCR 11, 1963, 75-95

F.R. Hartman, Recognition Learning under Multiple Channel Presentation and Testing Conditions, in: AVCR 9, 1961, 24-43

- , Single and Multiple Channel Communication: A Review of Research and a Proposed Model, in: AVCR 9, 1961, 235-62

H. Hörmann, Meinen und Verstehen. Grundzüge einer psychologischen Semantik, Frankfurt/Main 1976

W.G. Holliday, Teaching Verbal Chains Using Flow Diagrams and Texts, in: AVCR 24, 1976, 63-78

H.J. Hsia, On Channel Effectiveness, in: AVCR 16, 1968, 245-67

V.V. Ivanov, Gerade und Ungerade. Die Asymmetrie des Gehirns und der Zeichensysteme. Übersetzung aus dem Russischen, Stuttgart 1983

Sabine Jörg, Der Einfluß sprachlicher Bezeichnungen auf das Wiedererkennen von Bildern, Berlin 1978

- , The Semantic Power of Verbal and Pictorial Parts of Situations, in: G. Rickheit/M. Bock (eds.), 1983, 237-58

N. Katzman/J. Nyenhuis, Color vs. Black-and-White Effects on Learning, Opinion and Attention, in: AVCR 20, 1972, 16-28

J.M. Kennedy, Line Representation and Pictorial Perception, Ph. D. Cornell University 1971

- , Icons and Information, in: D.R. Olson (ed.), Media and Symbols, Chicago 1974, 211-40

- , A Psychology of Picture Perception, London 1974 (= 1974a)

J.Q. Knowlton, On the Definition of "Picture", in: AVCR 14, 1966, 157-83

P.A. Kolers/Susan J. Brison, Commentary: On Pictures, Words, and their Mental Representation, in: JVLVB 23, 1984, 105-13

- et al. (eds.), Processing of Visible Language. Volume 1, New York 1979

- , Processing of Visible Language 2, New York 1980

U. Konerding/K.F. Wender, Experimentelle Belege gegen die psychologische Realität semantischer Komponenten, in: T.B. Seiler/W. Wannenmacher (Hg.) 1985, 132-42

Judith F. Kroll/Mary C. Potter, Recognizing Words, Pictures, and Concepts: A Comparison of Lexical, Object, and Reality Decisions, in: JVLVB 23, 1984, 39-66

W. Kühnert, Die Aneignung sprachlicher Begriffe und das Erfassen der Wirklichkeit, Frankfurt/Main 1983

R.J. Lamberski/F.M. Dwyer, The Instructional Effect of Coding (Color and Black and White) on Information Acquisition and Retrieval, in: ECTJ 31, 1983, 9-21

W. H. Levie/Diane Levie, Pictorial Memory Processes, in: AVCR 23, 1975, 81-97

- /R. Lentz, Research (Can Illustrations Aid Learning of Text Material?), in: ECTJ 30, 1982, 195-232

W.J. Lutz/C.J. Scheirer, Coding Processes for Pictures and Words, in: JVLVB 13, 1974, 316-20

D.M. Moore/E.B. Sasse, Effect of Size and Type of Still Projected Pictures on Immediate Recall of Content, in: AVCR 19, 1971, 437-50

G.M. Murch/G.L. Woodworth, Wahrnehmung, Stuttgart 1978

R.A. Myers , The Presentation of Text and Graphics, in: P.A. Kolers et. al. (eds.), 1980, 337-64

U. Neisser, Kognition und Wirklichkeit, Stuttgart 1979

D.L. Nelson/Dolores Castaño, Mental Representations for Pictures and Words: Same or Different?, in: American Journal of Psychology 97, 1984, 1-15

D.R. Olson, Language and Thought: Aspects of a Cognitive Theory of Semantics, in: Psychological Review 77, 1970, 257-73

- , Language Use for Communicating, Instructing and Thinking, in: J.B. Carroll/R.O. Freedle (eds.), 1972, 139-67

H.E. Paine, Some Problems of Illustration, in: P.A. Kolers et al, (eds.) 1980, 143-56

A. Paivio, Imagery and Verbal Processes, New York 1971

- , Spacing of Repetitions in the Incidental and Intentional Free Recall of Pictures and Words, in: JVLVB 13, 1974, 497-511

- /I. Begg, Psychology of Language, Englewood Cliffs 1981

- /W. Lambert, Dual Coding and Bilingual Memory, in: JVLVB 20, 1981, 532-39

D.N. Perkins, Pictures and the Real Thing, in: P.A. Kolers et al. (eds.) 1980, 259-78

L.V. Peterson/W. Schramm, How Accurately are Different Kinds of Graphs Read?, in: AVCR 2, 1954, 178-89

G. Rickheit/M. Bock (eds.), Psycholinguistic Studies in Language Processing, Berlin 1983

T.B. Seiler, Sind Begriffe Aggregate von Komponenten oder idiosynkratische Minitheorien? Kritische Überlegungen zum Komponentenmodell von Dedre Gentner und Vorschläge zu einer alternativen Konzeption, in: T.B. Seiler/ W. Wannenmacher (Hg.), 1985, 105-31

- /W. Wannenmacher (Hg.), Begriffs- und Wortbedeutungsentwicklung, Berlin 1985

W. Severin, Another Look at Cue Summation, in: AVCR 15, 1967, 233-45

- , The Effectiveness of Relevant Pictures in Multiple-Channel Communications, in: AVCR 15, 1967, 386-401

Karl U. Smith, The Scientific Principles of Textbook Design and Illustration, in: AVCR 8, 1960, 27-49

J.G. Snodgrass, Towards a Model for Picture and Word Processing, in: P.A. Kolers et al. (eds.), 1980, 565-84

- et al., On the Fate of Visual and Verbal Memory Codes for Pictures and Words: Evidence for a Dual Coding Mechanism in Recognition Memory, in: JVLVB 13, 1974, 27-37

S. Spaulding, Research on Pictorial Illustration, in: AVCR 3, 1955, 35-45

- , Communication Potential of Pictorial Illustrations, in: AVCR 4, 1956, 31-46

K. P. Szlichcinski, The Syntax of Pictorial Instructions, in: P.A. Kolers et al. (eds.), 1980, 113-24

M. Twyman, A Schema for the Study of Graphic Language, in: P.A. Kolers et al. (eds.), 1979, 117-50

Mary Vanderwart, Priming by Pictures in Lexical Decision, in: JVLVB 23, 1984, 67-83

H. Wimmer/J. Perner, Kognitionspsychologie, Stutgart 1979

K. Winetrout, The New Age of the Visible: A Call to Study, in: AVCR 12, 1964, 46-52

W. Winn, The Structure of Multiple Free Association to Words, Black-and-White Pictures, and Color Pictures, in: AVCR 24, 1976, 273-94

- , Visual Information Processing: A Pragmatic Approach to the "Imagery Question", in: ECTJ 28, 1980, 120-33

W. Wippich, Die duale Kode-Theorie und die Konzeption der Analysestufen, in: Zeitschrift für Semiotik 3, 1981, 295-310

H.D. Zimmer, Sprache und Bildwahrnehmung, Frankfurt/Main 1983

12. ABBILDUNGEN

43	E. Bolton 1610	gyron, S. 112
44	J.A. Comenius 1658	Faber murarius
45	S. Chauvin 1692	Tafel XXIX
46	J. Harris 1708^2	Clarion
47	J. Harris 1710	Cochlea
48	J. Harris 1708^2	Microscope
49	[N. Bailey] 1726^3	Cinque-Port
50	[G. Guillet de St. Georges] 1705	Jack
51	Glossographia Anglicana Nova 1707	Clarion
52	N. Bailey 1731^2	Console
53	[G. Guillet de St. Georges] 1705	Bombs
54	N. Bailey 1731^2	Bombs
55	G. Guillet de St. Georges [1705]	Fraises
56	N. Bailey 1730	Fraises
57	N. Bailey 1730	The Figure of the Orrery
58	E. Chambers 1728	Hydraulicks
59	J. Hevelius 1647	Phasis Lunae
60	E. Chauvin 1692	Luna
61	E. Chambers 1728	Moon
62	E. Chambers 1728	Ionic (order)
63	J. Harris 1708	Säulenordnungen
64	J. Barrow 1751	Air-Pump et al.
65	A New and Complete Dictionary of Arts and Sciences 1754-55	Ducks
66	A New and Complete Dictionary of Arts and Sciences 1754-55	Glass Makers at Work
67	A New and Complete Dictionary of Arts and Sciences 1754-55	Winding of Silk
68	A New and Complete Dictionary of Arts and Sciences 1754-55	Artificial Magnets
69	G. Pivati 1746 ff.	Bussola
70	G. Pivati 1746 ff.	Bilancie
71	G. Pivati 1746 ff.	Ananas
72	Sinold v. Schütz/Hübner 1753	Taucher
73	J.T. Jablonski 1721	Compaß
74	J.T. Jablonski 1721	Kloben
75	Descriptions des arts et des métiers 1761 ff.	Plombier
76	Descriptions des arts et des métiers 1761 ff.	Plombier, Pl. XII
77	Descriptions des arts et des métiers 1761 ff.	des Fourneaux
78	D. Diderot/J. d'Alembert 1762 ff.	Agriculture, Labourage, Pl. I
79	D. Diderot/J. d'Alembert 1762 ff.	Sucrerie, Pl. II
80	D. Diderot/J. d'Alembert 1762 ff.	Passementerie, Pl.XXI
81	D. Diderot/J. d'Alembert 1762 ff.	Gravure en Taille-douce, Pl. I
82	D. Diderot/J. d'Alembert 1762 ff.	Métallurgie, Fer Blanc, Pl. II
83	D. Diderot/J. d'Alembert 1762 ff.	Hydrostatique

84	D. Diderot/J. d'Alembert 1762 ff.	Oeconomie Rustique, Charbon de Bois, Pl. I
85	D. Diderot/J. d'Alembert 1762 ff.	Oeconomie Rustique, Charbon de Bois, Pl. II
86	T.H. Croker 1766	Charcoal Making
87	T.H. Croker 1766	Diamond Cutting
88	T.H. Croker 1766	Chemical Laboratory
89	T.H. Croker 1766	Blowing of Glass
90	T.H. Croker 1766	Brewhouse
91	Encyclopaedia Britannica 1768-71	Glass Makers at Work
92	Encyclopaedia Britannica 1768-71	Amaryllis et al.
93	Encyclopaedia Britannica 1768-71	Plate 145
94	J.G. Krünitz 1773 ff.	Backofen
95	Frankfurter Encyclopädie 1778-1807	Bürgerliche Baukunst, Tafel VII
96	F. Pagès 1796	Flaschenzug
97	Encyclopaedia Perthensis 1796-1806	Plate XXII
98	R.G. Löbel 1796-1808	(geogr.) Breite
99	L'encyclopédie nouvelle 1836 ff.	Amandier commun
100	Nuova enciclopedia italiana 1841 ff.	Officina di lavorazione dell'allume
101	O. Marbach/A. Kaiser (Hg.) 1837	Eichhörnchen
102	Encyclopaedia Britannica 1853-61[8]	Aerostation
103	Enciclopedia popolare illustrata 1887-90	Chiesa S. Ambrogio
104	Herders Konversations-Lexikon 1902-07[3]	Berlin, Altes Museum
105	Herders Konversations-Lexikon 1902-07[3]	Ausstellungen, Chicago 1893
106	Pierers Konversationslexikon 1888-93[7]	Pilze
107	J. Ogilvie 1850	Amplexicaul leaf
108	N. Webster 1859	Anona - Band
109	N. Webster 1859	Go-cart
110	N. Webster 1864	Go-cart
111	N. Webster 1859	Pumpkin
112	N. Webster 1859	Maple
113	N. Webster 1864	Fig
114	J.E. Worcester 1861	Chain-pump
115	J.E. Worcester 1861	Astur palumbaria
116	W.D. Whitney 1889-91	Great Auk
117	M. Lachâtre 1852-56/1865-70	Locomotive
118	M. Lachâtre 1852-56/1865-70	Paquebot
119	M. Lachâtre 1852-56/1865-70	Abricotier
120	M. Lachâtre 1852-56	Académie
121	J.F.M.B. Dupiney de Vorepierre 1856/64	Arc
122	Grand dictionnaire universel 1866 ff.	(machine d')Atwood

123	P. Larousse 1878/79	Ananas
124	P. Larousse 1878/79	Ancolie
125	P. Larousse 1878/79	Ancre
126	P. Larousse 1903	Ananas
127	T. Bénard 1882/91	Ananas
128	A. Gazier 1887/1903	Ananas
129	A. Gazier 1887/1903	Locomotive
130	A. Gazier 1887/1903	Menuiserie
131	P. Guérin/G. Boivier-Lapierre 1894/1912	Bananier
132	P. Guérin/G. Boivier-Lapierre 1894/1912	Ancre
133	A. Colin 1905	Laminoir
134	A. Colin 1905	Petits oiseaux
135	Petit Larousse illustré 1905	Batteuse
136	Petit Larousse illustré 1905	Télégraphe - Téléphone
137	Petit Larousse illustré 1905	Lit
138	J. Trousset 1884-86	Aubergine
139	Nouveau Larousse illustré 1897-1904	Tabouret
140	Nouveau Larousse illustré 1897-1904	Sapin
141	Petit Larousse illustré 1905	Sapins
142	R. Campuzano 1857	Higuera
143	R. Campuzano 1857	Túnel
144	Diccionario enciclopédico hispano-americano 1887	Acodalar
145	Campano ilustrado 1923	nacela
146	Campano ilustrado 1906	algodón
147	Zerolo/Toro y Gómez/Isaza 1895	Lúpulo
148	G.B. Melzi 1891	Elettricità antica
149	G.B. Melzi, nach 1914	Agóne
150	P. Premoli 1909/12	Scalo
151	P. Premoli 1909/12	Telefono
152	P. Premoli 1909/12	Fiori
153	P. Premoli 1915	Asino-Azalea
154	N. Zingarelli 1917/22	Amarra
155	N. Zingarelli 1917/22	La Notte di Michelangelo
156	Der Volksbrockhaus 1931	Akelei
157	Der Volksbrockhaus 1931	Federmanometer
158	Der Sprach-Brockhaus 1935	Hand, Handgranate
159	Der Sprach-Brockhaus 1935	tragen
160	Der neue Brockhaus 1937/38	Canna indica
161	Der neue Brockhaus 1937/38	Schwimmdock
162	Oxford Advanced Learner's Dictionary of Current English 1974[3]/1983	fans
163	Collins Concise English Dictionary 1978	fillip
164	Petit Larousse 1980/1985	Satellite
165	Nouveau dictionnaire du français contemporain 1980	scie
166	Dictionnaire usuel illustré Flammarion 1980	scie à bûches
167	Dictionnaire encyclopédique Larousse 1979	sapins, saponaire
168	Dictionnaire Hachette 1980	safran

169	Dizionario Garzanti della lingua italiana 1965-82[21]	Saldatrice elettrica
170	G. Devoto/G.C. Oli 1967/1980[12]	Saldatore
171	Dizionario Sandron della lingua italiana 1976/1980[4]	mezzo da sbarco
172	Duden. Bedeutungswörterbuch 1970	Salto
173	Duden. Bedeutungswörterbuch 1985	Schaufel
174	The American Heritage Dictionary of the English Language 1969/79	screw - screech owl
175	Dizionario enciclopedico de Agostini 1981	Scambi ferroviari - Scampo
176	biDizionario italiano 1981	salvia - sangue
177	N. Zingarelli 1970[10]	moffetta -molatrice
178	N. Zingarelli 1970[10]	scambio
179	Der Sprachbrockhaus 1984	Säbel - Säge
180	Garzanti 1984	cucito
181	Dictionary of Contemporary English (DCE) 1978	scientific instruments
182	Longman Active Study Dictionary of English (LASDE) 1983	verbs of movement
183	DCE 1978	farmyard
184	LASDE 1983	railway station
185	Longman New Universal Dictionary (LNUD) 1982	car
186	Longman Concise English Dictionary (LCED) 1985	Video movie camera
187	LNUD 1982	computer
188	LASDE 1983	pieces
189	Dictionnaire Quillet de la langue française 1975	Chemin de fer
190	Grand dictionnaire encyclopédique Larousse 1982-85	(nerf) sciatique, scie
191	Der neue Brockhaus 1984-85[7]	Schallplatte
192	Enciclopedia universale Unedi 1974-78	minerali
193	Dictionnaire encyclopédique Quillet 1977	scie
194	Lessico universale italiano 1968-81	scambio
195	Petit Larousse 1981	Papier
196	Petit Larousse 1981	Azote
197	Petit Larousse 1981	Pétrole
198	Duden. Bedeutungswörterbuch 1970	Tasse
199	Nouveau dictionnaire du français contemporain 1980	avoine
200	Petit Larousse 1981	Avoine

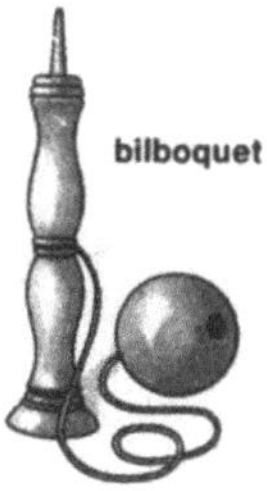

1 Nouveau dictionnaire du français contemporain (NDFC) 1980 — bilboquet

currŭs, *ūs,* m. *(curro),* ¶ 1 char : Cic. *Att. 13, 21, 3 ;* Virg. *G. 3, 359* ‖ [en part.] char de triomphe :

CURRUS 1

Cic. *Cæl. 34* ‖ [fig.] triomphe : Cic. *Fam. 15, 6, 1* ¶ 2 [poét.] : *a)* navire : Catul. *64, 9 ; b)* attelage d'un char : Virg. *G. 1, 514 ; c)* train de la charrue : Virg. *G. 1, 174.*

→ dat. *curru* [dans le vers dactyl.] Virg. *B. 5, 29 ; En. 1, 156 ; 3, 541 ; 7, 724* ‖ gén. pl. *currum* Virg. *En. 6, 653.*

2 F. Gaffiot 1934 — currus

adoptŭlus, *i,* m., fils adoptif : Eutych. *p. 453, 33.*

ădŏr, *ŏris,* n., espèce de froment, épeautre : Hor *S. 2, 6, 89 ;* Serv. *En. 7, 109.*

→ *adŏris* Auson. *344, 5.*

ădōrābĭlis, *e,* adorable : Apul. *M. 11, 18.*

ADORATIO

ădōrātĭo, *ōnis,* f., action d'adorer, adoration : Plin. *28, 22.*

3 F. Gaffiot 1934 — adoratio

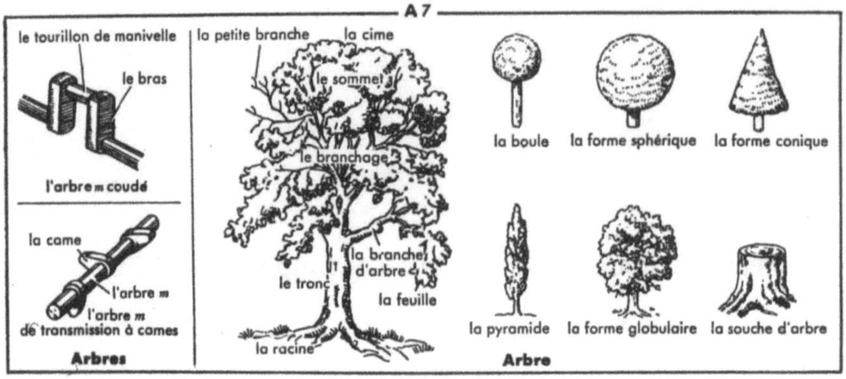

4 E. Pfohl, Brockhaus-Bildwörterbuch fr.-dt. 1961[31] arbre

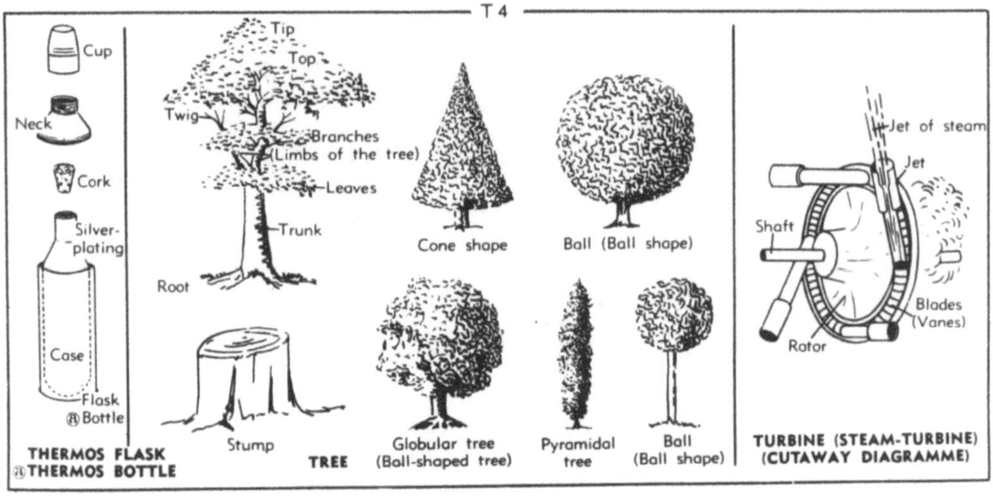

5 Novo Michaelis, Dicionário ilustrado inglés-português tree
1958

97 Bäckerei

1-56 die Brot-, Weiß- und Feinbäkkerei, Konditorei:
1 der Bäckerjunge (*obd.* Bäckerbub)
2 der Brötchenkorb
3 der Brötchensack
4 die Tortenschachtel (Kuchenschachtel)
5 der Lebkuchen (Pfefferkuchen, Honigkuchen)
6 der Stollen (die Stolle), ein Weihnachtsgebäck *n*
7 der Pfannkuchen (Krapfen), ein Fettgebäck *n* aus Hefeteig *m*
8 die Kuchenzange
9 die Schichttorte
10 der Baumkuchen
11 die Schlagsahne (der Schlagrahm, *österr.* das Schlagobers, Obers)
12 die Sahnenrolle
13 die Blätterteigpastete
14 der Mohrenkopf
15 der Tortenboden aus Mürbeteig *m*
16 die Obsttorte
17 das Baiser (die Meringe, *schweiz.* Meringue)
18 u. 19 Mehl *n*:
18 das Weizenmehl
19 das Roggenmehl;
20 der (das) Keks
21 das Knäckebrot, ein Schrotbrot
22-24 das Brot (der Brotlaib, Laib
22 die Krume
23 die Brotrinde (Kruste)
24 das Endstück (*nordd.* der Kanten
25-28 Brotsorten *f*:
25 das Langbrot, ein Mischbrot *n* (Roggen-Weizen-Brot)
26 das Rundbrot, ein Schwarzbrot *n*
27 das Kastenbrot, ein Weißbrot *n*
28 der Pumpernickel in der Frischhaltepackung;
29 das Brotgestell (der Schragen)
30 der Blechkuchen
31 die Eismaschine
32 der Portionierer
33 der Konditor (Zuckerbäcker, Feinbäcker):
34 die Konditormütze;
35 die Kremtorte
36 die Tortenplatte

192 Autoreparaturwerkzeug

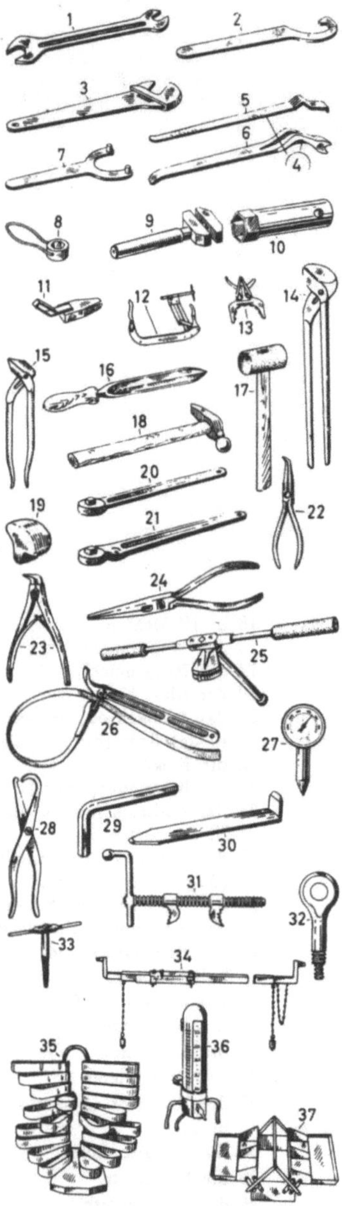

1 der Mutternschlüssel (Doppelschraubenschlüssel, Doppelmaulschlüssel)
2 der Hakenschlüssel
3 der Rollgabelschlüssel
4 die Montagehebel *m*, zum Reifenmontieren *n*:
5 das Montiereisen (der Reifenheber)
6 der Kuhfuß (Kniefuß);
7 der Zapfenschlüssel
8 der Zündkerzenschlüssel
9 der Stahlschraubenschlüssel
10 der Steckschlüssel
11 die Ventilkeilpistole
12 der Ventilfederspanner
13 die Kolbenringzange
14 die Universalzange
15 der Seitenschneider
16 der Löffelschaber (Dreikantschaber, Flachschaber)
17 der Gummihammer
18 der Ausbeulhammer, für Karosserieteile *n* od. *m* und Kotflügel *m*
19 der Rundamboß
20 die Zahnradknarre
21 die Freilaufknarre
22 u. 23 Sicherungszangen *f*:
22 für Innensicherungen *f*
23 für Außensicherungen *f*;
24 die Long-Grip-Zange
25 der Drehmomentschlüssel
26 der Radkappenschlüssel (Tankdeckelöffner)
27 der Tourenzähler
28 die Bremsfederzange
29 der Sechskantstiftschlüssel
30 der Winkelschraubenzieher
31 die Reifenspreize
32 die Motortragöse, zum Motorausheben *n*
33 der Schraubenausdreher

Téléphone

L'enveloppe colorée d'un téléphone s'appelle le boîtier. On repose le combiné dans un logement où il provoque l'enfoncement du crochet commutateur. Un espace creux ménagé sur la partie arrière du poste téléphonique sert de prise pour soulever l'appareil.

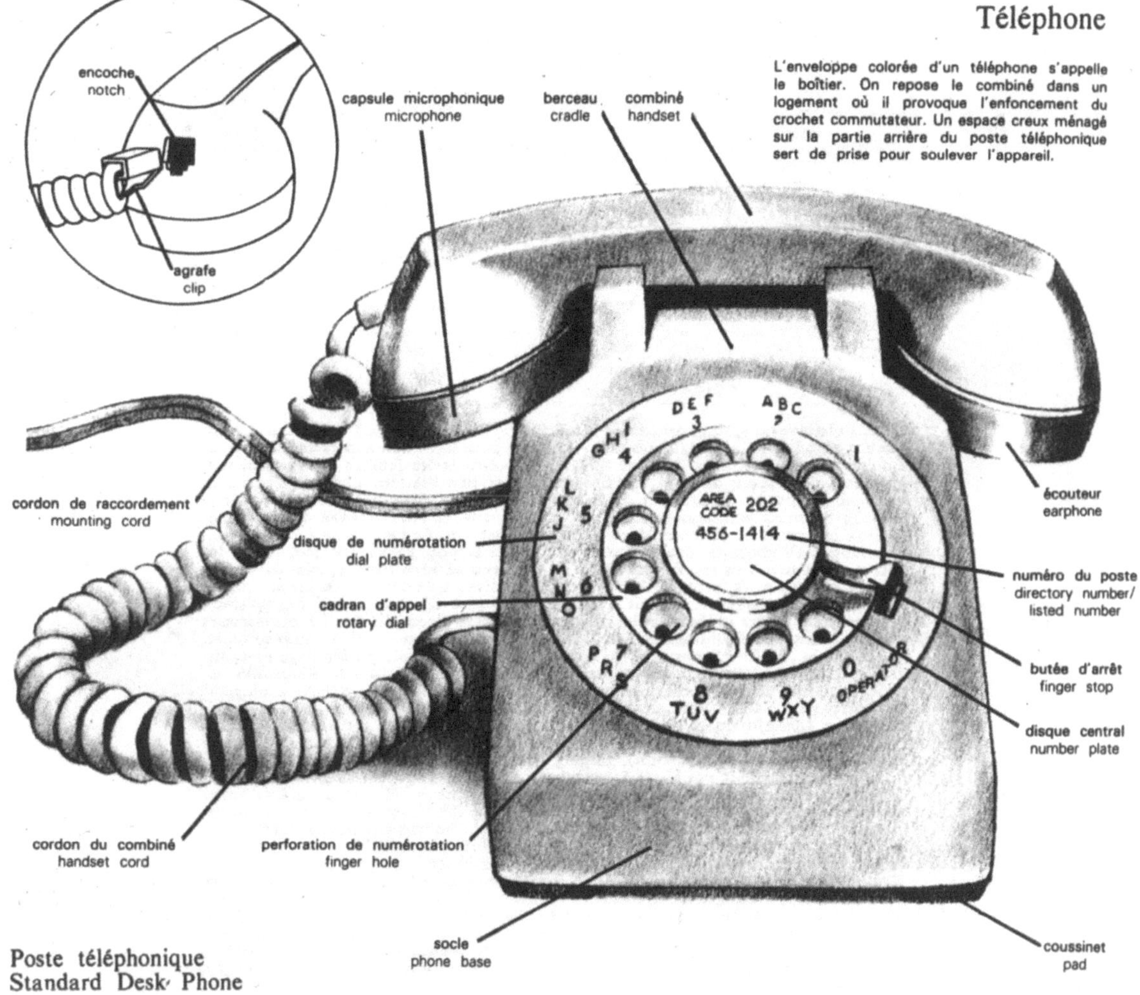

Poste téléphonique
Standard Desk Phone

Las estaciones, the seasons, les saisons *f.*, die Jahreszeiten *f.*

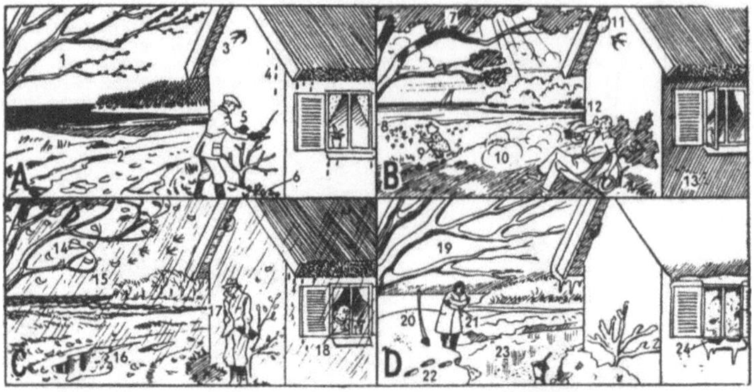

A. Primavera, spring, printemps *m.*, Frühling *m.* (Frühjahr *n.*). **1. El árbol echa nuevos retoños y despliega sus hojas,** the tree puts forth new shoots and the leaves unfold (leafing), l'arbre *m.* jette de nouvelles pousses et les feuilles *f.* s'épanouissent (montée *f.* de la sève), Baum *m.* mit Sprösslingen *m.* und Blättern *n.*, die sich entfalten (Ausschlagen *m.* der Bäume *m.*). **2. Fango (nieve fundida),** slush, boue *f.* (neige *f.* fondue), Schmutz *m.* (Schneematsch *m.*). **3. Golondrina (precursora del verano),** swallow (an omen of summer), hirondelle *f.* (présage *m.* de l'approche *f.* de l'été *m.*), Schwalbe *f.* (Vorbote *m.* des Sommers *m.*). **4. El tejado gotea,** the roof drips, les toits *m.* dégouttent, es tropft vom Dach *n.* **5. Tarea al aire libre (poda del árbol frutal),** outdoor work (pruning the fruit-tree), travail *m.* à l'extérieur (l'arbre *m.* fruitier est taillé), Aussenarbeit *f.* (Arbeit *f.* im Freien *n.* (der Obstbaum wird beschnitten). **6. Brotan las flores primaverales,** the spring flowers bloom, les fleurs *f.* printanières s'épanouissent, die Frühlingsblumen *f.* spriessen. – **B. Verano (estío),** (mid) summer, (plein) été *m.*, (Mitt-) Sommer *m.* **7. Follaje espeso,** thick foliage, feuillage *m.* épais, dichtes Laub. **8. Alfombra de flores,** carpet of flowers, floraison *f.*, Blumenflor *m.* **9. Recogiendo flores,** gathering flowers, cueillant des fleurs *f.*, pflückt Blumen *f.* **10. Polvareda,** cloud of dust, nuage *m.* de poussière, Staubwolke *f.* **11. Nido de golondrinas (debajo de la cornisa),** swallow's nest (under the eaves), nid *m.* d'hirondelle (au-dessous de la corniche), Schwalbennest *n.* (unter der Dachtraufe). **12. Se ahoga a causa del calor (suda),** gasping with heat (sweating), étouffant de chaleur *f.* (transpirant), stöhnt vor Hitze *f.* (schwitzt). **13. Parte umbría,** shady side, côté *m.* de l'ombre, Schattenseite *f.* – **C. Otoño,** autumn, automne *m.*, Herbst *m.* **14. Las hojas se marchitan y caen al suelo (caída de la hoja),** the leaves wither and fall to the ground (fall of the leaves), les feuilles *f.* se fanent et tombent par terre *f.* (descente *f.* de la sève), die Blätter *n.* welken und fallen zur Erde (Laubfall *m.*). **15. Aguacero,** shower (of rain), ondée *f.* (averse *f.*), Regenschauer *m.* **16. Charco,** puddle, mare *f.*, Wasserpfütze *f.* **17. Se resguarda de la lluvia para no mojarse,** is seeking shelter from the rain to avoid getting drenched, s'abritant de la pluie pour ne pas être mouillé, sucht Schutz *m.* vor dem Regen *m.*, um nicht durchnässt zu werden. **18. Se está bien dentro de casa,** is comfortable within doors, est bien au chaud, sitzt im Trocknen *n.* **D. Invierno,** winter, hiver *m.*, Winter *m.* **19. Ramas desnudas (cubiertas de nieve),** naked branches (covered with snow), branches *f.* défeuillées (couvertes de neige *f.*), kahle Zweige *m.* (mit Schnee *m.* bedeckt). **20. Capa espesa de nieve,** deep snow, couche *f.* de neige épaisse, hoher Schsehr. **21. Está helado,** is very cold, a froid, friert. **22. Huellas,** foot prints, traces *f.* de pas, Fussspur *f.* **23. Deslizadero,** slippery road, il fait glissant, Glatteis *n.* **24. La nieve funde,** the snows is melting, la neige fond, der Schnee schmilzt.

ÍNDICE GRÁFICO, PICTURE INDEX.

Los números hacen referencia a la página en que se trata el tema.
The numbers refer to the pages where the subject is to be found.

10 Diccionario ideográfico polígloto 1960 — Bilder Index S. X

INDICE DES IMAGES, BILDER-INDEX.

Les chiffres se réferènt aux pages où se trouve le sujet.
Die Zahlen verweisen auf die einschlägigen Seiten.

Affe

Akten-
tasche

Ahle

Alarm

Ähre
(Korn)

Allee

Ahorn

Alpe

Akku-
mulator

Altar

12 H. von Marouschek 1941

Affe - Altar

839

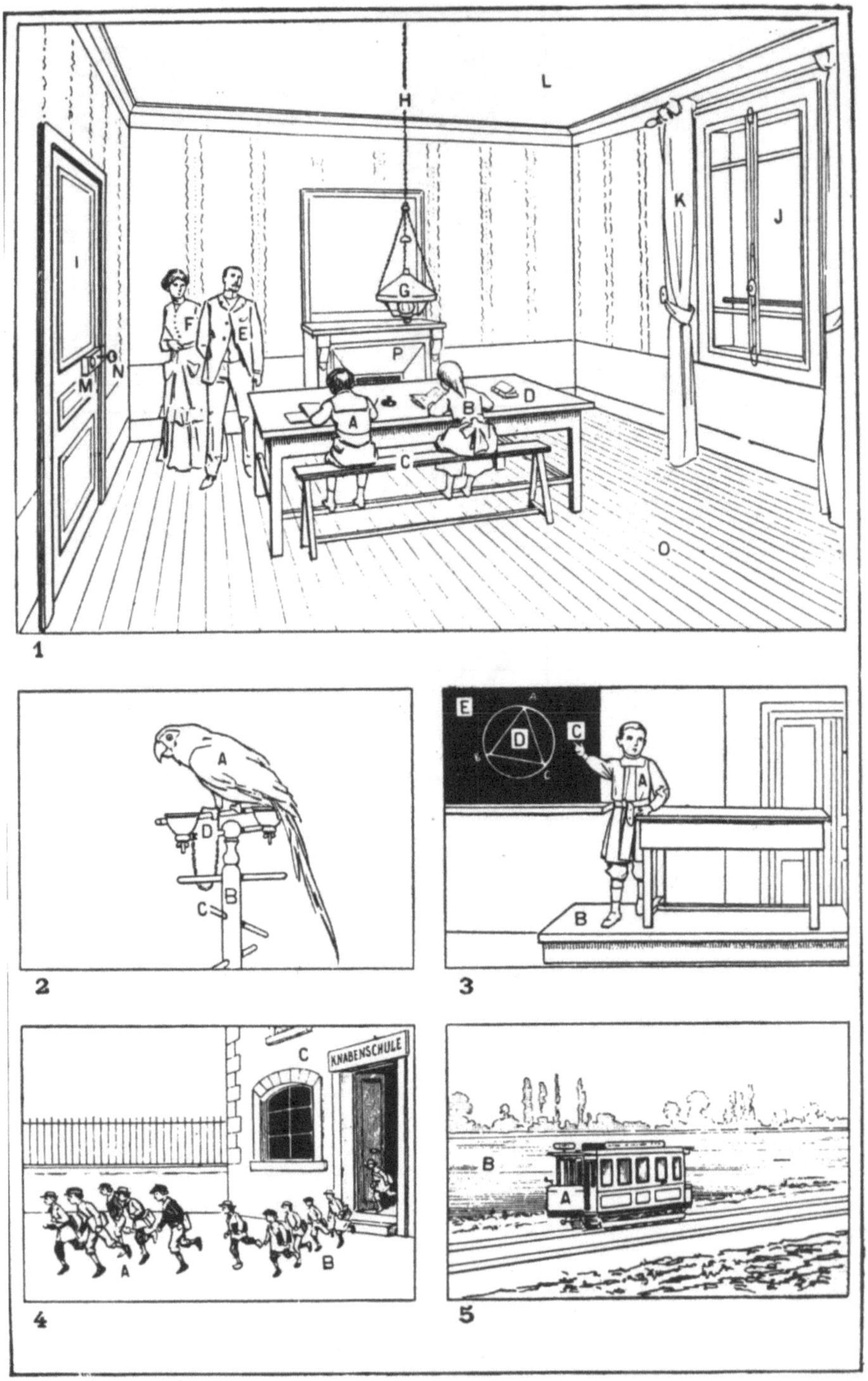

TAF. 16

Verben: sein, stehen, sitzen, hangen, stecken, zeigen.
Präpositionen: an, auf, aus, bei, entlang, gegen, gegenüber, in, längs, mit, nach, neben, über, unter.
Adverbien: hinten, links, mitten, oben, rechts, unten, vorn.

1. Fritz (A) und Luise (B) arbeiten **in** dem Zimmer, —
Fritz arbeitet **mit** Luise, —
Fritz **sitzt neben** Luise **auf** der Bank (C), **an** dem Tische (D), —
die Bank **steht vor** dem Tische, —
der Vater (E) **steht links hinter** dem Tische, —
die Mutter (F) **steht bei** dem Vater, —
die Lampe (G) **hängt an** einer Kette (H) **über** dem Tische, —
die Tür (I) **liegt** dem Fenster (J) **gegenüber,** —
die Gardine oder der Vorhang (K) **hängt am** Fenster, —
der Tisch **steht mitten in** dem Zimmer **unter** der Lampe **zwischen** dem Fenster und der Türe. —

Oben ist die Decke (L); **unten** ist der Fußboden (O); **vorn** steht der Tisch (D); **hinten** ist der Kamin (P); **rechts** ist das Fenster (J); **links** ist die Tür (I); **in** dem Türschloß (M) **steckt** der Schlüssel (N).

2. Der Papagei (A) **sitzt auf** seinem Stängelchen (B) **mit** einer Kette (C) **am** Fuße (D).

3. Der Schüler (A) **steht auf** dem Podium (B),
seine Hand (C) ist **gegen** die [Schul-]Tafel (E) **gerichtet,**
er zeigt **nach** der Tafel,
er **zeigt** die Figur (D) **an** der Tafel.

4. Schüler (A und B) laufen **aus** der Schule (C), —
nach den größeren (A) kommen die kleineren (B).

5. Die Straßenbahn (A) fährt **am** Fluß (B) **entlang** (**längs des Flusses**).

TAF. 16

pendule [pɑ̃dyl]

Une pendule.

La **pendule** de la classe dit dix heures vingt. Nous allons bientôt sortir.

- Copie en complétant :
  Je peux lire l'heure à la pendule, à ma ...., *à l'*..............., *au* ....
- ▸ Cherche **horloge, montre, réveil.**

15 Dictionnaire actif Nathan 1976 — pendule

poulie n. f. Roue creusée suivant un profil spécial, ou gorge, destinée à recevoir une corde pour mouvoir les fardeaux.
pouliner v. i. Mettre bas, en parlant d'une jument : *la jument a pouliné.*
poulinière adj. f. *Jument poulinière,* destinée à la reproduction.
pouliot n. m. Plante du genre des menthes. || Petit treuil d'une charrette.
poulot, otte n. Terme d'amitié en parlant à un enfant.

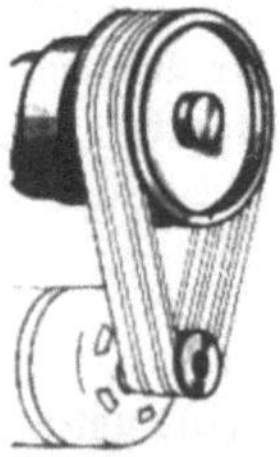

poulies

16 Nouveau Larousse élémentaire 1956 — poulies

pendule [pɑ̃dyl], n. f., appareil qui marque les heures, plus grand qu'une montre : *il y a une pendule au mur de la salle à manger.*

17 G. Gougenheim 1971 — pendule

pendule [pɑ̃dyl] n. f. Petite horloge qu'on pose sur un meuble ou

qu'on accroche au mur : *La pendule de la cheminée marquait 8 heures.*

18 G. Matoré 1963 — pendule

peler

peler v. C 24
[p(ə) le]
Je pèle des pommes.

19 Gisèle Coté-Préfontaine et al. 1974 peler

Par [paR]

- Pour aller de New York à Québec, Pierre passe **par** Boston et Montréal.

- *Autres phrases avec* **par**.
  « **Par** où faut-il passer?
  – **Par** ici. »

  « Vous allez souvent à Genève?
  – Trois ou quatre fois **par** an. »

  « Pour aller à Londres, c'est combien **par** personne?
  – Cent dix francs seulement. »

♦ **Par** *ou* **pour**?
Jean-Pierre part .... le Maroc.
Il va au Maroc, il passe .... l'Espagne.

20 J. Verdol 1974 par

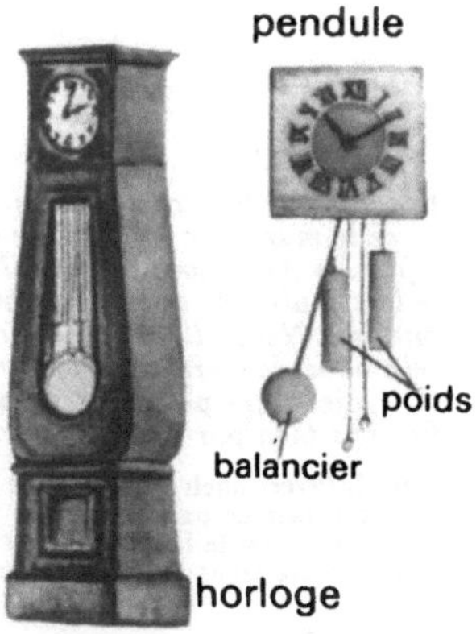

21 Nouveau Larousse des débutants, éd. canadienne 1981 horloge, pendule

pendre [pɑ̃dr] v. t. et v. i.
I. [v. t.] (sujet qqn) **pendre un objet, un vêtement (à qqch)** *Je vais t'aider à pendre tes robes dans l'armoire.*

II. [v. i.] (sujet qqch [concret]) *Catherine a de longs cheveux qui lui pendent dans le dos.* • *Je viens de coudre ma jupe, ça va? — Il me semble qu'elle pend un peu derrière.*

G. Conj. 38.
S. 1. *Pendre* (v. t.) a pour syn. ACCROCHER et SUSPENDRE. — **2.** *Pendre* (v. i.) a pour syn. DESCENDRE, TOMBER, RETOMBER.

22 Dictionnaire du français langue étrangère. Niveau 1, 1978 pendre

percer [pɛrse] v. t. (conj. 3)
I. (sujet qqn, qqch) **percer qqch (concret)**

En faisant les travaux, les ouvriers ont percé le mur entre la chambre et la salle de séjour. • *Attention, la bouteille est percée, le lait coule!* ◆ **percer un trou, une ouverture, etc.** *Nous allons percer une fenêtre ici, cela nous donnera plus de lumière.*
II. (sujet qqn) **percer qqch (abstrait)** *Nous finirons bien par percer ce mystère.*

S. 1. *Percer* qqch (sens I), c'est y faire un trou, le traverser de part en part, le TROUER. *Percer un trou*, c'est le faire, le CREUSER. — **2.** *Percer un mystère* (sens II), c'est le DÉCOUVRIR.

23 Dictionnaire du français langue étrangère. Niveau 2, 1979 percer

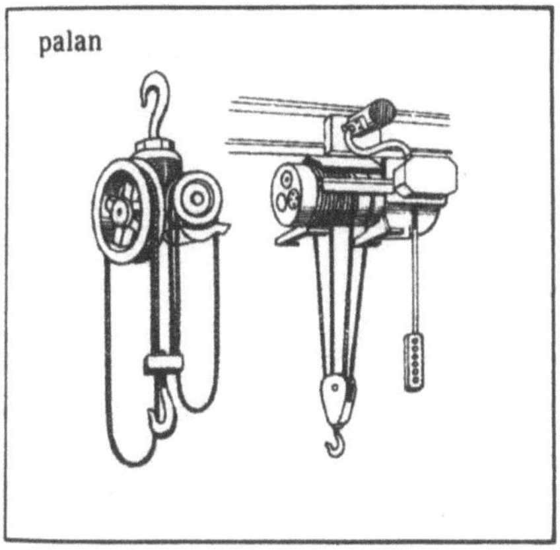

palan nom m. • *Ils ont chargé les caisses sur le navire avec un* ***palan***, un appareil qui sert à soulever de lourdes charges. ★ Chercher aussi : **élévateur**, grue.

24 Dictionnaire Hachette juniors 1980 palan

palan n. m. Appareil de levage utilisé pour déplacer de lourds fardeaux : *Un palan est formé de poulies actionnées par des cordages ou des chaînes.*

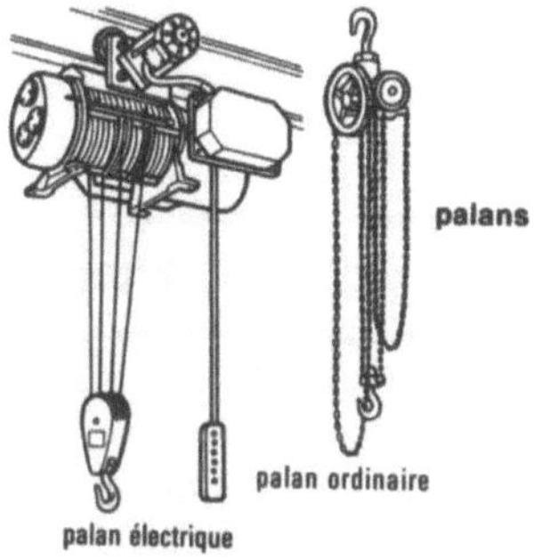

25 Nouveau dictionnaire du français contemporain (NDFC) 1980 palans

la **pendule** Petite horloge: *regarder la ~ pour savoir l'heure, la ~ marque 10 heures, une ~ astronomique.* △**Le** pendule (au sens technique) = masse mobile suspendue à un point fixe. △ **Le balancier** d'une pendule.

pendule

26 D. Lübke 1981 pendule

L'horloge de l'église vient de sonner quatre heures.
→ la pendule.

Être réglé comme une horloge.
→ avoir des habitudes régulières.

1. L'horloge du salon.
2. L'horloge de l'église.

27 Dictionnaire actif de l'école 1984 horloge

furet : tige métallique flexible utilisée au dégorgement des canalisations.

28 M. Barbier et al. 1976[6] furet

Nom de la partie d'ouvrage	DEFINITION	Croquis ou photo.
TÔLE	PLAQUE MÉTALLIQUE MINCE.	
TORON	ASSEMBLAGE DE FILS ÉLÉMENTAIRES ENROULÉS ENSEMBLE EN HÉLICE ET RÉPARTIS EN UNE SEULE COUCHE, ÉVENTUELLEMENT AUTOUR D'UN FIL CENTRAL.	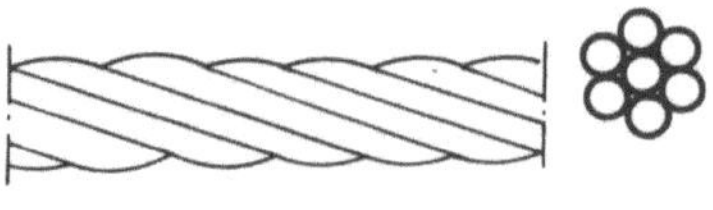

29 Ministère de l'équipement 1976 toron

RONDADE n. f.

◆ *Gym.* sol. Mouvement de la roue, combiné avec 1/4 de tour autour de l'axe de longueur après l'appui renversé passager. « *D. réussit le saut inventé à Ljubljana : rondade saut périlleux arrière* » (*L'Équipe*, 14.12.1970). « *Rondade sautée, le corps en suspension libre. Rondade faciale ou dorsale : à la fin du mouvement, le gymnaste fait face ou tourne le dos à son point de départ* » (*Féd. Intern. Gymnastique*, Terminol., 1971). — V. **Rotation I, 1°. Roue I. Roulade 1°. Rouleau 2°.**

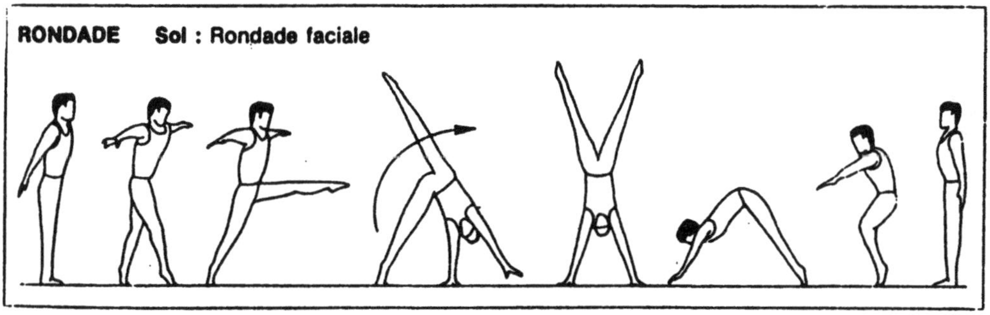

30 G. Petiot 1982 rondade

FURET

Voyage • Terme familier et imagé désignant un type de porte-flacons utilisé dans la malleterie, consistant en une bande souple et généralement élastique qui passe alternativement dessus et dessous son support, à travers des fentes pratiquées à la dimension de sa largeur, de façon à ménager des boucles semi-circulaires.

31 L. Rama [1975] furet

La **récolteuse-hacheuse-chargeuse à simple coupe** est une machine entraînée par la prise de force et dont les fléaux assurent à la fois la coupe et le hachage de l'herbe. Généralement portée ou semi-portée, elle comporte, sous un carter approprié très enveloppant, un rotor, dont l'axe horizontal est disposé perpendiculairement à la direction d'avancement. Ce rotor, dont la vitesse de rotation peut varier de 850 à 1 420 tr/min, tourne face à un contre-couteau inférieur réglable ; il entraîne des fléaux, en forme de cuillère aplatie, montés sur une articulation ou fixés à une chaîne. Ces fléaux, qui viennent raser le sol, fauchent, lacèrent et hachent le produit, qu'ils expulsent dans une goulotte de chargement orientable, dont la section se réduit progressivement pour faciliter l'entraînement de la matière hachée. La hauteur de coupe est réglable soit par la position des roues, soit par la position du rotor par rapport au châssis. Ce matériel, simple et peu coûteux, absorbe une forte puissance* ; son emploi est difficile pour le maïs, qui est beaucoup trop haut, et le hachage est assez grossier et irrégulier (de 5 à 15 cm de longueur de brins).

La **récolteuse-hacheuse-chargeuse à double coupe**, ou « crop-chopper », est un appareil à prise de force, généralement semi-porté ou traîné, sur lequel le hachage est distinct de la coupe. Cette dernière est assurée par un dispositif à fléaux, analogue au précédent, mais les fléaux ont la forme de couteaux en « L » qui se présentent selon leur tranche. Le produit, une fois coupé et lacéré, est recueilli par un auget arrière, dans lequel une vis transporteuse, ou vis d'Archimède, le reprend pour le pousser vers un tambour hacheur latéral. Ce dernier est un grand plateau, qui tourne autour d'un axe horizontal et qui est équipé de couteaux passant devant un contre-couteau fixe. Le courant d'air produit par ce système expulse les brins, hachés régulièrement dans une goulotte verticale, terminée par un coude orientable muni d'un déflecteur. Les brins obtenus ont de 5 à 8 cm de longueur. La position et la forme des fléaux entraînent une moindre aspiration de terre que pour les appareils à simple coupe, et la puissance requise est aussi moins importante que pour ces appareils à simple coupe.

Cette machine peut être équipée de becs pour un, deux, trois ou quatre rangs de maïs ; ces becs comportent chacun deux diviseurs tôlés, une vis sans fin et un convoyeur poussant les tiges de maïs vers le rotor à fléaux.

Récolteuse-hacheuse-chargeuse. *d'après Sperry-New-Holland*

ǎmìl.

ǎmìl, +, fém., verrou de bois; — loquet ou *klẽɛ* de bois. Dans ce dernier cas, un trou rond d'environ trois centimètres de diamètre est percé dans le bois de la porte, au dessous de l'*ǎmìl*, laquelle se trouve en dedans. La personne qui veut entrer doit, pour ouvrir la porte, soulever la *klẽɛ* de bois avec l'index passé dans ce trou. L'*ǎmìl* peut encore être soulevée par le moyen d'une ficelle qu'on tire à l'extérieur. Ces deux modes de fermeture sont très usités dans nos constructions rurales. — *ŋ'ǒ k'ǎ ělvě ɛl ǎmìl ǎvɐ̌k sɜ̀ dwě.*

oûhê, m., oiseau ; *on p'tit* ~, un oisillon ; *mète in-~ è s' gayoûle* ; *gridjî 'ne niyêye d'oûhês*, voy. *gridjî*, *d'îver* ; *cès-~ la sont tot parés, i rèvol'ront bin vite* ; *noûri in-~ al pène* ; *~ d' passèdje* ; *tinde ås-~*, tendre des filets pour prendre les oiseaux, voy. *hèrna* ; prov. *li bèle plome fêt l' bèl ~* ; *lès-oûhês dèl minme coleûr si r'qwèrèt vol'tî* ; *p'tit-a p'tit l'~ fêt s' nid* ; *vât mîs 'n-~ è s' min qui deûs so l' håye* ; *chaque si-~*, à chacun sa part ; *promète tchins èt oûhês* (Stavelot), promettre monts et merveilles ; *c'è-st-in-~ po l' tchèt*, il ne vivra plus longtemps ; *lès-oûhês sont rèvolés* ; *c'è-st-in-~ so l' håye*, c'est comme l'oiseau sur la branche ; *qwand lès-oûhês n'ont pus mèzåhe dèl bètchèye, i rèvolèt* ; *fé rim'ni l'~ so l' crosse*, voy. *crosse* 1 ; (fig. 467) oiseau de maçon, servant à porter le mortier ou les briques : *pwèrter l'~* ; voy. *spèrwî*. [Latin pop. *aucellum*, dim. de *avis*, oiseau.]

ouhelèt, ouh'lèt, m., petit huis, petite porte : *l'~ d'ine gayoûle* ; — t. de houill., petite porte d'aérage ; — vantail supérieur d'une porte coupée, voy. *aronde*, *ouh* ; — vantail qui ferme la caisse d'une charrette ou d'un tombereau, etc. [Anc. fr. *huisselet*. Voy. *ouh*.]

oûheleû (F), oiseleur, syn. *tindeû*.

oûhelî (F), oiselier, celui qui fait le commerce d'oiseaux. Voy. *oûhê*.

ouhène (*ouhiène* F ; Trembleur), usine. [Anc. fr. *uisine*. Latin *officîna* + *cocîna (cuisine, *couhène*).]

ouherèye (G), **ouhèl'rèye** (D), **ouhul'rèye** (F), f., huisserie, boiserie de l'ouverture d'une porte : *i fome si pupe, lès rins aspoyîs conte l'ouhèl'rèye* (H. Simon, *Pan*, p. 93) ; — *totes lès-ouhul'rèyes d'ine mohone* (R, G), toutes les portes d'une maison. [Dér. de *ouh*.]

Fig. 467 : *oûhê* (¹).

ouheûs, -e (F, G), 1. (F) oiseux, -euse : *dès- ouheûzès d'vises*, des propos oiseux ; — 2. (G) oisif. [Latin *otiosus*.]

Oûhogne, Wihogne (village .

Oumål, Omal (villa-

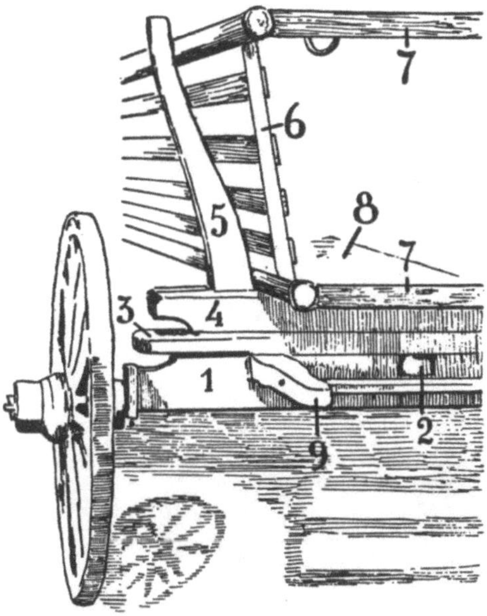

FIG. 39 : l'avant du char, partie de droite : 1. *l'èssi*, l'essieu, dont l'extrémité est le *houlteû*, « heurtoir » ; les éqûignons, *lès hinons*, sont fixés à l'essieu par les *drâblinnes* (*Gloss.*) ; — 2. extrémité avant de la flèche, *londje* ; — 3. *lu prèsse* ; — 4. *lu hamê* [dér. de *hame* s c a m n u m] ; — 5. *lu ronhe*, la ranche (DL) ; — 6. *lu hâle*, la ridelle ; — 7. *lès tèzeûs* (DL) ; — 8. *lu fond* ; — 9. la partie avant de l'*ârmon* auquel s'adaptent les brancards, *lu custèl* (*cristale* DL).

35 L. Remacle 1937 l'avant du char

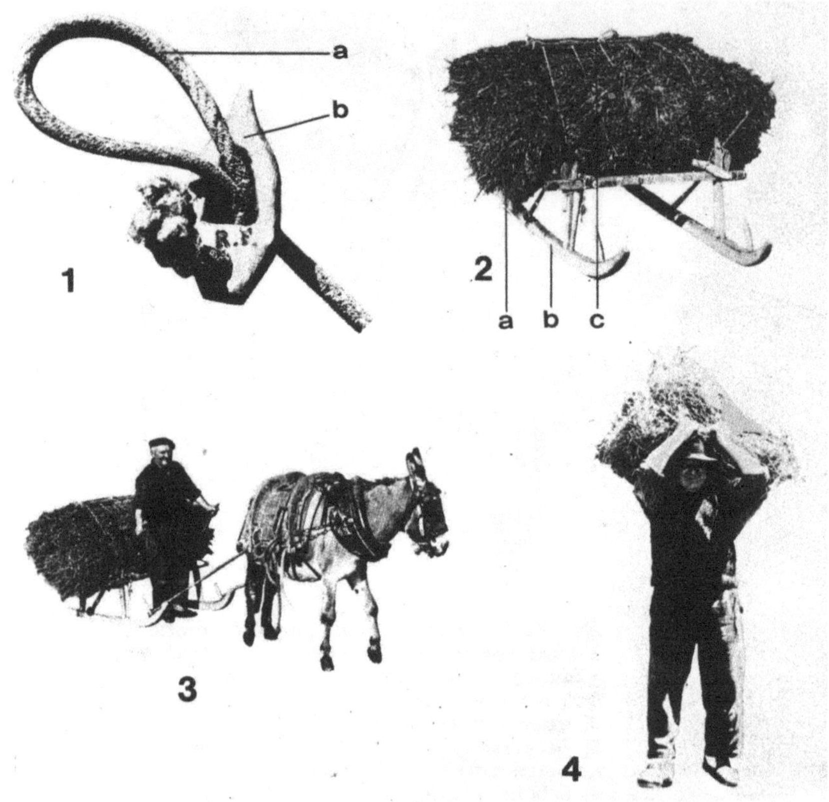

1. *a*, la corde, *la kourdò* ; *b*, le petit treuil, *le trelyi*. — 2. Le transport du foin ; *a*, le paquet de foin enfermé dans les cordes, *lo baloû* ; *b*, le traîneau, *la latò* et son *lyoû* ; *c*, les bois, *lo benaonn*. — 3. Celui qui conduit le mulet, *le fenayoy*. — 4. L'étoffe dans laquelle on a mis le foin, *lo patt* ; le paquet de foin dans l'étoffe pour le transport, *la tròsò*.

36 V. Ratel 1976 S. 149

BALLON.

Prison.

EXEMPLE. — *Même pour un mec entraîné, dix piges de ballon, ça se fait pas sur une jambe !*

BALLON (avoir le).

Se trouver enceinte.

37 A. le Breton 1975 ballon

Prêtre : Corbeau, calotin, rase, radis noir, radicon, ratiche, fusain, cureton, sac à charbon, ratichon :

38 R. Giraud 1981

prêtre

*Die Redewendung „einen langen Arm haben" (**Arm 10.**) geht darauf zurück, daß die Hände die wichtigsten Werkzeuge des Menschen sind und es von der Länge des Arms jeweils abhängt, was der Mensch mit seinen Händen erreichen kann. Das Sprachbild ist bereits in der Antike vorgebildet in den „langen Händen" (etwa bei Ovid). Heute ist die Redewendung vom „langen Arm" eher negativ besetzt, da man sich hierbei Personen vorstellt, die weniger durch redliche Arbeit als durch undurchsichtige Beziehungen zu Macht und Ansehen gelangt sind und ihre Position rücksichtslos zur Beherrschung anderer ausnutzen.*

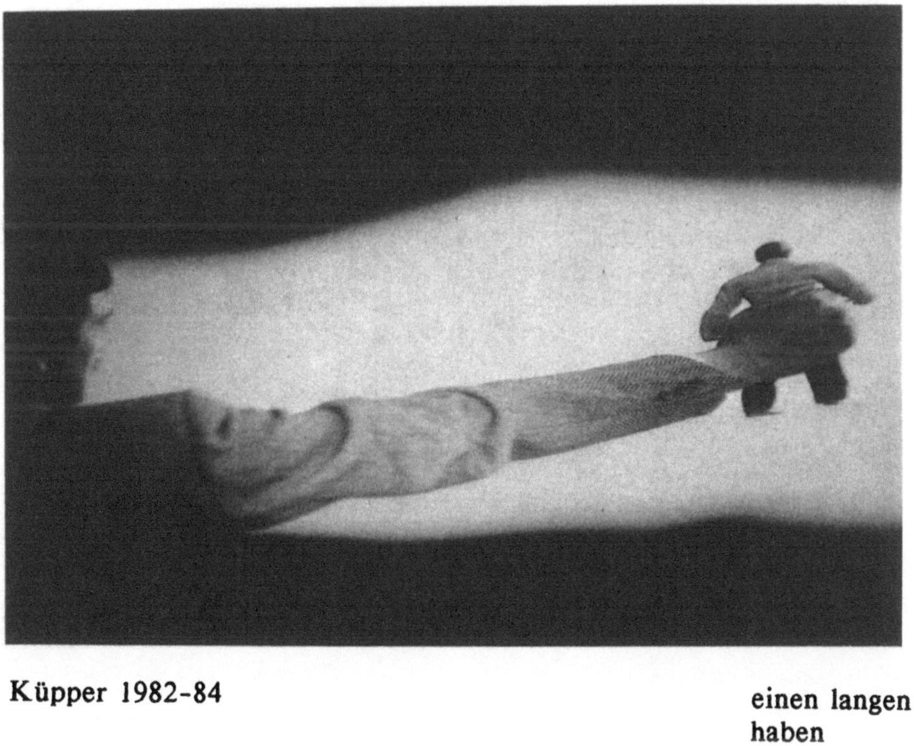

39 H. Küpper 1982-84

einen langen Arm haben

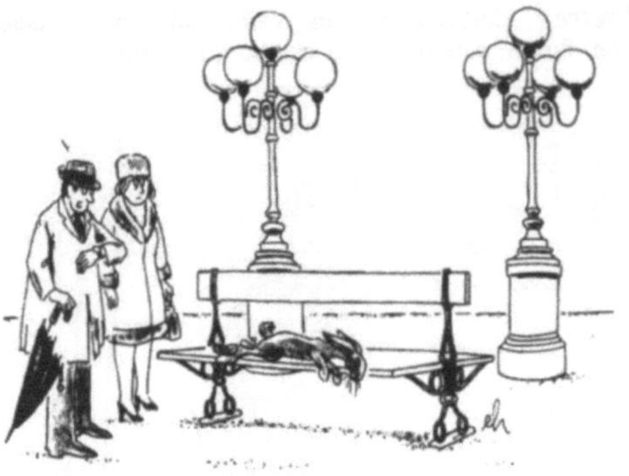

Il parait qu'il ne vient pas. Je crois qu'il nous a posé un lapin.

Il parait qu'il ne vient pas. Je crois qu'il nous a posé un lapin.
Er kommt anscheinend nicht. Ich glaube, er hat uns sitzenlassen.

LAPIN – poser un lapin à qn (familiär)
Jemand vergeblich warten lassen, nicht zu einem Stelldichein kommen. Ein Kaninchen würde nicht an der Stelle bleiben und warten, an die man es hingesetzt hat; daher wohl der Ausdruck.

40 H.W. Klein 1980[3] — poser un lapin à qn

12 couper l'herbe sous les pieds de quelqu'un

12. **couper l'herbe sous les pieds de quelqu'un**: frustrer quelqu'un d'un avantage mérité *pull the rug out from under someone*

41 René Gardaillac Kelly 1974 — couper l'herbe sous les pieds de qn

Gyron (Fr.) a Geron, a term in blazonry, and signi-fies half a Cube or quarter in an *Escoucheon*, cut off by an oblique or diagonal line hus *El. of Ar*

42 T. Blount 1656 gyron

112 THE ELEMENTS

quarter cut off by an *oblique* or *diagonall* line, as followeth.

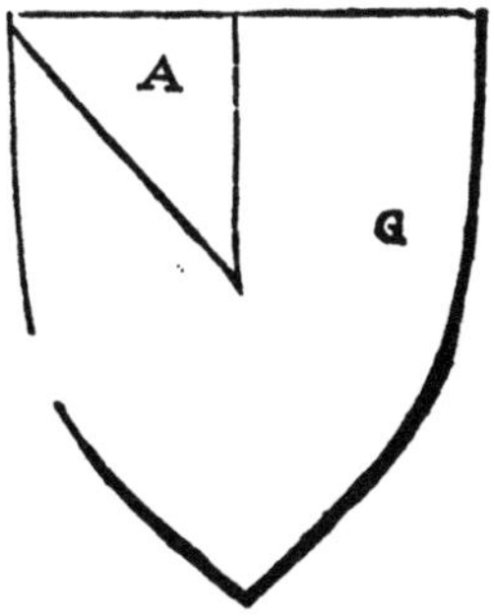

43 E. Bolton 1610 gyron, S. 112

LXIV.

Faber Murarius.

Der Mäurer.

Faber murarius, 1	Der Mäurer 1
ponit Fundamentum	leget den Grund/
& ſtruit	und ſetzet
Muros: 2	Mauren: 2 (ſteinen/
Sive è *Lapidibus*,	Entweder aus Bruch-
quos Lapidarius	welche der Steinhauer
eruit	brichet
in *Lapicidinâ*, 3	in der Steingrube/ 3
& *Latomus* 4	und der Steinmetz/ 4
conquadrat	zubereitet
ad *Normam* ; 5	nach dem Richtſcheit; 5
Sive è *Lateribus*, 6	Oder aus Zigelſteinē/ 6
qui, ex arenâ	welche/ aus Sand
& luto,	und Lehmen/
aquâ intritis,	mit Waſſer angerührt/
formantur,	geformet/
& igne excoquuntur:	und gebrennet werden:
Dein cruſtat	Darnach bewirft er ſie
Calce,	mit Kalch (Mertel) (7
ope *Trulla*, 7	vermittelſt d Mertelkelle/
& *Tectorio* veſtit. 8	und übertüncht ſie. 8

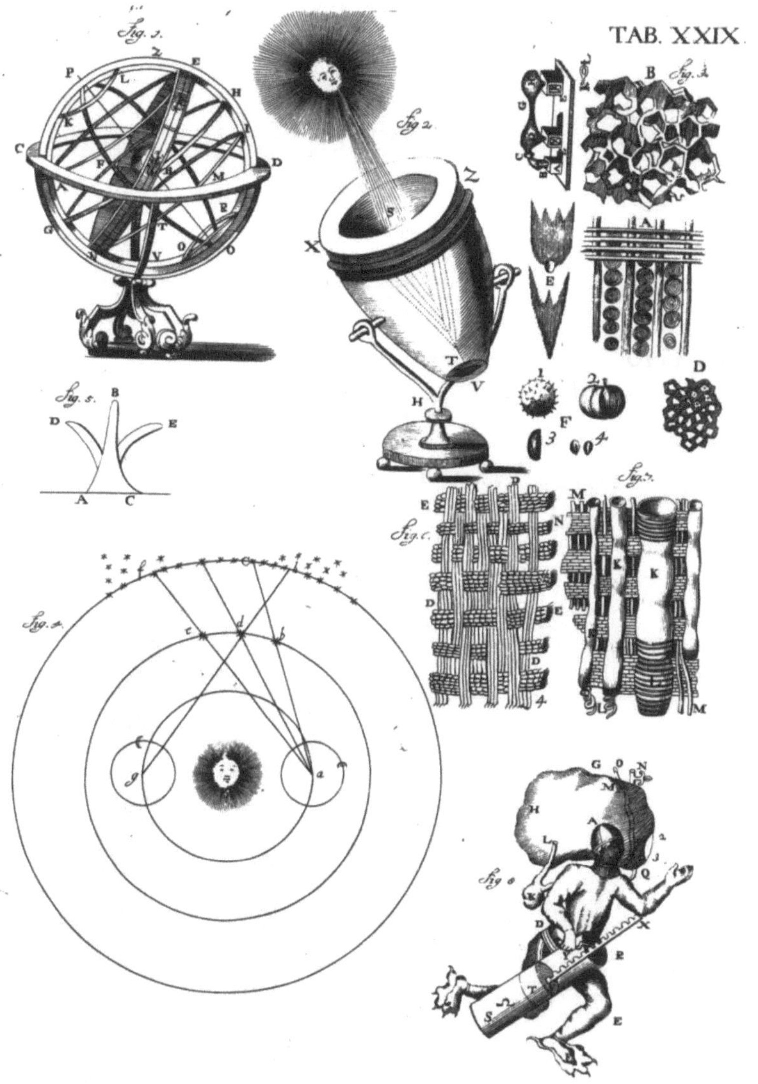

45 S. Chauvin 1692 Tafel XXIX

46 J. Harris 1708² Clarion

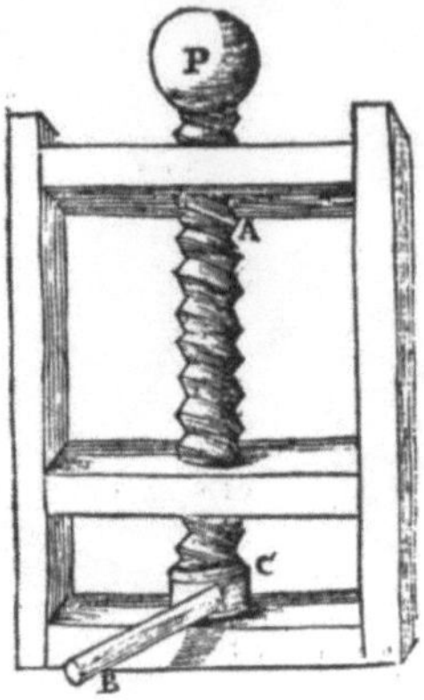

47 J. Harris 1710 Cochlea

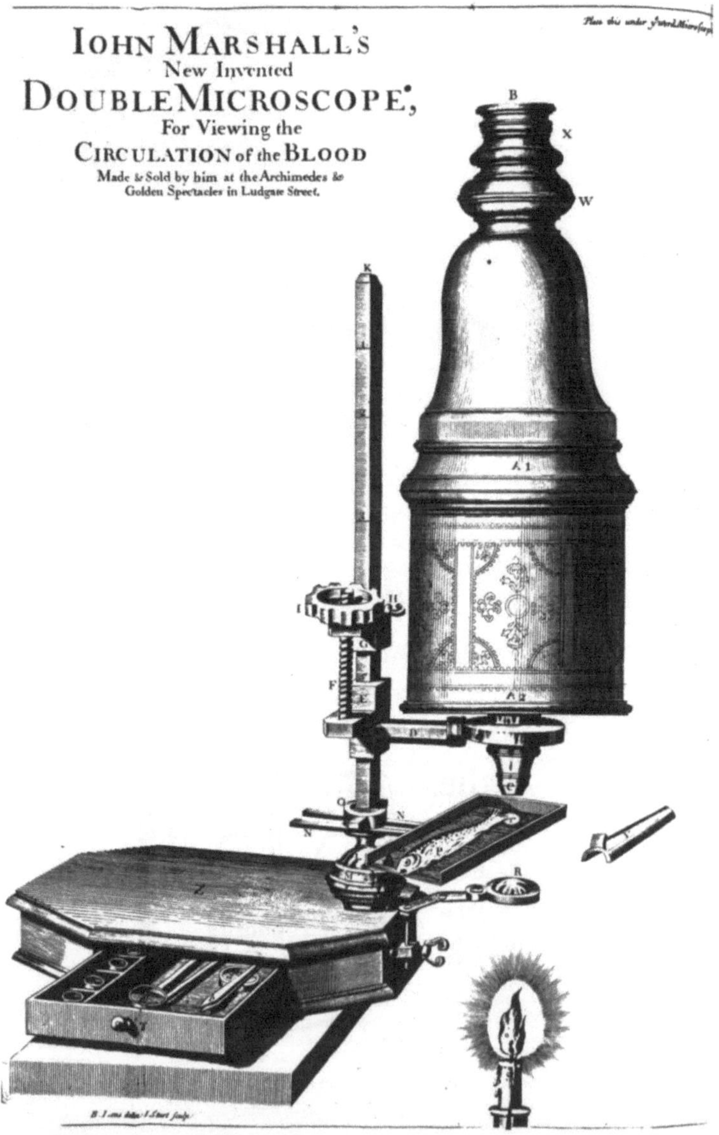

48 J. Harris 1708[2] Microscope

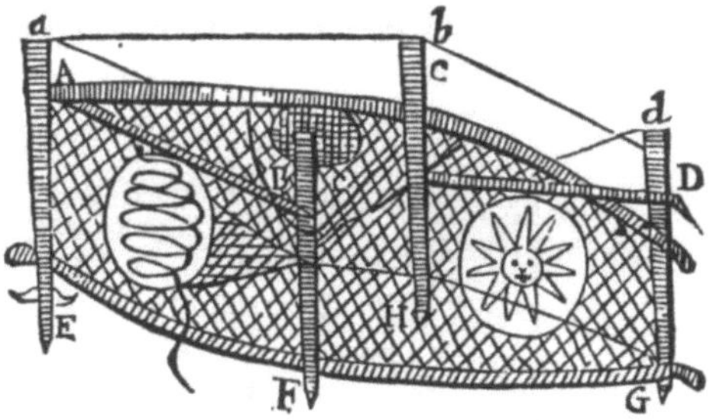

49 [N. Bailey] 1726[3] Cinque-Port

JACK, is an Engine much

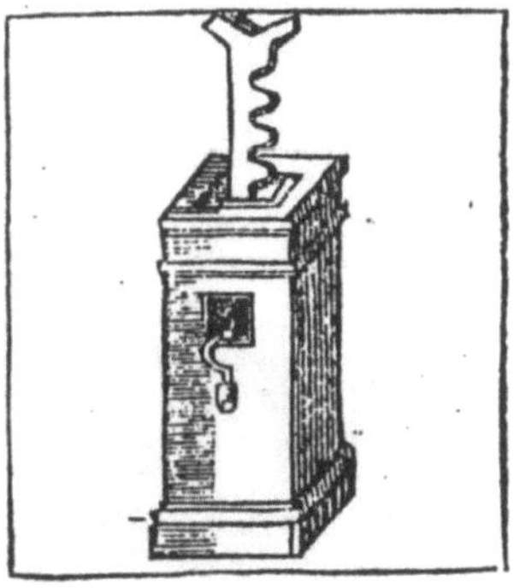

uſed about *Guns* or *Mortars*, and is always carried along with the *Artillery* for raiſing up the *Carriages*, or ſupporting the *Axle-*

50 [G. Guillet de St. Georges] 1705 Jack

Clarify, (Lat.) is to Juices or Decoctions b clearer and finer.

Cla
Bearii
Heral
the fol
Figur
by 3 C
Topaz

51 Glossographia Anglicana Nova 1707 Clarion

CO'NSOLATORINESS, aptneſs to give comfort.

CONSO'LE [in *Architecture*] an ornament cut upon the key of an arch, a ſort of bracket or ſhoulder piece, having a projecture and ſerving to ſupport a cornice and bear up figures, buſts and vaſes.

CONSO'LIDA [with *Botaniſts*] the herb Conſound or Comfrey. *L.*

To CONSO'LIDATE [with *Surgeons*]

52 N. Bailey 1731[2] Console

Meal powder; it takes Fire from

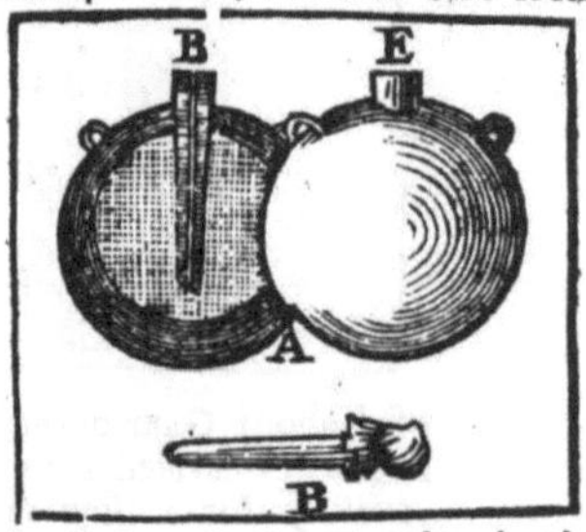

the flaſh of the Powder in the

53 [G. Guillet de St. Georges] 1705 Bombs

B O

BOMBS [*Gunnery*] large ſhells of caſt iron, having large vents to receive the fuſees, theſe fuſees B are made of wood, and drove full of a compoſition made of meal powder, ſulphur and ſalt-petre. After the

54 N. Bailey 1731[2] Bombs

ıe *Saucifs* or
n all at once,
ment of the
augment or
ntity as he
ıd to propor-
ture of the
ı which the
ich is to be
great deal of
little Refift-
, a hole by
ove it with
netimes they
hambers un-

under the *Cordon*; and in places
which are not faced with Stone or

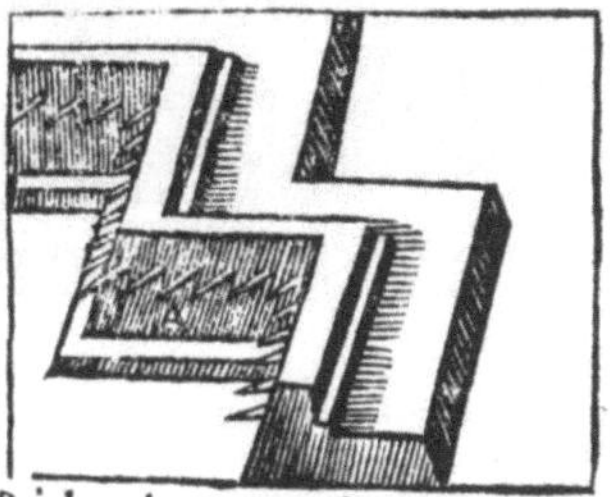

Brick, they are planted at the
Bafe of a *Parapet*, being let about

the Horſe
the Foot.
Front of
the *Face of*
being all t
the *Flanke*
bouring
Faces, tw
tin.
FUSE
drove ful
Meal Pow
phur, ha
Quick-ma
it. Whe

55 G. Guillet de St. Georges [1705] — Fraises

FRA'ISES [in *Military Affairs*] are pieces of wood of 6 or 7 foot long planted under the *Cordon*, in places which are not faced with ftone or brick, they are planted at the bafe of a *Parapet*, being let about half way into the *Rampart*; they are not laid parallel to the *Bafe* of the *Rampart*, but a little floping downwards with their points, that men cannot ftand on them; their chiefeft ufe is to hinder the garrifon from deferting, which would be eafy without them, efpecially in

56 N. Bailey 1730 — Fraises

THE FIGURE OF THE ORRERY in different VIEWS.

Fig. 2.

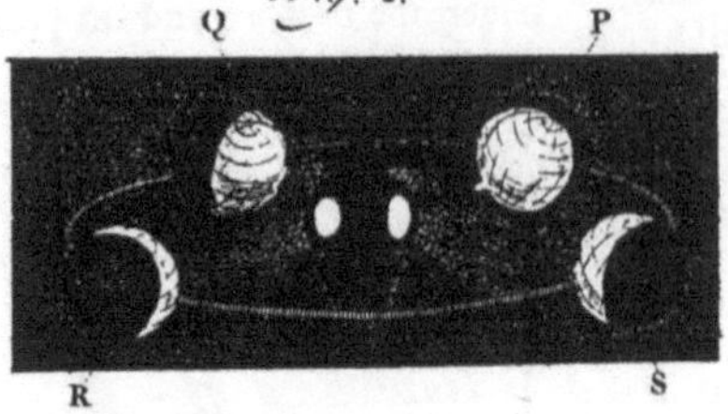

Fig. 3.

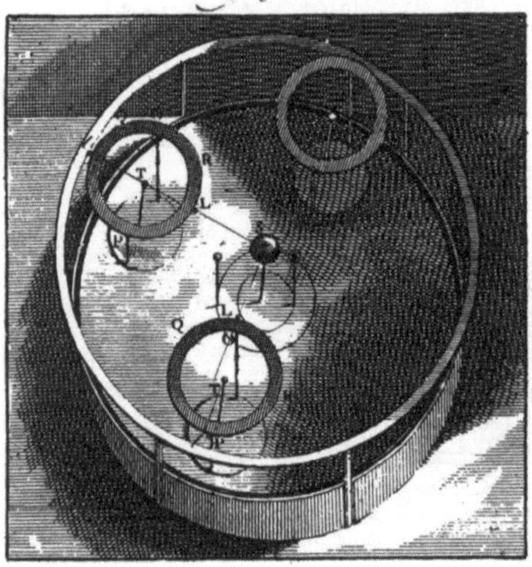

Fig. 4.

Fig. 1.

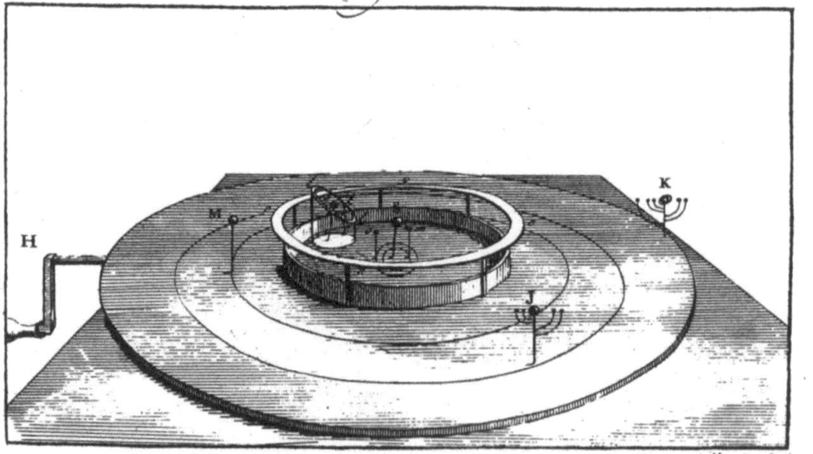

A. Motte delin. & sculp.

Place this at the end of the Letter V, facing the Description of the Orrery.

57 N. Bailey 1730

The Figure of the Orrery

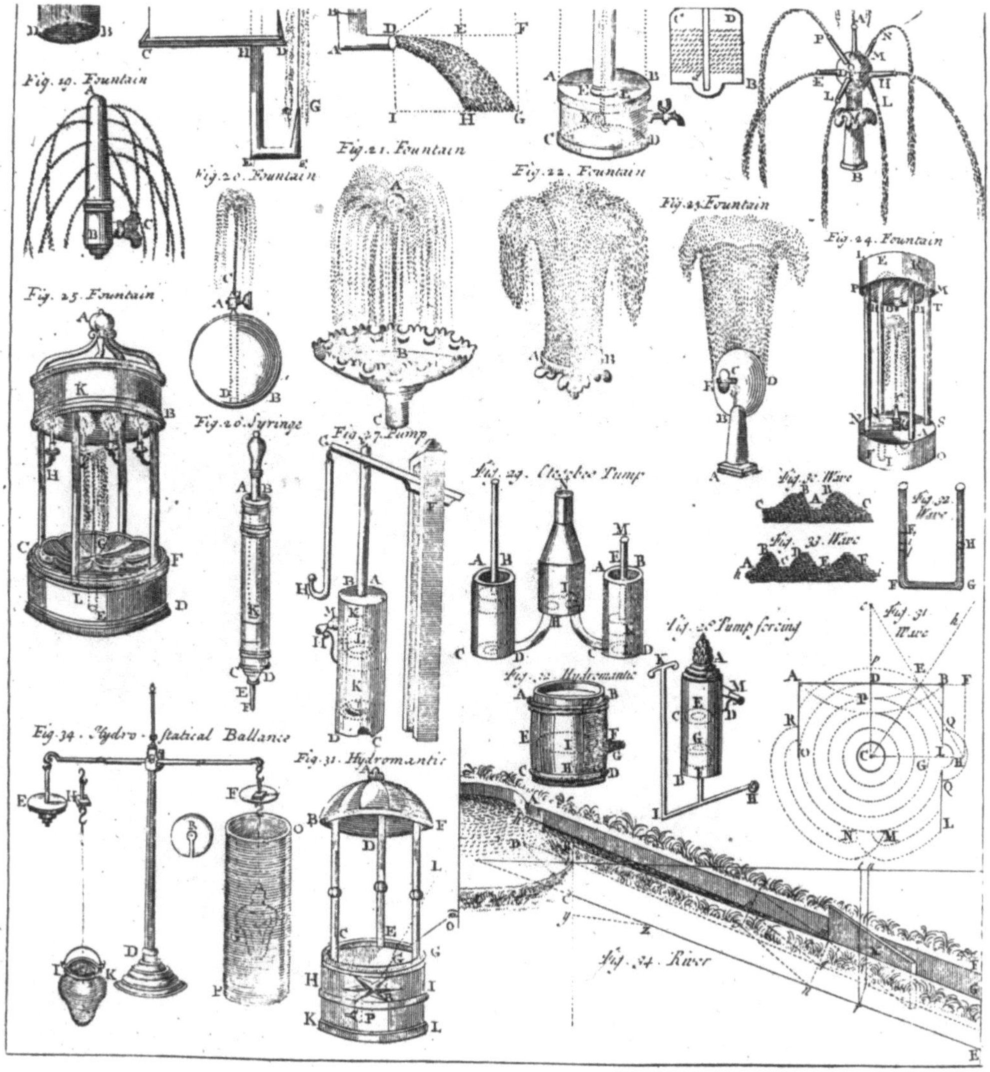

58 E. Chambers 1728 Hydraulicks

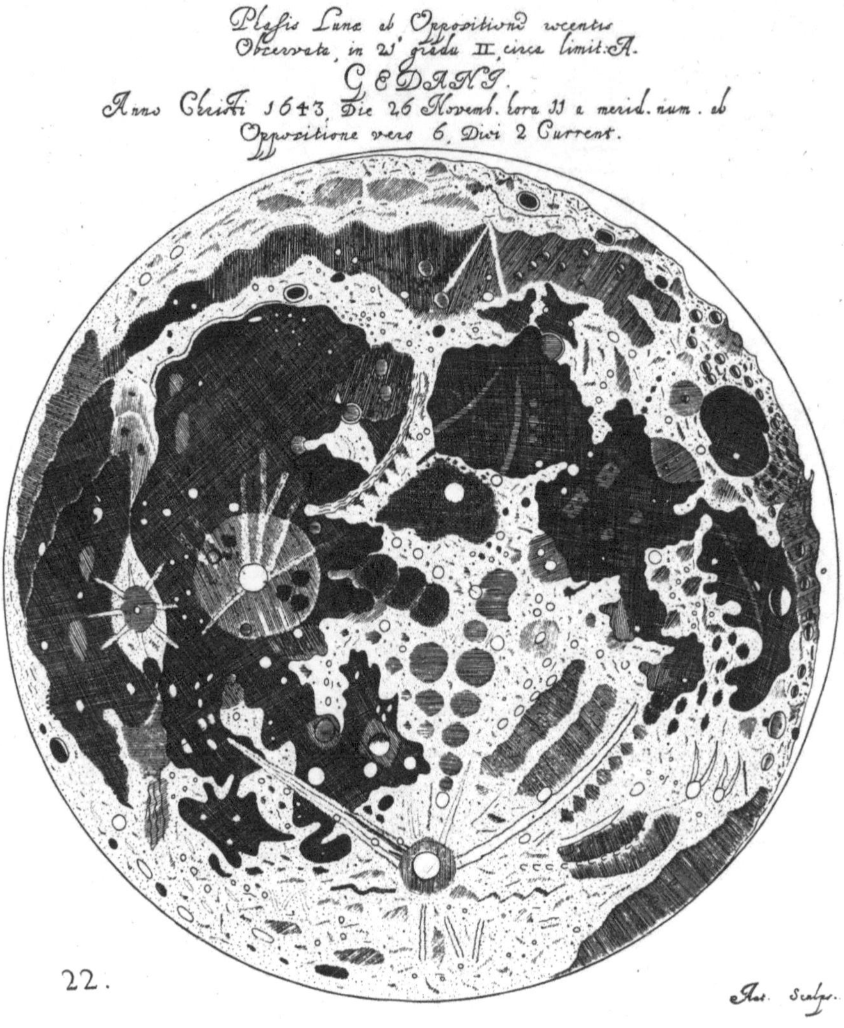

107. Illustration by Antor. From Johann Hevelius' *Selenographia*, Danzig, 1647.

60 E. Chauvin 1692 Luna

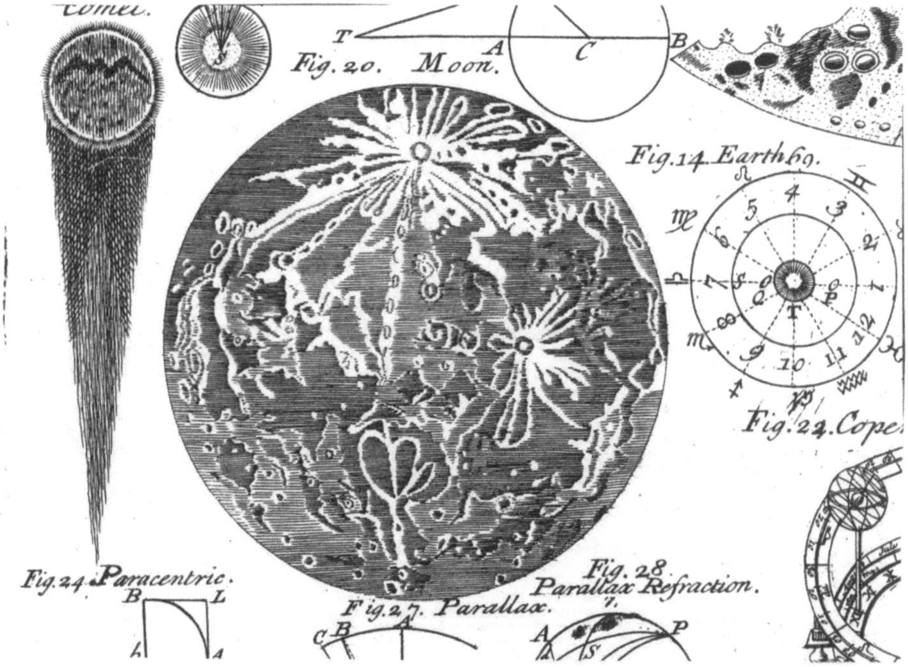

61 E. Chambers 1728 Moon

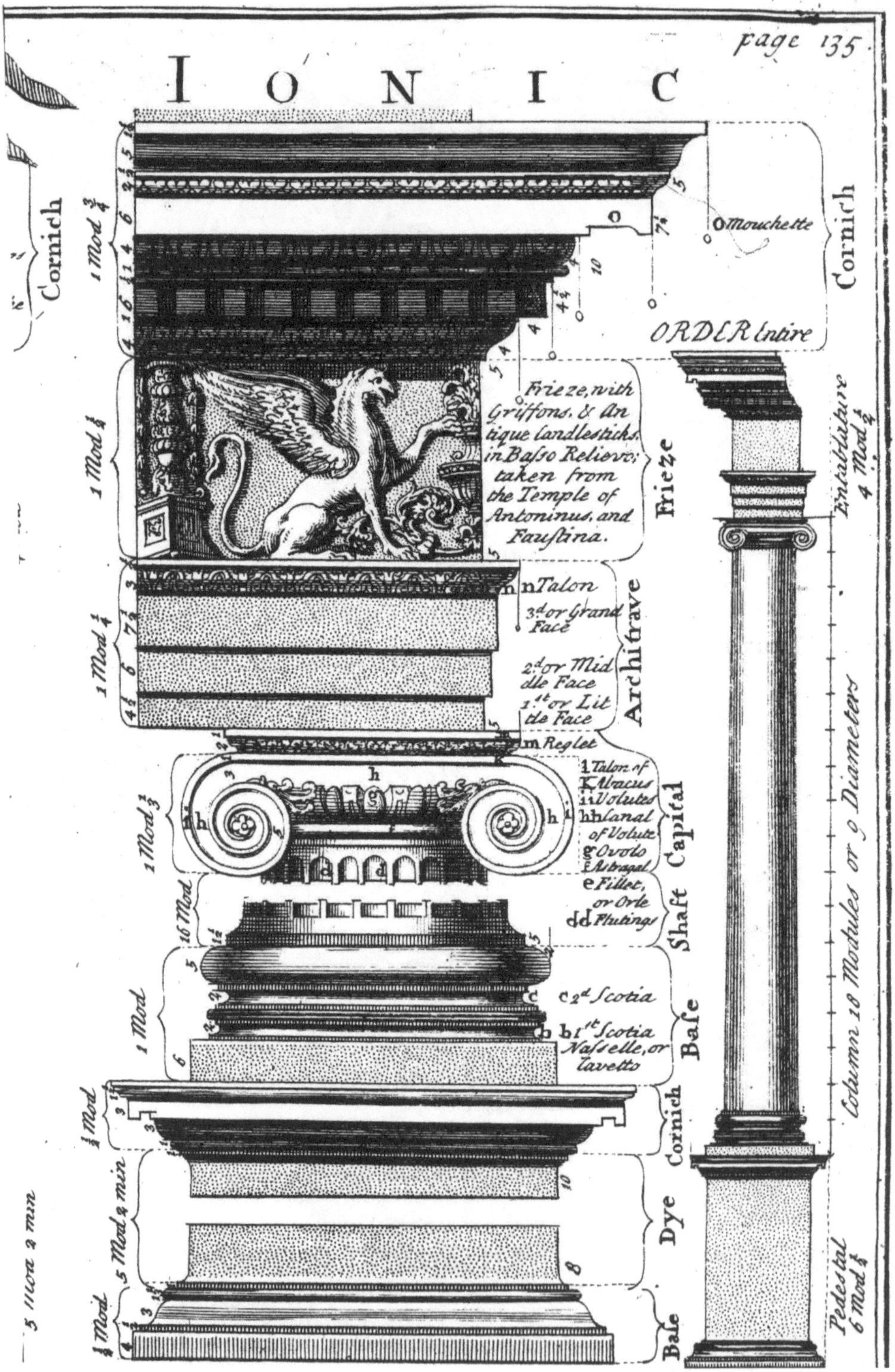

62 E. Chambers 1728

Ionic (order)

63 J. Harris 1708 Säulenordnungen

PLATE I. ENGRAVED for the NEW DICTIONARY of ARTS and SCIENCES. Facing Air-Pump.

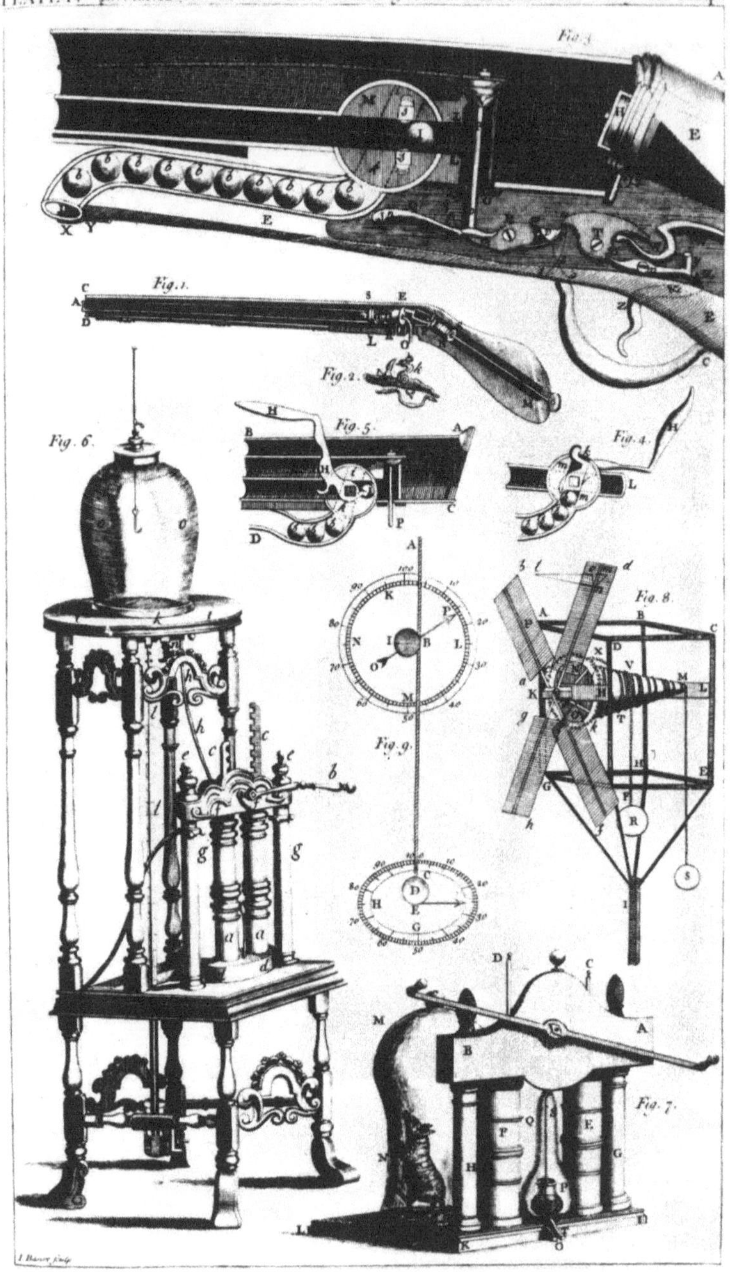

Printed for J. Hinton at the Kings Arms in St Pauls Church Yard.

64 J. Barrow 1751 Air-Pump et al.

65 A New and Complete Dictionary of Arts and Sciences 1754–55 — Ducks

Fig. 3. GLASS MAKERS at Work.

66 A New and Complete Dictionary of Arts and Sciences 1754–55 — Glass Makers at Work

67 A New and Complete Dictionary of Arts and Sciences 1754-55 Winding of Silk

68 A New and Complete Dictionary of Arts and Sciences 1754-55 — Artificial Magnets

TOM·I·TAV·XLVIII·

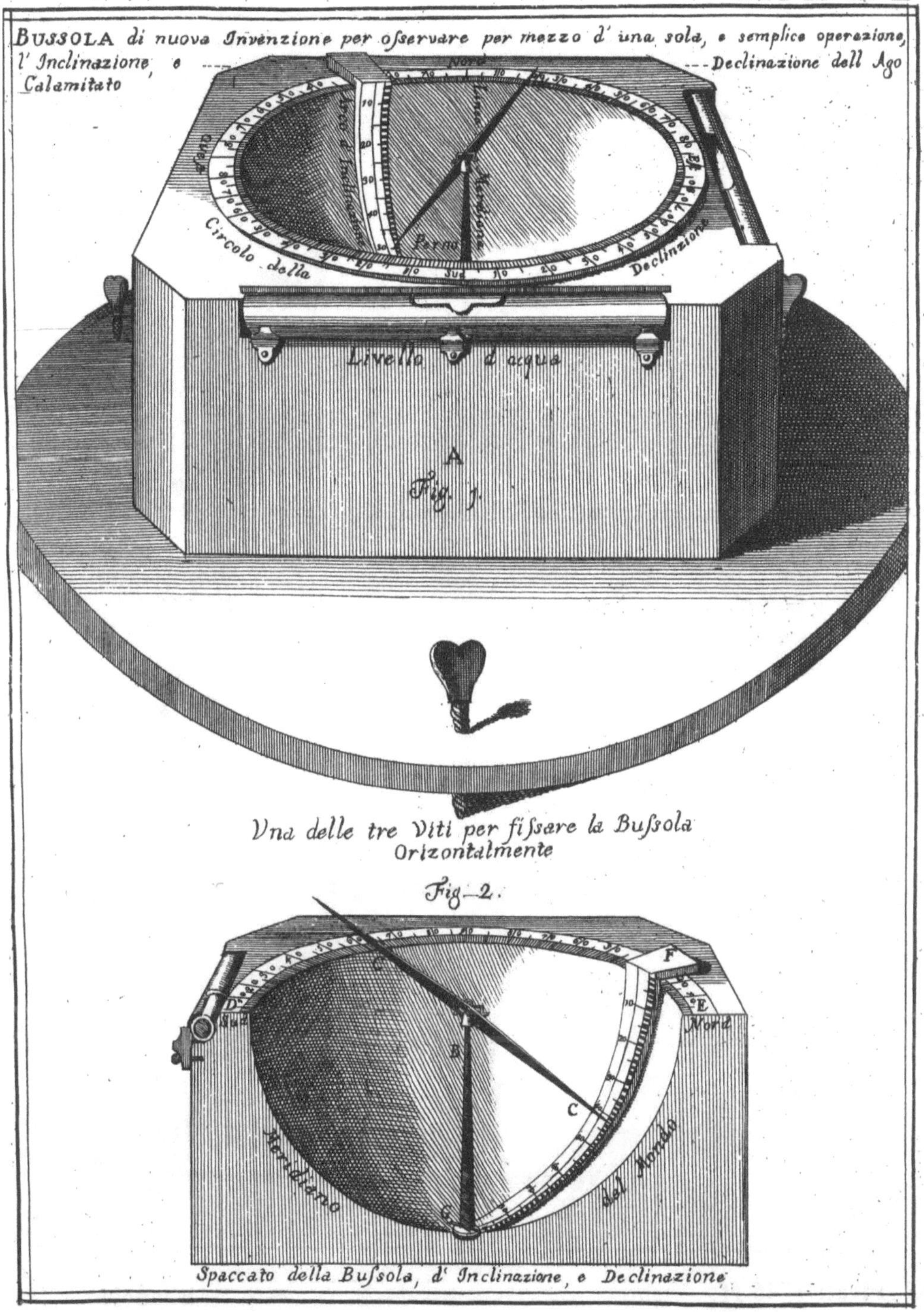

69 G. Pivati 1746 ff. Bussola

TOM·I·TAV·XXXVII·

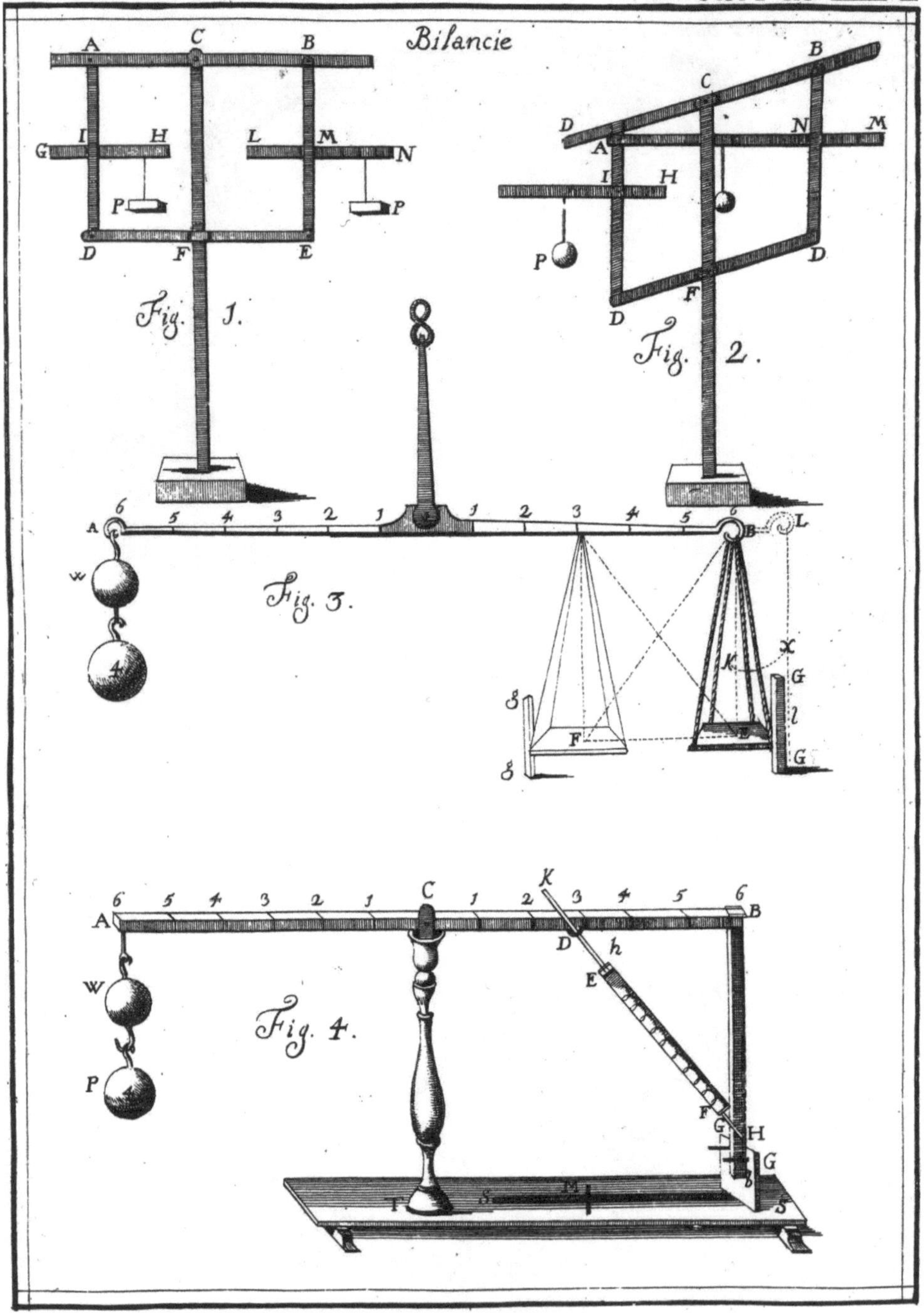

70 G. Pivati 1746 ff.

Bilancie

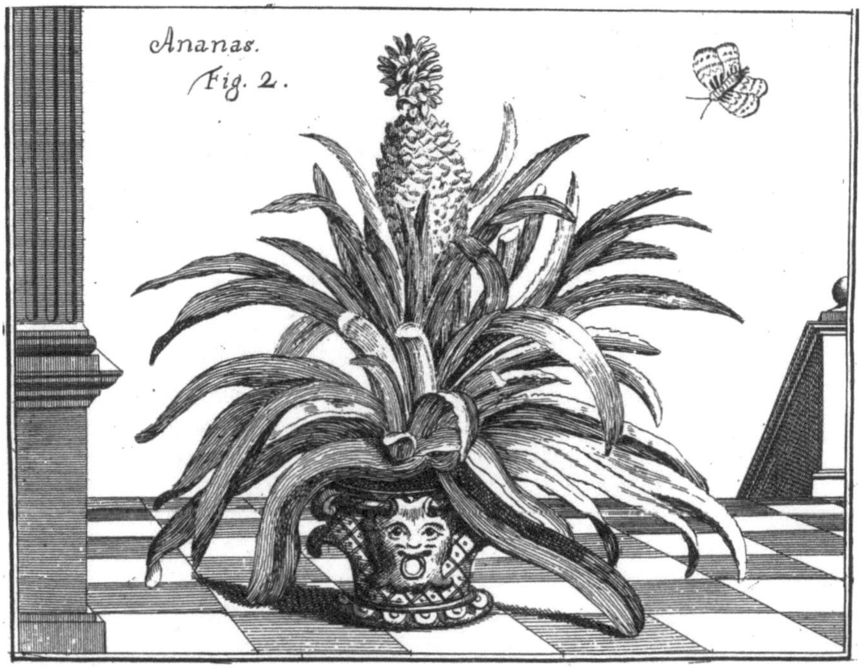

71 G. Pivati 1746 ff. Ananas

72 Sinold v. Schütz/Hübner 1753 Taucher

so viel namen unterschieden werden, getheilte Circumferenz beschreibet, und auf die im Centro eingeschlagene spitze eine mit einem magnet bestrichene stählerne nadel lieget, deren eine spitze, so eine lilie abbildet, gegen Norden oder Mitternacht stehet, die andre aber also nothwendig nach Süden oder Mittag weiset. Doch pflegt sie zuweilen etwas mehr oder weniger abzuweichen, welches vornehmlich

an denen orten geschehen soll, wo grosse stücke erdreichs an einander liegen, von welchen starcke würckungen und ausflüsse auf die magnet-nadel kommen, so, daß sie alsdann die gröste veränderung und abweichung leidet. Der berühmte Kircherus setzt noch hinzu, daß solche veränderung nicht allein von den erd-höhen und übermäßigen magnet-adern des

73 J.T. Jablonski 1721 Compaß

... oder in G die helffte, oder we-

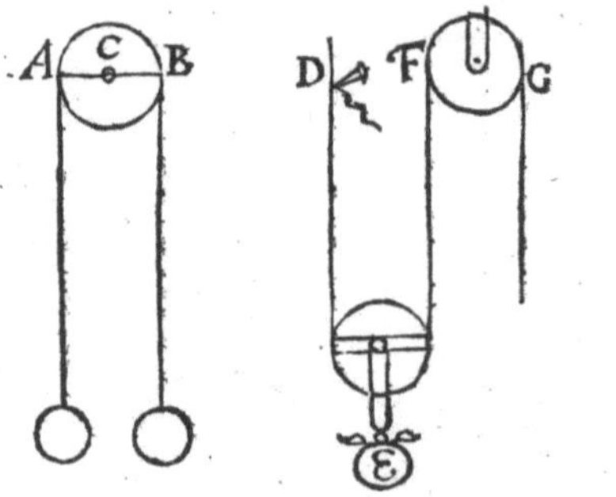

gen des anreibens der seile und kloben, etwas mehr krafft,

stun-
schö-
ner a
die d
Refe
mahl
ande
her n
schri
kloste
hen.
wahr
enger
auch
kein
erlau
kloste
stube
mals

74 J.T. Jablonski 1721 Kloben

75 Descriptions des arts et des métiers 1761 ff. Plombier

76 Descriptions des arts et des métiers 1761 ff. Plombier, Pl. XII

Pl. XI. des Fourneaux. 3.e Sec.

Dessiné par Bretez et Chaufourier

77 Descriptions des arts et des métiers 1761 ff. des Fourneaux

78 D. Diderot/J. d'Alembert 1762 ff.

Agriculture,
Labourage Pl. I

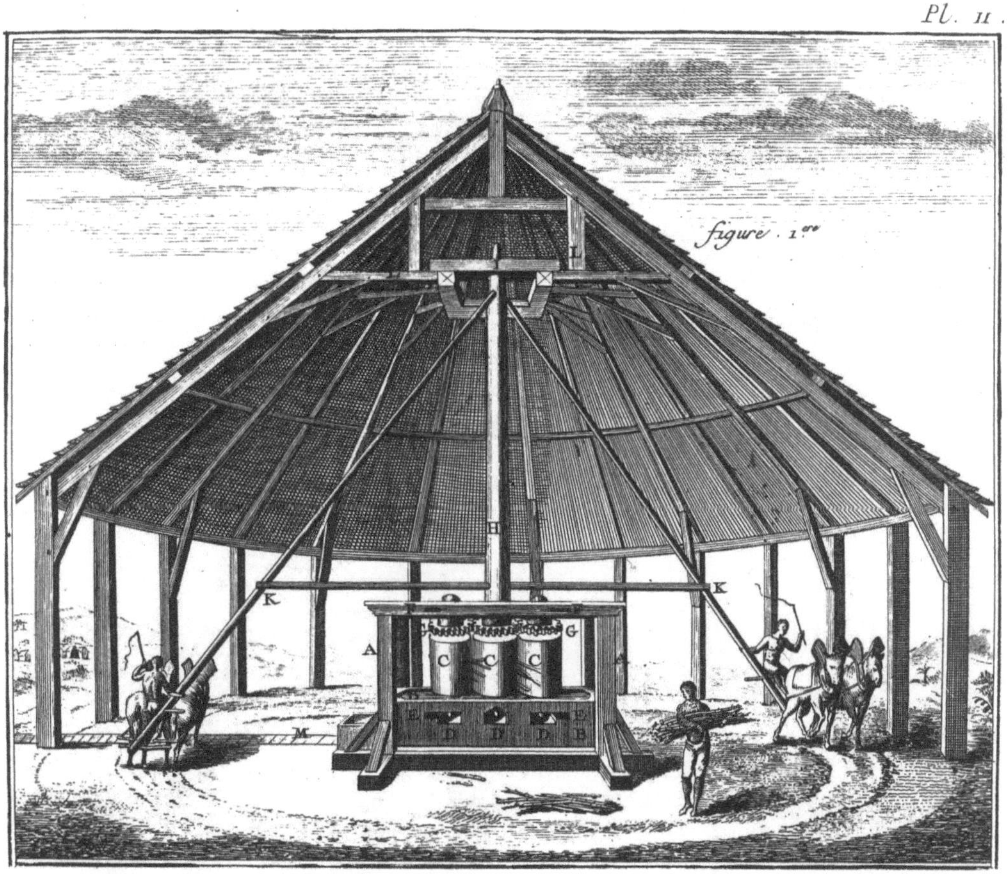

79 D. Diderot/J. d'Alembert 1762 ff. Sucrerie Pl. II

80 D. Diderot/J. d'Alembert 1762 ff.

Passementerie, Pl. XXI

81 D. Diderot/J. d'Alembert 1762 ff.

Gravure en Taille-douce, Pl. I

82 D. Diderot/J. d'Alembert 1762 ff. Métallurgie, Fer Blanc, Pl. II

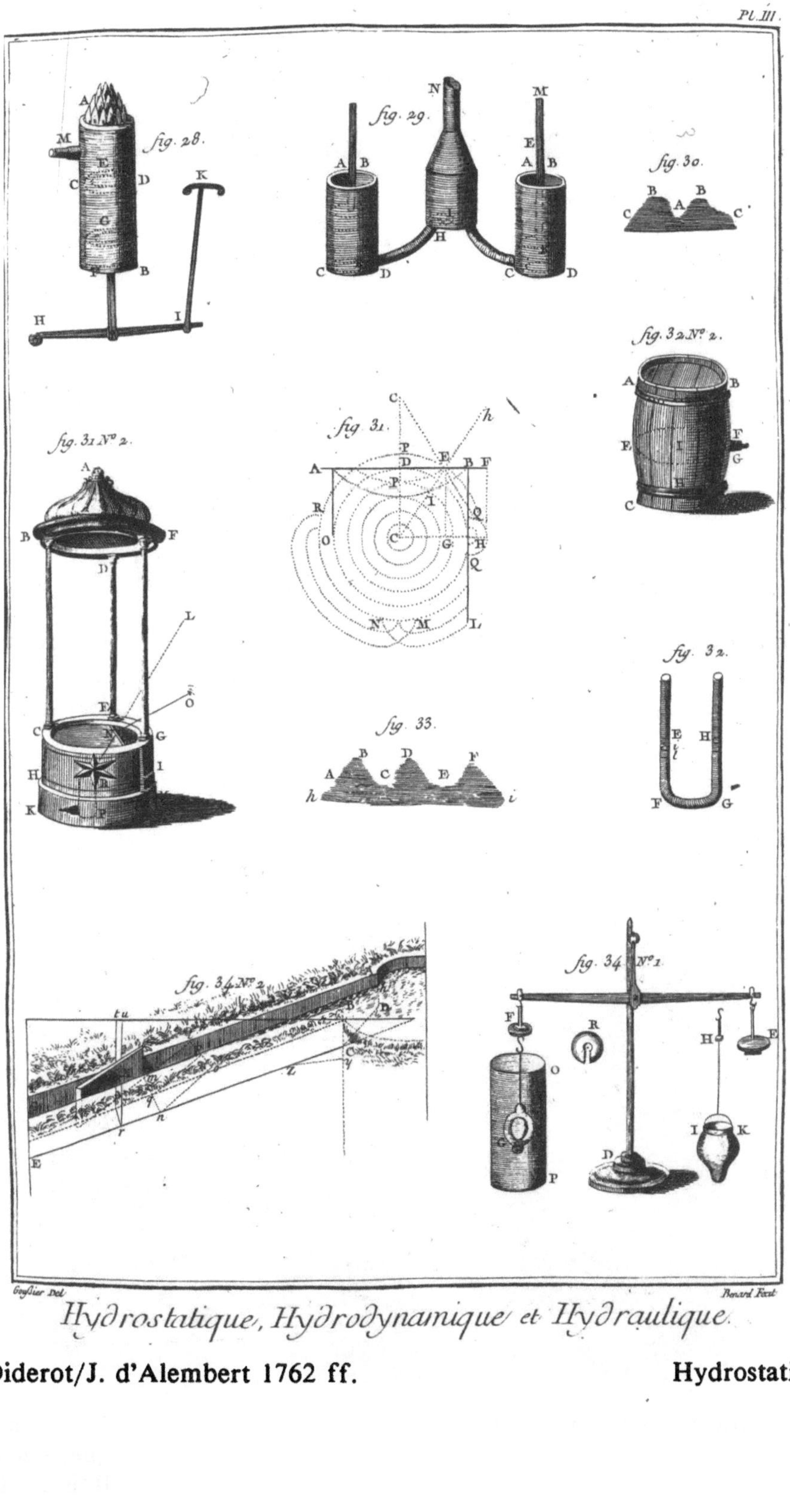

Hydrostatique, Hydrodynamique et Hydraulique.

83 D. Diderot/J. d'Alembert 1762 ff. Hydrostatique

84 D. Diderot/J. d'Alembert 1762 ff. Oeconomie Rustique, Charbon de Bois, Pl. I

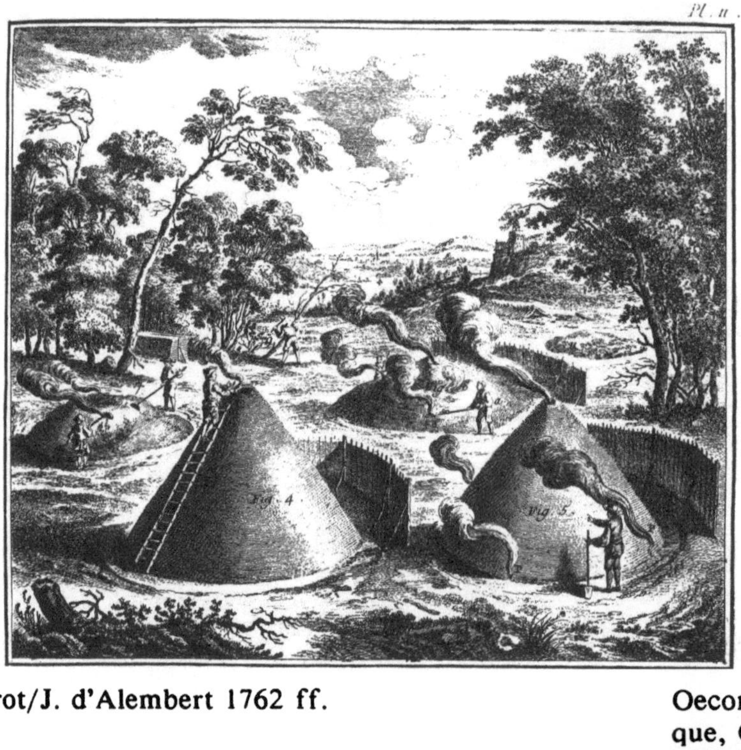

85 D. Diderot/J. d'Alembert 1762 ff. Oeconomie Rustique, Charbon de Bois Pl. II

PLATE XXXVIII.

Facing Charcoal Making

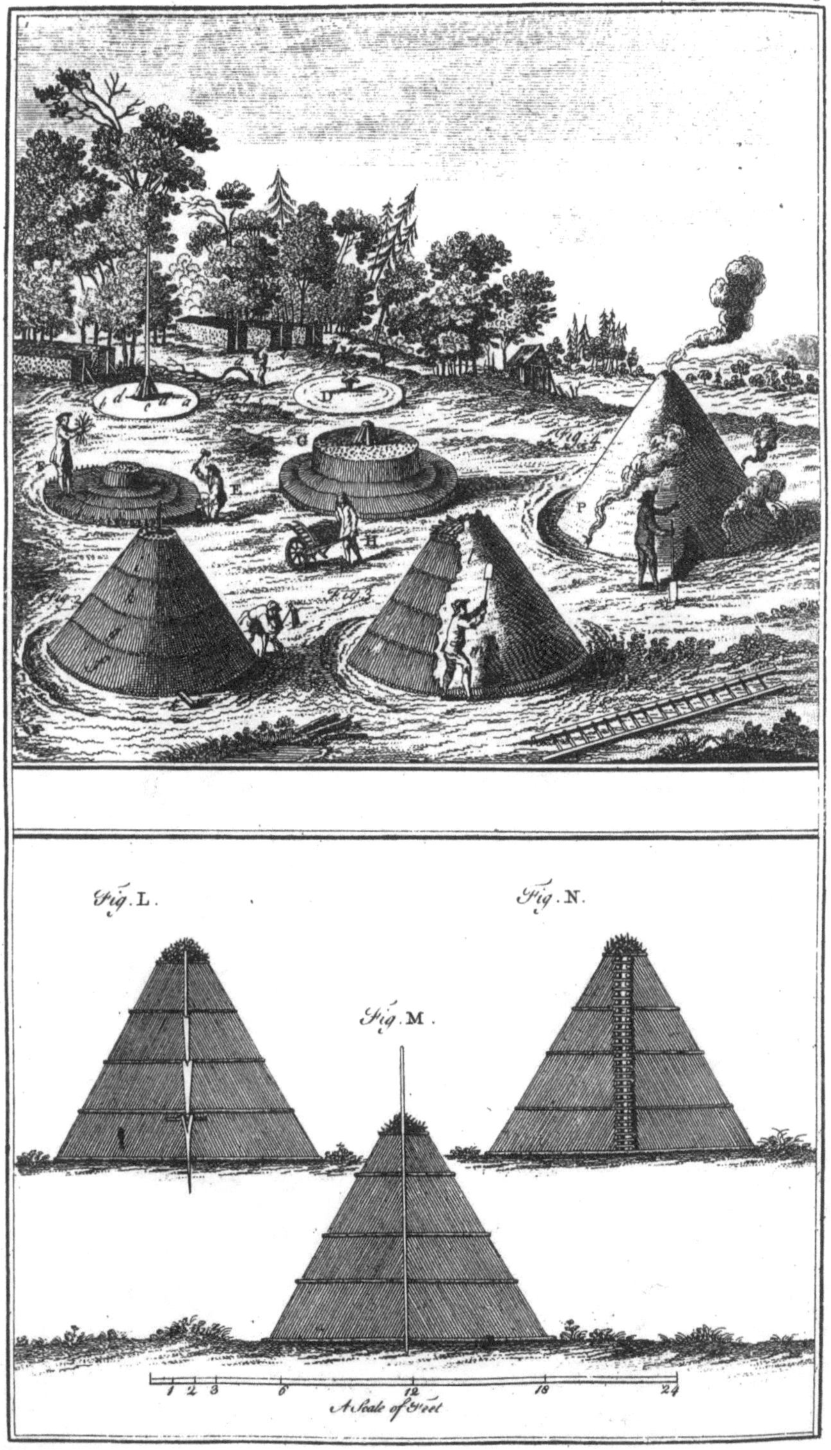

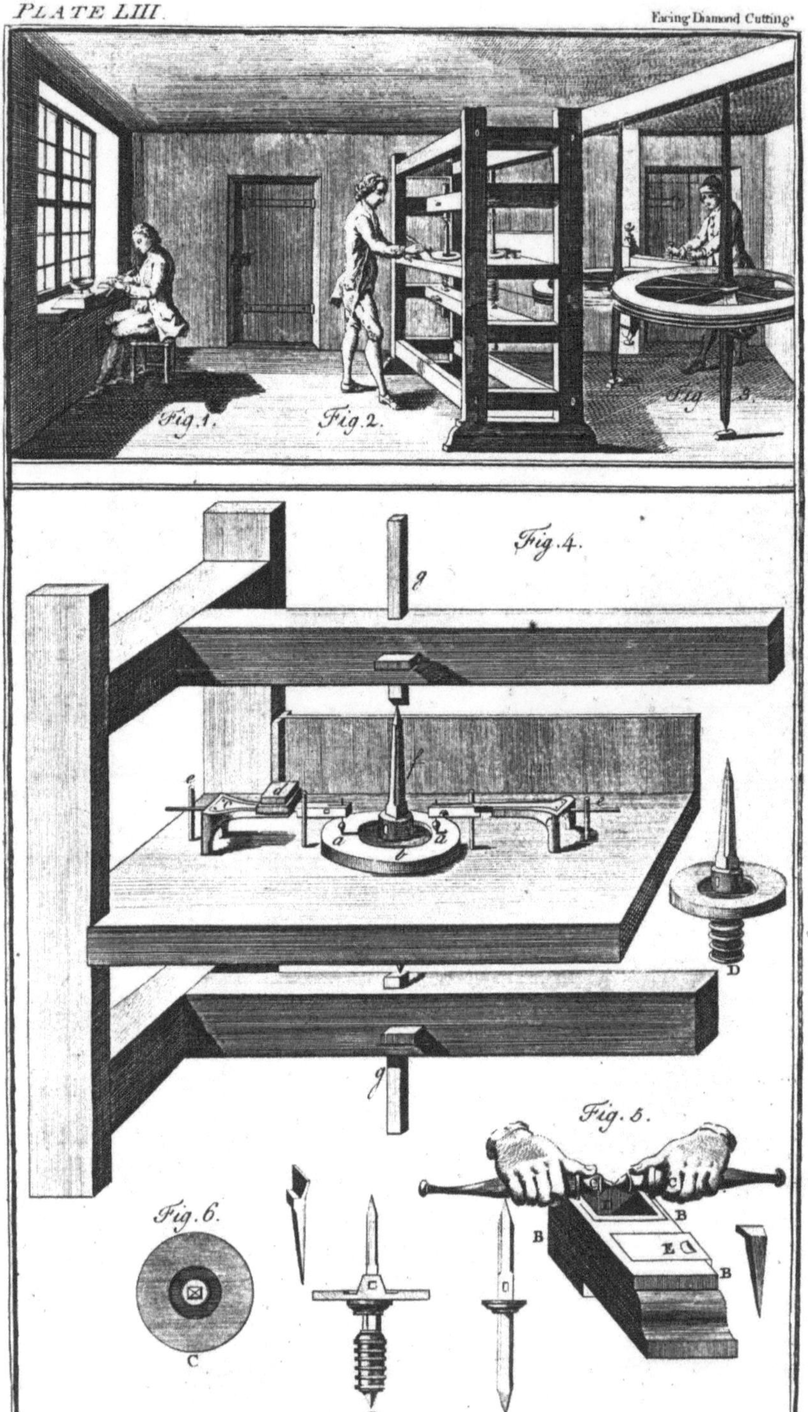

87 T.H. Croker 1766 Diamond Cutting

88 T.H. Croker 1766

Chemical Laboratory

89 T.H. Croker 1766 Blowing of Glass

90 T.H. Croker 1766 Brewhouse

Fig. 1. GLASS MAKERS at Work

91 Encyclopaedia Britannica 1768-71 — Glass Makers at Work

92 Encyclopaedia Britannica 1768-71 Amaryllis et al.

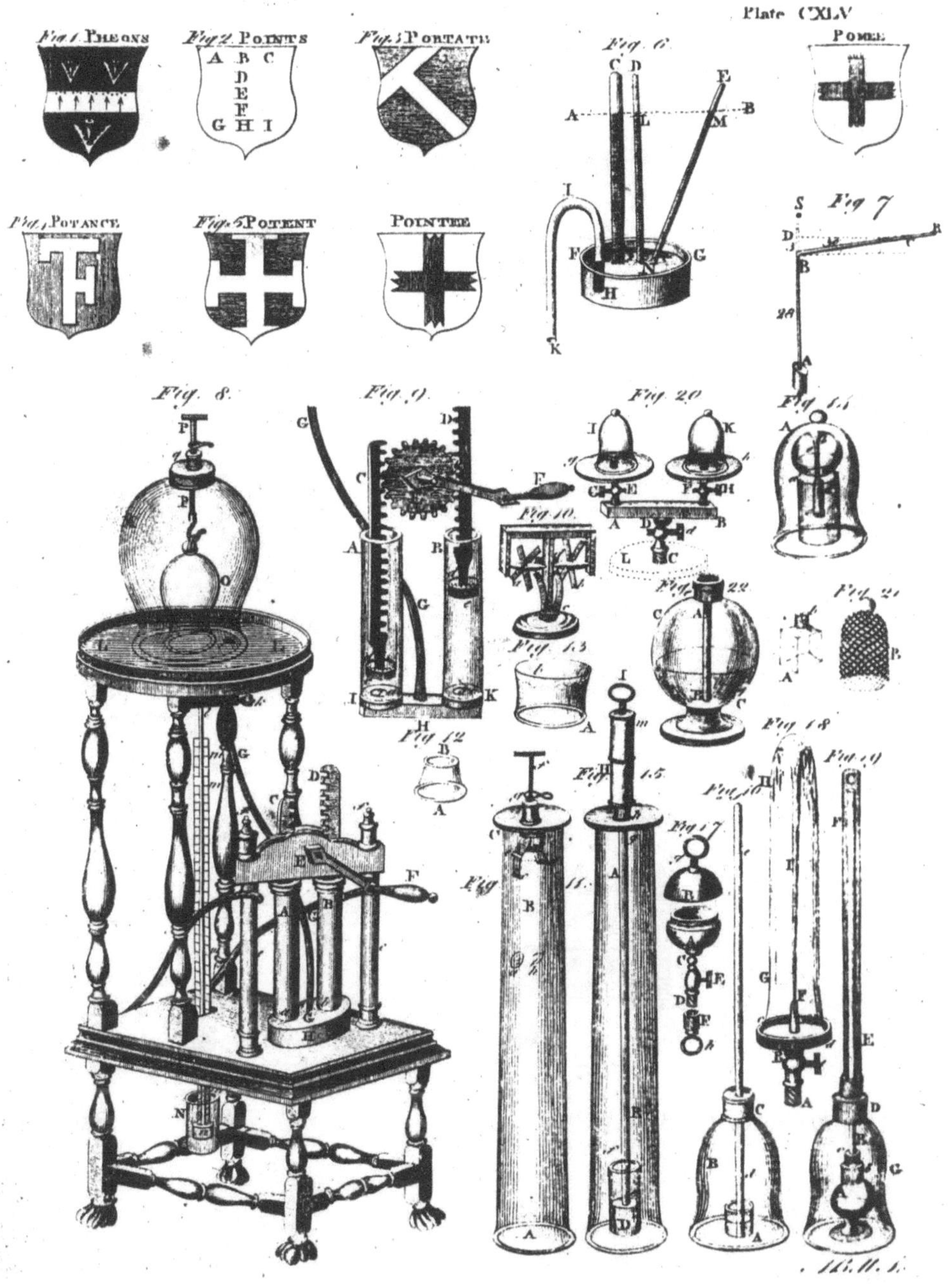
Plate CXLV
Fig. 1. Pheons
Fig. 2. Points
Fig. 3. Portate
Pomee
Fig. 4. Potance
Fig. 5. Potent
Pointee

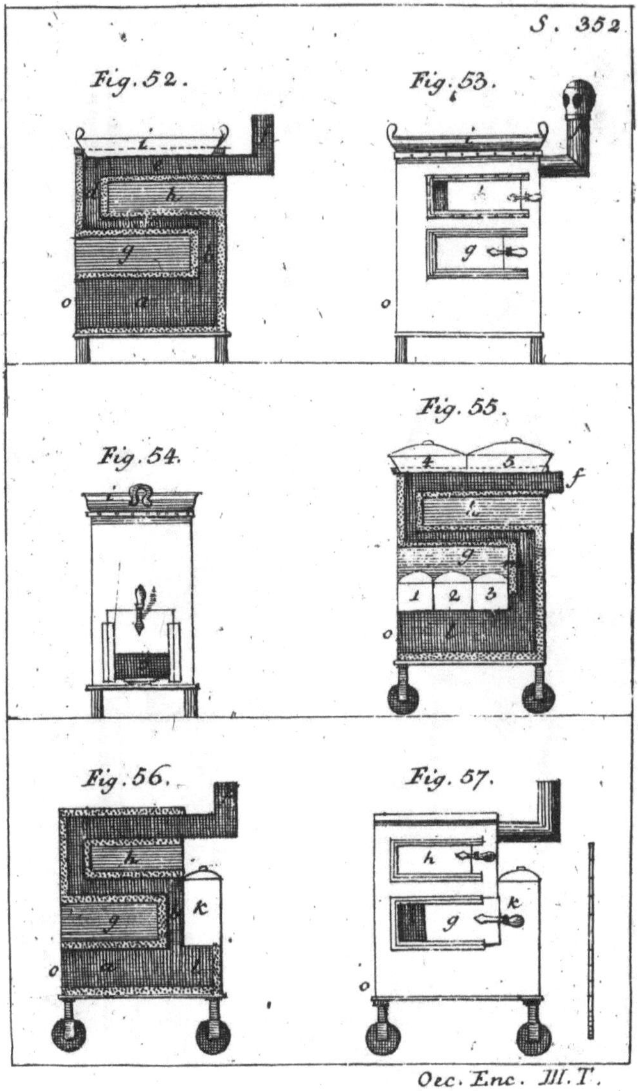

94 J.G. Krünitz 1773 ff. Backofen

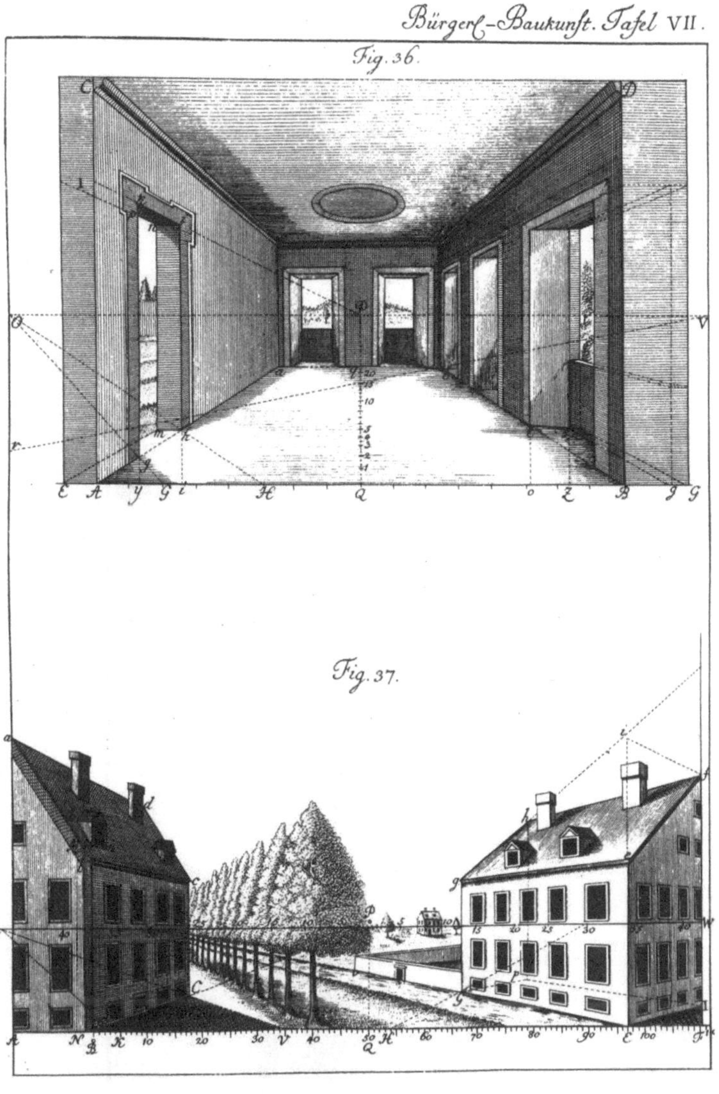

95 Frankfurter Encyclopädie 1778-1807

Bürgerliche Baukunst, Tafel VII

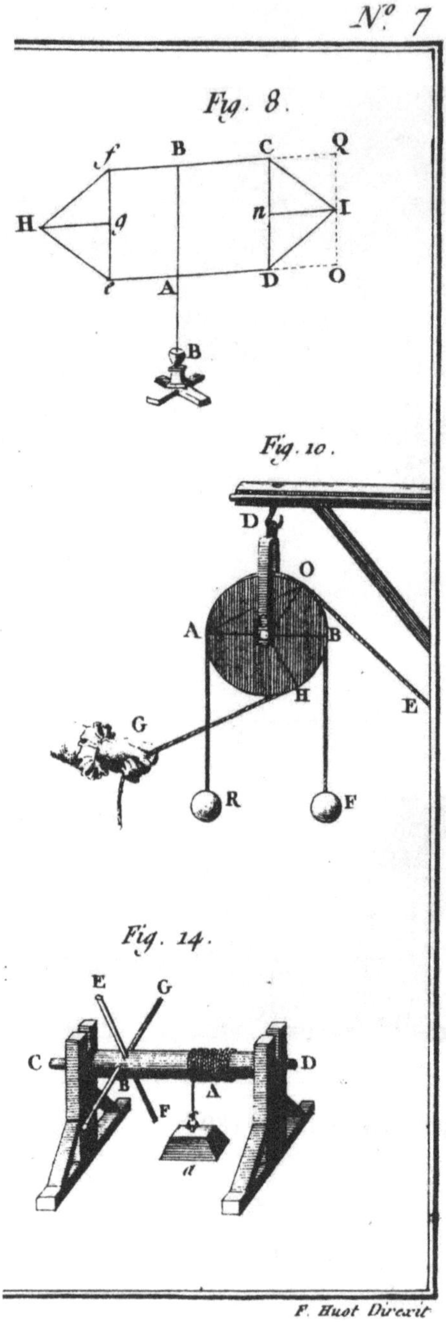

96 F. Pagès 1796 Flaschenzug

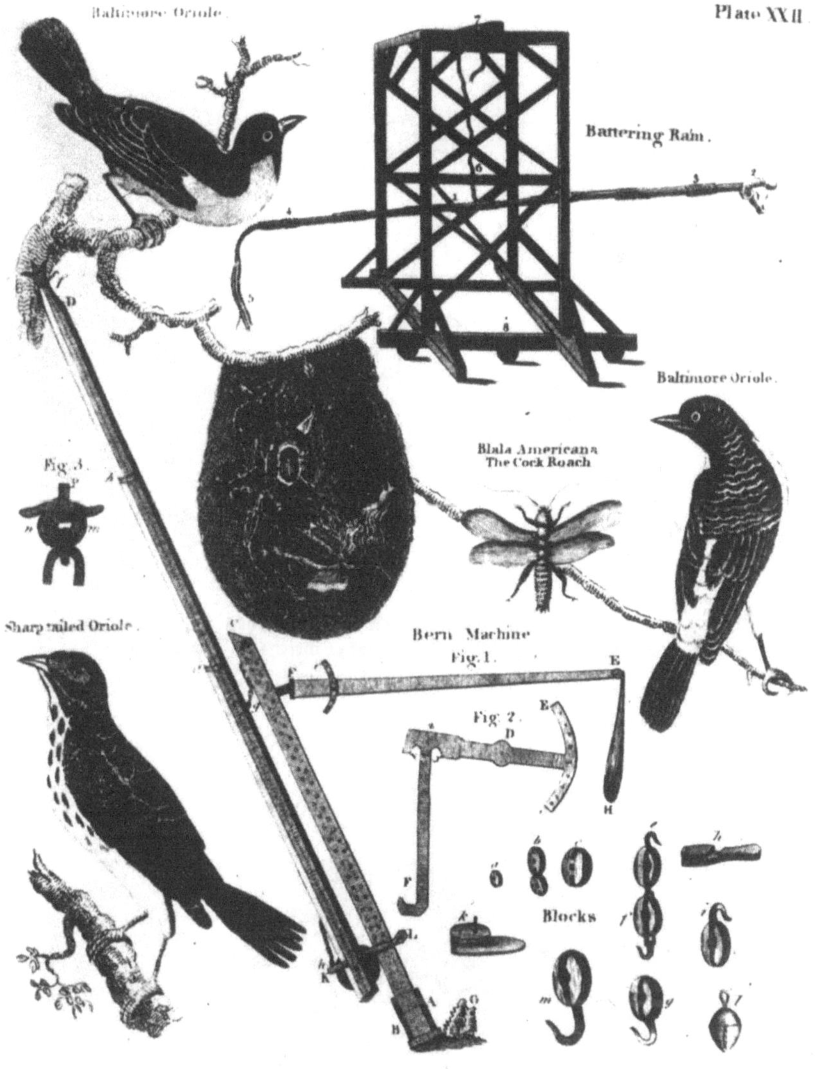

97 Encyclopaedia Perthensis 1796-1806 Plate XXII

Die geographische Breite. So wird eine jede gerade laufende Linie genannt, welche man von dem Ae- quator an bis an einen der beiden Pole der Erdkugel be- schreibet.

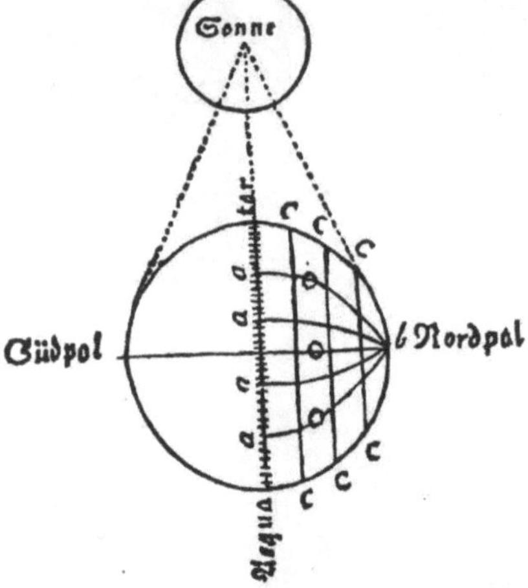

Um sich einen deutlichen Begriff davon zu machen, stelle man sich eine Kugel vor, welche in eine Drech-

98 R.G. Löbel 1796-1808 (geogr.) Breite

sent le genre en deux sections, suivant que le calice est en cloche ou en entonnoir : dans la première il faut remarquer l'amandier commun; dans la seconde, l'amandier nain.

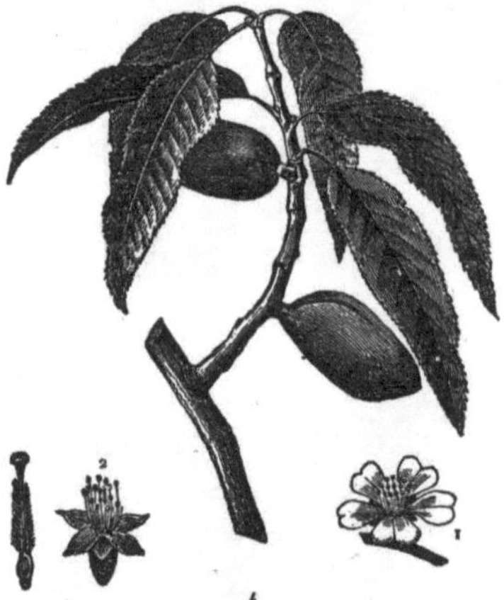

(Amandier commun.)

1 Fleur entière. — 2 Pistil. — 3 Amande mise à nu. — 4 Fruit dont on a enlevé la moitié du brou.

99 L'encyclopédie nouvelle 1836 ff. Amandier commun

Fig. 214. — Officina di lavorazione dell'allume.

100 Nuova enciclopedia italiana 1841 ff. Officina di lavorazione dell'allume

Ei
rung u
Rächer
gewöhn
sein hei
es ähn
tungen
man fü
den M
dem S
den Ch
tholiken
christlich
das Sc
chere L
Eide d
Allein
in ihr

ster, welche die Eichhörnchen in hohlen Bäumen oder auf

101 O. Marbach/A. Kaiser (Hg.) 1837 Eichhörnchen

AEROSTATION.

PLATE II.

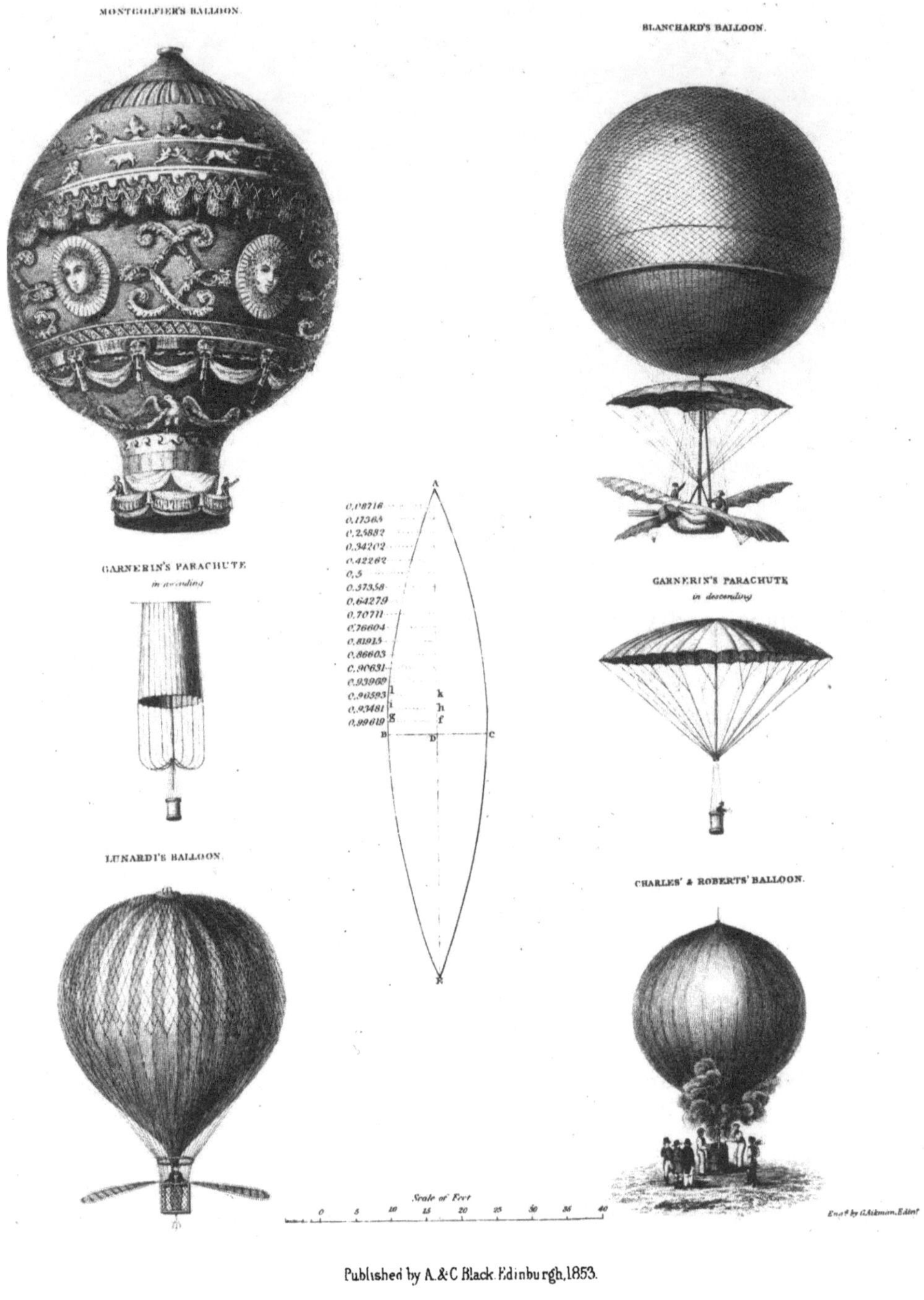

Published by A. & C. Black. Edinburgh, 1853.

(n. 1423) La Chiesa di S. Ambrogio a Milano (v.c. 14777)

fece battezzare per forza tutti i Giudei d'Alessandria. Al tempo di Eraclio, che nulla scemava di rigore contro i Giudei, i Persiani (614) s'impadronirono d'Alessandria, secondati forforse dai Giudei e dai Copti, opposti alla dominazione romana. Finalmente Macaucas, uomo copto incaricato dal governo dell' Egitto, fu egli medesimo strumento della sua rovina e dell'invasione degli Arabi (641). Qui termina la storia antica dell'Egitto.

Una nuova epoca nella storia dell'Egitto

che non furono più pra-
l'antico culto. Questa razza
il VII secolo dell'èra volgare,
gliati di società segrete.
dell'impero tra Arcadio ed
preda a nuovi disordini per
oti egiziani e per le persecu-
ni anni del v secolo grandi
oi loro scritti l'ardore delle

comincia colla conquista di Amru, ossia Amer ebu-el-ets. Questi, nato da meretrice dapprima fu satirico avversario di Maometto, poi convertitosi all' islamismo, fu di grande aiuto nelle prime campagne di guerresco apostolato. Egli combatteva nella Siria, quando desideroso di emulare i trionfi di Kaled che aveva sottomessa la Persia (ed è Abu-obeidh che conquistò la Siria) diresse, nel 638, quattromila Arabi verso l' E.

103 Enciclopedia popolare illustrata 1887-90 Chiesa S. Ambrogio

BAUKUNST des XIX. Jahrh. I.

1. Berlin, Altes Museum. (Erb. 1824/28 von Karl Friedr. Schinkel.)

104 Herders Konversations-Lexikon 1902-07[3] — Berlin, Altes Museum

867 Ausstellungen. 868

mäßigen Ordnung, zu dem Zweck, von der Leistungsfähigkeit (od. Produktionsrichtung) ein Bild zu geben u. eine geschäftsmäßige, durch den öffentlichen Wettbewerb u. den zusammenfassenden Vergleich verstärkte Reklame zu machen'. Hervorgegangen aus

dehnung, sich überstürzende Wiederkehr, Häufung von Vergnügen &c.) trifft bloß zufällige Mißstände, die bei geschickter Ausstellungspolitik, zielbewußtem Zusammenwirken von Regierung u. Industriellen großenteils vermieden werden können. Der un-

105 Herders Konversations-Lexikon 1902-07[3] — Ausstellungen, Chicago 1893

Verlag von W. Spemann, Berlin u. Stuttgart. A. Gatternicht fec.

Zu dem Artikel „Agaricini“.

Erdschieber (Lactarius scrobiculatus Fr.). — 2. Lauchschwamm (Marasmius scorodonius Fr.) — 3. Reizker (Lactarius deliciosus Fr.) — 4. Fliegenpilz (Agaricus muscarius L.)

106 Pierers Konversationslexikon 1888-93[7] Pilze

AMPLEX'ICAUL, or **AMPLEXI-CAUL'ENT,** *a.* [L. *amplexor*, to embrace, of *amb*, about, and *plico*, *plexus*, to fold, and *caulis*, καυλος, a stem.] In *bot.*, nearly surrounding or embracing the stem, as the base of a leaf. The *Papaver somniferum* and *Carduus Marianus* have *amplexicaul* leaves.

Amplexicaul leaf.

107 J. Ogilvie 1850 Amplexicaul leaf

ANONA, *n.* A genus of plants, a type of the nat. order Anonaceæ. *A. squamosa*, sweet sop, grows in the West Indian islands, and yields an edible fruit having a thick, sweet, luscious pulp. *A. muricata*, sour sop, is another species cultivated both in the West and the East Indies, which produces a large oval fruit of a greenish yellow color, containing a sweet pulp, mixed with a most agreeable acid.

Sour Sop (Anona muricata.)

ANTENNÆ, p. 53.

Fire-fly, *a a*, Antennæ.

They rarely exceed two in number, though in some insects of the apterous kind, they amount to four, and even six; the variations in their structure are very great, they are considered as the organs of touch and hearing. The figure represents the fire-fly, a native of America, which emits a brilliant phosphorescent light.

ANT-HILLS, p. 52.

Termite Ant-hills.

In *tropical climates*, the nests of some species of the white ant (*Termites*) are sometimes elevated to a great height above the surface of the ground, like pyramids or towers, occasionally surmounted by a solid roof, which, by their height and number, appear at a distance like a small village.

ANTLER, p. 56.

Antlers of Fossil Elk (Cervus giganteus.)

APLYSIA, *n.*

Sea-hare (Aplysia depilans),

The sea-hare, a genus of mollusca, of the order of Tectibranchiata. Some of the species have the power of throwing out a deep purple liquor, with which the animal colors the water around to a considerable distance, when it perceives any danger.

APSIS, p. 63, def. 1.

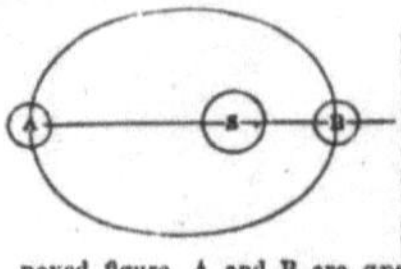

The point at the greatest distance is called the *higher apsis*, and at the least the *lower apsis*. The line of the *apsides* has a slow angular motion in the plane of the planet's orbit. In the annexed figure, A and B are *apsides*, or points of greatest and least distance of a planet from the sun, the orbit of such planet being an ellipse with the sun in one of the foci, as at S.

ARCHITECTURE.

ABACUS, p. 1, def. 8.

Abacus, Corinthian.

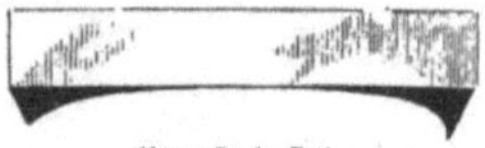

Abacus, Grecian Doric.

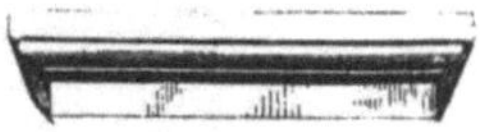

Abacus, Roman Doric.

ACANTHUS, p. 8, def. 2.

ALETTE, *n.* [Ital. *aletta*.]

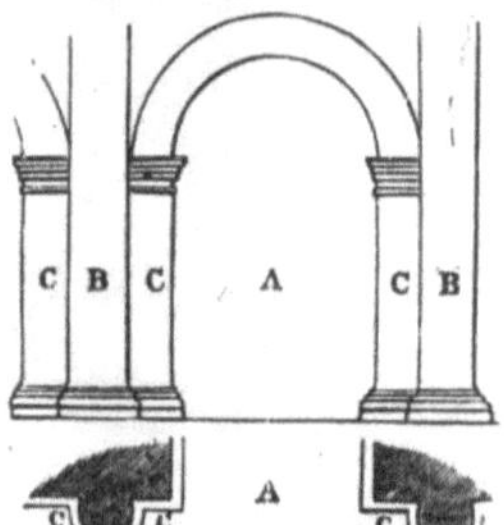

Alette. A, Arch. B, B, Pillars. C, C, Alettes.

The face of the pier of an arch, extending from the arris of the reveal; but more particularly, that portion betwixt the arris of the reveal and the pillar or pilaster which is used to decorate the arch.

AMPHIPROSTYLE, p. 44.

ARCHITECTURE—Continued.

ANNULET, p. 51, def. 1.

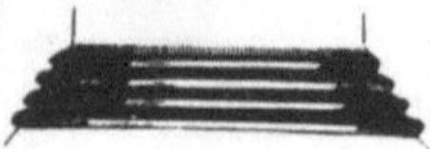

A small member, whose horizontal section is circular.

ANTA, p. 52.

Portico in Antis.; A, A, Antæ.

ARCADE, p. 65, def. 1.

Arcade, Romsey Church, Hampshire, Eng.

In the architecture of the middle ages, more commonly applied as an ornamental dressing to a wall, as in the figure.

BALCONY, p. 95.

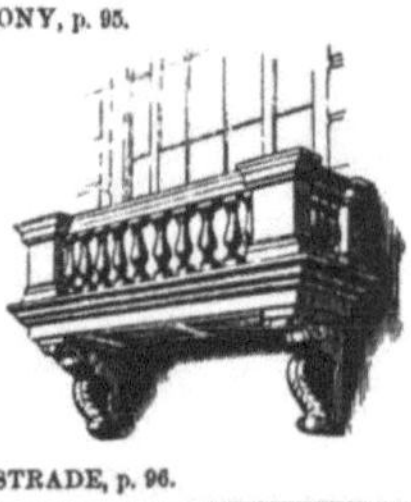

BALUSTRADE, p. 96.

BAND, p. 96, def. 2.

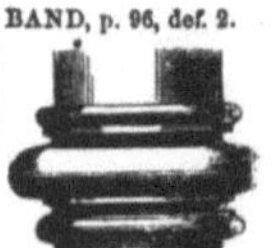

Also the round molding or suit of moldings, which encircles the middle of the shaft in the early English style. The term is also used for the tablet or string course round a tower, or other part of a building.

arena, either for hire or from choice.
GO-CART, [*go* and *cart.*]

A machine
wheels, in w
children lear
walk wit
danger of fall

GONG, p. 511, def. 2.

109 N. Webster 1859 Go-cart

Gō′-cärt, *n.* A small machine or frame-work without a bottom, and moving on castors, designed to support children while learning to walk.
Gŏd, *n.* [A-S., O. Sax., & D. *god*, Icel. *gudh*, *godh*, Sw. & Dan. *gud*, O. H. Ger. *got*, N. H. Ger. *gott*, Goth. *guth*, allied to Pers. *khodâ*, Hind. *khudâ*. As this word and *good* are written exactly alike in Anglo-Saxon, it has been inferred that *God* was named from his

Go-cart.

110 N. Webster 1864 Go-cart

PLANTS—Continued.
PUMPKIN, p. 888.

Pumpkin (Cucurbito pepo).

111 N. Webster 1859 Pumpkin

MAPLE, p. 693.

Maple (acer saccharinum).

Two species are common, the great maple, or sycamore (*A. pseudo-platanus*), and the common maple (*A. campestris*). The wood of the former is valuable for various purposes, as for musical instruments, saddle trees, wooden dishes, and many other articles, both of furniture and machinery. The knotted parts of the common maple fur-

112 N. Webster 1859 **Maple**

Fig, *n.* [A-S. *fic*, Lat. *ficus*, Fr. *figue*, Pr. *figa*, *figua*, O. Sp. & Pg. *figo*, N. Sp. *higo*, It. *fico*, O. H. Ger. *figâ*, N. H. Ger. *feige*, D. *vyg* or *vijg*.]
1. (*Bot.*) A fruit-tree of the genus *Ficus*, growing in warm climates, of which the *Ficus carica* is the principal species.
2. The fruit of the fig-tree, which is of a round or oblong shape, and of various colors.
3. A small piece of tobacco. [*U. S.*]
4. A worthless thing; — in expressions of contempt; as, not to care a *fig*.

Fig, Leaf and Fruit.

I'll pledge you all, and a *fig* for Peter. *Shak.*

5. (*Far.*) An excrescence on the frog of a horse's foot resulting from a bruise.
6. Figure; dress; array. [*Colloq.*]

Were they all in full *fig*, the females with feathers on their heads, the males with chapeaux bras? *Prof. Wilson.*

Fig, *v. t.* [See Fico.] **1.** To insult with ficos, or contemptuous motions of the fingers. See Fico. [*Obs.*]

And *fig* me
Like the bragging Spaniard. *Shak.*

2. To put into the head of, as something useless or worthless. [*Obs.*] *L'Estrange.*

Fig′-ăp′ple, *n.* A species of apple. *Johnson.*

113 N. Webster 1864 **Fig**

Dana.

lic
er,
ar
in
or
he
It
in
ry
r-
is.

A
al
st

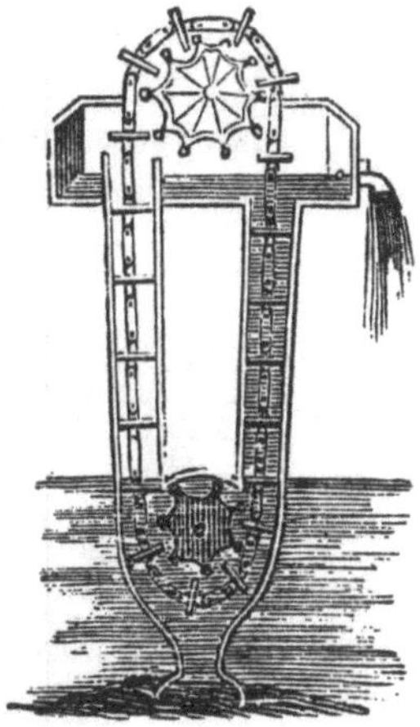

114 J.E. Worcester 1861 Chain-pump

y.
r-
y
er
y
y.

-
r

Astur palumbaria.

Accipiter.

115 J.E. Worcester 1861 Astur palumbaria

of these consists of an anacrusis, a trochee, a spondee, and two dactyls. A second consists of a catalectic iambic pentameter, of which the third foot is always a spondee, and the first may be. A third consists of two dactyls followed

Great Auk (*Alca impennis*).
(From a drawing by R. W. Shufeldt after Audubon.)

by two trochees. Two lines of the first, followed by one of the second and one of the third, constitute the alcaic strophe, the commonest arrangement of alcaics. The following is an example of an alcaic strophe:

l'une y passe, l'autre a son maximum d'effet. Une locomotive est donc, en réalité, pareille à une machine à vapeur ordinaire à haute pression, en ce qui tient aux cylindres, aux pistons, aux bielles et aux manivelles, et elle ne s'en distingue particulièrement que par la chaudière, par la disposition

Locomotive.

des pièces et leur ajustement, et surtout par les modérateurs, qu'il faut mettre sous la main du mécanicien, afin qu'il puisse, sans effort et à chaque instant, accélérer ou retarder la vitesse, et au besoin donner de la vapeur en sens contraire pour éteindre plus promptement la vitesse acquise par la masse énorme de la locomotive et du convoi. On

117 M. Lachâtre 1852-56/1865-70 Locomotive

PAQUEBOT, s. m. (de l'angl. *pack* ou *packet*,

Paquebot.

paquet; *boat*, bateau; bateau qui porte des paquets, bateau-courrier). Navire destiné soit à faire entre deux ports le service des lettres et des dépêches, et à remplir sur mer l'emploi des malles-postes sur terre, soit à transporter des passagers et à établir une communication régulière entre deux pays séparés par la mer. Autrefois on employait à cet usage de petits navires solidement construits et bons voiliers. Aujourd'hui presque tous les paquebots sont des navires à vapeur. Les plus importants sont les *paquebots transatlantiques*, qui font régulièrement le trajet d'Europe en Amérique; la plupart sont construits avec un luxe prodigieux. Prendre le *paquebot*. Il s'est embarqué sur un *paquebot*. Le *paquebot* a apporté des nouvelles intéressantes. Les *paquebots* français et les *paquebots* américains.

PAQUER, v. a. Trier des poissons. V. PACQUER.

PÂQUERETTE, s. f. (de *pasquis*, *pasquier*, qui,

ABRICOTIER, s. m. Arbre fruitier de la famille des drupacées, et qui a reçu le nom de *prunier d'Arménie*, parce qu'on le croit généralement originaire de ce pays. Quelques botanistes le font venir des montagnes du Caboul. Au reste, il paraît qu'on en

Abricotier.

a trouvé quelques pieds sauvages dans le Piémont. *L'abricotier est un des premiers arbres qui fleurissent dans nos jardins, dont il fait l'ornement par la beauté de ses fleurs et de ses fruits.* L'abricotier est un arbre peu élevé, à rameaux étalés ou redressés, que l'on

ACADÉMIE, s. f. Nom donné à une réunion en société, en corps, d'un certain nombre de personnes vouées à des travaux théoriques et pratiques, dans le but de s'éclairer elles-mêmes, de faire connaître, d'utiliser les résultats de leurs travaux, et de donner une certaine autorité à leurs opinions par la solidarité plus ou moins positive qu'elles s'imposent entre elles.

Académie.

La plupart des Académies, fondées dans un but louable et avec l'intention sincère, de la part des fondateurs, de se rendre utiles à l'humanité en général, et en particulier à la communauté qui les a vues naître, ont eu pour résultat des observations, des découvertes usage n'a pas été abandonné. — L'*arc elliptique* ou *en anse de panier* est engendré par deux portions d'ellipse. On peut le considérer comme un arc très-surbaissé, se terminant de chaque côté par des arcs d'un rayon beaucoup plus court. Cette forme, qui permet d'obtenir de larges ouvertures avec une médiocre élévation, est surtout usitée pour construire les arches des ponts. Elle se rencontre aussi fréquemment dans les monuments appartenant au style ogival tertiaire. Voy. PONT. — L'*arc outrepassé* ou *en fer à cheval* est, pour ainsi dire, caractéristique

Fig. 3.

de l'architecture moresque : il est rare de le rencontrer dans l'architecture du nord ; mais on le trouve quelquefois dans les monuments byzantins. Fig. 3. Arcade en marbre, construite à Tarragone (Espagne) au Xᵉ siècle. — L'*arc en fronton*, appelé aussi *arc en mitre* ou *arc angulaire*, est une de ces formes primitives d'architecture qui appartiennent à tous les pays. Ainsi on observe cet arc dans certaines constructions cyclopéennes,

Fig. 4.

dans plusieurs édifices byzantins, dans quelques monuments religieux élevés en France au XIIᵉ siècle. Toutefois c'est surtout dans l'architecture saxonne qu'on rencontre de nombreux exemples de cette sorte d'arc. La Fig. 4 représente une fenêtre saxonne

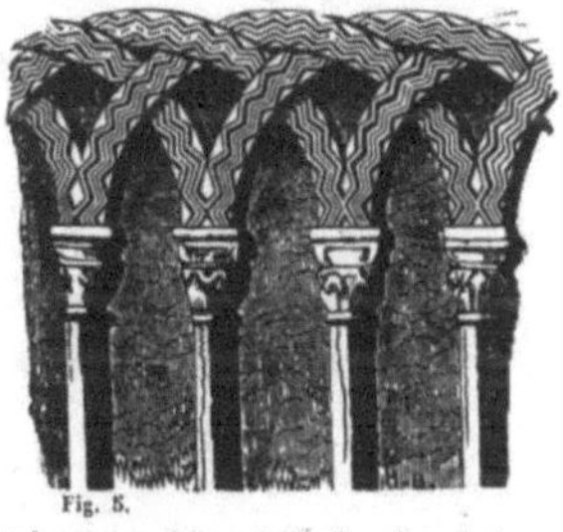

Fig. 5.

avec deux arcs angulaires. — La Fig. 5 représente des *arcs enlacés* ; elle nous dispense de les définir. Les arcs ainsi disposés sont assez communs dans l'architecture romane. Les segments qui se trouvent au-dessous des intersections inférieures forment un arc pointu, ce qui a fait supposer au savant archéologue Milner que l'ogive devait son origine à cette circonstance.

L'*arc en ogive* ou tout simplement l'*ogive*, qu'on appelle encore *arc pointu* et *arc gothique*, parce qu'il est le type de l'architecture de ce nom, offre pour caractère général d'être

Fig. 6.

tre formé par deux segments de courbe qui se coupent en faisant un angle à la partie supérieure de l'arc. On distingue plusieurs sortes d'ogives. — L'*ogive équilatérale* ou *arc en tiers point* (Fig. 6) est celle qui est élevée sur un triangle équilatéral. — L'*ogive aiguë* ou *en lancette* (Fig. 7 et 8) est

Fig. 7.

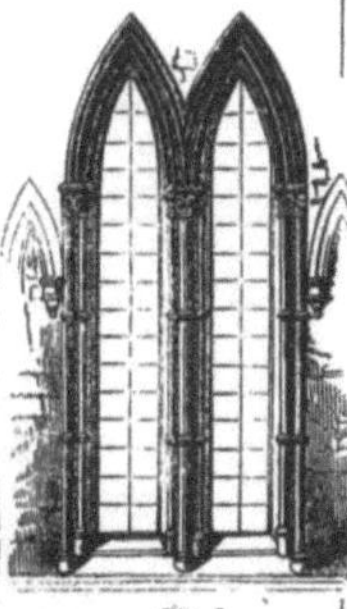

Fig. 8.

formée sur un triangle dont l'angle supérieur est plus aigu que les deux autres : en d'autres termes, le rayon qui sert à décrire les deux côtés de l'arc est plus grand que l'ouverture. On conçoit que cet arc peut être plus ou moins élancé. — L'*ogive outrepassée* ou *lancéolée* est une ogive aiguë qui va en se rétrécissant au-dessous de son plus grand diamètre. — L'*ogive obtuse* (Fig. 9) est décrite par un rayon plus court que l'ouverture de l'arc : par conséquent elle est susceptible de se rapprocher tantôt de l'ogive aiguë et tantôt du plein cintre. Dans ce dernier cas, on lui donne le nom de *plein cintre brisé*. — On doit ranger aussi parmi les arcs en ogive, l'*arc en accolade* ou *arc en talon* (Fig. 10), qui est décrit de quatre centres et qui est alternativement concave et convexe ; l'*arc en doucine*, dont les courbures présentent une disposition inverse, et l'*arc Tudor* (Fig. 11), sorte d'ogive surbaissée décrite aussi de quatre centres. — Le *plein cintre brisé*, ou *arc déprimé*, qu'on peut regarder comme l'ogive à son état rudimentaire, est la plus ancienne forme d'ogive que l'on trouve en France. L'*ogive à lancette* domine dans le XIIIᵉ siècle ; l'*ogive obtuse* est commune dans le XVᵉ, et l'*équilatérale* se rencontre depuis le XIIIᵉ siècle jusqu'au XVIᵉ. L'*arc en accolade* est propre au XVᵉ siècle et à une partie du suivant. L'*arc Tudor*, fort rare en France, est au contraire très-fréquent dans les monuments anglais qui appartiennent à la période où régnait le style dit *perpendiculaire*. Cet arc a été appelé Tudor parce que son apparition coïncide avec l'avénement de la famille de ce nom au trône d'Angleterre. On remarque encore assez souvent à la fin du XVᵉ siècle une sorte d'*arc elliptique surbaissé* (Fig. 12) ; mais cet arc est, en général, surmonté d'un autre arc qui lui donne un aspect plus léger et plus pittoresque.

Il existe en outre d'autres arcs dont nous ne saurions nous dispenser de parler. Quelques-uns, en effet, ont leur pourtour découpé de différentes façons, mais surtout en segments de cercle. Tels sont les *arcs trilobés* que représente la Fig. 13 : les arcs de ce genre sont dits *quintilobés* ou *polylobés*, selon qu'ils offrent cinq découpures ou un plus grand nombre. On donne encore les mêmes noms aux arcs qui ne sont pas découpés comme les précédents, et dont l'intrados est décoré d'ornements figurant des découpures analogues (Fig. 14). Si, comme l'ont fait plusieurs auteurs, on voulait distinguer autant d'arcs qu'il y a de manières de les décorer, il deviendrait facile de multiplier cette nomenclature à l'infini : car l'architecture du moyen âge a fait preuve en ce genre d'une fécondité inépuisable. — On désigne généralement sous le nom d'*arc à encorbellement* une sorte de plate-bande soutenue à chaque

Fig. 9.

Fig. 10.

extrémité par un corbeau ; mais c'est à tort qu'on applique la dénomination d'arc à cette espèce d'ouverture. Fig. 15.

Fig. 11.

ATW

ment de la chute, ralentissement qui est l'objet même de l'appareil. Appelons g la vitesse au bout d'une seconde, du poids additionnel tombant librement et seul; et g' la vitesse de ce même poids lorsqu'il entraîne les deux masses M. La force qui agit dans les deux cas étant la même, c'est-à-dire étant égale au

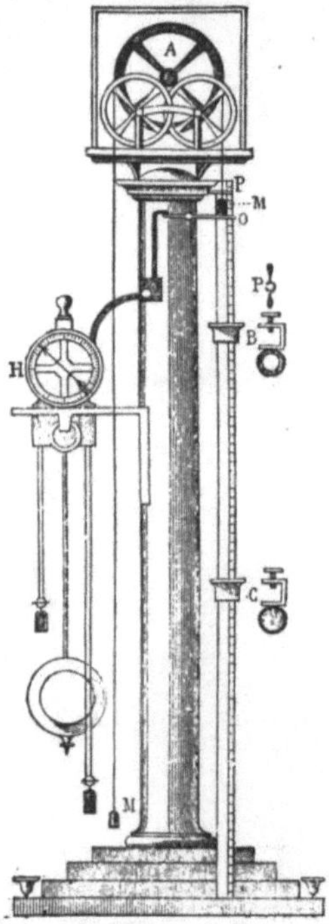

poids du corps additionnel, les quantités de mouvement sont égales, et l'on a

$$gP = g'(2M + P), \quad \text{d'où} \quad g' = g \times \frac{P}{2M + P}$$

122 Grand dictionnaire universel 1866 ff. (machine d') Atwood

ɔde *synthétique.* Lan-
, celles qui expriment
:t les rapports qui les
ır des mots et des si-

IENT adv. D'une ma-

IE n. f. Image gro-
ıand elle est observée

) n. m. Plante

m. Nom donné
es Latins à un
sé de deux brèves et

123 P. Larousse 1878/79 Ananas

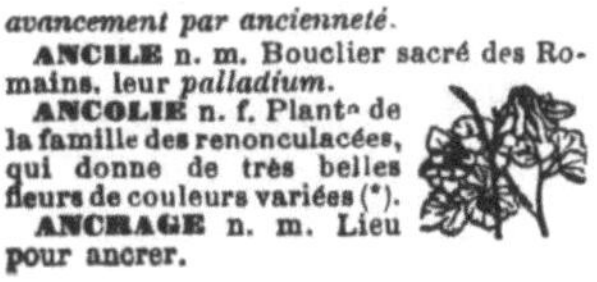

avancement par ancienneté.
ANCILE n. m. Bouclier sacré des Romains, leur *palladium.*
ANCOLIE n. f. Plante de la famille des renonculacées, qui donne de très belles fleurs de couleurs variées (*).
ANCRAGE n. m. Lieu pour ancrer.

124 P. Larousse 1878/79 Ancolie

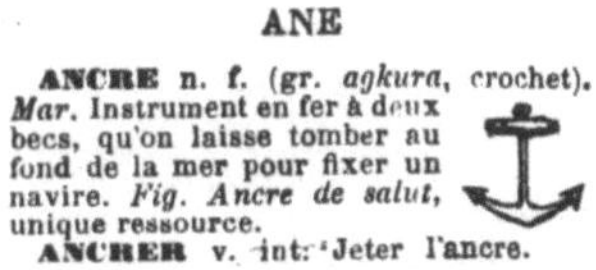

ANE

ANCRE n. f. (gr. *agkura,* crochet). *Mar.* Instrument en fer à deux becs, qu'on laisse tomber au fond de la mer pour fixer un navire. *Fig. Ancre de salut,* unique ressource.
ANCRER v. int. Jeter l'ancre.

125 P. Larousse 1878/79 Ancre

ANALYTIQUEMENT adv. D'une manière analytique.
ANAMORPHOSE n. f. Image grotesque, difforme, quand elle est observée d'un certain point.
ANANAS (*anana*) n. m. Plante et fruit d'Amérique.
ANAPESTE n. m. Pied de vers grec ou latin composé de deux brèves et d'une longue.
ANAPESTIQUE adj. Se dit des vers grecs et latins composés d'anapestes.
ANARCHIE n. f. (a priv. et gr. *arché,*

126 P. Larousse 1903 Ananas

RPHOSE, *sf.* (g. *anamorphôsis*), forme qui, vue à certaine distance, égulière.
s [a-na-nâ], *sm.* plante et fruit des
.); : grosse
ès parfu-

ıs, l'un des
ınes Hé-
ès dans la
ardente
: de Nabu-
or II.
STE, *sm.*
istos), dans
grecque et
ied com-
eux brèves
ngue.
STIQUE ,
lans lequel
ınapeste :

127 T. Bénard 1882/91 Ananas

analyste, *sm.* Celui qui est versé dans l'analyse (Math.).

analytique, *adj. 2 g.* Qui procède par analyse, qui contient une analyse : *table analytique des matières.* || CTR. Synthétique.

Ananas.

analytiquement, *adv.* D'une manière analytique.

ananas [a-na-na], *sm.* Plante et fruit de l'Asie et de l'Amérique méridionale (*Fig.*) || *Fraise ananas*, grosse fraise très parfumée.

Ananias, un des trois hébreux, jetés dans une fournaise par ordre de Nabuchodonosor.

anapeste, *sm.* Terme de prosodie ancienne : pied composé de deux syllabes brèves et d'une longue. || CTR. Dactyle.

128 A. Gazier 1887/1903 Ananas

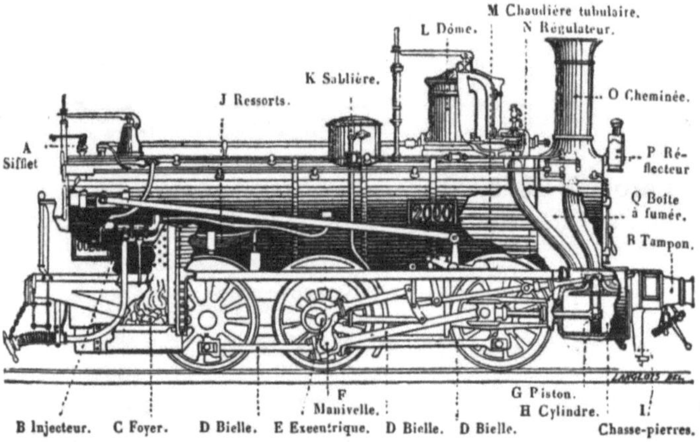

LOCOMOTIVE.

129 A. Gazier 1887/1903 Locomotive

MENUISERIE.

130 A. Gazier 1887/1903 Menuiserie

l'ours :
eint la
préfé-

bai ou
ieds.
: pieds

ınçais,
gal.
: nègre
gritie).

(Fran-
:fort.

einture
popu-
he.
(1613-
s sujets

bananier. sm. *Bot.* Arbre de la fam. des

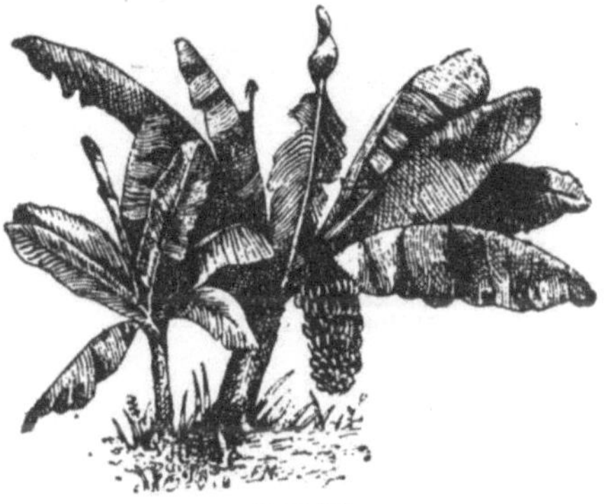

Bananier.

131 P. Guérin/G. Boivier-Lapierre 1894/1912 Bananier

ancolie. sf. *Bot.* Plante renonculacées, cultivée pour ses de fleurs pendantes, bleues, rou|
Ancône. 55 500 h. V. fort l'Adriatique. ‡. A 24 km. N. de pée par les Français (1832-183
ancrage. sm. Lieu propr
ancre. sf. (l. *ancora.*) Tig à deux c laisse to d'un câbl l'eau, pou timent. (*F* *de salut*, qui puisse

Ancre.

Ancr — V. *Conc*
ancr l'ancre. || S'ANCRER. s'affermir
Ancus Martius. (641-61 de Rome.
Ancy-le-Franc. 1200 h arr. de Tonnerre; ōō, sur le cana
Ancyre. *Géogr.* V. anc. de auj. *Angora.* Vict. de Tamerla Bajazet, qui y fut fait prisonni
andain. sm. Espace parcc à chaque pas du faucheur.
andalous, ouse. adj.

132 P. Guérin/G. Boivier-Lapierre 1894/1912 Ancre

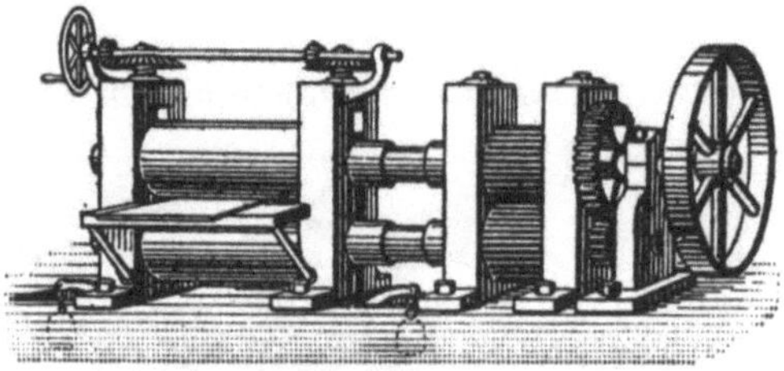

LAMINOIR.

lamique, *adj. 2 g.* Relatif aux lamas du Thibet.

133 A. Colin 1905 Laminoir

PETITS OISEAUX (QUELQUES GENRES DE PASSEREAUX).

DICTIONNAIRE ENCYCLOPÉDIQUE ILLUSTRÉ ARMAND COLIN. *Planche* III.

134 A. Colin 1905 — Petits oiseaux

BATTEUSE (*ba-teu-ze*) n. f. Machine pour égrener les céréales ou d'autres plantes par l'effet de

Batteuse.

chocs répétés : la première batteuse mécanique date de 1786. Appareil pour réduire les métaux en feuilles.

135 Petit Larousse illustré 1905 — Batteuse

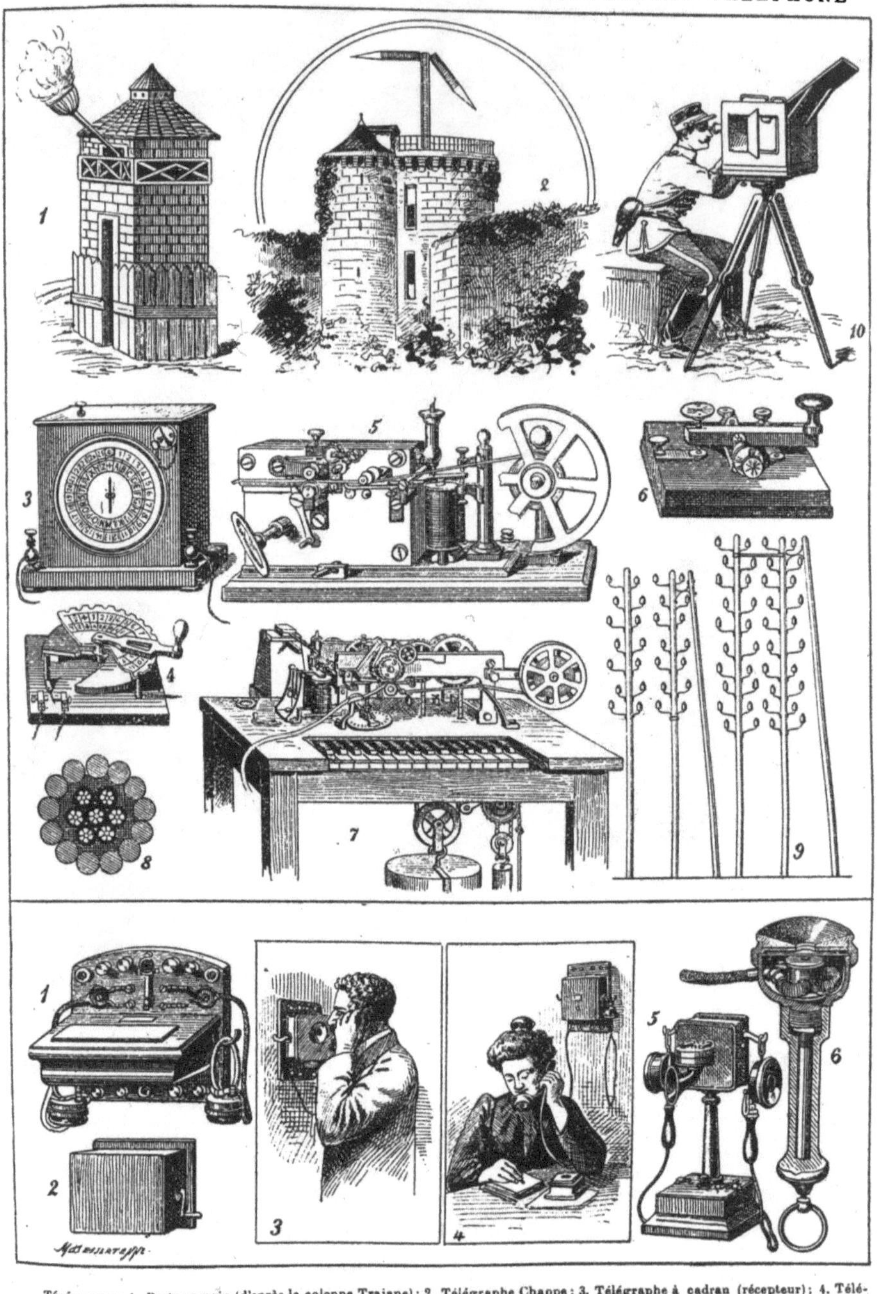

TÉLÉGRAPHE : 1. Poste romain (d'après la colonne Trajane) ; 2. Télégraphe Chappe ; 3. Télégraphe à cadran (récepteur) ; 4. Télégraphe à cadran (manipulateur) ; 5. Télégraphe Morse (récepteur) ; 6. Télégraphe Morse (manipulateur) ; 7. Télégraphe imprimeur de Hughes ; 8. Coupe d'un câble télégraphique sous-marin ; 9. Poteaux télégraphiques ; 10. Télégraphie militaire : Appareil optique en station. — TÉLÉPHONE : 1. Appareil mural (récepteurs accrochés) ; 2. Appel ; 3 et 4. Une conversation téléphonique ; 5. Appareil téléphonique portatif ; 6. Téléphone de Bell (coupe).

LISTEL (*lis-tèl*) ou **LISTEAU** (*lis-tô*), **LISTON** (*lis-ton*) n. m. Baguette pour encadrement. Petite moulure. (V. MOULURES.) Cercle qui règne autour de la circonférence des monnaies. Morceau de bois qui sert aux réparations des mâts et des vergues d'un bateau.

LIT (*li*) n. m. (lat. *lectus*). Meuble sur lequel on se couche, pour se reposer ou pour dormir : *un beau lit de noyer*. Tout lieu où l'on peut se coucher, s'étendre : *le lit de gazon de la prairie*. *Par ext*. Mariage : *enfant du premier lit*. *Lit de sangle*, châssis pliant et portatif, dont le fond est garni de sangles ou d'une grosse toile. *Lit de plume*, toile remplie de plume, dont on garnit un lit. *Lit de camp*, plate-forme de bois inclinée, qui sert de lit dans les corps de garde. *Lit de repos*, lit très bas, chaise longue pour se reposer pendant le jour. *Lit de table*, lit sur lequel les anciens se couchaient pour manger. *Lit de parade*, sur lequel on place, après leur mort et avant leur inhumation, les personnes élevées en dignité. *Faire le lit*, le préparer pour qu'on puisse s'y coucher. *Garder le lit*, être retenu au lit par une maladie. *Etre au lit de mort*, en point de mort. *Fig*. Canal dans lequel coule une rivière : *la Loire sort souvent de son lit*. Couche stratifiée d'une matière quelconque : *lit de cailloux*, etc. Chacune des deux faces par lesquelles se touchent les pierres de taille superposées dans une construction. *Lit du vent*, direction suivant laquelle il souffle. *Lit d'un courant*, endroit où il a le plus de vitesse. *Lit de justice*, siège qu'occupait le roi dans les séances solennelles du parlement, et, dans la suite, ces séances elles-mêmes : *les rois tenaient des lits de justice pour forcer l'enregistrement de leurs*

Lit.

563 — LIT

édits. PROV. : **Comme on fait son lit on se couche**, on ne peut jouir que des résultats de sa prévoyance ; on n'a que ce qu'on s'est préparé à soi-même.

137 Petit Larousse illustré 1905 Lit

• **AUBERGINE** s. f. [ô-bèr-ji-ne]. Bot. Nom vulgaire de la morelle mélongène (*solanum melongena*, Lin.), appelée aussi méringeanne, mélanzane ou mayenne. C'est une solanée annuelle, originaire des pays chauds, et qui

Aubergine ovigère (Solanum melongena).

se distingue par des tiges, des feuilles et un calice plus ou moins épineux, ainsi que par des pédoncules solitaires fertiles. On en cultive plusieurs espèces dont les fruits allongés,

138 J. Trousset 1884-86 Aubergine

TABOURET (*rè* — de *tambour*, anc. forme de *tabour*) n. m. Ameubl. Petit siège sans bras ni dossier : *S'asseoir sur*

Tabourets : 1. De piano ; 2. De bar ; 3. De dessinateur ; 4. De cuisine ; 5. Pour bain de siège.

un TABOURET. ‖ *Tabouret de piano*, Petit siège que l'on peut hausser ou baisser au moyen d'une crémaillère, d'une vis, d'un ressort, etc. ‖ Petit meuble sur lequel on pose les pieds quand on est assis. ‖ Sorte de petit coffret de toilette, qui servait à la fois d'écrin et de pelote.

— Bot. Nom vulgaire des thlaspis, de la bourse à berger.

— Dr. Sorte de sellette sur laquelle étaient exposés en place publique les condamnés à une peine infamante.

— Hist. Siège pliant sur lequel des personnes déterminées seules ont le droit de s'asseoir à la cour, en présence du roi et de la reine ; droit de s'asseoir sur ce siège ; personne ayant ce droit : *C'est un caquetage éternel de* TABOURETS *dans les* Mémoires *de Saint-Simon*. (Chateaubr.) ‖ *Recevoir le tabouret*, Etre faite duchesse ou être nommée surintendante de la maison de la reine.

— Manèg. *Tabouret d'équitation*, Siège auquel on donne les mouvements que peut exécuter un cheval.

— Mécan. Lanterne qui fait partie des machines destinées à puiser les eaux dans une carrière.

On compte environ vingt espèces de sapins, qui croissent dans toutes les parties du monde. Le *sapin blanc, sapin argenté, sapin des Vosges* ou *avet* (corruption de *abies*), abonde dans les Vosges, la Forêt-Noire et les montagnes de l'Europe centrale, où il atteint la taille normale de 30 ou 40 mètres. Son bois est utilisé comme celui du pin, quoique de qualité inférieure. C'est un bon bois de charpente et aussi un bon bois d'ébénisterie; il sert à faire

Sapin : 1. De Norvège 2. Pectiné; 3. Son cône; 4. Cône de sapin à bractées; 5. Inflorescence de sapin baumier; 6. Fleur mâle; 7. Inflorescence femelle; 8. Fleur femelle: 9. Cône.

des caisses de résonance pour les instruments de musique, des allumettes, etc. Il est très médiocre comme bois de chauffage. Le *sapin de Nordmann*, plus touffu, plus robuste, à feuilles plus longues que le précédent, fournit un bois excellent. Cette espèce abonde dans les montagnes du Caucase et de l'Arménie. Le *sapin Baumier* croît dans l'Amérique du Nord. Cet arbre fournit le *baume du Canada*. Le *sapin Pinsapo* est naturel de l'Espagne méridionale et de l'Afrique septentrionale. Le *sapin de Fortune* pousse en Chine; son port rappelle celui du cèdre du Liban. Le *sapin à bractées* possède des feuilles mucronées. Il faut signaler encore le *sapin grand* de Californie; le *sapin de la reine Amélie*, de Grèce; le *sapin de Sibérie*, le *sapin de Fraser*, de Californie. Les *sapins de Siebold, de Hooker, du Canada* sont des *tsugas*. Les *sapins de Douglas* et de *David* appartiennent au genre *pseudotsuga*.

Les sapins fournissent à la thérapeutique plusieurs produits : la *térébenthine d'Alsace* ou *de Strasbourg*, ou *térébenthine au citron*, provenant de l'*abies pectinata*, ou sapin argenté; le *baume du Canada*, provenant de l'*abies balsamea*; la *poix de Bourgogne* ou *poix blanche, poix des Vosges*, de l'*abies excelsa*. Les *bourgeons de pin* sont fréquemment mêlés, surtout ceux de petite taille, de bourgeons de sapin.

SAPIN n. m. (lat. *sapinus;* du sanscr. *sapa*, résine). Genre de conifères, comprenant de grands arbres toujours verts : *les sapins de la Forêt-Noire atteignent de 30 à 40 mètres de hauteur*. Son bois. *Pop.* Voiture de place. Cercueil. — Les *sapins*, qu'il ne faut pas confondre avec les pins, sont de beaux arbres dont le bois est utilisé en charpente et en ébé-

SAP — 89

nisterie, mais qui est inférieur comme qualité à celui du pin. Ils fournissent la thérébenthine, la poix

Sapins.

blanche ou poix de Bourgogne, le baume du Canada ; les bourgeons sont utilisés en pharmacie.

141 Petit Larousse illustré 1905

HIGUERA, s. f. Bot. Género de plantas de la familia de las urticáceas, compuesto de muchas especies que crecen en las regiones cálidas del globo, y cuyo tipo es la higuera comun, árbol cuyo tronco es corto respecto á su frondosidad, la madera blanca, las hojas grandes, ásperas y lobuladas: todo el vegetal contiene un jugo lechoso muy amargo y astringente.

142 R. Campuzano 1857 Higuera

rio.
TUN TUN (AL BUEN), fr. fam. A bulto, á salga lo que saliere, sin c lculo ni reflexion.
TUNA, s. f. Nopal, planta y fruto. || La vida holgazana, libre y bagamunda.
TUÑAL, adj. Nopal.
TUNANTADA, s. f. Picardía, maldad, ó accion propia de un tunante.
TUÑANTE, p. a. de Tunar. El que tuna ó anda vagando. || s. m. Vago. || adj. met. Astuto, taimado.
TUNANTERIA, s. f. Tunantada.

da de la tundidura.
TUNEAR, v. a. Tunar.
TUNECÍ, adj. y s. Tunecino.
TUNECINO, NA, adj. Lo perteneciente á Tunez. || s. m. y f. El natural de esta ciudad y regencia.
TÚNEL, s. m. Voz de orígen ingles, con que se denota el camino subterráneo y embovedado que pasa atravesando por debajo de las montañas ó de un rio, como el túnel de Lóndres que atraviesa por debajo del Támesis, cuyo interior representa el grabado.

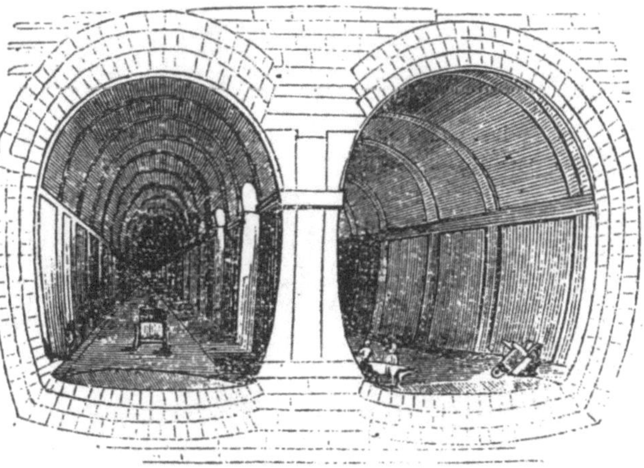

TÚNICA, s. f. Vestidura interior sin mangas que usaban los antiguos y les servia como de camisa. || La vestidura interior de lana que usan los religiosos debajo de los hábitos.
|| La telilla ó película que en algunas frutas cubre inmediatamente la carne. || Anat. Membrana sutil que cubre algunas partes del cuerpo. || Vestido esterior talar.
91

143 · R. Campuzano 1857 Túnel

ACOD

ACODADURA: f. Acción, ó efecto, de acodar.

ACODALAR (de *a* y *codal*): a. *Arq. Alb.* y *Min.* Poner codales.

Cuando un edificio tiene que ser recalzado ó sustituído en una parte de los muros, jambas ó columnas de apoyo, á más de su apuntalamiento hay necesidad de acodalar todos los vanos superiores para que no se deformen durante la obra, y esto se hace colocando tablones en los telares de puertas y ventanas, y atravesando entre ellos codales á fuerza de mazo como se ve en este gra-

Casa acodalada

bado que representa una casa apeada y apuntalada, con todos los vanos colocados de la manera y al objeto dicho.

144 Diccionario enciclopédico hispano-americano 1887 — Acodalar

NACER. n. Salir el animal del vientre materno. || Agr. Salir los frutos de las plantas, y las plantas de la tierra. || Zool. Salir el vello, pelo o pluma en el cuerpo del animal. || Descender de alguna familia o linaje. || fig. Empezar a dejarse ver un astro en el horizonte. || Tomar principio una cosa de otra. || Brotar. || Criarse en algún hábito o costumbre. || Empezar una cosa desde otra, como saliendo de ella. || r. Brotar las semillas. || *Irreg.* *Nazco*, naces, nace, nacemos, nacéis, nacen. Nacía, etc. etc. Nace, *nazca*, *nazcamos*, naced, *nazcan*. Subj. *Nazca*, *nazcas*, *nazca*, *nazcamos*, *nazcáis*, *nazcan*. Naciera, nacería, etc.

nacela.

145 Campano ilustrado 1923 — nacela

álgido, da. adj. Med. Glacial. Fiebre *al-*]
algo. pron. Que significa indeterminadamente alguna cosa. || Parte ó porción de alguna cosa. || adv. de m. Algún tanto, un poco.
algodón. m. Bot. Planta vivaz de la familia de las malváceas. || La borra blanca que se saca de esta planta. || Hilado ó tejido de íd || pl. Hebras de algodón, etc., que se suelen poner en los tinteros. [algodón.]
***algodonado, da.** adj. Lo que está lleno de]
algodonal. m. Bot. La planta que produce el algodón, y el sitio poblado de ella.
Algodonales. Geogr. Villa de la prov. de Cádiz, á 110 km. de íd.; 6.500 hab.
algodonar. a. Cubrir ó henchir de algodón.
algodoncillo. m. Bot. Planta perenne americana, cuyas semillas dan una borra parecida á la del algodón.
algodonero, ra. m. y f. El que trata en algodón. || Bot. Algodón, por la planta.
algodonosa. f. Bot. Especie de planta. Atanasia.
algonquines. Hist. Una de las razas indígenas del Canadá.

algodón.

algorín. m. prov. Sitio donde se pone la aceituna hasta que se muele.
algorítmico, ca. adj. Relativo al algoritmo.
algoritmo. m. Ciencia del cálculo aritmético y algebraico; teoría de los números. || Método y notación en las distintas formas del cálculo.

146 Campano ilustrado 1906 — algodón

224 LUSA

* **LÚPULO.** [d. del lat. *lupus*, lobo]. m. Planta trepadora, muy común en varias partes de España. Sus hojas son encontradas y

Lúpulo.

muy parecidas á las de la vid. Sus flores, de un verde pálido, se emplean en la fabricación de la cerveza, á la cual comunican el sabor amargo peculiar de este líquido.

LUPUS. m. *Med.* Padecimiento de carácter tuberculoso, que se presenta en la piel y contra el cual obra el medicamento descubierto por el doctor Koch en 1890.

147 Zerolo/Toro y Gómez/Isaza 1895 — Lúpulo

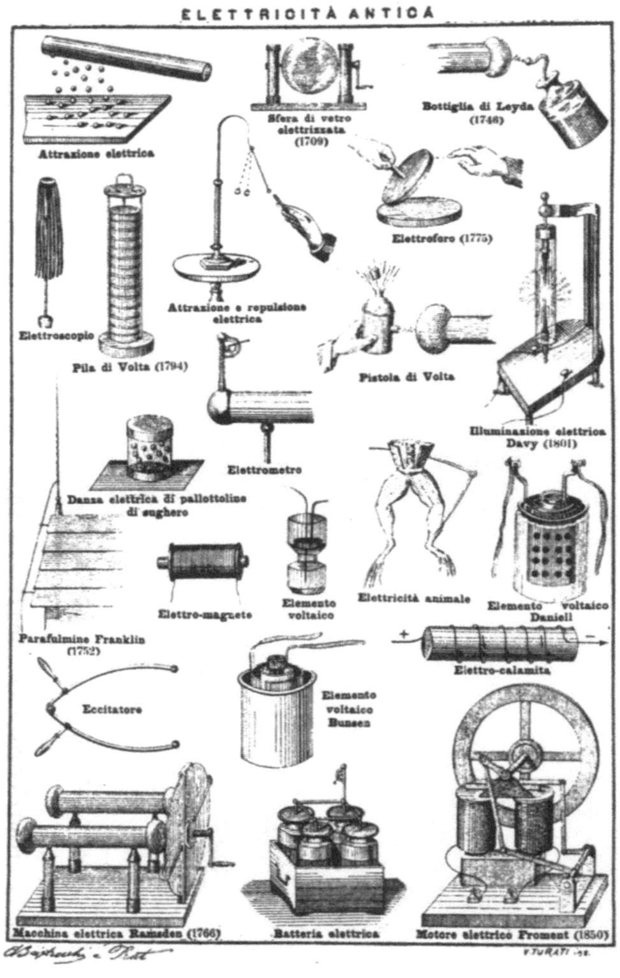

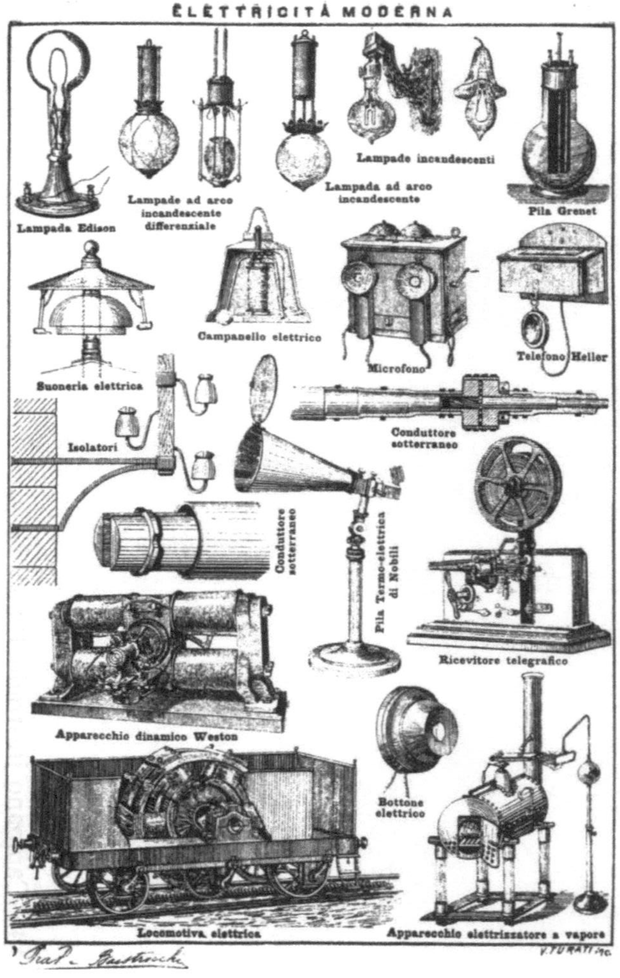

148 G.B. Melzi 1891

Elettricità antica

Il luogo stesso in cui davansi tali
ico,
ned. Di, o da Agonia.
=ista, s.m. Atleta che pugnava
e. || -istica, s.f. Arte degli atleti
| -istico, a, ag. D'Agone.
izz=ánte, ag. v. e s. 2g. Chi è in

149 G.B. Melzi, nach 1914 — Agóne

Tav. LIV. — Scalo

1, scalo e invasatura. — **2**, id., visto di fronte. — **3**, apparecchio per abbattere in carena. — **4**, bacino di carenaggio (proiezione orizzontale). — **5**, id., visto di fronte. — **6**, portellone. — **7**, nave nel bacino di carenaggio.

150 P. Premoli 1909/12 — Scalo

1, apparecchio murale per reti locali e linee interurbane. — 2, 11, apparecchi per telefonia domestica. — 3, apparecchio microtelefonico mobile. — 4, apparecchio portatile. — 5, apparecchio murale interfono (aperto). — 6, communatore murale. — 7, commutatore privato a batteria centrale. — 8, 14, alveoli. — 9, serie di 9 alveoli. — 10, gancio commutatore. — 12, apparecchio intercomunicante mobile. — 13, ricevitore-orologio bipolare. — 15, apparecchio microtelefonico a batteria centrale. — 16, generatore.

FIORI

1, gomphrena globosa, amarantoïde - 2, adonis autunnalis - 3, adonis aestivalis (flos adonis) - 4, anemone stellata - 5, schizanthus - 6, zea japonica follis variegatis - 7, begonia hybrida gigantea - 8, cyclamen persicum giganteum - 9, coreopsis o caliopsis (coreopsis elegans) - 10, giglio - 11, mimosa pudica - 12, iberis amara - 13, antirrhinum - 14, ipomea purpurea - 15, mirabilis jalapa var. - 16, salpiglossis (salpiglossis hybrida) - 17, verbena (verbena hybrida) - 18, aquilegia (hortensis hybrida fl. pleno mixtæ var.) - 19, crocus - 20, anemone fulgente.

TAVOLA 12. ASINO — AZALEA.

(Vedi spiegazione a tergo.)

153 P. Premoli 1915 Asino-Azalea

nt. Divenir amaro. | a. Ama-
, f. *AMARITŪDO -ĬNIS. Amarezza.
e. || -ogno, -ognolo, ag. Che ha
n. Amarezza. || -ulento, ag. *A-
a dell'a-
Maligno.
Insieme

MARREN
ggiare.

Amarra.

in contra
cosa faci
e meno
bio. || +-e
tura. An
contemp
dare, av
ambi
dell'altra

154 N. Zingarelli 1917/22 Amarra

La Notte, di Michelangelo.

155 N. Zingarelli 1917/22 — La Notte di Michelangelo

liebt die →**Mimosen.** Viele A.-Arten liefern gutes Nutzholz.

Akelei *w*, staudiges Hahnenfußgewächs, blau blühende Waldpflanze.

Aken, Industriestadt im Bezirk Magdeburg der Provinz Sachsen, an der Elbe; Umschlaghafen.

Akiba, Ben, jüdischer Schriftgelehrter, wurde 135 n. Chr. hingerichtet. — „Alles schon dagewesen", Worte des Rabbi Ben A. in Gutzkows „Uriel Acosta".

Akka oder **Akkon,** Hafenstadt in Palästina; wurde 1191 von den Kreuzfahrern erobert.

Akka, schwarzes Zwergvolk (1,35 m groß) in den Urwäldern Innerafrikas.

Akkerman, rumänisch **Cetatea alba,** Hafenstadt in Rumänien, am Schwarzen Meer, an der Mündung des Dnjestr; Getreideausfuhr.

Ak|klamation [lat.] *w*, beistimmender Zuruf.

Ak|klimatisation *w*, die Eingewöhnung in fremdem →Klima. *Zeitwort:* **akklimatisieren.**

Akazie ($^2/_5$ nat. Gr.).

Akelei ($^1/_2$ nat. Gr.).

156 Der Volksbrockhaus 1931 — Akelei

Strand|distel, bläulich blühend.

Mannus, *bei den Germanen:* der Sohn des Gottes →Tuisto.

Mano|meter [grch.] *s*, eine Vorrichtung, mit der der Druck von Flüssigkeiten, Gasen, Dämpfen gemessen wird. Man unterscheidet **Flüssigkeits-M.** und **Feder-M.** Bei den ersteren dient die vom Druck abhängige Höhe der Flüssigkeits- (meist Quecksilber-) Säule, bei den letzteren die Formänderung einer Plattfeder oder Röhre als Maß.

Manon [frz., *manõ*], Koseform von Marie.

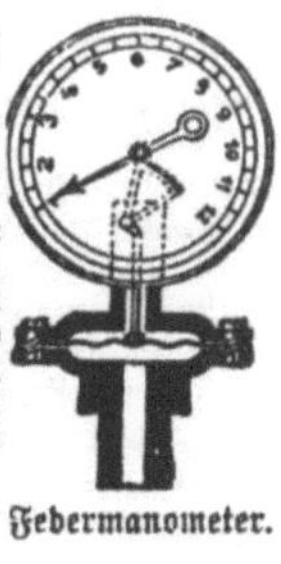

Federmanometer.

157 Der Volksbrockhaus 1931 — Federmanometer

Hal

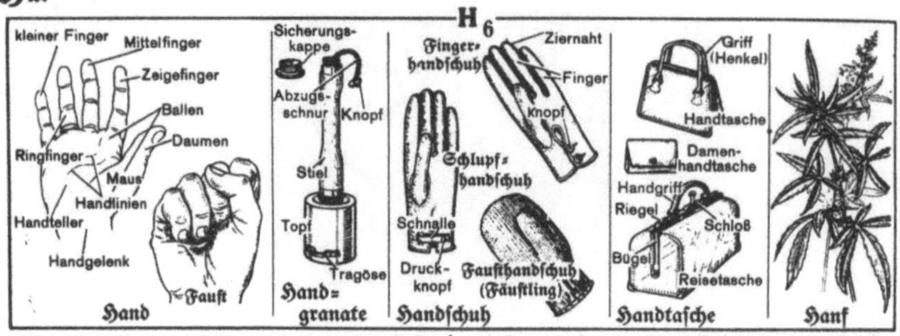

leiste Widerstand. 2) stütze von der anderen Seite. 3) vergleiche. ich **h. haus,** 1) führe den Haushalt. 2) spare. ich h. ihn **hin,** 1) verzögere die Antwort. 2) ⚮ h. vorläufig auf: hinhaltender Widerstand. ein Fürst **hält hof,** 1) hat seinen Wohnsitz.

3) *Sport:* Wurfgerät. 4) D Hammerhai. ich **hämmere** (habe gehämmert), 1) schlage mit dem H. 2) schlage wie ein H.; das Blut hämmert in den Adern; er hämmerte an die Tür. 3) es, bearbeite mit dem H. ich **hämmere** es ihm

158 Der Sprach-Brockhaus 1935 Hand, Handgranate

Tra

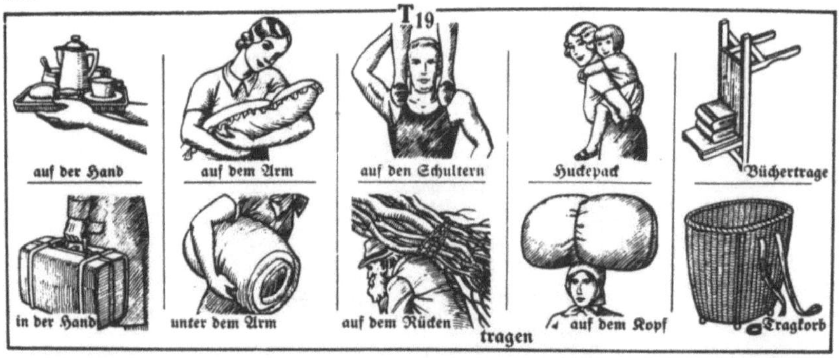

etwas, plane es, arbeite daran. ich **t.** es **ab,** 1) schaffe (Erdreich) fort: einen Hügel abtragen. 2) reiße ein (ein Gebäude). 3) Kleider, verschleiße, verbrauche. 4) zahle ab; *auch:* Dank abtragen, erstatten. 5) eine Strecke, zeichne

der **Trainingsanzug,** warmer Sportanzug mit langer Hose, Abb. *K 29.* [engl.; Bismarckzeit]
traitable, →trätabel.
der **Traiteur, Träteur** *trätör,* -s/-e, Speisewirt, Zubereiter feiner Küche, Stadtkoch. [franz.]

159 Der Sprach-Brockhaus 1935 tragen

gegr. Verein für kath. Jugenderziehung.
Braunsberger: Petrus C. (3. Aufl. 1911).

Canna [griech. 'Schilfrohr'], **Blumenrohr,** trop.=amerik., hochstaudige Pflanzengattung mit breiten Blättern und endständiger Rispe gladiolusähnlicher roter, gelber, weißer Blüten; in vielen Zuchtformen Gruppenpflanze für Sommerbeete, auch mit braunroten Blättern. Die Knolle gibt Arrowroot.

Cannä, alte Stadt in Apulien (Unteritalien), in der Nähe der Mündung des Aufidus (Ofanto), berühmt durch die schwere Niederlage, die die Römer dort 216 v. Chr. durch Hannibal erlitten.

Canna indica; etwa 1/3 nat. Gr.

160 Der neue Brockhaus 1937/38 Canna indica

Dock [niederd.; Herkunft dunkel] Docht.
das, -s/-s, *Seewesen:* Anlage, mit deren Hilfe ein Schiff völlig trocken gestellt wird, so daß es an der Unterwasserseite ausgebessert werden kann. Ein **Schwimmdock** besteht aus einem großen viereckigen schwimmenden Behälter, der an beiden Stirnseiten offen ist. Wenn ein Schiff gedockt werden

Schwimmdock mit gedocktem Schiff

Wirkungsweise eines Schwimmdocks

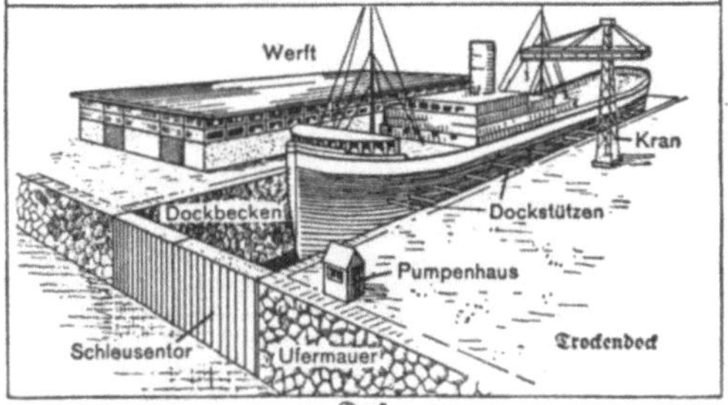

Trockendock

Dock.

fanatic / far

fans

`baseball fans; `fan mail*, letters from fans, e g to a popular T V star).

fa·natic /fə`nætɪk/ *n* person filled with excessive (and often mistaken) enthusiasm, e g in religion: *food ~s*, willing to eat only certain kinds of food. □ *adj* (also **fa·nati·cal** /-kl/) excessively enthusiastic; of or like a ~: *~(al) beliefs*. **fa·nati·cally** /-klɪ/ *adv* **fa·nati·cism** /-sɪzm/ *n* [U] violent, unreasoning enthusiasm; [C] instance of this.

162 Oxford Advance
English 1974³/1 — fans

moulding, etc. **2.** to bone and slice (meat or fish)
fill·ing (fil′iŋ) *n.* **1.** a thing used to fill something else; specif., *a*) the metal, plastic, etc. inserted by a dentist into a prepared cavity in a tooth *b*) the foodstuff used in a pastry shell, etc. **2.** the woof in a woven fabric
filling station *same as* SERVICE STATION
fil·lip (fil′əp) *n.* [echoic extension of FLIP[1]] **1.** the snap made by a finger held down by the thumb and then suddenly released **2.** a light tap given in this way **3.** anything that stimulates or livens up —*vt.* **1.** to strike or snap with a fillip **2.** to stimulate or liven up —*vi.* to make a fillip

FILLIP

fil·ly (fil′ē) *n., pl.* **-lies** [ON. *fylja*] **1.** a young female horse, specif. one under five years of age **2.** [Colloq.] a vivacious girl
film (film) *n.* [OE. *filmen*] **1.** a fine, thin skin or coating **2.** a flexible cellulose material covered with a substance sensitive to light and used in taking photographs or making cinema pictures **3.** a haze or blur, as over the eyes **4.** *a*) a

163 Collins Concise English Dictionary 1978 — fillip

SATANISME n. m. Caractère de ce qui est satanique. ‖ Culte voué à Satan et au mal.
SATELLISABLE adj. Qui peut être satellisé.
SATELLISATION n. f. Action de satelliser.
SATELLISER v. t. Établir un mobile sur une orbite fermée autour de la Terre, d'un astre. ‖ Mettre un pays sous l'étroite dépendance d'un autre.
SATELLITE n. m. (lat. *satelles, satellitis,* escorte). *Astron.* Corps qui gravite autour d'une planète. ‖ Astre qui gravite autour d'un autre, de masse plus importante. ‖ *Mécan.* Pignon d'engrenage dont l'axe n'est pas fixe et tourne avec la roue qui l'entraîne. ‖ Bâtiment annexe d'une aérogare, à proximité immédiate de l'aire de stationnement des avions, relié, en général, au bâtiment principal par un couloir souterrain. • *Satellite artificiel,* engin placé par une fusée sur une orbite autour de la Terre ou d'un astre quelconque. ◆ adj. et n. m. Qui dépend d'un autre sur le plan politique ou économique : *pays satellite.*
■ Le premier satellite artificiel fut l'engin soviétique « Spoutnik 1 », placé sur orbite autour de la Terre le 4 octobre 1957. Le premier satellite artificiel où prit place un homme fut le vaisseau spatial soviétique « Vostok I », qui accomplit une révolution autour de la Terre le 12 avril 1961, avec à son bord le cosmonaute Iouri Gagarine.
SATI n. f. (mot hindi). Dans le brahmanisme, nom donné à la veuve qui se faisait brûler sur le bûcher funéraire de son époux.
SATIÉTÉ [sasjete] n. f. (lat. *satietas*). État d'une personne complètement rassasiée.
SATIN n. m. (ar. *zaytūnī,* de la ville de *Tsiatoung,* en Chine). Étoffe d'une armure particulière, en soie, en laine, en coton ou en fibre synthétique, fine, moelleuse et brillante.
SATISFAIT, E adj. Content de ce qui est, ou de ce qui a été fait ou dit : *je suis satisfait de vos progrès.* ‖ Assouvi : *curiosité, désir satisfaits.*
SATISFECIT [satisfesit] n. m. inv. (mot lat., *il a satisfait*). Attestation donnée par un supérieur en témoignage de satisfaction.
SATISFIABILITÉ n. f. *Log.* Caractère de ce qui est satisfiable.
SATISFIABLE adj. *Log.* Se dit d'une fonction propositionnelle si elle est vraie sous certaines conditions.

SATELLITE MÉTÉOROLOGIQUE GÉOSTATIONNAIRE EUROPÉEN « MÉTÉOSAT »

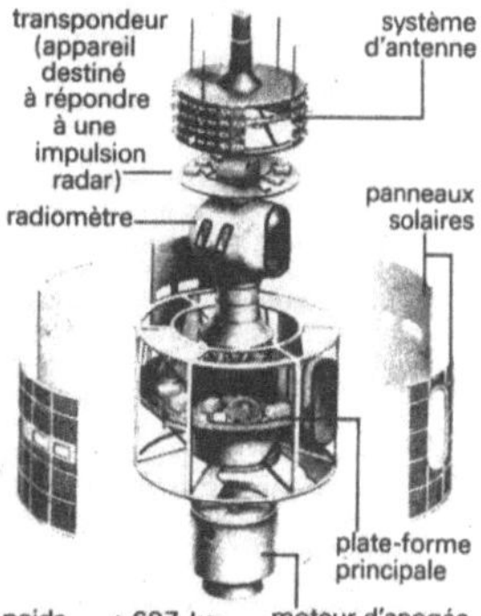

poids : 697 kg
diamètre : 2,10 m
hauteur : 3,20 m

164 Petit Larousse 1980/1985 Satellite

sciatique n. f. Douleur qui se fait sentir aux hanches et le long des jambes (méd.).
scie n. f. **1.** Outil, machine composés d'une lame, d'un ruban ou d'un disque d'acier portant une série de dents tranchantes et servant à débiter le bois, la pierre, les métaux, etc. : *Scie de menuisier, de charpentier. Affûter une scie. Scie circulaire* (= constituée par un disque d'acier à bord denté).

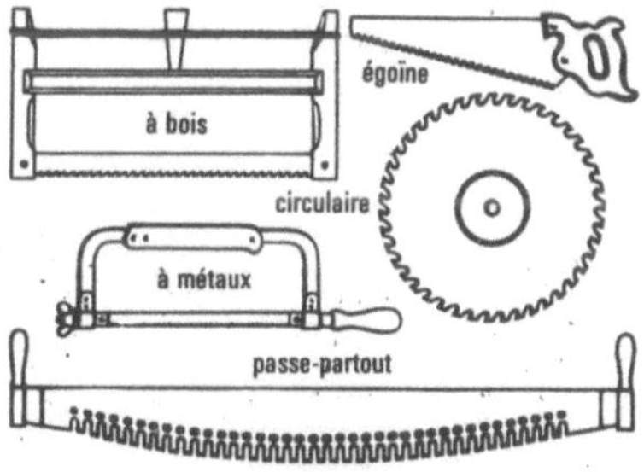

scies

Scie à ruban (= dont la lame est une sorte de courroie dentée tendue sur deux poulies). — **2.** *Scie musicale,* instrument constitué par une lame d'acier spécial, vibrant sous l'attaque d'un archet ou d'un

165 Nouveau dictionnaire du français contemporain (NDFC) scie
1980

etc.
1. scie [si]. n. f. 1 *Tech.* Instrument servant à diviser les matières dures, dont la partie essentielle est une lame d'acier munie de dents aiguisées. *Scie passe-partout*, grande scie mue par deux hommes pour fendre les troncs d'arbres, les pierres. *Scie circulaire*, dont la lame coupante est circulaire et tourne autour de son axe. *Scie à ruban*, scie mécanique dont la lame coupante est un ruban sans fin tournant sur des volants. *Scie à métaux*, en acier trempé et à denture très fine pour le travail des métaux. *Trait de scie*, trait marqué sur l'objet à scier pour guider le trajet de la lame. 2 *Fig.* et fam. Chose dont la monotonie, la répétition fatigue. Chanson, refrain ressassés. Personne lassante. *Quelle scie ! Monter une scie à quelqu'un*, l'ennuyer par une taquinerie sans cesse répétée.
2. scie [si]. n. f. *Ichtyol.* Nom vulg. des requins du genre *Pristis*, des mers chaudes dont la tête est prolongée par un rostre à bords dentelés (1,50 m).

scientificus, *qui produit le savoir)*. 1 Qui concerne les sciences ou telle science. 2 Qui a le goût des sciences. *Esprit scientifique*. 3 Conforme aux procédés rigoureux, aux méthodes précises des sciences. *Observation scientifique*. ◆ N. au sens 2. *Un, une scientifique*.

scie à bûches

scientifiquement [sjɑ̃tifikmɑ̃], adv. D'une manière scientifique.
scientisme [sjɑ̃tism]. n. m. *Philos.* Doctrine professant une foi absolue dans la science et dans sa puissance.
scientiste [sjɑ̃tist], adj. et n. Adepte du scientisme. *Scientistes chrétiens*, partisans de la Science chrétienne.
scientologie [sjɑ̃tɔlɔʒi], n. f. *(nom déposé)*. Philosophie religieuse appliquée, fondée par l'Américain Lafayette Ronald Hubbard en 1954 ; elle s'attache à rendre la personne humaine plus consciente d'elle-même et des autres en tant qu'êtres spirituels et se manifeste en un mouvement religieux, l'*Église de la Nouvelle Compréhension*.
1. scier [sje], v. tr. 1er gr. *(lat.* secare, *cou-*

166 Dictionnaire usuel illustré Flammarion 1980 scie à bûches

que toute langue, « représentation symbolique de la réalité sensible », contient une vision propre du monde, qui organise et conditionne la pensée et en est, de ce fait, inséparable.
Son ouvrage de synthèse *Language : an Introduction to the Study of Speech* (1921) est un des premiers essais pour fonder une nouvelle science du langage hors de l'emprise des considérations historiques, en insistant sur le caractère systématique des faits linguistiques : Sapir peut, de ce fait, être considéré comme un des fondateurs du mouvement structuraliste.

SAPITEUR n. m. (lat. *sapere*, savoir). *Mar.* Expert chargé d'estimer des marchandises.

SAPONACÉ, E adj. (lat. *sapo, saponis*, savon). De la nature du savon.

SAPONAIRE n. f. (lat. *sapo, saponis*, savon). Plante à fleurs roses, préférant les lieux humides, dont la tige et les racines contiennent

SAPPORO, v. du nord du Japon, ch.-l. de l'île d'Hokkaidō; 1 010 000 hab. Industries métallurgiques et textiles.

SAPRISTI ! interj. (de *sacristi*). → SACRISTI.

SAPROPHAGE adj. et n. m. (gr. *sapros*, pourri, et *phagein*, manger). *Zool.* Qui se nourrit de matières organiques en décomposition.

SAPROPHYTE n. m. et adj. Végétal qui tire sa nourriture de substances organiques en décomposition. (Divers champignons sont saprophytes : *amanites, bolets*, etc.) • *Microbe saprophyte*, germe qui vit sur un hôte sans y provoquer de maladie, par oppos. à *pathogène*.

SAPROPHYTISME n. m. Mode de vie des saprophytes.

SAQQARAH, village d'Égypte (prov. de Gizeh), faubourg de l'ancienne Memphis, dont il abrite la nécropole (7 km de long). Celle-ci, grâce aux

P. Starosta

saponaire

sapins blancs

Ross-Rapho
R. J. Segalat

Saqqarah : au premier plan, piliers du temple funéraire du roi Djoser devant sa pyramide à degrés. IIIᵉ dynastie, 2800-2600 av. J.-C.

mastabas et aux pyramides des premières dynasties, grâce aussi au complexe funéraire de Djoser (XXVIIIᵉ s. av. J.-C.), permet de suivre l'évolution de l'architecture égyptienne et de constater, dès l'origine, la présence d'éléments décoratifs essentiels. Nombreux bas-reliefs, parmi les plus réussis de l'Ancien Empire.

SAQUER v. t. → SACQUER.

SARA, personnage biblique, femme d'Abraham* et mère d'Isaac*.

SARABANDE n. f. (esp. *zarabanda*). Danse noble à trois temps, en vogue aux XVIIᵉ et XVIIIᵉ s. ‖ Composition musicale dans le tempo et le caractère de cette danse. ‖ *Fam.* Jeux bruyants, vacarme.

phates.

1. safran [safʀɑ̃] n. m. **1.** Nom cour. du crocus (*Crocus sativus*, fam. iridacées). ▷ *Safran des prés, safran bâtard*, nom cour. du colchique d'automne. **2.** Poudre confectionnée avec les stigmates floraux du crocus séchés et réduits en poudre, utilisée comme condiment et comme colorant. *Poulet au safran.* ▷ Adj. inv. De la couleur jaune du safran. *Étoffe safran.* – Lat. médiév. *safranum*, de l'arabo-persan *za'farân*; XIIe. ● **safrané, ée** [safʀane] adj. **1.** De couleur safran, jaune. *Teint safrané.* **2.** Assaisonné ou coloré avec du safran. – 1546. ● **safranière** [safʀanjɛʀ] n. f. Plantation de safran. – 1600.

safran
(Crocus sativus)

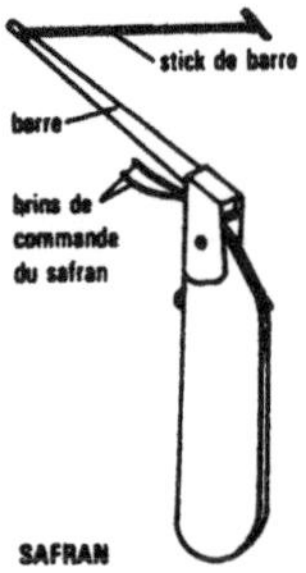

SAFRAN

2. safran [safʀɑ̃] n. m. MAR Pièce plate qui constitue la partie essentielle du gouvernail (par oppos. à la barre, à la mèche*, aux ferrures, etc.) – Ar. *za'fran; saffryn*, v. 1382; 1606.

safre [safʀ] n. m. CHIM Oxyde de cobalt; verre coloré avec cet oxyde, qui imite le saphir. Syn smalt. – P.-é. var. de *saphir*; XIIe.

saga [saga] n. f. **1.** Conte ou légende du Moyen Âge scandinave. ▷ Longue histoire évoquant les sagas scandinaves. **2.** *Par ext.* Cycle romanesque. – Anc. nord. *saga*, « dit, conte »; cf. all. *sagen*, angl. *to say*, « dire »; av. 1740.

sagace [sagas] adj. Doué de sagacité. *Esprit sagace.* Syn. clairvoyant, perspicace, subtil. Ant obtus. – Lat. *sagax, sagacis*, « qui a l'odorat subtil »; 1495, rare av. 1788. ● **sagacité** [sagasite] n. f. Pénétration, finesse, vivacité d'esprit. Syn. perspicacité. – 1444.

sagaie [sagɛ] n. f. Lance, javelot de diverses peuplades primitives. – Esp. *azagaia*, de l'ar. *az-zagháya*, d'orig. berbère; *assagaie*, 1546; *zagaye*, 1556; *sagaye*, 1637.

Sagan (Françoise Quoirez, dite Françoise)

168 Dictionnaire Hachette 1980 — safran

(anche *fig.*) ¶ Deriv. di *saldo*[1].

saldatóio, *s.m.* utensile per saldare.

saldatóre, *s.m.* **1.** operaio specializzato nell'eseguire saldature **2.** utensile, per lo più in rame, per eseguire saldature [*V. ill. O 20*].

saldatrice, *s.f.* macchina ad arco o a resistenza per la saldatura elettrica.

saldatura, *s.f.* **1.** l'atto, l'effetto del saldare o del saldarsi; la tecnica del saldare insieme pezzi metallici sotto l'azione del calore, con o senza l'apporto di altro metallo: *la — di un osso fratturato; la — di due tubi; — a stagno, elettrica; — autogena,* nella quale si fondono i metalli dei pezzi da saldare **2.** il punto in cui due parti sono state saldate o si sono congiunte: *la catena si è rotta alla —* **3.** (*fig.*) il congiungersi fra

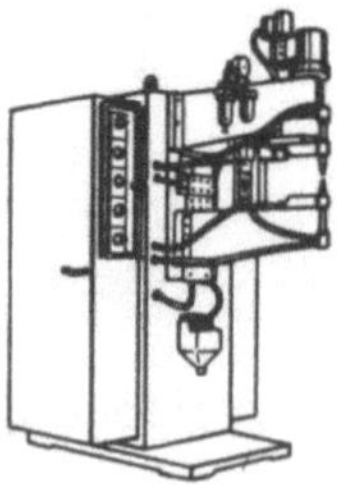

S 5 SALDATRICE ELETTRICA

169 Dizionario Garzanti della lingua italiana 1965-82[21] — Saldatrice elettrica

della stiratura allo scopo di conferirle rigidità e lucentezza: *dare la s. al colletto della camicia.* [da *saldare*].

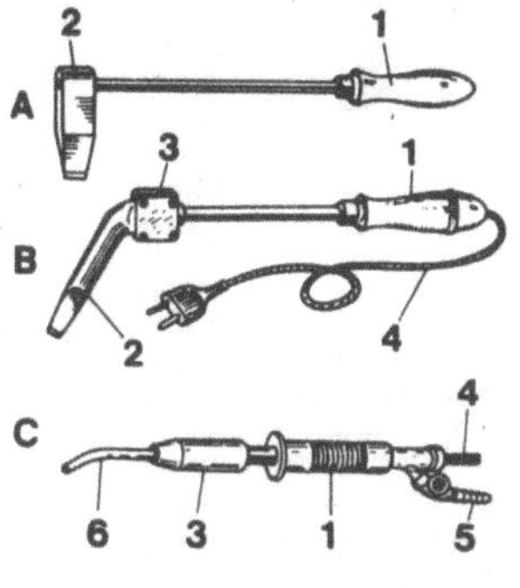

SALDATORE

A: saldatore comune (a martello di rame); *B*) saldatore elettrico; *C*: saldatore ad aria calda per materie plastiche

1) impugnatura; 2) punta di rame; 3) resistenze elettriche; 4) cavo di alimentazione; 5) tubo ingresso acqua calda; 6) beccuccio di rame con foro per il getto di aria calda

saldato agg. Ricongiunto per mezzo di saldatura: *tubo s.* | **estens.** Di conti o debiti, estinto per avvenuto pagamento.

saldatóio s. m. Meno comune di *saldatore* (utensile).

saldatóre s. m. **1.** Operaio specializzato nella saldatura o anche nel taglio dei metalli con fiamma ossiacetilenica. **2.** Utensile, per lo più di rame, per la saldatura con metallo d'apporto a basso punto di fusione.

saldatrice s. f. Macchina elettrica per saldature, ad arco o a resistenza.

saldatura s. f. **1.** Operazione diretta ad ottenere l'unione di pezzi omogenei o eterogenei stabilendo la continuità dei materiali sotto l'azione del calore e con l'eventuale impiego di opportune sostanze (metalli d'apporto e deossidanti). **2.** **genrc.** Giunzione reciproca di elementi: *la s. di due pezzi di porcellana* | **fig.** Unione o coordinamento di aspetti diversi: *la s. di due episodi di un poema* || **part.** Fusione normale o patologica di organi o parti dell'organismo prima indipendenti; anche, consolidamento di monconi ossei fratturati | Nel linguaggio militare, congiungi-

170 G. Devoto/G.C. Oli 1967/1980[12] Saldatore

to per sbarcare merci o passeggeri. Ⓔ drv. di *sbarcare*[1].

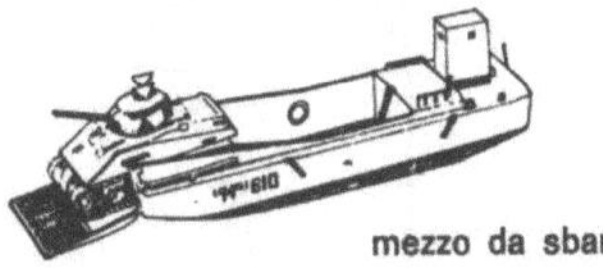

mezzo da sbarco

sbàrco (pl. *sbàrchi*), *s. m.*, l'operazione dello sbarcare da una nave, o altra imbarcazione, persone o merci; anche l'atto di chi scende a terra; in particolare l'operazione di guerra con cui le truppe prendono terra in territorio controllato dal nemico: *lo sbarco delle merci e dei passeggeri fu reso particolarmente difficile dalle cattive condizioni del tempo; tentare uno sbarco sulle coste nemiche* / *mezzo da sbarco*, natante di limitata immersione, che può accostarsi alla riva anche con fondali bassi e permettere in tal modo il passaggio dei materiali o delle truppe direttamente dal galleggiante sulla spiaggia / fig.: *lo sbarco del comandante*, il ritiro dalla vita di mare; è espressione propria del linguaggio marinaresco. **S.** (detto di merci) scarico. Ⓔ drv. di *sbarcare*[1]; cfr. imbarco.

171 Dizionario Sandron della lingua italiana 1976/1980[4] mezzo da sbarco

nachlässig: er ist immer s. gekleidet.

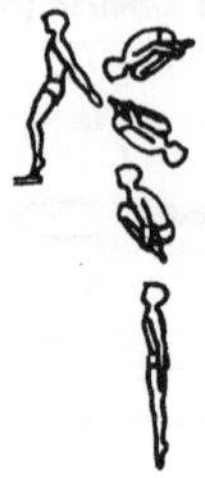

Salto

Salto, der; -s, -s: *Sprung, bei dem sich der Springende in der Luft überschlägt* (siehe Bild): er sprang mit einem S. ins Wasser.
Salut, der; -s, -e: *bestimmte Anzahl von Kanonenschüssen als [militärischer] Gruß:* die Kriegsschiffe schossen S.

/Ggs.
Same
Hülle
Pflanz
den S.
vom A
Tier,
Fortp.
sämi
flüssig
Säml
men g
Sämli
pflanz
Samı
größe
sigkei
samm
anlege
ein S.
samr
samm
ges) z

172 Duden. Bedeutungswörterbuch 1970 Salto

sinnv.: sich ↑entsetzen; ↑frieren.
Schaufel, die; -, -n: *(zum Aufnehmen und Weiterbefördern von Erde, Sand o. ä. bestimmtes) Gerät, das aus einem flächigen, in der Mitte etwas vertieften Teil besteht, das in mehr oder weniger leichtem Winkel an einem meist langen Stiel befestigt ist* (siehe Bildleiste): ein wenig Erde auf die S. nehmen; ein paar Schaufeln Kohle aufs Feuer werfen. **sinnv.:** Schippe, Spaten. **Zus.:** Kohlen-, Schnee-, Tortenschaufel.

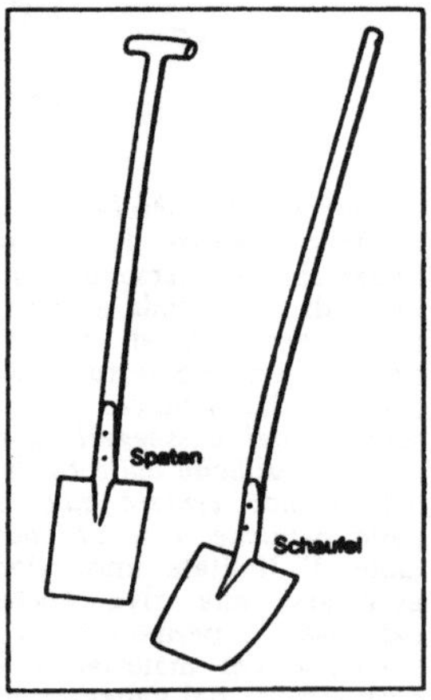

173 Duden. Bedeutungswörterbuch 1985 Schaufel

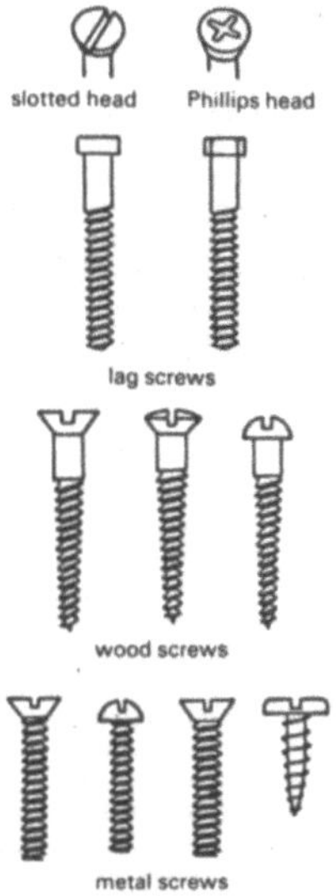

screw

approval; an angry frown. —*v.* **scowled, scowling, scowls.** —*intr.* To lower or contract the brow in an expression of anger, disapproval, or bitterness; frown angrily. —*tr.* To express or utter with a scowl. [Middle English *scoulen*, probably from Scandinavian, akin to Danish *skule*†, to scowl.] —**scowl'er** *n.* —**scowl'ing·ly** *adv.*

scr. scruple (unit of weight).

scrab·ble (skrăb'əl) *v.* **-bled, -bling, -bles.** —*intr.* 1. To scrape or grope about frenetically with the hands. 2. To struggle. 3. To make hasty, disordered markings; to scribble. —*tr.* 1. To make or obtain by scraping together. Often used with *up.* 2. To scribble on; scrawl over. —*n.* 1. The act or an instance of scrabbling. 2. A scribble; a doodle. [Middle Dutch *schrabbelen*, frequentative of *schrabben*, to scrape. See **sker-**[1] in Appendix.*]

Scrab·ble (skrăb'əl) *n.* A trademark for a board game in which players build words with small lettered blocks of varying count values.

scrag (skrăg) *n.* 1. A bony or scrawny person or animal. 2. A piece of lean or bony meat, especially a neck of mutton. 3. *Slang.* The human neck. —*tr.v.* **scragged, scragging, scrags.** *Informal.* To wring the neck of; kill by strangling. [Variant of obsolete *crag(ge)*, neck, throat, Middle English *crag, crage*, from Middle Dutch *crāghe.* See **gwere-**[2] in Appendix.*]

scrag·gly (skrăg'lē) *adj.* **-glier, -gliest.** Ragged; irregular; untended or unkempt. [From SCRAG.]

scrag·gy (skrăg'ē) *adj.* **-gier, -giest.** 1. Jagged; ragged; rough. 2. Bony and lean. —**scrag'gi·ly** *adv.* —**scrag'gi·ness** *n.*

scram (skrăm) *intr.v.* **scrammed, scramming, scrams.** *Slang.* To leave a scene at once; go abruptly. Usually used in the imperative. [Short for SCRAMBLE.]

scram·ble (skrăm'bəl) *v.* **-bled, -bling, -bles.** —*intr.* 1. To move or climb hurriedly, especially on the hands and knees. 2. To vie in free-for-all competition; to struggle urgently. 3. *Military.* To take off with all possible haste in order to intercept enemy aircraft. —*tr.* 1. To mix or throw together confusedly. 2. To gather together in a hurried or disorderly fashion. Often used with *up.* 3. *Electronics.* To distort or garble (a signal) so as to render it unintelligible without a special receiver. —*n.* 1. The act or an instance of scrambling. 2. An arduous hike or climb over rough terrain. 3. An unceremonious scuffle or struggle for something. [Blend of obsolete *scamble*†, to struggle for, and *cramble*†, to crawl.]

scrambled eggs. 1. Eggs fried with the yolks and whites mixed together. 2. *Slang.* The gold braid worn on the bill of the cap of high-ranking officers in the armed services.

scram·bler (skrăm'blər) *n.* 1. One that scrambles. 2. An electronic device that scrambles telecommunication signals to make them unintelligible to an eavesdropper.

Scran·ton (skrăn'tən). A city and manufacturing center in an anthracite-producing region of northeastern Pennsylvania. Population, 102,000.

screamer
Channa chavaria

scrap[1] (skrăp) *n.* 1. a. A small detached piece or bit; a fragment. b. A shred; particle. 2. An unincorporated fragment of writing. 3. *Plural.* Leftovers and unwanted bits of food. 4. Construction material left over or discarded as refuse; especially, discarded metal suitable for reprocessing. 5. *Plural.* Crisp pieces of rendered animal fat; cracklings. —*tr.v.* **scrapped, scrapping, scraps.** 1. To break down into parts for disposal or salvage. 2. To discard as useless or worthless; to junk. —*adj.* 1. Consisting of a scrap or scraps. 2. For the collection or disposal of scrap: *scrap basket.* [Middle English, from Old Norse *skrap*, trifles, remains. See **sker-**[1] in Appendix.*]

scrap[2] (skrăp) *intr.v.* **scrapped, scrapping, scraps.** *Slang.* To fight, often with the fists; to quarrel. —*n. Slang.* A fight; a scuffle. [Perhaps variant of SCRAPE.] —**scrap'per** *n.*

scrap·book (skrăp'bŏŏk') *n.* A book with blank pages for the mounting and preserving of pictures or other mementos.

scrape (skrāp) *v.* **scraped, scraping, scrapes.** —*tr.* 1. To rub (a surface) with considerable pressure. 2. To draw (a hard or abrasive object) forcefully over a surface. 3. To remove (an outer layer or adherent matter) by this procedure. 4. To abrade or smooth by rubbing with a sharp or rough instrument. 5. To injure the skin of by rubbing against something rough or sharp. 6. To amass or produce with difficulty. Used with *together* or *up.* —*intr.* 1. To come into sliding, abrasive contact. 2. To rub or move with a harsh grating noise. 3. To give forth a harsh grating noise. 4. To draw the foot backward along the floor when bowing: *bow and scrape.* 5. To scrimp; be parsimonious. 6. To proceed or manage precariously. Usually used with *through* or *along.* —*n.* 1. The act of scraping. 2. The sound of scraping. 3. An abrasion on the skin. 4. *Slang.* a. An embarrassing predicament. b. A fight; scuffle. [Middle English *scrapen*, from Old Norse *skrapa.* See **sker-**[1] in Appendix.*]

screech owl
Otus asio

scrap·er (skrā'pər) *n.* 1. One that scrapes. 2. A tool for scraping off paint or other adherent matter.

scrap·ing (skrā'pĭng) *n.* 1. The action of one that scrapes. 2. Something that is scraped, or left to be scraped. Often used in the plural. 3. The sound made by something being scraped.

scrap·ple (skrăp'əl) *n.* A mush of pork scraps and cornmeal that is allowed to set and then sliced and fried. [Diminutive of SCRAP (bit).]

scrap·py[1] (skrăp'ē) *adj.* **-pier, -piest.** Composed of scraps; fragmentary. —**scrap'pi·ly** *adv.* —**scrap'pi·ness** *n.*

scrap·py[2] (skrăp'ē) *adj.* **-pier, -piest.** 1. Quarrelsome; contentious. 2. Full of fighting spirit. —**scrap'pi·ly** *adv.* —**scrap'pi·ness** *n.*

scratch (skrăch) *v.* **scratched, scratching, scratches.** —*tr.* 1. To make a thin, shallow cut or mark on (a surface) with a sharp

ă pat/ā pay/âr care/ä father/b bib/ch church/d deed/ĕ pet/ē be/ needle/m mum/n no, sudden/ng thing/ŏ pot/ō toe/ô paw, for/o

174 The American Heritage Dictionary of the English Language 1969/79 — screw - screeech owl

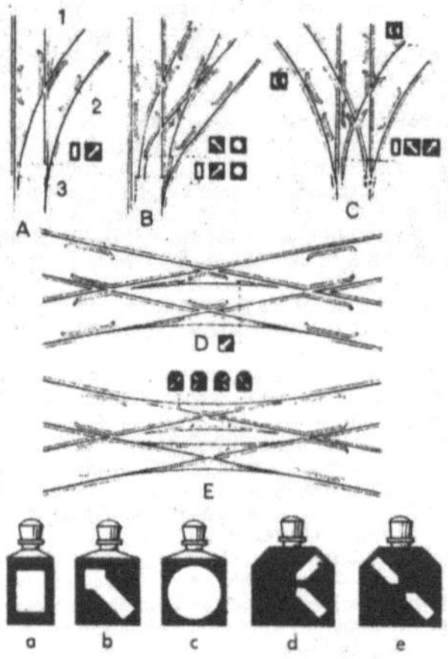

Scambi ferroviari: A) scambio semplice (1 cuore 2 guida 3 ago) B) scambio doppio unidirezionale C) scambio doppio bidirezionale D) incrocio semplice E) incrocio doppio. In basso, segnali di scambio: a) proseguire in linea retta b) piegare a sinistra c) procedere dal binario sul raccordo dritto d) attraversare la curva sulla destra (segnale situato presso l'incrocio) e) attraversare l'incrocio da destra a sinistra.

Scampo.

fa da sostegno: *s. un muro* || fig. diminuire, scuotere nel prestigio: *s. l'autorità di qualcuno* || allontanare qualcuno dal suo posto, dalla sua carica per subentrarvi: *s. un collega* || *scalzaménto* sm., *scalzatúra* sf., *scalzatóre* (*-trice*) agg. e s.

scalzatóio sm. arnese per scalzare || strumento con il quale il dentista scalza i denti dalle gengive.

scàlzo agg. che non ha né scarpe, né calze: *andare s., a piedi scalzi* || *s. e nudo* poverissimo.

scamatàre v. tr. battere la lana, le materasse, i panni con lo scamato (o camato).

scamàto sm. bacchetta di cui si servono i materassai per ribattere la lana; camato.

scambiàre v. tr. prendere una persona o una cosa per un'altra: *si assomigliano tanto che facilmente li scambiano* || dare una cosa ricevendone in cambio un'altra, barattare || reciproco, ricambiarsi: *scambiarsi un'occhiata* || *scambiaménto* sm.

scambiatóre sm. chi scambia o piú spesso, nell'uso tecnico, apparecchio atto ad operare uno scambio.

scambiettàre v. intr. (aus. avere) fare scambietti danzando.

scambiétto sm. piccolo scambio || passo di danza simile ad un piccolo salto o sgambetto.

scambiévole agg. vicendevole, mutuo, reciproco: *affetto s.* || *scambievolménte* avv., *scambievolézza* sf.

scàmbio sm. lo scambiare e lo scambiarsi || cambio di merci, commercio, baratto || *libero s.* commercio libero da vincoli doganali || *valore di s.* prezzo di mercato || *s. di prigionieri* reciproca restituzione di prigionieri || *pigliare in s.* scambiare equivocando || *in s. di* invece di || congegno ferroviario per deviare i treni da un binario all'altro; deviatoio.

scambísta (-i) sm. chi è addetto alla manovra degli scambi; deviatore || *libero s.* fautore del libero scambio.

scameràre v. tr. *giur.* liberare dalla confisca (contrario di *incameràre*).

scamiciàrsi v. rifl. mettersi in maniche di camicia.

scamiciàto agg. che è in maniche di camicia || sm. uomo violento, sovversivo, scalmanato || pps. di *scamiciàrsi*.

scamonèa o **scammonèa** sf. fam. convolvulacee; erba perenne, spontanea in Asia Minore, nella Russia meridionale e nella Penisola Balcanica; ha grossa radice a fittone; fusto volubile; foglie sagittate; fiori

175 Dizionario enciclopedico de Agostini 1981

Scambi ferroviari - Scampo

wich, accanito giocatore che, per non lasciare il tavolo da gioco, si faceva servire questo tipo di cibo) ‖ *Uomo-sandwich* quello che porta due cartelloni pubblicitari, uno sul petto e uno sul dorso.

sanfedista m. e f. Nome degli appartenenti a una setta reazionaria sorta durante il Risorgimento nel Regno di Napoli in opposizione ai liberali e alla Carboneria ‖ Reazionario accanito; codino.

sangiovése m. Qualità di uva e di vino, tipici della Romagna.

sangrìa f. Bevanda spagnola fatta di vino rosso, acquavite e zucchero, con dentro pezzi di arancia, limone, ecc.

sàngue m. Liquido rosso che circola nelle vene e nelle arterie e trasporta gli elementi nutritivi e i rifiuti di tutte le cellule dell'organismo. È composto di un liquido (*plasma*) e di cellule mobili (*globuli*) che si dividono in *globuli rossi* e *globuli bianchi*; lo squilibrio di rapporto tra globuli bianchi causa diverse malattie (*anemia, leucemia,* ecc.) ‖ Stirpe, discendenza, parentela: *vincoli di sangue* ‖ *Principe di sangue* principe della casa reale ‖ *Cavallo puro sangue* cavallo di razza ‖ *Sangue blù* aristocratico, nobile ‖ Temperamento, carattere: *avere il sangue caldo* ‖ Vita: *dare il sangue per la patria* ‖ *Sangue caldo* energia, vitalità, passione ‖ *Far cattivo sangue, guastarsi il sangue* arrabbiarsi, prendersela troppo ‖ *Far buon sangue* dare allegria, giovare alla salute ‖ *Battesimo di sangue* martirio ‖ *Sete di sangue* istinto sanguinario, desiderio di vendetta ‖ *Rosso sangue* rosso vivo ‖ *Sangue freddo* controllo di sé, calma, impassibilità ‖ *A sangue freddo* freddamente; coraggiosamente; tranquillamente ‖ *Sudare, sputare sangue* ammazzarsi, far fatica ‖ *All'ultimo sangue* accanito, mortale.

sanguigna f. Disegno eseguito con matita rossa speciale a base di ematite.

sanguigno agg. Del sangue: *vaso sanguigno* ‖ Che contiene del sangue ‖ Color sangue, paonazzo ‖ *Temperamento sanguigno* quello delle persone esuberanti per ricchezza di sangue e vigore.

sanguinàccio m. Sangue e grasso di maiale impastato con farina e aromi e cotto al forno o fritto.

sanguinante part. e agg. Che sanguina ‖ Cocente, ancora vivo.

sanguinare intr. Far sangue; stillare sangue: *la ferita sanguina* ‖ fig. Provare grande dolore: *mi sanguina il cuore.*
• *io sànguino.*

sanguinàrio agg. Violento; crudele; avido di strage.

sanguinolénto agg. Che versa sangue, sanguinante ‖ Sanguigno ‖ Avido di strage, di sangue.

sanguinosaménte avv. In modo sanguinoso; cruentemente: *la lite si è conclusa sanguinosamente.*

sanguinóso agg. Sporco di sangue, insanguinato ‖ Cruento: *lotta sanguinosa* ‖ Grave, atroce: *ingiuria sanguinosa.*

sanguisuga f. (pl. *sanguisughe*). Verme degli anellidi con la bocca a ventosa che si

salvia

sambuco

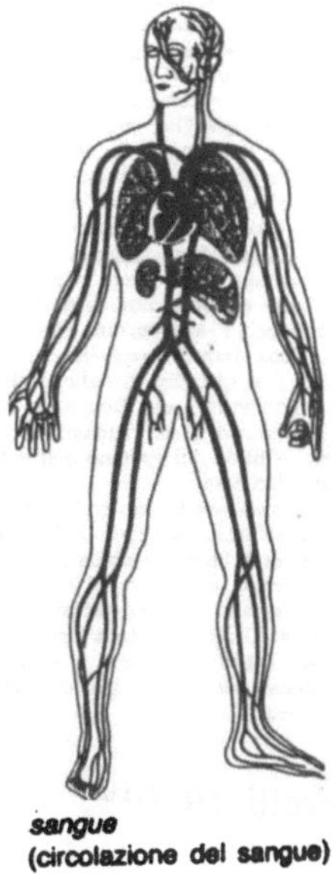

sangue
(circolazione del sangue)

ficiente dell'immaginario | — *d'un numero reale*, il valore assoluto del numero. || **-ino,** dim. **Mòdulo (2)** /'mɔdulo/ [da *modulo* (*1*)] s. m. • (*aer.*) Parte, porzione, reparto di un complesso organico, concepito come separato o separabile, spec. in riferimento ai veicoli spaziali: — *di comando, di servizio, di propulsione*; — *lunare*.

Modus vivendi /*lat.* 'mɔdus vi'vɛndi/ [lat., propriamente 'modo di vivere'] loc. sost. m. inv. **1** Nel diritto internazionale, accordo a carattere economico provvisorio, destinato a disciplinare rapporti internazionali in attesa che sia chiarita una situazione controversa o durante le trattative diplomatiche per la conclusione di un accordo a carattere stabile. **2** Correntemente, accomodamento.

Moèna /mo'ɛna/ [variante dial. di *murena*] s. f. • dial. Murena.

Moféta /mo'feta, mo'fɛta/ [V. *mefite*] s. f. • Fessura o apertura del suolo da cui escono vapore acqueo, anidride carbonica ed altri gas di origine vulcanica a bassa temperatura.

Moffétta /mof'fetta/ [V. *mefite*] s. f. • Piccolo mammifero dei Carnivori con pelliccia nera striata di bianco, fornito di ghiandole perianali con cui può lanciare contro i nemici il liquido secreto, denso, oleoso, di odore sgradevolissimo (*Mephitis mephitis*). SIN. Skunk striato, mefite.

Mògano /'mɔgano/ [da *mohogoni*, vc. di una lingua indiana dell'America del Nord] **A** s. m. • Albero tropicale delle Meliacee (*Swietenia mahagoni*) | Il legno pregiato, bruno rosso, ricavato da tale pianta. SIN. Acagiù. **B** in funzione di agg. inv. • (posposto al s.) Che ha il colore marrone rossiccio, tipico del legno omonimo: *capelli* —.

Mòggio /'mɔddʒo/ [lat. *mŏdiu(m)*, da *mŏdus* 'misura'. V. *modo*] s. m. (pl. *mòggia* /'mɔddʒa/ f., † *mògge* /'mɔddʒe/ f., *mòggi* /'mɔddʒi/ m. raro) **1** Unità di misura di capacità per aridi. **2** Il recipiente per le misure di capacità | *Nascondere, nascondersi sotto il* —, fig., tenersi celato alla gente o nasconderle q.c. | *A moggia*, fig., in quantità | *Mettere la fiaccola sotto il* —, tacere una verità. **3** Antica misura di superficie corrispondente in media ad un terzo di ettaro. || **-etto,** dim. | **-uolo,** dim.

Mogigrafìa /modʒigra'fia/ [comp. del gr. *mógis* 'a malapena', da *mogêin* 'affaticarsi', di etim. incerta, e *-grafia*] s. f. • Crampo degli scrivani.

Mògio /'mɔdʒo/ [vc. sett., dal lat. *mŏllius*, compar. nt. di *mŏllis* 'molle'] agg. (pl. f. *-ge* o *-gie*) • Avvilito e abbattuto: *se ne stava* — — *in un angolo*.

†**Móglia** /'moʎʎa/ • V. *moglie*. †**Mogliàio** /moʎ'ʎajo/ agg. • Che è morbosamente affezionato alla moglie. †**Mogliardìno** /moʎʎar'dino/ [da *moglie*] agg. • Mogliaio. **Mogliàzzo** /moʎ'ʎattso/ [da *moglie*] s. m. • Matrimonio. †**Moglicìda** /moʎʎi'tʃida/ [comp. di *mogli*(*e*) e *-cida*] s. m. (pl. *-i*) • Uxoricida. **Móglie** /'moʎʎe/ o raro †*moglia* [lat. *mŭlier*, nom. 'donna', di etim. incerta] s. f. • Il coniuge di sesso femminile: *il marito e la* —; *un'ottima* —; *essere geloso della propria* — | *Prender* —, sposarsi | *Dar* —, far sposare; *hanno fatto il diavolo per darmi* —, *né mai l'ho voluta* (GOLDONI) | *Dare i calzoni alla* —, lasciarla comandare in tutto | *Senza* —, non ammogliato, scapolo | *Riprendere* —, risposarsi | *La* — *di Cesare*, fig., cosa o persona su cui non deve cadere il benchè minimo sospetto. SIN. Sposa. PROV. Tra — e marito non mettere il dito; — e buoi dei paesi tuoi. || **-accia,** pegg. | †**-arello,** dim. | †**-etta,** dim. | †**-ettina,** dim. **Moglièra** /moʎ'ʎɛra/ o †*moglière* /moʎ'ʎɛre/ [lat. *mulĭere(m)* 'donna'. V. *moglie*] s. f. • raro dial. Moglie, anche scherz.: *essere stata cinque anni sua* — (SACCHETTI) | est. Donna. || **-ella,** dim.

Mogòl /mo'gɔl/ [persiano *mugāl* 'mongolo'] s. m. • Imperatore dei Mongoli | *Gran* — titolo del sovrano dell'India abolito nel 1869, celebrato per le sue ricchezze.

Mohair /*fr.* mɔ'ɛr/ o *mohaire* /*fr.* mɔ'ɛr/ [vc. fr., dall'ingl. *mohair*. V. *moire*] s. m. inv. **1** Pelo soffice, lungo, lucente della capra d'angora, usato come fibra tessile lanosa. **2** Stoffa morbida a pelo coricato con fondo a intreccio lento, ottenuta con fibre di mohair.

Mohùr /mo'ur/ [persiano *muhur*, dall'ant. indiano *mudra* 'sigillo, moneta'] s. m. inv. • Unità monetaria circolante in Nepal.

Mòia /'mɔja/ [lat. *mŭria(m)* 'salamoia', di etim. incerta] s. f. • dial. Acqua che contiene sale | Nella zona di Volterra, pozzo di acqua salata, dalla quale si estrae il sale.

Moiétta /mo'jetta/ [fr. *moyette*, dim. dell'ant. fr. *moie* 'mola', dal lat. *mēta(m)*. V. *meta* (*1*) nel sign. 3] s. f. • Nastro metallico per imballaggi e lavori di carpenteria.

Moìna /mo'ina/ [vc. infant.] s. f. **1** spec. al pl. Carezza insistente, affettuosa, lusinga: *fa le moine a sua madre per farsi perdonare*. **2** spec. al pl. est. Lezi: *basta con queste sciocche moine*. SIN. Sdolcinatura, vezzo. †**Moinerìa** /moine'ria/ [da *moina*] s. f. • Civetteria graziosa e affettata. **Moire** /*fr.* mwar/ [vc. fr., dall'ingl. *mohair*, dall'ar. *muhajjar*, V. *mocaiardo*] s. f. inv. • Amoerro.

Mòka /'mɔka/ • V. *moca*.

Mol /mɔl/ • V. *mole* (*2*).

Mòla (1) /'mɔla/ [lat. *mŏla(m)*, dalla stessa radice di *mŏlere* 'macinare', di origine indeur.] s. f. **1** Macina del mulino. **2** Disco di pietra arenaria o di materiale abrasivo che si fa girare a guisa di ruota per affilare coltelli e sim., levigare e lucidare superfici. **3** fig. lett. Gruppo circolare di persone: *a girar cominciò la santa* — (DANTE). **Mòla (2)** /'mɔla/ [da *mola* (*1*), per la forma] s. f. • Grosso pesce tropicale con corpo alto e compresso, quasi discoidale e pinna codale breve e fusa con la dorsale e l'anale (*Mola mola*). SIN. Pesce luna. **Mòla (3)** /'mɔla/ [da. *mola* (*1*)] s. f. • Tumore uterino che insorge dopo la gravidanza per dilatazione dei villi coriali in vescicole.

Molàle /mo'lale/ [da *mole* (*2*)] agg. • Di, relativo alla grammomolecola | *Soluzione* —, contenente in mille grammi di solvente la grammomolecola di un composto — | *Concentrazione* —, molalità. **Molalità** /molali'ta*/ [da *molale*] s. f. • Concentrazione di una soluzione espressa dal numero di grammomolecole di un soluto presente in mille grammi di solvente. SIN. Concentrazione molale.

Molàre (1) /mo'lare/ [lat. tardo *molāre* 'macinare', da *mŏla*] v. tr. (*io mòlo* /'mɔlo) • Affilare lame | Levigare cristalli, coralli, marmi e sim. **Molàre (2)** /mo'lare/ [vc. dotta, lat. *molāre(m)*, da *mŏla*. Il dente è chiamato così, già nel lat. tardo, perché serve a macinare il cibo] **A** agg. **1** Di, relativo a mola | Pietra, sasso, macigno per fabbricare mola e, est., grosso macigno: *il molar sasso infranse / l'ettoreo scudo* (MONTI) | *Selce* —, molto dura. **2** *Dente* —, posteriore, destinato alla triturazione degli alimenti. **B** anche s. m.: *avere un* — *cariato*. **Molàre (3)** /mo'lare/ [da *mole* (*2*)] agg. • Di, relativo alla grammomolecola | *Soluzione* —, contenente in un litro la grammomolecola di un composto | *Concentrazione* —, molarità. **Molarità** /molari'ta*/ [da *mole* (*2*)] s. f. • Concentrazione di una soluzione espressa dal numero di grammomolecole di un soluto presente in un litro di soluzione. SIN. Concentrazione molare. **Molàssa** /mo'lassa/ [detta così perchè serve a far *mole*] s. f. • (*miner.*) Varietà di arenaria friabile, a debole cementazione calcarea.

Molàto /mo'lato/ part. pass. di *molare* (*1*); anche agg. • Affilato, levigato, lucidato con la mola. **Molatóre** /mola'tore/ s. m. • Chi esegue lavorazioni di molatura. **Molatrìce** /mola'tritʃe/ s. f. • Macchina che esegue la molatura facendo passare la mola, dotata di un moto rotatorio veloce intorno al suo asse, sul pezzo da molare, o viceversa. **Molatùra** /mola'tura/ s. f. • Atto, effetto del molare: *la* — *degli specchi*. **Molàzza** /mo'lattsa/ [da *mola* (*1*)] s. f. **1** Macina. **2** Macchina che serve a macinare e impastare, sia a secco che a umido, formata da una vasca metallica entro cui ruotano mole di acciaio o altro materiale. **Molazzatóre** /molattsa'tore/ s. m. • Operaio addetto a una molazza.

Mólcere /'moltʃere/ o raro *mulcere* [lat. *mulcēre*, di origine indeur.] v. tr. (oggi dif. usato solo nella terza pers. sing. del pres. indic. *mólce* /'moltʃe/; nella terza pers. sing. del pass. rem. *mólse* /'molse/; nell'imperf. indic. *io molcévo* /mol'tʃevo/; nelle terze pers. sing. e pl. del pres. congv. *mólca* /'molka/, *mólcano* /'molkano/; nell'imperf. congv. *io molcéssi* /mol'tʃessi/; nel ger. *molcèndo* /mol'tʃɛndo/) • lett. Blandire, lenire, dilettare: *e 'l lusinghiero aspetto e'l parlar dolce / di fuor s'aggira e solo i sensi molce* (TASSO). †**Molcìre** /mol'tʃire/ o †*mulcire* v. tr. (dif. coniug. come *molcere*) • Molcere.

Mòle (1) /'mɔle/ [lat. *mōle(m)*, di origine indeur.] s. f. **1** Masso enorme e imponente: *la* — *superba del Monte Bianco*; *contro la rozza* — *degli scogli si frangevano le onde* | Edificio grandioso: *le moli egiziane*; *la* — *adriana, antonelliana*; *quel'alta* — / *ch'a quel gran monte in su la cima siede* (TASSO). **2** Dimensione, taglia: *un libro di notevole, di piccola* —. **3** fig. Entità: *la* — *del lavoro da svolgere mi spaventa*. **4** † Molecola.

mola

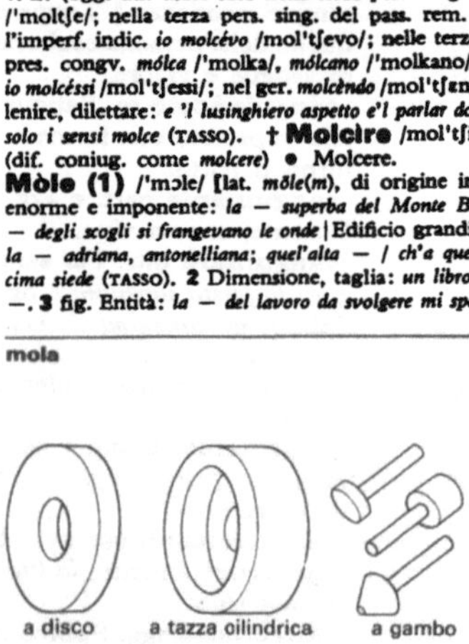

molatrice

451

rivelare. **B** v. rifl. • Togliersi le scarpe e le calze. **Scalzatóre** /skaltsa'tore/ s. m.; anche agg. (f. *-trice*) • raro Chi, che, scalza. **Scalzatùra** /skaltsa'tura/ s. f. • Atto, effetto dello scalzare o dello scalzarsi. **Scàlzo** /'skaltso/ [lat. tardo (eccl.) *excălciu(m)*, *excăl-ceu(m)*, 'scalzato', da *excalceăre* 'scalzare'] agg. **1** Che ha i piedi nudi, che non ha né scarpe, né calze: *camminare, andare* — | *A piedi scalzi*, a piedi nudi | spreg. Di bassa condizione: *è sporco e — ma pieno di presunzione.* **2** (*relig.*) Detto degli appartenenti ad alcuni ordini e congregazioni che, per stretta osservanza della regola o per riforma della medesima, vanno senza calze, con i soli sandali ai piedi: *carmelitane scalze.* **Scamatàre** /skama'tare/ o † *camatare.* v. tr. • raro Battere materassi, cuscini, e sim. con lo scamato. **Scamàto** /ska'mato/ o † *camato* [gr. *kámax*, genit. *kámakos*, 'bastone, pertica', con diversi riscontri indeur.] s. m. • Bacchetta usata per battere la lana di materassi, cuscini, e sim.

Scambiaménto /skambja'mento/ [da *scambiare*] s. m. • raro Atto dello scambiare o dello scambiarsi. **Scambiàre** /skam'bjare/ [da *cambiare* (V.), con *s-*] **A** v. tr. (*io scàmbio* /'skambjo/) **1** Prendere una persona o una cosa per un'altra, per errore, distrazione, e sim.: *ti ho scambiato per tua madre*; *scambiarono l'aceto per il vino* |

Scamòrza /ska'mɔrtsa/ o raro *scamozza* [da *scamozzare* (V.)] s. f. **1** Formaggio tenero non fermentato, a pasta filata, in forma di pera o fiaschetta, fabbricato con latte di vacca o misto di vacca e capra.

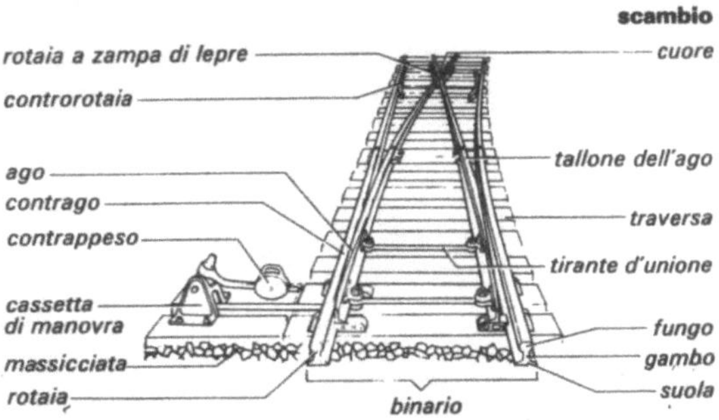

178 N. Zingarelli 1970^{10}

scambio

Sabb

S 1

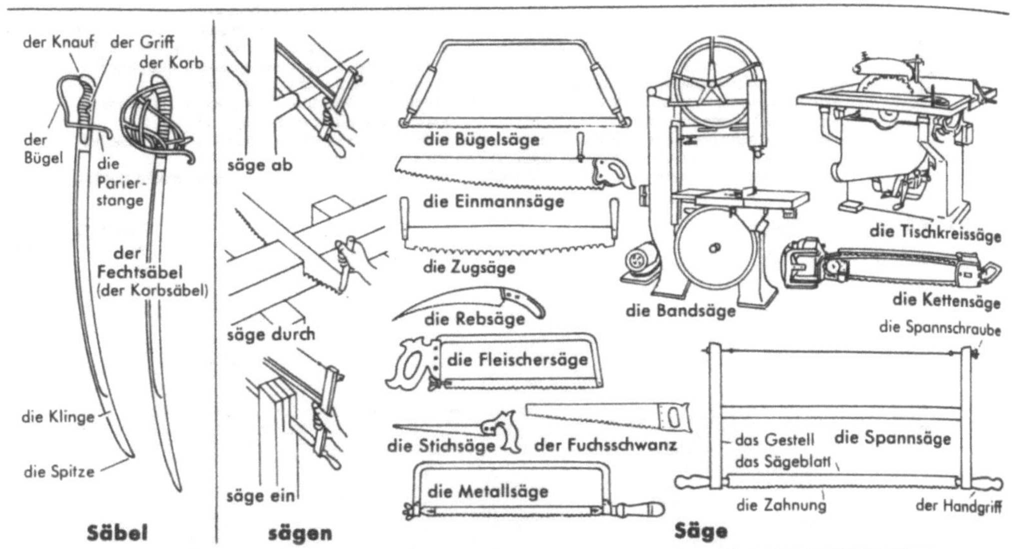

Sabber *der, -s,* Sabbel. **Sabberlätzchen** *das,* U Lätzchen. **sabbern,** *ich* sabb(e)re (habe gesabbert), sabbele. **sabbig,** *niederdt.:* sämig, dickflüssig.

Säbel [mhd. sabel, zu ungar. szablya] *der, -s/-,* gekrümmte, einschneidige Hiebwaffe, Abb. S 1: *Säbelfechten; Säbelhieb; Fechtsäbel; Husarensäbel; er hat mit dem S. gerasselt,* Ü hat mit kriegerischen Aktionen gedroht; *das Säbelrasseln, Säbelgerassel,* Ü. **Säbelantilope** *die,* Antilope mit langen Hörnern. **Säbelbeine,** *Pl.,* U O-Beine. **säbelbeinig. säbeln,** *ich*

U z. B. auf das Gepäck; *er trinkt gern scharfe Sachen,* U hochprozentigen Alkohol; *es gab gute Sachen zu essen; morgen werden die alten Sachen abgeholt,* U z. B. alte Möbelstücke, Gerümpel; *alle meine Sachen gingen im Krieg verloren,* U mein Besitz; *er fuhr mit 80 Sachen,* U mit einer Geschwindigkeit von 80 km pro Stunde; *bewegliche, unbewegliche Sachen,* ⊼. **2)** Angelegenheit, Obliegenheit, Aufgabe, Vorhaben: *er ist nicht bei der S.,* ist unkonzentriert; *ich habe die S. satt, die S. ist für mich erledigt,* U damit will ich nichts mehr

179 Der Sprachbrockhaus 1984

Säbel - Säge

culaccio 260

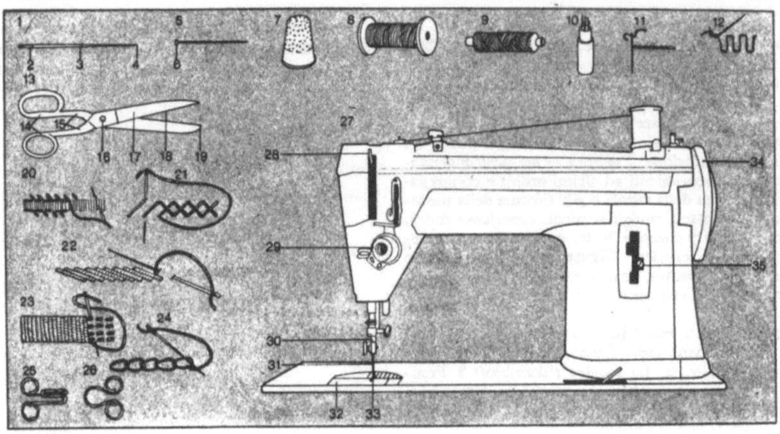

cucito

1 *ago*, 2 *cruna*, 3 *asta*, 4 *punta*, 5 *spillo*, 6 *capocchia*, 7 *ditale*, 8 *rocchetto*, 9 *spagnoletta*, 10 *agoraio*, 11 *impuntura*, 12 *rammendo*, 13 *forbici*, 14 *anelli*, 15 *bracci*, 16 *perno*, 17 *lama*, 18 *taglio*, 19 *punta*, 20 *orlo a giorno*, 21 *punto a croce*, 22 *punto erba*, 23 *punto pieno*, 24 *punto a catenella*, 25 *ganghero*, 26 *maglietta o gangherella*, 27 *macchina per cucire*, 28 *tendifilo*, 29 *regolatore della tensione del filo*, 30 *barra*, 31 *ago*, 32 *placca scorrevole*, 33 *piedino premistoffa*, 34 *volantino*, 35 *leva dello scartamento del punto*.

fiuta la preposizione *di*: *l'architetto, il cui progetto aveva vinto il concorso*; in poesia si può trovare usato anche come complemento oggetto.
culaccio [-làc-] *s.m.* parte posteriore delle bestie macellate, esclusa la coscia.
culata *s.f.* colpo battuto in terra col sedere.
culatello [-tèl-] *s.m.* salume fatto con lombi di maiale (specialità del basso parmense).
culatta *s.f.* parte posteriore di varie cose; in particolare, estremità posteriore di una bocca da fuoco, rinforzata per resistere alle pressioni [*ill. Cannone, Fucile*].
assume rispetto a un osservatore quando passa per il meridiano del luogo di osservazione.
culmine [cùl-] *s.m.* **1** punto più alto di qlco.: *il — del tetto, del colle.* SIN. *cima, sommità, vertice, vetta* **2** (*fig.*) il momento più importante, decisivo di qlco.: *era al — dei suoi trionfi*; *il — di una battaglia.*
culmo *s.m.* (*bot.*) stelo diritto, nodoso, internamente vuoto, proprio delle graminacee.
culo *s.m.* (*volg.*) deretano, sedere / *— di bicchiere*, brillante falso, di vetro.
culteranesimo [-néʃi-] *s.m.* espressione dello stile ba-

180 Garzanti 1984 — cucito

science fiction 994

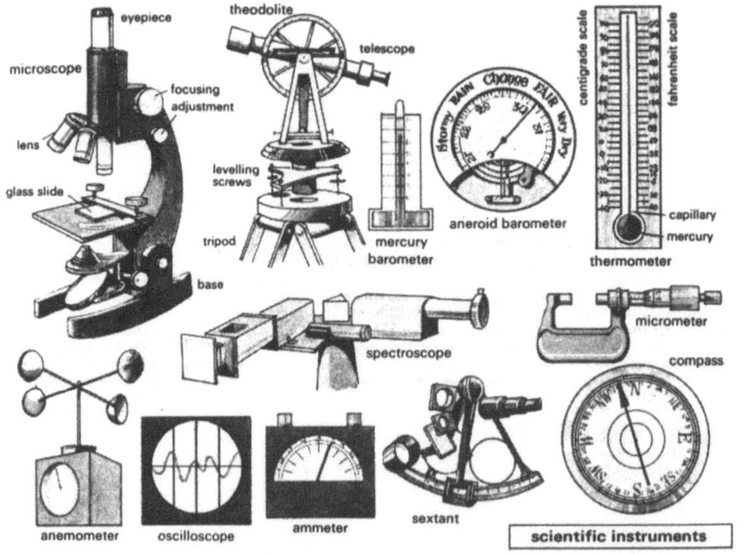

scientific instruments

such knowledge, esp. **a** anything which may be studied exactly: *the science of cooking|military science|Driving a car is an art, not a science* —see also SOCIAL SCIENCE **b** any of the branches usu. studied
usu. lit. to send out (as) quick flashes of light or SPARKS[1] (1,2), SPARKLE (with): *The stars scintillated (their light) in the winter sky* **2** to make (as) quick and clever remarks or conversation: *I enjoy*

181 Dictionary of Contemporary English (DCE) 1978 — scientific instruments

182 Longman Active Study Dictionary of English (LASDE) 1983 verbs of movement

fa·scia /ˈfeɪʃə/ *n* **1** a long band or board on the surface of something, esp. one over a shop bearing the shop's name **2** *BrE old use* DASHBOARD

fas·ci·nate /ˈfæsɨneɪt/ *v* [T1 (*with*)] **1** to charm powerfully; be very interesting to: *I'm fascinated with/by Buddhist ceremonies* **2** to fix with the eyes so as to take away the power of movement, as a snake does with a small creature

fas·ci·nat·ing /ˈfæsɨneɪtɪŋ/ *adj* that fascinates (FASCINATE (1)): *The most fascinating insect is walking across the paper.|Your ideas are fascinating to me* —**~ly** *adv*: *The Russian language is fascinatingly different from English*

fas·ci·na·tion /ˌfæsɨˈneɪʃən/ *n* **1** [U] the quality of fascinating (FASCINATE): *I used all my powers of party|to join a group of fascists* **2** [Wa5;C: (*you*) N] *derog* (a supporter) of any political movement strongly opposed to SOCIALISM: *You have no morals, you fascist pig!*

fash·ion¹ /ˈfæʃən/ *n* **1** [C;U] the way of dressing or behaving that is considered the best at a certain time: *There's a fashion for painting your nails green.|Fashions have changed since I was a girl.|Wide trousers are the latest fashion.|It's not the fashion to send children away to school now.|We must keep up with fashion/follow (the) fashion* **2** [U] changing custom, esp. in women's clothing: *to study the history of fashion* **3** [S9] *fml* a manner; way of making or doing something: *He behaves in a very*

Anna and Michael **took a taxi** to the **station** to **catch their train** to Exeter. They arrived just **in time**: the train is **due to leave** in a few minutes. They don't need to go to the **ticket/booking office**, because they bought their tickets yesterday, and **reserved** two **seats** to be sure of getting somewhere to sit.
At the **ticket barrier**, they show their tickets to the **ticket collector**, who **clips** them to show that they have been used. On the **platform** Anna looks for a **porter** to help them with their **luggage**. They find their seats in the first **compartment** in the **carriage** next to the **buffet*** **car**. They put their **cases** on the **luggage rack** as the train **moves off**.
During the journey a **ticket inspector** comes to look at each passenger's ticket. Anna **asks** him if they have to **change (trains)**. The inspector tells her it's an **express (train)** and it goes **direct** to Exeter (=so they don't have to change).
The train **pulls into** the station exactly **on time** (=it isn't early or late), and the passengers **get off**.

*See the pronunciation guide in the dictionary for how you say this word.

Questions (Answers on page 702)

What is the word or expression for:

- **a** the place where you buy your ticket
- **b** the man who looks at the tickets on the train
- **c** the place where you can buy drinks
- **d** not early or late

A transverse front-wheel drive engine

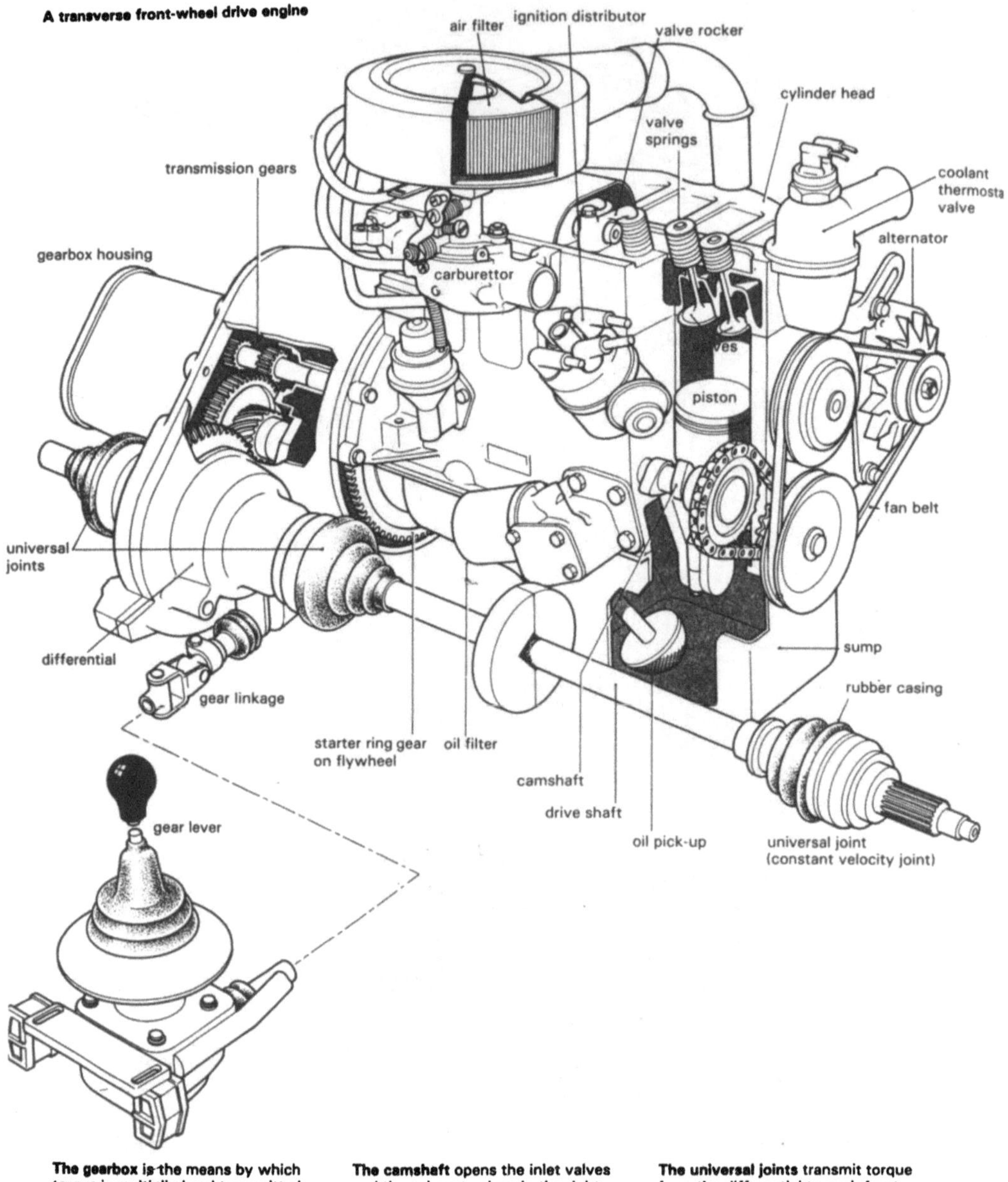

The gearbox is the means by which torque is multiplied and transmitted from the engine to the drive shafts. The different gears allow the engine to operate near its optimum rpm, whatever the speed at which the car is moving.

The camshaft opens the inlet valves and the exhaust valves in the right sequence and at the right time. If (as here) it is not mounted above them, it reaches them through pushrods and rockers.

The universal joints transmit torque from the differential to each front wheel hub through a drive-shaft, which they allow to move as the wheel rises or falls over bumps. Because the wheels have also to be steered, yet must be driven smoothly, a special kind of universal joint is used, known as a constant-velocity joint.

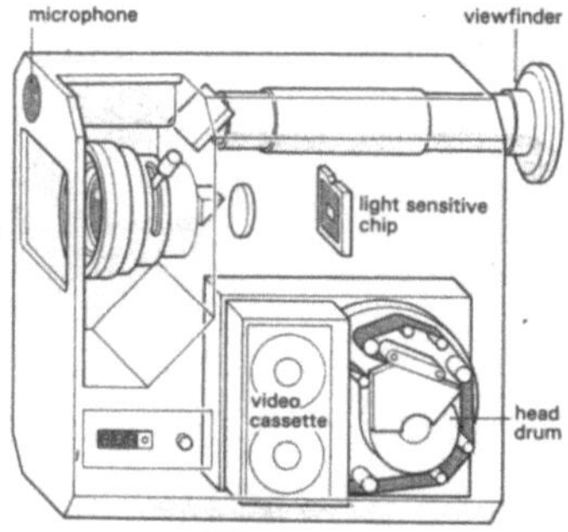

Video movie camera
At present it is possible to record your own videocassettes using a video camera and a portable battery-powered recorder. Soon there will be a miniature videocassette recorder and camera combined in one unit, as shown above. The light sensitive chip replaces a TV pick-up tube.

186 Longman Concise English Dictionary (LCED) 1985 **Video movie camera**

computer 202

The diagram on the right shows the flow of information (data) within a computer system. Information or instructions can be displayed on the screen of the VDU and put into the computer (input) by typing on the keyboard. The processor takes information from the VDU and either stores it on disk or processes it as directed by a set of instructions in the computer called the program. The processor can also retrieve stored information and show it on the VDU screen, or print it on paper through the line printer (printout), or copy it to magnetic tape for library storage or despatch to another computer.
The illustration below shows what the elements of a business computer might look like.

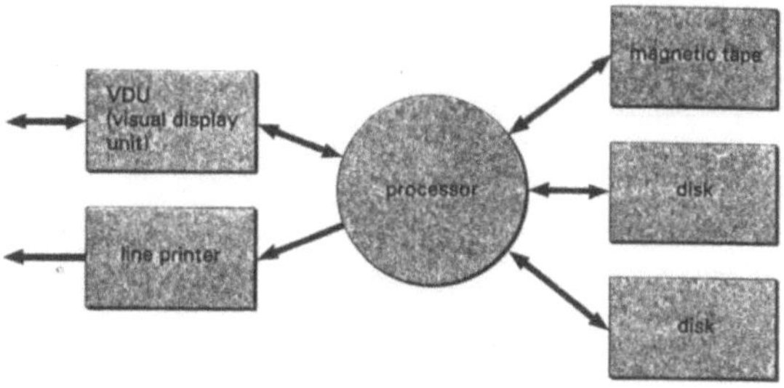

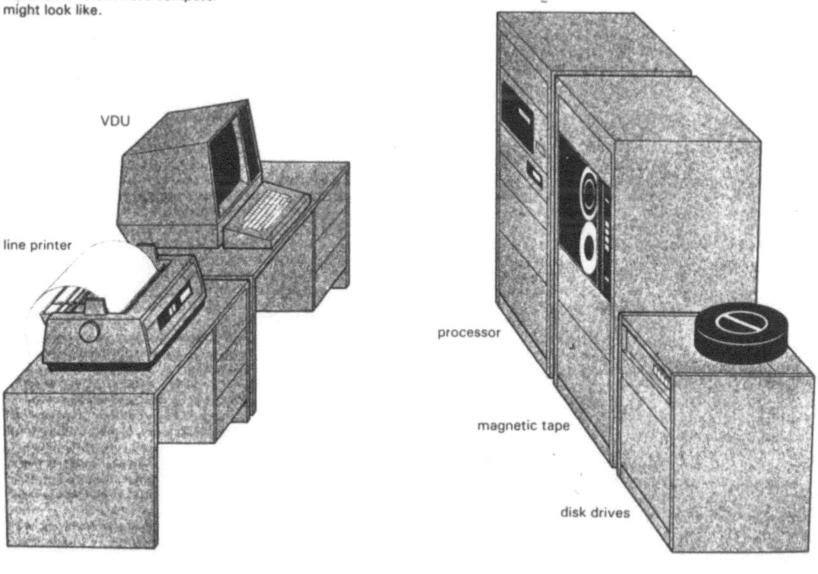

187 LNUD 1982 **computer**

Sometimes it is difficult to know which word you should use when you mean "a small part or piece of something". This diagram will help you find the right word.

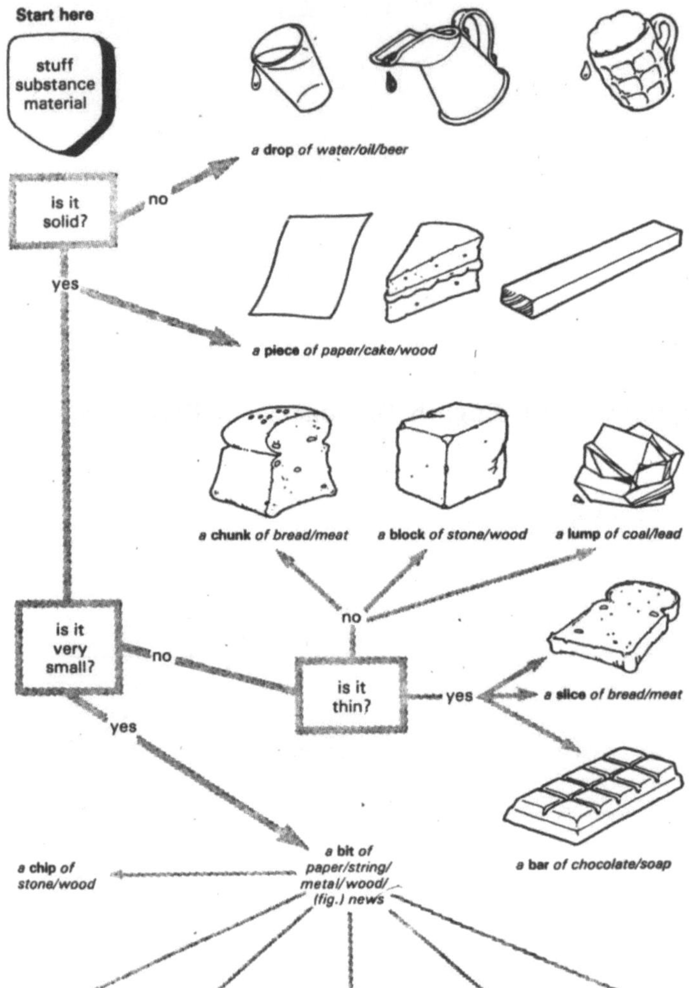

188 LASDE 1983 pieces

189 Dictionnaire Quillet de la langue française 1975 Chemin de fer

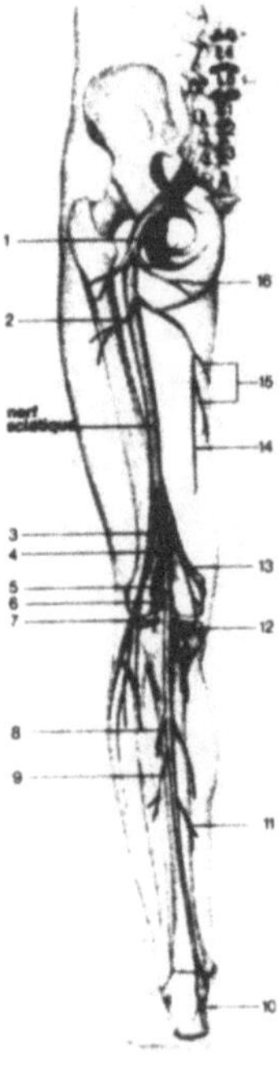

nerf (grand) sciatique
1 Nerf petit sciatique
2 Nerf du biceps crural.
3 Nerf sciatique poplité externe;
4 Nerf sciatique poplité interne.
5 Nerf du jumeau externe.
6 Nerf du plantaire grêle.
7 Nerf du poplité.
8 Nerf du jambier postérieur.
9 Nerf du fléchisseur profond des orteils
10 Nerf calcanéen interne.
11 Nerf du fléchisseur commun des orteils.
12 Nerf du soléaire.
13 Nerf du jumeau interne.
14 Nerf du demi-membraneux.
15 Nerfs du demi-tendineux.
16 Anneau fessier

— Pathol. Relatif au nerf sciatique. ‖ *Névralgie sciatique*, syn. de SCIATALGIE.
◆ n. m. Nerf grand sciatique.
◆ n. f. Pathol. Irritation d'une racine du nerf sciatique (sciatalgie) due à un conflit disco-radiculaire. (On dit aussi SCIATIQUE VERTÉBRALE COMMUNE.) [V. part. *encycl.*]

— ENCYCL. Anat. Le *nerf grand sciatique* sort du bassin par la grande échancrure sciatique, descend dans la fesse, puis à la face postérieure de la cuisse, jusqu'au creux poplité, où il se divise en ses deux branches terminales, le *sciatique poplité interne* et le *sciatique poplité externe*. Au cours de son trajet, il innerve les muscles de la face postérieure de la cuisse. Le *nerf sciatique poplité externe* descend dans la loge antéro-externe de la jambe, se divise en deux branches terminales, le nerf musculo-cutané et le nerf tibial antérieur. Le *sciatique poplité interne* traverse verticalement le creux poplité ; à la partie supérieure de la jambe, il prend le nom de « nerf tibial postérieur » ; il donne, comme branche collatérale, le nerf saphène externe.

— Pathol. À l'intérieur du canal rachidien, la saillie, ou hernie, d'un disque intervertébral L4-L5 ou L5-S1 comprime une des racines L5 ou S1 du nerf sciatique et provoque la sciatique. Domenico Cotugno (1736-1822), médecin anatomiste de Naples, fit la première description de la sciatique en 1764. Sa symptomatologie fut précisée par les travaux de Lasègue et Brissaud. Déjerine, en 1914, démontre l'existence d'une affection radiculaire mais il pense qu'il s'agit d'une radiculite infectieuse syphilitique. Sicard découvre ensuite l'origine vertébrale de la radiculalgie sciatique. En 1939, les travaux de De Sèze et de ses collaborateurs ont démontré l'origine disco-radiculaire de la sciatique.

La sciatique traduit l'atteinte douloureuse du nerf, rarement du tronc, plus souvent de l'une de ses racines L5 ou S1 de façon uni- ou bilatérale. Le nerf sciatique, qui est à la fois sensitif et moteur, peut être atteint dans ses deux fonctions : fonction motrice par diminution de la force musculaire des releveurs du pied dans la sciatique L5 et de ses fléchisseurs dans la sciatique S1 ; fonction sensitive par la douleur qui suit le trajet anatomique de l'une ou l'autre des racines (face externe de la cuisse, du mollet, face dorsale du pied dans la sciatique L5 ; face postérieure de la cuisse, du mollet, bord externe du pied dans la sciatique S1). La mise en extension du nerf par extension verticale de la jambe malade réveille une douleur sur l'un ou l'autre trajet : c'est le signe de Lasègue. Dans la sciatique S1, le réflexe achilléen peut être aboli. On peut également retrouver certains points douloureux sur le trajet du nerf (points de Valleix). La colonne lombaire est enraidie et prend une attitude de défense, dite attitude antalgique. Certaines formes graves d'emblée associent tous ces signes avec une gêne motrice importante réalisant une sciatique paralysante.

Le diagnostic est clinique et radiologique. On pratique une saccoradiculographie par injection de produit opaque dans le canal médullaire. Le traitement est le plus souvent médical : repos absolu ; antalgiques ; anti-inflammatoires locaux par infiltrations ou généraux ; immobilisation par lombostat plâtré ; électrothérapie. Les cas aigus ou résistant au traitement médical, les sciatiques paralysantes peuvent justifier une intervention chirurgicale. La rééducation kinésithérapique est importante. (→ Biblio.)

SCICLI, v. d'Italie, en Sicile (prov. de Raguse), près de la Méditerranée ; 24000 hab. Églises baroques (XVIIIe s.).

■ **SCIE** n. f. (de *scier*). **1.** Outil à main formé d'une monture ou d'une (ou deux) poignée(s) où est fixée une lame portant une denture coupante qui, par un mouvement alternatif, sert à débiter, à découper du bois, du métal, de la pierre, etc. (V. part. *encycl.* Bois et Chirurg.) — **2.** Machine fixe ou outil portatif comportant un (ou parfois plusieurs) organe(s) coupant(s) [lame à ruban (scie à ruban ou simplement ruban) ou à disque (scie circulaire), chaîne] animé(s), par un moteur, d'un mouvement alternatif, rectiligne ou circulaire, servant au même usage. (V. part. *encycl.* Bois.) — **3.** Refrain de chanson composé pour être facilement retenu et qui vient machinalement aux lèvres. — **4.** *Fam.* Personne ou chose très ennuyeuse par son caractère répétitif : *Encore des formulaires à remplir : quelle scie !* — **5.** Rengaine, répétition fatigante, lassante de stéréotypes usés, ressassés.

— Bouch. *Scie de boucher*, scie à main utilisée par les bouchers pour scier les os.

— Carr. *Scie de tailleur de pierre*, scie en forme de passe-partout, avec ou sans dents, qui servait à débiter la pierre.

— Céram. *Scie à tuiles*, scie à deux lames maintenues dos à dos dans une armature métallique, pour couper la pâte corroyée dont on fait des briques ou des tuiles.

— Ichtyol. Syn. de PRISTIDÉ.

— Joaill. Plaque métallique ronde fixée à une broche, et dont le lapidaire se sert pour user les pierres.

— Mus. *Scie musicale*, instrument consistant en une lame d'acier vibrant sous l'attaque d'un archet ou d'un marteau feutré, et dont la résonance varie suivant sa tension. (Famille des idiophones.)

■ — Outill. *Scie à métaux*, scie constituée d'une lame en acier trempé, à denture fine, et d'un arceau muni d'une poignée, dans lequel elle est tendue, et utilisée pour scier les métaux.

— Sylvic. *Scie forestière*, chantier mobile de sciage se déplaçant en forêt de coupe en coupe.

— ENCYCL. Bois. *Scies à bois*. On distingue les scies portatives (outils à main ou mécanisés) et les scies sur bâtis fixes à chariot ou à table. Les scies *manuelles* sont de différents types, selon la nature du travail à effectuer : scie à bûches pour le façonnage du bois de chauffage, à denture triangulaire, scie à monture de charpentier, scie de menuisier à débiter, à tenons ou à araser, scie à refendre ou à chantourner à lame orientable dans sa monture. Les lames sont maintenues rigides par tension sur le bâti (corde torsadée avec une clé ou autre système). D'autres scies à main sont constituées par une simple lame rigide fixée dans une poignée (égoïne, scie à guichet, scie à moulure, scie à placage, scie à chevilles). Les scies à deux hommes (passe-partout, autrefois utilisé pour l'abattage, et scie de long, pour le débit en madriers) sont aujourd'hui remplacées respectivement par la scie portative à chaîne coupante, à 1 ou 2 hommes, et par les scies mécaniques à bâtis fixes. Les *scies portatives mécaniques*, mues à l'électricité, comportent habituellement une lame circulaire, plus rarement une lame droite animée d'un mouvement alternatif.

Les *scies mécaniques à bâti fixe* utilisent soit des lames à ruban, soit des lames circulaires, ou des lames droites multiples montées dans un châssis mobile. Elles sont utilisées pour le débit des grumes (premier sciage ou sciage de reprise) ou pour celui des bois et panneaux lors de la mise en œuvre, ou pour leur façonnage.

Inventée en 1811, mais rendue pratique seulement en 1848 par Perin, la *scie à ruban*, prend le nom de scie à grumes, scie à chariot libre ou scie à dédoubler, selon le système d'amenage et la nature du travail à effectuer. Pour le débit des grumes, la scie à ruban est employée en scierie fixe, le sciage sur coupe forestière étant aujourd'hui abandonné. On l'utilise également pour certaines des opérations de reprise (scie à dédoubler ou de refente « en trait haut » pour la récupération de planches dans les dosses du premier sciage). La vitesse linéaire du ruban (vitesse de coupe) est de l'ordre de 45 m/s, et l'épaisseur de la lame (1 mm et plus) est une fraction du diamètre du volant ; la tension de montage atteint 30 à 40 kgf/mm de largeur de lame. La scie à ruban est aussi utilisée dans les ateliers de menuiserie pour le débit et le façonnage des pièces à usiner.

La *scie circulaire* est employée pour le débit des grumes (premier débit ou reprises : délignage et tronçonnage). Elle remplit aussi beaucoup de fonctions dans la deuxième transformation du bois (délignage simple ou multiple, tronçonnage, découpes et rainurages divers) ainsi que pour l'équarrissage des panneaux.

La denture des lames est caractérisée par le profil de la dent (angle d'attaque,

scie portative à chaîne coupante (tronçonneuse)

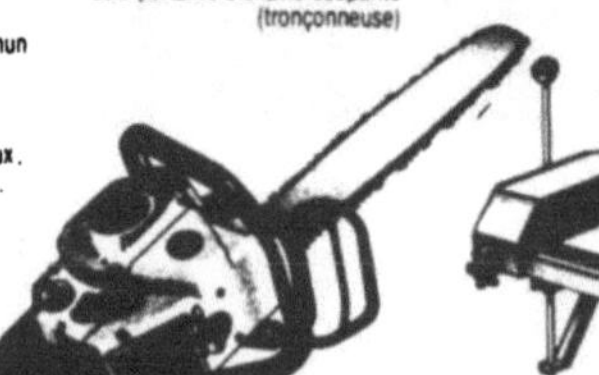

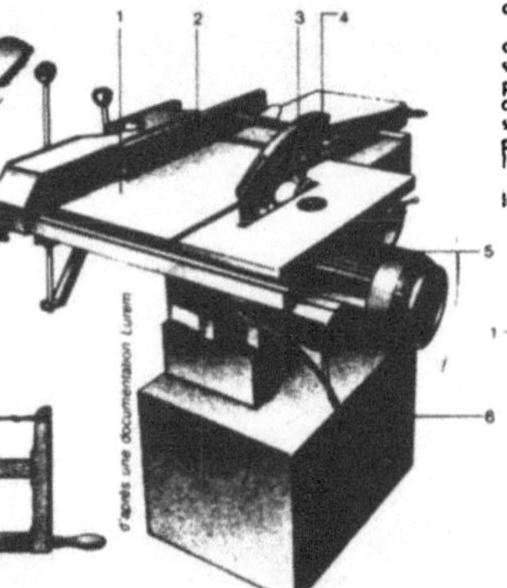

scie circulaire
1. Table ; 2. Guide ; 3. Lame circulaire ; 4. Protège-lame ; 5. Moteur électrique d'entraînement ; 6. Bâti.

différents types de scies manuelles

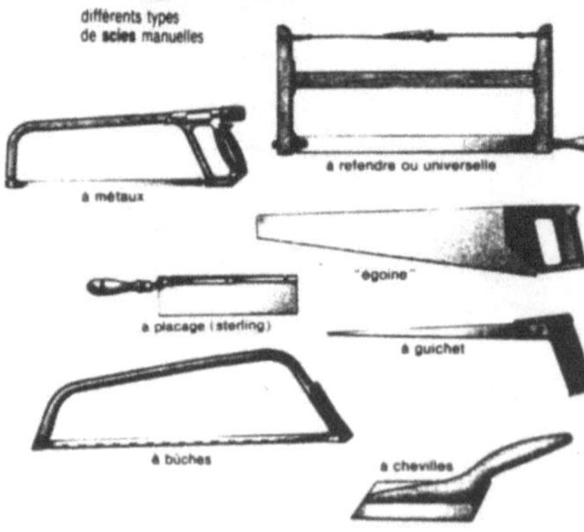

scie à ruban
1. Emplacement du volant supérieur ; 2. Guide ; 3. Emplacement du volant inférieur et du moteur électrique ; 4. Table ; 5. Guide-lame ; 6. Lame à ruban ; 7. Interrupteur ; 8. Bâti.

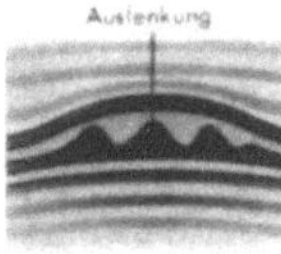

Schallplatte: Füllschriftverfahren

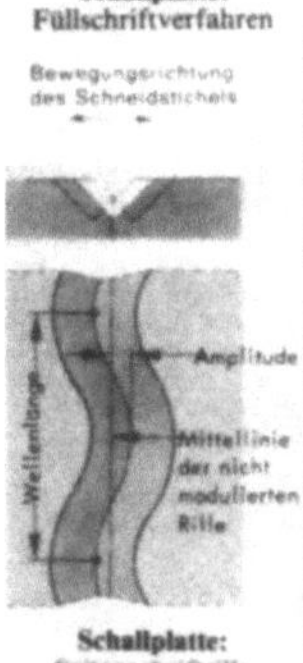

Schallplatte: Seitenschriftrille

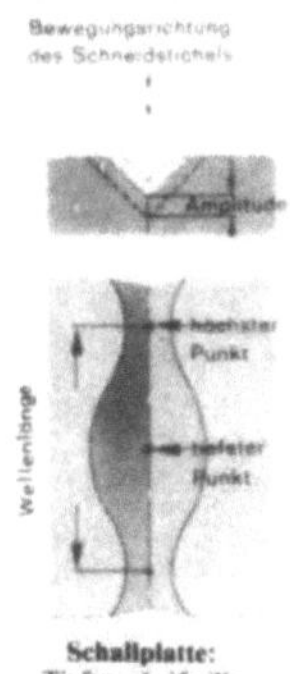

Schallplatte: Tiefenschriftrille

(A, B, C, D), von denen der Typ A am gebräuchlichsten ist. Angezeigt wird hier der bewertete Schalldruckpegel L in Dezibel (dB) mit Angabe des verwendeten Bewertungsfilters, z. B. L_A oder dB (A). Diese Frequenzbewertung ist erforderlich, um die Meßwerte der frequenzabhängigen Empfindlichkeit des menschl. Ohres anzugleichen, d. h. die tiefen und sehr hohen Töne werden gegenüber dem tatsächlich anliegenden physikal. Signal unterbewertet. (→ Lärm)

Schallplatte, kreisrunde Scheibe als Träger von Schallaufzeichnungen nach dem Nadeltonverfahren. Daneben sind digitale Tonträger (→ Compact Disc, Abk. CD) entwickelt worden, bei denen die Schallaufzeichnung nicht als analoge Schwingungszüge in den Tonträger eingebracht werden, sondern (nach entsprechender Umwandlung) als digitale Signale in Form von spiralig angeordneten, mikroskopisch kleinen Vertiefungen eingeprägt werden. Die Abtastung geschieht (z. B. optisch mit einem Laserstrahl) in einem speziellen Abspielgerät.

Zur Herstellung einer S. nach dem Nadeltonverfahren wird die Darbietung zunächst auf ein Magnettonband aufgenommen (→ magnetische Aufzeichnung) und, oft mit Abänderungen, mit einem → Plattenschneider auf eine Lackfolie (Metallplatte mit Kunstharzschicht) überspielt, wobei die Schallrillen eingraviert werden; die Schallfrequenz bestimmt die Periode der seitl. Auslenkung der Rille, die Lautstärke deren Amplitude. Beim **Mikro-Rillen-Verfahren** werden schmale, flache Rillen geschnitten, beim **Füllschriftverfahren** wird der Abstand der Rillen in Abhängigkeit von der Lautstärke und der Lage der Tonspur gesteuert. Die Folie wird dann mit einem Metallüberzug versehen, der in einem galvan. Bad verstärkt und anschließend von der Folie abgenommen wird. Diese erste Matrize dient zur Herstellung der eigtl. Preßmatrizen. Früher gebräuchliche S. mit normalen Rillen für 78 U/min bestehen aus Schellack mit Füllstoffen, heutige S. mit Mikro-Rillen für 45 U/min und für 33¹/₃ U/min (Langspielplatten) aus einem homogenen Kunststoff auf Vinylgrundlage, wodurch das Rauschen vermindert und damit die Wiedergabe der hohen Frequenzen verbessert wird. Auf die beiden Seiten der S. werden die Matrizen mit einem Druck von etwa 100 bar unter Erhitzen mit Dampf gepreßt. Über das Abspielen von S. → Plattenspieler. Stereo-S. ermöglichen räumliches Hören. Die von 2 Mikrophonen aufgenommenen Darbietungen werden in eine Rille in 2 um 90° gegeneinander geneigten Richtungen eingeschnitten (Zweikomponentenschrift). Bei der Abtastung treibt die einzige Nadel des Spezialtonabnehmers 2 Systeme an. Bei Stereo-S. für Vier-Kanal-Stereophonie (**Quadrophonie**) ist eine Vierkomponentenschrift erforderlich. Über Träger von Bildaufzeichnungen → Bildplatte.

Rechtliches. Urheberrechtlich geschützte Werke dürfen auf S. nur mit Zustimmung des Berechtigten und der Künstler übertragen werden. Neben den → Urheberrechten sind die → Leistungsschutzrechte zu beachten. - Die S.-Industrie ist ein bed. Zweig der Phono-Ind. 1983 wurden in der Bundesrep. Dtl. 184 Mio. S. im Wert von 455,5 Mio. DM hergestellt.

Schallquant, das akustische → Phonon.

Schallschutz, Lärmschutz, → Lärm.

Schallsichtgerät, Gerät zur Materialprüfung mit Hilfe von Ultraschall. Das durch Bestrahlung des Objekts mit Ultraschall entstehende akust. Bild (Schallwellenfeld) wird in ein opt. Bild umgewandelt.

Schallspektrum, → Schallanalyse.

Schallück, Paul, Schriftst., * Warendorf (Westf.) 17. 6. 1922, † Köln 29. 2. 1976, setzte sich in seinen Romanen und Hörspielen mit der jüngsten dt. Vergangenheit auseinander.

HW: Ankunft null Uhr 12 (1953); Engelbert Reineke (1959).

Schallwellen, → Schall.

Schallwort, durch Lautnachahmung entstandenes Wort.

Schally [ʃ'ælı], Andrew Victor, amerikan. Physiologe, * Wilno (Polen) 30. 11. 1926, erhielt für Isolierung, Strukturaufklärung und Synthese von Peptidhormonen des Gehirns 1977 mit R. Guillemin und R. Yalow den Nobelpreis für Physiologie und Medizin.

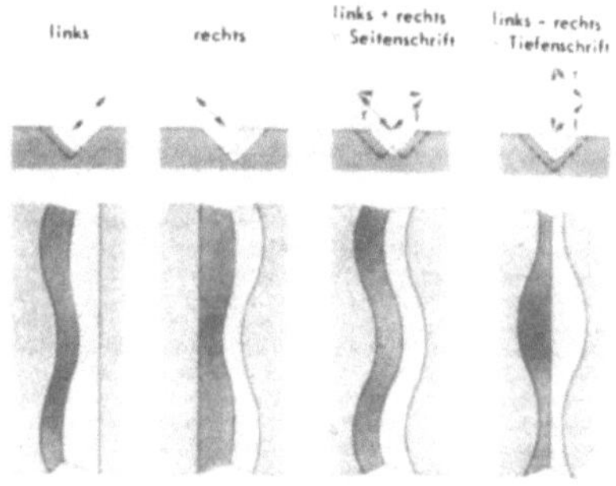

Schallplatte: Die vier Grundmöglichkeiten der Modulationsrichtungen bei der 45°-Stereoaufzeichnung

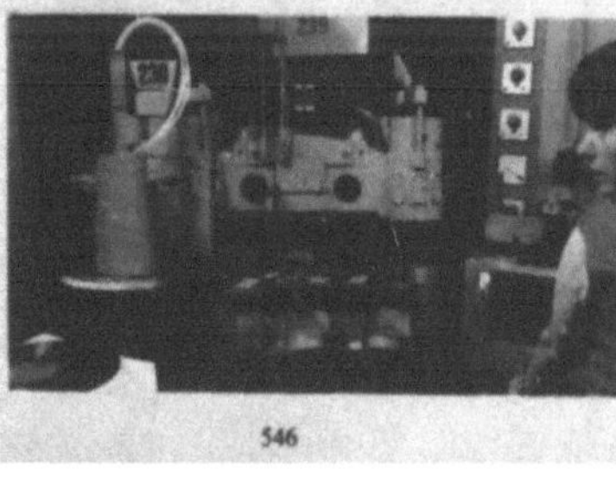

Schallplatte:
OBEN LINKS Überspielen der Aufnahme vom Magnettonband auf die Lackfolie mit der Folienschneideapparatur.
OBEN RECHTS Trennen der Galvanos. UNTEN Presse

546

Schälmaschine, 1) Küchengerät zum Schälen von Kartoffeln und Obst. 2) → Getreidereinigung. 3) → Furnier.

Schalmei [mhd. schalmie, über altfrz. chalemie zu lat. calamus ›Rohr‹] *die, -/-en,* 1) Sammelname für alle Typen von Rohrblattinstrumenten, also für Oboen und Klarinetten (BILD Blasinstrumente). 2) ein Rohr des Dudelsacks. 3) ein Zungenregister der Orgel.

Schalom, Shalom [hebr. ›Frieden‹], hebräische Begrüßungsformel, Friedensgruß.

Schalotte [frz. échalotte, n. der israel. Stadt Aschkelon] *die, -/-n,* **Aschlauch, Eschlauch, Allium ascalonicum,** die mildeste Zwiebelart; die Zwiebel besteht aus mehreren Teilzwiebeln; Gemüsepflanze. (BILD Gemüse)

Schalstein, grünlicher bis bräunlicher devon. Diabas- oder Keratophyr-Tuff(it) (→ Diabas), der sich schalig absondert.

Schalt|algebra, von C. E. Shannon erschlossenes Anwendungsgebiet der Booleschen Algebra zur rechnerischen Behandlung beim Entwurf und zur Beschreibung binärer Schaltungen, bes. für Anlagen zur digitalen Informationsverarbeitung. Die S. verknüpft die Variablen (**Schaltvariablen**), die nur die beiden möglichen Zustände ›1‹ oder ›0‹ annehmen können, nach logischen Regeln. Die prakt. Ausführung erfolgt in **Verknüpfungsgliedern** (**Gatter, logische Schaltungen**), deren Eingänge mit den Variablen beschaltet werden und die pneumatisch (z. B. über Ventile), mechanisch (z. B. über Hebel), bes. aber elektrisch durch elektron. Schaltkreise aufgebaut werden können. In der Elektronik sind die beiden Schaltzustände 1 und 0 gekennzeichnet durch das Vorhandensein oder Nichtvorhandensein einer Spannung oder eines Stroms. Die S. kennt 3 Grundformen der **Verknüpfungsfunktionen:** Die **Negation** (**NICHT-Verknüpfung, -Glied**) invertiert den Eingangssignalwert A, d. h., am Ausgang entsteht der Ausgangssignalwert $Q = \bar{A}$. Bei der **Konjunktion** (**UND-Verknüpfung, -Glied**) $Q = A \wedge B$ ist der Ausgangssignalwert dann gleich 1, wenn an allen Eingängen gleichzeitig der Signalwert 1 ansteht. Die **Disjunktion** (**ODER-Verknüpfung, -Glied**) $Q = A \vee B$ liefert den Ausgangssignalwert 1 immer dann, wenn mindestens ein Eingangssignalwert gleich 1 ist. Weitere wichtige Verknüpfungsfunktionen werden durch **NOR-** und **NAND-** sowie **EXOR-(Antivalenz-)** und **EX-NOR-(Äquivalenz-)Glieder** ausgeführt. (BILD S. 547)

Schalt|anlage, Anlage zur Verteilung elektr. Energie über Schalter, Transformatoren, Sammelschiene zu den Abnehmerleitungen.

schalten [ahd. scaltan ›stoßen‹, ›schieben‹, ›lenken‹], *ich schalte,* 1) ⊙ stelle eine Schaltung her, wechsle den Gang (Kraftfahrzeug). 2) U begreife, verstehe, reagiere: *er hat schnell geschaltet.* 3) *mit ihm, etwas,* herrsche, verfüge darüber: *in der Küche schaltet und waltet die Hausfrau.* 4) *das Schiff,* führe gegen den

4. ossidi e idrossidi
5. carbonati, nitrati, borati
6. solfati, cromati, molibdati, tungstati
7. fosfati, arseniati, vanadati
8. silicati (neso-, soro-, ciclo-, ino-, fillo-, tectosilicati)

lena; 3. fluorite; 4. calcedonio; 5. cerussite; 6. celestina; 7. eritrite; 8. serpentino.

menti rigorosi fu Georg Bauer, noto come Agricola, autore della prima descrizione e

minerografia s.f. Studio dei minerali opachi mediante sezioni sottili osservate al microsco-

192 Enciclopedia universale Unedi 1974-78 minerali

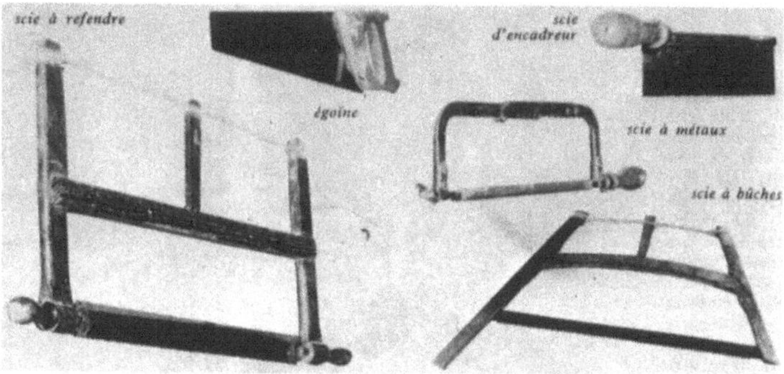

nerf sciatique et de ses branches. La douleur est *spontanée :* elle gêne la marche, entraîne la claudication et une attitude vicieuse du bassin (attitude antalgique). Mais elle peut être également *provoquée* par la palpation du nerf le long de son trajet et par des manœuvres particulières : recherche du signe de Lasègue (douleur vive provoquée par la flexion sur le bassin du membre inférieur étendu) et du signe de Bonnet (douleur provoquée par l'abduction du membre inférieur fléchi). Il existe une hypotonie musculaire, une abolition du réflexe achilléen et des troubles de la sensibilité au niveau du pied. La durée de la crise est variable (en général quelques semaines). Souvent, la douleur s'atténue sous l'influence du repos, puis reprend en même temps que l'activité. Le nerf peut être lésé (névrite) ou non (névralgie sciatique).

Les causes sont diverses : cause locale par compression ou irritation des racines du nerf (cancer vertébral ou médullaire, mal de Pott, coxalgie, tumeur pelvienne, séquelle de fracture vertébrale) ou maladie générale (diabète, syphilis, goutte, zona, paludisme). La sciatique par hernie discale précédée et accompagnée d'un lumbago depuis longtemps récidivant, est une forme fréquente. L'arthrose vertébrale est parfois en cause.

Le traitement, outre la cure de la maladie causale, comprend le strict repos au lit, les analgésiques, les infiltrations locales paravertébrales ou épidurales de corticoïdes et, dans certains cas, les manipulations et tractions vertébrales. La radiothérapie et les cures thermales sont utiles. La chirurgie est indiquée dans le cas de sciatiques récidivantes et dans celui des sciatiques paralysantes à leur début, ayant résisté aux autres thérapeutiques. L'intervention consiste en l'ablation de la hernie discale, complétée parfois par une greffe osseuse.

Scicli, v. d'Italie (Sicile, prov. de Raguse); 23 000 hab. — Industr. alimentaires.

1. scie [*si*], n. f. (du v. *scier*). TECH Instrument composé d'une monture et d'une lame d'acier portant sur un de ses côtés des dents égales et dont on se sert pour diviser des matières dures (bois, pierre, métal, etc.) en lui imposant un mouvement de va-et-vient (scie alternative) ou un mouvement de rotation (scie circulaire). Les Grecs attribuaient l'invention de la scie à Dédale. C'est un ingénieur français, Brunel, qui inventa la scie circulaire. ¦ La lame elle-même, indépendamment de la monture. ¦¦ *Voie de la scie*, espace plus large que l'épaisseur de la lame que l'on produit dans la matière sciée en déjetant un peu les dents à droite et à gauche alternativement pour permettre à la lame de jouer librement et pour laisser dégager la sciure. Les scies employées pour les pierres tendres et le placage n'ont pas de voie, mais chaque dent est séparée de la voisine par un espace ayant la longueur de 2 ou 3 dents, ce qui permet également à la sciure de s'échapper. ¦ *Trait de scie*, trait marqué sur l'objet à scier pour indiquer la marche à faire suivre à la lame. — Trace de la lame sur l'objet scié. — Par ext. Chacune des sections de l'objet scié. *Bois coupé en trois traits de scie*, en quatre morceaux. ¦¦ *Scie à main, scie égohine* ou *égoïne*, lame de scie assez large et assez résistante, emmanchée dans une poignée, et qui se manœuvre d'une seule main. — *Scie mécanique*, scie mise en mouvement par un moteur. — *Scie circulaire*, scie mécanique à lame circulaire tournant autour de son axe. — *Scie à ruban*, scie mécanique à lame à ruban sans fin tournant sur des volants. — *Scie alternative*, scie mécanique qui sert à faire des découpages intérieurs. Son déplacement est alternatif. — *Scie de charpentier*, scie à main dont le châssis se compose de deux bras, tenus dans un écartement constant par une *traverse* qui bute contre le milieu de chacun d'eux. Les extrémités inférieures de ces bras soutiennent la lame, tandis que les extrémités supérieures sont réunies par une corde qui fait quatre ou cinq tours. Une planchette appelée *garrot*, passée au milieu des tours de la corde, sert à tordre celle-ci, de manière qu'en se raccourcissant elle tire les bras et les fait basculer sur les bouts de la traverse, ce qui amène la tension de la lame. On arrête ensuite le garrot en introduisant sa partie inférieure dans la traverse. — *Scie à chevilles*, petite scie à main qui sert à scier les bouts de chevilles. — *Scie de travers*, scie à main à denture fine permettant de scier le bois en travers des fibres. — *Scie à refendre*, scie à main utilisée pour scier le bois dans le sens de la longueur des fibres. La lame est fixée à tourillons. — *Scie à araser*, petite scie d'assemblages. — *Scie à guichet*, scie à main dont la lame est étroite. — *Scie à chantourner*, scie destinée à suivre des courbes; la lame, très étroite, est fixée à deux pièces cylindriques qui tournent parallèlement à son axe, ce qui lui permet de pivoter sur elle-même et de suivre toute espèce de courbure. — *Scie passe-partout*, grande scie avec laquelle on coupe les arbres ou qu'on emploie pour

scie tronçonneuse

diviser les pierres tendres; elle est munie d'un petit manche à chaque bout; deux hommes la font mouvoir en tirant et en poussant alternativement. — *Scie à métaux*, scie en acier trempé

scie à ruban

464

ine energetico dipendente elettrôni hanno di scambtive posizioni. Tale feno- :e quantistico e non trova ı meccanica classica; pre- :he analogia formale con i che avvengono tra due ppiati: per questo motivo *i s.* sono dette anche *forze* ze possono essere rappre- :e mediante *operatori di s.*, ıne di scambiare le coordi- , nel termine dell'energia e d'onda. Va osservato che ıttive quando gli spin dei ›aralleli, repulsive quando iipende dall'azione diretta ci associati agli spin, che ma dal fatto che se l'au- sistema formato dai due cosa che avviene quando leli, l'energia associata è pondente all'autofunzione ma a spin paralleli, e per- stabile. ▭ La meccanica caci valutazioni della sta- egame covalente, della cui nsabili le forze di scam- ngono, sebbene meno di- formazione delle molecole ›polare, in cui la stabilità ı principalmente all'attra- iue ioni di segno opposto. di s. intervengono sia per

SCAMBIO – Fig. 2. S. ferroviario semplice

cleone, che raggiunge il suo primo massimo per la particella α. Dalla considerazione di molti dati sperimentali, concernenti soprattutto le energie di estrazione di neutroni e protoni da nuclei

stato di momento angolare relativo pari oppure dispari. Quando si considera la possibilità di scambiare solo gli spin si hanno le *forze di Bartlett*, mentre quando si considerano scambî sia di coordinate spaziali sia di spin si hanno le *forze di Heisenberg*; in quest'ultimo caso, l'interazione è attrattiva nello stato di tripletto e repulsiva in quello di singoletto. Anche nel caso delle interazioni di Bartlett le forze sono di segno opposto nel caso di singoletto e in quello di tripletto: ciò significa che le forze nucleari non possono essere rappresentate né da una pura interazione di Bartlett né da una pura interazione di Heisenberg. Le forze di Bartlett si devono escludere, anche perché non danno saturazione dell'energia di legame, cosa che invece si ottiene con quelle di Majorana e di Heisenberg. In definitiva l'interazione tra due nucleoni può essere rappresentata da una miscela dei varî tipi di forze, per esempio di Majorana e di Wigner. Quantunque le caratteristiche principali dell'interazione tra due nucleoni possano essere ben rappresentate da una combinazione di forze centrali con o senza s., ci sono alcuni piccoli effetti,

194 Lessico universale italiano 1968-81 scambio

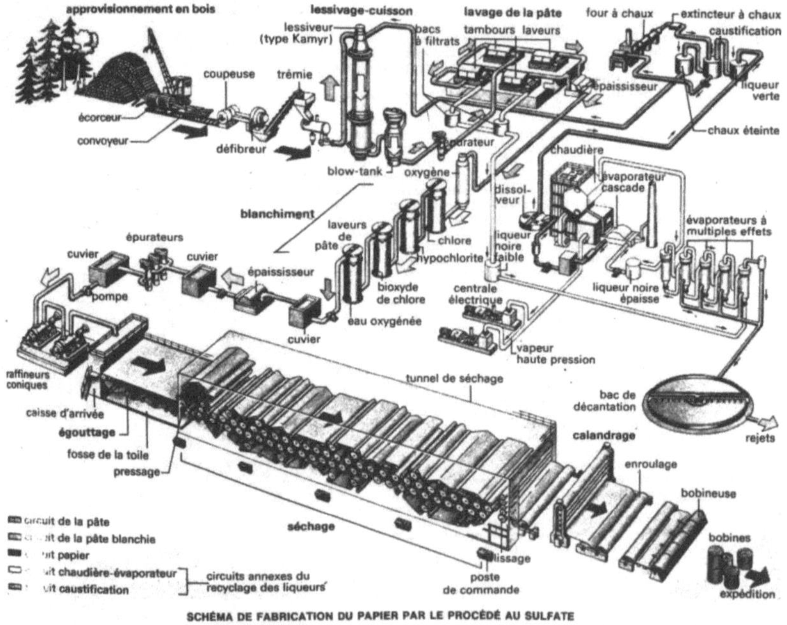

SCHÉMA DE FABRICATION DU PAPIER PAR LE PROCÉDÉ AU SULFATE

195 Petit Larousse 1981 Papier

AZEROLIER n. m. Grande aubépine cultivée dans le Midi pour ses fruits.

AZOTATE n. m. *Chim.* Syn. de NITRATE.

AZOTE n. m. (gr. *zôê*, vie). *Chim.* Corps

CYCLE DE L'AZOTE

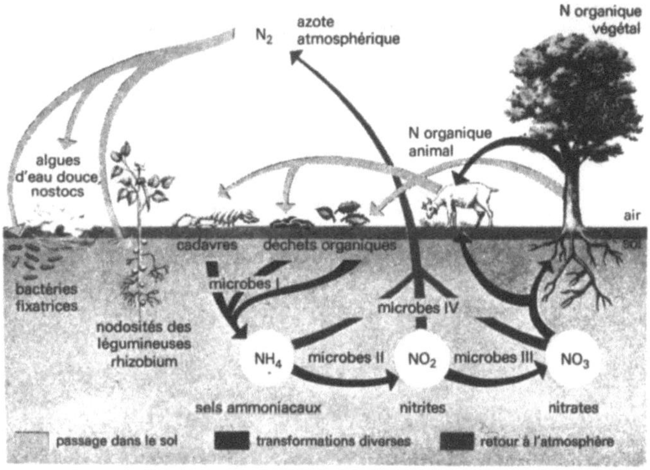

196 Petit Larousse 1981

Azote

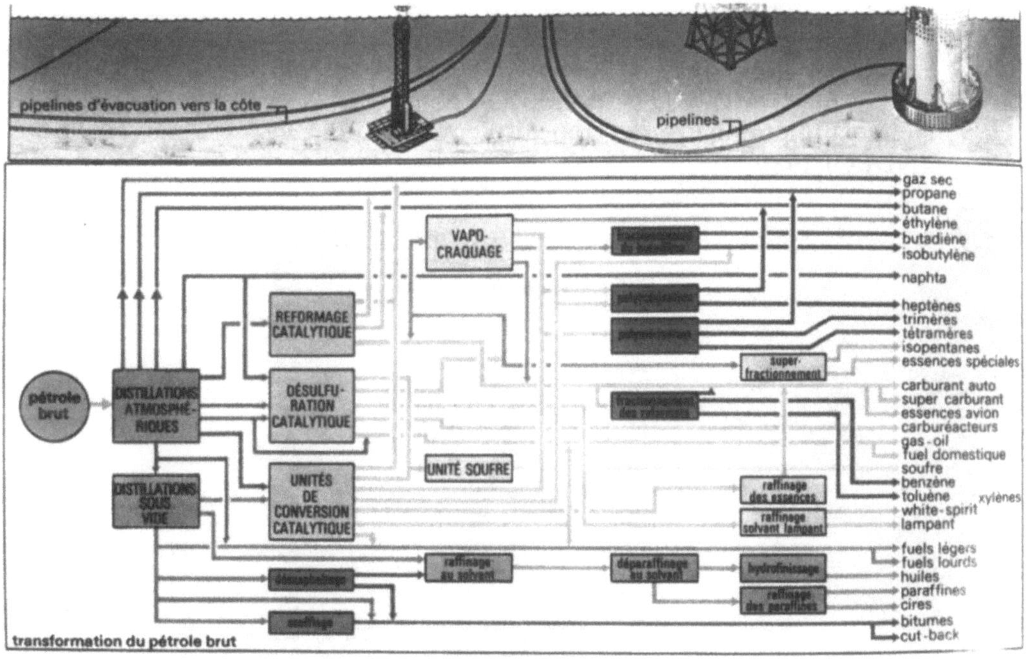

transformation du pétrole brut

nicht alle Tassen im Schrank haben *(geistig nicht normal scheinen).*

Tastatur, die; -, -en: *alle Tasten:* die T. der Schreibmaschine, des Klaviers.

198 Duden. Bedeutungswörterbuch 1970 — Tasse

199 Nouveau dictionnaire du française contemporain (NDFC) 1980 — avoine

AVOINE n. f. (lat. *avena*). Céréale dont les grains, portés par des grappes lâches, servent surtout à l'alimentation des chevaux. (Famille des graminacées.) ● *Folle avoine,* espèce d'avoine sauvage, commune dans les champs, les lieux incultes.

AVOIR v. t. (lat. *habere*) [v. tableau des conj.]. Posséder : *avoir de la fortune, du mérite.* ‖ Avec un nom sans article, indique une attitude, un état : *avoir faim, peur, mal à la tête; qu'avez-vous?* ‖ *Fam.* Tromper : *il s'est fait avoir.* ● *En avoir après, contre,* éprouver de l'irritation. ‖ *Il y a,* il est, il existe.

200 Petit Larousse 1981 — Avoine

13. ENGLISH SUMMARY

The aim of this study is to describe the history and the practice of illustrating dictionaries, encyclopaedias, and encyclopaedic dictionaries - here all subsumed under the term 'lexicographical works'. This topic has remained largely uninvestigated although encyclopaedias have been illustrated since the beginning of the 18th century and dictionaries, to an ever-increasing extent, since the middle of the 19th century.

The study starts with an investigation of the relationship between language and pictures in medieval illuminated manuscripts, the Biblia Pauperum, emblem books, and other books (in particular those with realistic illustrations) from the time after printing was introduced towards the end of the 15th century. Magazines and newspapers have been illustrated since the middle of the 19th century, and since the beginning of the 20th century there have been attempts to overcome the communicative limits of both language and picture (Mallarmé), as well as attempts to shed light on their potential relationship (Magritte). In comics, advertising posters, travel brochures, instructions for use, films, television and video recordings, visual information and language are also presented together (Ch. 3.1).

The discussion of the illustration of lexicographical works begins with an account of the development of printing, artistic techniques and various printing processes (Ch. 3.2).

The woodcut, invented at the beginning of the 15th century, was first used to illustrate a book in 1461. Whereas the relief printing of the woodcut permitted illustration and text to be printed simultaneously on one page, the intaglio method of copperplate engraving (also dating from the beginning of the 15th century) as a rule resulted in illustrations and text printed on separate pages. For three centuries this difference determined the way in which all kinds of books were to be illustrated. Thus the two oldest lexicographical works, dating from 1656 and 1658, have woodcuts and text on the same page while the third (1692) has copperplate prints on separate pages (cf. 6.2).

Similarly the study examines the effect of wood engraving, line etching, lithography, steel engraving and photography on the illustration of lexicographical works.

The investigation proper critically comments on the problems of classifying lexicographical works, including encyclopaedias. This is because it was presumed that the latter probably did influence the illustration of dictionaries (Ch. 4). In the following account of the history of lexicographical works this supposition is confirmed. Moreover, the inclusion of encyclopaedias shows up the intermediate position of the encyclopaedic dictionary between the dictionary proper and the encyclopaedia (Ch. 6).

To delimit the field of study, such encyclopaedias and dictionaries that are arranged according to subject areas were excluded. Amongst the latter 4 types of systematic organisation could be identified (4.1.2.2).

Also excluded were some other types of illustrated dictionary (Ch. 5): Bilingual dictionaries are seldom illustrated and if they are, principles vary considerably (5.1). Of the purely pictorial dictionaries as found among the mono- and bi-lingual pictorial Duden dictionaries (5.2), a new type can be identified, viz. the didactic pictorial dictionary (5.3), and this in turn can be distinguished from learners' dictionaries (5.4). From a corpus of 40 French works, some criteria are drawn up to characterise this heterogeneous class of dictionary. From the very large number of technical dictionaries only a few are presented (5.5.1). In the case of dialect dictionaries (5.5.2), the aim was to present a full documentation particularly of the earliest stages of illustration. Argot dictionaries (5.5.3) and idiom dictionaries (5.6) very often have cartoon-like illustrations.

The presentation of the historical development of illustration (Ch. 6) is based on English, French, Italian, Spanish, and German lexicographical works. Medieval lexicographical works and books appearing before 1700 had no effect on later developments (6.1). The fact that there are only 3 lexicographical works from the 17th century requires explanation, particularly as that was a time with an abundance of illustrated books (6.2). The situation changed at the beginning of the 18th century (6.3) when, whithin a few decades, 4 illustrated encyclopaedias and 5 illustrated dictionaries appeared in England, while in other European countries hardly anything comparable was published. An explanation is offered for England's leading role; things changed, however, in 1755 with the appearance of Samuel Johnson's dictionary. The illustration as the vehicle of information came into widespread use, starting in France with the appearance of the Encyclopédie's Plates in 1762 (6.4). This resulted in the publication of many illustrated encyclopaedias from then on (Ch. 6.5). The encyclopaedias of the 19th century are examined in order to show the progress made in techniques of illustration through the introduction of new printing processes (cf. 3.2).

But it was in England, once again, that the first modern illustrated dictionary appeared, though not until 1850 (J. Ogilvie). It was followed whithin 14 years by 3 rival works, showing that the use of illustrations in dictionaries had gained widespread acceptance. France followed in 1852 (M. Lachâtre) and Spain, responding to the English example in 1857 (R. Campuzano). In the 19th century, further Spanish illustrated dictionaries appeared in Paris, and, following the example of P. Larousse, G.B. Melzi published an Italian equivalent in 1891. For some unexplained reason it was not until 1931 that the first illustrated dictionary, 'Der Volksbrockhaus' appeared in Germany, where even today an illustrated dictionary is an exception. The history of illustrating dictionaries in the various countries is gone into, generally up to the beginning of the 20th century, or until the practice of illustrating dictionaries was adopted (Ch. 6.6).

The fact that dictionaries are illustrated less frequently than encyclopaedic dictionaries and the fact that encyclopaedic dictionaries are illustrated later than encyclopaedias, naturally raises the question about the difference between these 3 types of lexicographical work (Ch. 7). Is the difference possibly due to the fact that dictionaries inform only about language, encyclopaedias about the world, and encyclopaedic dictionaries about both? Subsequently the opinions of meta-lexicographers such as H.E. Wiegand, G. Haensch, R. Werner, J. Haiman, U. Eco and J. Rey-Debove are considered with regard to such matters as proper nouns, specialised vocabulary, the description of meaning as opposed to the description of things, and componential analysis. Then some articles from 4 Italian and 4 French dictionaries (dictionaries proper and encyclopaedic dictionaries) are analysed and compared to articles from encyclopaedias. The conclusion reached here is that a concise description of meaning in a dictionary is nothing but a presentation of characteristic and essential qualities of a thing or phenomenon. Consequently, the difference between the dictionary proper and the encyclopaedic dictionary lies primarily in the organisation of the articles. It depends on the intention of the editor whether the information on a lemma conveys ordinary and general knowledge or more specialised information. In other words, there is no real contrast between description of meaning and description of things.

In Ch. 8 the relationship between illustration and text is examined. First, there is a description of how dictionaries are illustrated (8.1), this description being based on a large number of dictionaries from the 5 languages investigated. This revealed differences in the arrangement of the illustrations, their size, complexity, their relationship to the text, differences in the reproduction processes used, in the use of photographs or drawings, colour, etc. In order to give a better assessment of the current practice of illustration, the editors of Brockhaus (Mannheim), Larousse (Paris), and Zanichelli (Bologna) were consulted (8.2).

In 8.3 a typology of illustrations is suggested, which in particular considers the role of illustrations in supporting explanations in dictionaries. The methods of reproduction are considered next and the properties of drawings and photographs weighed up against each other from various points of view (information theory, cognitive psychology and semiotics) (8.4.1); the difference between colour and monochrome illustrations is dealt with similarly (8.4.2).

The extent to which a picture can convey information was determined with the aid of insights gained from the disciplines of semiotics and esthetics, while research from information theory and cognitive psychology was consulted when investigating the relationship between visual and linguistic media (8.5). Finally, in 8.6, language and illustration are compared and contrasted so that the specific characteristics of each clearly emerge. The theoretical insights of the sciences above are then tested in a case study and expanded (8.7). Here, examples of the types of illustration (cf. 8.3) are analysed with regard to the information in the picture and the dictionary article itself.

The findings of the empirical investigation and the insights gained from the works evaluated in 8.5 and 8.6 are applied to the dictionary user and lead to a tentative theory of dictionary illustration (Ch. 9).

To a certain extent text and illustration prove to be complementary media for conveying information whose combination reinforces the information and heightens the learning effect. Just as a language-specific view of the world appears to come into being through the combination of thought and visual perception, the latter cannot occur independently of language and thought. One can therefore describe the world in two different ways: either by way of language or by way of illustration. Though different, language and visual perception are inextricably bound together.

It would therefore be desirable for lexicography to use even more systematically than before the complementary function of language and illustration in explaining lemmas.

14. RESUME FRANCAIS

L'objet principal de ce travail est de faire l'historique de l'illustration dans les dictionnaires de langue, les encyclopédies et les dictionnaires encyclopédiques, regroupés sous le titre d'ouvrages lexicographiques, et de décrire l'usage actuel de celle-ci. C'est un sujet qui n'a fait l'objet que de quelques recherches, bien que les encyclopédies, dès le début du 18e siècle, et les dictionnaires, de plus en plus dès le milieu du 19e siècle, aient eu recours à l'image.

L'illustration d'ouvrages lexicographiques établissant une relation entre le texte et l'image, l'analyse porte d'abord sur les possibilités de leur combinaison que l'on rencontre dans différents domaines de l'histoire de la civilisation. Entre autres, seront traités les manuscrits enluminés du moyen âge, la Bible des pauvres (Biblia pauperum), les livres d'emblèmes et, après la propagation de l'imprimerie à la fin du 15e siècle, les premiers livres illustrés. Le développement de reproductions réalistes retiendra une attention particulière. A partir du milieu du 19e siècle on assiste également à l'illustration de revues et de journaux. Le 20e siècle se caractérise par des tentatives visant à dépasser les limites respectives des deux moyens de communication que sont la langue et l'image (Mallarmé) et par l'exploration de leurs combinaisons possibles (Magritte). La bande dessinée, les affiches publicitaires, les prospectus touristiques, les modes d'emploi, le cinéma, la télévision et la vidéo combinent la langue et l'information visuelle (chap. 3.1).

L'étude de l'illustration des ouvrages lexicographiques débute par un bref historique de l'évolution de l'imprimerie, des arts graphiques et des différents procédés de reproduction (chap. 3.2). Inventée au début du 15e siècle, c'est en 1461 que la gravure sur bois fut utilisée pour la première fois pour illustrer un livre. La gravure sur bois, en tant que technique d'impression en relief, permettait la juxtaposition du texte et de l'illustration sur une même page. Par contre, le procédé presque aussi ancien de la taille-douce, en tant que technique d'impression en creux, conduisait en principe à regrouper les illustrations sur des pages à part. Cet antagonisme a régné trois siècles durant sur l'illustration du livre, toutes formes confondues. Les deux premiers ouvrages lexicographiques illustrés, parus en 1656 et 1658, présentent le texte et l'illustration sur une même page (gravure sur bois). Le troisième, datant de 1692, emploie la taille-douce et par conséquent sépare les illustrations du texte (cf. 6.2). De la même manière a été analysée l'influence des autres techniques (gravure en bois debout, lithographie, cliché au trait, gravure sur acier, photographie) sur l'illustration d'ouvrages lexicographiques.

L'étude même est précédée d'une discussion des critères par lesquels les trois principaux types d'ouvrages lexicographiques sont généralement classés (chap. 4). La recherche a englobé toutes sortes d'ouvrages lexicographiques, notamment les encyclopédies, car leurs illustrations étaient supposées avoir eu une influence sur celles des dictionnaires (4.1.1). Cette supposition se verra confirmée par l'évolution historique retracée dans le chapitre 6. Par ailleurs, l'inclusion des encyclopédies a permis de mettre en relief la position intermédiaire occupée par le dictionnaire encyclopédique (entre le dictionnaire de langue et l'encyclopédie). Pour délimiter le domaine de recherche, les encyclopédies et les dictionnaires à classement conceptuel ont été écartés (4.1.1.2 et 4.1.2.2).

D'autres types de dictionnaires illustrés sont seulement passés en revue pour justifier leur exclusion de l'étude principale: les dictionnaires bilingues sont rarement illustrés et lorsque c'est le cas, ils le sont selon différents principes (5.1). Les dictionnaires en images proprement dit, comme la série (monolingue et bilingue) des Duden en images (5.2), sont à distinguer du dictionnaire didactique en images (5.3), qui à son tour diffère du dictionnaire d'apprentissage (5.4). L'analyse de 40 ouvrages français de ce dernier type a pu dégager quelques critères permettant de caractériser cette catégorie hétérogène. Le nombre incalculable de dictionnaires spécialisés n'a permis d'en présenter qu'un échantillon (5.5.1). Quant aux dictionnaires dialectaux, un effort particulier a été fait pour documenter les débuts de leur illustration (5.5.2). Les dictionnaires d'argot (5.5.3) ou d'expressions idiomatiques (5.6) se prêtent plus spécialement à l'utilisation de dessins amusants.

Les ouvrages lexicographiques présentés dans la partie historique (chap. 6) proviennent de la Grande-Bretagne, des Etats-Unis, de la France, de l'Italie, de l'Espagne et de l'Allemagne. Pour des raisons diverses, le petit nombre d'ouvrages lexicographiques illustrés du moyen âge et du 16e siècle n'a exercé aucune influence sur la lexicographie des temps modernes (6.1). Au 17e siècle seuls trois ouvrages correspondants sont à noter, ce qui nécessite une explication en regard de l'énorme production d'autres livres illustrés à cette époque (6.2). C'est au début du 18e siècle que la situation change: en l'espace de quelques dizaines d'années paraissent en Angleterre quatre encyclopédies et cinq dictionnaires, tous illustrés, alors que dans les autres pays pratiquement rien de comparable n'a été publié (6.3). Cependant cette succession de dictionnaires illustrés se voit interrompue avec la parution du dictionnaire de S. Johnson en 1755.

L'image, en tant que moyen de transmission d'informations visuelles, s'impose à partir de 1762, date à laquelle commença l'édition des Planches de l'Encyclopédie (6.4). Dès lors, nombre d'encyclopédies illustrées voient le jour dans différents pays (6.5). Les progrès de l'illustration, réalisés grâce à l'utilisation d'arts graphiques et de procédés de reproduction nouveaux, seront démontrés à l'exemple des encyclopédies du 19e siècle (6.6.1).

C'est seulement en 1850 que paraîtra, en Angleterre une fois de plus, le premier dictionnaire illustré moderne (J. Ogilvie), suivi de trois ouvrages concurrentiels en 14 ans, signe révélateur que l'idée d'illustrer les dictionnaires s'était rapidement imposée. La France suivra en 1852 (M. Lachâtre) et, encouragée par l'exemple anglais, l'Espagne en 1857 (R. Campuzano). C'est à Paris que parurent au 19e siècle d'autres dictionnaires espagnols illustrés et même le premier ouvrage italien correspondant de 1891 (G.B. Melzi) a été inspiré par P. Larousse. Pour des raisons inexpliquées, c'est seulement en 1931 que l'on verra apparaître en Allemagne, pays où jusqu'à nos jours l'illustration de dictionnaires demeure l'exception, le premier dictionnaire illustré (Der Volksbrockhaus). En règle générale, l'histoire de l'illustration a été retracée pour chaque pays jusqu'au début du 20e siècle, c'est-à-dire jusqu'au moment où cette pratique fut chose acquise (6.6.2 et 6.6.3).

Le fait que les dictionnaires de langue ont été illustrés plus rarement que les dictionnaires encyclopédiques et ces derniers plus tardivement que les encyclopédies conduit à poser la question de la différence entre ces trois types d'ouvrages lexicographiques (chap. 7). Réside-t-elle dans le fait que les dictionnaires de langue informent sur la langue, les encyclopédies sur le monde et les dictionnaires encyclopédiques sur les deux à la fois? Après une discussion du point de vue de métalexicographes (notamment de J. Rey-Debove, U. Eco, G. Haensch, J. Haiman, R. Werner, H.E. Wiegand) concernant les noms propres, le vocabulaire technique, la description sémantique face à la description de la réalité ainsi que l'analyse sémantique en traits pertinents (7.1-7.4), quelques articles de quatre dictionnaires français et italiens (à caractère linguistique et encyclopédique) ont été analysés (7.5). Puis, à titre de comparaison, ils ont été confrontés à des articles d'encyclopédies (7.5.2). Il en résulte qu'une description sémantique, même brève, n'est en fait rien d'autre qu'une description de la réalité réduite à l'essentiel. Par conséquent, la différence entre le dictionnaire de langue et le dictionnaire encyclopédique réside en premier lieu dans l'agencement de l'article. Selon l'intention des auteurs de dictionnaires, il n'y aura pour chaque mot vedette qu'une information générale de niveau moyen ou alors une information poussée, proche des connaissances spécialisées, ce qui ne veut en aucun cas dire que cela renvoie à une différence qualitative entre description sémantique et description de la réalité.

Suite à ces éclaircissements, le chapitre 8 examine de plus près le rapport entre l'illustration et le texte lexicographique. A cet effet, les pratiques actuelles de l'illustration sont analysées dans un grand nombre de dictionnaires des cinq langues considérées (8.1). On y relève des tendances divergentes concernant entre autres la disposition des illustrations, leurs dimensions, leur complexité, les techniques de reproduction, la relation texte-image, l'utilisation de photos ou de dessins, monochromes ou polychromes. Afin de mieux juger de l'illustration des dictionnaires, les rédacteurs en chef des maisons d'édition Brockhaus (Mannheim), Larousse (Paris) et Zanichelli (Bologne) ont été consultés (8.2).

Une typologie des illustrations a été proposée, qui met en relief surtout leur fonction de soutien aux explications du texte de l'article (8.3). Cette typologie ne concerne pas les procédés de reproduction des illustrations: aussi, a-t-il fallu considérer le rendement informationnel de la photographie face au dessin du point de vue de la théorie de l'information, de la psychologie cognitive et de la sémiotique (8.4.1). De la même manière ont été examinées les illustrations en couleurs par opposition aux illustrations en noir et blanc (8.4.2).

Sur la base des acquis des sciences de l'art et de la sémiotique, le rendement informationnel de l'image a pu être précisé (8.5.1 et 8.5.2). De même, l'interaction du texte et de l'image a été analysée à l'aide de travaux de la psychologie cognitive et de la théorie de l'information (8.5.3). Enfin, la comparaison directe entre l'image et le texte a permis de démontrer clairement la capacité spécifique de chacun des deux moyens de communication (8.6). Les contributions théoriques des différentes sciences sont ensuite vérifiées et complétées (8.7) par une étude concrète: une série d'exemples couvrant les dix types d'illustrations (voir 8.3) est soumise à une analyse, dans laquelle l'apport informationnel de l'illustration et des parties verbales de l'article a spécialement retenu l'attention.

Les résultats conjugués de cette analyse et des travaux considérés dans les chapitres 8.5 et 8.6 aboutissent, en les ramenant à l'optique de l'utilisateur de dictionnaires, à l'ébauche d'une théorie de l'illustration (chap. 9). Texte et image s'avèrent être, dans une certaine mesure, deux moyens complémentaires de transmission de l'information, dont la combinaison facilite le décodage du message linguistique et iconique. De même que la conception linguistique du monde trouve apparemment son origine à la fois dans la pensée et la perception visuelle, cette dernière ne peut se réaliser ni en dehors de la langue ni en dehors de la pensée. Par conséquent, le langage et la perception visuelle sont deux instruments à fonctionnement différent pour saisir la réalité. Pour la rédaction d'articles de dictionnaires, il serait souhaitable que la lexicographie utilise de façon plus systématique la complémentarité de la langue et de l'image.

15. SACHINDEX

16. NAMEN- UND TITELVERZEICHNIS

16.1 Titelverzeichnis

16.2 Namenverzeichnis[1]

[1] Bei der Erstellung des Namenverzeichnisses durch das Textverarbeitungssystem wurden Umlaute nach den entsprechenden Vokalen angeordnet, also *Bätschmann* nach *Bazzarini*. Analoges gilt für Buchstaben mit Akzent, also *Béjoint* nach *Beyerlinck*.

17. ANHANG: WERNER HUPKA, WORT UND BILD. DIE ILLUSTRATIONEN IN EINSPRACHIGEN FRANZÖSISCHEN WÖRTERBÜCHERN[0]

1. Illustrierte Wörterbücher in verschiedenen Sprachen

Bei der Benutzung einsprachiger Wörterbücher (WB) bemerkt man, daß einige mit Illustrationen geschmückt sind, daß andere auf diese Zutat verzichten.

So finden sich Abbildungen, wenn auch in geringer Zahl, in vielen italienischen WB, z.B. in Devoto/Oli 1971, während etwa Felice/Duro 1975 keine enthält. Zum Spanischen finden sich einige Illustrationen etwa in Vox ^{3}1973, wohingegen der *Diccionario Durvan de la lengua Española* 1965 ohne auskommt[1].

Für das Englische lassen sich analoge Beobachtungen machen: Das *Oxford Advanced Learner's Dictionary of Current English* ^{3}1974 enthält einige Abbildungen, *The Concise Oxford Dictionary* ^{7}1982 jedoch nicht. Das *Duden Bedeutungswörterbuch* 1970 ist durch Zeichnungen illustriert, Wahrigs *Deutsches Wörterbuch* ^{3}1980 nicht.

Um dieses kleine Panorama mit dem Französischen abzurunden, so gilt für die französische (fr.) Lexikographie[2] der *Petit Larousse* (PL) als der Prototyp des illustrierten WB - er enthält seit 1879 Abbildungen, seit 1935 auch Reproduktionen von Fotos. Ihm folgten mit großem zeitlichem Abstand der *Dictionnaire usuel Quillet Flammarion* 1956 - dieses WB brachte die Farbfotographie ins einbändige fr. WB; *Pluridictionnaire Larousse* 1975 (Pluri); *Dictionnaire encyclopédique Larousse* 1979 (DEL); *Dictionnaire Hachette* 1980 (DH); *Dictionnaire usuel illustré Flammarion* 1981 (DF). (S. 166/67)

In Parenthese sei angemerkt, daß bisher ausschließlich einbändige Werke genannt wurden; ihr Umfang liefert jedoch mehr als ausreichend Stoff für eine Analyse der Funktion der Illustrationen, die Ergebnisse können auf die mehrbändigen WB übertragen werden. Doch zurück zu den fr. WB.

Den illustrierten WB stehen der *Petit Robert* 1967 (PR), der *Dictionnaire du français contemporain* 1966 (DFC), *Lexis* 1975 und zahlreiche weitere WB gegenüber, die nur lexikographischen Text enthalten.

2. Dictionnaire de langue vs. dictionnaire encyclopédique

Zur Erklärung dieser zwei Typen fr. WB könnte man an die in der Tradition der fr. Lexikographie fest verankerte Unterscheidung in *dictionnaire de langue* und *dictionnaire encyclopédique* denken: Ersterer enthält nur Gattungsnamen (*noms communs*), letzterer zusätzlich Eigennamen (*noms propres*)[3]. Der *dictionnaire encyclopédique* ist durch die in ihm enthaltenen Gattungsnamen von reinen Sachwörterbüchern, genannt *encyclopédie*, wie der *Encyclopédie alphabétique Larousse, Omnis* (1977) zu trennen.

	dict. de langue	dict. encyclop.	encyclopédie
Gattungsnamen	+	+	-
Eigennamen	-	+	+
Illustrationen			

Tabelle 1

Es hat demnach den Anschein, als gehörten die illustrier-(167/168)ten WB dem Typ des *dictionnaire encyclopédique* an. Dafür spricht der Titel des DEL sowie die Untertitel des PL "Dictionnaire encyclopédique pour tous", des DH "Langue. Encyclopédie. Noms propres" und des Pluri "Dictionnaire encyclopédique de l'enseignement". Somit würde neben den Eigennamen die Illustration den enzyklopädischen Aspekt dieser Wörterbücher betreffen oder gar ausmachen[4], wobei jedoch sowohl Eigennamen wie *Agrippine* und Gattungsnamen wie *aigle* illustriert werden. Die Tabelle 1 könnte demnach in der untersten Zeile (von links nach rechts) mit -, +, + versehen werden.

Diese für das Französische lange gültige Zuordnung wurde jedoch 1980 in signifikanter Weise durchbrochen: In diesem Jahr erschien eine Neubearbeitung des DFC unter dem Titel *Nouveau dictionnaire du français contemporain illustré* (NDFCI) - das rein semasiologisch, innersprachlich definierende WB erhält hierbei 1062 Illustrationen. Da der neue DFC wie sein Vorgänger keine Eigennamen enthält und ansonsten keine grundsätzlichen Veränderungen aufweist[5], liegt hiermit für das Französische ein neuer Typ von WB vor: ein *dictionnaire de langue* mit Illustrationen[6].

Offenbar sind die Illustrationen demnach nicht an den Typ des *dictionnaire encyclopédique* gebunden, womit sich die fr. Lexikographie den in den meisten anderen Ländern üblichen Gepflogenheiten anschließt.

Diese Befunde zu den Illustrationen in fr. WB geben Anlaß, nach dem Sinn und Zweck, nach der Funktion der Illustrationen in WB zu fragen. Es wird letztendlich zu prüfen sein, was die Illustration neben den übrigen Bestandteilen des Wörterbuchartikels wie der Definition, den Synonymen, den Beispielen etc. bei der Konsultation der WB, d.h. für den Benutzer, zu leisten vermag. (168/69)

3. Die Praxis der Illustration in der französischen Lexikographie

Bevor die Funktion der Illustrationen analysiert werden kann, soll hier zunächst die Praxis der Illustration in den WB beschrieben werden: Es ist zunächst zu fragen, welche Lemmata in den verschiedenen WB illustriert werden, ob sich dabei bestimmte Typen von Wörtern herauskristallisieren. Ferner ist eine Aufstellung der verschiedenen Illustrationsweisen erforderlich, denn es werden, wie ein kurzer Blick in die WB zeigt, Fotos, Zeichnungen und Schemata etc. eingesetzt, jeweils in Farbe oder schwarzweiß. Abschließend sollen die Illustrationsverfahren unter semiotischem Aspekt im Hinblick auf ihre Verwendung im WB beurteilt werden. Um begründete Feststellungen über die Praxis der Illustrierung treffen zu können, wurde der Buchstabe A in fünf der genannten illustrierten WB analysiert: in PL71, PL81, NDFCI, DH, DF.

3.1 Konstanz oder Varianz bei den Illustrationen?

Zunächst soll der Frage nachgegangen werden, ob in verschiedenen Auflagen *eines* WB dieselben Lemmata illustriert werden, mit anderen Worten ob von einer *Konstanz der Illustrierung* gesprochen werden kann. Mit dieser Fragestellung wird in erster Linie der PL wegen seines jährlichen Erscheinungsmodus angesprochen. Der Vergleich des PL71 mit der Ausgabe von 1981 zeigt, daß von den 140 mit Abbildungen versehenen Lemmata von 1971 zehn Jahre später nur noch 86 illustriert werden, d.h. etwa 61%. Der PL81 bringt jedoch bei 43 Einträgen gegenüber der früheren Auflage Abbildungen, so daß die Zahl der Illu-(169/170)strationen insgesamt nur leicht gesunken ist: PL81 enthält 129 Abbildungen (86+43) gegenüber den 140 von 1971. Daß diese Veränderungen in der Illustration nichts mit der Entwicklung des Wortschatzes zu tun haben, zeigt, daß nur *ein* illustriertes Lemma (*attifet* - eine Art Häubchen als Kopfbedeckung im 16. Jh.) nach 10 Jahren nicht mehr auftaucht und nur vier illustrierte Neueinträge (*addax*, *anableps*, *antibiogramme*, *arganier*) zu verzeichnen sind; vgl. Tabelle 2.

	Illustriert Lemmata	Davon neu
PL71	140	-
PL81	129	43
NDFCI	86	20
DH	87	40
DF	129	49

Tabelle 2: Die linke Spalte enthält die Zahl der beim Buchstaben A illustrierten Lemmata, die rechte Reihe, die von oben nach unten zu lesen ist, verzeichnet die gegenüber den vorerwähnten WB jeweils zusätzlich illustrierten Wörter. Die den (nur geringen) Wandel des aufgenommenen Vokabulars berücksichtigenden Zahlen wären etwas kleiner.

Erweitert man die Vergleichsbasis um den NDFCI, verwundert es nicht, daß bei dem geringen Wortschatz die Zahl der illustrierten Lemmata mit 86 kleiner ist. Umso erstaunlicher ist es, wenn 20 Einträge - sie sind selbstverständlich alle im PL81 und mit *einer* Ausnahme (*abribus*, 'überdachte Bushaltestelle') auch im PL71 enthalten - in den genannten Auflagen des PL mit ihren insgesamt 183 Abbildungen (PL71: 140+43 neu in PL81) nicht illustriert werden.

Zu einem ähnlichen Ergebnis führt die Einbeziehung des (170/71) DH in diesen Vergleich, wobei natürlich nur die Gattungsnamen gezählt werden. Er bringt bei nur 87 Abbildungen 40 zu Lemmata, die in den drei vorher ausgewerteten WB nicht illustriert waren, obwohl sie im PL81 bis auf vier (*abomasum*, *accenteur*, *agame*, *anaglyphe* (historische Bedeutung)) alle enthalten sind.

Schließlich bietet der DF bei 129 illustrierten Einträgen nochmals 49 gegenüber den vorerwähnten WB neue Abbildungen, obwohl wiederum nur 4 Lemmata in PL81 fehlen: *aspartique* (Chim.), *astroide* (Math.), *atour* (Hist.) und *azine* (Chim.).

Hiermit soll dieser Vergleich abgebrochen werden, denn es zeigt sich mit genügender Klarheit, daß von einer Konstanz der Illustrierung gewiß nicht gesprochen werden kann, wenn in jedem WB ein Großteil unterschiedlicher Lexeme illustriert werden; dieser Zustand wird eher mit "Varianz der Illustration" beschrieben.

Ein Indiz anderer Art liefert der NDFCI, der 31 seiner 86 Abbildungen aus dem PL übernimmt, d.h. 36%; es sind mindestens 36%, da als mögliche Quelle nur die Ausgabe von 1971 herangezogen wurde. Der PL81 bietet in etwa der Hälfte der Fälle eine neue und wohl verbesserte Abbildung, verzichtet aber, und das ist das Erstaunliche, in 1/3 der Fälle ganz auf die Abbildung. Illustrationen wandern also innerhalb eines Verlages von einem Produkt zum anderen, wobei es den Anschein hat, als habe der NDFCI die aus dem PL ausrangierten Illustrationen erhalten. (171/72)

3.2 Die Gegenstandsbereiche der Illustrationen

3.2.1 Konkreta

In den fünf ausgewerteten WB werden zusammen knapp 300 verschiedene Lemmata illustriert; es ist zu erwarten, daß dies Wörter sind, die vornehmlich reale Gegenstände, die äußere Erscheinung und Form, kurzum Aspekte der uns umgebenden sichtbaren Welt bezeichnen/denotieren. Welches sind hierbei die hauptsächlichen Gegenstandsbereiche, die bevorzugt illustriert werden?

	total	Pflanzen	Tiere	Technik	Med. Begriffe/ Körperteile	histor. Gegenst.	Architektur	Mathematik	
PL71	140	29	27	20	6	8	14	7	= 111
NDFCI	86	24	22	6	7	5	(3)	(4)	= 71

Tabelle 3: Die häufigsten Gegenstandsbereiche der Illustrationen. Bereiche, die in beiden WB unter 5% der Gesamtsumme ausmachen, werden nicht aufgeführt; die eingeklammerte Ziffer besagt, daß in dem betreffenden WB die 5% nicht erreicht werden.

Aus Tabelle 3 wird ersichtlich, daß 80% der illustrierten Lemmata mit unterschiedlicher Gewichtung in den beiden WB den sieben angeführten Bereichen angehören. Während es evident ist, was zu Pflanzen, Tieren, Körperteilen zu rechnen ist, seien zu den übrigen Gebieten einige Beispiele genannt: Zur Technik wurden etwa *accumulateur*, (172/73) *amortisseur* 'Stoßdämpfer' und *automobile* gerechnet, zu den historischen Gegenständen z.B. *armures* 'Ritterrüstung', *aigle romaine* 'das römische Feldzeichen mit dem Adler'. Die Architektur betrifft *arc-boutant* 'Strebepfeiler', und zur Mathematik gehören die Winkel, *angles* oder die Abszisse, *abscisse*. (Alle Beispiele aus NDFCI.)

Die oben in Punkt 3.1 allgemein beoachtete Varianz der Illustrierung läßt sich nun bezüglich der Gegenstandsbereiche und der auf sie referierenden Wörter konkreter erfassen.

	total	Pflanzen	Tiere	Technik	med. Begriffe/ Körperteile
nicht mehr	54	7	11	9	2
neu	43	7	11	4	2

	historische Gegenstände	Architektur	Natur	Choreographie
nicht mehr	3	8	-	-
neu	(2)	-	5	3

Tabelle 4: Die obere Zeile entält die im PL81 gegenüber dem PL71 nicht mehr illustrierten Lemmata, die untere Zeile die neu illustrierten. Zur Verwendung der runden Klammer vgl. Tabelle 3.

Um wieder mit dem Vergleich der beiden Auflagen des PL zu beginnen, so lassen sich als Tendenzen vielleicht beobachten, daß technische Geräte wie *roue à aubes d'un moulin* 'Schaufelrad einer Mühle', *aspirateur-balai* 'Staubsauger', *amortisseur* 'Stoßdämpfer' und Begriffe der Architektur wie *abaque* 'Abakus', *architrave*, *archi-*(173/74)*volte* in geringerem Umfang illustriert werden, wobei die Technik vier Neuzugänge zu verzeichnen hat, darunter *angledozer* 'Planierraupe', 'Winkelräumpflug', *aéroglisseur* 'Luftkissenboot', solche der Natur, worunter auch Wettererscheinungen wie *altocumulus* gezählt werden, und der Choreographie (*adage* 'erster Teil des *pas de deux*') dagegen häufiger.

Wenn man weiter beobachten kann, daß sieben Pflanzenabbildungen weggelassen wurden, jedoch sieben neue hinzukamen, elf Tiere nicht mehr illustriert wurden, dagegen elf andere Tiere eine Abbildung erhalten etc., sucht man ein diesen Austausch steuerndes Prinzip. Welches sind also ganz konkret beispielsweise die betreffenden Pflanzen - um gleich den ersten Bereich zu nehmen.

Nur im PL71	In beiden Auflagen		Nur im PL81
acacia	*abricotier*,	*arum*,	*aconit* 'Eisenhut'
airelle 'Heidelbeere'	*abricots*,	*asperge*,	*agrumes* 'Zitrusfrüchte'
ajonc 'Stechginster'	*acanthe*,	*asphodèle*,	*alisier* 'Maulbeerbaum,Elsbeerbaum'
akènes'einsamige Schließfrucht'	*agave*,	*aubergines*,	*amanites*, 'Knollenblätterpilze'
	ail,	*aulne*,	*araucaria*, 'Araukarie'
anthères 'Staubbeutel'	*algues*,	*avocats*,	*arganier*
asparagus	*aloès*,	*avoine*,	*aristoloche*, 'Osterluzei, Aristolochia'
aubépine'Weißdorn'	*amandier*,	*azalée*	
	ananas,		
	anémones,		
	arachide,		
	arbre,		
	arnica,		
	artichauts,		

Tabelle 5: Die Abbildungen von Pflanzen in den beiden Auflagen des PL. (174/75)

Ein Vergleich der drei Spalten von Tabelle 5 legt die Frage nahe, warum etwa die Akazie, der Stechginster und der Weißdorn zehn Jahre später keine Illustration erfordern sollten, während sie für die Agave, Erle, Azalee beibehalten werden. Die weggefallenen Illustrationen betreffen ebenso seltene oder wichtige Wörter wie die beibehaltenen und wie die neu hinzugekommenen. Für die Benutzer des WB wäre die Illustration aller in Tabelle 5 enthaltenen Lemmata wünschenswert. Ein Prinzip, das die Illustrierung dieses Objektbereichs steuert, ist nicht zu entdecken - gleiches gilt wohl für die anderen Bereiche -, so daß nicht nur von einer Varianz, sondern von einer gewissen Beliebigkeit in der Illustrierung gesprochen werden muß. (Es sei denn, die Variatio wird zu dem Prinzip erhoben, nach welchem dem Käufer jedes Jahr ein optischer Anreiz zum Kauf geboten werden soll.) Dieser Eindruck wird noch dadurch verstärkt, daß in den anderen untersuchten WB acht weitere Pflanzennamen illustriert werden: NDFCI: *alfa* 'Alfagras, Esparto' und *anis*, DH: *adonis* 'Adonisröschen', DF: *amarante* 'Fuchsschwanz, Amarant, m.', *amaryllis*, *arbre à pain* 'Brotfruchtbaum', *asters* 'Astern' und *aucuba* 'Aukube, f.'. Auch der Anis, die Aster und Amaryllis wie das Alfagras usw. könnten im PL81 illustriert werden, der alle 8 Lemmata enthält. Es wird offenbar nicht ein noch zu definierendes, intersubjektives Basiswissen bei den Benutzern der WB angenommen, was die Illustrierung von ausschließlich speziellen Bedeutungen erfordern würde; so könnte auf eine Abbildung zu *ail* 'Knoblauch', *arbre* 'Baum' oder von *arc* 'Bogen' (als Waffe), *aisselle* 'Achsel' u.a. verzichtet werden[7].

Nach dieser Übersicht über die hauptsächlichen Objektbereiche des PL und des NDFCI und der Untersuchung zu (175/76) den Pflanzenbezeichnungen seien noch aus den anderen ausgewerteten WB Ergänzungen zu den bisherigen Beobachtungen angeführt.

3.2.2 Abstrakta

Während die bisher genannten Illustrationen auf konkrete Gegenstände wie Tiere, Körperteile, technische Geräte etc. verwiesen haben - dies ist ja der eigentliche Sinn der Illustrationen -, finden sich in den verschiedenen WB (nicht im NDFCI) Illustrationen auch zu Wörtern, die man als Abstrakta bezeichnen kann: Es handelt sich um Wörter wie *alpinisme*, *architecture*, *athlétisme*, *aviation*, *astronautique* (alle PL), ferner um *agriculture*, *astigmatisme* (nur DF) und um *apartheid*, *anticipation*, *alchimie* (nur DH), *archéologie* (DH und DF). Hier stellt sich sofort die Frage, wie denn ein Abstraktum abgebildet werden könne.

3.2.3 Vorgänge und Handlungen

Bevor jedoch auf diese Frage eingegangen werden kann, sei ein weiterer Typ von Wörtern genannt, der auch gelegentlich illustriert wird: Wörter, die Vorgänge und Handlungen bezeichnen. *Amble* 'der Paßgang', den Studenten des Afr. als Ableitung von *ambulare* bestens bekannt, ohne daß man durch die Etymologie oder das deutsche Äquivalent wüßte, um was es sich dabei handelt, wird im PL71 und NDFCI durch eine Giraffe illustriert, die beim Gehen beide linken Beine gleichzeitig hebt. Zu diesem Typ gehören auch *adoubement* 'Ritterschlag' (nur DH), *ablutions* 'die heiligen Waschungen bestimmter Religionen', *accouchement* 'Entbindung' (PL81 und DH, Abb. 1) und (176/77) *accouplement* 'Paarung' (nur DH) - man sieht zwei sich paarende Wanzen; ferner die nur in DF und DH illustrierten christlichen Begriffe *annonciation* 'Verkündigung', *apocalypse*, *ascension* 'Himmelfahrt' und *assomption* 'Aufnahme Marias in den Himmel'.

3.3 Die Wortarten der illustrierten Lemmata

Diese Wörter führen wiederum zu der Frage ihrer Illustrierbarkeit, aber auch zu der Frage nach dem Zusammenhang von Wortart und Illustration: Obige Lemmata bezeichnen Vorgänge und Handlungen, die z.T. auch durch Verben wiedergegeben werden können: vgl. *adouber*, *accoucher*, *s'accoupler*; illustriert werden jedoch nicht die Verben, sondern die entsprechenden Substantive[9]. In den untersuchten WB wird nur ein einziges Verb illustriert - natürlich auch jetzt nur auf den Buchstaben A bezogen[10] -, nämlich *apprivoiser* 'zähmen' (DH), das einen Negerjungen neben einem jungen Geparden sitzend zeigt - eine Illustration, die keinen ersichtlichen Bezug zu der Bedeutung des Verbs hat und als mißglückt anzusehen ist. Woran liegt es, daß Verben offenkundig kaum illustriert werden? Betrachtet man die sechs Abbildungen des PL81 zu *accouchement*, die verschiedene Phasen des Vorgangs der Geburt zeigen, wird klar, daß sie ebenso das Verb *accoucher* illustrieren könnten. Daß eher das Substantiv als das Verb illustriert wird, liegt also nicht an der Bedeutung selbst, sondern vielleicht an der mit einer Wortart verknüpften Hypostasierung, an der kategorialen Grundbedeutung der Wortart; "das Substantiv stellt das Bezeichnete (bzw. das Gemeinte) als Ding dar, ... das Verb als Tätigkeit" (E. Leisi, 1953: Kap. II A). Hinzu kommt, und hier ist Leisi zu ergänzen, daß das Verb ob-(177/78)ligatorisch je nach seiner Valenz eine oder mehrere Leerstellen für seine Mitspieler eröffnet (*qn accouche de qn*); somit kann ein Verb nicht als Infinitiv, sondern nur in einem Satz (mit unmarkiertem Modus und Tempus: Indikativ Präsens), der eine konkrete Situation widergibt[11], illustriert werden. Das Verbalsubstantiv dagegen bezeichnet eher das Geschehen an sich, in einer vielleicht als "holistisch" zu qualifizierenden Sicht.

So verfahren auch WB, die etwa aus didaktischen Gründen den gesamten Grundwortschatz, also auch Verben illustrieren, wie etwa J. de Cantalausa (1979), der z.B. das okzitanische Verb *aconsomir* 'einschlafen' durch einen vor dem Fernseher eingeschlafenen Opa, der im Kreise seiner Familie dasitzt, illustriert (Abb. 2). Das Verbum wird in einem auf die dargestellte Situation bezogenen Satz verwendet: *Lo papeta* (Pfeil auf den Opa) *s'aconsomís davant la television*[12].

Unter diesen Voraussetzungen könnte man sich durchaus sinnvolle Illustrationen auch zu manchen anderen Verben vorstellen: etwa zu *sägen*, *schwimmen*, *kriechen*, *hobeln*, *kehren*, *schrauben*, *zerbrechen*, *abschälen*, *ringen* usw.

Ähnlich wie mit den Verben verhält es sich mit den Adjektiven, von denen in dem gesteckten Rahmen immerhin 15 illustriert werden. Wohl ebenfalls durch die kategoriale Grundbedeutung bedingt - Adjektiva bezeichnen Eigenschaften und Relationen -, kann ein Adjektiv nur in Verbindung mit einem Substantiv, welches der Träger der Eigenschaft oder Relation ist, illustriert werden. Hierbei lassen sich drei Typen unterscheiden:

1. Das Adjektiv bildet mit einem bestimmten Substantiv eine feste Kollokation und kommt praktisch nur in der einen Verbindung vor: *puits artésien* 'artesischer Brunnen' (DF, Abb. 3)[13]. (178/79)
2. Das Adjektiv bildet mit dem gewählten Substantiv einen Terminus technicus, kommt aber auch in anderen Verbindungen vor: *angles adjacents* (PL71) 'Nebenwinkel' (PL71, Abb. 4) - es gibt auch *rue adjacente, terres adjacentes* u.a.[14].
3. Die Verbindung von Adjektiv und Substantiv erscheint als zufällig und arbiträr, da beinahe jedes beliebig andere Substantiv hätte gewählt werden können: Das Adjektiv *astronomique* wird im DF mit *symboles astronomiques* illustriert, *aérodynamique* durch *étude*, *aérien* durch *lignes aériennes* (beide PL71)[15].

Nur in den ersten beiden Typen erscheinen die Illustrationen gerechtfertigt, da sie zum Verständnis der ganzen Nominalphrase beitragen, während, was *astronomique* beinhaltet, durch die Symbole für die einzelnen Sterne gar nicht zum Ausdruck gebracht werden kann und wohl auch nicht sollte[16].

Es wird somit unausweichlich, die bereits zweimal aufgeschobene Frage nach der Art und Leistung der Illustration jetzt aufzugreifen.

3.4 Versuch einer Typologie der Illustration

3.4.1 Die Illustration als ikonisches Zeichen

Die Illustrationen in WB sind unter semiotischem Aspekt ikonische Zeichen, die durch ihre Ähnlichkeit mit dem dargestellten Gegenstand und die mit ihm gemeinsamen Eigenschaften - man hat dabei etwa an identische strukturelle Merkmale zu denken - definiert werden. Somit können nach Peirce, der 1867 die Dreiteilung der Zeichen in Ikon, Index, Symbol begründete, sowohl das Farbfoto einer Blume als auch das Diagramm ihres Blütenstandes (179/80) als ikonische Zeichen verstanden werden, die sich nur nach dem Grad ihrer Ikonizität unterscheiden[17].

Der bei Peirce vorwissenschaftlich gebrauchte Begriff der Ähnlichkeit zwischen Zeichen und abgebildetem Objekt, in linguistischer Terminologie Referent oder Denotatum, wurde von Theoretikern der künstlerischen Wahrnehmung wie H.E. Gombrich (1974) und R. Arnheim ([2]1974) und von Seiten der Semiotik - hierfür stehe U. Eco (1972) - einer gründlichen Kritik unterzogen. Hierbei wurde übereinstimmend hervorgehoben, daß visuelle Wahrnehmung eine *Tätigkeit* des wahrnehmenden Subjekts ist, die in der Aktivierung bereits vorhandener Kenntnisse besteht[18], von Kenntnissen aus dem "alltäglichen Vertrautsein(s) mit Gegenständen und Ereignissen" und aus der "Welt von Bräuchen und kulturellen Traditionen, die einer bestimmten Zivilisation eigentümlich sind" (E. Panofsky 1975: 37)[19]. Hierzu zählen auch die in einer Kultur bisher gebräuchlichen Darstellungsverfahren. Wollen wir z.B. eine Rembrandtzeichnung als Landschaft verstehen, müssen wir "aus der oft flüchtigen Skizze auf dem kleinen Papier die Weite des Überblicks entwickeln, müssen in uns die Idee von Licht und Farbe hervorbringen sowie einzelne Gegenstände wie Häuser, Bäume, Hecken erst als solche entschlüsseln. Es bedarf also der Eigenleistung des Betrachters, der den Erkenntnisprozeß mit Hilfe seiner Erinnerung an Landschaft selber aufbauen muß. Ohne das eigene konstruktive Vermögen, das seine Art der Auffassung und Formung geltend macht, bleibt eine solche Zeichnung für den Betrachter nichtssagend" (G. Kauffmann 1978: 543). Um einem möglichen Mißverständnis vorzubeugen, sei hinzugefügt, daß auch das Verstehen von Sprache eine analoge Aktivität des Hörers erfordert, die sowohl darin besteht, kulturelles Wissen einzubringen (180/81) als auch darin, für eine Äußerung sich einen adäquaten Kontext vorzustellen.

3.4.2 Typen von Illustrationen

Unter Berücksichtigung der kulturgeschichtlichen Konditioniertheit unseres Wahrnehmungsvermögens eignet sich der Begriff der Ikonizität trotzdem, um in Verbindung mit der Bedeutung der illustrierten Lemmata zu einer Klassifizierung der Wörterbuchillustrationen zu gelangen[20].

Da die Funktion der Abbildungen im WB wohl vor allem in der Erläuterung des Lemmas bestehen dürfte, ist ein hoher Grad von Ikonizität Grundvoraussetzung für die Verwendung einer Illustration.

Typ 1: Diese Bedingung ist am leichtesten dort zu erfüllen, wo ein einzelnes Objekt, eine Planze, ein Tier (Abb. 5), ein Gegenstand wie eine Amphore, Armbrust, ein Kompaß, ein bestimmtes Möbel etc. abgebildet werden. Diesen ersten Typus, der nur den zu definierenden Gegenstand zeigt, könnte man "rein definitorische Illustration" nennen. Sie ist häufiger als die folgenden Typen zusammengenommen.

Typ 2: Manche Illustrationen zeigen mehrere Exemplare des mit dem Lemma bezeichneten Referenten: als Terminus wird "aufzählend definitorische Illustration" vorgeschlagen. Dieser aufzählende Definitionstyp müßte in den Fällen angebracht sein, in denen das Erscheinungsbild des Referenten besonders stark schwankt wie z.B. bei allen der Mode und der technischen Entwicklung unterworfenen Dingen: Kleidung, Auto, Einrichtungsgegenstände etc. In der Tat werden einige derartige Lemmata auf diese Weise illustriert wie *accouplements* 'Kupplungen' (PL81, Abb. 6), (181/82) *affiches* 'Plakate' (PL81), *agrafes* 'Klammern, Agraffen' (DH), *automobiles* (nur DF, der 16 Farbabbildungen bietet).

Hierbei werden, auch wenn *ein* Bild ausreichend veranschaulichen würde, was in der Mathematik ein Winkel (*angle*), in der Architektur ein Bogen (*arc*, Abb. 7), was ein Esel (*âne*), ein Gelenk (*articulations*, DH) ist, oft mehrere Exemplare gezeigt, um die verschiedenen Typen von Winkeln (spitz, stumpf etc.) von Bogen (spitz, rund etc.), Eseln (*onagre*, *bourricot*) usw. mit dem entsprechenden Vokabular nebeneinander zu präsentieren. Mit anderen Worten, die im PR innerhalb des Lexikonartikels nur aufgezählten *arc en plein cintre*, *arc brisé* etc. werden etwa im PL durch die Illustration definiert. In gewisser Weise wird hierbei der Wortfeldgedanke auf die Bebilderung übertragen.

Das Beispiel *agrumes* 'Zitrusfrüchte' (Abb. 8) steht für einen weiteren Verwendungszweck der aufzählenden Illustration: Der Inhalt von Klassenbezeichnungen wird wohl am einfachsten durch Aufzählung der darunter subsumierten Elemente erfaßt. Weitere Beispiele hierfür sind *amanites* 'Knollenblätterpilze', *annélides* 'Ringelwürmer, Anneliden' (PL81), *araignées* 'Spinnen' (NDFCI)[22].

Jedoch wird die aufzählende Illustration verschiedentlich ohne ersichtlichen Grund verwendet, denn es liefert nicht mehr Information, wenn man zwei statt nur einen Geigenbogen (*archet*) sieht (NDFCI), wenn im DH vier Heißluftballone am Rande der Seite hochsteigen (*aérostats*)[23] oder wenn im DH ein ganzer Haufen von *assignats* 'Assignate' statt wie im DF nur ein Exemplar gezeigt wird.

Typ 3: Unter einer "strukturell definitorischen Illustration" ist eine Abbildung zu verstehen, in welcher (182/83) der zu definierende Gegenstand im Zusammenhang, in einem System mit anderen gezeigt wird.

Was eine Abszisse ist, versteht man nur in Oppostition zur Koordinate wie die Abbildung im NDFCI und im DH, PL71, DF zeigt; daß der Schnittpunkt H *affixe* heißt, wird allerdings nur im DF illustriert (Abb. 9). Jedoch nicht nur mathematische oder astronomische Begriffe (*azimut* 'Scheitelkreis, Azimut', *ascension droite* (astr.) 'Rektaszension' (PL81)) sondern auch Begriffe aus der Architektur wie *abaque* 'Säulendeckplatte' (PL71, DF), *annelet* 'schmale Leiste um den Säulenschaft' (nur DF), *architrave* (nur PL71 und DH, Abb 10), sowie Körperteile wie *aine* 'Leistengegend' (nur NDFCI), *aisselle* 'Achsel' (nur NDFCI), *appendice* 'Blinddarm', *avant bras* 'Unterarm' (nur DH) werden im Zusammenhang mit angrenzenden Teilen illustriert. Weitere Beispiele sind etwa *anticyclon* 'Hoch(druckgebiet)' (nur DH) und *antipodes* (nur DF).

Die hier genannten Wörter bezeichnen offenbar Teile eines größeren Ganzen und sind ausschließlich oder zumindest besser aus dem Zusammenhang der strukturierten, bzw. gegliederten größeren Einheit verständlich, zu der sie in ihrer Mehrheit in einer "Teil-von-Relation" stehen[24].

Die sprachlichen Charakteristika dieses Teils des Wortschatzes sowie seine Integration in ein formales Grammatikmodell mit semantischer Komponente wurden offenbar nur von Bierwisch (1965) untersucht.

Typ 4: Bei bestimmten Objekten, vor allem technischen Geräten, ist zu ihrem Verständnis nicht nur die Kenntnis ihres äußeren Aussehens, sondern in einem sicherlich geringen Umfang auch ihres inneren Aufbaus, ihres Funktionierens erforderlich. In diesen Fällen ist ein *Funktionsschema* angebracht, das die Verwendung des Gerätes zeigt (183/84) oder einen Blick in seinen Aufbau tun läßt.

Nur PL71 und NDFCI geben (das gleiche) Funktionsschema eines Stoßdämpfers (Abb. 11), die übrigen wie DF begnügen sich mit einer Definition des Typs: "Dispositif pour réduire rapidement l'amplitude d'un choc, d'un son, d'une oscillation". Hierbei erfährt man nichts über die längliche Form, den beweglichen Kolben, der das Gas eines Stoßdämpfers im Auto zusammendrückt usw. Doch auf die unterschiedliche Information von Wort und Bild kann im Rahmen dieser Publikation nicht eingegangen werden. Jedoch ist der generelle Charakter der Definition bereits an diesem Beispiel festzustellen, dem die Illustration eines bestimmten Typs gegenübersteht.

Weitere Fälle dieser Art sind *accumulateur* (sehr klar im DF), *alambic* 'Destillierkolben' (PL71, DF), *puits artésien* 'artesischer Brunnen' (DF, Abb. 3) und ein Abstraktum *astigmatisme* (nur DF).

Zu *alidade* 'Diopterlineal, Alhidade, f.' bietet der PL71 ein Bild des Geräts, das zum Verständnis wenig beiträgt (Abb. 12), der DF bringt ein Funktionsschema, wodurch man sich eher vorstellen kann, wozu das Gerät dient (Abb. 13).

Offenbar ist die Bedeutung eines noch nicht näher bestimmten Teils des Wortschatzes so stark an die Funktion des Gegenstandes gebunden, daß man mehr als sein Äußeres[25] die Grundprinzipien seines Aufbaus und Funktionierens kennen muß, um über das Wort voll verfügen zu können. Die Frage, ob eine gewisse, ganz oberflächliche Kenntnis der Sache 'Stoßdämpfer' auch als Teil der Bedeutung des Wortes *Stoßdämpfer* zu werten ist, kann hier nur gestellt werden. Sie wird in der in Arbeit befindlichen größeren Veröffentlichung erörtert und beantwortet werden. (184/85)

Typ 5: Bei den bisherigen vier Typen veranschaulichte die Illustration jeweils das Lemma und ergänzte in noch nicht näher bestimmter Weise die Definition und die Beispielsätze. Dagegen liefert bei dem jetzt zu behandelnden Typ das Lemma nur das Stichwort für eine meist recht komplexe Illustration, die nicht mehr primär der Veranschaulichung des Gegenstandes dient, sondern die selbst als Text gelesen werden kann, da in ihr eine große Zahl von Wörtern ostensiv definiert wird. In reinster Form wird dieser 5. Typ von Illustration - man könnte sie "ostensiv definitorische Illustration" nennen - im *Duden. Bildwörterbuch der deutschen Sprache*, ^{3}1977 verwirklicht, der für verschiedene Sprachen vorliegt, und wo ganz auf lexikographischen Text verzichtet wird.

Die Abgrenzung vom Funktionsschema ist manchmal nur nach quantitativen Kriterien möglich: Ist etwa die Kenntnis von 33 Teilen eines Autos, von 23 eines Luftkissenbootes erforderlich, um das Prinzip ihres Funktionierens zu verstehen? Vgl. die Abbildungen aus PL (Abb. 14) und dem Duden (Abb. 15). Hier handelt es sich wohl primär um ostensiv definitorische Illustrationen, in deren Komplexität das Funktionsschema untergegangen ist.

In reiner Form liegt die ostensive Illustration vor, etwa bei *abdomen* 'Unterleib' (Abb. 16), *abeille* 'Biene', *armure* (alle PL81), *alvéole dentaire* (nur NDFCI), *anatomie de l'homme* (PL81, 2 ganzseitige Farbtafeln), *atmosphère* (PL71), aber auch bei technischem Gerät wie *aile d'avion* (PL81), *avion* (PL81).

Typ 6: Bestand bei den bisher genannten fünf Typen die Funktion der Illustration darin, das Lemma und gegebenenfalls weitere Teilbegriffe visuell zu präsentieren und damit auch zu explizieren, illustrieren die zu diesem 6. Typ zusammengestellten Abbildungen nur einen oft will-(185/86)kürlich gewählten Teilaspekt des Lemmas. *Acier* 'Stahl' und *aluminium* geben Anlaß zu Schaubildern über Lagerstätten und Verarbeitungsablauf (PL81, Abb. 17), *alimentation* 'Ernährung' wird mit einer Karte der weltweiten Lebensmittelproduktion verbunden (PL), *archéologie* im DH mit der die Spuren einer römischen Villa zeigenden Infrarotaufnahme. Derartige Illustrationen sind nicht wertlos, denn, auch wenn sie nicht die Bedeutung des Lemmas selbst veranschaulichen, was auch bei dem oftmals abstrakten Charakter derselben kaum möglich wäre, so enthalten sie doch Informationen über diverse damit verbundene Objekte und Sachverhalte, Informationen, die man wohl als "enzyklopädisch" qualifizieren muß; daher sei hierfür auch der Terminus "enzyklopädische Illustration" vorgeschlagen. Es fällt auf, daß der NDFCI keine Abbildungen dieses Typs enhält, die wie gesagt über das Lemma selbst recht wenig aussagen.

Offenbar sind Abstrakta meist nur auf diese indirekte Weise illustrierbar, in Form eines "Beispiels-für" wie etwa *apartheid* 'Rassentrennung' (nur DH, Abb. 18) in ihrer Auswirkung in Form von für Weiße und Farbige getrennten Schaltern eines Kioskes. Ebenso werden *architecture*, *athlétisme*, *astronautique*, *aviation*, *agriculture* u.a. durch oft ganze Serien von Farbreproduktionen illustriert: Bei *architecture* zeigt z.B. der DF auf vier Farbseiten 26 Resultate der Bemühungen von Architekten verschiedener Jahrhunderte und Erdteile, bei *athlétisme* werden die verschiedenen Disziplinen gezeigt (PL81), bei *agriculture* die dabei benutzten Geräte und Maschinen (DF). In allen Fällen kann nur der konkrete, sichtbare Aspekt des Abstraktums veranschaulicht werden.

Schließlich begegnen auch mißglückte Illustrationen, etwa wenn im DH *anticipation* 'Vorgriff, Utopie' durch ein (186/87) Gemälde mit diesem Titel illustriert wird, oder wenn im DH als *anarchiste* ein Mann gezeigt wird, der bei einem Attentatsversuch festgenommen wird, wobei die Illustration eine wohl unzulässige Bedeutungsverengung vornimmt.

3.5 Bewertung der Praxis der Illustration

Die hier vorgeschlagene Klassifikation der Illustration erlaubt die Feststellung, daß zumindest in den Typen 1 - 4 die Abbildungen wohl in der Mehrzahl der Fälle der Natur des Denotatums entsprechend gestaltet sind. Es muß jedoch einschränkend hinzugefügt werden, daß bei der Erstellung der Klassifikation vor allem auf gute Korrespondenzen zwischen Lemma und Illustration geachtet wurde, so daß die Zahl der wenig passenden und weniger aussagekräftigen Illustrationen höher sein dürfte, als es bei diesem selektiven Vorgehen erscheint.

In der ostensiven und vor allem der enzyklopädischen Form (Typ 5 und 6) übernehmen die Illustrationen zusätzliche Funktionen, die über die Abbildung des mit dem Lemma bezeichneten Objektes hinausgehen. Nur der NDFCI vermerkt dies ausdrücklich im Vorwort (S. VII, bezüglich des Illustrationstyps 5); die ostensiv definierten Wörter ("définis par l'image") erscheinen hier nicht mehr als Einträge im WB. Für den Buchstaben A sind dies 181 Fälle, was hochgerechnet etwa 2100 - 2200 so definierte Wörter im gesamten Lexikon ergibt.

Was man jedoch an der Praxis der Illustrierung bemängeln kann, ist ihr unsystematischer Charakter; mit anderen Worten die Möglichkeiten einer sinnvollen Illustration werden bei weitem nicht genutzt, man hat oft den Eindruck einer gewissen Zufälligkeit in der Wahl der illustrierten Lemmata und der Darstellungsmittel. "Meine (187/88) Kritik richtet sich im Grunde gegen die bisher generell nach Gefühl und Willkür praktizierte Bildauswahl in Wörterbüchern, bei der man den Verdacht nicht los wird, daß es dabei in erster Linie um Blickfangmaterial für den Käufer geht". Dieser Satz Standops aus einem Besprechungsaufsatz von 1981 über neue englische WB gilt auch für die Praxis in der französischen Lexikographie. Offenbar fehlt eine Theorie der Illustration im WB, was sich an dem fast völligen Fehlen von Sekundärliteratur zu diesem Thema manifestiert: die wenigen Bemerkungen dazu stammen von J. Rey-Debove (1970: 32-34 und 1971: 34-36), J. und C. Dubois (1971: 26 f. mit 18 Zeilen) und A. Rey (1982: 44-48). Auch im Vorwort zu den WB äußern sich die Herausgeber sehr knapp, im DF nur mit einem Satz.

Daher sollen im folgenden einige weitere Gesichtspunkte erörtert werden, die für eine Theorie der Illustration von Belang sein können, von denen aus Raumgründen nur einer in diese Veröffentlichung aufgenommen werden kann.

4. Elemente einer Theorie der Illustration im WB

4.1 Semiotische Aspekte der Illustration

Die bisher gezeigten Beispiele von Illustrationen repräsentieren das dargestellte Objekt auf die verschiedensten Weisen: Das Spektrum der Darstellungsmodi reicht von einfachen Strichzeichnungen über schattierte Zeichnungen, diese in schwarz-weiß oder farbig, Reproduktionen von Schwarzweißfotos, mit oder ohne Hervorhebung bestimmter Teile, bis hin zur Farbfotographie[26].

Auch in der Wahl dieser verschiedenen Darstellungsmittel (188/89) zeigt sich wieder die schon beobachtete Varianz in den WB:

	Fotos	Zeichnungen	unentscheidbar	Summe[27]
PL71	74	69	5	148
PL81	29	102	-	131

Tabelle 6: Das Verhältnis von Fotos und Zeichnungen in PL71 und PL81.

Es ist in den beiden Auflagen des PL demnach eine deutliche Abnahme der Verwendung von Fotos zu beobachten, die sich auch darin zeigt, daß bei aller Varianz im Gebrauch der Illustrationen immerhin 27 Fotos von 1971 zehn Jahre später durch Zeichnungen ersetzt waren, wobei 25 mal Pflanzen und Tiere involviert waren. Fotos werden im PL81 vor allem für historische (*armure* 'Rüstung') und architektonische (*arc-boutant* 'Strebepfeiler') Begriffe sowie für manche Abstrakta wie *athlétisme* verwendet. Demgegenüber bevorzugt der DH (und ähnlich der DF) die fotographische Wiedergabe in Farbe (nur DH) in einem Verhältnis zur Zeichnung von 60 zu 28 und beschränkt die durchweg farbigen Zeichnungen auf die Wiedergabe von Funktionsschemata, (*alternateur* 'Wechselstromgenerator'), Aufrißzeichnungen, Formeln etc. Was die Farbe betrifft, so ist sie in einem Funktionsschema, bei der Darstellung von mathematischen (*angles adjacents* 'Nebenwinkel' Abb. 4) oder astronomischen Begriffen (*azimut*) auf jeden Fall überflüssig. Dasselbe gilt für Lemmata aus dem Bereich der Architektur (*abside* 'Apsis'), der Technik (*antenne aérienne* 'Hochantenne', *aéroport*), der Körperteile, der historischen Gegenstände, der Choreographie und weitere Wörter wie *ancres*, *apiculteur*, *agrafes*, *alène* 'Ahle' etc.[28]. (189/90)

Die Farbe gehört offenbar bei nur wenigen Gegenstandsbereichen zum Wesen des Objekts, von dessen konstitutiven Merkmalen sie eines darstellt: An erster Stelle stehen hier per definitionem die Farbbezeichnungen selbst, von denen einige (nicht z.B. *azur*) nur im DH unter *couleur* ostensiv definiert werden[29]. Hinzu kommen der Name des Bernsteins, *ambre jaune*, oder geologische Bezeichnungen wie *améthyste* (beide nur DH)[30]. Dagegen ist bei *agate* 'Achat' weniger die Farbe, als die Form wesentlich - nur im DF und NDFCI -, wobei die Abbildung in DF informativer ist.

Bei den Abbildungen von Tieren, Pflanzen und Früchten bildet die Farbe in zahlreichen Fällen ein charakteristisches Merkmal und erleichtert dem Benutzer des WB die Orientierung in der Welt: vgl. etwa *accenteur* 'Braunelle, sperlingähnlicher Singvogel' aus DH mit *alouette* 'Lerche' in PL81.

Von einem gezielten Einsatz farbiger Abbildungen kann demnach in den französischen WB nicht die Rede sein. Der Fotographie als *"message sans code"*, als Nachricht ohne Kode, wird von Barthes (1964: 46) die Zeichnung als "message codé" gegenübergestellt, wobei die Kodierung durch die zeichnerische Darstellung der Perspektive, die Auswahl der wiedergegebenen und als relevant angesehenen Aspekte[31] und den Stil des Künstlers erfolgt. Dagegen erfolge in der Fotographie keine "transformation" der Realität sondern nur ihr "enregistrement", ihre Aufzeichnung[32]. Die Einwirkungsmöglichkeiten des Fotographen durch Wahl des Ausschnitts, des Abstandes, der Belichtung etc. werden von Barthes als sekundär angesehen, während - "il n'y a jamais de dessin sans style" - der Stil der Zeichnung inhärent ist. Demnach wären Fotos leichter zu verstehen, da sie, weil ohne Kode, unmittelbarer wir-(190/91)ken als Zeichnungen. Diese Folgerung behält ihre Gültigkeit, auch wenn inzwischen die Formulierung vom Foto als *message sans code* als zu pointiert bewertet wird[33].

"Ein Bild, das eine Definition in einem Wörterbuch erläutert ... denotiert nicht singulär irgendeinen Adler oder kollektiv die Klasse der Adler, sondern distributiv Adler im allgemeinen". Dieses Zitat von Nelson Goodman (1973: 32), einem "der prominentesten heutigen Philosophen" (so der Vorspann zur deutschen Ausgabe) - es ist übrigens in diesem Buch wohl seine einzige Äußerung zur Illustration im WB -, weist darauf hin, daß die Illustration das Typische an einem Adler, das allen Adlern gemeinsam ist, zeigen muß. Bei einem Foto kann nur ein Individuum abgebildet werden, das jedoch alle arttypischen Merkmale aufweisen kann; das dem Menschen eigene Abstraktionsvermögen erlaubt es, auch andere Individuen von Adlern als zur selben Klasse gehörig zu identifizieren, indem "we assume ... a generalizing attitude" (M. Wallis 1973: 486). Dies ist die natürliche Haltung des Bildbetrachters, der auch die Abbildung eines schlecht gewählten Individuums für typisch halten würde. Ob und inwiefern sich die Haltung bei der Bildbetrachtung von der bei der Beobachtung der Realität unterscheidet, konnte hier noch nicht untersucht werden. Gewichtiger ist das Problem, daß bei der auf einem Foto enthaltenen Fülle von Informationen, die relevanten nicht genug hervortreten[34] - dem begegnen die Herausgeber der WB, indem sie das fotographierte Objekt aller seiner Umgebung und Zutaten entkleiden; vgl. das ausgeschnittene Foto eines Albatros in PL71 (Abb.19). Das Fehlen von Konturlinien in der Natur und folglich der Fotographie (so R. Arnheim 1974: 206) kann durch eine graphische Bearbeitung des Fotos kompensiert werden; vgl. *ambon* (ar-(191/92)chit.) 'Ambo(n), Art Kanzel in Basiliken' in PL 71 (Abb. 20).

Diese beiden Gesichtspunkte lassen die gegebenenfalls farbige Zeichnung auch im Hinblick auf das notwendigerweise kleine Format als das Darstellungsmittel der Wahl erscheinen[35], deren Qualitäten nur eine sorgfältig gestaltete Fotographie erreicht. Da die Zeichnung durch die in ihr erfolgte weitergehende Kodierung bewußt gestaltet ist, wird sie zwar schwerer, aber auch bewußter wahrgenommen. Im Vorwort des NDFCI (S. VII) wird dieser Vorzug der Zeichnung, "qui retient les traits distinctifs de l'objet", klar erkannt. Auch die Entwicklung des PL tendiert wie beobachtet zur Bevorzugung der Zeichnung, wobei ökonomische Gründe wohl auszuschließen sind, da die Neuanfertigung einer Zeichnung teurer als die Wiederverwendung des Klischees eines Fotos kommt.

Ein leicht zu lösendes Problem stellen die fehlenden Größenangaben dar, denn, um ein extremes Beispiel zu wählen, im NDFCI erscheint der Albatros, der nach PL71 eine Flügelspannweite von drei Metern hat, so groß wie ein Kanarienvogel, ohne daß im Text der Artikel ihre Größe erwähnt würde. Daß schließlich der Albatros in vier WB in vier verschiedenen Haltungen wiedergegeben wird, soll nur zu der Bemerkung Anlaß geben, daß die Objekte aus einer Perspektive wiedergegeben werden sollten, in der sie die meisten relevanten Merkmale erkennen lassen. Im PL kristallisiert sich bei Baumbezeichnungen ein Abbildungsmodus von Zweig - Blüte - Frucht (*abricotier* 'Aprikosenbaum' (Abb. 21), *amandier* 'Mandelbaum' etc.) heraus, bei Tieren die Abbildung von der Seite, bei Schmetterlingen jedoch von oben (Abb. 1).

Auf diese Weise liefert die Illustration das Maximum an Information und ergänzt somit die Definition und die (192/93) Beispiele. Doch welcher Art ist die Information des Bildes im Vergleich zu der des Wortes? Kann man überhaupt davon sprechen, eine Illustration definiere ein Wort? Ergänzen sich vielleicht die beiden semiotischen Systeme der Sprache und des Bildes? Die Beantwortung dieser und weiterer Fragen würde über den Rahmen dieses Beitrages hinausgehen und soll der im Text bereits angekündigten größeren Arbeit vorbehalten sein.

Anmerkungen

0) Zuerst in D. Götz/T. Herbst (Hg.) (1984, 166-207). Abdruck mit freundlicher Erlaubnis des Max Hueber Verlages, München.

1) Zu den Illustrationen in spanischen WB, vgl. R. Werner (i.V.)

2) Die Betonung liegt auf "französisch", denn aus der englischen lexikographischen Tradition ist das *Dictionarium Britannicum* von N. Bailey, 1730 zu nennen, dessen Holzschnitte - sie betreffen zu einem Gutteil die Heraldik - noch einige Jahrzehnte früher als die *planches* der fr. *Encyclopédie* sind. Diesen Hinweis verdanke ich Dieter Götz. Bailey könnte von J. Lockes, *An Essay Concerning Human Understanding* von 1690 inspiriert gewesen sein, der in Buch 3, Kap. 11, v.a. § 21 und 25 den Nutzen der Illustration im WB hervorhebt. J. Rey-Debove (1971: 35) erwähnt Locke in Zusammenhang mit der Illustration im WB.

3) Vgl. B. Quemada (1968: 90) Rey-Debove (1971: 32-34), F.J. Hausmann (1977: 5 f.), A. Rey (1977: 70).

4) So auch J. Rey-Debove (1971: 34).

5) Einige Unterschiede zu der Ausgabe von 1966 bespricht F.J. Hausmann (1982), der die Illustrationen nur in einem Satz erwähnt und sie als "Bereicherung" (S. 193) wertet.

6) Daß die usuelle Klassifikation die existierenden WB nicht vollständig erfassen kann, sei an folgendem Beispiel veranschaulicht: Zu dem reich bebilderten DH, der sich, wie schon gesagt, im Untertitel *encyclopédie* nennt, erschien ebenfalls 1980 ein *Dictionnaire Hachette de la langue française* (DHLF), der keine Eigennamen und keine Illustrationen enthält, der die Wörterbuchartikel der Gattungsnamen jedoch weitgehend unverändert übernimmt. Trotzdem enthält dieses WB auch enzyklopädische Informationen in den einzelnen Artikeln etwa. zu *alcool*, *algue*, *allergie*. Zu den Problemen der Klassifikation der WB, vgl. A. Rey (1970) mit Angaben zur vorausgehenden Literatur. (193/94)

7) Anders liegt der Fall bei WB, die dem Erlernen des Grundwortschatzes dienen, wo die Illustration gerade auch einfacher Dinge zu einem schnelleren und sichereren Verständnis führt als eine Definition. So illustriert D. Lübke 1981 in seinem *Dictionnaire scolaire du français* u.a. *ampoule* 'Glühbirne', *anses* 'Henkel' (Plural), *armoire* 'Schrank', *allumettes* 'Zündhölzer', *annulaire* 'Ringfinger' u.a., wofür keines der ausgewerteten fünf WB eine Abbildung für erforderlich gefunden hat. Den didaktischen Aspekten der Bilder in Lernwörterbüchern ist in der im Text bereits angekündigten Untersuchung ein eigenes Kapitel gewidmet. Zu einer Analyse der Funktion von Bildern im Sprachunterricht, vgl. H.J. Heringer (1981).

8) Im NDFCI sind von den 86 illustrierten Lemmata 30, d.h. mehr als ein Drittel neu aufgenommen worden, davon referieren 20 auf Pflanzen und Tiere.

9) So wird im *Oxford Advanced Learner's Dictionary of Current English* (^{3}1974) nicht *to fence* 'fechten', sondern *fencing* illustriert. Hinweis, nicht aber die Interpretation, aus E. Standop (1981: 253).

10) J. Rey-Debove (1970: 33) hat im PL von 1970 nur ein einziges illustriertes Verb gefunden: *embecqer*, wozu ein Vogel, der seine Jungen füttert, gezeigt wurde. Die Illustration fehlt bereits im PL71.

11) Das Wesen des (finiten) Verbs, auch in Abhebung von Infinitiv wurde in A. Arnauld/C. Lancelot (1660: Kap. 13) klar erkannt; die Frage der Valenz kam hier jedoch nicht in den Blick.

12) Die "dessins humoristiques" des *Dictionnaire du français langue étrangère. Niveau* 1, bzw. *Niveau 2*, Paris (1978 bzw. 1979) haben nicht die Funktion, die Bedeutung etwa der Verben zu veranschaulichen, sondern sollen einen Anreiz geben, "à poser des questions sur le sens des mots" (S. X). Die in den Zeichnung dargestellten Handlungen werden daher auch nicht verbalisiert.

13) Weitere Beispiele sind: *triangle acutangle* 'spitzwinkliges Dreieck' (PL71), *rapport anharmonique* 'Doppelverhältnis' (in der Geometrie) (PL71), *acide aspartique* 'Asparaginsäure' (DF).

14) Die anderen Fälle sind: *vitesse aréolaire* (DF), *colonne annelée* (PL71) 'Ring-, Bundsäule'.

15) Bei *art anglais*, ~ *abstrait*, ~ *allemand et autrichien*, ~ *américain*, sowie bei *alphabet arabe* haben die Herausgeber z.B. des PL71 das Adjektiv zum Anlaß genommen, mit ästhetischem *agrément* und enzyklopädischer Information die Seiten aufzulockern. Eine Definition von z.B. *anglais* war damit wohl nicht beabsichtigt.

16) Gougenheim (1958) illustriert auch manche Präpositionen wie (194/95) z.B. *entre* 'zwischen' durch einen zwischen zwei Häusern stehenden Baum, einer Abbildung, die durch den Satz "*L'arbre est entre les deux maisons*" begleitet wird.

17) Nach U. Eco (1972: 200-214), W. Nöth (1975: 12-25), T.A. Sebeok (1979: 105- 108).

18) Nach H.E. Gombrich (1974: v.a. S. 247). Ebenso S. Worth (1975: 105) und L. Porcher (1976: 206), der von "savoirs investis dans l'image" spricht.

19) Nach diesen Ausführungen verwundert es umso mehr, daß der *Dictionnaire moderne. Larousse/Afrique* von 1981 keine Abbildungen enthält. Dagegen enthält der didaktisch ausgerichtete *Dictionnaire du français fondamental pour l'Afrique* von J. David (1974) zahlreiche Strichzeichnungen.

20) Während die im folgenden entwickelte Typologie der Illustration sich sowohl an der Natur der Objekte der Realität (Grad der Komplexität, Zusammenhang mit übergeordneter Einheit, Funktion etc.) orientiert als auch an den Erfordernissen des WB, nämlich der Veranschaulichung eines unbekannten Lemmas, gliedert die wohl einzig bereits existierende Klassifikation (A.A. Moles 1972) ausschließlich nach dem Grad der Ikonizität, bzw. dem umgekehrt proportionalen Grad der Abstraktion. Moles stellt zwölf Typen auf, ohne einen bestimmten Anwendungsbereich im Auge zu haben. Die hier vorgeschlagene Typologie ist davon unabhängig.

21) Definition wird hier mit R. Robinson (1954) in einem weiteren Sinn verstanden als in der Logik und könnte durch *Explikation*, *explikativ* ersetzt werden; daher auch *definitorisch* und nicht *definierend*.

22) Auf die praktisch nicht genutzte Möglichkeit, Vorgänge und Handlungen durch eine Reihe von Bildern zu illustrieren, ist oben in 3.2.3 bei dem Beispiel *accouchement* hingewiesen worden.

23) Hier hat die Illustration ausschließlich eine ästhetische Funktion, die im Vorwort des DH kurz angesprochen wird: "Nous avons apporté un grand soin à rendre attrayante notre iconographie. Pour nous un dictionnaire doit être un ouvrage gai, vivant, sans cesser d'être utile". Die Herausgeber versuchen "à informer utilement mais aussi à plaire, à éveiller la curiosité". Diese Konzeption ist als sehr positiv zu bewerten, denn der ästhetische Reiz kann zu einer intensiveren Beschäftigung mit der Sprache veranlassen.

24) Auch die Definitionen enthalten den Bezug auf die angrenzenden Teile, bzw. auf die übergeordnete Einheit: DF *architrave*: "Partie de l'entablement ('Hauptgesims') reposant sur les chapiteaux des colonnes, au-dessous de la frise". (DF gibt dazu keine Abbildung, die Definition ist der von PL und DH überlegen.) (195/96)

25) Daher sollen auch chemische oder mathematische Formeln (*acide aminée* 'Aminosäure', DF *rapport anharmonique* 'Doppelverhältnis' (in der Geometrie), DF) und die Noten der Musik (*accord* 'Akkord', PL81) zu den Funktionsschemata gezählt werden.

26) Funktionsschemata oder Aufrißzeichnungen, die einen Blick in das Innere des Objektes erlauben, erscheinen nicht gesondert, da jetzt nicht der funktionale, sondern der rein darstellungstechnische Aspekt im Vordergrund steht.

27) Die Summen sind geringfügig höher als die Zahl der illustrierten Lemmata, da einige (z.B. *acanthe* 'Akanthus' im PL81) durch ein Foto und eine Zeichnung illustriert werden.

28) Da hier keine farbigen Reproduktionen möglich sind, wird auf Abbildungen zu diesem Kapitel verzichtet.

29) Vgl. U. Weinreich (1970: v.a. S. 74).

30) Hierzu gehört auch *aquarelle* (nur DH), das eine bestimmte Benutzung von Farbe beinhaltet.

31) R. Barthes (1964: 46): "le dessin ne reproduit pas *tout*".

32) Diese Konzeption hat E. Buyssens (1970: 25 f.) dazu geführt, die fotographische und filmische Wiedergabe eines Ereignisses nicht zur "communication sociale" zu rechnen, da etwa das Foto uns nur der Mühe enthebt, uns an den Ort des Geschehens zu begeben, und nicht mehr leistet als unter günstigen Umständen ein Teleskop oder ein Spiegel.

33) Vgl. J. Arrouyé (1978).

34) Nach E. Gombrich (1974: 254) ist es beim Farbfoto nicht möglich, "the code from the content" zu trennen; der selektive Kode der Zeichnung filtert die Information heraus, die für den Hörer von Interesse ist.

35) In ähnlichem Zusammenhang kommt E. Gombrich (1974: 254) zu einem analogen Schluß: "Hence a selective representation that indicates its own principles of selection will be more informative than the replica. Anatomical drawings are a case in point".

Bibliographie

1. Wörterbücher

1.1 Einsprachige französische Wörterbücher

David, J: Dictionnaire du français fondamental pour l'Afrique, Paris 1974
Dictionnaire encyclopédique Larousse (DEL), Paris 1979
Dictionnaire du français contemporain (DFC), Paris 1966, 1971[2] u.ö. (196/97)
Dictionnaire du français langue étrangère. Niveau 1. Niveau 2., Paris 1978, 1979
Dictionnaire Hachette. Langue. Encyclopédie. Noms propres (DH), Paris 1980
Dictionnaire Hachette de la langue française (DHLF), Paris 1980
Dictionnaire moderne. Larousse/Afrique, Paris 1981
Dictionnaire usuel illustré Flammarion (DF), Paris 1981
Dictionnaire usuel Quillet Flammarion, par le texte et par l'image (QF), Paris [1]1956, [2]1963, [3]1970
Encyclopédie alphabétique Larousse. Omnis, Paris 1977
Gougenheim, G.: Dictionnaire fondamental de la langue française, Paris 1958, [2]1961
Lexis. Dictionnaire de la langue française (Lexis), Paris 1975
Lübke, D.: Dictionnaire scolaire du français, München 1981
Nouveau dictionnaire du français contemporain illustré (NDFCI), Paris 1980
Petit Larousse illustré. Dictionnaire encyclopédique pour tous (PL), Paris 1970, 1980
Petit Robert: Dictionnaire alphabétique et analogique de la langue française (PR), Paris 1967 u.ö.
Pluridictionnaire Larousse. Dictionnaire encyclopédique de l'enseignement (Pluri), Paris 1975

1.2 Sonstige Wörterbücher

Bailey, Nathan: Dictionarium Britannicum. Or a more Compleat Universal Etymological English Dictionary than any Extant, London 1730, ND 1969
Cantalausa de, J.: Diccionari fondamental occitan illustrat. Lengadocian, Tolosa 1979
The Concise Oxford Dictionary, Oxford [7]1982
Devoto, G./Oli, G.C.: Dizionario della lingua italiana, Firenze 1971
Diccionario Durvan de la lengua Española, Bilbao 1965, 1972[6]
Der große Duden. Bedeutungswörterbuch, Mannheim 1970
Duden. Bildwörterbuch der deutschen Sprache, Mannheim [3]1977
Felice de, E./Duro, A.: Dizionario della lingua e della civiltà italiana contemporanea, Firenze [1975]
Oxford Advanced Learner's Dictionary of Current English, Oxford (197/98) [3]1974, 1981[14]
Vox. Diccionario general ilustrado de la lengua española, Barcelona [3]1973, 1980[6]
Wahrig, G.: Deutsches Wörterbuch, s.l. 1966, [3]1980

2. Lexikologie, Linguistik, Philosophie

Bierwisch, M.: Eine Hierarchie syntaktisch-semantischer Merkmale, in: Studia Grammatica V, Berlin [1]1965, 1971[4], S. 29-86
Dubois, J. et Claude: Introduction à la lexicographie: le dictionnaire, Paris 1971
Haensch, G. et al.: La lexicografía, Madrid 1982
Hausmann, F.J.: Einführung in die Benutzung der neufranzösischen Wörterbücher, Tübingen 1977
Heringer, H.J.: Verschnittene Anschauung? Bilder im Sprachunterricht, in: Linguistik und Didaktik (1981), H. 47/48, S. 121-138
[Lancelot, C./Arnauld, A.]: Grammaire générale et raisonnée ou La Grammaire de Port-Royal, Paris 1660, ND Stuttgart, Bad Cannstatt 1966, H.E. Brekle (éd.)
Leisi, E.: Der Wortinhalt. Seine Struktur im Deutschen und Englischen, Heidelberg 1953, 1974[4]
Locke, J.: An Essay Concerning Human Understanding, London 1690, Oxford: P.H. Nidditch (ed.) 1975
Picoche, Jacqueline: Précis de lexicologie française, Paris 1977
Quemada, B.: Les dictionnaires du français moderne. 1539-1863, Paris 1968
Rey, A.: Le lexique: images et modèles, Paris 1977
- : Encyclopédies et dictionnaires, Pais 1982
Rey-Debove, Josette: Le dictionnaire comme discours sur la chose et discours sur le signe, in: Semiotica (1969) H. 1, S. 185-195
- : Le domaine du dictionnaire, in: Langages (1970), H. 19, S. 3-34
- : Etude linguistique et sémiotique des dictionnaires français contemporains, The Hague 1971
Robinson, R.: Definition, Oxford 1954 u.ö.
Standop, E.: Neue englische Wörterbücher, in: Die neueren Sprachen (1981), H. 80, S. 240-259
Weinreich, U.: Lexicographic Definition in Descriptive Semantics. in: Householder, F.W./Saporta, S. (eds.): Problems in Lexicography, Bloomington 1962: 25-43. Französische Übersetzung in: Langages (1970), H. 19, S. 69-86 (198/99)
Werner, R.: Das Bild im Wörterbuch. Funktionen der Illustration in spanischen Wörterbüchern, erscheint in: Linguistik und Didaktik 49/50, 1982
- : Einige Gedanken zur Illustration spanischer Bedeutungswörterbücher, vorauss. in: Hispanorama 35, 1983

3. Semiotik

Arrouyé, J.: Photographies/Photographie, in: Regards sur la sémiologie contemporaine, Université de St.-Etienne 1978: 111-124
Barthes, R.: Eléments de sémiologie, in: Communications (1964), H. 4, S. 91-135
- :Rhétorique de l'image, in: Communications (1964), H. 4, S. 40-51
Buyssens, E.: La communication et l'articulation linguistique, Paris 1967
Eco, U.: La struttura assente. Introduzione alla ricerca semiologica, Mailand [4]1968
- :Einführung in die Semiotik, München 1972

Moles, A.A.: Teoria informazionale dello schema, in: Versus (1972) H. 2, S. 29-40
Nöth, W.: Semiotik. Eine Einführung mit Beispielen für Reklameanalysen, Tübingen 1975
Porcher, L.: Introduction à une sémiotique des images, Paris 1976
Sebeok, T.A.: Theorie und Geschichte der Semiotik, Reinbek 1979 (amerikanisch 1976)
Wallis, M.: On Iconic Signs, in: Rey-Debove, Josette (éd.): Recherches sur les systèmes signifiants, The Hague 1973: 481-498
Worth, S.: Pictures Can't Say Ain't, in: Versus (1975), H. 12/3, S. 85-108

4. Bildende Kunst

Arnheim, R.: Anschauliches Denken, Köln 1972, ^{2}1974 (amerik. 1969)
Gombrich, H.E.: The Visual Image, in: Scientific American 227 (1972), H.3, S. 82-96 und in: Olson, D.R. (Hg.): Media and Symbols, Chicago 1974; dt. in: Steinbuch, K. (Hg.): Kommunikation, Frankfurt 1973
Goodman, N.: Sprachen der Kunst. Ein Ansatz zu einer Symboltheorie, Frankfurt 1973 (amerikanisch 1968)
Kauffmann, G.: Sprache und bildende Kunst, in: Busch, W. et al. (Hg.): Kunst als Bedeutungsträger. Gedenkschrift für G. Bandmann, Berlin 1978: 541-549 (199/200)
Panofsky, E.: Ikonographie und Ikonologie. Eine Einführung in die Kunst der Renaissance, in: Panofsky, E.: Sinn und Deutung in der bildenden Kunst, Köln 1975. (Der Aufsatz zur Ikonographie erschien erstmals 1939).

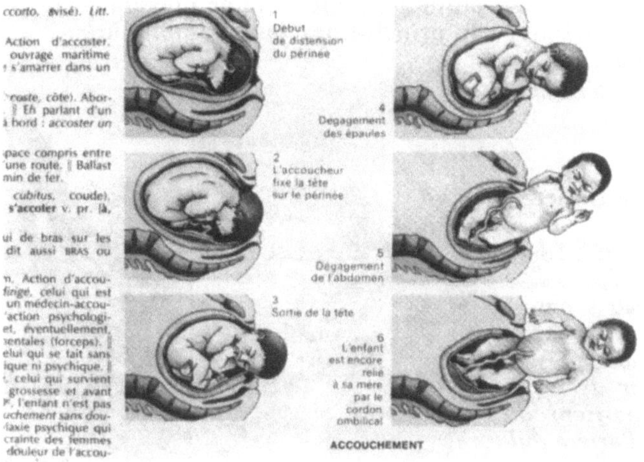

Abb. 1

ACONSOMIR (v.tr.e r.)=adormir,s'...

Lo papeta s'aconsomís davant la television

M'aconsomissi,-issiái,-iguèri,-irai,
me soi aconsomit.

Abb. 2

:poux Mau-
e, une des
} av. J.-C.).
île d'Eubée,
ıcue par les

ut, v. de
du Donetz),

-l. c. ; 1 600

:au sanguin
:rs les capil-
:lastiques et
ar de nom-
harrient du
l'artère pul-

jaillit avec une certaine pression en vertu du principe des vases communicants.

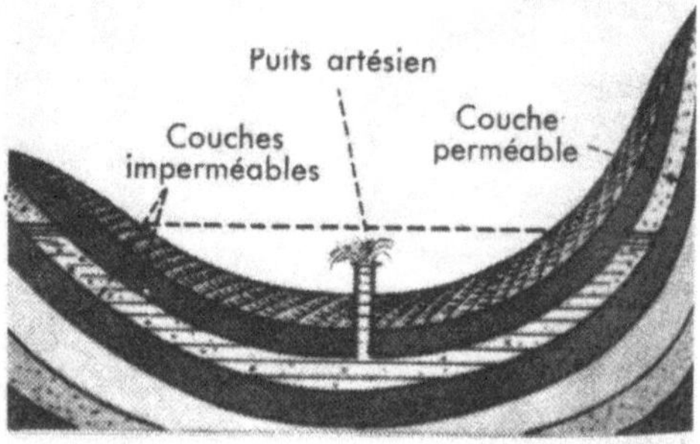

puits artésien

Abb. 3

. XIXe.
-tissement,
on, XIIe.
oxyribonu-

ès étroite-
ne. – Lat.

pris entre
olescentia;
1. n. Jeune
2. adj. De
te. – Lat.

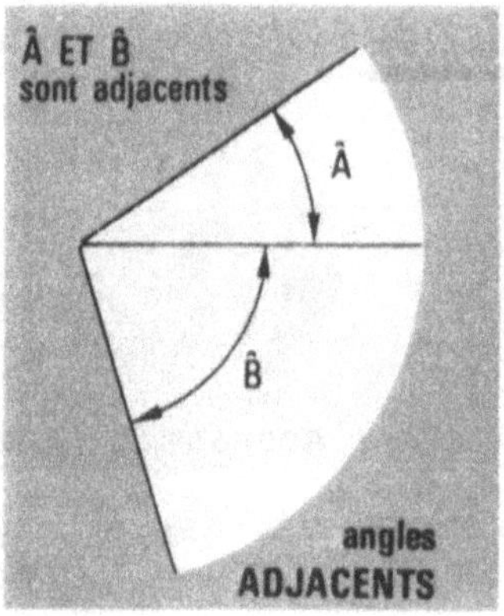

Abb. 4

argus

ARGYRASPIDE n. m. Fantassin d'élite de l'armée d'Alexandre le Grand, cuirassé d'argent.

Abb. 5

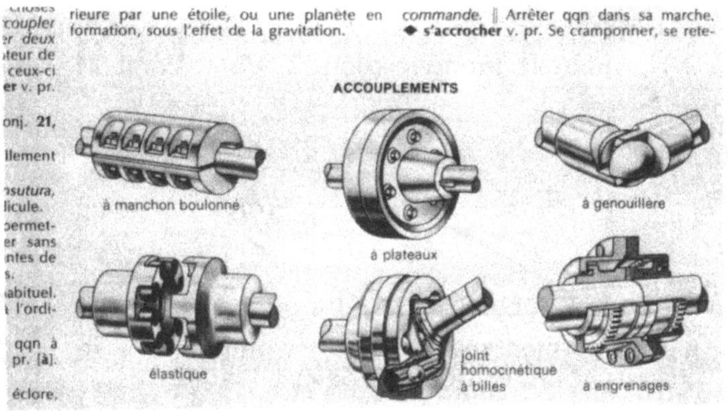

Abb. 6

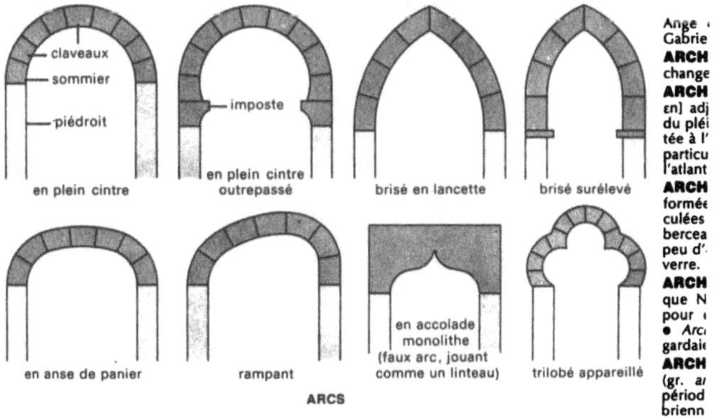

Abb. 7

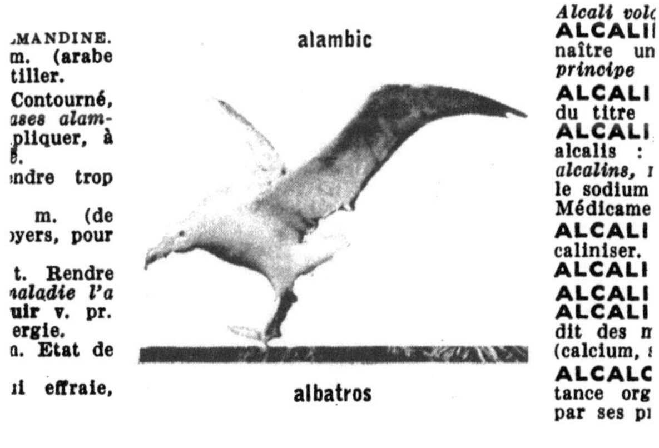

Abb. 8

n se fie. ♦ N.
).
›n d'affiler.
du fil, qui
bien affilée,
ıFFILÉE, loc.
ravailler dix

›nner le fil à

ıi qui affile.
ıction d'affi-

sens ou la catégorie grammaticale, ou pour la prononciation. **2** *Math.* Point M

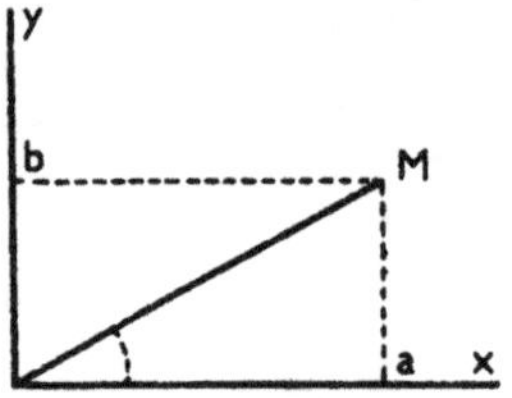

affixe

représentant un nombre complexe a + ib par des coordonnées a et b.

aux ha
une ce
fage da
affou
les bén
quer le
affou
fait l'o
gère. ♦
affou
bénéfic
affouil
produit

Abb. 9

ARCHITRAVE

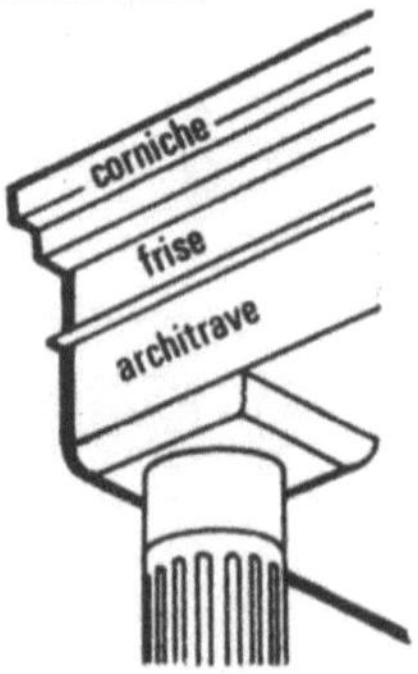

Abb. 10

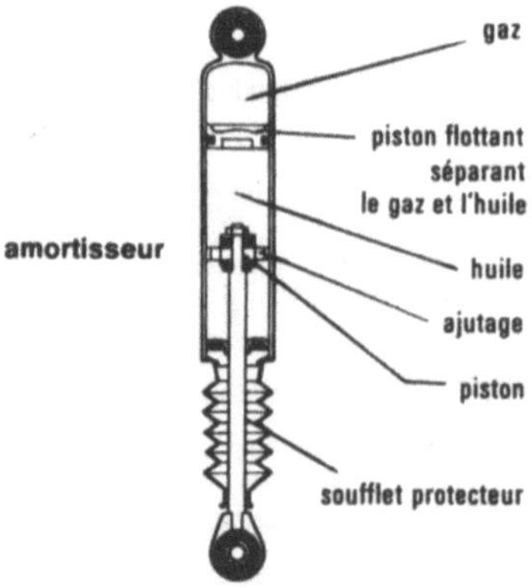

Abb. 11

alidade

Fam. Se mettre en face d'un autre pour se battre.

Abb. 12

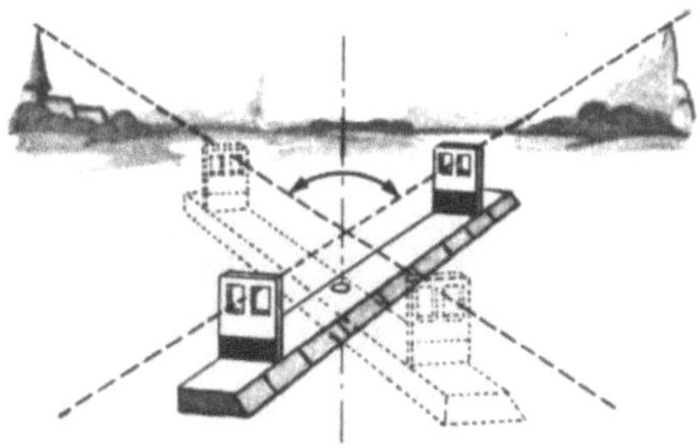

!lit dont elle est injuste- des objets, institutions ou symboles. 3 *Pathol. Aliénation d'esprit, aliénation men-*

Abb. 13

1. Projecteur; 2. Ventilateur électrique; 3. Radiateur; 4. Tubulure d'admission; 5. Pompe à eau; 6. Roue de secours; 7. Essuie-glace; 8. Pare-brise feuilleté; 9. Rétroviseur intérieur (jour-nuit); 10. Pavillon; 11. Rétroviseur extérieur à commande électrique; 12. Arceau; 13. Ceinture de sécurité à enrouleur; 14. Lunette arrière; 15. Réservoir d'essence; 16. Pot d'échappement; 17. Longeron; 18. Frein à main; 19. Levier de changement de vitesse; 20. Direction assistée à rapport asservi; 21. Pédale d'embrayage; 22. Pédale de freinage; 23. Pédale d'accélération; 24. Disque de frein ventilé; 25. Cylindre de suspension hydropneumatique; 26. Arbre de transmission; 27. Pompe volumétrique haute pression; 29. Accumulateur; 28. Compresseur climatiseur; 30. Alternateur; 31. Clignotant; 32. Feu de position; 33. Butoir.

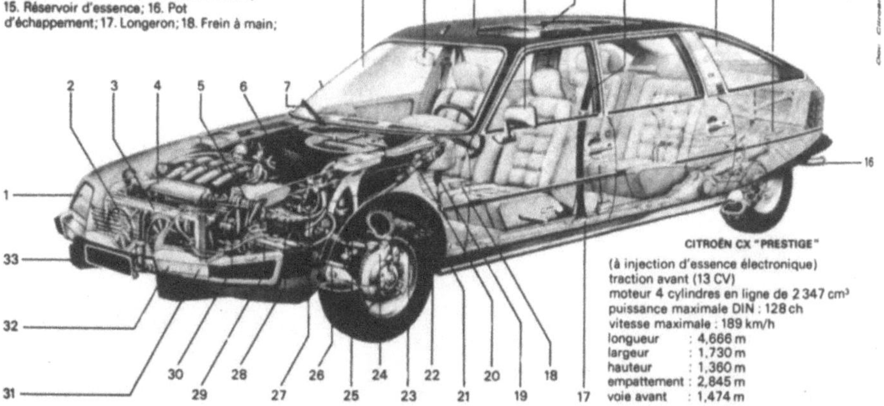

AUTOMOBILE

Abb. 14

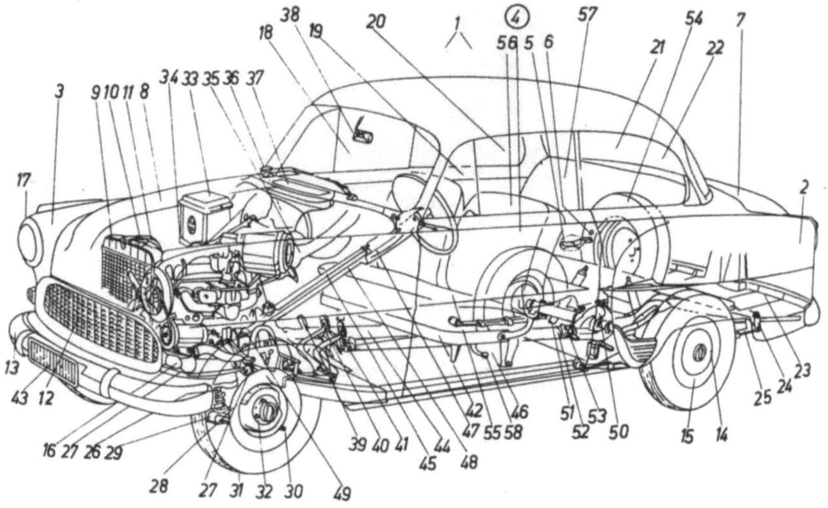

Abb

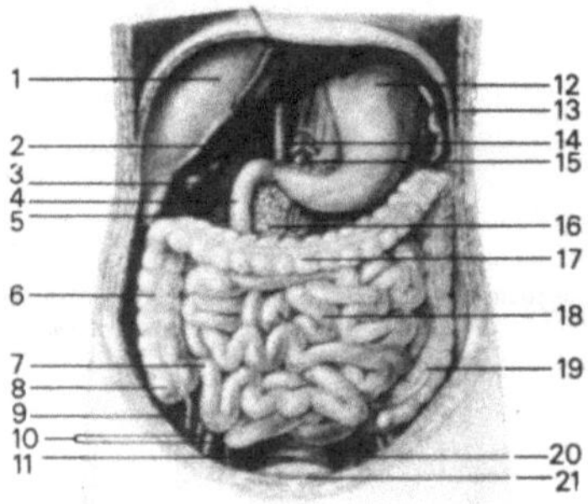

ABDOMEN 1. Foie; 2. Canal cystique; 3. Vésicule biliaire; 4. Duodénum; 5. Rein droit; 6. Côlon ascendant (droit); 7. Iléon; 8. Cæcum; 9. Appendice; 10. Vaisseaux iliaques; 11. Rectum; 12. Estomac; 13. Rate; 14. Veine cave inférieure; 15. Aorte abdominale; 16. Pancréas; 17. Côlon transverse; 18. Anses intestinales; 19. Côlon descendant (gauche); 20. Uretère; 21. Vessie.

Abb. 16

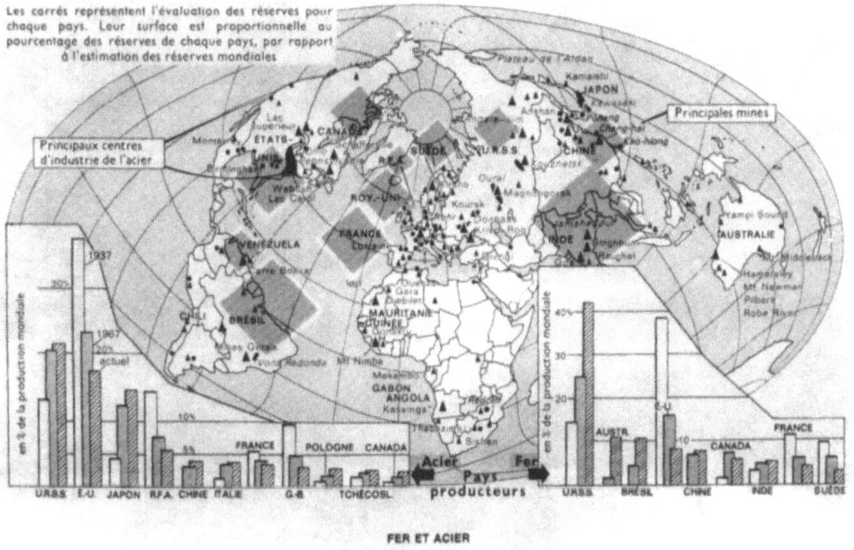
Les carrés représentent l'évaluation des réserves pour chaque pays. Leur surface est proportionnelle au pourcentage des réserves de chaque pays, par rapport à l'estimation des réserves mondiales
Principaux centres d'industrie de l'acier
Principales mines
Plateau de l'Aldan
JAPON
CANADA
ÉTATS-UNIS
SUÈDE
U.R.S.S.
CHINE
ROY.-UNI
FRANCE
VENEZUELA
BRÉSIL
CHILI
MAURITANIE
GUINÉE
GABON
ANGOLA
INDE
AUSTRALIE
Magnitogorsk
Mt Nimba
Mt Newman
Robe River
1937
1967
actuel
30%
20%
10%
5%
en % de la production mondiale
U.R.S.S.
E.-U.
JAPON
R.F.A.
CHINE
ITALIE
FRANCE
POLOGNE
CANADA
G.-B.
TCHÉCOSL.
Acier
Fer
Pays
producteurs
AUSTR.
BRÉSIL
INDE
SUÈDE
FER ET ACIER

Abb. 17

WHITES
BLANKES

Abb. 18

Abb. 19

Abb. 20

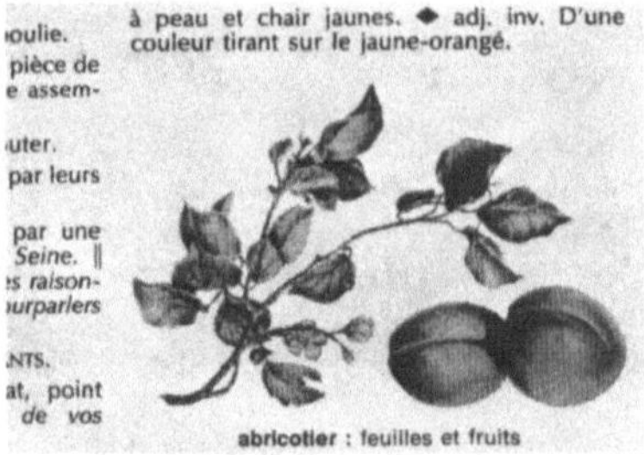

Abb. 21